The Calf : medicine from the birth to first childbirth

子牛の医学

胎子期から出生・育成期まで

家畜感染症学会 編

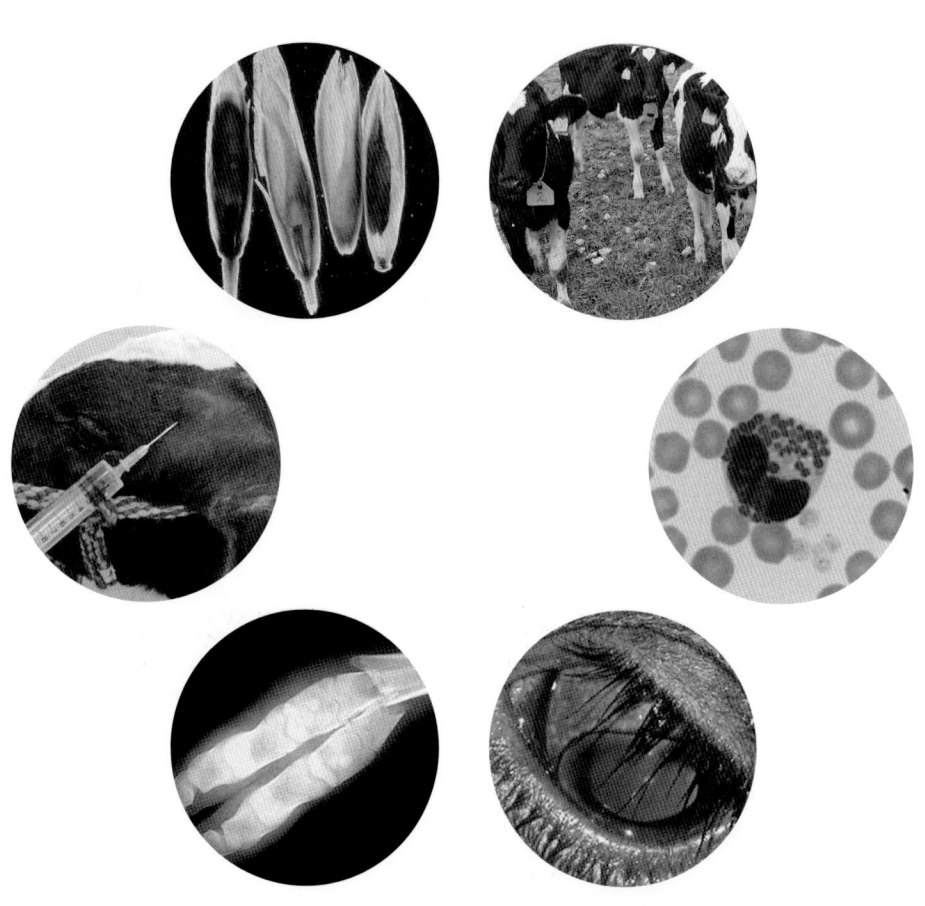

緑書房

序

　乳肉生産現場における食の安全性確保は，"健康な子牛として生ませ，育てる"ことに主眼を置いて，多くの手間暇をかけてこそ達成されます。"健康な子牛として生ませ，育てる"という目的達成のためにはまず，出生前段階からの総合的な飼養管理技術の構築が必須であり，その一助とすべく総合書として2009年に刊行されたのが『子牛の科学』でした。

　本書『子牛の医学』は，その姉妹書としてまとめられた総合書です。"健康な子牛として生ませ，育てる"ことを乳・肉用牛生産の原点として，その基本理念を受け継いで，本書では主に出生後から育成期における子牛の疾病に焦点を絞って，発症にいたる背景や病態解説に重点を置いて解説しています。

　草食反芻という特異な解剖学的，生理学的特徴を有する牛には，他の単胃動物と同様の疾患とともに，それらの特徴に対応した異常病態も発現してきます。さらに，出生段階ではそれらの特徴はまだ機能しておらず，育成段階においてはその特徴的機能へ移行しつつある状態にあります。健常時においてもこの時期には様々な飼養管理上の要点があり，異常病態の発現にも多様な因子が関与してきます。本書においては，様々な疾患について単に病因としての記述にとどまらず，その背景に潜む発症要因について現在明らかにされている研究結果に基づき，できるだけ解説を加えています。また，単に臓器別の疾病の解説のみならず，臨床現場で行うことができる具体的な検査や処置を総括した解説を総論として記載しています。

　執筆者は，最前線の現場で実際の異常病態に対応している経験豊富な臨床獣医師や，研究機関においてそれらの疾病に関し総合的に解析している専門家の方々です。獣医師を志す学生から現場で臨床に携わる獣医師まで，多くの方が本書を活用されることを期待します。

2014年1月

家畜感染症学会　会長　田島誉士

監修者・執筆者一覧

■監修者

稲葉　睦	（北海道大学　大学院獣医学研究科／獣医学部　診断治療学講座　臨床分子生物学教室）
加藤敏英	（山形県農業共済組合連合会　置賜家畜診療所）
小岩政照	（酪農学園大学　獣医学群　獣医学類　生産動物医療学分野　生産動物内科学Ⅱユニット）
酒井健夫	（日本大学　名誉教授）
日笠喜朗	（鳥取大学　農学部　共同獣医学科　臨床獣医学講座　獣医内科学分野）
山岸則夫	（岩手大学　農学部　共同獣医学科　産業動物臨床学研究室）
和田恭則	（麻布大学　獣医学部　獣医学科　内科学第三研究室）

■執筆者

滄木孝弘	（帯広畜産大学　臨床獣医学研究部門　診断治療学分野）
安藤貴朗	（鹿児島大学　共同獣医学部　獣医学科　臨床獣医学講座　獣医繁殖学分野）
石井三都夫	（帯広畜産大学　臨床獣医学研究部門　予防獣医療学分野）
稲葉　睦	（北海道大学　大学院獣医学研究科／獣医学部　診断治療学講座　臨床分子生物学教室）
猪熊　壽	（帯広畜産大学　臨床獣医学研究部門　予防獣医療学分野）
今川智敬	（鳥取大学　農学部　共同獣医学科　臨床獣医学講座　獣医画像診断学分野）
内田和幸	（東京大学　大学院獣医学専攻病態動物医科学講座　獣医病理学研究室）
大塚浩通	（北里大学　獣医学部　獣医学科　大動物臨床学研究室）
大場恵典	（岐阜大学　応用生物科学部　共同獣医学科　臨床獣医学講座　産業動物臨床学研究室）
岡田啓司	（岩手大学　農学部　獣医学科　産業動物内科学研究室）
岡本光司	（鹿児島県曽於農業共済組合　基幹家畜診療所）
岡本　実	（酪農学園大学　獣医学群　獣医学類　感染・病理学分野　獣医免疫学ユニット）
片桐成二	（酪農学園大学　獣医学群　獣医学類　生産動物医療学分野　動物生殖学ユニット）
片本　宏	（宮崎大学　農学部　獣医学科　産業動物内科学研究室）
加藤敏英	（山形県農業共済組合連合会　置賜家畜診療所）
金子一幸	（麻布大学　獣医学部　獣医学科　臨床繁殖学研究室）
河合一洋	（麻布大学　獣医学部　獣医学科　衛生学第一研究室）
北川　均	（岐阜大学　応用生物科学部　共同獣医学科　臨床獣医学講座　獣医内科学研究室）
北原　豪	（宮崎大学　農学部　獣医学科　産業動物臨床繁殖学研究室）
小岩政照	（酪農学園大学　獣医学群　獣医学類　生産動物医療学分野　生産動物内科学Ⅱユニット）
小久江栄一	（東京農工大学　名誉教授）
小林正人	（家畜改良事業団　家畜改良技術研究所）
酒井健夫	（日本大学　名誉教授）
酒井淳一	（山形県農業共済組合連合会）
佐藤耕太	（北海道大学　大学院獣医学研究科／獣医学部　診断治療学講座　臨床分子生物学教室）

佐藤　繁	（岩手大学　農学部　共同獣医学科　産業動物内科学研究室）
佐藤礼一郎	（麻布大学　獣医学部　獣医学科　臨床繁殖学研究室）
芝野健一	（兵庫県農業共済組合連合会）
嶋田伸明	（農業・食品産業技術総合研究機構　動物衛生研究所）
杉山晶彦	（鳥取大学　農学部　共同獣医学科　臨床獣医学講座　獣医臨床検査学分野）
鈴木一由	（酪農学園大学　獣医学群　獣医学類　生産動物医療学分野　生産動物外科学ユニット）
髙木光博	（鹿児島大学　共同獣医学部　獣医学科　臨床獣医学講座　産業動物獣医学分野）
髙須正規	（岐阜大学　応用生物科学部　共同獣医学科　獣医臨床獣医学講座　獣医臨床繁殖学研究室）
高橋正弘	（大阪府立大学　生命環境科学部　生命環境科学研究科　生命環境科学域）
竹内　崇	（鳥取大学　農学部　共同獣医学科　臨床獣医学講座　獣医臨床検査学分野）
田島誉士	（酪農学園大学　獣医学群　獣医学類　生産動物医療学分野　生産動物内科学Ⅰユニット）
柄　武志	（鳥取大学　農学部　共同獣医学科　臨床獣医学講座　獣医画像診断学分野）
坪井孝益	（農業・食品産業技術総合研究機構　動物衛生研究所　動物疾病対策センター）
富岡美千子	（北里大学　獣医学部　獣医学科　大動物臨床学研究室）
永幡　肇	（酪農学園大学　獣医学群　獣医学類　衛生・環境学分野　獣医衛生学ユニット）
萩尾光美	（宮崎大学　農学部　獣医外科学研究室）
林　英明	（酪農学園大学　獣医学群　獣医学類　生体機能学分野　獣医生理学ユニット）
日笠喜朗	（鳥取大学　農学部　共同獣医学科　臨床獣医学講座　獣医内科学分野）
福本真一郎	（酪農学園大学　獣医学群　獣医学類　感染・病理学分野　獣医寄生虫病学ユニット）
堀井洋一郎	（宮崎大学　農学部　獣医学科　獣医寄生虫病学研究室）
蒔田浩平	（酪農学園大学　獣医学群　獣医学類　衛生・環境学分野　獣医疫学ユニット）
松田敬一	（宮城県農業共済組合連合会　家畜診療研修所）
三木　渉	（北海道農業共済組合連合会　研修所）
水谷　尚	（日本獣医生命科学大学　獣医学部　獣医学科　獣医内科学教室）
三角一浩	（鹿児島大学　共同獣医学部　獣医学科　臨床獣医学講座　外科学分野）
宮崎　茂	（農業・食品産業技術総合研究機構　動物衛生研究所）
宮本　亨	（農業・食品産業技術総合研究機構　動物衛生研究所）
森友靖生	（東海大学　農学部　応用動物科学科　動物生体機構学）
保田昌宏	（宮崎大学　農学部　獣医学科　獣医解剖学研究室）
山川　睦	（農業・食品産業技術総合研究機構　動物衛生研究所）
山岸則夫	（岩手大学　農学部　共同獣医学科　産業動物臨床学研究室）
山田一孝	（帯広畜産大学　臨床獣医学研究部門　予防獣医療学分野）
山田　裕	（日本獣医生命科学大学獣医学部　獣医学科　産業動物臨床学研究室）
大和　修	（鹿児島大学　共同獣医学部　獣医学科　臨床獣医学講座　臨床病理学分野）
山中典子	（農業・食品産業技術総合研究機構　動物衛生研究所）
吉岡一機	（北里大学　獣医学部　獣医学科　獣医解剖学研究室）
吉岡　都	（農業・食品産業技術総合研究機構　動物衛生研究所）
米重隆一	（鹿児島県北薩農業共済組合　川薩家畜診療所）
和田恭則	（麻布大学　獣医学部　獣医学科　内科学第三研究室）
渡辺大作	（北里大学　獣医学部　獣医学科　大動物臨床学研究室）

五十音順，所属は 2013 年 12 月現在

カラー口絵

1 診療に関する総論

2 処置の概要

3 疫学

4 循環器疾患

5 呼吸器疾患

6 消化器疾患

7 泌尿・生殖器疾患

8 血液疾患

9 内分泌疾患

10 遺伝性疾患

11 代謝性疾患

12 感染症

13 中毒，欠乏症および過剰症

14 新生子疾患

15 中枢神経・感覚器の疾患

16 運動器疾患

17 皮膚・体壁の疾患

付録① 各種血液検査

付録② 薬剤一覧

付録③ 略語一覧

索引

目 次

- ■序 ─────────────────────── 3
- ■監修者・執筆者一覧 ─────────── 5
- ■カラー口絵 ──────────────── 17

■第1章　診療に関する総論

第1節　問診 ──────────(日笠喜朗) 57
- 1．子牛の一般情報 ──────────── 57
- 2．発病経過と状況 ──────────── 57
- 3．飼養管理 ───────────────── 57
- 4．飼育環境 ───────────────── 57

第2節　身体検査 ───────(日笠喜朗) 58
- 1．視診 ──────────────────── 58
- 2．触診 ──────────────────── 59
- 3．打診 ──────────────────── 60
- 4．聴診 ──────────────────── 61

第3節　臨床検査 ────────(竹内　崇) 62
- 1．血液検査 ───────────────── 62
- 2．血液生化学的検査 ─────────── 62
- 3．尿検査 ────────────────── 63
- 4．糞便検査 ───────────────── 64
- 5．第一胃液検査 ─────────────── 65
- 6．細胞診断 ───────────────── 66
- 7．微生物学的検査 ───────────── 66
- 8．免疫学的検査 ─────────────── 67
- 9．遺伝子検査 ──────────────── 68
- 10．生体の機能検査 ───────────── 68

第4節　電気生理学的検査 ─────(竹内　崇) 69
- 1．心電図検査 ──────────────── 69
- 2．脳波検査 ───────────────── 70
- 3．筋電図検査 ──────────────── 71

第5節　画像診断 ───────(今川智敬) 72
- 1．X線検査 ───────────────── 73
- 2．超音波検査 ──────────────── 73
- 3．CT・MRI検査 ────────────── 74
- 4．内視鏡検査 ──────────────── 75

第6節　各種診断のための材料採取方法 ─────(杉山晶彦) 76
- 1．血液 ──────────────────── 76
- 2．尿 ───────────────────── 76
- 3．糞便 ──────────────────── 76
- 4．皮膚 ──────────────────── 77
- 5．脳脊髄液 ───────────────── 77
- 6．骨髄 ──────────────────── 78
- 7．鼻汁・気管分泌液 ─────────── 78
- 8．第一胃液 ───────────────── 78
- 9．体腔貯留液の穿刺 ─────────── 78
- 10．肝臓 ──────────────────── 79

第7節　保定・鎮静・麻酔法 ────(日笠喜朗) 79
- 1．保定法 ────────────────── 79
- 2．鎮静法 ────────────────── 79
- 3．麻酔法 ────────────────── 81

第8節　特別な検査と処置 ─────(松田敬一) 83
- 1．牛の移動・消毒・処理 ────────── 83
- 2．安楽殺法 ───────────────── 84

■第2章　処置の概要

第1節　蘇生法 ──────────(山田　裕) 87
- 1．蘇生に用いる薬剤の種類と特性 ───── 87
- 2．蘇生に用いる器材と方法 ──────── 88

第2節　経口・経鼻投与法 ─────(安藤貴朗) 89

経口・経鼻投与に用いる器具とその方法
　　　　────────────────── 89
第3節　胃洗浄法────────（安藤貴朗）91
　　胃洗浄の方法─────────── 91
第4節　吸入療法─────────（安藤貴朗）91
　　1．吸入療法──────────── 91
　　2．吸入剤の種類────────── 92
　　3．ネブライザー式吸入療法の実際──── 93
第5節　注射法──────────（安藤貴朗）93
　　1．筋肉注射（筋注）───────── 93
　　2．皮下注射（皮下注）──────── 94
　　3．静脈注射（静注）───────── 94
第6節　輸液療法の基本──────（鈴木一由）96
　　1．輸液療法とは────────── 96
　　2．脱水と血液量減少症─────── 97
　　3．輸液剤の種類と特徴─────── 98
　　4．子牛の輸液療法の基本───── 101
　　5．循環器疾患の輸液療法───── 104
　　6．腎臓疾患の輸液療法────── 105
　　7．肝臓疾患の輸液療法────── 106
第7節　抗菌薬使用の基本─────（小久江栄一）107
　　1．基礎理論─────────── 107
　　2．子牛への抗菌薬投与────── 110
　　3．抗菌薬使用量を減らす───── 115
第8節　健胃整腸剤の種類と特性および用途
　　　　─────────────（佐藤　繁）116
　　1．種類と特性────────── 116
　　2．用途───────────── 118
第9節　プロバイオテックス・プレバイオテッ
　　　　クスの種類と特性および用途
　　　　─────────────（佐藤　繁）119

　　1．種類と特性────────── 119
　　2．用途───────────── 119
第10節　その他の外科疾患の処置────── 121
　　1．除角法──────────（安藤貴朗）121
　　2．去勢法──────────（安藤貴朗）122
　　3．外傷───────────（三角一浩）124

■第3章　疫学
第1節　疫学と診療─────────（酒井健夫）131
　　1．疾患の疫学的特徴─────── 131
　　2．疾患発生の数量的評価──── 132
第2節　家畜衛生経済学による疾患の評価
　　　　─────────────（蒔田浩平）139
　　1．データ収集──────── 140
　　2．臨床現場で家畜衛生経済学を必要とする
　　　　事例───────────── 140
　　3．主な経済分析方法の紹介──── 141
　　4．臨床獣医師が応用可能な家畜衛生経済分
　　　　析例───────────── 142
第3節　飼養衛生管理の要点─────（酒井淳一）144
　　1．一般的な衛生管理─────── 144
　　2．疾患防御のための具体的な飼養衛生管理
　　　　─────────────── 144

■第4章　循環器疾患
　　1．心不全──────────（日笠喜朗）147
　　2．肺高血圧症────────（日笠喜朗）149
　　3．心原性ショック／突然死──（日笠喜朗）150
　　4．弁膜疾患──────────（北川　均）150
　　5．心内膜炎─────────（杉山晶彦）151
　　6．創傷性心膜炎───────（杉山晶彦）152

7. 心筋疾患 ――――（杉山晶彦・日笠喜朗） 152		第4節 下部気道の疾患 ――――――――― 182		
8. 心臓タンポナーデ ―――――（日笠喜朗） 155		1. 気管および気管支炎 ――――（鈴木一由） 182		
9. 肺性心 ―――――――――――（日笠喜朗） 156		2. 気管狭窄症／気管支狭窄症 ――（鈴木一由） 183		
10. 先天性心疾患 ――――――――（萩尾光美） 156		3. 気管支拡張症 ―――――――（鈴木一由） 184		
11. 不整脈 ―――――――――――（竹内　崇） 158		4. 気管虚脱 ―――――――――（鈴木一由） 185		
12. 再灌流症候群 ――――――――（日笠喜朗） 160		5. 肺水腫 ――――――――――（三木　渉） 186		
13. 過粘稠度症候群 ―――――――（日笠喜朗） 161		6. 肺充血 ――――――――――（三木　渉） 187		
14. 血管炎 ―――――――――――（小岩政照） 161		7. 肺気腫 ――――――――――（三木　渉） 187		
15. 熱射病 ―――――――――――（日笠喜朗） 162		8. 肺炎 ―――――――――――（加藤敏英） 188		
		9. 胸膜炎／胸膜性肺炎 ―――――（三木　渉） 194		

■第5章　呼吸器疾患

第1節　呼吸器疾患の病態生理学 ――（鈴木一由）165

1. 動脈血酸素分圧（PaO_2）と呼吸不全 ―― 165
2. 酸素解離曲線：動脈血酸素飽和度（SpO_2）と酸素分圧（PO_2） ―――――――― 167
3. 病態と酸素解離曲線 ――――――――― 169
4. 呼吸不全の病態と換気障害 ―――――― 169
5. 肺胞気-動脈血酸素分圧較差（$A\text{-}aDO_2$）が開大する低酸素血症 ―――――――― 170
6. 肺胞動脈酸素分圧較差（$A\text{-}aDO_2$）が開大しない低酸素血症 ――――――――― 173

第2節　呼吸器の解剖・病理
―――――――――（岡本　実，吉岡一機）173

1. 上部気道の解剖・病理 ――――――――― 173
2. 下部気道の解剖・病理 ――――――――― 174

第3節　上部気道の疾患 ―――――（鈴木一由）178

1. 上部気道感染症 ――――――――――― 178
2. 咽頭炎／喉頭炎 ――――――――――― 179
3. 喉頭水腫 ―――――――――――――― 180
4. 壊死性喉頭炎 ―――――――――――― 180
5. クループ性喉頭炎 ―――――――――― 181

第5節　呼吸器感染症 ―――――――――― 194

1. 牛寄生虫性肺炎 ――――――――（福本真一郎）194
2. 牛伝染性鼻気管炎 ―――――――（坪井孝益）197
3. 牛RSウイルス病 ――――――――（坪井孝益）199
4. 牛のパラインフルエンザ ――――（坪井孝益）200
5. 牛流行熱 ――――――――――――（坪井孝益）201
6. 牛ライノウイルス病 ――――――（坪井孝益）202
7. 牛アデノウイルス病 ――――――（坪井孝益）203

■第6章　消化器疾患

第1節　子牛の消化器系の生体機構と特徴
―――――――――――（保田昌宏）209

1. 複胃の生体機構と特徴 ――――――――― 209
2. 腸の生体機構と特徴 ―――――――――― 210
3. 肝臓および膵臓の生体機構と特徴 ―――― 211

第2節　消化器系の生理学 ―――――（林　英明）212

1. 消化管の正常生理 ――――――――――― 212
2. 胃酸分泌の正常生理と胃酸分泌調節機序 ――――――――――――――――― 213
3. 下痢の機序 ―――――――――――――― 213

第3節　消化器疾患における病態生理学
　　　　　　　　　　　　　　　（鈴木一由）213
　1．子牛の消化器疾患における病態生理学— 213
　2．消化器疾患による炎症と臨床栄養学— 214
第4節　消化器の疾患———————————— 218
　1．口内炎———————————（小岩政照）218
　2．喉頭炎———————————（小岩政照）218
　3．第一胃鼓脹症————————（片本　宏）219
　4．第一胃パラケラトーシス／第一胃炎
　　　　　　　　　　　　　　　　（片本　宏）221
　5．ルミナル・ドリンカー————（片本　宏）223
　6．第四胃潰瘍—————————（小岩政照）224
　7．第四胃鼓脹症————————（小岩政照）224
　8．腸捻転／腸重積———————（猪熊　壽）226
　9．腹膜炎———————————（猪熊　壽）227
　10．細菌性腸炎—————————（大塚浩通）228
　11．ウイルス性腸炎———————（田島誉士）232
　12．寄生虫性胃腸炎
　　　　　　　　　　（田島誉士，堀井洋一郎）233
　13．母乳性白痢—————————（岡田啓司）237
　14．直腸脱———————————（小岩政照）239
　15．肝膿瘍———————————（小岩政照）239

■第7章　泌尿・生殖器疾患
第1節　腎臓の異常————————（金子一幸）245
　1．腎炎————————————————— 245
　2．ネフローゼ症候群——————————— 248
　3．腎アミロイド症———————————— 248
　4．牛クローディン-16欠損症——————— 248
　5．腎不全———————————————— 248
第2節　膀胱の異常————————（佐藤礼一郎）250

膀胱炎—————————————————— 251
第3節　尿路の異常————————（佐藤礼一郎）252
　1．尿路感染症—————————————— 252
　2．尿路結石症—————————————— 252
　3．尿路閉塞症—————————————— 256
　4．異所性尿管—————————————— 256
第4節　生殖器の異常———————（北原　豪）257
　潜在精巣———————————————— 257

■第8章　血液疾患
第1節　赤血球の異常———————————— 261
　1．溶血性貧血—————————————— 261
　　（1）タイレリア症（小型ピロプラズマ病）
　　　　　　　　　　　　　　　　（河合一洋）261
　　（2）バベシア症———————（河合一洋）263
　　（3）アナプラズマ病—————（河合一洋）265
　　（4）ヘモプラズマ病（エペリスロゾーン症）
　　　　　　　　　　　　　　　　（河合一洋）265
　　（5）免疫介在性溶血性貧血——（大和　修）266
　2．再生不良性貧血———————（和田恭則）269
　3．腎性貧血——————————（佐藤礼一郎）270
　4．赤血球増加症————————（和田恭則）270
第2節　白血球の異常———————（佐藤礼一郎）271
　牛白血病———————————————— 271
　1．急性白血病—————————————— 271
　2．リンパ腫——————————————— 272
第3節　血小板・血液凝固系の異常
　　　　　　　　　　　　　　　　（芝野健一）274
　播種性血管内凝固症候群————————— 274

■第9章　内分泌疾患

第1節　下垂体機能異常―――――（渡辺大作）281
 1．下垂体性矮小症―――――――――― 281
 2．副腎皮質機能亢進症――――――――― 282
 3．尿崩症――――――――――――――― 282

第2節　甲状腺機能異常―――――（渡辺大作）283
 1．甲状腺機能亢進症―――――――――― 284
 2．甲状腺機能低下症―――――――――― 285
 3．ユーサイロイドシック症候群―――――― 286

第3節　上皮小体機能亢進症―――（山岸則夫）287
 1．原発性上皮小体機能亢進症――――――― 287
 2．続発性上皮小体機能亢進症――――――― 288

第4節　その他―――――――――（佐藤耕太）289
 糖尿病――――――――――――――――― 289

■第10章　遺伝性疾患

 1．牛バンド3欠損症――――――（稲葉　睦）291
 2．牛クローディン-16欠損症（尿細管異形成症）――――――――――（渡辺大作）292
 3．止血異常―――――――――（稲葉　睦）294
 4．チェディアック・ヒガシ症候群――――――――――――――（稲葉　睦）296
 5．キサンチン尿症Ⅱ型（モリブデン補酵素欠損症）――――――――（稲葉　睦）296
 6．眼球形成異常症（小眼球症，先天性多重性眼球形成異常）―――（内田和幸）297
 7．下顎短小・腎低形成症―――（渡辺大作）298
 8．軟骨異形成性矮小体躯症――（稲葉　睦）299
 9．牛白血球粘着不全症――――（永幡　肇）300
 10．複合脊椎形成不全症―――――（永幡　肇）301
 11．合指症（単蹄）―――――――（稲葉　睦）302
 12．ブラキスパイナ――――――（稲葉　睦）302
 13．エーラス・ダンロス症候群―（田島誉士）303
 14．マルファン症候群様発育異常――――――――――――――――（稲葉　睦）303
 15．リソゾーム蓄積病―――――（田島誉士）304
 16．三枚肩（前肢帯筋異常）――（内田和幸）304
 17．牛の拡張型心筋症―――――（渡辺大作）306
 18．その他――――――――――（稲葉　睦）306

■第11章　代謝性疾患

 1．くる病／骨軟化症―――――（山岸則夫）309
 2．低マグネシウム（Mg）血症テタニー――――――――――――（山岸則夫）310
 3．脂肪壊死症――――――――（小林正人）312
 4．アミロイドーシス―――――（佐藤耕太）313
 5．酸塩基平衡異常――――――（鈴木一由）315

■第12章　感染症

 1．牛伝染性角膜結膜炎――――（米重隆一）321
 2．破傷風――――――――――（米重隆一）323
 3．悪性水腫―――――――――（米重隆一）325
 4．気腫疽――――――――――（米重隆一）327
 5．ヒストフィルス・ソムニ感染症――――――――――――――（米重隆一）328
 6．牛ウイルス性下痢・粘膜病（牛ウイルス性下痢ウイルス感染症）――（田島誉士）331
 7．アカバネ病――――――――（山川　睦）333
 8．チュウザン病―――――――（山川　睦）337
 9．イバラキ病――――――――（坪井孝益）338
 10．アイノウイルス感染症―――（山川　睦）339
 11．アクチノバチルス症――――（芝野健一）341

12. 放線菌症────────（芝野健一）341

■第13章 中毒・欠乏症および過剰症
第1節 植物中毒────────（山中典子）345
　1. ツツジ科植物──────── 345
　2. アブラナ科植物──────── 346
　3. 強心配糖体を含む植物──────── 346
　4. ワラビ──────── 347
　5. 植物による光線過敏症──────── 347
　6. 傷害サツマイモ中毒──────── 348
　7. スイートクローバー病──────── 348
　8. その他注意すべき植物──────── 348
第2節 硝酸塩中毒────────（山中典子）349
第3節 マイコトキシン中毒────（嶋田伸明）351
　1. アフラトキシン──────── 351
　2. トリコテセン──────── 352
　3. ゼアラレノン──────── 353
　4. オクラトキシンA──────── 354
　5. フモニシン──────── 355
　6. パツリン──────── 355
　7. スポリデスミン──────── 355
第4節 エンドファイト中毒────（宮崎　茂）356
第5節 一年生ライグラス中毒───（宮崎　茂）358
第6節 薬剤中毒および農薬の中毒・残留
　　　　　　　　　　　　　　（宮崎　茂）359
　1. サルファ剤──────── 359
　2. イオノフォア抗菌薬──────── 359
　3. 動物用医薬品による副作用──────── 360
　4. 有機リン系農薬──────── 360
　5. カーバメート系農薬──────── 361
　6. ピレスロイド──────── 361
　7. 有機フッ素系農薬──────── 361
　8. 有機塩素系農薬──────── 362
　9. 抗凝固剤系殺鼠剤──────── 362
　10. パラコート／ジクワット──────── 363
　11. 石灰窒素──────── 363
　12. 畜産物への各種薬剤および農薬の残留──── 363
第7節 食塩中毒・水中毒────（山中典子）364
　1. 食塩中毒──────── 364
　2. 水中毒──────── 364
第8節 金属中毒・欠乏────────（吉岡　都）365
　1. 鉛中毒──────── 365
　2. 銅中毒──────── 366
　3. セレン欠乏──────── 367
　4. 鉄欠乏──────── 367
　5. 銅欠乏──────── 368
　6. 亜鉛欠乏──────── 368
　7. ヨウ素欠乏──────── 369
　8. コバルト欠乏──────── 369
　9. マンガン欠乏──────── 370
第9節 ビタミン欠乏症・過剰症──（宮本　亨）370
　1. チアミン欠乏──────── 371
　2. ビタミンA欠乏──────── 372
　3. ビタミンE欠乏──────── 373
　4. ビタミンA過剰症──────── 374

■第14章 新生子疾患
　1. 胎子異常────────（片桐成二）377
　2. 奇形────────（森友靖生）380
　3. 臍ヘルニアおよび臍帯遺残構造感染症
　　　　　　　　　　　　（山岸則夫）384
　4. 臍炎────────（岡本光司）387

- 5．尿膜管遺残―――――――（岡本光司）387
- 6．胎便停滞―――――――（岡本光司）388
- 7．虚弱子牛症候群―――――（髙須正規）389

■ 第15章　中枢神経・感覚器の疾患

第1節　中枢神経疾患―――――――― 395
- 1．リステリア症―（石井三都夫，滄木孝弘）395
- 2．ネオスポラ症―（石井三都夫，滄木孝弘）397
- 3．水頭症―――――――――（山田一孝）398
- 4．牛ヘルペスウイルス5型感染症
   ―――――――――――（柄　武志）399
- 5．クラミジア病―――――――（柄　武志）401
- 6．ヒストフィルス・ソムニ感染症――― 403

第2節　眼疾患――――――――（片本　宏）404
- 1．眼瞼炎―――――――――――――― 404
- 2．眼瞼内反症――――――――――― 404
- 3．涙嚢炎――――――――――――― 404
- 4．結膜炎――――――――――――― 404
- 5．角膜炎――――――――――――― 405
- 6．ぶどう膜炎―――――――――――― 406
- 7．緑内障――――――――――――― 407
- 8．白内障――――――――――――― 407
- 9．網膜剥離――――――――――――― 407
- 10．皮質盲――――――――――――― 408

第3節　耳疾患―――――――（高木光博）408
- 1．外耳炎――――――――――――― 408
- 2．中耳炎――――――――――――― 409
- 3．内耳炎――――――――――――― 411

■ 第16章　運動器疾患
- 1．肢骨折―――――――――（山岸則夫）413
- 2．骨膜炎／骨髄炎／骨炎―――（山岸則夫）415
- 3．脱臼――――――――――（山岸則夫）417
- 4．関節疾患――――――――（富岡美千子）419
- 5．突球―――――――――（富岡美千子）422
- 6．痙攣性不全麻痺――――――（山岸則夫）424

■ 第17章　皮膚・体壁の疾患
- 1．シラミ症―――――――――（大場恵典）427
- 2．皮膚糸状菌症――――――――（大場恵典）428
- 3．疥癬症――――――――――（大場恵典）429
- 4．アレルギー性皮膚炎／蕁麻疹
   ―――――――――――（高木光博）429
- 5．光線過敏症―――――――――（大和　修）430
- 6．クローバー病
   ―――――――――――（高木光博）432
- 7．パラフィラリア症――――――（高木光博）432
- 8．牛バエ幼虫症――――――――（高橋正弘）433
- 9．ワヒ・コセ病（象皮病）―――（高橋正弘）434
- 10．ウシ毛包虫症――――――――（高橋正弘）435
- 11．デルマトフィルス症―――――（高橋正弘）437

■ 付録①　各種血液検査―――――（水谷　尚）441

第1節　一般血液検査（CBC）――――――― 441
- 1．赤血球数（RBC）――――――――― 441
- 2．ヘモグロビン（Hb），ヘマトクリット（Ht）値，赤血球恒数―――――――― 441
- 3．白血球数（WBC）と白血球分画――― 442

第2節　血液生化学的検査――――――――― 443
- 1．血清逸脱系酵素―――――――――― 443

2．ビリルビン（T-Bil） ── 444
3．総タンパク質（TP），アルブミン（Alb）
　　── 445
4．中性脂肪（TG），総コレステロール
　　（T-cho） ── 445
5．糖質，関連ホルモン ── 446

第3節　電解質 ── 447
1．ナトリウム（Na），カリウム（K），クロ
　　ライド（Cl） ── 447
2．カルシウム（Ca），無機リン酸（Ip） ── 447

第4節　血液ガス ── 448
第5節　和牛子牛の血液所見 ── 449
　　黒毛和種子牛の血液性状の標準値 ── 449

■付録②　薬剤一覧 ── 454

■付録③　略語一覧 ── 460

■索引 ── 465

子牛の医学

胎子期から出生・育成期まで

カラー口絵

カラー口絵

第1章　診療に関する総論

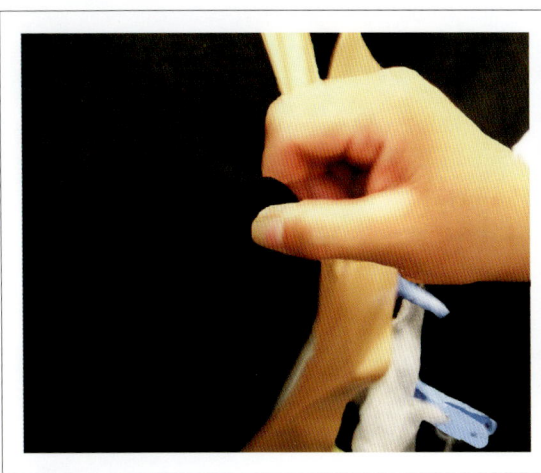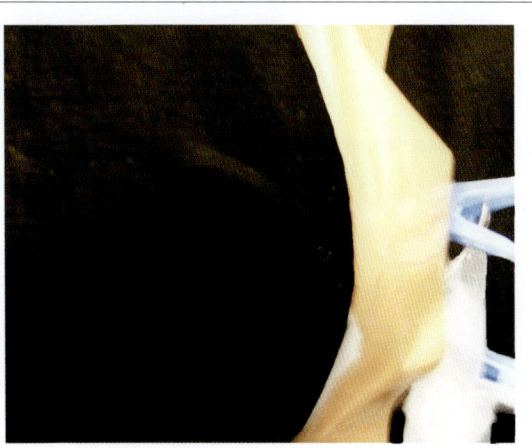

本文参照　P. 60

図1-4　皮膚つまみテスト

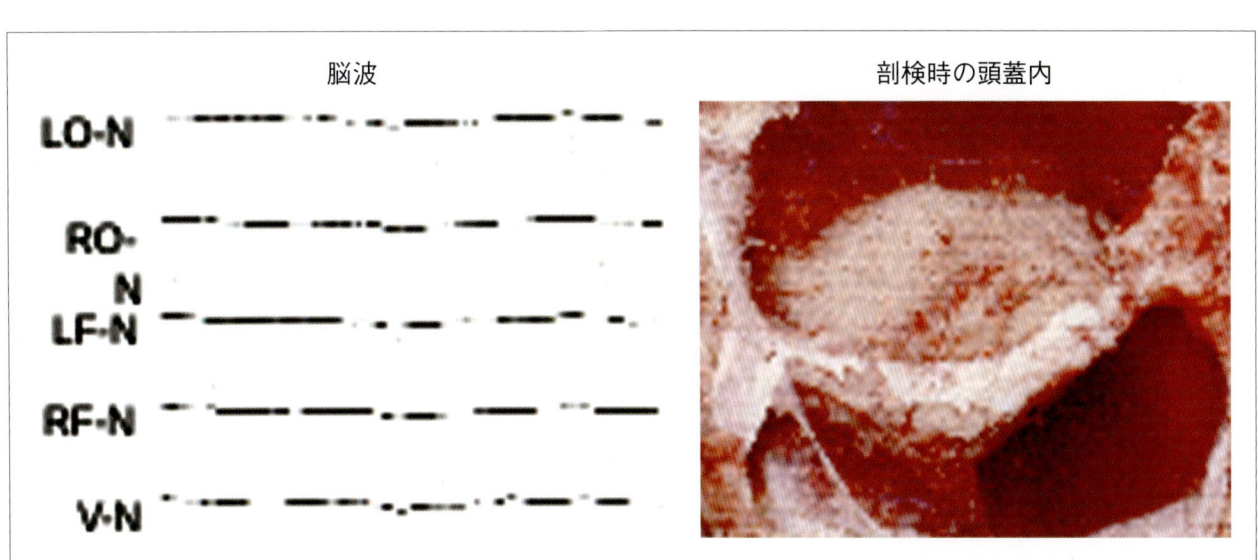

本文参照　P. 71

測定には鎮静処置を用いず，自然な意識状態の変化に伴う脳波パターンの変化を測る
記録には針電極を使用し，すべて単極誘導による記録を示している．本症例はアカバネ病と診断された
LO（左後頭），RO（右後頭），LF（左前頭），RF（右前頭），V（頭頂），N（鼻背部：基準電極），目盛りは 50 μV，1 sec

図1-8　1カ月齢の水頭無脳症例の脳波パターン

第2章 処置の概要

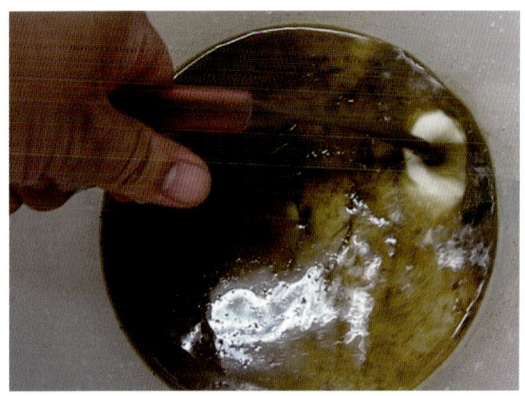

本文参照 P.91

カテーテルを挿入後，子牛の頭部を下垂させながら口外に出ているカテーテルを下げて内容液を排出する

図2-5　胃洗浄により回収された内容液

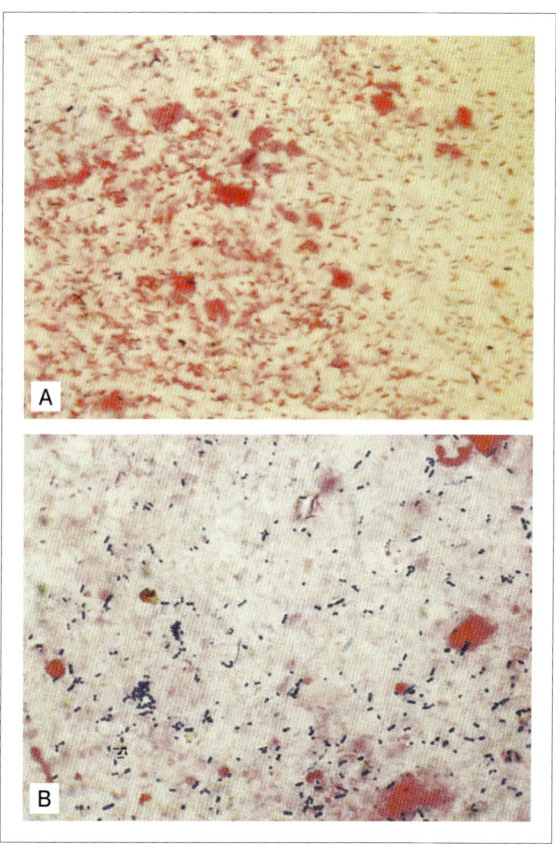

本文参照 P.116

図2-22　下痢症状を示した子牛の便の初診時におけるグラム染色鏡検所見（A），ビコザマイシン投与翌日の下痢が治まった便の鏡検所見（B）

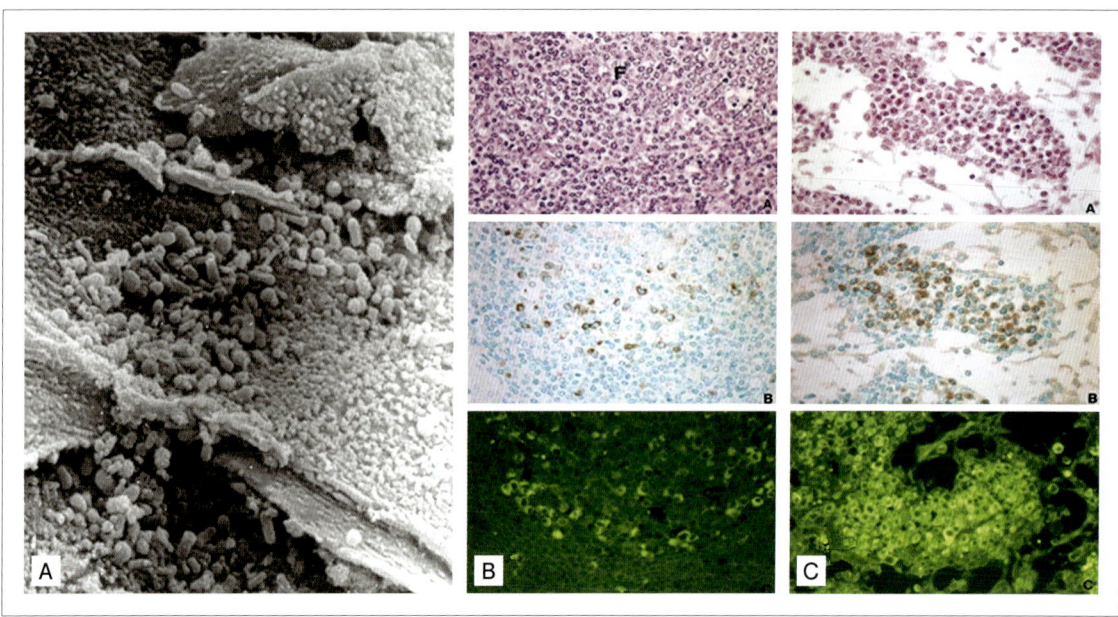

（佐藤　繁氏　ご提供）

本文参照 P.121

図2-25　実験的ルーメン細菌接種子牛における第一胃の走査型電顕所見（A），および前胃付属リンパ節におけるIgG保有細胞の出現（B：皮質領域，C：髄質領域）

第4章 循環器疾患

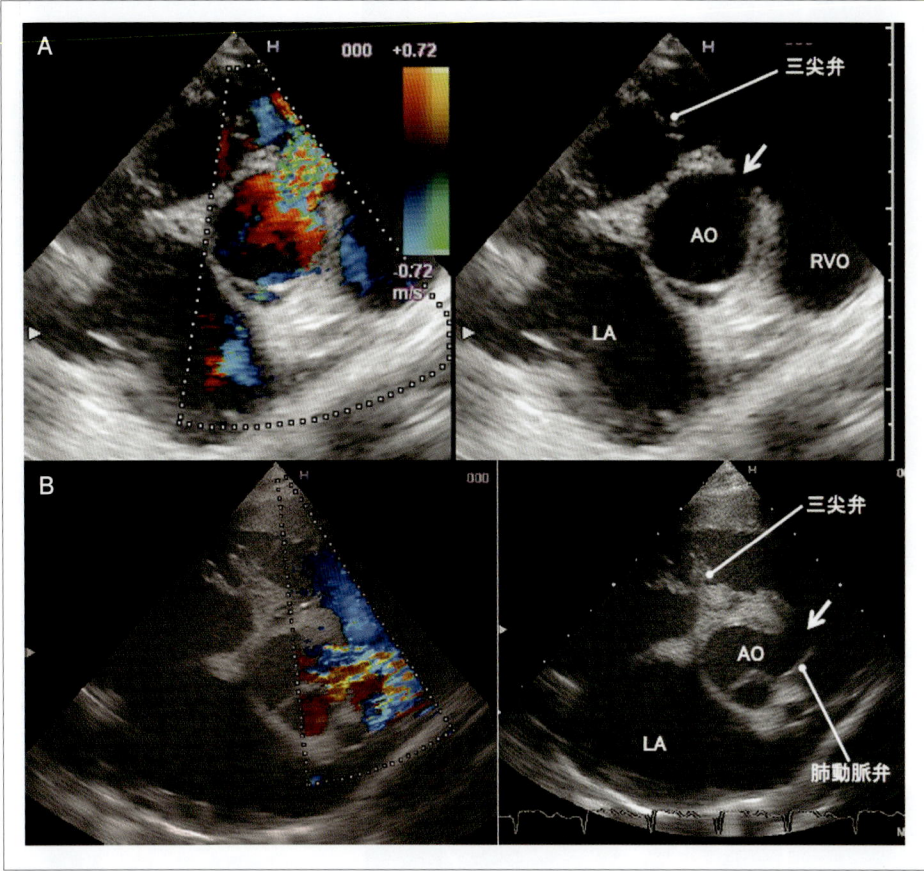

本文参照 P. 156

図4-6 心室中隔欠損の超音波像とカラードプラ像

右肋間から描出した，左室流出路から大動脈弁レベルの短軸断面像（A，B）。Aは膜性部欠損で，欠損孔（矢印）は三尖弁中隔尖寄りに位置する。Bは肺動脈弁下（漏斗部）欠損で，欠損孔（矢印）は肺動脈弁直下に位置する。カラードプラ像では，A，Bともに欠損孔を通って右室へと流れる左右短絡血流がモザイク色で表示されている。欠損孔の大きさは断層像上，両例とも1cm前後である。肺動脈弁直下の小さな欠損孔は，この短軸断面では検出できるが，4腔や左室流出路の長軸断面では通常は検出できない
AO＝大動脈，RVO＝右室流出路，LA＝左房

※牛では心室中隔欠損の位置は，膜性部が73.2％，漏斗部が18.7％，筋部が4.5％，流入部が2.0％，混合型1.5％とされている（本章「10. 先天性心疾患」の文献3を参照）

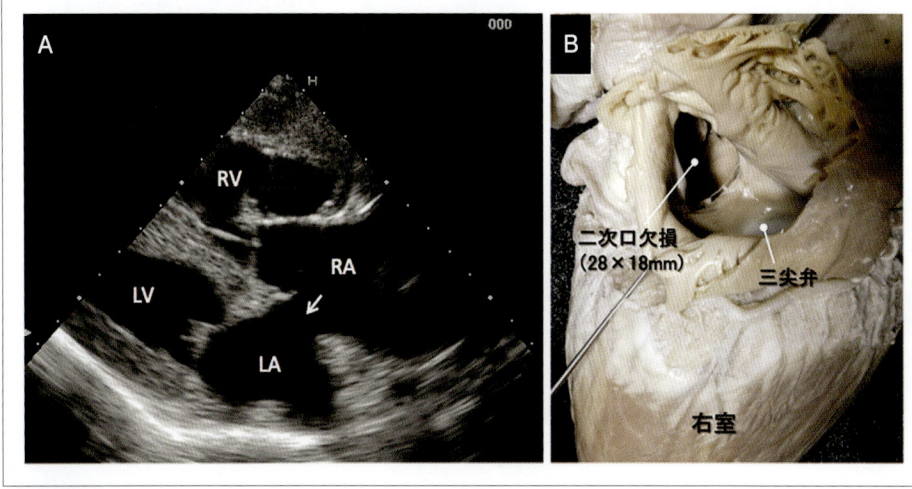

本文参照 P. 156

図4-7 心房中隔欠損の超音波像とその心臓標本

Aは右肋間から描出した4腔断面像。大きな二次口欠損（矢印）が心房中隔の中央部に認められる。Bは同一例の剖検心で右房内景
RA＝右房，RV＝右室，LA＝左房，LV＝左室

※牛では心房中隔欠損のタイプ（位置）は二次口型が98％で，その他のタイプ（一次口型，静脈洞型など）は少ない（本章「10. 先天性心疾患」の文献3を参照）。本奇形では通常，欠損孔を介する左右短絡血流が生じ，その短絡血流量に比例して右房，右室，肺動脈が拡張する。欠損孔が小さく短絡血流量も少なければ無症状で，発育も正常である

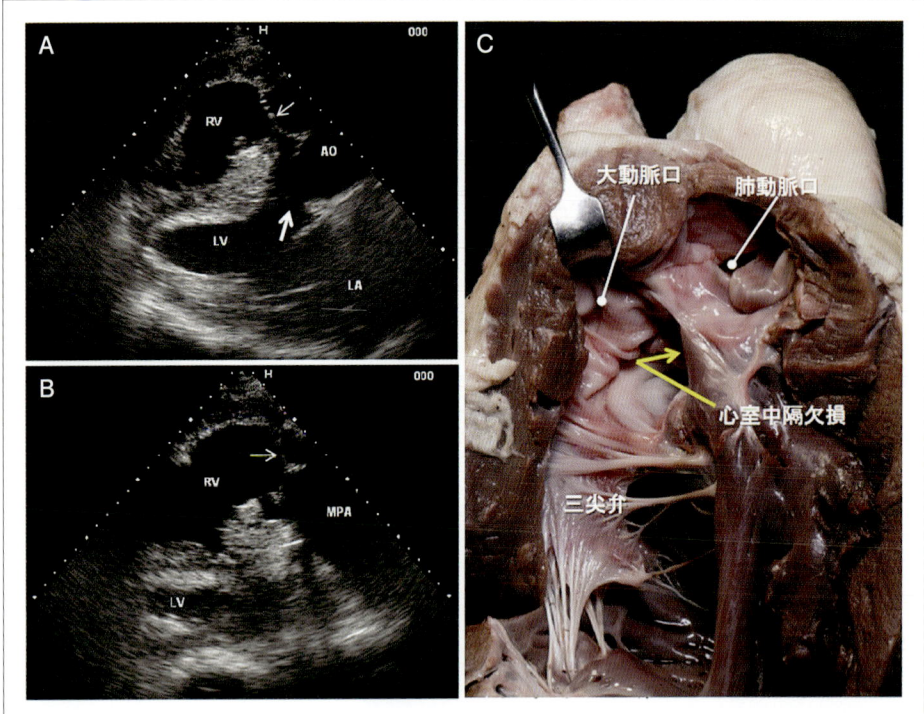

図4-8 両大血管右室起始の超音波像とその心臓標本

右肋間から描出した左室流出路の長軸断面像（A）では，大動脈（AO）の大部分は左室でなく右室から起始している。高位中隔に大きな心室中隔欠損（矢印）を認める。小さな矢印は大動脈弁を示す。超音波ビームをAの断面から頭方へ傾斜して得られた断面像（B）では，右室からもうひとつの大血管（肺動脈MPA）が起始するのが認められる。矢印は肺動脈弁を示す。剖検心の右室内景（C）では，大動脈の大半は右室から起始している。心室中隔欠損は大動脈下に位置する
RV＝右室，LA＝左房，LV＝左室

※牛の両大血管右室起始症における心室中隔欠損の位置は，大動脈下が12.1％，両大血管下が16.7％，大血管から離れた位置にあるものが47％，心室中隔欠損がないものが24.2％とされている（本章「10. 先天性心疾患」の文献3を参照）

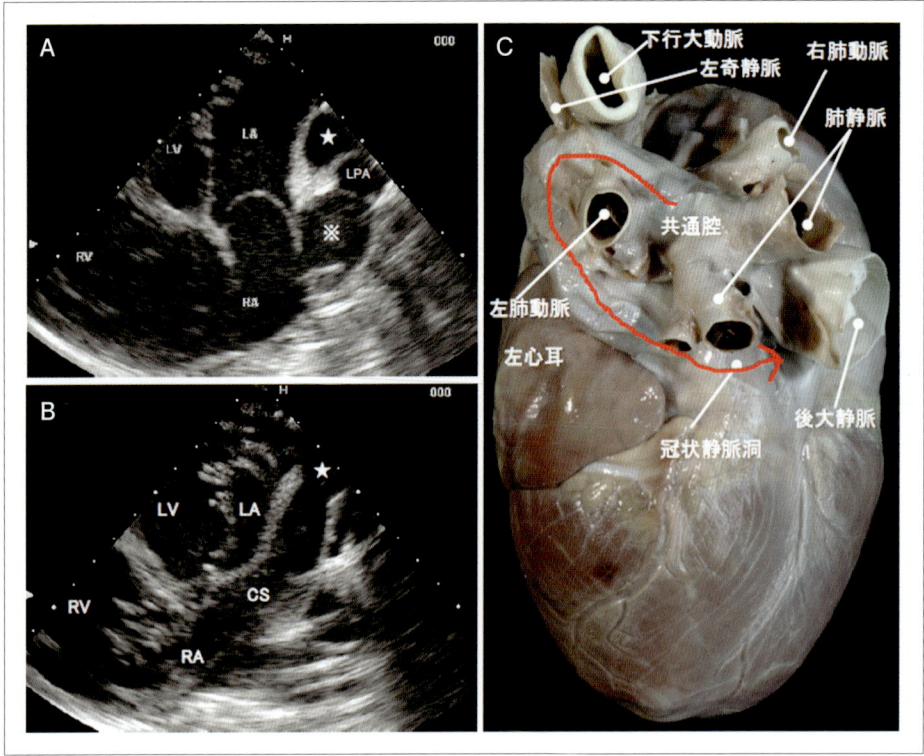

図4-9 総肺静脈還流異常の超音波像とその心臓標本

左肋間から描出した4腔断面の変形像（A）では，左房（LA）の背方に2つの異常腔（★と※）を認める。超音波ビームをAの断面から尾方へ傾けて得られた断面像（B）では，異常腔（★）は伸展し最終的に冠状静脈洞（CS）に連なり右房へ開口する。剖検心を左尾方から見ると（C），すべての肺静脈はひとつの共通腔（共通肺静脈）に結合し，その共通腔は左奇静脈に合流し冠状静脈洞を経て右房（RA）へと還流する（赤い矢印はその走行を示す）
RA＝右房，RV＝右室，LA＝左房，LV＝左室，LPA＝左肺動脈

※本例では卵円孔開存があり，カラードプラ法では卵円孔を通過する右左短絡血流が認められた。牛では共通肺静脈の多くが左奇静脈に，一部が右奇静脈あるいは冠状静脈洞に流入する。
牛の本奇形20例中13例はほかの心奇形の存在しない孤立型で，全例に卵円孔開存があり，この心房間交通が体循環へ血液を送る唯一の通路となっている。この場合，卵円孔が小さいと左心系への血流は減少して心拍出量低下を来し，一方，右心系への血流は増大して右房，右室，肺動脈の拡張を来す。自験例では右室圧が上昇し三尖弁逆流を伴う例が多い（本章「10. 先天性心疾患」の文献4を参照）

カラー口絵

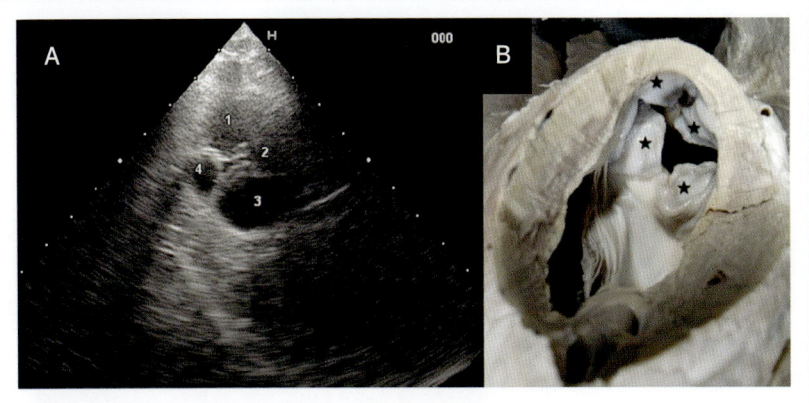

左肋間から描出した大動脈の短軸断面像（拡張期：A）では，大きさの異なる4つの大動脈弁（1〜4）が認められる。Bの剖検心は心室側から大動脈弁を見たもので，大動脈弁は超音波像と同様，大きさの異なる4つの弁（★）からなる

※牛の大動脈弁奇形は心奇形893例中15例（1.7%）に認められ，そのタイプには弁閉鎖，四尖弁，二尖弁がある（本章「10. 先天性心疾患」の文献3を参照）。弁狭窄を伴わない四尖弁では逆流を起こすことはあっても臨床症状を認めることは通常ないとされている

本文参照　P. 156
図4-10　大動脈四尖弁の超音波像とその心臓標本

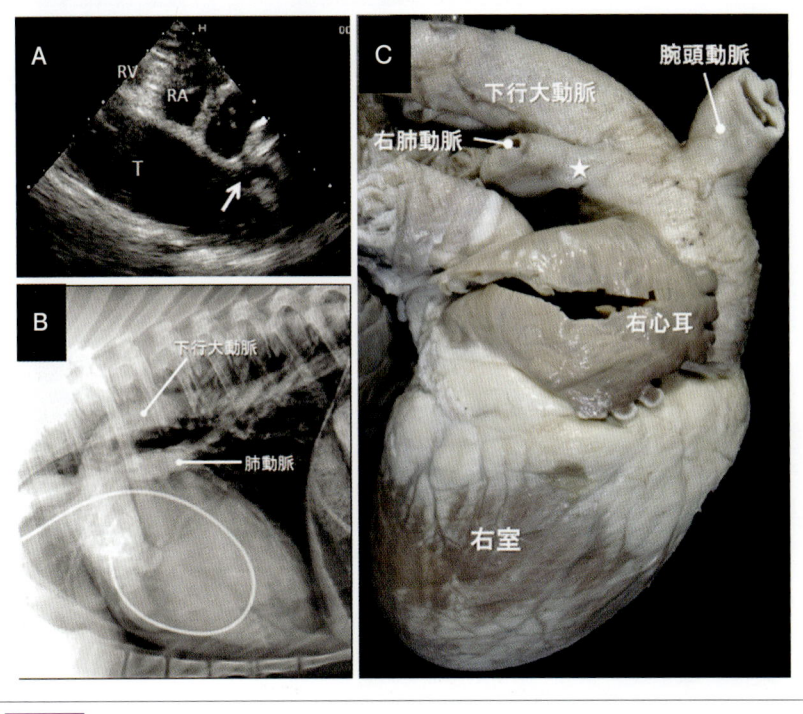

右肋間から描出した断面像（A）では通常，胸壁側から右房，右室，大動脈，肺動脈の順に各構造物が描出されるが，本症例では大きな大血管（T）が1本のみ描出されているだけである。この大血管からは小さな管状物（矢印）が起始する所見も観察できた。頚静脈から挿入した心臓カテーテルの先端をこの大血管のなかに置き造影したX線造影像（B）では，大血管とそれに連続する下行大動脈と肺動脈が同時に造影されている。剖検心を右側から見たもの（C）では，心エコーやX線造影検査所見と同様，大血管は1本しかなく，この大血管から起始する短く小さな血管（★動脈管）に左右の肺動脈が連結している。肺動脈幹は認められない

※本奇形は肺動脈閉鎖に分類されるもので，牛の心奇形893例中14例（1.6%）に認められている（本章「10. 先天性心疾患」の文献3を参照）

本文参照　P. 156
図4-11　単一動脈幹の超音波像，選択的心血管造影像およびその心臓標本

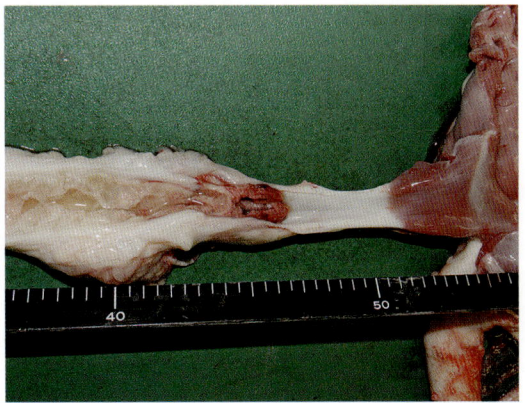

本文参照　P. 161
図4-14　頚静脈内の炎症性腫瘤物

第5章 呼吸器疾患

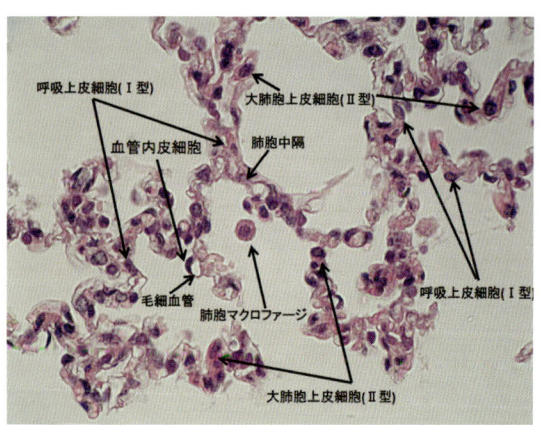

本文参照 P.174
図5-21 肺の正常病理組織所見

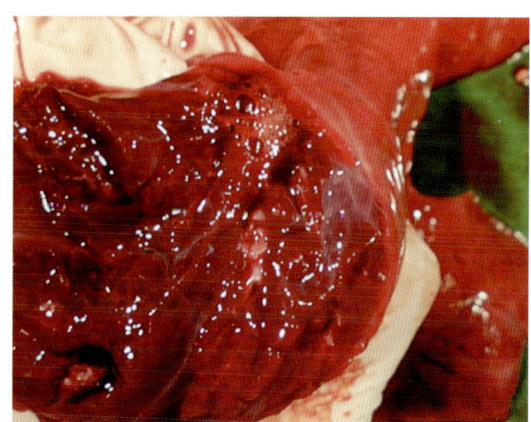

本文参照 P.175
図5-22 肺水腫の病理解剖所見

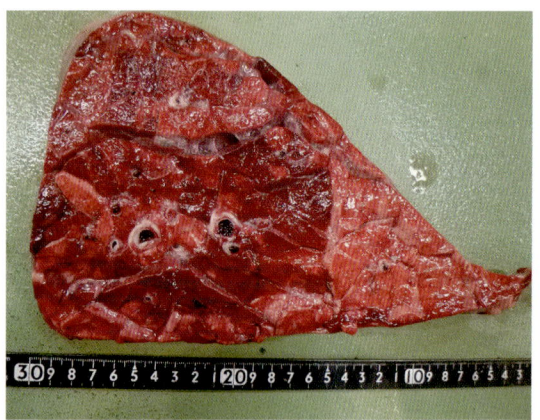

本文参照 P.175
図5-23 肺血栓の病理解剖所見

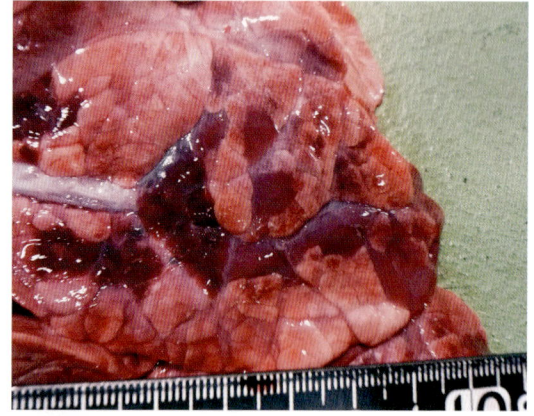

本文参照 P.175
図5-24 無気肺の病理解剖所見

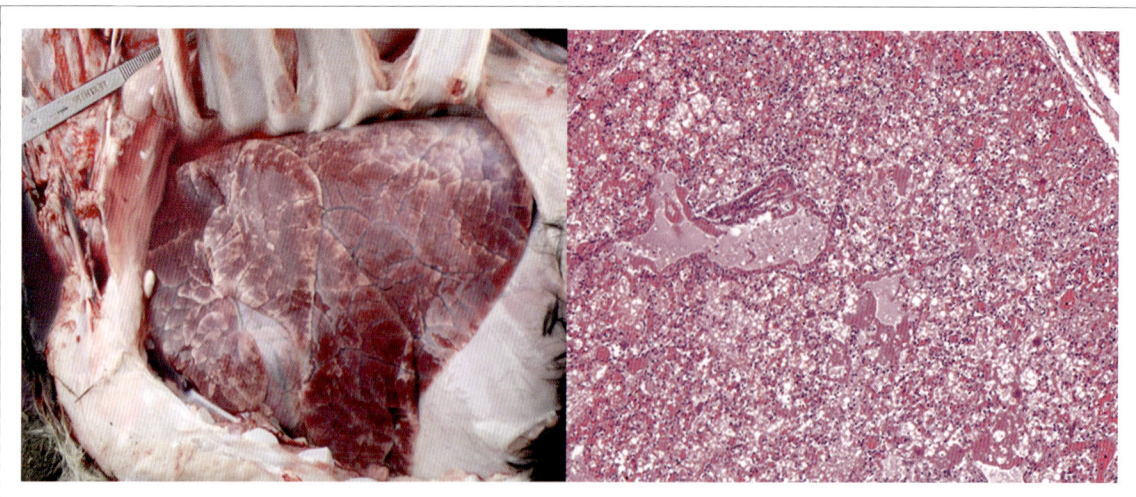

本文参照 P.176
図5-25 間質性肺炎の病理所見

カラー口絵

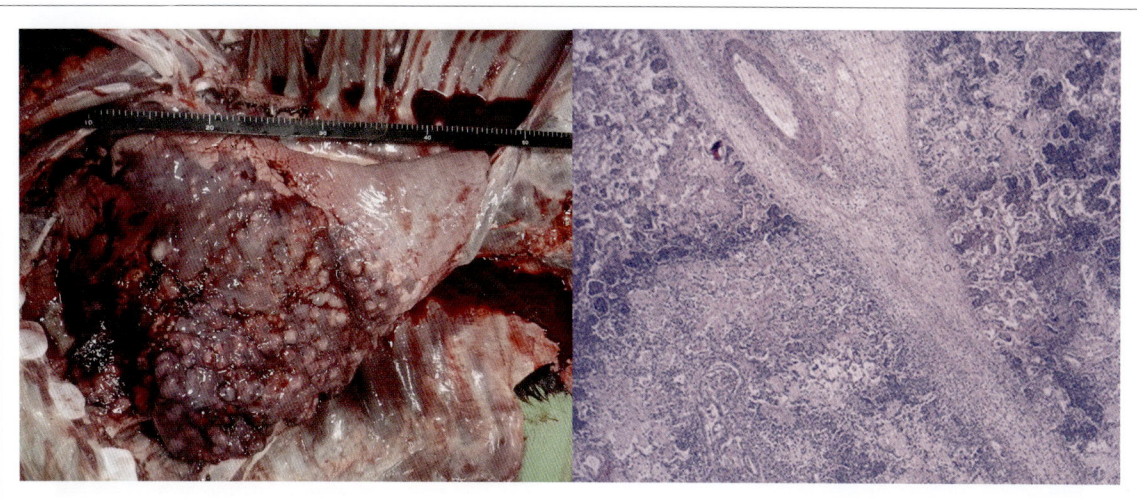

本文参照 P. 177
図5-26 パスツレラ症の肺の病理所見

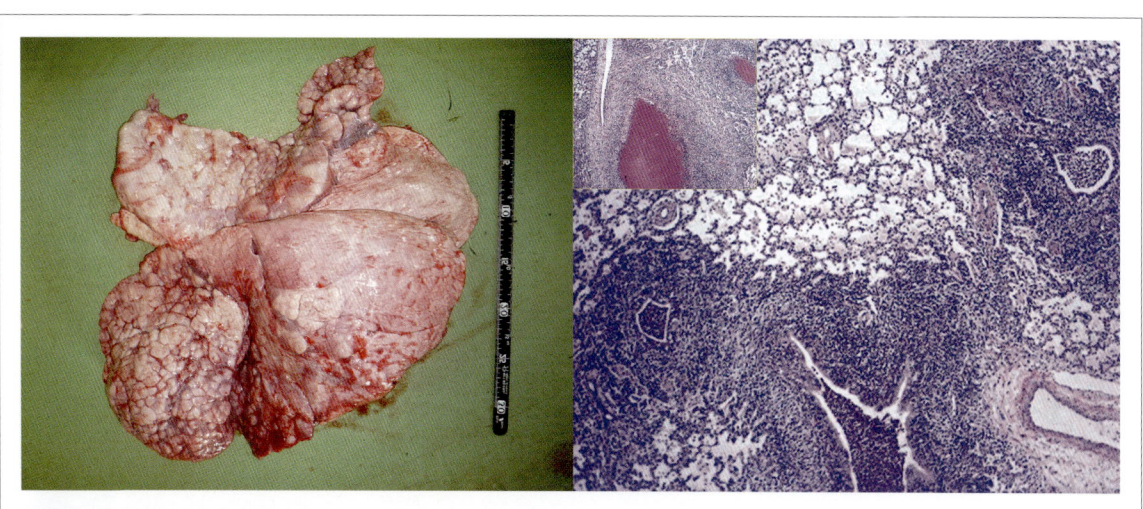

本文参照 P. 177
図5-27 マイコプラズマ性肺炎の病理所見

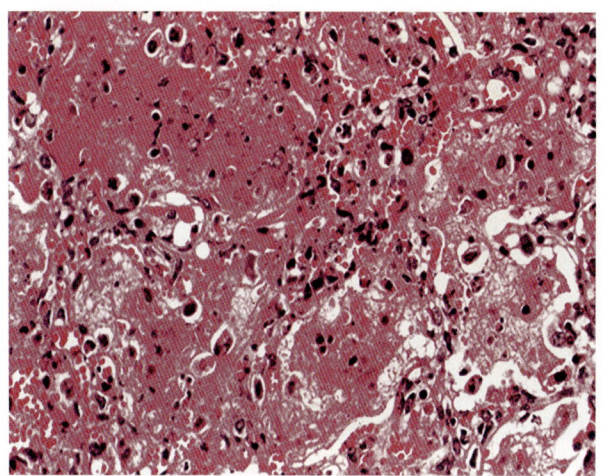

本文参照 P. 177
図5-28 子牛のアデノウイルスの肺の病理組織所見

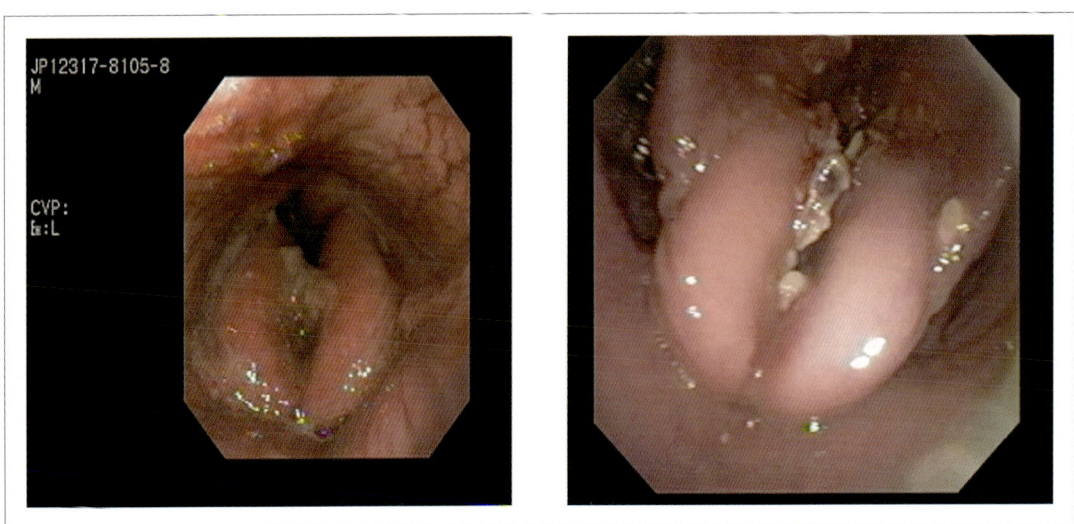

本文参照　P.179

急性咽喉頭炎（左），*Pasteurella multocida* による慢性気管支炎症例における慢性咽喉頭炎（右）であり，粘膜の腫脹，血管の充血が顕著である

図 5-29　内視鏡検査による咽喉頭炎

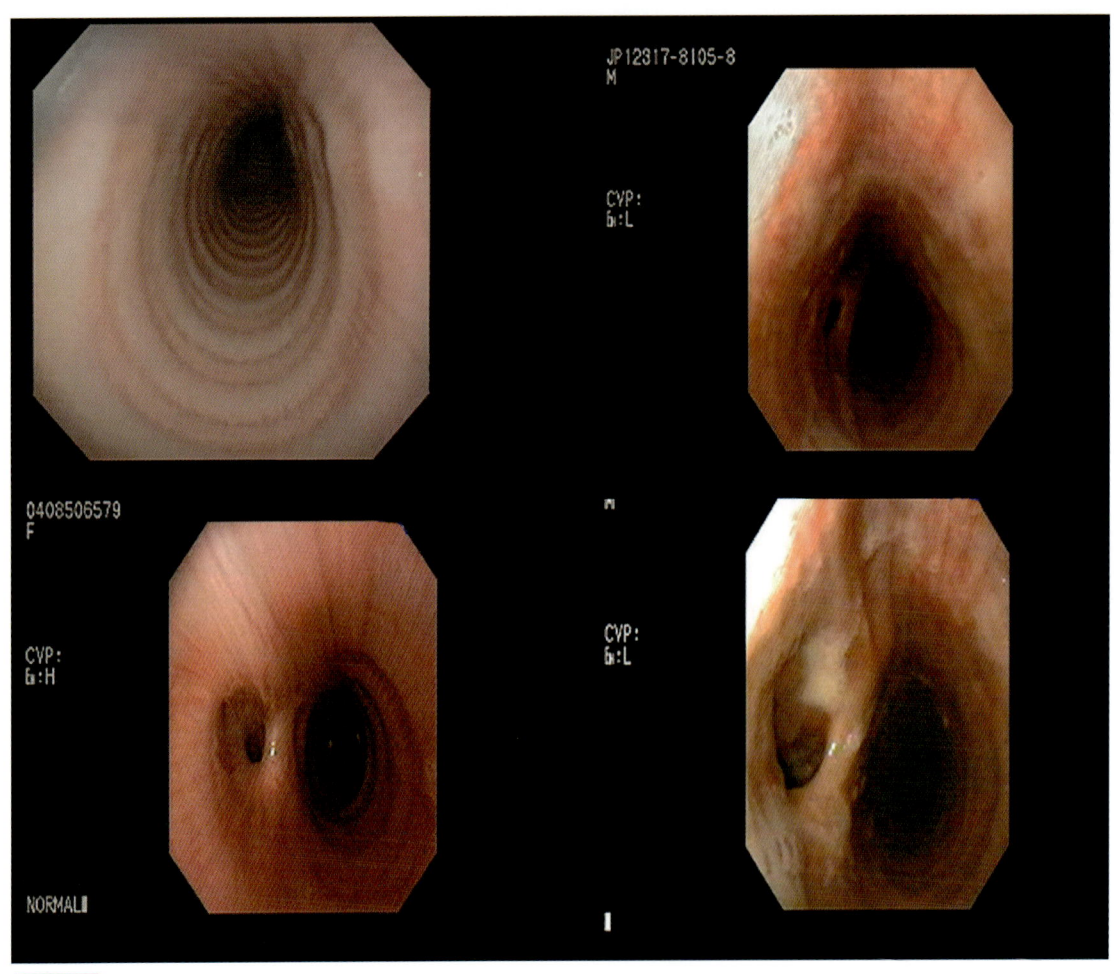

本文参照　P.179

上段は気管，下段は気管の気管支部である

図 5-30　気管支鏡による健常症例の気管支（左），気管支炎により肥厚した気管支（右）

カラー口絵

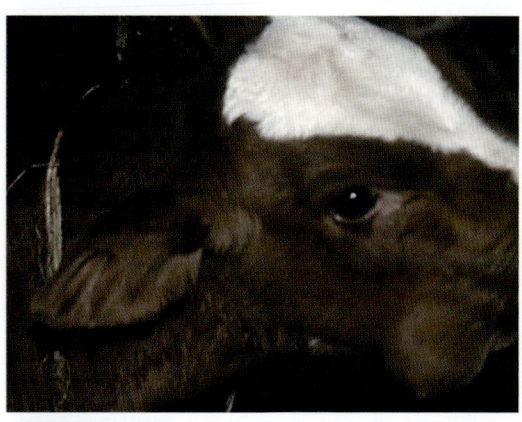

（DISEASES OF DAIRY CATTLE より転載）

本文参照 P.180
図5-31 壊死性喉頭炎症例における頬の典型的な腫脹

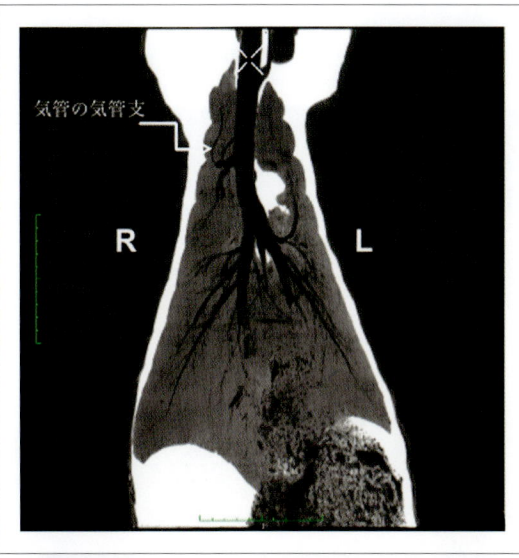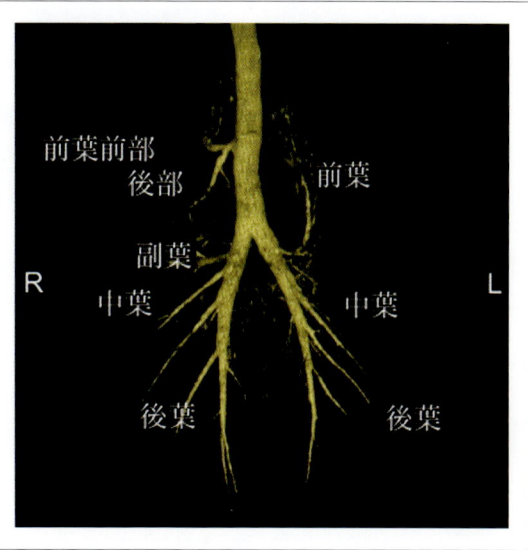

胸腔内での気管-気管支樹，胸腔内で黒く抜けている部分が気管-気管支（右）。牛の気管-気管支樹（左）

本文参照 P.182
図5-32 胸部CT解析による子牛の気管-気管支樹（腹背像）

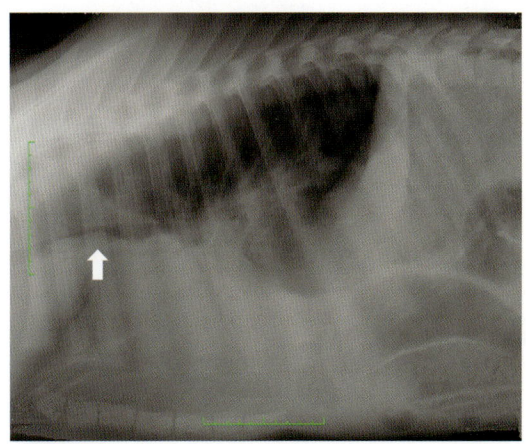

本文参照 P.182

気管の拡張と，気管内に多量の分泌物の貯留が認められた（矢印）

図5-34 慢性気管支炎における気管内分泌貯留により重度の呼吸器症状を呈した症例の胸部X線像（LR）

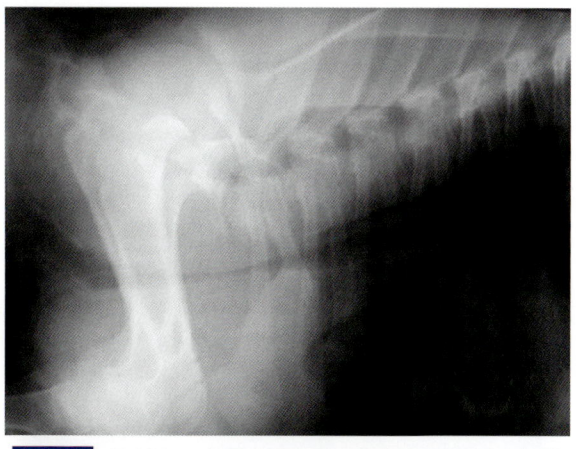

本文参照 P.184 （DISEASES OF DAIRY CATTLE より転載）

図5-35 第一肋骨の増殖性仮骨の気管圧迫が原因による気管狭窄症例のX線像

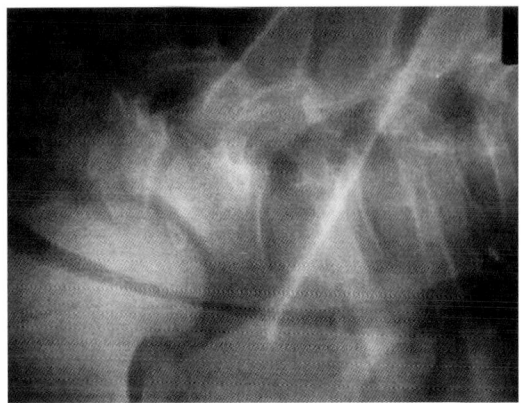

本文参照 P. 183
(LARGE ANIMAL INTERNAL MEDICINE より転載)
図5-36 頚部気道における気管支狭窄症例のX線像

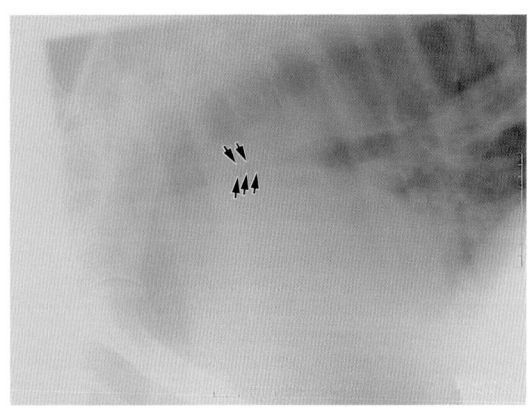

本文参照 P. 183
図5-37 胸腔内気道における気管支狭窄症例の
X線像（RL）

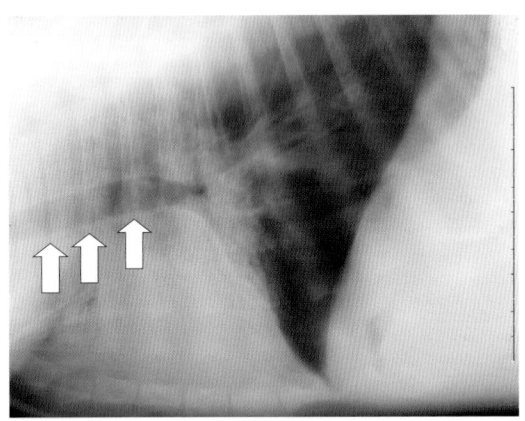

本文参照 P. 184
肺陰影は認められず，呼吸器症状が持続した症例。胸部X線像（RL）では，気管の拡張（矢印）と気管の肥厚が認められる

図5-40 気管支拡張症例のX線像（RL）

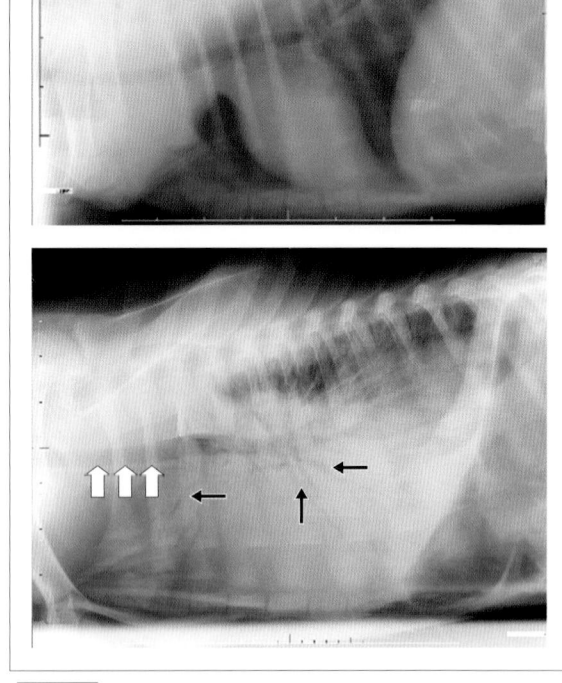

本文参照 P. 184
健常子牛の胸部X線像（上）。気管支肺炎症例（下）では，気管の著しい拡張（太矢印）と気管支の走向が明瞭（細矢印：tram line）である

図5-41 気管支肺炎症例の気管支拡張とtram line

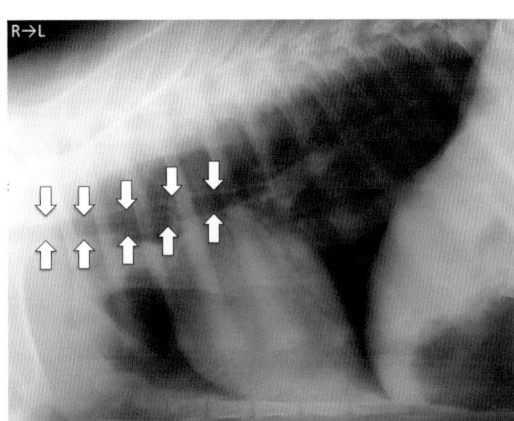

本文参照 P. 186
気管が弾力性を失い，異常に拡張している（矢印）。気管支拡張症とは異なり，気管支は均一に（同じ直径で）拡張せず，不均一に拡張する

図5-42 気管支虚脱症例のX線像（RL）

カラー口絵

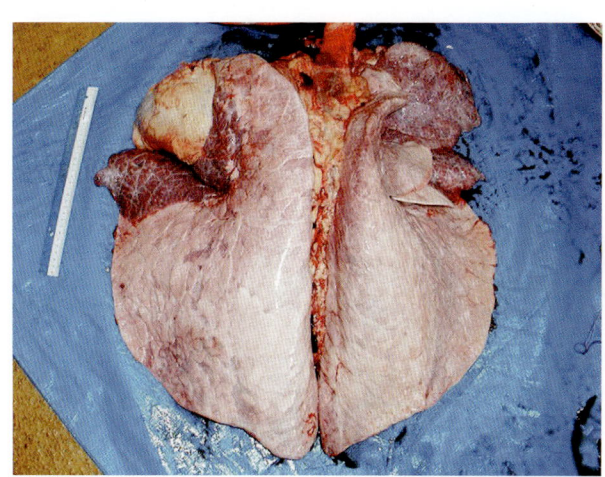

本文参照 P. 187

図5-43 肺充血，肺気腫を伴った肺炎病巣①

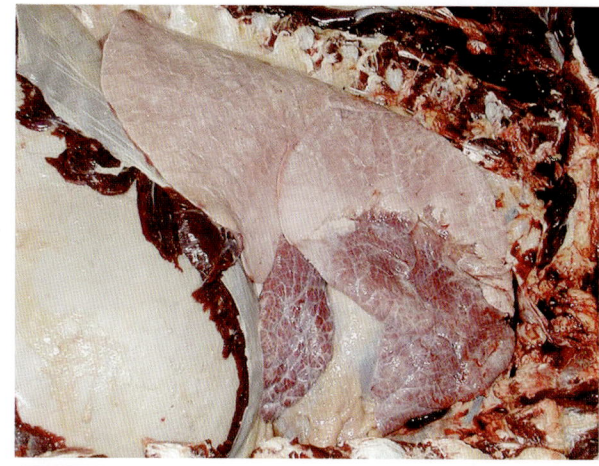

本文参照 P. 187

図5-44 肺充血，肺気腫を伴った肺炎病巣②

本文参照 P. 189

呼吸困難を示す重症例でよくみられ，呻吟を伴うことが多い

図5-45 泡沫性流涎を伴う開口呼吸

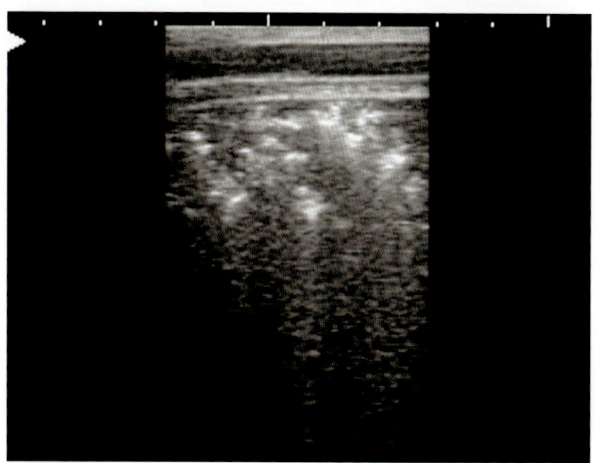

本文参照 P. 190

第五肋間やや腹側で描出された実質像で，肺内部に斑状の高エコー像が多数みられる

図5-46 慢性肺炎症例の右肺実質像

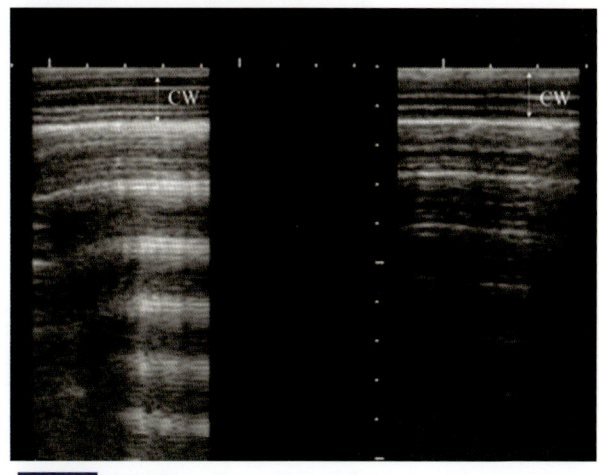

本文参照 P. 190

予後不良例でも後葉領域の含気性は失われずに，正常肺と同様の多重反射を示すことが多い

図5-47 慢性肺炎症例の左右肺後葉の超音波像

本文参照 P. 193

消毒薬を特殊な薬剤で煙霧状にして噴霧する。消毒薬は舎内をゆっくりと漂いながら拡散しあらゆる面に付着するが，舎内や牛体を濡らすことはない

図5-48 煙霧消毒

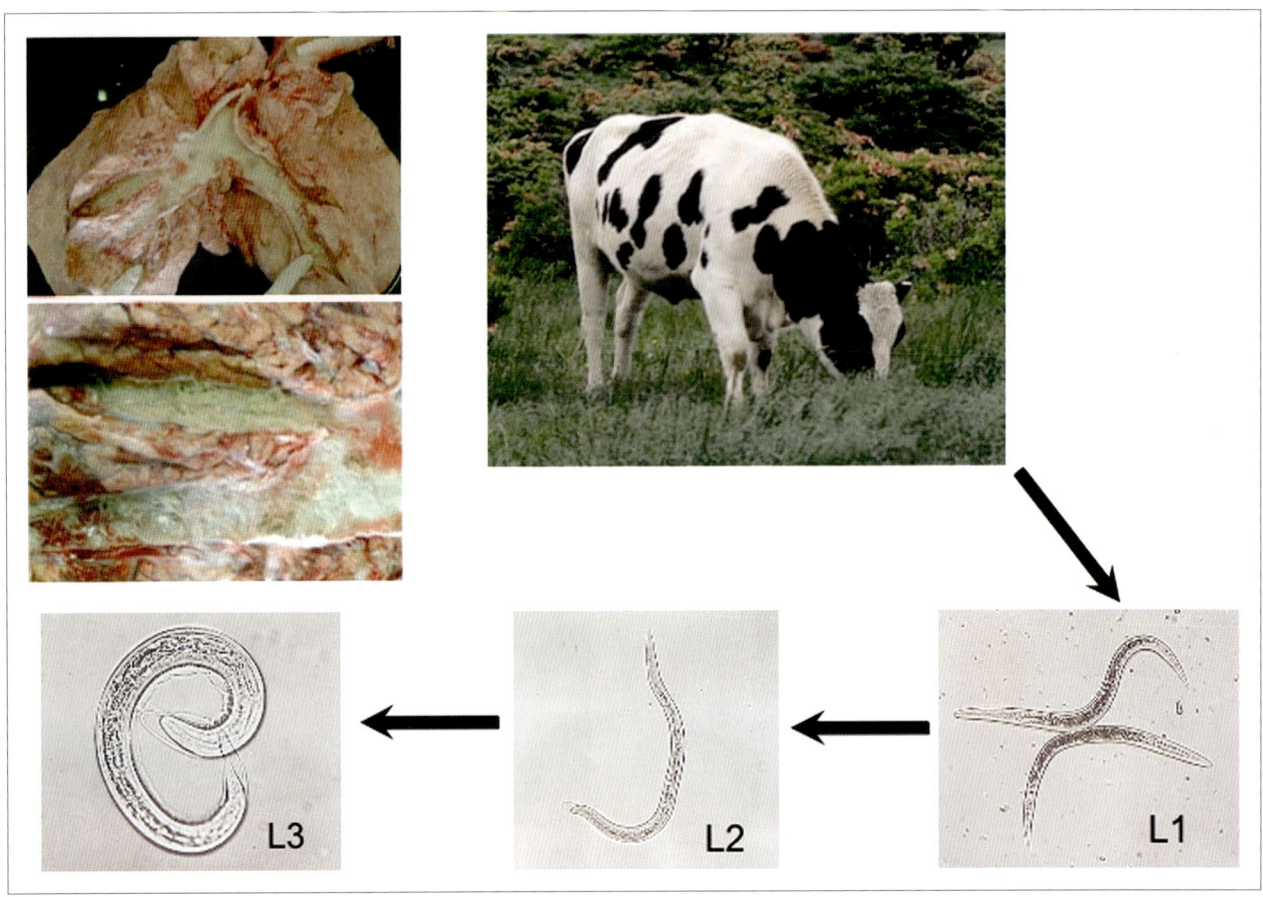

本文参照 P. 195
図5-49 牛肺虫の発育環

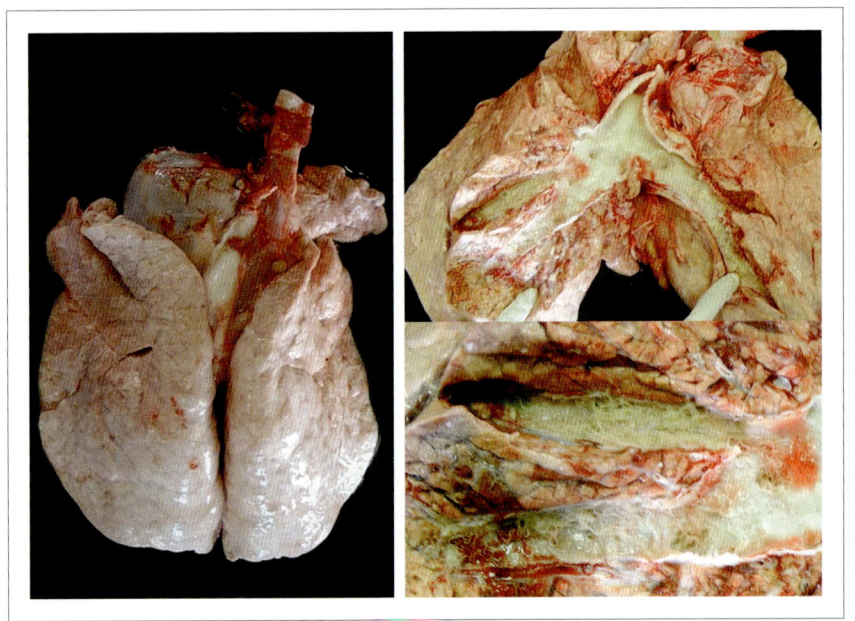

本文参照 P. 196 （大和田 曉氏　ご提供）
図5-50 2003年別海町で発生した牛肺虫感染症例（ホルスタイン育成牛）の肺病変

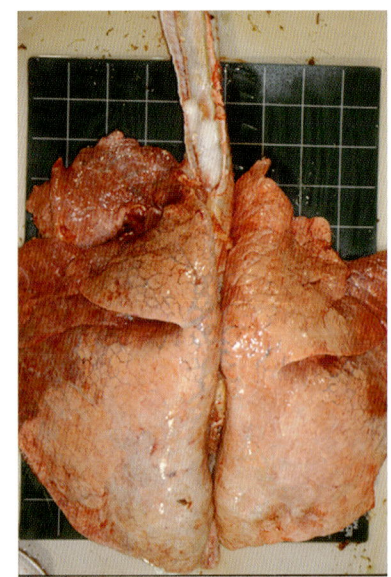

本文参照 P. 197 （岩手県中央家畜保健衛生所　ご提供）
前葉・中葉の肝変化と間質性肺気腫，気管に泡沫性滲出物を認める
図5-51 牛伝染性鼻気管炎症例の肺

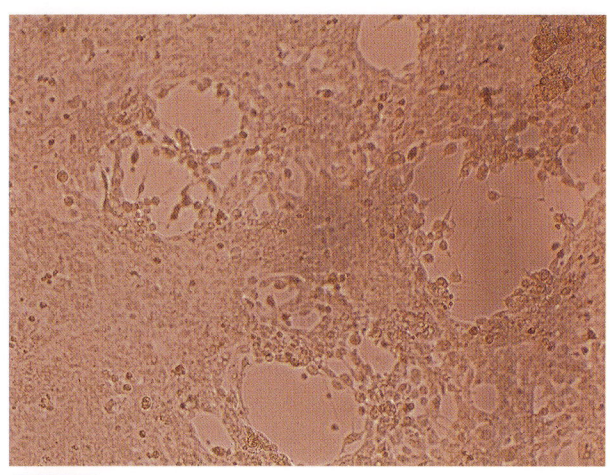

本文参照 P. 198
細胞の円形化や細胞の脱落・網状化が認められる

図5-52 牛伝染性鼻気管炎ウイルスのMDBK細胞におけるCPE

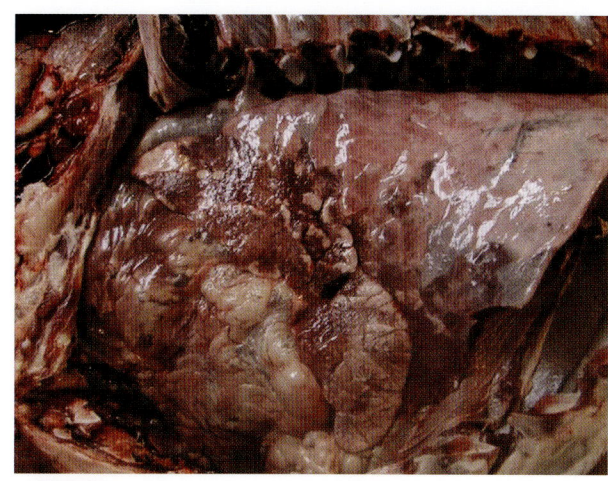

本文参照 P. 199　（秋田県中央保健衛生所　ご提供）
前葉から後葉の上部の肝変化と後葉に肺気腫

図5-54 牛RSウイルス感染症例の肺

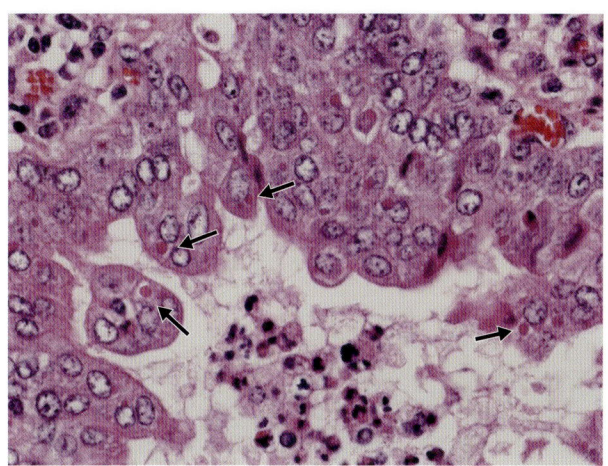

本文参照 P. 199　（秋田県中央家畜保健衛生所　ご提供）
融合合胞化，過形成した上皮細胞内に好酸性細胞質内封入体（矢印）を認める（HE×400）

図5-55 牛RSウイルス感染牛の肺における細気管支粘膜上皮内の細胞質内封入体

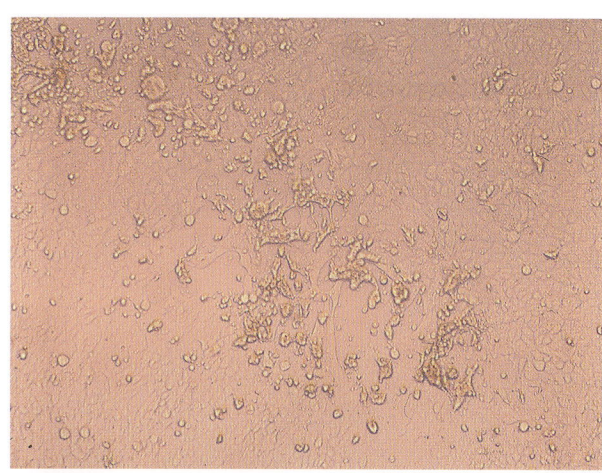

本文参照 P. 200
細胞が融合した合胞体性巨細胞を形成する

図5-56 牛パラインフルエンザ3型のMDBK細胞におけるCPE

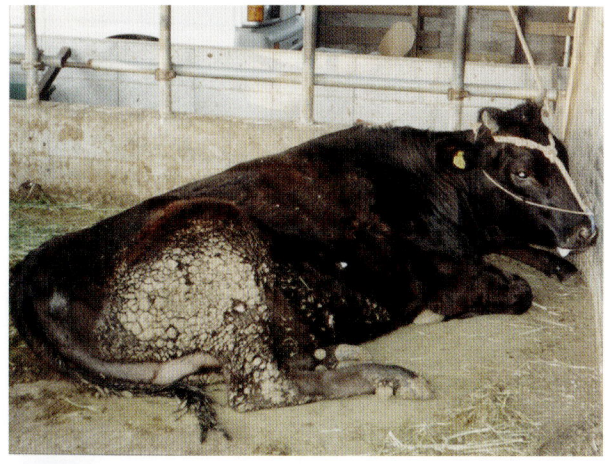

本文参照 P. 201　（沖縄県家畜衛生試験場　ご提供）

図5-57 牛流行熱症例の高熱による起立不能と流涎

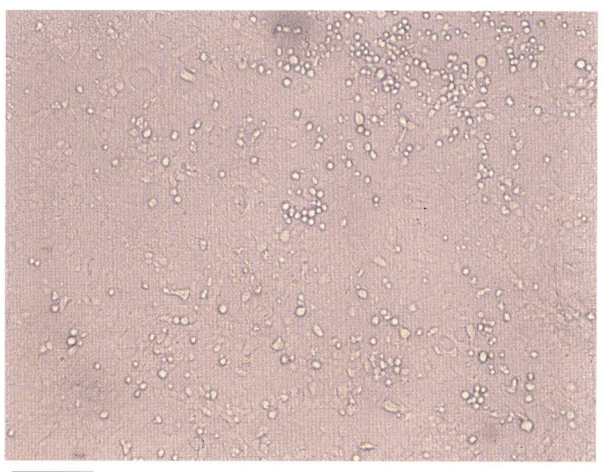

本文参照 P. 202
多数の円形細胞を認める

図5-58 牛ライノウイルスのMDBK細胞におけるCPE

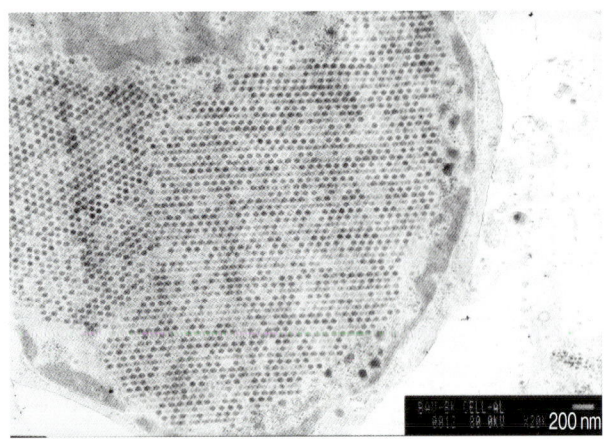

本文参照 P. 203　　　（20,000倍，バーサイズ：200 nm）

図5-59　牛腎細胞の核内における牛アデノウイルス3型の電子顕微鏡像

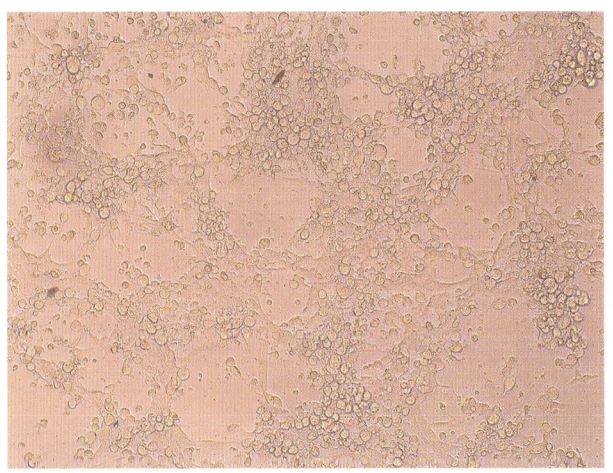

本文参照 P. 203

円形化した大小の細胞が集合し，点在している

図5-60　牛アデノウイルス3型のMDBK細胞におけるCPE

第6章　消化器疾患

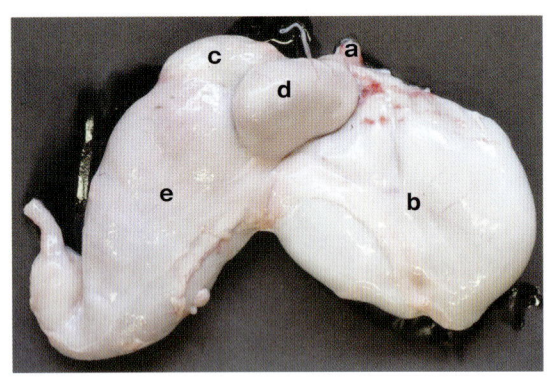

本文参照 P. 209

a：食道，b：第一胃，c：第二胃，d：第三胃，e：第四胃

図6-1　1週齢黒毛和種子牛の複胃の右側外景

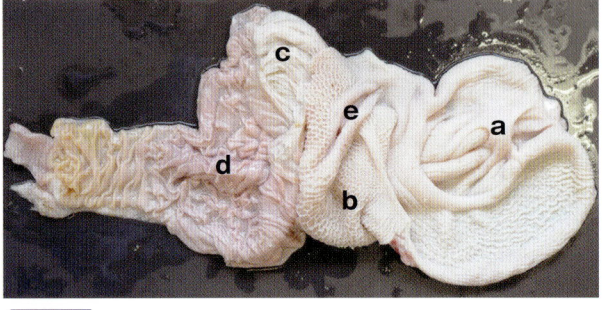

本文参照 P. 209

a：第一胃，b：第二胃，c：第三胃，d：第四胃，e：第二胃溝

図6-2　1週齢黒毛和種子牛の複胃の内景

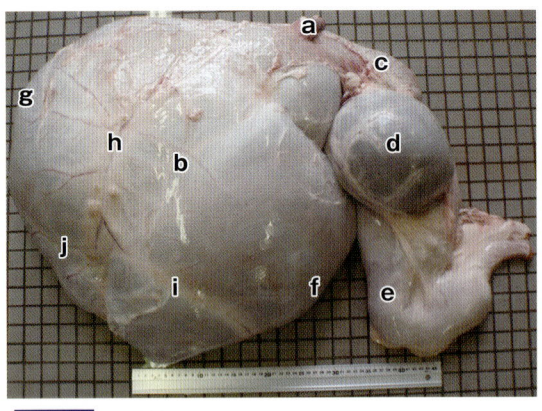

本文参照 P. 209

a：食道，b：第一胃，c：第二胃，d：第三胃，e：第四胃，f：腹彎，g：背彎，h：縦溝，i：腹冠状溝，j：背冠状溝

図6-3　5カ月齢黒毛和種子牛の複胃外景

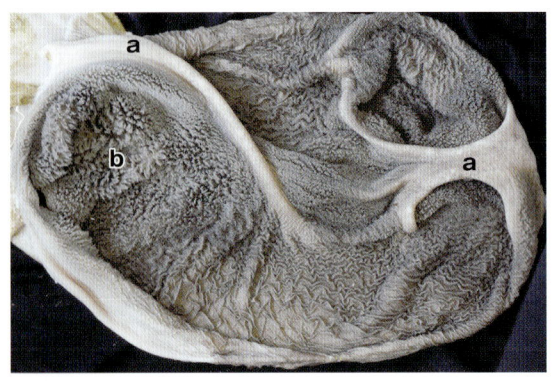

本文参照 P. 209

a：第一胃筋柱，b：密生する第一胃乳頭

図6-4　5カ月齢黒毛和種子牛の第一胃内景

カラー口絵

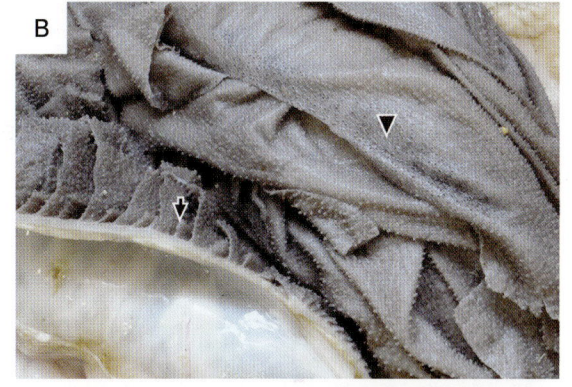

本文参照　P. 210

A：第二胃の内景，矢印は第二胃稜，＊印は第二胃小室，B：第三胃の内景，矢頭は第三胃葉，矢印は最小葉，C：第四胃の内景，＊印は第四胃ヒダ

図6-5　5カ月齢黒毛和種子牛の第二〜第四胃内景

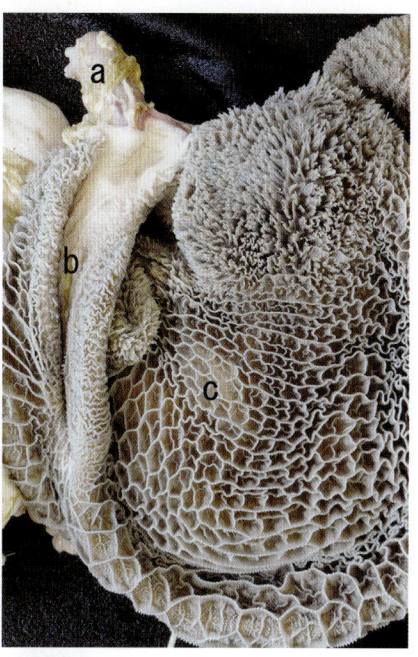

本文参照　P. 210

a：食道，b：第二胃溝，c：第二胃

図6-6　第二胃溝

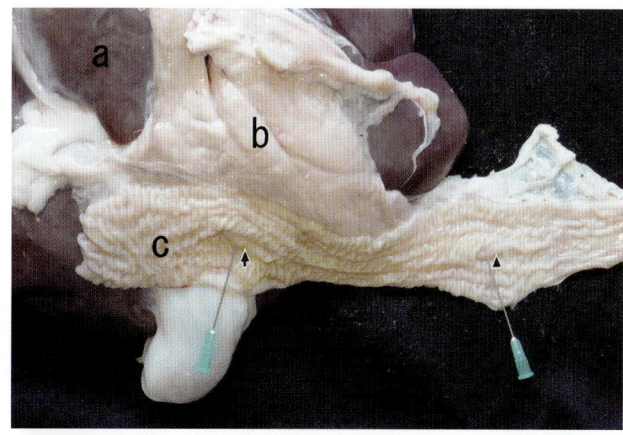

本文参照　P. 210, 211

a：肝臓，b：膵臓，c：十二指腸（切開して粘膜面を剖出），矢印：大十二指腸乳頭（開口部に注射針を挿入），矢頭：小十二指腸乳頭（開口部に注射針を挿入）

図6-8　肝・膵・十二指腸と大・小十二指腸乳頭

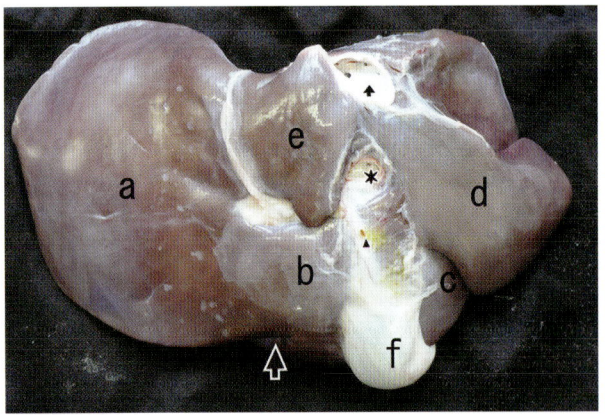

本文参照　P. 211
a：左葉，b：方形葉，c：右葉，d：尾状葉の尾状突起，e：尾状葉の乳頭突起，f：胆嚢，小矢印：肝静脈，＊印：門脈，矢頭：総胆管，大矢印：肝円索

図6-10　5カ月齢黒毛和種子牛の肝臓（臓側面）

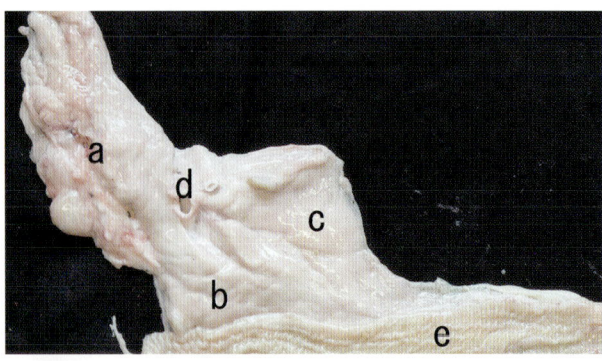

本文参照　P. 212
a：膵左葉，b：膵体，c：膵右葉，d：門脈と膵切痕，e：十二指腸（粘膜面）

図6-11　5カ月齢黒毛和種子牛の膵臓

本文参照　P. 222　（兵庫県洲本家畜保健衛生所　ご提供）
乳頭が互いに接着して塊状になり，黒色化して飼料片の陥入がみられる

図6-23　第一胃炎・錯角化症例の第一胃粘膜

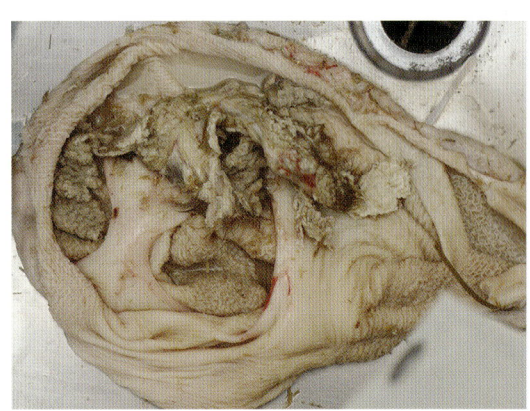

本文参照　P. 223　（兵庫県洲本家畜保健衛生所　ご提供）
重度の第一胃アシドーシスによる粘膜の剥離がみられる

図6-24　ルミナル・ドリンカー症例の第一胃

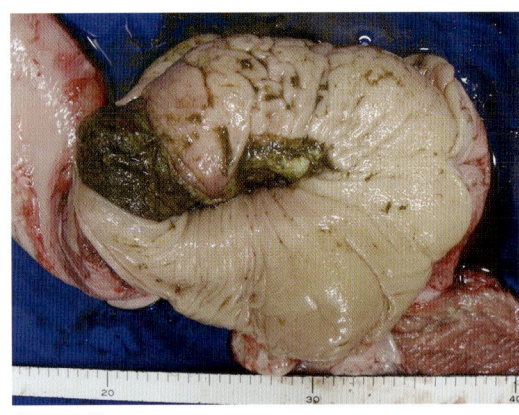

本文参照　P. 226
回腸が回盲口から盲腸内に侵入して重積し，塊状物を形成して腸管を閉塞している

図6-31　図6-14の症例の病理解剖所見（腸重積部位）

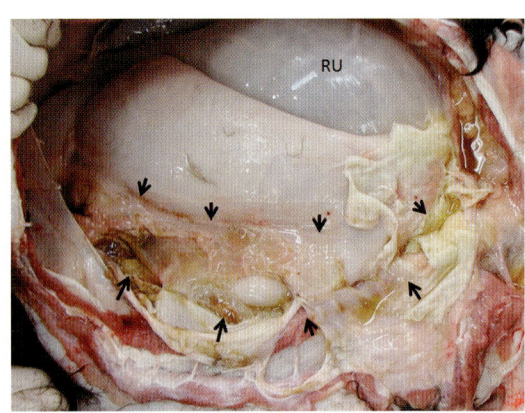

本文参照　P. 227
症例は3カ月齢の黒毛和種雄子牛であり，初診時は肺炎を疑い，抗生物質および解熱鎮痛剤にて第3病日目まで治療したところ，肺炎症状は良化している。しかし，第10病日目に元気・食欲減退が出現し，第11病日目には黒色硬固便が排出され，第四胃潰瘍を疑った。フロロコールおよびビタミンKの投与により加療したが，第15病日目に突然虚脱状態に陥った。腹腔内では広範囲に胃，大網および膀胱尖が腹膜と癒着しており，各臓器の漿膜面にはび漫性に線維素が付着している（矢印）。RU：第一胃

図6-32　穿孔性第四胃潰瘍に継発したび漫性腹膜炎症例の病理解剖所見（腹腔内）

カラー口絵

本文参照 P. 229
図6-33　牛サルモネラ症例にみられた意識障害

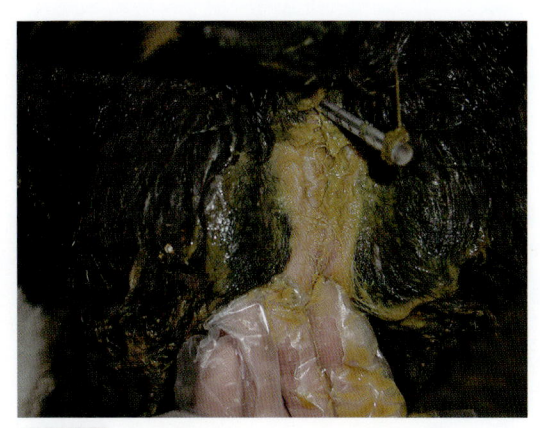

本文参照 P. 229
図6-34　黄色下痢便

本文参照 P. 230
図6-35　血様下痢便

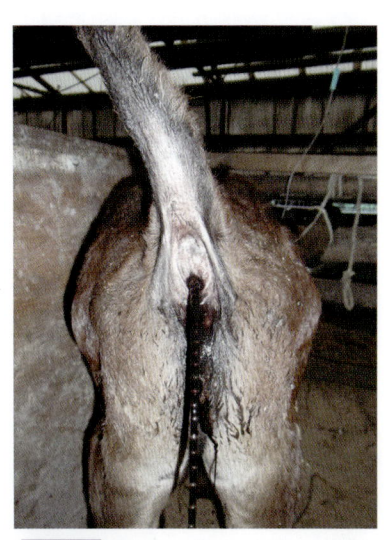

本文参照 P. 230　（橋之口哲氏　ご提供）
図6-36　クロストリジウム感染症に罹患した子牛にみられた黒色水様性血便

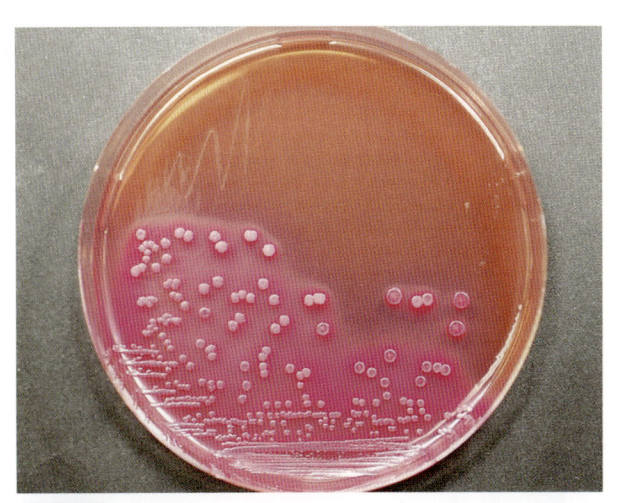

本文参照 P. 231　（田邊太志氏　ご提供）
DHL寒天培地において，乳糖または白糖を分解し，ピンクから赤色のコロニーが観察される

図6-37　*Escherichia coli* のコロニー

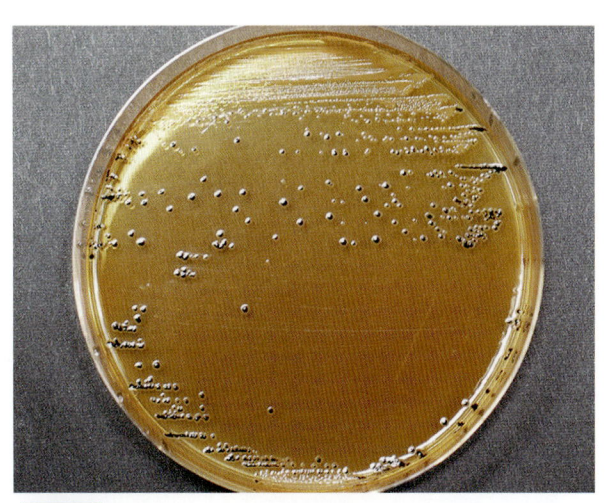

本文参照 P. 231　（田邊太志氏　ご提供）
DHL寒天培地において，硫化水素を産生し，黒いコロニーが観察される

図6-38　*Salmonella Typhimurium* のコロニー

本文参照　P. 231　　　　　　　　　　（田邊太志氏　ご提供）
GAM寒天培地において，紡錘形のコロニーが観察される

図6-39　*Clostridium perfringens* のコロニー

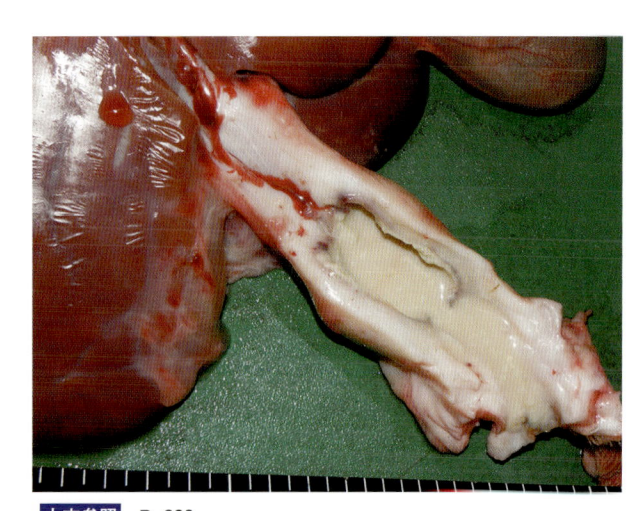

本文参照　P. 239
図6-49　臍静脈炎

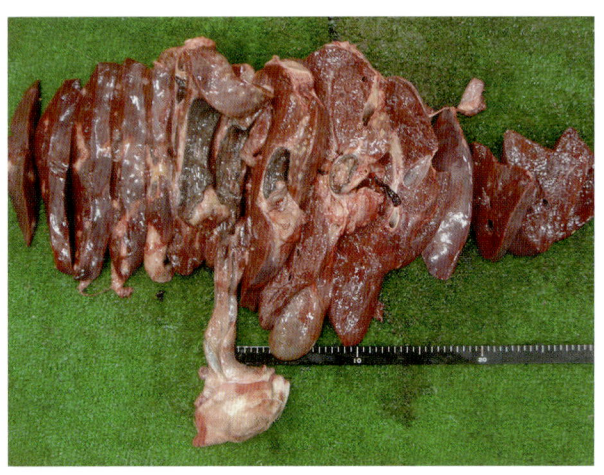

本文参照　P. 239
図6-50　臍静脈炎症例に継発した多発性肝膿瘍

第7章　泌尿・生殖器疾患

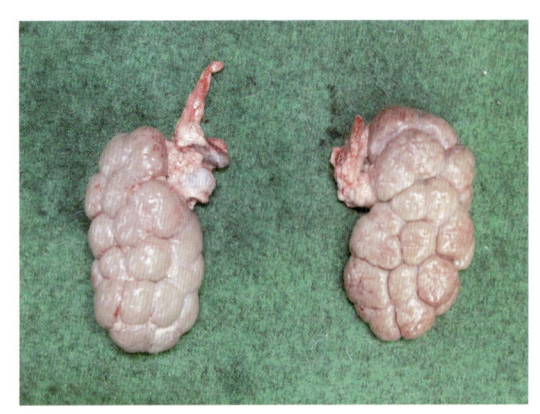

本文参照　P. 247
図7-1　腎盂腎炎病態①

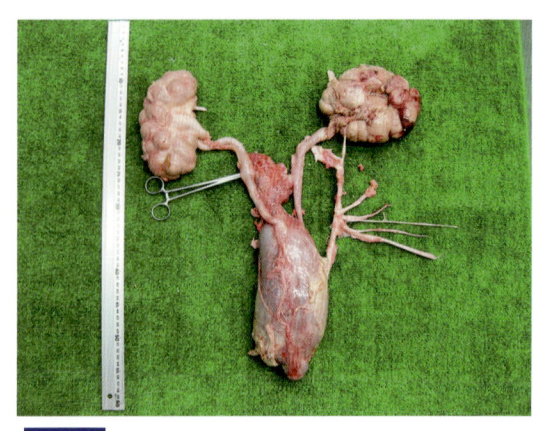

本文参照　P. 247
図7-2　腎盂腎炎病態②

カラー口絵

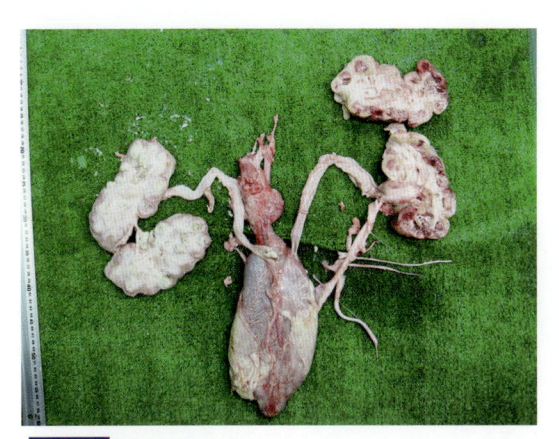

本文参照 P. 247
図7-3 腎盂腎炎病態③

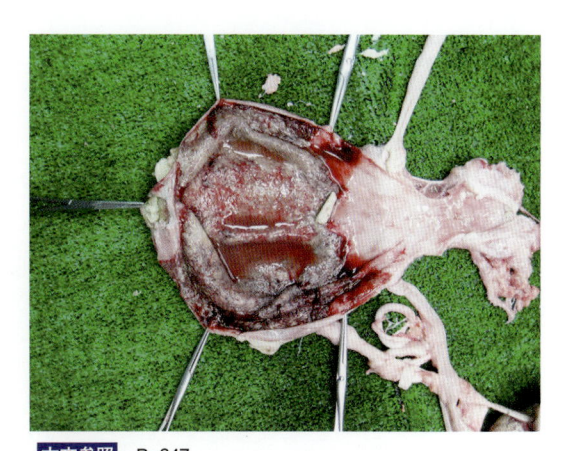

本文参照 P. 247
図7-4 腎盂腎炎病態④

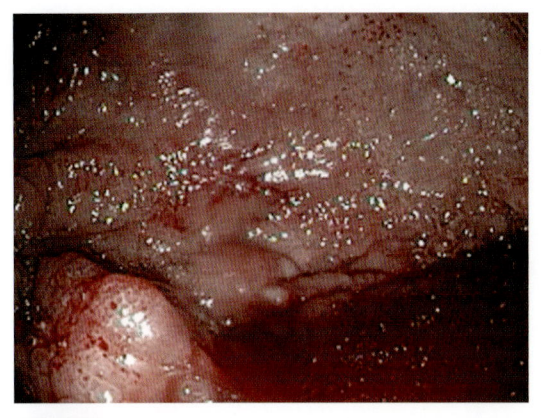

本文参照 P. 252
膀胱粘膜出血と水腫，血尿
図7-5 内視鏡検査による膀胱炎

雄尿道の結石 10 mm 大
本文参照 P. 253
図7-6 尿道結石症症例

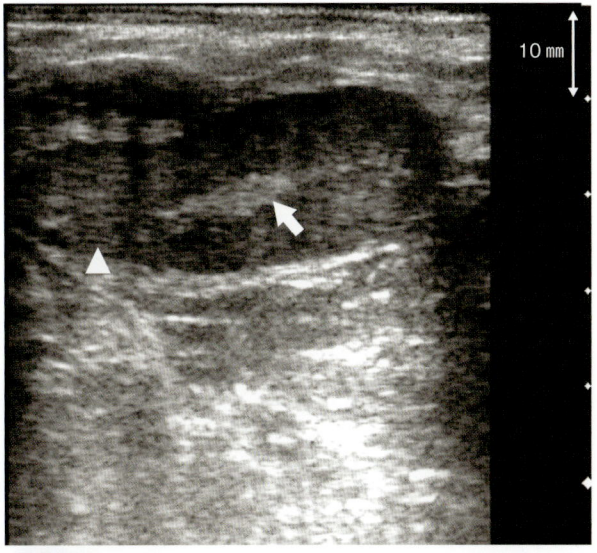

本文参照 P. 257
矢頭：精巣上体尾部，矢印：精巣縦隔（黒毛和種，13 カ月齢）
図7-9 膀胱付近に停留した左側潜在精巣の超音波画像

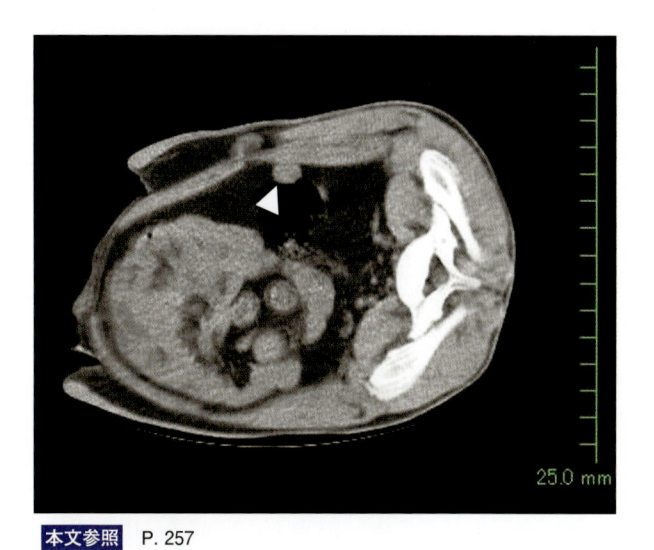

本文参照 P. 257
矢頭：腹腔内の潜在精巣
図7-10 左側潜在精巣の右下横臥位でのCT撮影画像

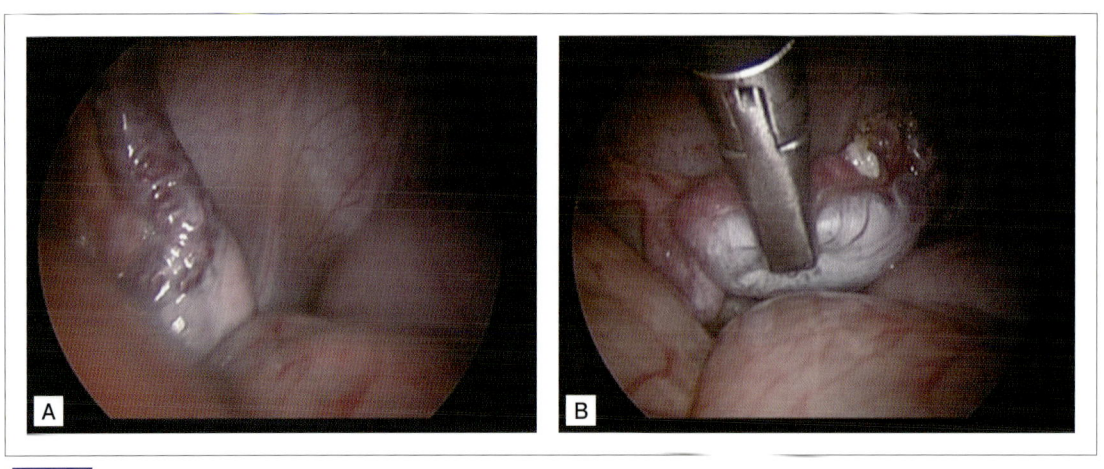

図7-11 交雑種（3カ月齢）の左潜在精巣の腹腔鏡下手術での鏡視（A）と摘出（B）

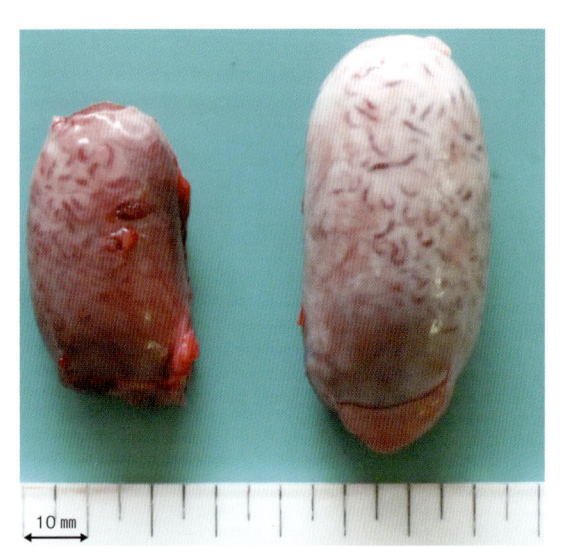

本文参照 P. 258

図7-12 ホルスタイン種（5カ月齢）の右側潜在精巣（左：12.6g）と正常に陰嚢内に下降した左側精巣（右：24.9g）

本文参照 P. 258

第8章　血液疾患

図8-1　*Theileria orientalis*

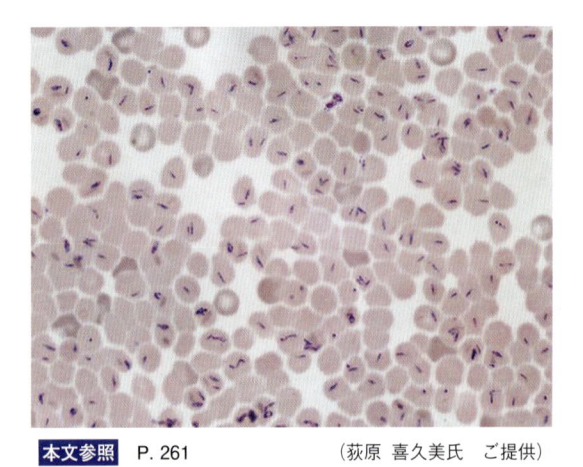

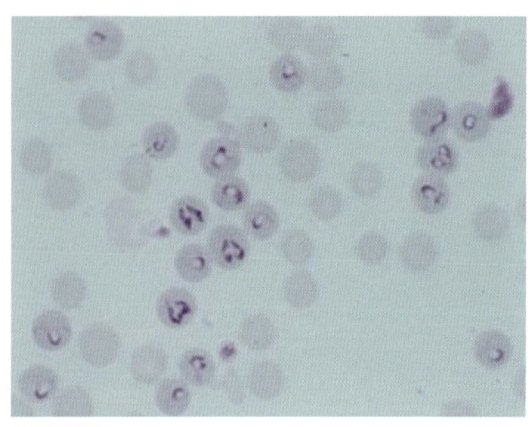

本文参照 P. 261　（荻原 喜久美氏　ご提供）

図8-5　*Babesia ovata*

本文参照 P. 263　（中村義男氏　ご提供）

本文参照 P. 265　　　　　　（中村義男氏　ご提供）

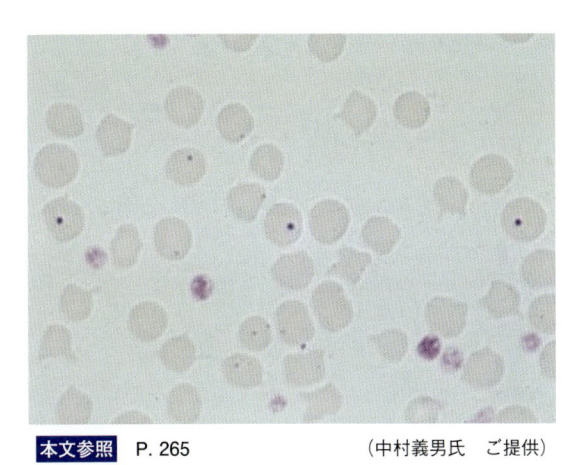

図8-6　*Anaplasma centrale*

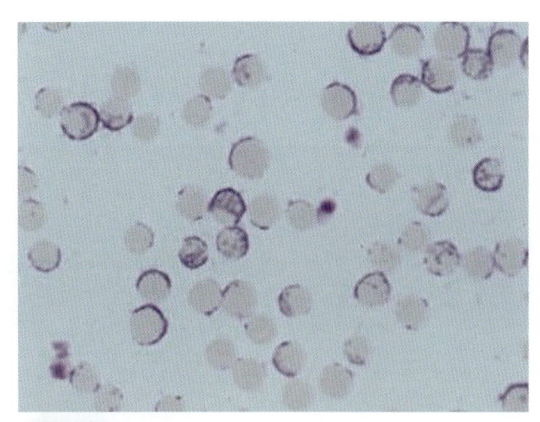

本文参照 P. 266　　　　　　（中村義男氏　ご提供）

図8-7　*Eperythrozoon wenyonii*
（*Mycoplasma wenyonii*）

第10章　遺伝性疾患

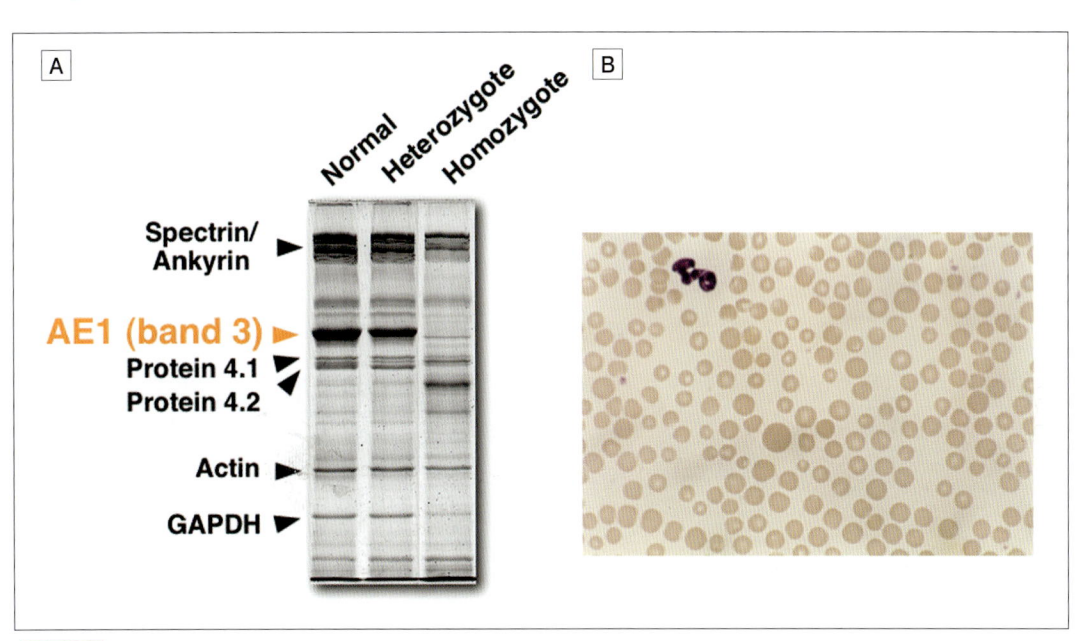

本文参照 P. 291

A：原因遺伝子異常のホモ接合型個体では，バンド3に加えバンド3に結合して存在する4.2タンパク質が完全に消失する。
　　ヘテロ接合型個体ではバンド3含量が正常の70％程度に減少している。
B：ホモ接合型では大小不同を伴う著しい球状赤血球症がみられる。ヘテロ接合型でも典型的な球状赤血球症を呈する

図10-1　黒毛和種バンド3欠損症例における赤血球膜タンパク質の異常（A）と球状赤血球症（B）

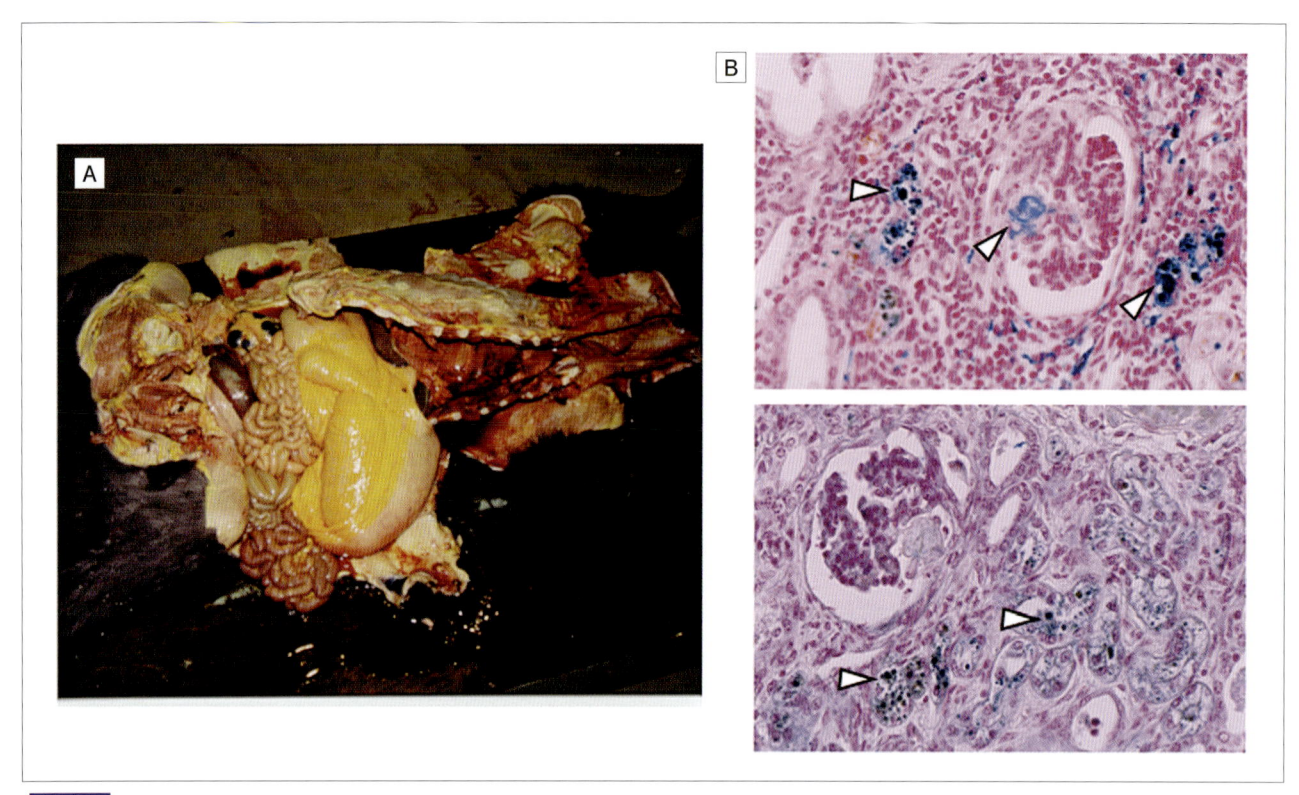

本文参照 P. 292
A：腹腔内臓器の表面は強い黄疸を呈する（伴 顕氏 ご提供）
B：諸臓器にヘモジデリン（上，ベルリンブルー染色）やリポフスチン（下，シュモール染色）の沈着（矢頭）が認められる

図10-2 斃死した黒毛和種子バンド3欠損症例の病理解剖所見（A）と病理組織所見（B）

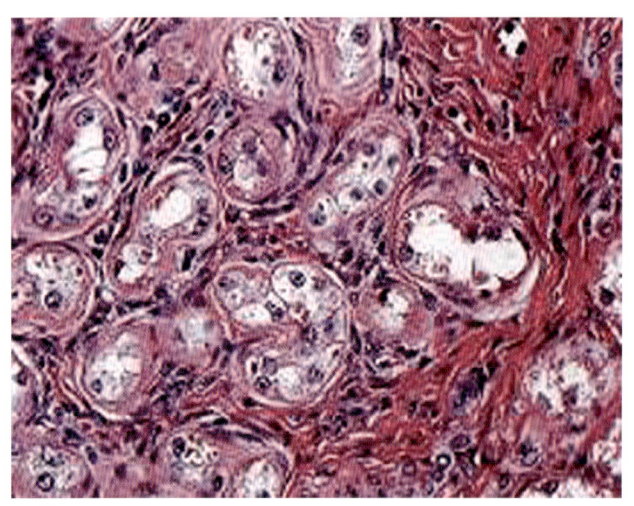

本文参照 P. 294
尿細管上皮細胞の数が少なく基底膜が肥厚，管腔はないかきわめて狭い（H-E染色）

図10-7 クローディン-16欠損症の腎の病理組織所見。線維組織の増生と尿細管低形成

本文参照 P. 294
腎臓はやや萎縮し，硬度を増す。表面には凹凸がみられる

図10-8 クローディン-16欠損症の腎臓

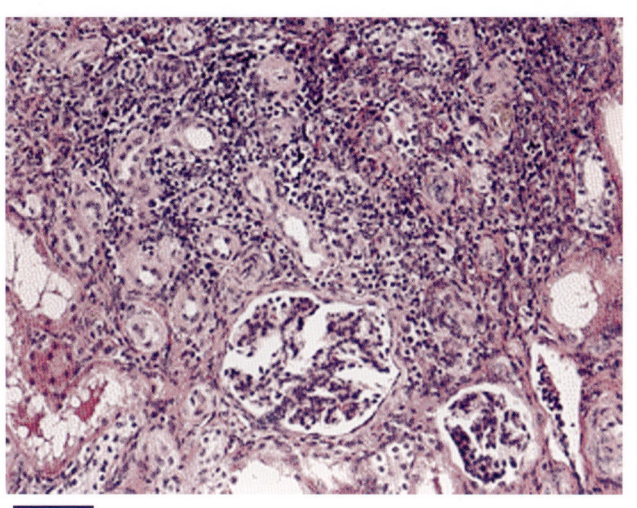

本文参照 P. 294

糸球体の辺縁不整と基底膜の肥厚，糸球体の大小不同，尿細管上皮細胞の脱落，尿細管の低形成，間質の結合組織増生が認められる（H-E 染色）

図 10-9　クローディン-16 欠損症の腎の病理組織所見

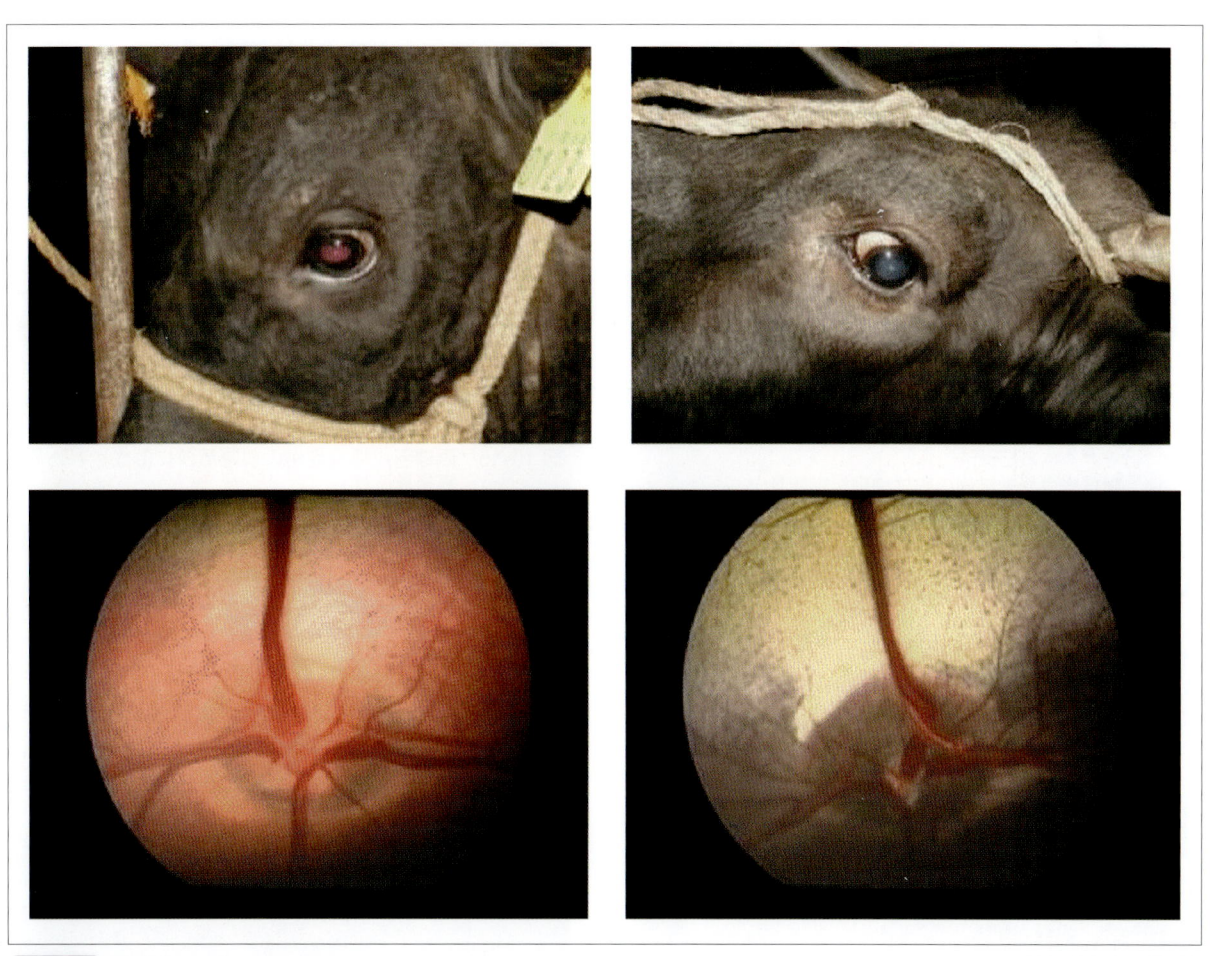

本文参照 P. 296

（小川博之氏　ご提供）

黒毛和種牛の CHS では，眼底の白子症のためにノンタペタム領域のメラニン顆粒を欠くこのため赤目を呈し，眼底では毛細血管が明瞭に観察できる

図 10-10　黒毛和種 チェディアック・ヒガシ症候群（CHS）の赤目と眼底所見

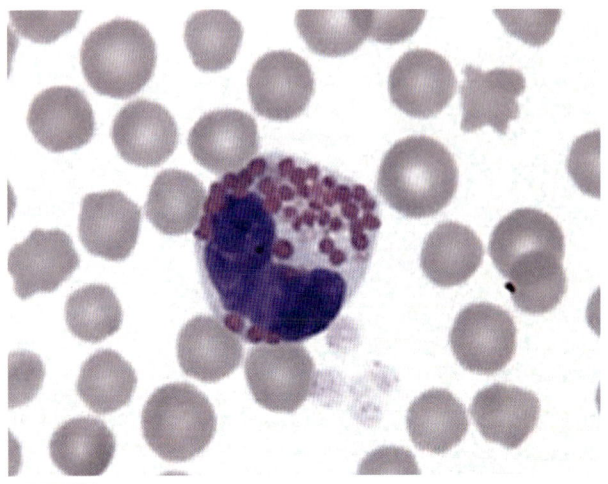

本文参照 P. 296 　　　　　　　　　　　　（小川博之氏　ご提供）
図10-11　黒毛和種CHS症例の末梢血塗抹標本にみられた巨大顆粒をもつ好酸球

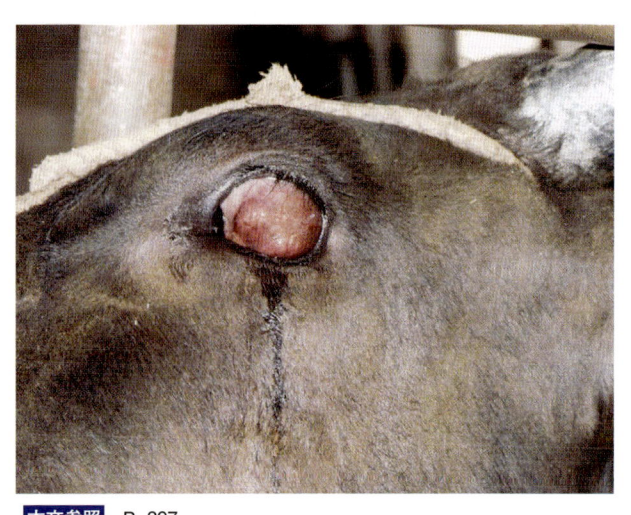

本文参照 P. 297
角膜は眼窩内に半反転し，結膜が露出する
図10-12　眼球形成異常症例の外貌

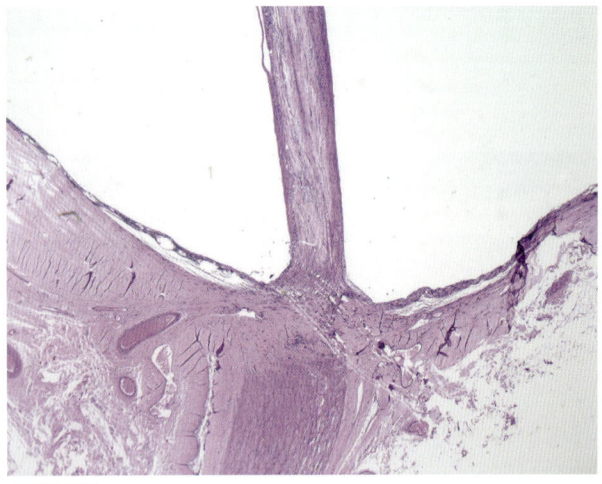

本文参照 P. 297
視神経乳頭部より神経組織様の索状組織が前眼房へ伸びる。正常な網膜組織は認められない（H-E染色）
図10-14　眼球形成異常症例の眼球病理組織所見①

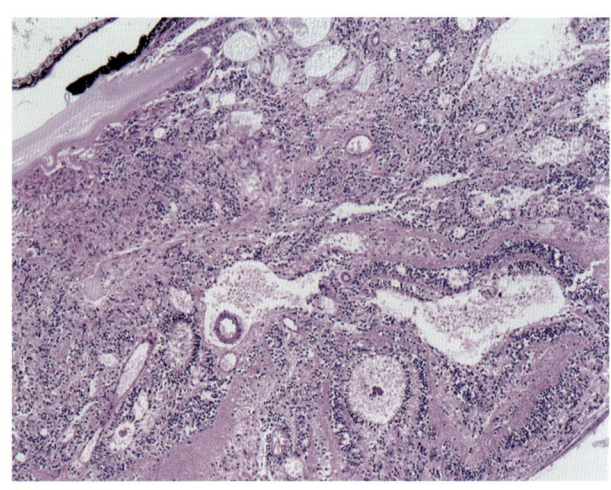

本文参照 P. 297
網膜ロゼットの形成が著明であった
図10-15　眼球形成異常症例の前眼房部に形成された異型網膜組織所見

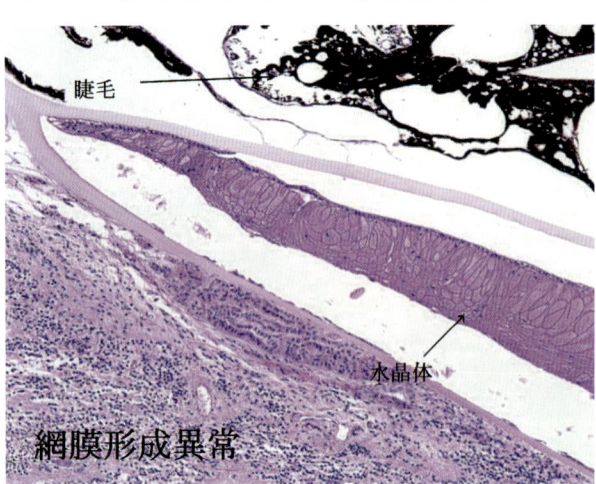

本文参照 P. 297
きわめて矮小に形成された水晶体組織（Lens）
図10-16　眼球形成異常症例の眼球病理組織所見

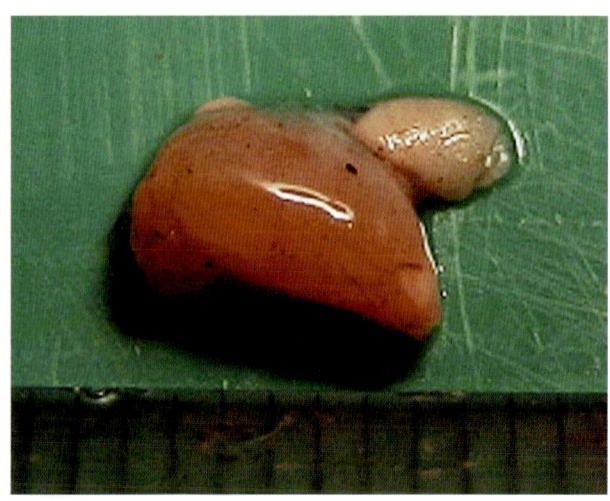

本文参照 P. 298
右腎：5×8mm
図10-21　腎臓の低形成（死産子牛）

カラー口絵

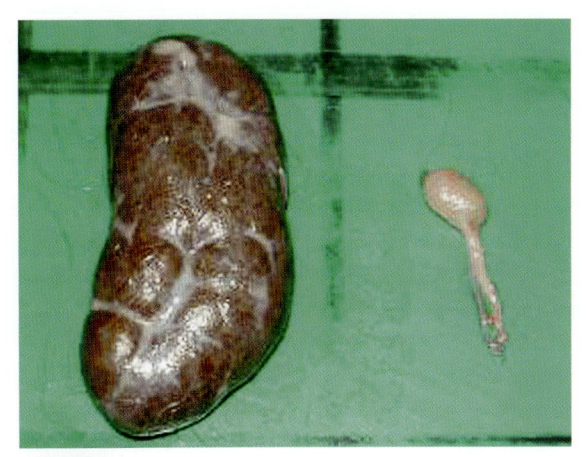

本文参照 P.298　　　　　　　　　　　　（高畑幸子氏　ご提供）
左腎：50×34 mmと小さく，黄褐色で分葉不明瞭。右腎：リンパ節様組織のみ

図 10-22　下顎短小・腎異形成症の腎臓

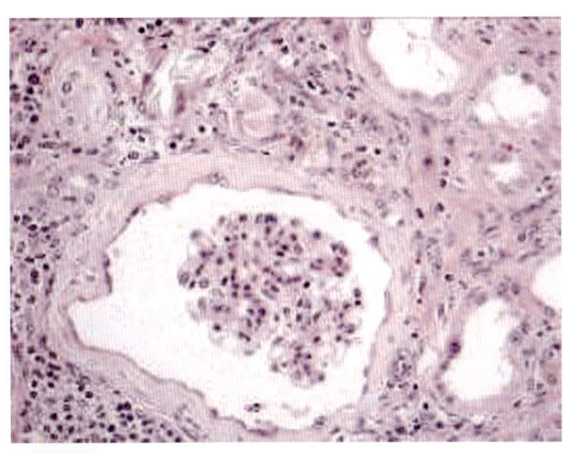

本文参照 P.298
腎髄質の著明な低形成と皮質の小囊胞。髄質が極端に狭く，皮質に異所性の集合管がみられ，尿細管数は減少し拡張している

図 10-23　下顎短小・腎異形成症の腎の病理組織所見。図 10-18 の症例

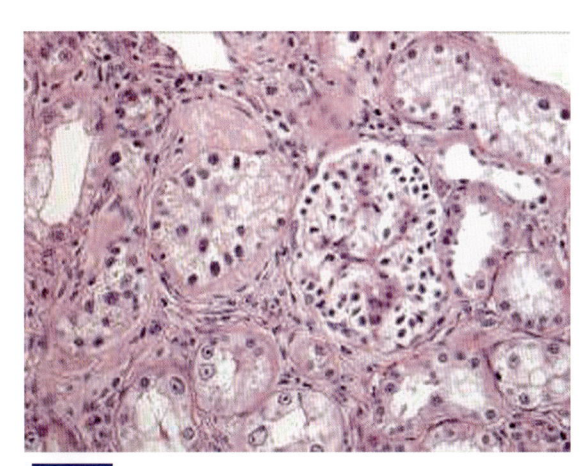

本文参照 P.298
糸球体基底膜の肥厚，未熟な糸球体がみられる（H-E 染色）

図 10-24　下顎短小・腎異形成症の腎の病理組織所見。図 10-19 の症例

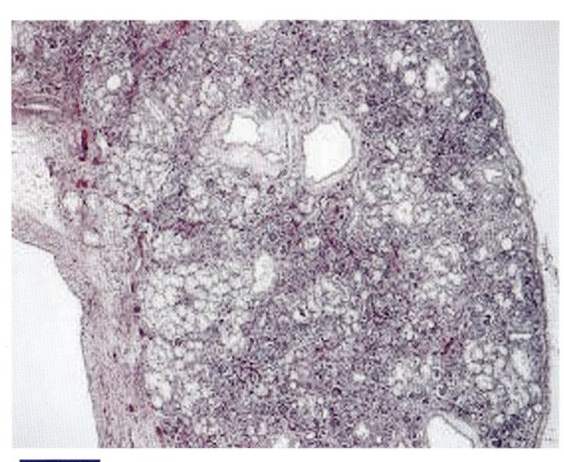

本文参照 P.298
尿細管上皮細胞のシート状増殖が認められる（H-E 染色）

図 10-25　下顎短小・腎異形成症の腎の病理組織所見。図 10-19 の症例

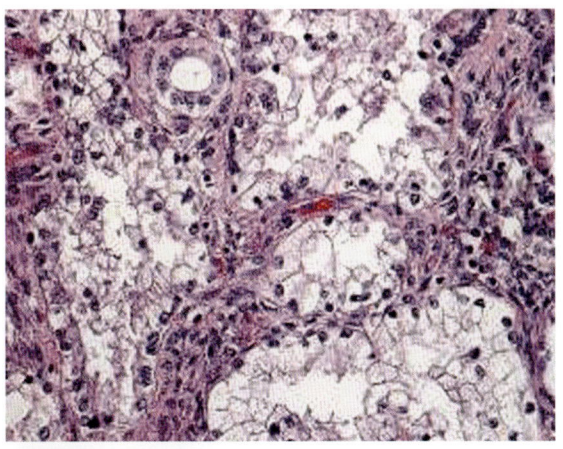

本文参照 P.298
集合管上皮細胞の腫大，空胞変性，顆粒状変性および重層化が認められる（H-E 染色）

図 10-26　下顎短小・腎異形成症の腎の病理組織所見。図 10-18 の症例

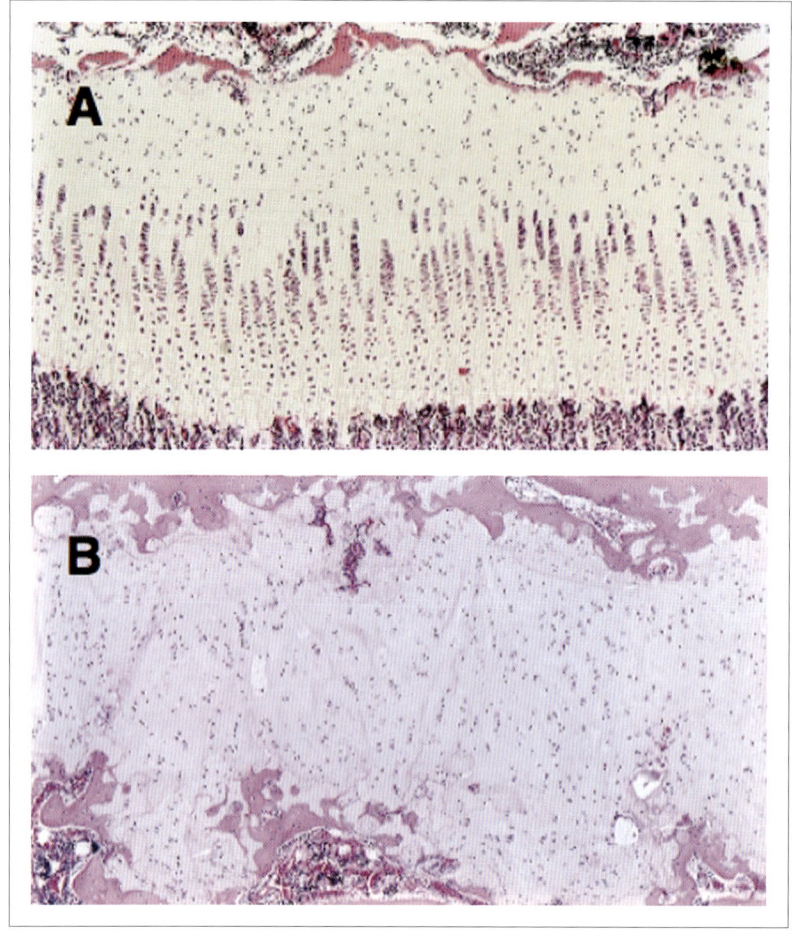

正常（A）では軟骨細胞が円柱状に配列し層状構造を呈するのに対し，症例（B）の軟骨細胞は不規則に分布し層状構造をもたない

図10-28 褐色和種遺伝性軟骨異形性矮小体躯症（BCD）症例の長骨骨端軟骨板の病理組織所見

（森友靖生氏　ご提供）

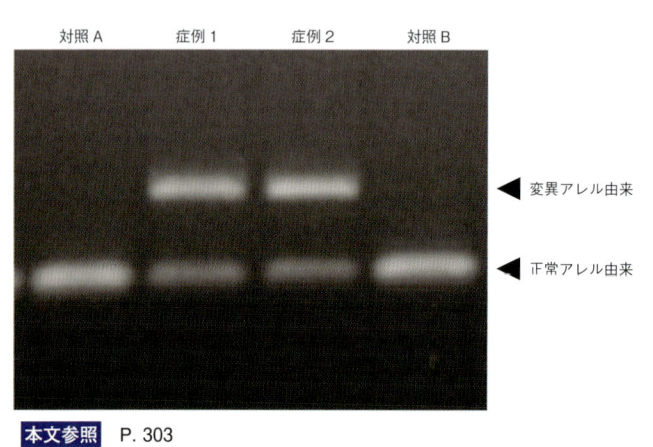

対照A：ホルスタイン種，対照B：黒毛和種

図10-30 マルファン症候群様発育異常の遺伝子の電気泳動

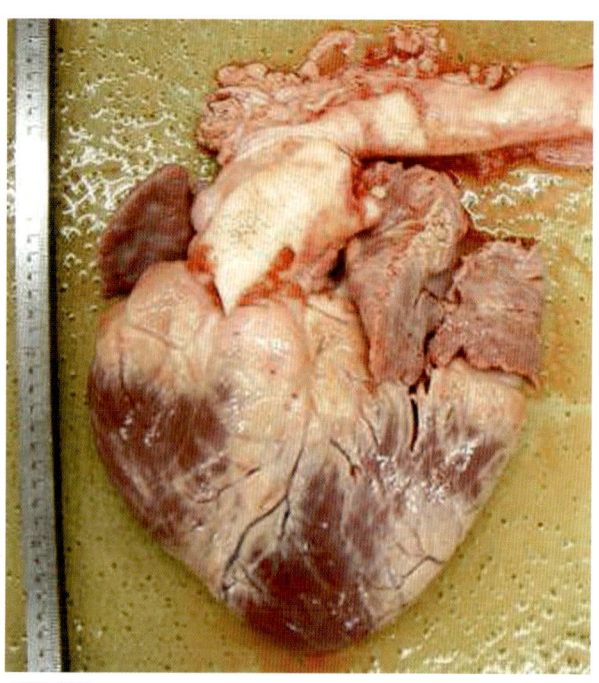

（安藤貴朗氏　ご提供）

図10-35 拡張型心筋症例の卵型円形心

第12章 感染症

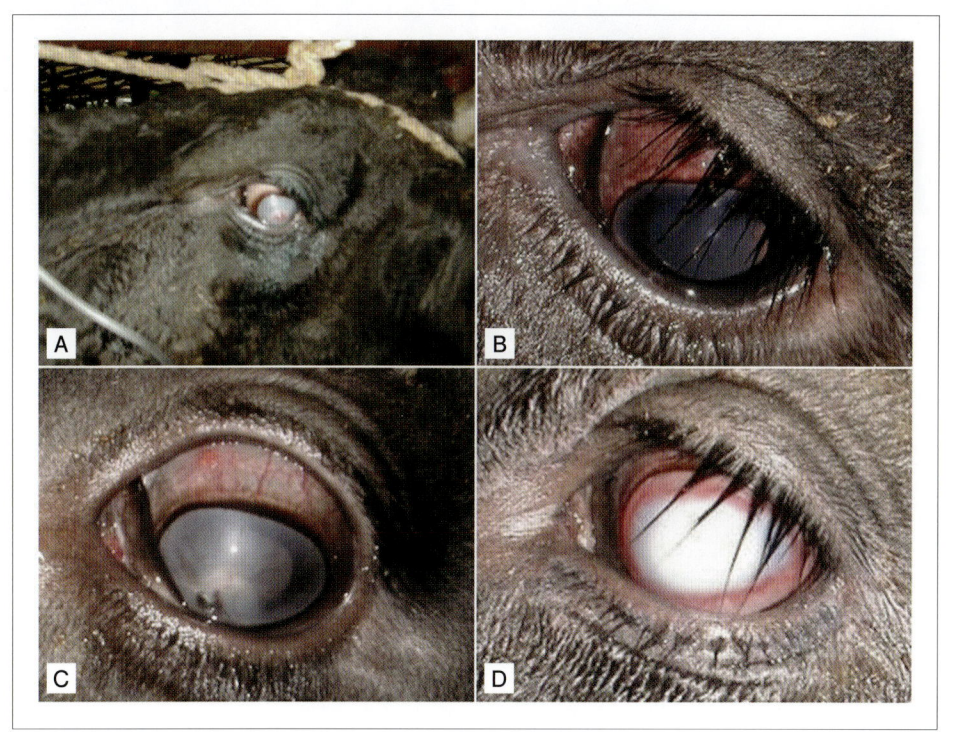

本文参照 P. 321

(鹿児島県 北薩農業共済組合・久林朋憲氏 ご提供)
A：眼周囲は不潔となり角膜中央付近に5mm程の桃赤色の円錐状突起と，前眼房の軽度白濁を認める
B：結膜の著しい充血，軽度の眼瞼浮腫，周辺部からの血管新生が観察される
C：眼瞼縁の発赤と結膜および瞬膜の小糜爛・潰瘍を認め，角膜中心部に小潰瘍が形成される
D：周辺部は血管増生により桃色を呈し，角膜の白濁が進行し視力は消失する

図12-1　IBKによる眼症状

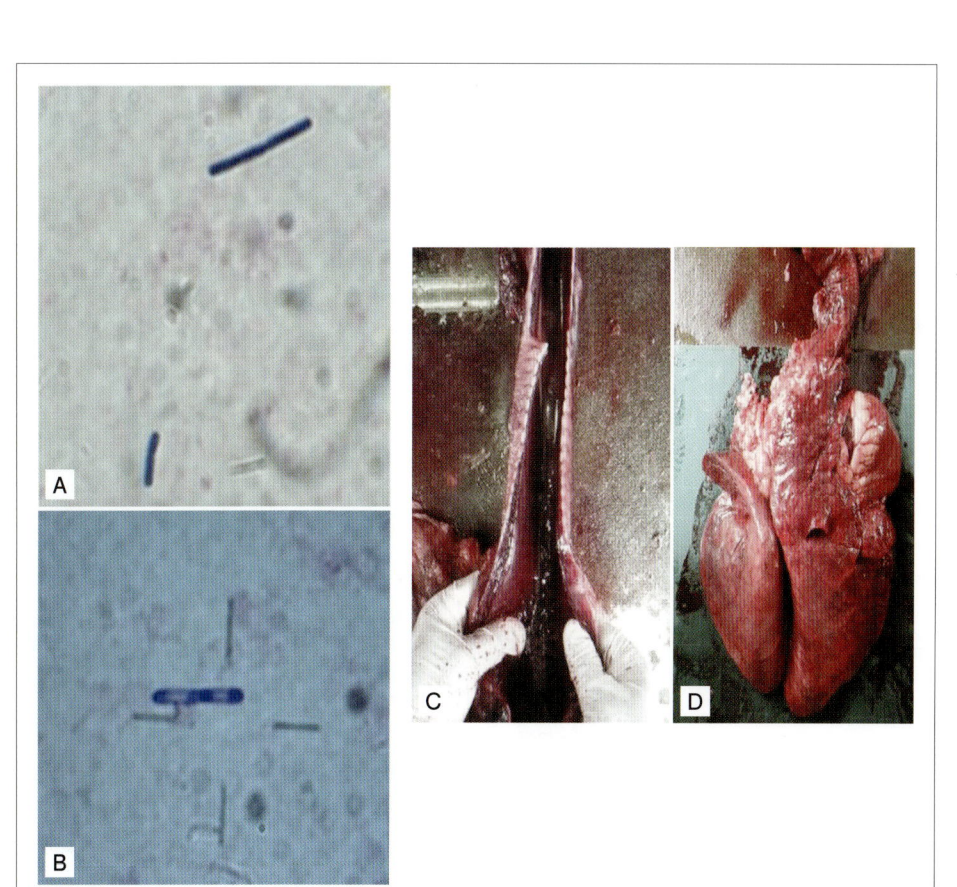

本文参照 P. 326

(鹿児島県 南薩家畜保健衛生所 ご提供)
血液塗抹：単在，2〜4連のグラム陽性大桿菌を確認，芽胞形成像を呈する。主要臓器からC. perfringens A型菌，腸内容からC. sordelliiが分離同定された（A, B）
呼吸器の剖検所見：気管；鬱血を認め内腔に血様物貯留（C），肺；全体的に赤色化，間質性水腫様を呈す（D）

図12-4　鹿児島県下で発生した悪性水腫の血液塗抹像と剖検所見

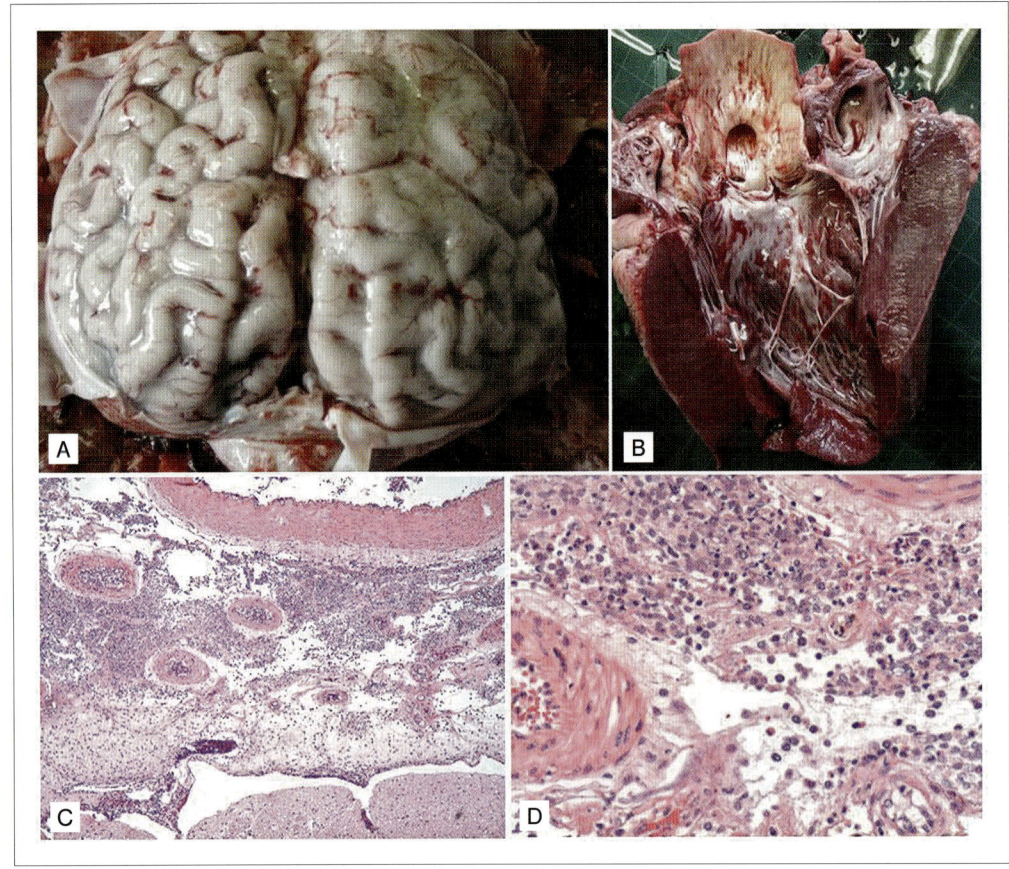

本文参照　P.330　　　　　　　　　　　　　　　　　　　　　　　　（鹿児島県　中央家畜保健衛生所　ご提供）

A：脳全体にわたる軟膜の充血および出血が認められ，混濁，浮腫を伴う
B：心筋の広範囲な点状出血（心房外壁にも点状出血が多数認められた）
C：中脳（×40, HEStain）：大小さまざまな血管においては線維素性血栓の形成がみられ，周囲には好中球，組織球，マクロファージなどの浸潤を伴う血管周囲炎が認められる
D：中脳（×200, HEStain）：拡大像

図12-6　ITEMEの剖検および病理所見

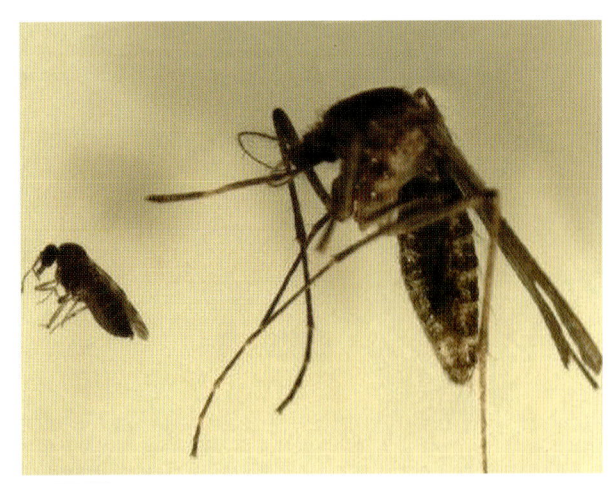

本文参照　P.334, 337, 340
ヌカカは体長1〜3mmの微小な吸血性節足動物であり，蚊に比べてかなり小さい。

図12-7　ウシヌカカ（左）とコガタアカイエカ（右）

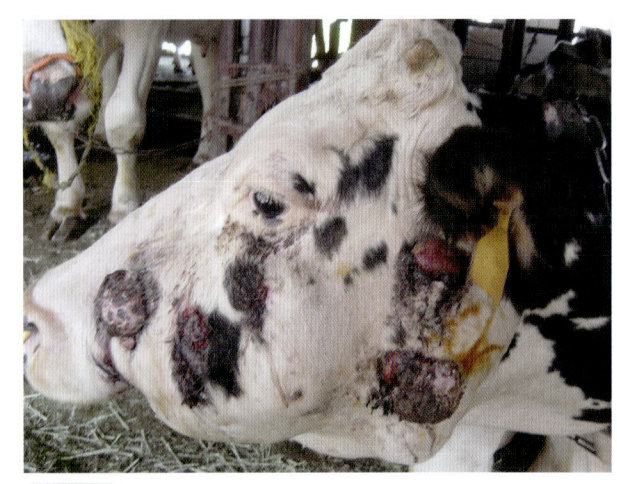

本文参照　P.341
図12-10　放線菌症例

第13章 中毒・欠乏症および過剰症

本文参照 P.345
図13-1 アセビ

本文参照 P.345
図13-2 ヤマツツジ

本文参照 P.348
図13-3 *Fusarium* 属のカビの寄生で変敗したサツマイモ

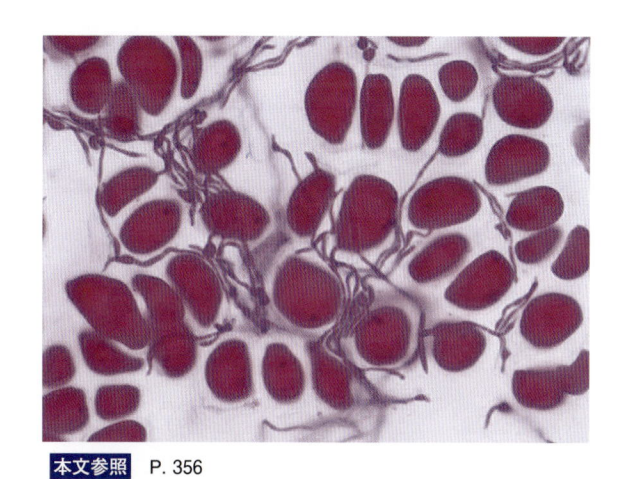

本文参照 P.356
赤色の糊粉層細胞の間隙に，枝分かれのないエンドファイトの菌糸がみえる
図13-11 ペレニアルライグラス種子のエンドファイト菌糸

本文参照 P.358
R. toxicus が産生する色素で黄色となった種子（中央の2個）が有毒である
図13-13 一年生ライグラス種子

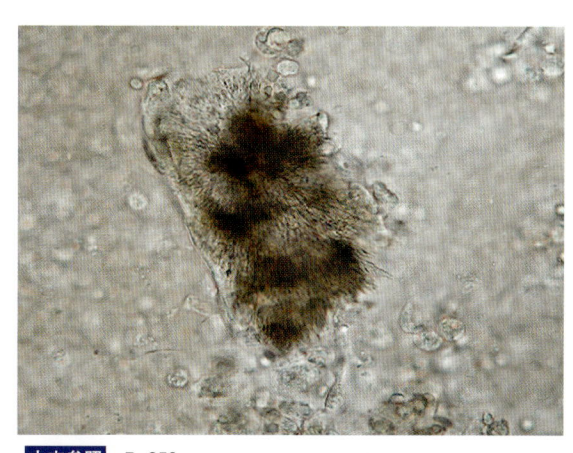

本文参照 P.359
図13-14 サルファ剤中毒子牛の尿沈さ

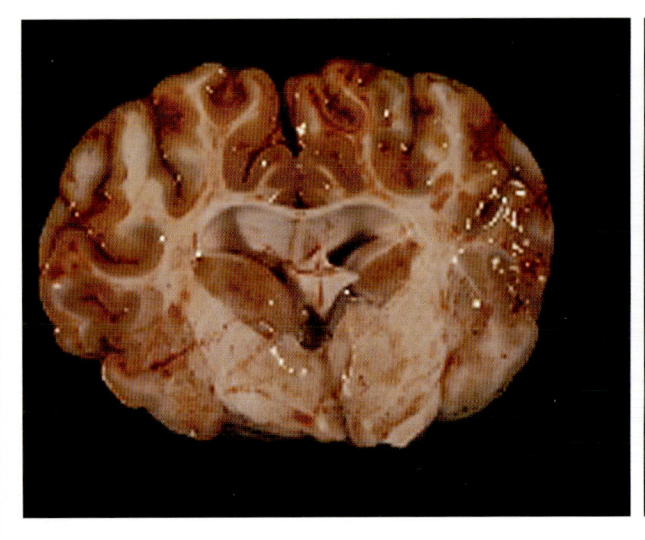

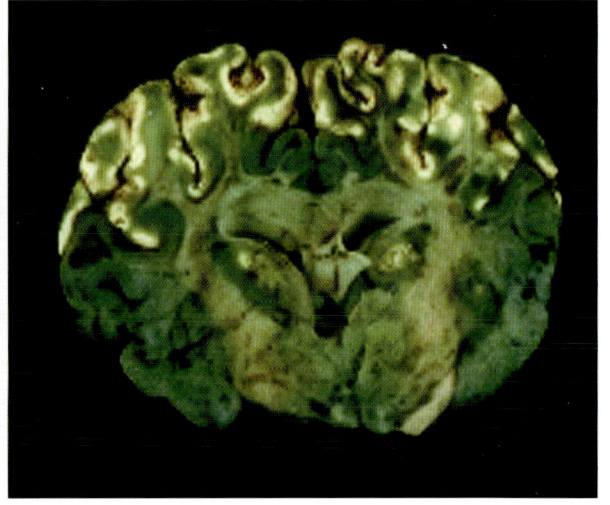

本文参照　P. 371
可視光（左），紫外線 365 nm（右）
図 13-16　実験的大脳皮質壊死症例の脳割面の自家蛍光

第 14 章　新生子疾患

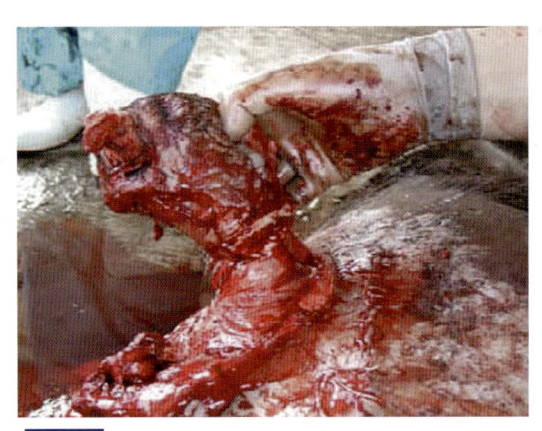

本文参照　P. 386
図 14-17　臍ヘルニア症例の臍部に癒着した腸

カラー口絵

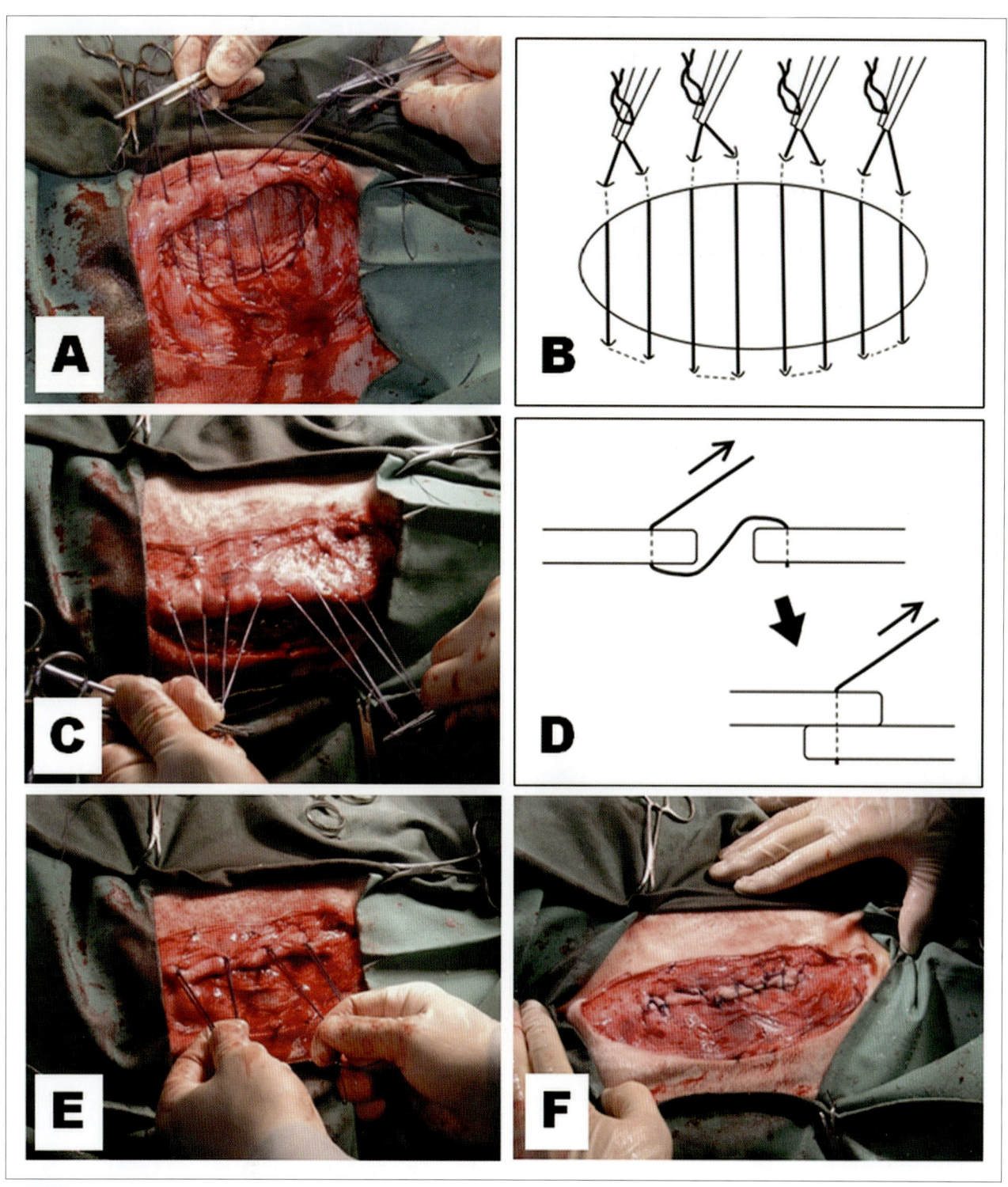

A：ヘルニア輪閉鎖直前の縫合状態（縫合糸4糸使用）
B：縫合糸の刺入経路の模式図
C：ヘルニア輪閉鎖直後の状態（結紮はしていない）
D：ヘルニア輪閉鎖状態の模式図（横断面）
E：縫合糸を結紮直後の状態
F：縫合部位の補強直後の状態

図14-19　Vest-Over-Pants縫合の手順

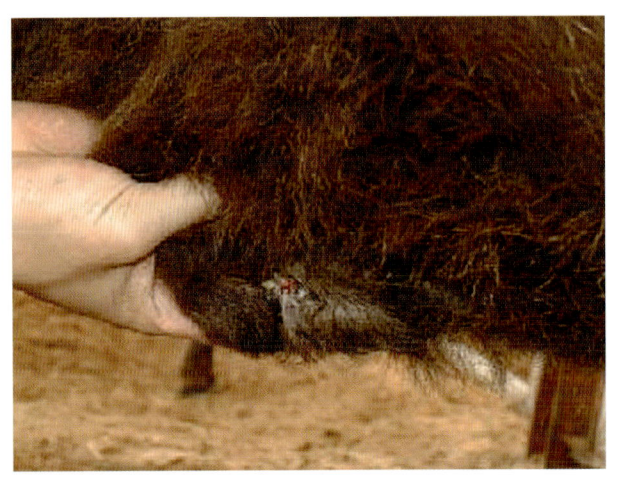

本文参照 P. 387
臍帯は腫脹硬結し開口部より排膿を呈する
図 14-20 膿瘍を形成した臍炎

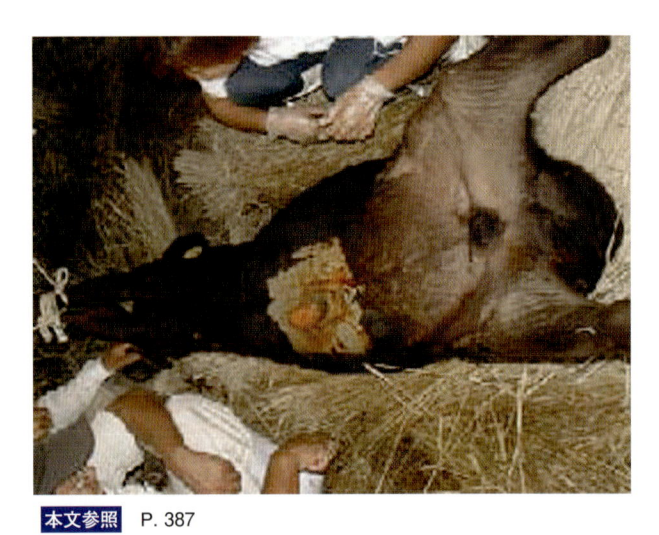

本文参照 P. 387
図 14-21 臍炎を併発した尿膜管遺残症例

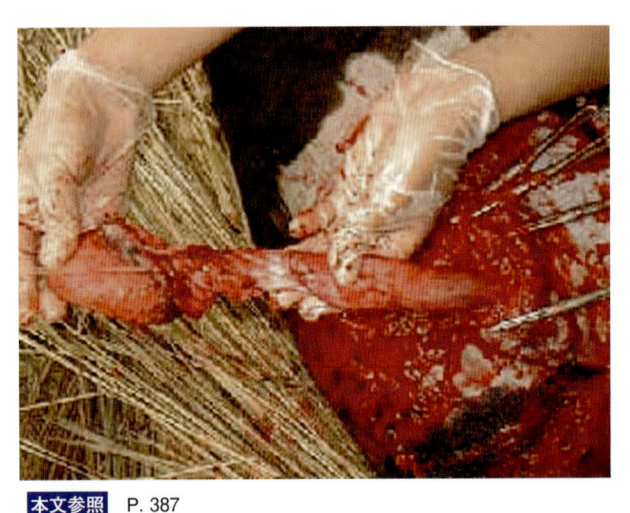

本文参照 P. 387
図 14-22 図 14-21 の症例の臍部および腫大した尿膜管

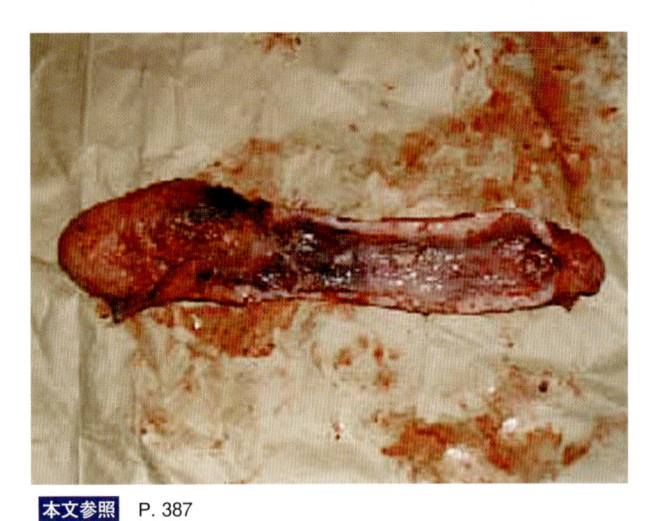

本文参照 P. 387
尿膜管壁は肥厚し，管腔は拡張して，膿を含む炎症性滲出物が貯留している
図 14-23 図 14-21 の症例の摘出した臍部と尿膜管

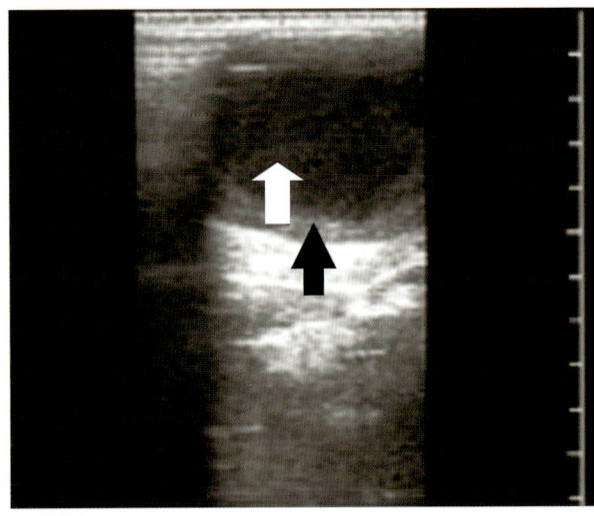

本文参照 P. 388 （天辰正秋氏　ご提供）
拡張した尿膜管（黒矢頭）と膿（白矢印）が描出される
図 14-24 超音波下腹部横断像

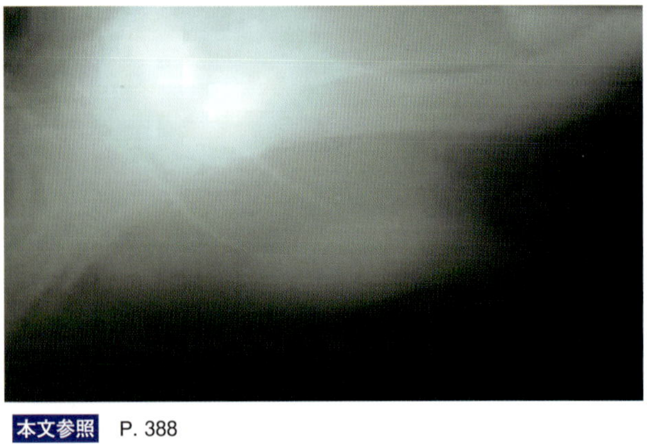

本文参照 P. 388
膀胱尖が臍方向に牽引されている
図 14-25 尿膜管遺残症例のX線像（造影剤による膀胱造影）

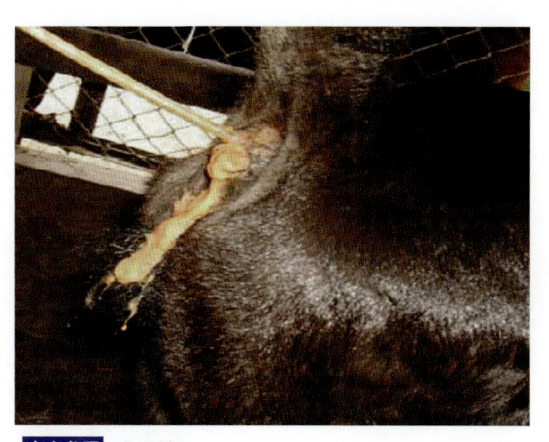

本文参照　P. 388

図14-27　浣腸による胎子便の排泄

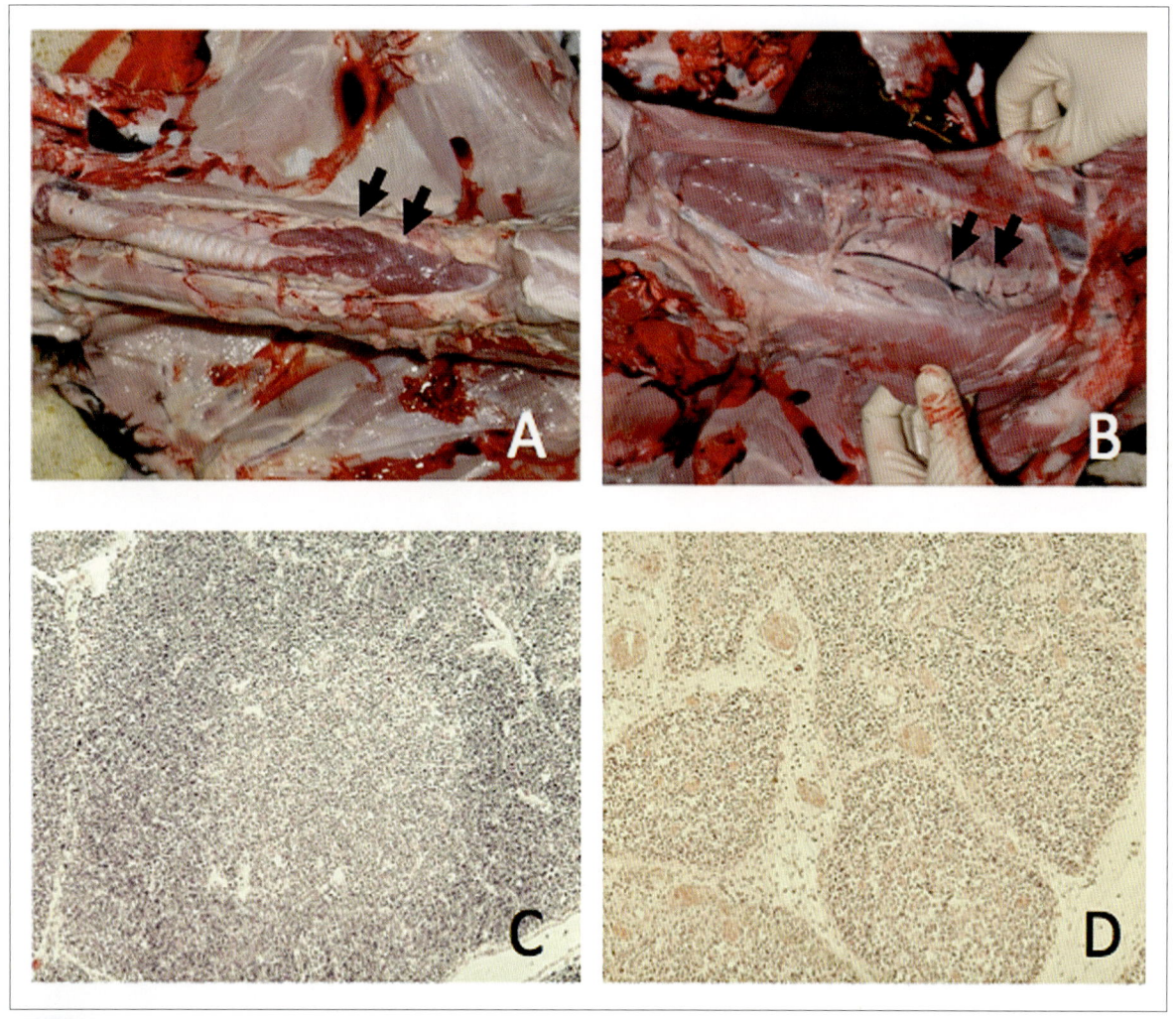

本文参照　P. 390

正常発育子牛の胸腺は肉眼ではっきりと認められる（A）が，虚弱子牛の胸腺は認められない（B）。正常発育牛と比較し（C），発育不良牛の胸腺（D）は皮質と髄質の境界が不明瞭で，胸腺細胞の減少が認められる

図14-29　正常発育子牛と出生時に低体重を示した虚弱症例における胸腺の病理所見ならびに病理組織所見

第15章 中枢神経・感覚器の疾患

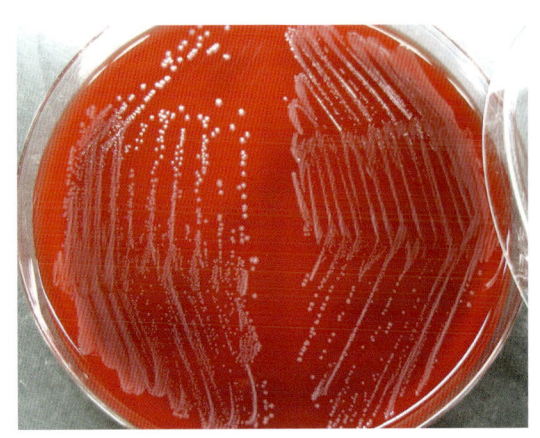

本文参照 P.396　（北海道十勝家畜保健衛生所　ご提供）
0.5～1.0 mm程度のコロニーを形成し，狭いβ溶血帯がみられる

図15-2　血液寒天培地で培養したリステリア菌

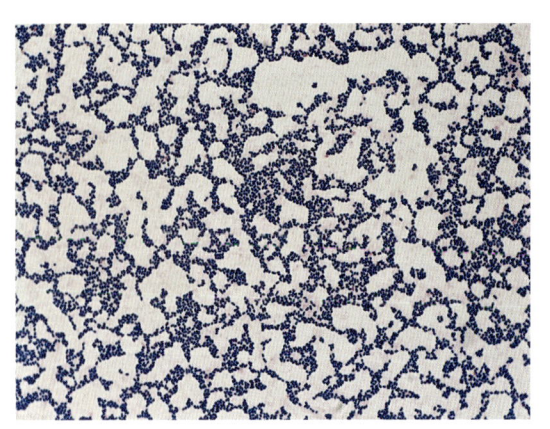

本文参照 P.396　（北海道十勝家畜保健衛生所　ご提供）
グラム陽性の短桿菌で，単在あるいは短連鎖を示す

図15-3　リステリア菌のグラム染色像

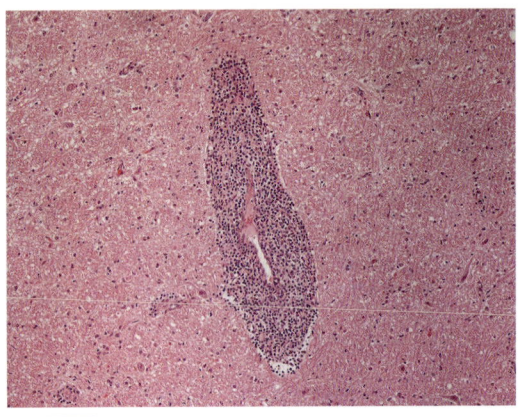

本文参照 P.397　（北海道十勝家畜保健衛生所　ご提供）
リンパ球および単球による囲管性細胞浸潤が認められる

図15-4　リステリア感染症例の延髄（HE染色）

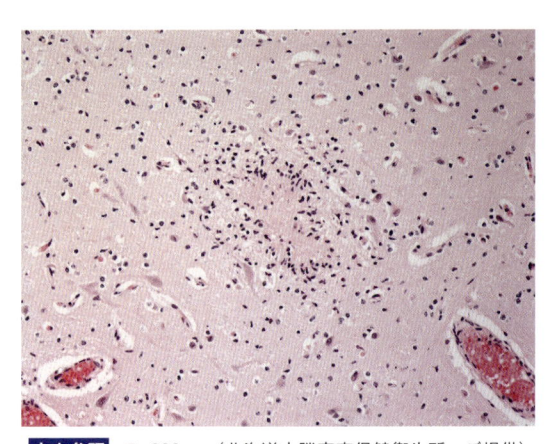

本文参照 P.398　（北海道十勝家畜保健衛生所　ご提供）

図15-6　ネオスポラ症例で認められた脳の巣状壊死

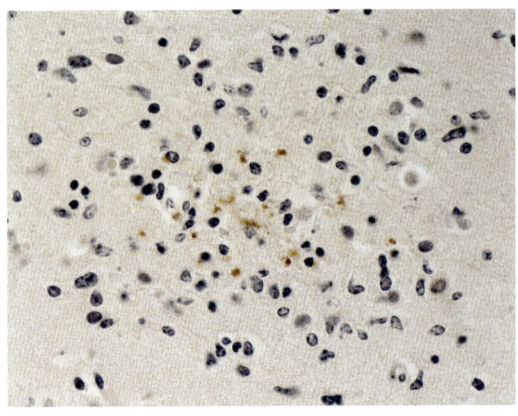

本文参照 P.398　（北海道十勝家畜保健衛生所　ご提供）
特異的な抗体を用いた免疫染色によりネオスポラの存在を証明できる

図15-7　ネオスポラ症例の脳（免疫組織染色）

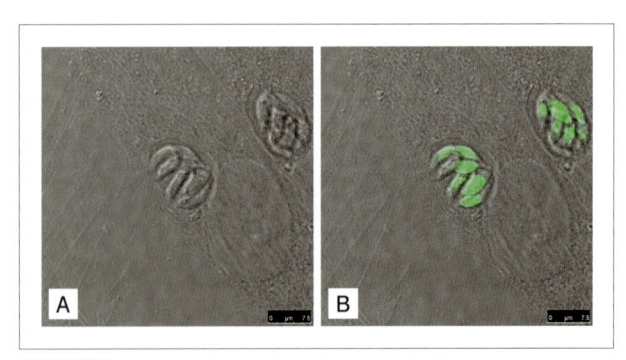

本文参照 P.398　（西川義文氏　ご提供）
A：Vero細胞に感染したネオスポラ（タキゾイト）の位相差像，B：原虫抗原（プロフィリン）特異的抗体によるネオスポラ（タキゾイト）の検出

図15-8　間接抗体蛍光法によるネオスポラの検出

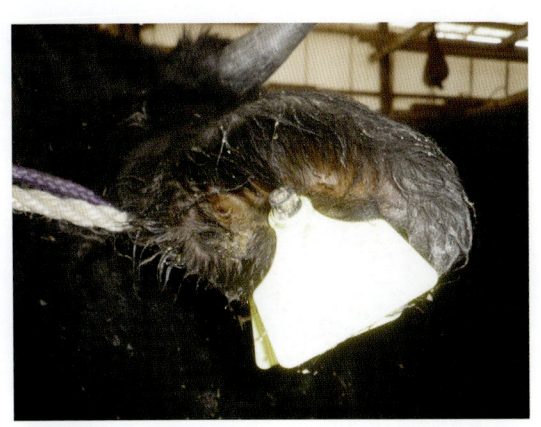

カラー口絵

本文参照 P. 409　　　（伏見康生氏　ご提供）
図 15-13　分泌物が付着した耳介

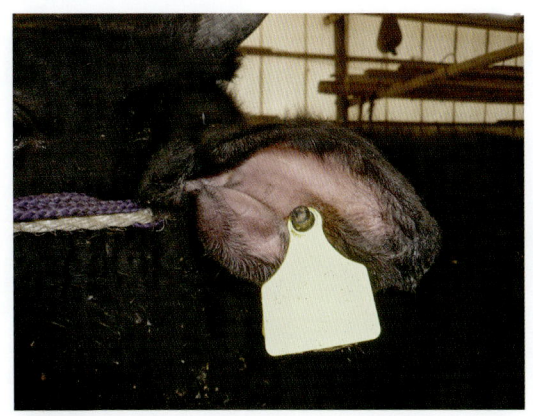

本文参照 P. 409　　　（伏見康生氏　ご提供）
図 15-14　分泌物と耳毛の処理後の耳介

第 16 章　運動器疾患

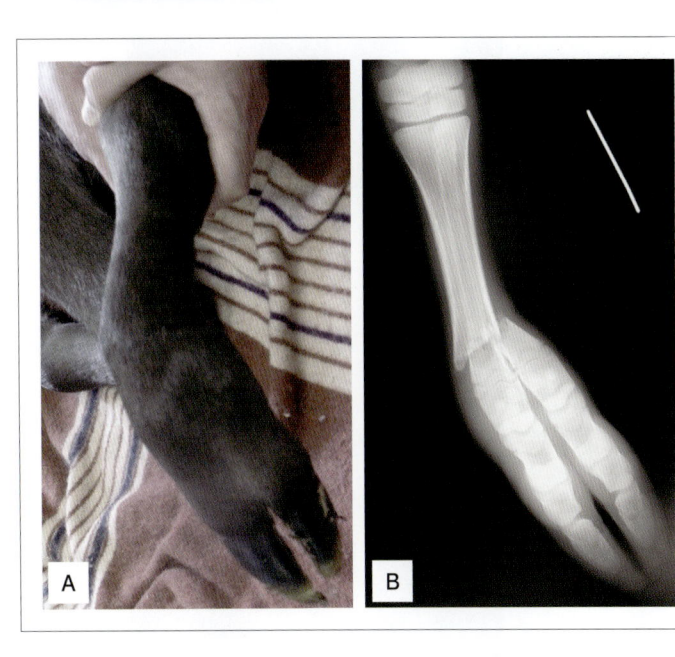

本文参照 P. 413, 414
図 16-1　左前肢中手骨骨幹遠位の横骨折の外貌（A），X 線像（B）

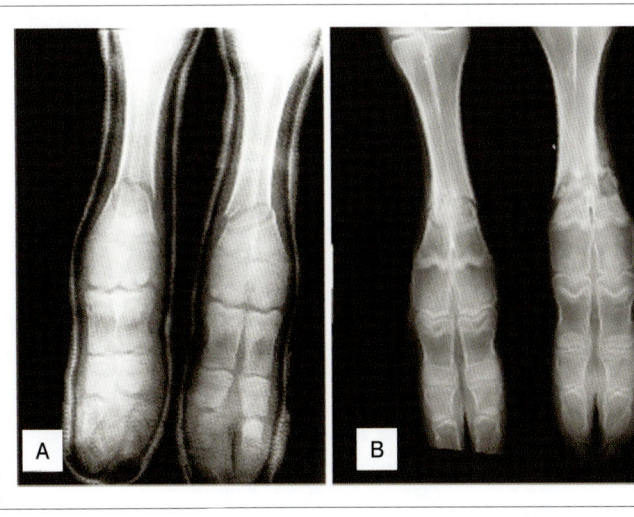

本文参照 P. 414
図 16-2　両前肢中手骨骨幹遠位の横骨折の外固定直後（A）ならびに固定後 5 週間（B）の X 線像

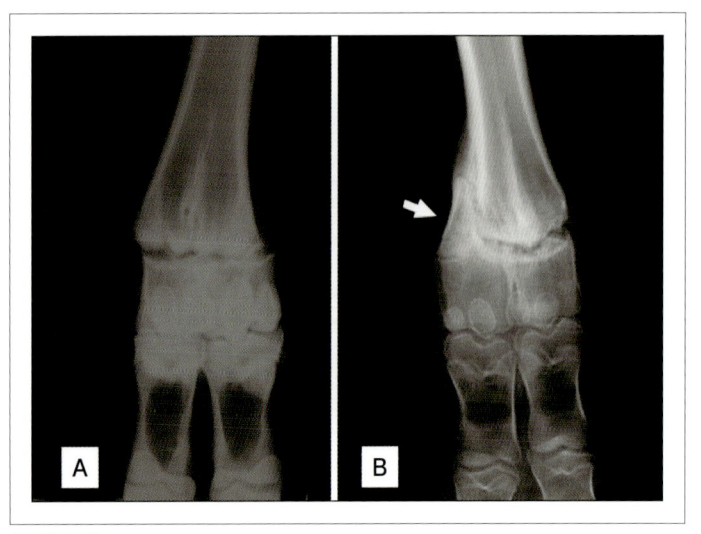

本文参照 P. 414
図16-3 中手骨遠位の成長板骨折：Salter-Harris Ⅰ型（A）
Salter-Harris Ⅱ型（B）

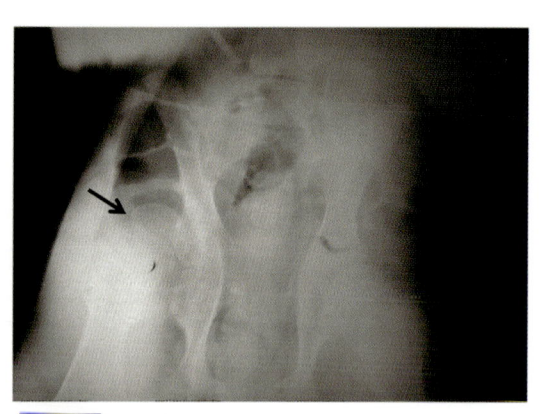

本文参照 P. 418
右大腿骨頭（矢印）が頭側に脱臼している
図16-9 右股関節脱臼症例（図16-7と同一症例）の骨盤部X線像

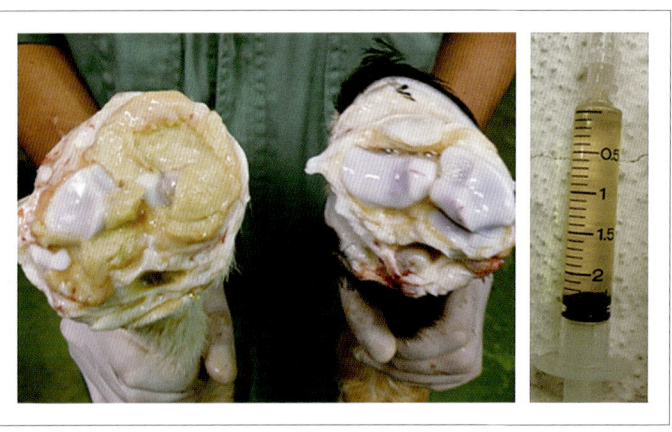

本文参照 P. 420
腕節関節腔は膿で満たされており，関節周囲は線維が増生肥厚していた。一方，正常な関節液は，帯黄色透明で粘稠性がある
図16-11 化膿性関節炎の剖検所見（左）と正常な関節液（右）

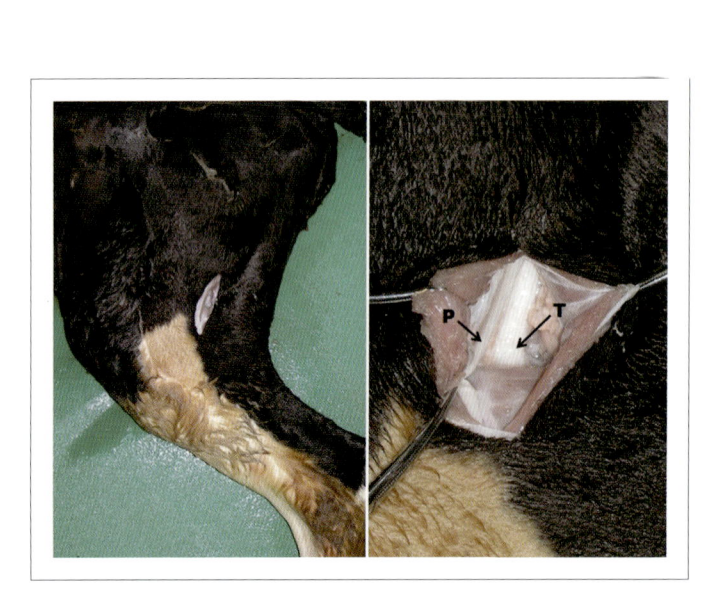

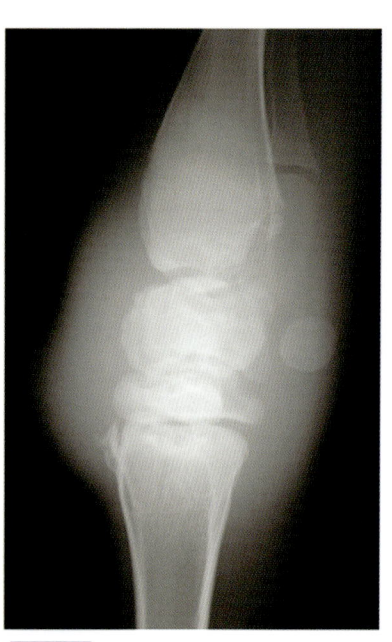

本文参照 P. 420
図16-12 罹患手根関節のX線像

本文参照 P. 425
A：膝関節部尾側の大腿二頭筋部を約10 cm切開し，筋肉を鈍性に分離して坐骨神経を露出する。B：坐骨神経から分岐し腓腹筋外側頭上を走行する腓骨神経（P）と，この尾側に位置し腓腹筋の深部へ向かう脛骨神経（T）とを確認することができる
図16-19 部分的脛骨神経切除術の手術部位（解剖材料を用いた再現）

第17章 皮膚・体壁の疾患

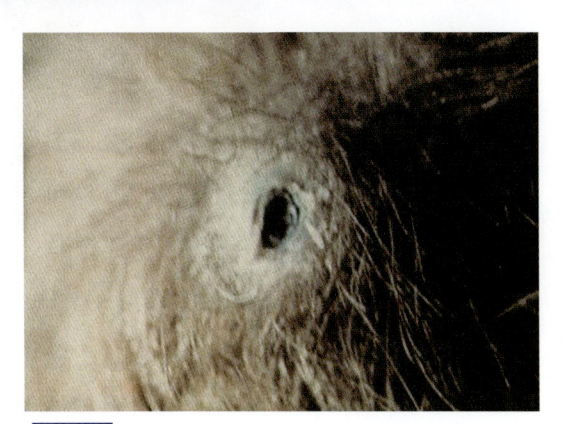

本文参照 P.433
（出典：テレビ・ドクター3，DAIRYMAN，2007）
幼虫が寄生している部位の皮膚にできた通気孔。この下に幼虫が寄生している

図17-3 ウシバエ幼虫感染症例の皮膚腫瘤

本文参照 P.433
（出典：テレビ・ドクター3，DAIRYMAN，2007）
ウシバエの成虫。ハナアブに似ている

図17-4 ウシバエの成虫

本文参照 P.433
（出典：テレビ・ドクター3，DAIRYMAN，2007）
皮膚を切開して取り出した幼虫

図17-5 外科的に摘出した *Hypoderma bovis* の第2期幼虫および第3期幼虫

本文参照 P.435

図17-6 象皮症例における象皮様に肥厚した皮膚病変

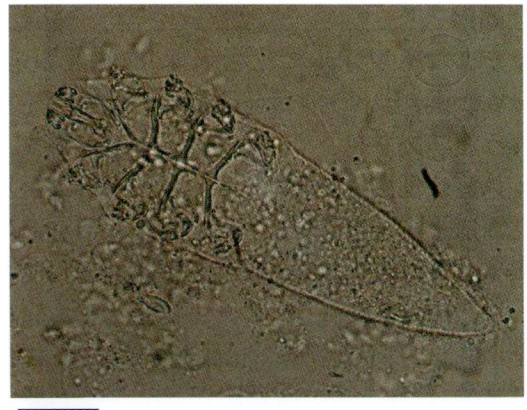

本文参照 P.436
（出典：テレビ・ドクター3，DAIRYMAN，2007）
肢が左右にそれぞれ4本あり，ダニの仲間である

図17-7 ウシニキビダニの拡大図

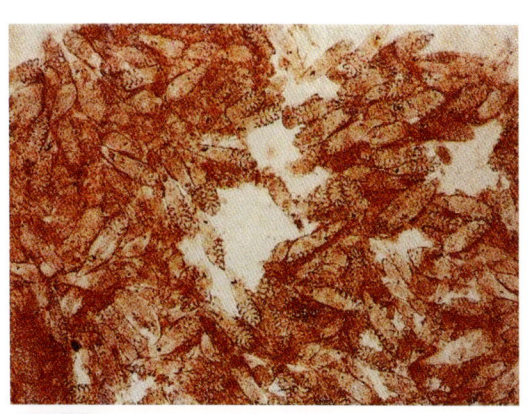

本文参照 P.436
（出典：テレビ・ドクター3，DAIRYMAN，2007）
白い成牛の皮膚に散発したウシニキビダニによる結節状病変。逆光で見ると結節が明瞭に確認できる。黒い皮膚でも同様である

図17-8 結節内容物中の卵，幼ダニ，若ダニ，成ダニ

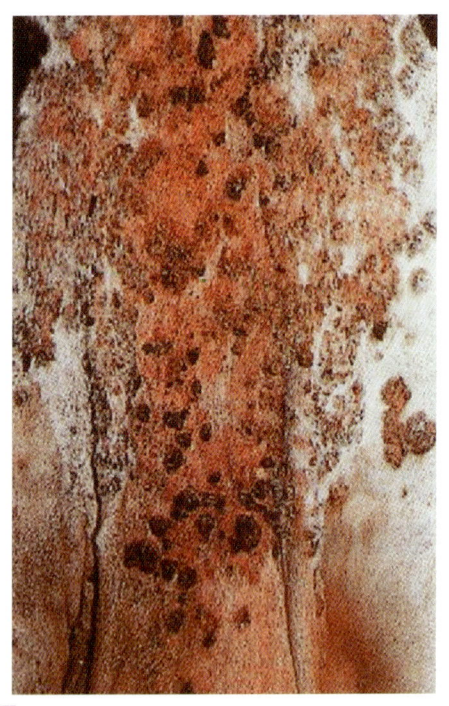

（出典：テレビ・ドクター3，DAIRYMAN，2007）

乳房や後肢の広い範囲に形成された病変。一見すると皮膚真菌症のように円形で隆起した病変であり，痂皮を形成している

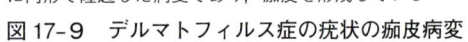

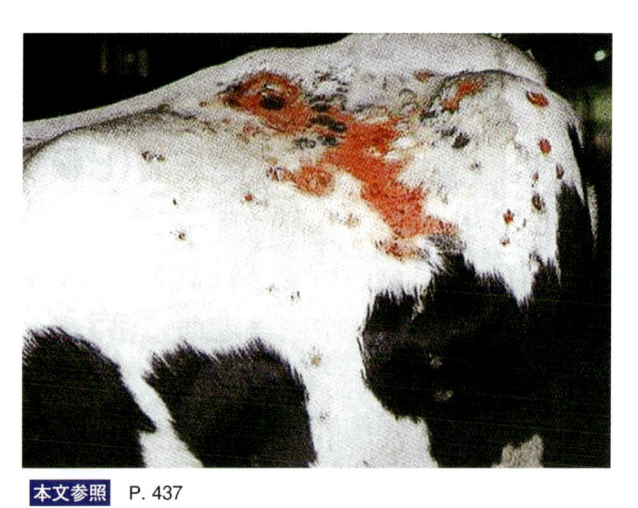

図 17-9　デルマトフィルス症の疣状の痂皮病変

（出典：テレビ・ドクター3，DAIRYMAN，2007）

痂皮をはぐと下にはピンク色の皮膚が露出し，表面は湿潤である

図 17-10　デルマトフィルス症の痂皮が剥離した湿潤な皮膚病変

CHAPTER 1 診療に関する総論

獣医師が子牛の診察や治療などを行うためには，医療証拠・根拠に基づいた適切な診断と治療方針の確立が必要である。子牛には成牛とは異なる体質の特徴があり，それを理解して身体検査を基本に，必要に応じて詳細な検査を実施して，より的確な診療を行う。本章では子牛の病態診断に必要な検査・診断の方法や，検体の採取・処置に必要となる保定方法について解説する。

第1節 問診

問診は子牛の疾患の診断を進めていくうえで非常に大切であり，飼育管理者より得られた情報を十分に整理または分析しながら，一般身体検査を実施し，必要に応じて各種臨床検査へと進む。問診では，畜主，子牛の個体，飼育管理と環境についてできるだけ多くの情報を得る必要がある。さらに，伝染病や飼料中毒のような牛群としての問題が疑われる場合には，被害の拡大を防ぐため早急な診断が必要である。

1．子牛の一般情報

個体識別番号に加え，罹患牛もしくは牛群に最も精通している飼育者から，品種，系統，月齢，性別，発病経過，牛群での類似疾患の発生状況，飼育状況，飼育環境，給餌飼料，輸送状況，予防，病歴および治療歴などを聴取し，記録する。

また，特定の品種に起こりやすい疾患というものがあり，特に近親交配が進んでいる黒毛和種では先天異常が起こりやすい。さらに，哺乳牛と若齢牛でも特定疾患の発生に違いがある。

2．発病経過と状況

発病の経過を詳しく把握することは重要であり，その経過により甚急性（数時間〜2日），急性（3〜14日），亜急性（2〜4週）および慢性（4週以上）に分けられる。

また，発病が1頭のみか，牛群にみられるかを把握することも重要である。牛群のなかで多頭に発病が認められた場合には，典型的な症状の数頭を特に詳しく調べるとともに，多頭がどのような経過で発病に至ったかを調査する。子牛の疾病の発症原因は個体の成長過程における生体側の問題と子牛を取り巻く飼育環境が複雑に関係しており，ひとつの集団において複数の疾病の発症がみられた場合には，共通の原因を見つけ出し，発症の経緯を整理する必要がある。

3．飼養管理

給餌飼料の種類と成分および給餌量を調査する。また，子牛の分娩時の状況（難産など）がどのようであったか調べ，初乳の給与状況を把握する。さらに，遺伝性疾患が疑われる場合には，種雄牛と母牛との関連性を調査する。このほか，哺乳方法（代用乳の給与内容），粗飼料，人工乳や水の給与内容，感染症を発症した場合にはワクチンの接種状況に関しても確認する必要がある。

4．飼育環境

高温・多湿などの気候，牛舎内の換気状況，牛の密

```
牛の身体検査所見シート
                                          年　月　日
    動物種＿＿＿＿＿　品　種＿＿＿＿＿　年　齢＿＿＿＿＿
    性　別＿＿＿＿＿　体　重＿＿＿＿＿
  1．禀告
      飼育環境
      発生状況
      経過
      給与飼料
      分娩歴
  2．身体検査
      体温＿＿＿＿℃　心拍数＿＿＿＿回/分　呼吸数＿＿＿＿回/分
      意識　　□覚醒　　□鈍麻　　□催眠　　□昏迷　　□昏睡
      行動　　□正常　　□不安　　□痙攣　　□攻撃的　□強迫行動
      姿勢　　□起立　　□伏臥　　□横臥　　□斜頚　　□乳熱様
              □後弓反張　□(        )
      歩様　　□正常　　□跛行　　□硬直　　□失調
              □(        )
      栄養状態（BCS）： 1 非常に削痩　2 削痩　3 普通
                        4 やや肥満　　5 肥満
          ・棘突起　　　　：　1　2　3　4　5
          ・棘～横突起　　：　1　2　3　4　5
          ・肋横突起　　　：　1　2　3　4　5
          ・臙部　　　　　：　1　2　3　4　5
          ・腰角と坐骨　　：　1　2　3　4　5
          ・腰角と坐骨の間：　1　2　3　4　5
          ・腰角の間　　　：　1　2　3　4　5
          ・尾根部　　　　：　1　2　3　4　5

  体表リンパ節　下顎（左・右）　浅頚（左・右）　腸骨下乳房
      大きさ
      形状
      硬さ
      疼痛
      固着
  被毛　　□色の変化　□光沢有り　□減毛　□脱毛
  皮膚　　色＿＿＿＿　弾力性＿＿＿＿　熱感＿＿＿＿
          浮腫＿＿＿＿
  皮膚つまみ試験　　□＜5％　　□6～8％　　□8～10％
  可視粘膜　　色調＿＿＿＿　　強さ＿＿＿＿
  呼吸運動　　深度＿＿＿＿　　リズム＿＿＿＿
              様式＿＿＿＿
  脈拍　　　　規則性＿＿＿＿　強さ＿＿＿＿
  第一胃運動　回/3分＿＿＿＿　強さ＿＿＿＿
  打診界の異常
  身体各所の所見
      口，歯，歯肉
      鼻，眼，頭部
      筋，骨格
      胸部（心肺）
      腹部（消化器）
      泌尿生殖器
      四肢と蹄
  特記事項または問題点
```

図1-1　牛の身体検査所見シートの一例

度，床敷きなどの衛生管理を調査する。牛舎外の環境について，特に糞尿の処理状況を調べる。

　放牧地では，放牧状況，地形，土壌の種類と成分を調べ，牧野に生育している牧草などの種類と採食状況を調査する。

　また，牛舎内あるいは放牧地における過去の病歴も有用な情報となるので調査する。

第2節　身体検査

　視診，触診，打診，聴診により身体各部位の検査を行う。図1-1は，身体検査所見シートの一例である。

1．視診

　罹患子牛を前方，左右側面および後方より注意深く観察する。観察の要点は元気，食欲，反芻，排糞と排尿，出血，体格と栄養状態（ボディコンディションスコア：BCS），歩様，姿勢，感覚，腫脹，異常な動作や行動，身体各部位および呼吸数と呼吸様式などである。

（1）特異的な姿勢

　くる病ではO脚やX脚，腹部疼痛では背彎姿勢がよくみられる。破傷風などでは，四肢の強直性痙攣と後弓反張が特徴的である（図1-2）。ハイエナ病では，特徴的なハイエナ様姿勢を示す（図1-3）。その他，跛行，歩様強拘，伏臥姿勢，乳熱様姿勢，横臥姿勢，斜頚，後躯麻痺などの姿勢変化を観察する。

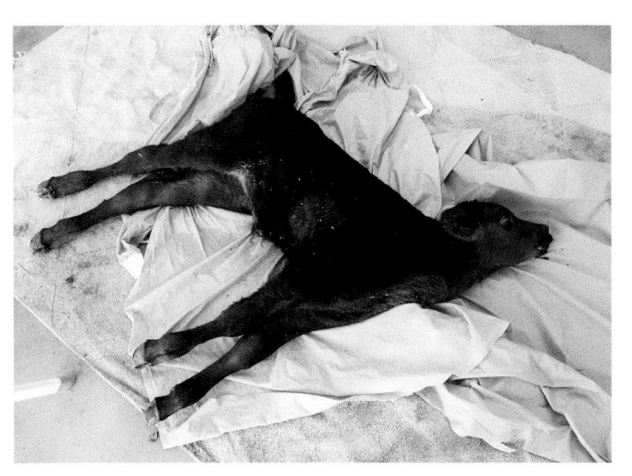

図1-2　四肢強直と後弓反張

図1-3　ハイエナ様姿勢

（2）ボディコンディションスコア（BCS）

　棘突起，棘突起から横突起の移行部，肋横突起，鎌部，腰角と坐骨，腰角と坐骨の間，腰角の間および尾根部のそれぞれについて陥凹や隆起を評価し，その程度により5段階（スコア1：非常に削痩，2：削痩，3：普通，4：やや肥満，5：肥満）の評価を行う。

（3）被毛と皮膚

　被毛の光沢，皮膚の色調，脱毛などの状態を観察する。

（4）浮腫

　浮腫を認めた場合，触診により冷性浮腫と炎症性浮腫の鑑別を行う。冷性浮腫は胸垂部，下顎部，下腹部の順に発生する。

（5）頭頚部の観察

　頭部の左右対称性と形状，上顎と下顎の腫脹，眼窩の陥没と突出，目と耳の異常，鼻端の異常，鼻汁と鼻漏，鼻塞音，喘鳴音，咽喉頭部の異常，呼気臭などの異常を観察する。頭部や前頭部の膨隆や変形は，アカバネ病や内水頭症でしばしばみられる。頚静脈の怒張と拍動は，右心系の心臓疾患で顕著にみられる。発咳は気道刺激により発生し，その頻度と強さを観察する。

（6）胸部の観察

①呼吸数と呼吸様式

　正常な子牛の呼吸数は20～40回／分である。呼吸数の増加は頻呼吸，呼吸促拍，減少は徐呼吸，呼吸遅徐という。呼吸様式は生理的には胸式呼吸と腹式呼吸の両方で行っているが，胸部疾患時には腹式呼吸が強くなり，腹部疾患時には胸式呼吸が強くなる。異常呼吸にはシェーン・ストーク呼吸，クスマウル呼吸，ビオー呼吸などがあり，中枢・神経系疾患，中毒，尿毒症，糖尿病の際によくみられる。

②呼吸困難

　吸気性，呼気性，吸気と呼気の混合性の3つに分けられる。吸気性呼吸困難は気道狭窄や気管支肺炎などで起こり，呼吸数増加，吸気時の努力性呼吸，強い胸式呼吸がみられ，頭頚部伸長，鼻孔開大，開口呼吸，前肢開張姿勢を特徴とする。呼気性呼吸困難は慢性の気管支・肺疾患で起こり，2段呼吸を特徴とする。混合性呼吸困難は各種呼吸器疾患で最も一般にみられる呼吸困難であり，循環器疾患や消化器疾患でも確認される。

（7）腹部の観察

　腹囲の外観は後方から観察し，左腹部，右腹部または下腹部の突出部位により，第一胃鼓脹症，第一胃食滞，第四胃変位，腸捻転，腹水，気腹などの特定の疾患を推定する。

2．触診

　脈拍，皮膚，可視粘膜，体表リンパ節，身体各部位の触診と直腸検査により異常を調べる。

表1-1 熱型

熱型	特徴
稽留熱	日差が1℃以内の高熱が持続
弛緩熱	日差が1℃以上の高熱が持続
間歇熱	1〜3日ごとに繰り返す高熱
回帰熱	不定期に反復する熱発作
波状熱	長期の不定熱が持続
二峰熱	数日間の間隔をおいて2回の発熱
暫時熱	1日または1日半の発熱
単純熱	数日間の発熱
不整熱	一定の型を示さない発熱
虚脱熱	平熱以下に下降し，動物が反射機能を失った状態
死交叉	頻脈にもかかわらず体温下降を示す場合，脈拍曲線と体温曲線は交差する

表1-2 脱水の程度と皮膚つまみテスト

脱水 (体重の%)	触診所見，その他	つまみテスト (秒)
4〜5	皮膚弾力性がわずかに低下 意気消沈，飲水欲増加	<2
6〜8	皮膚弾力性が明らかに低下 眼球陥没，粘膜乾燥	2〜5
9〜12	つまんだ皮膚が元に戻らない 毛細血管再充満時間の延長 虚脱，四肢冷感，脈拍虚弱 不随筋の攣縮	6〜45
13〜15	重度のショック状態，死亡	>45

(1) 脈拍

子牛の脈拍は正中尾動脈もしくは外顎動脈の触診により調べ，脈拍数，脈性および脈のリズムを観察する。脈拍に異常がみられたら，心電図検査へと診断を進める。

(2) 体温

子牛の体温は38.5〜39.5℃である。発熱がある場合にはその熱型を調べる（表1-1）。

(3) 皮膚つまみテスト

健常牛では皮膚をテントのようにつまみあげ，離すとすぐに元に戻る。しかし，脱水を呈する牛では皮膚がしばらく元に戻らない（口絵 p.19, 図1-4）。この方法は，脱水の程度を知るうえで重要であり，客観的な評価に役立つ（表1-2）。

(4) 可視粘膜

眼結膜，鼻粘膜，口腔粘膜，直腸粘膜，外陰部の粘膜の色調や発赤の有無を観察する。蒼白では貧血，黄色では黄疸，青紫色では低酸素，発赤では炎症，点状出血では出血性疾患などを鑑別する。

(5) 体表リンパ節

下顎リンパ節，耳下腺リンパ節，咽頭後リンパ節，浅頸リンパ節，腸骨下リンパ節を触診し，その大きさを観察する。

(6) 皮下組織

視診により腫脹を認めたら，冷性浮腫，炎症性浮腫，膿瘍，血腫，気腫などの異常を触診により推定もしくは確認し，必要であれば穿刺を行う。

(7) 頸部

頸溝に沿って触診を行い，その腫脹や疼痛の有無を観察する。通常，食道は触知されないが，異物や腫瘤などがないか触診を行う。

(8) 胸部

左側の心臓領域を触診し，心拍数，強弱，不整の有無を調べる。創傷性心膜炎や胸膜炎では，心臓領域の触診により圧痛を示すことが多い。

(9) 腹部

平手を左膁部に当てて，第一胃の収縮運動を触診し，指で圧迫することにより第一胃の硬さを調べる。また子牛では，第四胃に異物があるときに触知できることがある。また，右側腹壁を触診することにより，腸管の閉塞や捻転などに起因する腹壁の緊張や疼痛の有無を調べる。

(10) 直腸検査

子牛では直腸検査によって骨盤腔内や腹腔内の臓器を触知することは難しい。

3. 打診

頭部では副鼻腔部位の打診，胸部では心臓領域および肺領域の打診，腹部では左側腹壁の第一胃部位，右側腹

壁の第二～四胃部位，腸管の部位および肝臓の部位の打診などを行う。心臓領域の打診により疼痛を示す場合には，心臓部の外傷性もしくは炎症性疾患が疑われる。打診音は以下のように分類される。

（1）満音
健康な肺の打診時に聞かれる共鳴音をいい，不規則で低調である。前胃食滞，肝腫大，第四胃変位では満音の縮小がみられる。

（2）濁音
硬固または無気の部位を叩打するときに生ずる。振動が小さく弱く短い音をいう。顎洞炎において，膿汁の充満があれば濁音が生じる。また，肺炎病巣，腫瘍，膿瘍では限局性の濁音界，胸水の貯留では液面に相当する濁音の境界（水平濁音界）が生じる。さらに，心臓領域では完全濁音を示すが，肺気腫により左側の心臓濁音界が縮小，あるいは消失する。一方，心膜腔内に液体が貯留すると心臓濁音界の拡大がみられる。

第一胃の中間部では濁音界は水平に広がり，上から下に向かって濁音が増強する相対的濁音界，その下方の第一胃下腹部側では完全濁音となる。

（3）清音（有響音）
含気器官を叩打する際に生ずる，振動が大きく強い有響性の音で，肺気腫，皮下気腫，気胸で認められる。第四胃左方変位では聴診しながら打診すると，左腹壁の中間部から上方にかけて金属性有響音（ピング音）が聴取される。第四胃右方変位では右胸腹壁の聴打診によりピング音が聴取される。ただし，右側の場合には結腸や盲腸の鼓脹症でも同様の音が聴取されるので，鑑別診断が必要である。

（4）鼓音
一様な振動を有する，鼓を叩く音に類似した音である。クルップ性肺炎，カタール性肺炎，肺空洞，気管支拡張症や皮下気腫などにみられる。心臓領域では，心膜気腫が起こると，上部の打診界は準鼓音または鼓音に変わる。第一胃領域の上部の背部側では準鼓音が認められる。

（5）破壺音（銭響音）
割れた壺を叩く音に類似した音で，肺空洞の表面を叩くことにより急に空気が気管支の方に移動し生じる。壊疽性肺炎や胸膜炎において，病変部（濁音部）との境界の打診で認められることがある。

4．聴診

聴診器を用いて，主に肺，心臓および胃腸領域の音を調べる。

（1）肺領域
喉頭，気管，気管支および肺胞音を調べる。正常な呼吸音としては，肺胞性呼吸音（Fの発音に似る）と気管支呼吸音（CHの発音に似る）が聴取される。病的呼吸音では，肺音の減弱と消失（気管支狭窄・閉塞，肺気腫，胸水，胸膜炎，胸壁の浮腫など），肺音の増強（呼吸困難，代償性肺胞呼吸，肺充血，肺炎），断続性呼吸音（急性胸膜炎，気管支カタルなど），振盪音（拍水音，振水音；含気胸水や心嚢水貯留），胸膜摩擦音[*1]およびラッセル音[*2]を判別する。

胸膜摩擦音は，線維素性胸膜炎のように線維素性滲出物が肺胸膜と胸郭胸膜の両面に付着し，その摩擦により生ずる。

ラッセル音は，気管支炎や各種肺疾患に認められ，診断上重要である。その性状により，湿性ラッセル（水泡音；気管支内分泌物の振動と気泡の破裂音），乾性ラッセル（気管支内に付着もしくは遊離した粘稠塊状物の振動性有響音で，音質により類鼾音，蜂鳴音，笛声音などがある）および捻髪音（粘稠な分泌物が膠着した気管支壁が拡張するときに生じる音）の3つに分けられる。

（2）心臓領域
聴診部位は，左側胸壁の肘頭部位から前方の第3～5肋間である。この場合，子牛の左前肢を開脚させるか，前方へ踏み出させると聴取しやすい。

心拍数，心拍リズム，心音の強弱および心雑音[*3]を調べる。子牛の心拍数は100～120回／分である。心音は第1音（左右房室弁の閉鎖，大動脈と肺動脈の解放）と第2音（大動脈と肺動脈の閉鎖）を注意深く聞き分けて聴取する。心音の増強は低酸素，貧血，心衰弱症候群などの代償反応として起こることが多く，心音の減弱は胸水貯留，心膜炎などで起こる。心雑音は，心内雑音と心外雑音に分けられる。心内雑音が子牛で認められると，弁膜疾患に加えて，先天性心疾患を疑わなければならな

表1-3 心内雑音のレベル

レベル	内容
第1度	注意深い聴診で雑音を聴取することができる
第2度	弱い雑音が聴取される
第3度	中等度の雑音が聴取される
第4度	強い雑音が聴取されるが，前胸部の振戦がない
第5度	前胸部の振戦を伴う大きな雑音が聴取される
第6度	聴診器を胸壁から離しても雑音が聴取される

い。心外雑音では創傷性心膜炎を考慮しなければならない。心内雑音のレベルは6段階に分けられる（表1-3）。

（3）腹部領域

　胃運動音と腸の蠕動音を調べる。第一胃では，左膁部の陥凹部に聴診器を当て，少なくとも3分は連続して聴取する必要がある。正常では約1回／分の頻度で連続する胃運動音が聴取される。採食後は蠕動音の間隔が短縮され，空腹時には延長する。胃運動の増加は泡沫性鼓脹症，迷走神経性消化不良でみられ，減弱は消耗性疾患，ルーメンアシドーシス，創傷性第二胃炎，前胃疾患で認められる。第二胃運動は左側第6～7肋間の下から1/3の部位で調べる。通常，第三および第四胃運動は聴取困難であるが，第四胃左方変位では左側第11～12肋間の上から1/3の部位で腹鳴音が聴取され，聴打診でピング音が聞かれる。腸の蠕動音は右側腹壁や右膁部より聴取する。

第3節　臨床検査

1．血液検査

　血液検査は，病態を把握するうえできわめて有用な情報を与える。血液の各種細胞成分に関する検査は，complete blood count（CBC）として，赤血球数（RBC），ヘマトクリット値（Ht），ヘモグロビン（Hb），平均赤血球容積（MCV），平均赤血球ヘモグロビン量（MCH），平均赤血球ヘモグロビン濃度（MCHC），白血球数（WBC），白血球百分比，血小板数（PLT），網状赤血球（RET）などを計数する。

　採血は頚静脈または尾静脈から行うが，新生子など体格の小さい個体では頚静脈からの採血が簡便である。ただし，脱水の激しい子牛では頚静脈が怒張しないため，ほかの血管から採血を行う。

　抗凝固剤は，CBCにはEDTA，血液生化学的検査にはヘパリンがよいとされる。ヘパリンは血球の染色性を低下させるため，白血球の形態観察には適さない。またEDTAはカルシウムイオン（Ca^{2+}）をキレートするため，血液生化学的検査には不適である。

　なお，検査にあたっては正常値との比較はもちろんであるが，用いられた検査手技，サンプルの取り扱いが適切であったか否かを常に確認すべきである。血液診断では，検査所見がほかの徴候を裏付けるものであるときに大きな意義を持つことになるが，各数値の正常範囲は個体の月齢，品種，性別によって変動する。特に，新生子牛では初乳摂取によって顕著な変化を示すため，初乳摂取が十分であるか否かも考慮する必要がある。初乳摂取が十分であるかの判断については「2．血液生化学的検査」に後述する。子牛のCBCの正常範囲は**巻末の付録**を参照。

　白血球百分比をみると，出生直後は好中球が大部分を占めるが，初乳摂取による受動免疫の確立とともにリンパ球優位となる。この出生直後にみられる腸からの免疫物質の取り込みは，出生後約6時間をピークに24時間までと考えられており，この間に十分な初乳が摂取されなければ受動免疫不全となる。したがって，生後6時間以内に十分量の初乳を摂取させる必要がある。

2．血液生化学的検査

　血液生化学的検査として測定される項目には，総タンパク（TP），アルブミン（Alb），アスパラギン酸アミノトランスフェラーゼ（AST），γ-グルタミルトランスペプチダーゼ（GGT），尿素窒素（BUN），クレアチニン（Cre），アンモニア（NH_3），グルコース（Glu），乳酸，ケトン体，総コレステロール（T-cho），総ビリルビン（T-Bil），ナトリウム（Na），カリウム（K），クロール

表1-4 ホルスタイン種子牛の初乳摂取前後における血清TPおよびタンパク分画

日齢	血清TP (g/dL)	Alb (g/dL)	Glb(g/dL)			A/G
			α-	β-	γ-	
0日（哺乳前）	3.9±0.4	2.4±0.3	0.9±0.3	0.4±0.1	ND	1.7±0.5
0日（哺乳10時間後）	4.8±0.7	2.3±0.3	1.0±0.3	0.5±0.1	0.8±0.4	0.9±0.2

ND：検出限界以下　　　　　　　　　　　　　　　　　　平均±標準偏差

表1-5 下痢を呈する子牛の血清中ハプトグロビン（Hp）濃度の上昇
(%)

症状	Hpの検出					陽性率合計
	-	+	++	+++	++++	
正常 (n=189)	78.8	5.8	5.8	8.5	1.1	21.2
下痢 (n=34)	67.6	5.9	14.7	5.9	5.9	32.4

（小西博敏氏，栗原昭広氏 ご提供）

(Cl)，カルシウム（Ca），無機リン（IP），マグネシウム（Mg），pH，重炭酸などがある。さらに，微量元素，ビタミン類，ホルモンなどの測定が必要な場合がある。各測定項目の正常値については**巻末の付録**を参照。

　出生直後の子牛の血清TP濃度は低値であるが，生後1カ月までには上昇する。特に，初乳摂取によって免疫グロブリン（Ig）が腸から吸収されると，γ-グロブリンは大きく変化する（**表1-4**）。同様にGGTは初乳中に大量に含まれており，初乳摂取とともに新生子牛の血中GGT濃度は顕著に上昇する。生後2～3日の血中GGT濃度が300 IU/L以下の場合は，初乳摂取が不十分である可能性が考えられる。

　低Albを伴う低タンパク血症は，激しい下痢を呈している子牛や線虫などの寄生虫に感染している子牛や若齢牛にみられることが多い。また，低タンパク血症はアミロイドネフローゼの場合にしばしば認められるが，腎臓と腸から同時にタンパクが喪失するために，より急速に進行する可能性がある。TPの増加は，高γ-グロブリン血症と関連していることが多い。すなわち，慢性炎症を罹患している子牛では，高タンパク血症を呈する。また，ハプトグロビン（Hp）は肝臓で産生されるため，肝実質細胞障害では血清Hp濃度は低下する。溶血性疾患では，Hp-Hb複合体を形成して肝臓に急速に取り込まれるため，血清Hp濃度は低下する。子牛でしばしば認められる感染性の下痢ではHp濃度は増加する（**表1-5**）。新生子の血糖値は120～160 mg/dLと，成牛に比べると明らかに高値を示す。

3．尿検査

　尿検査には，自然排尿または尿道カテーテルにより採取した尿を用いる。自然排尿の場合，尿道からの分泌物や外陰部の汚染物が混入する可能性があるため注意する。一般に，以下の項目について検査を行う。なお，色調，臭気，混濁度の確認は採尿直後に行い，比重と化学的検査は尿を1,500 rpm×10分程度遠心した上清を用いて，細胞成分などの検査は沈査を用いて行う。

（1）色調

　正常な尿は淡黄色または琥珀色である。極端な淡黄色または無色は飲水量の増加による多尿を示唆する。ビリルビン尿では淡褐色，血尿または血色素尿では淡赤色から赤色，ミオグロビン[*4]尿ではブランデー色を呈する。ポルフィリン症[*5]が疑われる場合は，尿中ポルフィリンの検出を試みる。ポルフィリン尿は自然光では琥珀色であるが，紫外線を当てると赤色蛍光色を呈する。

（2）臭気

　正常尿は淡い芳香臭を呈する。ケトーシスではアセトン臭，泌尿器系に重度の細菌感染がある場合は分解産物によるアンモニア臭あるいは不潔臭を認める。

（3）混濁度

　正常尿は透明である。腎炎や膀胱炎を呈する場合は尿中に多量の細胞が存在するため，尿は混濁する。尿中の細胞成分，結晶，細菌などの有無については後述のとおり尿沈査を詳細に検査する。

（4）比重

　健常な牛の尿比重は1.025～1.045である。低比重尿は多飲多尿の牛において認められることが多い。多尿の原因は，慢性腎不全や間質性腎炎による尿細管の再吸収能低下，糖尿病，あるいは高Ca血症が原因となる場合も

ある。一方，脱水，循環不全，慢性腎不全の末期，腎臓腫瘍などでは尿量が減少し，比重も高値を示すことが多い。

（5）化学的検査

化学的検査には，尿試験紙を用いる。すなわち，タンパク，ヘモグロビン，ミオグロビン，糖，潜血，ケトン体，ウロビリノーゲンに関する検査を実施する。正常尿はウロビリノーゲンを微量に含むが，その他は検出されない。

（6）沈渣

尿沈渣は遠心した上清を除去し，遠心管の底部に残ったものをスライドグラスに塗布し，必要に応じてディフ・クイック染色などを行った後に鏡検する。結晶や尿円柱の検査には，沈渣を含む溶液をスライドグラスに1滴落とし，カバーグラスをのせて鏡検する。牛の尿中にしばしば認められる結晶としては，リン酸アンモニウムマグネシウム，リン酸カルシウム，尿酸アンモニウム，炭酸カルシウムなどがある。尿結石となって尿道閉塞を起こしている場合には，結晶の確認は診断するうえで重要である。

また，赤血球は尿路あるいは膀胱からの出血を示唆する。好中球やマクロファージなどの炎症性細胞が多数検出される場合は，膀胱炎や腎炎など尿路系の炎症が示唆される。移行上皮細胞は尿管から尿道までの炎症，扁平上皮細胞は尿道や腟の炎症，さらに尿細管上皮細胞は尿細管障害やネフローゼで観察される。尿円柱は，血球や変性した上皮細胞などが主体となって認められることがあるが，いずれも尿細管の障害を示唆する所見である。

（7）細菌培養

尿沈渣に細菌が検出される場合は，尿を培養することによって同定を試みるとともに抗菌剤に対する感受性試験を実施することが望ましい。

4．糞便検査

糞便は，消化管の状態に関する情報を多く含んでおり，きわめて重要な検査である。一般には以下の項目について検査を実施する。

（1）色調

糞便の色調は飼料の種類によって影響を受ける。授乳期には黄褐色から灰色ないし黄色である。牧草を摂取しはじめると，便の色は黄褐色から褐色となる。また，放牧中は暗緑色を呈する。牛サルモネラ症などの細菌感染による下痢では，灰色がかった黄色，先天性の胆管閉塞では白色の脂肪便を呈する。また，過量の胆汁を含む便は黄緑色または暗黄緑色となる。ケトーシスの際には便の表層が黒褐色となる場合がある。第四胃あるいは上部消化管からの出血では，暗褐色やタール便を呈する。下部消化管からの出血では鮮紅色であり，時間経過とともに暗赤色となる。

（2）硬さ

糞便の硬さは飼料の種類や水分含量によって左右される。正常子牛の便はパルプ状の硬さであるが，代用乳を与えられている期間は糊状となる場合がある。さらに，固形飼料を給与されはじめると，飼料の断片が糞便中に検出される。粗飼料をよく採食し，反芻している正常牛の便は，落下したときに硬く丸い塊となる。

下痢便は多量の水分を含むため，軟らかく，床に落下した際に周囲に飛散する。また，水様便は肛門から噴出するように排出される。水様便は牛舎を汚染し，感染症拡大の原因となるので，注意が必要である。

（3）臭気

健康な牛の新鮮便には不快な臭気はない。消化管の炎症などにより，異常な発酵が起こっている場合は腐敗臭を伴うことがある。これは子牛でしばしば認められ，腸炎の初期に糞便が腐敗臭を呈することがあり，その場合，続いて水様性の下痢を起こす可能性がある。また，子牛が呈する下痢の酸臭は，乳糖やブドウ糖の過剰投与に伴うことがある。

（4）粒子の大きさ

離乳した健康な子牛の糞便には，約0.5cmまでの植物の繊維が存在している。これよりもさらに長い繊維が認められる場合は，消化不良を示唆する所見である。さらに，穀類の過剰摂取では消化されないままの穀類が塊状となって認められる場合がある。

（5）寄生虫学的検査

糞便中に排出される虫卵は，寄生虫感染の診断として

きわめて重要である。吸虫などの比重の重い虫卵の検査には集卵法がよい。約 5 g の糞便に約 250 mL の水を加えて撹拌し，糞液をつくる。それを 250 μm のメッシュに通し，ろ液を遠心管に移す。約 15 分静置した後に上清を捨て，底部の沈殿物に少量の水を加えて撹拌し，その 1 滴をスライドグラスに滴下し，カバーグラスをのせて鏡検する。

一方，比重の軽い線虫，条虫，鉤虫卵やコクシジウムのオーシストなどの検出では浮遊法が有効である。少量の糞便をビーカーに取り，約 20 倍量の飽和食塩液を加えて撹拌し，試験管に移す。試験管の縁まで飽和食塩液を追加し，カバーグラスをのせて 10 分静置する。比重の軽い虫卵は浮き上がってカバーグラスに付着するため，カバーグラスをスライドグラス上に移動し，鏡検する。

（6）微生物学的検査

ほかの検査を行っても下痢などの消化器症状の原因が不明な場合，糞便からの細菌あるいは真菌培養，ウイルス分離を試みる。材料を滅菌された容器にとり，検査機関へ送付する。なお，材料の保存方法については，あらかじめ検査機関の指示を確認しておくのがよい。微生物学的検査については後述の本章 第 3 節「7．微生物学的検査」を参照されたい。

5．第一胃液検査

検査用の第一胃液の胃液採取法として，胃ゾンデによる方法が野外臨床上で広く行われている。具体的には，牛の頭頸部を注意深く保持し，鼻腔を経てカテーテル（ルミテーカー）を第一胃内に挿入する経鼻法と，開口器を装着し口腔からカテーテル（ルミナー）を挿入する経口法がある。後者の方が容易にカテーテルを胃内へ挿入できる。採取した第一胃液は，室温保存では 9 時間以内に，冷蔵保存では 24 時間以内に検査を実施すべきである。検査項目は以下のとおりである。

（1）色調

飼料の違いによって色調も灰色から緑褐色まで変化する。例えば，コーンサイレージを給与された牛では黄褐色であり，放牧牛では緑色を呈する。また，アシドーシスの牛では乳灰色，変敗飼料の摂取などでは暗緑色などの異常な色調を呈する。

（2）臭気

正常な第一胃液は芳香臭があり，不快なにおいはしない。カビ臭，腐敗臭，酸臭などは異常である。

（3）粘稠度

正常な第一胃液は粘稠である。粘稠度の低下した第一胃液は原虫類が不活性であることが多い。泡沫性鼓脹症の牛では，第一胃液に泡沫を含む。また，唾液が混入した場合は，正常よりも重度の粘稠性を呈するため，そのような試料は使用しない。

（4）pH

pH 試験紙を用いて検査する。正常な第一胃液の pH は，給与した飼料の種類と給与後の時間経過によって，5.5〜7.0 の範囲で変動する。唾液を多く含む試料では，pH は上昇する。デンプン，穀類を多く含む飼料を給与すると pH は低下傾向を示し，逆に繊維質やタンパク質を多く含む飼料を給与すると pH は上昇する傾向にある。正常範囲を超えて pH が変動した状態はルーメンアシドーシスまたはルーメンアルカローシスとなり，飼料に問題のある場合が多い。また，第四胃液が逆流した場合は，極端な酸性の pH を示す。

（5）原虫

採取した第一胃液を二重ガーゼでろ過し，鏡検に使用する。第一胃液には，繊毛虫と鞭毛虫が 90 種類以上認められる。出生直後の反芻動物からはプロトゾアは検出されず，生後 2〜3 週齢から，ほかの動物のルーメン内容物との接触感染によって定着するようになる。

a．Ophryoscolecids（貧毛類）；ルーメン内での繊維分解の約 30% を担う。
　・Entodiniinae（亜科）
　・Diplodiniinae（亜科）
　・*Eudiplodinium maggii*
　・*Polyplastron multivesculatum*
　・Epidiniinae（亜科）
　・Ophryoscolecinae（亜科）

b．Isotrichids（全毛類）；体表全体が短い繊毛で覆われ，ゾウリムシ状を呈する。

表1-6 原虫の活動性の指標

活性度	運動
+++	最活発自由運動
++	活発旋回運動
+	緩慢自転運動
±	線毛運動
−	運動停止

原虫の数は，飼料の成分，採食後の経過時間によって変動する。

活動性は，ろ過液2～3滴をスライドグラスに滴下し，カバーグラスをのせて100倍で鏡検して確認する。判定は胃液採取後15分以内に行う（**表1-6**）。

原虫の形態観察には，核の形態が重要な基準となるので，あらかじめメチルグリーンで核染色を行う。また，詳細に形態を検索するには静止状態にする必要があるので，ルーメン内容：MFS溶液＝1：4の比率で混和し，鏡検に供する。MFS溶液とは，10倍希釈のホルマリン溶液1Lに塩化ナトリウム8.5gを溶解し，メチルグリーン0.3gを添加したものである。

（6）細菌

第一胃内の細菌は菌体タンパクとして重要であり，10^7～10^{12}個/mL存在する。細菌の種類は約70種が知られているが，主な細菌を**表1-7**に示す。

6．細胞診断

各種炎症や腫瘍性疾患をはじめ，貯留液の検査法として細胞診断が有効である。問題となる臓器あるいは組織の針生検，コア生検，スワブ材料の検査などが行われる。貯留液については，タンパク濃度，細胞数，細胞の種類を検査する。各項目における漏出液と滲出液の特徴は**表1-8**に示す。

細胞診断に利用される染色法は，一般にロマノフスキー染色に含まれるギムザ染色，ライト染色，ライト・ギムザ染色，メイ・グリュンワルド・ギムザ染色が行われる。臨床現場では，これらの染色法をもとにした迅速染色として，ディフ・クイック染色などが利用され，通常，数分以内に染色が完了する。また，肥満細胞の顆粒染色はトルイジンブルーによって異染性を示す。また，扁平上皮の分化や角化の評価にはオレンジG，ライトグリーン，エオジンを使用する。さらに，特殊染色としては，グリコーゲン，粘液，真菌などの染色を目的としたPAS（過ヨウ素酸シッフ）反応，*Mycobacterium*などの抗酸菌に対するチール・ネルゼン染色，脂肪滴に対するオイルレッドO染色，顆粒球に対するズダンブラックB染色やペルオキシダーゼ染色などがある。

腫瘍が疑われる動物に対しては，細胞の形態分類と悪性度の評価が必要となる。細胞は上皮系，間葉系，独立円形にそれぞれ分類され，上皮系細胞はシート状に集塊を形成しやすく，間葉系細胞は紡錘形の形態を有することから区別される。腫瘍細胞は，細胞質や核の大小不同，核と細胞質の割合（N/C比）の増大，ロゼット状の特徴的な配列，核仁あるいは核小体の明瞭化など，特有の形態から正常細胞とは区別される。腫瘍細胞の悪性度は，もとの正常に近い組織構造を有する低悪性度（高分化型）のものから，もとの細胞形態や組織構造をほとんど認めない高悪性度（低分化型）のものまで様々である。

腫瘍細胞はモノクローナルな増殖を行うため，PCR法によって特有の遺伝子配列を検出する方法も有効である。特に，リンパ腫のクローナリティー解析は犬では型別の判定が可能であるため，きわめて有効な検査法といえるが，牛への普及は今後の課題である。牛白血病ウイルス感染では，リンパ球からのウイルス遺伝子の検出がPCR法で実施されており，ゲル内沈降反応による抗体検出とあわせて有効な手段である。

7．微生物学的検査

感染性疾患の診断を目的として病原体の検査が行われる。しかし，臨床の現場では検査材料の採取にとどめ，外部の検査機関に委託することが賢明であると思われる。したがって，ここでは検査材料の採取法と一部の細菌検査について述べる。

（1）検査材料の採取

材料の採取ならびに保存は無菌的に行う。通常採取する材料は，膿，鼻汁，眼脂，悪露，尿，糞，血液，乳ならびに各種臓器の一部であり，検査目的と材料の性状によって，ピンセット，白金耳，綿棒などを用いて採取し，密封できる容器に保存する。なお，嫌気培養に供す

表1-7　第一胃内の細菌と生成物

	菌名	生成物	備考
セルロース分解菌	*Fibrobacter succinogenes, Ruminococcus albus, R. flavefaciens, Butyrivibrio fibrisolvens,* etc.	酢酸，コハク酸，ギ酸	
デンプン分解菌	*Streptococcus bovis, Ruminobacter amylophilus, Prevotella ruminicola*	乳酸，酢酸，ギ酸	*S. bovis* はアシドーシスや鼓脹症の原因菌
水溶性糖類分解菌	*Selenomonas ruminantium, Eubacterium ruminantium*	VFA，乳酸，コハク酸	
中間代謝産物利用菌	*Veillonella alcalescens, Megasphaera elsdenii, Desulfotomaculum ruminis*	酢酸，プロピオン酸，カプロン酸，酪酸，バレリアン酸，水素，CO_2，硫化水素	
脂質分解菌	*Anaerovibrio lipolytica*	酢酸，プロピオン酸，CO_2	
メタン生成細菌	*Methanobrevibacter ruminantium, Methanomicrobium mobile*	メタン	

表1-8　貯留液の性状

区分	漏出液	変性漏出液	滲出液
比重	<1.017	1.017-1.025	>1.025
タンパク濃度(g/dL)	<2.5	2.5-5.0	>3.0
細胞数	<1,000	<5,000	>5,000
	単核球	単核球	好中球
主細胞成分	中皮細胞	中皮細胞	単核球
		血液由来細胞	血液由来細胞

る場合は専用のサンプル容器を使用しなければならない。通常は室温で検査機関へ送付すればよいが，腐敗が予想される材料については，必要に応じて冷蔵または冷凍で送付するのがよい。

（2）染色

　ギムザ染色，ディフ・クイック染色は血液塗抹標本の染色と同様に行う。グラム染色は，材料を塗布した標本を乾燥・固定し，ゲンチアナバイオレット液で2～3分加熱染色し，次いで，グラム液で1～3分処理する。その後，染色液を捨て，無水アルコールで脱色した後，水洗，乾燥し，鏡検する。アルコールで脱色されないものはグラム陽性菌である。脱色されるグラム陰性菌については，対比染色としてフクシンあるいはサフラニンで後染色する。

　莢膜染色の方法としてはヒス法（Hiss method）が一般であるが，炭疽菌の場合はホルマリン殺菌，固定を兼ねたレビーゲル法が簡便であり，野外での応用に適している。レビーゲル法はホルマリンにゲンチアナバイオレット液を10%加え，ろ過した染色液で塗抹標本を5～20分間染色する。菌体は紫色に，莢膜は薄桃色に染められる。

　芽胞染色は材料を塗布した標本を乾燥・固定し，マラカイトグリーン水溶液で1分間加温の後，水洗する。その後，サフラニン水溶液で約30秒染色して，水洗・乾燥した後に鏡検する。

（3）薬剤感受性試験

　材料を平板培地に塗布し，一晩培養する。翌日，対象とするコロニーから菌液を作成し，新しい平板培地に均等に塗布する。そのうえに，直接ディスクをおいて16時間培養し，ディスクからの発育阻止円のサイズを計測する。感受性の判定基準は，各ディスクによって設定されているので，あらかじめ確認しておくことが必要である。

8．免疫学的検査

　免疫学的検査を行う対象は，かつては主に法定伝染病であったが，現在ではそれ以外に個体レベルの免疫能の評価が含まれる。以下に代表的な検査法を述べる。

（1）アスコリ反応

　炭疽菌に対する免疫反応試験である。被検動物の血液や臓器などを検査材料とする。臓器の場合は，あらかじめ5～10倍の乳剤とし，煮沸・遠心した上清を検査材料とする。これに抗炭疽血清を重層して沈降反応を行う。陽性の場合は沈降線が生じる。

（2）ツベルクリン反応

　結核病の診断を目的に実施する。結核菌の死菌液を抗原とし，0.1 mLを尾根部の皮内に投与する。72時間後に

注射部位における皮膚の厚さを計測し，投与前と比較する。同時に，注射部位の腫脹，発赤，硬結ならびに水泡の有無などを観察する。

　判定）＋：局所の腫脹の差が5mm以上。硬結あり
　　　　±：腫脹の差が陽性と陰性の中間。2週間以上
　　　　　　あけて再検査し，再度±は陽性とする
　　　　－：腫脹の差が3mm以下。硬結なし

（3）ヨーニン反応

ヨーネ病の診断として実施する。ヨーネ菌の培養抽出液0.1mLを尾根部の皮内に投与し，72時間後に皮膚の厚さ，疼痛，腫脹，硬結を投与前と比較する。

　判定）＋：局所の腫脹の差が3mm以上。熱感，疼痛，
　　　　　　硬結，壊死あり
　　　　±：腫脹の差が陽性と陰性の中間。2週間以上
　　　　　　あけて再検査し，再度±は陽性とする
　　　　－：腫脹の差が3mm以下。局所の反応なし

（4）抗体検査

牛白血病，牛ウイルス性下痢・粘膜病，レプトスピラ症，パラインフルエンザ3型，牛RSウイルス病，牛サルモネラ症などでは，抗体検査による感染確認を行う。検査法にはELISA法，寒天ゲル内沈降反応，中和抗体反応，生菌凝集反応などがある。

（5）リンパ球のCD分類

血液から分離したリンパ球を材料とし，フローサイトメトリーによるCD分類が可能である。健康な新生子の単核球は$2.2×10^3/μL$であるが，1カ月齢では$3.3×10^3/μL$に増加する。リンパ球のCD分類では，接着分子の発現したCD11a陽性細胞数は，出生直後はきわめて少ないが，生後2週で約$1.0×10^3/μL$まで増加する。また，エフェクター分子を発現するCD25，CD26，CD172aのうち，CD25およびCD26は生後1カ月間を通して陽性細胞数がきわめて少ないが，CD172a陽性細胞は生後1週間で急激に増加する。一方，MHC class Ⅰ陽性細胞は，生後1カ月間で緩やかに増加する。このように，子牛の免疫能は初乳摂取によって生後約1カ月で発達すると考えられているが，虚弱子症候群ではPBMCの有意な低下がみられることから，初乳摂取が不十分である場合，免疫能の低下をきたす可能性が指摘されている[1]。

9．遺伝子検査

遺伝性疾患とは，遺伝性素因が発症と直接関係する疾患であり，一般には単一遺伝子に何らかの突然変異が起こり，タンパク質の欠損や機能異常をもたらした結果として発生する疾患をいう。ホルスタイン種では，牛白血球粘着不全症，複合脊椎形成不全症，横隔膜筋症が知られており，黒毛和種では，牛バンド3欠損症，第Ⅷ因子欠乏症，第Ⅺ因子欠乏症，チェディアック・ヒガシ症候群，クローディン-16欠損症，キサンチン尿症Ⅱ型（モリブデン補酵素欠損症）が，褐色和種では軟骨異形成性矮小体躯症などが知られている。

診断はいずれも遺伝子診断による。PCRならびに遺伝子配列の変異を確認することによって確定診断を行う。そのため，必要に応じて検査可能な外部の検査機関に依頼するのがよい。

10．生体の機能検査

生体の機能検査としては，肝臓，腎臓，内分泌，心臓，膵臓などの臓器について負荷試験による評価が行われている。これらの試験は，一般的な臨床検査では異常が検出されない場合に，代謝されるもとの物質を投与するなどして，臓器ごとの機能異常を明らかにする目的で実施される。

肝機能検査は，肝臓で代謝される色素剤などを投与し，肝臓での処理能力を評価する負荷試験が行われる。ブロムサルファレイン（BSP）またはインドシアニングリーン（ICG）を静脈内投与し，血中半減期を測定する。BSP半減期の正常値は2.0～3.9分である。

膵外分泌機能検査には，N-ベンゾイル-L-チロシル-P-アミノ安息香酸（N-benzoyl-L-tyrosyl-p-aminobenzoic acid：BT-PABA）試験と油脂負荷試験がある。BT-PABA試験は，合成基質であるBT-PABAを経口投与し，α-キモトリプシンによる分解産物の尿中への排泄量を測定する方法である。油脂負荷試験は，コーンオイルを経口投与し，2～3時間後に血中の中性脂肪（TG）濃度を測定する。正常であれば明らかなTG濃度の上昇を認めるが，膵外分泌機能不全では変化がみられない。

耐糖試験としては，ブドウ糖（0.1g/kg）あるいはキシリトール（0.1g/kg）の静脈内投与後2時間までの血糖値あるいは血中キシリトール濃度を測定することに

よって評価する。

第一胃液の機能検査としてはブドウ糖発酵試験がある。第一胃内のガスは発酵の結果として発生し，健康な動物では噯気として体外に排出される。ガス産生量を調べることにより，第一胃液中のミクロフローラの活性の指標となる。試験方法は，ガーゼでろ過した第一胃液50 mLに対して，グルコース40 mgを添加し，ガス発酵管に入れて37℃でインキュベートし，産生されるガス量を30分後と60分後で評価する。正常なガス生成量は，1～2 mL/hである。

第4節　電気生理学的検査

1．心電図検査

心電図検査は不整脈の診断には不可欠な検査方法である。さらに，心室および心房の拡大，電解質異常，酸素の供給，心筋の障害など，心機能の評価法としても有用性が高い。しかしながら，心電図は画像診断などほかの検査結果と総合的に評価する必要がある。

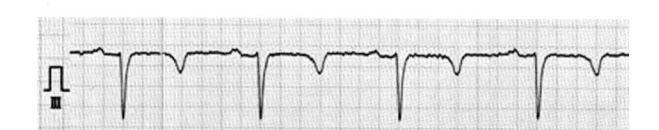

目盛りは1 mV，紙送り速度50 mm/sec。この例では，T波が陰性となっている

図1-5　3カ月齢のホルスタイン種子牛の心電図（A-B誘導）

（1）電極配置および誘導法

大動物では標準肢誘導またはA-B誘導で記録される。特に，牛の心電図検査は起立位で行うことが多いため，A-B誘導が汎用される。これは，起立位の姿勢で心臓が垂直に位置する動物では，A-B誘導によって高振幅の記録が得られるため好都合だからである。A-B誘導の電極位置は，心尖部（左側肘頭部）（A）および左肩甲骨前縁中央（B）とする。また，肢誘導の電極位置は，右前肢（R），左前肢（L），左後肢（LH）とする。

（2）正常な心電図波形

牛の正常な心電図におけるQRS群は小動物とは異なり，陰性である（図1-5）。これは，有蹄類ではプルキンエ線維が心外膜下の深部まで侵入しており，心筋の興奮伝播は心外膜側から心内膜側へ向かっているためである。出生直後と生後約1カ月の子牛から記録した心電図の正常値を表1-9に示す。

（3）異常波形

心電図波形の異常は洞結節の刺激生成異常による洞性頻脈，洞性徐脈，洞性不整脈や，洞結節の異所性刺激生成による，期外収縮，発作性頻拍，心房細動，心房粗動，心室細動，心室粗動がある。また，刺激伝導異常では，洞房ブロック，房室ブロック，心房内ブロック，心室内ブロックおよびWPW症候群がある。

洞性頻脈はPPまたはRR間隔が短縮し，運動，興奮，発熱，貧血，心内膜炎，弁膜疾患および心不全の際に認めることがある。洞性徐脈は洞結節の刺激生成が正常レベル以下の場合に出現し，PPまたはRR間隔は延長する。迷走神経緊張の亢進時，悪液質，低血圧などで認められる。洞性不整脈は刺激生成の間隔が不整な状態であり，呼吸性不整脈は生理的な原因による。

期外収縮は，洞結節からの刺激が伝播されて心筋に到達する前に，異所性の興奮によって早期に心収縮を起こす状態であり，発生部位によって上室性と心室性に区分される。心房細動および心房粗動は心房が正常な活動を維持できず，心房筋の各部位が不規則かつ頻回に収縮する状態である。心房粗動は心房細動に比べて刺激生成が少なく，規則正しく現れるのが特徴である。同様に，心室細動および心室粗動も不規則な心室筋の収縮であり，正常な心電図波形は消失し，正弦波様のゆらぎが記録される。

洞房ブロックは，洞結節から心房への興奮伝導が障害された状態である。房室ブロックは，PPが徐々に延長してブロックが起こるWenckebach型と，PPは一定のまま突然ブロックが出現するMobitz II型がある。房室ブロックは，刺激が房室結節を通過するときに発生する伝導障害であり，PQ間隔の延長が特徴である。

心房内ブロックは心房の一部に伝導障害が発生したものであり，P波の逆転，変形あるいは持続時間の延長な

表1-9 ホルスタイン種子牛の心電図における計測値

Age	心拍数	P (sec)	PR (sec)	QRS (sec)	QT (sec)	ST (sec)	T (sec)
新生子	127±22	0.06±0.02	0.13±0.03	0.06±0.01	0.25±0.02	0.12±0.02	0.08±0.02
27-33日齢	112±22	0.06±0.02	0.13±0.03	0.06±0.01	0.26±0.02	0.13±0.02	0.10±0.02

Age	P (mV)	Q (mV)	R (mV)	S (mV)	T (mV)
新生子	0.18±0.11	−0.42±0.12	0.22±0.13	−0.73±0.57	−0.11±0.51
27-33日齢	0.14±0.11	−0.25±0.12	0.26±0.02	0.13±0.02	0.10±0.02

(Mendes LCN et al. Arq Bras Med Vet Zootec, 2001より引用)　　平均±標準偏差

どが認められる。また，心房拡大に伴ってP波の変形を認めることがあるが，右房拡大では振幅の増加したP波（肺性P波），左房拡大では二峰性のP波（僧帽性P波）が出現する。心室内ブロックは左右の脚ブロックによるQRS波形の変形と持続時間の延長として認められる。

電解質異常に伴う心電図波形の変化としては，高K血症によるT波の振幅増加（テント状T波），P波の振幅低下，STの降下，QRS持続時間の延長，PQ延長などがみられる。低K血症では，T波振幅の低下，STの降下が認められる。高Ca血症ではSTの短縮，QTの短縮を認める。低Ca血症ではQT延長がみられる。

2．脳波検査

中枢神経系に異常が疑われる場合，機能評価法として脳波検査が有効である。

（1）鎮静

新生子で安静状態の場合は，鎮静剤を使用しなくとも脳波の記録が可能なケースがあるが，安定した記録を得るためには何らかの鎮静処置が必要である。通常は，キシラジン（0.1 mg/kg）の静脈内投与が簡便である。ただし，鎮静下では覚醒脳波の記録は不可能であるため，検査対象となる意識レベルは睡眠状態などに限定される。

（2）電極の種類と装着方法

針電極またはクリップ電極を使用する。電極の配置は，左右眼窩後縁を結んだ線と左右耳孔を結んだ線を基準に，頭蓋上の5点に電極を装着する（図1-6）。鎮静剤投与により安静状態が得られた後，頭皮の毛刈りを行う。皮脂は電極と皮膚の接触状態に影響を及ぼすため，アルコール綿で入念に頭皮を清拭する。乾いた脱脂綿で余分なアルコールを除去した後，図1-6に示す電極部位をマークする。眼窩後縁を前縁ラインとし，外耳孔を後縁ラインとする。

電極を装着する際に若干の疼痛を伴うこと，さらに頭部の筋肉からの筋電図の混入を最小限に抑える目的で，電極刺入部位に局所麻酔薬（塩酸リドカイン）を電極装着前に少量皮下注射しておくとよい。

（3）誘導法

頭蓋上の5カ所に設置した電極を探査電極とし，鼻背部に設置した電極を基準電極として両者を接続した誘導法を単極誘導という。また，探査電極同士を接続した誘導法を双極誘導という。単極誘導では，探査電極装着部位を中心とする局所の脳の気活動を反映し，双極誘導では，2カ所の探査電極装着部位間の電位差を記録することとなる。

（4）正常脳波

安静状態における正常な子牛の脳波は，3.5～7.5 Hzのθ波と7.5～13 Hzのα波が混在したパターンとなる（図1-7）。鎮静剤を使用した場合は，さらに低周波数のδ波（1.0～3.5 Hz）とθ波が主体となる。成長とともに頭蓋骨および頭部筋肉，皮膚の厚さが増し，脳波の振幅は低下する。また，覚醒時の脳波は13 Hz以上の速波成分が徐々に増加するが，棘波や鋭波などの異常波は記録されない。左右大脳半球の電気活動は同期するため，左右の対称領域あるいは大脳半球内の前頭と後頭間では，お互いに関連を持った位相を示すのが正常である。したがって，一部の領域から記録された脳波の振幅や周波数が他の領域と異なる場合は何らかの機能異常が潜んでいる可能性がある。

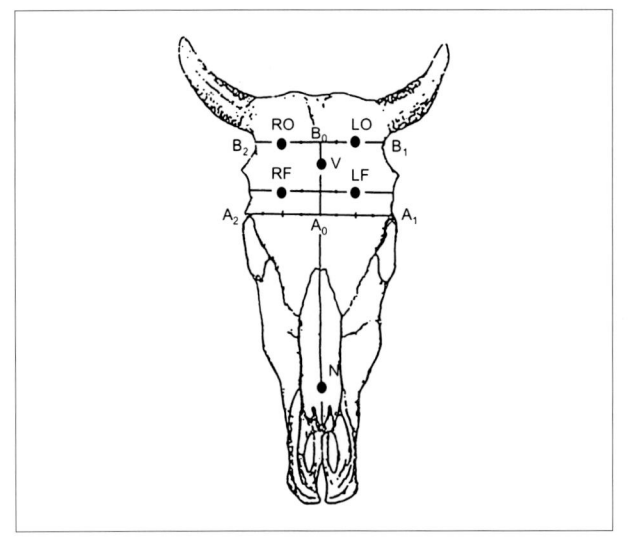

第1章　診療に関する総論

左右眼窩後縁（A1，A2）と左右耳孔（B1，B2）を結んだ線を基準とし，頭蓋上に5つの探査電極（LO：左後頭，RO：右後頭，LF：左前頭，RF：右前頭，V：頭頂）を配置する。基準電極（N）は鼻背部に置き，単極誘導あるいは双極誘導による脳波を記録する

図1-6　子牛の脳波記録用電極配置

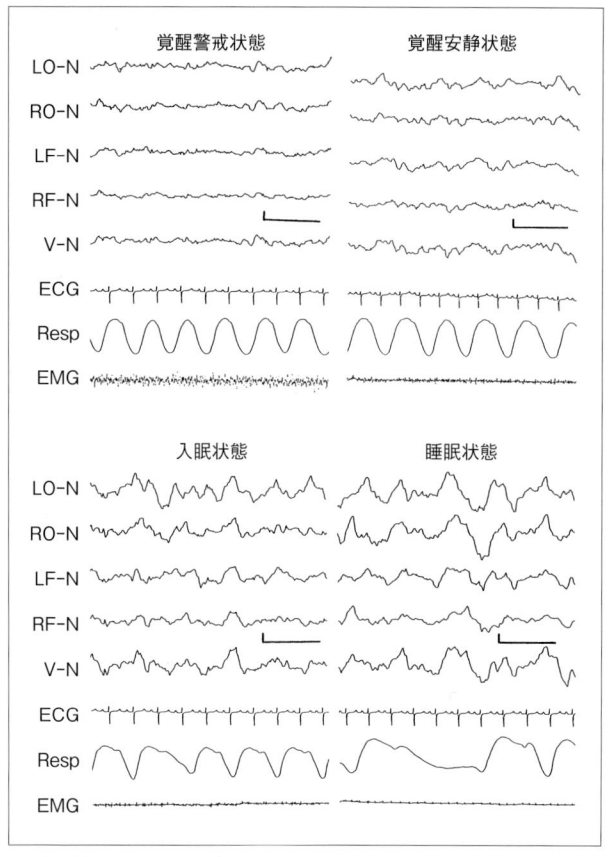

測定は鎮静処置を行わず，自然な意識状態の変化に伴う脳波パターンの変化を示す。記録には針電極を使用し，すべて単極誘導による記録を示す。目盛りは50μV，1secを示す
LO（左後頭），RO（右後頭），LF（左前頭），RF（右前頭），V（頭頂），N（鼻背部：基準電極）

図1-7　1週齢の黒毛和種子牛の脳波パターン

（5）異常脳波

　最も脳波検査が有効とされる疾患は，特発性のてんかん発作である。器質的な異常が中枢神経系に存在しない場合，CT，MRIの画像診断においても異常所見が認められないため，脳波の異常所見が唯一の判断材料となる。痙攣発作を発現するような症例では，脳波において異常興奮を示唆する棘波や鋭波を検出することによって，異常興奮の程度を把握することができる。

　大脳皮質壊死症では，壊死領域に応じて速波の減弱と振幅の低下が報告されており，脳の機能異常を示唆する所見として有用である。

　また，アカバネ病に代表されるように，水無脳症，内水頭症などの先天性の脳奇形が存在する場合にも脳波に異常波形が記録されることが多い。その場合，大脳外套の残存量が脳波波形の振幅に反映されるが，水無脳症では完全な平坦脳波が記録される（口絵p.19，図1-8）。また，内水頭症では脳室に貯留した脳脊髄液が電気伝導体であるため，脳波は高振幅徐波を呈する。

　いずれの場合も，最終的な診断にはCT，MRIなどの画像診断とあわせて総合的に判断すべきである。

3．筋電図検査

（1）鎮静

　筋電図検査では針電極を筋肉内に刺入するため，動物の体動があるとアーチファクトの混入が激しくなる。したがって，検査はすべて鎮静処置を行った動物に対して実施する。鎮静処置については，前述の本章 第4節「2．脳波検査」を参照。

（2）電極

　一般に針電極を使用する。皮膚上に配置した皿電極を使用する場合もあるが，実際は鎮静下の動物が自発的に筋収縮を起こすことはないため，皿電極による叢発射を評価することは意味がない。針電極には同心の単極電極あるいは双極電極を使用する。

（3）記録

筋電図波形はきわめて短時間（1～10 msec）の反応であるため，専用の筋電計でなければ正確な波形を記録することはできない。通常，フィルターは1 KHz程度に設定し，交流ノイズなどの混入を最小限に抑える。電気シールド処理の施された専用検査室での記録が望ましいが，最近の筋電計は優れたデジタルフィルター処理が可能であるため，シールド室でなくとも記録は可能である。

対象とする部位の被毛を刈り，皮膚をアルコールで消毒した後，片方の手で筋肉を保持しながら，もう一方の点で電極を刺入する。電極の刺入と同時に筋電図が記録されるので，刺入時電位，安静時電位，さらに四肢を屈曲・伸展した場合の電位を順次記録する。また，必要に応じて誘発筋電図を記録する。

（4）正常な筋電図波形

一般に，針電極を刺入した際には刺入時電位が記録される。正常であれば，数秒で刺入時電位は消失し，平坦な背景ノイズとなる。筋肉を動かすと筋放電が記録されるが，安静状態であれば筋放電は記録されないのが正常である。

単一の筋線維に電極が触れている場合は，筋放電の電位は一定のはずであり，筋肉の緊張に伴って放電頻度が増大する。しかし，単一の筋線維を探査することは意味がなく，通常は，複数の放電が混在する叢発射を記録する。

（5）異常筋電図

刺入時電位が異常に長く持続する場合をミオトニー放電といい，この発射をスピーカーでモニターすると，急降下爆撃音といわれる特有な音を確認することができる。安静時における異常な筋放電として線維自発電位（Fibrillation potential）がある。線維自発電位の典型的な波形は，通常5 msec以下の短い持続時間を有し，2相性または3相性のスパイクである。線維自発電位は一般に神経原性の疾患で著明に出現するといわれ，脱神経が起こっている場合は特異的な所見と考えられる。神経の損傷や障害などで筋線維の脱神経が起こると，アセチルコリン（ACh）に対する感受性が増加し，少量のAChに対しても過敏に収縮するようになる。

安静状態において正常な運動単位の電位が群を形成して発現するものを群化放電といい，70 msec程度の持続の後に静止状態となる。振戦，間代性痙攣，その他錐体外路系疾患などでは，群化放電が規則的に出現する。

（6）誘発筋電図

脛骨神経などの末梢神経を電気刺激すると，脊髄の単シナプス反射としての筋活動電位であるH波が記録される。刺激を強めると，Ia線維とともに脊髄から筋線維へ分布するα線維も興奮するようになり，その結果としてH波よりも潜時の短いM波が記録される。さらに刺激を強めると，α線維の逆行伝導が起こり，Ia線維によるα運動ニューロンの興奮が妨げられるためH波は消失し，M波のみが記録されるようになる。

この手法を用いることによって，骨格筋，求心性および遠心性神経，脊髄の機能を評価することが可能となる。

（7）運動神経電導速度の計測

検査対象の筋肉を支配する神経の走行に沿って，刺激部位を遠位から近位部へ移動させることにより，末梢神経の遠位部や近位部の運動神経電導速度を計測することが可能である。

第5節　画像診断

産業動物の医療分野では，X線検査と超音波検査が画像診断として広く活用されてきている。成牛の画像診断においては，体の大きさとその飼育環境（放牧あるいは牛舎内）から，使用される画像診断機器あるいはそれらの適用範囲が限られてくる。一方，子牛においては，体の大きさが小さいことから移動，保定が容易にでき，レントゲン室での撮影も可能になる。また体脂肪含有率が少ないこと，授乳中の新生子では第一胃の含気量が少ないことから，X線検査，超音波検査の適用範囲が広く，より詳細な画像診断が可能となる。

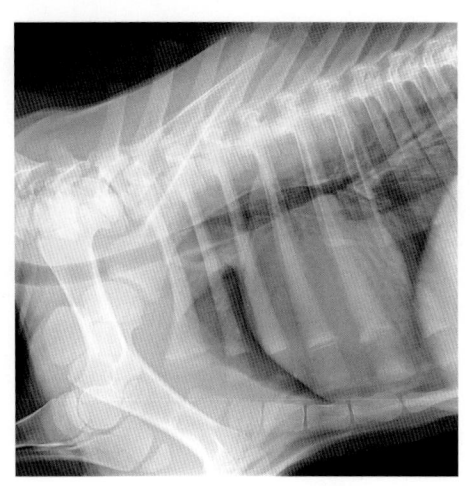

図1-9　子牛の胸部の正常X線像

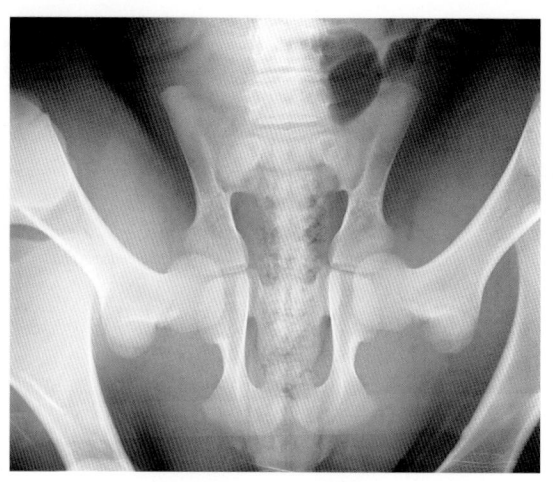

図1-10　子牛の骨盤部の正常X線像

1．X線検査

　X線検査は産業動物の医療分野で広く活用されている。成牛においては放牧場あるいは牛舎において使用するため，一般には携帯型X線撮影装置が用いられている。携帯型X線撮影装置の性能（管電圧50〜90KV）の限界から，成牛の画像診断では四肢骨格の整形外科分野における活用が多い。体幹部（特に幅の広い肋骨に囲まれた胸郭，あるいは寛骨および仙骨に囲まれた骨盤部）の診断では実用的な画像を得ることが困難な場合が多く，創傷性心膜炎，肺炎，後大静脈血栓症などの一部の胸部疾患に限られている。一方，新生子から生後1，2カ月齢までの子牛（体重40〜100kg程度）では，その大きさ，保定の容易さから，ヒトあるいは小動物用に広く普及しているX線撮影装置（管電圧50〜125KV程度）を備えたレントゲン室での撮影が可能となる。またそのような装置を使用し，高電圧，高電流，短時間の撮影時間の条件を設定することにより，胸郭部や骨盤部の比較的鮮明なX線画像を得ることが可能であり，多くの情報が得られる（図1-9，10）。

　成牛においてX線診断の適用となる疾患としては創傷性心膜炎，肺炎，後大静脈血栓症，横隔膜ヘルニア，気管虚脱，蹄病，関節炎，骨疾患（くる病，骨軟骨症）などが記載されているが，子牛についてはさらに多くの診断が可能と考えられる。

　特に子牛の四肢骨格のX線検査では，骨化中心の存在に注意する必要がある（図1-10，11）。四肢骨格の骨化中心が完全に融合するのは生後3.5〜4年であり，四肢骨格のX線画像上で骨化中心と骨折との鑑別がしばし

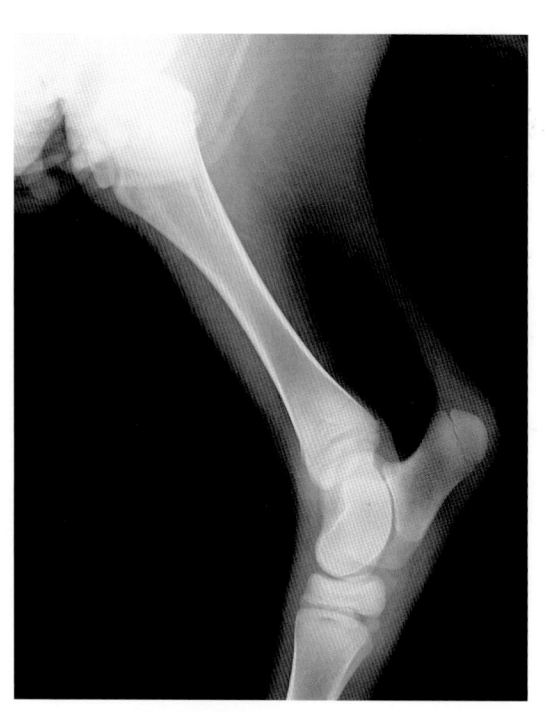

図1-11　子牛の下腿部の正常X線像

ば必要となる。

2．超音波検査

　産業動物医療分野，特に繁殖領域に超音波検査法が応用されてきた。近年，高性能の超音波装置が比較的安価で購入できること，超音波検査は侵襲性が低く鎮静・麻酔の必要がないこと，子牛では組織内の脂肪が少なく成牛と比較してより鮮明な超音波画像が得られることなど

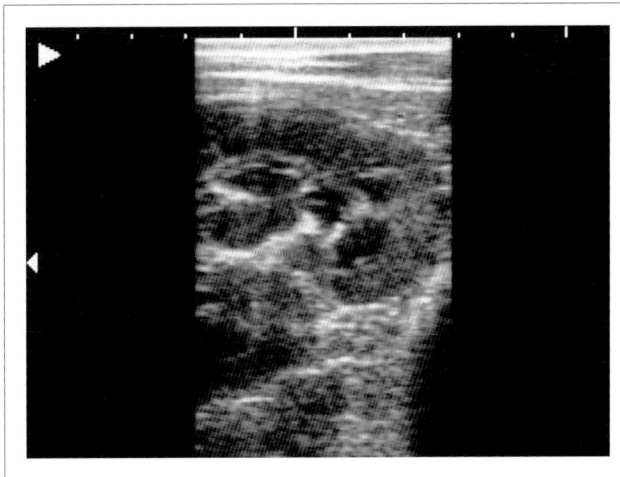

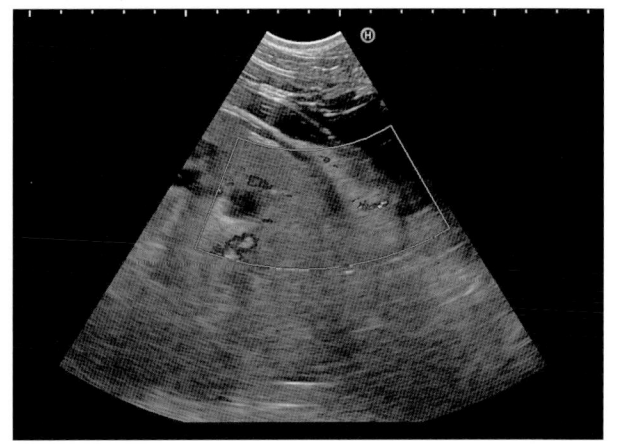

図1-12 子牛の腎臓の正常超音波像（経皮的観察）

から，広く活用されてきている。成牛においては経直腸超音波検査による生殖器の検査（妊娠，胎齢，双胎，死亡胎，性別，子宮蓄膿症などの診断）が主流であるが，子牛の超音波検査においては経皮検査も可能であり，その応用範囲は広く，きわめて有用な手段と考えられる。

成牛では腹腔内臓器の超音波検査で肝臓，円盤結腸などの描出が可能であるが，第一胃に発酵ガスを多量に含むことから，胃内容の描出には限界がある。また，腎臓の超音波検査では経腸プローブによる方法が一般である。一方，授乳期の子牛では第一胃の容積が小さく，ガスが少ないことから超音波検査が有効であると考えられる。さらに体壁が薄く，脂肪量も少ないことから腎臓を含む多くの腹腔内臓器を経皮的に評価することも可能である（図1-12）。

超音波が骨内部には透過しないという特性から，骨折をはじめとした整形外科領域の画像診断は，これまでX線検査を主体としたものであった。しかし，関節周囲の軟部組織（血管，筋肉，腱・靱帯など）の描出には優れているため，骨表面の連続性，血腫の存在，骨折に伴う靱帯の損傷に対する超音波検査の有効性が示されつつある。牛の骨折で多くみられる中手・中足骨の超音波診断には，深度の浅い高周波（5～10 MHz）のリニアプローブが適用される。

3．CT・MRI検査

CT・MRI検査は，小動物臨床において広く活用されつつある。現在，動物医療現場で導入されているCT・MRI検査装置の多くはヒト用のものであり，そのステージの耐荷重は200～250 kgの機器が大部分である。したがって，成牛の検査は不可能であるが，体重100 kgに満たない子牛では検査装置を利用することが可能である。CT・MRI検査では組織の構造を正確に描写できる一方，子牛に対する応用には経済的な問題（高額な装置，検査費用など）がある。

（1）CT検査

麻酔費用を含めた検査費用が高額になるため，産業動物への応用は少ないのが現状である。しかしながら，普及しつつある多検出器CTでは短時間での撮影ができることから，キシラジン（0.1 mg/kg）の投与による軽い鎮静下での短時間の検査が可能となってきており，子牛への応用が広がっていく可能性がある。

CT検査では横隔膜ヘルニア，気管虚脱（第5章 第4節「4．気管虚脱」を参照），蹄病などの疾患においてより正確に病態を把握できる。また構造の複雑な頭部および骨盤部の検査においてはきわめて有効な検査法となり得る（図1-13, 14）。特に頭部の疾患では，その構造が複雑であり，骨組織で構成されているため，単純X線検査では診断が困難な場合が多く，超音波検査は適用できないため，CT検査が有効な手段となり得る。図1-14は中耳内の病変をCTにより描出したものである。

欧米では40年ほど前から超音波を用いた肉質評価法が実用化されている。CT検査を用いた肉質評価もまた脂肪の分布を正確に確認できる点で有用性が高い。

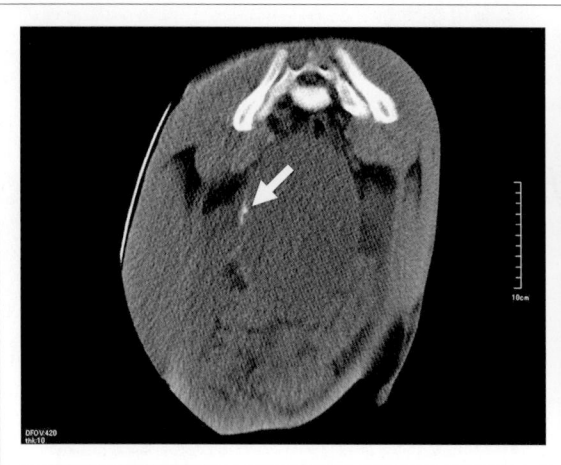

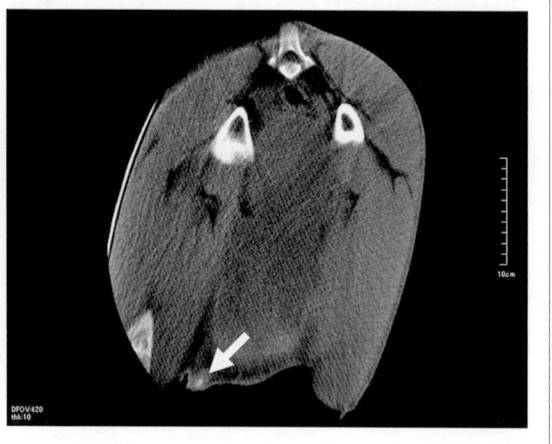

図1-13　子牛の骨盤部のCT画像

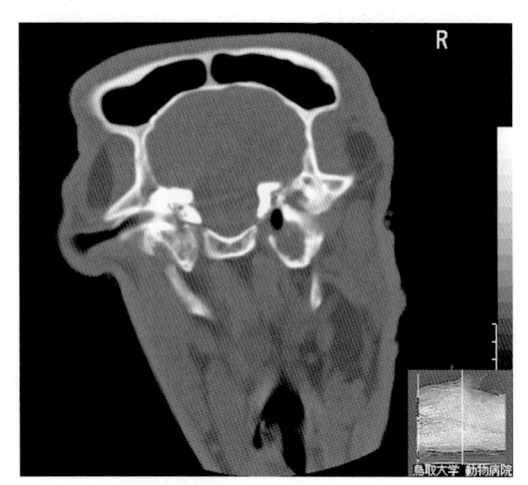

図1-14　子牛の頭部のCT画像

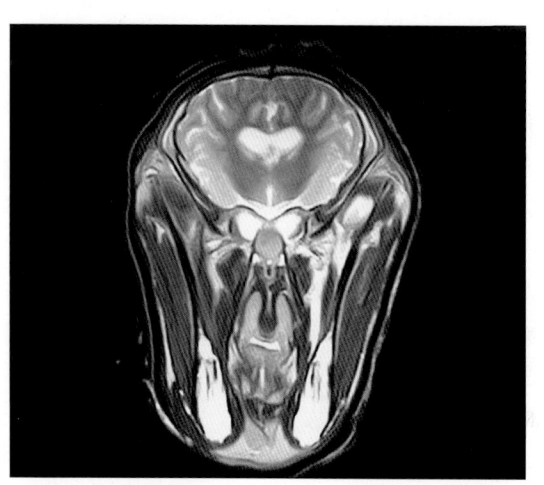

図1-15　子牛の頭部のMRI画像（T2強調Axial像）

（2）MRI検査

　MRI検査は小動物医療において，特に脳脊髄疾患の診断に用いられるようになってきた。CT検査が骨などの硬組織の描出に優れているのに対し，MRI検査は脳，筋肉などの軟部組織の描出に優れている（**図1-15, 16**）。しかしながら，MRI検査はCT検査よりさらに撮影時間が長く（30分〜1時間以上），長時間の麻酔による不動化が必須である。麻酔を含めた検査費用の高額さと神経系疾患の治療の機会の少なさから子牛臨床におけるMRI検査の実用性は低いのが現状である。

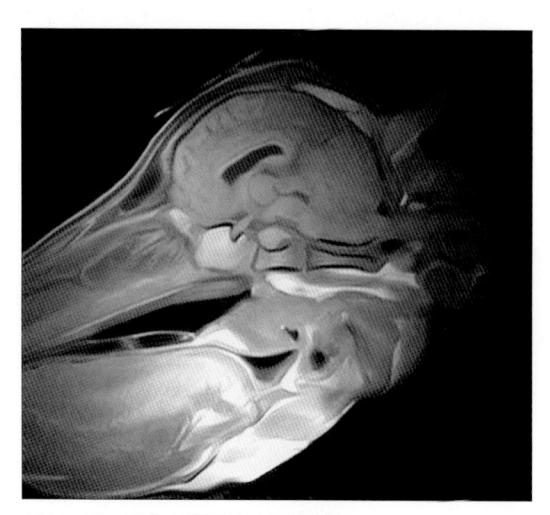

図1-16　子牛の頭部のMRI画像
（T1強調Sagittal像）

4．内視鏡検査

　かつては繁殖領域での診断に用いられてきた。その

後，呼吸器，上部消化管の診断にも応用されている。特に子牛においては第一胃，第二胃の発達を確認するうえで有用な検査であり，第一・二胃ヒダの発達の評価，あるいは第二胃溝の機能不全の診断に効果を発揮する。

第6節　各種診断のための材料採取方法

1．血液

　子牛では通常，採血の容易な太い静脈のひとつである頚静脈に注射針を挿入して血液を採取する。頚静脈より採血し難い際は，正中尾静脈を用いる方法もある。また，血液寄生虫の検出を目的とする数滴の血液採取は，耳静脈（前耳介静脈，後耳介静脈）などの末梢の静脈を穿刺することによって行う。採血を実施する際にはあらかじめ動物を適切に保定し，注射針の挿入部位における皮膚と被毛を十分に消毒した後に実施する。

　血液を用いた検査には，全血球算定（CBC）と血液生化学的検査がある。全血球算定用に用いる検体の抗凝固剤には血球の形状の保存性に優れたEDTAが適している。全血球算定に含まれる検査項目としては，RBC，WBC，白血球百分比，PLT，Ht，MCV，MCH，MCHCなどが含まれる。血液塗抹標本は，染色前にメタノールで3〜5分間固定を実施する。

　血液生化学的検査に用いる検体は，血漿もしくは血清である。血漿は，全血材料を3,000〜5,000 rpmで約10分間遠心分離して得られる上清液である。血清採取では，採取した検体をガラスあるいはプラスチック製の試験管に入れ，約1時間立てた状態にしておく。その後，3,000〜5,000 rpmで約10分間遠心分離することで凝血により血清の分離ができる。血清もしくは血漿採取用検体の抗凝固剤にはヘパリンが用いられる。血清および血漿の分離は，可能な限り速やかに実施する。また，分離した血清および血漿が直ちに検査できない場合は冷蔵保存し，12時間以内に検査することができない場合には冷凍保存する。

2．尿

　採尿法には自然排尿法，圧迫排尿法，膀胱穿刺法，カテーテル排尿法の4つが挙げられる。

　自然採尿法は，陰部を軽くマッサージすることにより排尿を促して採取する方法であり，動物に負担をかけない非侵襲的な方法であるが，採取した尿に細菌，糞便，陰部の粘液などが混入する可能性があることから検査の目的によっては不適切な場合がある。

　圧迫排尿法は，腹部の触診で確認可能なくらい尿が貯留している際に実施する。圧迫時に強い抵抗がある場合や尿道栓塞を形成している可能性がある場合は，膀胱破裂をきたさないように十分に注意して実施する必要がある。

　自然排尿法および圧迫排尿法では，尿採取のタイミングが重要である。尿道疾患を疑う場合は排尿時の最初の尿を採取する。その他の尿検査は途中の尿を採取するのがよい。

　膀胱穿刺法は，無菌的に尿を採取することが可能であるため，微生物学的検査や培養に適している。膀胱上の皮膚を剃毛，消毒し，超音波ガイド下において経皮的に膀胱に針を穿刺することによって尿を採取する。

　カテーテル排尿法は，滅菌カテーテルを尿道に挿入し膀胱から直接尿を採取する方法である。ただし，雄牛の尿道に対するカテーテル挿入は非常に困難であり，また尿道球腺の部位における損傷のリスクがあるため危険でもある。雌牛の尿道へのカテーテル挿入の際は，動物を適切に保定し，陰部を十分に洗浄した後，腟鏡を挿入し，次いでカテーテルを尿道に挿入する。

　尿検査項目には外観（色調，臭気，混濁度），尿比重，尿量，理化学的検査，微生物学的検査，尿沈査検査が含まれる。

3．糞便

　糞便採取は，直腸内にある糞便を採取する方法と，自然に排泄された糞便を採取する方法がある。ベンチジン法による潜血の検査は非常に鋭敏であることから，自然に排泄された糞便だけを用いる。また，糞便材料の微生物学的検査が必要な際には，直腸内から採取した糞便を

サンプルとして用いる必要がある。

糞便検査項目には，量，色調，硬さ，臭気，粉砕の程度，異常な混合物の有無，寄生虫学的検査，理化学的検査（トリプシン活性検査など），微生物学的検査が含まれる。

4．皮膚

皮膚の臨床検査は，いずれの方法においても，初期病変部位を採取することが重要である。潰瘍化などの二次的病変部位や瘢痕化病変などの陳旧化病変を選択すると，正確な診断に至らないことがある。

そのため，複数箇所から材料を採取することも重要となる。広範囲に分布する病変形成が確認された際には，周辺部と中央部の双方の材料採取を実施することが望ましい。異なる進行段階の複数の病変が観察された際は，それぞれの病変材料を採取することが推奨される。

（1）押捺検査

皮膚病変部にスライドグラスまたは粘着性テープを押捺して得た検体に対し，必要に応じてメタノール固定および染色を施し，鏡検を実施する。

（2）搔爬検査

採材部位の皮膚を剃毛した後に，メス刃で搔爬し，採取した材料をスライドグラスに移す。必要に応じてメタノール固定および染色を施し，カバーグラスをかけ鏡検し，皮膚に存在する病原体や細胞を評価する。

（3）被毛引き抜き検査

皮膚の病変部の被毛を引き抜き，スライドグラスに載せ鏡検する。寄生虫や真菌の検出の際に，必要に応じて水酸化カリウム（KOH）で被毛の透明化処置を施す。

（4）綿棒による細胞採取

瘻管などからの細胞材料の採取は，滅菌生理食塩水で湿らせた綿棒で実施する。その後，採取した材料をスライドグラスに塗抹し，固定および染色を施し鏡検する。

（5）針吸引生検

シリンジを装着した注射針を経皮的にリンパ節や病変部に刺入し，シリンジを数回吸引する。その後，シリンジの陰圧を完全に解除してから注射針を抜き，注射針中に吸引された細胞塊をスライドグラス上に吹き付ける。必要に応じて，塗抹，固定および染色を施し鏡検する。

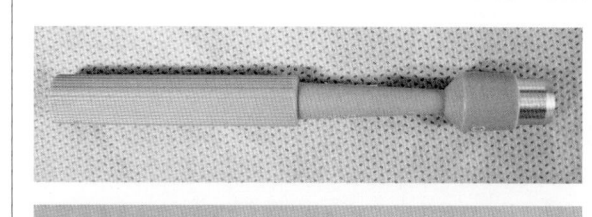

器具先端には筒状の刃が付いている
図1-17　上：パンチ生検器具，下：パンチ生検器具の先端

（6）パンチ生検

先端に筒状の刃を有する器具（図1-17）を用いて，小さな円盤状の組織サンプルを採取する手技である。採取されたサンプルの鏡検により，病変の組織構築も評価できる。パンチ生検材料は小型であることから乾燥による人為的変化を来しやすいので，採取後は迅速にホルマリン固定液に浸す。

5．脳脊髄液

脳脊髄液は，特に脳や脊髄における炎症性疾患の診断において有効である。脳脊髄液は，大槽（後小脳延髄槽）もしくは腰椎のクモ膜下腔の穿刺によって採取可能である。

（1）椎穿刺法

牛を起立位で保定し，最後腰椎と仙椎の棘突起の間の陥没部で，かつ両側寛結節間の中央線に穿刺針を挿入して採取する。検体が少量しか採取できないことがある。

（2）大槽穿刺法

　環椎後頭関節部を剃毛および消毒し，鎮静または麻酔下にて頭部を胸垂の方向に可能な限り屈曲させ，後頭骨・第一頸椎間の正中線上で，両環椎翼の前縁の位置に穿刺針をゆっくり挿入する。この際に，鼻部が頸椎に対し垂直になるように，かつ頸椎が床に対し水平になるように保持することが重要である。穿刺針を挿入する際には時々内針を抜き，脳脊髄液が流出してくるか否かを確認する。穿刺針が背側環椎後頭膜を貫通し，クモ膜下腔に侵入した瞬間に刺入抵抗が消失し，脳脊髄液が流出してくる。

6. 骨髄

　牛骨髄の吸引生検部位としては胸骨が一般であるが，肋骨，腸骨翼，脊椎突起を用いることもある。牛を起立位で保定して，穿刺部位の皮膚を剃毛・消毒し，局所麻酔を施した後に，骨髄穿刺針（図1-18）を経皮的に骨髄へ挿入する。出血を惹起することがあるため，吸引する骨髄液の量は0.5 mLを超過しない方が望ましい。採取した骨髄液には血液が含まれているため，傾きを付けて立てたスライドグラス上に滴下し，血液を流し落とした後に塗抹標本を作成する。骨髄液は急速に凝固するので，迅速に塗抹標本を作成する必要がある。あらかじめ抗凝固剤として，3％EDTA溶液を注射筒内に吸引しておくとよい。

7. 鼻汁・気管分泌液

　鼻汁の採取では，鼻鏡と鼻孔を清拭して，滅菌綿棒を鼻孔に挿入し綿花を鼻腔粘膜に接触させ，綿花に分泌液を吸収させる。その後，綿花を滅菌試験管に移すか，もしくは吸収された分泌液をスライドグラスに塗抹し鏡検する。

　気管分泌液は経皮的または経口的に採取する方法がある。経皮的な採取法では，カテーテルを気管軟骨輪の間から気管内に挿入し，気管内分泌物を吸引する。必要に応じて，吸引を実施する前に滅菌生理食塩水を注入する。また，経口的な方法では，気管に挿入したチューブを介して気管内に滅菌生理食塩水を入れ，回収した液体をサンプルとする。採取された気管分泌液または気管洗浄液サンプルに対し，細胞学的または細菌学的検査を実施する。

8. 第一胃液

　ある程度の第一胃液量が必要である際は，第一胃採取用カテーテルを経口的に挿入して第一胃液を採取する。pHの測定および鏡検に必要な程度の少量の第一胃液は，注射針を左側臁部に刺入し，第一胃を経皮的に穿刺することによっても採取することができる。

9. 体腔貯留液の穿刺

　腹水の穿刺には，内針を有する穿刺針を用いることが望ましい。ガスの蓄積を疑う際は右または左臁部を穿刺する。また，腹水を採取する際は，腹腔の最も低い位置を穿刺する。牛を適切に保定した後に，穿刺部位を剃毛し，皮膚を十分に消毒してから穿刺を行う。腹水穿刺は，超音波ガイド下で実施することが推奨される。

　胸水の穿刺は，第7～8肋間で肋軟骨結合部から脊椎の間の距離を3等分し，肋軟骨結合部から2/3の位置に穿刺針を挿入することによって実施する。穿刺は，必ず穿刺部位を剃毛，消毒した後に実施する。三方活栓などを利用し，胸水抜去操作の際に空気が胸腔内に入らないようにする。肺裂傷に起因する気胸，血胸を回避するため，穿刺は超音波ガイド下で実施することが望ましい。また，穿刺時における感染には十分注意する。

　体腔貯留液の検査には，色調，混濁度，粘稠度，理化学的検査（比重，TP濃度など），細胞学的検査，微生物学的検査がある。体腔貯留液は漏出液，変性漏出液，滲出液に分けられる。漏出液は，血管内圧の上昇により毛細血管やリンパ管から水分が漏れ出すために貯留するものである。変性漏出液は，血液や血漿成分などが混在した漏出液を指す。滲出液は，炎症により血管透過性が亢進し，高いタンパク濃度の液体が貯留したものである。さらに，滲出液は細菌感染に起因する化膿性滲出液と非化膿性滲出液に分けられる。高比重かつ高タンパク濃度を示す貯留液は多量の細胞成分を含有する可能性が高いことから，直接塗抹標本および遠心分離して得られた沈査材料の塗抹標本を作成し，細胞学的検査を実施する必要がある。

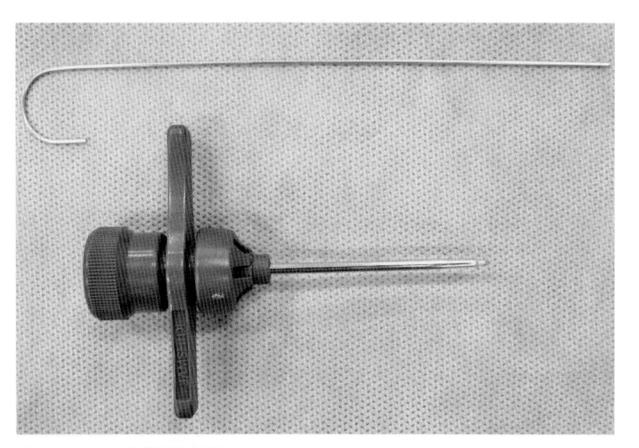

図1-18　骨髄穿刺針

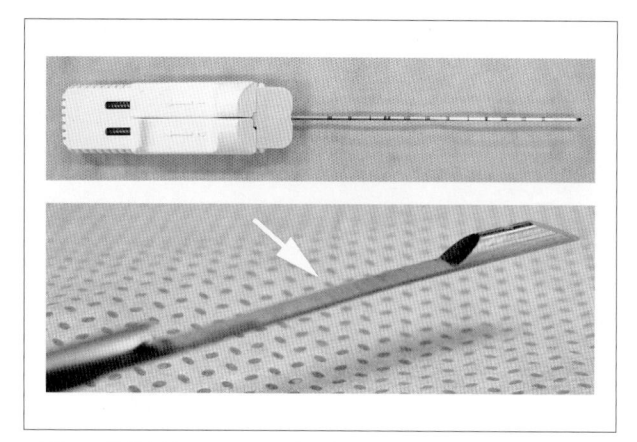

内筒には組織を採取するための溝を有する（矢印）
図1-19　上：Tru-cut生検器具，下：Tru-cut生検器具の穿刺針の内筒

10. 肝臓

　超音波ガイド下でTru-cut生検器具（図1-19）を用い，経皮的に肝組織を採取することが可能である。Tru-cut生検器具は，組織検体採取用の溝を有する内筒と組織を切断する前縁を有する外筒を備える。本章第6節「4．皮膚」で前述したように針吸引生検よりも侵襲性が高いため，生検前には血液凝固能を評価することが必要である。胆嚢や発達した血管を誤って穿刺しないように超音波ガイド下にて実施する。

第7節　保定・鎮静・麻酔法

1．保定法

　子牛の保定に際しては，後肢の蹴りや角突に特に注意しなければならない。起立保定では，頭絡を装着し，枠場や支柱へ保定を行い，鼻鉗子にて頭部の保定をすることができる。

　暴れて処置ができない子牛については，一本のロープを用いた倒牛を実施する。一般的な倒牛法には，バーレー法（図1-20）とハートウイング法（図1-21）が用いられる。いずれの方法も牛の頭部を支柱につなぎ，1人で実施する方法であるが，2人で行うとよりスムーズに牛を倒し，保定することができる。

　バーレー法は，ロープを牛の頸背部から左右の前腕部内側に通し，次いで後方へ送り，胸腰部の背正中線で左右のロープを交差させ，さらに左右後肢の膝部内側に送り，その左右に分けたロープを1人で引っ張り，倒牛する方法である。

　ハートウイング法は，牛の角もしくは後頭部の頭絡へロープの一端を固定した後，鬐甲の後方から胸部の胴体を一周させ，背正中線より右側5〜10cmのところでロープを交差させ，後方に送り，腰部の胴体をさらに一周させる。そのロープを腰部の背正中線より右側5〜10cmの部位で2回目の交差をさせ，後方に送った1本のロープを1人で引っ張り，倒牛する方法である。倒牛後は頭頸部を抑えたままで鼻端部を挙上することにより，起立の動きが制限され，必要であれば前肢と後肢をそれぞれロープで縛ることができる。横臥保定の際には，頭頸部に加え，肩部と腰部を抑えることにより，体動をさらに制限できる。この際，胸部と腹部への加重は避けた方がよい。

2．鎮静法

　子牛では鎮静剤を投薬した後に，四肢をロープで容易に縛ることができる。子牛の鎮静剤としては，α_2-アドレナリン受容体作動薬が最も有効であり，キシラジン，デトミジン，メデトミジンなどがある。我が国では現

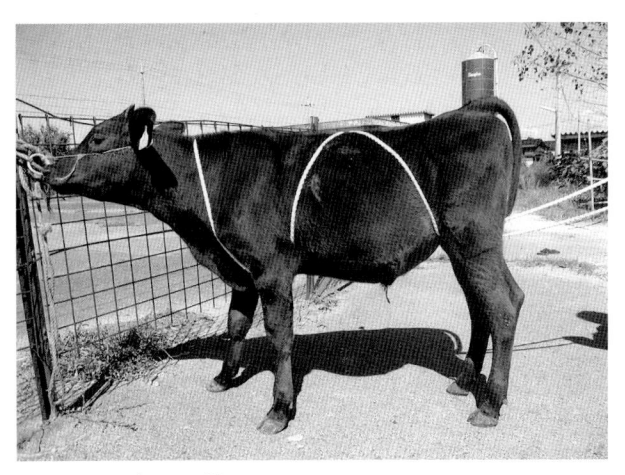

図1-20　バーレー法

図1-21　ハートウイング法

在，キシラジンとメデトミジンが市販されており，臨床現場で使用されるものとしては一般的である。本薬には，特異的拮抗薬として$α_2$-アドレナリン受容体遮断薬のトラゾリン，アチパメゾール，ヨヒンビンなどがあるため，本薬の臨床応用への有用性はさらに高められる。

(1) キシラジン

キシラジンは小動物に比べて反芻動物に対する感受性が高く，子牛に対しても優れた鎮静，鎮痛および筋弛緩効果を発現する。キシラジン投与量を加減することにより，起立位での検査や簡単な処置のほか，横臥位での処置や手術が可能である。キシラジンの投与量は筋肉内投与で0.05～0.3 mg/kgであり，注射後10分程度で鎮静効果が発現する。0.05～0.1 mg/kgでは60～120分間の起立位での鎮静，0.2～0.3 mg/kgでは120～360分間の伏臥もしくは横臥状態の鎮静が持続する（**表1-10**）。静脈内投与では投与後数分で速やかに鎮静効果が発現し，筋肉内投与量の1/2量で同程度の鎮静深度が得られる。鎮静からの回復時間は静脈内投与の方が筋肉内投与より早い。

鎮静中は大脳機能が抑制され，脳波は高振幅徐波を示すのが特徴である[1]。副作用として，流涎，徐脈，不整脈，第一・二胃運動抑制，過血糖，インスリン分泌抑制，血圧の一時的上昇後の下降，軽度の呼吸抑制（呼吸性アシドーシス），軽度のWBCとHt値の減少が認められるが，安全域は広い。しかし，長時間の横臥状態が続くと第一・二胃運動抑制による鼓脹症が起こるため，投与後24時間以上の絶食が望ましい。また，第一胃内容物の逆流による誤嚥と鼓脹による呼吸抑制には十分注意する必要がある。徐脈や不整脈はアトロピン前投与により抑えられるが，逆に鼓脹症を助長するため，投与は慎重にするべきである。

(2) メデトミジン

メデトミジンは前述したキシラジンと同様の作用を示し，子牛の鎮静，鎮痛および筋弛緩薬として優れている。本薬の投与量はキシラジンの約1/10量であり，メデトミジン0.02～0.03 mg/kg（20～30μg/kg）の静脈内投与がキシラジン0.2～0.3 mg/kgと同程度の効果を示す。メデトミジン0.03 mg/kgはキシラジン0.3 mg/kgに比べ鎮静持続時間が長い[2]。メデトミジン筋肉内投与後の鎮静効果の発現は，キシラジンのそれより早い。また，メデトミジンの方がキシラジンに比べ筋弛緩作用が強く，容易に横臥する。したがって，倒牛目的での使用においてはメデトミジンの方が優れている。しかし，長時間の横臥は鼓脹と誤嚥を起こす危険性が高まるので，その点には十分注意する必要がある。さらに，徐脈はメデトミジンの方がキシラジンより強く発現する。血圧はキシラジンでは一時的に軽度に上昇し，その後下降するが，メデトミジンでは末梢血管抵抗の増加により上昇する[2]。メデトミジン投与前のアトロピン処置は血圧の上昇をさらに助長する危険があるため推奨されない。

(3) キシラジンとメデトミジンに対する拮抗薬

キシラジンもしくはメデトミジン投与による鎮静下で各種処置や手術を終了した後，鎮静からの回復を早めるために拮抗薬を投与することができる。拮抗薬にはトラゾリン，アチパメゾールおよびヨヒンビンがある。しかし，ヨヒンビンは成牛では拮抗効果が顕著でなく，狂奔

表1-10 牛におけるキシラジンの投与量，鎮静時間および適応（筋肉または静脈内投与）

投与量（mg/kg）	鎮静時間*（分）	鎮静深度**	適応
0.05	30～60	起立位	起立位での処置
0.1	60～120	起立位（伏臥位）	伏臥位での処置，去勢
0.2	120～240	伏臥位（横臥位）	横臥位での外科的処置
0.3	180～360	横臥位	長時間の外科的処置

＊ ：静脈内投与では筋肉内投与より鎮静持続時間が短くなる
＊＊：静脈内投与は筋肉内投与の1/2量で同程度の鎮静深度が得られる

することがあることから牛には適切でない[3]。したがって，子牛において拮抗効果が明らかにされているトラゾリンもしくはアチパメゾールを拮抗薬として使用する[2,4]。

トラゾリンの静脈内投与量は，キシラジン0.1～0.3 mg/kgの静脈内投与に対して0.5～1 mg/kgが適量である[3,4]。キシラジン鎮静下での処置に長時間を要した後，拮抗薬を投与する場合には，トラゾリンの過剰投与に注意する。なぜなら，トラゾリン投与によりキシラジンの効果は拮抗されるが，一過性の過呼吸と末梢血管拡張による眼結膜などの充血が起こることがあるためである。アチパメゾールの静脈内投与量は，キシラジン0.3 mg/kgの静脈内投与に対しては0.04 mg/kg投与，メデトミジン0.03 mg/kgの静脈内投与に対しては0.1 mg/kgが適量である[2]。

3．麻酔法

（1）局所麻酔法

子牛の外科的処置や簡単な手術は前述の鎮静薬と局所麻酔の併用により実施できるため，局所麻酔を使用することが多く，完全な全身麻酔を実施することは少ない。局所麻酔の種類には表面麻酔，浸潤麻酔，伝達麻酔，硬膜外麻酔，脊椎麻酔，静脈内局所麻酔がある。局所麻酔薬には必要に応じて血管収縮薬を添加すると，麻酔時間の延長が得られる。一般には局所麻酔薬100 mL当たり0.1％エピネフリン溶液を0.5 mL添加するとよいが，過剰添加は頻脈，局所の血行障害，中毒症状を招くおそれがあるので，局所麻酔薬に対するエピネフリンの添加量は10万分の1が望ましい。

①表面麻酔

粘膜，角膜，創面に対して局所麻酔を直接的に滴下，噴霧，塗布することにより，知覚神経終末を麻酔する方法である。一般には，2～4％塩酸リドカインがよく用いられる。キシロカインゼリー（2％塩酸リドカイン含有）は，尿道カテーテルなどの各種カテーテルの表面に塗布することができる。

②浸潤麻酔

本法は局所麻酔薬を手術部位の皮下組織に浸潤させる，あるいは切開筋層へ注入することにより，知覚神経終末を麻酔する方法である。気管切開における頸部気管腹側の菱形麻酔（切開部位を菱形に囲んで皮下浸潤麻酔を行う）や，第一胃切開における膁部の逆L字型麻酔（切開部位の頭側と背側を「の形のように皮下浸潤麻酔を行う）はその代表例である。局所麻酔薬には，2％塩酸プロカインと1％塩酸リドカインがよく用いられる。その他，0.1％塩酸テトラカイン，0.2％塩酸ジブカイン，1％塩酸メピバカイン，1％塩酸ブピバカインなども用いられ，塩酸ブピバカインが最も作用持続時間が長い。麻酔薬の量は，切開部位1 cm当たり約1 mL注入するとよい。皮下や筋肉内に麻酔薬を注入する際には，注射器の内筒を必ず引き，血管に入っていないことを確認したうえで実施する。麻酔効果は注入後1分以内で発現し，使用する麻酔薬にもよるが，60～90分間は持続する。エピネフリン添加では，麻酔持続時間は2倍以上に延長される。

③伝達麻酔

神経ブロックといわれ，知覚神経幹およびその分布経路の伝導経路を遮断する方法である。局所麻酔薬の種類は浸潤麻酔と同様であり，2～5％塩酸プロカイン，1～2％塩酸リドカイン，1～2％塩酸ブピバカインなどが用いられる。主に断角，断蹄，四肢下部の外科的処置に応用される。断角術では角神経の神経ブロックが行われ，断蹄術では前肢肢端の掌神経，指神経または後肢肢端の足底神経を球節上部において遮断する。2～5％

塩酸プロカインを5mL注入すれば，10分程度で麻酔効果が発現し60～90分持続する。

④脊椎側神経麻酔（傍脊椎側神経麻酔）

本法は脊髄神経が脊椎の椎間孔から分岐して出た部分をブロックするものであり，伝達麻酔のひとつである。子牛では成牛に比べ乳房の手術機会は少ないが，腹部の外科的手術には効果的な麻酔である。

第13胸椎神経と第1～3腰椎神経は腹部領域と乳房領域全部を支配しており，第3腰椎神経の支配は一部後躯にまで及んでいる。第13胸椎神経に対しては第1腰椎の棘突起前縁の背正中から，第1～3腰椎神経に対しては第2～4腰椎の棘突起中央の背正中から針を刺入する。子牛の月齢にもよるが目的に応じて左または右へ約2～4cm，深さ2～4cmの部位に針を垂直に刺入し，その直下を走る神経幹周囲に麻酔薬を注入する。刺入の深さは子牛の大きさにより調整する。

⑤硬膜外麻酔

腰椎および尾椎の硬膜外腔に麻酔薬を注入し，脊髄神経根部を麻酔することにより腹部，後躯および尾部を支配する神経を分節的に遮断する。前述の各種局所麻酔薬が使用できるが，一般には2～5%塩酸プロカイン，2%塩酸リドカインが用いられ，1～2mL/100kg投与する。それ以上多く投与すると伏臥してしまう。注入後，約10分で鎮痛効果が発現し，90分間前後持続する。キシラジン0.1～0.2mg/kgの硬膜外投与は，これらの局所麻酔薬より長時間の鎮痛効果の持続という利点があり，有効である。

前腰椎硬膜外腔への麻酔は第13胸椎～第4腰椎までの各椎弓間で，腰仙部硬膜外麻酔は最後腰椎と仙骨間の椎間孔で背側からの正中法により穿刺する。尾椎の硬膜外腔への麻酔は，仙骨と第1尾椎間または第1と第2尾椎間の陥凹部を穿刺部位として実施する。注入に際しては，脊髄液や血液が吸引されないことを前もって確認した後，薬液を注入する。注入時に抵抗があり，加圧を要するときには硬膜外腔ではないので，再度穿刺を行う。子牛は，成牛に比べ椎間孔が狭く，また起立位で処置を行うことは実際的ではない。起立位での扱いや処置に苦慮した場合，キシラジン0.05～0.1mg/kgの静脈内投与により鎮静を行ったうえで，硬膜外麻酔を実施するとよい。この際，2%リドカイン（0.18～0.24mL/kg）とキシラジン（0.025～0.05mg/kg）の混合注入は強い鎮痛と持続時間をさらに延長させるのに効果的である[5,6]。さらに，子牛の尾椎硬膜外腔への投与においてキシラジン（0.1～0.2mg/kg）と2%プロカインまたは2%リドカインとの混合高用量（0.4～0.6mL/kg）を用いることは，重大な副作用もなく，臍，腹部，後躯および膝腱の完全麻酔を起こすのに有効である[7,8]。

⑥クモ膜下麻酔（腰椎麻酔，髄膜内麻酔）

本法は一般に腰椎脊髄の硬膜を穿刺し，クモ膜下に局所麻酔薬やキシラジンを投与し，脊髄神経根を遮断する方法である。穿刺法は硬膜外麻酔に準じるが，硬膜を穿刺したときに，透明な脊髄液が排出されることを確認する。クモ膜下麻酔は硬膜外麻酔に比べ鎮痛効果に優れる一方で，血圧下降や徐脈も強く発現する可能性があるので注意が必要である。子牛においてキシラジンの静脈内投与（0.1mg/kg）後，生理食塩液で希釈したキシラジン（0.025mg/kg）とリドカイン（0.1mg/kg）の混合液5mLのクモ膜下投与は，同じ組み合わせの硬膜外投与に比べ良好な鎮痛効果が長く持続すると報告されている[6]。

⑦静脈内局所麻酔

四肢を駆血し，うっ滞させた静脈内に局所麻酔薬を注入することにより知覚を遮断する方法であり，断蹄術や肢端の外科処置に適している。1～2%の塩酸プロカインもしくは塩酸リドカインを約10mL投与すると，およそ90分間の麻酔効果が得られる。この場合，駆血は確実に行い，駆血帯の解除は少なくとも40分経過した後に行う。駆血帯の解除に際しては，約5秒間の解除後，再び緊縛し，2分間の全身状態の観察という行為を数回繰り返し，問題がなければ完全解除する。完全解除後，5分以内には麻酔が消失する。

（2）全身麻酔法

①吸入麻酔

各種吸入麻酔設備が整っていれば，手術中の呼吸管理，誤嚥などの偶発事故を避けるために，子牛の全身麻酔において安全性の面から最もよい方法である。一般には子牛に硫酸アトロピン（0.05mg/kg, SCまたはIM）前投薬後，20～30分後にグアイフェネシン（グアヤコール・グリセリン・エーテル；GGE）100mg/kgと超短時間作用型バルビツレイトのサイアミラール5mg/kgの混合溶液を25～50mL/分の速度で静脈内注入することにより麻酔導入を行う。キシラジン（0.1mg/kg, IV）による前処

置を行っておくと，その麻酔導入量は1/2～1/3に軽減される。また，キシラジン前処置後，ケタミン（2.2 mg/kg, IV）により麻酔導入するのもよい。いずれも10～15分間の麻酔効果が得られるので，その間に気管チューブの挿入を行う。牛では，十分な筋弛緩がなされていると挿入しやすい。気管チューブ挿入に際しては，ギュンテル式開口器をしっかり装着，もしくは子牛の上顎と下顎を紐で上下に牽引して大きく開口させた後，片手を咽頭部に挿入し，指で喉頭蓋を押さえながら気管チューブの先端を挿入していく。しかし，子牛の場合は咽頭部への手の挿入が困難なことがあり，その場合には市販の最も長い喉頭鏡を使用するか，自作しておくとよい。次いで，大動物専用の麻酔器に接続し，常法に従って，イソフルラン－酸素もしくはセボフルラン－酸素による吸入麻酔を実施する。子牛の麻酔維持は，成牛と同様に実施される[9]。

②注射麻酔

吸入麻酔は子牛にとって最も安全な全身麻酔法ではあるが，そのような機器の設備がないときや，フィールドにおいて麻酔を実施するときなどは，牛では注射麻酔がほとんどである。注射麻酔薬としては，前述の吸入麻酔導入薬がそのまま使用できる。ただし，麻酔薬の投与量の抑制，副作用の軽減，麻酔からの回復の円滑化および経済性の観点や拮抗薬の有無などの理由により，キシラジンとの併用が望ましい。ここでは，キシラジンとの併用による注射麻酔について述べる。

a．キシラジンと抱水クロラールの併用

キシラジン（0.1～0.2 mg/kg, IMもしくはIV）により横臥状態にさせ，15分後に5％抱水クロラール溶液を静脈内投与すると，抱水クロラール単独使用時（150 mg/kg）の半量以下（＜75 mg/kg）で，約30分間の深麻酔が得られる。なお，抱水クロラールは鎮痛効果が弱く，投与量が多くなると呼吸抑制と血圧下降が強くなるので，局所麻酔を併用した方が望ましい。

b．キシラジンとケタミンの併用

キシラジン（0.1～0.2 mg/kg, IMもしくはIV）投与後10～15分に，ケタミン11 mg/kgを筋肉内投与すると約45～60分間の麻酔が得られる。また，キシラジン前処置後，ケタミン2～5 mg/kgの静脈内投与により麻酔導入を行い，その後15分ごとにケタミン2.5 mg/kgを静脈内投与するか，同量の0.2％ケタミン溶液を持続点滴することにより，麻酔維持を行うことができる[10]。

c．キシラジン，グアイフェネシンおよびケタミンの組み合わせ（X-G-K）

キシラジン（0.1 mg/mL），グアイフェネシン（50 mg/mL）およびケタミン（1.0 mg/mL）の混合溶液を作成し，0.5 mL/kgの静脈内投与により麻酔導入を行い，その後は1.1～2.5 mL/kg/hの点滴速度で麻酔を維持する[11,12]。本法では，グアイフェネシンを混ぜることにより，十分な筋弛緩を伴った麻酔が得られ，キシラジンとケタミンの用量も減じることができる。さらに，呼吸と循環も比較的安定しているため，推奨される組み合わせである。

以上のような注射麻酔に対して前述した各種局所麻酔を併用すれば，さらに良好な鎮痛効果を伴った麻酔が得られる。

第8節　特別な検査と処置

1．牛の移動・消毒・処理

牛の移動は，親子同居牛房やカウハッチなどから子牛用牛舎への移動，酪農家から子牛育成農家や放牧場への移動，繁殖農家から肥育農家への移動など，様々な状況で行われている。しかし，牛にとって移動は大きなストレスであり，輸送直後には著しい血清コルチゾール濃度の上昇が認められる。さらに，牛は移動ストレスにより免疫力が低下することが知られており[1]，特に免疫システムが未熟である子牛における免疫低下は顕著であり，移動後の感染症発生の要因となっている。そのため，牛の移動に際しては，できるだけストレスを与えないように注意を払う必要がある。

移動に用いる輸送トラックの荷台における牛密度を適正に保つことは当然であるが，同時に移動する牛の月齢や体格をそろえる配慮も必要となる。

冬季においては，輸送中に荷台で寒風にさらされる状態になるため，強い寒冷ストレスが加わり，著しい免疫低下を引き起こす。そのため，寒冷ストレスを軽減させる対策が必要である。冬季トラック輸送における子牛への保温ジャケットの着用は寒冷ストレスを軽減させ，移動後の免疫低下を防止する[2]。

また，牛は輸送前に比べて輸送後に血清ビタミンA濃度が著しく低下する。これは，輸送ストレスによりビタミンAが消費されたものと考えられる。ビタミンAは白血球の免疫応答を増強する作用を持っている[3]ため，輸送後の血清ビタミンA濃度の低下は免疫力低下の一因となる。そのため，牛の移動後にはビタミンA剤を投与して，消費されたビタミンAを補う必要がある。

導入してきた牛を牛舎内に入れる前に，牛体に付着して牛群内に持ち込まれる可能性がある病原微生物の駆除を目的として，牛舎外で牛体の消毒を行う必要がある。消毒は，動力噴霧器などを用いて薬剤を牛体に直接噴霧するため，毒性の低い消毒剤が適していることから，ヨード系製剤および逆性石鹸などが用いられる。また，近年では牛の移動に伴う乳頭状趾皮膚炎（PDD）の蔓延が問題となっているため，石灰乳，硫酸銅，および消毒液などを入れた踏み込み槽での蹄浴を行うべきである。消毒薬は有機物の影響を受け消毒作用が低下するため，消毒の前には被毛や蹄底に付着している糞などを除去する必要がある。

2．安楽殺法

安楽殺とは，子牛を疼痛や苦痛が最小限の人道的な死に至らしめる行為である[4]。牛の生命を奪う行為であることから，闇雲に選択する行為ではない。やむを得ず安楽殺を選択しなくてはならない場合においては，その牛の飼育者および安楽殺実施者ともに，動物福祉の観念および生命の尊厳を尊重したうえで，可能な限り疼痛や苦痛を与えることなく，速やかに死に至らしめる必要がある。子牛において，安楽殺を選択せざるを得ない状態は，家畜伝染病予防法に指定された疾患に罹患した場合，脳欠損や閉肛などの今後生命を維持することが不可能な先天性奇形で出生した場合，および交通事故や滑落などにより治癒させることが不可能なほどの重大な損傷が発生して著しい疼痛や苦痛が継続している場合などである。

安楽殺の方法については，1995年に告示された「動物の殺処分方法に関する指針」において，「殺処分動物の殺処分方法は，化学的または物理的方法により，できる限り殺処分動物に苦痛を与えない方法を用いて当該動物を意識の喪失状態にし，心機能または肺機能を非可逆的に停止させる方法によるほか，社会的に容認されている通常の方法によること」と規定されている。米国獣医学会の安楽殺に関する研究報告によれば，反芻動物においての適切な安楽殺方法は，バルビツール酸誘導体の静脈内投与，全身麻酔下における塩化カリウムの静脈内投与，貫通ボルトとされている[5]。バルビツール酸誘導体は，即効性があり動物に与える不快感が最小限であるため，子牛の安楽殺方法として最適である。しかし，死後も体内に残留するため，食用動物の安楽殺方法としては適さない[6]。バルビツール酸誘導体の薬剤としては，ペントバルビタールナトリウムおよびチオペンタールナトリウムがある。子牛の不安感を取り除くことと麻酔薬の量を減じることを目的としてキシラジンを前投与するとより効果的である[7]。

■注釈

*1
胸膜摩擦音：炎症などにより粗造化した臓側胸膜と壁側胸膜が摩擦することで生じる音。

*2
ラッセル音：肺音の一種で囉（ラ）音ともいわれ，呼吸器（肺や気管支）の病的状態の際にだけ発生し，肺の聴診で聞かれる異常呼吸音（副雑音）のこと。

*3
心雑音：正常な心臓では発生しない異常粗雑な心音であり，循環器疾患の診断の目安となる症候のひとつ。

*4
ミオグロビン：酸素分子を代謝に必要なときまで貯蔵する，筋肉中の色素タンパク質。

*5
ポルフィリン症：ヘム合成系酵素の異常により，尿中あるいは糞便中において中間代謝物の排泄量が増加する状態。

■参考文献

第4節　電気生理学的検査
1) Reber AJ et al. 2008. Vet Immunol Immunopath 123：305-313.
2) Mendes LCN et al. 2001. Arq Bras Med Vet Zootec. 53：641-644.

第7節　保定・鎮静・麻酔法
1) Kakuta T et al. 1989. Jpn J Vet Anesth and Surg. 20：95-100.
2) Rioja E et al. 2008. Am J Vet Res. 69：319-329.
3) Hikasa Y et al. 1988. Can J Vet Res. 52：411-415.
4) 高瀬勝晤ほか. 1986. 日獣会誌. 39：558-562.
5) Lewis CA et al. 1999. J Am Vet Med Assoc. 214：89-95.
6) Condino MP et al. 2010. Vet Anaesth Analg. 37：70-78.
7) Meyer H et al. 2007. J Vet Med A Physiol Pathol Clin Med. 54：384-389.
8) Meyer H et al. 2010. Vet J. 186：316-322.
9) Hikasa Y et al. 1994. J Vet Med Sci. 56：613-616.
10) Offinger J et al. 2012. Vet Anaesth Analg. 39：123-136.
11) Kerr CL et al. 2007. Am J Vet Res. 68：1287-1293.
12) Picavet MT et al. 2004. Vet Anaesth Analg. 31：11-19.

第8節　特別な検査と処置
1) Kegley EB et al. 1997. J. Anim. Sci. 75：1956-1964.
2) 松田敬一ほか. 2011. 日本家畜臨床感染症研究会誌. 6：1-8.
3) Barbul A et al. 1978. J Parenter Enteral Nutr. 2：129-138.
4) 鈴木　真ほか. 2005. 日獣会誌. 58：302-304.
5) 鈴木　真ほか. 2005. 日獣会誌. 58：719-721.
6) 鈴木　真ほか. 2005. 日獣会誌. 58：521-524.
7) 佐々木伸雄. 2003. 家畜診療. 479：379-380.

CHAPTER 2 処置の概要

　処置とは，感染症や代謝病などへの内科的な処理，外傷や骨折などへの外科的な処理など，その場の状況に応じた判断による対処であり，診療ごとの特色ある医療的な処置が定められている。このうち子牛を対象とした処置を講ずる場合には，新生子から哺乳，育成にかけての牛の特徴を理解して，対象とする診療分野の一般処置，救急処置や整形外科処置などの専門的手法を用いて手当てする必要がある。本章では，出生直後からの子牛の病的状態や特定の疾患など，特に子牛に対して必要とされる検査や処置の手法の概要を解説する。

第1節　蘇生法

1．蘇生に用いる薬剤の種類と特性

　難産による出生や虚弱子牛では，気道の確保が不十分であったり自力での呼吸反応が弱く，出生直後に呼吸機能や心機能が不十分であることがしばしばあるため，これらの症例に対しては必要な蘇生法を実施する。

（1）呼吸機能の改善

　出生直後の子牛の呼吸機能を改善する薬剤として，ドキサプラム（doxapram hydrochloride；塩酸ドキサプラム）がよく知られている。ドキサプラムは末梢化学受容体を介して選択的に呼吸中枢を興奮させる。Brown は，出生後呼吸に問題のある子羊にドキサプラムを舌下投与し，無呼吸症例では21頭中16頭が，出生時は呼吸していたがその後呼吸停止した症例では15頭中12頭，呼吸困難症例では19頭中17頭で呼吸が回復した。これらのことから，ドキサプラムには呼吸改善効果があると報告している（表2-1）[1]。また，重度の呼吸困難では8頭中6頭が死亡したが，中程度では23頭中1頭の死亡であったとの報告もある。しかし，この薬剤の投与対象は危機的状況にあるだけに対照群の設定が困難であり，救命された症例がすべて本剤の効果によるものか否か疑わしいという考察もある。総括すると，呼吸が完全に停止している場合より，呼吸がはじまったが弱いあるいは不規則であるなど，開始した呼吸を補強させる場合に効果が認められるようである。また，キシラジン鎮静下の帝王切開によって生まれた子牛に対しての呼吸機能改善にも有効である。

　クレンブテロール（clenbuterol）はβ作動薬で平滑筋の弛緩作用があり，牛では分娩時の子宮弛緩剤として承認されているが，気管支拡張作用があることも知られている。したがって，呼吸開始後の酸素化の効果が期待される。また，クレンブテロールは肺の表面活性物質の分泌を増加させ，呼吸窮迫症候群（respiratory distress syndrome）を予防する可能性もある。

（2）心機能の改善

　一般に，心停止の状態で生まれた場合，蘇生処置は行われない。重度の徐脈に対しては，エピネフリンを筋肉注射するか，静脈注射または心臓内に投与する。投与後

表2-1　初生羊におけるドキサプラム処置前後の呼吸パターン

所見	頭数	呼吸回復	最初反応したが死亡	変化なし（死亡）
無呼吸*	21	16	1	4
最初は呼吸したがその後停止	15	12	1	2
呼吸困難**	19	17	0	2

＊　：完全に呼吸停止
＊＊：異常で換気が困難なすべての呼吸状態

表 2-2　呼吸機能改善に関連する器具

社名	URL*	製品名	備考**
Vitalograph UK	http://www.vitalograph.co.uk/	Aspirator	吸引器
		ResusBags	呼吸器
CPR	http://www.cprman.com/	Ambu bag	呼吸器
Mityvac	http://www.mityvac.com/	Hand Vacuum Pump	吸引器
First Responder Supplies (FRS)	http://www.firstrespondersupplies.com/	Res-Q-Vac Hand Powered Emergency Suction	吸引器
		Bag Valve Mask (BVM) Resuscitators	呼吸器
Rheintechnik	http://www.rheintechnik.de/	HK Calf resuscitator	蘇生器
Paragon Medical	http://paragonmed.com/	Surgical aspirator	吸引器
LMA North America	http://lmana.com/	Laryngeal Mask Airway	呼吸器
McCulloch Medical（国内取り扱い：野澤組）	http://mccullochmedical.com/ http://www.nosawa.co.jp/	Calf Resuscitator	蘇生器
RMS Medical Products	http://rmsmedicalproducts.com/	Res-Q-Vac	吸引器

＊：2013年8月現在
＊＊：羊水を吸引する器具を吸引器，気道へ送気する器具を呼吸器，両方可能な器具を蘇生器とした

は，急速に頻脈となるが引き続き呼吸機能へのサポートが必要である。

2. 蘇生に用いる器材と方法

　新生子の蘇生の基本は Airway（気道），Breathing（呼吸），Circulation（心機能）といわれる[2]とおり，気道の確保とそれに続く呼吸の確立が最重要課題である。気道の確保は分娩中に誤って気道に進入した液体（羊水）を取り除くことであり，呼吸の確立は様々な刺激によって呼吸をはじめさせる，あるいははじまった呼吸をより確実にすることである。したがって，仮死状態にある子牛に対する処置に必要な器具は，まず気道を確保（気道内にある液体を除去）する器具，次に肺に空気を送り呼吸を安定させる器具である。これらの器具を表2-2に示した。一部を除き国内では動物用として販売されていないが，ヒト用として使用されている製品もある。器具の形状および使用方法について文章で説明することは非常に困難である。そこで，表2-2に検索先を示したので形状や機能および使用方法などはそちらで確認されたい。また，Mee は救急救命用に現場で準備しておく器具として，聴診器，直腸体温計，圧縮空気用器具，針，吸引ポンプ，酸素供給装置を推奨している[3]。

　出生直後から救命処置を必要とする子牛の発生率はさほど高くない。そのため，これらの器具や薬剤は使用する機会がまれであるという理由から，必ずしも常に使用可能な状態で保管されているとは限らない。しかし，その発生は突発的であるとともに緊急を要することが多い。そういった事態に迅速かつ的確に対応するためには，子牛の救急救命キットを常備し，難産の場合には常に携行する必要がある。

(1) 吸引器（吸引・気道の確保）

　気道の確保は気道内に詰まった液体を除去する，という物理的作業である。最も単純なのは子牛を逆に吊し重力によって液体を流下させる方法である。しかし，この方法は内臓によって横隔膜が圧迫され胸腔が狭くなり，横隔膜自体の運動性が低下して呼吸運動を妨げる欠点があるため，できるだけ短時間に終わらせるべきである。

　吸引器は気道から空気を吸い出すことを目的とした器具である。ここに示したすべての器具はマスクで口と鼻を覆い，鼻と口全体に陰圧をかけて吸引するのではなく，チューブを口あるいは鼻から挿入し，陰圧をかけて液体を吸引するタイプのものである。陰圧は手動で発生させる方法とポンプを用いる方法がある。動物用として国内では販売されていないが，人体用救急器具としては吸引器が販売されている。Uystepruyst は，吸引器によって除去される液体の量は平均 8.3 ± 5.4 mL 前後と少量であるが，その効果は明らかに認められたと報告している[4]。

（2）呼吸器（送気）

表2-2に示した呼吸器はラグビーボール型のバッグを圧迫して空気を送り込むようになっている。圧迫によってつぶれたバッグは再び膨むが，弁が付いているので気道外からの空気を取り込み気道からの逆流がないようになっている。口と鼻に当てるマスクの形状は牛には向いていないように思われるが，国外では使用されているのかもしれない。

（3）蘇生器（吸引と送気）

蘇生器は何種類かあり，国内でも使用されている（図2-1）。マスクを子牛の口に当てながら吸引と送気を行う器具だが，出生直後の羊水でぬれている子牛の頭部にマスクを密着させるのはひとりではきわめて困難である。また，送気においては空気が食道へ流れ込まないよう喉の部分を押さえていなければならない。したがって，こういった器具は2人以上で操作するべきである。

（4）酸素吸入

呼吸困難によってもたらされる大きな問題である酸素不足を解消する方法として，酸素吸入には大きな効果が期待される。とはいえ，器材や圧力などについての報告がみられるものの，いずれも臨床現場に直ちに応用するのは困難である。しかし，近年ではヒトの健康器具として簡易な酸素吸入器具が発売されており，前述のマスクなどとの組み合わせにより，今後臨床現場での応用の可能性が考えられる。

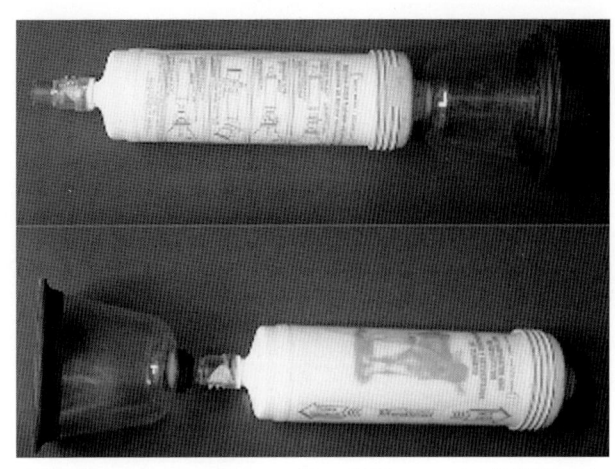

国内で販売されている吸引および人工呼吸器。マスクの装着位置を変え，なかの筒を出し入れすることで吸引と人工呼吸の機能が得られる
図2-1　吸引および人工呼吸器

（5）気管挿管

現在までのところ，気管挿管を畜産現場で行ったという報告はほとんど見当たらないので，具体的な器具については触れないが，酸素吸入とも関連して今後検討の余地はある。

第2節　経口・経鼻投与法

経口投与は，薬剤などの物質を口から投与することである。飼料添加，固形物，液剤など様々な方法があり，薬剤の性質により投与方法は異なる。子牛に対してはミルクへの混合や，薬剤をペースト状にして食べさせるなどの方法が用いられる。また，離乳後であればペースト状にしての投与に加え，経口カテーテルを用いた液剤の投与も行われる。

経口・経鼻投与に用いる器具とその方法

（1）ペースト

粉薬を投与する場合に用いられる。1種類あるいは数種類の粉薬をお椀などの容器に入れ，ぬるま湯を加えながら混ぜ合わせて団子状にし，子牛の口腔内に押し込むと，咀嚼・嚥下する。薬の種類によっては咀嚼を嫌い吐出する場合があるが，やや軟らかい状態で軟口蓋に塗布すれば，舐めながら嚥下する。

（2）経口カテーテル

液剤を投与する場合に用いられる。経口投与用のシリコン製カテーテル，噛み切り防止のための塩化ビニール製パイプ，薬剤を入れるための漏斗を牛の体格に合わせて準備する。投与の手順は，以下のとおりである。

a．口腔内に塩化ビニール製パイプを挿入する（図2-2）。このとき，パイプをしっかり固定しないとカテーテルが噛み切られて薬液が途中で漏れてしまう

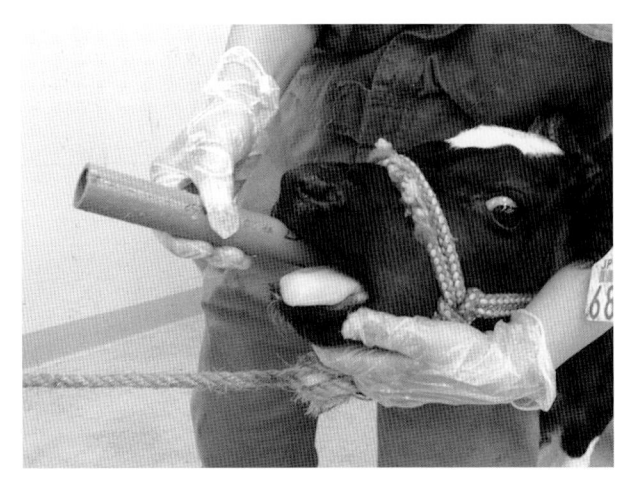

図2-2 パイプを口腔内に挿入する

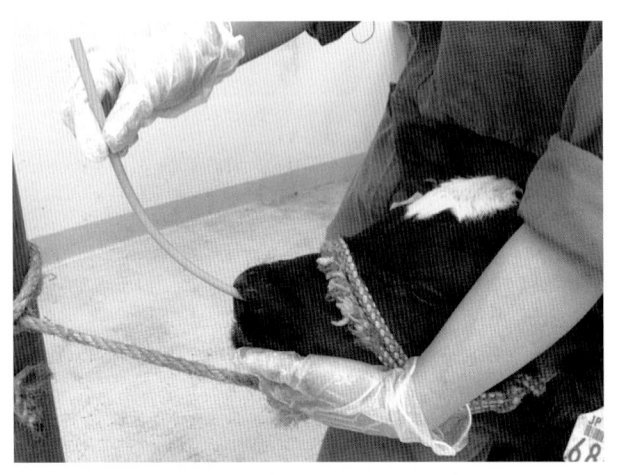

図2-4 鼻腔を介して食道内にカテーテルを挿入する

図2-3 カテーテルに漏斗を装着した後に薬剤を投与する

恐れがある。

b．塩化ビニール製パイプを通してカテーテルを挿入する。

c．カテーテルが咽頭に達したら，嚥下に合わせて食道内に挿入する。うまく挿入できない場合には，息を吹き込むか口角に指を差し込むことで嚥下反射を誘導する。

d．食道にカテーテルが入っていることを確認する。食道に入っている場合には，施術者がカテーテルを吸っても陰圧になり舌がカテーテルに吸着する。一方，子牛に発咳がみられる，あるいは空気を吸い上げる場合には，気道に入っている可能性が高いため，カテーテルを抜いて挿入をやり直す。カテーテルが噴門を通過すると第一胃よりガスが出てくる。また，カテーテルから息を吹き込みながら左臁部を聴診することにより第一胃に到達したことを確認することもできる。

e．カテーテルの先端に漏斗を装着する（**図2-3**）。

f．漏斗には最初は温湯を入れる。このときに激しい発咳がみられる場合は，カテーテルが気道に入っており誤嚥の可能性があるため挿入をやり直す。

g．温湯が流れ終わったら薬剤を投与する。

h．薬剤の投与終了後，再び温湯を入れてカテーテル内の薬剤を流し入れ，漏斗を取り外す。

i．カテーテル先端から息を吹き込み，内部の温湯をすべて流し込んだ後，カテーテルの一部を折り曲げゆっくりとカテーテルを引き抜く。

（3）経鼻カテーテル

基本的な手技は経口カテーテルと同様であるが，鼻孔より鼻腔を通して食道内へとカテーテルを挿入するため，歯によりカテーテルを噛み切られる心配がない（**図2-4**）。一方，気道を通して挿入するた

め，気管に誤挿入してしまう可能性が高く，挿入後の確認はより慎重に行う必要がある。使用する器具としては，離乳前の子牛では尿道カテーテルなどの細めのものを使用し，離乳後の育成牛では体格に合わせて鼻孔よりも小さな直径のカテーテルを用いる。

第3節　胃洗浄法

子牛に対する胃洗浄は，不適切な飼料給与（粗飼料，人工乳，代用乳の給与），盗食による有害物質の摂取，第一胃鼓脹症や第四胃疾患の継発症などが原因で第一胃内容を排出する必要がある場合に用いられる。第一胃切開術などの手術に比べて子牛への侵襲が少なく，比較的簡易な手技や器具で実施することが可能である。

胃洗浄の方法

子牛の胃洗浄は，食道を通して第一胃内にカテーテルを挿入することにより実施する。カテーテルの挿入に関しては，経口カテーテルの挿入方法と同様に実施する（本章　第2節「経口・経鼻投与法」参照）。カテーテルを挿入後，子牛の頭部を下垂させながら口外に出ているカテーテルを下げて内容液を排出する（口絵 p.20，図2-5）。内容物が排出されなくなったら，温めた生理食塩水，経口補液剤あるいは温湯を洗浄液として，体重に応じて500〜1,000 mLの範囲で漏斗を使って投与する。投与後は補助者に子牛の左腹部を軽く震盪してもらい，頭部を下垂させて内容液を排出する。この作業を，洗浄液が透明になるまで繰り返す。そして必要に応じて吸着剤や活性炭の投与，第一胃液の移植などを行った後，カテーテル内に残った液を胃内に吹き入れてカテーテルを抜去する。

第4節　吸入療法

吸入療法は，呼吸器疾患に対して酸素や薬剤などを直接的に気道内に作用させる治療法である。酸素吸入療法は，急性の呼吸器疾患に対しては短期間，慢性的な呼吸器疾患に対しては長期間，血液中の酸素濃度を高めに維持することで低酸素血症を改善させる。子牛では，ほかの治療と併用することで低酸素血症による運動不耐性や循環器への負荷を軽減することができるが，酸素の供給を可能とする環境が必要となる。

1．吸入療法

薬剤の吸入療法には，定量噴霧，ネブライザーなどの方法がある。定量噴霧は，薬剤が入っているボンベを加圧することで内包される薬剤が気道内に噴霧される方法であるが，牛に応用可能な定量噴霧式吸入剤は現在のところ市販されていない。ネブライザーは，液体の薬剤を霧状にして噴霧するための装置で，高速の空気流により細かな液滴（10 μm以上）をつくるジェット式と，超音波振動により薬剤を液滴（1〜5 μm）にして噴霧する超音波式がある。ネブライザーによる液滴は，5〜10 μmでは咽喉頭や気管まで，3〜6 μmでは副鼻腔まで，1〜5 μmでは気管支や肺胞に到達するとされている。超音波式ネブライザーの方が，小型で携帯可能な機器が販売されているため，産業動物の吸入療法では主に超音波式が用いられている。機器の使用方法については，それぞれの仕様によりタイマーや流量の設定が可能となっている。吸入させる方法としては，子牛にネブライザーのダクトと接続可能な専用のマスクを装着させる（図2-6）。マスクの大きさとしては，牛の口角が隠れる程度が最適であり，発育段階に合わせて数種類のサイズを使い分けるとより効果が高い。吸入治療時の注意点としては，薬剤は噴霧されるのみで排気は行われないため，吸入時間を長くする場合には酸素の供給と二酸化炭素の排

図2-6　ネブライザーでの吸入療法の様子

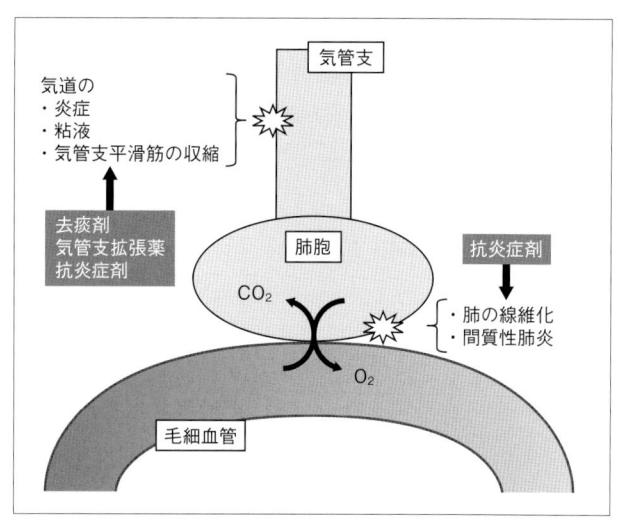

図2-7　吸入療法の薬剤作用部位

出が適正に行われているかを確認する必要がある。

2．吸入剤の種類

　吸入療法にはすべての薬剤を使用できるわけではなく，用いることが可能な薬剤にはいくつかの条件が挙げられる。薬剤の性質としては，水様性でかつ混合する必要がなく，混濁しない薬剤が最も適している。粘性のある薬剤は霧化しにくく，目的部位に到達する前に機械や気道のなかに粘着する可能性がある。

　薬剤は，薬剤の作用部位を考慮して，薬剤を選択する（図2-7）。混合する必要がある混濁した薬剤が霧化した場合に沈殿し，有効濃度が低くなる可能性がある。また，吸入療法ではいくつかの薬剤を配合して用いることが多いため，多剤との配合が可能な組み合わせ（配合しても副作用や混濁が起こらない組み合わせ）で使用する必要がある。さらに，吸入療法では粘膜である口腔や気管を薬剤が通過するため，刺激性，臭気，味覚（苦み），抗原性などのなるべく少ない薬剤が好ましい。以下に，牛の吸入療法で用いられる代表的な薬剤について紹介する。

（1）薬液溶解剤

　薬液溶解剤は，吸入剤の成分を均一な粒子として安定させることでネブライザー療法の効果を高めるもので，ほかの吸入用薬剤の溶解剤として用いられる。チロキサポールを主成分とするものが用いられ，軽度の粘液溶解剤としての作用も有する。

（2）去痰剤（粘液融解剤）

　去痰剤は，肺の表面活性物質や気道粘液の分泌を亢進させることで痰の粘稠性を低下させ，また線毛運動を活発にすることで痰や膿の排出を促す。去痰剤にはアンブロキソール塩酸塩やアセチルシステインを主成分にするものが用いられ，上部気道炎や気管支炎で使用される。

（3）気管支拡張薬

　気管支拡張薬は，気管支炎により気道が狭窄している症例に対し，気管を拡張させる作用を示す。気管支拡張薬には，テオフィリン系薬剤とβ_2作動剤の2種類が主に用いられるが，吸入治療にはβ_2作動剤であるプロカテロール塩酸塩が使用される。この薬剤は，気管支平滑筋にある交感神経のβ_2受容体を刺激することで気管支を拡張させる。気管支に対して選択的に作用するため循環器などへの影響は比較的少ないが，気管支の抗炎症作用を有さないため抗炎症剤との併用が必要である。

（4）抗炎症剤

　吸入療法では気管や肺胞の抗炎症作用，肉芽形成抑制を目的にステロイド系抗炎症剤が使用されることが多く，牛では作用期間や溶解性の点からデキサメタゾンが用いられる。デキサメタゾンは強い免疫機能の抑制効果を持つため，慢性化膿性肺炎などへの連続投与によって病状の悪化を招く危険性もあり，使用に際しては適切に診断し，適応症に対して使用する必要がある。同じく抗炎症作用を目的に，免疫抑制作用の少ない非ステロイド系抗炎症剤や，抗炎症および鎮痛作用を有する局所麻酔

薬（塩酸リドカイン）を用いることもある。

（5）抗菌薬

子牛の気道疾患では細菌が原因となっているものが多いため，吸入療法においても抗菌薬が併用されることが多い。吸入療法に用いる抗菌薬には，前述のように水様性，低刺激性などのほかに，広域スペクトル，耐性菌ができにくいなどの条件が挙げられる。そのため，原因菌に対して最も有効な薬剤を選択することが望ましいが，溶解性，低刺激性，安定性などの点から，アミノグリコシド系が用いられることが多い。

3．ネブライザー式吸入療法の実際

子牛に対するネブライザーを用いた吸入療法は，呼吸器疾患のなかでも肺炎や気管支炎などの治療に用いられることが多い（肺炎や気管支炎の詳細については第5章を参照）。子牛における治療プログラムは，日齢や体重，臨床症状，血液検査結果，細菌感染の有無を総合的に判断して組み立てられる。通常は，前述の薬液溶解液，去痰剤，気管支拡張剤，抗炎症剤，抗菌剤を混合して行う。投与量は体重に応じて設定し，1日1回（あるいは2回），吸入時間10分で7日間を1クールとし，症状に応じて治療期間を延長する。治療効果の判定としては，動脈血ガス分析により動脈血酸素分圧（PO_2）＞80 mm Hg，動脈血二酸化炭素分圧（PCO_2）＜45 mm Hg，血中酸素飽和度（O_2sat）＞95％を目安にすると予後は良好である。

第5節　注射法

注射とは，注射器（シリンジ）と注射針を用いて体内に直接薬剤を投与する方法で，ほかの薬剤投与法に比較して効果の発現が早く作用も安定しているため，子牛の診療では多く用いられる治療法である。投与経路により，筋肉注射，皮下注射，静脈注射，皮内注射，動脈注射，腹腔内注射，関節内注射，脊髄腔内注射などがあり，薬剤の性質により定められている方法を選択する。本項では，子牛への注射として一般的な筋肉注射，皮下注射，静脈注射について説明する。

1．筋肉注射（筋注）

筋肉注射とは，薬剤を筋肉内に投与することで血管から薬剤を吸収させる方法で，筋肉内注射または筋注ともいわれる。筋肉内は皮下組織よりも血管が多いため，一般に皮下注射よりも薬剤の吸収が早くなる。刺激性の強い薬剤，油剤，懸濁液などに対して行われることが多い。

（1）注射部位

筋肉量の多い部位に対して注射することが望ましい。子牛では，大腿部（半腱様筋，半膜様筋），臀部（中臀筋；臀部の中心と寛結節の間），頚部（頚最長筋，頭半棘筋）の順に行われる頻度が高い。

（2）注射液の量

体格により異なるが，哺乳牛で約10 mLまで，育成牛で約20 mLまで投与可能である。

（3）注射針のサイズ

体格にあわせて18～21 Gの注射針を用いる。

（4）注射の方法（図2-8）

a．投与部位をアルコール綿で十分に清拭する。

b．投与部位周囲を数回叩く，あるいは周囲の皮膚をつねり，牛に対して合図を送る。急に針を刺入すると牛が驚いて暴れることが多いので注意する。

c．皮膚に対して90度になるようにして注射針を刺入する。

d．注射器を吸引して血液が引けない（＝血管に刺入していない）ことを確認する。誤って血管に刺入した

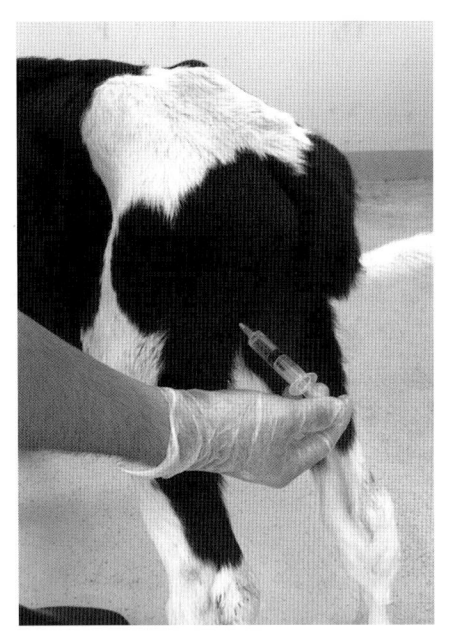

図2-8 半腱様筋に対する筋肉注射

場合には，針を戻して刺入部位を変える。

e．薬剤を注入した後に，注射針を抜く。

（5）注意点

　筋肉内には動脈や神経（臀部では坐骨神経が，大腿部では脛骨神経および総腓骨神経）が多く走行しているため，投与の際に注射針による動脈や神経の損傷に注意する。

　また，刺激性のある薬剤の筋肉投与は変性を誘発する可能性があり，食肉として供される黒毛和種子牛では注射による筋肉障害のリスクを軽減するため，筋肉量の多い大腿部や臀部を避け，比較的筋肉量の少ない頚部への注射が選択されることが多い。

2．皮下注射（皮下注）

　皮膚は表層から表皮，真皮，皮下組織の順に構成され，それより深層は筋肉の層となっている。皮下注射とは薬剤を皮下組織に投与することで，吸収は毛細血管より行われるため比較的緩徐である。皮下注射では，少量の薬剤を投与する場合と，皮膚からの緩徐な吸収を期待して輸液剤など比較的多量の薬剤を投与する場合がある。

（1）注射部位

　皮膚に余裕のある場所が好ましい。牛の場合には，頚部中央から肩甲骨前縁やや背側よりの部位に注射を行う。

（2）注射液の量

　体格や薬剤の種類により異なる。薬剤が刺激性の強い薬剤や油剤である場合には約10 mL，輸液剤などの場合には250〜500 mLまで注射可能である。

（3）注射針のサイズ

　体格にあわせて18〜21 Gの注射針を用いる。また，輸液剤など多量な注射（皮下点滴）を行う場合には18 Gなどの太めのサイズを用いる。

（4）注射の方法（図2-9）

a．投与部位をアルコール綿で十分に清拭する。

b．投与部位の皮膚を指で手前に引っ張る。

c．引っ張った皮膚に対して浅い角度で皮膚に注射針を刺入する。

d．注射器を吸引して空気や血液が引けないことを確認する。空気が流入してきたときには針が皮下に正確に刺さっていないため，注射針の刺入をやり直す。

e．薬剤を注入した後に，注射針を抜く。

（5）注意点

　針を深く刺入しすぎると，針が引っ張った皮膚を貫通し，再び外に出てしまう，あるいは筋肉内に注入してしまうことがある。皮下組織内に薬剤が注入された場合，表面から薬剤により腫脹するのが確認できる。皮下注射を指示されている薬剤のなかには，その性質により筋肉注射を行うと著しい筋肉の腫脹や硬結を示すものがあるため，深く刺入しすぎて針が筋肉に到達してしまわないように十分注意する。

3．静脈注射（静注）

　静脈注射とは，薬剤を静脈内に投与する注射法で，大量の薬剤を投与することができ，効果が発現するのも早

第2章　処置の概要

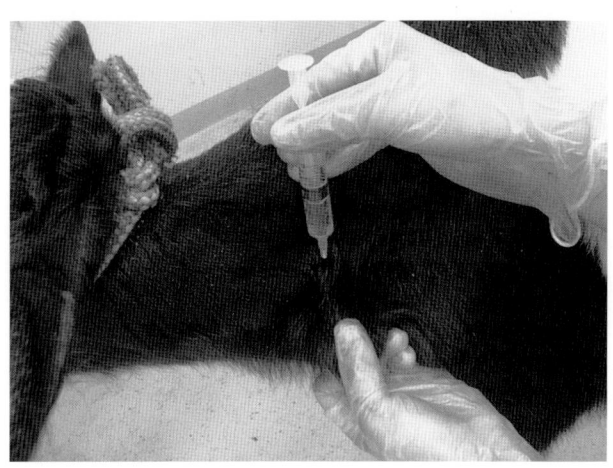

図2-9　皮下注射

図2-10　頸静脈を親指で押さえて怒張させる

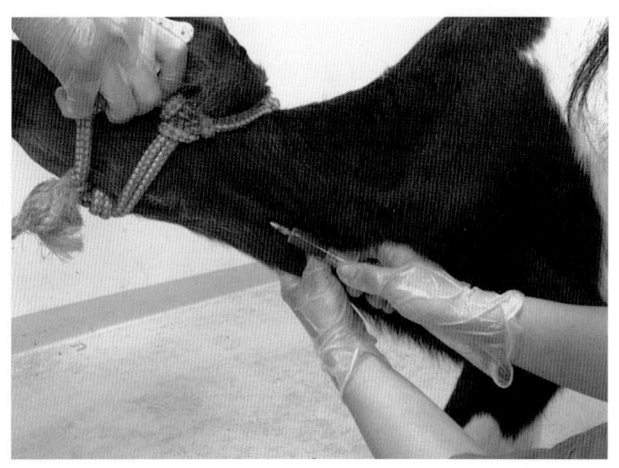

図2-11　血液が注射筒内に入ってきたのを確認した後、投与を開始する

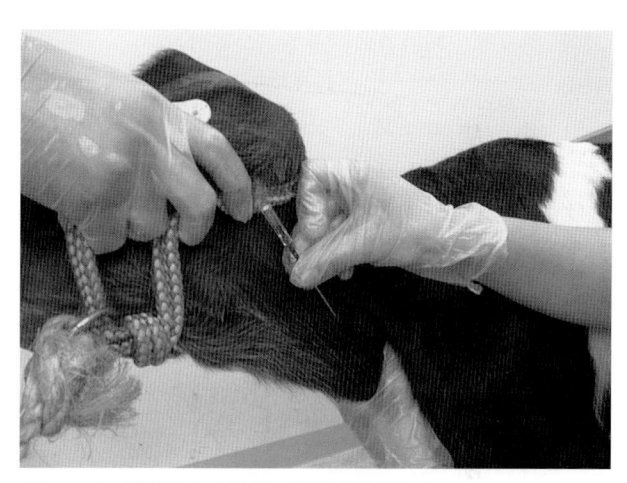

図2-12　頭側から心臓側へ留置針を刺入する

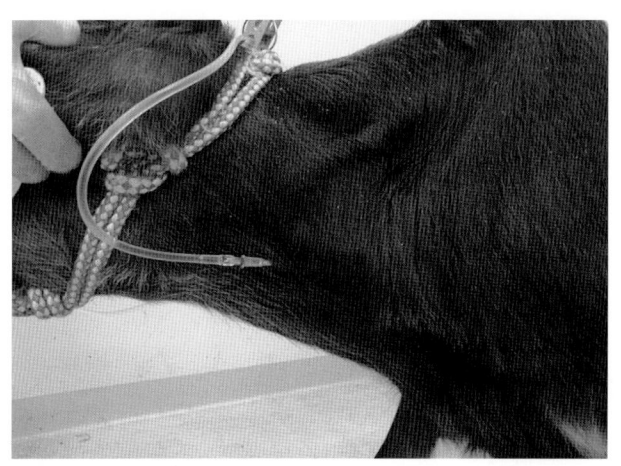

図2-13　留置針の内針を抜去して輸液チューブを接続する

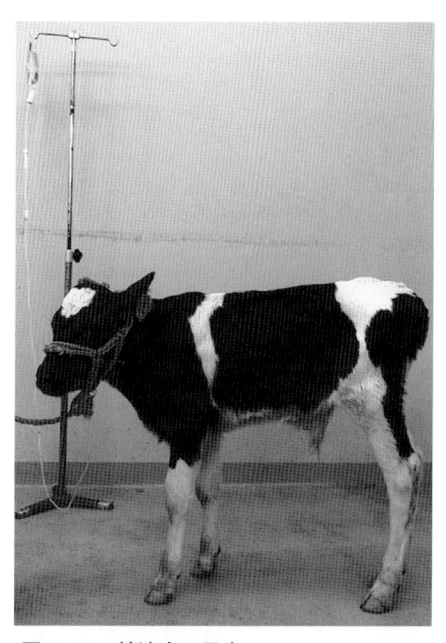

図2-14　輸液中の子牛

い。一般には，注射器を用いて投与する場合を静脈注射（静注），点滴により投与する場合を輸液という。直接血管内に投与するため，刺激性の少ない薬剤に対して行う。

（1）注射部位

保定が容易で血管直径が太い部位が好ましいため，静脈注射には頚静脈を用いる。その他，橈側皮静脈や大腿静脈に対しても行うことは可能であるが子牛ではまれである。

（2）注射液の量

静脈注射を行う場合には 50 mL 以下，輸液を行う場合には体重に応じて必要な量を計算して投与量を設定する（本章 第6節「輸液療法の基本」を参照）。

（3）注射針のサイズ

静脈注射では 18～21 G の注射針を用いる。また，輸液を行う場合には 16～18 G の留置針を用いて点滴を行う。

（4）注射の方法

①静脈注射（図2-10, 11）

a．投与部位をアルコール綿で十分に清拭する。

b．頚静脈の心臓側（肩側）を親指により駆血する。

c．怒張した頚静脈へ，心臓側から頭側に向けて注射針を刺入する。頚静脈の心臓側は可動性が高いため，頚静脈の頭側 1/3 の部位で実施すると容易である。

d．血管内に注射針が刺入されているのを確認するため，注射筒を引いて血液が入ってくるのを確認する。

e．針が正しい位置に刺入できていることを確認したら，薬剤を投与する。このとき，注射器の内筒と一緒に注射針を押すと針がずれて血管から外に薬剤が漏れ出すため，注射針は動かさないようにする。

f．薬剤投与が終わったら，注射針を抜いてアルコール綿でしばらく押さえて止血を行う。

②輸液（図2-12, 13, 14）

a．投与部位をアルコール綿で十分に清拭する。

b．頚静脈の心臓側（肩側）を親指により駆血する。

c．怒張した頚静脈に頭側から心臓側（血液の流れる方向）に向けて留置針を内針と外筒を一緒に刺入する。

d．留置針の内針だけを抜去すると血液が出てくるので，すぐに輸液チューブに接続する。

e．薬剤投与を開始する。このとき，輸液チューブに少したるみを持たせて頭絡にクリップやテープで止めておくと，牛が動いても留置針がはずれにくい。

f．薬剤投与が終了したら，輸液チューブとともに留置針の外筒を抜き，アルコール綿でしばらく押さえて止血を行う。

第6節　輸液療法の基本

1．輸液療法とは

輸液療法は，水分や食餌を経口的に摂取することが困難な動物の体液の恒常性を維持するために行われる治療法である。輸液の目的として，①脱水や出血による体液量減少の解消，②血清電解質バランスの改善，③栄養補給，が考えられる。

輸液が必要であるか否かは，病歴，症状，検査成績により総合的に判断する必要がある。水分，電解質状態などの体液状態を判断するためには，経口摂取内容および量，病歴，体重変化，バイタルサイン，身体所見，胸部X線，尿量，尿比重，尿浸透圧，不感蒸泄量，糞便の状態，血清および尿中電解質濃度，血清浸透圧，酸・塩基平衡およびアニオンギャップ（AG）などの検査結果が必要となる。

本来は，動物の状態を把握した後に輸液を開始するべきであるが，症例によっては緊急輸液が必要となる場合があり，情報の入手が後になることもある。しかし，緊

急輸液が必要な場合でも，情報が得られた時点で輸液の内容を再検討し，修正を加えなければならない。輸液の方針を決定し，輸液療法を開始した後でも，きめ細やかなフォローアップが必要である。輸液療法が終了した後では，細胞外液量，血清電解質濃度（特に血清ナトリウム〈Na〉濃度），血糖値の変化が起こりやすい。輸液による体液バランスの異常として浮腫および脱水が考えられる。浮腫とは細胞外液が増加した状態であり，その原因として①ナトリウムが貯留することにより細胞内から細胞外へ体液が移動すること，②心臓機能，肝臓機能，腎臓機能が低下することが考えられる。したがって，心臓，肝臓および腎臓機能の再評価とナトリウムの in-out バランスを再計算して対処する必要がある。また，尿細管間質障害，副腎皮質機能低下または利尿剤の過剰投与などの場合には，ナトリウムおよび水分の排泄量が多くなることがあるので，注意する必要がある。以上のように，輸液療法は，①動物の状態の確認，②輸液の計画および実施，③フォローアップの順で進め，常に病態が改善方向に向かっているか否かを種々の検査項目や指標を用いて検討した上で，輸液の続行・変更・中止を判断することが重要である。

2．脱水と血液量減少症

Marriott は脱水症を純粋水欠乏型（pure water depletion）と純粋ナトリウム欠乏型（純粋食塩欠乏型：pure salt depletion）に分類し，その中間型として mixed water and salt depletion という中間型の状態を想定しているが，この中間型の分類については曖昧である。脱水の分類方法はその目的，対象症例の成熟度によって異なる。Marriott の脱水の分類では曖昧であった中間型について，Scribner は saline depletion（食塩欠乏型）という概念を提唱している。

若齢動物は成熟動物と比較して体液保持量が多く，また水分代謝回転率が高いため，脱水症の多くは水分欠乏型を示す。水分欠乏型の脱水判定には浸透圧による分類が有効である。したがって，ヒト医療分野の小児科領域では水分欠乏を重視した結果，脱水の型を高張性，等張性および低張性と分類している。また，内科領域では実用性を重視し，水分およびナトリウムの欠乏している割合を相対的に評価し，欠乏している割合が大きい方を優先的に水分欠乏型またはナトリウム欠乏型として分類す

表2-3　脱水型による臨床症状の比較

症状	水分欠乏型	ナトリウム欠乏型
脱水	+++	+++
尿量	乏尿	末期になるまで正常
尿中塩化ナトリウム	多くは+	-
嘔吐	-	+++の可能性あり
痙攣	-	+++の可能性あり
血漿塩化ナトリウム	軽度上昇または減少	減少 +++
血漿量	末期になるまで正常	減少 +++
血液濃縮	末期になるまで正常	減少 +++
血圧	末期になるまで正常	低下 +++
	脱水	血液量減少症

る。これは，Marriott の分類のように純粋な欠乏を示すものではなく，あくまでも水分とナトリウムのどちらが相対的に欠乏している割合が多いかを示しているだけである。

水分欠乏型脱水とナトリウム欠乏型脱水の病態について，水分欠乏型脱水（高張性脱水：hyperosmotic dehydration）は，細胞外液からの水分喪失であり，細胞外液中のナトリウム濃度が増加するため，細胞内から浸透圧勾配に従って体液が細胞外へ移行する。これは，喪失した細胞外液を細胞内液で補充するということになり，結果として細胞内脱水が生じる。しかし，細胞外液量はある程度維持されるため，循環器系症状を呈することは少ない。また，ナトリウムよりも水分が主に喪失するために高張性状態となり，口渇などの皮膚粘膜系所見が顕著となる。

ナトリウム欠乏型脱水（低張性および等張性脱水）は，細胞外液からのナトリウムを主体とした水分の喪失であり，腸管出血，嘔吐，下痢，利尿剤投与などに起因する脱水症である。細胞外液から体液とナトリウムが喪失するため，細胞外液は低張または等張となる。等張性脱水の場合には，細胞外液と細胞内液の間で体液移動はなく，低張性脱水の場合には細胞外から細胞内へ浸透圧勾配に従って体液移動する。いずれにしても，細胞内液は減少せずむしろ増える（細胞内水腫）。細胞外液量は欠乏したままであるため，循環血漿量の減少が著しく，循環不全，低血圧による虚血性痙攣などの循環器系症状がより著明となる。これらの脱水の分類は臨床症状（表2-3）からも推測可能である。

表2-4 輸液剤の使用目的による分類

グループ	種類	目的	適応
電解質輸液剤	複合電解質輸液剤 （等張性複合電解質輸液剤） （低張性複合電解質輸液剤）	体液補充，電解質補正 細胞外液補充 バランス輸液	脱水 脱水，低酸素血症 輸液開始液，維持液
	単一組成電解質輸液剤	単一電解質欠乏是正	アシドーシス，アルカローシス，低カリウム（K）血症
栄養輸液剤	糖質輸液剤	水補給・カロリー補給	経口摂取がないとき，水欠乏型脱水
	脂肪輸液剤	カロリー補給	経口摂取がないとき，消耗性疾患
	アミノ酸輸液剤	アミノ酸補給	経口摂取がないとき，消耗性疾患
	高カロリー輸液剤	生体に必要な成分を補給	経口摂取がないとき
	ビタミン剤および微量元素製剤	ビタミン，微量元素補給	経口摂取がないとき，消耗性疾患
特殊輸液剤	浸透圧利尿剤	脳圧低下，浸透圧利尿	頭蓋内圧亢進，急性希釈性低Na血症，急性腎不全初期
	血漿増量剤	低酸素血症，低タンパク血症	二次性ショック，低タンパク血症

3．輸液剤の種類と特徴

輸液製剤はその使用目的により，①電解質輸液剤，②栄養輸液剤，③特殊輸液剤の3グループに大別される[1]。さらに，これらは9種類の輸液剤に分類される（表2-4）[2]。電解質輸液剤は，複合電解質輸液剤と単一組成電解質輸液剤の総称である。栄養輸液剤群には，熱量産生を目的としている糖質輸液剤，脂肪輸液剤，アミノ酸輸液剤および高カロリー輸液剤[3]のほか，熱量産生に寄与しないビタミン剤および微量元素製剤がある。熱量産生の有無により，前者を熱量産生剤，後者を熱量非産生剤と分類することもある[3]。特殊輸液剤群には，浸透圧利尿剤と血漿増量剤が含まれる。

電解質輸液剤については，機能や用途に従ってさらに図2-15のように細分類することができる。電解質輸液剤のうち複合電解質輸液剤は，電解質による浸透圧（晶質浸透圧）が血漿浸透圧と等しい等張性複合電解質輸液剤，および晶質浸透圧が血漿浸透圧よりも低い低張性複合電解質輸液剤の2つに分類される。等張性複合電解質液は細胞外液補充液であり，これには生理食塩液，リンゲル液，乳酸リンゲル液および酢酸リンゲル液などが含まれる。ヒト医療分野の小児科領域において開発され，ヒトおよび小動物医療分野で汎用されている開始液や維持液は低張性複合電解質液に含まれる。単一組成電解質輸液剤は単一の塩のみで構成されている輸液剤群を指し，これらの輸液剤は血清電解質や酸・塩基平衡の補正に用いられる。単一組成電解質輸液剤のほとんどの製剤が高張である。その理由は，単純性電解質輸液剤は単独で用いるのではなく，複合電解質輸液剤や糖質輸液剤に配合して用いるためである。

（1）等張性複合電解質輸液剤

等張性複合電解質輸液剤の使用目的はあくまでも細胞外液の補充である。そのため，等張性複合電解質輸液剤は細胞外液類似液または細胞外液補充液（ECF-replacer）ともいわれている。等張性複合電解質輸液剤は塩化ナトリウムを主成分とし，血漿とほぼ同等の晶質浸透圧にするために，総電解質濃度（陽イオンと陰イオンをあわせて）を約300 mEq/Lに調整した輸液剤である。理論上，300 mEq/Lの電解質濃度で300 mOsmol/Lの晶質浸透圧となるはずであるが，実際には水の緩衝作用を受けて浸透圧は280～290 mOsmol/Lとなる。

等張性複合電解質輸液剤として最初に臨床応用されたのが生理食塩液である。生理食塩液は生理という名前が付いているが，それは製剤浸透圧が生理的であるに過ぎない。牛の血漿中ナトリウムイオン（Na^+）およびクロールイオン（Cl^-）濃度がそれぞれ約140および100 mEq/Lであるのに対して，生理食塩液中のNa^+およびCl^-濃度はともに154 mEq/Lと非常に高値である。したがって，生理食塩液は決して生理的な輸液剤ではないので，使用に際しては注意が必要である[4]。

生理食塩液の塩化ナトリウムの一部を塩化カリウムと塩化カルシウムに置き換えたものがリンゲル液である。その結果，リンゲル液の陽イオン組成は血漿のそれにきわめて近いものになったが，陰イオン組成は変わらないどころかCl^-濃度は156 mEq/Lと生理食塩液よりも高値となっている。この陰イオン組成の問題を解決するため，リンゲル液のCl^-の一部を乳酸または酢酸イオンに置き換えたものが乳酸リンゲル液（ハルトマン氏液）または酢酸リンゲル液である。乳酸ナトリウムや酢酸ナトリウムは体内で代謝されて等量の重炭酸イオン（HCO_3^-）

```
電解質輸液剤
 1. 複合電解質 ─── 等張性複合電解質 ─── 生理食塩液，リンゲル液，糖加リンゲル液
    輸液剤          輸液剤               乳酸リンゲル液（ハルトマン氏液）
                  （＝細胞外液補充剤）      糖加乳酸リンゲル液（糖加ハルトマン氏液）
                                       酢酸リンゲル液，糖加酢酸リンゲル液
                ─── 低張性複合電解質 ─── 1号液（開始液）       ソリタT1，ソルデム1
                    輸液剤                                 リプラス-1S，デノサリン1
                                       2号液（細胞内補充液）  ソリタT2，ソルデム2
                                       3号液（維持液）       ソリタT3，ソルデム3A，ソルデム4
                                       4号液（術後回復液）    ソリタT4，ソルデム5
 2. 単一組成電解質 ── 電解質補正用 ─── ナトリウム輸液剤   10%（1.71M），1M，2.5M 塩化ナトリウム液
    輸液剤                          カリウム輸液剤     1M塩化カリウム液，1Mアスパラギン酸カリウム液
                                   カルシウム輸液剤   0.5%塩化カルシウム液，8.5%グルコン酸カルシウム液
                                   マグネシウム輸液剤 10%硫酸マグネシウム液
                                   リン輸液剤        0.5%リン酸第二カリウム液
                ─── pH補正剤 ─── アルカリ化剤   7%，8.4%重曹水，1M乳酸化ナトリウム液
                                 酸性化剤     5M塩化アンモニウム液
                                                                    （M：mol/L）
```

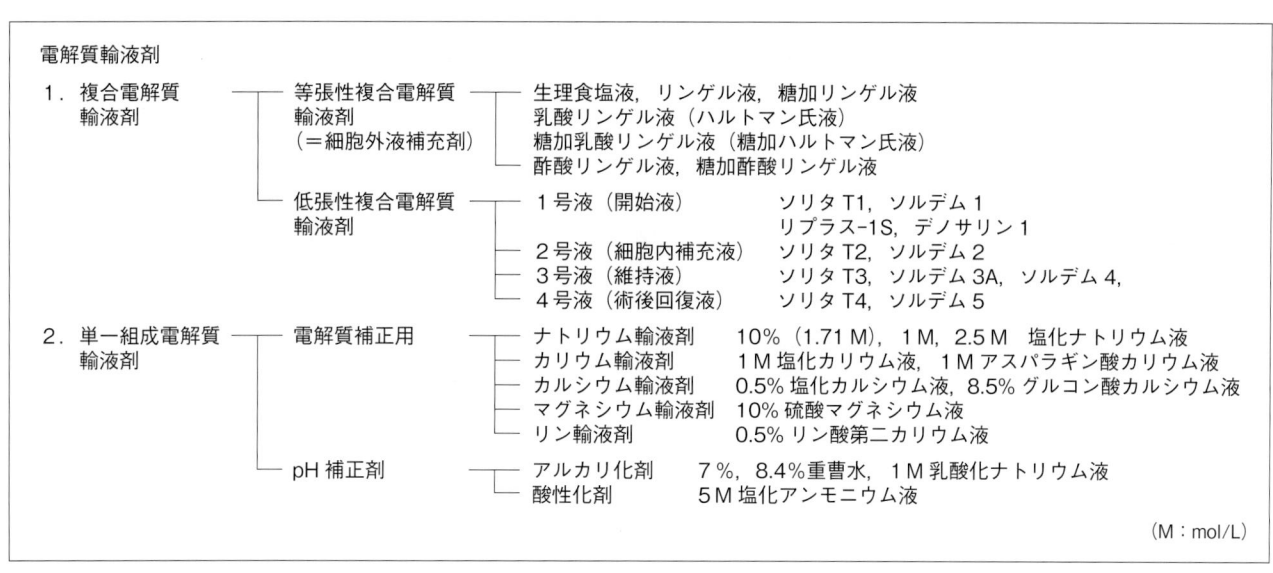

図2-15 電解質輸液剤の分類

を生じる。乳酸リンゲル液や酢酸リンゲル液の陰イオン組成は血漿とほとんど同じであり，血漿に最も近い組成の輸液剤である。生理食塩液，リンゲル液，乳酸リンゲル液および酢酸リンゲル液の4種類の輸液剤が，等張性複合電解質輸液剤の原型である。

ここで重要なのは，①生理食塩液とリンゲル液ではCl^-濃度が細胞外液よりも高いために低クロール性アルカローシスを補正する輸液剤であること，②乳酸リンゲル液または酢酸リンゲル液ではそれぞれ乳酸ナトリウムまたは酢酸ナトリウムが生体内で代謝されて等量のHCO_3^-となり，アシドーシスを是正することである。等張性複合電解質輸液剤は血漿浸透圧と同等の浸透圧であり，自由水の産生がないために水分補給としての役割を欠き，単独で長期間使用する場合には高張性脱水を招く危険性がある。したがって，心不全，腎不全，肝硬変などの浮腫性疾患症例に過剰投与すると浮腫を増悪させるだけでなく，高血圧や肺水腫などを誘発する恐れがあるので注意が必要である。

リンゲル液や乳酸リンゲル液にブドウ糖（またはマルトース，ソルビトール）を5％添加して製剤浸透圧比を2（約560 mOsm/L）にしたものが，糖加リンゲル液および糖加乳酸リンゲル液である。これらは静脈内に投与した直後の血漿浸透圧を高め，一時的に輸液した量以上の細胞外液量を確保する輸液剤群である。さらに，添加したブドウ糖などの糖類は，食欲不振や輸液による水分代謝に伴う異化作用の予防に有効である。

（2）低張性複合電解質輸液剤

低張性複合電解質輸液剤はその安全域が広いことにより，ヒト医療や小動物医療分野において最も汎用されている。この低張性複合電解質輸液剤は，総電解質濃度を正常血清電解質濃度の1/2あるいはそれ以下に調整し，アルカリ化剤（多くの場合は乳酸ナトリウム）を配合した輸液剤である。静脈内に投与する際に製剤浸透圧が低張であると溶血などの問題が生じるため，糖質（多くの場合はブドウ糖）を添加して血漿浸透圧比を1もしくはそれ以上に調整されている[4]。

ヒト医療分野において，低張性複合電解質輸液剤はその目的によって表2-5で示すように1から4号液に分類される。1号液（開始液）は急速輸液に用いるため，カリウムイオン（K^+）を含まない輸液剤である。安全域が広い輸液製剤であるため，脱水の型が不明なときに開始液として使用される[2~4,5~9]。また，含まれるNa^+とCl^-濃度が血漿濃度の約半分であるため，自由水の供給が可能である[3]。したがって，水分もNa^+も補給できるため，水分欠乏型脱水およびナトリウム欠乏型脱水のいずれの場合においても使用できる便利な輸液剤である[3]が，脱水の型が明らかになればそれに適した輸液剤に変更するべきである。低張性脱水に対して本剤を長期間使用し続けると脱水の改善が困難になるどころか，低Na血症を増悪させる危険性があるので注意が必要である[3,4]。

2号液（細胞内補充液または細胞内修復液）は1号液にカリウムとリンを添加した輸液剤である[5]。3号液（維持液）は経口摂取不能であるが，体液バランスが維

表2-5 低張性複合電解質輸液剤の使用目的による分類

区分	機能的名称	配分比	適応
1号液	開始液	A:B=1:1または1:2	1. ナトリウム,クロール濃度が低いため,適応範囲が広い 2. 病態が明らかでない場合に使用 3. 電解質異常の程度,病態が明らかになり次第適当な輸液剤に変更する
2号液	細胞内補充液	1号液+カリウムイオン (20 mEq/L)	1. 高張性脱水,混合性脱水時の細胞外および細胞内液の補充に使用する 2. アシドーシスを伴う下痢,熱傷に有効
3号液	維持液	A:B=2:1または3:1	1. 経口摂取不能であるが体液バランスが維持されている場合に使用する 2. Talbot液
4号液	術後回復液	3号液-カリウムイオン	1. 電解質濃度が最も低いために自由水補給に有効 2. 十分な利尿が認められた時点で,ほかの輸液剤に変更

A:水分補充液　（=5%ブドウ糖液）
B:細胞外液補充液（=乳酸リンゲル液）

持され腎臓機能も正常な場合に使用する輸液剤である。4号液（術後回復液）は電解質濃度が最も低いため,自由水の補給や術後,腎臓機能が低下している症例,腎臓機能が未熟な新生児,水分欠乏型脱水などに使用される[6]。ヒト医療分野ではこれらの低張性複合電解質輸液剤を目的に合わせて適用しているが,特に1号液（開始液）と3号液（維持液）が汎用されている。基本的には,第Ⅰ相で1号液による循環血漿量の確保を目的とした急速輸液を行い,第Ⅱ相で3号液による維持輸液療法を行う。

(3) 単一組成電解質輸液剤

単一組成電解質輸液剤には,ナトリウム,カリウム,カルシウム,マグネシウムや無機リン（IP）などの電解質欠乏を補給する目的と,pH補正の目的で用いられる輸液剤が含まれる。Na欠乏とともにアルカローシスがあるときには高濃度の塩化ナトリウム液を,アシドーシスがあるときは重曹（重炭酸ナトリウム）や乳酸ナトリウムを選択する。カリウム輸液剤についても,アルカローシスを伴うときには塩化カリウム液を,アシドーシスを伴うときには有機酸カリウム液（アスパラギン酸カリウム）を用いる。pH補正液には,アルカリ化剤と酸性化剤がある。アルカリ化剤は前述した重曹,乳酸ナトリウムとトリスヒドロキシメチルアミノメタン液があり,酸性化剤は塩化アンモニウム液がある。

(4) 栄養輸液剤

栄養輸液剤群には,糖質輸液剤,脂肪輸液剤,アミノ酸輸液剤,高カロリー輸液剤,ビタミン剤および微量元素製剤がある。栄養輸液剤のうち糖質輸液剤は,水分・カロリーの補給を目的として,あるいは各栄養輸液剤のベース液として広範囲に利用されている[2]。糖質の種類としてはブドウ糖,フルクトース,ソルビトール,キシリトールおよびマルトースがあり,それぞれの特徴を表2-6に要約したので参照されたい[6]。

5〜10%糖質輸液剤（例:5%ブドウ糖,5%キシリトール）は主として水分の補給が目的で投与する。等張性複合電解質輸液剤が細胞外液補充液（ECF-replacer）といわれているのに対し,5〜10%糖液は細胞内液補充液（ICF-replacer）ともいわれており,水欠乏型脱水に有効である。一方,20〜50%糖質輸液剤はカロリー補給の目的でほかの輸液剤と併用して用いられる。ブドウ糖液を使用する際には,徐々にブドウ糖濃度が高いものに切り替え,輸液を終了する際にも徐々にブドウ糖濃度が低い製剤に切り替えるべきである。また,高濃度の糖質輸液剤を用いる場合,投与速度が速すぎると静脈炎,浸透圧利尿（脱水症増悪,低Na血症）,糖利用率低下（糖尿）を来すため,ブドウ糖では0.5 g/kg/h,キシリトールでは0.3 g/kg/hの至適投与速度を厳守することが重要である[2,6,7]。また,侵襲期にはブドウ糖の利用率が低下するため,ブドウ糖の至適投与速度は健常時の約半分の0.25〜0.30 g/kg/hまで低下するので,注意が必要である。

アミノ酸輸液剤としては,混合アミノ酸製剤とそれに糖質類や無機電解質を加えたものがヒト用として市販されている。アミノ酸製剤はタンパク質代謝や生命維持に欠かせないアミノ酸で構成された標準アミノ酸液,各疾患用に処方された病態別アミノ酸液に分類される。アミ

表2-6　各種糖質輸液剤の特徴と問題点

種類	特徴	問題点
ブドウ糖	1．5％ブドウ糖液は水分補給に使用 2．10％ブドウ糖液はカロリー補給目的で使用 3．0.5 g/kg/h 以下の投与速度が望ましい	1．10％以上のものでは静脈炎を起こしやすい 2．乏尿時や腸管液の喪失時に単体で投与すると水分貯留を来す 3．インスリン依存性のため，術後や侵襲時および糖尿病では利用率が低下する
フルクトース	1．インスリン非依存性であり，肝臓で解糖系に入る 2．糖尿病，肝臓障害時の糖質補給に適する 3．リン酸化速度はブドウ糖の約10倍であり，肝臓におけるグリコーゲン生成も大きい	1．血中乳酸値が上昇しやすい。0.5 g/kg/h 以上の投与速度では乳酸アシドーシスの危険性がある 2．腎臓での排泄閾値が低く，尿中排泄されやすい 3．高尿酸血症の可能性が高い
ソルビトール	1．デキストロースの還元により生じる6価の糖アルコール 2．肝臓でフルクトースになり解糖系に入る 3．インスリン非依存性である 4．脱水素酵素によりフルクトースとマンニトールになり，利尿作用を有する	1．尿中排泄量がフルクトースより多い 2．乳酸アシドーシスの危険性がある 3．利用率が低い
キシリトール	1．D-キシロースの還元による5価の糖アルコールで生理的に存在する 2．核酸，還元型補酵素の生成に関与 3．血糖値の上昇はない 4．インスリン非依存性で抗ケトン作用がある	1．ウロン酸回路とWarburg-Dickens回路に入るが，ウロン酸回路ではブドウ糖変換までに時間を要し，肝機能を誘発する危険性があるので，大量投与を避けること
マルトース	1．加水分解により2分子のブドウ糖を生じる 2．インスリン非依存性 3．血糖値への影響はない	1．代謝速度が遅く，尿中排泄量が多い

ノ酸製剤のアミノ酸濃度は約3～12％であり，アミノ酸の利用効率を高めるために糖質などのエネルギー源とともに投与することが重要である。

4．子牛の輸液療法の基本

下痢症子牛の輸液で問題となるのは次の項目である。
①循環血漿量の低下
②末梢循環の低下に伴う組織の低酸素化
③絶対的なナトリウム欠乏による細胞外液の細胞内移動
④絶対的なカリウム欠乏による筋収縮力の低下
⑤酸・塩基平衡異常

以上の項目のうち，①～③は循環血漿量の不足を補うことによってある程度改善することができる。したがって，下痢症子牛の輸液療法では，循環血漿量を十分に補うことのできる輸液量が必要となる。

輸液量は，現在欠乏している体液量（欠乏量）および生命維持に必要な水分量（維持量）の和となる。正確に言えば，輸液中に喪失することが想定される体液量（予測喪失量）を加えるべきであるが，ヒト医療でもこれを省くことが多い。したがって，実践的な輸液量は以下の式で求められる。

$$輸液量 = 欠乏量 \times 1/2 + 維持量（+ 予測喪失量）$$

欠乏量は「体重（kg）×脱水率（％）」より算出するが，脱水率（＝欠乏率）という非常に曖昧な数値に基づいている。ヒト医療および小動物医療分野向けの輸液療法に関する専門書では，8％以上の脱水率であれば経静脈輸液が適用になると記されている。そもそも眼球陥没や皮膚つまみテストが脱水率を正確に反映しているかどうかは甚だ疑問である。ただ，脱水率が12％以上になればショックや昏睡を呈し，さらに脱水率が高くなると死に至ると考えられている。したがって，経静脈輸液療法が適用となる脱水率の範囲は8～12％ときわめて狭い。上記の式において，あえて欠乏量を半分にしているのは「欠乏量の全量を投与するのではなく，はじめに半量を投与して臨床診断および血液生化学的検査を行い，必要に応じて輸液を追加する」という考え方に基づく。

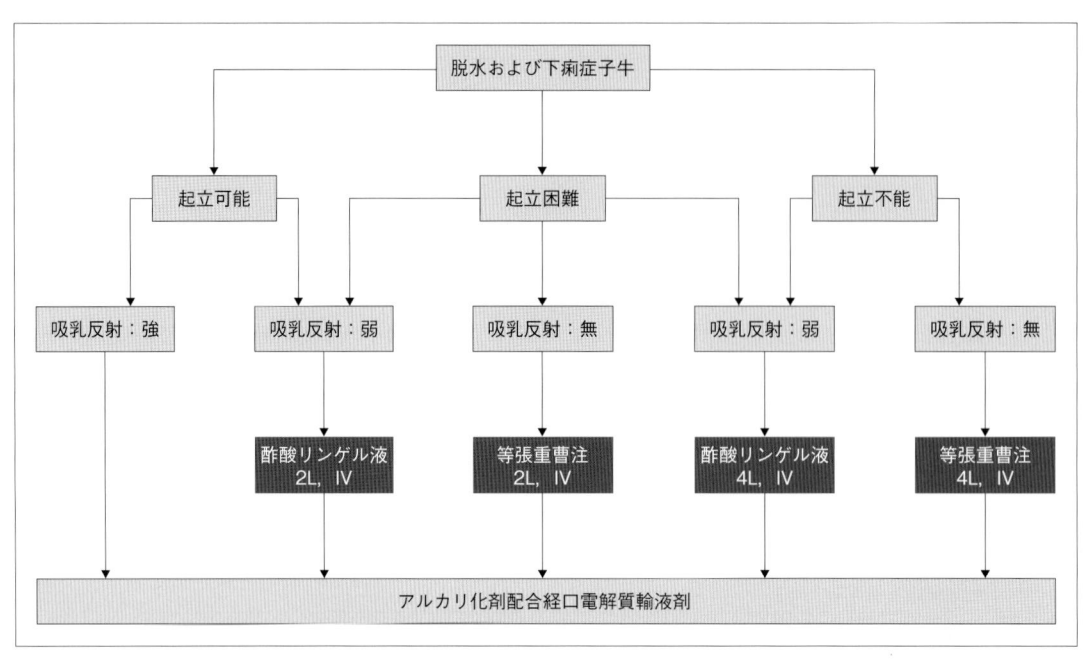

```
                    ┌─────────────────┐
                    │ 脱水および下痢症子牛 │
                    └─────────────────┘
            ┌──────────────┼──────────────┐
            ▼              ▼              ▼
        ┌───────┐      ┌───────┐      ┌───────┐
        │起立可能│      │起立困難│      │起立不能│
        └───────┘      └───────┘      └───────┘
        ┌───┴───┐    ┌───┴───┐    ┌───┴───┐
        ▼       ▼    ▼       ▼    ▼       ▼
     吸乳反射:強 吸乳反射:弱 吸乳反射:無 吸乳反射:弱 吸乳反射:無
                    │           │           │           │
                    ▼           ▼           ▼           ▼
                酢酸リンゲル液 等張重曹注 酢酸リンゲル液 等張重曹注
                   2L, IV     2L, IV      4L, IV      4L, IV
        │           │           │           │           │
        └───────────┴───────────┴───────────┴───────────┘
                              ▼
                  ┌───────────────────────────┐
                  │ アルカリ化剤配合経口電解質輸液剤 │
                  └───────────────────────────┘
```

図2-16　子牛の脱水症に対する輸液療法アルゴリズム

　維持量は1日に必要なエネルギー量（ME）に比例する。一般に，成牛で30 mL/kg/日（3％）であるが，子牛では成牛よりも水分代謝回転率が早いために50 mL/kg/日（5％）となる。ただし，泌乳している牛ではこの維持量に乳量を加算しなければならない。維持量も欠乏量と同様に大雑把な数値であり，誤差の大きな値である。まとめると，輸液量は以下の通りになる。

輸液量（子牛）＝欠乏量［8～12％］×1/2＋維持量［5％］
　　　　　　　＝体重の9～11％

輸液量（成牛）＝欠乏量［8～12％］×1/2＋維持量［3％］
　　　　　　　＝体重の7～9％

　したがって，中央値を採用すれば子牛と成牛の輸液量はそれぞれ体重の10％および8％となる。つまり，40 kgの下痢症子牛には4Lの輸液剤を投与すればよい。この値はBerchtold[10]の「下痢症脱水子牛に対する初診輸液療法」に示された値と同じである。脱水の程度を起立状態で大分類し，眼球陥没の程度と吸乳反射を用いて再分類したBerchtoldの輸液療法アルゴリズム（図2-16）によれば，子牛における推奨輸液量は脱水の程度によりそれぞれ2Lまたは4Lである。
　また，Garcia[11]は，牛の輸液において欠乏量に相当する輸液量（8％～12％）を4～6時間で投与することを推奨している。この場合，50 kgの子牛の輸液量はおおむね4～6Lということになる。そもそも誤差を含む因子に基づいて輸液量を算出しているため，算出された輸液量の累積誤差は非常に大きなものになる。しかし，厳密に輸液量を算出しなければならない循環器疾患や肺疾患などを除けば，下痢症などで脱水している子牛への適切な輸液量は概ね2～4Lということになる。

　次に考えるべきことは，適用する輸液剤の種類である。程度の差こそあれ，曖昧な輸液の処方を行っていても腎臓の調節能により各種パラメーターを正常に維持することができる一定の範囲がある。これを輸液の安全域という。腎臓はナトリウムと水分のバランスをそれぞれの再吸収能を調節することによって維持している。すなわち，ナトリウム濃度が高い輸液剤ではその調節幅が狭く，ナトリウムをまったく含まない5％ブドウ糖液では水分とナトリウムのバランスを調整することができない。一方，半生理食塩液がベースとなる1号液（開始液：ナトリウム濃度が1/2）や1/3～1/4生理食塩液がベースである3号液（維持液：ナトリウム濃度が1/4～1/3）は，腎臓での水分とナトリウムの調節幅が広い。したがって，生理食塩液，リンゲル液，乳酸リンゲル液および酢酸リンゲル液などの細胞外液補充液の安全域は狭く，低張性の輸液剤である1号液（開始液）および3号液（維持液）は安全域が広い。産業動物医分野において，安全域の広い輸液剤はヒト医療分野の1号液に該当

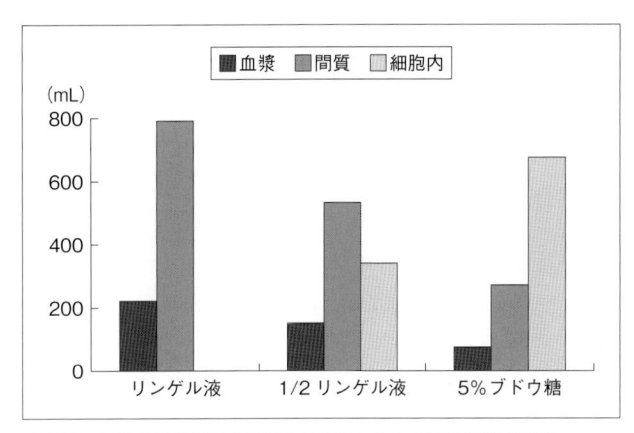

1,000 mLの各種輸液剤を静脈内投与したときの理想体液分配量

図2-17 リンゲル液，1/2リンゲル液，5％ブドウ糖液の体液分配

表2-7 リンゲル液と1/2リンゲル液の組成比較

区分	リンゲル液	1/2リンゲル液
ナトリウム (mEq/L)	147	74
カリウム (mEq/L)	4	2
カルシウム (mEq/L)	5	2.5
クロール (mEq/L)	156	78
糖 (％)		2.5
製剤浸透圧 (mOsml/kg)	309	284
市販商品名	リンゲル液 (各社)	等張リンゲル糖液（日本全薬）等張糖加リンゲル液（共立製薬）

する等張リンゲル糖-V注射液，等張ハルゼン糖-V注射液もしくは等張糖加リンゲル液である。特に，アルカリ前駆物質として乳酸ナトリウムが28 mM含まれている等張ハルゼン糖-V注射液を適用すべきである。

下痢症子牛の輸液療法において最も重要なことは，循環血漿量の確保である。確かに1/2リンゲル液は安全域が広い輸液剤であるが，細胞外液の補充効果は十分とはいえない。図2-17にリンゲル液，1/2リンゲル液および5％ブドウ糖液の体液分布を，表2-7にリンゲル液と1/2リンゲル液の組成比較を示した。

リンゲル液では，投与した輸液量の約20％が血管内にとどまるが，1/2リンゲル液では約14％と少ない。また，1/2リンゲル液では投与した輸液量の約1/3が細胞内へ移行する。したがって，初期輸液にはリンゲル液を用い，循環血漿量がある程度満たされてから安全域の高い1/2リンゲル液に切り替えるというのが理にかなっている。

次に，④の絶対的なカリウム欠乏による筋収縮力の低下に対してどのようにカリウムを補給するかを考える。カリウムの急速投与は心筋細胞膜活動電位の静止膜電位を上昇させて閾値が低下するため，心筋の興奮が増して心室性期外収縮が発現しやすくなる。したがって，カリウムは慎重に投与すべきである。ヒト医療分野ではカリウムの最大投与速度を0.5 mEq/kg/hと設定している。カリウムを輸液する際に注意すべきことは，カリウムをいかにうまく細胞内へ移行させるかである。カリウムを細胞内移行させるためには細胞膜上にあるNa^+,K^+-ATPaseを活性化させなければならない。Na^+,K^+-ATPaseはインスリンの影響およびアルカリ化によって活性化するため，カリウムを投与する前もしくは投与中にブドウ糖または重炭酸ナトリウムを輸液すればよい。したがって，初期輸液に糖を投与し，維持輸液でカリウムを給与すれば安全に投与できる。

カリウムの至適濃度はどうであろうか？ 我々は20 mMおよび40 mMの塩化カリウム添加1/2リンゲル液を試作して，起立不能および意識障害を呈する重度下痢症子牛に対する投与試験を行った[12]。その結果，40 mMの塩化カリウム添加1/2リンゲル液を2時間で2 L投与した子牛ではアシドーシスの改善が不十分であっても筋緊張度が増し，起立が可能となった[12]。これは，酸・塩基平衡の改善よりも，循環血漿量と絶対的なカリウム欠乏の補正によって筋肉の脱力を改善することが重要であることを示している。

子牛の下痢症においてやはり酸・塩基平衡異常は避けられない大きな問題である。代謝性アシドーシスを呈している子牛に対して重炭酸ナトリウムを直接投与することは最も効果的かつ即効的な対処方法である。しかし，重炭酸ナトリウムの直接投与は，急激なアルカリ化による高炭酸血症，疑似高アンモニア血症，paradoxical cerebrospinal acidosis（逆説的脳脊髄液アシドーシス）などを生じさせるリスクが高いために，ヒト医療分野では重炭酸ナトリウムの投与ガイドラインが設けられている。これは，血液pH 7.2を基準とし，この値未満であれば生命に危険を及ぼす代謝性アシドーシスに対する処置としての重炭酸ナトリウム液の投与が推奨される。しかし，pHが7.2以上であれば生命の危険性が低いために原因療法（細胞外液補充液による循環血液量の確保）が優先項目となる。また，HCO_3^-はカルシウムやマグネシウムな

表2-8　下痢症子牛の標準化輸液計画

	pH＜7.200 もしくは吸乳反射なし	pH≧7.200 もしくは吸乳反射あり
第Ⅰ相輸液 （1L／15分以上）	①等張重曹注　1L ②酢酸リンゲル液*　1L	①酢酸リンゲル液*　2L
第Ⅱ相輸液 （1L／30分以上）	③1/2リンゲル液または 　1/2乳酸リンゲル液**　2L	②1/2リンゲル液または 　1/2乳酸リンゲル液**　2L
第Ⅲ相輸液	酸・塩基平衡：必要に応じて，等張重曹注の点滴投与 脱水改善：必要に応じて，経口輸液剤または1/2リンゲル液の投与	

＊　：酢酸リンゲル液1Lに対し25％ブドウ糖100mLおよびアリナミン20mLを添加する
＊＊：1/2リンゲル液または1/2乳酸リンゲル液1Lに塩化カリウムを添加し，カリウム濃度を40mMにする
　　　可能であれば，1/2リンゲル液にL型乳酸を20mM添加するとよい

どと結合して難溶性塩を形成することも注意すべき点である。一方，体内代謝を経てHCO_3^-を生じる乳酸ナトリウムや酢酸ナトリウムについては，HCO_3^-と重炭酸の比率が一定であるため，overshoot alkalosisや急激なHCO_3^-濃度の上昇が生じないうえ，カルシウムやマグネシウムと配合しても難溶性塩を生じない。

アルカリ化剤もしくはアルカリ前駆物質を含まない輸液剤を投与すると重炭酸の希釈により代謝性アシドーシスを増悪させる（希釈性アシドーシス）。したがって，生理食塩液の循環血漿量改善効果が乳酸リンゲルや酢酸リンゲルよりもナトリウム配合割合が高い分だけ効果的であったとしても，適度なアルカリ化作用を有する乳酸リンゲルもしくは酢酸リンゲル液を選択するべきである。また，乳酸イオンは肝臓で代謝されてアルカリ化作用を示すのに対し，酢酸リンゲル液は筋肉で代謝されるため肝臓機能が低下した動物にも適用できる。しかし，乳酸イオンは肝臓で好気性代謝を受けるため，肝血流量が改善しない限り効率的なアルカリ化作用は期待できない。したがって，乳酸リンゲル液のアルカリ化作用の発現は肝血流量が改善するまでタイムラグがあるが，酢酸リンゲル液ではこのようなタイムラグは生じない。よって，最も望ましいアルカリ化前駆物質は酢酸ナトリウムであり，輸液剤としては酢酸ナトリウムを用いるべきである。

輸液プランの例を表2-8に示す。この輸液プランは，①循環血漿量の改善，②細胞膜上のNa^+,K^+-ATPaseの活性化，③糖および乳酸代謝の促進，④絶対的なナトリウムおよびカリウム欠乏の補足を目的とする。そのためには，①ナトリウムを主体とした輸液剤で細胞外液量を増加させる，②糖を投与してインスリン分泌を促す，③律速段階となるピルビン酸からアセチルCoAへの反応を促進させるために補酵素であるチアミンを補給する，そして④十分にNa^+,K^+-ATPaseを活性化させた後，40mMの塩化カリウムを配合した低張輸液剤を投与する。したがって，第Ⅰ相では酢酸リンゲル液を主体に，糖とチアミンを添加したものを急速投与する。第Ⅱ相では不足している水分と絶対的に欠乏していると想定されるカリウムの補充を目的にする。その際に投与するカリウム濃度は40mMとする。しかし，国内ではカリウムを20mM以上配合した輸液剤は動物用として販売されていないため，1Lの低張電解質輸液剤（等張リンゲル糖-V注射液など）に40mMの塩化カリウム液を調合し，これを点滴投与する。第Ⅱ相輸液が終了した後もしくは翌日に症状の改善を確認し，必要に応じて新たに輸液を計画する。

5．循環器疾患の輸液療法

心不全とは，心臓のポンプ機能失調により，全身の臓器に十分な血液を供給することができない状態であり，臓器不全およびうっ血に伴う症状を呈する。心臓のポンプ機能の指標は心拍出量であり，心拍出量を規定するのは心筋収縮力，心室拡張終期容積（前負荷），末梢血管抵抗（後負荷）および心拍数である。したがって，心筋収縮力，前負荷または後負荷が単独または複合的に破綻を来すことで心不全の症状が生じる。また，電解質異常による不整脈などでは輸液療法による電解質補正療法が重要な治療手段となり得る。さらに，循環器疾患動物が他の疾患を合併することにより積極的な輸液療法が必要となる場合がある。これらの動物に対して輸液や体液バランス管理の良否が動物の状態を大きく左右するが，心不全動物の体液量コントロールは決して簡単なものではない。したがって，輸液療法を計画する初期段階で輸液

療法の目的を明確化し，心臓疾患の種類およびその重症度を識別することが重要である。

(1) 非臨床型循環器疾患の輸液

臨床症状が明らかではない循環器疾患動物に対して輸液療法が必要となる状況はごくまれなことである。しかし，合併症の治療のために麻酔処置が必要となる場合には輸液療法を検討しなければならない。その理由として，麻酔前投薬および麻酔薬による心臓抑制および血管拡張作用との均衡を図らなければならない。これら循環器疾患のリスクの高い動物の多くは心雑音の聴取または超音波診断所見において心疾患を示唆する所見が得られるものの，循環血液量が正常であるために心不全の臨床症状である発咳，呼吸困難あるいは運動不耐性などの症状は認められない。このような動物に対する輸液療法の目的は急性腎不全を予防することであり，そのためには循環血液量の著しい増加や肺うっ血または水腫を発現させることなく，適切な腎臓血流量を確保することに努めなければならない。超音波検査所見において心臓の形態学的変化がわずかである動物に対しては，短期間に限って生理食塩液あるいは乳酸リンゲル液などの等張晶質輸液剤を使用することが可能である。しかし，心不全の臨床症状がみられなくても画像診断上著しい心室拡大が認められた動物，または長期間の麻酔処置を行う場合には，ナトリウムを制限した輸液剤を用いるべきである。

(2) 臨床型循環器疾患の輸液

心不全の主たる臨床症状はうっ血および低心拍出量による四肢冷感，脈圧の低下である。特に慢性心不全動物が急性増悪を起こして呼吸困難を呈したために緊急処置が必要となる場合，ほとんどの動物でうっ血症状が強く認められる。発咳，呼吸困難および運動不耐性の臨床症状が現れているうっ血性心不全（CHF）の動物が摂食および飲水している場合には基本的に輸液療法を行う必要はなく，利尿剤の静脈内投与，ストールレストおよび水分管理を行う。利尿剤の第一選択薬はループ利尿剤であるフロセミドであり，呼吸および粘膜色が改善するまで1～2 mg/kgを2時間間隔で静脈内投与する。一方，食欲不振，脱水，腎機能不全，低K血症などの電解質異常，薬物性低血圧症，心原性ショック，嘔吐，代謝性疾患および感染症などとの合併症のCHF動物では輸液療法が必要となる。これらの動物に対する輸液療法では5％ブドウ糖液および1/2リンゲル液（等張リンゲル液-V注射液，等張糖加リンゲル液など）などのナトリウムを制限した輸液剤が推奨されている。ただし，循環血液量が減少しているCHF動物に対してこれらの輸液剤を静脈内投与しても自由水が増加するだけで循環血液量の改善は期待できない。また，すでにうっ血によって機能的な細胞外液が喪失し，細胞内液が増加している動物に対してナトリウムを制限した前述の輸液剤を静脈内投与すると，水分が細胞内へ拡散して細胞水腫を増悪させることになる。したがって，循環血漿量を増加させる目的で一時的かつ少量の生理食塩液を投与し，血行動態の改善が認められてから1/2リンゲル液に切り替えることは理にかなっている。循環血液量の改善が認められたCHF動物に対して，体液保持を目的とした維持輸液を検討する場合は，ナトリウムを制限した輸液剤を20～40 mL/kg/日の輸液量で持続点滴する。

6. 腎臓疾患の輸液療法

腎不全動物の輸液の目的は，腎機能が正常な動物への輸液と基本的には変わらない。すなわち，①体液量とその組成の異常を補正すること，②毎日の水分出納を維持することの2点である。腎不全動物においても，脱水を水分喪失状況によって水分欠乏性脱水，ナトリウム欠乏性脱水または混合性脱水に分類し，その特徴にあわせて輸液計画を立てることが基本である。しかし，腎不全動物は腎臓機能が正常な動物とは異なり，体液維持機構や体液組成の調節能が著しく低下しているため，輸液開始時にすでに大きな水分・電解質代謝異常を呈している。腎機能の低下，特に腎不全初期には尿濃縮能が低下しているために脱水に陥りやすく，腎不全末期には尿量の減少から高度の水分・ナトリウム過剰（溢水）になりやすいことに注意して輸液計画を立てる。

急性腎不全では急激な腎機能の低下により代謝が亢進し，急激な尿毒素の蓄積，アシドーシスの増悪，水分・電解質異常を招く。これらの補正を経口的に行えることはほとんどまれであり，静脈輸液療法が必要となる。溢水症例では，血液および腹膜透析が適応となるが生産動物医療においてその適応は難しい。軽症の急性腎不全の動物では水分とナトリウムの制限を厳重に行うことで対処できる場合が多い。水分・ナトリウム欠乏（脱水）に対しては体重変化，皮膚の緊張度，ヘマトクリット（Ht）値の変化を指標に脱水の程度を判定し，不足量の

1/2程度を生理食塩液と5％ブドウ糖液を主体とした輸液メニューで体液補充療法を試みるべきである。

腎機能が正常である脱水症例に対して静脈輸液療法で欠乏量を補う場合，通常は12～24時間の持続点滴を行う。しかし急性腎不全動物では心臓に問題がない限り最初の4～6時間で欠乏量を補正する。その目的はあくまでも腎臓の虚血状態を一刻も早く改善して腎不全を増悪させないことである。乏尿性急性腎不全（oliguric ARF）では，欠乏量を補正する輸液開始液としてカリウムを含まない輸液剤である生理食塩液または半生理食塩液を用いる。輸液量は体液喪失分およびこれからの喪失を推定した量（予測喪失量）であり，維持量は加えない。

初期の急性腎不全の動物のほとんどは等張性脱水を示すため，血清ナトリウムおよびクロール濃度は正常値を示す。しかし，体液欠乏量を補うために生理食塩液を，アシドーシスを補正するために重炭酸ナトリウム溶液を使用することによって輸液療法を開始してから数日後に高Na血症を生じることがある。仮に高Na血症を生じた場合でも輸液剤を生理食塩液から半生理食塩液に切り替えることによってこの問題は解決することができる。

非乏尿性急性腎不全（non-oliguric ARF）では，尿量および予測喪失量の総和から代謝水の産生量を差し引いた量を維持量とする。したがって，脱水などの体液喪失がある動物ではこの維持量に欠乏量を加えた量，脱水を伴わない場合には維持量が輸液量となる。non-oliguric ARFではアシドーシスによる高K血症の危険性が高いため，カリウムを含む輸液剤を投与する際には注意が必要である。また，non-oliguric ARFは脱水によってoliguric ARFに移行しやすいこと，体液の貯留傾向があるために過剰輸液によって肺水腫などの合併症を発症する危険性が高いことから水分出納については厳重に管理する必要がある。

oliguric ARFでは，体液補充療法を行っても乏尿状態が改善されることは非常にまれであるため，利尿剤や血管拡張薬の併用を検討するべきである。フロセミドは獣医療分野において最も汎用されている利尿剤であり，oliguric ARFに対する第一選択薬である（2～6 mg/kg, 8q, IV）。しかし，利尿を誘発するということではフロセミドの単独使用よりもマンニトールと併用した方が効果的である。マンニトールは浸透圧物質であるため，尿細管細胞の腫脹を減少させ，尿細管内のろ過液の流量を増加させることで尿細管閉塞または虚脱を改善し，利尿を促す。oliguric ARFの治療では，10～20％マンニトール製剤0.5～1.0 g/kgを15～20分以上かけて緩速に静脈内投与すると1時間以内に尿量が増加する。

7．肝臓疾患の輸液療法

慢性肝不全動物のほとんどが腹水を伴う。肝不全動物の腹水は，総タンパク質濃度が2.5 g/dL以下であり，比重が1.010～1.015で黄色を呈する。肝不全動物が腹水を引き起こす理由として，門脈圧の亢進，ナトリウムの貯留，管内リンパ管閉塞および膠質浸透圧の低下などが考えられる（図2-18）。非代償性肝硬変ではナトリウムの排泄障害があるが，それ以上に自由水の排泄障害が生じるため，相対的に低Na血症となる。また，自由水の排泄障害のために細胞外液量は増加するが膠質浸透圧が低下するために血管内にとどまる体液量，いわゆる有効循環血漿量が著しく減少する。有効循環血漿量が減少するとホルモン性，腎臓性などの水分貯留メカニズムが作動して体液を保持する方向に働き，その結果，溢水状態がさらに増悪する（図2-19）。

肝不全動物における腹水貯留についてはunderflow theory（不足説）とoverflow theory（溢水説）の2種類がある[13,14]。前者のunderflow theoryとは，肝不全動物では全身性の動静脈吻合の開大，膠質浸透圧の低下により心拍出量が増加しているにもかかわらず有効循環血漿量が低下した状態となるため，抗利尿ホルモン，レニン-アンギオテンシン-アルドステロン系，交感神経系の作用により腎臓での水分およびナトリウム保持が亢進するという説である[13]。これと同時に，糸球体ろ過量（GFR）の低下も生じるために近位尿細管での水分・ナトリウム再吸収を助長し，ヘンレ係蹄上行脚に達する糸球体ろ過液量が減少するために自由水の排泄が障害される[13,14]。一方，overflow theoryでは，腎臓でのナトリウム保持が低アルブミン血症や腹水よりも先に生じるため，ナトリウム保持が腹水形成における第一の原因であるという説である。これは障害を受けた肝臓が腎臓のナトリウム保持を起こさせる直接的な原因となる何らかの因子を放出するか，あるいは刺激をしているということを示唆しているが，不明な点が多い。いずれにしても，腎臓で水分およびナトリウムが保持されるために体液量と総ナトリウム量が多くなり，腹水と相対的な低Na血症が肝不全動物で特徴的な臨床徴候となる。低Na血症とともに，低K血症も肝不全動物でよくみられる電解質

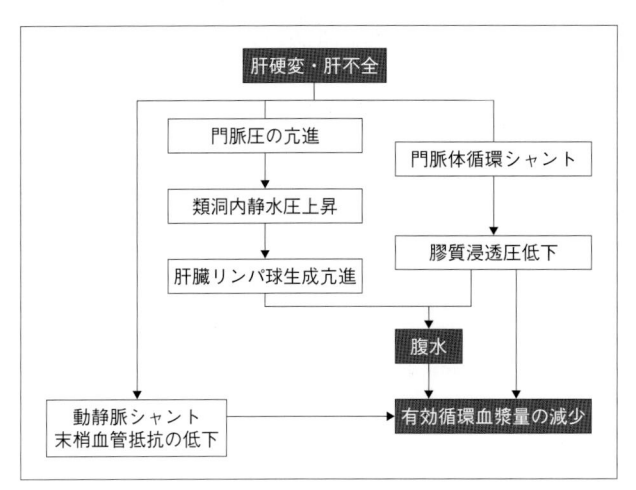

図2-18　肝不全での水分・電解質異常1―腹水の発生機序

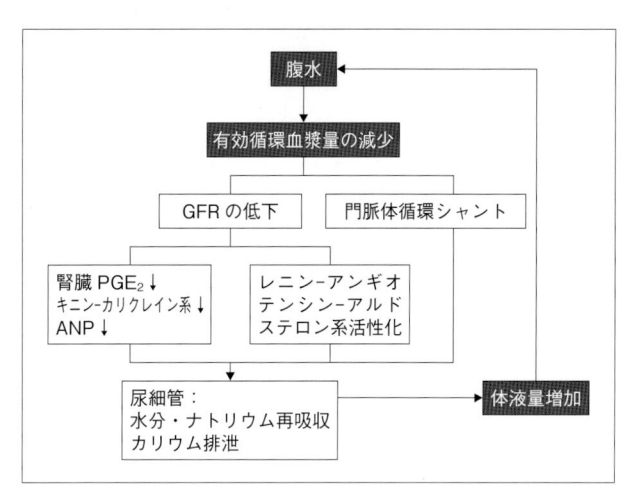

図2-19　肝不全での水分・電解質異常2―体液量の増加機構

異常である。これは非代償期肝硬変に伴う二次的なアルドステロン症が原因であると考えられている。

治療を開始する前に動物の体重や胸囲を記録し，尿比重だけでなく血清中 Na^+，K^+，尿素窒素（BUN），およびクレアチニン（Cre）濃度を測定しておくべきである。

肝不全動物に対する水分・電解質管理にはナトリウムの制限とループ利尿剤および抗アルドステロン剤の併用が推奨されている。ループ利尿剤と抗アルドステロン剤の併用療法により高い利尿効果が得られ，ほとんどの症例において低K血症を生じることはない。

第7節　抗菌薬使用の基本

子牛の診療には多くの抗菌薬（抗生物質，合成抗菌薬，サルファ剤）が使われている。抗菌薬は重要な診療基材である。しかし，使い方が不適切だと耐性菌ができ使えなくなる。抗菌薬の使用法について，世紀をまたいで2つの革新的な理論が出された。PK/PD理論とMSW理論である。いずれも抗菌薬を効率よく使って耐性菌を出さないようにするためのものである。本節ではこれらの理論を元に，臨床現場での子牛への抗菌薬使用について述べる。最近では動物に抗菌薬を使うことにより生じた耐性菌が，ヒトの病原菌を耐性化する可能性があると云われ，動物での抗菌薬の使用に一層の注意が求められている。

PK/PD理論のPKとはpharmacokinetics（薬物動態学），PDとはpharmacodynamics（薬力学）のことである。またMSWはMutant Selection Windowの略で，抗菌薬を細菌群に暴露したときに耐性菌が選抜される抗菌薬濃度範囲である。

1．基礎理論

（1）PK/PD理論
①抗菌薬療法の革命

抗菌薬を使う場合は，「血中濃度を絶えず最小発育阻止濃度（MIC）の2倍になるように抗菌薬の投与計画を立てる」と教科書に書かれていた時代があった。しかし，1980年代の初めにアミノ配糖体系抗菌薬の1日1回投与療法が発表され[1]，それをきっかけに抗菌薬使用法の見直しがはじまった。アミノ配糖体系抗菌薬は半減期が短く，血中濃度を絶えずMICの2倍にするためには入院して点滴投与を受けなければならなかった。これに対して，1日1回投与療法では1日分の投薬量をまとめて注射し，入院することなく従来の点滴投与と変わりない治療効果が得られた。

抗菌薬使用法の見直しはPK/PD解析[*1]の導入により進展し，その結果，新たな抗菌薬の薬効指標としてPK/PDパラメーターが生まれた。現在このパラメーターは抗菌薬療法の基礎となる重要な存在となっている。

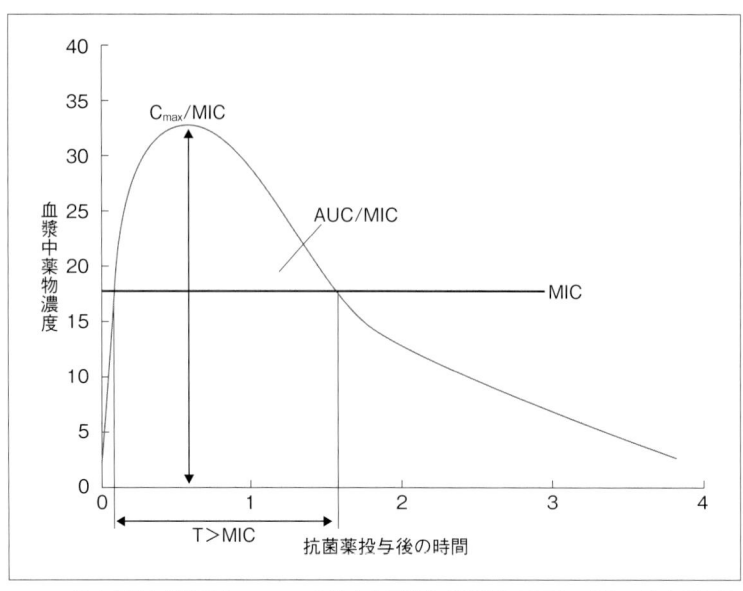

C_{max}は最高血漿中薬物濃度，AUCは血漿中薬物濃度時間曲線下面積で薬物の体内吸収量の比例定数である。薬物吸収量が多ければAUCも比例して大きくなる。T＞MICは血漿中薬物濃度が対象病原菌に対するMICを超える時間帯である

図2-20　PK/PDパラメーター

②PK/PDパラメーター

MICは試験管内の特定培地条件において，10^5 cfu/mLの菌量で測定した値である。MICが抗菌薬の活性指標として重要なパラメーターであることには間違いはないが，MICが低いからこの抗菌薬はよく効くといった表現は適切ではない[*2]。感染部位の菌量はダイナミックに変化し10^7 cfu/mLを超えることもあるし，生体内の病原菌増殖部位の環境は刻々と変化する。さらに，抗菌薬が生体内で薬効を発揮するためには，体内動態的な条件が揃わなければならない。こうした臨床現場での諸々の不特定要因を包括した抗菌薬の薬効指標がPK/PDパラメーターである。このパラメーターは，動物感染モデルの実験（PK/PD試験）と患者・患畜を使った臨床試験で検証され，臨床現場で活用されている。

③濃度依存型抗菌薬と時間依存型抗菌薬

PK/PDパラメーターの考案により，抗菌薬は濃度依存型と時間依存型に分類されるようになった。濃度依存型抗菌薬用のパラメーターはC_{max}/MICまたはAUC/MICで，時間依存型抗菌薬用のパラメーターはT＞MIC（Time above MIC）である（**図2-20**）。ここでC_{max}は最高血漿中薬物濃度，AUCは血漿中薬物濃度時間曲線下面積である。

パラメーターC_{max}/MICまたはAUC/MICが意味するところは，投与後の血漿中濃度の上昇が大きいほど薬効が高いということである。また，T＞MICはMIC以上の血漿中濃度の時間帯が長いほど薬効が高まることを意味している。

（2）MSW理論

①耐性菌選抜

ペニシリンを発見したフレミングは，ノーベル賞を受賞した直後の1946年に「中途半端な曝露濃度で抗生物質を使えば耐性菌ができて抗生物質は使えなくなる」とコメントしている。増殖中の細菌集団では，抗菌薬の存在とは関係なく突然変異により抗菌薬に感受性の低い耐性株が生まれる。しかし，耐性株は通常の環境では感受性菌との生存競争に勝てず環境中には残れない。耐性株が生き残れるのは抗菌薬の存在下だけである。これを耐性菌選抜という。MSWは耐性菌選抜を数値化／定量化した理論といえる[2]。

②MSWとMICとMPC

試験管内の特定培地で培養した10^5 cfu/mLの細菌群に抗菌薬を曝露して，菌が単相に減少する最小濃度がMICである。ここで菌量を10^7 cfu/mL以上に増やすと培地では，感受性が低い菌群（耐性突然変異株）の集団が顕著になり，MIC曝露による菌の減少曲線が2相性になる

第2章 処置の概要

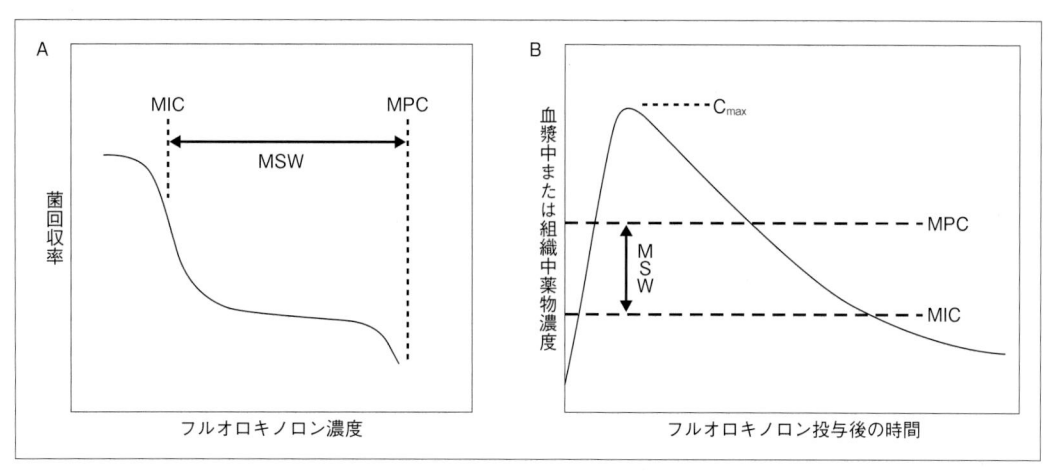

図2-21 MSWとMPCとMICの関係

Aは高菌量濃度の培地にフルオロキノロン（FQ）を曝露して得た3相性の滅菌曲線である。Bは in vitro 試験の3相性曲線の結果を，動物に投与した場合に置き換えて描いた血中濃度時間曲線である。MICとMPCの濃度範囲がMSWである[2]。

（図2-21A）。この耐性突然変異株を除去する抗菌薬濃度がMPC（Mutant Prevention Concentration：変異株抑制濃度）である。そしてMPCとMICの差がMSWになる。

これを動物に抗菌薬を投与した場合と置き換えて血中濃度時間曲線にMSWを重ねると，図2-21Bのようになる。感染症治療時の抗菌薬の血中濃度がMSWだと，感受性が高い菌が除去された分だけ感受性の低い菌の増殖が促進される。そうしたことの繰り返しが高度耐性菌を生むというのがMSW理論の骨子である。

要するに，MSWで治療すると耐性菌選抜が起こる。フレミングの云う中途半端な曝露濃度はMSWを指すということになる。

③理論の活用

この理論を活用するポイントのひとつはMPCである。動物に使われている抗菌薬のMPCが，さまざまな抗菌薬と細菌の組み合わせでかなり多く測定されている[3]。その測定値をみると，MPCが低い抗菌薬はMSWが狭く耐性菌が出にくい。MPCが高い抗菌薬はMSWが広く耐性菌が出やすい。なかにはMPCが大きくて測定不能な抗菌薬もある。この理論からa．耐性菌を出さないためにはなるべくMSWが狭い抗菌薬を使うこと，b．その抗菌薬が濃度依存型か時間依存型かは問わず，MPCを十分に超える濃度になるよう抗菌薬を投与することが重要であると学べる。

MPCの測定は培養技術の問題でまだ一般化していない。しかし，技術開発は進んでおり，近い将来，MPCはMICと同じ抗菌薬の活性指標として重要な存在となる

であろう。また，MPCを十分に超える濃度がどの程度かについて，現在精力的に試験研究が進められている[*3]。すでに養豚や養鶏の現場を使って豚や鶏に抗菌薬を投与して，耐性突然変異株の発現を抑える投薬量の検討もはじまっている。近い将来，しかるべき曝露濃度（抗菌薬投与量）が設定されるはずである。抗菌剤療法の基本は hitting hard and hitting short（十分量暴露と短期間治療）である。現状では，承認用量の上限を投薬して短期間で治療を終わらせ，耐性株の生存を少なくすることが重要である。食用などに供される動物への投与であることから，薬物の残留を防ぐためにも無制限な大量投与はできない。

④理論の適用範囲

この理論は，発見の経緯からフルオロキノロン系抗菌薬だけに適用されるという主張はある。しかし，MPCは耐性突然変異を抑制する濃度ではなく，感受性の低い耐性株の増殖を抑制する濃度である。感染症を起こしている病原菌増殖部位を考えると，同種の病原菌群の菌にも抗菌薬に対する感受性の高低がある。そうした不均一な集団から抗菌薬で感受性が高い菌株を除去すれば，感受性が低い菌株が優勢になり新たな集団が出来る。そうしたことの繰り返しが高度耐性菌を生むとすれば，この理論の概念は耐性形質獲得の機序や突然変異株の出現と関係なく，あらゆる抗菌薬に適用できるはずである。事実，フルオロキノロン系以外の抗菌薬でも，MSWでの治療で耐性突然変異株が出現することが証明されている。

（3）体内動態について

抗菌薬は十分な濃度で細菌増殖部位に到達しなければ抗菌活性を発揮できない。体内動態情報は抗菌薬の使用上，重要である。薬物の体内動態を表すパラメーターの種類は多いが，ここではそのうち特に重要なAUC，半減期，分布容について説明する。

① AUC（薬物血中濃度曲線下面積；μg・時間／mL）

AUCは全身循環に取り込まれた薬物量の比例定数で，薬物吸収のパラメーターとして使われることが多い。薬を動物に投与し，経時的に採血して血中濃度を測り，グラフ用紙の縦軸に薬物濃度，横軸に時間をとり測定値をプロットすると血中濃度時間曲線が描ける。この曲線とグラフの縦軸／横軸に囲まれた部分の面積がAUCである。理論的には，薬を倍量投与すればAUCは2倍，半量しか投与しなければ半分になる。このように，AUCと投薬量は比例関係にあるが，投薬量が体の代謝能や排泄能を超えるとこの比例関係は崩れる。投薬量が多すぎたり，疾患などで動物の代謝能・排泄能が低下した場合にこのようなことが起こる。投薬量とAUCが比例関係にある用量を線形用量，比例関係が崩れてしまう用量を非線形用量という。薬は線形用量の範囲で使用するのが適切である。

② 半減期（時間）

半減期は薬物濃度が半分になる時間である。薬は体内で時間経過とともに指数関数的に体内から消失する。指数関数的減少であるから，数学的にはゼロにならないため，薬の濃度が半分になる時間で消失の速さを表す。線形用量範囲では，半減期は投薬量が変わっても同じである。

組織・臓器に分布した薬は静脈系に戻り再び体循環を巡るため，通常，半減期は静脈血の薬物濃度が半分になる時間で表わす。また，組織の薬物濃度が半分になる時間を半減期とする場合もある。例えば，マクロライド系抗菌薬のなかには血中半減期よりも肺組織中半減期が数倍長いものがある。これはこの系統の抗菌薬が肺組織に多いマクロファージに能動的に取り込まれ蓄積するためだが，この場合は，抗菌薬の呼吸器感染症への適性を強調する意図で組織中半減期が採用される。

③ 分布容（L/kg）

このパラメーターは，薬物の組織浸透性の指標として使われる。分布容は全身循環から毛細血管を経て組織間質に出た薬が，組織のどの範囲までに浸透するかを表す。

最も小さな分布容は0.25 L/kg前後である。これ以下の分布容の薬はない[*4]。ベンジルペニシリンやアミノ配糖体系抗生物質の分布容がそれで，これらの抗菌薬は細胞膜を通過できず，組織間質液には分布するが細胞内には入れない。0.25 L/kgという数字は組織間質液と血漿水を合わせた量の体重比（約25％）に相当する。細胞膜を通過できる薬の分布容はもっと大きく（0.5 L/kg以上），さらに分布容が1 L/kgを大きく超える薬もある。このような大きな分布容は，その薬が骨や好中球，マクロファージなどの特定組織や細胞に高濃度に蓄積しているか，あるいは腸肝循環していることを意味する。

2．子牛への抗菌薬投与

（1）子牛に使う抗菌薬

我が国で子牛への使用が承認されている抗菌薬は40種類以上ある（2011年現在）。それらは薬の性格と臨床現場のニーズにあわせて，注射剤（静注，筋注，皮下注など），強制経口剤，飲水投与剤，飼料添加剤などとして開発されている。その詳細は動物医薬品検査所ホームページの「動物用医薬品等データベース」に掲載されているが，ここではそのデータベースから子牛に関係する抗菌薬の投与経路，有効菌種，適応症を抜粋し，濃度依存型と時間依存型に分けて表2-9，10，11にまとめた。

（2）子牛の生理機能発達

抗菌薬の薬効は体内動態により大きく影響される。子牛の成長は早く，成長につれ生理機能が変わるので体内動態が変化する可能性があり，成長を考慮した使用法が必要になる。以下に，薬物体内動態に関連する子牛の生理機能の変化について述べる。

① 経口吸収

経口投与した薬物は小腸粘膜で吸収される。したがって，この場合の吸収は経口投与してから薬が小腸に到達するまでの時間に左右される。成牛にはルーメンがあり，小腸に到達するまでの時間が不安定で経口投与は適切な投与経路ではないとされているが，子牛はルーメンが未完成ということで単胃動物と同じように経口投与剤が開発されている。しかし，子牛の薬物の経口吸収能力

表2-9 子牛に使う抗菌薬（濃度依存型）の投与経路，有効菌種，適応症

抗菌薬		投与経路	有効菌種	適応症（子牛）
アミノ配糖体系	カナマイシン	筋注，鼻腔・気管内噴霧，飲水，強制経口	パスツレラ，ブドウ球菌，コリネバクテリウム，大腸菌，サルモネラ，プロテウス	細菌性下痢症，肺炎，気管支炎，細菌性関節炎
	ゲンタマイシンストレプトマイシン	飲水，飼料添加，筋注	大腸菌，サルモネラ，ブドウ球菌，クレブシェラ	細菌性下痢症
	ジヒドロストレプトマイシン	筋注	パスツレラ，レプトスピラ，ブドウ球菌，コリネバクテリウム，大腸菌，サルモネラ，クレブシェラ，プロテウス	術後感染予防
	フラジオマイシン※	飼料添加，乳房内投与	———	———
フルオロキノロン系	エンロフロキサシン	筋注，皮下注，強制経口	大腸菌，パスツレラ・ムルトシダ，マイコプラズマ・ボビス，ウレアプラズマ・ディバーサム	肺炎，大腸菌性下痢症
	オルビフロキサシン	筋注	パスツレラ・ムルトシダ，マンヘミア・ヘモリチカ，マイコプラズマ・ボビライニス，大腸菌	肺炎，大腸菌性下痢症
	マルボフロキサシン	静注，筋注	パスツレラ・マルトシダ，マンヘミア・ヘモリチカ，マイコプラズマ・ボビス	細菌性肺炎
	ダノフロキサシン	筋注	パスツレラ・ムルトシダ，パスツレラ・ヘモリチカ，マイコプラズマ・ボビス，マイコプラズマ・ボビライニス	肺炎
テトラサイクリン系	オキシテトラサイクリン	静注，筋注，皮下注，腹腔注，飼料添加，飲水，強制経口	パスツレラ，カンピロバクター，マイコプラズマ，ブドウ球菌，レンサ球菌，コリネバクテリウム，大腸菌，サルモネラ	細菌性下痢症，肺炎
	クロルテトラサイクリン	飲水，飼料添加	パスツレラ，マイコプラズマ，ブドウ球菌，レンサ球菌，大腸菌，サルモネラ	細菌性下痢症，肺炎
	コリスチン	飼料添加	大腸菌，サルモネラ，カンピロバクター，緑膿菌	細菌性下痢症

（動物用医薬品検査所ホームページから引用）

・ホームページ中，単剤として承認されているものを記載した
・ストレプトマイシン／ベンジルペニシリンのような配合剤は記載していない
・表記の抗菌薬（有効成分名）以外にそれらの塩やエステル，さらに局所麻酔薬を配合したものなどがあるが，それらはここには記載しなかった
・投与経路には経口の記載もあったが，ここでは強制経口に統一した
※フラジオマイシンは配合剤としてのみ承認されている

は成長とともに急速に低下する。アモキシシリン経口吸収率を測定した実験では，2週齢の吸収率（34〜36％）に比べて6週齢では激減したという。サルファ剤でも同様の結果が得られている。経口吸収率の低下は成長に伴う消化器の構造的な変化が原因であるから，アモキシシリンやサルファ剤以外の抗菌薬でも同様と考えられる。

②代謝

一般には薬は代謝されて排泄されるということになっている。そして，薬物の代謝を主に担っているのは肝臓のマイクロソームや小腸粘膜細胞のシトクロームP450（CYP）酵素群による酸化と，それに続くグルクロン酸抱合である。子牛の場合，これらの酵素の活性は低い。また，新生子では一部のCYPサブタイプは欠如している。しかし，抗菌薬代謝に関係するアセチル化酵素や脱メチル化酵素の活性は高く，成牛とほぼ同等である[4]。

③排泄

薬によっては，代謝を受けずそのまま尿や胆汁から排泄される。新生子牛の腎機能は未熟であるが，薬物排泄の機能に関しては完成度が高い。イヌリンやパラアミノ馬尿酸のクリアランス値は成牛の値とほぼ同等である。しかし，胆管系の機能は未熟で，新生子牛の胆汁分泌能は低く，胆管系へ薬物を能動輸送するトランスポーターがほとんどない。この機能は日齢を重ねるに従い，急速に発達する。こういった機能の変化も，新生子牛への投薬で考慮しなければならないところである[5]。

④分布

幼齢動物の組織は結合がゆるく，構築が未完成である。成牛なら腸管からほとんど吸収されないアミノ配糖体系抗生物質が，新生子牛では数パーセント経口吸収される。血液・脳脊髄関門も未完成で，成牛では抗菌薬は

表2-10 子牛に使う抗菌薬（時間依存型）の投与経路，有効菌種，適応症

抗菌薬		投与経路	有効菌種	適応症（子牛）
ペニシリン系	アモキシシリン	筋注，強制経口，飲水，飼料添加	ブドウ球菌，連鎖球菌，パスツレラ，大腸菌，ヘモフィルス，マンヘミア・ヘモリティカ	肺炎，パスツレラ性肺炎，大腸菌性下痢症
	アンピシリン	静注，筋注，皮下注，強制経口	ブドウ球菌，レンサ球菌，コリネバクテリウム，大腸菌，サルモネラ，パスツレラ，クレブシエラ，プロテウス，クロストリジウム	肺炎，気管支炎，細菌性下痢症
	ベンジルペニシリン	静注，筋注	ブドウ球菌，レンサ球菌，コリネバクテリウム，ヘモフィルス，パスツレラ	肺炎，術後感染の予防，
	メシリナム	筋注	大腸菌，ヘモフィルス，パスツレラ	細菌性下痢症，肺炎，細菌性肺炎
	アスポキシシリン	静注，筋注	パスツレラ・ムルトシダ，マンヘミア・ヘモリチカ	細菌性肺炎，細菌性下痢症
セファロスポリン系	セファゾリン	静注，筋注	ブドウ球菌，連鎖球菌，パスツレラ，大腸菌，サルモネラ，クレブシェラ，マンヘミア・ヘモリチカ	肺炎
	セフチオフル	筋注	パスツレラ・ムルトシダ，フソバクテリウム・ネクロフォーラム，ポルフィロモナス・アサッカロリチカ，アルカノバクテリウム	肺炎
	セフキノム	筋注	ピオゲネス，大腸菌	肺炎，気管支炎，咽喉頭炎
マクロライド系	エリスロマイシン	筋注	マンヘミア・ヘモリティカ，パスツレラ・ムルトシダ	肺炎
	チルミコシン	皮下注，強制経口	カンピロバクター，マイコプラズマ，ブドウ球菌，レンサ球菌，コリネバクテリウム	肺炎，マイコプラズマ性肺炎
	タイロシン	筋注，強制経口，飼料添加	パスツレラ・ムルトシダ，マンヘミア・ヘモリティカ，マイコプラズマ・ボビス，マイコプラズマ・ボビライニス，マイコプラズマ・ディスパー，ウレアプラズマ・ディバーサム	細菌性肺炎
フロルフェニコール系	フロルフェニコール	筋注	マイコプラズマ，カンピロバクター，ブドウ球菌，レンサ球菌	細菌性肺炎
	チアンフェニコール	筋注	パスツレラ・マルトシダ，パスツレラ・ヘモリチカ	細菌性腎盂腎炎，コクシジウム病
サルファ剤	スルファジメトキシン	静注，筋注，皮下注	パスツレラ・マルトシダ，パスツレラ・ヘモリチカ，マイコプラズマ・ボビス，ウレアプラズマ・ディバーサム	パスツレラ性肺炎，コクシジウム病
	スルファモノメトキシン	静注，筋注，皮下注，腹腔注，強制経口，飼料添加，飲水	記載なし	肺炎，細菌性下痢症
	オルメトプリム※	配合剤	記載なし	ー ー ー

（動物用医薬品検査所ホームページから引用）

・ホームページ中，単剤として承認されているものを記載した
・ストレプトマイシン／ベンジルペニシリンのような配合剤は記載していない
・表記の抗菌薬（有効成分名）以外にそれらの塩やエステル，さらに局所麻酔薬を配合したものなどがあるが，それらはここには記載しなかった
・投与経路には経口の記載もあったが，ここでは強制経口に統一した
※オルメトプリムは配合剤としてのみ承認されている

中枢に分布しないが，子牛ではかなりの中枢分布がある[5]。また，血漿アルブミン濃度が低いため薬物の血漿タンパク結合率が低い。組織結合がゆるく血漿タンパク結合率が低いことから，幼齢動物の分布容は成熟動物よりも大きい。前述のとおり分布容は薬物の組織浸透性の指標であるから，成牛よりも分布容の大きい子牛での抗菌薬の病原菌増殖部位への組織浸透性はよいはずである。

（3）抗菌薬使用法

子牛の薬物体内動態に関係する生理機能は，急速に変化する。この項ではPK/PD理論とMSW理論を背景に，子牛の成長にあわせた抗菌薬の使用法について述べる。

①抗菌薬の消失経路

薬が体外に排泄されたり代謝を受けて別の化合物になることを消失という。成長により消失に関わる生理機能

表2-11 子牛に使う抗菌薬（濃度依存型・時間依存型の区分不明）の投与経路，有効菌種，適応症

抗菌薬	投与経路	有効菌種	適応症（子牛）
ビコザマイシン	筋注，強制経口，飲水，飼料添加	大腸菌，サルモネラ，ヘモフィルス	細菌性下痢症，細菌性肺炎
ホスホマイシン	静注，飲水，飼料添加	大腸菌，サルモネラ，ヘモフィルス，パスツレラ・マルトシダ，マンヘミア・ヘモリチカ，大腸菌，サルモネラ，プロテウス，ブドウ球菌	パスツレラ性肺炎，大腸菌性下痢，サルモネラ症
オキソリン酸	強制経口，飼料添加	大腸菌，サルモネラ	細菌性下痢症

（動物用医薬品検査所ホームページから引用）

・ホームページ中，単剤として承認されているものを記載した
・ストレプトマイシン／ベンジルペニシリンのような配合剤は記載していない
・表記の抗菌薬（有効成分名）以外にそれらの塩やエステル，さらに局所麻酔薬を配合したものなどがあるが，それらはここには記載しなかった
・投与経路には経口の記載もあったが，ここでは強制経口に統一した

表2-12 子牛に使う抗菌薬群の主な消失経路

	抗菌薬	消失経路
尿排泄型	ペニシリン系	尿排泄（腎尿細管での能動輸送）
	アミノ配糖体系	尿排泄（腎尿細管での能動輸送）
	セファロスポリン系	尿排泄（腎尿細管での能動輸送）セフチオフル：血中での加水分解
代謝型	マクロライド系	エリスロマイシン：CYP酵素による代謝が主
	サルファ剤	アセチル化による代謝と尿中排泄
	トリメトプリム	CYP酵素による代謝が主
尿／胆汁排泄型	テトラサイクリン系	尿／胆汁排泄が主
	フルオロキノロン系	尿／胆汁排泄が主
混合型	マクロライド系	タイロシンとチルミコシン：尿と胆汁への排泄，代謝による消失の混合
	フロルフェニコール系	フロルフェニコールとチアンフェニコール：尿と胆汁への排泄，代謝による消失の混合

が変化すれば，抗菌薬の主たる消失経路が変わり，薬効に必要な濃度が維持されなくなる可能性がある。

表2-12に子牛に使う抗菌薬を消失経路で尿排泄型，代謝型，尿・胆汁排泄型，混合型に分けて示した。一般薬では主要消失経路が代謝であることが多いが，抗菌薬では主たる消失経路が腎排泄である薬が多く，代謝により消失するものは少ない。それに代わり，胆汁排泄が重要な意味を持つ。

②成長に伴う消失経路の変化

a．子牛の腎臓における薬物排泄能力が成牛とほぼ同等ということから，表2-12のなかの，ペニシリン系，アミノ配糖体系セファロスポリン系[*5]の抗菌薬については，成長に伴う機能変化を考えずに使用できる。事実，アミノ配糖体系のゲンタマイシンについて，5日齢から成牛にいたるまでの体内動態を調べた試験では，半減期がほとんど変わらなかった（1.5～2時間）。

b．エリスロマイシン，トリメトプリム，サルファ剤の主たる消失経路は代謝である。このうちエリスロマイシンとトリメトプリムはCYP代謝より消失を受けるため，日齢が浅い子牛ほど体重当たりの投薬量を減らす配慮が必要になる。しかし，サルファ剤の代謝はアセチル化である。前述のとおり新生子牛のアセチル化能力はかなり高く，半減期は新生子牛と成牛の間に差がない（3期間前後）。したがって，成長に伴う機能変化を考えずに使用できる。

c．フルオロキノロン系はあまり代謝を受けない。エンロフロキサシンとマルボフロキサシンはそのままの形で，ほとんどが尿中と糞中への排泄で消失され

る。しかし，子牛での排泄は尿中である。これは子牛の胆汁分泌能が未熟なためで，半減期も子牛は成牛に比べて長い。したがって，この２つの抗菌薬については日齢が浅い子牛の体重当たりの投薬量を減らす配慮が必要になる。同じフルオロキノロン系でもダノフロキサシンとオルビフロキサシンは，子牛でも成牛でもほとんどが尿排泄で消失される。

d．マクロライド系のタイロシンとチルミコシンは尿排泄と胆汁排泄と代謝の混合と考えられる。タイロシンの半減期は新生子牛と成牛でほとんど変わりない。チルミコシンは肝臓で代謝を受けグルクロン酸抱合体として胆汁とともに消化管に排出されるが，消化管で抱合体が外され腸管から吸収される。いずれの抗菌薬も幼齢動物であるということは考慮せずに使用できる。

③経口投与剤について

a．子牛用にいろいろな経口投与剤が開発されている。しかし，経口投与による吸収率はルーメンが発達するにともない急激に低下する。これらの製剤が経口吸収率の関係で効率よく使えるのは１カ月齢以内であろう。飲水投与剤は代用乳に混ぜて子牛に投与されることが多い。しかし，抗菌薬によっては代用乳に混ぜると吸収率が低下する。オキシテトラサイクリンとクロルテトラサイクリンを代用乳に混ぜて飲ませたところ，それぞれ５％，35％しか吸収されなかったという報告がある。これは，代用乳中のカルシウムイオンとのキレート結合が原因らしい。また，アモキシシリンやアンピシリンは代用乳に混ぜて飲ませるよりも経口補液剤に混ぜた方が吸収がよいという報告もある。代用乳は経口吸収率の点からは必ずしも適した基材でないようである。

b．飼料添加剤を使う時期の子牛はさらに成長が進んでいるため，経口投与で安定した高い吸収率は期待できない。また，育成子牛のように群飼する動物への抗菌薬投与には飼料添加剤を使うことが多いが，この場合は薬剤を均一に混ぜる必要がある。均一な混和だと過剰投与や過少投与が起こり，有害作用の発現や耐性菌産生の危険がある。ドキシサイクリンの飼料への混和が不均一であったため，大量の子牛が心障害で死亡した症例が報告されている。飼料に均一に混和できなければ，飼料添加投与は適切な投与経路とはいえない。

④注射製剤について

注射は確実な投与経路である。しかし，生理活性のある異物が直接循環系に入るのであるから，危険な投与経路という認識が必要である。静注については特にそれがいえる。

a．注射方法別にみた特徴

子牛への使用が承認されている抗菌薬のうち，25種類以上の抗菌薬に注射剤がある。最も多いのは筋注剤で，次いで静注剤と皮下注剤がある。

・静注製剤

薬は有機弱電解質で，そのままでは水にほとんど溶けない。しかし，静注製剤の薬物含有濃度は高い。なかには濃度が10％を超えるものもある。薬をこのような高濃度溶液にするには様々な製剤技術が駆使されており，その結果生まれた静注剤は精巧な製品と考えなければならない。そのため，慎重な扱いが必要である。また，静脈注射では生理活性物質が直接循環系に入る。注入速度については，添付書類の注意を厳密に守る必要がある。

・筋注・皮下注製剤

筋注・皮下注製剤には，注射部位の損傷を少なくする工夫がなされている。これは重要なことで，注射部位に重度の組織損傷が起これば薬物は吸収されない。濃度依存型・時間依存型の理論を背景にして，抗菌薬の性格にあわせた筋注・皮下注製剤型の開発が進んでいる。なかには，１回の注射で数日間MIC以上の血中濃度を維持できる製剤もある。これにも高度な製剤技術が施されているはずで，静注製剤と同様に慎重な扱いが必要である[*6]。

以上のように注射製剤には製剤ごとに独特な工夫がなされている。したがって，注射製剤同士を混合すると成分変質や組成変化のため吸収動態が変わり，本来の薬効が発揮されなくなったり，薬物残留時間が延長する場合がある。ブドウ糖液での希釈でも分解が起きる場合がある。また，静注製剤には組織損傷を和らげる工夫がなされていないので，筋注すると注射部位に重度の組織損傷が起きる可能性がある。一方，筋注・皮下注剤は溶液ではないから，静注すれば血液中で沈殿を起こし致死的な障害が起きる。

b．濃度依存型注射剤の場合

このタイプの抗菌薬は急激に血中濃度を高める必要があるため，静注か筋注が適している。皮下注は吸収が遅く血中濃度の上昇が急激ではない。また，寒い時期には筋注剤を投与しても血中濃度は急激に上昇しない可能性がある。体表筋肉の血管が収縮して血流量が減少しており薬物吸収が悪い。また，筋注により注射部位に損傷が起きると薬物吸収が悪くなる。したがって，濃度依存型抗菌薬では静注製剤が理想的で，筋注製剤や皮下注製剤では組織損傷の少ないものを選択するべきである。組織損傷の程度は注射したときの動物の痛がり方で分かる。

濃度依存型抗菌薬を点滴投与するのは理論にあわない。点滴速度はあまり速くできないから，血中濃度の上昇が緩やかで濃度依存型抗菌薬の特性が生かされない。点滴速度が速すぎると中心静脈圧が高まり患畜には危険である。

c．時間依存型注射剤の場合

このタイプの抗菌薬は，長時間にわたり血中濃度をMIC以上に維持する必要がある。したがって，静注剤の場合は頻回投与するか，あるいは高用量投与でT＞MICをカバーしなければならない。そこで最近では，1回の投与で長時間MIC以上の血中濃度を維持できる剤形工夫をした筋注剤や皮下注剤が多くなっている。特に，フィードロット牛の呼吸器複合感染症（BRD）を標的とした製剤にはそういったものが多く，なかには1回投与で数日間もMIC以上の血中濃度を維持できる筋注・皮下注剤も開発されている。

（4）抗菌剤の副作用

抗菌剤の子牛での副作用として，サルファ剤やアミノ配糖体系抗菌剤による腎障害が多くの成書に書かれている。

サルファ剤では結晶析出による組織損傷や尿路障害が問題となる。腎臓では尿濃縮が起こるため薬物やその代謝物の濃度はかなり高まる。サルファ剤の場合，親化合物も代謝物も水溶性があまり高くないので結晶が析出しやすい。これはフルオロキノロンやテトラサイクリン系抗菌剤でもいわれている。

アミノ配糖体系抗菌剤（カナマイシンやゲンタマイシンなど）では，腎不全が問題となる。この系の抗菌剤は腎臓近位尿細管の微絨毛と結合して細胞内に蓄積する特徴がある。この蓄積は時間依存性で，薬が尿細管内を流れる時間に比例して蓄積量が増える。蓄積量がある程度以上になると細胞は破壊され，腎不全が起こる。しかし，基礎理論で記載したように，アミノ配糖体系抗菌剤は濃度依存型ということで，間欠的（例えば1日1回）な投与法が推奨されるようになった。このため，薬が尿細管内を絶えず流れるということが少なくなったためであろう，腎毒性の発生事例は減少している。

これらの腎障害は過剰投与や長期投与で起こるが，脱水時には通常用量でも起こる。子牛は腎機能が未発達で尿濃縮能が低く，さらに下痢や呼吸器疾患で発熱するとすぐに脱水を生じる。そうしたことで，サルファ剤やアミノ配糖体系抗菌剤の腎障害が副作用として特記されてきたのであろう。

3．抗菌薬使用量を減らす

（1）感染症を起こさない

抗菌薬を使うほど耐性菌ができる。したがって，抗菌薬を効率よく使い無駄遣いをなくすことは重要な耐性菌対策である。PK/PD理論もMSW理論もそのために考案されたともいえる。

抗菌薬の使用量を減らすためには，まず感染症を起こさないことである。そのためには，ワクチン接種による感染症の予防が重要になる。子牛用に優秀なワクチンが数多く開発されている。ただし，ワクチンを接種しても飼養管理を疎かにしてはいけない。あらゆる疾患は，飼養管理の不備が原因で起こるといっても過言ではない。生産者が自らの飼養管理能力に見合わない頭数を飼育すると飼養管理不備が起きる。獣医師としては，農場の管理能力にあった頭数を見極め，飼育させるように生産者を指導する必要がある。

アメリカの動物用抗菌薬の適正使用指針（Judicious Use Principles）[7]が2011年に新しくなった。そこでは飼養管理とワクチン接種の必要性が強調されている。特に群飼動物での従来の抗菌剤投与法では，適正使用は不可能という見方をしている。

（2）下痢と抗菌薬

獣医臨床では抗菌薬を下痢に使うことが多い。表2-9, 10, 11にあるように，子牛の細菌性下痢の治療に効能をもつ抗菌剤は多い[8]。しかし，下痢の原因は細菌だけではない。ウイルスや寄生虫や原虫などへの感染，

あるいは飼養管理の失敗や消化不良やストレスなど，細菌が関係しない下痢も多い。このため下痢時の抗菌薬使用については無駄使い論も含めて多くの論議がある。

しかし，細菌の病原性の有無とは関係なく細菌が下痢に関係することは多い。例えば，ストレスや消化不良で腸管の吸収能が低下して腸管腔が下痢状態になると，空腸や回腸上部に腸液が溜まる。そこに腸管下部の大腸菌などが移動して増殖すると，腸液の浸透圧が高まり下痢が増悪する。要するに，下痢時に抗菌薬を使うことの是非は，その下痢に細菌が関係しているか否かによる。

こうした考えから，糞便のグラム染色で細菌の関与を検査することを提案した報告がある[6]。その報告では下痢症状を示す子牛39頭の糞便を直接塗抹法でグラム染色し，顕微鏡視野のほとんどがグラム陰性菌の場合（異常群）と，グラム陽性菌と陰性菌が入り交じった場合（正常群）の，抗菌薬投与による下痢治癒率（抗菌薬投与期間）を統計処理した。その結果，異常群では抗菌薬投与による下痢治癒率が87.5%，抗菌薬投与期間が2.4 ± 0.8日なのに対して，正常群では治癒率は41.9%と投与期間は6.3 ± 4.5日であった。**図2-22**（口絵p.20）に下痢症状を示した子牛の便の初診時におけるグラム染色鏡検所見と，ビコザマイシン投与翌日の下痢が治まった便の鏡検所見を示した。グラム染色はその場で結果がわかり，費用の面でも安価である。こうした工夫で抗菌薬の使用量は減らせる。現場で実施できる耐性菌対策といえる。

（3）抗炎症薬の併用

感染症の治療に非ステロイド系抗炎症薬（NSAIDs）を抗菌薬と併用すると症状回復が早まり，抗菌薬使用量を減らすことができる。感染部位には炎症が起きるため，NSAIDsを併用することは理屈にあっている。1990年代の調査であるが，アメリカの牛獣医師の90%は感染症の治療に抗菌薬とNSAIDsを併用していた。また，多くの学術研究がNSAIDsを併用すると感染症の治癒が早まり，抗菌薬の使用量を減らすことができることを証明している。牛用にはフルニキシンメグルミンやメロキシカムが製剤化されている[*9]。

NSAIDsの解熱作用による食欲回復とNSAIDsの鎮痛作用による疼痛ストレスからの解放は，動物を疾患状態から回復させる一助となる。疼痛ストレスは副腎皮質ホルモンの分泌を促進して体の防御能を低下させ，放置すると感染症を慢性化させる。疼痛管理は子牛の成長促進や動物愛護の立場からも重要である。感染症に限らず動物を痛みから解放することは重要な獣医療といえる。

同じ抗炎症剤でもステロイド剤は感染症初期には使ってはいけない。なぜなら，ステロイド剤は優秀な抗炎症剤であるが，生体防御能を低下させるからである。感染症初期の病原菌が増殖している時期の生体防御反応は好中球によるところが大きいが，ステロイド剤はその好中球の病原菌増殖部への移動を妨げる。

第8節　健胃整腸剤の種類と特性および用途

1．種類と特性

消化管の運動や吸収に影響する薬剤として，下痢治療薬（止瀉薬），下剤（瀉下薬），鎮痙薬（腸運動抑制薬）および胃腸機能調整薬がある。下痢治療薬（止瀉薬）のうち収斂薬（タンニン酸，次硝酸ビスマスなど）は，腸粘膜表面でタンパク質と結合して不溶性被膜をつくり，種々の刺激から粘膜を保護する作用がある。吸着剤（薬用炭，ケイ酸アルミニウムなど）は，腸管内に存在する有害な毒素や細菌を吸着する作用がある。また，ベルベリンはオウレンやオウバクなど生薬の成分で，腸管の吸収・分泌に影響して止瀉作用を示すほか，腸内容の異常発酵を防止する作用がある。これら薬剤は，主に子牛下痢症などの対症治療薬，あるいは下痢症からの回復期に第一胃内および腸内細菌叢の正常化を図るための保存療法薬として使用される。一方，下剤（瀉下薬）は糞便の排出を促進し，便秘を改善する薬剤である。粘滑性下剤（グリセリン，流動パラフィン），膨張性下剤（メチルセルラーゼ，カルボキシメチルセルラーゼ），塩類下剤（浸透圧性下剤：硫酸ナトリウム，硫酸マグネシウム）および刺激性下剤（ヒマシ油，フェノバリン，ダイオウ・センナ・アロエなどの植物に含まれるアントラキノン誘導体）に区分される。子牛において，これら薬剤が下剤として使用されることはほとんどない。

動物薬のうち，牛に用いられる主な健胃整腸剤（消化管用薬）を**表2-13**に示した。主成分として酵素，酵

表2-13 主な健胃整腸剤（消化管用薬・内用薬）

分類	製品名	発売元
酵素	ビオペア 新モアラーゼ散 パンスターゼ	東亜薬品工業 日産合成 理研畜産
酵母	モーサン ネオトルラー60「文永堂」 ネオトルラー80	フジタ 文永堂製薬 文永堂製薬
酵母・酵素	トルラミン「デンカ」 ボビノン	共立製薬 日本全薬
次硝酸ビスマス	ビスキノン末	理研畜産
生菌	ナトキン-L 動物用ビオスリー 獣医用宮入菌末	共立製薬 東亜薬品工業 ミヤリサン製薬
オウバク末	牛馬速攻散 動物用ミヤリサン 新オルゲンS 協同胃腸薬	鹿児島県製薬 ミヤリサン製薬 文永堂製薬 理研畜産
タンニン酸ベルベリン	ストリゲンA 整腸散NZ ポンテ散 ベルノール末A ゲリトミン散	山一薬品 日本全薬 フジタ 日本全薬 共立製薬
タンニン酸アルブミン	ギンベル 動物用スパマツ ベルパリン末 ビオエンチ	フジタ 共立製薬 理研畜産 東亜薬品工業
シリコン	ガスドリン 動物用ガストリン ガスナインS ブロトール	理研畜産 共立製薬 日本全薬 フジタ
その他の消泡剤	ルミノン液	日本全薬
メトクロプラミド	テルペラン経口用 プリンペラン経口用	あすか製薬 インターベット
ウルソデスオキシコール酸	ウルソ5％ ウルソデオキシコール酸5％「KS」 ウルソデオキシコール酸5％「文永堂」	田村製薬 共立製薬 文永堂製薬
その他	家畜健胃散「スタマー」 新中森獣医散 新ホシ家畜胃腸薬 パーロンK ビフクリーンN 畜救散	日本全薬 中森製薬 星製薬 北都製薬 内外製薬 大園製薬

母，酵素と酵母，生菌，オウバク末，タンニン酸ベルベリンやタンニン酸アルブミン，シリコン，ウルソデオキシコール酸などを含有する多くの製品が市販されている。このうち，主に子牛に用いられる健胃整腸剤は酵素，酵母，酵素と酵母，生菌，オウバク末，タンニン酸ベルベリンやタンニン酸アルブミン，その他の薬剤を主成分とした薬剤である。消化管用薬のうち健胃消化剤と制酸剤は，数種類の酵母や酵素を配合したもの，数種類の菌体粉末を配合したもの，菌体粉末と糖類を配合したものなど，多種多様な薬剤が市販されている。これら薬剤は食欲不振，消化不良，消化器疾患，消化器衰弱，食欲不振における症状改善，下痢における症状改善，単純性下痢などに効能・効果がある。また，消化管用薬のうち止瀉・吸着剤は，タンニン酸ベルベリンやタンニン酸アルブミンと酵母を配合したもの，数種類の菌体粉末を配合したものなどがある。これら薬剤は下痢における症状改善，消化器疾患，消化器衰弱，食欲不振における症状改善，下痢における症状の改善などに効能・効果がある。

2．用途

（1）使用法と使用上の注意点

　健胃整腸剤の使用にあたっては，各薬剤に添付されている使用説明書の効能・効果と用量・用法を参考にし，それに基づいて使用する。一般に，健胃消化剤と制酸剤および整腸剤は下痢症の併用治療薬として止瀉薬とともに経口投与し，第一胃内および腸内細菌叢の構成や細菌数を改善して症状回復を促進する。また，下痢症の治療後には補助治療薬として数日間経口投与し，下痢によって失われた正常細菌叢の回復を促進する。投与に当たっては，数日間を1クールとして連続投与し，頻繁に薬剤を変更しないこと，逆に長期間にわたる連用を避けることなどが大切である。

　健胃整腸剤の使用上の注意点は，各薬剤によって若干異なるが，一般には以下のとおりである。

a．効能・効果において定められた目的にのみ使用すること
b．定められた用量・用法を守ること
c．（薬剤によっては）獣医師の指導の下で使用すること
d．（薬剤によっては）食用に供する目的で出荷などを行わないこと
e．使用者（獣医師）に対する注意事項を守ること
f．対象動物に対する注意事項を守ること
g．取り扱い上の注意事項を守ること
h．保管上の注意事項を守ること

（2）衰弱子牛に対する補助療法としてのエネルギー補給

　グリセロールは以前から糖原物質として用いられてきたが，最近，グリセロールのエネルギー補給効果が再注目されている。成乳牛にグリセロール（1～3L）を投与した場合，グリセロールは消化管から急速に吸収され，肝臓における糖新生の基質として直接利用されるため，投与後速やかに血糖値が上昇する。また，完全混合飼料（TMR）など飼料に混ぜてサプリメントとして給与した場合，グリセロールは第一胃内微生物により揮発性脂肪酸（VFA）に分解されて利用される。グリセロールの発酵によって産生されるプロピオン酸は，牛において重要な血糖源であり，グリセロールの投与によって乳牛の周産期における負のエネルギーバランスが改善されることが認められている。

　子牛は成牛に比べて成長に必要な栄養要求が高く，体内における脂肪などの保有エネルギーが少ないことから，短期間で低栄養に陥りやすい。低栄養状態に陥った下痢症子牛は下痢が完治しても発育不良となり，成長しても産乳性や肥育効果があまり期待できないとされている。子牛に対するエネルギー補給手段として，従来から25％ブドウ糖液などの高張ブドウ糖液の輸液療法が用いられてきたが，子牛は腎臓における糖閾値が低いため，投与量と投与方法の厳密な調節が必要である。したがって，下痢症などで衰弱した子牛に対するエネルギー補給手段は限られているのが現状である。

　前述のグリセロールの利用について，成牛に対するエネルギー補給効果は知られているが，子牛での効果については未だ明確にされていない。そこで，子牛に対する

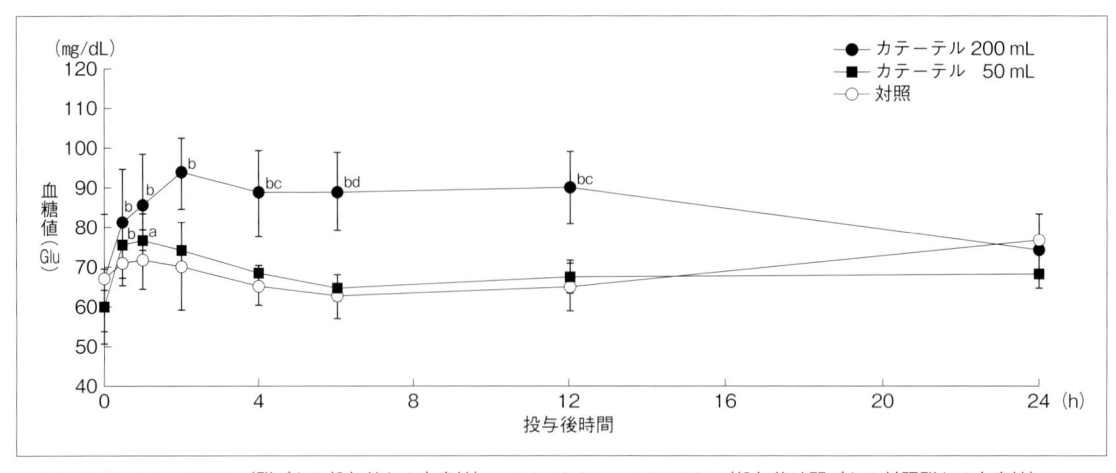

a：$P<0.05$，b：$P<0.01$（群ごとの投与前との有意性），c：$P<0.05$，d：$P<0.01$（投与後時間ごとの対照群との有意性）

図2-23　グリセロール経口投与牛と無投与対照牛における血糖値（Glu）の変化

グリセロール投与の影響を明らかにする目的で，子牛にグリセロールを経口投与し，血液生化学的所見の変化を観察してエネルギー補給効果を検討した。その結果，グリセロール投与子牛では投与後速やかに血糖値の上昇，遊離脂肪酸値とβ-ヒドロキシ酪酸値の低下が認められた。血糖値の変化はグリセロールの投与量が多いほど上昇や低下の程度が大きく，持続時間も長い傾向がみられた（図2-23）。これらのことから，子牛に対するグリセロールの経口投与には，エネルギー補給効果があり，下痢症などで衰弱した子牛に対して各種健胃整腸剤と併用することで，疾患からの回復を促進する効果があると考えられる。

第9節　プロバイオテックス・プレバイオテックスの種類と特性および用途

1．種類と特性

プロバイオテックスは「腸内細菌叢を改善する，ヒトや動物に有効な生きた微生物」あるいは「腸内細菌叢のバランスを変えることで，宿主に保健効果を示す生きた微生物」と定義される。家畜の生産性向上，あるいは子牛下痢症の治療や予防の目的でプロバイオテックスが広く応用されている。動物用生菌製剤としては医薬品，飼料添加物，混合飼料など多くの製品が市販されている。生菌製剤に用いられる微生物は *Bacillus*, *Lactobacillus*, *Clostridium*, *Enterococcus* および *Bifidobacterium* などで，製品はこれら菌体の単一製剤あるいは数種類の混合製剤である（表2-14）。一方，プレバイオテックスはヒトでは「大腸に常在する有用菌を増殖させるか，あるいは有害な細菌の増殖を抑制することで宿主に有益な効果をもたらす難消化性食品成分」と定義されており，オリゴ糖や抵抗性デンプン，食物繊維類などが含まれる。家畜において明らかなプレバイオテックス作用を示す薬剤は知られていないが，ある種のプレバイオテックス製剤や経口投与で用いられる代謝用薬のうち糖類剤は，第一胃内および腸内細菌叢に影響を及ぼし，プレバイオテックス作用を示すことが認められている。

プロバイオテックスの条件は，以下のとおりである。
①もともと宿主の常在微生物叢であること
②胃酸や胆汁酸などの消化管上部のバリアー中でも生存できること
③消化管下部で増殖可能なこと
④腸内常在菌のバランスを改善すること
⑤抗菌性物質の産生や病原細菌の抑制作用を持つこと
⑥体重増加や飼料効率向上などの効果がみられること

プロバイオテックスの機能としては，消化・吸収の亢進，飼料効率の改善，体重の増加，感染症に対する抵抗性の亢進，疾患・罹患率や死亡率の減少，乳生産量の向上およびルーメンアシドーシスの抑制などが期待される。しかし，一般にプロバイオテックス製剤に含まれる生きた細菌数は必ずしも多くない。また，製剤に含まれている細菌で，子牛の前胃や第四胃を通過して腸内細菌叢のバランス改善作用を発揮することが科学的に証明されているものは少ない。生菌製剤に含まれている細菌の投与後の動態，子牛に及ぼす影響や作用機序・効果については不明な点も多い。

2．用途

（1）使用法と使用上の注意点

子牛に対するプロバイオテックス製剤の使用に当たっては，成長に伴う第一胃内細菌叢の変動を理解する必要がある。すなわち，子牛の第一胃内には，出生後直ちに少数の細菌が出現するが，1週齢までの子牛では，*Streptococci* や *Coliaerogenes* が多数を占め，これら細菌はその後しだいに減少し，2週齢頃から *Lactobacilli* が出現する。セルロース分解菌は1週齢ないし3週齢時に出現し，その数は成牛のレベルに類似している。このように，9～16週齢子牛の第一胃内には，成牛で認められるような *Bacteroides*, *Bifidobacterium*, *Fusobacterium*, *Clostridium*, *Lachnospira*, *Peptostreptococcus*, *Ruminococcus*, *Veillonella*, *Butyrivibrio*, *Borrelia*, *Selenomonas* および *Propionibacterium* などに属する多数の細菌が検出されている。

プロバイオテックス製剤は子牛の第一胃内あるいは腸内細菌叢に影響を及ぼし，その細菌叢を正常化する作用がある。特に，生菌製剤は腸内細菌叢を整え，下痢などに対する抗病性を付与する目的で使用される。生菌製剤

表2-14 主な動物用生菌製剤

分類	製品名	発売元	使用微生物㈱
医薬品	動物用ビオスリー	東亜薬品工業	Enterococcus faecalis T-110, Clostridium butyricusm TO-A, Bacillus mesentericus TO-A
	ボバクチン	ミヤリサン製薬	Clostridium butyricum MIYAIRI 588, Enterococcus faecium 26, Lactobacillus plantarum 220
	グローゲン	目黒研／明治製薬	Bacillus subtilis BN
飼料添加物	カルスポリン	カルピス	Bacillus subtilis C-3102
	モルッカ	出光興産	Bacillus subtilis DB9011
	サバナ	出光興産	Bacillus subtilis DB9011, Saccharomyces cerevisiae
	グローゲン	目黒研／明治製薬	Bacillus subtilis BN
	トヨセリン	川崎製薬	Bacillus cereus toyoi
	ミヤゴールド	ミヤリサン製薬	Clostridium butyricum MIYAIRI 588, Enterococcus faecium 26, Lactobacillus plantarum 220
	ビオフェルミン	ビオフェルミン製薬	Enterococcus faecium 129 BIO 3B, Lactobacillus acidophilus M-13
混合飼料	ビオスリーエース	東亜薬品工業	Enterococcus faecalis T-110, Clostridium butyricum TO-A, Bacilllus mesentericus TO-A
	サルトーゼ	共立製薬	Bacillus subtilis 5菌株, Enterococcus faecalis US
	フローラアップ	出光興産	Bacillus subtilis DB9011, Saccharomyces cerevisiae
	オルガミンスペシャル	出光興産	Bacillus subtilis DB9011
	ミヤトップ	ミヤリサン製薬	Clostridium butyricum MIYAIRI 588, Enterococcus faecium 26, Lactobacillus plantarum 220
	ファインラクト	カルピス	Lactobacillus reuteri, Bifidobacterium pseudolongum

は飼料添加物として以外に，動物用医薬品としても承認されており，その効能は，いずれも単純性下痢の予防・治療，第一胃異常発酵の治療である。プロバイオテックス製剤の使用にあたっては，使用説明書の効能・効果と用量・用法に基づいて使用する。

（2）生菌製剤投与によるルーメン性状の改善

子牛に対する生菌製剤の投与は，ルーメン性状を改善する効果がある。

筆者らは，実験的に穀物飼料を多給して作出した成牛の亜急性ルーメンアシドーシスに対して，ある種の動物用生菌製剤を給与した結果，ルーメン液pHの低下が明らかに抑制されることを認めた（図2-24）。すなわち，投与前には生菌剤投与群と対照群では，10分間隔で連続測定したルーメン液pHの1日平均値は，投与前には6.1〜6.3の範囲で推移したが，投与後にはpHが上昇し，給与開始後2日目から有意な高値を示した。この結果は，ある種の生菌製剤の投与は，ルーメンアシドーシスを軽減する効果のあることを明らかにしたものである。子牛を用いた同様の実験においても，生菌製剤投与によってルーメン液pHの低下が軽減されることが確認されている。

（3）生菌製剤投与による免疫機能の改善

ある種のプロバイオテックス製剤に含まれる菌体は，子牛の腸粘膜免疫を刺激し，免疫機能を改善・増強する作用がある。

腸管付属リンパ組織（Gut-Associated Lymphoid Tissue：GALT）は，腸パイエル板および腸間膜リンパ節のほか，腸粘膜固有層や上皮細胞間に分布するリンパ球，形質細胞およびマクロファージなどを含めた，食道から直腸に及ぶ広範なリンパ組織である。腸管内に存在する抗原は粘膜上皮に接触し，その一部が吸収された後，GALTを刺激して粘膜局所での抗体産生を促している。腸パイエル板のM細胞は，腸内から生体内への抗原の取り込みに重要な役割を果たしており，大部分の抗原はM細胞に取り込まれて粘膜固有層に達する。また，固有層に達した抗原はマクロファージに取り込まれ，その抗原決定基がリンパろ胞や腸間膜リンパ節のTリンパ球に認識された後，マクロファージやヘルパーTリンパ球を介してBリンパ球に伝達され，特定のBリンパ球が形質細胞に分化する。さらに，腸パイエル板で抗原感作されたTおよびBリンパ球は，腸間膜リンパ節および胸管を経て体循環に入り，分化成熟しながら再び腸粘膜に戻り，Bリンパ球は免疫グロブリンA形質細胞として，ま

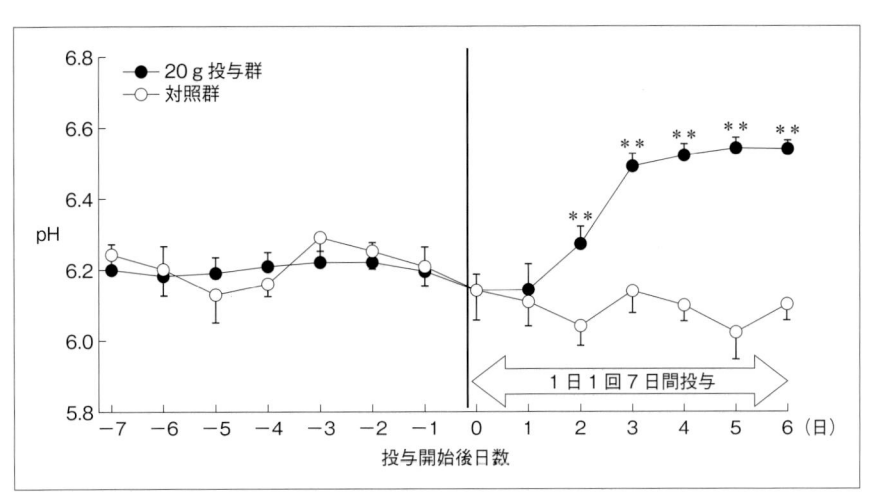

(M±SEM, **$P<0.01$：投与開始日との有意差)
図2-24　生菌製剤投与前後におけるルーメン液pH（1日平均値）の推移

た，Tリンパ球は成熟Tリンパ球として帰還する現象が認められている。このように，腸管における免疫システムは全身の粘膜系における免疫反応の主体をなし，全身の粘膜における感染防御とも密接に関連している。

筆者は，ルーメン内に常在している*Bacteroides succinogenes*と*Selenomonas ruminantium*の混合菌液を経口接種した新生子牛で，前胃付属リンパ節に多数のIg保有細胞が出現することを認めた（口絵p.20，図2-25）。また，前胃付属リンパ節の皮質領域ではろ胞胚中心内や傍ろ胞域，髄質領域では髄索や髄洞で多数のIgG保有細胞が認められ，腸粘膜固有層と腸間膜リンパ節においても，IgGを主とする多数のIg保有細胞が出現した。したがって，生後間もない子牛に対するルーメン常在菌の*B. succinogenes*と*S. ruminantium*の経口投与は，胃腸粘膜と付属リンパ節における免疫システムの成熟を促進すると考えられる。これらのことから，プロバイオテックス製剤に含まれる菌体も子牛の腸粘膜免疫を刺激し，免疫機能を改善・増強することが示唆される。

第10節　その他の外科疾患の処置

1．除角法

除角とは，牛の角を除去することでほかの牛との闘争，人に対する攻撃的な行動，牛舎施設の損壊などを防ぐ目的で実施される。若齢の子牛の角芽を除去する場合を除角芽，すでに角化して伸長した角を切断する場合を除角といい，どちらも除角といわれることが多いが厳密には区別される。

（1）除角および除角芽実施時の麻酔法

動物福祉の観点から，国によっては麻酔を実施しない除角は許可されない。除角時における局所麻酔としては，角神経麻酔が適応される。角の知覚は上顎神経頬骨-側頭骨枝により支配を受けており，角神経は側頭骨窩および前頭骨外側縁を通過している。角神経麻酔は外眼角と各基部の中央部で，前頭骨陵の外縁下に行う（図2-25）。局所麻酔薬としては2％塩酸リドカインあるいは5％塩酸プロカインが使用され，子牛の大きさにより投与量（3～10mL）を調節する。局所麻酔は，前頭骨陵の外側縁に沿った中央で角基部に向けて30度の角度で刺入し，血管に入っていないかを確認した後に注入する。

（2）除角芽法

子牛は生後1～2週齢程度で角根部に角芽が触知されるようになるため，通常1カ月未満の子牛に対してはデホーナー除角器を用いて実施する（図2-27）。特に海外では，牛のストレス，感染症の低減および処置時の人手を減らすことを目的に1～2週齢での除角芽が推奨され

ている。除角芽は以下の方法で実施する。

a．枠場などに子牛を起立位で頭部を保定する。あるいは鎮静処置後に子牛を横臥させ四肢を固定する。

b．角根部周囲の毛をバリカンで刈る。

c．局所麻酔を実施する。

d．除角芽用の焼烙器を角芽の周囲の皮膚が焼けるように角度をつけ，回転させながら押し当てる。角芽が遊離したら横方向に移動すると角芽を除去できる（図2-28）。

e．角芽からの出血は通常認められないが，皮膚からの出血がみられる場合には焼烙器を出血部に数秒間押し当てることで止血ができる。

f．ヨード剤などにより消毒を行う。

（3）除角法

1カ月齢を過ぎて角の伸長が認められると，除角器および焼烙器による止血を用いて除角を行う。除角器には様々なサイズがあるため，角の大きさにより最適なサイズを選ぶ（図2-29）。保定や麻酔法は除角芽法と同様に行い，除角芽用焼烙器が使用できない大きさまで角が成長した場合には，除角器を用いて角芽および周囲の皮膚を含めた部位を切断する。角が伸びはじめた牛にこの処置を行うと角根部および周囲皮膚より出血がみられるため，焼烙器を用いて十分な止血を行う。12カ月齢を過ぎた牛では，油圧式除角器，キーストン型除角器，線鋸などを用いて断角を行う。この場合，十分な麻酔を行わないと牛が激しく暴れたり出血が増えたりする。さらに，除角部位が汚染されると前頭洞炎や蓄膿症に罹患して慢性的に排膿が続くなどの問題点がある。

2．去勢法

去勢とは家畜の生殖能力を廃絶させる目的で行われ，雄畜の精巣，精管あるいは雌畜の卵巣，卵管，子宮などの摘除を指す。しかし，多くの場合で雄畜の精巣除去のことをいう場合が多い。子牛では，種畜を除いた多くは食用として飼育されるため，飼養管理の容易化，闘争の防止，肥育および肉質の改善を目的に去勢が行われる。去勢を早期に実施すると，内分泌的変化により骨格や諸臓器の発育が妨げられことが報告されており，特に肥育牛では尿結石症による尿路閉鎖の原因のひとつとなると考えられている。一方，肥育素牛に対する去勢は，性質の変化により闘争を抑えることで，増体や肉質などの肥育効果を増進させると報告されている。去勢法には無血法と観血法があり，子牛の月齢，品種，飼養形態，飼養される地域により方法が異なる。本項では，代表的な去勢法について紹介する。

（1）去勢実施時の麻酔法

子牛の去勢は，時として無麻酔下で実施されることもあるが，子牛に与える苦痛などの倫理面での配慮や疼痛によるストレスなどを避ける目的から，鎮静あるいは局所麻酔下での実施が推奨されている。子牛に対する局所麻酔薬としては主に2％塩酸リドカインが用いられる。陰嚢を保持した後に指で精巣を引き下げ精巣実質内に3 mL，精巣を解放した後に陰嚢皮下に2 mL程度を投与する。また，牛を横臥位にして去勢を実施する場合には，キシラジン0.05〜0.1 mg/kgの筋肉内投与により鎮静処置を行ったうえで，前述の局所麻酔を実施する。

（2）無血去勢法

子牛に対する無血去勢法には，ゴムリングを用いた方法と無血去勢器を用いた方法（バルザック法）がある。バルザック法は，3〜12週の子牛に対して実施されることが多い。

①ゴムリング法

小さなゴム輪（イージーカット）を専用器具にかけ，陰嚢ごと精巣をくぐらせて精索を圧迫する方法で，血流が途絶えた精巣は2〜4週間ほどで壊死・脱落する。この方法は，処置が簡便で短時間にひとりで実施可能だが，ゴムリング装着により壊死した部分が化膿することがあるため，感染防止には注意が必要である。また，疼痛が長期間にわたり継続することでストレスにより発育が低下することがあるため，3カ月齢以内の子牛で実施される。

②バルザック法

無血去勢器を用いて精巣を片方ずつ挫滅して血流を遮

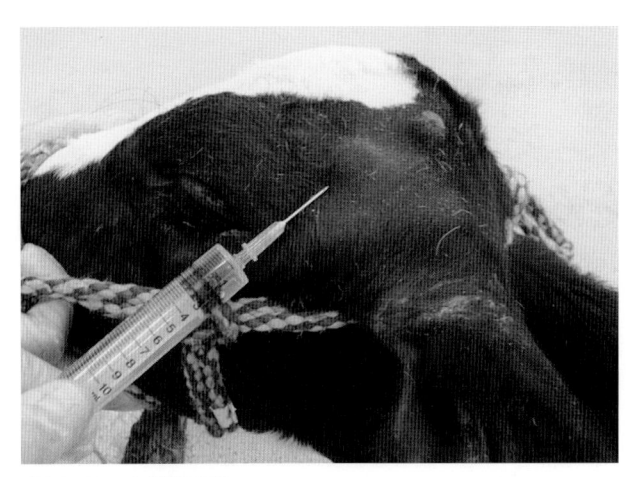

図2-26　角神経麻酔

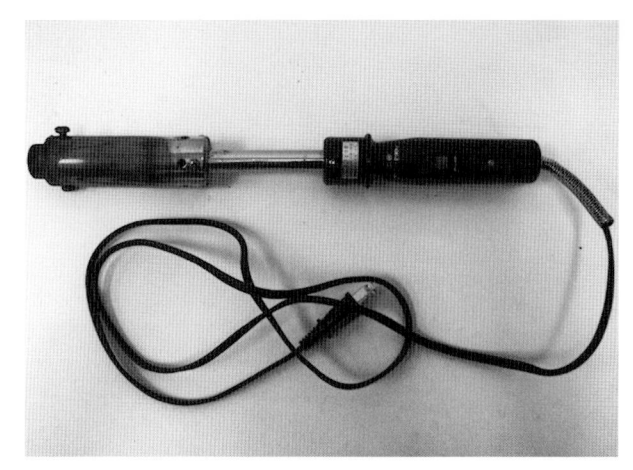

図2-27　デホーナー除角器

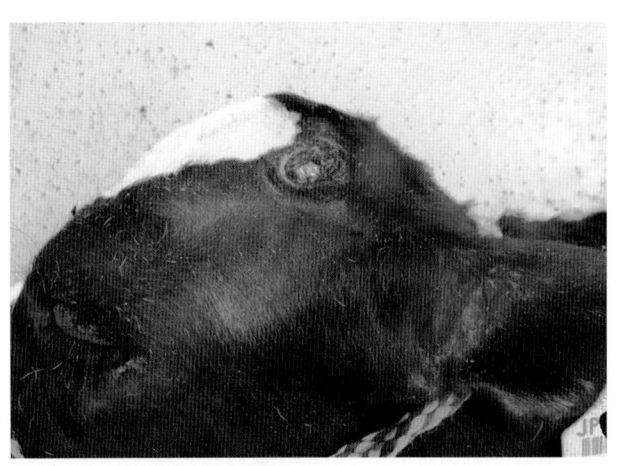

図2-28　除角芽後の角根部

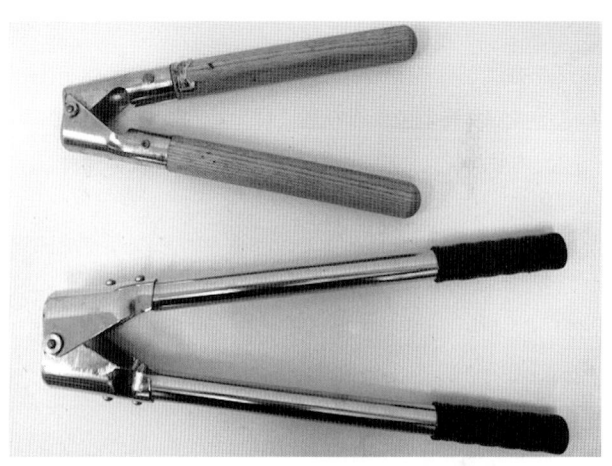

図2-29　除角器

断する方法である。通常は3～4カ月齢の子牛に実施される。実施の手順は次のとおりである。

a．枠場などに子牛を起立保定する。

b．陰囊内の精巣を牽引し，精巣より3cm程度の精索を保持して陰囊の外側に固定する。

c．去勢器の精索止めのついた歯を下にして精索を軽く挟み，精索が歯止めの内側に入っており，両方の精索が入っていないことを確認する。確認が終わったら去勢器を素早く締め，20～30秒間保持する。

d．指で精索が切断されているのを確認して去勢器を開く。反対側の精索も同様に陰囊外側に固定し，1回目よりも1cmほど遠位で同様に挫滅を行う。このと

き左右の挫滅線が陰囊の正中で重なると，血液供給が遮断されて皮膚の壊死が起こるため，必ず左右の挫滅はずらして行う。

e．左右の挫滅線が重なっていないことを確認したら，最後にヨード剤などで消毒を行う。

バルザック法では，出血および術後感染はないが，術後しばらくは陰囊が腫大し，その疼痛によるストレスで発育が低下することがある。術後4～6週間後には精巣の萎縮が起こり，こぶ状の構造となる。

（3）観血去勢法

観血去勢法とは，陰囊を切開して精巣を摘出する方法である。去勢時の子牛の体位（起立位，横臥位）や切開方法，精索および血管の止血方法については術者により

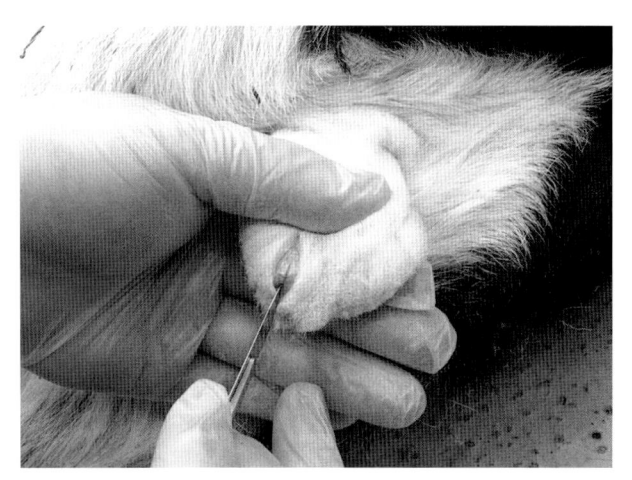

図2-30　陰嚢の垂直切開

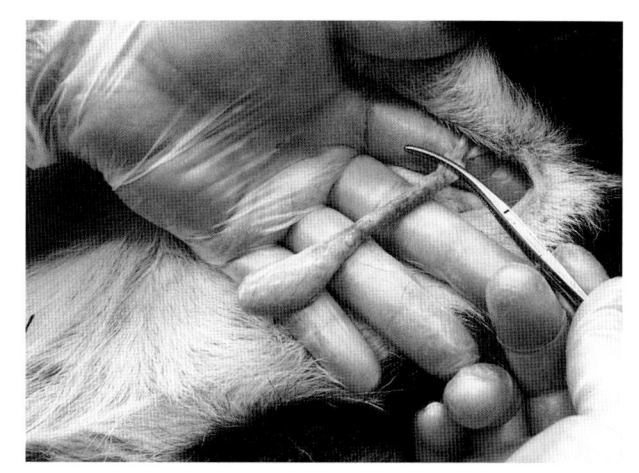

図2-31　精巣を露出させ鉗子で把持する

様々な方法がある。観血去勢法は2カ月齢程度の子牛から成牛まで、幅広い年齢の牛に対して実施が可能である。

①横臥位による観血去勢
a．鎮静処置を行い横臥させ、四肢をロープなどで固定する。

b．前述のとおり局所麻酔を実施する。

c．陰嚢皮膚を消毒用アルコールやヨード剤などで消毒後、滅菌手袋を装着する。

d．精巣を遠位に牽引して陰嚢皮膚を緊張させ、片方ずつ精巣実質まで垂直切開を行う（図2-30）。

e．漿膜より露出させた精巣を脈管部と非脈管部に分離し、精巣上体および非脈管部を破断する。

f．脈管部は鉗子で把持した後に結紮して切除する。あるいは挫滅鋏により1分程度挫滅した後に結紮・切除する（図2-31）。

g．創からはみ出した組織を陰嚢内に押し込む、あるいは切除を行う。

h．出血を確認した後、反対側の精巣も同様に除去する。

i．術部をヨード剤などで消毒する。特別な皮膚の縫合は行わなくても1日以内には切開創は閉鎖される。

②起立位による観血去勢
a．子牛を枠場などに起立位で保定する。

b．局所麻酔および陰嚢皮膚の消毒を行う。

c．陰嚢を下方に引き伸ばし、先端から2〜3cmの部位で地面と水平に切除する。

d．精巣の漿膜を切開し、露出させた精巣を片方ずつ牽引し、精管および脈管部を数回捻転させたのちに穏やかに引き抜く。

e．反対側の精巣も同様に摘出し、術部を消毒する。

いずれの方法においても、術後に多量の出血が認められた場合には、血管の確認および結紮を行い、必要に応じて止血剤の投与を行う。また、術部からの感染を防ぐため、術後はできるだけ清潔な状態を保つようにする。

3．外傷

外傷は、その原因に基づいて機械的損傷、化学的損傷、理学的損傷、病的損傷に大別される。機械的損傷はさらに、切創、裂創などの創の裂開を特徴とする開放性損傷と、挫傷のような創を認めない非開放性損傷に区別される。化学的損傷は、治療薬や化学薬品の皮内・皮下組織への浸潤、あるいは外皮との接触によって生じる。火傷や凍傷のような温熱による外傷は理学的損傷に含ま

れる。病的損傷は，組織の感染や壊死が原因で起こる傷の総称である。本項では，子牛で発生の多い機械的損傷を中心に，理学的損傷の一部についても特徴と対症療法を概説していく。

（1）開放性損傷

外的要因によって起こる体表組織の連続性欠如（傷の裂開）を特徴とし，一般に出血や疼痛を伴う外傷を開放性損傷（以下，創傷）という。擦過傷やび爛のような外皮の表皮に限局した創傷を部分創といい，傷の治癒には強い炎症反応を伴わず，表皮細胞の移動と増殖によって治癒する。一方，創の裂開が皮膚真皮に達する創傷は全層創といわれ，切傷，裂傷，刺傷ではそれぞれ特徴的な創の形態をとる。外科手術による傷のように鋭利な刃物などによる切傷では出血や疼痛は顕著であるが，外力が作用した範囲はきわめて小さく，創の表面は滑らかで周囲組織への損害は少ない。それに対して，過度な張力により外皮が引き裂かれてできる裂傷は，切創と比較して創縁や創面が不整で周囲組織への損害も大きい。放牧場の有刺鉄線や牛舎構造体から突出した金具や釘による裂傷がよくみられ，開大した創面は一般に汚染を伴っている。刺傷は，刃物や釘などの尖端のような鋭い異物が体内に刺入されてできる傷であり，刺入口にあたる傷は小さくても異物が刺入した深さまで汚染と損傷が及ぶことを特徴としている。

受傷後は，断たれた組織の連続性を回復するために，組織を①再生させる，②修復するという2つの主要なプロセスにしたがって治癒が進行する。体表面を覆う表皮は，上皮細胞自身が分裂・増殖して連続性を再生できる組織である。しかしながら，真皮以下の組織は自己再生しないことから，全層創では瘢痕組織によって創腔を埋め合わせて修復しなければならない。手術創のような創面が滑らかで周囲組織の挫滅・損壊が少ない切創では縫合による密着・閉鎖を行うことで，表皮以下の組織修復に瘢痕をほとんど残すことなく癒合させるとともに，上皮化により表皮の連続性を再現する，いわゆる一次治癒が期待できる。一方，広範な真皮および皮下組織の欠損を伴う全層創の裂傷では，いったん組織の欠損部に多量の肉芽組織を蓄積させ，やがてそれらの瘢痕収縮とあわせて上皮化による被覆が再現される，いわゆる二次治癒が進行する。全層創の創傷治癒では，急性炎症，細胞増殖，瘢痕収縮，および上皮化というステップをタイミングよく進行させて，①成熟した瘢痕組織による修復，②

外皮の再生という2つの過程が同時に進行している。

（2）創傷治癒
①一次治癒

手術創のように一次治癒が期待できる創傷では，癒合が早く瘢痕をほとんど残さないという有利性から縫合閉鎖を適用することが推奨される。縫合後1～2日には増殖した上皮細胞によって創はいったん被覆される。抜糸して通常の皮膚の緊張に耐えられるようになるまでは1～2週間を要する。しかし，感染・壊死組織を含む傷，あるいは創縁に過度な張力や動きのかかる傷では縫合しても部分的あるいは完全に癒合が完了せずに，離開することがある。

一次治癒を期待して縫合閉鎖する前に，まずは傷の感染リスクを十分に評価して可能な限りリスク除去を行う。感染リスクには，組織の損壊および汚染の程度，あるいは受傷後の時間的経過が関与している。一次治癒を期待できる傷は新鮮で汚染されていない清潔な傷であることが前提であり，やむなく時間が経過した汚染傷において治癒を期待する場合には，縫合閉鎖を実施する前に，感染を伴う壊死組織の外科的除去と洗浄を徹底的に行う必要がある。活力をなくした組織を除去するとともに，浸出液の貯留が予想される死腔は縫合によって可能な限り減じ，細菌増殖や感染拡大の可能性を排除しなければならない。

徹底した洗浄と壊死組織除去，一次治癒を期待した傷の縫合閉鎖を行うときには，動物の鎮痛・鎮静・麻酔処置が必須となる。局所における細菌の侵入や増殖を防止するために，消毒薬を使用する。広範な外傷がある場合には広域スペクトルの抗菌薬を静脈内投与して，直ちに適切な組織濃度に到達させる。創縁・創面に過度の張力がかからないように傷を密着・閉鎖することは，傷を再び裂開させずに一次治癒を達成する大切な要件である。大きな皮膚組織の欠損を伴う傷では，癒合不全が危惧される。創縁の接着が困難であるにもかかわらず縫合閉鎖しなければならない場合，創縁に直接かかる張力を減じるために，減張縫合を適用する。

手術後の炎症反応は，創傷治癒に必須であることから積極的に抑える必要はない。コルチコステロイドの投与は癒合を阻害するため，癒合遷延・不全による傷の裂開につながる。NSAIDsの使用については議論の余地があるが，重度の疼痛がある場合，あるいは著しい腫脹によって局所循環が損なわれている場合には，やむなく最

低限の投与量で期間を限定して適用すべきである。また，局所麻酔薬は創傷治癒に欠かせない炎症反応を抑制する作用があることから，創傷組織に直接浸潤させるのを控え，神経ブロックなどの方法に従い，創傷部から離れた場所で適用するのが望ましい。

②二次治癒

全層皮膚欠損を伴う創の二次治癒では大量の肉芽組織の出現を伴うことから，急性炎症期，細胞増殖期，瘢痕収縮期，上皮化という一連の創傷治癒の過程が臨床症状として観察できる。裂開した創腔は新たな結合組織によって修復・置換されて，さらに上皮化して外見上は連続性を回復するものの，正常な真皮層に分布する皮膚付属器官などの機能は失活している。

a．急性炎症期

受傷直後の急性炎症期は，受傷部における汚染された変性・壊死組織を生物学的に除去・清浄化しながら，組織修復に必要な細胞集団の動員がはじまるまでの，修復の準備期である。この過程が十分に行われなければ，組織の清浄化に必要な炎症がいつまでも持続，あるいは繰り返される。

損傷した内皮細胞の細胞膜からはリン脂質が遊離され，それがアラキドン酸に変換されて，脂質メディエーターと称するプロスタグランジン，トロンボキサン，ロイコトリエンが産生される。これらは強い血管作動性（収縮および拡張）とともに，血小板作用（凝集およびその阻止作用）や白血球作用（血管外遊走および活性化）を示す。受傷直後10数分の間，血管は収縮して止血を行うが，やがて拡張して細胞外液の血管外漏出がはじまる。血液凝固や血小板凝集とともに形成される血餅は創腔を暫定的に充填し，後に遊走してくる細胞が結合・接着する足場となる。活性化した血小板は，貯蔵顆粒に含む白血球走化誘導因子や血管作動因子を放出し，損傷部における細胞による壊死組織除去反応を誘導する。好中球を主体とする白血球が，受傷部へ遊走し，受傷後1～2日をピークとして，組織破片や細菌の貪食作用，コラゲナーゼ，エラスターゼ，カテプシンなどによる細胞外基質の酵素分解を行う。急性炎症期には好中球が主体となって，新たな組織充填のための最適環境を整備し，第2ステージを担当する細胞を呼び込むためのサインを残していく。一次治癒と同様に二次治癒においても，受傷部で汚染された変性・壊死組織を初期のうちにいかに徹底して除去するかが最も重要なこととなる。

b．細胞増殖期

細胞増殖期では，好中球によって汚染除去された後に登場したマクロファージがその役割を引き継ぎ，好中球と似た働きをしながら修復組織形成に必要な細胞集団を呼び寄せ，増殖させていく。マクロファージは，組織型あるいは血管内の単球が血管外漏出した多能性単球から分化する。受傷部では，エラスターゼ，コラゲナーゼ，プラスミノーゲンといったタンパク分解酵素や自身の貪食作用によって変性組織の清浄化に加わる。

増殖期におけるマクロファージのもうひとつの重要な役割は，炎症性サイトカインを産生・放出して，修復組織の構築を担当する細胞群を集結・活性化させることである。マクロファージは間葉系細胞である線維芽細胞，血管内皮細胞，あるいは上皮細胞の働きをつかさどり，線維性肉芽組織といわれる新たな結合組織を創腔内に創りあげ，真皮以下の組織の連続性を再現する。まず，マクロファージが発するサイトカインや成長因子の影響下において，血管新生と線維組織形成が進行する。線維芽細胞が増殖して新たな細胞外基質を合成するとともに，そこに生着する細胞の代謝や増殖に必要な酸素や栄養を運ぶ新生血管が伸長してうまく組織化された肉芽組織が形成される。傷のサイズにもよるが，一般に受傷から約1週間後には肉芽組織が創腔を満たすようになる。新生肉芽組織はヒアルロン酸を豊富に含み表面が非常に脆くて出血しやすいが，やがてコラーゲン産生量を増やすとともに，成熟型コラーゲンへとタイプを変えながら，受傷後2週間までにゆっくりと成熟していく。この過程がうまく進行するためには肉芽組織における炎症の漸減が前提となっており，持続する慢性炎症のコントロールがその後の経過を大きく左右する。マクロファージを欠く特殊なマウスでは，肉芽瘢痕組織を伴うことなく創傷治癒が進行することが知られている。

c．瘢痕収縮期

瘢痕収縮期では暫定的に形成された線維性肉芽組織が，その細胞数と基質組成を変化させながら組織を収縮させ瘢痕化して，やがて上皮化による被覆のための下地をつくる。線維性肉芽組織の細胞外基質の変化や収縮は，組織自体にかかる張力に依存している。すなわち，線維芽細胞の配向性は張力の向きに従っており，張力が強まるところでは線維芽細胞における成熟型コラーゲン

の合成が増し（Ⅰ型コラーゲンの比率増），さらには張力を上回って傷を縮小させるための筋線維芽細胞といわれる線維芽細胞と平滑筋細胞の双方の特性を有する細胞が出現する。

　筋線維芽細胞の形成にはTGF-βが誘導因子となっており，細胞質にαアクチン線維を保有したこの細胞は，コラーゲン産生能とともに，それ自体が持つ強い収縮能により組織を拘縮させ，結果的に傷口を次第に小さくさせる。筋線維芽細胞は二次治癒における瘢痕収縮期の主体となる細胞であり，細胞外基質に含まれるコラーゲン線維の支持強度が増すにつれて，細胞の数は減少し，あわせて毛細血管が漸減して，組織は低細胞性・無細胞性の瘢痕組織に変化していく。肉芽組織の収縮と瘢痕化は，受傷後2週あたりから長期間かけてゆっくりと進行していく。それに伴って，待機していた上皮化が進行して創傷治癒は完了へと向かう。しかし，慢性的な炎症が持続している肉芽組織では瘢痕収縮のプロセスが進行せず，上皮化がはじまらない。感染やそれに伴う組織壊死に反応した強い炎症が残存していると，炎症に反応した細胞集団が肉芽組織を過剰産生し，上皮化の妨げとなる。

d．上皮化

　表層部分創の場合には，基底膜に整列している細胞の増殖によって容易に外皮は被覆されるが，全層創の場合には瘢痕収縮した線維性結合組織を足場として，創の辺縁から上皮化というプロセスが進行する。上皮細胞は受傷後早い時期から増殖をはじめ，傷の辺縁で分裂増殖を繰り返しているが，創腔に充填される肉芽組織が上皮細胞の傷への移入を妨げていることから，上皮細胞は正常組織との境界部において重層化して待機している。肉芽組織の瘢痕収縮が完了すると，ようやく傷の辺縁から上皮細胞が線維性結合組織上に移入しはじめ，0.1～0.2㎜／日の速度で急速に瘢痕組織の被覆が進む。

　一般に炎症反応が残存した肉芽組織では上皮による被覆が完了しない。すなわち炎症反応を上皮下に残さないよう，創傷治癒の順序が定まっている。しかしながら例外的に，皮下組織に炎症性瘢痕を残したまま表皮による被覆が完了して肥厚性瘢痕を生じることがある。肥厚性瘢痕は外的刺激によって炎症が誘導されやすく，温熱刺激により上皮下における結合組織で炎症が再燃し，そのたびに痛みや発赤などが再燃される。

　二次治癒，すなわち創傷治癒がうまく進むためには，①受傷後数日間続く急性炎症期に好中球を主体とした白血球による汚染組織の除去が十分に行われること，②受傷後1週間程度でマクロファージを司令塔とした間葉系細胞の集積・増殖による肉芽組織の形成・成熟が促進されること，③受傷後2週間以降，肉芽組織の収縮に伴って炎症細胞・間葉細胞が次第に消退し，無細胞性の瘢痕組織へと移行すること，④創縁の肉芽組織が瘢痕収縮して上皮化が急速に進行することが必要である。

（3）創傷治療法の基本原則
①切傷治療

　前述のように，手術創のような切傷に対して瘢痕組織を最小限にとどめた一次治癒を進めるには，傷の縫合が必要である。子牛の皮膚縫合では，表皮-真皮-皮下組織を一度に貫通させる全層結節縫合が最も一般的である。縫合面に緊張のかかる浅い傷では水平マットレス縫合を，深い傷では垂直マットレス縫合を行う。後者を行うときには，創縁に近いところで浅層縫合を，遠いところで皮下組織を含む深層縫合を行うとよい。このような皮膚の一層縫合では，組織反応が少ない材質であるナイロンあるいはポリプロピレンなどの非吸収性モノフィラメント縫合糸（USPサイズで0または2-0）を使用する。

　一方，創腔の広い傷では，皮膚縫合に先立って皮下組織縫合を行う必要がある。二層縫合となるため縫合手技に手間はかかるが，浸出液や血液が貯留する死腔をできるだけ減らすとともに，皮膚縫合面にかかる張力も減じる効果がある。皮下組織縫合には，ポリグリコール酸を含む吸収性モノフィラメント糸のなかでも，比較的吸収の早いもの（1～2週間で生体内抗張力50～60％減）を選択する。体内に残留する糸なので，USPサイズ3-0または4-0の細径のものを用いて単結節皮内縫合を行う。縫合面に過度の緊張がかかる場合には，やや太めの縫合糸（USPサイズ1または2）を用いて減張縫合を行うこともある。縫合後に皮下組織に創液貯留が予想される死腔内にはペンローズドレーンを留置して，液貯留による治癒遷延を予防する。

　縫合創を保護するため，あるいは創傷治癒を促すためのドレッシング材の適用は理にかなっている。手術縫合創にはフィルムドレッシングを貼り付けて，その上に清潔なガーゼをあて，自着性の保護包帯で固定する。フィルムドレッシングは傷を密閉するとともに，直接ガーゼに接することによる傷の乾燥（痂皮形成）を適度に防

ぎ，早くてきれいな創傷治癒が期待できる。ガーゼと包帯の適用は，保温効果によって創傷治癒に不可欠な急性炎症反応を維持するとともに，細菌の移入を絶って縫合創を清潔に保つことで，一次治癒に求められるきわめて少ない瘢痕組織と早い上皮化治癒が促進される環境を確実にする。

②裂傷治療

広い範囲の汚染・壊死組織，あるいは組織欠損を伴う裂傷では，二次治癒を目標に外傷治療が行われる。創傷治癒の初期治療で最も重要なことは，徹底的な傷の清浄化である。一次治癒目的ではないので，不潔な創でもかまわないという考え方をやめ，縫合・閉鎖するときと同等に，異物や汚れ，壊死組織を完全に取り除く。この操作には疼痛を伴うため，鎮痛・鎮静下で行う必要がある。人による保定が十分可能な子牛では，成牛と比べて，清浄化の処置は実施しやすい。処置は流水で洗い流すことを主体とし，ヨード剤やクロルヘキシジンなどの消毒薬使用は極力控え，使用した場合には残留させないよう努める。最後は十分量の滅菌水で洗い流し，清浄化を終える。

③刺傷

細長く先の尖ったものを突き刺して生じた損傷をいい，創口に比して創が深いのが特徴である。刺傷や咬傷のような皮下組織以下の深層部に異物汚染や細菌感染を伴うことが多く，創傷感染のリスクが大きいため，感染症予防の目的で広域スペクトルの抗菌薬を全身投与する必要がある。体表にできた傷口は比較的小さいことから上皮化による被覆は受傷後数日で完了し，傷を発見したときにはすでに閉じていることがあるが，創面に付着・残存した細菌が閉鎖腔内で次第に増殖し，後日，化膿性蜂窩織炎（フレグモーネ）として発見されることがある。また，より長い期間，傷口が塞がったまま放っておくことで，慢性化膿性炎が進行し，やがて瘻孔となって現れる。刺傷においても局所治療の基本は，①体内に止まった異物を除去すること，②咬傷のように創面に感染を伴う刺傷では傷口が閉じないようにすること，③排液することである。必要に応じて傷口を拡大させて，創腔内にチューブや微細カテーテルを留置し，排液処置を優先する。排液は湿潤治療用のドレッシング材で受け止めてもよい。ドレーンを設置することで傷口の閉鎖が遷延することも好都合である。

④熱傷

皮膚焼烙治療時の合併症，あるいは火災事故が原因で起こる高温による皮膚の損傷を熱傷といい，その程度は次のように大別される。1度熱傷は表皮の浅層に限局した損傷であり，表皮の発赤，疼痛，軽度浮腫にとどまり，数日で自然治癒する。2度熱傷では表皮の全層が破壊され，水泡が形成されるのが特徴である。3度熱傷では真皮から皮下組織の破壊・壊死を伴う。4度熱傷では，組織の炭化が特徴的である。治療の対象になるのは，2度以上である。基本的に水泡は温存するが，破れた場合には切除した後にガーゼによるドレッシング，またはラップなどによる湿潤治療を適用する。3度熱傷では，進行する壊死組織を除去しながらの創傷治療が必要となり，治癒は遷延する。

熱傷の予後には受傷範囲が大きく関係する。真皮層以下を巻き込んだ広範な熱傷では，創傷感染症への対処が求められる。子牛における熱傷はまれであり，除角後の止血目的で行う焼烙処置に合併する限局した範囲の熱傷程度が多い。

⑤非開放性損傷

転倒や打撲などによる鈍性外力が局所に作用することによって，外皮の連続性を損なうことなく，皮下組織に生じた損傷を非開放性損傷（一般的な挫傷）という。強い衝撃より深層組織に及んだ場合，受傷部位によって筋挫傷，神経挫傷，脳挫傷となる。一般的な皮膚挫傷では，皮下組織の微小血管の破断による出血が原因で出血斑や皮下血腫が形成されるのが急性期の特徴である。このときの対症療法は冷湿布が原則となり，皮下出血が拡大するときには包帯による圧迫を行う。腫脹した患部は，できるだけ動かさないことも大切である。筋挫傷，腱挫傷，靱帯挫傷の症例では，受傷時の組織断裂に特異的な運動機能障害が現れる。また治癒過程後期には瘢痕拘縮が原因で関節挫傷後の関節拘縮のような，運動機能障害が合併することがある。

⑥過剰肉芽治療

増殖期に旺盛な肉芽組織産生が抑止されて瘢痕収縮へとうまく移行しないことによって，過剰肉芽組織が形成される。過剰肉芽組織は創縁よりも盛り上がってしまうので，上皮化は一向に進まない。過剰肉芽は四肢における皮膚の創傷治癒過程で生じることが多く，組織の低酸素・低血流・低温，皮膚の高い緊張と動き，汚染されや

すいなどの多くの要因が関与している。瘢痕収縮を担う筋線維芽細胞の発現にはTGF-βのようなサイトカインや成長因子の発現が関与していることから，修復過程におけるこれら液性因子の不足も理由のひとつかもしれない。

過剰肉芽組織の一般的な対処法は，ステロイド軟膏を湿潤治療用のドレッシング材に塗りつけて肉芽組織に当てるやり方である。ステロイド剤の局所への適用については，増殖期に必要なマクロファージなどの細胞機能を抑制しないように気をつけて行う必要がある。その他，肉芽組織の外科的切除を行った後，止血効果の高いドレッシング材（アルギン酸）を当てる方法もある。過剰肉芽の形成を予防するためには，傷の適切な被覆と包帯を行うことが大切である。創面の湿潤を保ちながら，圧迫することで傷の動きを減じ，あわせて保温を行うことで治癒を促す。

⑦湿潤治療

消毒した後に傷にガーゼを当て包帯する方法（乾燥法）に換えて，最近では傷を「乾燥させない」「消毒しない」，いわゆる湿潤治療が行われる。急性炎症，肉芽組織形成，および上皮化という二次治癒のどのステージにおいても，炎症細胞，間葉系細胞，および上皮細胞の移動，増殖，基質産生は必須の現象である。創の乾燥や消毒薬との接触は，これら細胞の修復活動を損なう。傷を乾燥させると細菌を巻きこんだ痂皮が形成され，治癒が遅れる。皮膚の浅層部の傷であれば壊死組織や異物を徹底的に除去した後，流水によって汚れを落とし，一定期間の抗生物質の全身投与を行えば，創傷感染症のリスクはほぼ回避できる。傷を空気に接触させない湿潤治療の最も単純なやり方は，傷に直接ガーゼを当てる代わりに食品用のラップを使うものである。創面からの浸出液を適度に吸収して傷の湿潤性を保つポリウレタンスポンジ，ハイドロコロイド，あるいはハイドロポリマーなどの専用ドレッシング材が開発されており，傷の形状，深さ，浸出液の多少に応じて選択できる。

■注釈

＊1
PK/PD解析：投与した薬の薬理作用と体内動態をモデル化し，発現する薬効の経時変化を数学的に解析することにより科学的に薬物投与計画を立案する理論。薬の作用機序によりいろいろなPK/PD解析モデルが開発されているが，抗菌薬の場合は病原菌のMICを用いたモデル非依存型の解析法が適していることが共通の認識となり，臨床での薬効指標としてPK/PDパラメーターが採用された。

＊2
殺菌性抗菌薬や静菌性抗菌薬はMIC測定に基づいた試験管内抗菌活性の分類である。生体の病原菌増殖部位の菌量が変わると，殺菌性が静菌性になったりその逆のことも起こる。このため，臨床的にはこの分類用語の重要性は薄れた。

＊3
耐性菌選抜を抑制する抗菌薬投与量について，濃度依存型抗菌薬の場合はグラム陽性菌ではAUC/MIC30〜50，グラム陰性菌では125以上なら耐性菌株の選抜は起こらないと記載されている[2]。

＊4
血漿タンパク結合率が極端に高い薬の分布容は小さい。例えば，非ステロイド系抗炎症薬（NSAIDs）やスルファジメトキシンの分布容は0.1 L/kg以下である。これはこららの薬が血漿タンパク質と高率（95％以上）に結合し，大部分の薬物分子が毛細血管からろ過されないためである。しかし，そうした薬でも血漿タンパク質と結合しない遊離型分子で測定すると分布容は0.25 L/kgをはるかに超える。

＊5
セファロスポリン系のセフチオフルは例外で，血中での加水分解により代謝され，デスフロイルセフチオフルに変わり，この代謝物が長く体内にとどまって抗菌活性を発揮する。新生子牛もこの加水分解酵素は有しており，幼齢動物であるということは考慮せずに使用できる。

＊6
通常皮下注の承認のある注射剤には筋注の承認もあるが，チルミコシンには筋注の承認はない。これはこの抗菌薬が血中濃度が急激に上がると致死的な心障害を起こすためである。アメリカでは1カ月齢以内の子牛への皮下注は適用外になっている。

＊7
http://www.fda.gov/AnimalVeterinary/SafetyHealth/AntimicrobialResistance/JudiciousUseofAntimicrobials/default.htm（2013年12月現在）

＊8
下痢と下痢症は分けて考えなければならない。下痢は生体に有害不要なものを消化管から体外に除去する生体防御反応である。下痢症は消化管からの水分などの過剰排泄による脱水症状のことである。子牛に限らず動物は生後しばらくの間は腎の尿濃縮機構が未完成で，下痢などによる脱水で障害を受けやすい状態にある。

＊9
NSAIDsというとシクロオキシゲナーゼ-2に対する選択性が問題になる。選択性が高いNSAIDsは長期間連用しても副作用が出にくいとされている。しかし，農場動物の場合，NSAIDsを長期にわたって運用することはないため，選択性についてはあまり問題にされていない。

■参考文献

第1節　蘇生法
1) Brown LA. 1987. Vet Med. April：421.
2) Mee JF. 1994. Cattle Practice. 2：197-210.
3) Mee JF. 2008. Vet Clin North Am Food Anim. 24：1-17.
4) Uystepruyst CH et al. 2002. Vet J. 163（1）：30-44.

第6節　輸液療法の基本
1) 富田公夫, 野々口博史, 寺田典生, 丸茂文昭. 1993. 内科. 72：625-631.
2) 折田義正. 1995. 輸液ガイド. 第2版（Medical Practice編集委員会 編）. 文光堂, 東京：22-34.
3) 北岡建樹. 1995. チャートで学ぶ輸液療法の知識. 南山堂, 東京：120-136.
4) 北岡建樹, 佐藤良和. 1993. 内科. 72：647-650.
5) 河野克彬. 1989. 輸液療法入門. 第2版. 金芳堂, 京都：151-174.
6) 大熊利忠. 1997. 医学のあゆみ. 183（9）：553-558.
7) 太田祥一, 行岡哲男. 1997. 医学のあゆみ. 183（9）：574-581.
8) 折田義正, 柿原昌弘, 申 性孝, 鎌田武信. 1990：内科. 65：618-623.
9) 佐藤忠直, 菱田 明. 1990. 内科. 65：631-637.
10) Berchtold J. 1999. Vet Clin North Am, Food Anim Pract. Nov 15（3）：505-531.
11) Garcia JP. 1999. Vet Clin North Am, Food Anim Pract. 15（3）：533-543.
12) 上片野一博. 2007. 獣医輸液会誌. 7（1）：22-23.
13) 池田建次, 山田 啓. 1999. 治療. 81（7）：1963-1969.
14) 宮川 浩, 賀古 眞. 1995. 輸液ガイド. 第2版（Medical Practice編集委員会 編）. 文光堂, 東京：2263-2269.
15) 竹田亮祐, 東福要平. 1982. 内科. 50：611-617.
16) Suzuki K, Kato T, Tsunoda G, Iwabuchi S, Asano K, Asano R. 2002. J Vet Med Sci. 64（12）：1173-1175.

第7節　抗菌薬使用の基本
1) Powell SH et al. 1983. J Infect Dis. 147：918-932.
2) Blondeau JM. 2009. Veterinary Dermatology. 20：383-396.
3) Drlica K, Zhao X. 2007. Clinical Infectious Diseases. 44：681-688.
4) Papich MG, Riviere JE. 2001. Veterinary Pharmacology and Therapeutics. 8th ed.（Adams HR ed.）：874-878
5) Baggot JD. 1977. Drug therapy in the neonatal animals：219-224.
6) 園部隆久ほか. 2007. 家畜診療. 54：553-557.

第9節　プロバイオテックス・プレバイオテックスの種類と特性および用途
1) 辨野義己. 2010. 家畜診療. 57：643-649.

第10節　その他の外科疾患の処置
1) Baxter GM. 1989. Compend Contin Educ Pract Vet. 11：503-515.
2) Fretz PB. et al. 1983. J Am Vet Med Assoc. 183：550-552.
3) 山岸則夫. 2007. 家畜診療. 54：531-540.

CHAPTER 3 疫学

　疫学は，疾患の発生要因やその状況を解析するうえで必要な手法であり，臨床診断の精度を高め，適切かつ効率的な診療を行うための情報および，発症や感染の予防を図るうえでの情報を提供する。このように疫学は，子牛の集団であれ，個体であれ，その生産性や収益性を低下させる原因である疾患の発生状況や頻度の法則性を見出し，適切な診療技術を確保する手法である。

第1節　疫学と診療

　子牛の発症は，畜舎内外の飼育環境や放牧環境の影響を大きく受ける。例えば，季節や気温，湿度の変化は，ベクターである吸血媒介昆虫の活動や子牛自体の抗病性に影響する。例えば，小型ピロプラズマは初放牧の初期に，低マグネシウム（Mg）血症は低温・多湿の初春季に多発する。また，中毒は中毒物質の採食から発症までの時間が診断上重要な情報となる。尿素中毒は採食後1時間以内に，硝酸塩中毒は硝酸塩含量の高い根菜類や牧草を採食後2〜3時間で発症することが多い。

　罹患牛の発生は，地理的あるいは環境的要因が強く影響するため，発生農場やその地域周辺における類似疾患の発生状況の把握も重要である。一方，大規模な飼育環境下では農場内あるいは地域内の子牛の飼育密度が高いため，感染症が発生すると大流行する危険がある。さらに，子牛は病原体に対する感受性が高く，好発日齢や月齢が存在する。ロタウイルスは生後4〜14日齢，コロナウイルスは30日齢以内，サルモネラ菌は6カ月以内に好発し，いずれも特に30日齢以下では高い死亡率を示す。毒素原性大腸菌は生後2週以内，特に生後5日以内では死亡率は高く，クリプトスポリジウム原虫は数週間以内，特に7日齢以下で多発する。また下痢や肺炎を伴う感染症の多くは，不顕性感染や日和見感染を起こし，舎内の衛生状況に影響される。

　これらのデータを積み重ねて，それを活用することは，獣医師自らが疫学手法を診療に反映させる方法のひとつである。

　本節は，農林水産省経営局編『家畜共済における臨床病理検査要領』（2005）および全国家畜保健衛生業績発表会協賛会『病性鑑定マニュアル 第2版』（1999）を一部引用した。

1．疾患の疫学的特徴

（1）診療所見からみた疾患の鑑別

　子牛の診察では，最初に飼養管理者または畜主から稟告を取り，次いで子牛の前面に立って頭側から側面へ，さらに尾側へ移動しながら全体を視診によって観察する。同時に，舎内に立ち入った際に感じる異臭や，子牛に近づいて感じる体臭，糞便や尿のにおいを臭覚によって観察する。その後，体表の変化を直接手で触って触診し，病的な声や音を聴き取り，次いで聴診器を用いて間接的聴診と，子牛の体表に耳を当てて直接聴診する。最後に体表を打診して音響の性状を聴き取り，体温計を用いて直腸温度を測定する。

　また，同居牛の行動や症状，畜舎内外の環境状態，給与飼料や採食状況，給水器や給水状態を観察する。さらに，当該農場におけるこれまでの子牛の類似疾患の発生状況や特徴的所見を把握する。

　一般に臨床現場においては，臨床所見に基づいて病因や疾患名を診断するが，臨床所見で診断できない場合は血液や糞便，尿などを採取し，あるいは鼻腔・咽喉スワブを用いて，臨床病理学的検査を行う。さらに，類症鑑別を行ったうえで病因や疾患名を確定する。限られた時

間内で，子牛を迅速かつ適確に診断するためには，疾患の疫学的特徴を把握することが重要である（表3-1）。

（2）発生状況からみた疾患の鑑別

子牛の疾患においては，その発症や感染のバックグラウンド，宿主の年齢，季節や畜舎内微気候，飼養環境によって疫学的特徴がみられるので，これらに類似する所見を把握し，比較することで疾患鑑別の一助となる（表3-2）。

（3）症状からみた疾患の鑑別

疾患はそれぞれ特徴的な症状を伴うので，子牛の症状を把握することで疾患鑑別の一助となる（表3-3）。

（4）重要な特定家畜伝染病

近年，国内に侵入した特定家畜伝染病である海外悪性伝染病は，一般に国内で発生している伝染病と異なり，きわめて大規模な流行が突発的に生じる可能性が高いので，これらの伝染病を疑う症例を発見した際には，速やかに関係機関に届け出て，指示に従い適切に対処する必要がある。

海外悪性伝染病は，国境を越えて伝播する越境性家畜伝染病で，長期間にわたり畜産の生産性を低下させ，畜産物の安定的供給を脅かし，地域の経済や社会に深刻な影響を与える（表3-4）。しかも，国際的にも信用を失うので国内侵入を阻止しなければならない。我が国では2010年4月に口蹄疫が宮崎県で発生し，大きな被害をもたらした。海外悪性伝染病の侵入阻止，早期発見のための届出制度，発生農家の支援対策を講じるため，「家畜伝染病予防法」の改正を行い，2011年4月に公布，10月に完全施行した。それに伴って，「飼養衛生管理基準及び口蹄疫に関する特定家畜伝染病防疫指針」の見直しが図られ，新たに「牛疫に関する特定家畜伝染病防疫指針」および「牛肺疫に関する特定家畜伝染病防疫指針」も公表された。

2．疾患発生の数量的評価

疾患の発生の時間的な状況を把握して数量化を行い，論理的考察を加えれば，その疾患疫学的特徴を客観的に評価することができる。

（1）罹患率

罹患率は，一定期間内に新たに子牛が罹患または発症する率で，発生率ともいい，観察期間内の新たな罹患頭数／1頭当たりの観察期間の総和で示す。総和は実際には観察の開始時点の頭数に終了時点の頭数を加えて，その1/2とする。罹患率は，ある集団における単位時間当たりの発生頻度を表し，発生を予測する場合の有効な指標となる。

（2）有病率

有病率は，ある時点の集団のなかでの罹患している子牛の割合で，ある時点の罹患頭数／ある時点の観察集団の総頭数で示し，いつ感染したかという期間は問題としない。罹患率（発生率）が低くても有病期間が長ければ有病率は高くなり，罹患率（発生率）が高くても有病期間が短いと有病率は低くなる。いうなれば，有病率は観察時点での疾患の罹患状況を知るうえで有効な指標となる。

（3）死亡率

死亡率は，ある子牛の集団のなかで，一定期間内に死亡した率で，観察期間中の死亡頭数／1頭当たりの観察期間の総和で示し，罹患率の算出の際の分子を死亡頭数に置き換えたもので，罹患率と同様に時間的な概念を含んだ指標となる。

（4）致命率

致命率は，ある疾患に罹患している子牛が，一定の期間内にその疾患が原因で死亡した割合で，ある疾患による死亡頭数／ある疾患の罹患頭数で示し，疾患の重篤度や病原体の強さの指標となる。

（5）オッズ比

オッズ比は，疾患に罹患した群が罹患していない群に比べて，どれだけリスク因子（疾患の発生に関与する因子）に曝露されていたか（影響されていたか）を表す指標で，$(a/c)/(b/d)=ad/bc$で示す。なお，aは罹患あり・リスク因子への曝露ありの頭数，cは罹患あり・リスク因子への曝露なしの頭数，bは罹患なし・リスク因子への曝露ありの頭数，dは罹患なし・リスク因子への曝露なしの頭数である。疾患とリスク因子の因果関係を検証するために用いる指標のオッズ比は，1から離れる数値ほどリスク因子との関連が強いことになる。

(6) 相対リスク

相対リスクは，あるリスクの因子に曝露された群が曝露されていない群に比べて，どの程度罹患しやすいかを示す指標である。曝露された群と曝露されていない群の罹患率の比で計算する。

表3-1 診療所見からみた子牛疾患の鑑別

診察	項目	所見および症状	疑われる疾患および病因
視診	体格・発育	発育不良	慢性胃腸疾患，寄生虫感染症，牛ウイルス性下痢・粘膜病，ビタミンA過敏症，不適切な飼料給与
	栄養	過肥	不適切な飼料給与
		栄養低下	慢性疾患，寄生虫感染症
	姿勢	茫然	熱性疾患
		持続性起立	創傷性疾患，関節炎による起立困難，肺気腫
		背彎姿勢	関節炎，腎炎
		前肢の開張姿勢	肺炎，心膜炎
		木馬様姿勢[*1]	破傷風
		横臥あるいは起立不能	マイコトキシン中毒，リステリア症，ヒストフィルス・ソムニ感染症[※]，チアミン欠乏症，牛海綿状脳症，脱臼，骨折，重度の衰弱
	挙動	尾の自力挙上	直腸・肛門・泌尿生殖器の疼痛性疾患
		沈うつ	熱性疾患，消化器疾患，代謝病
		興奮	腹腔内の疼痛性疾患，牛海綿状脳症
		疼痛症状	腸閉塞，尿結石症
		神経症状	リステリア症，ヒストフィルス・ソムニ感染症，チアミン欠乏症，牛海綿状脳症
		強直	破傷風
		努責[*2]	膀胱炎，腟炎，外陰部損傷，便秘
		跛行	関節炎，脱臼，腱・靱帯・筋肉の損傷，くる病
		蹄尖起立	趾皮膚炎
		ナックリング[*3]	後肢の神経麻痺，起立困難を伴う疾患
		食欲減退・廃絶	第一胃食滞，第四胃潰瘍，変敗飼料の給与，消化器疾患，全身性疾患の続発症状
		偏食・異食	代謝症，欠乏症
	呼吸	呼吸数増加	肺疾患，重度の貧血を伴う疾患，重度の感染症，胸水・腹水の増加
		呼吸数減少	重度の肝臓・腎臓疾患，チアミン欠乏症，瀕死期の昏睡時
		胸式呼吸	肺呼吸面積の縮小を招来する疾患
		腹式呼吸	肺気腫，胸壁の疼痛性疾患，マイコプラズマ性肺炎，肺虫症
		呼吸リズムの変動	中枢神経系疾患
	被毛	被毛脱落	皮膚真菌症，疥癬症，デルマトフィルス症，光線過敏症，ダニ・シラミの寄生
		特発性脱毛	水銀中毒，亜鉛・銅欠乏症，脂質代謝障害
		失沢・粗糙	栄養障害
	皮膚	結節・疣状腫瘤	牛バエ幼虫症，皮膚型白血病
		痂皮	デルマトフィルス症
		腫脹	血腫，膿瘍，腫瘍
		乾燥・粗糙な皮膚	皮膚真菌症，疥癬症，内部寄生虫感染症
		発赤	発熱・充血・うっ血を伴う疾患
		退色	貧血・出血を伴う疾患，瀕死期
		発汗	アナフィラキシーショック，激しい興奮または疼痛を伴う疾患
		出血	血液凝固障害，パラフィラリア症，スイートクロバー病，ワラビ中毒
		アレルギー性発疹	給与飼料・薬物による蕁麻疹
	腹囲	腹囲縮小	食欲不振・減退・廃絶を伴う疾患
		腹囲膨大	鼓脹症
	口唇	水疱・潰瘍・び爛	口蹄疫，牛ウイルス性下痢・粘膜病
		流涎	破傷風，牛流行熱，牛パラインフルエンザ，牛伝染性鼻気管炎
	舌	水疱・び爛・潰瘍	口蹄疫
		麻痺	イバラキ病
	鼻鏡・鼻孔	水疱・び爛・潰瘍	口蹄疫
		希薄透明の鼻漏	牛流行熱，イバラキ病，牛伝染性鼻気管炎，牛パラインフルエンザ，カタル性炎症
		膿性鼻漏	カタル性炎症
		泡沫性鼻漏	肺水腫

[※]第12章「5．ヒストフィルス・ソムニ感染症」を参照

表3-1 診療所見からみた子牛疾患の鑑別（つづき）

診察	項目	所見および症状	疑われる疾患および病因
視診	鼻鏡・鼻孔	血様鼻漏	肺充血
		鼻孔の開張	呼吸困難
		鼻鏡の乾燥	熱性全身性疾患
		鼻鏡の強い冷感	循環障害による体表温度の低下
	眼球・結膜	眼球突出	牛白血病
		角膜混濁	牛伝染性角膜結膜炎
		角膜潰瘍	牛伝染性角膜結膜炎
		瞳孔散大	ビタミンA欠乏症，先天性盲目
		結膜・瞬膜の黄色化	肝実質障害，胆道・胆管の閉塞，溶血性疾患
	眼瞼	流涙	牛伝染性角膜結膜炎，化膿性結膜炎，ビタミンA欠乏症，牛流行熱，イバラキ病，牛伝染性鼻気管炎
	顔・胸部	顔面骨両側性腫脹	くる病
		顔面骨局所性腫脹	放線菌症，アクチノバチルス症
		胸垂浮腫・頚静脈拍動	循環器障害，心膜炎，心内膜炎
	外陰部	外陰部・陰唇チアノーゼ	硝酸塩中毒，循環器障害
		外陰部粘膜の黄色化	肝実質障害，胆道・胆管の閉塞，溶血性疾患
	肛門周囲	肛門周囲の汚れ	下痢を伴う疾患
触診	皮温	鼻鏡・耳介の熱感	熱性疾患
		熱感部と冷感部が不規則に分布	悪性熱性疾患，循環器障害
		皮温の低下	重度の全身性疾患の末期
	口腔内温度	低下から冷感	下痢などによる軽度から重度の脱水
	蕁麻疹	小指頭大から手のひら大の浮腫状腫	アレルギー性疾患
	圧痛	知覚過敏	局所性炎症
	皮膚弾力	弾力性の減少	下痢などによる脱水，重度の削痩
		弾力性の増強	過肥
	皮下組織	スポンジ状感触	浮腫
		非炎症性局所浮腫	末梢のリンパ管または静脈の循環障害
		非炎症性全身浮腫	うっ血性心筋症
		熱感・疼痛・緊張	膿瘍初期
		波動感を有する腫瘤	血腫（皮下出血）
		ガスの皮下貯留	気腫疽，悪性水腫，重度の間質性肺気腫
		寄生虫	牛バエ幼虫の皮下寄生
	リンパ節	体表リンパ節腫大	牛白血病，化膿性感染症，アクチノバチルス症
臭覚	舎内異臭	アンモニア臭	換気不良，不衛生な牛床
		酸臭	不良発酵サイレージ
		カビ臭	カビ発生飼料・敷料
	体臭	呼気の悪臭	鼻道・副鼻腔・口腔・肺の病変
	糞便	刺激臭	重症胃腸炎
聴覚	咆哮[*4]	咽頭狭窄音・変声	牛海綿状脳症，咽頭疾患
	異常呼吸音	くしゃみ	カタル性鼻炎，線維素性鼻炎，咽頭疾患
		発咳	気道粘膜の炎症
		乾燥した強い咳	上部気道疾患
		湿潤な弱い咳	深部気管支肺炎，肺気腫，胸膜炎
		呻吟[*5]	重度の急性肺気腫，胸腔内疼痛疾患
聴診	心音・心拍	心雑音	創傷性心膜炎，慢性心内膜炎，心奇形
		心音の微弱化	創傷性心内膜炎，心臓腫瘍，胸腔・肺腫瘍
		心外雑音	創傷性心膜炎
	呼吸音	上部気道狭窄音	喉頭の狭窄
		ラッセル音	気管支炎，肺炎，肺虫症，呼吸器感染症
		呼吸困難	気管支炎，肺炎，肺虫症，肺気腫，呼吸器感染症
	腹部	ピング音[*6]（金属性有響音）	第四胃変位
打診	胸郭	過共鳴音，鼓音・濁音	肺炎，無気肺，肺水腫，胸膜肺炎，胸水，肺気腫
	心臓	心濁音界の拡大	創傷性心膜炎，うっ血性心筋炎，心奇形，心肥大，心拡張
	腹壁	第一胃鼓音	急性慢性鼓脹症，腹水
		第二胃鼓音	急性慢性鼓脹症，腹水
検温	稽留熱	日差は1℃以下で高熱が持続	敗血性疾患，感染性肺炎
	弛張熱	日差は1℃以上で高低の差が激しい	敗血性疾患，ピロプラズマ病

表3-1 診療所見からみた子牛疾患の鑑別（つづき）

診察	項目	所見および症状	疑われる疾患および病因
検温	間歇熱	無熱期と高熱期が2～3日ごとに出現	
	回帰熱	熱の発作が反復	ピロプラズマ病
	波状熱	長期の不整高熱と微熱が反復	
	不整熱	不定な経過の熱型	
	虚脱熱	体温が平温以下に低下し，反射機能も消失し起立不能	重度全身性疾患の末期，ショック
排出物	鼻汁	水溶性鼻汁	呼吸器のカタル性炎症
		鼻孔周囲に黄白色混濁の乾燥鼻汁が付着	前頭洞の化膿性疾患
		粘液状または絮状物[*7]の付着	呼吸器のカタル性炎症，化膿性炎症
		塊状鼻汁の付着	呼吸器の壊死状炎症
		淡赤色泡沫性鼻汁	肺気腫
		血液凝塊・新鮮血	呼吸器の出血
	曖気	減少または廃絶	前胃運動の原発性または継発性疾患
	嘔吐	真性嘔吐	食道の末端部または噴門の炎症性疾患，過食，胃内に変敗物質あるいは有害物質
	糞便	排便困難	直腸の炎症，脊髄の疼痛性病変
		排糞の欠如	腸閉塞，腸管麻痺
		水様便	伝染性胃腸炎，寄生虫性胃腸炎，継発性胃腸炎，飼養管理の失宜
	尿	排尿困難	膀胱・尿道の疼痛を伴う炎症
		頻尿	腎臓・膀胱・尿道の炎症
		尿失禁	肛門・膀胱・尾の麻痺による排尿反射障害

2005年発行の農林水産省経営局編『家畜共済における臨床病理検査要領』第1章本編の第1節「一般臨床学的診断」を改変

表3-2 発生状況からみた疾患の鑑別

項目	発生状況	疑われる疾患
感染・発病率	甚急性・急性経過で致死率が高く，散発的	牛ウイルス性下痢・粘膜病（粘膜病型），気腫疽，悪性水腫，乳頭糞線虫症（突然死型）
	子牛で高い発病率	牛伝染性鼻気管炎，イバラキ病，牛流行熱，牛アデノウイルス病，牛パラインフルエンザ，牛ロタウイルス病，サルモネラ症，乳頭糞線虫症（突然死型）
	感染は単独で致死率は低い	牛ライノウイルス病，牛レオウイルス病
感染型	混合感染・同居感染	牛パラインフルエンザ，牛ライノウイルス病
	同居感染しない	ブルータング，アカバネ病，チュウザン病，アイノウイルス感染症，イバラキ病，牛流行熱
	不顕性感染が多い	イバラキ病，牛レオウイルス病
感染の地域性	関東以南に限定	イバラキ病，牛流行熱
	北海道に発生ない	アカバネ病
	近畿以南に限定	チュウザン病，アイノウイルス感染症
感染年齢	生後1～5日	牛ロタウイルス病
	1～2週	大腸菌症，クラミジア症（関節炎型）
	1～4週	サルモネラ症
	1カ月～育成	牛マイコプラズマ肺炎，コクシジウム症
	4～10カ月	肺虫症
	若齢牛	気腫疽，レプトスピラ症，牛伝染性角膜結膜炎
	年齢に無関係	牛ウイルス性下痢・粘膜病，牛伝染性鼻気管炎，牛RSウイルス病，牛コロナウイルス病，牛パラインフルエンザ，牛レオウイルス病，悪性水腫，アクチノバチルス症，放線菌症，破傷風
発病季節	冬季	牛RSウイルス病，牛コロナウイルス病，牛ロタウイルス病
	冬季～初夏季	牛バエ幼虫症
	春季	リステリア症，タイレリア症（初放牧の放牧初期），低Mg血症（低温・多湿）
	春季～秋季	アナプラズマ病
	夏季	牛伝染性角膜結膜炎，乳頭糞線虫症（突然死型）
	夏季～秋季	ブルータング

表3-2 発生状況からみた疾患の鑑別（つづき）

項目	発生状況	疑われる疾患
発病季節	夏季〜翌春季	アカバネ病，チュウザン病，アイノウイルス感染症
	秋季	イバラキ病，牛流行熱，レプトスピラ症
	周年	牛ウイルス性下痢・粘膜病，牛伝染性鼻気管炎，牛アデノウイルス病，牛パラインフルエンザ，牛レオウイルス病，アクチノバチルス症，牛大腸菌症，パスツレラ症，マイコプラズマ肺炎，放線菌症，消化管内線虫症
	高温・多雨期	デルマトフィルス症
発病時期	採食後1時間	尿素中毒
	採食後2〜3時間	硝酸塩中毒（根菜・牧草給与）
	放牧後2〜3時間	肺虫症，低Mg血症
	大雨・洪水後	レプトスピラ症
環境要因	病原体による環境汚染（土壌汚染・死体埋却・常在地）	気腫疽，悪性水腫，腎盂腎炎，リステリア症，肺虫症，消化管内線虫症，破傷風
	施設内外で過去に発病	牛ウイルス性下痢・粘膜病，牛伝染性鼻気管炎，牛白血病，牛RSウイルス病，牛ロタウイルス病，レプトスピラ症，腎盂腎炎，牛バエ幼虫症，低Mg血症
	発生地から患畜の導入	牛白血病，牛RSウイルス病，肺虫症
ワクチン	未接種	気腫疽，悪性水腫，破傷風
ベクター・中間宿主による汚染	ダニ・吸血昆虫	アナプラズマ病
	ダニ	バベシア症，タイレリア症
飼養環境	フィードロット方式	パスツレラ症，肝膿瘍
	舎飼い	マイコプラズマ肺炎
	オガクズ敷料	乳頭糞線虫症（突然死型）
飼養管理技術	濃厚飼料の多給	尿結石症，肝膿瘍，チアミン欠乏症
	変敗サイレージ	リステリア症
	堆肥多量施肥作物	硝酸塩中毒
	降雨後の日照時刈取り飼料	硝酸塩中毒
	窒素・カリ施肥牧野	低Mg血症
	粗剛な粗飼料給与	アクチノバチルス症，放線菌症
ストレス	飼養環境の急変	大腸菌症，パスツレラ症
	給与飼料の急変	牛壊死性腸炎，大腸菌症
	気候の急変・長距離輸送	牛ウイルス性下痢・粘膜病，牛アデノウイルス病，牛コロナウイルス病，牛パラインフルエンザ，牛ライノウイルス病，牛レオウイルス病，パスツレラ症
	高温・輸送	大腸菌症，アナプラズマ病，タイレリア症
	創傷・外科手術	悪性水腫，破傷風
	抗菌剤・ステロイド系抗炎症剤	真菌性胃腸炎

1999年に全国家畜保健衛生業績発表会協賛会が発行した『病性鑑定マニュアル 第2版』から抜粋・改変

表3-3 症状からみた疾患の鑑別

症状	疾患	特定の症状
急死・高致死率	気腫疽	発熱，振戦，筋肉の厚い部分の不定形浮腫・捻髪音，跛行
	サルモネラ症	一般症状の悪化，発熱，黄灰白色水様性の悪臭便，粘血便，脱水，可視粘膜の蒼白，削痩，歩様蹌踉，起立不能，肺炎，関節部の腫脹
	悪性水腫	広範囲の皮下浮腫，創傷部の暗赤色腫脹，跛行
	大腸菌症	哺乳停止，一般症状の悪化，脱水，灰白色から黄色の水様ないしペースト状下痢
	ヒストフィルス・ソムニ感染症（伝染性血栓塞栓性髄膜脳炎型）	発熱，一般症状の悪化，神経症状，眼球振動，斜視，後躯蹌踉
呼吸困難（促迫）流涙・流涎・鼻汁	牛ウイルス性下痢・粘膜病	二峰性発熱，一般症状の悪化
	牛ウイルス性下痢・粘膜病（粘膜病）	発熱，血液含む下痢，鼻粘膜の小潰瘍
	牛伝染性鼻気管炎	発熱，一般症状の悪化，陰門炎，膣炎，子宮内膜炎，亀頭包皮炎
	イバラキ病	軽度の発熱，粘膜の充血・痂皮・潰瘍，蹄冠部の腫脹・潰瘍，跛行，咽喉頭麻痺，嚥下障害
	牛流行熱	突発的発熱，皮筋・躯幹筋の振戦，一般症状の悪化，四肢関節の浮腫

表3-3　症状からみた疾患の鑑別（つづき）

症状	疾患	特定の症状
呼吸困難（促迫）流涙・流涎・鼻汁	牛RSウイルス病	5～6日の稽留熱，湿性の発咳
	牛アデノウイルス病	一過性の発熱，一般症状の悪化，結膜炎，乾性ラッセル，7型は稽留熱と下痢
	牛パラインフルエンザ	一過性の発熱，一般症状の悪化
	牛ライノウイルス病	軽度の発熱，一般症状の悪化
	牛レオウイルス病	軽度の発熱，時に下痢
	サルモネラ症	一般症状の悪化，発熱，黄灰白色水様性の悪臭便，粘血便，脱水，可視粘膜の蒼白，削痩，歩様蹌踉，起立不能，関節部の腫脹，神経症状，肺炎
	パスツレラ症	発熱，一般症状の悪化，発咳
	マイコプラズマ肺炎	喘鳴，腹式呼吸，一般症状の悪化
	ヒストフィルス・ソムニ感染症（肺炎型）	発熱，一般症状の悪化
	アナプラズマ病	発熱，呼吸促迫，一般症状の悪化，可視粘膜の蒼白（貧血），黄疸
	クラミジア症（肺炎型）	発熱，時に下痢
	肺虫症	発熱，腹式呼吸，肺ラッセル音，一般症状の悪化，下痢
下痢・異常便	牛ウイルス性下痢・粘膜病（粘膜病）	発熱，血液を含む下痢，鼻粘膜の小潰瘍
	牛アデノウイルス病	一過性の発熱，一般症状の悪化，結膜炎，乾性ラッセル，7型は稽留熱・下痢
	牛コロナウイルス病	乳白色から黄色の水様下痢，一般症状の悪化
	牛ロタウイルス病	激しい水様性下痢，発熱，一般症状の悪化，脱水，眼球陥没，時に死亡
	サルモネラ症	一般症状の悪化，発熱，黄灰白色の水様性の悪臭便，粘血便，脱水，可視粘膜の蒼白，削痩，歩様蹌踉，起立不能，関節部の腫脹，神経症状，肺炎
	大腸菌症	哺乳停止，一般症状の悪化，脱水，灰色～黄色の水様～ペースト様下痢，粘血便
	真菌性胃腸炎	食欲不振，嘔吐，発熱，可視粘膜の蒼白
	クラミジア症（脳炎型）	発熱，一般症状の悪化，軟便，鼻汁，発咳，神経症状（旋回運動，麻痺）
	クリプトスポリジウム症	下痢
	コクシジウム症	血便，下痢
跛行	ブルータング	発熱，鼻鏡・鼻腔・口腔粘膜の充血・うっ血・潰瘍・び爛，跛行，関節炎，咽喉頭麻痺，嚥下障害
	イバラキ病	軽度の発熱，粘膜の充血・痂皮・潰瘍，蹄冠部の腫脹・潰瘍・跛行，咽喉頭麻痺，嚥下障害
	気腫疽	発熱，振戦，筋肉の厚い部分の不整系の浮腫と捻髪音，跛行
	悪性水腫	広範囲の皮下浮腫，創傷部の暗赤色腫脹，跛行
	ヒストフィルス・ソムニ感染症（敗血症・伝染性血栓塞栓性髄膜脳炎型）	発熱，一般症状の悪化，神経症状，眼球振動，斜視，後躯蹌踉
	牛クラミジア症（関節炎型）	多発性関節炎（跛行，強直），発熱，呼吸器症状
関節の異常	ブルータング	発熱，鼻鏡・鼻腔・口腔粘膜の充血・うっ血・潰瘍・び爛，跛行，関節炎，咽喉頭麻痺，嚥下障害
	アカバネ病	子牛の四肢の関節異常，脊椎・頸部の彎曲，頭部・顔面の変形，運動失調
	牛流行熱	突然的発熱，皮筋・躯幹筋の振戦，一般症状の悪化，四肢関節の浮腫
起立不能	牛ウイルス性下痢・粘膜病（胎子感染型）	子牛の盲目
	サルモネラ症	一般症状の悪化，発熱，黄灰白色水様性の悪臭便，粘血便，脱水，可視粘膜の蒼白，削痩，歩様蹌踉，起立不能，関節部の腫脹，神経症状，肺炎
歩様蹌踉[*8]	チュウザン病	虚弱，盲目，起立不能，運動失調，吸乳不能
	サルモネラ症	一般症状の悪化，発熱，黄灰白色の水様性の悪臭便，粘血便，脱水，可視粘膜の蒼白，削痩，歩様蹌踉，起立不能，関節部の腫脹，神経症状，肺炎
	破傷風	嚥下困難，流涎，強直性痙攣，木馬様姿勢
	硝酸塩中毒	外貌茫然[*9]，伏臥，一般症状の悪化
神経症状	サルモネラ症	一般症状の悪化，発熱，黄灰白色の水様性の悪臭便，粘血便，脱水，可視粘膜の蒼白，削痩，歩様蹌踉，起立不能，関節部の腫脹，神経症状，肺炎
	ヒストフィルス・ソムニ感染症（敗血症・伝染性血栓塞栓性髄膜脳炎型）	発熱，一般症状の悪化，神経症状，眼球振動，斜視，後躯蹌踉
	リステリア症	発熱，流涎，咽喉頭麻痺，舌麻痺，斜頸，旋回運動，角膜混濁，眼瞼反射消失，起立不能，沈うつ，昏睡
	クラミジア症（脳炎型）	発熱，一般症状の悪化，軟便，鼻汁，発咳，神経症状（旋回運動，麻痺）
	破傷風	嚥下困難，流涎，強直性痙攣，木馬様姿勢

表3-3 症状からみた疾患の鑑別（つづき）

症状	疾患	特定の症状
神経症状	尿素中毒	食欲廃絶，不安症状，全身性強直性痙攣（後弓反張），心悸亢進，呼吸困難，流涎
	低Mg血症	一般症状の悪化，知覚過敏，振戦，興奮
	低カルシウム（Ca）血症	一般症状の悪化，興奮，四肢筋肉の痙攣
貧血，一般症状の悪化，発熱	アナプラズマ病	発熱，呼吸促迫，一般症状の悪化，可視粘膜の蒼白（貧血），黄疸
	バベシア症	発熱，黄疸，血色素尿
	タイレリア症	黄疸
頻尿，排尿困難	腎盂腎炎	尿混濁，血尿，発熱，一般症状の悪化
血色素尿	バベシア症	発熱，黄疸，血色素尿
	レプトスピラ症	発熱，貧血，黄疸
腫瘤	アクチノバチルス症	頭頚部皮下・リンパ節・口腔に腫瘤を形成，自潰して瘻管形成し膿汁排出，呼吸困難
	放線菌症	上顎・下顎骨変形
	牛バエ幼虫症	背線の両側・腰・頚部の皮膚に腫瘤形成，腫瘤中央に開口部，幼虫の排出，無痒覚，無痛覚
体表リンパ節の腫脹	牛白血病	一般症状の悪化，胸前の浮腫，起立不能，軟便，下痢，左右対称的体表リンパ節腫大
痂皮形成	デルマトフィルス症	背中・頭部・頚部にスポット状痂皮
	皮膚糸状菌症	頭部・頚部に痂皮
眼病	伝染性角結膜炎	顕著な流涙，結膜腫脹，角膜の混濁・潰瘍，失明
奇形	アカバネ病	子牛の四肢の関節異常，脊椎・頚部の彎曲，頭部・顔面の変形，運動失調
	チュウザン病	虚弱，盲目，起立不能，運動失調，吸乳不能
	牛ウイルス性下痢・粘膜病（胎子感染型）	盲目
	アイノウイルス感染症	虚弱，盲目，起立不能，吸乳不能，体形異常

1999年に全国家畜保健衛生業績発表会協賛会が発行した『病性鑑定マニュアル 第2版』から抜粋・改変

表3-4 重要な海外悪性伝染病

疾患		所見・症状
口蹄疫	疫学所見	牛をはじめ偶蹄類が感染 幼若牛で死亡することがあるが，一般に死亡率は低い 潜伏期は5～14日 伝播がきわめて強い 風によって広範囲に伝播する
	臨床所見	発熱，流涎 一般症状の悪化 舌・唇・歯根部・蹄部・鼻腔・乳頭・腟粘膜の充血・水疱・び爛 跛行
	類似疾患	牛ウイルス性下痢・粘膜病
牛疫	疫学所見	牛をはじめ偶蹄類が感染 潜伏期は2～5日で急死 伝播が強く，接触・同居感染 致死率は品種によって異なり，黒毛和種で高い ウイルス株によって病原性が異なる
	臨床所見	発熱 一般症状の悪化 鼻漏，口腔・鼻腔粘膜の出血・水疱形成・偽膜・潰瘍・び爛 水様性の下痢，後に粘液・血液・粘膜片・偽膜混入の下痢
	類似疾患	牛ウイルス性下痢・粘膜病，コクシジウム症，口蹄疫，イバラキ病
牛肺疫	疫学所見	輸入牛あるいはそれと同居した牛で発生 漿液線維素性肋膜肺炎を特徴とする急性経過 急性かつ発熱を生じた牛では予後不良 発生地域では不顕性感染も多い
	臨床所見	急性型では発熱 一般症状の悪化，定型的な症例は1週間程度で死亡 帯痛性の咳，呼吸困難

表3-4　重要な海外悪性伝染病（つづき）

疾患		所見・症状
牛肺疫	臨床所見	水様から粘液性の鼻汁漏出 肋間部の激痛
	類似疾患	マイコプラズマ肺炎，出血性敗血症，ヒストフィルス・ソムニ感染症，異物性肺炎，牛伝染性鼻気管炎，イバラキ病
牛海綿状脳症	疫学所見	24カ月齢以上 出生農場などの発生要因が存在 動物性タンパク質性飼料などの供給
	臨床所見	性格の変化・不安行動 音や光に対して過敏 歩様異常，後躯麻痺
	類似疾患	リステリア症などの脳炎疾患，チアミン欠乏症，低Mg血症，植物中毒，頭部腫瘍

2008年に全国家畜衛生職員会が発行した『病性鑑定マニュアル　第3版』から抜粋・改変

第2節　家畜衛生経済学による疾患の評価

　子牛の診療にあたって，治療と予防に必要な知識と技術が身に付いたとしても，さらに頭を悩ませる問題がある。それは，治療や予防の技術がその農家の経営を圧迫しないかという経済的問題である。この経済的問題は，臨床現場にいる限り必ず気になるところである。しかし，我が国の獣医学教育では畜産経済学について学ぶ機会こそあれ，家畜保健衛生に関する経済学について学ぶ機会はなかった。家畜衛生経済学（animal health economics；日本国内では獣医経済学や経済疫学と訳されている場合が多い）は集団の家畜衛生における経済学であるため，同じく集団の疾患や問題について扱う疫学とは切っても切れない関係にある。最近，我が国でもはじまった獣医疫学教育のなかで，大学によっては家畜衛生経済学が取り上げられているところもある。

　日本の話題から離れて世界へ目を向けてみると，家畜衛生経済学は多くの国で重要視されているが，実はその歴史はそれほど古いものではない。1960年代半ばに国連食糧農業機関（FAO）／世界保健機関（WHO）／国際獣疫事務局（OIE）から発行されている『Animal Health Yearbook』に記載され，次いでアメリカ合衆国農務省（USDA）が数疾患についての経済評価をしたのがはじまりとされている[1]。これには，いくつかの先進国で主要な重要家畜感染症の清浄化が進み，次の段階として不妊や寄生虫感染症など，経済への影響が顕著ではない常在的な疾患や問題に取り組むにあたり，経済的指標を用いて政策の判断を迫られるようになってきた背景があった。

　1972年，イギリス・レディング大学のPeter Ellisが世界で初めて，家畜疾患調査に費用・便益分析法（cost-benefit analysis）を用い，連邦王国（UK）における豚コレラ撲滅対策に関する家畜衛生経済学的調査について発表した[2]。その後，1976年にEllisの働きかけにより，世界獣医疫学・経済学学会（International Symposium for Veterinary Epidemiology and Economics：ISVEE）が創設され，家畜衛生経済学研究の方法論や成果が数多く発表されてきた。現在，UKの英国王立獣医科大学（RVC）では，獣医学部生レベルにおいても家畜衛生経済学の講義がJonathan Rushtonによって行われているが，他国では主に修士課程以上の大学院レベルで教育・研究が行われているようである。

　家畜衛生経済学の図書としては，すでに体系化されたものが出版されており[3]，日本でも家畜衛生経済評価手法については『獣医疫学』[4]のなかで紹介されている。経済評価は，家畜衛生分野に限らず人獣共通感染症分野にも広く応用されており，それらについても体系化されている[1]。

　本学問は農場レベルから国家，地域レベルの異なるスケールで用いられるが，本節では特に酪農，肉牛農業における異なる経営形態における，農場レベルでの子牛臨床の諸問題について解説する。

表3-5 地域背景の把握で用いられるデータ

項目	内容
ウェブサイト	地域に関する情報，畜産データが紹介されているサイトの把握
関係機関	地域の畜産関係機関の把握，およびそれら機関が発刊している畜産統計資料の把握
農場	各農場の家畜疾患と経営に関する記録の有無
分析に必要なデータ	1 畜産物価格および畜産業投入物資の価格 2 地方市場における数量的データ，家畜商および畜産業投入物資の供給業者 3 人口データ（ヒト，家畜） 4 農場サイズデータ 5 気象データ

表3-6 子牛に関する調査のうち，農場での聞き取りで得られる階層別データ

階層	内容
動物	日齢，体重の変化，採餌量，疾患の有無，薬剤の種類，使用量，単価
動物群	群内の動物数，群の日齢構成，投入物資と量，単価
農場/家計	経営形態，労働力 畜産経営の知識，地域における情報収集方法
市場	飼料や敷料など，肥育素牛または妊娠牛の購入先，購入実績および単価 畜産物および家畜の販売先，販売量および単価 市場構造，価格変動
政策	政策による畜産業および畜産物販売の活性化対策，技術研修 生産および販売にかかる福祉および食の安全のための規制 雇用と労働に関する規制

1．データ収集

データ収集（data collection）は，分析結果を左右する重要な作業である．本節では，農場レベルでの分析を目的とするので，国家や地域の集団を代表する無作為標本抽出については触れないが，そのような抽出を計画している読者は，疫学の成書を参考にされたい．

（1）地域背景の把握

家畜衛生経済学を臨床現場で応用しようとする獣医師ならば，その地域のことはすでに詳しいかも知れない．しかし，表3-5にあるような地域背景の整理をしておくことは，さらに詳細なデータ収集の際，質問が的はずれになることや，聞き漏らしを防ぐことに役立つ．

これに加え，調査する土地に慣れ親しんでいない研究者や行政官は，現場をよく知る獣医師などに案内してもらい，土地について学ぶべきである．

（2）農場での聞き取り

農場での聞き取りにあたっては，農場内の情報に限らず，異なる階層のデータを収集することに留意するとよい（表3-6）．

農家での調査の方法としては，①事前に質問票を作成し，質問票の流れに沿って農家に質問し情報を得る構造インタビュー，②質問票をつくらず，または質問票とは別途に自由に会話のなかから情報を得るインフォーマル・インタビュー，③従業員や家族が集まって皆で話しあう参加型手法，に大別される．

さらに参加型手法は，調査者が情報を得ることに重きを置く迅速村落調査と，参加者が自ら発言することによって気付き，自ら解決法を導き出していく参加型村落調査とに大別される．

構造インタビューは，農家間の比較を行うためのデータ収集には適しており，詳細な経済学的分析に必要となる．しかしながら，はじめから必要な内容をすべて網羅した質問票を作成することは困難であるため，参加型調査やインフォーマル・インタビューで，重要な問題点をある程度認識したうえで質問票をデザインすると，調査の質を上げることができる．

（3）データの入力と管理

集められたデータは，速やかにコンピュータを用いてデジタル化するとよい．入力に際しては，聞き漏らしたことがないか注意しながら行うと，次回の訪問時に不足データを収集することができる．また，デジタル化しておくと，農家へのフィードバックも速やかに行うことができる．

2．臨床現場で家畜衛生経済学を必要とする事例

子牛の飼育に関連する現場でのニーズは，経営形態によって異なる．次に紹介する2つの聞き取り事例から，経営形態におけるニーズを探ってみる．

［事例1］ 肉牛一貫経営

肉牛一貫経営農場Aでは，子牛に対して，図3-1のような投資を行っている．投資は子牛がまだ胎内にいる時期に，保険への加入からはじまる．妊娠牛に牛下痢症5種混合不活化ワクチンを接種し，移行抗体により子牛

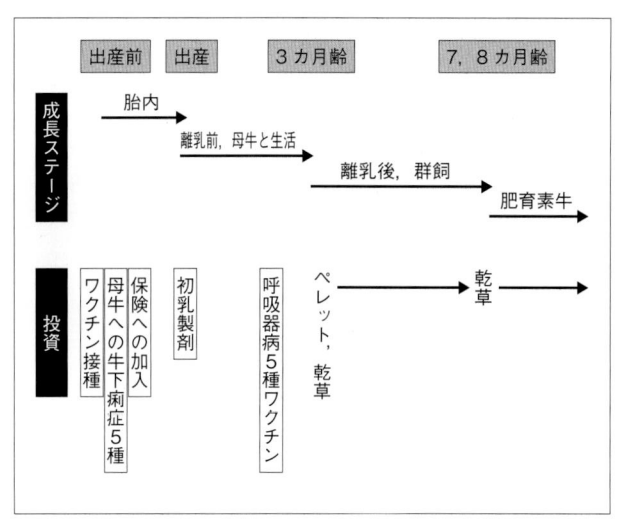

図3-1 肉牛一貫経営における子牛への投資の一例

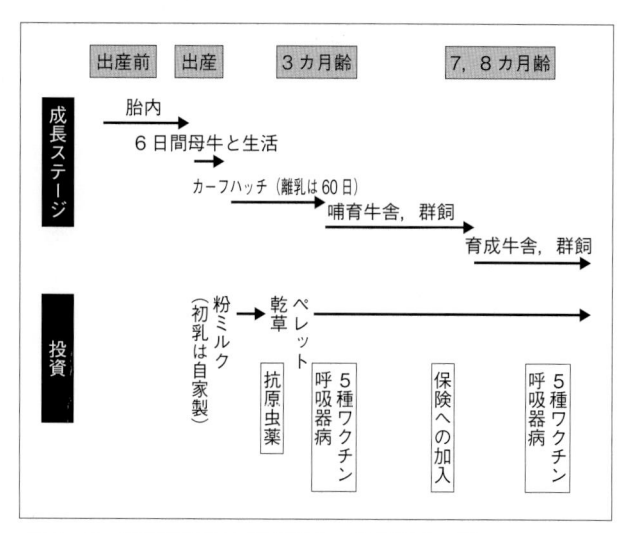

図3-2 酪農経営における子牛への投資の一例

に免疫を賦与する。また出産直後に初乳製剤を与え，生後2カ月齢で呼吸器病5種混合生ワクチンを接種する。この農場では以前はワクチン接種を行っていなかった。しかし，子牛が春先に下痢を呈することが多く，また呼吸器疾患も若干みられたため，治療費がかかることよりも，病気の子牛を世話することに時間を割かれることを問題とし，ワクチン接種に踏み切った。現在ではワクチンを使用しているためか，子牛の疾患はほとんどみられない。この農場において，ワクチン接種の導入が適切であったか検討したい。

[事例2] 酪農経営

酪農場Bでは，農場の搾乳牛から搾った初乳を凍結保存しており，出産後に子牛にまずこの初乳を融解して飲ませ，半日後に親の初乳を給与している。子牛は，図3-2に示すように6日間母牛と過ごさせた後カーフハッチに移動し，その後は離乳まで粉ミルクを給与する。離乳後（生後60日）は1カ月間継続してカーフハッチで飼育し，ペレットと乾草を給与する。疾患対策としては，離乳後ペレットや乾草に混ぜて抗原虫薬を給与している。また，生後3カ月と10カ月齢において呼吸器病5種混合生ワクチンを接種している。

この農場では，①子牛に対して全頭ワクチン接種をするべきか？　それともある程度の呼吸器疾患の発生は受け入れるか？　②子牛のペレットを高価だが高品質のものにするか？　変更しないか？　という2つの問題があった。

①については，ワクチンが導入される前までは呼吸器疾患は寒い時期に多発しており，従業員は正月の休みも返上しなければならないほど子牛の世話に明け暮れ，哺乳牛舎での仕事が多いために発情見逃しをするなど，経営のほかの部分に響くこともあった。子牛は呼吸器疾患を発症しても回復するが，作業場の効率を向上させるため，農場主はワクチン接種を導入した。②については，従業員との相談により農場主が決定した。農場主は，特にワクチン接種の導入が正しかったか獣医師に相談した。

3．主な経済分析方法の紹介

家畜衛生分野で用いられる主な経済分析方法については，すでに分かりやすく紹介されているので[4]，本書での重複は避ける。紹介されているのは，損失調査法（cost of the diseases），効果測定法（measure of effects），部分査定法（partial budgets），粗利益分析法（gross margin analysis），決定分析法（decision analysis；決定樹分析：decision tree analysis ともいわれる），費用・便益分析法（cost-benefit analysis）である。このほか，さらに複雑な分析方法では，数学モデリングを用いた最適化とシミュレーションがあり，それらには時間の概念の入ったものと入っていないものとがある。そして，さらに時間の概念の入ったもののうち，決定論的モデルと推計学的モデルがある[1,5]。山口によると，農場，個別経営レベルでの分析に適しているのは，部分査定法，粗利益分析法，決定樹分析，数理計画法，動的計画法，シミュ

表3-7 事例1におけるワクチン接種の検討についての部分査定法

費用		便益	
新たに発生した費用		抑えられた費用	
ワクチン代（1,500円×80頭）	120,000円	初診料（1000円×80頭×80%）	64,000円
		残業代（1000円×15頭×80%）	12,000円
		子牛の飼料代（100円×10日×80頭）	80,000円
対策によりなくなった収入		新たに発生した収入	
0円	0円	（80頭－80頭）×400,000円	0円
総費用	120,000円	総便益	156,000円

レーションである[6]。『獣医疫学』では，農場レベルの分析に効果測定法も適しているとしている[6]。

4. 臨床獣医師が応用可能な家畜衛生経済分析例

本稿では3で示した事例をもとに，臨床獣医師が応用可能な部分査定法と決定樹分析法を用いた想定分析例を示す。

（1）事例1における部分査定法の例

事例1の農場Aの例では，下痢症対策のワクチン導入について考えてみる。部分査定法は，農場全体の収支などの観点からみた経済的価値の算出ではなく，興味の対象である対策によって変動する部分の経済的効果を評価する方法である。対策による費用と便益を比較し，その対策を実施すべきか検討する。費用の計算には，①評価する対策によってかかる費用，②それまでの対策で得られていた収入，③利益の計算には新しい対策によって抑えられた費用，④新たに発生した収入を用いる[1]。

農場Aでは，1年間に80頭の子牛が生まれると想定する。査定対象のワクチンは妊娠中の母牛に使用するものとし，1頭につき1回筋肉注射することとする。また，値段は1頭につき1,500円かかるとする（注意：あくまで想定であり，いかなる既存の製品の販売価格を示しているものではない）。この農場では，年間の生産子牛のうちこれまで60頭が下痢を発症し，治療としてはその全頭に抗菌薬を投与，うち15頭に輸液を行っていた。治療代は子牛の保険料から支払われていた。獣医師による初診料は1頭につき1,000円で，診療2日目からは保険料から支払われた。

これまでのデータで，このワクチンは下痢症の80%を防ぐことができ，育成期間が約10日短縮できると報告されているとし（想定であり，既存製品の効果を示すものではない），また，子牛に給与する飼料費は1日100円とする。15頭の補液により，農場の従業員は獣医師の補助として1頭につき1時間の残業を余儀なくされた。従業員の時給は1,000円で，年間の牛生体出荷数は80頭とし，対策後も変わらず，下痢症による死亡はこれまでもなかった。牛生体の販売粗収入は40万円とする。

この場合，表3-7のように計算できる。対策によって失った収入は考えられなかったが，例えばワクチンや薬剤の種類を変更しようとする場合はここに以前の対策のコストが入る。また，新たに発生した収入は0円と試算されたが，生産日数の短縮により，生産効率が上がれば，利益は上昇する可能性はある。

結果として総便益は総費用を36万円上回り（156,000円－120,000円），ワクチン接種を取り入れた方が経営上有益であると判断された。このように部分査定法は農家に対して衛生対策の現実的指標を与えるが，査定される因子以外のほかの疾患や経営上の問題と併せて全体的に考慮することはできない。

（2）事例2における決定樹分析

事例2では，呼吸器病5種生ワクチンについて決定樹分析を用いてワクチン接種前と接種後の費用を比較する。ワクチン代は1頭につき2回分の2,700円であり（想定であり，既存製剤の販売価格を示すものではない），ワクチンを接種する場合はこの農場で1年間に生産される雌子牛70頭全頭に接種する。ワクチン接種を導入する前までは，毎年冬に50頭の子牛が呼吸器疾患を発症

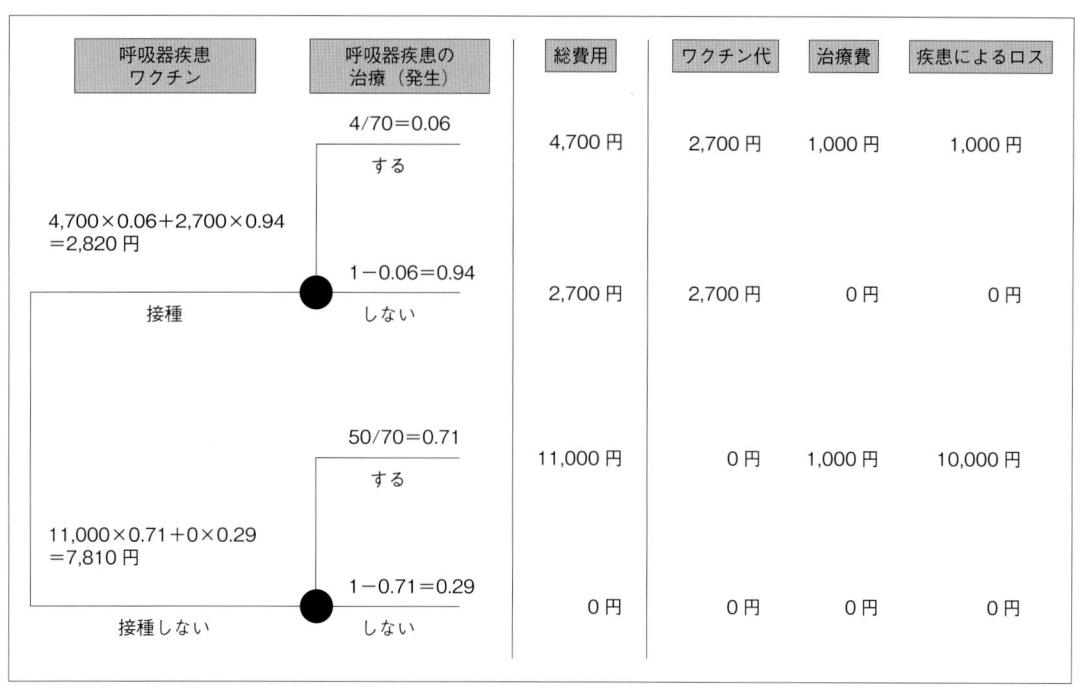

図3-3 呼吸器病5種混合生ワクチンの使用に関する決定樹分析

	呼吸器疾患ワクチン	呼吸器疾患の治療（発生）	総費用	ワクチン代	治療費	疾患によるロス
		4/70=0.06 する	4,700円	2,700円	1,000円	1,000円
4,700×0.06+2,700×0.94=2,820円	接種	1−0.06=0.94 しない	2,700円	2,700円	0円	0円
		50/70=0.71 する	11,000円	0円	1,000円	10,000円
11,000×0.71+0×0.29=7,810円	接種しない	1−0.71=0.29 しない	0円	0円	0円	0円

し，治療を受けていた。薬代は保険から払われるが，初診料の1,000円は農家負担であった。ワクチン接種をはじめてからは，呼吸器疾患の発生数は年に4頭程度に減少した。1頭当たりの疾患による平均ロスには，育成期間の延長分の餌代と治療にかかる従業員の時給，それから死亡事故が含まれる。ワクチン接種した子牛が呼吸器疾患を発症した場合，症状は軽く，疾患によるロスは1頭当たり1,000円であった。これに対して，ワクチン接種しない場合は，疾患によるロスは1頭当たり10,000円であった。

図3-3に，決定樹分析の方法を示す。決定樹では，まず1頭における費用を，ワクチン代，治療費，疾患によるロスについて，ワクチン接種をした場合としなかった場合，そしてそれぞれの場合において，呼吸器疾患にかかった場合とかからなかった場合について計算する。次に，図3-3の呼吸器疾患の治療（発生）の項目にあるように発生の確率を計算する。これらそれぞれのオプションの発生確率とそれぞれの場合の総費用をかけ，呼吸器病ワクチンを接種する場合としない場合の各項目に記載されているように計算する。この事例では，接種した場合の費用2,820円は，接種しなかった場合の費用7,810円よりも小さくなることから，ワクチン接種が薦められるということになる。

決定樹分析の特徴としては，確率の考え方が入ってくることと，決定樹を作成するにあたって，論理的に問題を整理することができることが挙げられる。しかしながら，この場合もほかの疾患や経営全体の考えは入らないので，全体を考えるには家計分析などの手法が必要となる。これにはさらに経済学の専門的知識および技術が必要であることから，本稿では扱わない。本稿で作成した決定樹において，最初の選択肢は二者択一であったが，ほかの参考資料では①疾患をコントロールしない，②戦略的に時期を選んでコントロールする，③周年でコントロールする，など3つの選択肢について分析する例を紹介している場合が多い。臨床現場でも，三者択一を迫られることはあると思われる。

本節では，獣医臨床現場で応用可能な家畜衛生経済学について，2つの事例をもとにそれぞれ部分査定法と決定樹分析を用いて解説した。これまで主に地域や国家というスケールで用いられてきた家畜衛生経済学も，ここで示されたように，農場レベルでの臨床現場に十分応用可能である。本稿では子牛に焦点を当てたが，家畜衛生経済学は飼育期間全体を通しての問題に対しても重要な役目を果たし得る。今後，臨床現場で経済分析に基づいた疾患コントロールの意思決定がなされていくことを期待したい。

表3-8 飼養衛生管理基準（牛，水牛，シカ，めん羊，山羊）（抜粋）

Ⅰ	家畜防疫に関する最新情報の把握など	1	家畜防疫に関する最新情報の把握など
Ⅱ	衛生管理区域の設定	2	衛生管理区域の設定
Ⅲ	衛生管理区域への病原体の持ち込み防止	3 4 5 6 7 8	衛生管理区域への必要のない者の立入りの制限 衛生管理区域に立ち入る車両の消毒 衛生管理区域および畜舎に立ち入る者の消毒 ほかの畜産関係施設などに立ち入った者などが衛生管理区域へ立ち入る際の措置 ほかの畜産関係施設などで使用した物品などを衛生管理区域へ持ち込む際の措置 海外で使用した衣服などを衛生管理区域へ持ち込む際の措置
Ⅳ	野生動物などからの病原体の感染防止	9 10	給餌設備，給水設備などへの野生動物の排泄物などの混入の防止 飲用に適した水の給与
Ⅴ	衛生管理区域の衛生状態の確保	11 12 13	畜舎および器具などの定期的な清掃または消毒など 空房または空ハッチの清掃および消毒 密飼いの防止
Ⅵ	家畜の健康観察と異常が確認された場合の対処	14 15 16 17 18	特定症状が確認された場合の早期通報ならびに出荷および移動の停止 特定症状以外の異常が確認された場合の出荷および移動の停止 毎日の健康観察 家畜を導入する際の健康観察など 家畜の出荷または移動時の健康観察など
Ⅶ	埋却などの準備	19	埋却などの準備
Ⅷ	感染ルートなどの早期特定のための記録の作成および保管	20	感染ルートなどの早期特定のための記録の作成および保存
Ⅸ	大規模所有者に関する追加措置	21 22	獣医師などの健康管理指導 通報ルールの作成など

第3節　飼養衛生管理の要点

　子牛の疾患は，個体と環境，病原体の3要因が複雑に絡みあって発生することが多い。これらに関する疫学情報の活用は，的確な疾患管理の観点から臨床的にも重要であり，治療や予防を効率的に進めるための重要管理点が示されることも少なくない。本稿では，疾患発生あるいは蔓延を未然に防ぐための衛生管理上の要点について記述する。

1．一般的な衛生管理

　農林水産省は，2010年の国内での口蹄疫発生を受け2011年10月に新しい「飼養衛生管理基準」を公表した（表3-8）。これを「家畜伝染病予防のために畜産農家が最低限守るべき事項」としたが，目的を通常の疾患予防に置き換えることもできる。前述したように，子牛の疾患は個体に加え，飼育環境や給与飼料，病原体から大きな影響を受けている。すなわち，①子牛の問題としては，胎子期の母牛の栄養状態，出生時の状況，初乳摂取の状況，先天的異常などが，②飼育環境には，飼育密度，群飼育，敷料，換気，寒冷および暑熱，輸送，牛舎構造・設備などが，③給与飼料には，離乳のタイミング，飼料の切り替えと嗜好性，栄養分の充足率，飼料の品質，給水と水質などが，④病原体にはウイルス，細菌，寄生虫などが挙げられ，疾患発生原因となり得る項目は数多い。疾患防御の基本は，問題点や危険因子の早期発見とその排除および低減であることから，子牛のみならず子牛を取り巻く様々な環境因子を注意深く観察することが肝要である。

2．疾患防御のための具体的な飼養衛生管理

（1）バイオセキュリティの強化

　牛舎に病原体を持ち込まない，持ち出さないことは衛生管理の基本であり，作業者の着衣や車両などもチェックの対象となる。作業靴を消毒する踏込槽の管理，牛舎および哺乳用具の洗浄・消毒，立ち入り車両の消毒ならびに記録などは，日常的な重要管理点である。また，導入牛が病原体を持ち込むケースも少なくない。近年で

は，牛白血病ウイルスや牛ウイルス性下痢症（BVD）ウイルスなどが不顕性感染している危険性が高まっている。農場の大規模化が進むなかで家畜の移動が広域化し，病原体の拡散も懸念されている。したがって，導入牛の着地検査，一時隔離と観察および必要に応じた検査は，伝染病を防ぐための重要な管理点である。

（2）飼養環境改善

子牛の疾患発生率は，カーフハッチなど個別飼育に比べ，群飼育で格段に高い。牛同士の接触や施設の共用，社会的ストレスが高まった状況は，子牛を健康的に飼養し作業の効率化や生産性向上を図るという本来の目的の達成を妨げる可能性が高い。したがって，群飼育農場では牛群と飼養環境の観察が疾患防御のみならず，疾患蔓延防止のためにも特に重要である。例えば，群のなかに真菌症罹患牛や削痩した個体がみられた場合は，何らかの健康上の問題が生じていると考えなければならない。過剰な飼育頭数や換気不全，孤立（負け牛），感染症など疑われる因子を列挙し，問題点に優先順位を付けたうえで，これらを排除・低減する。また，暑熱および寒冷感作は感染症の誘発因子であるので，高温時の送風や寒冷期の保温などにより，これらのストレスをできるだけ軽減することが重要である。このほか，外傷や脱臼など不慮の疾患は飼育施設の不備や滑りやすい牛床などが原因となることが多いので，これらの点検整備も重要な管理点といえる。

（3）栄養管理

哺乳期から育成期にかけて，子牛の消化管機能の中心は第四胃から第一胃へと劇的な変化を遂げる。したがって，哺乳期～移行期～育成期の過程における栄養管理は，子牛の健全な発育のための重要管理点である。感染性のみならず食餌性を含めた消化器疾患を予防するためには，ミルクやスターター，配合飼料，粗飼料などの管理，給与ならびに給水に細心の注意が必要である。特に，子牛の免疫能を高めるためにも十分量かつ良質なエネルギーとタンパク質，ビタミンやミネラル，微量元素を給与することが重要である。また，第一胃の発達を促すためには生後間もない時期からスターターを給与しなければならないが，第一胃内の発酵には新鮮な水が必要であることから，子牛が自由に飲水できる環境を整えな

ければならない。一方で，出生してくる子牛を健康に飼養するためには母体管理も重要であり，胎子期すなわち妊娠末期（分娩前1～2カ月）の母牛への給与飼料（可消化養分総量〈TDN〉および粗タンパク〈CP〉）を増量する必要がある。こうすることで，胎子の発育を促し，初乳の量と質を高めることができる。このように，子牛の健康管理は胎子期にすでにはじまっていることを認識しなければならない。

（4）ワクチンなどの応用

哺乳期から育成期の子牛では肺炎や腸炎などの感染症が多発するが，ウイルスや細菌による感染症に対しては各種ワクチンが汎用されており，発生予防や症状の緩和に効果が期待できる。例えば，呼吸器病ウイルスに対するワクチンとして，牛RSウイルスや牛ヘルペスウイルス1型（IBR）など主要なウイルスに対するものは，単一または数種類混合で生ワクチンあるいは不活化の形で市販されている。また，細菌に対してはマンヘミアやパスツレラ，ヒストフィルスに対する不活化ワクチンが単一または混合の形で市販されている。同様に，下痢症に関与するウイルスおよび細菌に対するワクチンも汎用されており，一定の効果が認められている。このように，各種ワクチンは感染症予防には欠かせないが，接種効果を高めるためには農場の感染症発生状況や特色を十分に考慮してワクチンの種類と接種時期を決定する必要がある。また，これらのワクチンを胎子期に，すなわち母牛に接種することにより，初乳中の移行抗体を高めることができる。この場合，BVDウイルスワクチンは，子牛が同ウイルスの持続感染牛となるのを避けるために不活化ワクチンが推奨されている。このほか，奇形など子牛の異常産を引き起こすアカバネ病のワクチンも有効である。

ワクチン以外の薬剤による予防手段としては，寄生虫性腸炎の代表的疾患であるコクシジウム病に対するトルトラズリル製剤，内部および外部寄生虫の駆虫薬，呼吸器疾患の原因でもあり中耳炎の主因とされるマイコプラズマに対するチルミコシン製剤などが挙げられる。ワクチンと同様にいずれの薬剤においても，農場の疫学調査成績に応じた選択投与が条件であり，なかでも抗菌薬の乱用は耐性菌出現防止の観点からも絶対に避けなければならない。

■注釈

*1
木馬様姿勢：筋肉が硬直や痙攣を引き起こし，四肢の関節が屈曲不能となる開張姿勢。

*2
怒責：意気込むことで，息を詰めて腹に力を入れて力む様子。

*3
ナックリング：球節関節が前方に彎曲する屈曲変形。

*4
咆哮：咆えたけること。

*5
呻吟：苦しみうめくこと。

*6
ピング音：打聴診の際に聴かれる有響音のひとつで，第四胃変位の場合に打診するとガスが充満しているために聴こえる金属製反響。

*7
絮状物：綿状の沈降物。

*8
歩様蹌踉：ふらふらとよろめきながらの歩行。

*9
外貌茫然：表情が漠然としていて，つかみどころのない様子。

■参考文献

第2節　家畜衛生経済学による疾患の評価

1) Rushton J. 2009. The economics of animal health and production. CAB International.
2) Ellis PR. 1972. An economic evaluation of the swine fever eradication programme in Great Britain using cost-benefit analysis techniques. Study No. 11. Department of Agriculture. University of Reading, Reading, UK.
3) Dijkhuizen AA, Morris RS. 2002. Animal Health Economic. Principles and Applications. Purdue University Press.
4) 獣医疫学会 編. 2004. 獣医疫学―基礎から応用まで―. 近代出版, 東京.
5) McLeod RS. 1993. A model for infectious diseases of livestock. PhD thesis. University of Reading, Reading, UK.
6) 山口道利. 2005. 獣医経済疫学の現状と課題. 食品安全確保システムと関連学際研究領域の組織化に関する企画調査（新山陽子 編）：44-54.

CHAPTER 4

循環器疾患

　循環器疾患とは，心臓ならびに血管など血液循環に関わる疾患の総称で，全身へ血液を送るポンプ機能や血液が循環する血管に異常が起こった状態である。本章では心疾患を中心に病態の概論と子牛に見られる循環器疾患について解説する。

1．心不全　heart failure

　心不全（heart failure）とは，何らかの心臓の障害により心臓の機能異常が起こり，不整脈，心拍出量の低下，循環血液量の不足，低血圧などを招き，それに対する代償機能の維持ができなくなった状態をいう。その結果，循環異常を起こし，全身組織への酸素供給は不足し代謝物の除去もできなくなる。

　心不全は発現部位により右心不全，左心不全および両心不全に分類されるが，多くは両心不全である。また，循環異常によりうっ血が起こる病態をうっ血性心不全（congestive heart failure：CHF）という。

　うっ血性心不全とは，何らかの原因により心機能不全が生じた結果として，血液があらゆる場所で停滞し，うっ血が起こる症候群をいい，特定の臓器障害を示すものではない。したがって，要因は様々である。病態別の要因には心筋不全，機械的な心臓障害，心律動異常があり，発生部位別には右心不全，左心不全および両心不全がある。

（1）右心不全　right heart failure
①背景
　心臓への障害が右心系に起因し，右心室から肺循環へ十分な血液を駆出できなくなる状態をいう。要因には右心室から肺循環への血液の駆出障害，三尖弁および三尖弁口部の異常による右室流出路障害，右心系の先天性異常，左心不全からの肺うっ血による右心負荷増大などがある。前述の状態を招く原因疾患は肺動脈弁狭窄症や肺血栓塞栓症，心内膜炎，三尖弁閉鎖不全，創傷性心膜炎，先天性心疾患などである。

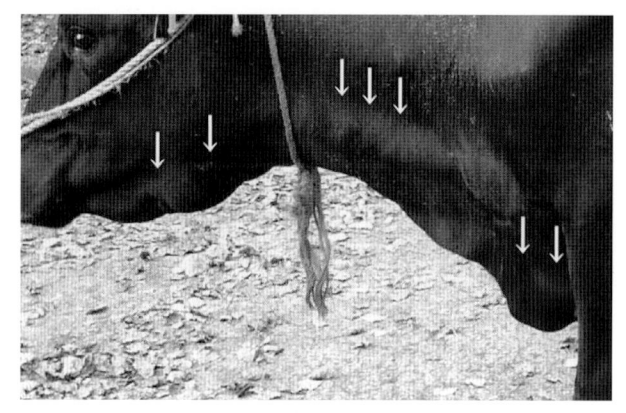

図4-1　うっ血性心不全の症例

②症状
　頸静脈怒張（頸静脈の著明な圧上昇），頸静脈拍動，皮下浮腫（特に胸垂部，下顎部および下腹部）がみられ，呼吸促迫，努力性呼吸および頻脈がみられる（図4-1）。また，食欲不振や下痢が起こることもある。心内膜炎や三尖弁閉鎖不全に継発した症例では顕著な心雑音が聴取される。

③病態
　右心不全では，大静脈から右心室に流入した血液の肺循環への駆出が障害されるために静脈圧が上昇し，全身の静脈でのうっ血が起こる。さらに，ナトリウム（Na）と水分の貯留により静脈内の血液量は増大し，右心室への静脈還流量が増える。そのため，右室圧の上昇による右心拡大を招き，右室拡張末期圧，右心房圧，中心静脈圧が上昇する。そのため，様々な部位から水が漏出し，肝腫大，脾腫，腹水・胸水の貯留，皮下浮腫が生じる。

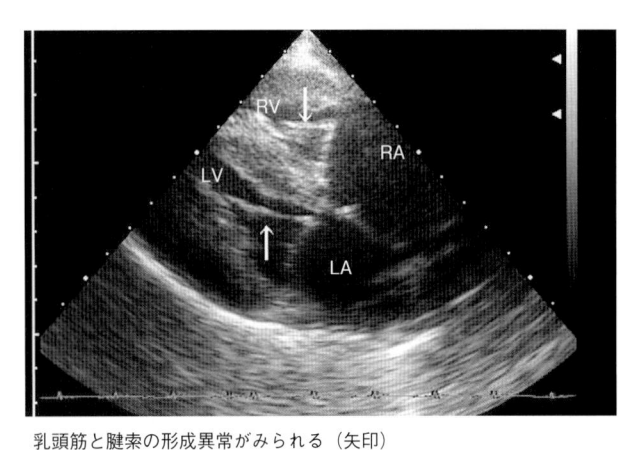

乳頭筋と腱索の形成異常がみられる（矢印）
図4-2　房室弁形成不全のエコー像

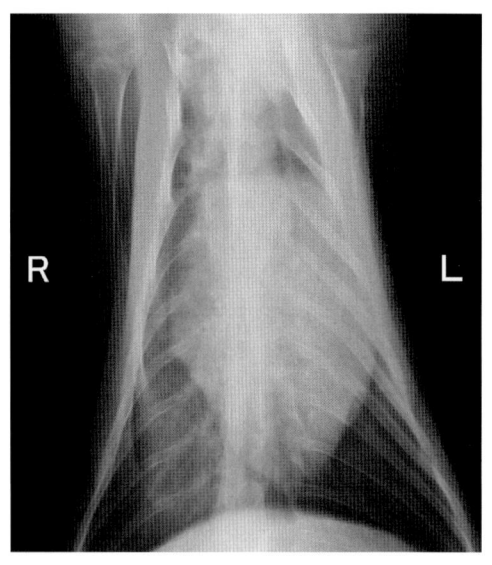

図4-3　両心房拡大と肺水腫のX線像

④診断

　右心不全の診断は，前述の臨床症状，聴診，心臓超音波（心エコー）検査，腹部超音波（腹部エコー）検査，X線検査および心電図検査により行う。

　心エコー検査では心房，心室の拡大，三尖弁閉鎖不全，三尖弁口部の異常，三尖弁・乳頭筋・腱索の形成異常（図4-2），心房中隔欠損，心室中隔欠損，肺動脈弁口部の形成異常の有無か，心内膜および心筋のエコーレベルを評価する。

　腹部エコー検査では肝腫大，脾腫，腹水，などを確認する。

　子牛ではX線検査も可能であるため，右心拡大，後大静脈拡大，肺動脈拡大，肺野の不透過性領域などを確認する。

　心電図検査では心不全に伴う心調律異常を観察し，心筋障害の程度を診断する。また，肺性P波などの右心不全にみられる波形を診断する。

⑤治療

　右心不全の病態となっている基礎疾患の治療を行うことを原則とするが，心臓原発の場合は治療が困難なことが多く，その際には対症療法のみとなる。うっ血による腹水，胸水および浮腫には利尿剤，心収縮力低下による心拍出量の減少には強心剤，心負荷軽減には血管拡張剤を投与し，さらに気管支拡張剤や抗菌薬などを病態に応じて投与する。しかし，子牛では経済性を考慮して，治療継続の価値があるかどうかの判断を早期に決める必要がある。一般的に心不全では予後不良になることが多い。

（2）左心不全　left heart failure
①背景

　心臓への障害が左心系，すなわち左心房，僧帽弁，左心室および大動脈弁の異常に起因し，肺循環から左心室に流入した血液の駆出機能の低下による，肺静脈・肺毛細血管圧の上昇が生じ，肺うっ血を主体とする。要因は左心房，僧帽弁，左心室および大動脈弁の障害であり，僧帽弁閉鎖不全，大動脈弁疾患，冠動脈疾患，心筋炎，心内膜炎，心筋症，左心系の先天性疾患などが原因で発症する。

②症状

　左心不全の症状としては，うっ血と心拍出量の低下に伴う症状がみられる。心拍出量の低下により全身に巡る血液が減少し，低血圧を起こす。低血圧に伴って元気・食欲減退，無関心などの臨床症状を示す。左心系の重度うっ血では肺水腫に伴う症状が主体であり，安静時の努力性呼吸，呼吸促迫，呼吸困難，チアノーゼなどの症状がみられる。また，先天性心疾患の場合には，発育不良を示すことが多く，心内膜炎や僧帽弁閉鎖不全に継発した症例では顕著な心雑音が聴取される。

③病態

　左心系の機能低下により心拍出量の低下を来し，左室拡張末期圧，左房圧，肺静脈圧および肺毛細血管圧が上昇することにより肺うっ血，肺水腫を呈する。肺うっ血は肺の弾性を低下させ，肺胞の換気量を減少させる。肺

うっ血が持続すると右心系への容量負荷が増大し，次いで肺高血圧症，右心不全へと進行することにより，やがて全身性のうっ血性心不全に発展する。また，低血圧から腎血流量の低下を起こした際には腎不全を併発する。

④診断

左心不全の診断は，臨床症状，聴診による心雑音の有無，心エコー検査，X線検査および心電図検査により行う。

心エコー検査では左心房，左心室の拡張もしくは肥大，僧帽弁閉鎖不全，僧帽弁・乳頭筋・腱索の形成異常，左室の心内膜および心筋のエコーレベル，大動脈弁口部の形成異常，大動脈弁の動きの異常などを評価する。

子牛ではX線検査も可能であり，左心拡大，肺野の不透過性領域を確認する。心電図検査では心不全に伴う心調律異常を確認し，心筋障害の程度を診断する。また，僧帽性P波などの左心不全にみられる波形を診断する。

⑤治療

基礎疾患の治療を行うことを原則とするが，心臓原発の場合は治療が困難なことが多く，その際には対症療法のみとなる。左心不全による肺うっ血と肺水腫の治療にはループ利尿剤が使用され，心収縮力低下による心拍出量の減少に対しては強心剤，後負荷の軽減に対しては血管拡張剤を投与する。さらに，気管支肺炎が合併していることも多く，この場合には気管支拡張剤，抗生物質などを症状に応じて投与する。ただし，子牛では右心不全と同様に予後不良となることが多いため，経済性を考慮して，治療継続の価値があるかどうか早期に判断する必要がある。

両心不全では，右心不全と左心不全の両方の症状が混在する。また，病態においても前述の右心不全と左心不全の病態が合併し，球心状を呈する（図4-3）。

2．肺高血圧症　pulmonary hypertension

①背景

何らかの原因により肺動脈の細胞増殖や，細動脈における中膜肥厚と内膜増生が起こり，肺血管内腔の狭小化による肺血管抵抗の増大と右心室圧負荷の上昇が惹起される病態を肺高血圧症（pulmonary hypertension）といい，肺性心と同様の右心不全に進行する。牛では感染・非感染性の慢性肺・気管支炎による肺の循環障害，後大静脈血栓症，先天性心疾患などが原因となる。一方，左心不全が慢性化すると肺静脈性肺高血圧症に進展し，両室のうっ血性心不全へと進行することもある。

②症状

臨床徴候は，右心不全によるうっ血性心不全の症状が主徴となる（本章「1．心不全」を参照）。

③病態

病理組織学的には何らかの原因により肺の細動脈新生内膜の平滑筋細胞と線維芽細胞の増殖が起こり，末梢動脈筋性化，筋性動脈の中膜肥厚，毛細血管動脈の消失，内膜の肥厚，叢状病変へと進行する。この一連の変化には，サイトカインの一種である骨形成因子（BMP）を含むトランスフォーミング成長因子β（TGF-β）ファミリーに関連するシグナル伝達機構の亢進が関与しており，このシグナルの亢進は細胞増殖，線維化，細胞分化，アポトーシスなどに関与する。BMP受容体の変異は肺の小血管の狭窄性変化，TGF-β受容体の変異は毛細血管の消失と短絡に関連することが知られている。血管拡張因子・収縮因子アンバランス，血管収縮，血管リモデリング，さらに最終的には細動脈の血栓形成による閉塞が起こる。肺動脈内腔の狭小化から肺血管抵抗の増大と右室圧負荷の上昇が起こり，右心房・右心室の拡張，右心室肥大を示し，右心不全の症状が悪化する。

また，先天性心疾患が原因の大きな右-左短絡により，肺への慢性的な容量負荷から生じる肺高血圧症をアイゼンメンジャー症候群といい，予後不良を判断する重要な要因となる。

④診断

右心不全の臨床症状に加え，心エコー検査では肺動脈の拡張，右心室壁の肥大と拡張および右心房の拡張，心電図検査では右心肥大と肺性P波の出現，X線検査では肺動脈と後大静脈の拡大，肺野の不透過性および右心拡大などの総合判断に基づき行う。

⑤治療・予防

原疾患の治療とうっ血性心不全に対する治療を実施する。アイゼンメンジャー症候群では予後不良である。

3．心原性ショック／突然死
cardiogenic shock／sudden death

①背景

　心臓機能の低下に基づき，心拍出量が急激に低下することによる急性の循環障害を，心原性ショック（cardiogenic shock）という。要因には心臓自体の障害（急性心筋障害，弁と腱索の急性損傷など）による急性の血液駆出障害や心臓への血液還流障害（急性の心囊水貯留，心囊血腫，後大静脈血栓症など）がある。また，直接的な原因が心臓自体によらずとも，出血，脱水，感染などによって心拍出量が減少すると心筋への酸素不足から心原性ショックが起こる。ショックの病期により可逆性と不可逆性に分けられ，不可逆性のショックでは突然死（sudden death；心臓死）を招くことがある。

②症状

　原因となる基礎疾患により症状は異なるが，ほぼ共通して認められる症状としては，急速な意識障害，虚脱，失神，可視粘膜の蒼白，チアノーゼ，四肢冷感，頻呼吸あるいは徐呼吸，頻脈または徐脈，弱脈，乏尿，低血圧である。

③病態

　心臓の収縮不全，拡張不全，心臓への急性損傷，うっ血性心不全の急性増悪などによりショック状態となり，脳虚血と心筋の低酸素症が生じる。そして，心臓からの血液駆出量の低下は心室内への血液の充満を起こし，左室拡張末期圧を上昇させる。左室拡張末期圧の上昇は左房の圧負荷を起こし，肺静脈静水圧の上昇による肺水腫を生じさせる。通常は，急性循環不全に対する代償反応として，神経性および体液性因子の作用により血管収縮作用や血液再分布が起こるが，心原性ショックに陥るとその代償作用の効果はあまり期待できない。代償作用が無効となったときには不可逆性のショックとなり，突然死する。

④診断

　臨床経過と前述の臨床症状からショックの診断は比較的容易に行われるが，心原性であるかの精査には心エコー検査が必要である。血液検査では血液濃縮，低酸素血症，嫌気性代謝の指標となる乳酸値の増加，アシドーシスなどが認められる。心電図では徐脈性不整脈，STの低下もしくは変化，T波の異常が認められる。

⑤治療

　心原性ショックが診断されたら，直ちに静脈を確保し，循環血液量確保のために十分な輸液（乳酸加リンゲル液等）を実施する。次いで，心電図と血圧がモニターできればその監視下で，強心剤，抗不整脈剤および昇圧剤を投与し，心収縮力の増強，心臓調律の安定化と血圧の保持に努める。不可逆性のショックに至るかどうかは主要臓器の酸素レベルに大きく左右されるため，酸素供給は特に重要である。そのため，酸素供給ができる設備があれば換気の保持を図る。病態によってはステロイド系抗炎症剤，強心利尿剤の投与と気道確保を実施する。心停止後は10分以内に不可逆性の変化が起こるため，数分以内に心拍動を回復させなければならない。

4．弁膜疾患　valvular disease

①背景

　子牛の弁膜疾患（valvular disease）には，先天性心奇形に伴う異常が多く，三尖弁異形成（閉鎖不全または狭窄，閉鎖），僧帽弁異形成，大動脈弁異形成，肺動脈弁異形成がある。後天性の弁膜の異常は，弁組織・腱索・心筋（乳頭筋）の変性，感染（細菌またはウイルス性心内膜炎または心筋炎），炎症，傷害などが原因となる。また，原因不明の心疾患（心筋症など）に伴う場合もある。

　弁膜の機能異常として閉鎖不全と狭窄があり，これらは合併する場合もある。後天性の弁膜異常では閉鎖不全が多く，狭窄はまれである。

②症状

　弁膜疾患の動物では，心雑音以外に明瞭な臨床症状を示さないことが多いが，重度の循環障害（逆流または狭窄）を伴う場合，あるいは呼吸器疾患などほかの疾患を併発した場合，発咳，呼吸異常，チアノーゼ，赤血球増加症（多血症），運動不耐性などの症状が出現する。

（1）三尖弁閉鎖不全　tricuspid insufficiency

　三尖弁閉鎖不全（tricuspid insufficiency）に伴って，心室収縮期に右心室から右心房に血液が逆流し，右側三尖弁領域において強い収縮期心内雑音が聴取される。三尖弁の上流に血液がうっ滞するために右心房および静脈

系が拡張する。静脈環流が制限されるために静脈うっ滞が起こり，陽性頚静脈拍動，腹水，胸水，冷性皮下浮腫，肝臓障害などの右心不全症状が明瞭となる。肺動脈の圧力が高い状態で三尖弁閉鎖不全が起こると静脈うっ血が重度となり，右心不全症状がより重度となる。

(2) 僧帽弁閉鎖不全　mitral insufficiency

僧帽弁閉鎖不全（mitral insufficiency）では，左心室から左心房への血液の逆流が起こる。このため，左心尖部付近に最強点を持つ収縮期心内雑音が聴取される。左心房に容量および圧力負荷がかかり，肺静脈圧が上昇して肺循環がうっ滞する。そのため，これに伴う咳，呼吸不全などが起こり，重度になれば肺水腫を生じる。また心拍出量が低下して，運動不耐性，臓器の機能不全，失神などを呈する。

(3) 大動脈弁閉鎖不全　aortic insufficiency

大動脈弁閉鎖不全（aortic insufficiency）では心室拡張期に血液が大動脈から左心室に逆流し，大動脈への血液駆出量が減少する。弁自体の器質的異常に加えて重度の高血圧の場合にも大動脈弁の閉鎖不全が起こる。逆流血液が流入する左心室および左心房は拡張し，うっ滞はさらに肺静脈に波及する。症状としては運動不耐性，臓器の機能不全，失神などが起こりやすい。

(4) 肺動脈弁閉鎖不全　pulmonary insufficiency

肺動脈弁閉鎖不全（pulmonary insufficiency）は，三尖弁の器質的異常および重度の肺高血圧症を伴う場合に発生する（本章「2．肺高血圧症」を参照）。右心室，右心房および静脈の血液うっ滞により右心不全を起こし，それに伴う症状がみられる。

③病態

閉鎖不全では，弁膜部位における血液の逆流があり，弁の上流部での血液うっ滞と心拍出量の低下による症状が発現する。また狭窄では，弁膜部位の血液通過障害に伴う上流部における血液うっ滞と心拍出量の低下が起こる。

④診断

心雑音が聴取されたら，心エコー検査を実施することにより，弁の閉鎖不全または狭窄を検出することができる。カラードップラーを用いることで血液の流れを可視化することができ，弁の異常を容易に診断することが可能となっている。

⑤治療

子牛では，弁膜疾患と診断された時点で廃用とする。そのためにも，できるだけ早期の診断が必要である。

5．心内膜炎　endocarditis

①背景

心内膜炎（endocarditis）は細菌感染によるものがほとんどで，子牛の心内膜炎の原因菌としては *Actinobacillus pyogenes*, *Streptcossus dysagalactiae* などが分離されることが多い。創傷性胃炎，肝膿瘍，肺炎，関節炎などの化膿性病巣から心臓に達した細菌は，心内膜，特に弁膜にポリープ状またはカリフラワー状の疣贅性結節を形成する。弁膜に形成されることが多く，弁口部の閉鎖不全や狭窄によるうっ血性心不全などの循環障害が惹起される。牛では疣贅性結節は三尖弁，肺動脈弁，僧帽弁，大動脈弁の順に形成されやすいことが知られている。また，結節の一部が剥離し，細菌を含有した微小栓子が血行性に全身に播種されれば二次的な全身性あるいは局所性化膿性疾患，敗血症を招く。また，終末動脈やその分枝に栓塞が生じればその血管に支配されていた組織は虚血性壊死（梗塞）に陥る。

②症状

心内雑音，頻脈，心音強勢が聴取される。結節性病変が三尖弁や肺動脈弁に形成された際には頚動脈の怒張・陽性拍動が比較的早期から認められる。全身性感染症や敗血症を生じている場合は発熱や食欲不振などの徴候が認められ，化膿性関節炎を併発している場合は四肢の関節の腫脹や歩様異常を示す。

③病態

血液検査では，白血球数および好中球数の増加，好中球の核の左方移動が認められる。γ-グロブリンの増加により血清総タンパク量は増加する。血清タンパク分画では α-グロブリンは二峰性となり，γ-グロブリンは増加し，β-グロブリン峰と融合することが多い。うっ血性心不全が重篤化した症例では血清グルタミルトランスペプチダーゼ（γ-GTP）が増加する。心電図検査では，QRS

群の振幅の増高，RR間隔の短縮などが認められる。心筋変性を伴っている際にはSTの上昇が認められる。

細菌性心内膜炎の急性期では，心内膜は水腫や充出血によって肥厚し，変性・壊死によって潰瘍を呈する。次いで血栓形成，炎症，器質化の進行によって，ポリープ状またはカリフラワー状に増殖した疣贅性結節を形成する。当該結節は細菌塊を含有するが，陳旧化すると細菌は検出され難くなることが多い。結節により三尖弁弁口部が閉塞した際には右心房の拡張が，肺動脈弁口部が閉塞した際は右心房・右心室の拡張が顕著である。うっ血性心不全に陥った症例では，浮腫，胸水・腹水の貯留が認められる。三尖弁や肺動脈弁に結節が形成された際には，細菌や微小栓子の流出による化膿性肺炎を伴うことが多い。また，僧帽弁や大動脈弁に結節が形成された際には，冠状動脈分枝や腎動脈分枝における栓塞形成による虚血性心筋壊死（心筋梗塞）や腎梗塞を起こすことがある。

④診断

確定診断には心エコー検査における心腔内の疣贅性結節の検出が必要である。エコー検査では，弁に形成された結節が高エコーの腫瘤として観察される。

⑤治療・予防

治療対象ではない。化膿性病巣を形成し得るすべての感染症が前駆疾患となる可能性があるので，当該疾患に対する早期診断・治療を実施することが予防につながる。

6．創傷性心膜炎　traumatic pericarditis

①背景

牛は，その習性から飼育環境に存在する金属性異物を誤食することが多い。嚥下後，金属性異物が第二胃の粘膜および胃壁を穿孔した場合，第二胃が横隔膜を介し心臓に隣接していることから，金属性異物は心外膜，心膜腔および心臓へ容易に到達する。金属性異物は，細菌感染を伴っていることから心外膜および心膜腔に化膿性，線維素性，漿液線維素性炎症が生じる。

②症状

創傷性第二胃炎あるいは胸腹膜炎が先行するため，本疾患発症前には食欲低下，背彎姿勢や剣状軟骨付近の圧痛を呈する。心拍数は，臨床経過に伴って増加する。心音は初期では強勢であるが，心膜腔における滲出液の増量に伴って減弱化する。また，心音の濁音界は滲出液の増量に伴って拡大する。うっ血性心不全が進行するにつれ，頚静脈の怒張・陽性拍動，頚部から下腹部にかけての冷性浮腫，呼吸促迫，呼吸困難の徴候が顕著となる。

③病態

心外膜は化膿性，線維素性，漿液線維素性の炎症性変化を呈し，心嚢の壁側板と心外膜との間に癒着を生じる。また，心膜腔は滲出液により顕著に増大する。心外膜には線維素性化膿性滲出液が高度に付着することが多いが，この外観より当該病変は「絨毛心」や「鎧心」などと称される。これらの変化により，心臓は拡張障害を呈し，循環障害の結果，心臓は代償性に肥大する。

④診断

血液検査では白血球数および好中球数の増加が認められることが多い。血清タンパク分画ではアルブミン（Alb）の減少，およびα, β-グロブリンの増加を示す。心電図検査所見ではQRS群の降下が特徴的である。心エコー検査においては，心臓の肥大，心膜腔における滲出液の貯留はエコーフリー領域として認められる。

臨床兆候，経過，心臓の所見（聴診・X線検査・心エコー検査・心電図検査）を総合的に判断し，確定する。また，エコーガイド下における心嚢穿刺は確定診断に有用である。

⑤治療・予防

ほとんどの症例が本疾患を発症した時点で予後不良である。予防措置が重要であり，飼養環境から金属製異物を除去するとともに磁石（バーネット）を経口投与する。

7．心筋疾患　myocardial disease

（1）心筋炎　myocarditis

①背景

心筋炎（myocarditis）は心筋の変性・壊死性変化を伴った炎症性疾患であるが，全身性感染症や敗血症の併発として認められることが多い。子牛ではグラム陰性桿菌による敗血症，臍静脈炎，*Haemophilus somni*感染症，*Actinomyces pyogenes*感染症などが原因となっている。

その他，心筋炎の原因として，細菌では *Staphylococcus aureus*，*Clostridium chauvoei*，*Mycobacterium* spp. などが，ウイルスでは口蹄疫ウイルスが，原虫では住肉胞子虫，ネオスポラなどが知られている。細菌性心内膜炎や外傷性心膜炎などから直接的に心筋に波及するケースもある。

② 症状

心筋炎は全身性疾患の併発として起きることがしばしばあり，心筋炎そのものとしての症状を検出することは困難な場合が多い。症状は心臓における心筋障害の位置や分布によって異なる。症例によっては左右房室弁の逆流に起因する心内雑音が聴取され，さらに頸静脈の怒張・陽性拍動，冷性浮腫などのうっ血性心不全の徴候が出現する（図4-4）。

③ 病態

ウイルス性では非化膿性心筋炎および間質性心筋炎を生じるのに対し，細菌性の多くでは化膿性心筋炎を生じる。いずれのケースにおいても，急性期には炎症性細胞の著明な浸潤を伴った心筋の変性・壊死が認められ，慢性期には当該病巣は線維化を呈する（図4-5）。

④ 診断

生前に心筋炎を確定診断することは困難である。心筋炎を起こし得る感染症に罹患している動物が，心機能の異常を疑う徴候を示している際には，心筋炎を併発している可能性を考慮する必要がある。子牛においては特に白筋症，高カリウム（K）血症，低血糖などとの類症鑑別が必要である。

⑤ 治療・予防

心筋炎を惹起する原疾患の治療および予防が重要である。心筋炎が進行しており心臓の広範囲に波及している場合には予後不良である。

（2）白筋症　white muscle disease

① 背景

白筋症（white muscle disease）は栄養性筋ジストロフィーともいわれ，ビタミンEおよびセレンの欠乏によって発症すると考えられている。

ビタミンEおよびセレンの主たる生理作用のひとつとして，生体内で発生する有害な活性酸素種を除去抗酸化

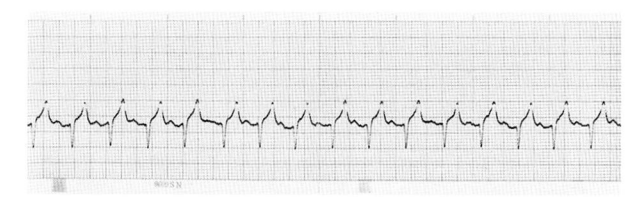

心電図所見では房室ブロックとSTスラーがみられる（黒毛和種，雄，3カ月齢）

図4-4　心筋炎の症例①

作用が挙げられる。活性酸素種は生体膜を構成する多価不飽和脂肪酸に作用して過酸化脂質を生成し，過酸化脂質の増量により生体膜は破壊されるため，ビタミンEおよびセレンが不足して抗酸化作用が低下すると臓器障害を招く。特に子牛では，活動性の高い横紋筋細胞の酸化的損傷が惹起され，心筋や骨格筋に壊死・変性を生じる。

② 症状

突然の起立不能，呼吸促迫，心悸亢進，不整脈，心音微弱などを呈し，短時間で死亡する。死因は心筋の壊死・変性による急性心不全で，前兆なく突然死として発見される症例も存在する。

③ 病態

肉眼的には，心筋に限局性あるいはび漫性の退色病巣を形成する。病理組織学的には，心筋線維は横紋構造および核を消失し，凝固壊死または硝子様変性（蝋様変性）を呈する。

④ 診断

血液生化学検査ではアスパラギン酸アミノトランスフェラーゼ（AST），クレアチンキナーゼ（CK），乳酸脱水素酵素（LDH）の増加を示す。LDHアイソザイム解析ではLDH1およびLDH2が増加する。心電図検査所見としては洞性頻脈，STの上昇または下降，T波の増高，QRS群の分裂などが認められる。

臨床徴候，血液生化学的所見，飼料分析により総合的に診断する。肺炎，破傷風との類症鑑別も重要である。

⑤ 治療・予防

予後不良であることが多いが，ビタミンEおよびセレンの投与に加え，対症療法を施すことにより改善することがある。予防として，出生直後にビタミンEおよびセレンの投与を実施する（第13章　第8節「金属中毒・欠

剖検により円形心（A）と心筋の変性（B）が観察される。X線像では心肥大の所見が観察される（C）
（黒毛和種，雄，3カ月齢）
図4-5　心筋炎の症例②

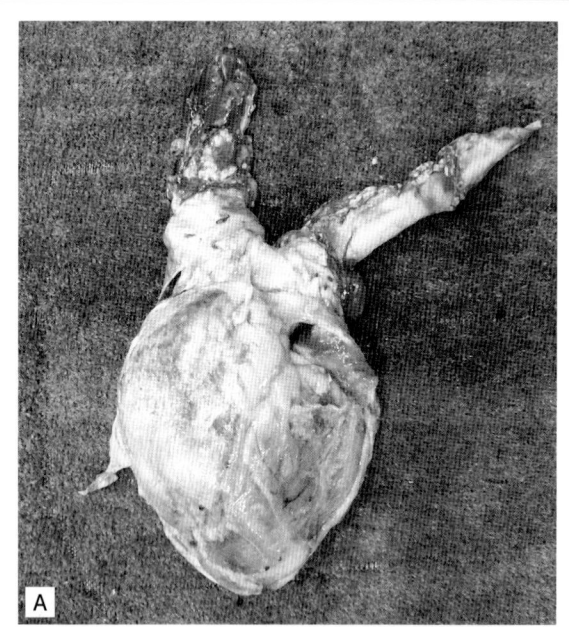

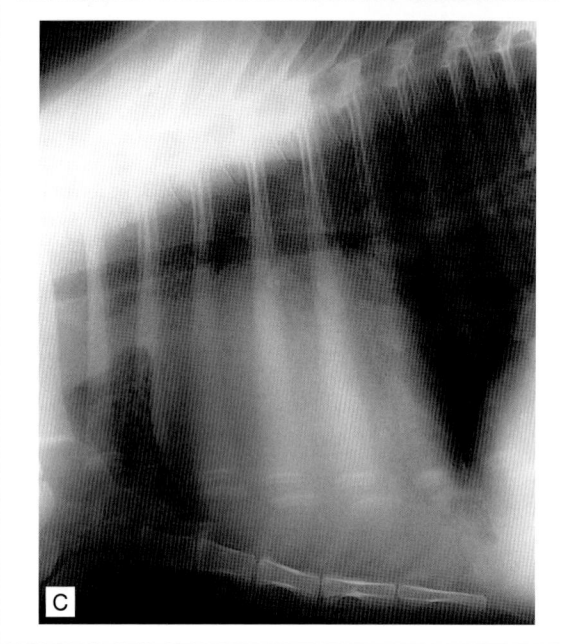

乏」参照）。

（3）心筋梗塞　myocardial infarction
①背景

心筋梗塞（myocardial Infarction）は冠状動脈の狭窄・閉塞によって惹起された心筋の虚血性壊死性病変である。ヒトでは粥状動脈硬化症に起因する心筋梗塞がよくみられる。粥状動脈硬化とは，粥腫（アテローム）と言われる，血管内皮下にたまった脂肪とそれを満たしたマクロファージ・平滑筋細胞・壊死細胞の集簇の形成と結合組織の増生がみられる病変であり，アテロームが破壊することにより血栓が形成され梗塞が生じる。特に，冠状動脈主幹部でのアテローム硬化に起因した梗塞性病変が頻発する。動物では粥状動脈硬化症自体が非常にまれであるため発生率は低い。幼若動物では冠状動脈主幹部に左心室の心内膜炎の剥離血栓が塞栓を形成することにより心筋梗塞を生じることがある。

②病態

心筋梗塞病巣は，凝固壊死巣と収縮帯壊死巣から構成される。凝固壊死は不可逆的変化であり，梗塞病巣の中心部に認められる。収縮帯壊死は一時的に虚血状態に陥った心筋組織に動脈血の再灌流があった場合に生じ，虚血によって障害された心筋細胞内への大量のカルシウムイオン（Ca^{2+}）の流入に関連して起こると認識されている。動脈閉塞後6～12時間で心筋線維の変性および凝固壊死，収縮帯壊死が出現し，48時間で壊死巣周辺が充血し，心筋線維は完全な凝固壊死に陥る。4～10日が経過すると壊死巣周辺に肉芽組織が増生しはじめ，およそ3週間で梗塞部は肉芽組織に置換される。

（4）心筋症　cardiomyopathy

以前は，原因不明の特発性心筋症と二次性心筋症を含め心筋症（cardiomyopathy）といったが，現在は特発性心筋症のことをいう。心筋症の多くは肥大型または拡張

型であるが，牛では拡張型心筋症が大半を占めるため，本章では拡張型心筋症について記述する。

① 背景

牛の拡張型心筋症はホルスタイン種での報告が多く，発症年齢は2～6歳齢で，2～4産後に多発し，分娩後1～2カ月で発症することが多い。子牛での発症は少ないが，1歳齢でも発症することがある。詳しい原因は不明であるが，遺伝的な要因が確認されており，常染色体性劣性遺伝が報告されている[1,2]。

② 症状

症状は，うっ血性心不全の症状として顕著な胸垂部と下顎部の冷性浮腫，頸静脈の怒張および拍動といったうっ血性心不全の症状が認められる。体温は正常であるが，運動不耐性，頻脈および呼吸数の増加を示す。病状が進行すると，食欲低下あるいは廃絶，軟便または下痢便，努力性呼吸，呼吸促迫，削痩がみられるようになる。冷性浮腫は胸垂部から下腹部，乳房，さらに四肢の末梢まで波及する。聴診での心音は微弱であり，調律異常も聴取される。

③ 病態

左右の心房と心室は著しく拡張し，うっ血性心不全による全身性の浮腫を特徴とする。病理組織学的には心筋の退色，心筋線維の萎縮と間質結合組織の増生を呈する。炎症性細胞の浸潤はみられない。病態の進行とともに，胸水と腹水の高度貯留とうっ血肝がみられ，肝硬変を示すこともある。

④ 診断

心筋症の最終的な確定診断は病理組織学的検査所見によるが，次の所見が牛で認められればほぼ確定できる。

うっ血性心不全に特徴的な前述の臨床症状がみられ，血液検査所見として白血球数は正常で炎症性変化に乏しい血液像，軽度貧血，軽度の低タンパク血症，A/G比の軽度減少，うっ血肝を反映する所見が認められる。また，血漿フィブリノーゲン量は正常である。

心電図検査ではQRS群およびT波の下降，P波持続時間の延長，PQとQT間隔の延長，両房性P波，STスラーと上昇が認められる。心調律は洞性頻脈であり，心房細動を示すこともある。各波形の下降は心起電力の低下，胸水貯留と全身性浮腫によるもので，各波形の持続時間の延長は心房と心室拡張による。

心エコー検査では胸水貯留，心嚢水貯留，両心房と心室の拡張，両心室壁と中隔壁の壁厚の減少，心室中隔の奇異性運動が認められる。Mモードでは左室内径短縮率の減少が顕著にみられる。本検査により，創傷性心膜炎，心内膜炎，心奇形，僧帽弁閉鎖不全などとの鑑別を行う。

⑤ 治療・予防

発症すると予後不良であるため，経済性を考慮して廃用にするのが適切である。延命目的には，うっ血性心不全に対する治療として強心剤・利尿剤の投与，胸腔穿刺による胸水の除去，抗不整脈薬の投与を行う。

予防には発症が認められる種雄牛を排除することが必要である。

8．心臓タンポナーデ　cardiac tamponade

① 背景

心筋内の脈管損傷，心筋炎，心筋変性，うっ血性心不全，腫瘍などにより，心膜腔内に漏出液，滲出液もしくは血液が多量に貯留し心臓の拡張能が著しく阻害された状態をいう。子牛では腫瘍が要因となることはきわめてまれである。心臓タンポナーデを起こす要因のうち，牛で最も多いのが創傷性心膜炎である。

② 症状

症状は基礎疾患により異なるが，心臓タンポナーデでは心原性ショックと呼吸困難症状を示し，突然死することがある。心音は微弱であり，頸静脈怒張と拍動がみられる。主要徴候はうっ血性心不全による全身症状である。

③ 病態

心膜腔内への液体や血液の貯留が徐々に進行する場合には心膜の拡張が顕著である。しかし，急性に心膜水腫や心膜血腫が生じた場合では心膜の拡張は顕著でないが，各種臓器のうっ血がみられる。いずれの場合も心拍出量が低下し，心原性ショックに陥る。

④ 診断

うっ血性心不全と心原性ショックの特徴的な臨床症状を認め，聴診では微弱な心音と頻脈がみられる。特異的

血液検査所見はないが，心膜血腫であれば貧血がみられる。

また，心電図検査では QRS 群の降下，上室性および心室性不整脈がみられる。X 線検査では心囊水が高度に貯留し，心陰影が明瞭で大きい，円形心が認められる。

心エコー検査で心膜腔内の液体貯留を確認し，心臓を精査する。そして，心囊穿刺により貯留液を採取した後，その性状を評価する。

⑤治療・予防

早急に心囊穿刺を実施し，心膜腔内に貯留した液体を除去する。心囊水の除去により心機能は改善されるが，原因が取り除かれなければ再び液体が貯留し，再度悪化する。そのため，うっ血性心不全が原因であれば，強心剤，利尿剤および血管拡張剤を投与する。

9. 肺性心　cor pulmonale

①背景

何らかの肺疾患が原因で肺の機能が障害されることにより，右心系の障害を示す病態の総称を肺性心（cor pulmonale）という。要因としては，子牛では感染・非感染性の慢性肺・気管支炎による肺の循環障害が多い。

②症状

臨床徴候は肺高血圧症と右心不全によるうっ血性心不全が主徴であり，頸静脈怒張，静脈拍動，浮腫，チアノーゼを示す。慢性の場合，体温はあまり上昇しないが，呼吸促迫と頻脈および毛細血管再充満時間の延長がみられる。

③病態

肺実質および血管の病変や機能障害に基づく肺高血圧症が起こり，慢性的な右心負荷から右心房・右心室の拡張，右心室肥大を示し，右心不全の症状へと進行する。

④診断

診断は，右心不全の臨床症状に加え，心エコー検査では肺動脈の拡張，右心室壁の肥厚と，右心室および右心房の拡張，心電図検査では右心肥大と肺性 P 波の出現，X 線検査では肺動脈と後大静脈の拡大，肺野の不透過性および右心拡大などの総合判断に基づき行う。

⑤治療・予防

原疾患の治療を第一に実施する。対症療法としてうっ血性心不全に対する治療（フロセミド，ジギタリス投与など）を実施する。予防には，子牛の気管支肺炎などの罹患予防が必要である。

10. 先天性心疾患　congenital heart disease

①背景

先天性心疾患（心奇形）の成因としてヒトでは遺伝子，染色体異常，環境因子などが挙げられているが，多くは成因不明といわれている。牛においては，遺伝性や染色体異常を伴うものが一部報告されているだけである[1]。ヒトでは，心奇形の発生率は全出生児の 0.8% とされている。一方，牛では全出生子牛における心奇形の発生率は明らかではないが，食肉処理場の胎子例および死亡子牛の剖検例での調査では，それぞれ 0.7%，1.01% との報告がある[2]。

心奇形の種類別発生頻度は動物種によって異なる。牛で多数（469 頭）の心奇形 893 例を対象とした報告[3]では，心室中隔欠損（ventricular septal defect：VSD，口絵 p.21，図 4-6）が 198 例（42.2%）と最も多く，次いで心房中隔欠損（atrial septal defect：ASD，口絵 p.21，図 4-7）148 例（31.6%），両大血管右室起始（double-outlet right ventricle：DORV，口絵 p.22，図 4-8）66 例（14.1%），大動脈狭窄 53 例（11.3%），二重前大静脈 50 例（10.7%），動脈管開存（patent ductus arteriosus：PDA）45 例（9.6%），後大静脈奇静脈流入 42 例（9.0%），ファロー四徴（tetralogy of Fallot：TOF）32 例（6.8%），左心低形成症候群 25 例（5.3%），大血管転換（transposition of great arteries：TGA）24 例（5.1%），総肺静脈還流異常（total anomalous pulmonary venous connection：TAPVC，口絵 p.22，図 4-9）21 例（4.5%）の順である。そして，肺動脈弁奇形 19 例，肺動脈狭窄 16 例，大動脈弁奇形（口絵 p.23，図 4-10）15 例，肺動脈閉鎖（口絵 p.23，図 4-11）14 例，房室不一致 14 例，冠動脈肺動脈起始 13 例，冠動脈瘻 11 例と続く。また，奇形心 469 例中，単独（孤立性）の心奇形が 251 例（53.5%），複数の心奇形を合併する複合心奇形が 218 例（46.5%）である。最も発生頻度の高い VSD では単独心奇形と複合心奇形の割合は，それぞれ 23.2%，76.8% で，次に多い ASD でも，それぞれ 36.5%，63.5% である。これより，VSD，ASD

の多くが複合心奇形であることがうかがわれる。また，DORV，後大静脈奇静脈流入，左心低形成症候群，TGA，TAPVCなど，ほかの動物（犬，猫，馬，豚）では報告がまれな心奇形が牛では比較的多いのも特徴といえる。

②症状

心奇形子牛の症状は心奇形の種類や血行動態の差異により様々である。例えば，二重前大静脈や後大静脈奇静脈流入などの体静脈奇形は，これら単独では血行動態的影響はほとんどなく無症状である。また，VSDやASDの単独奇形では，欠損孔が小さく短絡量が少ない場合はほとんど無症状であり，発育も通常，正常である。一方，TOF，DORV，左心低形成症候群，TGA，TAPVCでは，血行動態的に大きな異常が存在し，低酸素症を伴うため，安静時においても多呼吸がみられたり，あるいは安静時には一見無症状にみえても，運動後や吸乳時に多呼吸，呼吸困難，易疲労感（運動不耐性），チアノーゼなどが明瞭となる例が多い。これらの例では発育も遅れる。また重篤な例では，死産子であったり，生まれても吸乳できず，生後早期に死亡する。なお，子牛では飼育環境上，運動負荷を強いることがほとんどなく，休息していることが多いため，小さな異常は見過ごされやすい。

心奇形を有する個体では心外奇形を合併する例がかなり多く，その頻度は68.1%（373例中254例）との報告[5]がある。牛の心奇形において合併しやすい心外奇形は，脾臓奇形（無脾，小脾，多脾），泌尿器奇形，生殖器奇形，眼奇形（小眼球，眼球欠損，小眼瞼裂），結合体，反転性裂体，口蓋裂，顔面（頭・顎）奇形，胸骨・肋骨奇形，脊柱奇形，鎖肛などである。

③診断

心奇形を早期に正確に診断できれば，畜主の経済的損失を最小限に抑えることができる。前述の症状がみられ，かつ聴診上，心雑音の聴取される子牛では心奇形を容易に疑うことができる。しかし心奇形子牛では，健常子牛に比べ肺炎など呼吸器感染症に罹患しやすく，呼吸器疾患を伴う例では強盛となった気管支・肺胞音に心雑音がマスクされ，聞き逃すことがある。また，重度の心奇形でありながら，心雑音がほとんど聴取されない例も存在するので，心雑音の有無だけでなく，心音強盛や頻脈など心疾患に関連する所見にも注意を払う。右心不全時にみられる頸静脈怒張や肝腫大も心奇形を疑う重要な所見である。

血液検査では，低酸素血症による赤血球増加症（多血症）を認めれば心奇形が強く疑われるが，生後まもない子牛ではこの所見が発現しにくい。心電図では，心肥大を示唆するS波（QRS波）振幅の増高がみられることがある。胸部X線側面像では，左右短絡疾患では容量負荷に応じて心臓の拡大がみられたり，肺血管陰影の増強（血流増多）が明らかになることがある。しかし，X線背腹あるいは腹背像では，牛の胸郭は胸幅が狭く胸深が深い形状をしているため，胸腔に占める心陰影の大きさが健常心でも大きくみえ，心拡大の評価が困難である。心臓の形態や血行動態の異常を調べるには心エコー検査が最も有用である。

前述のとおり，牛では単純な心奇形ばかりでなく，DORV，TGA，房室不一致など複雑な構築異常を示す心奇形や複合心奇形に遭遇することも少なくないため，診断にあたってはこれらの存在を常に念頭におきながら一定の手順に従って系統的に検査することが重要である。心臓の形態診断の基本とされる区分分析法（segmental approach）は，心臓を心房，心室，大血管の3つの主要区分に分け，それぞれの位置関係をまず診断し，さらにこれら3つの部分のつながり関係を診断することにより，心構築異常の総合診断を行うものである[6]。この方法は剖検心の形態診断に限定されたものではなく，生前の心エコー検査による形態診断にも応用可能である。筆者らは牛の心奇形診断において，この区分分析法を採用した方法を考案し，高い診断精度で心奇形を診断できることを示した[7,8,9]。ただ，心エコー検査にも限界があり，著しく低形成の肺動脈が描出困難であったり，肺に遮られて大血管近位が観察しづらくなり，この部の異常を見落としたりすることもある。そのため，これらの疾患を疑う場合は，確定診断にX線心血管造影検査やCT検査が必要である。

④治療

心奇形子牛では発育不良や易罹患性の傾向があり，経済性を考慮すると，治療は内科的あるいは外科的にもきわめて制限され，診断後は淘汰廃用される例がほとんどである。

ただ，PDAでほかに合併奇形がなければ，技術的には犬や猫と同様，動脈管結紮術あるいはカテーテル法を用いたコイル塞栓術にて完治できる可能性はあるが，前述のように牛ではPDA単独奇形は少ない。また，小さな

VSDの単独奇形で，ほとんど無症状のまま成牛となり正常な分娩や泌乳が可能であった例もわずかであるが報告されている[2]。ちなみに，ヒトでは小さなASDやVSDの患者は無症状で，自然歴や予後も良好とされている。牛では何cm以下の大きさの欠損孔であれば将来，繁殖・泌乳・肥育の生産性が維持できるのか明らかにされていない[2, 10]。血統がきわめて優秀な心奇形子牛を生存させる価値があるかを決めるには，今後，各心奇形について自然歴と予後に関する詳細な情報を集積する必要がある。

11. 不整脈　arrhythmia

①背景

不整脈（arrhythmia）は心臓の調律が不規則なものを指すが，刺激生成の異常あるいは刺激伝導の異常といった機能障害が原因となる。また，酸・塩基平衡の異常，腎不全，ケトーシス，敗血症などの疾患，および心疾患に続発する場合も多く，不整脈が検出された場合にはその他の基礎疾患の有無を確認する必要がある。

不整脈は，機能障害を起こす部位と性質によって以下のように分類される。

a．刺激生成異常

刺激生成部位である洞結節の異常により起こるもので，洞性頻脈，洞性徐脈，洞性不整脈および洞停止がある。

b．異所性刺激生成異常

期外（早期）収縮，発作性頻脈および心房細動・粗動，心室細動・粗動がある。

c．期外収縮

発生部位によって心房性，心室性および房室結節性期外収縮に分けられる。心房性期外収縮と房室接合部期外収縮をあわせて上室性期外収縮という。

d．発作性頻脈

発生部位によって心房性，心室性および房室接合部頻脈に分けられる。

e．刺激伝導異常

発生部位によって洞房ブロック，房室ブロック（第1～3度），脚ブロック（右脚，左脚）に分けられる。

f．その他

刺激生成異常と刺激伝導異常の両者が関連するものとして，房室解離，WPW症候群などが知られている。

②症状

軽度の不整脈であれば血液循環に大きな影響を及ぼさない。不整脈に伴う臨床症状は，心拍出量の低下によってもたらされるため，運動不耐性，食欲減退，体重減少，成長不良などが認められる。さらに重度では，失神や，心不全による突然死の危険性もある。

③病態

a．洞性頻脈・徐脈

洞性頻脈とは，インパルスが洞房結節から規則的に生成されているが，その頻度が正常よりも早い状態である。

洞性頻脈は精神的な情動不安，興奮，疼痛，運動，発熱，貧血，感染，心不全および迷走神経遮断剤や交感神経作用剤の投与によっても起こる。

一方，洞性徐脈とは，その頻度が緩徐な状態である。牛での徐脈はまれであるが，髄膜炎，脳炎などに伴う脳圧の亢進や，低体温，迷走神経緊張などで発生することがある。また，鎮静を目的としたキシラジンの過剰投与でも発現する。

洞性不整脈では，一般には呼吸に伴う生理的な不整脈がみられるが，子牛では呼吸と無関係な洞性不整脈がしばしば認められる。これは成長に伴って自然に消失するため，特に治療を必要とせず，予後も良好である。

b．上室性期外収縮

洞房結節由来の（正常の）洞調律のなかにあって，次に予定されたタイミングよりも早期に出現した異常興奮を期外収縮という。そのうち期外収縮の発生由来が房室結節あるいは，それより上位にあるものを上室性期外収縮という。

上室性期外収縮のうち，心房性のものはきわめてまれである。房室期外収縮は比較的発生頻度の高い不整脈であるが，これは房室伝導路内に発生した異所性の刺激生成によるものであり，逆伝導性のP波を認めることもある。原因として，重篤な感染症や心内膜炎などが多い。

c．心室性期外収縮

心室性期外収縮は，収束よりも下部の心室において早期に発生した異所性刺激，またはリエントリー[*1]による心室の興奮である。

創傷性心外膜炎，心内膜炎，重篤な感染症などに伴って発現する。創傷性心外膜炎では，刺入した異物により限局性に心筋炎を起こしているため，それが異所性刺激となって期外収縮を引き起こすこととなる。

d．心房細動

心房細動とは，心房の不規則な興奮により心室への興奮伝導が不規則になる不整脈である。

心房細動は，乳牛の成牛では発生頻度の高い不整脈であり，ショック，ジギタリス中毒，顕著な高カルシウム（Ca）血症あるいは低Ca血症，その他の各種疾病の末期状態において認められる。

e．心室細動

心室細動は心停止の前兆であり，予後は不良である。

f．洞房ブロック

洞房ブロックは，洞結節が興奮障害されるもので，迷走神経緊張，ジギタリス中毒，心筋炎，虚血性心疾患などで発生する可能性があるが，牛ではまれである。

g．房室ブロック

房室ブロックは，不整脈のうち心房から心室への興奮伝導が障害あるいは途絶されているもので，先天性心疾患のほか，心筋炎，弁膜症，ジギタリス中毒などにより発症する。

④診断

聴診によって調律や心拍数に明らかな異常を認める場合は不整脈が疑われる。その場合は心電図検査により，不整脈の原因について解析を進める必要がある。牛は心臓が体軸と垂直に位置し，主にA-B誘導による心電図記録が利用される。この誘導法では，QRS群が大きく記録されるため，調律の異常を検出しやすいという利点がある。電極配置は，A：心尖部（左側肘頭部）およびB：左側肩甲部（肩甲骨前縁中央）とする。

a．洞性頻脈・徐脈

安静時の心拍数が80回／minを超えるものを頻脈とい

う。心室に由来する発作性頻脈は，心室に生じた異所性刺激が高頻度に発生することによって起こる。この場合，心房は洞性調律に，心室は異所性調律によって支配されており，異所性刺激による心室収縮の生じている間に心房からの洞性刺激が心室に到達する。心電図では，異型QRS-T波形に先行するP波は出現しない。

洞性徐脈とはPP間隔あるいはRR間隔の延長を伴い，心拍数が48回／min以下の場合をいう。

b．上室性期外収縮

上室性期外収縮では，QRS群の振幅が洞性調律のものよりも増大するが，QRS群の波形は洞性調律と同様である。

c．心室性期外収縮

心室性期外収縮は心室内で発生した異所性の刺激によって心筋が収縮するため，刺激伝導系によるものとは異なるリズムで発現する。そのためP波を伴わず，QRS-T波形は正常のものとは明らかに異なる。

d．心房細動

心房細動ではP波は出現せず，不規則な速いリズムの細動（f波）が出現し，その頻度は300〜600回／minに達する。QRS群の周期に規則性はなく，QRS-T波形は正常であるが，STあるいはT波がf波と重複するように出現するため，全体として波形は変形する。

e．心室細動

心室細動は，厳密には心室粗動との区別はない。心室粗動は，比較的高振幅の波が規則的に出現するものを指すが，心室細動とともにP波，QRS群，T波の区別はできない。

f．洞房ブロック

洞房ブロックでは正常な調律で予想されるP波がQRS群とともに脱落し，PP間隔が延長する。脱落箇所のPP間隔はもとのPP間隔のほぼ整数倍となっている。迷走神経緊張が原因として疑われる場合は，アトロピン投与による一過性の改善を確認することによって診断される（アトロピンテスト）。

g．房室ブロック

房室ブロックは3つに分類され，PQ間隔が延長するの

みの変化を示すものを第1度房室ブロックという。また第2度房室ブロックのうち，PQ間隔が漸次延長し，ついには心室収縮が脱落するが，その後は再びPQ間隔が短縮（正常化）し，以後，同様のリズムを繰り返すものをMobitz I（Wenckebach）型という。一方，PQ間隔は一定を維持するが，拍動の伝導が断続的に失われQRS波は脱落し，P波とQRS波の関係が，P波2つや3つに対してQRS波が1つ（間欠的）のような間隔を示すものをMobitz II型という。さらに，心房と心室との間に電気的交通はなく，P波とQRS波との間に関係は認められない（房室解離）ものを第3度房室ブロック（完全房室ブロック）という。

⑤治療

前述したように，不整脈は種々の疾患に続発して発生するケースがあるため，治療を開始する前に原因の究明に努める。原疾患がある場合は，その治療を並行して行う。しかしながら，突然に重度の不整脈が発生した場合は原疾患の究明が困難なケースが多いため，抗不整脈薬による緊急処置を行う必要がある。

a．洞性頻脈

心拍数が120回／minを超えるような洞性頻脈の治療には，プロプラノロールを20％ブドウ糖液に添加し，心電図をモニターしながら緩やかに静脈点滴する。

b．上室性期外収縮

散発性の上室性期外収縮では治療の必要はない。

c．心室性期外収縮

多発性の心室性期外収縮では治療が必要となる。すなわち，塩酸リドカインを5％ブドウ糖に添加し，心電図をモニターしながら緩やかに静脈点滴する。

d．洞房ブロック

迷走神経緊張による洞房ブロックに対しては，アトロピンによる治療が行われるが，一過性で無症状のものは治療の必要はない。

12. 再灌流症候群　reperfusion syndrome

①背景

何らかの原因により虚血状態にある臓器に対して血液の再灌流が起きたとき，その臓器または組織における微小循環の障害や血管内皮細胞の傷害が起こり，臓器障害が惹起される病態を再灌流症候群という。

ヒトや小動物では心筋梗塞，脳梗塞，腸間膜血管閉塞などの再灌流治療後にみられるが，子牛ではその処置が行われる機会はほとんどないので，発生は少ない。しかし，第四胃捻転，腸閉塞，腸捻転などによる虚血状態に対して長時間仰臥位での外科的整復後に，再灌流症候群を起こす可能性はある。また，機械的要因や転倒などの要因により骨格筋が広範囲に激しく挫滅し長時間の横臥位になっている（圧挫症候群）と，圧迫解除後に虚血再灌流障害が生じることがある。

②症状

脳，肺，肝臓，腎臓，心臓などの主要臓器が障害され多臓器不全を来すため，症状はその程度により様々で，腎不全，神経症状，呼吸困難，肝不全，心不全に基づく各症状が認められる。また，圧挫症候群では運動と知覚麻痺に加えて，浮腫が著明となる。

③病態

虚血状態の組織に血流が再開することにより，末梢の組織に蓄積していた代謝性の毒性物質，高K血症と乳酸値の増加がみられ，代謝性アシドーシスを招く。さらに，スーパーオキサイドなどの活性酸素，一酸化窒素などのフリーラジカル，アラキドン酸，各種ケミカルメディエータなどの全身循環への影響により臓器障害が起こるとされている。障害は局所だけでなく，二次的に全身の主要臓器に障害を来す。

④診断

診断には，虚血再灌流障害に至る臨床経過とショック様の臨床症状が重要となる。血液検査では高K血症，高乳酸血症，代謝アシドーシス，血中尿素窒素（BUN）の上昇が認められる。圧挫症候群によるものでは，前述に加え，血液濃縮，高ミオグロビン血症，高クレアチンホスホキナーゼ（CPK）血症，低Ca血症が認められる。

⑤治療・予防

　治療は，脱水と末梢循環の改善，代謝性アシドーシスの改善および腎不全の予防を目的として乳酸加リンゲル液の輸液を実施する。高K血症に対しては迅速な対応が必要であり，緊急時には重炭酸ナトリウム溶液やカルシウム溶液の点滴を実施する。輸液療法による体液管理は重要である。

13. 過粘稠度症候群　hyperviscosity syndrome

①背景

　血液の粘稠度が著しく高まることにより，全身性の循環障害，特に血液の流動性の減少と微小血管内への血液停滞が原因で微小血栓の形成と組織の低酸素症を起こし，多臓器不全へと進行する病態を過粘稠度症候群といい，特定の疾患を意味するものではない。

　小動物では過粘稠度症候群の原因疾患としては多発性骨髄腫や原発性マクログロブリン血症が多いが，子牛ではそのような疾患の発生はほとんど認めない。子牛では右-左短絡性の先天性心疾患や腎血管奇形による絶対的赤血球増加症が，過粘稠度症候群の発生要因のひとつである。ただし，多血症は過粘稠度症候群と同義ではない。

②症状

　過粘稠度症候群の主要徴候としては出血，多血，チアノーゼ，呼吸窮迫，黄疸，嗜眠，振戦，痙攣がみられ，その他，血栓症，腎不全，心不全，中枢神経障害などの症状が認められる。

③病態

　血液粘稠度の亢進や多血による血液流動性の低下，微小血管内への血液停滞と血液凝集に起因して微小血栓と全身性の組織低酸素症が起こる。そのため，出血やチアノーゼが生じ，消化器症状，心不全，腎障害，肝不全が起こる。

④診断

　臨床症状と，血液検査により高タンパク血症，単クーロン性高γ-グロブリン血症，マクログロブリン血症もしくは赤血球増加症を確認する。また，血栓症による血小板減少や高ビリルビン血症がみられることもある。

⑤治療・予防

　基礎疾患の治療を原則とするが，不可能な場合には血液粘稠度を減少させるための輸液療法，多血症の場合には瀉血を実施することもある。

14. 血管炎　vasculitis

①背景

　子牛の血管炎としては出生後の臍帯炎（臍静脈炎，臍動脈炎）が多く，重症例では膿瘍（臍静脈膿瘍，臍動脈膿瘍）に移行して廃用になる症例も少なくない。また，輸液療法を行う際の留置針や留置カテーテルによる医原性や感染性の頸静脈炎も散見される。

②症状

　医原性や感染性の頸静脈炎を発症した子牛は，罹患した頸静脈における硬結と熱感，著しい疼痛を伴う怒張，咽喉部の腫脹，および頸静脈の疼痛に起因する頭部伸張の症状を呈する（図4-12, 13）。また，循環障害に起因する心拍数の増加と心悸亢進，哺乳時間の延長が認められる症例もある。

③病態

　本疾患に罹患した症例では好中球数の増加に伴う白血球数の増加，血漿フィブリノーゲン量の増量，血清α-グロブリン濃度の上昇が認められる。また，心エコー検査によって頸静脈内における腫瘤物の像が認められる。病理解剖では頸静脈重症例では右心房内に腫瘤物が確認できる（口絵 p.23, 図4-14）。重症例では右心房内における腫瘤物像が認められる場合もある。

④診断

　本疾患の診断は頸静脈を詳細に触診することによって比較的容易に診断できるが，早期の診断は困難である。したがって，留置カテーテルを装着して連日輸液を行う際には頸静脈炎の継発に留意すべきである。

⑤治療・予防

　早期の頸静脈炎に対する治療には，抗菌薬と非ステロイド系抗炎症剤の全身投与が有効である。しかし，重症例における完治は困難である。

　本疾患の予防としては，頸静脈に留置針や留置カテー

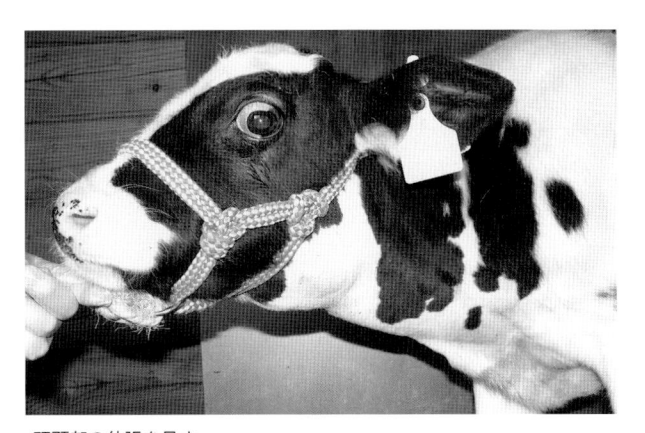

頭頚部の伸張を呈す
図4-12　頚静脈炎症例

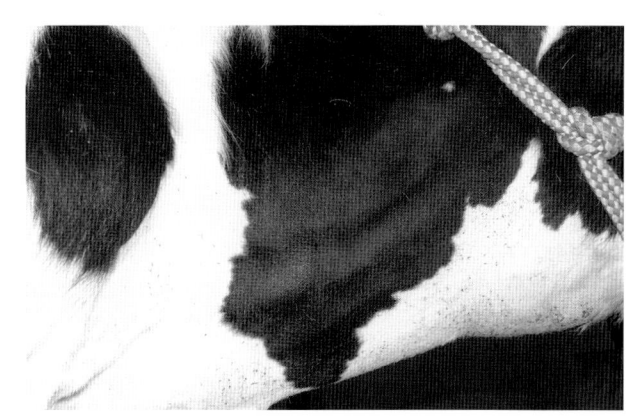

硬結と熱感を伴った頚静脈の怒張がみられる
図4-13　図4-12と同一症例

テルを装着する際に留置部位における剃毛と清拭を慣行し，4日以上の留置輸液を行う場合には新しい留置カテーテルを反対側の頚静脈に装着すべきである。

15. 熱射病　heat stroke

①背景

　高い環境温度・湿度，換気不足および給水不足が誘因となって，発熱調節機構が障害を受け発症する。高温・多湿の換気不足により体温の放散の障害によるものを熱射病（heat stroke），炎天下で頭部に日光を直接受けることによるものを日射病（sunstroke）という。換気不良の子牛の多頭飼育，炎天下での長時間の放牧，換気の悪い輸送車での長時間輸送，高温多湿下での飼育が要因となって発症し，子牛の疲労や衰弱が重なるとさらに発症しやすくなる。なお，気温が38℃以上になると体温調節機構に支障を来すようになるが，それ以下の気温でも高湿度の場合には，熱産生と放散のバランスが崩れ発症しやすくなる。

②症状

　体温は40〜42℃に上昇し，43℃以上になることもある。日射病は突然発症するが，熱射病では前駆症状として意気消沈や四肢の運動失調のような臨床徴候がみられ，次のような諸症状を発現する。子牛では運動失調，沈うつ，食欲減退および反芻停止を示し，頻呼吸（40〜90回／分），呼吸促迫，チェーンストークス呼吸のような呼吸困難の症状が顕著に認められる。循環器系では心悸亢進，頻脈（100〜120回／分），頻脈と弱脈を示し，著明な眼結膜および可視粘膜の充血またはチアノーゼを呈する。中枢神経系も障害され，狂騒，痙攣，失神，転倒，流涎，嗜眠，昏睡などの神経症状を示す。

③病態

　諸臓器のうっ血，脳血管のうっ血，髄膜の点状出血，脳浮腫，実性肺充血と出血により，各種神経症状と呼吸・循環障害を呈する。播種性血管内凝固症候群（DIC）に進展すると，血液凝固不全を呈することがある。血液検査では，血液濃縮（ヘマトクリット〈Ht〉値50％以上，血漿総タンパク質量の増加）を示し，血漿BUNとクレアチニン（Cre）の上昇が認められる。また，尿pHの低下およびタンパク尿を示す。死因は，血管運動神経と呼吸中枢の麻痺が主であり，痙攣が発現し，体温が高いものほど予後不良となる。末期には呼吸中枢抑制による呼吸数の減少がみられる。

④診断

　発症時の環境（炎天下での直射日光，夏季の高温・多湿環境など），高体温，脱水と神経症状を主徴とする臨床症状および血液検査所見から比較的容易に診断される。ただし，前述の病態を示すため，急性敗血症性疾患，脳炎，肺充血および肺水腫との鑑別診断が必要である。

⑤治療・予防

　臨床徴候がみられたら，直ちに通気の良い日陰に子牛を移動させ，冷水を十分に飲水させる。さらに，頭部および全身に冷水をかけて体温を下げる。その際，直腸温を10〜30分ごとに計測し，正常体温に戻った時点で冷水

は中止する。電解質補給と酸・塩基平衡維持のために，食塩，重炭酸ナトリウムを水に溶かして経口補液を行う。重症例では乳酸加リンゲル液，生理食塩液，5％ブドウ糖液もしくは重炭酸ナトリウム溶液の静脈点滴，強心剤の皮下もしくは静脈内投与を行う。

予防には，暑熱時の十分な飲水と塩類の給与が必要である。炎天下での長時間の放牧を避け，子牛を屋外に出すときには日陰を選ぶように留意する。雨上がりの湿気が多く，蒸し暑い時期には，子牛の密飼いを避け，畜舎の通気と換気を良好にするように注意を払う。また，子牛の輸送中は換気に十分な注意を払い，適切な飲水と休息を与える。

■注釈

＊1
リエントリー：洞房結節などで生じた興奮によって，再び興奮を生じてしまう現象。

■参考文献

7．心筋疾患
1) Owczarek-Lipska M et al. 2009. Mamm Genome. 20：187-192.
2) Owczarek-Lipska M et al. 2011. Genomics. 97：51-57.

10．先天性心疾患
1) 萩尾光美ほか．1985．宮崎大学農学部研究報告．32(2)：233-249.
2) 村上隆之ほか．2010．宮崎大学農学部研究報告．56：137-144.
3) 大和田孝二．村上隆之．2000．日獣会誌．53：205-209.
4) 村上隆之ほか．1995．日獣会誌．48：183-186.
5) 大和田孝二．村上隆之．2000．日獣会誌．53：210-214.
6) 萩尾光美ほか．1986．動物の循環器．19：1-10.
7) Hagio M et al. 1987. Jpn J Vet Sci. 49 (5)：883-894.
8) Hagio M et al. 1989. Jpn J Vet Sci. 51 (5)：1049-1053.
9) 萩尾光美ほか．2009．獣医画像診断．20：25-34.
10) Buczinski S et al. 2006. Jpn Can Vet J.47：246-252.

14．血管炎
1) Watson E, Mahaffey MB et al. 1994. Am J Vet Res. Jun 55 (6)：773-780.
2) Madigan JE. 2009. Large Animal Internal Medicine. 4th ed. Mosby：321-322.
3) 小岩政照，初谷敦．1995．臨床獣医．13(2)：56-57.
4) 佐々木榮英．2005．獣医内科学 大動物編．文永堂出版，東京：32-33.
5) Fubini SL, Ducharme NG. 2004. Farm Animal Surgery：481-484.
6) 田島誉士．2005．獣医内科学 大動物編．文永堂出版，東京：279.
7) 田口清，工藤克典．1997．臨床獣医．15(4)：76-80.
8) 寺澤早紀子，小岩政照ほか．2006．臨床獣医．24(11)：42-45.

CHAPTER 5 呼吸器疾患

呼吸器疾患とは，上部気道，気管・気管支，肺等の呼吸器に起こる疾患の総称である。本章では，呼吸器疾患の病態生理学（第1節），呼吸器の解剖・病理（第2節），上部気道の疾患（第3節），下部気道の疾患（第4節），呼吸器感染症（第5節）について解説する。

第1節 呼吸器疾患の病態生理学

呼吸器疾患を取り扱う際に重要な病態は，呼吸不全である。呼吸不全とは，外呼吸[*1]が異常を来したために内呼吸[*2]が正常に行われず，生体の正常な呼吸機能が営めない病態である。図5-1にガス交換およびガス運搬の様式を示した。外呼吸とは赤血球中のヘモグロビン（Hb）が吸気中の酸素（O_2）を受け取って血液中の二酸化炭素（CO_2）を放出することであり，内呼吸はHbが肺で受け取ったO_2を細胞に，細胞が不要なCO_2を血液中へ放出することである。言い換えれば，呼吸不全とは赤血球による肺からのO_2の受け取りが不全ということである。呼吸不全を理解するうえで重要なのは，動脈血酸素分圧（Partial pressure of Oxygen in arterial：PaO_2）と二酸化炭素分圧（Partial pressure of Carbon dioxide：$PaCO_2$）の数値が基準となっていることである。つまり，PaO_2 が 60 Torr 以下を呼吸不全，さらに $PaCO_2$ が 45 Torr 以下をⅠ型，それよりも高値をⅡ型呼吸不全と定義する（表5-1）。

1. 動脈血酸素分圧（PaO_2）と呼吸不全

前述のように呼吸不全とは，PaO_2 が 60 Torr 以下の病態である。急性の低酸素血症の場合，PaO_2 が 60 Torr 以下となると末梢組織の酸素要求量が増加する。これを補うためには心臓からの血液供給量，すなわち心拍出量（Cardiac Output：CO）を増やさなければならない。CO

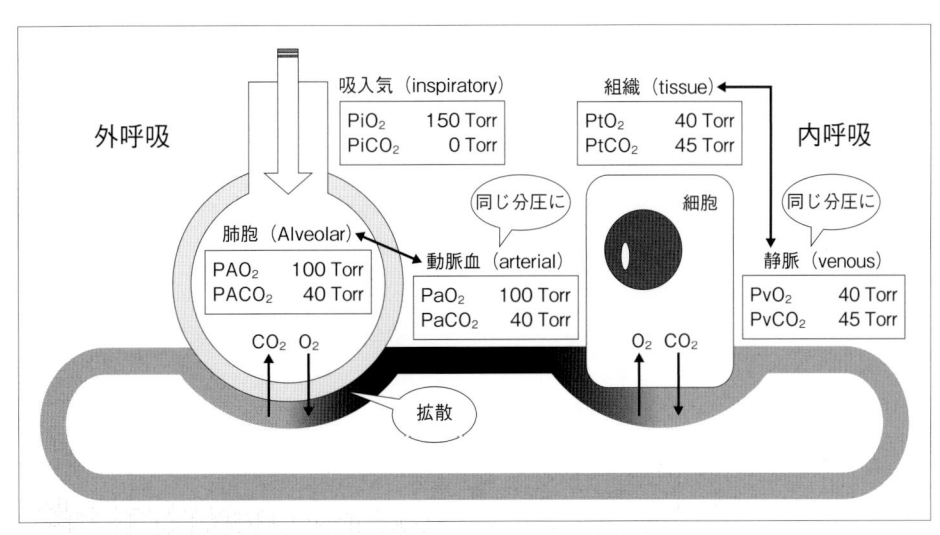

図5-1　外呼吸と内呼吸

表5-1 呼吸不全の分類

	I型呼吸不全	II型呼吸不全	
P_aO_2	≦60 Torr		
P_aCO_2	≦45 Torr	>45 Torr	
$A-aDO_2$	開大		正常範囲
原因	換気血流比不均等 拡散障害 右-左シャント		肺胞低換気
疾患	間質性肺炎 肺水腫 急性呼吸窮迫症候群 （ARDS） 無気肺 肺血栓塞栓症	慢性閉塞性肺疾患 気管支喘息の発作	呼吸中枢の抑制 気管支栓塞 気管狭窄 神経・筋疾患
治療法	O_2投与（ただし，慢性経過のII型ではCO_2ナルコーシスに注意）		人工換気療法（O_2投与は原則不可）

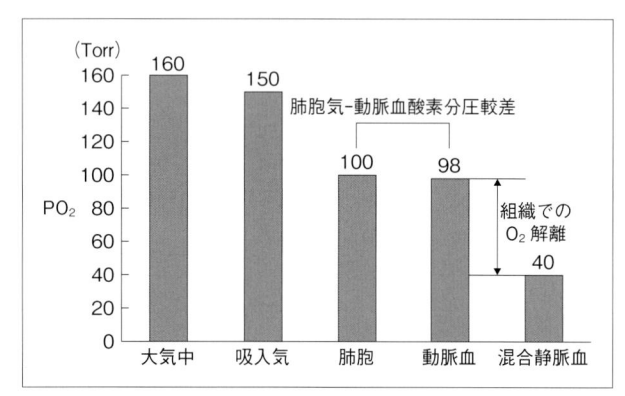

図5-2 健常動物におけるPO_2の生体内変動

図5-2においてO_2は大気→吸入気→肺胞→動脈血と移動している。したがって，PaO_2が60 Torr以下となるためには，原則として前述の移動において何らかの障害が単独または複合的に生じなければならない。

呼吸不全を生じるための第1のパターンとして低酸素環境がある（図5-3）。これは高所，井戸，窪地などO_2濃度がきわめて低い環境下に動物がおかれた場合に生じる。標準大気中のO_2濃度が約21%であるのに対して，これが18%まで減少するとO_2欠乏症の症状がみられ，10%以下でチアノーゼ，昏睡が生じる。吸入するO_2濃度が低いため，O_2量が絶対的に不足し低酸素血症を生じる。

第2のパターンは麻酔，呼吸中枢抑制，筋肉・神経疾患，CO_2ナルコーシス[*5]など呼吸数の著しい減少や咽喉頭麻痺などの呼吸困難により，大気-吸入気酸素分圧較差が開大するものである（図5-4）。

第3のパターンは吸入気が肺胞まで至らない病態である（図5-5）。気管から終末細気管支の間で閉塞や分泌物の貯留などガス運搬が障害され，肺胞まで吸入気が十分に運搬できず，低酸素血症を呈する。

これらの3つのパターンはガス交換の前段階であるため，肺胞気酸素分圧（PAO_2）とPaO_2の両者がともに低下する（肺胞低換気）。したがって，肺胞気-動脈血酸素分圧較差（Alveolar-arterial Difference of oxygen：$A-aDO_2$）の開大を生じないII型呼吸不全である。

第4のパターンは間質性肺炎，肺水腫など肺胞から血液へのガス拡散障害，換気血流比の不均等によるガス交換機能の低下に伴う（図5-6）。このパターンでは肺胞気中のO_2は正常もしくは高値であり，動脈血との較差が大きいため，$A-aDO_2$の開大を生じる，I型呼吸不全

は1分間に血液を拍出する量であるから，1回拍出量（Stroke Volume：SV）と心拍数（Heart Rate：HR）の積に等しい。よって，COを増加させるために頻脈となる。さらに，COの増加は腎血流量の増加を伴うために糸球体ろ過量が増えて多尿となる。したがって，軽度の急性低酸素血症では①頻脈と②多尿が特徴である。

さらに低酸素血症が進行し，PaO_2が40 Torr以下になると心筋への影響が生じる。心筋組織は冠動脈から血液供給を受けているが，低酸素血症によって心筋酸素要求量が満たせなくなると心筋細胞が障害されて細胞膜の透過性が変化し，障害部位の膜電位が低下して障害電流が流れる。これは心電図上においてST偏位[*3]として現れる。加えて，心筋虚血により心筋興奮後の回復過程が影響をうけ，心電図上には陰性T波[*4]として現れ，不整脈を呈する。

PaO_2が27 Torr以下の重度低酸素症まで進行すると，低酸素血症による動脈の攣縮が生じる。これは腎動脈でも同様に攣縮が起きるため，結果的に乏尿となる。

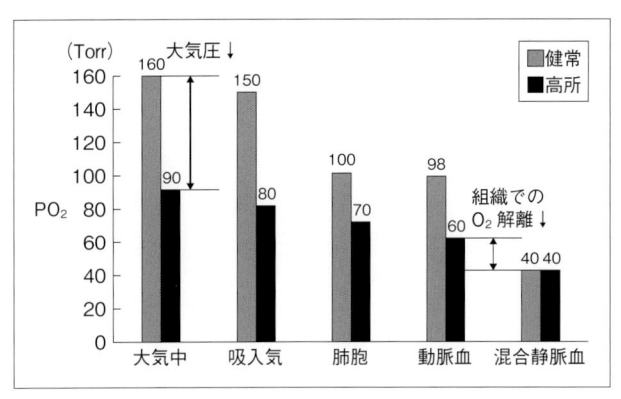

図5-3 低酸素環境におけるPO₂の生体内変動

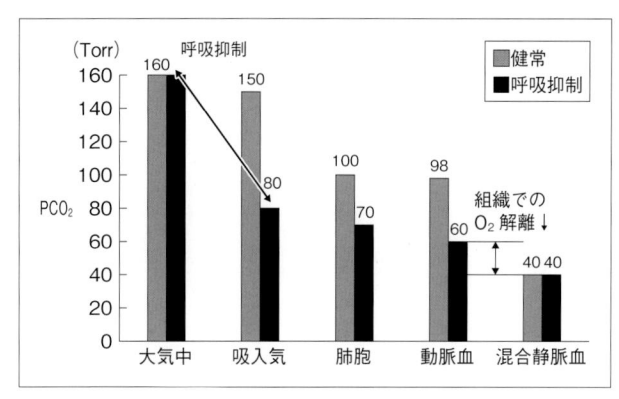

図5-4 呼吸抑制におけるPO₂の生体内変動

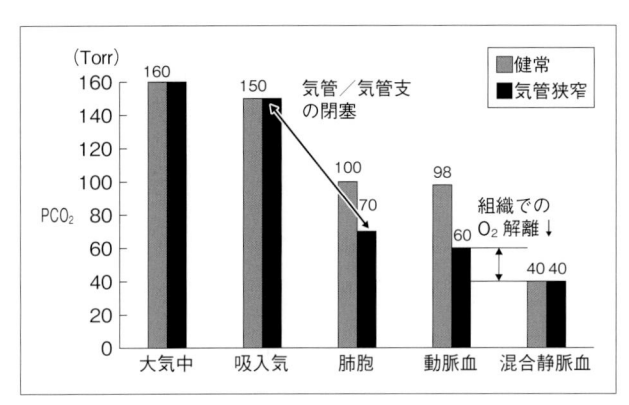

図5-5 気管および気管支の吸入障害におけるPO₂の生体内変動

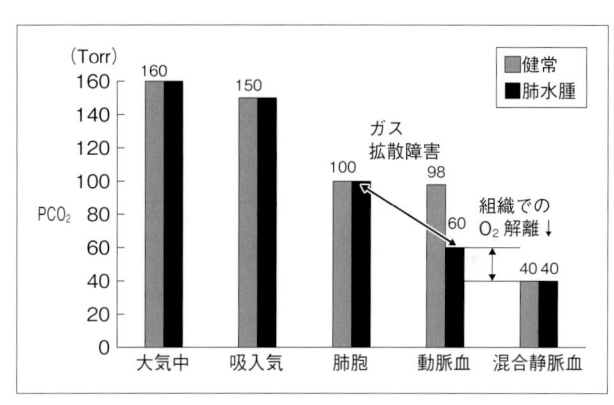

図5-6 肺胞で逃す拡散障害におけるPO₂の生体内変動

を呈する．

2．酸素解離曲線：動脈血酸素飽和度（SpO_2）と酸素分圧（PO_2）

酸素解離曲線は縦軸にHbの動脈血酸素飽和度（SpO_2），横軸に酸素分圧（PO_2）をとったときのSpO_2とPO_2の関係をプロットしたS字状曲線である（図5-7）。健常動物のPaO_2および混合静脈血酸素分圧[*6]（PvO_2）の正常値はそれぞれ97および40 Torrである。PaO_2が97 TorrのときのSpO_2は98％であり，ほぼ100％に近い値である。また，PvO_2が40 TorrのときのSpO_2は75％である。すなわち，健常動物では動脈から末梢静脈へO_2を運搬し，HbからSpO_2に換算して23％のO_2を末梢組織で解離している。つまり，生体では血液中に取り込んだO_2のうち23％しか利用していない。言い換えれば，生体は酸素飽和度の約25％を末梢組織で取り込めればよい。

次に，PaO_2が60 Torrまで減少した低酸素血症について考えてみる（図5-8）。PaO_2が60 Torrのとき，SpO_2は90％である。PvO_2が40 Torrのとき，末梢組織で取り込めるO_2量はSpO_2に換算して15％にすぎず，生体が必要とするO_2量の約10％が不足している。したがって，生体では低酸素状態であっても25％のO_2量を末梢組織へ放出するための機構が必要となる。図5-9では，酸素解離曲線と酸素解離の関係を示した。O_2が豊富な肺においてHbはO_2を放出しにくく，O_2が少ない組織においてはHbがO_2を解離しやすい。例えば，PO_2が60 Torr以上の高い領域ではHbはO_2を解離しにくい。一方，PO_2が60 Torr未満ではPO_2の変化がPO_2の高い領域と同じであったとしても解離するO_2量が多い。その結果，Hbは各組織に効率よくO_2を分配することができる。言い換えれば，SpO_2が高ければO_2の解離する量はきわめて少ないが，SpO_2が低い状態ではPO_2の較差が小さくても多くのO_2を解離することができる。したがって，低酸素状態であればより多くのO_2を末梢組織に解離するために，SpO_2を下げなければならない（図5-9）。

図5-10では，低酸素血症状態（$PaO_2=60$ Torr）における酸素解離曲線の右方移動の影響を示した。PaO_2が60 Torrの場合，右方移動前では末梢組織（PtO_2〈組織

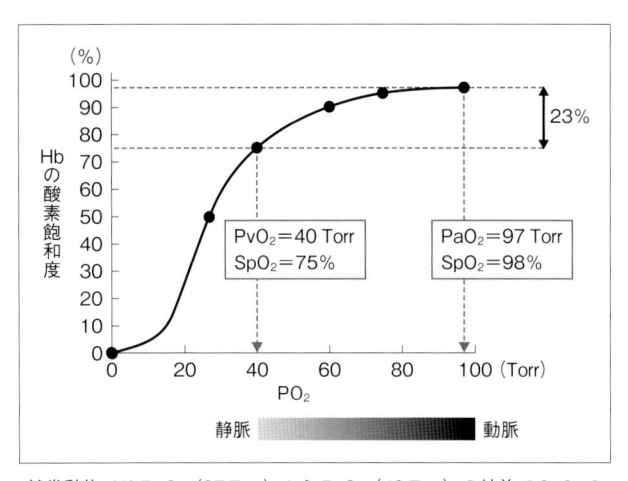

健常動物では PaO_2（97 Torr）から PvO_2（40 Torr）の較差で SpO_2 の 23％に相当する O_2 を解離する

図5-7　ヘモグロビン（Hb）酸素解離曲線―健常動物

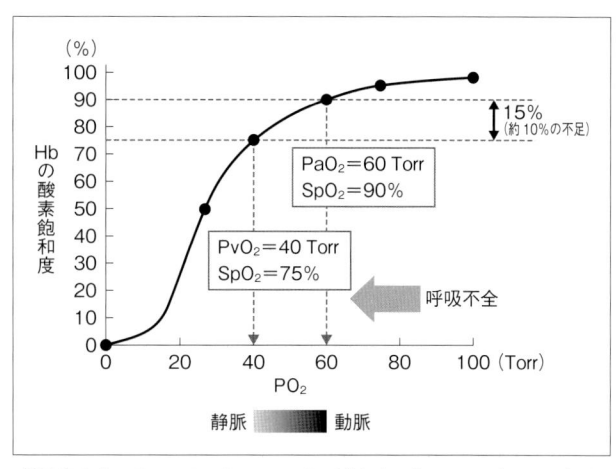

低酸素血症により PO_2 が 60 Torr まで減少すると，PvO_2（40 Torr）との較差では SpO_2 の 15％に相当する O_2 しか解離できない

図5-8　Hb 酸素解離曲線―低酸素血症動物

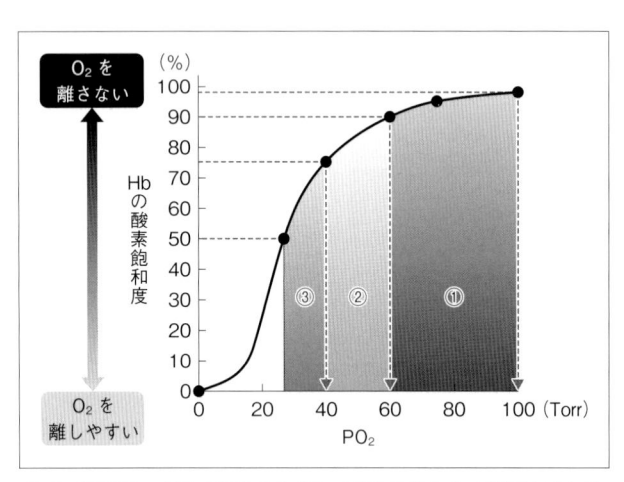

PaO_2 が 60 Torr 以上の動物では PO_2 の変化に伴う O_2 の解離がきわめて少ない（①）。しかし，PO_2 が 60 Torr 以下になるとわずかな PO_2 較差でも O_2 の解離が多くなり（②），特に末梢 PtO_2（40 Torr 以下）では著しい（③）

図5-9　Hb 酸素解離曲線―酸素解離の容易さ

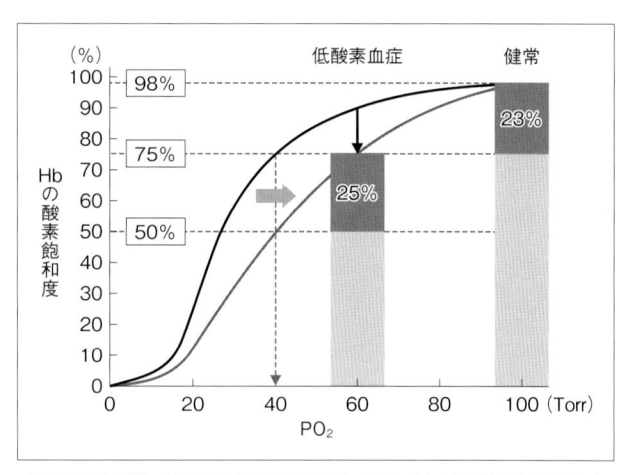

低酸素血症動物では 25％の O_2 量を確保するために酸素解離曲線を右方移動させる。例えば，PaO_2 が 60 Torr の動物では酸素解離曲線を右方変位させ，末梢 PtO_2（40 Torr 以下）との PO_2 較差で 25％の O_2 量を確保するためには，動脈血中の SpO_2 も 75％まで下げなければならない

図5-10　酸素解離曲線の右方移動

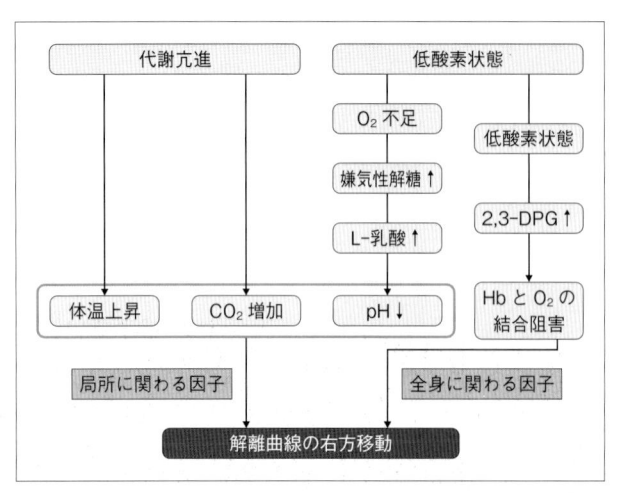

酸素解離曲線を右方移動させる因子には，3種類の局所因子と1種類の全身性因子がある。感染性の呼吸器疾患ではいずれの因子も該当することに注意

図5-11　酸素解離曲線を右方移動させる因子

O_2 分圧〉= 40 Torr）で O_2 を解離する量は SpO_2 の 15％にしか過ぎないが，25％の O_2 量を確保するためには酸素飽和曲線を右方移動させればよい。結果的には，生体が必要とする O_2 量を確保することができる。

　酸素解離曲線を右方移動させる要因は，生体を O_2 不足に陥らせるものである。図5-11に示すように酸素解離曲線を右方移動させる局所因子は，①PCO_2 の上昇，②血液 pH の低下（H^+ の増加），または③組織温度の上昇である。組織での代謝亢進により体温の上昇と PCO_2 の上昇が生じる。

　ヒトの Hb はそれぞれ2個の α と β-サブユニットから構成される四量体構造をしている。Hb は血中 PO_2 の高い肺で O_2 と結合し，低い末梢組織で O_2 を解離する。

ひとつのヘムに O_2 が結合するとその情報がサブユニット間で伝達共有され，タンパク質の四次立体構造が変化する。そして，ほかのヘムの O_2 結合性が増え，より O_2 と結合しやすくなる。これをヘム間相互作用といい，O_2 運搬効率を高める。O_2 と結合した Hb はオキシヘモグロビン（oxyhemoglobin），O_2 と結合していない Hb はデオキシヘモグロビン（deoxyhemoglobin）といわれ，前者は鮮赤色で動脈血色，後者は暗赤色で静脈血色を呈する。PCO_2 が高く pH が低下した環境下では，Hb のヘムタンパクの N 末端にあるバリン基に H^+ または CO_2 が結合してヘム間相互作用を阻害した結果，O_2 との親和性が下がる。これをボーア効果といい，酸素解離曲線を右方移動させる。

酸素解離曲線を右方移動させる全身性因子としてグリセリン酸 2,3-二リン酸[*7]（2,3-ジホスホグリセリン酸，2,3-diphosphoglycerate：2,3-DPG）がある。2,3-DPG はエムデン-マイヤーホフ経路[*8]による嫌気的解糖の中間代謝産物であり，ほかの細胞に比べて赤血球中に約 1,000 倍の高濃度で存在している。それはミトコンドリアを持たない赤血球にとって 2,3-DPG は貴重な ATP 産生エネルギー源であるからである。さらに，この 2,3-DPG はエネルギー産生以外に Hb と O_2 の親和性を調節する重要な役割がある。オキシヘモグロビンが末梢組織に到達すると β-サブユニット間に 2,3-DPG が結合することによって Hb と O_2 分子の親和性が低下し，O_2 分子が遊離して組織に O_2 を供給しやすくなる。

ヘム間相互作用，そしてこれに拮抗して働く H^+，PCO_2，2,3-DPG 効果により Hb の酸素解離度曲線はシグモイド状を示し，その結果として PO_2 が高い肺胞毛細血管では O_2 と結合しやすく，PO_2 が低く，CO_2 濃度が高い末梢組織では O_2 と解離しやすくなるため，O_2 運搬が効率よく行われる。

3．病態と酸素解離曲線

呼吸性疾患では，代謝亢進によって①組織温度の上昇，②PCO_2 の上昇および③血液 pH の低下（H^+ の増加）が生じることが多い。PCO_2 の上昇はⅡ型呼吸不全でみられ，感染性の発熱や呼吸運動の亢進に伴う筋肉疲労により，これらの項目はすべて満たされる。また，子牛の下痢による代謝性アシドーシスの病態も同様である。赤血球内に CO_2 が取り込まれると，炭酸脱水素酵素（CA）により重炭酸（H_2CO_3）となり，速やかに水素イオン（プロトン；H^+）と重炭酸イオン（HCO_3^-）に解離する。このとき，血液中 HCO_3^- 濃度が赤血球中濃度よりも低値の場合，赤血球中 HCO_3^- が血漿中へ拡散する。その結果として，赤血球中の HCO_3^- 産生が増加するために赤血球中で H^+ も同時に生成される。この H^+ は Hb と結合し，ボーア効果により酸素解離曲線は右方移動する。するとアシドーシスが起こり酸素解離曲線は右方移動する。

低酸素血症の動物は，正常な酸素解離曲線よりも多くの O_2 を放出できるように酸素解離曲線を右方移動させて 25％の O_2 量を確保しなければならない。酸素解離曲線を右方移動させることは一時的な O_2 量の確保につながるが，わずかな PO_2 較差でも O_2 を解離するため，末梢組織に到達するまでに O_2 を解離してしまい，安定した O_2 運搬は望めない。したがって，酸素解離曲線を右方移動させている因子を速やかに解消して末梢組織まで酸素化する方法を講じなければならない。

4．呼吸不全の病態と換気障害

Ⅰ型呼吸不全は，種々の原因によって O_2 の取り込みが不足して低酸素血症に陥っているが換気運動は行われているため拡散性の高い CO_2 は障害の影響を受けずに排泄される状態である。一方，Ⅱ型呼吸不全は，肺胞に出納する空気の量が減少し，換気運動が正常に行われてないため体内に CO_2 が蓄積した状態である。子牛の肺炎でよく遭遇する細菌性気管支肺炎の初期は換気血流比の不均等によりⅠ型呼吸不全を示す。Ⅰ型は病態の進行に伴って拡散障害が生じ，Ⅱ型に移行していく。

呼吸不全の原因としては，①換気血流比不均等，②拡散障害，③右-左短絡（シャント）[*9]の増大，④肺胞低換気が挙げられる。①〜③による呼吸不全は，肺胞から動脈血への O_2 の受け渡しがうまくいかないために生じる低酸素血症である。一方，④を原因とするものは十分な O_2 が肺胞に到達せず，動脈の酸素化がうまくいかないために生じる低酸素血症である。したがって，動脈血液ガス値に加えて A-aDO_2 が病態評価の有用な指標となる。A-aDO_2 は PAO_2 と PaO_2 の差である。

$$A\text{-}aDO_2 = PAO_2 - PaO_2$$

呼吸不全の定義では，Ⅰ型呼吸不全は A-aDO_2 の開

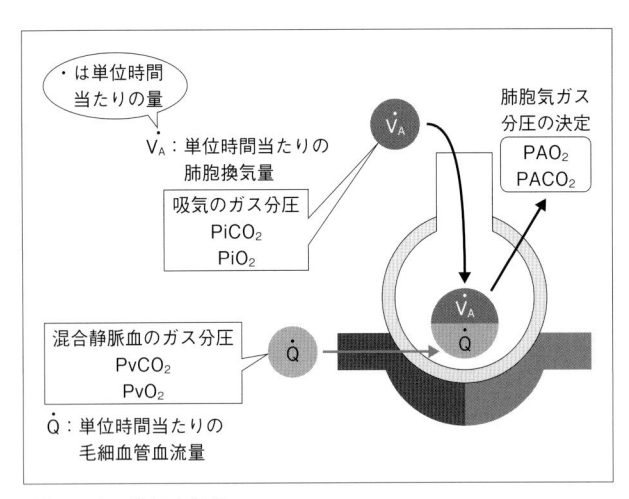

図5-12 換気血流比

大，Ⅱ型呼吸不全はA-aDO$_2$が開大するものとそうでない病態が存在する。A-aDO$_2$は，肺胞の拡散能を示す指標であり，理論的A-aDO$_2$の正常値は0であるが，生理的なシャント，換気血流比の不均等や拡散時のロスを考慮して5～15 Torrを正常値としている。子牛の細菌性気管支肺炎などでは，Ⅱ型呼吸不全のうちA-aDO$_2$が開大するパターンがほとんどで，これは前述のとおりⅠ型呼吸不全が拡散障害によって増悪したものである。これはつまり，子牛の細菌性気管支肺炎の場合，A-aDO$_2$が開大しない限り呼吸不全には至らないということである。

肺は無数のガス交換単位で構成されている。ガス交換単位とは肺胞とそれに対応する無数の毛細血管である。ひとつのガス交換単位における一定時間当たりの肺胞換気量つまり肺胞のガス分圧をVA，毛細血管血流量をQと表す（図5-12）。このとき，VAとQの比を換気血流比（VA/Q）という。正常肺において，ひとつのガス交換単位で吸気および混合静脈血のガス分圧，そしてVAとQが決定すれば，肺胞気ガス分圧が決定する。すべてのガス交換単位で換気血流比が均等であれば最も効率よくガス交換を行うことが可能となり，動脈の酸素化はスムーズに行われ，理論上はPAO$_2$とPaO$_2$が等しくなる（A-aDO$_2$ = 0 Torr）。

詳細は省くが，PAO$_2$は大気中酸素分圧（PIO$_2$）から排出される二酸化炭素（PaCO$_2$/R）の差によって算出される。このとき，室内気のPO$_2$は150 Torr，呼吸商（R）[*10]の平均値が0.8であることから，A-aDO$_2$は後述の式より算出できる。

$$A\text{-}aDO_2 = 150 - PaCO_2/0.8 - PaO_2$$

したがって，A-aDO$_2$は動脈血液ガス分析を行えば自動的に演算することができる。

さて，このA-aDO$_2$について考えてみる。吸入した空気は均等に拡散するために各肺胞に到達するPO$_2$はほぼ一定である。室内気において，PAO$_2$の正常値はPaCO$_2$が40 Torrとすると100 Torr（150 - 40/0.8）である。各肺胞に100 TorrのO$_2$が到達し，動脈の酸素化が何の障害もなく行われると理論上はPaO$_2$も100 Torrになる。実際には拡散ロスやわずかに右-左シャントが存在するためにPaO$_2$は100 Torr以下となる。また，高齢者や採血部位（末梢の動脈など）では80 TorrまでPaO$_2$が低下することもあるため，おおよそ15 Torr以下までは正常範囲内と考えられている。しかし，この値が15 Torrよりも大きければPAO$_2$とPaO$_2$の値が大きく開いている（開大している）ため，肺胞から動脈への正常なガス交換ができていないと判断できる。A-aDO$_2$が開大する原因は①換気血流比不均等，②拡散障害，③右-左シャントの増大によるガス交換異常である。

5．肺胞気-動脈血酸素分圧較差（A-aDO$_2$）が開大する低酸素血症

（1）換気血流比の不均等①（VA/Q↓パターン）

換気血流比（VA/Q）が増加しても減少してもA-aDO$_2$は開大する。健常肺であれば流入した吸入気は各ガス交換単位に対しておおむね均等に分配される（図5-13）。しかし，病変部の肺胞では吸入気量が減少または到達できないため，肺胞のガス分圧（VA）は低下あるいは0となる。図5-14には，病変部の肺胞のガス分圧が0 Torrになった場合の病態を示した。病変部ではVAが低下するため，VA/Qは減少する。一方，本来ならば病変部に流入するべき吸入気は行き場を失って病変のない部位に過剰に流入する。つまり，相対的にVAが増加するため健常な肺胞のPAO$_2$は上昇する。しかし，毛細血管血流量（Q）が増えないので酸素化される血液が増えるわけではなく，結果的にPaO$_2$は低下する。この病態は間質性肺炎，肺水腫，急性呼吸窮迫症候群[*11]（Acute Obstructive Pulmonary Disease：ARDS）などでみられる。

（2）換気血流比の不均等②（VA/Q↑パターン）

肺胞が機能していても血流障害が生じた場合にはVA/

図5-13 健常動物における肺胞動脈酸素分圧較差（A-aDO$_2$）

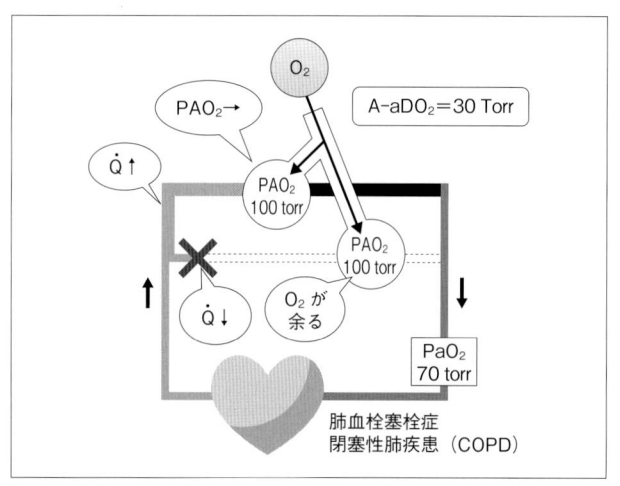

図5-14 A-aDO$_2$ が開大する低酸素血症
換気血流比の不均等による低酸素血症—病変部のVA/Qが低下するパターン

図5-15 A-aDO$_2$ が開大する低酸素血症
換気血流比の不均等による低酸素血症—病変部のVA/Qが増加するパターン

図5-16 A-aDO$_2$ が開大する低酸素血症
拡散障害による低酸素血症

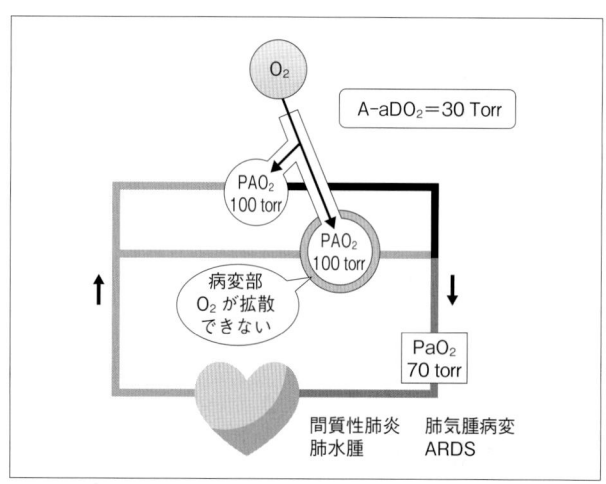

Qの不均等が生じる（図5-15）。肺胞の機能が維持されている場合には，吸入気はガス交換単位に対してほぼ均等に分配されるため，PAO$_2$ は一定である。肺血栓塞栓症など一部のガス交換単位で血流障害が生じると，病変部のQが低くなる。PAO$_2$ が一定（VA 一定）のためVA/Qは増加し，病変部では肺胞内でO$_2$ が余る。一方，病変のない部位では病変部の分まで血流（Q）が相対的に増えるがVAは増えないためにVA/Qが減少する。また，病変のない部位では血液量が増えてもVAが増えないために血液の酸素化が不十分になり，結果的に低酸素血症（PaO$_2$ の低下）が生じる。肺全体のPAO$_2$ は減少しないためA-aDO$_2$ は開大する。この病態はヒトの慢性閉塞性肺疾患[*12]（Chronic Obstructive Pulmonary Disease：COPD）や肺血栓塞栓症などでみられる。

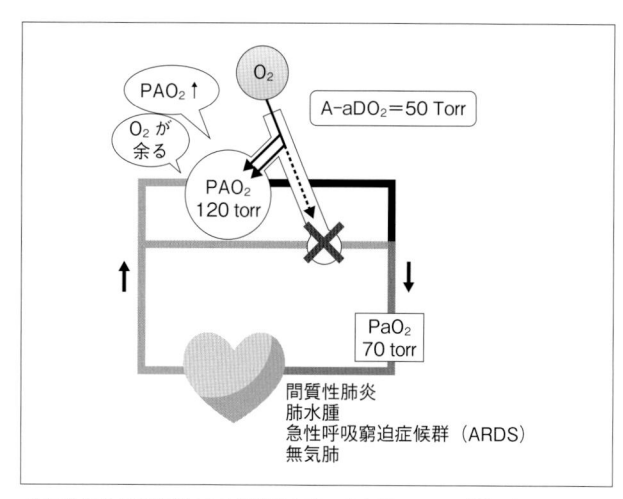

（3）拡散障害と呼吸不全の病態

拡散障害があるとO$_2$ は十分に拡散することができない。PAO$_2$ は正常であるが，一部のガス交換単位で拡散障害を生じている場合，健常部および病変部ではO$_2$ 化されない血液が増えてPaO$_2$ が減少する（図5-16）。肺全体のPAO$_2$ は減少しないためA-aDO$_2$ は開大する。これは間質性肺炎，肺水腫，ヒトのCOPDやARDSなど多くの肺疾患でみられる病態である。

拡散障害の病態を考えるうえで拡散能は重要である。拡散能とは肺胞気からHb分子へのガス拡散のしやすさを示す指標であり，ガスの種類によって異なる。CO$_2$ はきわめて拡散能の高いガスであり，O$_2$ は比較的拡散能が低い。CO$_2$ の拡散能はO$_2$ の約20倍である。したがって，拡散障害が生じた場合，CO$_2$ よりもO$_2$ の方が影響を受け

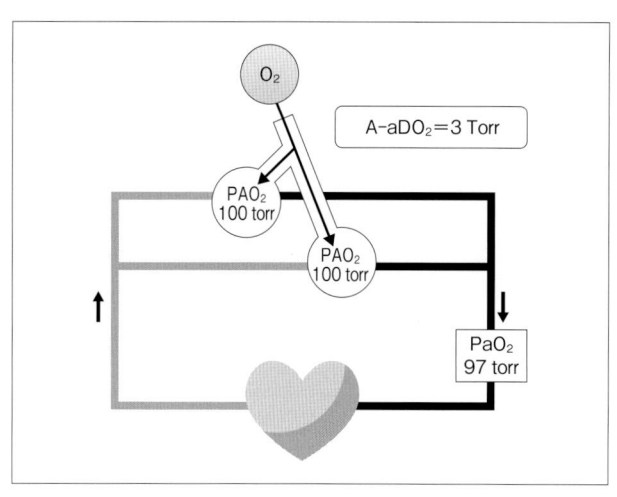

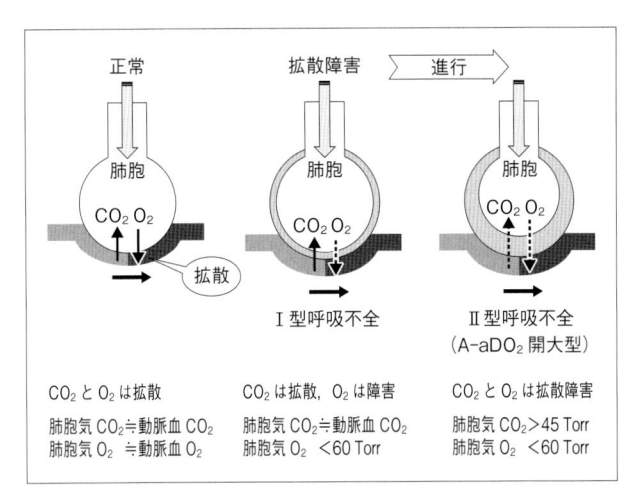

図 5-17 拡散障害の病態ステージと呼吸不全

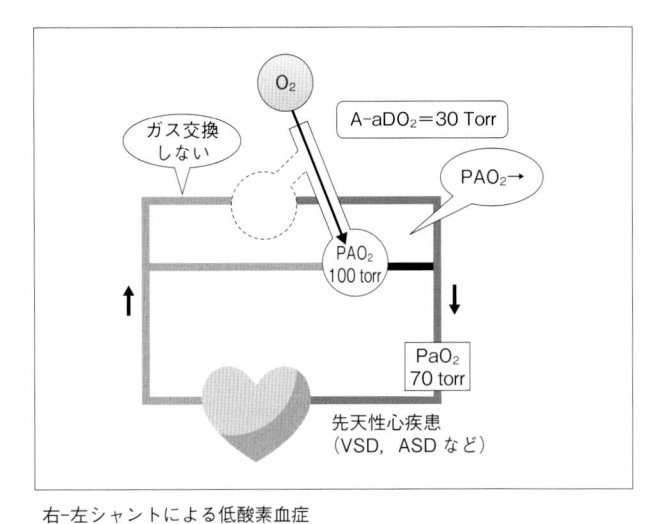

図 5-18 A-aDO$_2$ が開大する低酸素血症（右-左シャントによる低酸素血症）

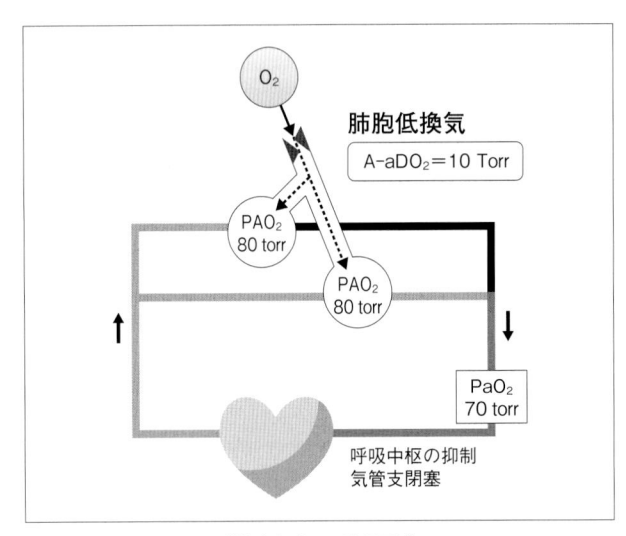

図 5-19 A-aDO$_2$ が開大しない呼吸不全

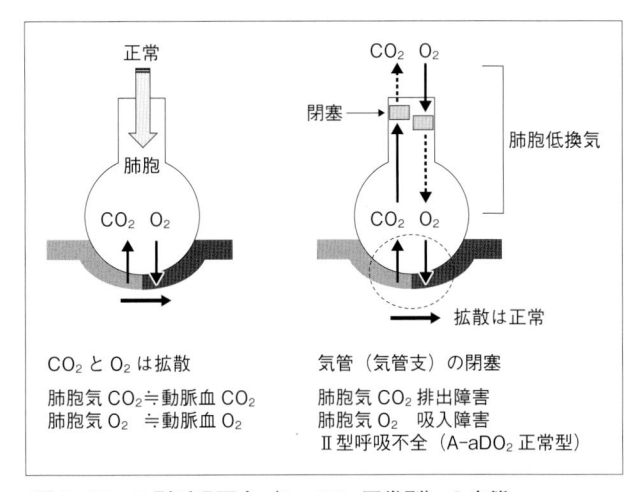

図 5-20 Ⅱ型呼吸不全（A-aDO$_2$ 正常型）の病態

やすい。**図 5-17** に拡散障害の程度と動脈血液ガス値の関係を示した。正常なガス交換単位では O_2 および CO_2 ともに肺胞気と動脈血分圧はほぼ等しい。初期の拡散障害では O_2 のみ影響を受け，拡散能の高い CO_2 は正常に排泄される。生体は低酸素血症の改善のために過呼吸となるが，O_2 の拡散は障害されているために低酸素血症は改善されないが，CO_2 は体内から肺胞へ拡散できるため過呼吸で体外に排出される。したがって，初期の拡散障害では CO_2 は正常もしくはそれ以下となる（Ⅰ型呼吸不全，$PaCO_2 \leq 45$ Torr）。しかし，拡散能の高い CO_2 でも拡散障害を受ける程度まで病態が進行すると生体外へ CO_2 を排泄できないために $PaCO_2$ は上昇し，A-aDO$_2$ が開大したⅡ型呼吸不全（$PaCO_2 > 45$ Torr）に至る。特に，A-aDO$_2$ の開大を伴うⅡ型呼吸不全において PaO_2 よりも $PaCO_2$ の値が高い場合には，重篤な拡散障害の存在を示唆している。余談であるが，一酸化炭素（CO）はきわめて拡散能が低く，O_2 の約 0.8 倍であるため一度 Hb と結合するとなかなか解離せず，O_2 と Hb の結合を障害する（CO 中毒）。

（4）右-左シャント

例えば心房中隔欠損（Atrial Septal Defect：ASD）や心室中隔欠損（Venticular Septal Defect：VSD）などの先天性心奇形，肺動静脈瘻[13]でみられる右から左への短絡（シャント）によって A-aDO$_2$ は開大する。シャントがあると静脈血が酸素化されずに動脈血に混ざってしまい PaO_2 が低下する。肺全体の PAO_2 は減少しないため A-aDO$_2$ は開大する（**図 5-18**）。

6. 肺胞動脈酸素分圧較差（A-aDO₂）が開大しない低酸素血症

A-aDO₂ が開大しない呼吸不全は，肺胞でのガス交換に障害があるのではなく，肺胞に吸入気が十分に到達しない肺胞低換気によって起こる。例えば，呼吸中枢の抑制，呼吸運動の低下により肺胞全体に出入りする空気の量が減少すると PAO_2 は減少する。そのため，肺胞-動脈血のガス交換に障害を受けていなくても（A-aDO₂ は正常範囲），PaO_2 は PAO_2 を反映して低くなる。子牛の A-aDO₂ の開大を伴わない低酸素血症は咽喉頭麻痺，咽喉頭炎，気管閉塞，気管支閉塞などでよくみられる。吸入気が気管支閉塞などにより肺胞まで十分に拡散できない肺胞低換気状態では，PAO_2 が著しく低下する。ところが，肺胞レベルでの拡散は障害されていないため肺胞と動脈ガス分圧はほぼ等しく，A-aDO₂ は開大しない（図5-19, 20）。しかし，気管支内の閉塞によって O_2 の吸入だけではなく CO_2 の排泄が障害されるため，肺胞内で CO_2 が著しく蓄積し，$PACO_2$ が上昇する。その結果，$PACO_2$ の上昇に伴って $PaCO_2$ も著高を示す。したがって，子牛の呼吸器疾患において $PaCO_2$ が著しく高値（> 45 Torr）でA-aDO₂ の開大がみられなければ，咽喉頭麻痺，咽喉頭炎，気管閉塞，気管支閉塞などの物理的な気道の閉塞が示唆される。

第2節　呼吸器の解剖・病理

鼻孔（鼻腔）から肺胞までの「空気の通路」を気道と呼び，一般に気道は上部気道（upper respiratory tract；鼻腔，咽頭および喉頭）と下部気道（lower respiratory tract；気管，気管支，細気管支および肺）に分けられる。喉頭は下部気道に分類されることもあるが，ここでは上部気道として取り扱う。

1. 上部気道の解剖・病理

（1）上部気道の解剖

鼻腔は，鼻甲介と篩骨甲介（中鼻甲介）で仕切られ，左右の背鼻甲介・腹鼻甲介で背鼻道・中鼻道・腹鼻道を構成している。さらに，鼻腔は臭いを感じる感覚上皮がある嗅部と，それ以外の呼吸部に分かれる。嗅部は，嗅上皮と粘膜固有層からなる嗅粘膜で覆われている。嗅上皮には嗅細胞，支持細胞，基底細胞がみられ，粘膜固有層には嗅腺が存在する。嗅細胞は上に伸びる樹状突起と，下に伸びる軸索突起を持つ。下に伸びる軸索突起は上皮を貫き固有粘膜層に出ると，シュワン細胞に包まれて嗅神経（Ⅰ）となり大脳の嗅球に入る。これにより，臭いを感じることができる。呼吸部の粘膜上皮は偽重層線毛円柱上皮と豊富な杯細胞から構成され，粘膜固有層には鼻腺と静脈叢が存在する。静脈叢は，吸入した外気を温める働きをしている。副鼻腔は鼻腔を囲む頭蓋骨の空隙であり，鼻腔と通じ，吸気の保温・保湿，発声の共鳴に携わっている。

喉頭は喉頭蓋軟骨，甲状軟骨，輪状軟骨，一対の被裂軟骨の5つの軟骨から構成され，各々の軟骨は筋肉，靱帯，膜で連結されている。喉頭の粘膜上皮は偽重層線毛上皮（一部は重層扁平上皮）である。

（2）鼻炎・副鼻腔炎・喉頭炎の病理

鼻炎の初期病変は鼻粘膜の充血・水腫と漿液滲出を特徴とする。その後，原因と時間的経過により病変も変わる。つまり，細菌の二次感染などが加わることで化膿性，線維素性，偽膜性，肉芽腫性炎に至り，時に副鼻腔へ炎症が波及することがある。

子牛の壊死桿菌 *Fusobacterium necroforum* の感染では壊死性喉頭炎が問題となり，壊死性口内炎を併発することが多い。肉眼的には口腔粘膜や咽頭に灰黄色で乾燥性の境界明瞭な壊死病巣が多発してみられる。この壊死片や滲出物を吸引することで，気管支炎や呼吸困難を起こすことがある（本章 第3節「4. 壊死性喉頭炎」を参照）。牛ヘルペスウイルス1型の気道感染では，肉眼的に鼻粘膜，喉頭粘膜，気道粘膜は充血・腫脹し，漿液性，粘液膿性の滲出液の貯留とともに，点状出血を認める特徴がある。この出血は病理組織学的には壊死性血管炎に起因する血管病変である。また，病巣辺縁との上皮細胞には両染性から好酸性の核内封入体がみられる。さらに重症例では滲出物が多量で，カタル性，線維素性あるいは化膿性気道炎となる（本章 第5節「2. 牛伝染

性鼻気管炎」を参照)。

2. 下部気道の解剖・病理

(1) 下部気道の解剖

　気管は，肺門部で左右の気管支に分枝し各々の肺葉へ入るが，牛の右前葉へ向かう気管支は気管の気管支という構造をとり，肺門より頭側の気管から直接分かれて肺実質に入る特徴がある。牛の気管横断面における気管軟骨の形状は，不完全輪状で背壁の一部が欠損するため縦に扁平な楕円形を呈する。気管軟骨の欠損部位は，平滑筋性の気管筋や結合組織などによりつながっている。気管支は各葉で葉気管支となり，さらに分枝して区域気管支となり，明瞭に観察される肺小葉に入る。肺小葉内の気管支は細気管支であり，さらに分枝して，終末細気管支，呼吸細気管支となる。そして，呼吸細気管支は数本の肺胞管に分かれ，この管から終末部の肺胞が分かれ囊構造をとる。つまり，気管支→細気管支→終末細気管支→呼吸細気管支→肺胞管→肺胞囊→肺胞からなる気管枝樹を形成する。

　気管・気管支粘膜は，線毛細胞と杯細胞からなる偽重層線毛上皮（多列線毛上皮）からなり，粘膜下には平滑筋，気管・気管支腺，気管・気管支軟骨（硝子軟骨）が存在する。線毛はその動きによって異物を喉頭の方に移動させる作用を，杯細胞は粘液を分泌し上皮を保護するとともに気道に入った異物を包み込む作用をもつ。そして，細気管支の粘膜上皮は単層線毛円柱上皮となり，杯細胞数は減少し，粘膜固有層における気管支腺や気管支軟骨は消失する。終末細気管支の上皮は単層線毛立方上皮となり，呼吸細気管支に近づくにつれ無線毛細胞へと変わり，杯細胞は消失する。終末および呼吸細気管支には，立方形で無線毛細胞である細気管支分泌細胞（クララ細胞）が出現し，表面活性物質を分泌する。

　牛の肺は8葉からなり，左肺は前葉前部・前葉後部・後葉から，右肺は前葉前部・前葉後部・中葉・後葉・副葉からなる。

　肺胞腔はⅠ型肺胞上皮（扁平肺胞上皮）細胞とⅡ型肺胞上皮（大肺胞上皮）細胞で内張りされており，Ⅰ型肺胞上皮は主にガス交換機能の働きを，Ⅱ型肺胞上皮細胞は表面活性剤物質を分泌し肺胞虚脱を防いでいる。上皮細胞下では基底膜を介して毛細血管が分布している。肺胞内には，様々な条件下で肺胞大食細胞（塵埃細胞）が遊走し，異物処理を行っている（口絵p.24，図5-21）。

　肺胞腔と肺胞腔の間である肺実質組織を肺胞壁（肺胞中隔）といい，後述する間質性肺炎は，この肺胞壁の炎症である。また肺胞と肺胞は肺胞管以外に中膈孔でつながっており，後述する線維素性肺炎を考えるうえで重要な構造である。また肺の表面は中皮細胞と薄い線維性組織からなる臓側胸膜（肺胸膜）で覆われている。

(2) 気管支拡張症の病理

　気管支拡張症は気管支の不可逆的かつ異常な拡張のことで，牛では前葉前部の慢性化膿性気管支炎で生じることが多い。これは気管支壁の傷害や細気管支および肺胞腔に壊死物や炎症性滲出物の貯留により閉塞を生じ，結果として円筒状の気管支拡張を生じる。肉眼的には気管支内腔に粘性あるいは乾酪性の膿が充満し，周囲肺では病的無気肺が，また病変の程度や経過によって様々な程度の気管支壁の線維化を伴う（本章 第4節「3．気管支拡張症」を参照）。

(3) 気管支炎の病理

　急性および慢性気管支炎については本章 第4節「1．気管および気管支炎」で後述し，ここでは閉塞性細気管支炎について述べる。

　終末細気管支から呼吸細気管支内腔に貯留した滲出物が器質化したものを閉塞性細気管支炎という。この形成過程は細気管支上皮の壊死が先行し，内腔に線維素に富む滲出物が貯留する。その後，この滲出病巣に線維芽細胞と新生血管からなる肉芽組織が形成され，最終的に器質化し，その内腔表面を再生粘膜上皮により被覆される。このことから，器質化細気管支炎ともいわれる。

(4) 肺充血・うっ血の病理

　肺充血は炎症や運動後の心拍出量が増加したときにみられる。肺うっ血は左心室の機能低下，僧帽弁障害による肺から心臓への血液流入障害により生じる。また子牛では心室中隔欠損などの先天的心奇形の結果生じることもある。肉眼所見では肺は暗赤色で，硬度をやや増し，重量および容積が増加する。うっ血に伴って肺胞毛細血管は拡張し，赤血球が充満する。その赤血球がマクロファージに貪食処理され，ヘモジデリン貪食マクロファージが出現する。このマクロファージは心疾患との関連性から心臓病細胞ともいわれている。うっ血がさらに持続すると，ヘモジデリン沈着がより顕著になり，色

調は褐色調で線維化も生じ，より硬度が増し，褐色硬化といわれる状態となる（本章 第4節「6．肺充血」を参照）。また，さらなるうっ血の長期化では肺水腫を生じる。

（5）肺水腫の病理

間質性肺水腫と肺胞性肺水腫がある。前者は小葉間の間質に漿液が貯留し，後者は肺胞内に貯留する。

間質性肺水腫は肺小葉間質に病変がある場合に出現し，牛肺疫などでみられる。一方，肺胞性肺水腫は，①慢性的な肺うっ血（持続的な肺動静脈静水圧差の低下），②低タンパク症（血漿膠質浸透圧の低下），③リンパ管閉塞（リンパ液流出障害），④その他低 O_2 症状態，過敏，有毒ガス吸引，感染症などの肺胞壁毛細血管内皮障害を来す原因により生じる。肉眼的には肺実質組織や気管支への泡沫液（漿液と空気の混ざった泡状の液体）の貯留がみられる。この泡沫液で注意すべき点は，分娩直後の新生子に認められた場合である。羊尿水（時に胎便も含む）などの液体成分の吸引と出生後の呼吸による含気が混じると，同様に泡沫状液体となる（口絵 p.24，図5-22）。この要因には胎子期の感染や，難産なども関与することが多く，肺呼吸器素促迫症候群などの呼吸不全に至り，死亡することもあるので分娩直後には鑑別すべき点である（本章 第4節「5．肺水腫」を参照）。

（6）肺血栓・塞栓・梗塞の病理

血栓は血液が凝固したものである。血栓形成の要因は，①血管内皮障害，②血流の緩慢，③線溶系と血液凝固系因子のバランス異常などの血液性状の変化，この3つが主である。血栓には4種類あり，小板と線維素からなる白色血栓，赤血球と線維素からなる赤色血栓，白・赤血栓の混合した混合血栓，線維素からなる硝子血栓である。このうち，白色血栓は前述の要因①と，赤色血栓は要因②と，硝子血栓は要因③と関連する。

肺胞壁には豊富な毛細血管が存在する。ここでは諸臓器から還流する PO_2 の低い血液が心臓を介して肺に到達し，肺胞壁でガス交換することで，PO_2 の高い血液となる。諸臓器から肺循環に至るまでの最初の毛細血管は肺胞毛細血管であり，この特徴から肺以外の諸臓器の血管に形成された血栓が栓子として血流に沿って肺に到達し，肺動脈分枝部（口絵 p.24，図5-23）や肺胞毛細血管に閉塞しやすい（血栓症）。

細菌塊，真菌塊，寄生虫卵や腫瘍細胞塊などが栓子となり閉塞を来す場合があり，これを塞栓症という。新生子では胎盤炎，臍帯炎，出生後の臍炎による感染性栓子が塞栓する場合や，子牛では下痢などの肺以外の他の臓器から感染性栓子が血流性に移動することで塞栓し，塞栓部から炎症が波及し肺炎を生じる場合が多い（塞栓性肺炎）。

肺は血栓や塞栓により終末動脈が閉塞されると，その支配領域に虚血壊死（梗塞）を生じるが，血管の二重支配（肺動脈と気管支動脈）を受け血管に富む臓器である肺は，壊死巣周囲より血流が流入するため，出血性梗塞となる。

（7）無気肺・肺気腫の病理

無気肺は，不完全な肺拡張（肺虚脱ともいう）で，胎子期の生理的無気肺とは異なる。その分類は①出産時の呼吸中枢障害や羊尿水・胎便吸引による気管支から肺胞にかけての閉塞，肺硝子膜症を含めた表面活性剤の産生障害などの先天性のもの，②限局性あるいはび漫性に容積が減少し，健常部に比べ暗赤色で硬度を増して陥凹する後天性のものがある（口絵 p.24，図5-24）。

さらに，後天性無気肺には閉塞性無気肺と圧迫性無気肺があり，前者は炎症性滲出物や寄生虫や異物の吸入などの気管支の閉塞より生じ，後者は胸水，血胸，胸膜炎などによる胸腔からの肺実質の圧迫や腹水重度増量や急性鼓脹症による腹腔からの圧迫により，慢性に経過するとうっ血および水腫が加わる。

肺気腫は正常よりも含気量が多く，肺が拡張した状態で，肺胞性肺気腫と間質性肺気腫がある。

前者の肺胞性肺気腫には，呼吸細気管支に認める小葉中心性肺気腫と，小葉全域に認める汎小葉性肺気腫があり，老化による弾性線維変性，気管支の不完全閉塞，激しい呼吸による肺胞壁の破綻などで起こる。

後者の間質性肺気腫は，肺胞の破裂により小葉間質に空気が貯留することであり，時に胸膜や皮下に及ぶことがある。間質性肺気腫には感染性に由来するものがあり，牛RSウイルス感染症や牛流行熱では呼吸困難とともに激しい咳を生ずることで，肺胞が破れ間質性肺気腫を生じる。また，3-メチルインドール（3-methylindole）中毒では間質性肺炎とともに間質性肺気腫を生じる。

肺胸膜下に形成される空気を含有する囊胞状拡張のことをブレブというが，ブレブの破壊は気胸を生じる。この気胸は肺胞性肺気腫でも起こる（本章 第4節「7．肺気腫」を参照）。

(8) 肺炎の病理

　肺炎は侵入門戸を考慮することが大事で，感染因子の侵入は気道系と血行性が主である。一般には気道系が多いが，子牛では血行性による他の感染病巣からの波及もよくみられる。気道系の場合の病変は肺胞移行部である呼吸細気管支より生じることが多いが，これには1～5μmの微粒子がこの部位に到達し閉塞しやすいこと，呼吸細気管支には杯細胞やマクロファージがないことに起因する。この部位から上部気道や付属肺胞へ炎症が波及し，気管支肺炎を呈する。また細気管支や肺胞壁を超えて間質リンパ管などから遠隔肺胞に広がることもある。一方，ウイルス血症，敗血症あるいは菌血症などの血行性病変は基本的に両側肺にび漫性に病変を形成することが一般的である。

　肺炎は病理組織学的に①肺炎が主座する組織部位による分類，②滲出性炎による分類，③病変部の広がりによる分類があり，①では主な病変が肺胞にある場合を肺胞性肺炎，小葉間質にある場合を間質性肺炎といい（間質性肺炎については後述する），②は滲出あるいは増殖しているものによる炎症により分類され，カタル性，線維素性，化膿性，肉芽腫性，壊疽性（壊死巣に腐敗菌が二次感染したもの）に分けられる。③は小葉性肺炎と大葉性肺炎がある（後述する）。その他，感染性栓子の塞栓による肺炎を塞栓性肺炎，異物などの吸引による肺炎を吸引性肺炎や，肺炎を生じた原因別に分類することもある（本章 第4節「8. 肺炎」を参照）。

①間質性肺炎

　肺の間質とは肺胞壁，気道周囲組織，胸膜下結合組織のことである。間質の病変では肺胞上皮は反応性に腫大し増生したりすることもあり，また肺胞上皮の損傷により間質性肺炎を生じることもある。間質性肺炎の初期では，肺胞腔内には水腫および剥離上皮細胞がみられるが，炎症細胞は目立たない。肺胞壁では水腫と単核球系の浸潤細胞が認められる。剥離した肺胞上皮では速やかに立方状のⅡ型肺胞上皮が増生する。この上皮が目立つ場合には，胎子肺と類似した肺胞構造という意味で，胎子化ともいわれる。これは，間質性肺炎の亜急性から慢性所見とされる。また，肺胞壁に沿って硝子膜形成を認める間質性肺炎もある。硝子膜は肺胞上皮の壊死，血漿タンパク，線維素から成り立ち，肺胞壁の肺胞上皮損傷に続く一連の組織変化である，び漫性肺胞障害と解釈されている（口絵 p.24，図5-25）。間質性肺炎の原因には，肺に親和性を有するウイルス，全身性ウイルス感染症の続発，敗血症性感染症（肺胞腔内には好中球が目立たず，肺胞壁の水腫とともに好中球が肺胞壁に散在する間質性病変である），寄生虫，ある種の毒素などがある。

②小葉性肺炎

　小葉性肺炎は前述した気管支肺炎であり，気管支炎または細気管支炎が先行して，続いて付属肺胞に病巣が形成される多中心性小肺炎巣を形成し，肉眼的には気管支の走行に一致した病変の広がりがみられる。ウイルス，細菌，マイコプラズマ，寄生虫などの感染性因子や刺激性ガスの吸引が要因となる。

③大葉性肺炎

　大葉性肺炎は一葉全体や複数の肺葉にまたがって病巣を形成する肺炎であり，線維素性肺炎（クループ性肺炎）がその代表である。これは肺胞・細気管支内に線維素の滲出したもので，隣接する肺胞へ中膈孔を介して急速に広がるため，大葉性肺炎の形をとる。好発部位は前・中葉の全域と後葉の壁側面で，通常両側性に起こる。この肺炎は，パスツレラ症，牛肺疫（マイコプラズマ性肺炎）などで生じる（後述）。

　線維素性肺炎には，充血期，肝変期（赤色肝変期，灰白色肝変期），融解期，吸収期の各ステージがある。まず充血期では，肺に炎症性の充血，出血，水腫が生じる。続く，肝変期は赤色肝変期と灰白色肝変期からなる。赤色肝変期では，肺胞壁の充血，線維素の析出および好中球の浸潤が起こり，肺は暗赤色を呈する。灰白色肝変期には線維素・白血球浸潤が重度となり，それにより肺胞毛細血管が圧迫され貧血状態となり，肺は灰白色を呈する。次の融解期（黄色肝変期）に入ると，好中球が浸潤し線維素を融解しはじめ，肺は黄色調を帯びる。吸収期では，線維素は融解・消失し，白血球の崩壊液化，滲出物の液化が起こり，それらがリンパ管に吸収され肺胞再通気性となる。

　家畜では，病巣での崩壊産物がリンパ管に吸収されず肺動脈を閉塞し，閉塞により生じた壊死組織が周囲組織から隔離，被包されて壊死片を形成したり，肉芽腫を形成することが時にある。

(9) 子牛の流行性肺炎

　子牛の流行性肺炎は特に1～10週齢の子牛で発生す

る伝染性呼吸器疾患である。この原因病原体は単一ではなく，複数のウイルスおよび細菌が検出されており，またその発生には餌や飼育形態などの飼育環境や移行抗体，輸送なども相互に関与すると考えられている。このうち長時間の輸送後に発症した症例は輸送熱といわれている。このような複雑な要因から病理組織学的にも多様に富むが，原因病原体としてはパラインフルエンザウイルス，牛 RS ウイルス，IBR ウイルス，BVD ウイルス，アデノウイルス，レオウイルスなどのウイルスや，*Mannheimia*（*M.*）*haemolytica*, *Pasteurella*（*P.*）*multocida* や *Histophilus*（*H.*）*somni*, *Arcanobacterium* 属の細菌や *Mycoplasma* 属が単独，あるいは混合感染の形で多く検出されている。以下は特徴的な流行性肺炎について記載する。

①子牛のパスツレラ症

　M. haemolytica や *P. multocida* 感染による子牛の呼吸器病で大葉性肺炎の形をとる線維素性出血性胸膜肺炎が病変の主体である。特に *M. haemolytica* は *Pasteurella* 属より病原性が強いと考えられているが，いずれも肺炎あるいは肺胸膜炎に至り死亡することもある。肉眼的には，肺の前葉から後葉にかけて両側性，多発性の出血，壊死巣を含む赤褐色の肝片化病巣と小葉間結合組織への線維素性滲出物による離解拡張した線維素性肺胸膜炎として認められる。肺小葉の肺胞腔は線維素，漿液，出血により満たされており，時に病巣部には境界明瞭な凝固壊死巣がみられ，病理組織学的に，この辺縁では密で帯状の，炎症細胞浸潤により縁取りされた燕麦細胞が認められる（口絵 p.25，図 5-26）。胸膜病変も生じることから肺小葉間にまたがることも多く，胸膜炎を呈すると胸水は血様で，線維素による癒着がみられる。

②子牛のマイコプラズマ性肺炎

　Mycoplasma（*M.*）*bovis*, *M. dispar*, *M. bovigenitalium* や *Ureaplasma diversum* が接触感染することにより生じるが，1〜3カ月齢の子牛は感染しても無症状，あるいは軽度の一過性の呼吸器症状にとどまる。ストレスやウイルス，他の細菌の混合感染があると発病しやすいが，健常な牛の上部気道にも多数のマイコプラズマが生息しており，発症すると他の呼吸器病との類症鑑別が困難な時がある。肉眼的には小葉性肝変化病巣や気管支内腔に壊死物が貯留した状態の気管支炎（口絵 p.25，図 5-27）や，また気管支周囲にリンパ球浸潤が重度に浸潤する症例もある。

　M. mycoides による牛肺疫は日本には常在していないと考えられているが，諸外国では発生がみられる。1歳齢未満の牛が感染すると50％以上の致死率となるが，3歳齢以上では不顕性で保菌牛となる。また常在地では発病することが少なく，長期間にわたり排菌する重要な感染源となるので侵入させないように注意する。この病変は，線維素性肺炎の典型像をたどり，後葉胸膜下の限局性小葉性肺炎から，気道性およびリンパ性に大葉性に広がる。この時期には前述した線維素性肺炎の充血期，肝変期など様々なステージの病巣が混在し，海綿状を示し，肉眼的に肺の割面が大理石様（大理石様紋理）を呈する。

③子牛のウイルス性肺炎

　原因として主なものは，牛 RS ウイルス，牛コロナウイルス，牛アデノウイルス，牛パラインフルエンザウイルスがある。本稿では，これらについて解説する。

a．牛 RS ウイルス症

　子牛に急性の流行性肺炎を生じさせるパラミクソウイルス科に属するウイルス呼吸器疾患で，肉眼的には気管支粘膜の広範な充出血，体表の頸部や全胸部皮下気腫，気管および気管支内腔の出血を混じた粘性あるいは化膿性泡沫状滲出物の貯留がみられる。肺では両側前葉腹側に不規則に融合した肝変化巣と間質性肺気腫による肺退縮不全を呈する。病理組織学的には細気管支や肺胞上皮細胞の合胞化した多核巨細胞がみられ，細胞質の好酸性封入体が時に観察される（本章 第5節「3．牛 RS ウイルス病」を参照）。

b．子牛の牛アデノウイルス感染症，牛コロナウイルス感染症

　牛コロナウイルスは子牛の冬季の出血性腸炎（冬季赤痢）として重要であるが，2〜16週齢の子牛に呼吸器病を生じることもある。

　子牛のアデノウイルス感染症はその発生には季節性がなく，初乳中の特異抗体の欠如やストレスなどの免疫抑制状態で生じると考えられているが，株により毒性や細胞親和性が異なり，消化器症状を呈するものもある。呼吸器親和性株では壊死性細気管支が主体で，時に肺胞に波及し線維素性の析出が多いことがあるので，注意を要する（口絵 p.25，図 5-28）。

c．子牛パラインフルエンザ

子牛に流行性肺炎や輸送熱の原因になるパラミクソウイルス科に属するパラインフルエンザ3型によるウイルス性呼吸器疾患である。肉眼的には前葉および中葉の境界明瞭な赤紫色硬化病変を形成する。気管支から細気管支炎を呈し，肺胞壁に波及し肺胞障害を生じるため，気管支間質性肺炎である。病理組織学的には，空胞化してみられる気管支あるいは細気管支上皮の細胞質や，肺胞上皮（主にⅡ型肺胞上皮），マクロファージの細胞質に好酸性封入体が時に観察される。

第3節　上部気道の疾患

鼻炎ならびに副鼻腔炎も上部気道疾患に含まれるが，臨床的に遭遇することはほとんどないことから，ここでは取り上げていない。上部気道には，呼吸器感染症の起因菌を含む数多くの病原微生物が生息していることが知られている。

1．上部気道感染症
upper respiratory infections

上部気道感染症には，咽頭炎（pharyngitis），喉頭炎（laryngitis）がある。これらの感染症はウイルスおよび細菌によるものである。ここでは上気道感染症で共通するウイルス性感染症について論じ，各疾患の特徴は各論で詳述する。

①背景

牛では上部気道感染症の臨床徴候は非特異的であり，単独の臨床徴候から病因診断をすることはほとんど不可能である。唯一の例外として，牛伝染性鼻気管炎（IBR）は角膜炎，眼結膜の高度の充血が特徴的な所見である。牛の上部気道感染症を引き起こすほとんどのウイルスは肺の防御機構を障害するため，健常動物では容易に排除できる細菌の定着と増殖を許容する。したがって，下部気道に呼吸器疾患関連ウイルスが存在しなかったとしても，下部気道の二次的な細菌感染，例えばパスツレラ性肺炎やマンヘミア性肺炎を罹患するリスクを考慮して治療と予防を両立するべきである。

②症状

IBRは急性経過をたどり，40℃以上の高熱，食欲不振，および重度の結膜充血が特徴的である。鼻鏡や鼻粘膜の充血，鼻汁によって痂皮となり，これが剥がれ落ちることで下部組織が露出していわゆる赤鼻となる。

その他のウイルス性上気道感染症では軽度から中程度の発熱，食欲不振など非特異的な呼吸器症状を呈する。

呼吸時の喘鳴は主に上部気道の感染症および狭窄が原因で発生するが，牛の喘鳴は咽喉頭炎，子牛ジフテリア症（壊死性喉頭炎），喉頭膿瘍，喉頭における浮腫，肉芽形成，乳頭腫などの咽喉頭疾患でも生じる。牛の喘鳴症例の多くは子牛と育成牛で報告されており，成牛での発症はまれである。

③病態

IBRは牛ヘルペスウイルス1型（BHV-1）感染症であり，呼吸異常は非特異的である。通常，合併症を伴わないIBRでは病変は肺に及んでいないので，臨床症状は上気道の呼吸器症状に限定される。BHV-1はすべての年齢の牛に感染するが主に6カ月齢以上の牛でよくみられる。

牛アデノウイルス感染症は，発熱，呼吸器症状，下痢を呈するが，牛の上気道炎症の潜在的な因子であったとしても不顕性であることが多い。牛ウイルス性下痢症（BVD）も，アデノウイルスと同様に非特異的な臨床徴候を示す，軽度から中程度の呼吸器感染症である。BVDウイルスは呼吸器系に対して原因ウイルスではないが，鼻腔に侵入して鼻炎を発症することもある。呼吸器疾患におけるBVDウイルスとの重要な関連性は気道感染に対する免疫抑制効果である。

パラミクソウイルス科であるパラインフルエンザ3型（PIV-3）もまた呼吸器疾患に関連している。上気道感染症に対して最も重要なことは子牛の肺炎に関与していることである。パラミクソウイルス感染症は発咳，多量の鼻汁，および熱を伴う軽度から中程度の上気道感染症状を示すが，これらは非特異的である。PIV-3は呼吸器系に進入すると肺マクロファージに感染して複製され，貪食作用が障害される。PIV-3ウイルス感染症は牛RSウ

イルス感染症や *Mannheimia haemolytica* との複合感染により重篤な肺炎になる。

牛RSウイルスはすべての年齢の牛に感染し，乳牛よりも肉用牛で影響を受けやすく，秋季から冬季にかけて発症しやすい。症状として鼻汁や発咳など上気道感染症の臨床徴候を示すが，ウイルス性肺炎が特に重要である。

牛悪性カタル熱（BMCF）は致死率の高いカタール性疾患であり，鼻腔，眼球（角結膜炎），胃腸領域に病変ができる。上気道系の症状としては鼻炎が顕著である。

各ウイルスの特徴については，本章 第4節 呼吸器感染症に詳述されている。

④診断

ウイルスについて特異検査を実施し，分離同定するべきである。鼻腔スワブまたは結膜の擦過標本によってほとんどのウイルスを分離同定できる。可能であれば急性期と回復期のペア血清で抗体価が4倍以上になっていれば，感染と判断できる。

各ウイルスの診断方法については本章 第5節 呼吸器感染症に詳述されている。

⑤治療・予防

対症療法として栄養状態の改善が重要である。子牛たちが争って摂餌や飲水をするのではなく，それぞれの子牛が容易に食餌と水を摂れる環境を整えることと，過密飼いを避けてそれぞれの子牛に十分なスペースを設けることも重要である。

抗菌薬療法は細菌の二次感染を防ぐために重要である。IBR感染動物においてステロイド系抗炎症剤は防御機構を弱めるために禁忌であるが，アスピリンやフルニキシンメグルミンなどの非ステロイド系抗炎症剤（NSAIDs）は解熱および食欲の改善に有効であると思われる。

肉用子牛では，牛群の予防管理ほどに個体診療は重要ではない。つまり，臨床的に重要なウイルスに対しては単独または混合ワクチンが市販されているので予防が優先される。

2．咽頭炎／喉頭炎　pharyngitis／laryngitis

①背景

咽頭炎（pharyngitis），喉頭炎（laryngitis）は咽頭または喉頭組織の炎症であり，急性から慢性の経過をとる。牛の咽喉頭炎は若齢牛に比較的多く，感染性および機械的刺激による。牛ではウイルスや細菌感染による呼吸器系疾患に併発することが多く，まれに異物刺入，物理的または化学的刺激が原因となることもある。口絵 p.26，図5-29に健常および喉頭炎動物の内視鏡による咽喉頭所見を示した。

②症状

急性上気道炎症の症状に加えて嗄声，声帯周囲の炎症による喘鳴が生じる。急性喉頭炎では咽喉疼痛，鼻汁排泄，流涎，下顎と咽頭後リンパ節の腫脹，吸気性雑音，気管狭窄による笛音，発咳を呈し，重度では呼吸困難を呈する。また，罹患部位の滲出液の貯留と，粘膜表面に形成されたジフテリア偽膜，リンパ節の腫脹および潰瘍性変化に伴い呼吸障害が増悪すると牛は開口呼吸を呈す。本疾患の原因が異物による炎症と刺激であれば，呼気や鼻漏は異臭を伴うため，容易に鑑別できる。

③病態

牛の咽喉頭炎は，呼吸器疾患関連ウイルスとして牛ヘルペスウイルス1型，牛アデノウイルス，パラインフルエンザ3型（PI-3），牛RSウイルスおよび牛悪性カタル熱ウイルス，および *Fusobacterium* (F.) *necrophorum*, *Corynebacterium* (C.) *pyogenes*, *Histophilus* (H.) *somni*, *Pasteurella* 属などが起因微生物として報告されている。また，*Arcanobacterium* (A.) *pyogenes*, *Actinobacillus* spp., *Fusiformis* (F.) *necrophous* もしばしば検出される。

④診断

非特異的な呼吸器症状に加え，急性喉頭炎では呼吸困難，喘鳴，鼻汁排泄，流涎の臨床症状を呈する。また，下顎と咽頭後リンパ節の腫脹，咽喉疼痛による食欲不振がみられる。臨床症状に加えて，内視鏡または喉頭鏡検査により咽頭粘膜の発赤，腫脹，血管の充血がみられる（口絵 p.26，図5-30）。

⑤治療・予防

炎症と細菌性感染症に対する治療を行う。食欲不振や嚥下困難，過度の疼痛があるときにはフルニキシンメグルミン（1～2mg/kg）などのNSAIDsの投与が望ましい。咽喉頭の疼痛のため食欲不振が数日にわたり続くとき，また栄養カテーテルでの流動食の投与が困難なとき

には，柔らかい青草などを給与するとよい。ウイルス由来の喉頭炎が多いために必ずしも抗生物質による治療は必要としないが，異物による損傷や二次感染予防の目的であれば広域スペクトルの抗菌薬の投与が望ましい。

ステロイドとリンコマイシンを併用した治療を行う場合，ステロイド療法は初診時から5日間は0.2〜0.5 mg/kgのプレドニゾロンを投与し，その後は症状によって0.05〜0.2 mg/kgに漸減する。

抗菌薬療法は，生後6カ月以内の子牛であればエリスロマイシンを1日1回当たり2〜4 mg/kgを全身投与するのが有効である。呼吸器系疾患の罹患群を隔離し，健常動物への感染を予防することが重要である。呼吸器系の5種混合ワクチンなど予防が肝要である。

3．喉頭水腫　laryngeal edema

① 背景

ワラビ中毒（bracken fern intoxication）による二次性病変であり，子牛でよくみられる。

② 症状

子牛ではワラビ中毒の二次性病変として喉頭炎を呈し，進行性の呼吸困難に至る。

③ 病態

子牛では，成牛のワラビ中毒でみられるような明らかな出血徴候を伴わず，喉頭水腫によって進行性の呼吸困難を生じる。成牛ではワクチン接種後の有害反応として喉頭水腫を発症することもある。咽頭後部および喉頭，あるいはどちらか一方の軟部組織での長期間の上部気道閉塞や呼吸困難のある牛では，二次性合併症として喉頭浮腫を発症することがある。

④ 診断

臨床症状により診断すべきであるが，可能であれば内視鏡または喉頭鏡検査により確定診断する。

⑤ 治療・予防

喉頭炎の治療に準ずる。

4．壊死性喉頭炎　necrotic laryngitis

① 背景

子牛の壊死性喉頭炎は飼料中の F. necrophorum が粘膜損傷部から侵襲して喉頭潰瘍が形成されたものであり，子牛のジフテリア症（calfdiphtheria）という。本疾患は3〜18カ月齢の子牛で多発し，急性経過をたどる。偽膜形成などにより喉頭が閉塞するため，喉頭閉塞として取り扱われることもある。

② 症状

急性経過を特徴とし，疼痛を伴う湿性の咳嗽としばしば重篤な呼吸困難を呈する。数日かけて状態が増悪した子牛では，呼気および吸気時，あるいはどちらか一方で呼吸困難症状が明確になるが，吸気時の呼吸困難の方が著しい。呼吸困難は吸入時にみられるため，喘鳴（stertor）を伴う吸入時呼吸困難という。重度の疼痛のために動物は沈うつ，食欲不振を呈し，首を伸長する行動がみられる。子牛のジフテリア症に感染した子牛ではしばしば頬に膿瘍を形成する。本疾患の外貌的特徴として，頬の膿瘍形成による腫脹がよくみられる（口絵p.27，図5-31）。咽喉の狭窄音，開口呼吸，大量の流涎，呼気に異臭を呈する。全身症状は食欲不振，沈うつ，発熱，粘膜充血，両側性の鼻漏，喉頭の腫脹がみられる。発熱は39.5〜40℃でそれほど高くはないが，罹患子牛が飲水または摂食を試みた際に，痛みを伴う短い咳をし，摂食と飲水を忌避することがよくある。

③ 病態

典型的な病変部は喉頭軟骨内側角と声帯突起であり，声帯襞，輪状披裂筋に及ぶ。急性病変では壊死性の潰瘍を形成し，その周囲粘膜は充血，腫脹，水腫，滲出液を認める。慢性病変では化膿による壊死性軟骨病巣が形成される。粗飼料または脱落歯によって最初に粘膜が受傷し，F. necrophorum が粘膜組織を越えて侵入する。F. necrophorum によって子牛の呼気は悪臭を伴い，重度の中毒症状を呈する。

④ 診断

臨床症状により診断すべきであるが，可能であれば内視鏡または喉頭鏡検査により確定診断する。聴診器を喉頭周囲に当てることで粗雑な乱気流によって発生する異常音を伴う吸入時の努力呼吸音が聴取できる。これらの

異常音が下部気道で生じている場合もあるので，気管-気管支樹に沿って聴診を行い，下部気道の疾患を除外するなど鑑別診断が必須である。

⑤治療・予防

　早期診断により積極的な抗生物質療法を行えば予後はよい。抗生物質はサルファ剤，プロカインペニシリンGがよく用いられるが，ストレプトマイシン，オキシテトラサイクリンも有効である。非経口抗生物質療法では，スルファジミジン・ナトリウム150 mg/kgを1日1回，2～3日間，またはプロカインペニシリンG 20,000 IU/kgを1日2回，5日間筋肉内投与する。重度の呼吸困難動物に対しては，気管切開術を行うべきである。気管切開術を行う際には，気管支鏡または喉頭鏡による内視鏡検査により病変部をよく確認する。また，これらの動物に対しては周術期前後で輸液療法による体液・栄養管理が必須である。

　食欲不振による栄養不良および脱水に対しては，輸液療法が有効である。特定の予防法はないが，ほかの呼吸器疾患と同様にワクチン接種や呼吸器疾患罹患子牛の隔離が有効である。

5．クループ性喉頭炎　croupous laryngitis

①背景

　ドイツ語でkrupp（クルップ）は喉頭ジフテリアのときに発する笛様な吸気音，嗄声を意味する。人医療ではクループ性喉頭炎または急性声門下喉頭炎という。クループ（croup）とは声門下での上下気道の炎症性狭窄に伴う病態であり，これに関連した臨床症状を示す一群の症候群である。

　臨床症状は軽微なことが多い。しかし，喉頭蓋炎，細菌性気管炎，ジフテリア（corynebacterium diphtheriae）由来のクループ性喉頭炎は臨床経過が進行性であり，重篤な症状を呈する。真性クループ性喉頭炎は喉頭ジフテリアに限定され，それ以外の喉頭炎は仮性クループ性喉頭炎に分類される。

②症状

　クループ性喉頭炎は喉頭が炎症のために腫れて，突然の呼吸性困難，吸気時の喘鳴音，嗄声，時にはチアノーゼなどの症状を示す一群の症候群である。聴診所見において典型的な吸気時の喘鳴（stridor）が聴取できる。また，犬吠様咳嗽を呈する。

③病態

　ウイルス性クループ性喉頭炎は牛パラインフルエンザウイルス3型，牛RSウイルス，牛アデノウイルス，牛ヘルペスウイルス1型などが原因で発症する症候群である。ウイルス性クループ性喉頭炎は微熱や軽徴な呼吸器症状に引き続き，前述の臨床症状を呈する。

　急性喉頭蓋炎では唾液の飲み込みがうまくできないため多量の流涎がみられ，急性炎症のために高熱を発する。細菌性気管炎に続発する細菌性クループ性喉頭炎は高熱，吸気性喘鳴，犬吠様咳嗽が顕著で急性症状を呈する。呼吸困難症状が急激に増悪して死に至ることもある。

　牛の常在菌である *Corynebacterium ulcerans* がジフテリア様臨床像を呈する人獣共通感染症である。子牛では *C. ulcerans* によるクループ性喉頭炎により重篤な呼吸困難を呈することがある。

④診断

　症状や経過，アドレナリン吸入やステロイドの静脈内投与に対する反応を参考にウイルス性か細菌性かを鑑別する。ウイルス性では軽症なことが多いので，加湿によって喉頭を湿潤するだけでも症状が緩和する。細菌感染や二次感染を考慮して，抗生物質療法は重要である。必要に応じてO_2吸入や挿管を行う。

⑤治療・予防

　子牛のウイルス性クループ性喉頭炎では，母牛への呼吸器病6種混合ワクチンによる予防が重要である。罹患した場合には，β作動薬である副腎髄質ホルモン（アドレナリン）またはネオフェリンによる気管支拡張，炎症を緩和する目的でステロイドの吸入または全身投与，二次感染予防のための抗生物質療法を行う。細菌性クループ性喉頭炎ではβ作動薬およびステロイドの吸入では効果がないため，感受性の高い抗生物質の全身投与を行う。

第4節　下部気道の疾患

子牛では呼吸器疾患のほとんどが下部気道疾患である。一般に，下部気道内は無菌であるとされ，何らかの原因により上部気道内に生息している病原体が下部気道内に侵入することで感染症が発症する。

1．気管および気管支炎
tracheitis／bronchitis

①背景

気管-気管支炎は，気管，気管支，喉頭粘膜の炎症にとどまらず，鼻粘膜に及ぶことがしばしばある。気管-気管支炎は肺疾患から波及し，細菌およびウイルス感染性のものが多い。急性から慢性へ移行すると気管支の形態変化を伴う。口絵p.27，図5-32に牛の気管-気管支樹を示した。

気管支炎は明確な診断基準がなく，呼吸器症状と肺炎の否定によって行われる。したがって，微生物の感染により気管支粘膜に炎症が生じ，喀痰を伴う咳がみられる状態を気管支炎という。急性気管支炎の病態はウイルス感染のほかに，窒素酸化物やアンモニアなどの傷害物質の吸引，アレルギー反応によっても生じる。肺炎でも喀痰が認められるが，胸部X線像で肺陰影が認められない場合に気管支炎と診断されることが多い。

慢性気管支炎は長期の呼吸器症状と鼻汁，喀痰が持続した症候群をいう。したがって，人医療では3カ月以上咳と痰が持続し，それが2年以上続いた場合を慢性気管支炎と診断する。しかし，牛医療では期間によって慢性気管支炎を診断されることはない。それゆえに，牛では急性気管支炎により気管の炎症が繰り返し起こり，気管粘膜のリモデリングが生じているものを慢性気管支炎という。専門的な検査を受けることで慢性閉塞性肺疾患，び漫性汎細気管支炎，気管支拡張症，気管支狭窄と診断されることが多い。

②症状

発咳を主とした呼吸器症状を呈する。初期は乾咳であるが，後に湿咳となる。鼻漏は様々で水溶性，粘液性，膿性がみられる。発熱と心拍の増加がみられ，重症例では吸気性呼吸困難を呈する。

③病態

本疾患を罹患する子牛の多くは虚弱で栄養不良である。気管-気管支炎の多くはウイルス，細菌，寄生虫の感染が原因で発生するが，感染成立には寒冷感作，機械的刺激，化学的刺激，アレルゲンの吸入，異物による刺激などが副次的な作用を担う。

感染性急性気管支炎の原因のほとんどがウイルスである。牛では牛パラインフルエンザウイルス3型，牛RSウイルス，牛アデノウイルス，牛ヘルペスウイルス1型などによる。ウイルス以外では，マイコプラズマが原因となる。黄色の膿性の鼻汁や喀痰がみられる場合には細菌による感染が疑われるが，細菌感染はきわめてまれである。

慢性気管支炎では気管粘膜のリモデリングが生じる。慢性の気道感染により，感染と炎症の悪循環が形成され，経過に伴って症状が増悪する（図5-33）。病原体により刺激された気道上皮細胞からサイトカインが産生・放出されて好中球が集簇する。好中球はエラスターゼを産生放出し，エラスターゼによって気道上皮が破壊されて粘液の過剰分泌が生じる。分泌物が気道を閉塞し，呼気が排出されずに無気肺になると閉塞部位の末梢側が拡張する（気管支拡張）。閉塞した気道では分泌物が排出できないために慢性感染が成立し，肥厚した気管支壁は不整となる（慢性気管支炎の成立）。気管支の反復感染により，繊毛上皮の脱落が生じる。その結果，分泌物が排出しにくくなるとさらに易感染性になる。気管支壁は線維化して肥厚し，脆弱になって拡張する（気管支の機能障害）。

④診断

胸部聴診において病態に応じた種々のラッセル音が聴取できる。気道分泌を伴う慢性気管支炎では水疱音，咽頭から気管支までの比較的太い気道で閉塞があればいびき様音が聴取される。呼吸器症状を伴う子牛で胸部X線検査により肺陰影が認められず肺炎が否定されれば急性気管支炎と診断ができる。慢性気管支炎の胸部X線像では気管壁の肥厚，気管（支）狭窄，気管（支）拡張像が得られる。口絵p.27，図5-34に慢性気管支炎における気管内分泌貯留により重度の呼吸器症状を呈した子牛の胸部X線像を示した。

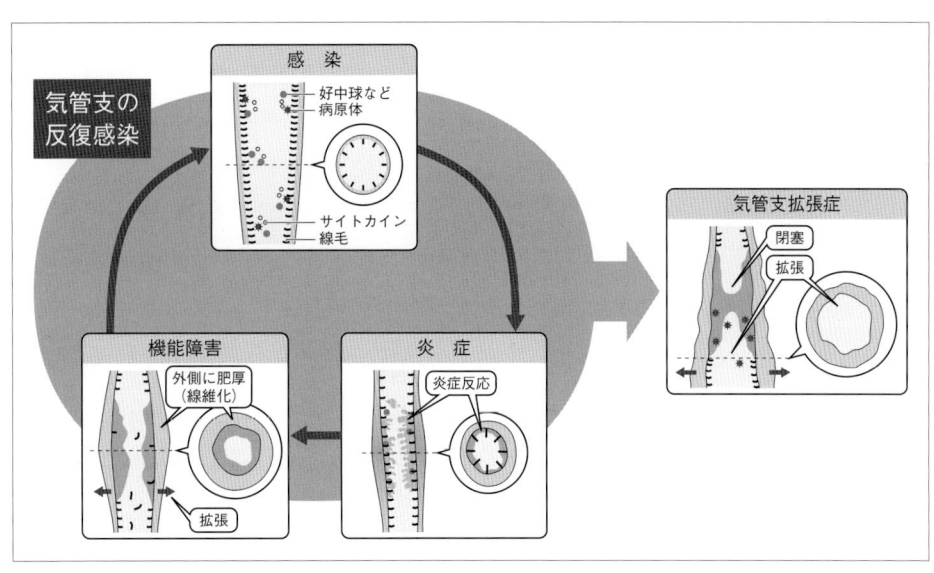

図5-33 慢性気管支炎の悪循環

⑤治療・予防

ウイルス性であることが多いために，必ずしも抗生物質療法が奏功するということではない。動物を安静にし，栄養状態を改善することに努めると同時に，細菌の二次感染予防を目的とした広域の抗生物質を投与する。

エリスロマイシンの少量持続投与は気道炎症の治療に有効である。マクロライドの作用は，気道の過剰分泌抑制，好中球性炎症の抑制（遊走能抑制，IL-8産生抑制，活性酸素放出抑制など），リンパ球への作用（気管支肺胞洗浄液中の活性化CD8リンパ球数の減少など）が明らかにされている。マクロライドはこれら多くの作用を持ち，全体として気道の炎症病態を抑制する。これらの作用は抗菌作用が期待できない少量投与でも効果を発現し，マクロライドのなかでも14員環構造をもつエリスロマイシンが最も有効である。そのため，気道の炎症病態の抑制を期待してエリスロマイシンの少量持続投与（400 mg／頭／日）を行う。また，エリスロマイシンにはモチリン作用といわれる消化管運動亢進作用を有す。これは，空腹時に胃から回腸末端まで周期的に移動していく強い収縮運動（空腹期肛側伝播性強収縮帯：IMC）である。このIMCは消化管ホルモンであるモチリンが制御しており，エリスロマイシンはモチリン受容体に作用し，消化管運動を亢進させる。この場合も，抗菌作用が期待できない少量投与で効果を発現する。したがって，呼吸器の慢性炎症症状を呈する喉頭炎，気管炎，気管支炎，特にび漫性汎細気管支炎および気管支拡張症において抗菌作用ではなく気道の炎症緩和と食欲の改善を目的としたエリスロマイシンの少量持続投与は有用である。

2．気管狭窄症／気管支狭窄症
tracheal stenosis／bronchial stenosis

①背景

気管または気管支狭窄は，気管または気管支の一部の内腔が通常に比べて狭く細くなった病態である。寒冷感作，アレルギー性または喘息などで一過性に気管内腔が狭くなることもあるが，これは気管支平滑筋が一時的に収縮するものであり，狭窄は可逆的である。一方，気管支狭窄は恒久的なものであり，気管腔内が肥厚して閉塞するものと，気管が外部から圧迫されて管腔内が狭くなるものがある。

②症状

喘鳴，チアノーゼ発作などの呼吸症状が認められる。上気道感染を契機にして呼吸困難が強くなり，窒息することもある。

③病態

後天性気管狭窄症の原因は鈍的胸部外傷，気管内挿管チューブや気管切開チューブによる損傷，壊死性気管・気管支炎，慢性気管支炎，気道熱傷などである。気管のいずれの部位にも発症する可能性がある。特に牛ではIBR感染症などにより気管粘膜の肥厚による気管内腔の

狭窄，膿瘍またはリンパ肉腫が気管を圧迫して気管内腔が狭窄することがある。また，難産や外傷により第一肋骨を損傷した子牛では，第一肋骨の増殖性仮骨が気管を圧迫することがある（口絵 p.27，図 5-35）。肋骨損傷による気管狭窄症とは別に，牛では先天性気管狭窄症が気管頸部または胸部でも起こり得る。

④診断

気管支狭窄症では，特殊な副雑音としてスクォーク（squawk）が聴取される。スクォークとは，短い笛音に似た高い音で，吸気のみに認められる副雑音であり，吸気時に末梢気道が急激に陰圧になることで気管支径と吸気流速が変化することにより生じる雑音である。臨床症状に加えて胸部画像診断が有効である。胸部単純X線撮影（気管条件），硬性気管支鏡検査ならびに気管支造影により診断される。口絵 p.28，図 5-36，37 は頸部気道および胸腔内気道の気管支狭窄のX線像である。頸部または胸部X線撮影は侵襲の少ない胸部単純X線撮影で行うことが望ましい。気管支造影は，造影剤による気管粘膜の腫脹から閉塞症状を来すことがあり危険なため，禁忌とする報告もある。気管支鏡検査は診断の確定および狭窄起始部の同定，狭窄の範囲，末梢気管支の状態の検索のために有効である。

肋骨の仮骨形成によって気管狭窄した子牛の多くは，出生時に難産であり，生後数週間で呼吸器症状を呈する。

⑤治療・予防

狭窄の程度が軽く，呼吸器症状が軽度な場合，去痰剤，気管支拡張剤，抗生物質の投与にて経過観察することが可能である。成長とともに狭窄部気管が拡大し，症状が軽減していく例も報告されている。気管内腔の炎症性閉塞（または狭窄）に対する治療は去痰薬であるアセチルシステイン，吸入用セフチオフル，および適切な気管支拡張剤を噴霧する。気管支拡張剤はイプラトロピウムの吸入，およびアミノフィリンまたはアトロピンを全身投与する。

外科的治療には，気管の切除端々吻合術と気管形成術がある。狭窄域が短い症例では狭窄部を切除し端々吻合が可能であるが，狭窄域が長いと切除端々吻合では吻合部に緊張がかかり再狭窄の危険性があるため推奨できない。広範囲の狭窄例に対しては気管前壁を縦切開し，切開部に自家グラフトを当てて内腔を拡大する。

増殖性仮骨形成による気管圧迫の修復術は技術的に困難である。また，気道を確保するために人工置換器具（気管支拡張用プロテーゼ）を気管内に挿入するが，若齢子牛では気管の正常な成長を可能にするために経時的にプロテーゼを抜去または交換しなければならない。

3．気管支拡張症　bronchiectasis

①背景

気管支拡張症（bronchiectasis）は種々の原因によって気管支構造が異常になる疾患である。異常が生じた気管支は，繰り返す炎症によって拡張し，粘度の高い喀痰を生成する。そのため，容易に虚脱して閉塞性換気障害を惹起するが，肺実質ではなく気管支を中心とした病変が特徴である。

②症状

通常は無症状の場合が多いが，気管支拡張症では喀痰を伴う湿性咳（咳嗽）を呈し，聴診所見では水泡音（coarsecrackles）が聴取される。感染が加わると喀痰量が増加するため，分泌物によって気道が閉塞して笛音（wheeze）が聞かれることもある。

③病態

気管支拡張症では，気管支壁の肥厚とともに気管支全体の拡張が特徴的である（図 5-38）。分泌物などにより気管支が閉塞すると無気肺様となり，閉塞部位より末梢の気管支内腔が拡張する。さらに，反復的な気道の感染と炎症により，気管支および細気管支が不可逆的に拡張する。図 5-39 に気管支拡張症を生じる悪循環メカニズムを示す。気管支拡張症は主に細菌性感染による慢性気道炎症を特徴とし，その結果として気道閉塞を惹起する。気道閉塞によりさらに細菌が増殖し，生体の炎症反応としてサイトカインが産生し，繊毛機能の障害や分泌物のクリアランスの低下など気道障害が増悪する。これらの一連の悪循環により細菌の定着（colonization）が生じやすくなり，さらなる気道感染により気道炎症を増悪させる悪循環が成立する。

④診断

気管支拡張症の診断はいかに気管支の拡張所見を正確に捉えるかにかかっている。人医療および伴侶動物医療においては，本疾患の確定診断は 0.5～1.0 mm スライス厚

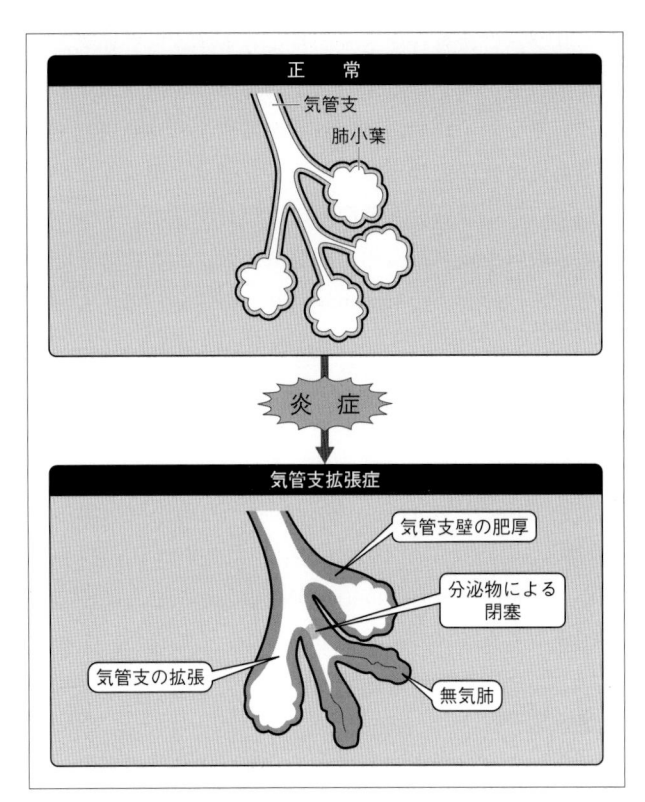

図5-38 気管支拡張症の病態生理

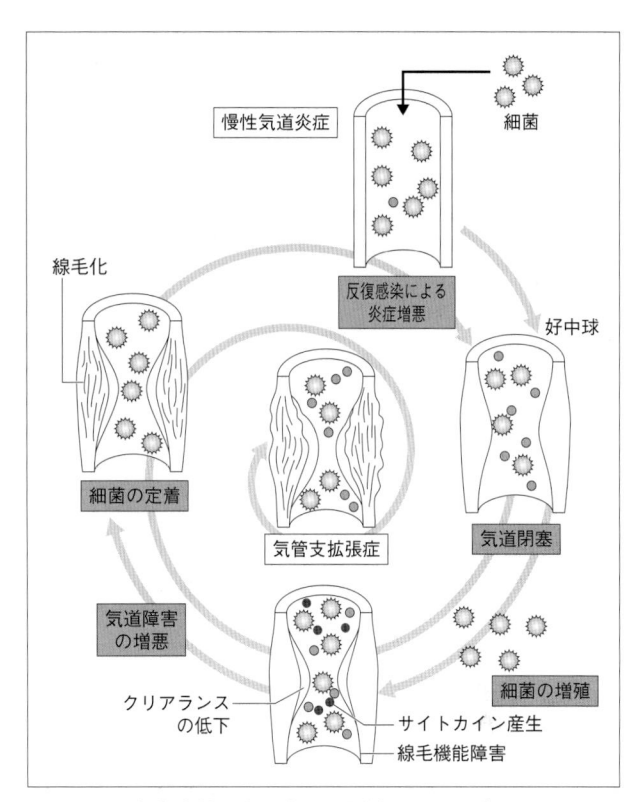

図5-39 気管支拡張症を生じる悪循環メカニズム

の高分解能CT(HRCT)で円筒状に拡張した気管支像を確認する。

胸部X線検査では軽度の病変は描出されないが，進行性であれば気管支壁の拡張および肥厚を示す複雑な画像が得られる（口絵p.28，図5-40）。肥厚した気管支壁が線路のように並行して走る線状影としてみられ，これをtram lineという。口絵p.28，図5-41に線維素性肺炎子牛の気管支拡張とtram lineを示したX線像を示した。気管支に分泌物が貯留していると，結節状または手指状の粘液栓がみられ，進行すると無気肺様の所見を示す。

気管支鏡検査では出血部位や病変の検索を行う。気管支拡張症の気管支鏡検査所見では，拡張性変化として上皮下組織の菲薄化，白色調の色調変化を伴う。

⑤治療・予防

気管支拡張の程度が軽度で限局している場合は，対症療法のみで制御が可能である。しかし，持続的な喀痰や咳嗽のある症例では，排痰促進のための去痰薬，気管支拡張剤を投与する。喀痰量が多い場合には抗コリン薬の吸入が有効である。気管支拡張症では細菌やウイルス感染による急性の呼吸器感染症を契機に症状が急激に増悪することがあるので，マクロライド系抗菌薬を継続しな

がら急性増悪時の起因菌に抗菌活性のある抗生物質の適正投与が必須となる。

気道炎症の制御の目的でステロイドの吸入は有効である。また，14員環マクロライドの少量長期療法は気管支拡張症の悪循環を立つのに有効である（エリスロマイシンの持続投与）。

4．気管虚脱　tracheal collapse

①背景

牛でしばしばみられる。気管虚脱は気管の本来の弾力性が喪失することで気管が異常に拡張・扁平化することにより生じる呼吸器障害である。発生部位により頚部気管虚脱および胸部気管虚脱に分けられ，主に頚部気管虚脱は吸気時に，胸部気管虚脱は呼気時または咳嗽発作時に発症する。

②症状

発熱，頻脈，頻呼吸，チアノーゼ，粘膜充血がみられる。ほとんどの動物で通常は異常を認めないが，運動時に呼吸困難がみられる。気管虚脱に特徴的な喘鳴音

（honking sound）が聴取される。特に goose honking というガチョウの鳴き声に似た喘鳴音が聴取される。

③病態

牛の気管虚脱の原因については明らかではない。気管は管状構造であるが，その径と形は，気管内外の圧較差と気流に応じて正常でも変化している。健常動物の場合，呼気では気道内圧は胸膜腔内圧より高く，胸部気管で虚脱は生じない。しかし，慢性気管支炎や肺炎により努力性呼気では気道内圧が胸膜腔内圧よりも高くなり，呼気時虚脱が起こりやすくなる。一方，胸腔外気道は吸気時に虚脱が生じやすい。吸気時は胸壁を拡張させて肺に空気を送り込むため，胸膜腔内圧は陰圧となる。そのため吸気時には胸腔内気道は開くが，胸腔外気道が脆弱化していると吸気時には気道内の陰圧が上昇するため虚脱する。したがって，胸部気管虚脱は呼気時，頸部気管虚脱は吸気時に生じやすい。

④診断

動物が過度の興奮により重篤な呼吸困難を呈す可能性があるため，検査を行うときは鎮静下で行うべきである。頸部を触診すると気管をさらに圧迫するために雑音が増強または誘発する。

内視鏡検査または頸部X線検査が確定診断となる。口絵 p.28，図 5-42 に気管支虚脱子牛のX線像を示した。

⑤治療・予防

気管支拡張剤，鎮静剤，強心剤を投与する。細菌の二次的な気道感染を予防するために抗生物質療法を行う。

5. 肺水腫　lung edema／pulmonary edema

①背景

水は肺胞毛細血管と間質の間を自由に移動することができる。肺胞毛細血管内圧が高くなると毛細血管が拡張し，肺胞毛細血管に血液が貯留して肺うっ血を起こす。さらに肺胞毛細血管内圧が高くなると，肺胞毛細血管から水が漏出して間質に貯留する。肺炎などで肺胞上皮細胞が損傷し，毛細血管から水，タンパク質，血球成分が漏出して，間質に貯留した状態を間質性肺水腫（interstitial pulmonary edema）という。

間質に貯留した水やタンパク質はリンパ管に移行するが，リンパ管に移行する水の量よりも毛細血管から漏出する水の量が多いと，間質液が増え，肺胞間質液圧がさらに高くなり，肺胞内に間質液が漏出する。肺炎などで肺胞毛細血管内皮細胞や，肺胞上皮細胞が損傷している場合は，特に間質液が肺胞内に流出しやすい。このように，肺胞内や細気管支内に間質液が貯留した状態を肺胞性肺水腫（alveolar pulmonary edema）という。

②要因

a．肺胞毛細血管内圧の上昇

肺水腫の原因として最も多いのは，肺胞毛細血管内圧の上昇である。左心室の機能不全，大動脈弁閉鎖不全（狭窄），僧帽弁閉鎖不全（狭窄）などを伴う心疾患の場合，左心室からの血液拍出が障害され，さらに左心房の血液の左心室への流入不全を伴う。そのため，左心房圧は上昇し，それにより肺静脈圧および肺胞毛細血管内圧が上昇する。

過量の輸液や急速輸液のほか，不適切な高張食塩液の投与によっても，右心房への静脈還流量の増加が起こり，右心室拍出量が増加し，肺動脈圧の上昇により肺胞毛細血管内圧の上昇が起こる。

b．血漿膠質浸透圧の低下

肺胞毛細血管と間質間の相互の水の移動バランスは，肺胞毛細血管内圧と血漿膠質浸透圧の平衡によって保たれている。大量の出血やネフローゼ症候群[*14]などによって低タンパク血漿になると，血漿膠質浸透圧が低下し，肺胞毛細血管から間質への水の移動が増加する。

c．肺胞毛細血管壁と肺胞壁の透過性の亢進

肺炎（細菌性・ウイルス性・誤嚥性）や毒性組織代謝物，毒性ガスの吸引などによって肺胞と肺胞毛細血管が損傷を受けると，その組織からサイトカインが放出される。サイトカインは炎症性反応を増幅するため，肺胞上皮と肺胞毛細血管内皮細胞の損傷が進行し，肺胞毛細血管壁と肺胞壁の透過性が亢進する。その結果，水，タンパク質，血球成分が肺胞毛細血管から肺胞，細気管支に漏出する（透過性亢進型肺水腫）。

③病態

肺水腫で貯留した水が少量の場合は，肺水腫の程度に応じて肺の換気量が減少し，低酸素血症を呈す。貯留した水が多い場合は肺胞換気不全となり，肺胞を流れた血

液はガス交換ができず，肺内シャント[*15]が生じる。重篤な場合では，呼吸困難や呼吸不全に陥る。

軽度の肺水腫ではCO_2の排出量が増加し，$PaCO_2$が低下して呼吸性アルカローシス[*16]になる。肺炎などに伴う重度の肺水腫では肺胞の換気能力が低下または消失し，肺胞でのCO_2の排出機能が低下することによって，$PaCO_2$が上昇し呼吸性アシドーシス[*17]となる。

肺胞毛細血管内圧が上昇すると気管支毛細血管内圧も上昇するので，気管支粘膜が腫脹して粘液分泌量が増加する。同時に，気管支壁の刺激受容体が刺激され発咳がみられる。気管支毛細血管内圧が著しく上昇した場合は，毛細血管が破綻して血様の泡沫性流涎や鼻汁を示し，出血が大量の場合は喀血することもある。

6．肺充血　pulmonary hyperemia
（口絵 p.29, 43, 44）

肺胞毛細血管領域において肺の循環障害により肺胞毛細血管内圧が高くなり，毛細血管が拡張，血液が増量し，うっ血した状態を肺充血（pulmonary hyperemia）という。肺充血は肺水腫を呈する前の初期病態で，肺充血（肺うっ血）と肺水腫は単一の疾患ではなく，肺の病態のひとつである。

（1）原発性（実性）肺充血
active pulmonary hyperemia
肺の毛細血管内皮細胞や肺胞上皮細胞の損傷により，肺の毛細血管の透過性が亢進して肺胞毛細血管に動脈血が貯留した状態である。肺炎の初期の病態であるが，熱射病，輸送ストレス，刺激性ガスの吸引，アナフィラキシーなどによっても起こる。

（2）継発性（虚性）肺充血
passive pulmonary hyperemia
肺以外の臓器の障害に伴い，肺静脈血の流出障害が生じた結果，起こる肺充血である。僧帽弁閉鎖不全・狭窄，心機能不全，心膜炎，心筋症などの心疾患や肺の循環障害などで認められる。この場合，肺充血は両側性に発生する。また，長期に及ぶ消耗性疾患[*18]により起立不能などの同一姿勢が長時間持続した場合，肺の一部に限局して血液降下性肺うっ血[*19]として発生する場合もある。

過量の輸液や急速輸液のほか，不適切な高張食塩液の投与によっても循環血液量が増加し，一過性の肺充血を起こす。肺充血は病態が改善されなければ，次第に肺水腫に移行する。

7．肺気腫　pulmonary emphysema
（口絵 p.29, 43, 44）

肺胞では弾性収縮力と，肺胞表面の水の表面張力が肺胞の収縮力として作用している。肺胞に作用する水の表面張力は非常に強く，そのままでは肺胞がつぶれてしまう。しかし，Ⅱ型肺胞上皮細胞から表面活性剤が分泌され，これら表面活性剤が水の表面張力の作用を減少させ，肺胞がつぶれないように作用している。また，胸膜腔の陰圧が肺胞を拡張させる力として作用している。胸膜腔の陰圧は，胸膜腔内の空気の血液への吸収，胸郭の拡張と肺胞の収縮力によって維持され，胸膜腔の内圧は呼息時でも陰圧が保持され，肺胞は常に膨張した状態に保たれている。

肺気腫（pulmonary emphysema）は，肺胞の表面張力や胸膜腔の陰圧のバランスが崩壊し，肺の含気量が増大し，細気管支の拡張に伴い，終末細気管支から末梢の含気領域が異常に拡張した状態である。多くの場合，肺胞壁の破裂を伴い，隣接する肺胞が融合して肺の容積が増大する。肺胞破裂による肺気腫では，肺胞の弾性収縮力や肺胞表面の水の表面張力が減少し，肺胞を収縮させる作用が胸膜腔の陰圧よりも低下する。肺胞の収縮性の低下により肺胞はさらに膨張し，肺組織の弾力性が減少して肺全体が膨張した状態になる。肺気腫では，呼気時の内圧亢進や呼吸細気管支の狭窄によって肺胞内に気腫性囊胞が形成されることもある。

また，病理組織学的に肺気腫とは，終末細気管支から末梢の含気領域（気腔）が不可逆的に拡張した病態で，多くの場合，呼吸細気管支，肺胞道，肺胞に破裂が認められるが，肺の病変部には線維化は認められない。

（1）肺胞性肺気腫　alveolar emphysema
一時的な過呼吸や激しい運動によって肺胞内に過度の空気が貯留し，肺胞が異常に拡張した急性肺胞性肺気腫と，慢性の呼吸器疾患に起因する気道の狭窄や閉塞により，末梢呼吸細気管支と肺胞が拡張した慢性肺胞性肺気腫がある。急性肺胞性肺気腫は，一過性で器質的変化を

伴わない場合が多い。また，牛肺虫 Dictyocaulus viviparous の寄生が細気管支の塞栓を引き起こした結果として，肺気腫が認められている。

（2）間質性肺気腫　interstitial emphysema

終末細気管支や肺胞の破裂により，漏出した空気が肺の小葉間結合組織間に侵入し，拡張空間を生じた肺気腫を間質性肺気腫という。牛や豚では，肺の小葉間結合組織が発達しているため，発生が多くみられる。間質性肺気腫のうち，肺胞嚢が拡張し，小葉間組織全体が広範囲に変化し，肺胞道と肺胞嚢の区別が不明瞭になっている場合を汎細葉性肺気腫（panacinar emphysema）という。

漏出した空気が肺の小葉間結合組織間から胸膜下，肺門を経て縦隔や筋膜面から皮下に侵入し，皮下気腫を併発することがある。

8．肺炎　pneumonia

①背景

肺炎（pneumonia）は，呼吸器疾患の95％以上を占める肺および細気管支の炎症性疾患である。原因や病理所見により様々な呼び名があるが，多くは気管支炎から波及した気管支肺炎（小葉性肺炎）である。発生率は冬季を中心として全国的に非常に高く，家畜共済事業実績でも肉牛などの病傷事故件数の30％以上（36万件あまり，「2009年度農水省資料」より算出）を占め，ほかの疾患を圧倒している。とりわけ，哺乳期から育成期にかけての子牛にとっては下痢症と並んで最も重要な多発疾患であり，呼吸不全のために死亡したり，慢性化し発育不良となる症例も少なくない。予防策として，ウイルス感染に対する各種ワクチンが汎用されているほか，最近では細菌感染に対するワクチンも普及しつつあるが，発生率低下の兆しはみられない。むしろ，近年，飼養規模の大型化と家畜移動の広域化が著しいことから，以前に比べストレスが増大し発症リスクは一段と高まっている。

a．原因および誘因

原因となる主な病原体（一次的病原体）は，牛RSウイルスや牛ヘルペスウイルス1型（IBRウイルス），牛パラインフルエンザウイルス3型（PI-3）などの各種ウイルス，Mannheimia haemolytica や Pasteurella multocida，Histophilus somni などの細菌，Mycoplasma bovis や Ureaplasma diversum などの病原性マイコプラズマのほか，真菌や寄生虫などである。このうち，細菌とマイコプラズマは臨床的に健康な牛の上部気道に常在していることが確認されている[1]。ほとんどの病原体は，母牛や牛舎環境由来と考えられ，生後間もなく子牛の上部気道に定着し，何らかの要因により下部気道まで侵入し増殖したときに炎症が惹起されると考えられている。このほか，二次的に症状を悪化させるもの（二次的病原体）も含め，野外症例のほとんどは複数種の病原体が関与する混合感染である。一方，宿主側の発症誘因である免疫能低下は，与えられる初乳の問題（質的・量的・時間的など）や栄養素摂取不足などにより起こる。同様に，過密飼育や輸送によるストレス，換気不良に起因するアンモニアガス濃度の上昇などに代表される飼養環境誘因も免疫能を低下させる。さらに，高濃度のアンモニアガスは気道粘膜上皮細胞の線毛の運動性低下を引き起こし，結果的に病原体の侵入を助長する。このように，肺炎発症の直接的原因は複数の病原体が感染することだが，宿主や環境側の因子が複合的に関与していることから，近年，臨床的に牛呼吸器複合病（bovine respiratory disease complex：BRDC）といわれている。

b．発症機序

何らかの原因により免疫能が低下し生体が易感染性の状態に陥った場合に，ある種のウイルスが上部気道に感染すると，同時またはその後に病原性マイコプラズマが気道内に感染する。これにより，上部気道に常在している M. haemolytica や P. multocida などが下部気道に侵入し増殖した結果，発症すると考えられている。このほかにも，ウイルスの関与なしに細菌感染が成立する場合や，ウイルスと細菌の感染後に病原性マイコプラズマ感染が成立する場合などが推定される。病原体の感染様式は接触感染と飛沫感染が主であることから，感染リスクはカーフハッチなどの個別飼育に比べ群飼育で著しく高まる。最も顕著な事例は，ロボット哺乳システムで集団飼育される子牛群である。広範囲の異なる農場から集められた子牛の場合，突然，群飼育という社会的ストレスに曝露され，日齢も体格も不均一であることから発育にも差が出ることが多い。さらに，多くは飼育密度が高いため畜舎内のアンモニアガス濃度も高まるほか，牛同士の接触や哺乳器具を介した病原体の受け渡しが容易であるという状況は，呼吸器疾患のみならず各種感染症多発の大きな要因であり，システム導入の意図に反し生産性

が低下しているケースが少なくない。

一方，病原体とは別に非感染性因子による肺炎もみられ，これらはすべて肺に異物が入ることによって起こる。臨床現場において最も頻繁に遭遇するものが哺乳子牛の乳汁誤嚥によるものであり，このほか出生時の胎水誤嚥や薬剤の経口投与失宜でも容易に起こり得る（誤嚥性肺炎）。

②症状

食欲および活力の減退・廃絶と発熱に加え，特徴的な呼吸器症状を示す。すなわち，発咳，鼻汁，呼吸数増加と呼吸様式の異常，および肺聴診域における呼吸音の異常などが認められる。これらの臨床症状は，原因となる病原体の種類を問わず一般にみられるものである。

a．発熱

子牛および育成牛では，種差なく39.5℃を超えた場合を発熱と診断するが，発症牛では40℃以上を示すことが多い。症例によってその程度は一様ではなく，再発を繰り返す慢性例などでは，明らかな呼吸器症状を呈しているにもかかわらず，40℃に満たない微熱あるいは平熱を示すこともある。

b．発咳

最も頻繁にみられるのは湿性発咳[*20]であり，病変が細気管支などの下部気道や肺まで達し，滲出液を伴う場合にみられる。反復する場合や数日間にも及ぶ場合が多い。これに対し，乾性発咳[*21]は咽喉頭や気管など上部気道に病変がある場合のほか，間質性肺炎で多くみられる。

c．鼻汁（鼻漏）

通常は両側の鼻孔から排泄される。性状により，水様性（漿液性），泡沫性，粘液性および膿性に区分できる。また，色調により透明，白色混濁，滞黄色および赤色などに区分される。感染初期には水様性で透明なことが多く，正常時とほぼ変わらない。また，膿性白濁の鼻汁を示す症例が必ずしも重症であるとは限らない。

d．呼吸

呼吸数は増加し，1分間に60～80回またはそれ以上になることもある（正常子牛：20～50回／分，成牛：15～35回／分）。呼吸数の計数は，保定時に走り回るなど激しい運動の後は必ず増加することから，牛が動き回る前に行うべきである。できれば保定前の安静なときに，胸郭運動や鼻翼の動きなどを目視して計数することが望ましい。正常呼吸様式は鼻呼吸でスムーズな動きの胸腹式だが，症状悪化に伴い呼吸困難となった場合には，胸式呼吸（肺の呼吸面積縮小）や腹式呼吸（肺気腫など），あるいは鼻翼呼吸（吸気時の鼻孔開張）などを呈す。特に，舌の露出，口角に微細な泡沫が付着した開口呼吸（口絵p.29，図5-45），あたかも全身で呼吸するような努力性呼吸は重篤な呼吸困難を示唆し，予後不良となることが多い。また，頭頸部伸長や立位での前肢開張姿勢（胸郭圧迫回避）も呼吸困難を示している。一般に，呼吸困難は吸気性と呼気性および両者の混合性に分けられるが，混合性が最も多い。

e．呼吸音

正常な呼吸音は肺胞音と気管（支）音であるが，肺胞内では空気が拡散するのみで気流は生じないことから，通常，聴診領域では主に気管支呼吸音が聴取される。また，胸壁の薄い子牛では，成牛に比べ呼吸音が明瞭に聴取される。通常の診断でまず聴取すべき呼吸音は前葉，次に中葉領域の気管支呼吸音である。なぜなら，一般に病原体は解剖学的に最も前位に位置する前葉に侵入しやすく，また牛では気管の気管支が右肺前葉前部に分岐していることから，初期病巣は前葉領域に形成されることが多いためである。

異常な呼吸音とは，増強と減弱ないしは消失である。ほとんどの症例でみられる増強は，上部気道の狭窄や炎症によって起こる。その程度は症例によって差があるものの，肺の含気性は失われていない。症状の重篤化に伴い，空気の流入が途絶え含気性が失われると（肝変化が進行すると），その領域の呼吸音は減弱あるいは消失する。増強した呼吸音は，ほかの呼吸器症状が改善した後も数日間継続して聴取されることが多い。

次に，呼吸音とは別に異常音（副雑音）としてラッセル音があるが，これは気道が分泌物や炎症産物などによって狭窄した場合に聴取される。このうち，断続性ラ音（バリバリやパリパリ）は気管内貯留物が震える音であり，連続性ラ音（ガーやピー）は，貯留物により気流が連続的に乱れる音である。また，ラ音は高音（パリパリやピー）と低音（バリバリやガー）に分けられるが，肺自体（空気）が高音域のフィルターとなっているので，本来高音は聞こえない。これが聴取された場合は含

気性が失われ，音が伝達しやすい状況，すなわち肝変化が生じていると診断される。

f．病原体ごとの特徴的所見

・M. haemolytica

M. haemolyticaはロイコトキシン[*22]という外毒素を産生し，肺胞マクロファージなどの免疫系細胞を破壊することにより肺組織に重大な障害を及ぼす。対数増殖期のM. haemolyticaまたはP. multocidaを人工感染させた子牛の肺病変割合は，それぞれ平均で38.3%および4.7%であったという報告[2)]からも，本菌の病原性がより高いことが分かる。病理組織学的には肺の大部分に広がる線維素性肺炎（クルップ性，大葉性）で，胸膜炎など重篤な呼吸器症状を呈することが多く，本菌がかつてP. haemolyticaという菌名でPasteurella属に分類されていたことからパスツレラ症といわれることもある。アメリカでは，フィードロット農場で輸送後に呼吸器症状を発症した牛から分離されることが多いとされ，輸送熱（shipping fever）といわれている。

・H. somni

H. somniが主因である場合，呼吸器症状のほかに歩様蹌踉や起立不能を示すことがある。症例により，四肢の遊泳運動や意識障害などの神経症状がみられる（血栓塞栓性髄膜脳炎）（第12章「5．ヒストフィルスソムニ感染症」を参照）。

・M. bovis

M. bovisは子牛の中耳炎の原因とされ，罹患牛は耳翼下垂や耳漏のほか，重症例では斜頸，眼瞼麻痺や咀嚼・嚥下障害などの神経症状を示す。これらは，鼓室腔に貯留した膿汁が周囲の神経や血管を圧迫するために生じる症状と考えられる。発症例は呼吸器症状との併発や継発が多い（第15章 第3節「耳疾患」を参照）。

・牛RSウイルス，IBRウイルス

牛RSウイルス感染による重症例では，頸部や胸部に皮下気腫が認められることがある。また，IBRウイルス感染では角結膜炎を合併し，膿性滲出液や角膜白濁がみられることもある（本章 第5節を参照）。

③病態および診断

肺炎で最も重要な病態は，窒息性呼吸機能不全による生体組織の低酸素症である。これは，炎症産物貯留による気道狭窄，肺循環障害による肺うっ血や肺水腫，肺気腫など，肺炎でみられる一般的な障害が原因で肺胞への空気の供給が減少することにより引き起こされる。O_2欠乏はCO_2過剰（排泄不全）と同時にみられることがほとんどであり，臨床的には呼吸数増加や呼吸困難として現れる。このときの病態を臨床現場では血液ガス分析によって調べることができる。このほか，一般血液および血液生化学的検査，細菌学的検査，超音波検査およびX線検査などにより病態を客観的に把握することができ，予後診断には不可欠である。

a．血液ガス分析

主に耳動脈から採取した血液を用い，PaO_2と$PaCO_2$やpHなどを検査することにより，肺のガス交換（換気）能が把握できる。最も多くみられる病態は$PaCO_2$上昇と血液pH低下を示す呼吸性アシドーシスであり，ガス交換能低下によりPaO_2は低下する。近年，携帯型の分析器（i-STATなど）が普及しつつあり，臨床現場での活用が期待される。

b．血液および血液生化学的検査

細菌感染があれば，白血球（好中球）数の増加と好中球の核の左方移動が認められる。脱水が進行すれば，ヘマトクリット（Ht）値および赤血球数（RBC）の増加など，血液濃縮所見もみられる。血清タンパクは，急性症例でα-グロブリン濃度が増加，慢性症例でγ-グロブリン濃度が増加し，アルブミン（Alb）濃度は減少する（A/G比の低下）。また，フィブリノーゲン量は増加する。

c．画像診断

・超音波検査

通常，肺は空気で満たされているため，超音波検査の標的臓器ではない。しかし，肺の含気性が著しく低下または消失すると，正常牛や発生初期には描出されない画像（実質像）が得られる。すなわち，肺全体は低エコーであり，そのなかに炎症によって肥厚した細気管支壁や内腔に充満した微細な泡沫状の炎症産物などが斑状あるいは線状の高エコー像として描出される（口絵 p.29，図5-46）。その他，化膿性肺炎（肺膿瘍）では大小の膿瘍が形成されるため，それらが不整形のエコーフリースペースとして描出される。含気性消失は，病勢の進行に伴い前葉前部領域から後葉に向けて連続的に拡大することが多いものの，瀕死の症例であっても後葉の含気性は比較的保持されている（口絵

p.29, 図5-47）。また，病変は肺の腹側辺縁部に出やすいことから，前葉領域（おおむね第4, 5肋間）から後位肋間へ，背側よりも腹側を中心にプローブを移動させることにより，病変の範囲を推定することが可能である。何らかの実質像が広範囲で描出された症例は，ほとんどの場合予後不良である。なお，使用するプローブの型（リニア，セクターなど）は問わないが，周波数は3.5～7.5 MHzが適している。近年，急速に普及してきた直腸検査用の超音波診断装置でも口絵 p.29, 図5-46, 47のように十分に描出可能である。

- X線検査

  超音波検査と異なり，含気性の有無を問わず検査が可能である。子牛であれば肺の全体像を描出することも可能で，病巣の範囲や重症度を診断することができる。また，超音波検査と同様に予後診断に有用である。牛の肺のX線像で最も一般的なものは気管支肺炎である。この基本的な像は，肺胞内に液体や浸潤細胞が入り込み，気管支だけが空気を入れている状態であり，エアブロンコグラムといわれる。病巣の範囲が広がると斑状に白っぽくなり（肺胞性陰影），血管の陰影が見えにくくなる。ウイルス性肺炎などの間質病変では，血管や気管支壁などの白っぽいラインが多数みられ（間質性陰影），その限界がぼけてみえる。慢性で重度の肺炎では，含気嚢胞性肺炎や小結節性膿瘍が形成され，間質性陰影と肺胞性陰影が混合する。

- 細菌学的検査

  発症にかかわっている病原体を特定することと，それらの薬剤感受性を調べることを目的とする。一般的な病原体の分離・同定のほか，近年はPCR検査も行われている。PCR検査の場合，薬剤感受性は検査できないが，一度に多数の検体を処理できるので，全体的な傾向を把握することには適している。検査材料としては，臨床現場で最も簡便に採取できる鼻腔深部ぬぐい液が推奨される。気管支肺胞洗浄液を材料とした検査成績の信頼度は高いが，現場での採取が困難であること，牛群単位ではぬぐい液の検査成績との間に大きな差はないことから，必ずしも洗浄液を用いることはない。薬剤感受性は過去の抗菌剤の使用状況などに大きな影響を受けるため，農場や地域によって異なる可能性がある。したがって，肺炎多発農場では，適切な抗菌剤治療プログラムを構築するための定期的な検査が望まれる。薬剤感受性成績は，検査の方法によって最小発育阻止濃度（Minimum Inhibitory Concentration：MIC）（希釈法）のほか，S・I・R（susceptible；感受性，intermediate；中間，resistant；耐性）または－～＋＋＋（以上，ディスク法[23]）などで示される。どの方法でも臨床上有益な情報を得ることができる。

- ウイルス学的検査

  発症初期と回復後のペア血清を材料とし，各種ウイルスに対する抗体価倍率を調べることにより，感染したウイルスの種類を間接的に特定することができる（4倍以上の上昇がみられれば陽性と診断）。IBRウイルス，牛RSウイルス，BVDウイルス（1型と2型），牛パラインフルエンザウイルス3型およびアデノウイルス7型の6種類について検査することが多い。現在では，鼻汁などを用いたPCR検査により，感染ウイルスの検出が可能となった。

④各種検査所見および参考値

a．血液ガス分析（表5-2）

健康牛の動脈血ではPaO_2が$PaCO_2$に比べ高いが，肺炎罹患牛では症状の程度によってそのバランスは変化する。大塚は，肺炎罹患牛を治癒群と非治癒群に分け，両群の入院時の動脈血ガス分圧を調べ対照群と比較した。その結果，治癒群では対照群に比べPaO_2がやや低かったものの，その他の項目にはほとんど差がみられなかった。一方，非治癒群ではPaO_2が著しく低下したほか，酸素飽和度（O_2SAT）の低下および$A-aDO_2$の開大が認められた（未発表）。

b．超音波検査と動脈血ガス分析（表5-3）

超音波検査により肺の実質像が描出された群（非治癒慢性肺炎罹患牛）の動脈血ガス分析成績を正常群と比較した。その結果，描出群では正常群に比べPaO_2が著しく低下し$PaCO_2$がやや増加していたほか，$A-aDO_2$は開大していた。

以上，aとbの成績は，PaO_2の著しい低下をはじめとする肺のガス交換能低下と肺の実質像描出は同じ病態と考えられること，そしてどちらも予後不良の診断基準のひとつになり得ることを示唆している。肺の超音波検査と動脈血ガス分析[24]を併せると診断意義はより高まるものと考えられる。

⑤治療

家畜移動の広域化は，偏在していた病原体の拡散を伴

うことから，近年の感染症は以前に比べ多様化，難治化している。このような状況のなかで，起因菌の薬剤耐性化が徐々に顕在化してきたことは，獣医療のみならず，公衆衛生上の問題として抗菌剤治療を捉えなければならないことを示唆している。抗菌剤治療の効率化と適正化は臨床獣医師の責務である（prudent use；慎重使用）が，そのためにもエビデンス（evidence；科学的根拠）に基づいた獣医療が不可欠である。一方，農場の大規模化が進むなかで，宿主側の免疫能低下と劣悪な飼養環境という問題も，抗菌剤の治療効果を一層低下させている。

a．抗菌剤
• 基本的使用法

現在，肺炎治療にはβ-ラクタム系（ペニシリン系とセフェム系），マクロライド系，テトラサイクリン系，フェニコール系，アミノグリコシド系，フルオロキノロン系などの抗菌剤が汎用されている。薬剤選択に際しては，分離菌の薬剤感受性試験成績を参考にするのが基本だが，臨床現場においては，細菌学的検査はほとんど行われていない。このような場合は，薬剤の抗菌スペクトルのほか，農場や地域の特性（病原体の種類や耐性菌出現状況，過去の治療歴と効果など）を十分に考慮し選択しなければならない。薬剤の効果は臨床症状の改善度合いを総合的に評価しなければならないが，多くの薬剤の使用基準である3～5日間の投与後に評価をするのではなく，投与後2日目あるいは3日目の症状が明らかに悪化した場合には無効と評価し，この時点で変更することもある。再発を繰り返すような慢性症例に対する抗菌剤の長期投与は，菌交代現象（真菌性肺炎）を引き起こす要因であり，絶対に避けなければならない。また，薬剤の特性（時間依存性と濃度依存性，殺菌作用と静菌作用，水溶性と油性，体内分布，作用機序など）を理解することは，その効果を最大限に引き出すためにも重要である。例えば，時間依存性の薬剤（β-ラクタム系など）は1回の投与量を増やすよりも投与回数を増やす（分割投与）ほうが有効血中濃度の持続時間は延長する。逆に，濃度依存性薬剤（アミノグリコシド系やフルオロキノロン系など）は，必要量を1回で投与したほうが有効である。この場合，投与基準量に幅があるのであれば，最大量を投与した方が効果が高く，耐性菌の出現を抑制するといわれている。

一般に，抗菌剤の使用量増加は薬剤耐性菌出現と強い関連がある。適正使用であっても，長期間継続した場合には結果的に総使用量は増加することとなる。したがって，薬剤感受性または臨床効果の著しい低下が確認された場合は，その抗菌剤の使用量を減らすことが必要となる。任意の期間，使用休止品目を設定する

表5-2 肺炎子牛の動脈血ガス分圧の比較

項　目		非治癒群（n=15）	治癒群（n=19）	対照群（n=10）
pH		7.367±0.019[a]	7.415±0.009[b]	7.421±0.012[b]
PaO_2	(mm Hg)	66.3±5.9[a]	82.0±3.6[b]	97.0±5.1[b]
$PaCO_2$	(mm Hg)	48.0±5.1	48.8±2.6	42.3±2.4
HCO_3^-	(mmol/L)	25.7±2.1[a]	30.3±1.5[b]	26.4±1.5[a]
BE	(mmol/L)	0.9±1.7[a]	5.7±1.3[b]	2.4±1.3[a]
O_2SAT	(%)	65.5±10.8[a]	93.6±1.0[b]	96.7±0.5[b]
$A-aDO_2$	(mm Hg)	28.6±4.4[a]	12.8±2.6[b]	5.0±4.8[b]

平均±標準誤差，a，b：異符号間で有意差あり（$p<0.05$）　　　　　（大塚，2006，未発表）

表5-3 肺実質像描出群と正常群の動脈血ガス分析成績

項　目		描出群（n=10）	正常参考値（n=10）*
pH		7.380±0.039	7.424±0.039
PaO_2	(mm Hg)	52.2±14.0	98.9±6.7
$PaCO_2$	(mm Hg)	54.3±7.9	41.7±5.7
HCO_3^-	(mmol/L)	31.0±4.9（n=4）	26.3±4.1
$A-aDO_2$	(mm Hg)	32.9±11.2	1.0±5.7

平均±標準偏差　　　　　　　　　　　　　　　　　（*初谷，家畜診療，407，1997）

ことは有用な耐性菌対策となる可能性が高い。
・病原体ごとの注意点

地域や農場によっては，菌の耐性化により抗菌スペクトルが狭まっていることもまれではない。具体的な懸念材料として，フルオロキノロン系を含む多剤耐性株が多い *M. haemolytica* の血清型6型が，これまで多数を占めていた1型と2型に替わり，2000年代半ばから全国的に急増していることが挙げられる[3]。現在のところ，セフェム系には高い感受性を示しているが，今後継続的に感受性の変化を注視する必要がある。さらに，マイコプラズマのマクロライド系に対する耐性化が挙げられる。タイロシンやチルミコシン（ともに16員環マクロライド系）などに対する感受性の低下は深刻で，特に *M. bovis* の感受性低下は近年，国内外で確認されており，子牛の中耳炎が合併した症例などの治療がより困難となることも懸念される。また，*M. bovis* は表面抗原である VSP (Variable Surface Protein)[*25] を変化させ多様な抗原性を獲得する[4]ほか，白血球機能を障害する[5,6]など宿主の免疫機構を回避するメカニズムを持つことが分かっている。したがって，マイコプラズマ感染症が多発する農場では発症予防に重点を置く必要がある。

b．併用薬

非ステロイド系（NSAIDs：フルニキシンやメロキシカム製剤など）およびステロイド系（副腎皮質ホルモン剤）の抗炎症剤は，発症初期に投与した方が有効である。NSAIDs ではステロイド系で起こりやすい免疫抑制作用はほとんどみられないが，まれに COX 阻害による副作用のほか，特定の抗菌剤との併用による副作用が生じることもあり注意が必要である。このほか，気管支拡張剤や去痰剤，鎮咳剤などが用いられる。

c．輸液療法

症例によっては，低 O_2 血症やアシドーシスの緩和，発熱や不感蒸泄増加などによる脱水の改善を目的とした輸液が必要となる。この場合，重曹注射液や電解質輸液剤などを用いるが，薬剤選択と投与量，投与速度には十分注意し，肺水腫など心肺機能に悪影響を及ぼすことがないようにしなければならない。

d．吸入療法

現場ではまだルーチンな治療法ではないが，ネブライザーを用いて霧状にした薬剤を直接気道に作用させることができるので，より効率的な治療が期待できる。薬剤は，抗菌剤や去痰剤，気管支拡張剤などが用いられる。

⑥予防

病原体対策としてのワクチン，宿主および環境対策としての飼養管理改善がポイントである。まず，ワクチンはウイルス（IBR ウイルス，牛 RS ウイルス，牛ウイルス性下痢ウイルス，アデノウイルス3型，PI-3 ウイルス）および細菌（*M. haemolytica*, *P. multocida*, *H. somni*）に対する生または不活化ワクチンが，単剤または混合剤として市販されている。発症を完全に防ぐことは現実的に不可能であるが，症状の軽症化は十分に期待できる。その選択と接種時期の設定は，農場の肺炎好発時期や月齢，ウイルスおよび細菌検査成績などを十分に検討して決定しなければならない。また，大規模飼育や肺炎多発など，必要性が高いと判断された農場には積極的に応用すべきである。外部導入牛に関しては，輸送ストレスにより免疫能が低下する[7]ことから，特に生ワクチンは導入後1週間程度経過してから接種した方が有効かつ安全である。

次に，飼養管理改善は子牛の免疫能を高めることが目的であり，同時にワクチン効果を高めるためでもある。具体的には，環境改善（飼養密度，換気，温湿度など）と栄養改善（初乳の質と量，ミルクの量，スターターのタンパクとエネルギー，ビタミンやミネラル，微量元素など）が最も重要である。初乳に何らかの問題が生じた場合には，免疫グロブリンを十分量含む市販の初乳製剤を投与すべきである。また，母牛の栄養状態は胎子の発育や子牛の免疫能に大きく影響するので，特に分娩前2カ月間程度はエネルギーとタンパク質を増給することが推奨されている。

導入時などの抗菌剤の予防的投与は，大規模多発農場では有効である場合が多く，特に，まだ有効なワクチンが開発されていないマイコプラズマ感染対策にチルミコシン製剤が有効であるという報告は数多い。ただし，予防的投与は耐性菌出現防止の観点からは広く推奨される方法ではなく，客観的な有効性が確認できる農場に限定して用いるべきである。

このほか畜舎消毒も有効であり，最近では煙霧や細霧消毒が推奨される（口絵 p.29，図 5-48）。

9．胸膜炎／胸膜性肺炎
pleuritis（pleurisy）／pleuropneumonia

①背景
　胸膜は肺の表面を覆う臓側胸膜と，胸壁，横隔膜，縦隔を覆う壁側胸膜の，2枚の薄い漿液性の膜であり，内胸筋膜に付着している。両胸膜に囲まれた部分が胸膜腔である。胸膜腔は実質的には毛細血管程度のスペースで，潤滑剤としての胸水で満たされている。

　胸膜における炎症の総称を胸膜炎という。多くの場合，肺やその他の近接臓器（膵臓，肝臓，横隔膜）の炎症に起因する続発（継発）性胸膜炎であり，原発性胸膜炎はまれである。続発（継発）性胸膜炎のなかでも，最も発生が多くみられる肺実質の病変に伴うものを胸膜性肺炎（pleuropneumonia）という。

　このほか，敗血症，乳房炎などから血行性に継発する転移性胸膜炎（metastatic pleuritis），胸壁の挫創，肋骨骨折など外傷に起因する外傷性胸膜炎（traumatic pleuritis），金属異物による外傷性胃腹膜炎に継発する胸膜炎などがある。

②症状
　胸膜炎の特徴的所見は，胸痛（pleurodynia）である。胸膜面と胸壁との摩擦，呼吸時における胸膜の伸展により胸痛を伴い，呼吸は浅く促迫となる。呼吸様式は肋骨を挙上し，開口を伴う努力性呼吸や腹式および二段呼吸となり，時に吸気性呼吸困難となる。胸痛は胸部の打診によっても認められる。肺の打診域に限局した疼痛がある場合は，牛は呻吟し忌避行動[*26]や防御行動を示す。また，胸部の強い打診によって発咳することもある。炎症性の滲出物の貯留によって，肺打診域の腹側部に濁音が生ずるが，その濁音域の境界は牛の前駆または後駆を高くしても，肺打診域背側は常に水平である。しかし，乾性胸膜炎では滲出物が少なく打診音，打診域に明瞭な変化がみられない。

③診断
　特徴的な臨床所見は，呼吸時および胸部打診による胸痛，胸部打診時の水平濁音と聴診による胸膜摩擦音である。また，胸腔内の胸水の貯留は超音波診断によって，胸壁と肺実質間のエコーフリースペースとして描出され，滲出物がある場合はエコーフリースペースのなかに高エコー像として描出される。滲出物の量や性状によって，漿液性，線維素性，化膿性，乾性や湿性に分類されるが，それぞれの病態の臨床的な相違は明確ではない。

　しかし，胸腔穿刺により得られた滲出液の色調と混濁度は，重要な診断基準となり得る。赤血球が存在する場合は桃色，赤褐色，白血球の場合は黄褐色を示す。胸膜炎に伴う胸水は，一般に好中球が主体の白血球やその残骸を多く含むタンパク質濃度の高い滲出液であり，リバルタ反応（滲出液と漏出液の鑑別）は陽性を示す。また，胸膜炎が進行し胸腔内に膿性の滲出液が貯留した病態を膿胸（pyothorax, empyema）という。

④治療
　本疾患の主な原因は肺炎起因菌など病原性微生物の感染によるものなので，抗菌剤と抗炎症剤を投与する。補助療法として，胸腔内の滲出液を吸引・排出することで一時的に症状が緩和する。

第5節　呼吸器感染症

　この節では，病変の部位とは無関係に，寄生虫またはウイルスが原因である疾患について記載する。このうち，各種ウイルスは単独感染で呼吸器症状を引き起こし得るほか，野外でみられる呼吸器感染症の多くはウイルス感染に端を発した細菌やマイコプラズマなどの混合感染症であることから，気道においてはきわめて重要な病原微生物であるといえる。

1．牛寄生虫性肺炎　parasitic pneumonia

①背景
　牛寄生虫性肺炎（parasitic pneumonia）は，気管支内に寄生する牛肺虫によって起こる呼吸器疾患である。本疾患は英名で husk ともいわれ，放置すれば致死的経過をとり，世界各地の牛などの家畜で今なお大きな問題となっている。牛（*Bos primigenius*）や水牛（*Bubalus*

arnee）などの牛亜属に属する家畜以外にも，シカ属（*Cervus*）やトナカイ（*Rangifer tarandus*）などのシカ科（Cervidae）での感染が知られている。しかし，我が国では牛以外の動物からの報告はない。

　国内では1944年の広島県の種畜場での発生例が最初の報告であり，中国地方や阿蘇（熊本県）などの山間部での地方病的な発生がみられていた。以後，全国的に発生がみられ，1960年代以降放牧地の開発に伴い東北や北海道では放牧病として定着していったが，経皮浸透性のレバミゾール製剤の普及により1980年代には国内で激減し[1,2]，本州以南ではほぼ根絶された状況であった。しかし，北海道の放牧地では持続して検出され，21世紀に入り道東では致死的な症例が散発した。さらに，新規営農者が家畜市場で購入した育成牛や搾乳牛群にも高率に寄生がみられるほか，各農家で飼育されている育成牛の死亡例や成牛の感染例が報告されるなど，道内では再流行の傾向がみられる[3,4]。現在，北海道産の乳牛や肉牛が全国各地に数多く供給され，また北海道の公共牧野に本州の育成牛が預託されているため，このような牛の移動に付随する全国的な牛肺虫症の再流行が懸念される。海外でも従来は育成牛が本疾患の主な対象となっていたが，近年イギリスを中心に西欧では泌乳牛群の牛肺虫感染が増加し，再興感染症として問題となっている[5]。

a．分類

　牛肺虫（*Dictyocaulus viviparus*）は，モリネウス上科（Molineoidea）のディクチオカウルス科（Dictyocaulidae）に分類される線虫である。

b．形態

　白色を呈する線虫で，成虫体長は雄4.0～5.5 cm，雌6.0～8.0 cmで，交接嚢[*29]は小型で交接刺[*28]は褐色を呈し，195～215 μmである。雌の陰門は虫体尾端より約1/6のところに開口し，子宮内には含幼虫卵（82～88×32～38 μm）が形成されている[6]。

c．発育環

　雌成虫から産卵された含幼虫卵は気道を上行し，一部は痰とともに排出されるが，多くは嚥下され腸管を下降する。この間に虫卵内の第1期幼虫は孵化して糞便中に排出される。第1期幼虫は体長390～450 μm，幅25 μm程度で全体にずんぐりしており，中央部がくびれたRhabditis型食道を持ち，尾部は短い。糞便検査では緩慢に運動する虫体が検出され，食道部と尾端を除き黒褐色の栄養顆粒が充満しているのが特徴である。糞便中に排出された第1期幼虫は，好適な湿潤状態において，25℃前後，5～7日で感染幼虫（第3期幼虫）に発育する。通常，感染幼虫は第1および2期時の2重のクチクラ[*29]を被鞘している。感染幼虫は経口的に牛に摂取されると，小腸を通過し，腸間膜リンパ節に達し，脱皮して第4期幼虫となる。そして，リンパ系を介して肺に到達する。さらに，肺毛細血管から肺胞に脱出し，最後の脱皮を行い第5期幼虫となり成熟して成虫となる。感染幼虫が感染後成熟するまでには3～4週間程度かかるため，感染後約4週の糞便中に第1期幼虫が検出されるようになる（プレパレントピリオド：prepatent period）。成熟後寄生期間は約1カ月程度であり，以後糞便中の幼虫は減少するが，個体により3カ月以上幼虫排出が持続する場合があり，感染源として無視できない（口絵p.30，図5-49）。

　感染幼虫までの発育には温度の影響が強く，高温期ほど発育は早く，低温期あるいは5℃の冷温器内でも発育は継続するとされる。感染幼虫は，低温には抵抗性が高く，北海道の牧草地や畜舎内での越年越冬が認められている[1,2,6]。

②症状

　顕著な臨床症状は発咳である。軽度感染ではほかに顕著な症状はみられない。その他の症状として，呼吸数の増加，呼吸困難，努力性呼吸および運動行動の緩慢化など重症度により変化する。重症例では牧野での移動活動が停滞し，頭部を下げた独特の努力性の呼吸姿勢が認められる。特に重篤な症例では，呼吸困難で死亡する。

③病態

　多くの症例は無症状であり，まれに顕著な臨床症状を示す個体が検出された場合，牛群を検査して感染の蔓延が判明する場合がある。

④季節性

　幼虫の発育から感染は夏季に多く，発症は夏季から初秋季にかけて多い傾向がある。不顕性感染個体でも長期間幼虫を排泄する場合もあり，汚染の原因となる。また感染幼虫は北海道のような寒冷地でも越冬できるため，環境汚染は発生のあった翌年にも問題となる。公共牧野に新たに入牧した未感染個体が前年から越冬した感染幼虫に感染するケースや，各農家で感染した個体から排出

表5-4 牛肺虫症に用いられる駆虫薬

薬剤名		剤型	用量／用法	肉出荷停止期間	搾乳牛への投薬
アベルメクチン系	イベルメクチン	皮下注	0.2 mg/kg/回 SC	28日	不可
		経皮浸透	0.5 mg/kg/回 背線部に塗抹	28日	不可
	ドラメクチン	皮下注	0.2 mg/kg/回 SC	35日	不可
	モキシデクチン	経皮浸透	0.5 mg/kg/回 背線部に塗抹	14日	不可
	エプリノメクチン	経皮浸透	0.5 mg/kg/回 背線部に塗抹	20日	可
イミダゾチアゾール系	レバミゾール	経口	塩酸レバミゾールとして7.5 mg/kg/回 PO	7日	不可
ベンズイミダゾール系	フルベンダゾール	経口25%	5日連続：20 mg/kg/回/day	10日	不可
		経口50%	5日連続：20 mg/kg/回/day	10日	不可

された幼虫による牧野内での感染の可能性も考慮する必要がある。また，下牧後感染牛が各農家で感染源となる可能性がある。そのため，預託放牧牛への感染による道外への拡大のリスクを忘れてはならない。

⑤病理解剖

感染初期は，幼虫が小腸から肺に移行する時期で局所的な組織反応は認められるが臨床症状は伴わない。各リンパ組織では，幼虫が通過した際に細胞の集簇などがみられる。肺毛細血管から肺胞へ移行する際には点状出血や無気肺を生じる。

気管に移行する時期では組織中への好酸球の浸潤が顕著となる。気管支内は粘液の分泌が増加し，泡沫で満たされ，小・細気管支が閉塞すると末梢部の肺胞が虚脱し無気肺となる（口絵 p.30, 図5-50）。虫体が成熟する感染後3～8週の約1カ月の期間で気管支および細気管支組織の炎症が顕著となり，多くの好酸球を含む滲出物が多量に気管内に充填する。炎症は気管支周囲の組織に及び，時間の経過とともに結合組織の増加で線維化が起こり，無気肺巣が拡大する。耐過した牛では，感染後7週以降には臨床症状および全身の健康状態が回復する場合もある[1]。

⑥診断

a．糞便検査

臨床症状から本疾患が疑われた場合，まず直腸便を用いた糞便検査により幼虫排出を確認する。直腸便は，高温時には検査まで冷蔵状態で保存する。糞便2～5gを生乳ろ過用ろ紙（市販の緑茶用パックなども利用可能）に包み，尖底の50 mL大型試験管（大型の遠心試験管・遠心用チューブでも可能）に入れ水道水を注ぎ，室温（20～25℃）で半日以上放置する。試験管底部をキャピラリーピペットで静かに採集し，スライドグラス上またはシャーレに移し，実体顕微鏡または低倍率の光学顕微鏡で観察する。牛肺虫の第1期幼虫は緩慢な動きを呈し，顆粒が充満した体部には腸管の形成は認められない。地上に落ちた落下便などを用いた場合は，土壌線虫幼虫や短時間で孵化する乳頭糞線虫（*Strongyloides papillosus*）幼虫との鑑別が必要である[1]。

b．免疫学的検査

特異抗体の検出には国外ではELISA（Enzyme-Linked ImmunoSorbent Assay）が用いられる場合もあるが，国内では現在抗原（＝虫体）の入手が困難であり，実施可能な機関はほぼないと思われる。最近では，血清以外の乳汁を用いたELISAも開発されている[7]。今後，国内でも検査実施に抗原の確保や検査キットの調整などが必要であると考える。

⑦治療・予防

a．駆虫薬

基本は駆虫薬の投与である。牛は放牧と舎飼いを往復するため，これら線虫の放牧地への持ち込み，牛舎への持ち帰りを考慮した総合的な対策が必要である。一般に，大きな被害を受けるのは初放牧の幼齢牛であり，感染耐過した成牛は再感染に対して強い抵抗性を獲得する。対策にはイミダゾチアゾール系薬剤，ベンズイミダゾール系薬剤，イベルメクチン系薬剤が有効であり，消化管内線虫と同様に継続的な対策が重要である[1]。放牧地や各農家では牛群の検査により陽性個体が確認された場合，陰性牛を含む全頭を駆虫することが理想的である。感染した場合も成熟し産卵するまでに約4週間程度かかるので，体内移行中の幼虫が感染していても，検査結果は陰性となる。これらの成虫へ移行中の幼虫も確実に駆除す

るためには約1カ月後の再駆虫が必要である。さらに，放牧牛群では下牧前後も含めた定期的な駆虫の励行が理想的である。これら定期的駆虫は，肺虫以外の消化管寄生線虫症の対策と生産性の改善に貢献できる[8,9]。薬剤は，経口や注射などに比べ投薬作業が簡便な経皮浸透性の剤型が普及している（表5-4）。放牧育成牛群や未経産牛では薬剤の種類は問わないが，肥育牛ではすべての薬剤に出荷制限期間があるため注意が必要である。さらに搾乳牛ではエプリノメクチンを除き一切使用できないため，乾乳期の駆虫が推奨される。

b．ワクチン

寄生線虫類では唯一ワクチンが存在する。放射線（コバルト60のγ線）照射感染幼虫がワクチンとして西ヨーロッパ各国で市販されている[10]。未感染牛に対して高い感染防御能力があるが，投与された牛の体内で少数の虫体が成虫まで成熟してしまうため現時点では国内では使用は許可されていない。

c．その他

現在，我が国では北海道以外での発生はほとんど報告されていない。このような状況のなかで近年，全国的にニホンジカ（*Cervus nippon*）が増加し，農作物などの被害も増えており，特に北海道ではエゾシカ（*Cervus nippon yesoensis*）が公共放牧地に大頭数で出没し牧草を食べている。さらに，冬季などは牛舎内や農家敷地内で家畜飼料を盗食している。現時点でニホンジカの牛肺虫寄生症例は報告されていないが，エゾシカからは本来牛の寄生虫である牛捻転胃虫（*Mecistocirrus digitatus*），オステルターグ胃虫（*Ostertagia ostertagi*），ネマトディルス（*Nematodirus helvetianus*）などが検出されている[11]。ニュージーランドなどでは養鹿牧場でニホンジカも養殖されており，牛肺虫も検査対象となっている。今後，北海道を中心にニホンジカが本疾患のレゼルボア（reservoir）として感染環を継続する可能性も否定できないため，引き続き監視が必要である[5]。

2．牛伝染性鼻気管炎
infectious bovine rhinotracheitis

①背景

ヘルペスウイルス科（Herpesviridae），α-ヘルペスウイルス亜科（Alphaherpesviridae），バリセロウイルス（*Varicellovirus*）属の牛ヘルペスウイルス1型（Bovine herpesvirus-1：BHV-1）の感染による急性熱性呼吸器伝染病である。本ウイルスは直径約100〜200 nmの球形で，直鎖状の2本鎖DNAの核酸のコア[*30]を正20面体カプシド[*31]が囲み，さらにその外側をエンベロープ[*32]が囲む構造を持つ。エーテル感受性で，酸，アルカリ，熱（60℃以上）により不活化される。多量のウイルスが比較的長期間（1週間前後）感染牛の鼻汁，流涙，生殖器からの分泌物などに含まれキャリアーとなり，経気道感染が成立する。

本疾患は家畜伝染病予防法により届出伝染病に指定されている。我が国では1970年にカナダ，アメリカからの輸入牛を導入した牧場で呼吸器疾患や流産の集団発生を引き起こし，それが最初の発生例となった。さらに1983年には初めて生殖器感染による牛の膿疱性陰門腟炎の発生が報告された。現在も全国的に蔓延しており，全年齢の牛が感染するが，新生子牛や2〜3週齢から4カ月齢までの子牛，あるいは6カ月齢以上の育成牛が感染すると重症となることが多い。また，回復後もウイルスが潜伏感染し，成牛となって妊娠・分娩や長距離輸送あるいは放牧などが誘因となって臨床症状を伴わないままウイルスの再排泄が起こる場合がある。なお，子牛に致死的な症状を認める髄膜脳炎の主因は，BHV-1と抗原性が近似する牛ヘルペスウイルス5型（詳細については第15章 第1節「4．牛ヘルペスウイルス5型感染症」を参照）と分類された。

②症状

ほかの型のヘルペス感染と同様に多様であり，ウイルス感染部位により種々の症状を認める。

a．鼻気管炎

最もよくみられる症状で，高熱（40℃〜41℃），元気・食欲の減退，流涙，流涎，漿液性の鼻汁を呈し，大半は約2週間で回復する。しかし，一部では症状が進行して，鼻鏡，鼻粘膜は高度に充血し，鼻汁が乾燥して痂皮を形成する。痂皮が脱落すると，下部組織が露出して赤鼻となる。その後，鼻汁は粘液膿様となり，上部気道，気管には滲出物の蓄積（口絵p.30，図5-51）により偽膜形成がみられる。それにより，牛は呼吸困難に陥り，喘鳴音を聴診するほか，発咳を顕著に認める。また，細菌の二次感染による気管支肺炎（口絵p.30，図5-51）

を併発することもある。

b．角結膜炎

多くの場合が鼻気管炎との併発となる。発症初期には眼瞼の浮腫・眼結膜の充血により，多量の流涙がみられる。まれに角膜の白濁があり，白濁は角膜と強膜の結合部からはじまり中央部に広がる。

c．膿疱性陰門腟炎

外陰部では最初に粘性滲出物を認め，発赤腫脹し，腟粘膜は充血する。疼痛のため尾根部を高く保持し，頻尿となる。また灰黄色栗粒大の膿疱が散発し，多量の粘液膿様滲出物が腟内に認められる。重症例では腟粘膜は偽膜で覆われ潰瘍が形成され，さらに局所のリンパ節が腫脹する。

d．子宮内膜炎

発症原因として，膿疱性外陰門腟炎から上行性に感染が波及する場合，あるいは感染雄牛の精液を介する場合がある。子宮内膜の著しい浮腫を認め，受胎率の低下を招き，二次的に性周期の短縮（9～15日）も認められる。

e．亀頭包皮炎

亀頭，包皮，陰茎などが充血・腫脹し，膿疱滲出物が付着する。陰茎には膿疱が散発し，潰瘍も認めることがある。凍結精液中で本ウイルスは生存可能であり，本汚染精液により感染した雌牛は子宮内膜炎や受胎率の低下などを引き起こす。

f．髄膜脳炎

4～6カ月齢の子牛が特に罹患やすく，初期には流涙，鼻汁，呼吸困難，運動失調，旋回運動を呈す。3～5日後には筋肉の痙攣や興奮，鈍感，昏睡などを認め，最期に横臥し発症から1週間前後で死亡する。まれに回復することがあるが，盲目となる。

③病態

鼻気管炎の肉眼的病変は上部気道に認められる。当初上部の気道粘膜に充血や点状出血がみられ，次いで漿液性，粘液膿性の滲出液が貯留する。その後，気管と気管支壁の浮腫が起こり，出血とともに管腔の狭窄を認めるほか，咽喉頭部は滲出物やチーズ様偽膜により閉塞し，呼吸困難となる。また，細菌などの感染で気管支炎や肺炎を引き起こし，肺リンパ節が腫脹する。陰門，腟粘膜では発赤，水疱や膿疱形成が認められる。

病理組織学的には，呼吸器系でカタル性の線維素性上部気道炎を認め，脳・神経系で非化膿性脳炎や三叉神経炎を，生殖器系では陰門腟炎や仙腰髄などの非化膿性炎を認める。また，これらの気道上皮細胞や陰門腟粘膜上皮細胞あるいは神経節細胞などでは，核内に好酸性ないし両染性の封入体が観察される。

④診断

ウイルスは鼻，眼，腟，包皮などの病変部のぬぐい液から牛腎細胞，牛精巣細胞，牛腎株化（MDBK，BEK-1）細胞を用いて分離する。CPEは細胞の円形化を示し，細胞の脱落や網状化が認められる（口絵 p.31，図5-52）。血清学的診断としてペア血清による中和反応を行う。また，鼻粘膜，腟粘膜，口腔粘膜ぬぐい液の塗抹標本あるいは分離ウイルス接種後の感染細胞に対し，蛍光抗体法にてウイルス抗原を検出し確定診断とする。

発症牛の病変部より作製した組織乳剤，分離ウイルス，ウイルスを接種した細胞などからDNAを抽出しPCR法を行う。また現存の生ワクチン株と野外株を識別する新たなPCR法も開発された。生ワクチン株には，制限酵素の $Hind$ Ⅲ[*33]，Pst Ⅰ[*34] による J 断片上[*35] に652 bpの欠失部位が存在する。この部位を増幅させるプライマーセットを用い，ワクチン株の増幅産物が野外株よりも低い分子量となることで識別する[15]。

⑤治療・予防

治療には，細菌の二次感染による気管支肺炎を防除するため，抗菌薬やサルファ剤などを投与する。

予防には，生ワクチンに単味のBHV-1生ワクチンほか，混合の3混，4混，5混，6混の各生ワクチンがあり，また不活化ワクチンでは5混ワクチンが市販されている。本ワクチンは，感染阻止よりも発症阻止を目的とする。なお，初乳接種による受動免疫の付与が重要であるとともに，その受動免疫によりワクチン抗体が低値で推移するため，移行抗体消失後に2回目のワクチンを接種することがより望ましい。また，ワクチン接種牛も1年に1回は再接種することが望ましい。

3. 牛RSウイルス病
bovine respiratory syncytial virus infection

①背景

パラミクソウイルス科（Paramyxoviridae），ニューモウイルス亜科（Pneumovirinae），ニューモウイルス（*Pneumovirus*）属の牛RSウイルス（Bovine respiratory syncytial virus）に起因する呼吸器症状を主とする急性熱性伝染病である。ニューモウイルス亜科は，大きさや形が不揃いで球状ないし多形性を認める。牛RSウイルス粒子は直径200 nmの球形でエンベロープに覆われ，その表面には7〜19 nmのGタンパク[*36]，Fタンパク[*37]などの突起を有している（図5-53）。

1968年10月に北海道にて初発生を認め，その後全国に蔓延した。伝搬は鼻汁や発咳などからの経鼻感染による。育成時や放牧時あるいは輸送時に本疾患が認められ，特に冬季に重症例がみられる。ヒトの乳幼児の呼吸器症状や肺炎を引き起こすヒトRSウイルスと共通抗原を認め，牛RSウイルスの各タンパクをヒトRSウイルスのアミノ酸との相同性でみると，膜融合にかかわるFタンパクで81％，接着にかかわるGタンパクで30％，ウイルス集合にかかわるMタンパク[*38]で89％となる[16]。

②症状

2〜7日の潜伏期を経て，本疾患特有の不整稽留熱（39.5〜42℃）を5日程度認めるか，または一過性の発熱が認められる。元気・食欲の減退を示し，粘液性膿性の鼻汁，流涙，泡沫性流涎，湿性発咳，喘鳴，呼吸促迫を認める。肺の聴診によりラッセル音を聴取する。一般に本疾患の予後は良好で，発症後15〜20日には回復するが，重症例では頚背部，胸前部，肩端部に皮下気腫を認めるほか，肺気腫を引き起こす。感染牛は削痩するが致死に至る症例は少なく，約0.4％である。

③病態

肺全体の赤色化や二次感染を伴う肝変化，あるいは肺胸膜や小葉間結合組織の気腫（口絵p.31，図5-54），気管気管支リンパ節の腫大が認められる。また，気管支間質性肺炎や壊死性細気管支炎も認められ，肉眼的所見で気管粘膜の顕著な充血や気管支管内に泡沫性粘液の貯留がみられる。病理組織学的には，細気管支上皮や肺胞上皮由来の合胞体性巨細胞[*39]，さらに合胞体性巨細胞や肺胞上皮細胞内に好酸性細胞質内封入体を認める（口絵p.31，図5-55）。

④診断

ウイルス分離は大変難しく（温度感作などを受けやすい），発病初期の鼻腔または咽喉頭ぬぐい液を採取した場合には，低温保持するとともに，できる限り速やかに感受性細胞（牛腎，牛精巣，Vero細胞[*40]）へ接種することが必要である。培養は，33〜34℃で7〜12日の回転培養[*41]を行い，次の代に細胞ともに盲継代[*42]することが望ましい。迅速診断は，鼻腔や咽喉頭ぬぐい液の直接塗抹標本を用いて蛍光抗体法を行うほか，PCR法による鼻汁ぬぐい液や肺の組織切片のウイルス遺伝子検出を行う。

血清学的診断では，発症時と回復時のペア血清を用いて中和試験にて抗体の有意な上昇を確認する。潜伏期や発病期間が長く，発病時の血清にすでに抗体を保持していることがある。

その他の診断法として，病変部の細気管支および肺胞上皮細胞，合胞体性巨細胞内のウイルス抗原を免疫組織化学的に検出する。あるいは，補助的な迅速診断ではヒト用RSウイルス検査用キットを使用することもあり，鼻腔，咽喉頭ぬぐい液などからの牛RSウイルス抗原を呈色反応により検出する。また，遺伝子診断として鼻腔，咽喉頭ぬぐい液などよりRNAを抽出し，エンベロープ糖タンパク質を標的としたプライマーを用いてRT-PCR[*43]，Nested PCR[*44]を実施する[16]。

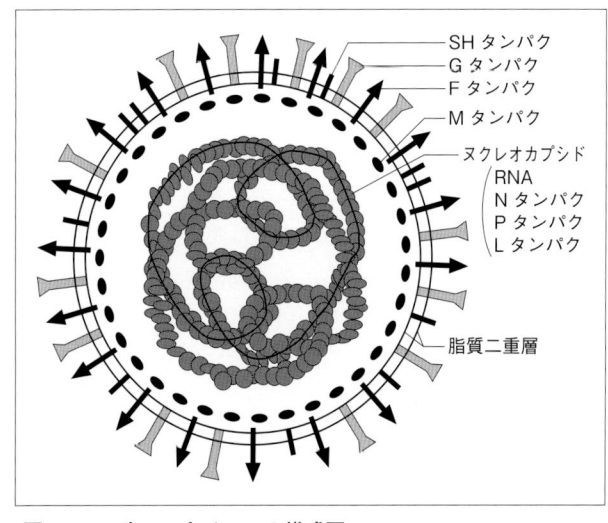

図5-53　牛RSウイルスの模式図

⑤治療・予防

治療には，細菌の二次的感染による病勢悪化を防ぐため，抗菌薬，サルファ剤などを投与する。

予防には，生ワクチンとして単味の牛 RS ウイルスワクチンや混合の4混，5混，6混の各ワクチンがある。また，5混の不活化ワクチンが市販されている。これらのワクチンを2〜4カ月齢の子牛に1〜2回の接種するのが望ましい。

4．牛のパラインフルエンザ
parainfluenza-3 virus infection in cattle

①背景

パラミクソウイルス科（Paramyxoviridae），パラミクソウイルス亜科（Paramyxovirinae），レスピロウイルス（*Respirovirus*）属の牛パラインフルエンザ3型（parainfluenza-3 virus：PIV3）によって起こる上部気道感染症である。牛 RS ウイルスと同科で球状の多形性を示し，そのウイルス構造タンパクは牛 RS ウイルスに近似した構造で，RNA に結合しヌクレオカプシドを形成する NP タンパク[45]，P タンパク[46]，V タンパク[47] と最大分子量の L タンパク[48] がヌクレオタンパク[49] となる。またエンベロープの内側にある M タンパクとエンベロープ表面に突出している F タンパクが認められるが，パラミクソウイルス亜科の特徴は赤血球凝集活性[50] とノイラミニダーゼ活性[51] を有する HN タンパク[52] が存在する点である。

本疾患はかつて輸送熱といわれたこともあり，1954年に Reisinger らが牛の輸送熱の原因ウイルスとして分離したのが最初で，我が国では年間をとおして発生するが，特に冬季に多い傾向がある。また長距離輸送，放牧，飼養環境の変化が誘因となる。多くの症例が呼吸器症状を示す，ほかのウイルスや細菌との混合感染であり，症状が重症となる例もあるが，単独感染ではその致死率は1％以下である。ウイルスは主として気道の分泌物などに含まれ，これらに汚染された鼻汁，咳，塵埃などを介した経鼻感染により伝搬する。

②症状

症例の多くは軽症であり，発症例では上部気道が侵され，発熱，鼻漏，元気・食欲減退を示す。発熱は39.5〜41℃が数日続き，一時的な白血球数の減少や下痢も認めることがある。鼻漏は水性・粘性を呈した後に膿性となり，咳を伴う。また，聴診により肺胞音の粗励を認め，軽度の流涙，流涎もみられる。

牛の輸送，または放牧などの環境の変化に伴い，感受性のある牛群ではウイルス伝播が起こり，さらに細菌の二次感染により経過が長引き症状が悪化し肺炎となることもある。

③病態

肺の肝変化巣を認めるほか，気管や気管支内に漿液性滲出液が貯留する。また，気管支，肺門，縦隔膜などの各リンパ節の腫大を認める。

急性期には，気管支上皮細胞内に合胞体性巨細胞や好酸性の細胞質内封入体がみられる。また，肺胞上皮細胞や肺胞大食細胞などにも合胞体や細胞質内封入体が形成される。

④診断

単独より混合感染の場合が多く，類症鑑別すべき疾患との識別も必要で診断には慎重を要する。発熱と光沢のある鼻漏の排泄を主とする上部気道感染症や，輸送時に発症した呼吸器疾患は本疾患の可能性がある。

発症時と回復時の個体および集団の血清を採取し，抗体の陽転を中和試験または赤血球凝集抑制反応試験により確認する。また，2-ME 感受性抗体[53] の確認は IgM 抗体を意味するため，感染初期の本疾患の抗体と診断する。ウイルス分離では発症初期の鼻汁ぬぐい液，剖検時の気管粘膜，肺病変部などを採取し，MDBK 細胞[54] や牛腎細胞を用いて合胞体[55] を形成した CPE[56]（**口絵 p.31，図5-56**）を確認する。このウイルス培養液中の赤血球凝集抗原を牛血球により確認する。また，感染細胞のカバースリップ[57] を作製し，蛍光抗体法によりウイルス抗原を検出し確定診断とする。さらに，鼻汁ぬぐい液から RNA を抽出し，PCR 法による PIV-3 遺伝子[58] 検出[17] も行われている。

⑤治療・予防

治療には対症療法を行うとともに細菌などの二次感染に対して抗菌薬やサルファ剤を投与する。

予防には，初乳投与による受動免疫を獲得させる。また3混，4混，5混，6混の各生ワクチンに本ウイルスが含まれるほか，1社より5混不活化ワクチンが開発されており，移行抗体の消失する時期，あるいは放牧

や輸送開始前にこれらを接種し，集団として免疫を附与する。

5．牛流行熱　bovine ephemeral fever

①背景

牛流行熱（bovine ephemeral fever）はラブドウイルス科（Rhabdoviridae），エフェメロウイルス（*Ephemerovirus*）に属し，ヌカカやカなどの吸血性節足動物によって媒介されるウイルスによる急性熱性伝染病である。本ウイルスは牛，水牛，シカ，カモシカに対し病原性を有し，ウイルス粒子は，感染性を有する長さ100〜430 nm，直径45〜100 nm の砲弾型粒子（Bullet-shaped particle：B粒子）と，砲弾型粒子の増殖を干渉する長さが半分以下の欠損干渉粒子（DefectiveInterfering particle：DI粒子）がある。ゲノムは，5種類の構造タンパクと1本鎖マイナスRNAから構成される。ウイルスは酸，アルカリ，エーテル，クロロホルムによって不活化される。

本病は届出伝染病に指定され，改正前の家畜伝染病予防法では，嚥下障害が特徴的なイバラキ病とともに流行性感冒[*59]ともいわれた。なお，海外では一過性の高熱で，三日熱として平熱に戻ることから3-day stiff-sicknessともいわれている。本ウイルスは牛などを終宿主とし，節足動物をベクターとして伝播し，発生地域や発生時期には気温，降水量，風向きなどの気象条件が密接に関連する。我が国における本疾患の発生はおおむね夏季の終わり（8月）から晩秋季（11月）にかけてであり，関東地方とその近縁（福島，新潟）から以西に限定される。

1966年の山口県での発生が国内最初の分離株であり，1990年以降現在まで沖縄県での発生が繰り返し認められている。沖縄県で1988〜2004年に分離された牛流行熱ウイルスのG遺伝子[*60]を解析したところ，沖縄株とワクチン株（YHL）間で中和エピトープ領域[*61]に4カ所のアミノ酸置換が確認された。しかし，ワクチン接種牛の血清は沖縄分離株に対し同等の中和抗体価を示したため現行ワクチンは有効であると考えられている。

系統樹解析[*62]により4つのグループに大別され[18]，日本・台湾分離株が1980年代と1990年以降の2つのグループ（Ⅰ，Ⅱ）に分かれ，1966年分離のワクチン株，オーストラリア株がそれぞれⅢ，Ⅳのグループに属する。

②症状

罹患牛は3〜7日の潜伏感染後，突然の高熱（40〜42℃）と悪寒戦慄[*63]を認める（口絵p.31，図5-57）。2〜3日後に平熱となるが，4〜5日持続する症例もみられる。発熱と一致してウイルス血症がみられる。次に，呼吸が促迫し，咽頭および気管支音は粗励となり，四肢の関節に腫脹と疼痛を伴う関節炎による起立不能や跛行を認める。また鼻鏡乾燥や元気消失などの症状のほか，流涙，水様性の鼻汁や唾液の増加により流涎が顕著となる。食欲は減退し，第一胃の蠕動は低下，反芻ができなくなり，皮筋や躯体筋の振戦を認めることもまれにある。おおむね予後は良好で，解熱とともに症状は消失し，3〜4日で回復する。

しかし，重症の場合は，肺胞破裂などを引き起こし頚背部などに皮下気腫を認め，罹患牛は呼吸困難となり窒息死することがある。

③病態

肉眼病変は肺，上部気道および関節にみられ，急性肺気腫による窒息で死亡する。鼻腔，咽喉頭，気管などの上部気道粘膜に顕著な充出血を認めるほか，肺に気嚢状となる間質性気腫がみられ，また充血と水腫や小葉性の無気肺を認める。関節は腫大し，透明で黄色い関節腔液が増量する。病理組織学的にはカタル性肺炎を示し，気管支内に剥離上皮細胞や好中球などが充填し，血管内皮の腫大増殖や血管周囲性線維増生などが認められる。

④診断

ウイルス分離には，発熱初期で白血球減少を呈している罹患牛の血清を用い，生後24時間以内の乳のみマウスやハムスターの脳内に接種する。ウイルス分離陽性例では接種後7〜10日で削痩，元気消失を示す。接種後は発病により衰弱した子を親が捕食しないように1日2回の観察も必要となる。発症動物の脳乳剤を別のマウスの脳内か，感受性細胞のBHK21細胞[*64]またはHmLu細胞[*65]に接種する。接種後数日で，前者では100％の死亡を認め，後者ではCPEが観察される。

分離ウイルスについては，既知免疫血清を用いた蛍光抗体法および中和反応により同定する。迅速診断法としては，発病初期の血液，関節滲出液の塗抹標本を用いて蛍光抗体法あるいは免疫組織化学法による特異抗原検出もある。罹患牛の急性期と回復期のペア血清を用い，中和テストによる抗体陽転により診断する。しかし，

2-ME感受性中和抗体が検出された場合は，IgM抗体の確認を意味し，本抗体は感染防御の主流であるIgG抗体よりも先（感染初期）に検出されることが明らかになっている。したがって本抗体が検出された場合は感染後間もないと判断し，一点の採材による検討でよい。

発熱時には白血球減少症を認め，まれに赤血球も減少するが，回復する。塗抹標本による血液検査で好中球の増加とリンパ球の減少を認める。さらに血漿中のカルシウム量の低下とフィブリノーゲン増加がみられるが，症状回復後1～2週間で正常値となる。

⑤治療・予防

治療としては，対症療法として解熱・鎮痛・消炎剤を投与するほか，脱水症状の緩和から，強肝剤，消化整腸剤などや，細菌の二次感染対策のために抗菌薬を投与する。起立不能牛には寝わらを敷きつめ，臥側を変えさせ床擦れによる二次感染を防ぐ。

予防には，市販の不活化ワクチン（牛流行熱単味，イバラキ病との混合）の約1カ月間の間隔を置いた2回接種を7月末までに行う。吸血性節足動物などの侵入防止や，節足動物などをできる限り排除する。

6．牛ライノウイルス病
bovine rhinovirus infection

①背景

ピコルナウイルス科（Picornaviridae）ライノウイルス（*Rhinovirus*）に属する牛ライノウイルス（Bovine rhino virus）によって引き起こされる急性呼吸器病である。牛ライノウイルスには3種類の血清型1，2，3型があり，牛腎細胞あるいはMDBK細胞において増殖する。pH4～5の酸性下で容易に不活化される。呼吸器症状を示さない子牛・成牛や健康な牛の鼻汁からも分離される。

ワクチン接種済みの舎飼い子牛（導入時3カ月齢）に対する2年にわたる本ウイルスの抗体調査（6月，8月，11月の経時的採血）において，初年度の牛群では移行抗体の保持を確認し，その後移行抗体の低下（8倍以下）を認めたが，11月には全頭64倍以上に抗体は上昇した。また，次年度の牛群は移行抗体陰性の牛群となり，前年度と同様に8月以降11月にかけて全頭陽転した[19]。

これは，本ウイルス病が現存のワクチン接種と無関係に，感受性牛群（陰性または低抗体価）の集団飼育環境下で発生し，その流行は秋季から冬季であることを示している。

②症状

感染2～4日の潜伏期を経て，漿液性または膿性鼻漏，発熱（39.5～40.5℃），発咳，呼吸数増加，呼吸困難などの呼吸器症状を示す。また，流涙や結膜炎を認め，元気・食欲減退に陥ることもある。本ウイルス単独では顕性感染よりも不顕性感染が多く，顕性の場合も1カ月以内に回復する。しかし，飼育環境やほかのウイルス・細菌の混合感染によってその臨床症状は異なり，重症例では間質性肺炎を認めることもある。

③病態

実験感染牛では鼻炎を認め，間質性肺炎を併発する症例もある。病変部は気道に限局し，鼻甲介や気管粘膜の充血を認める。

④診断

臨床的にほかの呼吸器疾患との類症鑑別は難しい。ペア血清の採取による中和抗体価の陽転の確認，およびウイルス分離を行う。発病初期の罹患牛の鼻腔ぬぐい液を牛腎細胞またはMDBK細胞に接種し，30～34℃で回転培養し，3～9日で小円形化細胞を多数認めるCPE（口絵p.31，図5-58）が出現したら既知の牛ライノウイルス抗体と反応させ同定する。また，急性呼吸器症状を示す牛で，発症初期であれば鼻汁ぬぐい液の直接塗抹標本を作製し蛍光抗体法により確認する。

⑤治療・予防

種々の混合感染による悪化を防ぐため抗菌薬を用い細菌などの二次感染を防ぐ。ワクチンはないが，牛ライノウイルスと他の呼吸器病ウイルス同士の混合感染も野外で認められており[19]，市販ウイルス性呼吸器病ワクチンを接種することでウイルスが重複した感染による影響を予防する。

7. 牛アデノウイルス病
bovine adenovirus infection

①背景

アデノウイルス（Adenovirus）はアデノウイルス科（Adenoviridae）に属し，哺乳類由来のマストアデノウイルス（Mastadenovirus），哺乳類・鳥類・は虫類由来のアトアデノウイルス（Atadenovirus），鳥類由来のアビアデノウイルス（Aviadenovirus），鳥類・両生類由来のシアデノウイルス（Siadenovirus），魚類由来のイクトアデノウイルス（Ichtadenovirus）の5つの属に分類されている。牛アデノウイルスはマストアデノウイルスに属する豚，羊，馬，マウス，ヒトのグループと同一の牛アデノウイルス血清型1～3，9，10の亜群Ⅰと，アトアデノウイルスに属する牛アデノウイルス血清型4～8，Rus[*66]の亜群Ⅱの2つに分類される[20]。アデノウイルス粒子（口絵p.32，図5-59），はエンベロープのない正20面体を形成し12個のペプトン[*67]と240個のヘキソン[*68]の計252個のカプソメアからなる。アデノウイルスは酸・アルカリに強くpH2～11の間で活性を保持する。いずれも宿主細胞に好塩基性ないし両染性を形成し，動物種を越えて共通抗原性を示す。アデノウイルスは感染動物の鼻汁，糞便，尿中に排泄され，外部の環境に抵抗性であるため，ほかの健康な個体に対し経鼻あるいは経口的に感染する。

牛由来のアデノウイルスは1959年にKlainらが健康な牛糞からウイルスを分離したのが最初の報告で，世界各地に広く分布する。培養細胞の増殖性では，マストアデノウイルスの属する血清型1～3および9，10は牛腎細胞，牛精巣細胞の両細胞で増殖するが，アトアデノウイルスの血清型4～8，Rusは牛精巣細胞で増殖する。

②症状

症状の程度は感染ウイルスの血清型や病原性に依存するが，主に発熱，発咳，鼻炎，結膜炎，食欲減退，呼吸困難などの呼吸器症状を引き起こす。また，軽度から重度の下痢が単独あるいは併発して認められる。細菌の二次感染などにより経過が長引き，発育遅延あるいは肺炎を起こし斃死することもある。

子牛の虚弱症候群や多発性関節炎がアメリカにて確認され，病原性の強い7型ウイルスの感染によると考えられている。我が国でも生後2週～5カ月齢の子牛で同ウイルスの分離報告がある。放牧時や輸送時あるいは集団飼育移行時に呼吸器症状や下痢を引き起こす。発症すると40～42℃の高熱が2～6日持続し，元気・食欲低下，流涙，鼻漏を認める。ウイルス血症後，発熱中期以降には粘液や血液を含み悪臭を伴う下痢がみられる。発熱時の血液，眼分泌物，下痢便および尿中にウイルスを認め，ウイルス伝搬の重要な要因となる。

また2，3，5型などによるほかの血清型のアデノウイルス感染症も確認されている。3型の単独感染では40℃前後の発熱や鼻漏，発咳や軽い下痢症を認めた後治癒するが，ホルスタイン種の集団育成牧場で二次感染として細菌が関与し重篤となった症例もある。アデノウイルス3型を用いた子牛右肺へのファイバースコープ直接接種による年齢別の感染実験[21]において，1週齢の子牛では接種後3，5，7日の各剖検すべてで病変を認め，右肺のみならず左肺へのウイルスの分布も確認した。一方，3カ月齢では迅速に回復修復し，左右肺からウイルスは分離されなかった。さらに，1週齢の子牛では細胞障害性（キラー）T細胞[*69]の機能を有するCD8陽性T細胞[*70]の出現が少なかったのに対し，3カ月齢では顕著に出現したことが認められた。

③病態

単独の呼吸器系感染では軽微な肺病変がみられ，小葉性の無気肺，赤色化病変を認める。消化器系感染では第一から四胃のび爛，潰瘍のほか，個体差はあるが小腸において管壁の軽度拡張と弛緩や慢性壊死，偽膜形成がみられる。子牛では特に空回腸のパイエル板に病変が多い。

病理組織学的には気道上皮細胞に好塩基性・両染色性の核内封入体を形成する軽度の気管支間質性肺炎を認める。また消化管の粘膜固有層や粘膜下組織の血管内皮細胞に好塩基性・両染色性の核内封入体が形成される。

④診断

罹患牛の鼻汁ぬぐい液を牛腎細胞，牛精巣細胞，MDBK細胞に接種し，回転培養により1週間～10日間観察する。盲継代により細胞ごとに継代を続けると円形化した細胞集団のCPEを確認する（口絵p.32，図5-60）。またペア血清による標準株を用いた抗体陽転（中和試験または赤血球凝集抑制試験）を診断の一助とする。鼻腔ぬぐい液の直接塗抹標本あるいは肺・腸管病変部やリンパ節の凍結切片における蛍光抗体法による抗原検出を行う。分離ウイルスは抗血清による型別を行い，

血清型の1, 2, 7型に対しては，牛血球による凝集反応を確認する。

牛アデノウイルスのうちマストアデノウイルスに属するものでは，ヒトアデノウイルスと共通の抗原（ヘキソンタンパク）検出により，ヒト用のアデノウイルス検出キットでも陽性を認める場合がある。そのため，補助的な陽性の簡易確認のみとして行うこともある。

⑤治療・予防

治療は対症的な処置を行い，細菌などの二次感染による症状の悪化や慢性化あるいは致死的経過を防ぐため抗菌薬やサルファ剤を投与する。

予防には，アデノウイルス7型に対し5種および6種混合生ワクチンが市販されているが，その他の型については我が国では販売されていない。

■注釈

*1
外呼吸：肺呼吸ともいう。血液と肺胞内空気との間のガス交換を意味する。

*2
内呼吸：組織呼吸ともいう。血液と細胞との間のガス交換を意味する。

*3
ST偏位：心電図でQRS群のおわりからT波のはじめまでの部分をST部と呼び，その部分が下降または上昇することを指す。

*4
陰性T波：心電図上の基線に対して，通常では上に凸として表れるT波が下向きの谷型になっているもの。

*5
CO_2ナルコーシス：高炭酸ガス血症による意識障害のこと。これは炭酸ガスの脳への直接作用ではなく，脳組織内のpHの低下によるもの。

*6
混合静脈血酸素分圧：全身からの静脈血が右心室～肺動脈に入り混合・均一化された血液（混合静脈血）の酸素濃度。

*7
グリセリン酸2, 3-二リン酸：肝臓における解糖系と糖新生の中間体分子で，ホスホエノールピルビン酸と3-ホスホグリセリン酸の中間に位置する物質。

*8
エムデン-マイヤーホフ経路：生物の細胞内における嫌気的糖代謝のなかで最も一般的な経路。無酸素状態でもATP（アデノシン三リン酸）を生産することが可能。

*9
右-左短絡（シャント）：右室から拍出された血液が肺胞気に接触せず，酸素化されないまま左心系に流入する状態。

*10
呼吸商（R）：呼吸によって排出されるCO_2と取り込まれるO_2の比（CO_2/O_2）。

*11
急性呼吸窮迫症候群：主に肺胞-毛細血管でのガス交換の障害に基づき，48時間以内に生じてきた急性呼吸不全を特徴とする病態。

*12
慢性閉塞性肺疾患：喫煙などにより有害物質を長期にわたって吸入することにより引き起こされる肺の機能低下・慢性炎症。慢性気管支炎や肺気腫と呼ばれていた病名を統合したもの。

*13
肺動静脈瘻：肺動脈と肺静脈が直接つながった病態。

*14
ネフローゼ症候群：高度なタンパク尿により低タンパク血症を来す腎臓疾患群の総称。糸球体毛細血管基底膜の肥厚・変性によりタンパク質など高分子物質の透過性が亢進する状態。

*15
肺内シャント：静脈血が肺でガス交換されずに動脈血に流れ込む現象。

*16
呼吸性アルカローシス：過呼吸など肺換気が異常に亢進し，動脈血中の二酸化炭素分圧が低下するために生じる血液pHが上昇した状態。

*17
呼吸性アシドーシス：肺換気が異常に低下すると動脈血中の二酸化炭素分圧が上昇し，血中で増加した炭酸（H_2CO_3）のH^+とHCO_3^-への解離が促進されるために起こる血液pHが低下した状態。

*18
消耗性疾患：徐々に体力が奪われていく疾病の総称。

*19
血液降下性肺うっ血：何らかの原因により血流が妨げられ，肺の下部に血液が貯留した状態。

*20
湿性発咳：気道内に水分の多い分泌物などがある場合の咳。一般的には痰を伴う咳を指す。

*21
乾性発咳：気道内に水分の多い分泌物などがない場合の乾いた咳。一般的には「コンコン」というような咳を指す。

*22
ロイコトキシン：グラム陰性菌より産生される外毒素の一種で，白血球の遊走と血管透過性を亢進させるポリペプチド。

*23
ディスク法：薬剤感受性試験法のひとつで，細菌を塗り広げた寒天培地に一定濃度の薬剤を含む円形のディスクを置いて菌発育の阻止状況を調べる方法。

*24
動脈血ガス分析：呼吸器疾患で血液中の酸素や二酸化炭素濃度，pHなどを調べる場合には動脈血を用いる。

*25
VSP (Variable Surface Protein)：マイコプラズマなどの菌体表面に存在するリポタンパク質ファミリーのこと．M. bovis では，複雑な遺伝子系により5種類のVSPの発現状況が適宜変化することで抗原性も変化するため，宿主の免疫能がうまく機能できない状況に陥るものと考えられている．

*26
忌避行動：嫌って避ける行動のこと．

*27
交接囊：線虫類の雄の尾端にある膜状の交接器官．

*28
交接刺：線虫類の雄が持つ糸状の生殖器官．

*29
クチクラ：生物の体表の細胞から分泌された硬い膜様構造を持つ層の総称．

*30
核酸のコア：ウイルス粒子の中心部でウイルス核酸ゲノムで形成する．

*31
カプシド：コートタンパクで核酸を取り囲み，別名外被や殻とも呼ばれる．本タンパク質は常に構造サブユニットと呼ばれる多くのタンパク質分子で形成する．

*32
エンベロープ：細胞膜を通る出芽によりウイルスの成熟となる場合に形成されるリポタンパク質外被をいう．これを保持するウイルスはクロロホルムやエーテルによって不活化される．

*33
Hind III：制限酵素の一種でインフルエンザ菌（*Haemophilus influenzae*）に由来する．5'AAGCTT 3'TTCGAA を認識し切断する．

*34
Pst I：制限酵素の一種でグラム陰性のプロビデンシア菌（*Providencia stuartii*）に由来する．5'CTGCAG 3'GACGTC を認識し切断する．

*35
J断片：BHV-1DNA遺伝子の*Hind* IIIの処理によって生じる遺伝子断片であり，この断片内の*Hind* III/*Pst* Iの2重制限酵素処理断片領域を増幅するプライマーにより，野外株とワクチン株のPCR産物分子量に差を認めている．

*36
Gタンパク：マイナス鎖ウイルスの主要糖タンパク質（glycoprotein）に用いられる総称で，細胞吸着（attachment）に関与する．

*37
Fタンパク：パラミクソウイルスのゲノムにコードされている融合タンパク質で，細胞膜の融合（membrane fusion）にかかわる．

*38
Mタンパク：matrix protein を意味し，ウイルス集合（virion assembly）にかかわり，ウイルス膜とヌクレオカプシドの間に存在するタンパク質をいう．

*39
合胞体性巨細胞：ウイルス感染によって細胞融合を引き起こし，ひとつの細胞のように巨大化した多核細胞である．この細胞融合にはウイルスが侵入した後，感染細胞の細胞膜表面に発現したウイルスの膜タンパクの働きにより非感染細胞との融合を起こす場合とウイルスが宿主細胞の細胞膜に結合し侵入するとき隣接する細胞同士を融合させる場合の2つがある．前者はレトロ・ヘルペスウイルスであり，後者も加わり両方の現象を示すのはパラミクソウイルスである．

*40
Vero細胞：アフリカミドリザルの腎臓上皮細胞に由来する株化細胞．

*41
回転培養：ウイルス培養の手法のひとつで，培養瓶あるいは小試験管を設置できる専用の回転装置を用いてそれらを回転させながらウイルス培養を継続するもので，ウイルスの増殖性が高まり高力価のウイルス回収を認める．

*42
盲継代：野外から採取したウイルスの分離において，CPEのような明確なウイルス増殖を1代で確認できなくても，ウイルスは増殖しているとして次の2代目以降も継代細胞に接種し，ウイルス分離を継続する手法．

*43
RT-PCR：PCRは特定のDNA断片を容易にかつ迅速に増幅させるが，さらに逆転写酵素反応によるRNAからcDNAの合成反応を組み合わせたRNA解析を行う手法で，RTは Reverse Transcription の略である．

*44
Nested PCR：外側の上下流のプライマーと内側の上下流のプライマーを使って2段階のPCRを行う手法で，この名の由来はプライマーの組み合わせによってDNA複製が鳥の巣（nest）のように内側に重なって行われることによる．

*45
NPタンパク：パラミクソウイルス科パラミクソウイルス亜科のレスピロウイルス属およびルブラウイルス属に認めるRNAに結合しヌクレオカプシドを形成する核タンパク．

*46
Pタンパク：リンタンパクを意味し，4量体を形成しC末端側でLタンパクとリボヌクレオプロテイン複合体との結合に関与する．

*47
Vタンパク：パラミクソウイルス亜科レスピロウイルス属，モルビリウイルス属，ルブラウイルス属に認められるアクセサリータンパクで，本タンパクによる宿主IFNシグナル経路の阻害が報告されルブラウイルス属ではVタンパクによるユビキチン化を介したシグナル伝達兼転写活性化因子の分解が誘導される．

*48
Lタンパク：最も分子量が大きく，ウイルスRNAの転写・複製をつかさどるRNA依存RNAポリメラーゼと考えられているタンパクであり，RNA鎖重合反応，mRNAのキャッピング，メチル化，ポリA付加などに関与する．

*49
ヌクレオタンパク：NP，P，V，Lなどの各タンパクで構成された核タンパク．

*50
赤血球凝集活性：各種動物赤血球を凝集させる性質であり，鶏血球は鳥インフルエンザウイルスや牛コロナウイルス，牛血球は牛アデノウイルスの一部の血清型（1，2，4，7型）や牛パラインフルエンザウイルスで使用され凝集反応を認める．

*51
ノイラミニダーゼ活性：オルソミクソウイルスあるいはパラミクソウイルスの表面に存在する酵素のひとつをノイラミニダーゼといい，宿主細胞内で産生された複製ウイルスの細胞からの遊離を可能にする性質を持つ。

*52
HNタンパク：ウイルス吸着タンパクとも言われ，レスピロウイルス属，ルブラウイルス属に認められる赤血球凝集活性とノイラミダーゼ活性の両活性を有するタンパク。

*53
2-ME感受性抗体：2メルカプトエタノール（ME）によりIgM（5量体）のサブユニットのジスルフィド（S-S）結合が還元的に切断され，IgM抗体の不活化を認める。すなわち2-ME処理済血清が抗体価の低下を示した場合，IgM抗体であったことを意味する。

*54
MDBK細胞：MardinとDarbyが開発した牛の腎臓由来株化細胞。

*55
合胞体：シンシチウムとも言われ，複数の核を含んだ細胞である。合胞体形成には2つあり，ひとつは昆虫の初期胚形成にみられる不完全な細胞分裂により1個の細胞内に複数の核を認める場合とウイルス感染などにより正常な細胞同士が融合し複数の核を持つ巨大な細胞になる場合である。

*56
CPE：培養細胞にウイルス感染後認められる細胞の形態的変化であり，細胞変性効果（cytopathic effect）という。代表的なCPEとして細胞の円形化，委縮，溶解，多角巨細胞（合胞体）形成がある。

*57
カバースリップ：市販の正方形のカバーグラスを3等分に分割したもので，各種単層化培養細胞作製後，ウイルス感染処理を行う。

*58
PIV-3遺伝子：桐沢らによるPCRではPタンパク遺伝子をターゲットとしてDNA増幅させ，first PCRで731 bp, second PCRで428 bpの各産物を認める。

*59
流行性感冒：改正前の家畜伝染病予防法第二条の伝染性疾病の種類四において記載されていた牛の呼吸器病の総称で，牛流行熱とイバラキ病を意味する。

*60
G遺伝子：牛流行熱ウイルスの表面タンパクであるGタンパクは中和エピトープを有し，この領域を標的としたプライマーにより増幅させた遺伝子で，本ウイルス病の疫学的解析で重要となる。

*61
中和エピトープ領域：中和活性にかかわる抗原決定基の領域をいう。

*62
系統樹解析：ウイルスのゲノム核酸などの配列を基に作成した各ウイルス株間の相関関係を解明する手法である。系統樹作製法のひとつとして近隣結合法（neighbor-joining method）が広く使用され，ボトムアップ式のクラスタ解析法で大量のデータセットを扱える利点を持つ。

*63
悪寒戦慄：原因の多くは種々の感染症により引き起こされ，急に体が震えだしその後発熱がみられる状態をいう。

*64
BHK21細胞：ベビーハムスターの腎細胞由来の株化細胞。

*65
Hmlu細胞：ハムスターの肺（lung）由来の株化細胞。

*66
Rus：牛アデノウイルス（BAdV）4型，5型，8型とともにBAdVDに分類された型である。

*67
ペプトン：アデノウイルスの構造タンパクのひとつで属特異性を認める。

*68
ヘキソン：正20面体カプソメアの三角面にある単位タンパク質群のひとつで，属特異抗原がヘキソン基部表面，種特異抗原がヘキソン外側面にあり，牛アデノウイルスの系統樹解析で重要なタンパクとなる。

*69
細胞障害性（キラー）T細胞：腫瘍細胞やウイルス感染細胞あるいは化学物質が表面に結合した細胞などを認識し，それらを障害破壊するT細胞で，以前は殺し屋との意味でキラーT細胞とも呼ばれた。

*70
CD8陽性T細胞：CD（cluster of differentiation）分類により番号付けされた抗原の8番目に位置付けられ，モノクローナル抗体および遺伝子解析により決定されている。CD8はナチュラルキラー細胞，胸腺上皮細胞，樹状細胞のほか，細胞障害性T細胞の細胞膜上に発現している。

■参考文献

第4節 下部気管の疾患

1) 加藤敏秀ほか. 2013. 健康肥育牛の鼻汁から分解された *Mannheimia haemolytica, Pasteurella multocida, Mycoplasma bovis* 及び *Ureaplasma diversum* の薬剤感受性. 日獣会誌. 66：852-858.

2) Ames TR et al. 1985. Pulmonary Response to Intratracheal Challenge with *Pasteurella haemolytica* and *Pasteurella multocida*. Can J Comp Med. 49：395-400.

3) Katsuda K et al. 2009. Antimicrobial resistance and genetic characterization of fluoroquinolone-resistant *Mannheimia haemolytica* isolates from cattle with bovine pneumonia. Vet Microbiol. 139：74-79.

4) Le Grand D et al. 1996. Adaptive surface antigen variation in *Mycoplasma bovis* to the host immune

response. FEMS Microbiol Lett. 144（2）: 267-275.
5) Vanden Bush TJ, Rosenbusch RF. 2002. *Mycoplasma bovis* induces apoptosis of bovine lymphocytes. FEMS Immunol Med Microbiol. 32（2）: 97-103.
6) Thomas CB et al. 1991. Adherence to bovine neutrophils and suppression of neutrophil chemiluminescence by *Mycoplasma bovis*. Vet Immunol Immunopathol. 27（4）: 365-381.
7) Ishizaki H et al. 2005. Influence of truck-transportation on the function of bronchoalveolar lavage fluid cells in cattle. Vet Immunol Immunopathol. 105: 67-74.

第5節　呼吸器感染症

1) 伊東季春. 1985. 新版 獣医臨床寄生虫学 産業動物編: 113-123.
2) 伊東季春ほか. 1972. 日獣会誌. 25: 729-732.
3) 福本真一郎ほか. 2008. 家畜診療. 55（8）: 475-488.
4) 石原義夫ほか. 2010. 北獣会誌. 54: 404.
5) 福本真一郎ほか. 2004. 第138回獣医学会講演要旨集. 66.
6) Anderson RC. 2000. Nematode Parasites of Vertebrates-Their development and transmission. 2nd ed: 112.
7) Fiedora C et al. 2009. Vet. Parasitol. 166: 255-261.
8) 西 英機ほか. 1984. 北獣会誌. 37: 41.
9) Eysker M. 1994. Compend Contin Educ Pract Vet. 16: 669-685.
10) MSD Animal Health（http://www.huskvac.co.uk/lungworm-vaccine.asp）
11) Kitamura E et al. 1997. J Wildl Dis. 33: 278-284.
12) Cornelissen JB et al. 1997. Vet Parasitol. 70: 153-164.
13) Ploeger HW. 2002. Trends Parasitol. 18: 329-332.
14) Tenter AM et al. 1993. Vet Parasitol. 47: 301-314.
15) Kamiyoshi T et al. 2008. Vaccine 26: 477-485.
16) Valarcher JF et al. 2007. Vet Res. 38: 153-180.
17) Kirisawa R et al. 1994. J Rakuno Gakuen Univ. 19: 225-237.
18) Kato T et al. 2009. Vet Microbiol. 137: 217-223.
19) 庄司智太郎ほか. 2011. 第151回獣医学会学術集会講演要旨集. 231.
20) Lehmkuhl HD et al. 2008. Acrh Virol. 158: 891-897.
21) Narita M et al. 2002. Vet Pathol. 39: 565-571.

CHAPTER 6 消化器疾患

　消化器疾患は哺乳期の子牛において最も発生が多い。哺乳期における子牛の栄養の摂取はミルクに依存しており，成長に伴って徐々に植物を採取して栄養摂取できるようになる。これにあわせて消化器の構造や機能が変化する。哺乳期の子牛では，ミルクの消化不良や各種感染などにより胃や腸の疾病を発症しやすい。本章では，消化管の発達過程における子牛の消化器の特徴と，発生のみられる消化器疾病について解説する。

第1節　子牛の消化器系の生体機構と特徴

1．複胃の生体機構と特徴

（1）牛の胃の発達

　牛の複胃は第一から第四胃の4室に分かれ，第四胃のみが胃腺を備えており，ほかの多くの動物の単胃に相当する。そのほかの第一から第三胃は前胃といい，粘膜が食道と同様に重層扁平上皮であり，腺を欠いている。

　出生直後の子牛では，第四胃が最も発達し，複胃全体の半分以上を占める（口絵 p.32，図6-1）。これは第四胃が出生直後よりミルクの消化という機能を担うことに関係する。また1週齢時の前胃の壁は薄く，筋層の発達は不十分である。さらにそれらの粘膜は，成体と同じ様な特徴的な構造を有するが，発達は悪く，特に第一胃乳頭はほとんど発達していない（口絵 p.32，図6-2）。3週齢頃から第一胃，第二胃が大きくなりはじめ，約8週齢では第四胃より大きくなる。通常，前胃の正常な発達は，飼料の物理的な性状だけでなく，微生物の定着と飼料の発酵産物である酪酸などの曝露によって，その発達が刺激されることによる。口絵 p.32，図6-3に5カ月齢の黒毛和種牛の複胃を示した。外景から第一胃が最も発達して複胃の大部分を占めているのが明らかである。さらに前胃の粘膜は成体とほぼ同じ構造を示し，第一胃乳頭も大きく発育する（口絵 p.32，図6-4）。成牛になると胃が腹腔の左半分と右側の大部分を占め，その容積は約100〜200リットルにもなる。それぞれの部屋が占める割合は，第一胃が約80％，第二胃が5％，第三胃が8％，第四胃が7％となり，第一胃が最も大きくなる。

（2）第一胃

　発達した第一胃は，左側腹腔の大部分を占め，嚢の左側は横隔膜や左腹壁と接しており，壁側面という。右側は，肝臓，腸管，第三胃，第四胃に面するので臓側面という。壁側面と臓側面は第一胃の背側で合流し，背彎を形成し，同様に腹側には腹彎が形成される（口絵 p.32，図6-3）。第一胃内部は第一胃筋柱によって区画され，それらは第一胃外側面からは溝として観察される。第一胃の左右側壁を前後に走る左および右縦筋柱（外側からは左および右縦溝として認められる）によって，腹嚢と背嚢に区別される。さらに，右縦筋柱は二枝に分岐し，第一胃島などを形成する。背嚢の前方には第一胃前房が形成され第二胃と交通する。さらに，背および腹冠状筋柱（外側からは左および右冠状溝として認められる）によって後背および後腹盲嚢が区別される。第一胃粘膜には，嚢の盲端部に円錐形や舌状の第一胃乳頭がよく発達するが，筋柱やその遊離縁および背嚢の背側中央部付近では発達しない（口絵 p.32，図6-4）。

（3）第二胃

　第二胃は，楕円形で複胃のなかで最も前に位置し，その前方で横隔膜および肝臓と接し，後方は第一胃前房と接する。内部では第一胃と第二胃は，第一胃・二胃口で

交通する。第二胃の粘膜面は，第二胃稜によって蜂巣状に区画され，4～6角形の第二胃小室が認められる（口絵 p.33，図6-5A）。さらに，稜と小室底には小さい第二胃乳頭が多数認められる。牛は異嗜をする動物であり，異物（特に針金や釘など）を食べることがある。これらの異物は，第二胃に入り，第二胃壁の収縮によって壁を貫通することがある（創傷性第二胃炎）。さらに，肝臓や他の臓器に膿瘍を形成することがある。もっと重篤になると横隔膜を貫通し，化膿性心膜炎を起こすこともある。

（4）第二胃溝

食道と第三胃管をつなぎ，ラセン状に走る二列の唇状の平滑筋でできた襞である（口絵 p.33，図6-6）。ほ乳子牛では，第二胃溝は閉じられて管状に変化し，ミルクなどの水様液を食道から第三胃管へ直接運び，第四胃へ入れる。両側唇を管状に閉じる筋収縮は，ほ乳による刺激によって反射的に起こる。

（5）第三胃

球状で，第一胃の右前位，第二胃の右後位，第四胃の背位に位置する。粘膜面は，薄い襞状の第三胃葉が背中外側から腹側へ放射状に配列し，第三胃管の輪郭を形成する（口絵 p.33，図6-5B）。第三・第四胃口で第四胃と交通し，第四胃帆によって逆流が防止されている。胃葉の表面には第三胃乳頭が密生し，葉は大，中，小，最小葉の4種類を区別する。各葉は規則正しく配列し，大葉を挟み中葉，中葉を挟み小葉，小葉を挟み最小葉がある。

（6）第四胃

第四胃は長梨状で，第一胃と第二胃の右側，第三胃の腹側に位置する。第三胃に沿って小彎をつくり，反対側の大彎で腹腔下壁に接する。粘膜面は前胃のそれとは異なり桃色を呈し，ラセン状に配列された第四胃ヒダが発達する（口絵 p.33，図6-5C）。

2．腸の生体機構と特徴

（1）子牛の腸の特徴

複胃が腹腔左半全部と右半の下半分に存在し，腹腔容積の75％も占めるため，ほかの腹腔臓器は残りの25％に収められる。そのため牛の腸管は長いが，直径は細く，馬などと比べて容積は小さい。腸は，小腸である十二指腸，空腸および回腸，大腸である盲腸，結腸および直腸からなる。なかでも新生子の小腸は重要な機能を担っている。牛では，イムノグロブリン（Ig）が胎盤を通じて胎子へ移行しないため，新生子は移行抗体のほぼすべてを初乳から得なくてはならない。新生子の腸管上皮はタンパク質の高分子を吸収することができる。すなわち，出生後24～36時間までは，Igを含む多様なタンパク質が腸管上皮から取り込まれ，リンパ管を経て胸管，あるいは腸の毛細血管から全身循環に入る。さらに，初乳中に含まれるリンパ球が新生子の十二指腸から吸収され，腸間膜リンパ節などに認められ，新生子の免疫系と相互作用していると考えられている。また，初乳中に含まれるサイトカインなどの生理活性物質が，子牛の免疫系を活性化し感染防御に関連することも知られている。

（2）十二指腸

十二指腸は，S状ワナを形成し，上方へ走行し，肝臓の臓側面に近づく（十二指腸前部）。前十二指腸曲を経て後方へ走行し，骨盤付近に達する（下行部）。骨盤付近で後十二指腸曲を形成し脊柱腹側を走行し（横行部～上行部），肝臓付近で十二指腸空腸曲を経て空腸へ至る（図6-7）。内部構造には，牛では膵液を輸送する副膵管が十二指腸下行部から後十二指腸曲に至る部位の小十二指腸乳頭に開口し，胆汁を輸送する総胆管は，十二指腸前部で肝臓に接する部位の大十二指腸乳頭に開口する（口絵 p.33，図6-8）。

（3）空腸および回腸

空腸は，著しく長く，腸間膜に吊られて細くなっており，無数の小さい屈曲を繰り返し，コイル状を呈する（図6-7，9）。回腸は短く，回盲間膜に吊られ回腸口で盲腸と結腸の基部へ接続する。

（4）大腸の特徴

盲腸は円筒状で結腸との境界は明瞭でなく，回腸口を基準として区別される。

結腸は，上行結腸，横行結腸，下行結腸からなる。上行結腸は特徴的で，まず結腸近位ワナをつくり，ついで腹方へ曲がり，結腸ラセンワナを形成する。2回転する求心回をつくり，中心曲で反転し2回転の遠心回へ続い

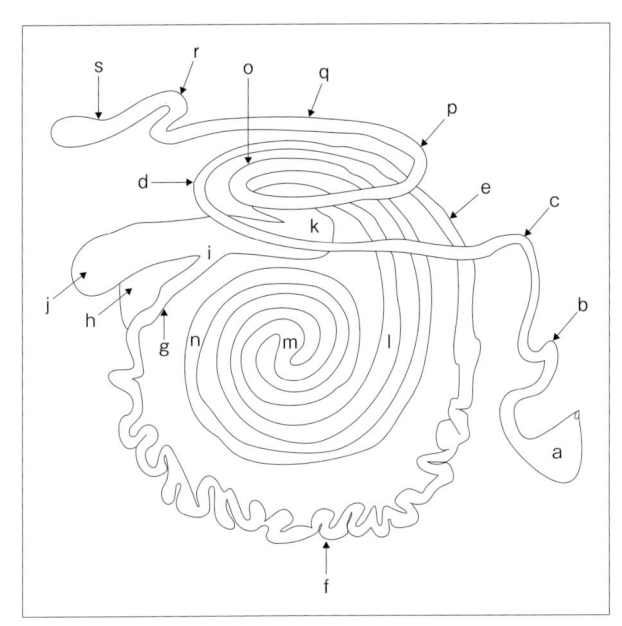

a：第四胃，b：S状ワナ，c：前十二指腸曲，d：後十二指腸曲，e：十二指腸空腸曲，f：空腸，g：回腸，h：回盲間膜，i：回盲口，j：盲腸，k：結腸近位ワナ，l：結腸ラセンワナの求心回，m：同中心曲，n：同遠心回，o：結腸遠位ワナ，p：横行結腸，q：下行結腸，r：S状結腸，s：直腸

図6-7　腸の走行（模式図）

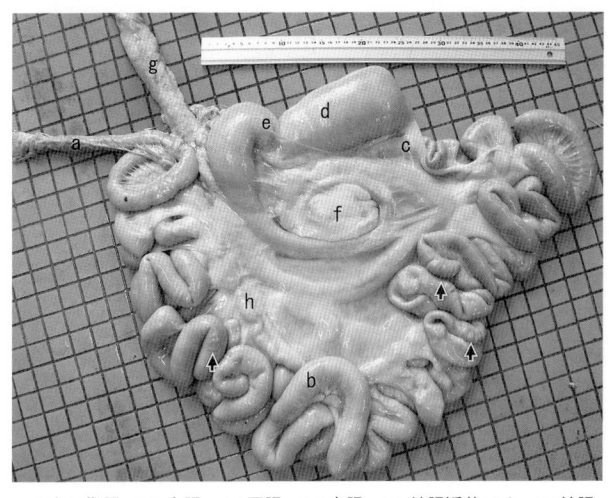

a：十二指腸，b：空腸，c：回腸，d：盲腸，e：結腸近位ワナ，f：結腸ラセンワナ，g：下降結腸，h：腸間膜リンパ節，矢印：小腸壁から観察できる空腸パイエル板

図6-9　5カ月齢黒毛和種子牛の腸管の外景

た後，結腸遠位ワナを形成する。次いで短い横行結腸を経て下行結腸として後方へ走行する。骨盤入り口でS状結腸を形成して直腸へ至る（図6-7，9）。腸のほとんどは前腸間膜動脈で養われるが，十二指腸前部は腹腔動脈，下行結腸は後腸間膜動脈からの栄養を受ける。腸の静脈は集合して前腸間膜静脈を形成して門脈へ注ぐ。

（5）腸管付属リンパ器官

　腸間膜には多数の腸間膜リンパ節が認められる。特に空腸リンパ節は連続した強大なリンパ節の鎖を形成する。さらに，子牛では空腸領域に数センチ～数十センチのパッチ状を呈する空腸パイエル板が数十個存在し，二次リンパ器官として局所免疫を担っている。一方，回盲口より空腸側には，1.5～2mにもおよぶ大型の回腸パイエル板が存在し，B細胞の一次リンパ器官であると考えられている。つまり，異物を認識するB細胞レセプターの多様性が産生される場である。個体発生をみると，空腸パイエル板が回腸パイエル板よりも早期に形成される。出生時までには，両パイエル板の組織構造は完成し，リンパ組織の大きさは回腸パイエル板が空腸パイエル板よりも大きくなっている。回腸パイエル板は7～8カ月齢で最大となり，性成熟に伴って退縮してしまう。一方，空腸パイエル板は，一生涯機能すると考えられている。

3．肝臓および膵臓の生体機構と特徴

（1）肝臓

　肝臓は赤褐色を呈し，腹腔の左前半分で横隔膜の後面に位置する。前方が壁側面で隆起し，後面は臓側面で，第一胃，第二胃，第三胃，腎臓などと接するために，多くの圧痕がつくられる。肝臓の葉間切痕は不明瞭で，左葉，右葉，方形葉，尾状葉からなる（口絵p.34，図6-10）。方形葉と左葉は肝円索によって区別され，右葉と方形葉は胆嚢によって区別される。肝門の背位に尾状葉があり，腹位に方形葉が区別される。尾状葉の尾状突起はよく発達し，基部に乳頭突起も認められる。肝門には門脈と肝動脈が入り，胆嚢に続く総胆管が認められ，十二指腸粘膜の大十二指腸乳頭へ開口する（口絵p.33，図6-8）。

（2）膵臓

　膵臓は軟性で桃色を呈し，消化酵素を含んだ膵液を腸管へ分泌する小葉構造を示す外分泌腺と，主として糖代謝に関わる内分泌ホルモンを分泌する膵島で構成され，

膵島は外分泌組織に取り囲まれるように点在する。膵臓は膵体，膵右葉および膵左葉からなるが，膵体は短く，膵左葉に比べ膵右葉が大きい（口絵 p.34, 図 6-11）。膵臓は背側と腹側の原器から生じるが，外分泌腺の導管系である膵管は，背側原器に由来する，副膵管が主として認められ，十二指腸粘膜の小十二指腸乳頭に開口する（口絵 p.33, 図 6-8）。

第 2 節　消化器系の生理学

1. 消化管の正常生理

哺乳期の反芻動物は成牛とは異なり，単胃動物と同様にミルクを消化して下部消化管において諸栄養素を吸収し，吸収したグルコースをエネルギー基質として利用している。哺乳期の反芻動物において第一胃は未発達であり，乳頭も発達しておらず管腔側面は滑らかである。摂取したミルクは第二胃溝が収縮することにより，食道から第四胃へ直接送ることができる。第二胃溝の収縮は吸い付くことや飲むことの反射として開始され，迷走神経を介して調節されている。また，第二胃溝の収縮と同時に第四胃の胃体部，洞そして幽門は弛緩する。摂取したミルクの75〜90％が第四胃へと流入する。

第四胃は反芻動物の胃において唯一分泌組織を有しており，単胃動物と同様に壁細胞から塩酸，主細胞からペプシノーゲンが分泌される。第四胃における消化は，ペプシンの作用によりタンパク質をポリペプチドに分解することであるが，哺乳期の反芻動物ではペプシンのほかにタンパク質分解酵素であるキモシンを分泌する。キモシンはカゼインによって分泌が刺激され，部分的にカゼインを分解して凝乳する。哺乳を持続させることによって子牛のキモシン活性を維持することができるが，離乳後キモシン活性は急速に減少し，ほとんど分泌されなくなる。ペプシンおよびキモシンのタンパク質分解における至適pHはそれぞれ1.6〜3.2, 3.5〜4であるのに対して，凝乳における至適pHはそれぞれ5.2および6.5である。哺乳期において，第四胃内pHは成反芻動物よりも高く維持されており，キモシンが作用しやすい胃内環境となっている。また，新生子牛において，第四胃でペプシン活性が低く，pHが高く維持されていることは，受動免疫獲得のための免疫グロブリンが，第四胃で加水分解を受けずに小腸で吸収されるために有益な機構である。第四胃内で凝乳した塊は12〜18時間にわたって第四胃内で消化作用を受けるが，乳清タンパク質や乳糖は第四胃を速やかに通過する。

小腸において炭水化物，タンパク質および脂肪などすべての栄養素は消化され，様々なタイプの輸送体によって吸収されている。乳糖はラクトースによってグルコースおよびガラクトースに分解されて，小腸上皮刷子縁膜上のナトリウム依存性グルコーストランスポーター1（SGLT 1）によって上皮細胞内へ吸収される。タンパク質は，アミノ酸およびペプチドにまで分解され，アミノ酸は単純拡散，促通拡散およびナトリウム依存性の能動輸送によって，ペプチドはプロトン依存性ペプチド輸送体1（PepT 1）によって上皮細胞内へ吸収される。脂質の大部分は胆汁や膵液リパーゼと十二指腸において混和されることにより消化される。

哺乳期の未発達な第一胃は固形飼料の摂取により成長する。第一胃の発達は，粘膜と筋層の成長を刺激する第一胃内の粗剛な物質だけでなく，第一胃内での微生物発酵の結果産生される短鎖脂肪酸（SCFA）の両方に依存している。第一胃中のSCFAによって粘膜は発達し，組織重量も増加するため，第一胃の発育はこれらのSCFAの濃度に依存しており，反芻動物は離乳後に顕著に発達する微生物発酵により産生されるSCFAによって第一胃自身を発達させている。また，第一胃の発達に伴って反芻動物の唾液腺，特に耳下腺は反芻動物特有の機構を持つようになる。生後間もない子牛の唾液ではCl^-が陰イオン組成の相当量を占めているが，成長に伴いCl^-含量は低下するのに対してHCO_3^-含量は増加して徐々に緩衝能の高い唾液へと変化する。飼料中の炭水化物はSCFAとして第一胃壁より吸収され，成反芻動物では第一胃壁を通して吸収されたSCFAが主要なエネルギー源となり，全エネルギー要求量の80％を依存するようになる。そのため，離乳後第一胃が発達するにしたがって，小腸に到着するグルコースの量が劇的に減少し，小腸のグルコース吸収能は100〜500分の1にまで減少する。

2. 胃酸分泌の正常生理と胃酸分泌調節機序

　哺乳期の反芻動物は成反芻動物と同様に第四胃の壁細胞から胃酸は分泌されるが，新生時における子牛の第四胃粘膜の壁細胞の数は少ないため，第四胃のpHは高い。胃酸は神経性あるいはホルモンによる液性によって分泌調節されているが，生理的に重要なのはガストリンである。単胃動物と同様に反芻動物においてもガストリンは幽門洞粘膜および近位十二指腸粘膜のG細胞に局在しており，組織中のガストリン濃度は幽門洞において最も高く，幽門から遠ざかるに従って低下する。また，G細胞は胎子期には少ないが，生後2週齢で約2倍に増加する。ガストリン分泌の主要な刺激は第四胃のpH上昇である。単胃動物では胃の伸展刺激によってガストリンは分泌されるが，反芻動物では第4胃の伸展刺激でガストリン分泌は増加しない。単胃動物と同様に，子牛においても哺乳後3～4時間で血漿中のガストリン濃度は50 pg/mLから120～160 pg/mLにまで上昇する。成牛においても濃厚飼料を多給すると食後の上昇が認められるが，粗飼料の多給では食後の上昇は認められず，72～96 pg/mLで安定している。

3. 下痢の機序

　下痢とは糞便が通常の硬さを保てない状態のことで，排便の頻度とその容量が増加する。下痢となる原因は多岐にわたるが，その機序は分泌性下痢，浸透圧性下痢，滲出性下痢，腸管運動異常による下痢などに分類される。大部分の下痢は，これらのメカニズムが単独で作用せずに複数組み合わさって起こる。

　分泌性下痢は腸管における吸収量を分泌量が上回っている状態であり，上皮粘膜における分泌機構が過剰に刺激されることによって起きる。病原細菌によって産生される腸毒素（エンテロトキシン）は，腸上皮細胞に結合して細胞内におけるアデニル酸シクラーゼ活性を亢進し，cAMPの産生を増加させることによって管腔側のCl^-チャネルが開き，水やNa^+およびHCO_3^-などの電解質の腸管内腔への分泌は促進する。

　浸透圧性下痢は吸収しにくい物質を大量に摂取したときもしくは消化吸収不良の際に起こる。マグネシウム硫酸塩などの吸収しにくい物質は小腸で浸透圧を高め，腸管内腔に水を引き寄せるために浸透圧性下痢となる。消化吸収不良は，多くの場合消化管上皮の損失によって起きる。損傷により絨毛上皮細胞が脱落することは消化酵素の産生低下を引き起こし，消化不良によって浸透圧が上昇する。

　滲出性下痢は腸の炎症によって腸管壁の透過性が亢進し，タンパク質，血液，粘液など多量の滲出液が腸管管腔内に排出されることによって起こる。

　腸管運動異常による下痢は，腸管運動の亢進によって栄養素を十分に吸収する滞留時間が得られない場合と，腸管運動の低下によって内容物の通過遅延が起こり，小腸内に細菌が増殖することで胆汁酸の脱抱合が惹起されて脂肪や水の吸収障害が起こる場合とがある。

第3節　消化器疾患における病態生理学

1. 子牛の消化器疾患における病態生理学

　子牛の消化器疾患の多くは「腸炎」であり，その主な臨床徴候は「下痢」として現れる。腸炎は経過が急性なものと慢性のものがあり，急性腸炎の多くは感染性腸炎である。感染性腸炎の原因となる病原微生物は，細菌，ウイルス，寄生虫，カビなど種々であるが，主に①細菌やウイルスが腸管の粘膜に感染することで発症するものと，②細菌がつくり出す毒素によって発症する型がある。その主症状は下痢または腹痛に対する後肢での腹部の蹴りあげであり，下血・血便，発熱，そして食欲不振などの消化管症状を伴うこともある。

　原因の如何にかかわらず，下痢による脱水の影響を防ぐことが最も重要であり，体液補充療法がその中心となる。軽度脱水であれば経口輸液剤，重度脱水であれば経静脈輸液療法が必須となる。止痢薬は，体内毒素や病原体の排出を遅延させるために使用は最小限にとどめるべきである。また，細菌性の感染性下痢症の場合には体力の回復に努めることで自然治癒することもあるため，必ずしも抗生物質が適用となるわけではない。

（1）日齢と消化器疾患の関係

　幼齢動物は成熟動物と比較して体液の恒常性の幅が狭く，体液異常やショックを起こしやすい。これは，幼齢動物が成熟動物と比較して，①体重あたりの体表面積が広いため不感蒸泄量が多い，②腎臓での尿濃縮能力が未熟なため排泄に大量の水分を要する，③1日あたりの水分出納率が高い，④筋肉量が少なく，相対的に細胞外液量が多いことによる。例えば，③の水分出納率では，2日で細胞外液のほとんどを交換するほどであり，その理由として，④筋肉細胞量が少ないために細胞内液を保持することができないことによる。したがって，下痢，食欲不振，炎症による代謝亢進により容易に脱水に陥る。これらの理由によって，腎臓機能がまだ未熟である新生子牛（8日齢未満）では，容易に体液を失う。一方，腎臓機能がある程度確立した子牛（8日齢以降）では下痢による重度な脱水は生じにくい。したがって，新生子牛では分泌性，子牛では消化不良性の下痢を発症しやすい（図6-12）。

（2）消化器疾患による体液異常の病態生理学

　成熟動物の総体液量は体重の約60％であり，細胞内および細胞外液はそれぞれ体重の40％および20％であるため，その比率は2：1である。しかし，新生子牛の総体液量は70〜80％と多い。その理由として，幼齢動物では筋肉量が少ないために筋肉細胞内に保持する体液に限りがあるため，そのほとんどを細胞外液で補う。しかし，細胞外液は流動的であるために喪失しやすい。したがって，体液の恒常性を維持するために大量の細胞外液が必要となる（細胞内液と細胞外液の比率はおよそ1：2）。結果的に細胞外液の割合が大きいために総体液量も増加している（図6-13）。

　幼齢動物が下痢による体液喪失，または炎症によって体液の恒常性が維持できなくなった状態が図6-13の右グラフとなる。例えば，10％程度の急性脱水の場合，体重の喪失分のほとんどが体液である。したがって，総体液量も10％喪失する。しかし，細胞外液（血漿＋間質液）は減少するものの，細胞外液の一部が細胞内液へ移動するため細胞内水腫が生じている。

　幼齢動物は，細胞外液の減少に伴い，循環血液量が減少すると末梢での酸素および栄養供給に支障を来す。特に末梢での酸素供給量が減少すると，細胞内は低酸素状態となるため，細胞静止膜電位の脱分極の低下を招く。その結果，細胞膜上にある Na^+/K^+-ATPase（ナトリウム・カリウムポンプ）の機能が低下する。Na^+/K^+-ATPase は膜電位にかかわるイオンポンプであり，細胞内でのATPの加水分解と共役して細胞内から3個の Na^+ を汲み出し，2個の K^+ を取り込む。動物細胞の脂質二分子膜は水を透過するために Na^+/K^+-ATPase によって含水量と浸透圧の恒常性を保持している。したがって，細胞静止膜電位の脱分極の低下による Na^+/K^+-ATPase の機能低下は細胞内への Na^+ の流入だけでなく細胞内への体液移動を許すこととなる。その結果，細胞外液量は減少し，細胞内液量が増加するため，さらなる血液量の減少が生じる。その結果，細胞内と細胞外液の不均衡はさらに増悪する（図6-14）。以上のことから，子牛の下痢症における治療戦略において，輸血，新鮮凍結血漿，膠質輸液剤，細胞外液補充剤などを用いた循環血液量の確保を，下痢に対する原因療法や酸塩基平衡異常の補正よりも最優先しなければならない。

2．消化器疾患による炎症と臨床栄養学

　子牛下痢症（または腸炎）において，基本的には断乳は行うべきではない。糖を含まない経口または静脈内輸液療法を行っても下痢を発症している子牛の栄養要求量を満たすことはできない。1日あたり0.5 kgの増体を維持するため，子牛には3,500 kcal/日のエネルギー量が必要である。2,500 kcal/日では体重を維持するだけで増体は望めない。ミルクは約700 kcal/Lの代謝エネルギーを有する。水分・電解質補充療法では，子牛の1日栄養要求量の15％〜25％に相当する300 kcal/Lの代謝エネルギー（主に糖）を含有する輸液剤が最適である。このような状況下において，生乳または代用乳の給与を継続すること，そして4〜6時間間隔で糖を配合した経口輸液剤の経口投与が必要であろう。つまり，子牛に限らず成長期の動物には通常の維持エネルギーにさらに成長に必要なエネルギーを考慮しなければならない。

　Na^+/K^+-ATPase は細胞内からナトリウムイオンを汲み出し，カリウムイオンを取り込むだけではない。1回ごとに3個の Na^+ を汲み出して2個の K^+ を取り込むとき，その度に正電荷を1個細胞外に放出してバランスをとっている。つまり，Na^+/K^+-ATPase は電位発生的な対向輸送を行っている。このときに発生する膜電位によって，ニューロンでは神経刺激を，ニューロン以外の動物細胞ではグルコースやアミノ酸の能動輸送に使われ

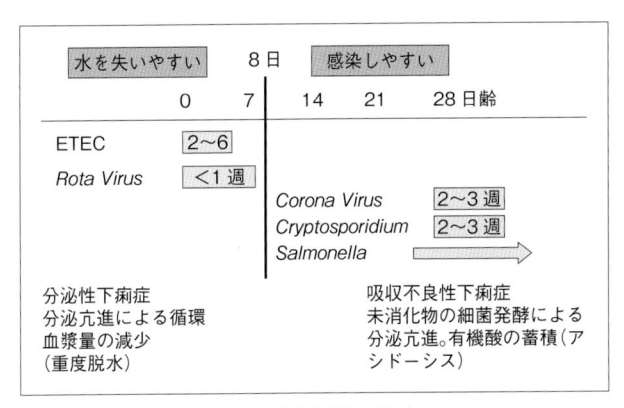

図6-12 日齢による下痢発症要因の比較

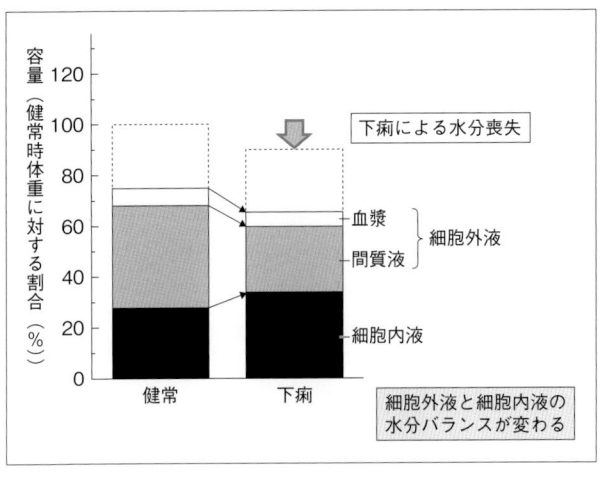

図6-13 下痢をしている子牛の体内水分変化

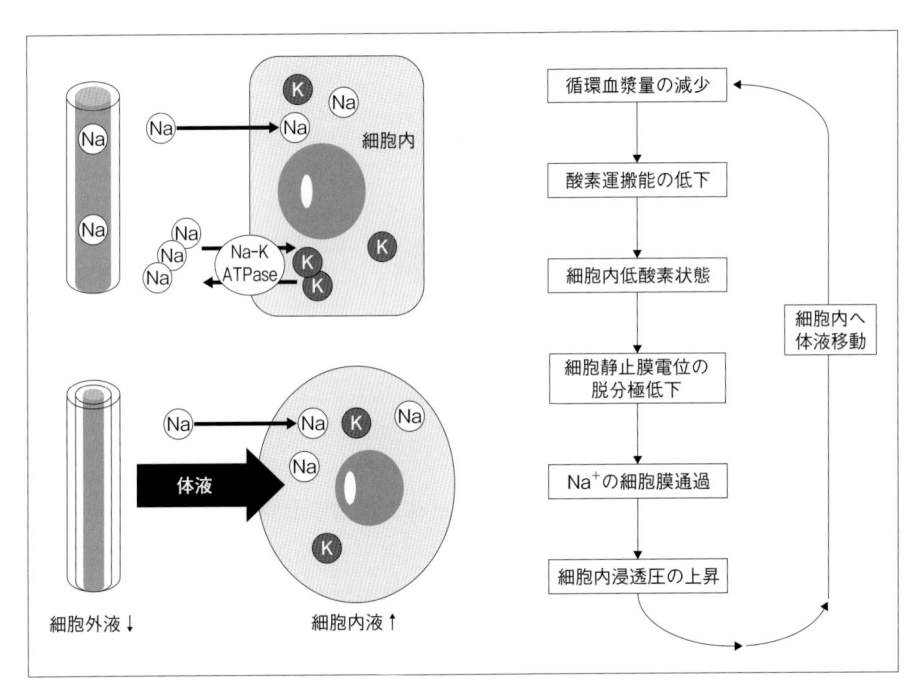

図6-14 子牛の腸炎における細胞外液量減少の機序

る自由エネルギーを供給している。したがって、腸炎による脱水と炎症によるNa$^+$/K$^+$-ATPase機能の低下は糖代謝とアミノ酸代謝に大きく影響を及ぼす。

(1) 腸炎とグルコース

腸炎などの炎症による侵襲下では、内因性グルコース産生の増加と糖質利用の増加が生じる。内因性グルコース産生ではアラニンなどの糖原性前駆物質を消費するため、これらのアミノ酸を供給するためにタンパク異化が生じる。一方、糖代謝の亢進はグルカゴン、カテコールアミンだけでなく、腫瘍壊死因子α（TNFα）、インターロイキン-1などの各種サイトカインにも関与している。

細胞内グルコース取り込みは血清インスリン値に応じて増加する。したがって、外因性インスリンを投与すれば用量依存的に細胞内グルコース取り込みは増加するが、侵襲時では血清インスリン値にかかわらずグルコース取り込みが増加しているため外因性インスリンを投与してもグルコース代謝が改善しない。これを「侵襲時のインスリン抵抗性」という。

炎症動物の血糖値は内因性グルコース産生量と細胞内取り込み量によって決定する（図6-15）。炎症性疾患では高血糖または低血糖のいずれかを示すが、予後不良症例では低血糖を示すことが多い。高血糖では炎症侵襲による内因性グルコース産生の増加が細胞内取り込みを上

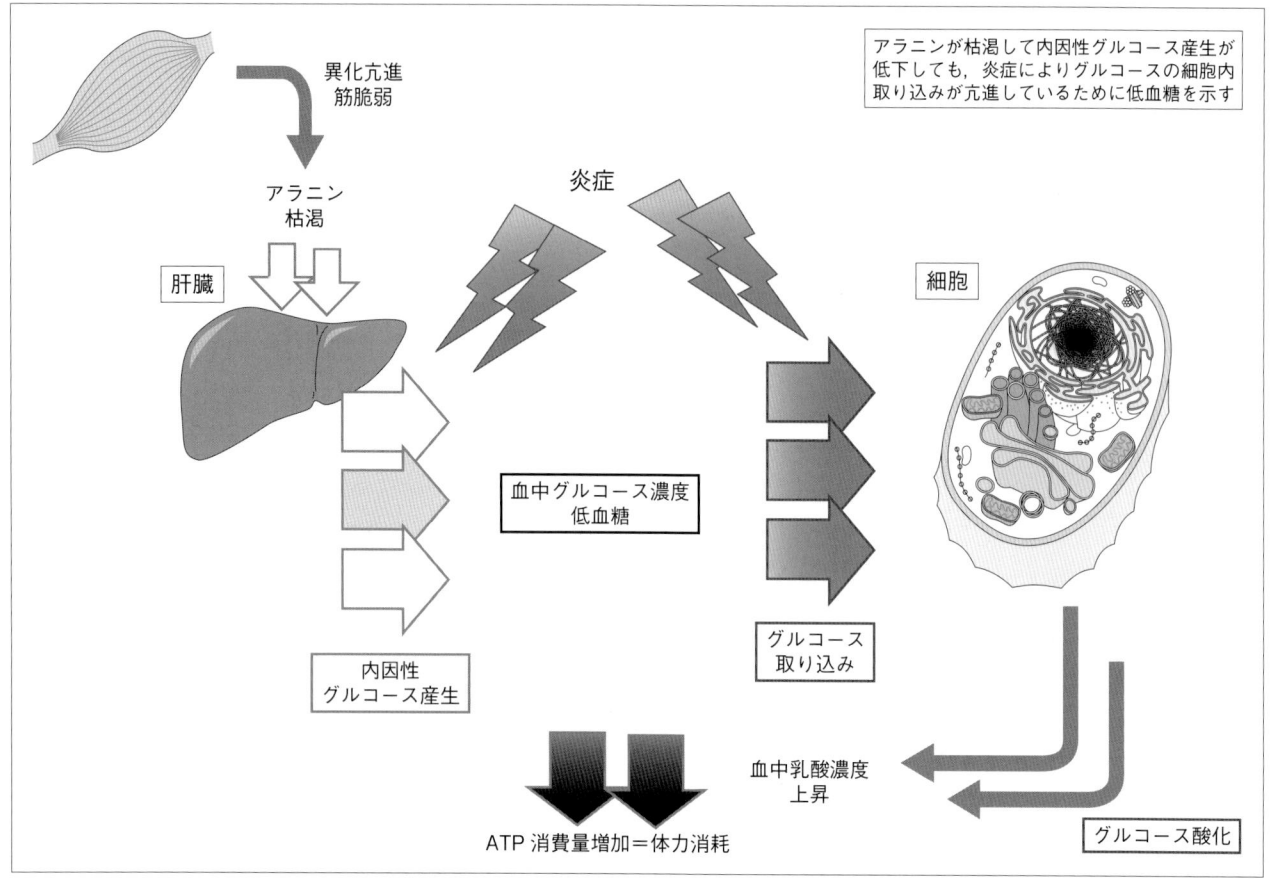

図6-15 炎症下における糖代謝異常

回っている（図6-15）。しかし，内因性グルコース産生のためにはアラニンやグルタミンなどの前駆物質が必要であり，これが減少するとタンパク異化作用により補うことで血糖値の恒常性を維持する。つまり，低血糖では炎症侵襲による内因性グルコース産生の増加を細胞内取り込みが凌駕または内因性グルコース産生のためのエネルギー基質の枯渇によってグルコース産生量が減少するために生じる。したがって，重篤または予後不良症例では低血糖を呈する。

（2）腸炎におけるアミノ酸代謝異常

炎症動物ではタンパク欠乏状態が続くとアミノ酸プールの均衡を維持するため，タンパクの主たる貯蔵庫である骨格筋を分解して遊離アミノ酸を放出する。このとき，タンパク合成量を上回るほどタンパク分解が進めば筋肉中のタンパク質異常喪失が生じ，骨格筋の脆弱化が生じる。子牛では，腸炎が持続して，遊離アミノ酸バランスが維持できなければ筋肉量が少ないために消化酵素や肝臓酵素を分解する。その結果，さらにタンパク質自体の利用率が低下する。タンパク質利用率の低下は，①利用できないタンパクの尿中排泄，すなわち尿中窒素排泄量の増加，②組織再生および創傷治癒の遅延，そして③各種酵素の生成が不十分になる。各種酵素の生成量が低下するということは，当然ながらタンパク質をはじめとする栄養摂取と摂取した栄養素の利用が障害されることになる（図6-16）。したがって，さらなるタンパク欠乏状態となる。これを，侵襲下における「タンパク質欠乏状態の悪循環」という。この悪循環を断ち切る方法として，遊離アミノ酸製剤を主体とした静脈栄養輸液を行い，栄養摂取および栄養素利用がある程度改善されたところで経口的栄養補給に切り替える。

しかし，残念ながら明確な子牛に対するアミノ酸輸液療法は確立されていない。以下，ヒトのデータを外挿してアミノ酸輸液療法を考える。アミノ酸輸液の目的は完全栄養と言うよりは，補助的栄養，タンパク異化の予防，アミノ酸不均衡および糖代謝の改善である。特に糖代謝の改善は生産動物医療において重要である。まず，ヒトの侵襲下におけるエネルギーおよびアミノ酸投与量

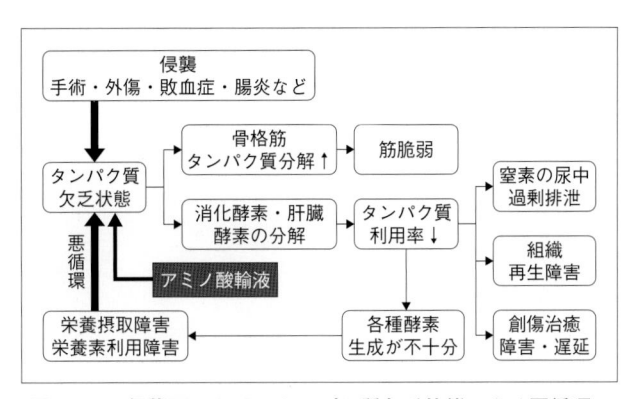

図6-16 侵襲下におけるタンパク質欠乏状態による悪循環

表6-1 各ストレス下での必要アミノ酸量

ストレスレベル	正常	ストレス 軽度	ストレス 中度	ストレス 高度
エネルギー（kcal/kg/日）		25〜30 kcal/kg/日		
タンパク・アミノ酸（g/kg/日）	0.8	0.8〜1.0	1.0〜1.5	1.5〜2.0
NPC/N	150〜200	150〜200	100〜150	80〜100

NPC/N：非タンパクカロリー／窒素量

のガイドラインを確認したい（**表6-1**）。

例えば50 kgの子牛が中等度のストレスレベルであれば必要アミノ酸量は1.0〜1.5 g/kg/日なので50〜75 g/日となる。消耗性の疾患であればBCAAを補うことを考慮してTEO処方の10％アミノ酸製剤（10 g/dL：アミパレンまたはアミゼット）が妥当である。すなわち100 mL中に10 gのアミノ酸が配合されているので，10％アミノ酸製剤の日量は500〜750 mLが目安となる。市販されているアミノ酸製剤はたいてい200，300，500 mLパックであるから，本例題では朝夕にそれぞれ300 mLのTEO処方の10％アミノ酸製剤を投与する（アミノ酸量として60 g/日）。投与したアミノ酸がエネルギー消費に利用されずに効率よく体タンパク合成に利用されるためには，窒素1 gに対して150〜200 kcalが必要となる（NPC/N：非タンパクカロリー／窒素量）。アミノ酸製剤の多くはNPC/Nを満たすように調整されているが，ブドウ糖輸液剤と併用することでより安全性を担保できる。成人への注入速度は100 mL/時（＝25滴／分）である。理想的には糖加酢酸リンゲル液（5％ブドウ糖加酢酸リンゲル液または10％ブドウ加酢酸リンゲル液）または糖加1／2乳酸加リンゲル液（等張ハルゼン液にブドウ糖を補充したもの）をアミノ酸製剤と一緒に投与すればよい。

第4節　消化器の疾患

1．口内炎　oral ulcer

①背景
　口内炎（oral ulcer）は口腔粘膜に発生する炎症であり，舌炎，口蓋炎および歯肉炎（図6-17）を含む。口内炎の多くは非特異的所見のひとつであり，主に口蹄疫や牛ウイルス性下痢・粘膜病（BVD-MD），牛悪性カタール熱，牛白血球粘着不全症（BLAD），牛伝染性鼻気管炎（IBR）などで認められる。

②症状
　臨床症状は咀嚼困難，流涎および悪臭の呼気であり，粗飼料を嫌い，病勢が進行すると局所リンパ節の腫脹，顔面の腫脹，発熱が認められる。

③病態
　口腔粘膜の病変によって，カタール性（牛悪性カタール熱，粘膜病），水疱性（口蹄疫），アフタ性[*1]，増殖性（IBR），潰瘍性（IBR，BVD-MD），ジフテリー性（IBR，BVD-MD，ブルータング病），フレグモーネ（細菌感染）に分類される。

④診断
　本疾患は口腔内を検査することによって診断できるが，その原因疾患が海外悪性伝染病や届出伝染病，中毒である可能性があるため，専門検査機関に依頼して類症鑑別を行うことが重要である。

⑤治療
　治療は，抗菌薬の全身投与とステロイド系抗炎症剤を加えたイソジン液の口腔内への散布である。また，本疾患は非特異的な所見であることから，原疾患の早期の解明が重要である。

2．喉頭炎　laryngitis

①背景
　喉頭炎（laryngitis）は喉頭組織の炎症であり，牛の喉頭炎は，呼吸器疾患を起こすウイルスや細菌の感染，

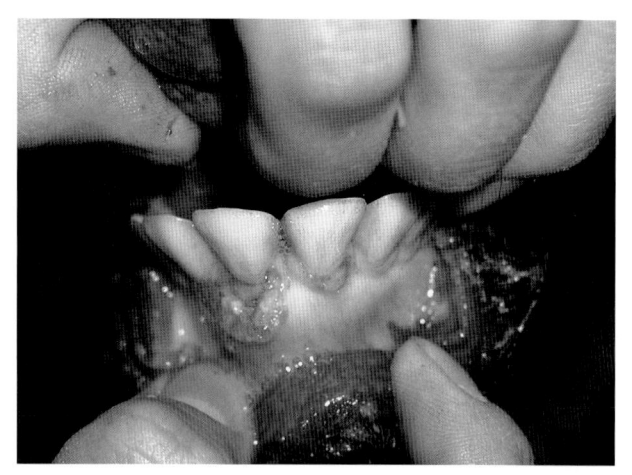

図6-17　牛ウイルス性下痢・粘膜病症例に認められた歯肉炎

異物やカテーテルによる咽頭の損傷などが原因となる。子牛の喉頭炎は，飼料中の *Fusobacterium necrophorum* によるジフテリア症や *Arcanobacterium pyogenes* による喉頭膿瘍，*Histophilus somni* 感染が原因で発生する症例が多い。

②症状
　喉頭炎に罹患した子牛は，疼痛性の発咳や両側性の鼻漏と流涎，喘鳴，呼吸困難による頭部伸長などの症状を呈する（図6-18）。また喉頭炎と同時に，舌や口角，上顎，第二胃溝において潰瘍病変が認められる症例が多いことから，本疾患の発病の要因として免疫能の低下が大きく関与していると推察される。

③病態
　症例を剖検すると，喉頭部の腫脹と喉頭軟骨周囲における食さの混入を伴う著しい潰瘍と膿瘍形成が確認され（図6-19，20），潰瘍病変は舌と右側口角，左側の上顎前臼歯上部，第二胃溝においても認められる。また多くの症例で胸腺形成不全が確認される（図6-21）。

④診断
　喉頭炎の診断は開口器や喉頭鏡，内視鏡を用いての肉眼的な観察であり，疼痛性の発咳と著しい呼吸器症状を呈する子牛に遭遇した際には本疾患を疑うべきである。また，口腔内に病変が認められる際には，口蹄疫や水疱

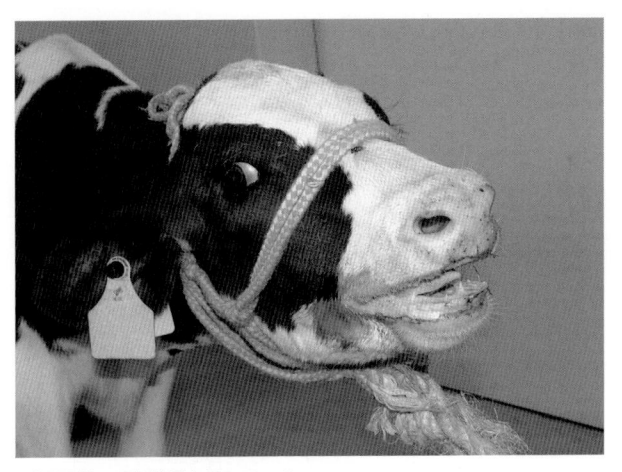

呼吸困難，頭部伸長を呈している
図6-18 喉頭炎に罹患した症例

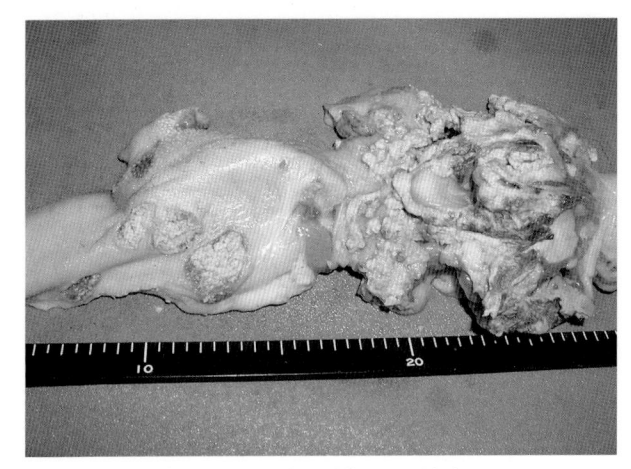

図6-19 喉頭軟骨周囲と舌に形成された潰瘍

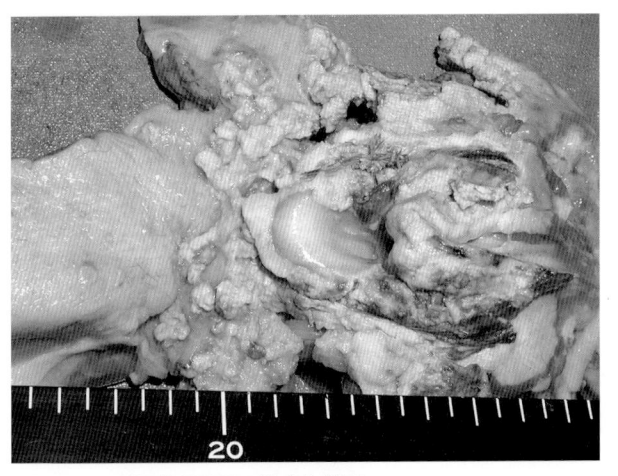

図6-20 喉頭軟骨周囲の潰瘍と膿瘍

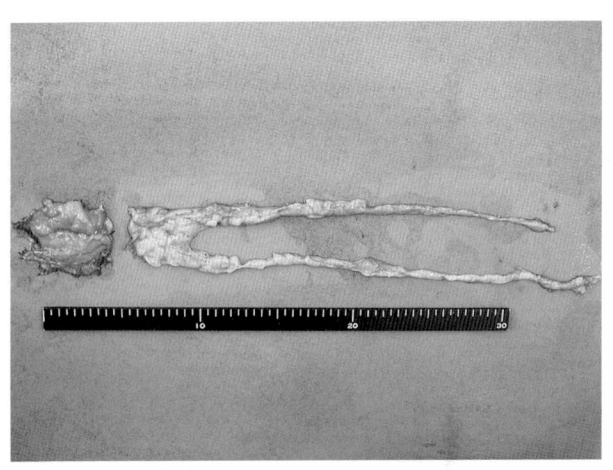

図6-21 胸腺の形成不全

性口炎，BVD-MD，牛悪性カタル熱，ブルータング病などのウイルス性疾患，放線菌症や牛アクチノバチルス症などの細菌性疾患との類症鑑別も重要である。

⑤治療

喉頭炎に対する治療は，抗菌薬やサルファ剤および抗炎症薬の全身投与と，ステロイド系抗炎症剤を加えたイソジン液の口腔内への散布である。呼吸困難を呈する場合には，外科的処置が必要となる症例もあるが，感染が喉頭軟骨の組織内にまで及んでいる場合には根治は期待できない（第5章 第3節「2．咽頭炎／喉頭炎」を参照）。

3．第一胃鼓脹症　ruminal tympany

①背景

新生子の全胃容積に対する第一胃と第二胃をあわせた容積の割合は約30％だが，10～12週齢でこの比率が逆転し，4カ月齢でほぼ成牛に近い比率（80％）にまで第一胃が発達する。

鼓脹症とは，発酵しやすい飼料や泡立ちやすい組成の牧草を短時間に多食することにより第一胃内で大量のガスが生産されて第一胃が拡張したり，また噯気の障害によってガスが蓄積する状態である。第一胃が発達過程にある子牛では第一胃機能が未発達であることに加え，毛球症[*2]や，ビニールなどの非消化性物を飲み込んだ為に起こる通過障害なども鼓脹症の原因に挙げられる。

第一胃鼓脹症（ruminal tympany）は第一胃内で産生

されたガスが何らかの原因で曖気として排出されず，第一および第二胃にガスが過剰に蓄積し左側膁部が膨隆する疾患であり，重症例では腹部の両側が膨隆し，呼吸困難や循環障害をきたし死に至る場合もある。本疾患は，蓄積するガスの性状から泡沫性鼓脹症と遊離ガス性鼓脹症に，発症からの経過により急性鼓脹症と慢性鼓脹症に大別される。さらに，泡沫性鼓脹症は原因となる飼料の種類により，マメ科牧草性鼓脹症とフィードロット鼓脹症に分けられる。

a．育成牛の泡沫性鼓脹症

マメ科牧草性鼓脹症は，鼓脹症を起こしやすいマメ科牧草（アルファルファ，レッドクローバー，ホワイトクローバー，スイートクローバー，タチオランダゲンゲなど）の摂取により発症する。鼓脹症を起こしやすいマメ科牧草は，起こしにくい牧草に比べ第一胃内でより速く消化され，葉肉細胞の破壊により葉緑体粒子が放出される。これらの粒子には，容易にルーメン微生物のコロニーが形成される。これにより，ガスの泡が粒子と粒子の間に閉じ込められ，小さなガスの泡同士の癒合が阻害される結果，鼓脹症を生じる。急速に成長した未成熟な開花前期のマメ科牧草の生えた牧野で，牧草が結露した朝が最も発症リスクが高い。一方，鼓脹症を起こしにくい牧草は，可溶性タンパク質との結合力があるタンニンを多く含む。こういったタンニンは，可溶性タンパク質に結合し，微生物による消化を抑制する作用を持つ。

一方，フィードロット鼓脹症は，飼料の80％以上が細粉された穀物飼料からなる場合に発症する。これは，高炭水化物飼料の給与によって大量に増殖した *Streptococcus bovis* などの細菌から産生されたムコ多糖（粘液）と，細胞溶解によって放出された未知の高分子が，安定した泡の形成に関与し第一胃液の粘稠性が著しく高まることが原因とされる。細かく粉砕された飼料の方が粗いものより泡が形成されやすく，また，第一胃内容のpHも泡の安定性に影響を与え，最も安定するのはおおよそpH6のときである。さらに，唾液による第一胃内容の希釈は泡沫性鼓脹症の発生を抑制するため，唾液の分泌を減少させる低繊維質および高水分含量の飼料の給与は鼓脹症の発生率を上げる原因となる。

b．育成牛の遊離ガス性鼓脹症

曖気の抑制またはガスの排出阻害を来す機械的，炎症性，神経性または代謝性の要因によって発症する。曖気の物理的障害は，異物による食道梗塞，食道狭窄，結核性リンパ節炎または牛白血病などの腫瘍性疾患に起因する気管支リンパ節の腫脹による周囲からの食道の圧迫，噴門の閉塞により生じる。また，横隔膜ヘルニアおよび迷走神経性消化不良における第二胃溝機能の障害も慢性鼓脹症の原因となり，黒カビ病菌（*Rhizoctonia leguminicola*）に感染した牧草による中毒では食道の筋肉が痙攣を起こすことにより鼓脹症を生じる。さらに，第二胃溝付近や第二胃に生じた放線菌症や牛アクチノバチルス症による肉芽腫性病変および線維乳頭腫も，まれではあるが曖気の障害を引き起こす。第一胃と第二胃の緊張度および運動性も曖気に影響するため，アナフィラキシーにおける低カルシウム（Ca）血症も鼓脹症の原因となる。フィードロット牛においては，食道炎，第一胃アシドーシス，第一胃炎および過剰な穀物飼料給与に起因した反芻障害が遊離ガス性鼓脹症の原因となる。

c．子牛の慢性鼓脹症

子牛における慢性鼓脹症は，食餌と発育障害に起因することが多い。哺乳期および離乳後の子牛では，ともに低繊維飼料が原因となる。重度の気管支肺炎に罹患した子牛では，胸部迷走神経の損傷あるいは腫大した胸部リンパ節により曖気が障害され，遊離ガス性鼓脹症を生じる。また，子牛の第四胃変位およびルミナル・ドリンカーも間欠性または慢性鼓脹症を引き起こす。その他の原因として，腹部膿瘍，臍帯または尿膜管の癒着，腸閉塞，限局性腹膜炎，第四胃食滞，咽頭・食道の外傷などが挙げられ，破傷風，リステリア症，ボツリヌス中毒などの神経疾患でもみられる。子牛における慢性鼓脹症の最も一般的な腫瘍性原因は，胸腺型リンパ肉腫および子牛型リンパ肉腫に起因する縦隔または咽頭リンパ節の腫大である。また，第一胃内の異物（毛球，ロープ塊など）も原因となる。

②症状

軽度では左膁部の膨隆のみが認められるが（図6-22），中等度になると腹部の膨隆がより明瞭になり，不安や不快の表情をわずかに呈するようになる。さらに重度になると両側の腹部が顕著に膨隆し，不快の表情を呈し，寝たり起きたりを繰り返す。腹痛を伴う場合には，後肢で腹部を蹴ったりする場合もある。また，排便および排尿が頻回となり，開口呼吸，舌の突出，流涎，頭頸部の伸展などの呼吸困難の症状を呈し，ふらつきがみられるよ

うになる。呼吸数は60回／分まで増加し，時には嘔吐や軟便がみられる。第一胃の運動は最初は亢進するが，鼓脹がひどくなるに伴い低下し，やがて停止する。膨隆した左膁部の打診聴診においては，ガスによるピング音を聴取するが，泡沫性の場合は遊離ガス性に比べ明瞭でない。急性の場合，呼吸困難と著しい心拍数の増加（100～120回／分）がみられ，横隔膜が頭側に押され心基底部の位置がずれることにより収縮期雑音が聴取される。

③病態

鼓脹が進行すると，やがて限界まで腹部の両側が膨隆し，呼吸困難，低酸素血症，静脈血の心臓への低還流，血圧低下を来し死に至る。

④診断

急性鼓脹症の臨床徴候は，突発的な発症，膁部が充満し背側正中にまで及ぶ典型的な左側の膨隆，直腸検査における右腹部の背側および腹側に拡張する第一胃の触知である。膨隆した左膁部の打診聴診においてピング音を聴取するが，泡沫性鼓脹症ではあまり明瞭でない。胃チューブの挿入が困難な場合は食道梗塞が，抵抗感がある場合は咽頭または食道損傷が疑われる。また，胃チューブが容易に挿入でき，膨隆が解除されれば遊離ガス性鼓脹症であり，解除されなければ泡沫性鼓脹症と診断される。

慢性鼓脹症の診断は病歴と身体検査所見からなされるが，腹水，第四胃変位，盲腸拡張および水腫のような慢性的に腹部膨満を呈する疾患との鑑別が必要となる。子牛では直腸検査ができないため，腹部膨満の原因が第四胃，小腸および盲腸の拡張によるものか，第一胃のみによるものかの鑑別が重要である。通常，診断は打診聴診，浮球感および腹部触診により行われるが，超音波検査も有用である。

⑤治療

治療の原則は，ガスの排除による第一胃膨満の軽減と主因の改善からなる。例えば，低Ca血症に起因する遊離ガス性鼓脹症の場合，胃チューブ挿入による第一胃内のガスの排除およびカルシウム剤の注射が必要となる。

緊急時における第一胃内容およびガスの排除の目的で，右膁部からの套管針の刺入が行われる場合がある。鼓脹症の牛では腹圧が高いため，第一胃液が刺入部位から腹腔内に漏れやすく，腹膜炎の原因となることから口

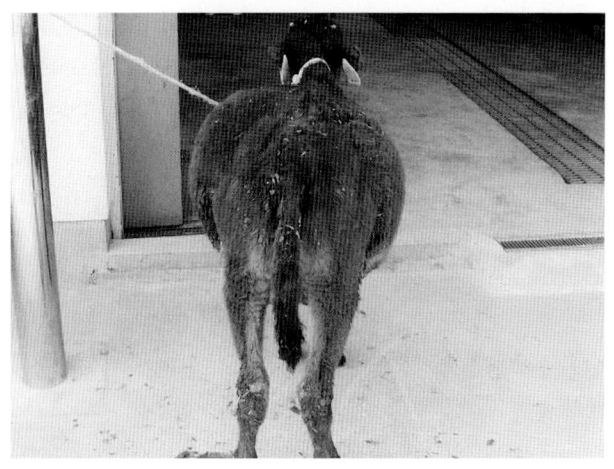

（兵庫県洲本家畜保健衛生所 ご提供）
左膁部の膨隆が背側の正中近くまで拡大している
図6-22 第一胃慢性鼓脹症の黒毛和種症例

径の太い套管針を用いたガスの抜去には注意が必要である。ガスの排除がうまくいけば，カニューレを介しての消泡剤の注入も可能である。フィードロット牛や離乳後の肉牛子牛で発症する慢性鼓脹症では，プラスチック製のネジ型套管針の使用が推奨されており，数日間の留置で良好な成績が報告されている。しかしながら，進行性で重篤な泡沫性鼓脹症の場合，緊急時の第一胃切開が治療法として選択される。

泡沫性鼓脹症の薬剤治療としては，消泡作用のあるシリコン樹脂と殺菌・防腐作用のあるクレオソート，健胃・整腸作用のあるL-メントール，ハッカ油または苦味チンキを含む製剤が用いられる。また，消泡の目的で鉱物油，植物油（落花生油）あるいは界面活性剤のポロキサレンを含む製剤も用いられる。ポリエーテル系抗菌薬であるモネンシンには，ルーメン微生物叢の構造を変えることにより，鼓脹症の発生を抑制する効果がある。

4．第一胃パラケラトーシス／第一胃炎
ruminal parakeratosis／rumenitis

①背景

第一胃パラケラトーシス（ruminal parakeratosis）は，牛や羊にみられる疾患で，第一胃乳頭の肥大，肥厚および接着を特徴とする。parakeratosisとは錯角化症（不全角化症）ともいわれる角質変性のひとつで，重層扁平上皮における角化が不十分となり，角化層の細胞に核が残存する病態である。乳用雄牛の若齢肥育で多くみられ，

易発酵性の濃厚飼料の過給および粗飼料給与の不足と関連し，第一胃内容液のpHの低下および揮発性脂肪酸（VFA）濃度の上昇が原因と考えられている。

　子牛における第一胃の粘膜上皮の発達において，最も大きな影響を与える刺激因子は第一胃内で産生されるVFAなどの化学的刺激であり，そのなかでも特にプロピオン酸および酪酸の影響が大きい。プロピオン酸および酪酸は穀類の易発酵性炭水化物から主に産生され，粗飼料の構造性炭水化物からは同じくVFAである酢酸が産生されるが，酢酸の粘膜上皮発達への影響は小さい。一方，粗飼料などの物理的刺激は粘膜上皮の発達にあまり影響を及ぼさないが，第一胃の筋層の発達，反芻運動および唾液の第一胃内への流入（pHの中性化）を促進し，粘膜上皮の健全性の維持に重要である。炭水化物飼料を過剰摂取すると，第一胃乳頭は高濃度のVFAに反応して急速に発達するため乳頭同士が接着し，VFAの吸収に必要な表面積が減少することになる。この状態が第一胃パラケラトーシスであり，乳頭表面には過剰なケラチンの蓄積も生じ，これによっても乳頭からの吸収が減少するため，乳頭は表面積を増やすために分岐を生じる。

　アメリカにおいて，粗飼料源として綿実殻または大豆皮を含むオールインワン型の飼料[*3]を給与された子牛で，第一胃パラケラトーシスが報告されている。これらの粗飼料源はペレットにするため粉砕されており，物理的刺激としての効果が制限されていると考えられる。

　また，熱を加えて乾燥し粉砕したアルファルファのペレットを給与した牛でも発生がみられている。一方，加工処理されていない全穀粒を与えられた牛では通常発生がみられない。その理由としては，第一胃内容液中において，プロピオン酸や酪酸のような長鎖のVFAに比較して酢酸が高濃度となり，pHが高くなることと関連すると考えられている。

②症状

　第一胃パラケラトーシスは栄養代謝に影響する病態であるが，常に子牛の生産性低下を引き起こすわけではない。臨床症状は曖昧であり，元気消失，食欲減退，軽度の疝痛および消化不良を来すこともある。第一胃炎（rumenitis）にまで症状が至ると，沈うつ，食欲不振，第一胃運動の低下および体重減少を呈す。

③病態

　肉眼的には第一胃乳頭は肥大し非常に硬く，黒色化して飼料片が乳頭間に陥入し（**口絵p.34，図6-23**），乳頭がお互いに接着して塊状になり，水洗いによっても容易に分離しない。病理組織学的には，ケラチン層を含む角質層の肥厚と顆粒層の菲薄，核を有する扁平上皮細胞の出現および上皮の過度の脱落が認められる。最も重度な病変は，内容液の液面レベル近くの第一胃の背嚢表面に生じる。これは，第一胃内容液のpHの低下とVFAの増加に起因するものと考えられる。

　第一胃炎は第一胃の急性または慢性炎症であり，第一胃内での乳酸とVFAの産生増加による第一胃アシドーシスに続発する。炎症が起こった第一胃粘膜は壊死を起こして脱落し，潰瘍を形成する。第一胃炎を発症すると，粘膜の防御機能が低下し，*F. necrophorum*および*A. pyogenes*のような第一胃内細菌が門脈に移行し，多発性肝膿瘍を形成する（第一胃不全角化-第一胃炎-肝膿瘍症候群）。

④診断

　第一胃切開または内視鏡にて粘膜の状態を観察できれば診断は可能であるが，実際的ではない。慢性的な第一胃アシドーシスが起こっている場合は，第一胃内容液のpHを測定し，低下がみられれば本疾患を疑う。

⑤治療・予防

　粉砕したアルファルファのペレットの給与により本疾患を発症した牛に対して，粉砕していない長いアルファルファ乾草に変更することで病態が改善することから，飼養管理の改善により本疾患の治療および予防が可能である。そのためには，良質の粗飼料を10％以上含んだバランスのとれた飼料を与えるべきである。また肥育仕上げ期の牛に対して，粗飼料と粉砕していない全粒の穀類からなる濃厚飼料の比を1：3に保つことで第一胃パラケラトーシスを防げるとされている。第一胃アシドーシスは，第一胃パラケラトーシスおよび第一胃炎の原因となるため，第一胃内容液のpHを少なくとも6.0以上に保つ必要があり，必要があれば重炭酸ナトリウムの飼料添加が行われる。ルミナル・ドリンカーに継発する場合は，ルミナル・ドリンカーの原因となる疾患の治療が必要となる（本章　第4節「5.ルミナル・ドリンカー」を参照）。

5. ルミナル・ドリンカー
ruminal drinkers

①背景

ルミナル・ドリンカー（ruminal drinkers）とは，ミルクを飲む際に第二胃溝（食道溝）反射がうまく行われず，飲んだミルクが第一胃内に入り込むことによって生じる哺乳子牛の慢性消化不良である。第二胃溝は，噴門と第二・三胃口との間のラセン状に走る2列の粘膜ヒダで囲まれた溝で，哺乳などの刺激によりヒダが接触して管状となり，ミルクや水などが食道から直接第三胃に流入する構造をとる。本疾患はバケツで哺乳する子牛で発生がみられ，ガブ飲みする子牛が自然哺乳による哺乳や専用の哺乳バケツあるいは哺乳ビンから少しずつ飲む子牛よりも発生のリスクが高い。また，特に2～8週齢の子牛肉（ヴィール）用に飼育された子牛での発生が多い。第二胃溝反射の活性化は，口腔内，咽頭および食道頭側部に位置する反射受容体の化学的および機械的刺激による。この第二胃溝反射は，子牛がバケツから直接ミルクを飲むよりも，乳頭を介して飲んだ方がより効率よく行われる。第二胃溝反射の障害をきたす原因として，全身性疾患（新生子の下痢，咳，中耳炎または頚静脈炎のような疼痛性疾患），飼養失宜（不規則な給餌時間，低品質の代用乳，低温のミルク，バケツによる哺乳），強制給餌（栄養チューブ挿入による不快感），各種ストレス（長距離の輸送），白筋症などがあり，いくつかの要因が重なって発症すると考えられる。

②症状

急性期の症状として，時折のミルクの拒絶，弱い吸引反射，無関心，背彎姿勢，再発性の鼓脹，歯ぎしり，口の動きだけの反芻，左膁部で聞こえる液体の流れ込む音などがある。また慢性期の症状には，全身倦怠，沈うつ，発育不良，削痩，脱水，腹側腹部の膨満，被毛の粗剛，脱毛，哺乳以外の吸引行動（non-nutritive oral activity），白い粘土状便の排泄と尾部・会陰部・後肢への便の付着が認められ，衰弱が著しいと起立不能に陥り死亡する場合もある。白い粘土状便は，ルミナル・ドリンカーの典型的な徴候である。また，腐敗臭あるいは酸臭のある大量の灰白色の液体が，第一胃から採取される。

③病態

第一胃内に貯留したミルクは細菌によって発酵し，酢酸，酪酸，乳酸などのVFAが産生され，第一胃内のpHは低下する。特に問題となるのは乳酸で，D型とL型乳酸[*4]の両方が大量に産生され，第一胃または腸管から吸収される。L型乳酸は肝臓などで代謝されるが，D型乳酸は代謝経路を欠くため代謝されず，血中に蓄積して代謝性アシドーシスの原因となる。また，異常な発酵が1～2週間続くと，前胃（第一・二・三胃）の粘膜の角化亢進または不全角化が生じ，反復性鼓脹症の原因となる前胃の運動障害を引き起こすことになる（口絵p.34，図6-24）。慢性経過では，小腸の絨毛萎縮および冊子縁の酵素活性低下がしばしば認められ，これらによって栄養素の消化不良と吸収障害を生じる。

④診断

第一胃内溶液の検査が最も重要である。胃内溶液の採取は口から胃チューブを挿入して実施するが，子牛がチューブを噛まないように，指でチューブを硬口蓋の正中の位置に保持する。挿入後は真空ポンプを使わなくても，自然に内溶液が流出する場合が多い。正常な第一胃液は淡褐色でカビ臭または腐敗臭を呈し，水様でpH 6.5～7.5である。一方，ルミナル・ドリンカーの場合はミルク様またはヨーグルト様で，4.0以下と極端にpHが低い場合は酸っぱい刺激臭を呈し，ミルクの凝塊をたくさん含むことがある。ただし，ミルク以外の栄養溶液が与えられている場合，色および性状はその組成に依存する。飲乳時の右膁部の聴診により，液体の貯まった第一胃内にミルクが注ぎ込まれる典型的な音が聴取される。また，造影剤を含むミルクを与えた際のX線検査によっても，第一・二胃に流れ込むミルクを確認できる。

⑤治療

脱水や代謝性アシドーシスがある場合は，まずその治療が優先され，輸液や酸・塩基平衡を補正する溶液の投与が必要となる。そして次に，第二胃溝反射の障害を来す原因疾患の治療または要因の改善が求められる。また，必要に応じて第一胃の洗浄を行う。胃チューブを第一胃内に挿入し，まずサイフォンの原理で酸臭のある内溶液を吸い出した後，臭気が消失するまで1～2Lの温めた水道水で洗浄を行う。なお，第一胃の洗浄はすべての症例において必要ではなく，原因疾患が正確に診断されなかったり，ほかの治療法で効果がなかった場合に適用される。

これらの治療で第二胃溝反射が改善しない場合は，酸

の刺激を受けた粘膜を休ませる目的で2日間ミルクを与えず，その間は生理食塩液と20％ブドウ糖液の輸液を行う。別の方法として，ミルクの給与前に指をくわえさせて活発な吸引力を誘導し，第二胃溝を閉鎖させることを試みる。しかし，それでも効果が認められない場合は，離乳させて乾草と濃厚飼料（人工乳）のみの給与に切り替える。また，原因として白筋症が疑われる場合は，セレンとビタミンEの注射を行う。ほかには，前述以外のビタミンと微量ミネラルの補給，成牛の第一胃内溶液の第一胃内投与，罹患子牛の隔離，ストレスの予防，ストール環境の最適化などがある。

6．第四胃潰瘍　abomasal ulcer

①背景

子牛の第四胃潰瘍（abomasal ulcer）は慢性下痢症や第四胃鼓脹症に継発して発生する症例が多く，穿孔して腹膜炎を継発する場合もある。第四胃潰瘍の要因は，慢性下痢症や第四胃鼓脹症に併発する第四胃粘膜の水腫病変である。第四胃潰瘍の好発部位は，成牛では大弯であるが子牛では幽門部である（図6-25）。

②症状

成牛の第四胃潰瘍は非穿孔性潰瘍（タイプⅠ），重度の出血を伴う非穿孔性潰瘍（タイプⅡ），限局性腹膜炎を伴う穿孔性潰瘍（タイプⅢ），び慢性腹膜炎を伴う穿孔性潰瘍（タイプⅣ）に分類されているが，子牛の第四胃潰瘍では顕著な症状は認められない（図6-26）。慢性下痢症や第四胃鼓脹症の治療経過中に腹部の触診痛を示す症例では，本疾患を疑うべきである。

③病態

成牛の第四胃潰瘍では血中ペプシノーゲン濃度が増加するが，第四胃潰瘍が幽門部に好発する子牛では血中ガストリン濃度が増加する。ガストリンは第四胃幽門部のG細胞から分泌される消化管ホルモンであり，消化性胃潰瘍で血中濃度が著増する。健康な子牛の血中ガストリン濃度は50〜100 pg/mLであるが，第四胃潰瘍に罹患した子牛では300 pg/mL以上に増加する。また，本疾患に継発した腹膜炎の症例では，血液変化として好中球数と血漿フィブリノーゲン濃度の増加が認められる。

④診断

臨床症状からの診断は困難であり，血中ガストリン濃度の増加が特徴である。慢性の下痢症や第四胃鼓脹症に罹患した症例の多くが第四胃潰瘍を継発しているので，これらの疾患の症例に遭遇した際には本疾患の継発を疑うべきである。

⑤治療

血中ガストリン濃度が300 pg/mL以上に増加している症例では，第四胃潰瘍を併発している可能性が高いので抗胃潰瘍剤の塩酸セトラキサートを経口投与する。塩酸セトラキサートには胃粘膜微小循環の改善，胃粘膜成分の増加，胃粘膜関門防御および胃液分泌抑制効果がある。

また，3日以上の下痢症や第四胃鼓脹症の子牛に対する治療の際には，第四胃潰瘍の予防の目的で塩酸セトラキサートを経口投与すべきである。

7．第四胃鼓脹症　abomasal bloat

①背景

子牛の第四胃鼓脹症（abomasal bloat）の原因は，給与したミルクの第四胃内における異常発酵であり，ミルクの1回給与量と温度が発生誘因となる。本疾患はミルク給与後，突発的に発生し，第四胃の膨張による胸腔と腹腔内臓器への強い圧迫による呼吸不全と重度の脱水，腎前性腎不全，体液電解質異常を引き起こして重篤な症状を呈する。

②症状

本疾患は全乳あるいは代用乳を給与した数時間以内に突発的に発症し，主要な臨床症状は第四胃鼓脹に伴う著しい右側腹囲の膨満（図6-27，A），右側下腹部における第四胃拍水音と第四胃ピング音の聴取，疝痛症状，食欲廃絶，眼球陥没，心拍数の増加，排便停止である。

③病態

本疾患の血液変化は，血液濃縮に伴うヘマトクリット（Ht）値の増加，高窒素血症（血中尿素窒素〈BUN〉濃度：50 mg/100 mL以上），血中グルタミン酸オキサロ酢酸トランスアミナーゼ（GOT）活性値の上昇，血清クロール（Cl）とカリウム（K），Ca濃度の低下，高浸透圧血症

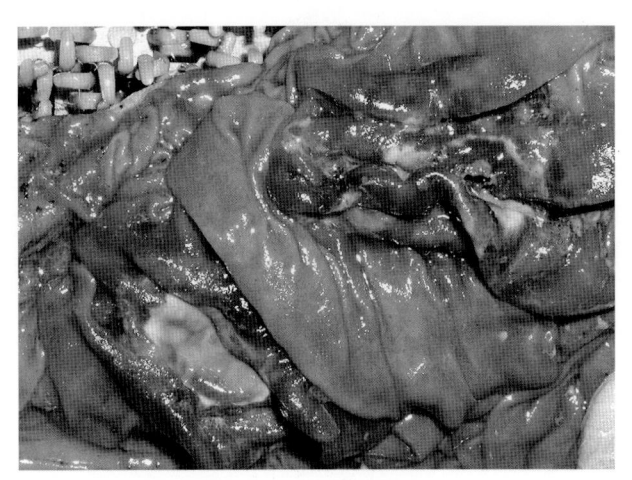

図6-25 第四胃粘膜水腫と幽門部の潰瘍

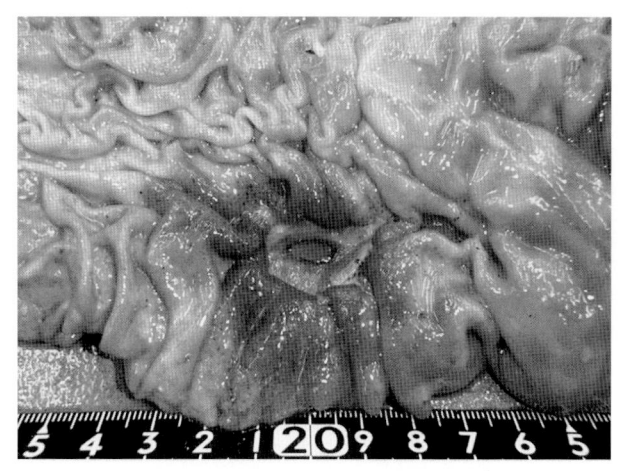

図6-26 慢性下痢症例における穿孔性第四胃潰瘍

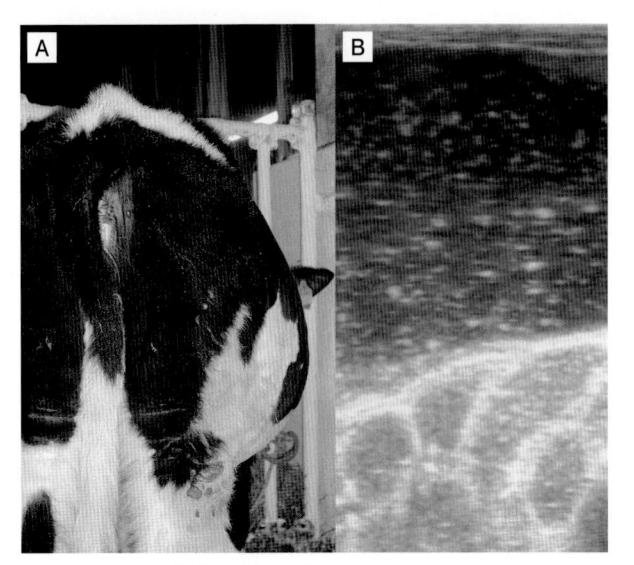

図6-27 右下腹部の膨満（A）
超音波検査でみられた第四胃の拡張（B）

が特徴である。

④診断

本疾患は急性で進行が速く，明瞭な第四胃ピング音が右側で聴取され，重度の血液濃縮と高窒素血症，体液電解質異常が認められる。本疾患の診断において有用な検査は超音波検査であり，膨満した右側下腹部全域で，大量の内溶液を貯留して著しく拡張した第四胃が描出される（図6-27，B）。

⑤治療

a．軽症例

血清BUN濃度が50 mg/100 mL以下の軽症例に対しては，穿刺（18G針）によって第四胃内ガスを除去した後，抗菌薬を第四胃内に注入し，抗胃潰瘍剤である塩酸セトラキサートを経口投与するとよい。必要に応じて，血液濃縮と電解質異常の補正を目的とした輸液を行う。

b．重症例

輸液を行っても血清BUN濃度が50 mg/100 mL以下に低下せず，電解質異常が改善されない重症例に対しては，異常発酵を起こしている第四胃内容液を除去する目的で，右側下腹部域に外科的処置を施す（図6-28，29）。本疾患での外科的処置後の経過は比較的良好であり，高い治癒率が得られる。また，本疾患は第四胃炎や第四胃潰瘍を併発している症例が多いため，処置後7～14日間，抗胃潰瘍剤である塩酸セトラキサートおよび腸内細菌叢の改善を目的にした炭素木酢製剤と複合胃腸剤，生菌製剤を混合して経口投与すべきである。

⑥予防

第四胃鼓脹症の予防対策としては，1回のミルク給与量を2.5 L以下に制限し，成長に伴うタンパク質の必要摂取量を人工乳で補うことが推奨されている。また，ミルクに0.1％の割合でホルマリン液を添加すると予防効果がみられるとの報告もある。

子牛の第四胃疾患に遭遇した際には，その病勢と病態から類症鑑別を行い，早期に治療を行うことが重要である。また，子牛の消化器疾患に対する安易な消化管機能異常改善剤であるメトクロプラミドの使用は，腸管の重積や捻転，第四胃捻転を誘発する危険性があり，避けるべきである。

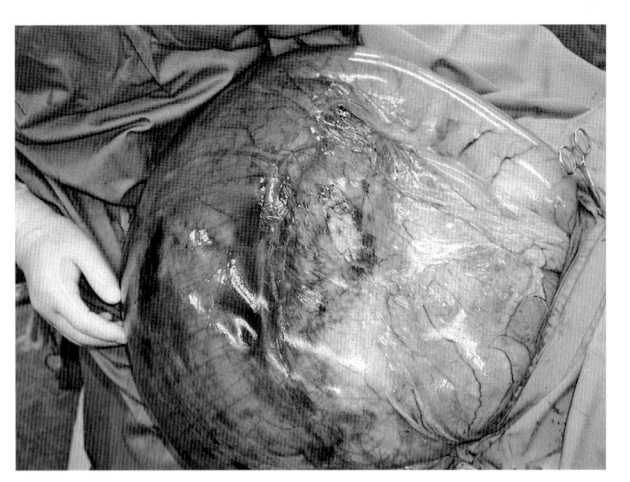

図6-28 拡張した第四胃

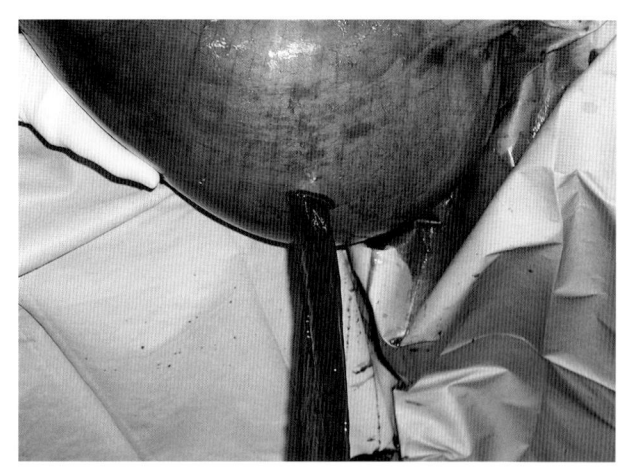

図6-29 第四胃内容液の除去

8. 腸捻転／腸重積
volvulus / intestinal invagination

①背景

腸捻転（volvulus）は腸間膜を軸として腸管が捻れる状態を，また腸重積（intestinal invagination）は連続する腸管に腸管の一部が嵌入する状態をいい，どちらも機械的な腸閉塞（イレウス）を生じる。

腸間膜の捻転は，子牛では転倒（自分で，あるいは人為的に），跳躍などの物理的衝撃によって生じ，腸間膜根部の捻転が最も多いとされている。一方，腸重積は腸管蠕動運動の著しい亢進が生じることが原因である。すなわち，感染性下痢，腸管寄生虫感染，異物などが誘因となる。子牛の腸重積の多くは小腸でみられるが，大腸における重積も報告されている。

②症状

腸捻転の発症は一般に突発的であり，急性の激しい疝痛症状が特徴的である。一方，腸重積では先行して重度の慢性下痢が存在することも多いが，腸閉塞症状の発現は一般に急性である。どちらも最初は疝痛症状として，元気・食欲低下，起立と伏臥横臥の繰り返し，腹を蹴る動作などが発現する。しかし，時間の経過とともに組織障害，ショック，脱水，酸・塩基平衡の破綻などが生じて，病態は持続的に悪化し，元気・食欲廃絶，眼球陥凹，体温上昇，心拍数増加などの症状が認められる。さらに，症状が重篤な場合には，起立不能，虚脱，体温低下など生命徴候の低下もみられる（図6-30）。症状の発現が甚急性かつ重篤な場合には，現場において突然死として発見されることもある。閉塞部位の腸管壊死が生じると，ラズベリー様血様粘液あるいは血餅が肛門から排出されることがある。また，閉塞部位の腸管が穿孔することもあり，その場合には腹膜炎を併発する。

③病態

腸捻転と腸重積はどちらも機械的イレウスであるが，なかでも絞扼イレウスに分類され，腸管の閉塞と同時に腸間膜と血管が巻き込まれて血流障害がみられる（口絵p.34，図6-31）。静脈環流が障害されると腸管壁の浮腫および腸管腔内への水とナトリウムの漏出が起こり，脱水，腎血流の低下，ショックなどの病態が継発する。また，動脈血流の障害により腸管壊死あるいは穿孔が生じる。さらに，腸管の血管透過性亢進によりエンドトキシンショックが生じることもある。閉塞部位より頭側の腸管では，貯留したガスと腸液による拡張がみられる。これらの病態は急速に進行するので，子牛の状態も急性に悪化することが多い。

④診断

診断は，まず症状（脱水，疝痛，ショック，虚脱，血餅排泄など），病歴（下痢）および経過（急性の発症，持続的な疝痛，症状の悪化）から腸捻転・重積を疑うことである。鑑別診断としては，腸閉塞を生じる疾患として腸捻転・重積のほかに，腸管のヘルニア，異物，また疝痛を生じる疾患として腹膜炎との鑑別を行う。腸閉塞の場合，腹部X線検査により腸管のガス像と立位では鏡面像（ニボー）が特徴的に認められることがある。しかし，現場ではX線撮影装置が利用できないことも多い。

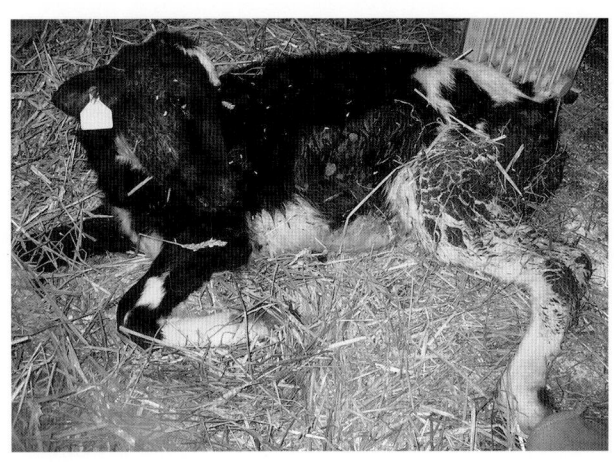

症例は6カ月齢のホルスタイン種の雄子牛であり、1カ月前から慢性の下痢を繰り返し、治療を行い一般状態は良好に経過していた。しかし、突然、急激に一般状態が悪化し、起立不能となった。発症から24時間後には、体温が36.2℃まで低下し、心音微弱、可視粘膜蒼白、著しい眼球陥凹、意識朦朧などを呈した

図6-30 重篤な症状を呈する腸重積症例

また、成牛では直腸検査が診断に有効な場合があるが、子牛では実施困難である。血液検査では、急性組織障害による白血球数とα-グロブリン分画の増加、脱水に起因する血液濃縮所見、高窒素血症などが認められる。また電解質・酸・塩基平衡異常として、低Cl血症、低K血症、代謝性アルカローシスがみられる。なお、臨床症状と検査所見だけでは腸捻転および腸重積の鑑別は困難であり、確定診断には試験的開腹が必要である。

⑤治療

　腸捻転および腸重積の治療には、一刻も早い緊急開腹手術が必要である。診断と治療を兼ねた開腹手術により、腸管の変位・色調を確認し、捻転の整復または重積部位の切除と腸管吻合を行う。術前・術後には症例の状態を安定させるために輸液が必要であるが、可能であれば血液検査により、血球数、電解質、酸・塩基平衡をモニターし補正する。一般には低Cl血症、低K血症、代謝性アルカローシスを補正するために生理食塩水またはリンゲルをベースとした輸液が用いられる。また、広域スペクトルをもつ抗菌薬の全身投与、およびショック対策としてデキサメサゾンが用いられることもある。疼痛抑制には、フルニキシンメグルミンが適用できる。

9．腹膜炎　peritonitis

①背景

　腹膜炎（peritonitis）は、腹壁および腹部臓器漿膜面を覆う腹膜の炎症である。腹膜炎は原因別に、明らかな感染源のない原発性腹膜炎と、腸管穿孔など感染源が明らかな続発性腹膜炎に分類され、子牛の場合はそのほとんどが続発性である。感染源として最も多いのは穿孔性第四胃潰瘍であり、その誘因として輸送・疾患・環境変化からのストレス、飼料の変化など、飼養管理失宜が一般である（口絵p.34、図6-32）。また、第四胃潰瘍発生に関与する薬剤として、ステロイドまたは非ステロイド系抗炎症剤（NSAIDs）の投与が知られている。その他にも穿孔性の外傷、開腹手術の際の感染、臍帯膿瘍の破裂、腹腔内臓器の破裂などが感染源となる。腹腔内臓器の破裂は、腸閉塞や腸重積に継発することもあるが、子牛では横臥時に成牛に踏まれるといった事故による小腸破裂もある。さらに、非常にまれではあるが腫瘍性腹膜炎（癌性腹膜炎）が子牛でみられることもある。

②症状

　腹膜炎は炎症の波及程度により、腹腔全体に炎症が及ぶび漫性腹膜炎と、炎症が大網や腸管に限局される限局性腹膜炎に分類され、その症状も炎症の波及程度に相関する。

　び漫性腹膜炎では、広範な腹膜の炎症に伴う症状変化として、体温上昇、心拍数増加、呼吸数増加などが認められる。また、激しい疼痛に伴う症状として、元気・食欲廃絶、苦悶、歯軋り、腹を蹴る動作、腹壁の硬化、腹部圧痛、ショック（脱水、虚脱、四肢冷感）などがみられる。細菌感染が著しい場合には、敗血症性ショックによる虚脱症状を呈する。特に重篤な症例では、体温が低下し、疼痛反応も消失する。炎症性腹水が貯留し、腹部が拡張することもある。

　一方、限局性腹膜炎では食欲廃絶など全身状態の著しい低下が一過性にみられるものの、その後は激しい症状がみられることは少ない。穿孔性第四胃潰瘍が生じても炎症が大網に限局したり、析出する線維素により穿孔部周辺に癒着が生じたりして炎症が限局する場合も多く、急性期を乗り切れば症状は小康状態に落ち着く。なお、子牛の腹膜炎の主な原因である第四胃潰瘍では黒色便の排泄、出血性の貧血が認められる。

③病態

特に，び漫性腹膜炎では腹膜の細菌感染と著しい炎症により激しい病態を引き起こす。すなわち，細菌感染によるエンドトキセミアや敗血症性ショックにより脱水，虚脱，四肢冷感，体温低下などの症状が発現し，また炎症に起因する腹膜刺激による疼痛のため，さらに全身状態が悪化する。ただし，牛では腸管穿孔が生じても，前述のように析出した線維素で穿孔部が閉塞することもある。そのため，一時的に状態が悪化してもその後慢性経過をたどる症例も多い。

④診断

臨床学的には，症状（発熱，疝痛，ショック，虚脱）および経過（急性の発症）からび漫性腹膜炎を疑うことができる。黒色便または便潜血の確認は，第四胃潰瘍の存在を示唆する所見である。また，血液検査では重篤な急性炎症のため，好中球の左方移動を伴う白血球増多症およびα-グロブリン分画の増加が認められる。慢性経過の場合にはγ-グロブリン分画が増加する。

腹水貯留がみられる場合には，腹腔穿刺により腹水を採取し，その性状および細胞の評価を行うことにより腹膜炎の診断が可能となる。すなわち，混濁腹水，好中球を主体とする細胞数の増加，タンパク濃度の増加，細菌の検出は腹膜炎の存在を示唆する所見であり，循環障害や低タンパク血症による腹水貯留と鑑別することができる。また細胞診により，腫瘍性腹膜炎の存在を診断できることもある。

⑤治療・予防

腹膜炎の治療には支持療法，抗菌薬療法および外科的治療がある。支持療法はショックに対する対症療法であり，水分・電解質・酸・塩基平衡の補正のための輸液，および炎症を抑制するための抗炎症剤投与が行われる。抗菌薬の全身投与は細菌性腹膜炎の治療の主体となり，テトラサイクリン系またはβ-ラクタム系抗菌薬（セファロスポリン，合成ペニシリン系）が腹膜炎時の選択薬とされている。さらに，外科的には腹腔内洗浄が行われることがある。び漫性腹膜炎を伴う穿孔性第四胃潰瘍の場合の治療は輸血，輸液および抗菌薬投与が基本であるが，予後は不良で死亡することが多い。

子牛の腹膜炎の原因となることの多い第四胃潰瘍を予防するためには，適切な飼養管理が必要である。

10. 細菌性腸炎　bacterial enteritis

①背景

下痢は，その発生機序から浸透圧性下痢，滲出性下痢，分泌性下痢，腸管運動異常などに分類されている。このうち子牛の細菌性下痢の多くは，滲出性下痢あるいは分泌性下痢に区分される。細菌性腸炎（bacterial enteritis）は，出生後1カ月以内での発生が多く，急性下痢の原因になりやすい。子牛の細菌性下痢の原因菌としては *Escherichia coli*（*E. coli*），*Salmonella* 属および *Clostridium perfringes*（*C. perfringes*）が知られ，原因菌の経口感染により発症すると考えられている。劣悪な子牛の衛生環境はもとより，出生後の初乳給与の不足や低品質の初乳給与による移行抗体の不足，虚弱子牛症候群に続発する腸管粘膜のバリア機能の低下，腸内細菌叢の不安定なども原因菌の感染を容易にする要因として挙げられる。

a. *E. coli*

E. coli は通性嫌気性のグラム陰性桿菌で，菌体の表面にある抗原に基づいて分類されており，その多くが無害であるが，毒素原性大腸菌（Enterotoxigenic *E. coli*：ETEC）は子牛の下痢を惹起する。本菌による下痢は出生後3日の新生期からみられ，2週後以内での発生が多く，同居牛から排泄された便またはETECが付着した敷料などから経口感染する。

ETECは接着因子により腸管粘膜に定着して，エンテロトキシンを産生し，下痢を惹起する。子牛のETEC感染では付着因子である線毛抗原K99やK88が知られており，エンテロトキシンとしては耐熱性（ST）または易熱性（LT）の毒素が挙げられる（詳細は「③病態」で後述）。また，ベロ毒素産生性大腸菌（Verotoxigenic *E. coli*：VTEC）はベロトキシン産生能を有して局所感染を起こし，腸管出血性腸炎である子牛の赤痢症の原因菌とされている。

b. *Salmonella* 属

Salmonella 属は芽胞を持たず，周毛性鞭毛を持つ，運動性のある通性嫌気性のグラム陰性桿菌である。抗原構造は菌体（O）抗原，莢膜（K）抗原および鞭毛（H）抗原の3種類からなる。O抗原とH抗原で分類すると2,500以上の血清型が存在し，ヒトにも感染することのある人獣共通感染症である。このうち子牛では *S. enterica* serovar Typhimurium の発生が最も多く，その他に *S. enterica* serovar Dublin や *S. enterica* serovar Enteritidis による発生もみられ，これらは届出伝染病に指定されている。Salmonella 属は ETEC と同様に腸管への侵入性を持ち，腸管上皮細胞への感染によって O 抗原であるエンドトキシン（LPS）を産生し，腸管内への体液分泌や好中球の浸潤による炎症反応によってショック症状を引き起こす。

また，本菌は感染した宿主の細胞内と細胞外の両方で増殖を行うことが可能な細胞内寄生菌の一種であり，細胞のエンドサイトーシスを活性化させる機能を有して腸管上皮細胞などにも侵入できる性質を持つ。そのため，感染動物の十二指腸粘膜上皮や粘膜マクロファージ内から感染菌が検出でき，長期にわたり生体内に感染し，難治性の病態に移行しやすい。本菌による下痢は環境中に存在する本菌の経口感染により発症し，その発症は出生後2週間〜6カ月までみられ，特に1カ月齢以内の若齢子牛では重篤化することが多い。本菌の血清型によって症状に差があるものの，感染子牛では激しい腸炎症状を呈し，全身性炎症反応に至ることもあり，死亡率が高い。潜伏期は2〜7日とされ，全身症状が回復した後も長期にわたり保菌し感染源となる。

c．*C. perfringens*

C. perfringens は芽胞形成，偏性嫌気性のグラム陽性大桿菌で，自然界に広く分布しており，動物の腸内細菌叢の構成菌である。本菌の感染により産生される毒素の影響により出血性下痢に至り，突然死することもあるため，エンテロトキセミア症と称される。本菌による下痢の発生は出生後1週間からみられ，内因性として腸管内の常在菌の異常増殖によるもののほか，飼料の過給，飼育環境の急変時においても発症することがある。*C. perfringens* は α，β，ε および ι 毒素の4種の毒素の産生パターンによって，A，B，C，D および E の5つの型のエンテロトキシンに分けられている。このうち，子牛の疾患において問題になるのは B，C と D 型であるとされ，A 型では胃炎の発生例の報告がある。

C. perfringens のエンテロトキシンは動物細胞への壊死作用や溶血作用が強いため，感染した腸管での壊死性腸炎などを惹起する。鶏では，本菌の感染とコクシジウム症の併発も問題視されている。

②症状

細菌性下痢では，腸管での細菌感染あるいは細菌の産生する毒素に対して炎症反応が誘導され，腸管からの体液成分の喪失や水・栄養分の吸収不良が発生する。そのため，それにかかわる臨床症状が認められる。症状は炎症反応の強さ，脱水の程度によって軽症のものから重症のものまで様々である。脱水の評価は，本章 第4節「11．ウイルス性腸炎」を参照。

中枢症状では倦怠感がみられ活力を失い，哺乳欲の廃絶，重症のものでは虚脱状態に至り，不穏，沈うつ，歩様蹌踉，起立不能もみられる（口絵 p.35，図6-33）。また Salmonella 属の細菌による下痢では，敗血症や毒素血症となり炎症反応が中枢にまで至ることがあり，運動障害，知覚障害，反射や意識障害，異常な興奮，旋回，痙攣，麻痺跛行などの神経症状を示し，末期には昏睡状態となり死亡する。腸管での炎症のため体幹温度は上昇し，直腸温が上昇する。また，脱水による皮膚の弾力性の低下，眼球陥没，鼻鏡や口腔内などの粘膜の乾燥がみられ，重症例では脱水と細菌性ショックの影響から重度の循環血液量の不足に至り，四肢温度や口腔内温度の低下なども観察される。さらに，循環血液量不足や炎症反応のため，心拍数や呼吸数が上昇する。本疾患では腸管での炎症のため腹痛を伴い，怒責，苦悶，頻回排便，背彎姿勢や裏急後重（しぶり）がみられ，後肢で自らの腹を蹴る動作が観察されることもある。また，脱水のため乏尿となり，代謝性アシドーシスの影響で尿 pH が低下する。重篤な状態から回復しても，その後，関節炎による歩様の異常や関節の腫れ，髄膜炎，肺炎などを発症することもある。

a．分泌性下痢

ETEC による下痢では，12〜18時間の潜伏期間を経て激しい下痢を起こす。便性状としては，酸臭のある灰白色から黄色の水様性下痢で，時にペースト状あるいは粘液を混入した下痢を排泄する（口絵 p.35，図6-34）。

b．滲出性下痢

Salmonella 属の菌による下痢では，半日から数日の潜伏期間を経て，激しい腹痛を伴い，水様性・粘液性の下痢あるいは血便を呈する。腸管組織の障害や炎症産物の混入などにより，血液や線維素とともに粘膜の混入した黄白から緑黄色で悪臭が強い水様性下痢がみられるのが本疾患の特徴である。本菌は侵入性を有するため敗血

症，骨髄炎，関節炎，髄膜炎，尿路感染症，呼吸器感染症を起こす場合があり，重症化すると意識障害や痙攣がみられ，多臓器不全に至ることもある（口絵p.35, 図6-35）。

C. perfringens の感染による下痢では，小腸下部でのイオン輸送が障害されることにより，血液，体液と細胞内タンパク質などが溶出した水様性下痢と腹部膨満，鼓脹，腹痛が起き，聴診では腸管内でのガスの貯留による金属性腸音が観察される。さらに進行すると毛細血管の透過性が亢進し，循環器系によって本菌の外毒素が腸管からほかの臓器へと運ばれ，ショックや腎不全，血管内溶血などの全身症状が起きる（口絵p.35, 図6-36）。

③病態

下痢は機序によって，以下のように分類される。

a．分泌性下痢

腸管粘膜からの分泌が異常に亢進することにより生じる下痢。ETECの消化器感染では，接着因子によって腸管粘膜上皮細胞の微細絨毛に接着・増殖して，エンテロトキシンを産生し，腸管粘膜の分泌の異常亢進を招き，小腸と大腸において電解質と水の吸収よりも分泌が高まるために本疾患を発症する。そのため，この下痢では腸管腔内に水様性内容物が充満して，便量が増大し，脱水および電解質の喪失，それに続いて起こる代謝性アシドーシスが症状を重篤化させる。

ETECの産生するエンテロトキシンは，粘膜上皮細胞に傷害を与えることなく，水分と電解質の漏出のみをもたらす毒素で，大別すると60℃・30分で失活する易熱性（LT）毒素と，100℃・15分の加熱でも失活しない耐熱性（ST）毒素の2種に区別でき，ETECはそれらのいずれか，または両方を産生する。LTはアデニルシクラーゼを活性化し，cAMP（cyclic adenosine monophosphate）を増量させる。腸粘膜においてナトリウムの代謝を調節しているcAMPの増量は，腸絨毛部上皮細胞におけるナトリウムイオン（Na^{2+}）と，同時にクロールイオン（CL^-）と水の吸収を阻止し，さらにNa^{2+}と水の分泌を亢進する。またSTは粘膜上皮細胞のグアニルシクラーゼを活性化してcGMP（cyclic guanosine monophosphate）を増量させる。cGMPの増量は絨毛部におけるNa^{2+}の吸収を阻害しないが，腸管腔内への水と電解質の漏出を促進する。

これら毒素の影響により小腸壁は弾力性を欠き，粘膜にはカタルがみられ小腸絨毛の粘膜上皮細胞刷子縁表面に多数の菌塊が付着する。しかし，接着部の上皮細胞には水腫がみられるのみで，粘膜固有層，粘膜下組織など腸管粘膜には形態学的変化は認められないとされる。一方，ほかの菌との混合感染の場合には，粘膜上皮細胞が剥離・脱落して腸管壁が菲薄化し，粘膜固有層の充出血もみられることがある。

b．滲出性下痢

感染性腸炎や炎症性腸疾患において，腸管粘膜の障害・破壊による腸管壁の透過性の亢進や吸収の障害により，多量の浸出液が腸管腔に排出され，同時に障害粘膜からの吸収障害も来し発生する下痢である。炎症性腸疾患における下痢の程度は病勢とも相関する。腸管の炎症により腸管壁の透過性が亢進して，タンパク質，血液，粘液，その他体液などの滲出液が多量に腸管腔内に排出される。そのため，便にはしばしば血液，膿，粘液が付着し，著しい炎症物質の混入，腐敗臭を伴う悪臭が観察される。

Salmonella 属の細菌は腸管上皮細胞の表面に付着し，鞭毛に相当するタンパク質を宿主の細胞に突き刺して，その宿主細胞内にエンドサイトーシスを促進するタンパク質を送り込み，マクロファージ以外の貪食活性を持たない腸管上皮細胞などにも侵入する。また，マクロファージの貪食作用により細胞内に侵入した菌は，その殺菌機構を逃れてマクロファージ内で増殖する。自然界においては *Salmonella* 属の細菌は，様々な動物の腸管内に一種の常在菌として存在しているが，家畜ではほとんど常在していないため，感染すると重篤な腸炎症状を引き起こすものと考えられる。本菌の感染では，第四胃，小腸や大腸粘膜の充出血，腸リンパ節の腫大が顕著であり，肝臓および腸管の腫大と壊死性小白斑散在が観察される。原因菌が腸管粘膜から血中に侵入し敗血症に至ると，脳膜の充血，脳実質の出血，肺の限局性肝変化なども観察され，関節腔や腱鞘においてゼラチン様または線維素様滲出物が沈着する。

C. perfringens は，芽胞を形成する際に各種の組織傷害性あるいは溶血性のあるエンテロトキシンを菌体外に産生する。この毒素は，細胞膜のリン脂質・リポタンパク質に作用して細胞膜を破壊し，組織壊死作用や溶血作用が強い。また，*C. perfringens* のエンテロトキシンは動物細胞のタイトジャンクションを構成するクローディンタンパク質に結合して細胞膜上に孔を形成し，細胞膜を

破壊するともされる。本菌の感染により十二指腸・回腸粘膜の壊死が起こり，小腸内腔には流動状の血様粘液が充満し，これらの混合内容物が下痢便として排出される。さらに，C. perfringens は腐臭性のガスを産生しながら増殖するため，悪臭ガスで小腸は膨大する。腸管の局所感染から敗血症に移行すると，肺や心外膜において点状出血が観察される。腸管に存在する常在菌のほとんどが Bacteroides, Eubacterium, Bifidobacterium, Clostridium 属（なお，本菌はコクシジウムと混合感染してコクシジウム症の病態を悪化させ，回復を遅延させることが考えられている）などの偏性嫌気性菌で，C. perfringens はその一種だが，C. perfringens が増殖した餌の採食や，哺乳期の子牛では腸内細菌叢が不安定であることから C. perfringens が腸管内で増殖し，エンテロトキシンが産生され，発症に至ることも予測される。

④診断

問診による経緯の確認，全身症状（発熱，脱水，腹痛など）や便性状（下痢，混入物，血便など）などの臨床診断や飼育環境の観察などは診断や予防に必要である。その他の検査としては，感染牛の病状を把握するための血液検査，糞便検査（潜血，脂肪滴）のほか，腹部単純X線検査や腹部超音波検査なども腸炎の診断の一助となる。血液検査所見では，脱水による血液濃縮のため Ht 値，BUN，クレアチニン（Cre）値の上昇，またアシドーシスを伴った場合には血液ガスにおいて pH や重炭酸イオン（HCO_3^-），Na^+ などの電解質の低下が観察され，これらの数値は病態が重度になるほど異常値が明瞭となる。

感染微生物の検査として，感染細菌を分離し，その生化学的性状，血清型を調べるとともに毒素産生性，細胞侵入性，細胞付着性などについて病原因子を調べることができる。病原因子の検査方法については，培養細胞を用いた生物学的方法や標的遺伝子の検出による遺伝学的検査が応用されている。各培地上のコロニーは図に示した通りである（口絵 p.35，図 6-37, 38，口絵 p.36, 39）。

a．E. coli

小腸内容物で 10^6 個／g，大腸内容物および糞便では 10^8 個／g 以上，本菌が分離された場合には感染と判断される。LT と ST の生物学的活性あるいは遺伝子学的検査により確認する。

b．Salmonella 属

糞便，心血，臓器（特に胆嚢や腸管），リンパ節，関節病変部から菌が分離されれば，敗血症に至っていると判断される。検体の培養では DHL 寒天培地や MLCB 寒天培地が選択培地として，またハーナテロラチオン酸塩培地が増菌培養に用いられる。原因菌は血清型（O 型および H 型）を検査し，病原性を把握する。

c．C. perfringens

十二指腸内容物の直接塗抹標本のグラム染色で多数のグラム陽性大桿菌が確認されれば本菌の感染を疑う。さらに，本菌の分離同定や腸管内毒素を確認する。

⑤治療

細菌性下痢の病態を誘導する原因は，腸管での炎症反応とそれに伴う脱水および栄養障害であり，これを改善する治療が必要である。

a．脱水および栄養障害への対応

下痢の脱水症状が激しい場合には，輸液剤の投与が必要である。水分，電解質，栄養素としてブドウ糖やビタミン剤を投与する。重篤な症例では，即効性が必要であるため，これらの薬剤を静脈や皮下注射などの注射法により補給する。また，軽症な場合には経口投与により補給する。

b．腸管の炎症反応への対応

治療においては，腸管での炎症反応の軽減のため，NSAIDs の注射が有用である。しかし，NSAIDs には副作用もあるため，病態にあわせて投与する必要がある。また，Salmonella 属のように腸管内で増殖し，敗血症に至る細菌の感染には原因菌の殺菌・静菌のために抗菌薬（アンティバイオティクス製剤）を投与する。セフェム系，テトラサイクリン系，アミノグリコシド系，テトラサイクリン系，キノロン系，フルオロキノロン系，ホスフォマイシン，コリスチンなどが有用である。

一方で，腸内細菌叢の正常化のために整腸剤の併用が有用とされる。現在，腸内環境を改善する有用菌を増殖させ生体機能を高める乳酸菌や酪酸菌などの特定菌種から作られる生菌製剤（プロバイオティクス）や，これらの有用菌を特異的に増殖させ，生体を健全な方向へ誘導する難消化栄養物質（プレバイオティクス）などが市販され，下痢に対する予防効果が報告されている。その

他，以下のような消化管機能改善薬も本疾患の治療に有効とされている。

- 収斂（しゅうれん）薬
  腸管粘膜を被覆・保護し，抗炎症作用がある（ケイ酸アルミニウム）
- 吸着薬
  有害物質に結合して，腸管粘膜との接触を少なくし，そのまま体外に排出させる（炭素木酢製剤，活性炭および薬用炭など）
- 殺菌薬
  腸管内の悪玉菌を殺菌する（タンニン酸アルブミン，ベルベリン）
- 消化管機能改善薬
  第四胃や胆汁，膵液の分泌不全による消化不良は発症原因のひとつとされることから，胃潰瘍治療薬（塩酸セトラキサート）やデオキシコール酸製剤，消化酵素も有効である

⑥予防

子牛の免疫機能を高めるため，胎子期の栄養管理の徹底，適正な初乳の給与，寒冷・暑熱など環境ストレスの軽減・除去が必要である。また，畜舎内外の清掃・消毒，舎内の換気，敷料の乾燥，保温などを徹底する。特に，*Salmonella* 属は伝染性が高いため，発生がみられた場合には定期的な検査による保菌牛の摘発や隔離，汚染源の排除を徹底する。

原因菌に対する免疫機能の確保のためにワクチネーションは有効であり，ETEC，*Salmonella* 属ならびに *C. perfringens* はすべて不活化ワクチンが市販されている。なお，ETEC のワクチンは母子免疫を利用したものであり，妊娠母牛にワクチンを接種し，初乳を介して子牛の ETEC に対する抗体価を高めるが，*Salmonella* 属ならびに *C. perfringens* のワクチンは子牛に直接接種して免疫を獲得させるものである。

11. ウイルス性腸炎　viral enteritis

①背景

子牛のウイルス性腸炎（viral enteritis）の原因ウイルスとして最も多いのは，ロタウイルスとコロナウイルスである。これらの腸管ウイルスは，腸管細胞内で増殖する。その増殖によって上皮細胞が破壊されると絨毛が萎縮し，吸収障害あるいは分泌過多が生じ，その結果として下痢が発現する。さらに，破壊された腸管粘膜の修復とウイルスに対する生体反応として炎症が生じる。初乳から十分量の移行抗体を獲得し，ストレスのかからない飼養環境および衛生環境にある子牛では，ウイルスの増殖に抵抗性を示すことが可能であり症状が重篤になることは少ない。ロタウイルスとコロナウイルス以外で子牛に腸炎を生じさせるウイルスとして，BVDV，パルボウイルス，カリシウイルス，トロウイルスなどがある。

②症状

ロタウイルスは，子牛下痢症の最も一般的な原因となる。そのなかでもA群ロタウイルスが最も多く，4〜14日齢の子牛の下痢の原因となるが，その前後の日齢の子牛でも認められる。この年齢的な偏りは，初乳中に抗ロタウイルス抗体が含まれているためと考えられている。つまり，分娩後48〜72時間で初乳中の抗体含量が激減することによって，これを摂取している子牛の腸管における局所防御が弱くなり，発症することが多い。また，ごくまれではあるがB群ロタウイルスによる発症も報告されている。ロタウイルスは動物種特異性が高いが，実験的にはサル，豚，ウサギから分離されたロタウイルスが子牛に感染したとの報告がある。

コロナウイルスによる腸炎は，年齢に関係なく発症するが，4〜30日齢の子牛での発症が多い。小腸，大腸ともに病変が形成される。小腸では吸収上皮が破壊されることによって，絨毛が著しく萎縮する。結腸では，結腸稜の細胞が広範に破壊される。コロナウイルスはロタウイルスより広範に病変を生じさせるので，粘液便や血便など大腸炎の症状が発現しやすい。実験的には，コロナウイルスは呼吸器にも感染し，肺炎を生じさせる。この呼吸器からのウイルスによって，飛沫感染の可能性もある。

パルボウイルスによる腸炎は，離乳後下痢の原因と考えられているが，カリシウイルスやトロウイルスによる腸炎同様に，発生はきわめてまれである。

BVDV も腸炎の病原因子となり，下痢を生じさせることがある。ウイルスが腸管のリンパ組織（パイエル氏板）や腸管上皮細胞に感染すると，腸炎症状が激しくなる。また，血小板減少症に伴い腸管出血，点状出血，斑状出血，止血時間延長を示すウイルス系統もある。罹患子牛は，口腔内，特に硬および軟口蓋にび爛を形成することがある。これらの症状は，パラポックスウイルス感

染（牛丘疹性口炎）による症状と区別しなければならない。アメリカでは牛丘疹性口炎は新生子では一般であり，口腔粘膜の充血，発赤，丘疹が認められる。さらに，丘疹は中央が壊死して周りの上皮細胞が増殖し，これらの病変は大臼歯周辺の粘膜に特にみられる。日本においてパラポックスウイルスの分離同定はきわめてまれであり，その発生報告は年間数頭である。

③病態

ロタウイルスは小腸絨毛細胞に侵入するが，その細胞を破壊し，さらにほかの細胞へ感染することはまれである。また，感染は短時間であるが，破壊された絨毛の修復には時間を要する。

コロナウイルスは，冬季赤痢の原因として考えられているが，成牛からもウイルスが排出される。感染した成牛は無症状であることが多い。分娩時期にウイルスの排出が増加する傾向があり，出生時に母牛から子牛へウイルスが伝播されることによって，子牛の下痢の危険性が高まる。一度感染すると，初期に排出されるウイルス量は非常に多く，汚染源となる可能性が高い。感染は数週間持続し，外見上回復したようにみえる子牛からも数週間にわたり微量ながらウイルスが排出される。

④診断

ウイルス性腸炎の診断には，糞便からの特定ウイルスの分離・同定，腸管細胞におけるウイルスの存在を確認する必要がある。特異抗体を用いた蛍光抗体法やELISA法によってウイルス抗原の特定が可能であるが，臨床現場での応用は困難である。ラテックス凝集法やイムノクロマトグラフィー法を応用したロタウイルス検出用キットが開発されており，下痢便を検査材料として臨床検査に利用できる。

⑤治療・予防

下痢の程度に応じた対症療法を実施し，子牛の体力を回復・維持させてウイルスに対する抵抗力を増強させる。下痢に伴う脱水症状の程度は，表6-2の基準によって評価し，不足水分量を補充する必要がある。電解質液による経口補液を実施する際には，哺乳は休止しなければならない。下痢が数日間続くと，代謝性アシドーシスになる場合が多い。その場合，腸管粘膜の損傷もかなり進行していると考えられるので，経口補液のみによる補正は困難である。したがって，静脈点滴を実施する必要がある。

腸管細菌叢を正常に保つために，飼料に生菌製剤を添加し，消化管粘膜保護には，ケイ酸アルミニウムが有効である。ロタウイルスの常在は，成牛の感染によると考えられる。成牛は臨床症状を示さず，ウイルスの排出源となり得る。BVDVの常在は，牛群内に持続感染牛の存在が考えられる。持続感染牛は症状を示さず，ウイルスの排出源となり得る。これらの感染源を摘発し，飼養環境を衛生的に保つことによって子牛へのストレス負荷を低減させることは，ウイルスに対する腸管粘膜の防御能を維持することとなるので，本疾患の予防の要点となる。また，初乳を適切に給与することも重要である。

12. 寄生虫性胃腸炎
parasitic gastroenteritis

①背景

下痢を主徴とする子牛の寄生虫性胃腸炎の主因となるものは，クリプトスポリジウム症とアイメリア（*Eimeria*）属原虫によるコクシジウム症が考えられる。原因となる寄生虫はともに原虫で，アピコンプレクサ門，真コクシジウム目に属し，腸管内に寄生して糞便中にオーシストを排出するなど，生物学的には共通性も多く有しているが，獣医療面ではかなり異なることが知られている。いずれも成熟オーシストの経口摂取により感染が成立するため，基本的には感染機会の差異により発症の時期や程度が大きく左右される。子牛のクリプトスポリジウム症では *Cryptosporidium parvum* が最重要種であり，感染してからオーシストを排出するまでの期間（プレパテント・ピリオド）が短いことや，生後間もない子牛の感受性が高いことなどから，比較的幼齢の子牛での発症が多い。ややサイズの大きい *C. muris* も牛から検出されるが，その病原性はあまり重要視されていない。クリプトスポリジウム原虫は，ほとんどの哺乳類に寄生するため，ヒトへの感染例も多く，公衆衛生の観点からも感染源対策は重要である。

コクシジウム症は，アイメリア属原虫の感染によって発症し，原因となるものは数種類報告されている。このうち牛に対する病原性が強く，臨床的に重要なのは *E. zuernii* と *E. bovis* の2種類であるが，前者の方が血便などの重症化との関連が強い。これら2種類の原虫は混合感染もみられるが，それぞれ単独の感染でも病原性を示

表6-2 子牛の脱水の評価基準

脱水率（%）	眼球陥没	頸部皮膚つまみテント時間（秒）	口腔粘膜
0	なし	<1	湿潤
1〜5	なし〜わずか	1〜4	湿潤
6〜8	眼球がわずかに凹んでいる	5〜10	粘稠性
9〜10	眼球と眼窩の間隙が<5 mm	11〜15	粘稠性〜乾燥
11〜12	眼球と眼窩の間隙が5〜10 mm	16〜45	乾燥

すと考えられる。

これらの原虫は、寄生様式は異なるが腸管粘膜に損傷を与え、炎症反応をきっかけとした腸内環境の急激な変化をもたらす。乳頭糞線虫などの腸管内寄生線虫も、子牛の腸炎の原因となる。病態と治療の項で詳細は述べるが、それぞれの寄生虫の引き起こす初期のイベントとそれに対する宿主の免疫応答、それに加えて腸管内の常在菌や外来の病原性細菌などが複雑に絡んで発症や重症化につながるため、単に寄生虫感染症と捉えるのではなく、複合感染症と捉えた方がこれらの病態を理解しやすい。

②症状

腸管内寄生虫を主因とする腸炎においては、寄生する虫体数に応じて症状が重篤化する傾向がみられる。いずれの原虫感染においても共通する症状として、下痢、活力低下、食欲減退が初期に認められる。

クリプトスポリジウム症は、1〜4週齢の子牛が罹患しやすく、水様性下痢、腹痛、鼓脹などを呈する。早いものでは生後5〜6日で、遅いものでは2カ月齢での発症もみられる。冬季の発症が最も多く、冬季の温度管理失宜による寒冷ストレスが、子牛の感染防御能の低下をもたらすことがひとつの要因と考えられる。また梅雨時期にも発症が多く、この季節特有の寒暖差や、床材の水濡れなどの管理失宜との関連も無視できない。下痢は主として腸管粘膜の微絨毛の物理的圧迫と萎縮による吸収異常に起因する。初期の下痢便には未消化乳、粘液などが混じることもあり、血液が混じることもまれにある。症状が進むと淡黄色の水溶性下痢便の排便回数が増加する。反対に、便意はあるが何も排泄されてこないという症状（しぶり）がみられることもあり、下痢は1週間以上持続する。罹患率は高いが致死率は低い。クリプトスポリジウム原虫のオーシストは、腸管内ですでに成熟しているため、体外に出ることなく腸管細胞に再度感染して、原虫の生活環を維持する自家感染が生じる。このため、腸管内での感染量は増加し、持続性の下痢となり全身症状が悪化する。自家感染による症状の悪化プロセスに宿主の免疫がかかわっている可能性は高い。一般には下痢の発現と同時にオーシストが検出され、下痢が治まってからも数日間は検出される。免疫学的に正常な子牛では、感染耐過後に一定の抵抗性が生じるため、再び重度感染を起こすことは少ない。

コクシジウム症は、3〜4週齢以降の子牛でみられる（図6-40）。重症例では下痢に鮮血が混じり、しぶりがみられることが特徴である。血液を混じた下痢は、E. zuernii 寄生でより著明である。寄生数がある一定量以上に増加すると食欲廃絶、抑うつ、腹痛が認められ、次第に下痢症状も重篤化して、脱水、削痩が著明となる。糞便1g当たりのオーシスト数（OPG）が数万以上に達すると血便が目立つようになり、貧血が認められる（図6-41, 42）。免疫学的に異常がない場合、重度感染は初感染の子牛でみられ、急性に経過して死亡することもある。軽度感染では、血液の混じることのない下痢や、元気・食欲がやや低下する程度である。通常、コクシジウム症を耐過した子牛には再感染抵抗性が生じる。

乳頭糞線虫感染は、夏季（特に梅雨後期や秋の長雨のような、高温・多湿な時期）にオガ屑牛舎で集団飼養されている2〜3カ月齢の子牛で発生する。過去に感染を経験していないナイーブな子牛が、短期間に多量の感染幼虫の感染を受けると、心停止による突然死を引き起こすことがある。この病状を呈するためには、体重100 kg当たり数十万匹以上の成虫寄生が必要である。軽度感染では、ほとんど無症状か、軟便や下痢を主徴とする軽度の腸炎症状を呈する。臨床症状がみられない場合も発育の遅延などの影響はあるとされている。育成期の牛で寄生性胃腸炎の原因となる寄生虫としては、第四胃から小腸にかけて寄生する捻転胃虫、牛捻転胃虫、オステルターグ胃虫、クーペリア、ネマトジルスなどに代表される毛様線虫類や、毛細線虫が挙げられる。また、大腸に

第6章 消化器疾患

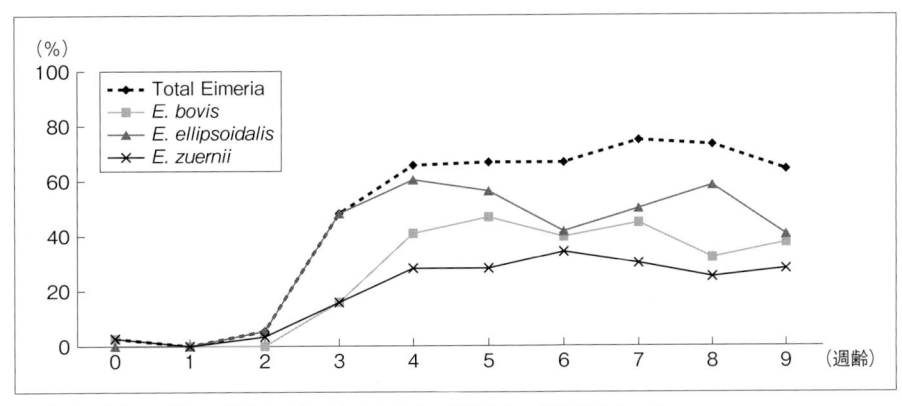

個体別に生後9週齢まで継続して検査したところ，感染しない個体はなかった
図6-40　子牛の週齢ごとのコクシジウム原虫感染率の推移

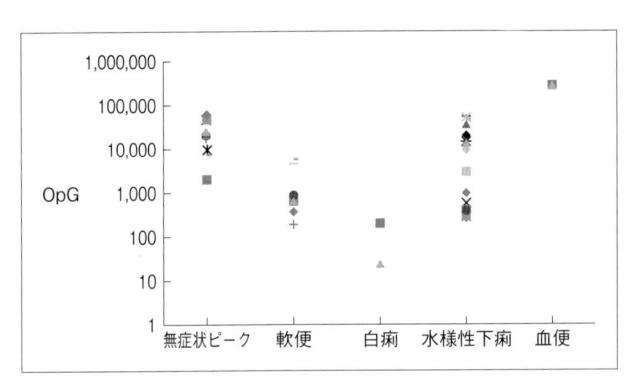

感染種の区別をしないとオーシスト数と発症との関連は見出すことはできない
図6-41　種類を区別しないオーシスト数（OPG）と発症の関連

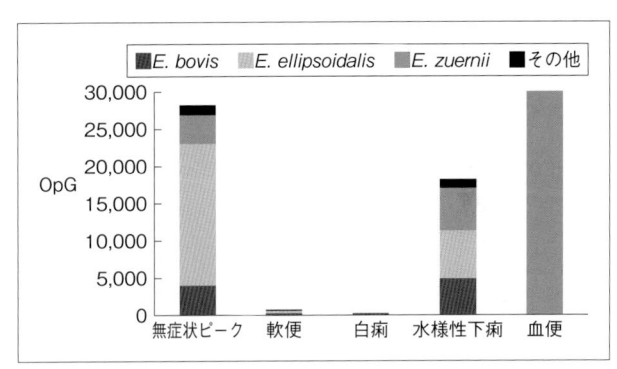

E. zuerni の占有率が増加するにつれ，下痢，血便へと症状が進行することが分かる
図6-42　感染コクシジウム原虫の種別占有率と症状との関連

は牛鞭虫などの寄生も見られる。これらの寄生虫の場合も軽度感染の場合は前述のとおりである。

③病態

　クリプトスポリジウム原虫は，経口感染したオーシストからスポロゾイトが脱出し，小腸下部を主とした（大腸も含む）腸管粘膜に侵入するが，細胞質内に入ることはなく，微絨毛間のスペースに寄生する。そこで，スポロゾイトを含包したオーシストにまで生育し，管腔内に放出され下痢便とともに排出される。きわめて単純な増殖様式であり，寄生部位も微絨毛間に限局している。寄生部位では絨毛の萎縮・崩壊が生じる。遠位小腸に寄生した場合は栄養吸収障害も起こり，大腸での微絨毛の障害では水分の再吸収が阻害され，下痢の原因となる。病態末期には炎症性変化もみられるが，クリプトスポリジウム原虫単独での病態か，ほかの病原体の関与があるのかの区別は困難である。

　コクシジウム症では，経口感染したオーシストが腸管に達するとスポロゾイトが脱出して粘膜上皮細胞質内に侵入する。細胞質内で分裂を繰り返した後メロゾイトが再び管腔内に出て，新たな粘膜上皮細胞質内に侵入，再度分裂をするというサイクルを数回繰り返し，最終的には有性生殖によりオーシストを形成する。種類によってこのプレパテント・ピリオドの長さは異なるが，E. zuernii の場合は感染後14日程度，E. bovis の場合は感染後2～3週間必要である。この影響で，小腸遠位から結腸におよぶコクシジウム原虫寄生部位では，過剰な免疫応答が発現し，炎症細胞から産生される種々の炎症性物質による組織傷害や傷害部位での細菌の二次感染などが複雑に影響して，出血性腸炎につながる。また，重症化すると，粘膜組織の破壊や偽膜形成などもみられる。

　乳頭糞線虫は，空腸から回腸にわたる小腸上部～中部の粘膜上皮細胞間の間隙に頭部を侵入させて寄生している。寄生によって，Th2型の免疫応答を誘導することから，一時的にTh1応答を阻害することがある。また，動物実験ではTh2型の免疫反応の結果，上皮細胞間の

タイトジャンクション（細胞間密着結合）を障害し，粘膜透過性が亢進することが分かっている。育成牛においても，腸管寄生性の線虫感染では，同じメカニズムで似たような現象が起きると考えられる。粘膜の透過性の亢進は，腸管内の細菌から産生されるエンドトキシンの吸収を促進することが証明されており，肝機能にも悪影響を及ぼす可能性は高い。なお，乳頭糞線虫虫体成分にウサギの消化管平滑筋の収縮運動の抑制作用を有する物質が存在しているが，子牛の腸管に及ぼす影響は明らかにされていない。

④診断

クリプトスポリジウム原虫，コクシジウム原虫ともに糞便内のオーシストを確認することが診断の基礎となる。

クリプトスポリジウム原虫のオーシストは下痢便内に大量に排出されるが，きわめて小さい（4～5μm）ため通常の虫卵検査に用いる光学顕微鏡の倍率では見逃す可能性が高い。1,000倍以上の倍率で観察すると，オーシスト内にスポロシストがみられず，直接スポロゾイト4個が確認できる。検査法は種々選択できる。ショ糖浮遊法で集オーシストを行った場合，新鮮なオーシストはピンク色にみえるが，抗酸染色（キニヨン染色など），ネガティブ染色などの染色標本を作製することが望ましい。最近では，免疫診断用の簡易診断キットも市販されている。

アイメリア属のオーシストはクリプトスポリジウム原虫のそれより大きく，なかでも重要種である $E.\ zuernii$ は小型類円形（17～20×14～17μm），$E.\ bovis$ は卵円形（27～29×20～21μm）である。コクシジウム症と診断するには，これらのオーシスト数が多いことが重要で，OPGが少ない場合は，オーシストを検出しても症状とは関連がないことが多い。例外的に，コクシジウム原虫の同時大量感染によりオーシスト形成期に達する前に腸炎症状が先行することがあり，この場合は糞便中のオーシストは検出しにくいが，血便の塗抹標本に多数のメロゾイトが観察されることがある。通常はショ糖液や飽和食塩液を用いた浮遊集卵法が有効であり，マックマスター法などでOPGを計数することは，農場の汚染状況や，個体の症状との関連，発症時期や感染源の把握に有効である。また，コクシジウム症をコントロールするためには種の鑑別が重要である。

⑤治療・予防

クリプトスポリジウム原虫に有効な抗菌薬および抗原虫剤はなく，オーシストは消毒薬にも抵抗性を示し，長期間にわたり環境中に常在する。活性炭を主体とした製剤あるいは飼料添加物の経口投与が，症状の軽減やオーシスト数の低減に有効な場合があるが，機序はよく分かっていない。

対症療法としては，下痢による脱水やアシドーシスを補正し，栄養補給と体力回復の補助を行う必要がある。下痢により腸内細菌叢のバランスが崩れており，腸内環境改善のためには生菌製剤の投与も効果がある。

クリプトスポリジウム症に対しては根本的な治療法がなく，感染した場合には対症療法を余儀なくされるため，子牛の状態を健康に保ち，感染源対策を続けることが決め手となる。子牛用の哺乳器具類の熱湯消毒は，子牛への感染防止に重要である。カウハッチなどを石灰乳で消毒したり，スチームクリーナーなどの熱を利用して消毒したりすることも効果的であり，農場からの感染源の除去に成功した例も報告されている。

コクシジウム原虫には，スルファモノメトキシン，スルファジメトキシンなどのサルファ剤が有効であり，経口投与または静脈内投与によって駆虫効果が期待できる。症状が進行して下痢がひどい場合には，腸管からの吸収が阻害されるため，経口投与よりも静脈内投与の方が確実な効果を期待できる。コクシジウム症では，細菌との混合感染が症状の悪化に関連している事例が多く，感染時期や発症時期，さらには臨床症状の進行程度により，前述のような抗コクシジウム剤以外の薬剤の併用も考慮する必要がある。腸管出血が観察された直後であればステロイド系抗炎症剤の単回投与が著効を示すことが知られており，症状が進行している場合は二次感染に対する抗菌薬投与などの処置も必要となる。抗菌薬の代替として，生菌製剤の維持量以上の大量投与なども効果的であり，今後の応用が期待される。またサルファ剤については，獣医師が二次感染の認識を持たずに，症状の残存のみを根拠に推奨量以上に長期間連続投与すると腎毒性を示す場合があるので，厳に注意が必要である。駆虫薬投与後に検査を行い，対象とする寄生種のオーシスト数から治療効果を確認することが重要である。トルトラズリル製剤は，多種類のアイメリア属原虫に対して，感染初期からガメトゴニー期までの組織内寄生期全般に幅広く駆虫効果を示すことから，発症予防薬として利用できる。また，適切な時期を選択して投与すれば，1回の

投与で発症予防と同時に再感染抵抗性免疫を付与することができる。さらに最近の臨床研究から，発症後の治療目的での本剤の投与も有効であることが分かっている。

乳頭糞線虫を含む消化管内線虫類に対しては，一般にイベルメクチン製剤が駆虫に有効である。ただし多くの線虫で，感染直後の体内移行期幼虫には必ずしも有効ではないため，プレパテント・ピリオドを考慮して，投薬の適期を選択することが重要である。乳頭糞線虫の場合，初回投与から10日前後の再投与も選択肢のひとつである。再投与により，虫卵の排出を防止できるので，畜舎内の感染源対策とともに，より多くの効果が期待できる。駆虫後には増体率の向上などの効果が数多く報告されている。

子牛の時期，特に幼齢期での腸管感染症の発症は，発育不良その他の障害の誘因ともなるため，この時期の疾患管理対策は健康な子牛育成の基本となる。罹患させないための予防的取り組みを行うことと，発症した場合にも，できるだけ早期に適切かつ短期間での効果的な治療法を選択することが重要である。

13. 母乳性白痢　white diarrhea

①背景

母乳性白痢（white diarrhea）は消化不良性の下痢であるため，発症時には腸管の炎症はほとんどない。母乳の場合，母牛のエネルギー充足状況の悪化による母乳成分の変化が原因であるが，代用乳の場合は給与量や温度が影響する。発症は和牛子牛での発症が主であり，ホルスタイン種乳牛では少ないが，廃棄乳を子牛に給与した場合に発症が認められることがある。

本疾患は母牛のエネルギー充足状況と密接な関係があるため，牛群の管理状況によって，本疾患多発牛群とほとんど発症しない牛群に区分できる。飼料給与内容によって，発症に一定の季節性のある牛群と通年で発症する牛群がある。繁殖もエネルギー充足状況と密接な関係があり，本疾患多発牛群においては繁殖成績の悪い場合が多い。

本疾患の原因物質となるのは母乳中の乳脂肪であるが，乳脂肪は主に後述の3通りのルートで供給されており，供給ルートの違いによって子牛の腸管における消化率が異なる。

a．ルーメンで産生された揮発性脂肪酸（VFA）のうち酢酸および酪酸

ルーメンは恒常性維持にとって重要な器官であるため，VFAに由来する乳脂肪率は大きく変動することは少なく，その牛群あるいは個体の乳脂肪率のベースラインを支えている。しかし，ルーメン環境が悪化すると酢酸や酪酸の産生が低下するため，これらを原料に作られる乳脂肪率は低下する。酢酸および酪酸は短鎖脂肪酸であり，これらは子牛の腸管においてほぼ100％消化されるため，消化不良の原因とはならない。

b．肝臓で合成された超低密度リポタンパク（VLDL）

VLDLは肝臓で合成され，アポタンパクあるいはリポタンパク合成能の影響を受ける。また摂取脂肪はキロミクロンとして肝臓に入り，そこからVLDLとして循環血中に入るため，VLDLは摂取脂肪量の影響も受ける。しかし，VLDLは本疾患の原因とはならない。

c．体脂肪由来の遊離脂肪酸（FFA）〈非エステル型脂肪酸（NEFA）〉

体脂肪由来FFA（NEFA）をもとに供給された乳脂肪が本疾患の原因となる。このFFAはC16以上の長鎖脂肪酸であり，これを原料とした乳脂肪の子牛における消化率は，不飽和脂肪酸で70〜90％，飽和脂肪酸では50％以下と低い。子牛に与えると白痢を呈するのはこのためである。

分娩後などに母牛が負のエネルギーバランス（NEB）に陥った場合，低下した血糖レベルを回復させるために血管内皮においてホルモン感受性リパーゼが活性化し，それにより体脂肪が血液を介して肝臓にエネルギーの源として送り込まれる。この血液中に放出される体脂肪がFFAであり，これは長鎖飽和脂肪酸が主体である。FFAは肝臓でトリカルボン酸回路（TCAサイクル）に入ってエネルギー合成に使われるほか，乳腺で乳脂肪の原料となる。ルーメン発酵の不安定な泌乳初期に乳牛の乳脂肪率が著しい高値を示すのは，このFFAに由来する。ケトーシスや食欲不振の乳牛の廃棄乳も同様にFFAをもとに供給された乳脂肪を多く含む。

②症状

本疾患は母牛の飼料変更によるルーメン環境の不安定化やエネルギー消耗に対する飼料給与量の不足により，母牛がNEBになって3〜5日経過して発症する。ゆえ

に，発症日齢は生後4～5日齢以降となる。症状は，白色から白黄色の軟便から水様便である。まれに通常の堅さで白色から灰色の便を排出したり，通常便に白色の粒状物を含む場合もある。便の白い色は消化されずに排出された脂肪，黄色は胆汁の色である。

発症当初は元気であるが，吸収不良であるために時間の経過とともに衰弱が進行する。また，クリプトスポリジウム症などの発症の引き金になる場合もある。体温は，正常から微熱を呈する。

③病態

母牛がNEBの期間に泌乳する乳汁は長鎖飽和脂肪酸を多く含み，子牛の腸管での消化率は低い。さらに，乳汁中の飽和脂肪酸は子牛の腸管内でカルシウム塩やマグネシウム塩を形成するため，融点が上がって腸管内腔に沈殿しやすくなり，乳化が不十分となる。そうすると消化・吸収が低下するばかりではなく，この脂肪酸塩が腸管粘膜を損傷し，さらにC18の脂肪酸は水分や電解質の吸収も阻害するため下痢が引き起こされる。牛以外でも，ラットにC18個とOH基を持つリシノレイン酸を投与すると結腸での水分および電解質分泌が増加する，ヒト新生児の腸管内で生成されたオキシ脂肪酸が吸収されずに脂肪便の原因となるなど，脂肪酸不消化による下痢が認められている。子牛に各種脂肪酸を経口投与したところ，長鎖飽和脂肪酸は糞便中に排出される割合が高く，それを投与した子牛の下痢スコアも対照群や長鎖不飽和脂肪酸に比べて高くなり，さらに長鎖飽和脂肪酸投与子牛では脂質やタンパク質の吸収も低下することが認められている。

④診断

本疾患発症時の臨床症状は，白痢以外は不定であり，子牛の血液検査を行っても異常はほとんど認められない。経日的に観察すると，血中の中性脂肪（TG）が一時的に増加するが，これは哺乳から採血までの時間により値が大きく変動するため，臨床診断に用いることは困難である。

一方，母牛では多くの異常が認められる。健康な和牛群の乳脂肪率は3～8％で個体ごとに安定しているが，発症日には1～2％増加する。また乳汁pHは健康牛群では6.5～7.0であるが，白痢多発牛群では低値を示す場合が多い。しかし，和牛の乳成分は乳牛と違い個体差が大きいため，ワンポイントの検査では判定が不可能である。

白痢発症子牛の母牛の乳汁は，アルコールテストで陽性（アルコール不安定乳）を示す場合が多い。アルコール不安定乳は，牛がエネルギー不足あるいはタンパク過剰のときに発現するが，機序は明確にされていない。本疾患の場合はエネルギー不足の結果としてアルコール不安定乳が発現し，白痢発症のタイミングに関係なく認められる。和牛に稲科牧草を飽食させると，タンパク充足率が200％前後になりアルコール不安定乳を呈するが，その場合はルーメン環境が正常ではなくなり，結果としてVFA産生が低下してエネルギー不足になっている。

⑤治療

この疾患は断乳療法で治癒する。ただし，母牛に対する適切なケアを伴わなければ，断乳解除後に再発する場合がある。

子牛の治療については，原因となる脂肪を与えないことと脂肪の消化促進を図ることが第一選択となる。まず，原因となる脂肪を与えないための断乳療法を施す際には，半日～1日，子牛を親牛から離して経口補液剤で水分と栄養を補給する。ただし，経口補液剤は栄養としては不十分なので，1日以上の断乳は避けた方がよい。さらに，脂肪消化を促進させるため，胆汁分泌促進剤のウルソデオキシコール酸や膵液分泌促進剤であるメンブトンを子牛に注射する。

下痢により腸管機能の低下が生じると二次感染が起こりやすくなる。さらに，乳汁の腸管内への滞留により腸内細菌叢の変化も引き起こされることから，クリプトスポリジウム原虫などによる感染性白痢が継発する可能性がでてくる。そこで，初診の対症療法で効果が思わしくない場合は，生菌製剤の経口投与を併用する。生菌製剤は腸管粘膜を有用菌でコーティングすることにより，病原微生物の腸管粘膜への付着を防ぐ効果がある。止瀉剤は，消化不良の原因物質である長鎖飽和脂肪酸の腸管内滞留を招くので禁忌である。母乳性白痢に限らず，どのような下痢でも病因が除去されるまでは止瀉剤を用いてはならない。

母牛への対処であるが，子牛の断乳により一時的に母牛のNEBは改善される。母牛のNEBが分娩後の飼料の増給によるルーメン環境の不安定化によるものであるなら，無処置で断乳解除しても子牛白痢が再発しない場合もある。しかし，母牛に対し積極的に酵母剤投与などによるルーメン発酵の安定化やメンブトン投与による消化

促進を図った方が改善が見込める。

また、母牛の給与飼料量が不足している場合は、増給が必要である。飼料設計においては、黒毛和種牛の泌乳量を最大7kg／日程度で設計するとよい。「日本飼養標準」に準じると、子牛が必要とする母乳の量は体重のほぼ12％程度である。飼料計算ができない場合は、稲わらや野草などタンパク含量の低い粗飼料を飽食させることで基礎飼料とし、産乳飼料として配合飼料を最大で2.5kg／日給与する。断乳解除直後に白痢が再発するようであれば、母子分離して代用乳給与という選択肢もある。分娩前3週間からの濃厚飼料馴致は重要であるが、分娩前の濃厚飼料は1kg程度で十分である。

このように、本疾患多発牛群では給与飼料が問題となっているが、多くの和牛農家において給与飼料の主体となる粗飼料の摂取量や成分を把握できていないため、正確な飼料診断および飼料設計をすることが困難である。こういった場合は、代謝プロファイルテスト（MPT）を行いエネルギーバランスを診断することで、飼料給与の問題点が把握できる。

14. 直腸脱　rectal prolapse

①背景

直腸脱（rectal prolapse）とは肛門から直腸が脱出することであり、直腸粘膜あるいは直腸の一部のみが脱出する不完全直腸脱と直腸全層が全周性に完全に外反する完全直腸脱がある。

②症状

初期の症状は強い努責であり、コクシジウム症による偽膜性腸炎を伴う重度の腸炎に継発性して発生する症例が多い。軽症例では努責は間欠的であるが、重症例では努責が持続的で常に直腸が脱出した完全直腸脱の状態が続くために次第に食欲が減退して発育不良となる。したがって、本疾患を発生した際には、早期に治療を行うことが重要である。

③病態

不完全直腸脱は直腸の表面だけが肛門外に脱出し、直腸粘膜の充血や肥厚は比較的軽度である（図6-43）。完全直腸脱は直腸壁の全層（粘膜、筋層）が脱出するために直腸粘膜の充血と肥厚が認められる。また、接触による挫傷や裂傷、粘血性分泌液の増量によって脱出した直腸粘膜の病変は進行する（図6-44）。

④診断

診断は容易であり、軽度の段階で治療を行うべきである。

⑤治療

a．粘膜の損傷を伴わない不完全直腸脱

硬膜外麻酔下で巾着縫合を行い、カテーテルを用いてイソジン液とステロイド系抗炎症剤を加えた生理食塩液（500mL）を直腸内に注入する。

b．粘膜の損傷を伴う不完全直腸脱（図6-45〜48）

粘膜の創傷を縫合し、不可能な際には直腸切除術か粘膜下組織の切除術を行う。ヒト医療ではGant-三輪法が行われている。

c．完全直腸脱

脱出部をエプソム塩かタンニン酸溶液に浸して腫脹を小さくしてから整復する。再発を繰り返すか整復が不可能な際には、粘膜下組織の切除術か直腸切除術の方法で外科的処置を行う。

⑥予防

本疾患の基礎疾患、特にコクシジウム症の早期治療と予防対策を行うことである。

15. 肝膿瘍　liver abscess

①背景

子牛の肝膿瘍（liver abscess）は臍静脈炎（口絵p.36, 図6-49）からの継発（口絵p.36, 図6-50）が主であり、原因菌は*Arcanobacterium pyogenes*と大腸菌である。胎子の臍帯は、臍静脈と内腸骨動脈から分岐した2本の臍動脈および尿膜管から構成されており、分娩時の臍部断裂後、臍静脈および尿膜管は閉鎖するとともに臍内で徐々に退行する。子牛の臍疾患は新生子牛の重要な疾患であり、臍ヘルニアと臍感染がほとんどである。臍感染は腹腔外の臍帯の感染と腹腔内の遺残臍帯（臍静脈、臍動脈、尿膜管）の感染に分けられる。遺残臍帯炎の多くは臍静脈と尿膜管への感染であり、臍膿瘍や肝膿

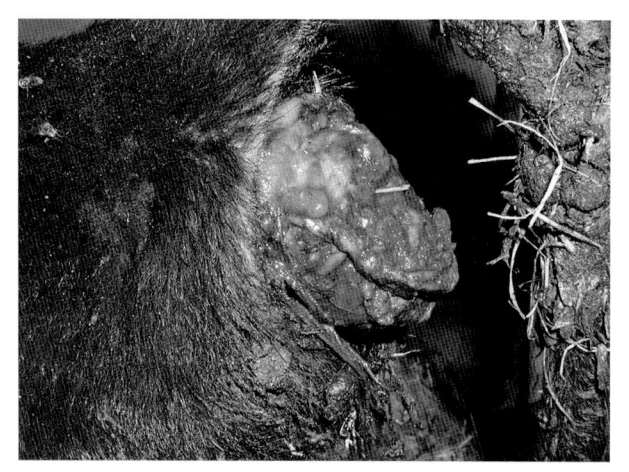

図6-43 慢性下痢症に継発した不完全直腸脱

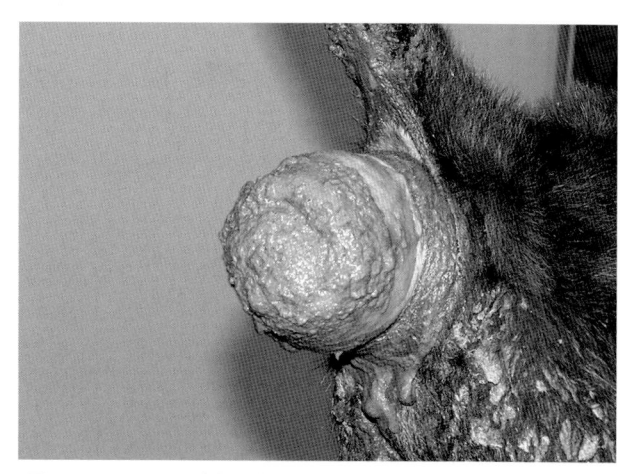

図6-44 コクシジウム症に継発した完全直腸脱

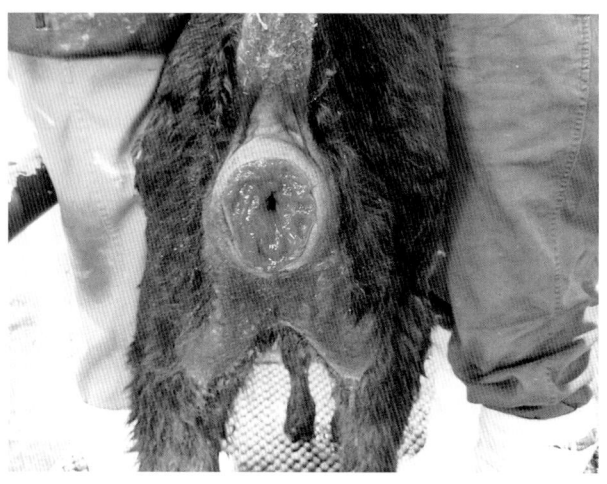

（富岡美千子氏 ご提供）
コクシジウム症の後に直腸脱となった症例の処置前の肛門。直腸が露出している

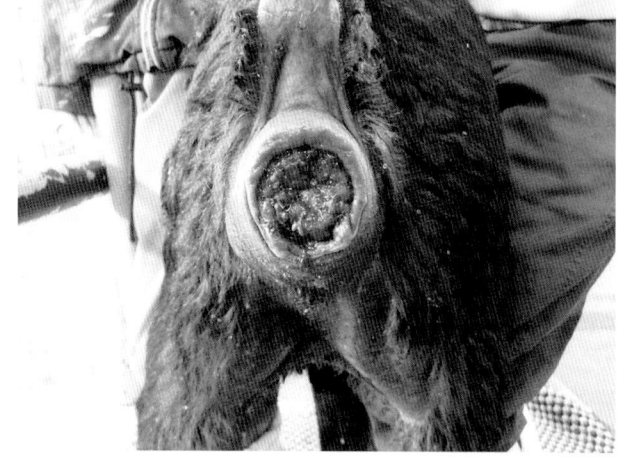

図6-45 Thiersch法とGant-三輪法とあわせて処置した陥納性のあった不完全直腸脱の症例

（富岡美千子氏 ご提供）
脱出した直腸の表面を覆っている粘膜に糸を通して結紮する

図6-46 Gant-三輪法

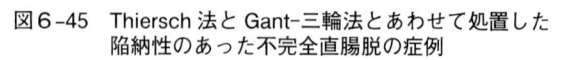

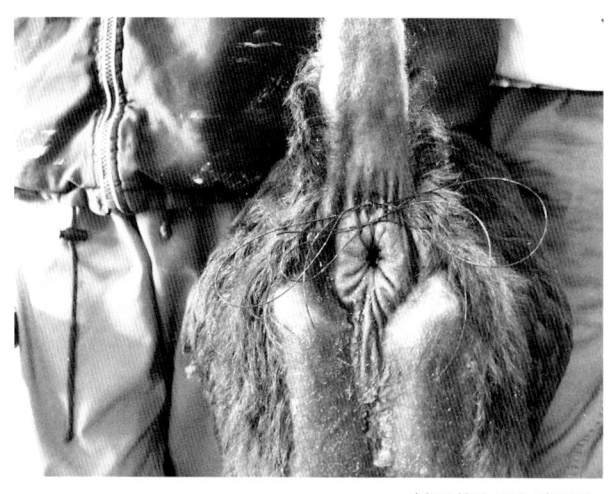

（富岡美千子氏 ご提供）
ナイロン糸により肛門周囲にリング状に留置して、ゆるくなった肛門のしまりを補助する。尾椎硬膜外麻酔により努責緩和を補助的に行う

図6-47 Thiersch法

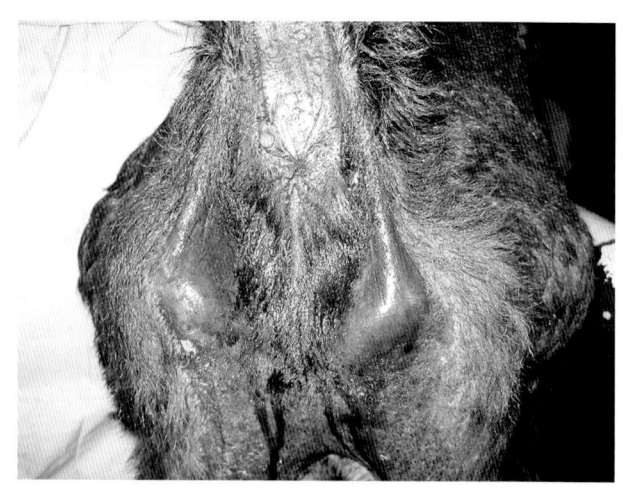

（富岡美千子氏 ご提供）
図6-48 1カ月後に抜糸したが直腸脱はみられず、直腸脱は完治した

瘍，関節炎を継発して予後不良となる症例も少なくない。

②症状
本疾患に罹患した子牛は食欲減退と発熱，削痩を呈し，臍静脈炎による臍帯の圧痛を伴う腫脹が認められ，多発性の関節炎を継発する症例が多く，起立難渋の症状を示す。

③病態
血液性状は好中球数の増加に伴う白血球数の増加，血漿フィブリノーゲン量の増加，血清 α-グロブリンと γ-グロブリン量の増加に伴う A/G 比の低下，アスパラギン酸アミノトランスフェラーゼ（AST）活性値の上昇が認められる。病理解剖では，臍静脈炎と多発性の肝膿瘍が確認できる。

④診断
臍静脈炎による臍帯の圧痛を伴う腫脹と食欲減退，発熱の臨床症状と慢性進行炎症の血液性状から本疾患が推察され，超音波検査による臍静脈と肝臓の画像から確定診断される。

⑤治療・予防
子牛の肝膿瘍に対する根治療法はなく，予後不良となる症例がほとんどである。子牛の臍感染は分娩時の不衛生な環境や初乳摂取不足による受動免疫低下に起因する。臍帯は新生子牛における感染の侵入経路となることから，臍感染の予防としては清潔な分娩環境と，抗菌薬の臍帯内注入や全身投与が挙げられる。加えて，受動免疫の低下を防ぐため，十分量の初乳給与が重要である。臍帯の感染予防を目的とした臍部結紮は，臍部に限局化する感染を上行性に憎悪させる危険性があるため，臍帯クリップによる臍部圧迫の方法が推奨されている。臍部断裂の異常を発生しやすい難産や逆子，早産で出生した子牛は臍感染のリスクが高いので，出生時から5日間程度，予防を目的とした抗菌薬の全身投与が必要である。特に，胸腺形成不全の子牛は易感染であり，臍感染には十分な注意が必要である。

■注釈

*1
アフタ性：円形あるいは楕円形の偽膜性小潰瘍で，潰瘍の周辺に炎症性発赤・浮腫を伴う病変。

*2
毛球症：短期間に頻回飲み込んだ被毛が第一胃や第四胃で塊となり鼓脹となる。

*3
オールインワン型の飼料：粗飼料と濃厚飼料を混合した飼料。

*4
D型乳酸とL型乳酸：乳酸にはL型，D型，DL型乳酸の3種類があり，このうち動物では嫌気的解糖系においてエネルギー源として糖が分解されピルビン酸を経てL型乳酸が生産される。一方，細菌にはこれら3種類の乳酸のいずれも産生するものがある。

■参考文献

第2節 消化器系の生理学
1) Le Huerou I et al. 1992. J Nutr. 122：1434-1445.
2) Reynolds W G et al. 1991. Gastrin. In Physiological aspects of digestion and metabolism in ruminants (Tsuda T et al Eds). 63-87. Academic Press, Inc., Sandiego.
3) Yasuda K et al. 1988. Nihon Juigaku Zasshi. 50：963-965.

第4節 消化器の疾患
1．口内炎
1) 酒井淳一. 2002. 新版 主要症状を基礎にした牛の臨床. デーリィマン社, 北海道：198-201.
2) 大星健治. 2005. 獣医内科学 大動物編. 文永堂出版, 東京：61.

2．喉頭炎
1) Holliman A. 2005. In Practice. 27：2-13.
2) Smith BP. 2001. Large Animal Internal Medicine. 3rd ed：545-548.
3) 橋本 晃. 2002. 新版 主要症状を基礎にした牛の臨床. デーリィマン社, 北海道：172-174.
4) 松田浩珍. 2005. 獣医内科学 大動物編. 文永堂出版, 東京：41-43.
5) Shibahara T, Akiba T, Maeda T et al. 2002. J Vet Med Sci. 64（6）：523-526.

3．第一胃鼓脹症
1) Divers TJ, Peek SF. 2007. Rebhun's Diseases of Dairy Cattle. 2nd ed：135-141.
2) Radostits OM et al. 2007. Veterinary Medicine. A textbook of the diseases of cattle, horses, sheep, pigs and goats. 10th ed：325-337.

5．ルミナル・ドリンカー
1) Gentile A. 2004. Large Animal Veterinary Rounds. Volume 4. Issue 9：http://www.larounds.ca/cgi-bin/templates/body/accueil.cfm?displaySectionID=826
2) Herrli-Gygi M et al. 2008. Vet J. 176（3）：369-377.
3) Radostits OM et al. 2007. Veterinary Medicine. A textbook of the diseases of cattle, horses, sheep, pigs and goats. 10th ed：314.

6．第四胃潰瘍
1) 小岩政照. 2006. 臨床獣医. 24. 緑書房, 東京：42-46.
2) 小岩政照. 2000. 獣医畜産新報. 53（5）：405-408.
3) 浜名克己, 一条 茂, 大竹 修. 2002. 新版 主要症状を基礎にした牛の臨床. デーリィマン社, 北海道：239-242.
4) Ohtsuka H, Fukunaga N, Hara H et al. 2003. J Vet Med Sci. 65（7）：793-796.
5) 岡田洋之, 甲斐貴憲, 初谷 敦ほか. 1999. 日獣会誌. 52：695-698.
6) 田口 清. 2008. 獣医内科学 大動物編. 文永堂出版, 東京：67-68.
7) Divers TJ, Peek SF. 2008. Rebhun's Diseases of Dairy Cattle. 2nd ed：167-178.
8) 山口良二. 2006. 動物病理学各論. 文永堂出版, 東京：191-193.

7．第四胃鼓脹症
1) Allen JR, Thomas RK. 1990. Vet Med. 85：303-311.
2) Argenzio RA. 1985. Vet Clin North Am. Food Animal Practice. 1（3）：461-469.
3) Kasari TR. 1999. Vet Clin North Am. Food Animal Practice. 15（3）：473-486.
4) 北岡建樹. 2002. 救急・集中治療. 14（1）：39-47.
5) 小岩政照. 1999. 家畜診療. 46（3）：149-161.
6) Mulon PY. 2006. ウシの軟部組織外科. 獣医輸液研究会：107-139.
7) Smith BP. 2008. Large Animal Internal Medicine. 4th ed. Mosby.

8．腸捻転／腸重積
1) Blikslager AT. 2009. Large Animal Internal Medicine. 4th ed：732-737.
2) Fubini S, Divers TJ. 2008. Rebhun's Diseases of Dairy Cattle. 2nd ed：178-187.
3) 安田 準. 2002. 新版 主要症状を基礎にした牛の臨床. デーリィマン社, 北海道：268-270.

9. 腹膜炎

1) Fecteau G. 2009. Large Animal Internal Medicine. 4th ed：850-855.
2) Fubini S, Divers TJ. 2008. Rebhun's Diseases of Dairy Cattle. 2nd ed：195-197.
3) 内藤善久. 2002. 新版 主要症状を基礎にした牛の臨床. デーリィマン社, 北海道：271-273.

14. 直腸脱

1) Steiner A. 2004. Farm Animal Surgery：258-262.
2) 田口 清. 鈴木一由. 2008. 牛の外科マニュアル. 第2版. 緑書房, 東京：170-173.

15. 肝膿瘍

1) Smith BP. Large Animal Internal Medicine：285-289.
2) Watson E, Mahaffey MB et al. 1994. Am J Vet Res. Jun 55 (6)：773-780
3) 川村清市. 2005. 獣医内科学 大動物編. 文永堂出版, 東京：103-104.
4) 小岩政照, 初谷 敦. 1995. 臨床獣医. 13(2). 緑書房, 東京：56-57.
5) 田口 清. 1991. 臨床獣医. 9 (9). 緑書房, 東京
6) 田口 清, 石田 修ほか. 1990. 日獣会誌. 43：793-797.
7) 田口 清, 工藤克典. 1997. 臨床獣医. 15(4). 緑書房, 東京：76-80.
8) Trent AM, Smith DF. 1984. J Am Vet M Assoc. Dec 15. 185 (12)：1531-1534.

CHAPTER 7 泌尿・生殖器疾患

　本章では，腎臓の異常（第1節）として腎炎，ネフローゼ症候群，腎臓アミロイド症，牛クローディン-16欠損症，腎不全を取り上げる。また，膀胱の異常（第2節）として膀胱炎を，尿路の異常（第3節）として尿路感染症，尿路結石症，尿路閉塞症，異所性尿管について詳述する。生殖器の異常（第4節）では，潜在精巣を解説する。

第1節　腎臓の異常

　腎臓は①組織代謝の終末産物の排泄，②水分と浸透圧の恒常性の維持という2つの重要な機能を有する。終末産物の排泄は糸球体に，恒常性の維持は尿細管に大きく依存している。牛において腎臓疾患の発生は少ないが，子牛の腎機能は成牛に比べ未熟であるため，腎不全に注意し，的確な診断・治療が必要である。腎異形成症については第10章「7．下顎短小・腎異形成症」を，尿膜管遺残については第14章「5．尿膜管遺残」を参照されたい。

1．腎炎　nephritis

　腎炎（nephritis）には，糸球体に原発する糸球体腎炎と，尿管や間質の病変を主徴とする尿細管間質性腎炎がある。このほかに腎盂に細菌感染することにより生じる細菌性腎盂腎炎や，腎臓実質に化膿菌が感染して起こる化膿性腎炎などがある。このなかでも，牛では腎盂腎炎と化膿性腎炎が多く，糸球体腎炎はまれである。また，子牛における腎炎の発生は多くないが，腎機能は成牛に比べ未熟であるため腎不全に陥りやすいので注意が必要である。

（1）糸球体腎炎　glomerulonephritis
①背景
　牛における原発性糸球体腎炎の発生はきわめてまれである。多くの場合，先行感染後に糸球体に起こる様々な免疫学的機序によって生じる。すなわち，細菌のタンパク質に対して宿主の生産する抗体が，糸球体で免疫複合体を形成するために生じるものが多い。子牛では，水銀中毒による発生が報告されている。

②症状
　急性期には元気や食欲が低下する。尿量は減少し血尿や混濁尿を示すか，あるいは無尿となる。尿中には白血球や尿円柱が出現し，タンパク尿を示す。下痢や顔面・下顎・胸垂などに浮腫を呈し，慢性化すると削痩する。

③病態
　急性期には主に糸球体が障害を受けるため，そこから血中のタンパク質が漏出し，タンパク尿や血尿が出現する。慢性期には障害が糸球体周囲の間質組織にまで波及するため，尿細管の機能不全が生じ，低比重の尿を排泄するようになる。

④診断
　経過が長期化し腎不全の状態に陥ると，低タンパク血症，血中アルブミン（Alb）濃度の低下，低カルシウム（Ca）血症，高カリウム（K）血症，高リン（P）血症，血中尿素窒素（BUN）およびクレアチニン（Cre）濃度の上昇などがみられる（本章　第1節「5．腎不全」を参照）。

⑤治療

感染の初期はβ-ラクタム系の抗菌薬を投与するものの、糸球体腎炎は適当な治療法がない。

（2）尿細管間質性腎炎　tubulointerstitial nephritis
①背景

主として尿細管が侵されたものを尿細管腎炎、腎間質組織の線維組織病変が著しいものを間質性腎炎という。

間質性腎炎の多くは尿細管の萎縮や消失など、尿細管の病変を併発していることから、尿細管間質性腎炎といわれる。牛における主な原因はレプトスピラ（Leptospira）菌感染による牛レプトスピラ症（leptospirosis）であるが、子牛では腎毒性の強いサルファ剤やアミノグリコシド系抗菌薬の使用による薬剤性のものも多い。その他、細菌性腎盂腎炎、化膿性腎炎からの継発や、リンなどによる中毒も原因となる。また、不適切な初乳給与が原因と思われる Escherichia (E.) coli 感染による発生も報告されている。

②症状

継発性の尿細管間質性腎炎の症状は原因により様々である。牛に多いレプトスピラ菌による場合は、発熱や血色素尿の排泄がみられ、子牛における死亡率は高い。また、薬剤性のものでは、体温が低下し、起立困難や起立不能となる。いずれの場合も重症化すると腎不全となる。

一方、原発性の症状は比較的緩徐であり、経過は数カ月または数年にわたる。元気・食欲が減退し、長期化すると栄養障害を起こし削痩する。末期には、眼球の陥没や四肢の冷性浮腫がみられる。

③病態

尿細管上皮は高度の変性壊死に陥り、管腔内に脱落細胞が逸脱するため、尿中には尿細管上皮細胞を含む尿円柱が出現する。また、尿細管の再吸収が障害され、水が再吸収されることなく尿中へ出るため、無色透明で低比重の尿を多量に排泄する。

④診断

レプトスピラ症の病原診断は感染初期が血液、慢性期が尿を培養材料とし、コルトフ培地あるいはEMJH培地を用い病原体を分離する。また、PCR法を用いてレプトスピラ遺伝子の検出も可能である。血清診断は特異抗体が感染1週以降から出現するので、暗視野顕微鏡下での顕微鏡凝集試験法が利用される。

腎不全の状態に陥ると、低タンパク血症、血中Alb濃度の低下、低Ca血症、高K血症、高P血症、血中BUNおよびCre濃度の上昇、BUN/Cre比の低下、尿中N-アセチル-β-D-グルコサミダーゼ（NAG）[*1]活性値の上昇などがみられる（本章 第1節「5．腎不全」を参照）。

⑤治療

レプトスピラ症の治療には、ペニシリンとストレプトマイシンの併用が望ましい。前述のように、子牛には薬剤性腎疾患が多いため、腎毒性の強いサルファ剤やアミノグリコシド系抗菌薬を使用する場合には、過剰投与にならないよう投与量に十分注意することが必要である。病態が進行し腎不全となった場合には、高窒素血症や代謝性アシドーシスの改善を目的とした処置を行う（本章 第1節「5．腎不全」を参照）。

（3）化膿性腎炎・腎膿瘍　pyonephritis・renal abscess
①背景

化膿性腎炎（pyonephritis）は腎臓に下行性（血液原性）または上行性（尿原性）の化膿菌感染が起こったものである。子牛での発生はまれであるが、臍帯の局所感染が肝臓を経て全身に広がることが下行性の原因として考えられる。上行性の場合は腎盂腎炎などからの細菌感染が腎実質（尿細管、間質組織および糸球体）に波及することが原因であるが、臍帯の局所感染が尿膜管を経て膀胱へと波及することもある。不適切な初乳給与による不十分な免疫能も遠因に挙げられる。原因菌としては E. coli, Corynebacterium (C.) renale, Klebsiella spp., Staphylococcus (S.) aureus, Streptococcus spp. などがある。最終的に尿毒症を起こし、予後不良のものが多い。

腎膿瘍（renal abscess）も化膿性腎炎と同様に、腎臓に下行性または上行性の化膿菌感染が起こり、糸球体内に菌が栓塞して膿瘍化したり、尿細管に沿って膿瘍を形成したりするものである。そのため、腎膿瘍は一般に皮質に多発するが、腎杯に形成される場合もあり、予後不良のものが多い。

②症状

どちらの疾患でも体温の上昇、元気・食欲減退、被毛失沢を呈し削痩する。顕著でないが、排尿痛のために排尿時に背彎姿勢を示す。尿は混濁し悪臭を帯び、尿沈査

中には赤血球，白血球，腎上皮細胞，細菌などが認められる。子牛では右膁部の触診により腫大した腎臓を触知できることがあり，圧痛を示す。

③病態
化膿を起こす細菌が上行，下行性に腎臓に達する経過は①背景に記載したとおりである。腎臓に達した細菌は糸球体や尿細管に化膿巣を形成し腎炎を起こし，最終的には腎膿瘍を形成する。多発性小膿瘍の腎機能はほとんど代償されるが，大膿瘍は毛細血管を圧迫して，糸球体や尿細管に障害を起こし，腎機能が大きく障害される。片側性腎膿瘍は対側腎が機能を代償するので腎機能の低下は軽微である。

④診断
化膿性腎炎では超音波検査により，腎盂と腎杯における膿性浮遊物や腎臓の腫大が観察される。一方，腎膿瘍では腹壁からの超音波検査により，腎臓内に隔壁で隔てられ液体の貯留した膿胞が観察される。どちらの疾患も腎生検は周辺の臓器を汚染する危険があるので避けるべきである。

血液検査により，初期には白血球数の増加，フィブリノーゲンの増加，A/G比の低下など，炎症性の変化がみられる。末期になるとBUNやCreの増加，低Ca血症，高P血症，代謝性アシドーシスが認められる。しかし，ネフロンの機能の75％が失われるまでは血中BUNやCre濃度は上昇しないため，片側性の場合ではこれらの上昇はみられない。また，BUN/Cre比は正常（15～20）であり，腎性因子による腎不全の状態を示す（本章 第1節「5．腎不全」を参照）。

⑤治療・予防
治療としては，抗菌薬投与の効果が期待できるが，原因菌の検出と薬剤感受性試験結果に基づいた適切な薬剤を選択するべきである。予後不良のものが多いため，早期にほかの腎臓疾患との類症鑑別を行うと同時に，診断結果をもとに予後判定を行う必要がある。片側性の場合は，罹患した腎臓の摘出による治療が可能である。

子牛では，臍帯感染からの波及が最も大きな原因と考えられるため，予防としては出生時の臍帯の消毒を確実に行うことが必要である。また，十分な量の初乳給与も本疾患を含め様々な感染症の予防に重要である。

（4）腎盂腎炎　pyelonephritis
①背景
細菌性腎盂腎炎は，主に*C. renale*の感染により引き起こされる腎杯の化膿性炎である。雌の乳牛での発生がほとんどで，子牛や雄牛，和牛での発生は少ない。感染菌の腎臓への侵入経路によって，上行性と下行性に分けられる。多くは上行性であり，尿道炎や膀胱炎などからの細菌感染が腎臓に波及することが原因である。特に，膀胱粘膜に定着した菌が膀胱・尿管逆流により上行することが多い。下行性の場合はほかの臓器の化膿性病変の転移による。

②症状
経過は一般に緩慢であり，血尿や混濁尿を排泄することにより気付かれることが多く，頻尿や排尿痛を呈することもある。重症化すると食欲不振となり，削痩する。

③病態
腎臓は腫大し，拡大した腎杯に膿様粘液を満たす（口絵p.36，図7-1，2，口絵p.37，図7-3，4）。感染が尿細管，間質組織および糸球体に波及すると化膿性腎炎となり，膿瘍を形成した場合は予後不良である。

④診断
直腸検査が可能であれば，腎臓の腫大や尿管の腫大が触知される。体表からも腫大した腎臓が触知されることがあり，圧痛を示す。超音波検査により腎盂の腫大や腎盂におけるエコーレベルの上昇が観察される。

また，尿からの*C. renale*の分離や，尿沈査中の細菌，白血球および赤血球の存在により診断する。尿は*C. renale*のウレアーゼ[*2]によりアンモニアが発生するために尿pHが強アルカリ性を示す。さらに，重症化し感染が腎実質まで波及したものでは，血中BUNやCre濃度が上昇し，腎不全となる。

⑤治療・予防
抗菌薬の投与が有効であるが，治療に当たっては細菌の感受性試験を行い，有効な抗菌薬を選択する。抗菌薬は尿中移行のある腎排泄型の抗菌薬を選び，再発や耐性菌の発現を防ぐため徹底した治療が必要である。なお，アミノグリコシド系の抗菌薬は腎毒性を示すため不適切である。

発生農家では繰り返し発生する傾向があるため，牛の

排尿姿勢の異常や尿の性状に注意を払うべきである。

2．ネフローゼ症候群　nephrotic syndrome

ネフローゼ症候群（nephrotic syndrome）とは血漿タンパク質の尿中への過剰漏出に伴う重度のタンパク尿，低タンパク血症，浮腫および高コレステロール血症を主要所見とする臨床的症候群であり，様々な原因で生じる。腎疾患で糸球体病変を伴う場合には，このように，タンパク質などの特に高分子物質の透過が亢進する。原因を明確にするためには腎生検が必要である。その他の検査所見の特徴は，重度のタンパク尿，選択性漏出低タンパク血症[*3]（低 Alb および高 α-グロブリン血症），高コレステロール血症，および浮腫の出現である。牛における原因としては，アミロイドーシスに伴って生じるアミロイドネフローゼが最も一般であるが，子牛ではみられない（第11章「4．アミロイドーシス」を参照）。

3．腎アミロイド症　amyloid nephropathy

腎臓の糸球体および尿細管周囲結合組織にアミロイド物質が沈着して腎臓の機能不全を起こしたものをいうが，子牛ではみられない。慢性化膿性疾患（乳房炎，創傷性疾患，慢性肺炎，慢性腹膜炎，肝膿瘍，蹄病）および慢性感染症（結核，ヨーネ病）に継発する。本疾患では削痩と脱水，下痢，浮腫，低タンパク血症および重度のタンパク尿などが主要な臨床症状である。確実な診断は，腎臓の生検により可能である。

4．牛クローディン-16 欠損症　Claudin-16 deficiency

牛クローディン-16（CL-16：Claudin-16）欠損症は，常染色体劣性遺伝により引き起こされる牛の遺伝性疾患である。CL-16 遺伝の欠損により，尿細管の形成不全や尿細管周辺組織の線維化が生じ，腎機能が損なわれる。主な症状としては蹄の過伸長，発育不良，下痢を呈し，最終的には腎不全による尿毒症で死亡する（第10章「2．牛クローディン-16 欠損症（尿細管異形成症）」を参照）。

5．腎不全　renal insufficiency

①背景

前述のように，腎臓の主な機能は組織代謝の終末産物を排泄すること，および水分と浸透圧の恒常性を維持することである。腎不全（renal insufficiency）とはこれらの機能が何らかの原因により低下し，正常時の30％を下回った状態である。その結果として高窒素血症，高 Cre 血症，体液中の水や電解質異常などが生じ，体液の恒常性を維持できなくなる。

腎臓の機能は，個々のネフロンの機能，すなわち糸球体によるろ過および尿細管による電解質や水などの正常な再吸収に依存している。ネフロンの働きには腎血流速度[*4]，糸球体ろ過速度[*5]，尿細管再吸収の効率の3つの要因が大きく影響する。これらの要因に影響を及ぼすような状態が生ずれば，腎臓の正常な機能が維持できなくなり，最終的には腎不全となる。たとえばショック状態，脱水，出血などでは腎血流量が減少した結果，糸球体ろ過速度も減少し，腎不全に陥る。また，糸球体腎炎や尿細管間質性腎炎では，糸球体ろ過速度の減少や尿細管再吸収の効率の低下が起こることで腎不全となる。

腎不全はその経過により急性腎不全と慢性腎不全に大別される。

（1）急性腎不全　acute renal failure

腎機能が数時間から数日で急激に低下するものであり，適切な治療により腎機能の回復が期待できる。急性腎不全はその原因により腎前性，腎性，腎後性に分類できる。

腎前性腎不全は腎臓自体に障害はなく，腎臓の血流量が減少することにより生じるもので，腎血流量低下を来すすべての状態が原因となり，重度の下痢に継発する脱水や多量の出血が生じた場合などにもみられる。腎前性腎不全の状態が続くとやがて腎臓自体にも障害が起こり，腎性腎不全に陥る。

腎性腎不全は糸球体や尿細管など，腎臓自体が障害された場合に生じるものである。腎毒性物質が体内に入った場合や，糸球体腎炎，尿細管間質性腎炎などに継発してみられる。腎毒性物質は糸球体からろ過されて近位尿細管で濃縮されるために，ネフロンの近位尿細管部分が障害される。また，筋肉内のミオグロビンも尿細管への毒性を有し，腎性腎不全を引き起こす原因となる。さらに，腎前性腎不全の原因が重篤かつ長時間持続するよう

な場合も尿細管上皮が障害を受け，その結果腎性腎不全となる。

腎後性腎不全は腎臓で作られた尿を体外へ排泄するための経路である，尿管，膀胱，尿道などが閉塞したために生じるものである。

a．急性腎前性腎不全

下痢や大量出血により体液量が減少した場合，ショックなどで腎臓への血流が低下した場合，敗血症時に末梢血管が拡張した場合にみられる。ショック時に腎臓への血流が低下するのは，体内の血流分布に異常が起こり，脳などへの血流は比較的良好に保たれるものの，腎臓への血流は犠牲にされ，極端に減少してしまうからである。

子牛では，重度の下痢や第四胃鼓脹症に継発する脱水による循環血漿量の減少や，敗血性ショック時の末梢循環障害により発症するものが多い。その他，多量出血や心機能低下なども原因となる。

b．急性腎性腎不全

腎毒性物質が体内に入った場合や，急性糸球体腎炎，急性尿細管間質性腎炎の場合などにみられる。前述にもあるが，筋肉内のミオグロビンも急性腎不全を引き起こす。その他，敗血症やエンドトキシン血症時に播種性血管内凝固症候群（DIC）が生じると，糸球体に血栓ができて閉塞を起こすため，急性腎不全となる。この状態が長時間持続すると腎実質の障害が起こり，急性腎不全でありながら腎機能が回復せず，そのまま慢性腎不全となる。

子牛では，サルファ剤の過剰投与による腎臓のスルファミン結晶[*6]形成での尿細管上皮損傷，アミノグリコシド系抗菌薬の過剰投与による尿細管の変性壊死，白筋症時の血漿中ミオグロビンの上昇などが原因となる。また，敗血症やエンドトキシン血症時のDIC時にも生じる。

c．急性腎後性腎不全

結石などにより尿の排泄が妨げられた場合にみられる。

子牛では，肥育用去勢雄子牛の育成期から肥育期にみられる尿路結石症によるものが多い。

（2）慢性腎不全　chronic renal failure

数カ月にわたって徐々に腎機能の低下が起きるもので，腎機能低下は不可逆性で進行性である。先天性・遺伝性疾患（腎低形成・異形成），慢性糸球体腎炎，慢性間質性腎炎がその原因となる。

子牛では，遺伝的な尿細管形成不全や糸球体数の減少を示す牛クローディン-16欠損症や腎低形成症のほか，腎盂腎炎などにより発症する。

②症状

腎不全の末期になると，尿の生成と排泄の障害により老廃物が体内に蓄積し尿毒症となる。その結果，元気沈衰，食欲不振，被毛粗剛，削痩，嘔吐，減尿，無尿，呼吸速迫，心拍数の増加，呼気の尿臭，遅鈍，嗜眠，痙攣，興奮，沈うつ，てんかん様発作などの諸症状が発現する。最終的には罹患牛は横臥し，昏睡状態に陥り，体温が低下し，死亡する。

③病態

腎臓は老廃物の排泄以外にも，体液量，電解質，酸・塩基平衡などの恒常性の維持に重要な役割を持つ。そのほかにビタミンD活性化，エリスロポエチン[*7]やレニンの産生など内分泌器官としての役割もあるため，腎機能低下により全身的に多彩な変化が生じる。

a．尿の変化

急性腎前性腎不全では脱水などにより腎血流量の低下や血漿浸透圧の増加が起きるため，生体は尿中への水分の喪失を減らすことで腎血流量の維持や回復に努め，その結果乏尿または無尿となる。尿タンパク，血尿は認められず，尿沈査にも異常をみない。尿の浸透圧は高く（500 mOsm/L＜），尿中ナトリウム濃度は低い（≦20 mEq/L）。

急性腎性腎不全では尿タンパク，血尿が認められ，尿沈査も異常を示すことがある。慢性腎不全の早期には，水分を再吸収する能力が低下するために十分に尿を濃縮することができず，多尿となり，尿は無色透明で低比重（≦1.010）を示す。末期になり残存ネフロンが著明に減少すると，腎全体からの総水分排泄量が減少し，尿の量は減少する。

急性腎後性腎不全では尿道の閉塞により無尿となる。

b．電解質の変化

カリウムイオン（K^+）の90％近くが腎臓から排泄されるため，急性腎不全における乏尿または無尿期には急激な高K血症が生じる。慢性腎不全では，代謝性アシドーシスのために水素イオン（H^+）が増加し，K^+がH^+

との交換により細胞内から細胞外へ移動するために，高K血症を示す症例が多い。さらに，慢性腎不全が進行すると低Ca血症がみられるようになる。これは上皮小体ホルモン（PTH）により，近位尿細管での活性型ビタミンD産生が低下する結果，腸管からのカルシウムの吸収が障害されることによる。

また，血漿中のPは腎臓で調節されていることから，慢性腎不全の初期段階における腎機能の低下は糸球体ろ過量が減少し，Pの排泄ができず軽度の高P血症となる。さらに腎不全が進行し低Ca血症がみられるようになると，PTHの上昇により高P血症が引き起こされる。これは高窒素血症の発現とほぼ同じ時期に出現してくる。

c．酸・塩基平衡バランスの変化

慢性腎不全では，尿細管の機能が低下し，重炭酸イオン（HCO_3^-）の再吸収障害とH^+の排泄低下により代謝性アシドーシスとなり，血液pHとベースエクセス（BE）[*8]の低下が生じる。

d．その他の変化

慢性腎不全では，赤血球生成促進因子であるエリスロポエチンの産生低下による正球性正色素性貧血[*9]（腎性貧血[*10]）を来す。

④診断

腎不全と診断するための診断基準として，一般に血中BUNとCre濃度が腎機能低下の程度を示す指標として用いられている。慢性腎不全子牛6頭において，血中BUNとCre濃度はそれぞれ106.0 ± 30.8 mg/100 mLおよび7.9 ± 4.8 mg/100 mL（平均±標準偏差）であったことが報告されている[1]。また，腎外性因子に影響を受けやすいBUNと影響を受けにくいCreとの比（BUN/Cre）をみることが，高窒素血症の病態解析に有用であることが報告されている[2]。子牛のBUN/Cre比は通常15～20であり，20以上は腎外因子，15以下は腎性因子と評価する。

尿中NAGは近位尿細管細胞ライソゾーム[*11]に局在する加水分解酵素で，基準値は3 U/g以下であり尿細管が障害されると早期から上昇し，尿細管障害の鋭敏な指標となる。

⑤治療・予防

急性腎不全の治療は腎機能の回復を目標とする。大まかな流れとしては，まず原因となる病態を改善し，腎機能が回復するまでの間，腎不全により破綻した体内の内部環境を維持することである。補液，尿路閉塞の解除，原疾患に対する治療などにより腎機能の早期回復を目指す。原因に対する治療を行わなければ自然回復は期待できず，慢性腎不全となる。

一方，慢性腎不全では腎機能の回復は見込めないため，さらなる悪化を防ぐことを治療の目標とする。処置内容としては，タンパク同化ステロイド剤[*12]の筋肉内投与による高窒素血症の改善，活性化ビタミンD_3の経口投与による低Ca血症の改善，水酸化アルミニウムの経口投与による高P血症の改善，重曹注の投与による代謝性アシドーシスの改善などが挙げられる。

急性腎不全の発生を防ぐには，下痢や尿路結石症など急性腎不全を引き起こすような原疾患の発生を予防することが第一である。下痢や第四胃鼓脹症などにより重度な脱水が生じた場合には，原疾患に対する処置に加え，適切な輸液療法によって脱水状態を緩和することが重要である。また，コクシジウム症やほかの感染症の治療として，腎毒性の強いサルファ剤やアミノグリコシド系抗菌薬を投与する場合は適切な投与量を厳守すべきである。急性腎不全を放置すると慢性腎不全に移行するため，迅速に適切な処置を施すべきである。また，慢性腎不全を引き起こす原因のひとつである，牛クローディン-16欠損症の発生を防ぐためには，保因種雄牛を交配に用いる場合に雌牛の系統を考慮し，保因牛同士の交配を避けることが必要である。

第2節　膀胱の異常

正常環境下の膀胱は感染に抵抗性で，尿道と膀胱尿管弁の働きや腎臓と膀胱からの間欠性拍動性の尿の流出，局所における免疫グロブリンA（IgA）産生，ムチン[*13]や免疫グロブリンG（IgG）によって細菌が膀胱粘膜上皮に付着するのを防いでいる[1]。膀胱の異常は感染性のものが多く，細菌の上行により腎炎を継発することが多い

ので注意を要する。

膀胱炎　cystitis

①背景

膀胱炎（cystitis）は，膀胱に炎症が生じ頻尿や排尿時に疼痛を生じる疾患で，原因は非感染性と感染（細菌）性のものがある。非感染性の原因としては物理的な刺激やアレルギー，腫瘍や免疫介在性疾患で使用される抗がん剤シクロホスファミドなどがあり，無菌性出血性膀胱炎の原因となる[1]。牛の場合は感染性によるものがほとんどで，細菌の上行に伴い尿管炎，腎盂腎炎，化膿性腎炎などを継発することがある。

感染性の場合は，尿道から侵入した細菌が上行性に膀胱に達し，膀胱粘膜上皮に付着することで生じる。膀胱炎の原因細菌は E. coli や Corynebacterium spp.（C. renale, C. pilosum, C. cystitis）が多く，ほかに Proteus 属や S. aureus, Streptcoccus spp., Klebsiella spp. が分離されることもあるが，Corynebacterium spp. との複合感染で病勢を悪化させる場合も少なくない。

雌は雄より尿道が短いため膀胱炎になりやすい[2]。また，尿路結石症やカテーテル操作失宜による尿道や膀胱壁の傷害，先天性尿路形態異常，外傷による膀胱損傷も細菌感染の素因となる。さらに，神経性排尿障害や膀胱壁炎症時の収縮性低下による，膀胱内の増殖細菌の排出障害も誘因となり得る。このほか寒冷感作や刺激物質，ストレスや急性伝染病によって引き起こされることもある。

②症状・病態

a．急性

頻尿と排尿時の疼痛が一般的な症状である。排尿困難や尿意頻回をみるが，1回の尿量は少なく排尿後も背彎姿勢をとり尿淋瀝となる。重症例では，努責や疝痛症状（後肢の足踏み，腹部を蹴るなど）を伴うことがある。直腸検査では，膀胱や尿道に触れると痛みのため牛は嫌がり，肥厚し攣縮している膀胱を触知できることがある。血尿や混濁尿を呈し，排尿の終わりにみる血尿は膀胱内からの出血を示している。また，外陰部被毛に血餅や膿塊，結晶が付着している場合もある。感染が膀胱に限局していれば，全身症状は示さない[3]が，感染が上部尿路系まで波及すれば，尿毒症の症状（元気・食欲減退，嘔吐，沈うつ，神経症状など）がみられる。

b．慢性

症状は急性と似ているが一般に軽度で，通常，排尿時の疼痛や排尿困難はみられない。また，全身症状が顕著でないので，放置されることがしばしばある。尿は血尿や混濁尿，膿尿を示し，腐敗臭を呈することもある。

③診断

診断は，注意深い裏告の聴取と症状の観察，臨床検査結果によって行う。

a．尿検査

自然排尿での尿サンプルは腟炎や尿道炎，包皮炎といった膀胱以下の尿路疾患の影響を受けるため，検査はカテーテルもしくは膀胱穿刺によって無菌的に得られたサンプルを用いる。無菌的に採取した尿の細菌分離培養検査は診断だけでなく，抗菌薬選択の指標としても有用である。

また，尿沈査や，尿試験スティックによる尿 pH や尿タンパク，潜血反応は膀胱炎の重要な指標となる。尿タンパク反応は，尿中のアルブミンや炎症性細胞，膀胱上皮細胞により陽性を示す。急性では，尿沈査に白血球や赤血球，膀胱移行上皮，細菌の増加をみる。また，慢性ではそれらに加え，リン酸アンモニウムマグネシウム結晶[*14]や硝子様円柱[*15]が認められる。重症例では低比重尿（＜1.020）を示す。

b．血液検査

全身状態が現れている場合や上部尿路への感染が疑われる場合には血液検査を実施する。

急性では白血球数（好中球）の増加，低タンパク血症，急性期タンパク質[*16]の増量による α-グロブリン分画の増加が認められる。重症化するにつれ，尿毒症所見（BUN, Cre, P 濃度の高値）や酸・塩基平衡の不均衡がみられるようになる。慢性では γ-グロブリン分画が優位となる。

c．X 線検査

単純および二重膀胱造影法[*17]により，膀胱および膀胱周囲の尿路系の異常（結石，狭窄，腫瘍，解剖学的異常など）を確認できる。

d．超音波検査

超音波検査において，子牛では3.5～5.0 MHzのセクタープローブを鼠径部から後背方向へ当てていけば，容易に膀胱を描出することができる。

膀胱壁の断層構造，膀胱内の結石や悪性新生物などの存在を確認できる。

e．内視鏡検査

内視鏡検査では，膀胱内にスコープを挿入後，通気によって残尿を排出させることで膀胱壁の観察を容易に実施できる。

急性では，膀胱粘膜の充血，出血，腫脹および浮腫がみられる（口絵 p.37，図7-5）。残尿は，血色や混濁し粘稠性を呈する。慢性では，膀胱粘膜表面は肥厚し皺壁を形成している。砂粒大からエンドウ豆大の結節が散発し，重度に充血し浮き上がった血管が認められる。

f．類症鑑別

軽度の疝痛は消化管疾患でもみられるが，この場合は尿検査所見は正常である。また，地方病性血尿[*18]でも排尿困難や血尿はみられるが，尿検査で膿尿や細菌尿をみることはほとんどない。膀胱結石でも疝痛症状，排尿困難，血尿を示すが，直腸検査や尿検査，超音波検査，内視鏡検査によって鑑別することができる。

④治療

基本的には急性，慢性ともに給水を十分行い，利尿による菌の排出を試みつつ抗菌薬の全身投与を実施する。

全身投与に関しては，原因菌に感受性のある抗菌薬を選択することはいうまでもなく，尿の細菌分離培養検査および薬剤感受性試験は必ず実施する。薬剤感受性試験結果が得られる前の第一選択薬は，ベンジルペニシリン・プロカイン，アンピシリンナトリウムなどの腎臓排泄性抗菌薬である。検査結果が得られたら感受性のある抗菌薬に変更する。

多くの場合，3日間の抗菌薬投与により症状は改善するが，再発することもあるため，症状消失後も治療は2～3日継続し，治療開始後2週間目に再度尿検査（尿試験スティック，細菌分離培養）を実施して治癒判定を行う。治療開始後96時間が経過しても全身状態（元気，食欲，体温）が改善されない場合，ほかの抗菌薬（セフェム系，ニューキノロン系，ST合剤）に変更する。

全身状態により対症療法として輸液が必要な場合もある。

局所療法に関しては，膀胱内洗浄は収斂剤[*19]（0.1％過マンガン酸カリウム液，3％ホウ酸水）で無菌的に行えば有効である。

いずれの治療法も初期の段階から実施すれば反応はよいが，慢性例や重症例では膀胱以外にも感染が波及していることもあり，その場合予後はよくない。

第3節　尿路の異常

雄の尿道の遠位端と雌の腟には正常細菌叢がみられるが，尿道と膀胱尿管弁の働きと，腎臓と膀胱からの間欠性拍動性の尿の流出が正常細菌叢の上行を防いでいる。

尿路の異常は肉用牛の育成時に多くは尿石症としてみられ，排尿姿勢や尿の異常で気付く，早期に的確に対応しないと予後不良となるので注意が必要である。

1．尿路感染症
uriary tract infectious disease

牛の尿路感染症（uriary tract infectious disease）は*C. renale*，*E. coli*やその他の腸内細菌，表在細菌である*S. aureus*などが原因となり，これらの細菌が尿道から膀胱，腎臓へと上行性に感染することで発症する疾患である。感染初期は尿道炎であるが，細菌の上行性感染に伴い膀胱炎や腎盂腎炎，化膿性腎炎へと移行する。

尿道炎は，膀胱炎に併発して発生することが多く，原因や症状，治療は膀胱炎に準じる（本章 第2節「膀胱炎」を参照）。

2．尿路結石症
urolithiasis, urinary calculus

腎臓や膀胱で形成された結石が尿管や尿道を閉塞し，

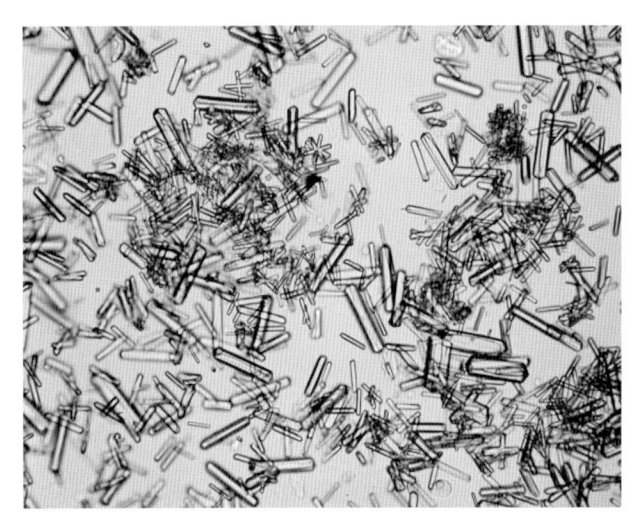

図7-7　リン酸アンモニアマグネシウム結晶

尿路損傷や排尿障害を起こす代謝性疾患である。結石の存在部位により尿道結石，膀胱結石，尿管結石，腎結石といわれる。結石はしばしば尿道にひっかかり，栓塞の結果，尿道狭窄や尿道破裂，膀胱破裂，尿管破裂，尿管拡張症，水腎症[*20]を引き起こし，まれに腎破裂に至ることもある。尿路結石症は，突発的に発生することもあるが，飼養管理失宜による群飼いで発生する場合もある。雄牛のS状彎曲部は結石が停滞しやすく，そのため炎症や肥厚を起こし，尿道を閉塞する（**口絵 p.37，図7-6**）。

① 背景

尿路結石症（urolithiasis, urinary calculus）は，肉牛で多くみられ，肥育用の去勢雄牛において冬季から春季にかけての発症が多い。

結石の主な成分はリン酸アンモニウムマグネシウム（ストラバイト）（**図7-7**），リン酸マグネシウム[*21]，リン酸カルシウム[*22]であるが，尿酸塩[*23]やケイ酸塩[*24]による結石も報告されている[1,2]。

尿路結石症の発生には複数の要因が関係しているが，最も重要なのは尿中への非溶解性結晶状結石の高濃度の析出である[3]。要因となるものを以下にまとめた。また，先天性の要因で生じる結石もある。

a．飼料成分

濃厚飼料やペレット状飼料の多給と粗飼料の給与不足は，飼料中のカルシウム/リンの不均衡（低カルシウム，高リン）を来す。また，肥育素子牛の飼料としてフスマ[*25]が給与されることがあるが，フスマはリンの含量が多いため，尿中へのリンの排泄が増加し結石が形成されやすくなる。また，濃厚飼料の多給により尿細管上皮細胞のムコタンパク[*26]の分泌が促進される。ムコタンパクはコロイド物質の溶解性を低下させ，結石形成を促すことが知られており[4,5]，尿中のコロイド物質の増量を招く。さらに，過剰に摂取された無機の陽イオン（Ca^{2+}，Mg^{2+}，NH_4^+，PO_4^{3-}）が過飽和状態となり不溶化し，これらとコロイド物質，細胞落屑，細菌などが核となり結石を形成することもある[2]。

b．尿 pH

リン酸アンモニウムマグネシウム，リン酸カルシウム，炭酸カルシウム[*27]結石は，尿 pH がアルカリ性の場合には溶解性が低下するが，シュウ酸カルシウム[*28]の溶解性は生理的な尿 pH の変動範囲ではほとんど影響を受けない[6,7,8,9]ことがわかっている。

c．ビタミンA欠乏

尿路粘膜上皮の角化亢進および脱落が促されるため，結石の原因となる[6]。

d．尿路感染症

細菌性尿は尿 pH がアルカリ性となるため，結石形成を促進する。

e．飼料給与形態

不断給餌でなく，1〜2回/日の飼料給与では給餌後すぐに抗利尿ホルモン（ADH）放出が誘発されるため，一時的に排尿が減り尿が濃縮される[10,11]。また，冬季の飲水量減少により尿が濃縮されるこういった尿の濃縮が結石形成を促進させる。ちなみに水の硬度は，結石形成には重要ではないと考えられている[11]。

f．その他

過去に成長促進物質として使用されていたジエチルスチルベストロール（DES）[*29]のようなエストロゲン様物質は尿中のムコタンパクを増加させるため，結石形成を促進することが知られている[4,12]。また，4カ月齢以前の早期の去勢では陰茎や尿道の発育に関係するホルモンが不足することにより排尿器官の発育が不十分となり，結石の排泄が困難となる。

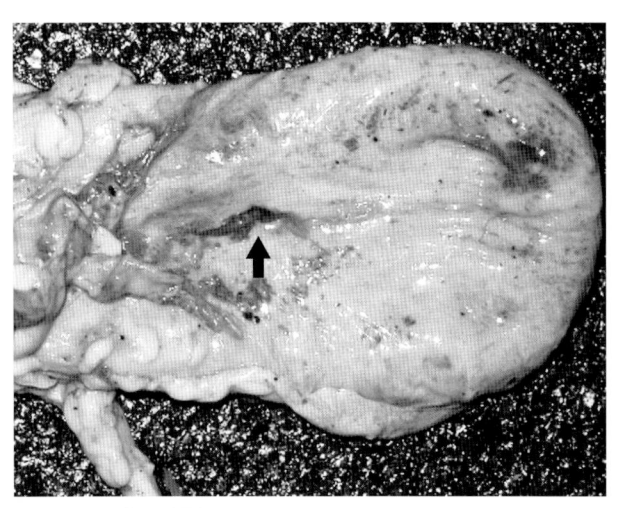

図7-8 膀胱破裂

②症状・病態

臨床症状は，尿道閉塞の程度により様々である。結石が腎臓内や膀胱内にあると無症状で経過することもあるが，尿管や尿道に移動すると尿路の閉塞性障害を引き起こす。

a．軽症例

部分的閉塞では元気や食欲の低下，軽度の腹部緊張もしくは膨満がみられる。排尿困難のため排尿が長引いたり，頻尿がみられる。また，陰毛先端に白色から灰白色の顆粒状や砂粒状の結石が付着していたり，一過性の血尿やタンパク尿がみられる。有痛性排尿困難を便秘やしぶり便と誤ってしまうこともあるため，乾いたストールなどに移動させ，排尿を確認するのも診断の一助となる。

b．重症例

完全閉塞すると乏尿となり，排尿姿勢をとり怒責はするが，淋漓か排尿不能である。そのため陰毛は乾燥する。食欲不振となり，腹部を蹴る，背を曲げる，足踏みする，座り込んだり呻吟したりと重度の疝痛症状を呈す[13]。疝痛症状は，間欠的であったり持続的であったりする[14]。さらに，腹囲膨満，腹部の圧痛や開張姿勢をとり，陰茎周囲に浮腫がみられるようになる。さらに病態が進むと，1～2日間で膀胱や尿道の破裂を招き（図7-8），大量の尿が腹腔内に漏出し，腹膜炎や尿毒症を継発して1週間以内に死亡する。

③診断

a．臨床症状

外陰部被毛に付着した顆粒状もしくは砂粒状結石，尿中に排泄された結石は尿路結石症を疑う重要な所見である。膀胱破裂例では，下腹部の膨満が認められ，下腹部の試験的穿刺による尿の排出は診断の一助となる。S字状彎曲部末端の結石は，陰茎先端からゾンデを挿入することで結石を確認することができる場合もある。膀胱破裂や尿道破裂があり尿が周囲組織へ漏出している場合，体表から強い尿臭を呈する。

b．血液検査

尿路閉塞や細菌感染がなければ一般に著変はない。尿路閉塞がある場合は，閉塞の程度と経過により，血中のBUN，Cre，P値が上昇する。

c．X線検査および超音波検査

子牛や若齢牛など，体幅の薄い個体ではX線検査や超音波検査により確定診断が可能である[15, 16, 17, 18]。

X線検査では横臥位で後肢を尾側に引いた状態で牛を保定し，側腹部からの撮影により膀胱内の結石を確認できる。また，陽性造影[*30]による尿道撮影ではX線透過性の尿道結石や尿道狭窄，尿道破裂を確認することができる。

子牛での超音波検査は3.5～5.0 MHzのセクタープローブを使用し，プローブを鼡径部から後背方向へ当てていけば膀胱の描出は容易であり，右膁部からは左右の腎臓が描出できる[16]。腎結石では拡張した腎杯とそのなかに高エコーの結石像が描出され，膀胱結石では肥厚した膀胱壁や膀胱内の結石が描出される。

発症後48時間以上経過した症例や重度の高窒素血症を呈している症例では，腎機能がかなり障害を受けていることが考えられるため，外科的治療の前に腎臓の超音波検査を行うのが望ましい。

d．尿検査

排尿障害がみられる症例では，下腹部皮膚から膀胱内に直接針を穿刺して貯留尿を採尿して検査する。

混濁尿がみられ，静置すると灰白色の沈殿物を生じる。尿試験スティックでは尿タンパクと潜血反応が陽性を示し，尿沈渣には赤血球，尿円柱，脱落した上皮細胞や多量のリン酸アンモニウムマグネシウム結晶をみる。また，腎盂腎炎や膀胱炎，尿道炎を継発した症例では，

多数の白血球や細菌が認められる。

早期診断の指標として，以下の簡易検査法が応用されている[1]。

- 尿アンモニア添加法

  赤血球凝集反応板に尿0.25 mLを入れ，1 M濃度のアンモニア液（濃アンモニア液125 mLに蒸留水を加え1,000 mLにメスアップしたもの）を0.25 mL加えて撹拌し，10～20分間静置した後に生じた沈殿の量で判定する。

- 尿アンモニア添加改良法

  遠心管に尿2 mLと1 M濃度のアンモニア液2 mLを入れて，遠心分離（3,000 rpm，5 min）を行う。その後，上清の9/10を駒込ピペットで吸引し捨て，残さをよく混和後，ヘマトクリット管で吸引する。それを再度遠心（3,000 rpm，10 min）した後，血球容積判定板を用いて沈殿層の高さを読み判定する。以下に判定基準を示す。

  0～5%　　　陰性
  5～10%　　 偽陽性
  10%≦　　　陽性

e．類症鑑別

腹部の膨満や疝痛症状は，消化管や尿路損傷によっても認められるため，腹部聴打診，直腸検査，超音波検査，X線検査は消化器疾患もしくは泌尿器疾患の鑑別診断に有効である。

腹部膨満の類症鑑別として鼓脹症，び漫性腹膜炎，腹腔内腫瘍，消化管閉塞がある。疝痛症状を呈するものとして腸閉塞との鑑別が重要であるが，腸閉塞時では尿に著変が認められない。その他，尿道破裂による陰茎の浮腫は外傷性損傷や皮下膿瘍，臍あるいは腹壁ヘルニアとの鑑別が必要である。

④治療

a．内科的療法

- 塩化アンモニウム

  尿中のリン酸アンモニウムマグネシウム結晶は尿が酸性化すると溶解するため，尿酸化剤として塩化アンモニウムを数日間経口投与する。ただし，塩化アンモニウムはアシドーシスと脱水を招くため，長期にわたる投与は避ける[2]。

- 臭化プリフィニウム

  疼痛緩和と鎮痙作用による結石排出の目的で，臭化プリフィニウムを投与する。これは陰茎後引筋を弛緩させ，その結果S字状彎曲部を直線化するため結石が通りやすくなる[19]。

- その他

  尿道や膀胱に損傷のない急性部分的閉塞例では，NSAIDsや鎮痙作用のあるトランキライザー（クロルプロマジン）といった注射薬が鎮痛目的で使用されることもあるが子牛での効果は乏しく，外科的な治療が必要となることが多い[20, 21]。

b．外科的療法

尿路閉塞の解除による排尿が外科的療法の主な目的である。外科的治療は性別，経済性，手術技術や機器，病態を考えて選択すべきである。排尿困難があればカテーテル導尿にて膀胱内貯留尿の排出を試みる。それでも排尿不能の場合や，S字状彎曲部や陰茎部尿道に閉塞がある場合には，外科的結石除去やカテーテル留置，会陰尿道造瘻術[*31]を行う。会陰尿道造瘻術は緊急的な外科手術であり，合併症として術後出血，尿の皮下漏出，尿道狭窄を起こすことがあるため注意が必要である。

⑤予防

十分な給水を心掛け，特に寒冷期には飲水量が減少しないように，温めた水を給与する。内服用ビタミンAの投与も予防効果がある。また，陰茎や尿道の発育を促すため，去勢は4カ月齢以降に行うようにする。

離乳時期にすでに尿路石症に罹患していることもあるため，スターターなど固形飼料を給与する生後2カ月齢くらいからは，タンパク質の多い飼料を減らしカルシウム含量の多いものを与える。

⑥その他の結石症

a．キサンチン結石症

キサンチン結石症は，プリン代謝酵素キサンチンオキシダーゼ[*32]の先天的欠損によって，プリン代謝[*33]の中間代謝産物であるヒポキサンチン[*34]およびキサンチン[*35]が尿酸に分解されずに体内に蓄積し，結石を形成することで腎臓や尿路系を閉塞する常染色体劣性遺伝性疾患である[22]。

好発月齢は1～6カ月齢で，症状として活力および食欲低下，発育不良，動作緩慢や硬直歩様がみられる[23]。症状の進行に伴い排尿困難を呈し，腎不全となる。結石はやや褐色を帯びた黄色砂粒状で，指で容易に破砕可能

である。

　黒毛和種では原因とされる MCSU 遺伝子が同定されており，この遺伝子中の Tyr-257 をコードする 3 塩基の欠損を確認すること，もしくは，赤外分光分析[*36]によりキサンチン結石を証明することで確定診断できる。発症牛は予後不良である（第 10 章「5．キサンチン尿症 II 型（モリブデン補酵素欠損症）」を参照）。

3．尿路閉塞症　urinary tract obstruction

①背景

　尿路閉塞症（urinary tract obstruction）は，尿路（膀胱，尿道，尿管あるいは周囲の組織）における炎症産物，結石，器質的な狭窄，腫瘍，膿瘍などによる尿の流出障害をいう。

　腎臓や膀胱で形成された炎症産物や結石は，尿の流れとともに口径が細くなっている下流の尿管や尿道中に留まり閉塞する。また，尿管や尿道に先天性，後天性，医原性の狭窄があると尿の流れが妨げられる。尿管や尿道の内部あるいは周囲組織に発生した腫瘍や，膀胱三角近辺に発生した過形成や腫瘍も尿路閉塞の原因となる。

②症状・病態

　尿路の閉塞部位と程度により症状は様々である。

　閉塞部位に関しては，片側性の尿管閉塞であれば水腎症を生じたとしても，もう一方の腎機能に問題がなければ症状を呈さない。両側性の尿管閉塞を来すと，最終的に尿毒症により死の転帰をとる。

　閉塞の程度については，不完全閉塞の場合，排尿困難による怒責，少量の排尿，疝痛症状，頻尿を示す。膀胱は拡張し，閉塞部位の解除がなければ，膀胱破裂，尿管破裂，水腎症，尿毒症となり予後不良となる。完全閉塞により排尿不能である場合は，左右腎臓に重度の負荷がかかり，全身状態は急速に悪化し，食欲廃絶，腹囲膨満，疝痛症状を呈する。膀胱および尿管は異常に拡張し，膀胱破裂を招き，腹膜炎と急性尿毒症により 1 週間以内に死亡する。

③診断

a．臨床所見

　前述の症状を呈している場合は，尿路閉塞が疑われる。

b．超音波検査

　超音波検査は腹部体表からプローブを当てて行う。陰茎付近の尿道閉塞部位や，膀胱破裂の場合は腹腔内や破裂周囲組織への尿貯留像が確認できる。

　静脈性腎盂造影法[*37]で，閉塞部位を特定することができる。

　病態の進行に伴い，血液濃縮，血中 BUN，Cre，P 値の上昇など尿毒症時の血液検査所見がみられる。

④治療

　原因疾患の治療により閉塞が解除されれば，予後は比較的良好である。しかし，腫瘍性病変などでは，再発することもあるため，原因に応じて予後判定をしたうえで治療方針を決定する必要がある。膀胱内に尿が貯留している場合には，導尿や膀胱穿刺により膀胱内の尿を排除することで，一時的に全身状態の回復がみられるが，原因疾患を除去しなければ再発してしまう。それにより，外科手術が必要と判断される場合は性別，手術技術および機器，経済性などを勘案して行うべきである。

4．異所性尿管　ectopic ureter

①背景（要因・誘因）

　先天性異常のひとつであるが，非常にまれな疾患である。発生の 9 割は雌である。雌では片側もしくは両側の尿管が尿道や腟，膀胱頸や膀胱尖に開口し，雄では尿道や輸精管，精嚢に開口する。

②症状・病態

　本疾患では有痛性の排尿困難や尿失禁がよく認められるが，通常の排尿をすることもある。特に持続的な尿失禁が認められた場合には，本疾患を疑うべきである。持続的な尿失禁により炎症が起こり，雌では会陰皮膚や後肢の内側部に，雄では陰茎や下腹部にび爛が認められる。経過によっては，尿路感染症や多嚢胞性腎[*38]，水腎症を合併することもある。

③診断

　腟鏡や膀胱鏡検査では，異所性尿管の開口部を探すのは非常に困難であるため，静脈性腎盂造影法や尿管の内視鏡検査により診断する必要がある。

④治療

外科的整復法としては尿管開口部位の修復や，片側性の場合であれば同側の腎臓摘出術も有効である。後者の治療を行う場合，血液生化学的検査により反対側の腎臓の機能に問題がないこと，さらに超音波検査や静脈性腎盂造影法により形態にも異常がないことを事前に確認する必要がある。

第4節　生殖器の異常

ここでは，子牛の生殖器の異常として，潜在精巣（cryptorchidism）について解説する。潜在精巣は，陰睾，停留精巣ともいわれ，精巣が一側性あるいは両側性に陰囊内に下降せず，腹腔内に停留する疾患である。なお，精巣が陰囊内ではなく大腿三角部や会陰部などの皮下にみられる精巣逸所症（ectopic testis）を，広義に潜在精巣に含める場合がある。

潜在精巣　cryptorchidism

①背景

精巣下降の機序は二相性機序であり，機械的因子やホルモン因子を介して，①泌尿生殖隆起から鼠径部の移動と②鼠径部から陰囊内の移動により生じる。発生学的には，胎生期において，泌尿生殖隆起にできた生殖腺堤に卵黄囊から始原生殖細胞が移動する。さらに始原生殖細胞を取り囲むように胎子セルトリ細胞と胎子ライディッヒ細胞が遊走し，同領域において機能的な精巣が形成される。胎子ライディッヒ細胞からはテストステロンやインスリン様成長因子-3（IGF-3），胎子セルトリ細胞からは抗ミューラー管ホルモン（AMH）が産生される。

胎子の精巣は，頭側を上生殖靭帯，尾側を精巣導体で支持されている。第1相の腹腔内移動では，胎子の発育に伴い，後腹膜に固定されている腎臓は骨盤腔内から頭側に引き上げられる。一方で，精巣は上生殖靭帯がテストステロンの影響で退縮し，精巣導体がIGF-3やAMHの刺激を受け伸長・肥大することで，骨盤腔内に係留され，鼠径部近くにその後位置する。第2相では，鼠径部から陰囊底部までの下降であり，内鼠径輪—鼠径管—陰囊の順に，テストステロンにより分泌・促進されたカルシトニン遺伝子関連ペプチドに刺激され精巣導体が肥大して遊走し，さらに反転した腹膜が伸展することで，鞘状突起が形成される。これを通路とし，胎子の腹腔内圧の上昇も加わることにより，精巣が陰囊内に下降する。牛では，胎齢約130日頃までに，胎子精巣が陰囊内に位置する。潜在精巣は，この二相性機序の過程が障害され，正常に陰囊内に精巣が下降せず，腹腔内に停留する。

潜在精巣は馬，豚，ある種の犬で多くみられるが，牛での発生率は0.2%（北米[1]），0.3%（黒毛和種[2]）などの報告がある。潜在精巣は，片側性が両側性よりも多く，片側性おいて左側精巣が停留する割合が右側精巣に比べ，約2倍（北米）や約5倍（黒毛和種）多い。潜在精巣の停留する位置は，鼠径管内が腹腔内（腎臓と鼠径管の間）よりも多い。潜在精巣の原因として，遺伝性や環境中に存在するIGF-3の産生を阻害するエストロジェン物質，抗アンドロジェン物質などが考えられているが，明確ではない。しかし，これら阻害物質は，妊娠中の母体や成熟した動物に対しては影響がないレベルであっても，胎子の発育には影響を及ぼすことが知られている。

②症状

潜在精巣は，去勢時に陰囊内に精巣が触知されないことで発見されることが多い。また，肥育中に雄性化した体型（頭頚部の大型化），行動の雄性化（乗駕欲，陰茎の勃起など）によって発見されることもある。

③病態

腹腔内の潜在精巣は，陰囊内に正常に下降した精巣や皮下に逸所した精巣よりも小さいことが多く，陰囊内に比べ腹腔内の温度が高いため精子形成が障害されることが多い。潜在精巣からテストステロンが合成，分泌されることが多いため，体躯や行動の雄性化がみられる。

④診断

腹腔内の潜在精巣を画像診断する方法に，超音波検査がある。Bモード法では，高エコーな精巣縦隔から精巣実質，精巣上体の順に徐々に低エコーに描出される（口

絵 p.37，図 7-9）。しかし，超音波検査は探触子から発せられる超音波の範囲が限られるため，描出には限界がある。また，リンパ節と誤認することがあるので，十分な鑑別が必要である。最近では，潜在精巣の画像診断として，超音波検査のほかに，コンピューター断層撮影（CT）検査（口絵 p.37，図 7-10），腹腔鏡検査（口絵 p.38，図 7-11）が報告されている。

潜在精巣から雄性化に関わるホルモンの分泌により，肥育中の雄性行動や肉質の低下が懸念されるため，その内分泌学的な機能を調べることは，摘出手術前の状態や予後を評価するうえで有用である[3]。雄性性腺機能検査として，ヒト絨毛性性腺刺激ホルモン（hCG）を 1,500 IU から 5,000 IU 筋肉内投与し，投与前後の血中 T 濃度を測定する hCG 負荷試験がある。内分泌能を有す精巣では，hCG の LH 様作用にライディッヒ細胞が刺激され，テストステロンの合成・分泌が促進されるため，血中テストステロン濃度が高くなる。ただし，潜在精巣は陰嚢内に正常に下降した精巣に比べ発育が悪い傾向にあり（口絵 p.38，図 7-12），ライディッヒ細胞での LH 受容体の発現が低下している可能性があり，hCG 投与後の血中 T 濃度の反応性が低い個体もみられることに留意する必要がある。また，セルトリ細胞からのみ特異的に合成・分泌される AMH の血液中の濃度を測定する検査がある。

AMH は，内分泌能を有す精巣がある牛では血液中に検出されるが，去勢された牛では検出されない。よって，潜在精巣の内分泌学的評価において無精巣症と鑑別する際に有用であり，hCG 負荷試験のような負荷を必要とせず，単回採血で行える。

⑤治療・予防

治療として，潜在精巣を摘出する方法に開腹手術がある。罹患精巣側の立位では膁部を，仰臥位では前乳頭前方の傍正中を切開し開腹する。開腹後，腎臓と鼠径部の間の構造を探索し潜在精巣の発見を試みるが，膀胱に繋がる精管[4]や腎臓の後方にある腹膜襞を辿ることは探索の一助となる。潜在精巣は去勢時に発見されることが多く，また片側潜在精巣が多いため，正常に下降している精巣は去勢時に摘出し，後日改めて潜在精巣の摘出のため手術を行うことが多い。よって，潜在精巣が左右どちらの精巣であったかを記録しておくことは，その後の手術の成否に大きくかかわる。開腹手術のほかに，潜在精巣を摘出する方法として，腹腔鏡下手術による方法が報告されており，有視下で精巣や摘出状況（出血など）を確認しながら手術でき，侵襲性の軽減が図れる。

予防として，遺伝性のリスクから潜在精巣に罹患した牛を繁殖供用することは避けるべきである。

■注釈

*1
尿中 N-アセチル-β-D-グルコサミダーゼ（NAG）：近位尿細管上皮細胞のライソゾーム由来の尿中逸脱酵素で，尿細管障害の指標である。

*2
ウレアーゼ：尿素をアンモニアと二酸化炭素に加水分解する酵素である。

*3
選択性漏出低タンパク血症：通常，腎糸球体基底膜では比較的低分子量のタンパク質が選択され，尿中へ排泄される。しかしネフローゼでは，通常排泄されないアルブミンが尿中に排泄され，著しい低タンパク血症となる。

*4
腎血流速度：腎臓は大量の老廃物を排泄し，様々な代謝を行うため，腎血流量は心拍出量の約 20％を占めている。その速度は腎動脈圧と腎静脈圧の差に比例し，腎臓の脈管抵抗に反比例している。

*5
糸球体ろ過速度：糸球体は血液中の水分や小さい分子を漏出するが，その速度は局所の血圧，血流量，血漿のコロイド浸透圧の影響を受ける。

*6
スルファミン結晶：スルファチアゾール，スルファジアメジン，スルファメラジンが体内でアセチル化されると溶解度が低下し不溶性の結晶を生じ，尿石症の原因となる。

*7
エリスロポエチン：腎臓で大部分が生成される赤血球放出因子で，貧血，呼吸や血液障害で組織酸素分圧が低下することにより生成の増加をみる。

*8
ベースエクセス（BE）：被検血液の pH を 7.4 にするために必要な酸あるいは塩基の量（mEq/L）を炭酸ガス分圧 40 mmHg，温度 37℃の条件下で示したもの。

*9
正球性正色素性貧血：赤血球の形態による貧血の分類で，平均赤血球容積と平均赤血球ヘモグロビン濃度が正常な貧血のことをいい，赤血球産生障害が疑われる。

*10
腎性貧血：腎臓はエリスロポエチンを産生するが，腎臓の障害によりその産生が低下し，骨髄の幹細胞から前赤芽球への分化を促せずに起こる貧血をいう。

*11
近位尿細管細胞ライソゾーム：腎小体に続く最初の尿細管にある水解小体で，細胞内の制御された消化に関わる加水分解酵素を含む。

*12
タンパク同化ステロイド剤：タンパク同化作用の強いアンドロゲン系，エストロゲン系ホルモンである。

*13
ムチン：動物性の粘性糖タンパク質で，酸に対する溶解性からムチンとムコイドに分けられた。

*14
リン酸アンモニウムマグネシウム結晶：顕微鏡下では無色，羽状形・プリズム状などの形状を示し，酸（塩酸や酢酸など）で容易に溶解する。尿路感染症では，尿素分解菌によってアルカリ化した尿中のリン酸がアンモニアとマグネシウムに結合し結晶化することがある。

*15
硝子様円柱：各種尿円柱の基質となるもので，成分として全く何も含まないものから少量の細胞や顆粒を含むものまで様々である。また健常な個体でも認められることがある。

*16
急性期タンパク質：炎症の急性期に肝臓から血中に放出されるタンパク質のこと。

*17
二重膀胱造影法：陰性造影法（空気や窒素ガスなどを膀胱内に注入する方法）と陽性造影法（造影剤を膀胱内に注入する方法）の両者を同時に行う方法のこと。

*18
地方病性血尿：牛の放牧病として知られ，ワラビを摂取することによる膀胱粘膜の腫瘍性病変に起因する血尿症のこと。

*19
収斂剤：皮膚や粘膜表面に作用し，タンパク質を沈殿させることで不溶性の被膜を形成させる薬物のこと。

*20
水腎症：腎盂から尿道に至る経路の通過障害により，尿が腎盂や腎杯に貯留し，腎内腔が著しく拡張した状態をいう。さらに進行すると腎実質は著しく圧迫・萎縮し，尿を充満した囊状を呈するようになる。

*21
リン酸マグネシウム：尿石の成分のひとつで$HMgO_4P$，分子量120.28のマグネシウムのリン酸塩である。

*22
リン酸カルシウム：アルカリ尿，弱酸性尿中に柱状，板状の結晶としてみるカルシウムのリン酸塩（$Ca_3(PO_4)_2$，分子量310.2）である。

*23
尿酸塩：尿酸はタンパク質代謝における最終産物（窒素化合物）で，排泄物として体外に出され，酸性尿で淡い黄色の菱形や板状の結晶としてみられる。アルカリ尿では尿酸アンモニウムの黄色の刺を有する球状の結晶としてみられる。

*24
ケイ酸塩：ケイ素原子1個または数個を中心に電気陰性な配位子に囲まれた構造を持つアニオンを含む化合物で，結石の原因となる。

*25
フスマ：糖糠類の1種。小麦の製粉時に得られる外皮部分。エネルギー価は低いが，カルシウムに比べてリンの含量が多くビタミンB群とビタミンEが多く含まれる。牛では嗜好性がよく，飼料に用いられる。

*26
ムコタンパク：タンパク質と多糖が結合した複合タンパク質。

*27
炭酸カルシウム：アルカリ尿中に褐色の種々な形態の結晶としてみるカルシウムの炭酸塩（$CaCO_3$，分子量100.09）である。

*28
シュウ酸カルシウム：アルカリ尿，弱酸性尿中に正八面体をはじめ様々な形態の結晶としてみるカルシウムのシュウ酸塩（C_2CaO_4，分子量128.1）である。

*29
ジエチルスチルベストロール（DES）：合成卵胞ホルモンのひとつで，タンパク同化作用を示し飼料効率が上昇するため，発育促進を目的に使用されていたことがある。

*30
陽性造影：硫酸バリウムや各種ヨード化合物などX線吸収の大きい物質を造影剤として注射もしくは経口投与することで，周囲臓器とのコントラストをつけてX線撮影すること。

*31
会陰尿道造瘻術：尿道閉塞時に，尿道を会陰部に開口させることで尿を排泄させる手術。

*32
プリン代謝酵素キサンチンオキシダーゼ：プリン代謝経路のなかでヒポキサンチンをキサンチンへ，さらにキサンチンから尿酸へと代謝する反応を触媒する酵素。

*33
プリン代謝：糖やアミノ酸などのプリン体以外からプリンヌクレオチドを合成する経路とヒポキサンチンなどのプリン塩基からプリンヌクレオチドを再合成する経路がある。

*34
ヒポキサチン：動植物体に広く分布し，核酸の分解により生じる。キサンチンオキシダーゼによりキサンチンに酸化される。

*35
キサンチン：プリン誘導体の1種。キサンチンオキシダーゼの作用によりヒポキサンチンから，またグアナーゼの作用によりグアニンから生成される。キサンチンオキシダーゼの作用により尿酸に酸化される。

*36
赤外分光分析：試料の赤外線吸収スペクトルを測定することで，試料中の元素の検出や定量を行う方法。

*37
静脈性腎盂造影法：静脈からヨード系造影剤を投与しX線によって尿路系（腎臓，尿管，膀胱）の形態や構造を検査する方法。

*38
多囊胞性腎：ネフロンの閉鎖によって著しい数の囊胞が腎臓内に形成される疾患。

■参考文献

第1節　腎臓の異常
1) 小岩政照. 1997. 獣医畜産新報. 50：860-864.
2) 小岩政照. 2009. 臨床獣医. 27：28-32.

第2節　膀胱の異常
1) 山口良二. 1999. 動物病理学各論. 文永堂, 東京：311-312.
2) Cummings LE et al. 1990. Am J Vet Res. 51：1988.
3) Kiper ML et al. 1990. Compend Cont Educ. (Pract Vet). 12：993.

第3節　尿路の異常
1) 一条 茂ほか. 2002. 主要症状を基礎にした牛の臨床. デーリィマン社, 北海道：353-356.
2) 安田 準. 2005. 獣医内科学（大動物編）. 文永堂, 東京：123-124.
3) Lindner A. 1987. Nephron. 33：121.
4) Groover ES et al. 2006. J Am Vet Med Assoc. 228：572.
5) Power DA et al. 1999. Clin Exp Pharmacol Physiol Suppl. 26：S23.
6) Divers TJ. 1983. Compend Cont Educ (Pract Vet). 5：S310.
7) Gallatin LL et al. 2005. J Am Vet Med Assoc. 226：756.
8) Johansson AM et al. 2003. J Vet Intern Med. 17：887.
9) Schott HC et al. 1997. Proceedings of the Forty-third Annual Convention of the American Association of Equine Practitioners：345.
10) Adams R et al. 1985. Am J Vet Res. 46：147.
11) Matthews HK et al. 1993. Vet Med. 88：349.
12) Thornhill JA et al. 1983. Proceedings of the Conference of Research Workers in Animal Disease, Chicago：16.
13) Gunson DE. 1983. J Am Vet Med Assoc. 182：263-266.
14) Behm RJ et al. 1987. Compend Cont Educ (Pract Vet). 9：698.
15) Clive DM et al. 1984. N Engl J Med. 310：563.
16) Dunn MJ et al. 1980. Kidney Int. 18：609.
17) Gunson DE et al. 1983. Vet Pathol. 20：603.
18) Krook L et al. 1975. Cornell Vet. 65：26.
19) Tudor RA et al. 1999. J Am Vet Med Assoc. 215：503.
20) Adams R et al. 1987. Vet Rec. 120：277.
21) Schuh JC et al. 1988. Equine Vet J. 20：68.
22) Hayashi M et al. 1979. The Japanese Journal of Veterinary Science. 41 (5)：505-510.
23) 大和 修. 2005. 獣医内科学（大動物編）. 文永堂, 東京：289-290.
24) Hammer EJ et al. 2000. Nephrectomy for treatment of ectopic ureter in a Holstein calf. Bovine Pract. 34：101.
25) Van Metre DC. 2009. Large Animal Internal Medicine 4th ed. Mosby：971.

第4節　生殖器の異常
1) St Jean G et al. 1992. Theriogenology. 38：951-958.
2) Tanaka S et al. 2011. J. Livestock Med. 58：151-155.
3) Kitahara G et al. 2012. J. Reprod. Dev. 58：310-315.
4) 田口 清ほか. 2000. 臨床獣医. 18：76-77.

CHAPTER

8 血液疾患

　本章では，血液疾患を赤血球の異常（第1節），白血球の異常（第2節），血小板・血液凝固系の異常（第3節）に分けて解説する。赤血球の異常では，溶血性貧血，再生不良性貧血，腎性貧血，赤血球増加症を取り上げる。白血球の異常では，急性白血病，リンパ腫を，血小板・血液凝固系の異常では播種性血管内凝固症候群をそれぞれ取り上げ，詳述する。

第1節　赤血球の異常

　牛の血液疾患において赤血球の異常は新生子からみられ，貧血を呈するものが多く，免疫介在性貧血，水中毒，原虫感染，輸血などに注意を要する必要がある。

1．溶血性貧血　hemolytic anemia

　骨髄から血液中へ放出された赤血球がその正常な寿命を遂げることなく，何らかの原因により溶血，崩壊してしまうために生じる貧血を溶血性貧血（hemolytic anemia）という。

　溶血性貧血には，子牛の水中毒（第13章 第7節「2．水中毒」を参照）のように赤血球が循環血液中で崩壊し，ヘモグロビン（Hb）が血中に流出する場合（血管内溶血）と，血液寄生性微生物であるタイレリア属原虫の感染のように赤血球が細網内皮系（reticuloendothelial system：RES）[*1]の細胞によって貪食され破壊される場合（血管外溶血）がある。

　血管内溶血では，赤血球の崩壊により血管内に流出したHbは，血漿タンパク質成分であるハプトグロビン（Hp）と結合し肝臓に運ばれてそこで分解される。しかし，溶血が重度でHpと結合できなかったHbは，血色素尿（ヘモグロビン尿）として尿中に排泄される。

　血管外溶血では，傷害の軽度な赤血球は脾臓のマクロファージにより貪食されるが，傷害の重度な赤血球は肝臓や骨髄の細胞により貪食，破壊される。

　マクロファージに取り込まれた遊離Hbは分解されてビリルビンと鉄となり，ビリルビンは肝臓にて抱合型ビリルビンとなる。また，鉄はトランスフェリン[*2]によって骨髄へ運ばれ，Hbに再合成される。これらが原因で生じる，血中Hpの減少や，ビリルビンの増加，血色素尿の出現は，溶血性貧血の診断の指標となる。

（1）タイレリア症（小型ピロプラズマ病）
　　　theileriosis

①背景

　タイレリア症は，タイレリア科（Theileriidae），タイレリア（Theileria）属原虫の感染によって引き起こされるダニ媒介性の伝染病である。

　日本を含む東アジア諸国におけるタイレリア属原虫の被害は甚大であり，放牧経営における最大の弊害として長年問題視されてきた。牛のタイレリア症には，*Theileria. parva* の寄生によるアフリカの東海岸熱および *T. annulate* の寄生による熱帯タイレリア症がある。我が国では比較的病原性の弱い *T. orientalis* が分布しており，小型ピロプラズマともいわれている。本疾患は放牧牛で重症となりやすく被害が大きい。*T. orientalis* の分布しない地域から導入した牛を，*T. orientalis* 汚染牧野に初放牧した場合，特に危険である（口絵 p.38，図8-1）。

　タイレリア属原虫は，ダニ体内で有性および無性生殖を行い，感染動物体内では無性生殖を行う。我が国では，フタトゲチマダニとヤマトマダニが *T. orientalis* を媒介している。*T. orientalis* はダニの卵には移行しないため，孵化したばかりのダニは媒介能力を持たず，感染

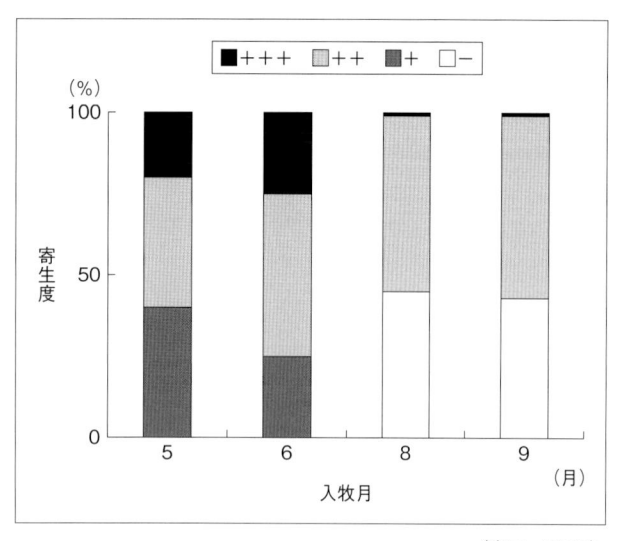

図8-2 入牧月別寄生状況

図8-3 Ht値と寄生度の関係

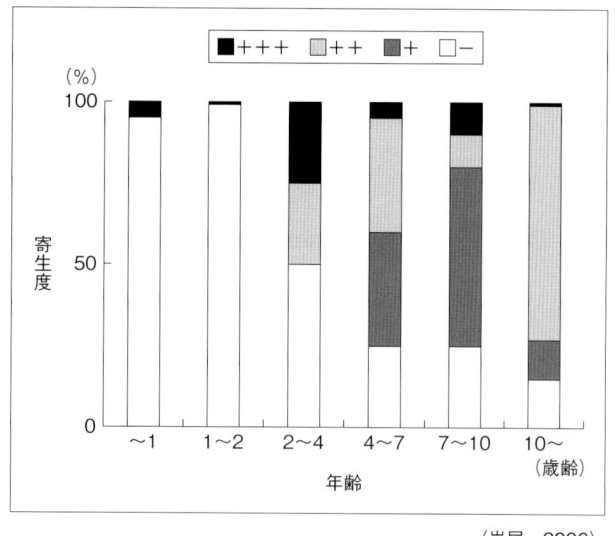

動物を吸血後のダニが感染力を持つ．

ある和牛公共牧場に発生したタイレリア属原虫の疫学調査では，春季にタイレリア属原虫の寄生度が高く，秋季入牧では寄生度が低くなることを報告している（図8-2）．これは，春季の放牧開始時は媒介ダニの発生が最盛期であり，この時期の入牧は感染リスクが高いことを示している．また，同じ調査でヘマトクリット（Ht）値が低い個体ほど寄生度が高く（図8-3），年齢別では若齢牛ほど重度に寄生される個体が多く，高齢になるほど感染率が高くなることが報告されている（図8-4）．

牧草や牛に付着したダニは畜舎内へ運ばれ，舎内感染の原因となる．また，各種のストレス（牧野への馴致不足，飼料および飲水の不足，輸送，気温の激変やほかの感染症罹患など）による体力低下も発病の誘因となる．

感染牛の貧血の発生機序は不明であるが，感染赤血球に対する原虫の直接的あるいは間接的作用による赤血球崩壊や，感染赤血球に対するマクロファージの貪食亢進，抗赤血球抗体の関与などが考えられている．バベシア属原虫と比較するとタイレリア属原虫の赤血球に対する直接的破壊作用は弱く，主徴である貧血はマクロファージによる貪食亢進が原因と考えられている．

② 症状

感染後約1週間で41℃以上の発熱（弛張熱）と体表リンパ節の腫脹をみるが，貧血はみられず，数日で熱も下がり症状は安定する．しかし，感染10～14日後には末梢血液中に原虫寄生赤血球が出現し，再び40～41℃

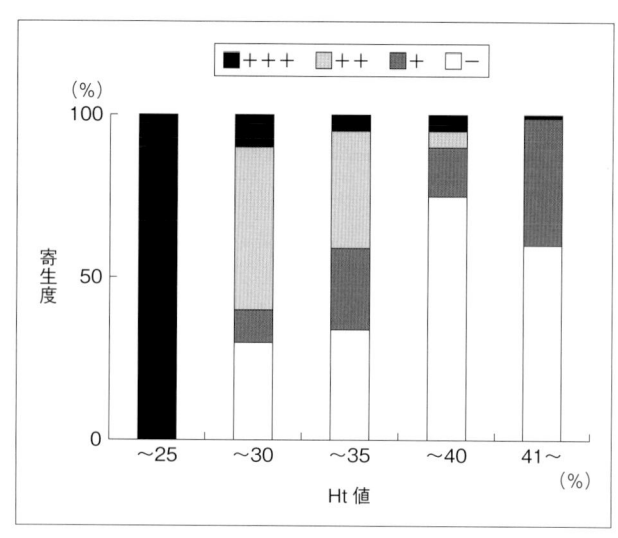

図8-4 年齢と寄生度の関係

の弛張熱を認め，元気・食欲が減退する．原虫の増加とともに赤血球数（RBC）は急激に減少し，貧血が著明（Ht値<20％）となり，可視粘膜蒼白，軽度の運動により呼吸が促迫し，後躯蹌踉を示す．黄疸は慢性症例でみられ，急性症例では軽度である．

バベシアとの混合感染の場合は症状が重くなる．

③ 診断

a．原虫の検出

確定診断には原虫の検出が必須である．通常はギムザ染色血液塗抹標本の観察により，赤血球内の原虫を容易

に検出することができる。しかし，感染初期や慢性期で原虫の寄生率が低い場合には検出が困難なことがある。また，貧血が重度でも，血中の原虫が少数で検出が困難なことも多いため，感染が疑われる場合には十分に血液塗抹標本を観察し，原虫寄生赤血球を検出する。さらに検出度を上げるため，アクリジンオレンジ蛍光染色法，および蛍光抗体法が試みられている。

ほかの住血原虫およびリケッチアとの類症鑑別には，蛍光抗体間接法や補体結合反応などの血清学的診断が有効である。また，最近ではPCR法での原虫の検出も可能なことから，今後の活用が望まれている。

b．血液検査所見

赤血球内の原虫は0.2～4.0×0.2～2.0μmの大きさで，コンマ状，円形，卵円形，不整円形，柳葉状，桿状，菌状など様々な形態を示す。増殖期には，コンマ状あるいは桿状の原虫が多い。

RBC，Ht値，Hb量，全血比重は激減，あるいは低下する。貧血極期から回復期には多数の網状赤血球，赤芽球，多染性赤血球[*3]，塩基性斑点含有赤血球[*4]，赤血球大小不同[*5]などの赤血球再生像が認められ，それらの変動と症状の変化は一致する。また，赤血球浸透圧抵抗[*6]の減弱，血清アスパラギン酸アミノトランスフェラーゼ（AST）活性値の上昇，γ-グロブリンの増加なども認める。

④治療

適切な治療により多くは回復するが，感染牛は回復後も終生，原虫を保有しているものとみられ，ストレスなどにより再発することがある。

a．抗原虫剤

本疾患の治療には8-アミノキノリン製剤である油性パマキン20％の投与や油性プリマキン6の筋肉内投与が有効である。また，ナフトキノン系製剤であるパルバコンなども有効である。

バベシア属原虫との混合感染の場合もあるが，抗タイレリア剤はバベシア属原虫には無効であるため，ジアミジン製剤のガナゼックを使用する。

b．対症療法

重症例（貧血重度）では輸血が著効を示す。輸血時にはまず牛白血病などの伝染病に罹患していない供血牛の血液を10mL投与し，副反応のないことを確認してから0.5～1Lを投与する。好転しなければ1～2日間隔で2～3回輸血を繰り返すが，初回輸血から1週間以上経過した牛への輸血は副反応が発現するので避けた方がよい。また，体力の消耗，脱水の程度に応じて輸液とともに強心剤，ビタミン剤，強肝剤などを投与する。

⑤予防

ダニ対策として，抗ダニ剤（フルメトリン製剤やイベルメクチン，モキシデクチンなど）のポアオン投与[*7]を行う。また，牧野は掃除刈り，野焼きなどの草地管理が重要である。放牧時には馴致放牧をしてストレスを軽減すること，さらに，感染牛の早期発見，早期治療を行うために，定期的な血液検査や身体検査を励行することも重要である。感染牛が発見された場合は，感染の拡大を防ぐために畜舎内の駆虫が必要である。

（2）バベシア症 babesiosis

バベシア症は，ピロプラズマ目バベシア科バベシア属原虫の感染によって発症する溶血性疾患で，高熱と貧血を主徴とするダニ媒介性の伝染病である。家畜や野生動物で被害が大きく，世界的に発生をみるが，特に熱帯，亜熱帯地域で多発している（**表8-1**）。

①背景

バベシア属原虫は宿主特異性が強く，特定のダニが特定の原虫を媒介し，ダニ体内で有性生殖を行い，ダニの吸血によって宿主動物体内へ侵入してその赤血球内で無性生殖を行う。我が国のバベシア症の原因となるバベシア属原虫は，*Babesia ovata*，*B. bigemina*および*B. bovis*の3種であるが，主に全国的に分布しているのは*B. ovata*であり，一般に大型ピロプラズマといわれる（**口絵p.38，図8-5**）。

*B. ovata*を媒介するのはフタトゲチマダニの幼ダニと若ダニである。幼ダニは秋季に，若ダニは春季に発生が多いため，それぞれ秋季と春季の発病率が高い。また*B. bigemina*と*B. bovis*は，我が国ではコイマダニ属のオウシマダニによって媒介される。

②症状

一般に9～12カ月齢の子牛は本疾患に対して自然抵抗性を有しているため，感染しても明らかな症状を示さないことがある。潜伏期は5～10日で最初の徴候は

表8-1 反芻動物のバベシア症の病原体と分布地域

原虫名	発見年	感染動物	媒介種	分布地域
B. bigemina	1893	牛, コブ牛, 水牛, シカ	ウシマダニ属, コイタマダニ属, チマダニ属	中南米, オーストラリア, アジア, アフリカ
B. bovis	1893	牛, コブ牛, 水牛, シカ	ウシマダニ属, コイタマダニ属, マダニ属	中南米, オーストラリア, アジア, アフリカ
B. divergens	1911	牛, コブ牛, 水牛, シカ	マダニ属	ヨーロッパ
B. jakimovi	1977	牛, トナカイ, シカ	マダニ属	シベリア
B. major	1926	牛	チマダニ属	ヨーロッパ
B. ovata	1980	牛	チマダニ属	日本, 韓国
B. occultans	1981	牛	イボダニ属	南アフリカ
B. crassa	1981	山羊	不明	イラン
B. foliata	1941	羊	不明	インド
B. motasi	1926	羊, 山羊	コイタマダニ属, チタマダニ属, カクマダニ属	ヨーロッパ, ロシア南部, 熱帯
B. ovis	1893	羊, 山羊	コイタマダニ属, マダニ属	ヨーロッパ, 亜熱帯, 熱帯
B. taylori	1935	山羊	不明	インド

(熱帯農業要覧 No.23〈1999〉国際農林業協働協会〈JAICAF〉より引用)

41～42℃の高熱を示し、発熱に前後して原虫寄生赤血球が出現して、急激に貧血を起こす。呼吸促迫や心悸亢進があり、可視粘膜は病初は赤褐色であるがほどなくして蒼白となる。発熱2～3日後から消化器症状を認め、便秘または下痢を引き起こし黄褐色の便を呈する。適切な治療を施すと2～3日で症状は好転し回復に向かうが、重度の感染では4～8日で死亡する。

原虫別にみると、B. bigemina および B. bovis 感染症では重度の溶血性貧血を呈する。B. bigemina 感染症では、原虫寄生赤血球が脳毛細血管内皮に付着して血流障害を引き起こすため、流涎、歯ぎしり、後躯麻痺を伴う運動失調、痙攣、昏睡などの神経症状（脳性バベシア症）を呈することがある。B. ovata による感染では軽症であるが、タイレリア属原虫との混合感染では重症となることがある。感染極期には、黄疸と血色素尿を伴うのが一般であるが、若齢牛に多い亜急性型は発熱が中等度で、通常血色素尿はみられない。

③診断

a. 原虫の検出

確定診断のためには、血中の原虫を検出することが必要だが、各原虫の鑑別は形態観察のみでは困難であり、種々の免疫学的、分子生物学的検査が必要である。

末梢血のギムザ染色、アクリジンオレンジ蛍光染色および蛍光抗体染色で原虫寄生赤血球を検出する。タイレリア属原虫との混合感染では、油性パマキン20％によりタイレリア原虫を除去すると検出が可能となる。

また、貧血が重度であるにもかかわらず、血中の原虫が少数であることも多いので、疑わしい場合は十分に血液塗抹標本を観察し、原虫寄生赤血球を確認する。

b. 血液検査所見

血球内の原虫の形態は、洋梨状や双洋梨状であるが、紡錘形や類円形のものもみられる。原虫体は B. bigemina が $5.0×2.8\mu m$ と最も大型で、次いで B. ovata が $3.1×1.6\mu m$、B. bovis が $1.5×2.0\mu m$ である。

原虫が末梢血中に出現すると、RBC, Ht 値, Hb 量が急激に減少する。ギムザ染色による急性期の血液塗抹標本では原虫寄生赤血球が容易に認められる。回復期では多数の赤芽球、多染性赤血球、塩基性斑点含有赤血球、赤血球大小不同がみられる。貧血の進行に伴い、血清総ビリルビン量が増加し、非抱合型ビリルビンも増加する。感染極期で血清 AST 活性値や血中尿素窒素（BUN）値の上昇を認める。また、重症例の尿は、タンパク反応や潜血反応が陽性となる。

④治療

抗原虫剤の投与とともに対症療法を行う。

a. 抗原虫剤

ジアミジン製剤のガナゼックが効果的である。

b．対症療法

貧血が重度であれば輸血が効果的である。輸液とともに強心剤，強肝剤，ビタミン剤の投与を行う（本章第1節「1．(1) タイレリア症」を参照）。

⑤予防

本章 第1節「1．(1) タイレリア症」を参照のこと。

(3) アナプラズマ病　anaplasmosis

リケッチア目アナプラズマ科アナプラズマ属の病原体（*Anaplasma marginale* および *A. centrale*）により溶血性貧血を引き起こす疾患である。

①背景

病原体は主にダニが媒介し，感染動物の赤血球に寄生する。*A. marginale*，*A. centrale* はいずれも赤血球内に寄生する，ギムザ染色で濃赤色に染色される0.3〜1.0μmの点状小体である。病原性は *A. centrale* より *A. marginale* が強く，日本では *A. centrale* の方が広く生息している（口絵 p.39，図8-6）。

媒介者は，チマダニ属，マダニ属，イボマダニ属，カクマダニ属，コイタマダニ属，ウシマダニ属に属するダニで，このほかに機械的な伝播者であるウマバエ，サシバエ，イエバエ，ツノサシバエ，蚊などの吸血昆虫によっても媒介される。貧血の発生機序は明らかではないが，貧血に対する骨髄の適応力の低下，赤血球寿命の短縮およびRESによる赤血球破壊亢進が原因と考えられている。

②症状

1歳齢以下の幼齢牛は病原体に対して抵抗性を有し，発症はまれである。*A. marginale* 罹患牛は20〜40日の潜伏期の後に発症し，40℃以上の高熱（稽留熱）を伴い，元気・食欲減退を呈する。発熱後1〜2日で貧血および黄疸が進行し，脱水とそれに伴う便秘を示す。また心悸亢進，呼吸促迫を呈するが，血色素尿はみられない。初期感染の死亡率は20〜50％である。一方，*A. centrale* 罹患牛では，症状は同様であるが比較的軽症で治療を行えば死亡することはない。

③診断

a．病原体の検出

ギムザ染色による血液塗抹標本では，赤血球内に濃赤紫色の点状小体をみる。*A. marginale* は主に赤血球辺縁部分に寄生し，*A. centrale* は中心部に寄生するといわれ，これが鑑別の指標となる。また，アクリジンオレンジ蛍光染色および蛍光抗体直接法による検出も行われている。

b．血液検査所見

急性症例ではRBC，Ht値，Hb量の急激な減少，低下が起こる。貧血の発生に伴い，多数の赤芽球，多染性赤血球，塩基性斑点含有赤血球，赤血球大小不同など強い赤血球再生像を呈する。

c．その他

血清学的検査では補体結合試験が広く用いられている。

④治療

アナプラズマの増殖期にはクロルテトラサイクリンの100 mg/kgの静脈内投与が有効であり，感染性のある病原体を無症状で保有または排出し続けるキャリア期のアナプラズマの駆除には10 mg/kg，10日間の静脈または筋肉内投与が有効である。また，イミドカルブの投与でも効果がみられる。

⑤予防

アナプラズマの媒介動物は多岐にわたるため，完全な撲滅は困難であるが，吸血昆虫やダニの吸着に薬剤の散布や薬浴，または抗ダニ剤（イベルメクチン，サイデクチンなど）のポアオン投与を行い，媒介動物との接触をできるだけ少なくする手立てが重要である。

(4) ヘモプラズマ病（エペリスロゾーン症）
　　　hemoplasmosis

バルトネラ科に分類されるエペリスロゾーン *Eperythrozoon wenyonii*（*Mycoplasma wenyonii*）によって溶血性貧血を引き起こす疾患である。遺伝子解析の結果，前述の病原体はマイコプラズマ属に分類され，ヘモプラズマと総称されるようになった。

①背景

ダニによって媒介されるとされている。病原体は赤血球に寄生し傷害をもたらすが，血小板に寄生するものもある。牛に寄生する *E. wenyonii* は病原性が弱い。

②症状

多くは，タイレリア属原虫（小型ピロプラズマ），大型ピロプラズマおよびアナプラズマと混合感染しており，単独で発症することは少ない。混合感染では発熱，貧血，心悸亢進，呼吸促迫がみられ，重症例では黄疸や血色素尿がみられる。

③診断

a．病原体の検出

血液塗抹標本をギムザ染色して観察すると，淡赤紫色の小体が赤血球全面に付着し，ほかにも血漿中に小体の浮遊がみられる。赤血球全面には0.3〜1.5μmの輪状および球形状小体が，赤血球の辺縁には桿状，卵円形状および不整形の小体が付着しコロナ状となっている。また，血漿中には長さ0.3〜3.5μmの細桿状および直径0.4〜1.2μmの糸状，あるいはリング状，フライパン状の小体が観察される（口絵p.39，図8-7）。

b．血液検査所見

貧血の発生に伴い，多数の赤芽球，多染性赤血球，塩基性斑点含有赤血球，赤血球大小不同など強い赤血球再生像を呈する。RBC，Ht値およびHb量の減少，赤血球浸透圧抵抗の減弱，血清総ビリルビンと非抱合型ビリルビンの増加を示す。

④治療

オキシテトラサイクリンの静脈内投与が有効である。治療により多くは回復するが，回復した後も長く病原体を保有している。

(5) 免疫介在性溶血性貧血
immune-mediated hemolytic anemia

免疫介在性溶血性貧血は，抗体や補体などの免疫が関与して起きる赤血球の破壊（血管内溶血），あるいは網内系マクロファージ[8]による赤血球の貪食（血管外溶血）に起因して生じる貧血である。

免疫介在性溶血性貧血には，自己免疫性溶血性貧血，同種免疫性溶血性貧血[9]および薬剤誘発性溶血性貧血[10]などがある。同種免疫性溶血性貧血には，新生子同種溶血症や不適合輸血による溶血性副反応などが含まれる。本稿では，自己免疫性溶血性貧血，新生子同種溶血症および不適合輸血（溶血性副反応）について解説する。

i）自己免疫性溶血性貧血
autoimmune hemolytic anemia

①背景

自己免疫性溶血性貧血は，赤血球に対する自己抗体が産生されて生じる貧血である。自己抗体の産生は，外的な抗原への曝露や何らかの刺激による免疫系の異常反応が原因となることが多いが，未だ全容は明らかにされていない。

赤血球の消失の機序としては，赤血球膜上の抗原に結合した抗原抗体複合体に補体が結合することで赤血球が破壊されるほか，抗体による架橋を生じて凝集した赤血球が脾臓や肝臓などの網内系で捕捉されて循環血中から除去される。また，網内系マクロファージに部分的に貪食されて体積が縮小し，球状化した赤血球は，再度循環血中に出ても浸透圧抵抗性や変形能[11]が低下しているため，溶血しやすい状態となっている。これらの複雑なメカニズムによって貧血が進行する。

原発性あるいは特発性の本疾患が牛で起こることはまれであり，一次的な要因である基礎疾患や貧血が関与して本疾患を発症することがある。また，二次的な要因で発症することも時々ある。二次的要因としては腫瘍，感染（ウイルス，細菌，原虫，リケッチアなど），薬物ならびにほかの免疫介在性疾患（全身性エリテマトーデス[12]，免疫介在性血小板減少症[13]など）が挙げられる。なお，免疫介在性溶血性貧血と血小板減少症の併発をエバンズ症候群（Evans syndrome）という。また特にバベシア属原虫，タイレリア属原虫およびアナプラズマ感染は，自己免疫性溶血性貧血の主要な二次的要因となり得る。

②症状

一般には元気・食欲の低下，沈うつ，心悸亢進，心雑音（貧血性雑音），呼吸促迫，可視粘膜の蒼白，黄疸，発熱（溶血や感染症による），血色素尿などの症状を示すことが多い。特に，急性の貧血で症状が発現することが多い。また，脾腫を呈することが多く，時に肝腫も伴う。ただし，急性期を過ぎて慢性の貧血状態に馴致した牛は無症状のことがある。

自己免疫性溶血性貧血の直接的原因となったそれぞれの基礎疾患に特異的な症状を伴う。

③病態

それぞれの基礎疾患に特徴的な病態・病理学的所見を

有する。溶血性貧血としての共通所見は，様々な程度の黄疸，脾腫および肝腫である。免疫介在性血小板減少症を併発して重度血小板減少による出血傾向が生じた場合には，皮下血腫や各所に出血巣が認められることがある。

病理組織学的には，肝ヘモジデローシス[*14]や各所に担鉄マクロファージ[*15]が認められる。また，重度血色素尿による影響として，ヘモグロビン尿性腎症[*16]や尿中にヘモグロビン円柱[*17]が認められることがある。

④診断

貧血の状態や性質ならびに自己免疫性の所見を正確に把握して，自己免疫性溶血性貧血を診断するとともに，一次的要因となる基礎疾患をそれぞれの特徴の所見から診断する。自己免疫性溶血性貧血は，ほかの溶血性貧血を除外することで診断されることが多い。

a．血液検査

- RBC，Ht値およびHb濃度の低下，赤血球浸透圧抵抗の減弱，赤血球沈降速度の増加が認められる。
- 貧血は多くの場合進行性で重度である。発症から数日（最低4日）が経過すると赤血球は再生像を示し，平均赤血球ヘモグロビン濃度（MCHC）の減少と平均赤血球容積（MCV）の増加が認められる（大球性低色素性貧血）。ただし，血管内溶血がある場合には，MCHCが実際の値よりも高く計算されるので注意を要する。また，赤血球凝集があればMCVが実際の値よりも高く計算されるので注意を要する。
- 網状赤血球，多染性赤血球，塩基性斑点含有赤血球，ハウエルジョリー小体含有赤血球[*18]，有核赤血球[*19]，赤芽球などの幼若な赤血球が出現する。球状赤血球[*20]の出現も本疾患の特徴的所見であるが，牛の赤血球は比較的小さくセントラルペーラーも浅いので，球状赤血球を明確に判別することはやや困難である。
- 赤血球凝集は，自己免疫性溶血性貧血の特徴的所見であるが，肉眼の観察だけに頼らず顕微鏡を用いて，病的凝集を生理的な連銭形成[*21]と鑑別する必要がある。
- 食細胞による赤血球貪食像が認められることがある。
- 赤血球凝集がない場合には，クームス試験[*22]が重要な検査となる。クームス試験には，直接クームス試験（被検赤血球への自己抗体の結合を調べる検査）および間接クームス試験（被検血清中の自己抗体の存在を調べる検査）があるが，検査にはウシ免疫グロブリンに対する特異抗体が必要となる。ただし，クームス試験は自己免疫性溶血性貧血の症例のすべてで陽性になるわけではないため，結果の評価には注意を要する。
- 白血球では，通常，中等度の好中球増加が認められる。免疫介在性血小板減少症あるいは播種性血管内凝固症候群（DIC）を併発した場合には，血小板数の減少，大型血小板の出現，血小板の大小不同が認められる。

b．血液生化学的検査

ビリルビン濃度の上昇，Hp濃度の低下などが認められる。DICを併発した場合には，フィブリノーゲン濃度の低下およびフィブリン／フィブリノーゲン分解産物（FDP）の増加が認められる。その他，基礎疾患や続発する臓器障害に依存した変化がみられる。

c．尿検査

ヘモグロビン，ビリルビンおよびウロビリノーゲンが検出されることが多い。

その他，基礎疾患に特有の検査所見により，基礎疾患の診断を実施する。特に，赤血球寄生原虫などの病原体の検索（血液塗抹検査あるいはPCR法）が重要である。また，ステロイド系抗炎症剤への反応などの情報も診断に役立つ。

⑤治療

治療は，一次的要因となっている基礎疾患に対して実施し，必要に応じて異常免疫反応に対する処置（免疫抑制療法）を施す。輸血は，貧血が重度で生命にかかわる場合のみ考慮する。本疾患の直接的な予防法はないが，赤血球の原虫感染症などの基礎疾患を予防することが本疾患の発生を減少させる可能性はある。

a．基礎疾患の治療

一次的要因が薬物であれば該当する薬物投与を中止，あるいはほかの薬物に変更する。感染因子であればそれぞれの感染因子に対する治療を優先する。感染症の場合には，ステロイド系抗炎症剤による免疫抑制療法が病態を悪化させる可能性があるので注意を要する。腫瘍などの悪性疾患の場合には，予後不良であることが多いため治療の是非を考慮する必要がある。

ｂ．免疫抑制療法

　原発性および特発性自己免疫性溶血性貧血の場合には，免疫抑制療法を中心に行う。通常，免疫抑制療法にはデキサメサゾンやプレドニゾロンなどのステロイド系抗炎症剤が用いられ，用量および投与期間は症例の反応をみて決定する。

　ｃ．輸血

　実施する場合には，赤血球自己抗体の存在を考慮して十分な輸血前検査と処置を行い，輸血副反応の発生に注意し，必要最小限の輸血量で実施する。

　ｄ．補助療法その他

　補液のほか，ビタミン，鉄および銅などを含むサプリメントの投与を実施する。また，二次的要因の場合でも必要ならば，基礎疾患の治療と並行して免疫抑制療法を実施する。

ⅱ）新生子同種溶血症
　　hemolytic anemia of the newborn
①背景

　新生子同種溶血症は，新生子の赤血球とその赤血球抗原に対する母牛の初乳中抗体との反応によって生じる新生子の免疫介在性溶血性貧血である。新生子の同種免疫性溶血性貧血あるいは新生子黄疸ともいわれる。牛では本疾患が自然発症することはほとんどないが，下記の条件が整った場合に発症すると考えられている。

　ａ．母牛の感作

　母牛が血液の混入したバベシア症やアナプラズマ症予防用のワクチンを接種された場合や，赤血球の血液型が不適合である血液を輸血された場合には，母牛の血清中に赤血球膜上の同種異系抗原[*23]に対する抗体が形成される。この感作状態[*24]は何年もの間持続する。

　ｂ．母牛を感作した血液と子牛の血液型が同じ

　母牛を感作した血液と同型の血液型を有した父牛が交配し，子牛が父牛と同型の血液型を引き継いだ場合に，本疾患発症の可能性が生じる。関連する血液型抗原は，A型およびF型と考えられている。

　ｃ．初乳を通じ子牛の赤血球に対する抗体が移行

　母牛の血清中に産生された子牛赤血球に対する抗体が，初乳を通じて子牛に移行し，子牛の赤血球を破壊して本疾患を発症する。

②症状

　新生子は出生直後は正常であるが，初乳摂取後1日あるいは2日以内に発症する。症状は，初乳中の抗体量が多い場合や初乳摂取量が多い場合において重症となる。重症例では発症後短時間（1日以内）で死亡するが，症状が軽度の症例では漸次回復する。基本的症状は，自己免疫性溶血性貧血（本章 第1節「1．（5）ⅰ）自己免疫性溶血性貧血」を参照）と同様である。

③病態

　甚急性あるいは急性で死亡した個体では，肺水腫および黒色調を呈した脾腫が認められる。その他，自己免疫性溶血性貧血と共通した所見が認められる。

④診断

　初乳摂取後の発症で本疾患を疑う。病理学的検査では，自己免疫性溶血性貧血と共通の所見が認められる。また，母牛の血清および初乳が，子牛および父牛の赤血球を凝集させ，補体を添加すると溶血を惹起する点が本疾患の特徴であり，確定診断の決め手となる。

⑤治療・予防

　本疾患と診断された場合は，速やかに母牛からの初乳の給与を中止し，ほかの牛の乳あるいは人工乳に切り替える。貧血が重度の場合は輸血を実施する。輸血前に交差適合試験[*25]を実施して適切な供血牛を選択する。この場合，母牛および父牛を供血牛とするのは禁忌である。補助療法として，補液のほか，ビタミン，鉄および銅などを含むサプリメントの投与を実施する。子牛体内における感作赤血球の破壊速度を減弱させるためにはステロイド系抗炎症剤の投与が有効である。

　予防は，本疾患の前歴のある父牛との交配を避けることである。その他，血液が混入したワクチンの使用を中止する。

ⅲ）不適合輸血（溶血性副反応）
　　incompatible blood transfusion
①背景

　血液型不適合の輸血（不適合輸血）が要因となって様々な病徴を引き起こすが，これらを総称して輸血副反

応という。輸血副反応には発熱，溶血，蕁麻疹，ショックなどの免疫学的な機序で引き起こされるものから，感染などの人為的なものまで含まれる。このうち溶血性副反応は，不適合輸血で一度感作されて不適合抗原に対する抗体を産生した個体が，再度の輸血を受けたときに生じる免疫介在性溶血性貧血のことである。

自己の赤血球にはない抗原に対する抗体（自然抗体）は，牛でも存在するとされているが，血液型の不適合があっても初回の輸血により溶血性副反応を生じることはほとんどない。初回の感作で産生された抗体と2回目以降に輸血された赤血球が反応して本疾患を発現することが多い。

②症状

症状は，産生されていた抗体量や輸血量ならびに症例のアレルギー反応の程度に依存する。また，自己免疫性溶血性貧血でみられる症状だけでなく，不適合輸血によるアレルギー反応に基づく多様な症状が認められる。

アレルギー反応に基づく症状としては，不穏状態，発熱，頻脈，呼吸促拍，流涎，尿失禁，脱糞などを示す。重症となれば，徐脈，呼吸困難，呼吸停止，低血圧，低体温となり，死亡することもある。

③病態

本章 第1節「1．(5) ii) 新生子同種溶血症」を参照されたい。

④診断

輸血中あるいは輸血直後からの発症で本疾患を疑う。病理学的検査では，貧血，ヘモグロビン血症，血色素尿，クームス試験陽性などが認められる。溶血性貧血の発症時には赤血球の再生像は検出できないが，治癒過程で再生の徴候がみられる。急性尿細管壊死やDICを起こすこともあり，その場合には関連する検査値に異常が認められる（本章 第3節「播種性血管内凝固症候群」を参照）。

⑤治療・予防

溶血性副反応の徴候が現れた場合は，輸血を直ちに中止して適切な補液に切り替える。

血圧が低下した場合には塩酸ドパミンを使用し，重度の場合にはエピネフリンを使用する。尿量が減少した場合にはフロセミドを使用する。さらに，アレルギー反応を抑制するために，ステロイド系抗炎症剤であるプレドニゾロンまたはフルニキシンメグルミンを用いる。

予防として，輸血前に交差適合試験を実施し，凝集反応や溶血反応を生じない供血牛を選択することが最も重要である。

2．再生不良性貧血　aplastic anemia

①背景

本疾患は骨髄の造血幹細胞の障害や異常により，末梢血の赤血球，白血球，血小板が減少する疾患で，原因は不明のものと二次的なもの（放射線，化学物質，ワラビ中毒など）がある。

原因不明のものとして，小形らは黒毛和種新生子牛における貧血[1]を報告し，Friedrichらは新生子汎血球減少症[*26]の素因がある母牛の初乳を新生子牛に投与する[2]と発症することがあると報告しているが，いずれも本疾患との直接的なつながりは明らかになっていない。

②症状

貧血により，元気消失，可視粘膜蒼白，心悸亢進，頻脈，呼吸促迫などの症状を呈する。また，白血球減少によって易感染性となり，その結果として罹患した感染症の症状として発熱などが認められる。さらに，血小板減少による出血傾向をみる。

③病態

末梢血の赤血球，白血球，血小板が減少する疾患で，三血球が減少しているにもかかわらず，増生されず末梢血液の有形成分が増加してこない。治療にも反応しない。

④診断

血液は非再生性で，RBCやHb量の減少，Ht値低下，白血球数（WBC）の減少，血小板数の減少をみる。

⑤治療

二次的なものが原因の場合は除去や輸血を施すが，治療に反応せず予後不良である。

3. 腎性貧血　renal anemia

①背景

腎性貧血（renal anemia）は，腎機能障害による貧血のことをいう。

腎臓は赤血球産生刺激因子であるエリスロポエチンの主な産生・分泌臓器である。慢性腎炎や腎低形成により内因性エリスロポエチン産生・分泌能が低下し，その結果，新たな赤血球が増えず，貧血を来す。子牛では，慢性腎炎や遺伝性疾患である腎低形成症で腎性貧血をみることがある。

②症状

貧血による蒼白とともに，浮腫など原疾患の症状を示す。

③病態

腎機能の低下に伴い血清BUN，血清クレアチニン（Cre）濃度の上昇が認められる。

貧血は正球性正色素性貧血であるが，鉄欠乏がある場合は赤血球の原料が不足し小球性低色素性貧血[*27]となることがある。網赤血球数は低下し，末梢血液塗抹では有棘赤血球[*28]が観察される[3]。通常，血清エリスロポエチン値は貧血の程度と逆相関するが，腎性貧血の場合は血清エリスロポエチン値は上昇しない。また，血清鉄濃度は正常か若干低値を示す程度である。

④診断

腎機能の低下とともに貧血を呈する個体では腎性貧血を疑うが，ほかの貧血との鑑別が必要である。

腎性貧血は腎機能が一定レベル以下に低下しないと現れず，また，貧血の程度は個体差が大きいため腎機能低下の程度だけでは判断できない。貧血の程度と相応しない血清エリスロポエチン値の低下は，診断の一助となる。

⑤治療

腎性貧血が問題となる時点では，すでに重度の腎機能障害にあるため予後不良である。人医療域では，腎不全に対する治療と並行し，遺伝子組み換えヒトエリスロポエチン[*29]投与による治療が行われる[3,4]。

4. 赤血球増加症　polycythemia

赤血球増加症（polycythemia）は多血症ともいい，末梢血液中のRBCが基準値以上に増加したもので，相対的な赤血球数増加（脱水）と絶対的な赤血球数増加に分けられる。ここでは，絶対的赤血球増加症についてふれる。絶対的赤血球数増加症には真性と二次性がある。

（1）真性赤血球増加症　polycythemia vera

①背景

本疾患は原発性赤血球増多症ともいわれ，骨髄増殖により末梢血のRBCが増加するが，原因は不明である。Fowlerら，坂田ら，Takagiらが報告している[5,6,7]ものの，牛ではまれである。

②症状

可視粘膜の充血・チアノーゼ，発育不良をみる。

③病態

血液有形成分の増加による血液の粘性の増加から循環障害，血栓症，出血を起こす。三血球系（赤血球，白血球，血小板）は過形成で，動脈血酸素飽和度は基準値，血清エリスロポエチン値は基準値あるいは低値である。

④診断

血液検査では前述のとおりRBCやWBC，血小板数も増加する。さらにHb量の増加とHt値上昇もみられる。赤血球指数は変化せず網状赤血球の発現もなく，エリスロポエチン濃度は7.8 mU/mLと基準値内であるとの報告がある[6]。

⑤治療

原因不明であり，治療の対象にならない。

（2）二次性赤血球増加症　secondary polycythemia

本疾患はエリスロポエチン増加によるRBCの増加症である。

①背景

本疾患は先天性心臓疾患[8]，慢性肺疾患に併発する。さらにほかの要因として腎臓，肝臓などに発生するエリスロポエチン産生腫瘍がある。

②症状

原疾患の症状に加え，可視粘膜の充血・チアノーゼ，発育不良，呼吸促拍，心悸亢進をみる。

③病態

本疾患は先天性心臓疾患，慢性肺疾患により，動脈血酸素飽和度低下が生じる。そのため，腎臓でのエリスロポエチンの生成・分泌が増加し，酸素を供給するためRBCが増加する。また，ほかにエリスロポエチン産生腫瘍がある。エリスロポエチンは増加し，血液再生像の増加，骨髄像赤血球過形成などがみられる。

④診断

血液は赤黒色で粘稠度増加，RBC増加，Ht値の著増，エリスロポエチン濃度の上昇をみる。

⑤治療・予防

原疾患の治療であるが，予後不良のため治療の対象とならない。特に予防法はない。

第2節　白血球の異常

牛の血液疾患において，白血球の異常は新生子からみられるが発生は少ない。しかし，散発型の白血病としてBLV関与のない子牛型や胸腺型があるので注意を要する必要がある。

牛白血病　leukosis

白血病（leukosis）とは，骨髄系造血細胞が腫瘍性増殖を呈する疾患のことをいい，厳密には造血細胞が骨髄中で腫瘍化したものであるが，広義にはリンパ腫を含む白血球系腫瘍全体を指す[1]。腫瘍細胞の起源により骨髄性およびリンパ性に大別され，牛の場合はそのほとんどがリンパ性白血病である。

牛白血病（bovine leukosis）は，白血病ウイルス（bovine leukemia virus：BLV）に起因する地方病性牛白血病（enzootic bovine leucosis：EBL）と，BLVの関与がみられない散発型牛白血病（sporadic bovine leucosis：SBL）に大別され，SBLはさらに子牛型（calf form），胸腺型（thymic form），皮膚型（cutaneous form）に分類される。

病因学的には子牛型は急性白血病に属し，胸腺型および皮膚型はリンパ腫に属するが，牛では現在のところ総称して牛白血病として分類している。

1．急性白血病

子牛型白血病　calf form lymphoma

①背景

子牛型白血病は特定の感染因子（BLVなど）との関係は指摘されておらず，現在までのところ発生原因は不明である。

2歳齢以下の子牛，特に3～6カ月齢の子牛での発生が多いが，胎子や1カ月齢未満の子牛，3歳齢以上の未経産牛での発生も報告されている[2]。毎年10万頭の牛を10年間検査して，10～16頭の発生がみられる程度のまれな疾患である[3,4]。

②症状

初期症状はリンパ節の腫脹である。元気はあるが，やや発育不良である[5]。多くは左右対称性に全身の体表リンパ節が球形に腫大する。全身リンパ節の腫大がみられない個体もまれにいるが，多くの場合，浅頚リンパ節や耳下腺リンパ節，膝窩リンパ節の腫大が著明で，下顎リンパ節と腸骨下リンパ節も中等度に腫大する（図8-8）。腫大したリンパ節の表面は平滑で硬く，可動性で熱感や疼痛はない[6]。

症状は腫脹するリンパ節の場所にもよるが，進行すると第一胃鼓脹や消化管の狭窄，下痢といった消化器症状を呈する。また，浮腫や咽後頭部のリンパ節の腫大がある場合は，気管を圧迫すると呼吸数増加や努力性呼吸，呼吸音粗励などの呼吸器症状を呈するようになる。

このほか，発熱や心悸亢進，発咳がみられ，腫瘍が骨

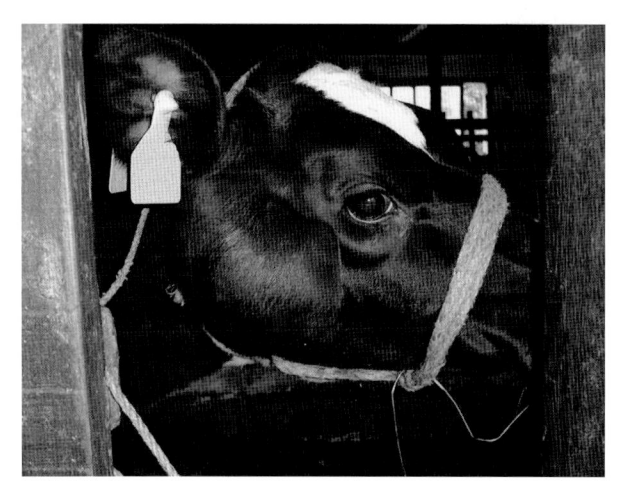

図8-8 子牛型白血病の症例

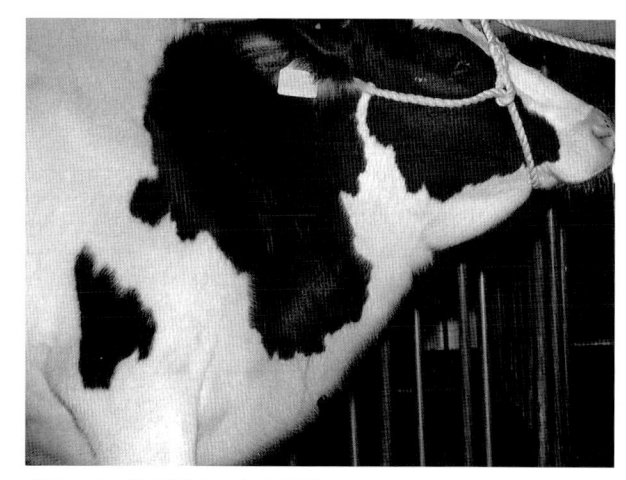

図8-9 胸腺型白血病の症例

髄にまで浸潤すると貧血や運動失調などの症状を呈することもある。

腫瘍細胞の浸潤・増殖は骨髄やリンパ節，肝臓で顕著であるが，そのほかにも脾臓や心臓，腎臓，膵臓，胸腺，肺で認められ，浸潤部位や程度により様々な症状を呈し，最終的にはこれら臓器が機能不全を起こして死亡する。腫瘍の脊髄への浸潤により，不全麻痺となることもある[7]。症状は急性に経過し，発症後2〜8週間で死の転帰をとる。

③病態

子牛型には，骨髄由来リンパ球で体液性免疫に関与するB細胞の異常増殖するB細胞由来と胸腺由来リンパ球で細胞性免疫に関与するT細胞の異常増殖によるT細胞由来腫瘍の2種類がある。血液検査では小球性低色素性貧血とHb量の低下，低Ht値を呈する。また，低グロブリン（Glb）血症やリンパ球数増多による白血球増加症が認められ[2,7,8,9]，AST活性値が上昇する傾向にある。このほか，骨髄検査で骨髄/赤芽球比の増加が認められることもある。

④診断

臨床症状，血液検査所見により診断される。人医療域では特殊染色や，抗体を用いた白血病細胞表面の糖タンパクの検索，白血病細胞を短期間培養して染色体分析を行う方法が用いられている。

⑤治療・予防

現在のところ，有効な治療法はない。リンパ腫に対する化学療法が有効な治療法と考えられるが，牛における化学療法のプロトコールがないことや費用対効果を考慮すると，治療は現実的ではない。予防法はない。

2．リンパ腫　lymphoma

リンパ腫（lymphoma）は，リンパ球系の細胞がその分化過程のなかで腫瘍化したものである。主にリンパ節やリンパ装置に原発するが，リンパ球自体は全身に分布しているため，リンパ組織に限らず，すべての臓器から発生する可能性がある。また，リンパ球系細胞の各分化ステージにリンパ腫が存在している。

（1）胸腺型白血病　thymic form lymphoma
①背景

胸腺型白血病は若齢個体で散発し，成牛での発生はきわめてまれである。通常，6〜24カ月齢で認められるが，新生子や4歳齢以上の牛での発生も報告されている[6,9,10]。

②症状

一般的な症状は，頸部胸腺の腫脹や胸部胸腺の冷性浮腫を伴った硬固な腫脹である（図8-9）。形成される病変の部位や大きさにより症状は異なるが，食欲低下に伴いボディコンディションスコア（BCS）が低下し，胸部胸腺の腫大により，食道が圧迫され第一胃ガスの排出不全から鼓脹や嚥下障害が起きる。

通常，頸静脈は怒張するが，拍動を伴うことはあまり

ない。心音は微弱で頻脈を呈し，発咳，呼吸促迫や呼吸困難といった呼吸器障害も認められる。また，発熱や下痢，貧血，眼球突出，黄疸を呈すこともある。多くの場合，2～3カ月の経過で斃死するが，しばしば鼓脹により急死する場合もある。

③病態

未熟なリンパ球腫瘍で，T細胞性が多いがB細胞性もある。胸腺の腫瘍化に伴う全身リンパ節の腫大はないが，浅頚リンパ節など部分的なリンパ節の腫大が高頻度に認められる[6]。また，リンパ球増多症が認められることもある。

④診断

特記すべき血液学的な特徴はないが，リンパ球増多症が認められることがある。

類症鑑別としては，創傷性心外膜炎，胸膜炎，胸腔内膿瘍，心原発性腫瘍などがある[11,12]。超音波検査や胸水の細胞学的検査，病理組織学的検査は鑑別診断に有用である[10,12]が，発生部位や病変の大きさ，病理組織学的所見などから総合的に診断する必要がある。

⑤治療・予防

本章 第2節「子牛型白血病」の頁を参照されたい。

(2) 皮膚型白血病　cutaneous form lymphoma

①背景

皮膚型白血病はほかの散発型白血病のように好発年齢はないとされているが，子牛での発生は少なく，1～3歳齢の比較的若い牛で発生しやすい。毎年10万頭の牛を10年間検査して，1～3頭の発生がみられる程度の非常にまれな疾患である[3,4]。

②症状

好発部位は頚部と外陰部の皮膚であるが，皮膚以外にも体表リンパ節や腹腔内に腫瘤塊がみられることがある。初発症状は全身の蕁麻疹様変化で，頚部から背腹部をはじめ臀部あるいは四肢上部さらには顔面など，ほとんど全身の皮膚において脱毛を伴う発疹または丘疹が形成され痂皮を生じる。

初発から1～3カ月すると肛門や外陰部周囲，乳鏡（乳房の後分房面），肩部，横腹の皮膚が膨隆してくる。大きさはほとんど目にみえないものから少し凸状になっ

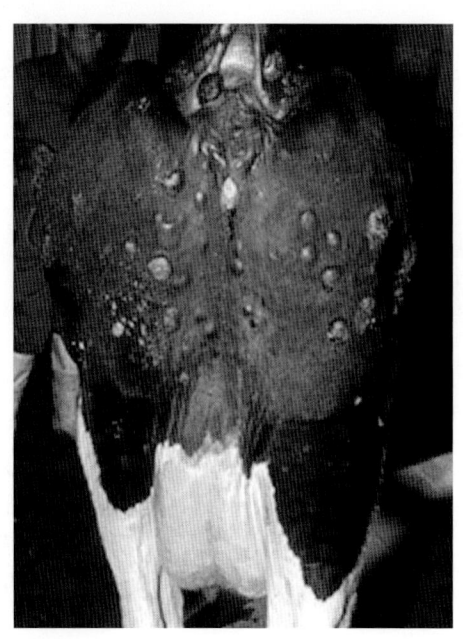

図8-10　皮膚型白血病の症例

たもの，硬貨ほどの大きさのものなど様々である（図8-10）。また，触ると痛いため触診を嫌がる。この時期の真皮層には単核白血球が集簇しており，結節内には好酸球や類上皮細胞*30がよく認められる。

それから数週間以内に，皮膚の結節は類上皮細胞や浸出液からなる灰白色の痂皮に包まれ脱毛する。その後，結節の中央部は凹み，乾燥し硬くなる。さらに数週間から数カ月が経過すると，皮膚病変は退縮し被毛が生えてくる[4]。

また，腫瘍が浸潤する臓器によっては循環器障害や下腹部まで広がった胸部浮腫，頚静脈拍動を呈するようになる。貧血のため心拍数や呼吸数は増加し，下顎リンパ節や浅頚リンパ節，腸骨下リンパ節，乳房リンパ節[13]，内腸骨リンパ節の腫脹が認められることもある。経過は比較的緩慢で，数カ月にわたることもある。

③病態

皮膚型白血病には，表皮向性（表皮に浸潤を示すこと）を示すT細胞性リンパ腫と示さないB細胞性リンパ腫がある[14]。皮膚の広範囲のリンパ球浸潤は，ヒトの菌状息肉腫斑*31に似ている[2]。皮膚の多発性の蕁麻疹様または結節性の腫瘤は退縮と再発を繰り返す[15]。退縮の機序としては，経皮膚排除機構（表皮層が真皮内に侵入し，腫瘍細胞を包み込んで排除する）や真皮層の血管周囲に浸潤した小リンパ球による免疫学的な腫瘍細胞の除去など[16]が考えられている。

血液学的所見の特徴としては，貧血や異型リンパ球の出現が挙げられる。病理解剖では心臓や脳，脊髄，肝臓，肺，腎臓，第四胃といった皮膚以外の臓器にも病変が見つかる。皮膚の腫瘍細胞が消失しても内部臓器の一部に腫瘍細胞が残存するため，何らかの因子により再度腫瘍細胞が増殖し，全身性のリンパ肉腫となり死亡することもある[4, 17]。

④診断

血液検査所見では，小球性低色素性貧血，リンパ球増多によるWBC増加，異型リンパ球がみられることがある。確定診断には病理組織学的検査が必要であるが，病変部の生検による組織学的な観察のみでは，病型の分類は困難であるため，発生部位や病変の大きさなどから総合的に診断する必要がある。

⑤治療・予防

現在のところ，有効な治療法はない。リンパ腫に対する化学療法が有効な治療法と考えられるが，牛における化学療法のプロトコールがないことや費用対効果を考慮すると，治療は現実的ではない。予防法はない。

第3節　血小板・血液凝固系の異常

血小板・血液凝固系の異常は先天的なものもあるが，感染症などで何らかの誘因が加わり，血栓を形成し，臓器の虚血性障害から重篤な病態となる播種性血管内凝固症候群に注意が必要である。

播種性血管内凝固症候群
disseminated intravascular coagulation（DIC）

①背景

播種性血管内凝固症候群（disseminated intravascular coagulation：DIC）では，種々の基礎疾患に何らかの誘因が加わり，全身の微小血管内に血栓が多発し，この血栓形成に伴う臓器の虚血性障害による症状が現れる。

本来，血液は血流中では流体を保ち，各組織や末梢に酸素や栄養分を運んでいる。しかし，外傷などにより血管の損傷が起きると失血を回避するためにその部位で直ちに固相化する。実際には血管壁，血小板，凝固系，線維系，溶解系が働き，血管内では血液の流体と凝固の相反する目的を維持している。しかし，その関係が破綻すると出血傾向と逆現象の血栓傾向がみられる。多発性血栓形成により，血小板，血液凝固因子が消費されることによって出血傾向が同時に出現し，二次線溶[*32]が進むことにより止血困難な出血が誘発される。このように，DICでは血栓による臓器の虚血症状と出血症状が混在する（図8-11）。

前述のような病勢の進行は基礎疾患の治癒を遅らせ，予後不良の転帰をとることになる。DICを併発しやすい病態には，腫瘍，エンドトキシン血症[2, 3]，敗血症[4, 5]などがある。

②症状

DICの臨床症状は出血症状と臓器症状が知られており，これらは予後を決定する重要な因子となる。DICの出血症状は，血小板あるいは凝固因子が微小血栓の形成によって消費されるため，これらの血中濃度が著しく減少し，続発する線溶現象の亢進が起こることによる。

DICの出血症状は約70％で認められるが，10〜15％では出血症状をみないこともある。臓器症状は，血液凝固亢進の結果生じた微小血栓による臓器の循環不全により引き起こされるもので，主に血流の豊かな腎臓，肺，脳などの主要臓器に認められる。一般に急性DICでは出血症状と臓器症状が認められるのに対し，慢性に経過するDICでは出血症状は明らかでない。

臨床的には，血尿，乏尿となる腎不全や呼吸器症状が高率にみられる。また，ショック症状はすべてのDICで認められ，微小循環障害[*33]や血管透過性亢進が進むことによって病態はさらに増悪する[1]。

③病態

a．血液凝固と制御調節機構

血液凝固反応は生体内で巧みに制御され，血管内の血流を維持している。しかし，血管に傷害が発生すると血栓による止血とその後の組織修復などの重要な役割が展

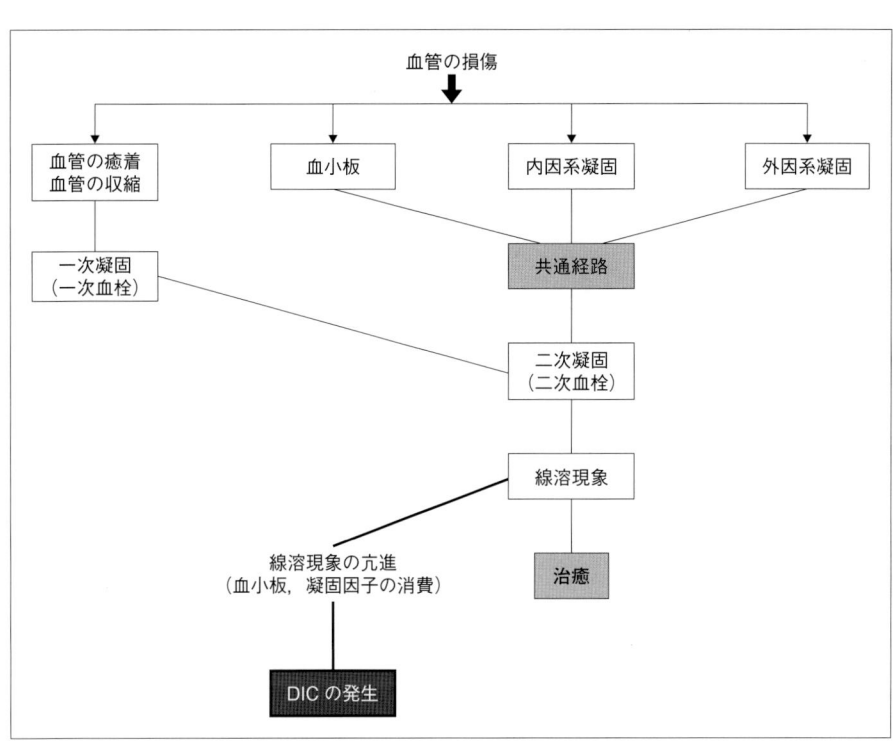

図8-11 播種性血管内凝固症候群（DIC）の発生

開されることになる。

血管の傷害時には，血小板の粘着，血小板由来の凝集惹起物質[*34]の放出による血小板血栓が形成される（一次血栓）。この血小板血栓は物理的抵抗性が低いため，より安定なものとして血小板血栓の上にフィブリン血栓がさらに形成される（二次血栓）。フィブリン血栓の形成では多くの凝固因子が活性化されるが，最終段階のトロンビンによるフィブリノーゲンのゲル化および活性化第XIII因子によってフィブリン血栓は完成する。

血液凝固反応には外因系凝固と内因系凝固の2つの凝固系がある。外因系凝固は，外傷や感染などにより傷害を受けた組織や，腫瘍細胞および各種サイトカインにより刺激された単球系細胞のほか，血管内皮細胞などの細胞表面に露呈した組織因子（tissue factor：TF）[*35]と第VII因子が複合体を形成することで開始される。つまり，細胞膜上に存在するタンパク質であるTFは，凝固第VII因子のレセプターとして外因系凝固機序を活性化させる。DICでは血液凝固能が亢進し，微小血栓が形成されるが，この過程においてもTFが大きく関与している。

一方，内因系凝固は，物理的に陰性荷電を有する物質に第XII因子の分子内陽性荷電領域が結合し，第XII因子が構造変化することで開始される。生理的には，血管内皮が剥離した際に露呈するコラーゲンなどによって第XII因子の活性が起こると考えられている。また，炎症時にはキニン-カリクレイン系[*36]が第XII因子の活性化に重要な役割を担うことが知られている。

このような経過で形成される血栓は止血血栓といい，傷害部位に限局して形成される。傷害部位以外では，これらの血液凝固反応は血管に備わっている制御機構によって阻止される。

この制御機構は大きく分けて活性化プロテインCによるものと，タンパク分解酵素抑制因子であるタンパク分解酵素インヒビターによるものの2つの系統である。活性化プロテインCは，凝固補酵素タンパク質（第Va因子と第VIIIa因子）を分解して不活化させる。一方，アンチトロンビンIII（ATIII）などのタンパク分解酵素インヒビターは，トロンビンと第Xa因子，第IXa因子などの不活化や，第VIIa因子TF複合体の不活化に基づく外因系凝固の阻害反応に関与している。これらの血液凝固制御機構のなかでも特に重要なATIIIはトロンビンや第Xa因子に対する制御因子で，DIC発症時には消費されてその血中レベルは低下する。

ATIIIによる抗トロンビン活性はヘパリンの投与によって増強されるが，このヘパリンの抗凝固作用はATIIIレベルに依存する。そのため，消費によってATIIIが低下している時にヘパリン効果を高めるには，ATIII濃

[図8-12 線溶現象]

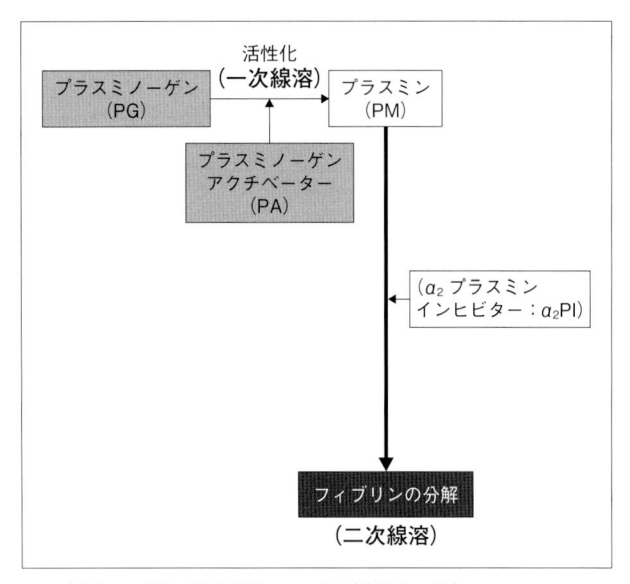

一旦凝固した血液が酵素活性により再び溶解する現象
図8-12 線溶現象

縮製剤[*37]の併用が必要となる[1]。

b．線溶現象（図8-12）

止血血栓が長期にわたって存続すると組織への虚血をきたすことになるため，この止血血栓を溶解する過程が必要となる。この過程を線維系溶解あるいは線溶現象という。

血管内の凝固亢進に伴い線溶系では，プラスミノーゲンアクチベーター（PA）によってプラスミノーゲン（PG）が活性化され（一次線溶），タンパク分解酵素であるプラスミン（PM）を生じる。PMはフィブリンを分解し血栓は溶解されるが（二次線溶），血中にフィブリン分解産物（FDP）が出現する。

流血中に大量のPMが生成されるとほかの凝固因子や血管内皮も傷害して出血をきたすので，PMの阻止因子であるアンチプラスミンとしてα_2プラスミンインヒビター（α_2PI）が存在する。α_2PIはPMと複合してプラスミン-α_2プラスミンインヒビター複合体（plasmin inhibitor complex：PIC）を形成し，PMを不活化させる。

c．悪性腫瘍におけるDIC

DICの血管内血液凝固の開始は基礎となる疾患によって異なる。例えば，腫瘍細胞による凝固促進物質の産生や生体の免疫反応によって刺激されたリンパ球，単球，マクロファージ系細胞による凝固促進物質の発現がある。

これらの凝固促進物質のひとつとしてTFが重要である。血液中のTF量は，腫瘍性疾患によってDICを発症しているときは高値を示すが，感染症によるDIC発生時には必ずしも高値を示すわけではない。このように，腫瘍細胞の細胞表面への発現や血中へのTF放出が血液凝固を亢進させDICに至る。

d．感染症におけるDIC

感染症においては，主にグラム陰性桿菌によるエンドトキシン（LPS）によって，直接あるいは白血球の活性化で血管内皮細胞が傷害され血液凝固が亢進する。

LPSは血管内皮細胞のインターロイキンや腫瘍壊死因子[*38]（tumor necrosis factor：TNF）の産生，LPS-LPS結合タンパク質複合体を介して，単球，マクロファージを活性化し，白血球遊走因子[*39]や様々なサイトカイン（IL-1，TNF，IFN-γ，TGF-β）を放出させる。これにより，TFの産生を誘導し，外因系の凝固反応を活性化させる。

また，これらのサイトカインが血管内皮細胞の傷害に加え血管内皮下組織を露呈し，血小板の集積が亢進し凝固亢進状態が進み，DICとなる。さらに，これらは血管内皮細胞への白血球の接着を亢進させ，白血球のフリーラジカルなどが細胞傷害物質を放出する。

e．敗血症におけるDIC

敗血症に併発するDICは凝固優位型で，LPSにより単球やマクロファージや血管内皮細胞にTFが発現し，外因系凝固過程を活性化させる。

LPSはグラム陰性菌の細胞壁成分で，リポ多糖類を構成する成分であり，免疫反応調節，造血作用，抗腫瘍作用を有するなど生体にとって防御的に作用する反面，発熱や循環障害を誘発する。また，LPSは炎症サイトカインの誘導，血液凝固亢進，線溶抑制作用，血管内皮細胞の障害を起こしDICを発現させる。さらに，これらの作用はTFの血中濃度上昇で増強され，より重度のDICを発症する。

f．病理組織学的所見

DICの病理組織学的所見は，全身の臓器の微小血管に形成される微小血栓，全身組織の出血，血栓形成に伴う組織の虚血性変化である。

微小血栓は一般に腎臓に最も多く，次いで肺，脾臓，副腎に高頻度にみられ，心臓，脳，肝臓をはじめ全身の

臓器で観察される。

腎臓の血栓は，糸球体毛細血管内に好発する。その理由は，①腎臓は血流量が多く血液濃縮および血液緩徐化が起こりやすいこと，②腎皮質ではTF活性が高く線溶活性が低いこと，などが考えられる。腎臓の病理組織学的所見では，近位尿細管の混濁腫脹，空胞変性，硝子滴変性[*40]を認め，血栓形成が重度な場合は急性尿細管壊死や腎皮質壊死がみられる。一方，肺では微小血栓が細動脈から肺胞毛細血管，細静脈にみられる。①組織因子活性が高く血流が緩徐で濃縮が起こること，②末梢組織で形成された活性化凝固因子が流れ込むことなどが肺で好発する原因と考えられる。腸管では粘膜内または粘膜下の小血管にフィブリン血栓を認め，び爛や潰瘍を形成し消化管出血の原因となる[1]。

④診断

臨床症状や基礎疾患などからDICの発症が疑われる場合，速やかに血液検査によって後述にあるa～dの検査項目について検査を行い，結果を総合的に検討して診断する。

a．血小板

DICでは血小板の著しい減少が観察される。

炎症疾患におけるトロンボポエチンは，最も強力な血小板産生刺激因子である。また，血小板産生刺激作用をもつIL-6，IL-11などのサイトカインも増加する。トロンボポエチンやサイトカインの刺激をうけた骨髄の巨核球が増殖し，血小板の血中への放出が起こり，出血部位での止血作用を担う。これにより血小板の消費が起こり，血小板数が減少する。しかし，早期のDICでは血小板減少の評価が難しい場合もある。

b．プロトロンビン時間（PT）

プロトロンビン時間（prothrombin time：PT）は，被検血漿に十分量の組織トロンボプラスチンと適量の塩化カルシウム液を添加して凝固時間を測定することで，外因系凝固機構および凝固第Ⅱ相に関与する血液凝固因子のうち第Ⅱ因子，第Ⅴ因子，第Ⅶ因子，第Ⅹ因子の消長を総合的検査するもので，DICや止血因子の異常，肝疾患，大量のヘパリン投与などで延長する。DICでは全身性の微小血栓形成によるフィブリノーゲンの消費に，肝機能障害による止血因子の産生低下が加わり，PTは延長することが多い。

c．フィブリン分解産物（FDP）

フィブリンがPMによって分解されたものをフィブリン分解産物（fibrin degradation product：FDP）という。

血管内にフィブリン血栓が生ずると血栓を溶解除去するため，線溶系の活性化が起こり血栓溶解が進む。生体内で安定したフィブリンがPMによって溶解されるとフィブリンの断片である多様なフィブリンフラグメントが血流中に出現する。このフィブリンフラグメントを測定しているのがFDPである。FDPが陽性であることは，血栓が存在し同時にフィブリンが分解されていることを示す。

DIC以外の血栓症などでもFDPは陽性となるが，DIC以外の血栓性疾患ではFDPの上昇は軽度である。

d．その他

- 可溶性フィブリン

  DIC，肺血栓塞栓症，深部静脈血栓症では高値となる。

- 可溶性フィブリンモノマー複合体（soluble fibrin-monomer complex：SFMC）

  フィブリンモノマーとは，トロンビンの作用でフィブリノーゲンから形成される単量体フィブリンのことで，DIC，血栓症，過凝固状態における血管内フィブリンの形成亢進で産生され，検出される。

- トロンビン-アンチトロンビン複合体（thrombin antithrombin complex：TAT）

  DICや血栓症で増加するTATは，直近のトロンビン生成を示すもので，TATの量は血栓形成の活動性の程度を反映する。

- プラスミン-α_2プラスミンインヒビター複合体（PIC）

  血中PICの上昇はPMの生成，線溶系の活性化を示すもので，DICや血栓症で血栓の溶解が進行していることを示す。

- アンチトロンビン活性

  DICではトロンビン生成に伴いアンチトロンビン（AT）が消費され減少する。もともとATは生成トロンビン量に比べかなり過剰に存在するため，トロンビン生成のみではATの著明な低下は認められない。

  しかし，敗血症によるDICではAT活性はさらに低下する。敗血症によるDICで多臓器不全を認める症例では，ATは顕著に低下し，AT活性の低下は予後不良を示す[1]。

⑤治療

DICの予後は発症後どの程度早期に治療を施すことができるかによって，大きく左右される。治療適期を失った症例では予後はきわめて悪く，病状が進行した症例では，治療効果は期待できないと考えるべきである。

基礎疾患の治療と並行してDICの治療も進める。DICの治療には①電解質バランス，酸・塩基平衡，循環障害の是正，②ヘパリンによる抗凝固療法，③トラネキサム酸による抗線溶療法がある。

②の抗凝固療法が効果を示した場合には，消費性凝固異常は改善され，凝固系機能の正常化が期待できる。一方，③の抗線溶薬は，DICにおける二次線溶に対しては一般に用いられないが，著しい線溶活性化のため出血症状が高度なDICでは，抗線溶療法によって出血症状が軽減し良好な結果が得られる症例もまれにある。しかし一般的にはDICに対する抗線溶療法は，生体の防御反応を抑制することになるため，臓器不全を助長すると考えられている。特に敗血症によるDICでは，線溶活性化が乏しく，微小血栓が残るため抗線溶療法は禁忌となる。

DICの治療では病勢の進行を予想して早期に治療を開始することが最も有効で，同時にその対症療法を積極的に実施することが重要である。

⑥予防

DICの病態は複雑となるため，臨床現場では診断や治療面においても難題となることが多い。現在，血液凝固制御に新たな作動物質の関与を示唆する報告もあり，新たな視点に立脚したDIC対策が今後明らかにされるものと思われる。

家畜でDICの原因となりやすい基礎疾患には，前述したとおりグラム陰性桿菌感染症[2,3]，敗血症[4,5]，感染性流産，ウイルス感染症などがある。農場の大規模化や省力化が浸透し，家畜を取り巻く飼養環境は悪化しているが，環境改善や栄養素の充足，ワクチンの応用，基礎疾患の早期発見とその初期治療の充実に努めることによって，本疾患の発生を抑えていくことが課題と考えられる。

■注釈

*1
細網内皮系（reticuloendothelial system：RES）：Aschoff-清野が提唱した異物貪食能，生体染色所見を指標に機能的な同一性を示す間葉系の細胞群をいう概念で，リンパ節，脾臓などの細網細胞，脾臓，骨髄，リンパ節の洞内皮，クッパー星細胞，副腎皮質，下垂体の毛細血管内皮，結合組織内の組織が含まれる。

*2
トランスフェリン：血清中の鉄結合性タンパク質で，1分子当たり2原子の第2鉄イオンと可逆的に結合している。腸管吸収の鉄や貯蔵鉄から造血系やほかの組織へ鉄を輸送する。トランスフェリンは，血清鉄，不飽和鉄結合能，フェリチンなどと併せて鉄欠乏性貧血の鑑別診断，治療のモニターとして利用される。

*3
多染性赤血球：酸性色素と塩基性色素の両方に親和性を持つ一様に染色されない赤血球で大型・無核であり，核と細胞質の成熟が平行せず，細胞質の好塩基性物質が脱核の後に残った幼若赤血球をいう。

*4
塩基性斑点含有赤血球：赤血球内に青色の斑点が散在し，幾分幼若と考えられる赤血球をいう。鉛中毒，サラセミアなどのヘモグロビン合成障害，赤芽球異形成を伴う疾患などでみられる。

*5
赤血球大小不同：標本を総体的にみた場合に赤血球の大きさが大小不同の激しい場合である。出現する赤血球の大小によって大赤血球性，小赤血球性不同症という。

*6
赤血球浸透圧抵抗：赤血球は低張液中では水分が内部に侵入して赤血球が破壊される。この低浸透圧性溶血に対する抵抗をいう。赤血球が溶血しはじめる食塩水濃度を最小抵抗値，完全に溶血する濃度を最大抵抗値という。

*7
ポアオン投与：動物の背線部のき甲から尾根にかけて皮膚に滴下する経皮投与で，成分を皮膚から吸収させて効力を発揮させる。

*8
網内系マクロファージ：内皮細胞と細網細胞を併せて細網内皮系といい，それら由来の大型の食細胞で，異物を捕捉・処理する機能を持ち，抗原を免疫担当細胞に提供する働きを持つ細胞が含まれる。

*9
同種免疫性溶血性貧血：赤血球を抗原として産生された抗体が赤血球と反応したとき，補体が存在すると補体の付着結合を起こす。Ca^{2+}，Mg^{2+}が存在すると補体成分が活性化され，細胞膜に約10 nmの穴があけられ溶解することで起こる貧血をいう。

*10
薬剤誘発性溶血性貧血：薬剤が原因となって赤血球が破壊されて発生する貧血をいう。

*11
変形能：赤血球は中央の凹んだ円盤状で，球に対し容積の割に表面積が大きく，外力により容易に変形し流体力学的に有利で，水移動による多少の容量変化も容易で血漿浸透圧の緩衝に役立つ。

*12
全身性エリテマトーデス：全身性後紅斑性狼瘡のことで，全身性の複合した臓器障害を特徴とした自己免疫性疾患で，自己免疫性溶血性貧血，自己免疫性血小板減少症，免疫複合体糸球体腎炎，多発性関節炎の病態がみられる。

*13
免疫介在性血小板減少症：自己抗体を原因とする原発性と他疾患に併発する二次性がある。原発性は犬やヒトでみられ，二次性は自己免疫疾患，腫瘍，感染症，薬物が原因となる。

*14
肝ヘモジデローシス：肝臓への血鉄素の沈着で，悪性貧血，大量の血球崩壊，鉄吸収異常亢進時にみられる。

*15
担鉄マクロファージ：ヘモジデリンを取り込んだ大型の食細胞をいう。

*16
ヘモグロビン尿性腎症：大量の赤血球が破壊され，ヘモグロビン（血色素）が腎臓から排泄される時に，血色素が糸球体のろ過障害となり腎機能に異常をきたすことである。

*17
ヘモグロビン円柱：大量の赤血球が破壊され，尿中にヘモグロビン（血色素）が出現し，その沈殿が顆粒状，塊状あるいは円柱状になっているものをいう。

*18
ハウエルジョリー小体含有赤血球：赤血球の幼若期における核が塩基性に染色される小体として赤血球内に残った赤血球をいう。貧血性疾患で認める。

*19
有核赤血球：一般に哺乳類では循環血液中の赤血球は無核で，有核なものは骨髄中でみられ赤芽球ともいわれるが，末梢血では有核赤血球という。

*20
球状赤血球：赤血球の直径が小さく，厚さが増しているため，染色した塗抹標本上では一様に濃染している球状となってみられる小赤血球である。一般に，血球抵抗性は減弱している。

*21
連銭形成：赤血球が積み重ねた銭（コイン）のように集合する現象のことで，赤血球と血漿の界面の物理化学的性状に基づくとされる。牛の血漿塗抹標本における連銭の観察は何らかの異常が存在すると考えられる。

*22
クームス試験：抗体が抗原と結合しながらも非凝集を示す場合，その抗体に対する抗グロブリン抗体を用いて特異抗体間を橋渡しして，凝集反応を起こさせるようにする方法である。直接法は生体内ですでに抗原と結合している抗体を検出することを目的にし，間接法は遊離の抗体を抗原に結合させた後，抗グロブリン抗体を加えて検出する方法である。

*23
同種異系抗原：同一種内の遺伝的に異なる個体に対して投与したときに免疫応答を生じる抗原をいう。

*24
感作状態：同じアレルゲンの2回目の投与がアナフィラキシー応答の引き金になるように，アレルゲンの投与によって条件づけられた状態のことである。

*25
交差適合試験：輸血前に受血動物血清中および供血動物血清中に不規則性抗体が存在するか否かを調べる輸血適合試験のことである。主試験は受血動物血清と供血動物赤血球との反応で，副試験は供血動物血清と受血動物赤血球との反応である。

*26
新生子汎血球減少症：新生子が多能性造血幹細胞の量的ないし質的欠陥で，骨髄や末梢血中の赤血球，白血球（顆粒球・単球），血小板の各系の未成熟細胞ならびに成熟細胞が減少した状態をいい，末梢血の汎血球減少症と骨髄の低形成を特徴とする疾患である。

*27
小球性低色素性貧血：赤血球の形態による貧血の分類で，平均赤血球容積と平均赤血球ヘモグロビン濃度が減少している貧血のことをいい，鉄欠乏性貧血，慢性失血性貧血が疑われる。

*28
有棘赤血球：奇形赤血球の一種と考えられ，赤血球の周囲に棘状の突起を持つ赤血球の総称である。成立機序，出現の意義は不明である。

*29
遺伝子組み換えヒトエリスロポエチン：同じシストロン（遺伝子）内のミュートン（遺伝子突然変異の最小単位）間で起こる遺伝的組み換えのことで，動物の培養細胞を使ってできたヒトエリスロポエチンである。

*30
類上皮細胞：形態的に上皮細胞に類似した活性化マクロファージで，細胞間質が少なく，また，細胞体内には多数の小胞体，活性化したゴルジ装置，多数のリソソームを有しているが食作用は弱い。

*31
ヒトの菌状息肉腫斑：皮膚に生じる慢性進行性リンパ腫のひとつである。表皮の肥厚と真皮上層に種々の細胞からなる帯状浸潤がみられる菌状息肉腫において，肥厚，膨隆した皮膚の部位のことをいう。

*32
二次線溶：血液を固める役割を果たしたフィブリンがプラスミンにより処理・分解され，Dダイマーとе分画からなるフィブリン分解産物（FDP）になることである。Dダイマー分画は安定化フィブリンの分解によってのみ産生される二次線溶に特異的な成分であることから，Dダイマーの増加は二次線溶の亢進と判断できる。

*33
微小循環障害：細動脈の末梢から毛細血管となり，次いで細静脈の末梢に至る領域の血流が血栓などで障害される。

*34
凝集惹起物質：液体中に分散して存在する細胞を集合させて凝集を起こさせるトロンボプラスチンなどの物資である。

*35
組織因子（tissue facter：TF）：血液凝固Ⅲ因子のことで，組織トロンボプラスチンともいわれ，血液凝固機序の外因性凝固系でCa^{2+}の存在下でⅦ因子と結合してⅩ因子を活性化する血液凝固因子で，脂質タンパク複合体と考えられている。

*36
キニン-カリクレイン系：全身および局所の循環調節と血液凝固にかかわる系である。カリクレインは血漿中に存在し，キニノゲンから活性化したキニンを産生するタンパク分解酵素であり，キニンは血管拡張や毛細血管透過性を高める物質である。

*37
ATⅢ濃縮製剤：トロンビンの作用を不活化し，血液の凝固を阻止

する物質の濃縮製剤である。

*38
腫瘍壊死因子：一部の腫瘍細胞に細胞死をもたらす炎症性サイトカインの一種であり，マクロファージから産生されるTNF-αとリンパ球由来のTNF-βがある。

*39
白血球遊走因子：白血球に対して走化作用を示す一群のサイトカインの総称でケモカインともいわれている。炎症部位への白血球遊走の中心的役割を果たす。

*40
硝子滴変性：タンパク質変性のひとつで，エオジンなどの酸性色素で細胞質内に均質に染まる大小不同の球状の滴状物が出現する病変である。腎臓ではタンパク質ネフローゼの際に尿細管上皮内に認める。

■参考文献

第1節　赤血球の異常
1）小形芳美ほか. 1992. 家畜診療. 346：29-37.
2）Friedrich A et al. 2011. BMC Veterinary Research. 7：10.
3）金丸昭久. 2000. 標準血液病学. 医学書院，東京：64-65.
4）古田 彌太郎. 1996. 血液病学. 第4版. 医学書院，東京：132-134.
5）Fowler ME et al. 1964. Cornell Vet. 54：153-160.
6）坂田貴洋ほか. 2003. 臨床獣医. 21（4）：44-47.
7）Takagi M et al. 2006. J Vet Med A. 53：296-299.
8）梅沢俊二ほか. 2004. 北獣会誌. 48：281.

第2節　白血球の異常
1）石田卓夫ほか. 1999. 動物病理学各論（日本獣医病理学会編）. 文永堂出版，東京：80-84.
2）Theilen GH, Madewell BR. 1987. In Theilen GH. Madewell BR eds. Veterinary cancer medicine. ed 2. Philadelphia.
3）Bendixen HJ. 1961. Modern Veterinary Practice. 42：40-42.
4）Bendixen HJ. 1965. Advances in Veterinary Science. 10：129-204.
5）Angelos JA et al. 2009. Large Animal Internal Medicine 4th ed. Mosby：1173-1176.
6）田島誉士. 2002. 主要症状を基礎にした牛の臨床. デーリィマン社，北海道：614-618.
7）Theilen GH et al. 1965. Am J Vet Res. 26：696-709.
8）Chander S et al. 1977. Can J Comp Med. 41：274.
9）Grimshaw WT et al. 1979. Vet Rec. 105：267.
10）山岸則夫ほか. 1998. 動物臨床医学. 7（1）：17-20.
11）Hatfield CE et al. 1986. J Am Vet Med Assoc. 189：1598-1599.
12）Matthews HK et al. 1992. J Am Vet Med Assoc. 200（5）：699-701.
13）Marshak RR et al. 1966. Cancer. 19：724.
14）門田耕一ほか. 2010. 動物病理学各論第2版（日本獣医病理学会編）. 文永堂出版，東京：58-59.
15）Clegg FG et al. 1965. Vet Rec. 77：271-274.
16）Okada K et al. 1989. Vet Pathol. 26：136-143.
17）伊藤英雄ほか. 1990. 日獣会誌. 43：880-883.

第3節　血小板・血液凝固系の異常
1）中川雅夫. 2001. 新しいDICの病態・診断・治療. 医薬ジャーナル社，大阪：36-47. 51-59. 64-65.
2）渡辺一博ほか. 1993. 日獣会誌. 46：753-755.
3）長谷 学ほか. 1984. 日獣会誌. 37：431-435.
4）平澤博一ほか. 1986. 日獣会誌. 39：390-394.
5）池田浩希ほか. 2006. 家畜臨床誌. 29：20-24.

CHAPTER 9 内分泌疾患

本章では，下垂体機能異常（第1節），甲状腺機能異常（第2節），上皮小体機能亢進症（第3節）について詳述する。また，その他の内分泌疾患として糖尿病（第4節）を取り上げる。

第1節 下垂体機能異常

下垂体は，視床下部の支配に従ってホルモンを分泌する小器官で，前葉，中葉（中間葉），後葉に分けられる。

下垂体前葉で合成・分泌されるホルモンは，成長ホルモン（GH），副腎皮質刺激ホルモン（ACTH），甲状腺刺激ホルモン（TSH），卵胞刺激ホルモン（FSH），黄体形成ホルモン（LH），プロラクチン（PRL）の6種類である。これら前葉ホルモンの産生および分泌を制御する視床下部ホルモンは，視床下部より分泌され下垂体門脈を介して下垂体前葉に達する。

下垂体前葉ホルモンのうち，成長において重要な働きをする GH は，視床下部由来の成長ホルモン放出ホルモン（GHRH）と，膵臓由来である放出抑制ホルモンのソマトスタチン（SST）により制御され，前葉の GH 産生細胞からパルス状に分泌される。GH は多くの因子によって分泌調節を受けるが，主に GH による刺激の結果肝臓で分泌されるインスリン様成長因子-1（IGF-1）のネガティブフィードバックによって分泌が抑制される。

また，甲状腺ホルモン（チロキシン：T_4，トリヨードチロニン：T_3）の分泌を促進する TSH は，視床下部由来の甲状腺刺激ホルモン放出ホルモン（TRH）により分泌され，甲状腺ホルモンのネガティブフィードバックにより制御される。同様に，ACTH は視床下部由来の副腎皮質刺激ホルモン放出ホルモン（CRH）の刺激により分泌され，副腎皮質から分泌される糖質コルチコイドのネガティブフィードバックにより制御されている。

一方，下垂体後葉から分泌されるホルモンとしてはバゾプレッシン（AVP）とオキシトシン（OXT）がある。下垂体後葉は，視床下部が下垂体内へ突出して形成されたもので，細胞体を視床下部に持つニューロンの軸索が下垂体の柄部を形成し，ニューロンの神経終末によって後葉そのものが構成されている。これらのホルモンは視床下部にある細胞体で合成された後，軸索を介して下垂体後葉の神経終末へ輸送，一時的にそこで貯蔵され，細胞体の興奮により分泌される。

何らかの原因でこれらの下垂体前葉および後葉ホルモンの分泌が失調すると，それらのホルモン支配を受ける組織でのホルモン分泌および作用が減退あるいは亢進し，後述のような特徴的な症状が発現する。

1．下垂体性矮小症　pituitary dwarfism

①背景

下垂体性矮小症（pituitary dwarfism）は，下垂体前葉の発生異常，脱落，ラトケ嚢胞による下垂体前葉の圧迫萎縮などにより，前葉における GH の合成・分泌が阻害され，成長不良などを呈する疾患である。

牛の下垂体性矮小症は，我が国ではホルスタイン種で報告されており，黒毛和種牛でもそれを疑う報告がある。また，国外においてもイギリスのデクスター種やノルウェーのテレマーク種，およびホルスタイン種などいくつかの品種で報告があり，軟骨の異形成による，頭蓋骨，脊椎，長骨の短小化および骨端部の変形を特徴としている。

なお，褐毛和種の軟骨異形成性矮小体躯症は，常染色体劣性の遺伝病で，第6染色体上にある原因遺伝子 *LIMBIN* が同定されており，下垂体性ではない（第10章「8．軟骨異形成性矮小体躯症」を参照）。黒毛和種でも同様の

骨形成異常を伴う矮小体躯症の報告があるが，血清IGF-1は低値であるものの，GHはむしろ高値を示していたことから，下垂体性ではないと考えられている。

また，GHの分子異常による疾患として，ブラフマン種にみられる矮小症が知られている。この疾患はGH遺伝子の変異が原因で，劣性ホモ牛において，GH分子に異常が生じることによって下垂体から抽出されたGHの活性が約60％にまで低下する。その結果，発育不良となり体高および体重が正常牛に対して約70％と低値を示す。一方，ヒトのラロン型矮小症（Laron dwarfism）は，GH受容体遺伝子の変異によるGH受容体の構造異常のためのGH不応が原因で，IGF-1の合成が低下するために発育不良となる常染色体劣性遺伝性疾患である。牛においてGH不応の報告はない。

②症状

発育障害が特徴的で，骨形成不全を示し，頭蓋骨の突出，長骨の変形，骨端線の閉鎖不全および歯の発達遅延など骨格系異常がみられる。

③診断

血清GHとIGF-1濃度を測定し，ともに低値であることから診断する。牛のGH測定は種特異性があるため，ヒトの測定キットでは検査できず，牛あるいは山羊のGH抗体を用いる。

牛のGHはパルス状に変動するため1回の測定では分泌状態を十分に判断できない。このため，6～8時間にわたり15ないし30分間隔でGH濃度を測定し，基礎GH濃度，最高GH濃度，GH血中濃度-時間曲線下面積（AUC）を計算して評価する。ほとんどの種において日内変動はあるものの，正常牛の血清GH濃度は10 ng/mL以内で変動し，基礎GH濃度は5±2 ng/mL程度である。下垂体性矮小症では血清GH濃度はそれよりも低値を示す。

血清IGF-1はGHと異なり日内変動が少ないため，1回の測定でもある程度の評価が可能である。牛とヒトのIGF-1の遺伝子配列の相同性が高いことから，ラジオイムノアッセイ（radioimmunoassay：RIA）法などを用いたヒトの診断キットで測定できる。血清IGF-1濃度は，測定方法，栄養状態，月齢および家系の影響を受けるため，評価には測定方法や飼育条件などを考慮する必要がある。黒毛和種の子牛と育成牛の正常な血清IGF-1濃度は300±100 ng/mL程度である。

また，軟骨異形成性矮小体躯症，GH分子あるいはGH受容体異常による矮小症，野生のルピナス摂取によるcrooked calf diseaseおよびカビの生えた粗飼料摂取による中毒性の矮小症などの類似の疾患との鑑別も必要である。

黒毛和種でしばしば発生がみられる原因不明の発育不良牛では，下垂体性矮小症と病態が異なり，骨形成異常はみられない。またGH分泌は亢進し，40 ng/mLを超すような高いパルスがみられ，基礎GH濃度は平均13 ng/mLと高値を示すという報告がある。0～120分のGH血中濃度-時間曲線下面積（AUC_{0-120}）は，発育が正常な黒毛和種育成牛群で1,800±800 ng・min/mL，発育不良群で4,300±3,200 ng・min/mL程度とされている。重度の発育不良では血清IGF-1濃度が100 ng/mL以下と著明な低値を示す。

④治療

ヒトや犬などではGH補充療法が実施され，ヒトのラロン型矮小症のようなGH不応ではIGF-1補充療法が行われるが，牛では経済的な理由から淘汰される。

2．副腎皮質機能亢進症　hyperadrenocorticism

副腎皮質機能亢進症（hyperadrenocorticism）はクッシング病（Cushing's disease）ともいわれ，糖質コルチコイド過剰により多飲・多尿，皮膚の脱毛，色素沈着などの特徴的な症状を呈する疾患である。下垂体性と副腎腫瘍によるものがあるが，犬では下垂体性が多い。また，馬でも発生するが，牛での本疾患の発生はほとんどない。

3．尿崩症　diabetes insipidus

①背景

尿崩症（diabetes insipidus）は，視床下部，下垂体後葉の障害によりAVPの分泌障害が生じる中枢性尿崩症と，腎臓でのAVP作用不全による腎性尿崩症に分類される。尿崩症は犬，猫で多くの報告があるが，牛ではまれな疾患で，内水頭症に併発した子牛や，分娩後に回帰熱やケトーシスを伴ったホルスタイン種雌牛などで少数の報告がある。

②症状

脱水と口渇のため，多飲・多尿となり，尿比重は低値を示す。食欲は不振あるいは廃絶し，排糞量は減少する。その他，被毛失沢，粗剛および体重減少がみられることがある。

③病態

視床下部で合成され，下垂体後葉に貯蔵されたAVPは，視床下部の浸透圧受容器が血漿浸透圧の上昇を感知することにより下垂体後葉から分泌される。AVPは，腎臓の尿細管あるいは集合管に存在するAVP受容体に結合して水の再吸収を促し，血漿浸透圧を低下させるように働く。AVPが欠如すれば水の再吸収が障害され，腎臓は血漿を超える浸透圧の尿を産生できず，腎臓での水の再吸収も低下することから，低い浸透圧の尿（低張尿）が大量に排泄されることになる。経産のホルスタイン種の症例では，血漿浸透圧が正常牛の275～285 mOsm/kgに比べて260～270 mOsm/kgと低値を示し，尿浸透圧は100 mOsm/kg以下であった。

④診断

多飲・多尿の臨床症状と尿比重低下（＜0.012）を示す個体では，尿崩症が疑われる。糖尿病，慢性腎不全など多尿を伴う疾患と鑑別するため，血液検査を実施する。尿崩症でなくても，多飲で尿量が多くなる場合にも尿比重は低下するため，確定診断には水制限試験（water deprivation test）を実施する必要がある。牛では絶水後8～9時間程度での尿浸透圧，血漿浸透圧，尿比重を測定し，尿浸透圧が血漿浸透圧を超えないこと，尿比重が依然として低値であることを確認する。

また，中枢性尿崩症と腎性尿崩症の鑑別のためには，バゾプレッシン試験（vasopressin test）を行う。牛では，AVPを0.2～0.5単位/kg筋肉内注射し，尿浸透圧が最大となる4時間後の尿浸透圧，血漿浸透圧，尿比重を測定して判定する。中枢性尿崩症では，尿の濃縮により尿比重が増加，尿浸透圧も増加し血漿浸透圧を超える。一方，腎性尿崩症では尿浸透圧は血漿浸透圧を超えない。

⑤治療

中枢性尿崩症の治療薬として，犬などでは合成AVP製剤の酢酸デスモプレッシンが用いられるが，牛では経済的な理由で淘汰となる。なお，乳牛の分娩後にみられた中枢性尿崩症において，ケトーシスなどに対する輸液，カルシウム剤とネオスチグミンの注射，ミネラルオイルの経口投与などを行った結果，次第に改善したという報告がある。この症例は，シーハン症候群（Sheehan's syndrome；ヒトで分娩後の大量出血により下垂体に虚血壊死が起き，下垂体機能低下症となる症候群）と示唆されていた。

第2節　甲状腺機能異常

甲状腺は第2～3気管輪外腹側に位置し，右葉と左葉に分かれ，各々不正楕円形の腺体からなり，気管腹面正中位を横切る狭部で結ばれている。まず甲状腺ろ胞上皮細胞でチログロブリンが合成され，甲状腺ろ胞に膠質（コロイド）として貯えられ，必要に応じてT_4に分解されてろ胞外に運ばれ脈管系に入る。甲状腺ホルモンは体でのエネルギーの利用を促すホルモンで，酸素消費量の増大，基礎代謝率上昇，タンパク質の異化，グリコーゲンの蓄積と分解，脂質の分解，交感神経作用，成長促進，繁殖能亢進，心機能亢進，赤血球生成および皮膚の正常な角化などの働きがある。甲状腺ホルモンの分泌過剰あるいは不足により，前述のホルモン作用に関連した様々な症状が発現する。

甲状腺ホルモンには，ヨード付加が4個のT_4と3個のT_3の2種類がある。甲状腺では主としてT_4が生成・分泌されるため，血中濃度はT_4がT_3よりも30～50倍ほど高いが，生理活性はT_4よりもT_3のほうが数倍高い。T_3は肝臓や腎臓などで，T_4からの脱ヨード反応によっても作られる。また，甲状腺ホルモンは血中ではアルブミン，トランスサイレチン（プレアルブミン），チロキシン結合グロブリンなどの血漿タンパク質と結合し，遊離ホルモンとの濃度調整がなされている。このうち，ホルモン作用を示すのは遊離T_4（FT_4）および遊離T_3（FT_3）であり，血漿タンパク質と結合しているものはホルモン作用は示さない。

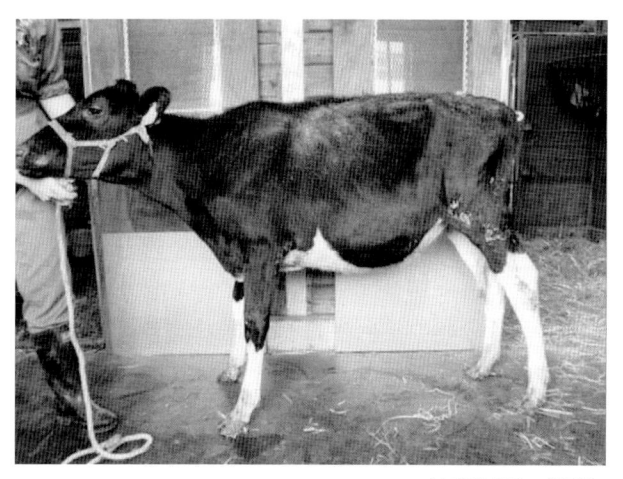

（安藤貴朗氏 ご提供）

体重は171 kgと発育不良で，被毛失沢し，外貌に比して頭部が大きい。血清 T_4 濃度は 12.6 μg/dL と高値で，T-Cho 濃度は 7 mg/dL と著明な低値であった（ホルスタイン種，雌，13カ月齢）

図9-1 甲状腺機能亢進症症例

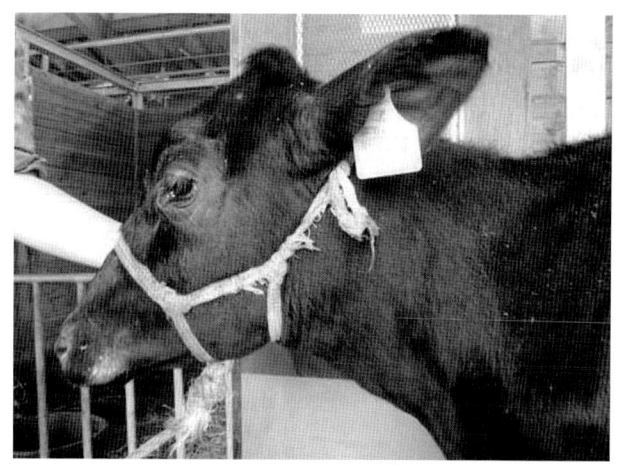

（安藤貴朗氏 ご提供）

鼻梁が長く，喉頭部に軽度の腫脹がみられる
図9-2 図9-1の症例の頭部

1. 甲状腺機能亢進症　hyperthyroidism

①背景

ヒトや高齢の猫で多く報告され，馬でも発生があるが，牛における甲状腺機能亢進症（hyperthyroidism）の発生報告は少なく，我が国では安藤らのホルスタイン種育成牛（13カ月齢）での報告があるのみである。ヒトでは自己免疫疾患であるバセドウ病が代表的疾患で，甲状腺の腫大，眼球突出，頻脈，食欲増進，体重減少，多汗，振戦，心拍数増加，神経過敏を示す。犬および猫ではそれらの症状に加えて，嘔吐，下痢，皮下脂肪の減少，被毛の減少，脱毛，爪の伸長がみられる。

②症状

食欲は正常で活気がある。発育不良が特徴的で，低体重と低体高を示し，体長も短い（図9-1）。また，体長に比較して頭長および鼻梁が長く，喉頭部に腫脹（甲状腺腫）がみられる（図9-2）。

③病態

本疾患は，甲状腺ホルモンの血中濃度の増加により基礎代謝が亢進する病態で，原発性甲状腺機能亢進症（primary hyperthyroidism），下垂体性（二次性）甲状腺機能亢進（pituitary hyperthyroidism）および視床下部性（三次性）甲状腺機能亢進症（tertiary hyperthyroidism）に分類される。

馬では甲状腺の過形成および腺腫により，甲状腺ホルモンの著しい増加がみられ，食欲増進，体重減少，神経過敏などを呈する。

原発性甲状腺機能亢進症ではTSHはネガティブフィードバックにより低値を示す。前述の我が国で報告されたホルスタイン種育成牛の症例でも，血清TSHが低値であり，原発性甲状腺機能亢進症が疑われている。

④診断

臨床徴候，甲状腺の腫大および血中の甲状腺ホルモンの増加により診断する。血清あるいは血漿中 T_4 および T_3 濃度の測定は，牛に特異的な測定キットがないため，ヒトの測定キットを用い RIA 法で行われている。

参考値は報告により違いがあるが，正常な牛では，血清 T_4 は黒毛和種子牛で 6.8±2.0 μg/dL，6～15カ月齢の黒毛和種育成子牛で 4.9±1.5 μg/dL，ホルスタイン種子牛では 0～4日齢で 18.5±6.5 μg/dL，5～14日齢で 9.9±2.1 μg/dL，15～60日齢で 6.2±0.6 μg/dL，ホルスタイン種成牛で 6.0±2.3 μg/dL などの報告がある。

血清 T_3 の基準値は，黒毛和種子牛で 182±31 ng/dL，6～15カ月齢の黒毛和種育成子牛で 136±23 ng/dL，あるいは 0～4日齢のホルスタイン種子牛で 389±75 ng/dL，5～14日齢で 172±55 ng/dL，15～60日齢で 136±19 ng/dL，ホルスタイン種成牛で 113±48 ng/dL との報告がある。

通常子牛では，血清 T_4 および T_3 は2日齢まで成牛の正常値の2～3倍を示し，5日齢までに値は急激に減少し，成牛の基準値に近づく。前述したホルスタイン種育成牛の症例では，血清 T_4 は 12.6 μg/dL，血清 T_3 は

282 ng/dL と増加していた。

⑤治療

ヒトおよび犬では，甲状腺の切除，抗甲状腺薬（プロピルチオウラシル，メチマゾール）の経口投与および放射線ヨードの投与があるが，牛では確定診断されれば淘汰の対象となる。

2．甲状腺機能低下症　hypothyroidism

①背景

甲状腺機能低下症は原因にかかわらず，甲状腺ホルモンの分泌が減少し，種々の症状が発現した状態をいう。甲状腺機能低下症は原因から，原発性（一次性）甲状腺機能低下症，下垂体性（二次性）甲状腺機能低下症，視床下部性（三次性）甲状腺機能低下症，および受容体の異常により甲状腺ホルモンが利用できないホルモン不応症に分類される。牛の本疾患症例のほとんどは原発性甲状腺機能低下症である。

原発性甲状腺機能低下症の要因には，先天性甲状腺機能低下症（congenital hypothyroidism），慢性甲状腺炎（chronic thyroiditis），特発性粘液水腫（idiopathic myxedema），甲状腺ホルモン合成障害，ヨード欠乏症（iodine deficiency），甲状腺腫誘発物質・薬物の摂取などがある。

牛では要因の多くがヨード欠乏症である。ヨード欠乏症（iodine deficiency）による先天性甲状腺腫（congenital goiter）あるいは後天性甲状腺腫（acquired goiter）に起因する甲状腺機能低下症が多く報告されている。ヨード欠乏症には，ヨードの摂取不足による原発性ヨード欠乏症と，甲状腺腫誘発物質（goitrogen）を含む植物（イヌガラシ，白クローバー，キャベツ，アブラナ，カブ）や食物（大豆，豆腐粕，コーンコブなど）あるいは薬物（サルファ剤，チオウレアなど）の摂取によるヨード利用の阻害のほか，過剰なカルシウム摂取によるヨウ素吸収障害の二次性ヨード欠乏がある。また，ヨードの過剰摂取でも甲状腺腫が発生し，海藻粉末を多く給与された牛での発生例がある。

原発性ヨード欠乏症が原因の地方病性甲状腺腫が，中央ヨーロッパ地域，アメリカ5大湖周辺など世界各地で発生が報告されている。我が国では，岩手，長野，広島，富山の山間部や北海道の十勝地方で報告されている。これらの地域では土壌中のヨードが少なく，飼料となる牧草中のヨードが不足した結果，流産，死産，虚弱，発育不良および甲状腺腫が発生している。

②症状

甲状腺機能低下症の症状は多岐にわたり，流産，死産，虚弱，発育不良，皮膚症状（被毛失沢，被毛粗剛，脱毛，皮膚の乾燥と落屑），甲状腺腫がみられる。甲状腺腫では気道や食道が圧迫されることで呼吸困難あるいは嚥下困難が生じることがある。このほかの症状として，徐脈，血圧低下，運動失調，便秘，雌牛の発情周期不全，雄牛の性行動低下および精子数減少などがある。

③病態

若齢あるいは育成期にヨード欠乏になると，フィードバックの効果により下垂体からのTSH分泌が亢進し，甲状腺ホルモンの合成が促進され，甲状腺は腫大する。しかし，ヨード欠乏による甲状腺腫は，病理組織学的に膠原線維で多数の塊に分割された結節状あるいはび漫性実質性増殖を呈し，ろ胞上皮細胞の過形成と大小様々で形の歪んだろ胞，コロイドの減少あるいは消失などがみられる。そのため甲状腺ホルモン合成は少なく，血中甲状腺ホルモンは低値を示す。また，母牛がヨード欠乏状態の場合，胎子の甲状腺ホルモン合成刺激が高まり甲状腺が腫大することがある（図9-3）。

④診断

血清 T_4 濃度の低値，T_4/T_3 の減少，血清 FT_4 濃度の減少がみられたら本疾患を疑う。血清 FT_4 濃度は FT_3 濃度よりも診断価値が高いとされる。実際，甲状腺腫の発生がない農場のホルスタイン種去勢肥育牛では，血清 FT_3 濃度は 4.5 ± 0.7 pg/dL，FT_4 濃度は 1.7 ± 0.1 ng/mL であり，発生農家の牛では血清 FT_3 濃度は 5.4 ± 1.0 pg/dL と正常範囲であったのに対して，血清 FT_4 濃度は 0.8 ± 0.3 ng/mL と低値を認めたとの報告がある。

また，後述のユーサイロイドシック症候群との鑑別にはTRH刺激試験を行う。TRH刺激試験は，1 mL中にTRHを0.5 mg含む試薬を静脈注射して行うが，投与前後の4～12時間の間に何度か採血を行い，T_4 の推移を測定する。ユーサイロイドシック症候群の場合，多くは T_4 が投与後6時間でピークとなる。原発性甲状腺機能低下症と下垂体性甲状腺機能低下症では，投与後に血清 T_4 の増加が少ないか，あるいは増加しない。

（古林与志安氏　ご提供）

雌。甲状腺が著しく腫大している
（褐色和種，雌，3日齢）

図9-3　先天性甲状腺腫症例

体重は100kgで，食欲は正常だが削痩し，被毛粗剛。血清TSH濃度 0.23 ng/mL, T_4濃度 4.8μg/dL, IGF-1濃度 64 ng/mL, Alb濃度 2.5 g/dL, T-Cho濃度 41 mg/dLといずれも低値であった
（黒毛和種，雄，8カ月齢）

図9-4　ユーサイロドシック症候群症例

⑤治療・予防

　予防には，ヨードの適正な給与が重要である。日本飼養標準の肉牛のヨード適正値は乾物（DM）で0.5 ppm，ヨードの中毒発生限界は50 ppm/DMである。また，アメリカ国家研究会議（NRC）飼養標準による適正値は乳牛で0.25～0.6 ppmとされている。地方病性甲状腺発性の報告があった北海道・十勝地方の乾草の調査では0.03～0.06 ppm/DMと著しい低値を示した。一方，宮崎県の1産取り肥育農家で発生した事例では，すべて購入飼料であったが，ヨード含量はトールフェスク乾草が0.7 ppm/DM，アルファルファペレットが0.1 ppm/DM，濃厚飼料が0.008 ppm/DMと少なかった。このように，土壌中のヨードが不足している地域以外でも発症の危険性があるため，飼料の点検が必要である。

　ヨード欠乏に起因する場合には，飼料へのヨード添加（海藻粉末，貝化石，ヨウ化カリウムなど）が行われる。「飼料の安全性の確保及び品質の改善に関する法律」の規定に基づき飼料添加物として定められたヨウ素化合物は，ヨウ化カリウム，ヨウ素酸カリウム，ヨウ素酸カルシウムの3種である。また，経口投与の場合，ヨウ化カリウムあるいはヨウ化ナトリウムを1日当たり10～20 mg/kg，1～2週間与える。注射は，馬の骨軟症治療薬などで応用されており，5％ヨウ化ナトリウム（10 mL/kg）を静脈内に投与し，4～5日後に再投与する。また，哺乳子牛の症例では，ヨードが添加された乳汁あるいはヨード添加飼料を給与された健常乳牛の乳汁を給与する。

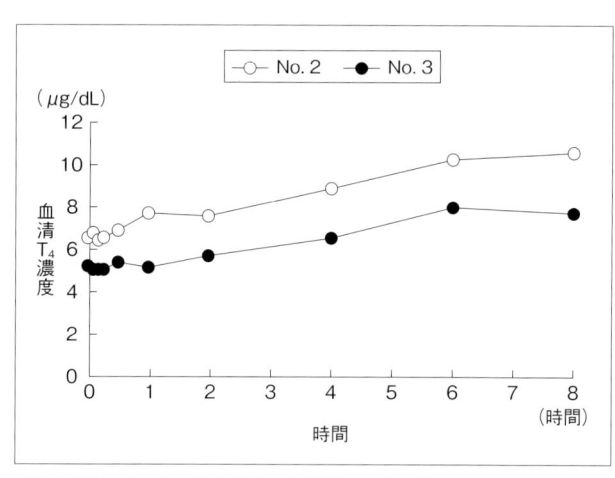

TRHを投与すると，投与後6～8時間で血清T_4値はピークとなる。症例No. 2とNo. 3はT_4値がやや低い（TRH投与前）が，TRHの投与によって，程度の違いはあるものの，いずれもT_4値の増加を示している

図9-5　発育不良牛に対するTRH刺激試験

3. ユーサイロドシック症候群
euthyroid sick syndrome

①背景

　甲状腺機能は正常であるが基礎疾患や栄養不良などのため甲状腺ホルモンが低値を示し，それにより様々な病態を示す症候群は，ユーサイロドシック症候群（euthyroid sick syndrome）あるいは甲状腺機能正常症候群といわれている。

②症状

　牛では，発育不良と削痩がみられる（図9-4）。

③病態

我が国では黒毛和種子牛で血清甲状腺ホルモン濃度の低値を伴う発育不良が報告されている。また，血清総コレステロール（T-Cho）やアルブミン（Alb）濃度の減少など，低栄養状態が認められる。

特定の家系に多発することや，虚弱，発育不良を呈するものの甲状腺腫がみられないなどの特徴から，甲状腺形成不全や酵素異常によりヒトで発生する先天性のクレチン病（cretinism）との類似性が指摘されていた。しかし，最近の研究から，ユーサイロイドシック症候群ではTRH刺激試験で血清T_4濃度が増加し（図9-5），また栄養改善に伴い血清T_4濃度が回復する点が，クレチン病とは異なるのではないかと考えられている。

黒毛和種牛の原因不明の発育不良に関しては，ルーメンの低形成，免疫機能異常，栄養同化の低下および遺伝性疾患なども示唆されており，現在も研究が行われている。

④診断

牛では，血清TSH濃度の特異的な市販の測定キットがないためTRH刺激試験が行われる。血清T_4濃度が低値だった個体のTRH刺激試験で，血清T_4濃度がTRH投与6～8時間後に増加する場合には本疾患が示唆される。

報告は少ないが，一般に原発性甲状腺機能低下症ではTRH投与後に血清TSH濃度は増加するが血清T_4濃度は増加しない。また，視床下部性甲状腺機能低下症では血清TSH濃度と血清T_4濃度はともに増加する。下垂体性甲状腺機能低下症では血清TSH濃度と血清T_4濃度はどちらも増加しない。

筆者らが，牛のTSH抗体を用いた競合免疫測定法により血清TSH濃度を測定した結果，2～10カ月齢の黒毛和種子牛の基準値は1.42±0.77 ng/mL，12～28カ月齢の肥育牛の基準値は1.41±0.55 ng/mLであった。また，虚弱子牛症候群（weak calf syndrome：WCS）と発育不良牛でともに血清T_4濃度の低値がみられたうえ，血清TSH濃度はWCSで0.44±0.17 ng/mL，発育不良子牛で0.68±0.48 ng/mLとともに低値であった。

⑤治療

ユーサイロイドシック症候群が疑われる症例では，基礎疾患の治療と栄養状態の改善で，次第に血清T_4濃度は回復し，増体も改善がみられる。

第3節　上皮小体機能亢進症

上皮小体（副甲状腺）は甲状腺に隣接して存在する内分泌腺であり，カルシウム代謝の調節に関与する上皮小体ホルモン（パラソルモン，parathyroid hormone：PTH）を産生・分泌する器官である。PTHは主に骨と腎臓に作用するが，骨では破骨細胞を活性化して骨吸収を促進し，血中へのカルシウムの供給に関与する。腎臓では，ビタミンDの活性化とカルシウム再吸収の促進とリン再吸収の抑制に関与する。またPTHの分泌は，血中カルシウム（Ca）濃度の増加に対するネガティブフィードバックを受けて調節される。

上皮小体機能亢進症とは，PTHの過剰な分泌によって無機質や骨格の恒常性が障害される疾患であり，原発性と続発性に分類される。原発性上皮小体機能亢進症（primary hyperparathyroidism）は，上皮小体の腫瘍性変化（腺腫，腺癌）や過形成を原因とし，高Ca血症が病態の中心となる。続発性上皮小体機能亢進症（secondary hyperparathyroidism）は，何らかの基礎疾患によって血中Ca濃度の減少や血中無機リン（Pi）濃度の増加が起こり，その結果としてPTHが分泌促進される病態である。犬や馬における上皮小体機能亢進症の発生の報告はあるが，牛での発生はほとんど知られていない。

1．原発性上皮小体機能亢進症
primary hyperparathyroidism

①背景

原発性上皮小体機能亢進症（primary hyperparathyroidism）では，上皮小体の腫瘍や過形成などの細胞増殖と機能亢進によって，PTHが自律的に分泌され高Ca血症を生じる。血中Ca濃度が高いにもかかわらずPTHが過剰に分泌され続けるため，さらなる高Ca血症，腎臓

や骨の機能的ないし器質的変化が惹起される。

②症状

　高Ca血症に関連した症状として，沈うつ，筋緊張の低下や攣縮，食欲不振，消化管運動性の低下などがみられる。また高Ca血症が持続すると，腎臓，血管壁，腸壁などに転移性の石灰沈着が起こり，これらに関連した症状がみられる。すなわち，腎障害による症状として，多飲・多尿や浮腫などの腎不全症状を呈する。また，初期の骨変化は軽度であるが，進行すると骨吸収のため脱灰し，長骨の疼痛，病的骨折，椎体の圧迫骨折などが認められることがある。

③病態

　高Ca血症によって神経および筋肉の興奮性が低下し，全身骨格筋の虚弱や腸管平滑筋の運動性低下が起こる。カルシウムが尿細管の基底膜に沈着することにより，尿細管上皮の変性壊死と腎障害を引き起こす。また，PTHの作用により骨吸収が促進され，骨の脆弱性が増す。

④診断

　血液検査にて，高Ca血症ならびに血中PTH濃度の増加を確認する。また，尿中カルシウムならびにリンの増加や血清アルカリフォスファターゼ（ALP）値の増加，血中Pi濃度の減少が認められる。

⑤治療・予防

　上皮小体の外科的摘出のほかに根治療法はない。対症療法として高Ca血症による状態悪化を軽減し，脱水状態の是正と正常な水和維持を図るため，輸液，利尿剤（フロセミド）およびグルココルチコイドの投与が考えられるが，効果はあまり期待できない。有効な予防法はない。

2. 続発性上皮小体機能亢進症
secondary hyperparathyroidism

①背景

　続発性上皮小体機能亢進症（secondary hyperparathyroidism）は，基礎疾患によって長期にわたり血中Ca濃度の減少や血中Pi濃度の増加が起こり，PTHの分泌が促されることで発生する病態である。腎疾患を基礎疾患とするものを腎性上皮小体機能亢進症といい，食餌性無機物の不均衡に起因するものを栄養性上皮小体機能亢進症という。

②症状

　腎性上皮小体機能亢進症では，腎不全の症状が中心となる。すなわち，沈うつ，脱水，多飲などがみられる。骨病変は軽度から重度のものまで様々である。

　栄養性上皮小体機能亢進症では，代謝性骨疾患が進行し，多発的な骨痛と病的骨折，それに伴う跛行や歩様異常がみられる。

③病態

　腎性上皮小体機能亢進症では，腎疾患の進行に伴い糸球体ろ過量が減少してリンが貯留し，高Pi血症となる。さらに，ビタミンD代謝も障害されて腸からのカルシウム吸収量が低下するため，血中Ca濃度は減少し，上皮小体でPTHの分泌が促進される。

　栄養性上皮小体機能亢進症では，食餌性のミネラルのアンバランスによって生体におけるカルシウム需要が高まり，その結果PTHの分泌が増加する。食餌性要因としては，飼料中の①カルシウム含量が低い場合，②カルシウム含量が正常であってもリンあるいはシュウ酸の含量が高い場合，③ビタミンDの含量が低い場合が挙げられる。①～③いずれかの要因によるPTHの分泌増加に伴って骨吸収が促進され，骨の脆弱性が増すことになる。

④診断

　血液検査では血中PTH濃度は増加するが，血中Ca濃度は軽度の減少か正常範囲である。また，ALP値の増加は骨病変の程度によって認められる場合がある。腎性上皮小体機能亢進症では，血中の尿素窒素（BUN）およびクレアチニン（Cre）濃度の増加と高Pi血症がみられる。栄養性上皮小体機能亢進症では，飼料中のミネラルやビタミンD含量の評価が必要である。なお，骨の評価にはX線検査が有用である。

⑤治療・予防

　腎性の場合，腎疾患の治療を行う（第7章を参照）。栄養性の場合，食餌中のミネラルとビタミンD含量を評価し適正化を図る。

第4節 その他

糖尿病　diabetes mellitus

①背景

　糖尿病（diabetes mellitus）は一般に高血糖および尿糖が持続的にみられる病態である。病因からインスリン依存性の1型糖尿病および非依存性の2型糖尿病に分類される。牛ではホルスタイン種や黒毛和種，褐毛和種を含む多くの品種で本疾患の報告があり，そのほとんどが1型糖尿病である。

　1型糖尿病は血中インスリンの減少により生じる病態で，膵臓における膵島β細胞の障害が原因となる。

　一方，2型糖尿病では血中インスリン濃度が正常あるいは増加しているにもかかわらず，高血糖は持続する。これはインスリンに対する反応性の低下が原因であり，この状態をインスリン抵抗性という。

②症状

　1型糖尿病の初期では多渇・多飲・多尿がみられ，食欲が亢進しても体重は減少する。体温，心拍数および呼吸数は必ずしも上昇しない。さらに病勢が進行すると，食欲不振，脱水，削痩がみられ，一般状態も悪化する。

　また，脂肪の分解が亢進し，血糖値の増加に加え血中ケトン体が増加しケトーシスを呈する。ケトン体は尿中にも検出され，ケトン尿となる。さらに，血中ケトン体の増加に伴い代謝性アシドーシスを呈し，ケトアシドーシスとなる。このため無治療の場合，食欲・飲水廃絶，意識混濁，昏睡へと病状は進行し最終的に死に至る。

　ヒトでは合併症として，糖尿病性腎症，糖尿病性網膜症および糖尿病性神経障害が高率に併発するが，牛の場合，長期にわたる治療を実施することが少ないため，このような合併症はあまりみられない。

　2型糖尿病は，過度に肥満した個体での発症が示唆されている。症状は1型糖尿病に類似するが，食欲低下，削痩や繁殖障害など生産性の低下がみられる。

③病態

　1型糖尿病は，膵島β細胞の減少あるいは消失により発症し，成牛では膵炎，膵臓癌および膵島の変性が観察される。この炎症には膵臓における自己免疫の関与が疑われており，抗膵島抗体や膵島細胞膜抗体が検出される症例も多い。子牛ではこのような症状の背景に，牛ウイルス性下痢・粘膜病（BVD-MD）の関与が報告されているが，実際には直接的な関連はみられないようである。

　一方，2型糖尿病は牛での報告は少ないが，肥育牛など過度の肥満を呈する個体や乳牛では泌乳初期にインスリン抵抗性となりやすいことが知られている。

④診断

　血液生化学検査において持続的な血糖値の増加を認め，尿検査において尿糖が検出された場合には糖尿病が強く疑われる。血中インスリン濃度を測定し，低値であった場合は1型糖尿病，正常であった場合には2型糖尿病と診断される。血液検査では，脱水に起因する変化（ヘマトクリット〈Ht〉値の増加など）がみられることがある。

　また，血液生化学検査では，トリグリセリド（TG）の増加もみられることがある。膵炎を伴う場合には，アミラーゼ（Amy）やリパーゼ（Lip）が増加する。さらに，糖化アルブミンや糖化ヘモグロビン濃度を測定することにより，持続的な高血糖を知ることができる。尿検査で尿糖に加えケトン体がみられ，血液ガス所見で代謝性アシドーシスを呈している場合は病状が進行しており重症である（第11章「5．酸塩基平衡異常」を参照）。

⑤予防・治療

　治療は，1型糖尿病であればインスリンの投与を行い糖代謝の改善を図る。その一方で，輸液療法を中心に脱水およびアシドーシスの治療を行う。子牛ではインスリンの投与により急激な血糖値の低下がみられることがあるので，注意が必要である。ただし多くの場合，膵島β細胞の回復は困難であり，小動物医療分野のようにインスリンを生涯投与することは経済性の問題があり不可能であるため，診断後に淘汰されることが多い。また，1型糖尿病の発症は自己免疫的な機序によると考えられるため，予防は困難である。

　2型糖尿病では，インスリン抵抗性の原因を確定する必要がある。インスリン抵抗性を惹起する内分泌疾患の有無を検査し，それぞれの疾患に対して適切な治療を行う。予防としては，肉牛，乳牛ともに過度の肥満とならないように，飼養管理をすることが重要である。

CHAPTER

10 遺伝性疾患

　すべての疾患は，遺伝性素因と環境因子という2つの要因の組み合わせで発症する。遺伝性疾患は，遺伝性素因が発症と直結する疾患であり，大別すると単一遺伝子疾患，多因子遺伝性疾患，ミトコンドリア遺伝病，染色体異常がある。近年，医学領域では，生活習慣病など多因子疾患にかかわる遺伝子の研究が盛んになっているが，一般に「遺伝性疾患」というときは，単一遺伝子の何らかの突然変異がタンパク質の欠損や構造・機能異常をもたらして生じる単一遺伝子疾患を指す。

　単一遺伝子疾患はメンデル遺伝に従う。その多くは常染色体性劣性で発症，すなわちヘテロ接合型同士の交配により1/4の割合で生じるホモ接合型個体で発症する。異常が生じる遺伝子によって，あるいは異常の種類や程度に応じて，ヘテロ接合型個体でも発症する常染色体性優性の疾患もある。同じく，遺伝子の異常がX染色体上にある場合は，伴性劣性遺伝，あるいは伴性優性遺伝となる。これらの単一遺伝子疾患は，同一の遺伝子の異常であっても，変異の相違により表現型（phenotype）やそれに基づく病態，症状／徴候は多様である。

　牛の遺伝性疾患の研究は，1990年代から国内外で活発に進められ，単一遺伝子疾患の原因となる遺伝子の異常がいくつも明らかにされてきた。本章では，国内の子牛で問題になってきた疾患を取り上げ，概要を解説する。これらの疾患には，種雄牛の淘汰や交配制御により，すでにフィールドでの発症がほぼ皆無になっている疾患もある。しかし，類似した病態，徴候の遺伝性疾患／非遺伝性疾患が今後登場することは充分に考えられることであり，既知の単一遺伝子疾患に関する知識は，それらの参考となるはずである。

　なお，農林水産省の肉用牛指定遺伝性疾患（平成25年4月の時点では，バンド3欠損症，XIII因子欠乏症，クローディン-16欠損症，チェディアック・ヒガシ症候群，眼球形成異常症，IARS異常症の6疾患）については，保因種雄牛が公表されている（農林水産省ホームページ）。また，牛を含め，既知動物遺伝性疾患の概要はOMIA（Online Mendelian Inheritance in Animals, http://omia.angis.org.au）で検索可能であるので，参照していただきたい。

1．牛バンド3欠損症
band 3 deficiency

①背景

　赤血球を構成するタンパク質や脂質の先天的な異常が，溶血性貧血の原因となる。ヒトでは要因としてヘモグロビン（Hb），解糖系酵素，抗酸化酵素，あるいは膜タンパク質の多種多様な遺伝子異常が知られている。一方，家畜で判明している疾患はいくつかの解糖系酵素異常症，膜タンパク質異常症にとどまっている。ここでは，典型的な先天性溶血性貧血（congenital hemolytic anemia）として黒毛和種の牛バンド3欠損症の概要を解説する。

　赤血球膜の物理的安定性を支え赤血球と腎尿細管上皮細胞でクロールイオン（Cl^-）／重炭酸イオン（HCO_3^-）交換輸送を担うのがAE1（anion exchanger 1, band 3）である。牛バンド3欠損症では，このAE1のナンセンス変異（R664X）により遺伝性球状赤血球症（HS）を招き，溶血性貧血とバンド3欠損による代謝性アシドーシス（遠位尿細管性アシドーシス）を生じる。赤血球の異常（膜安定性の低下による溶血）は常染色体優性に生じるが，ヘテロ接合型の保因個体の貧血は代償性で臨床徴候を示さない。一方，バンド3を完全に欠損するホモ接合型の保因個体は重篤なHSと溶血を呈する（口絵

p.39，図10-1）。本疾患は，当該遺伝子異常を保有する種雄牛の排除などによりすでに生産現場での発症はほとんど皆無であるが，その臨床学的知見は潜在的な類似疾患の参考になるといえる[1,2]。

②症状

ホモ接合型個体は，出生時に低体重で，著しい溶血，黄疸，ヘモグロビン尿を呈し，虚弱で自力での起立や授乳が困難である。出生時から生後約2週間の溶血が著しく，多くは斃死する。輸液，輸血によりこの時期を耐過しても溶血と黄疸は続き，5～6カ月齢で体重100 kg以下と発育不良が顕著で経済的損失が大きい。ただし，同じホモ接合型個体でも，溶血の程度には個体差がある。

③病態

牛バンド3欠損症の特徴である著しいHS，溶血と遠位尿細管性アシドーシスは，バンド3欠損による赤血球膜安定性の低下と尿細管上皮からのHCO_3^-供給異常に起因する。斃死した子牛では全身臓器，その他諸組織の黄疸，ヘモシデリン沈着，リポフスチン沈着が著しく，腎臓は暗赤色を呈する（口絵p.40，図10-2）。溶血が著しい個体では，真空採血管を用いるとほとんどの赤血球が溶血するほど赤血球膜の物理的安定性が低下している。

④診断

生後2週間程度までのHb量，ヘマトクリット（Ht）値，赤血球数はそれぞれ著しい低値を，また血漿ビリルビンは高値を示す。血液塗抹標本では球状赤血球と赤血球の大小不同が特徴的である。これを反映して，赤血球の浸透圧脆弱性が高くなる（抵抗性が低下する）。また，ヘテロ接合型個体も浸透圧脆弱性を示す（**図10-3**）。

ホモ接合型個体の確定，あるいは代償性貧血で無症候性のヘテロ接合型個体の判定には遺伝子診断が有用である。

なお，本疾患に限らず，赤血球膜タンパク質の異常症では，球状赤血球症，楕円赤血球症，有口赤血球症など，赤血球の形態異常が認められることが多く，赤血球膜タンパク質をSDS-PAGEなどで解析することも有用であるが，牛バンド3欠損症のように明確な結果が得られることは少ない。

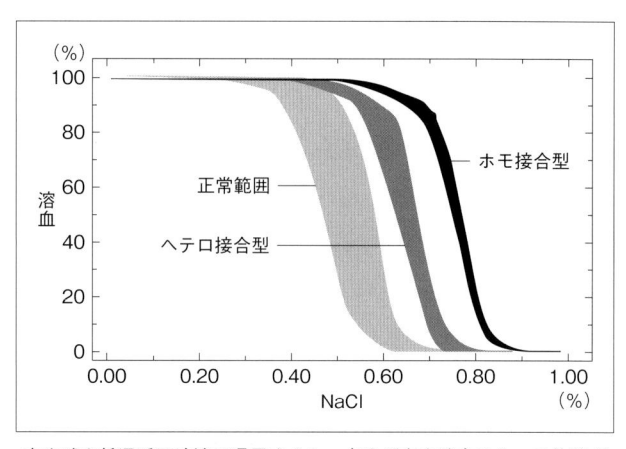

赤血球を低浸透圧溶液に曝露すると，水分が赤血球内に入って体積が増して膨らみ，球状化する。さらに浸透圧が下がると侵入する水分量が増し，赤血球はそれに耐えられずに溶血する。膜表面積／体積比が小さく，すでに膨化した状態にある赤血球は，少量の水分の侵入で容易に溶血する。バンド3欠損赤血球は，通常の赤血球より膜が物理的に不安定で，浸透圧脆弱性が高い。ヘテロ接合型個体の赤血球は，ホモ接合型個体と正常個体の赤血球の中間の脆弱性を示す

図10-3　バンド3欠損赤血球の浸透圧脆弱性

⑤治療・予防

出生直後の溶血が著しい時期には，輸血と輸液が有効である。しかし，貧血は持続し発育遅延・不良は避けられないので経済的損失は大きい。繁殖の際，保因種雄牛の利用を避けるのが唯一の予防法である。

2．牛クローディン-16欠損症（尿細管異形成症）
claudin-16 deficiency（renal tubular dysplasia）

①背景

尿細管異形成症（renal tubular dysplasia）は牛クローディン-16（claudin-16）欠損症ともいわれ，1990年頃から特定の黒毛和種家系の交配により多発した腎不全と発育不良を特徴とする常染色体性劣性遺伝性疾患である。我が国では，中部地域で多発したことから岐阜大学を中心に精力的に研究され，1999～2000年にクローディン-16遺伝子の変異と遺伝子診断法が平野ら，大場ら，小林らにより報告された。本疾患では，第1染色体中央部付近にあるクローディン-16遺伝子のエクソン1から4に対応する遺伝子が約37 kb欠損している。さらに，2001年に正常ホモと診断された母牛から劣性ホモ子牛が生出されたことから調査が行われた。その結果，クローディン-16遺伝子が約54 bp欠損した新しいタイプであることが確認され，従来のものはtype 1，後者はtype 2とさ

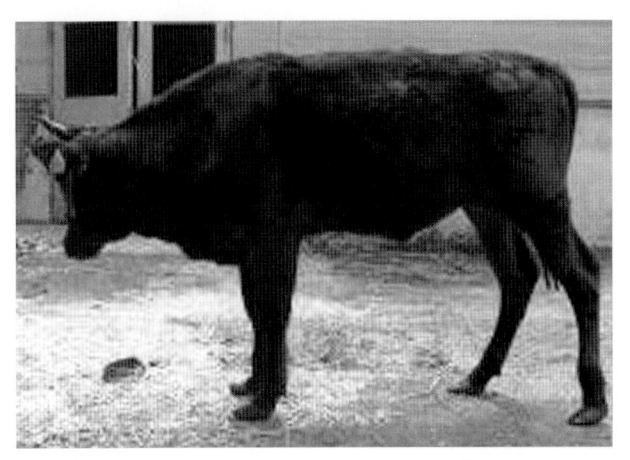

第 10 章　遺伝性疾患

跛行が認められる。Ht 26%, Hb 9.1 g/dL, T-cho 201 mg/dL, BUN 80 mg/dL, Cre 3.6 mg/dL, VA 483 IU/dL, Ca 9.9 mg/dL, IP7.0 mg/dL, Mg 2.9 mg/dL

図 10-4　クローディン-16 欠損症例①
　　　　（黒毛和種雌牛，10 カ月齢，体重 253 kg）

発育不良，削痩，食欲不振，泥状下痢便，被毛粗糙がみられる。Ht 17%, Hb 5.9 g/dL, BUN 106 mg/dL, Cre 7.6 mg/dL, VA 236 IU/dL, Ca 8.0 mg/dL, IP 6.4 mg/dL, Mg 2.6 mg/dL

図 10-5　クローディン-16 欠損症例②
　　　　（黒毛和種去勢牛，27 カ月齢，体重 340 kg）

図 10-6　図 10-5 の症例にみられた過長蹄

れた。type 2 は type 1 と異なり，特定地域で過去に供用されていた限られた種雄牛しか保因していない。加えて，繁殖雌牛には少数の保因がみられるに過ぎないため発生は少なく，type 1 保因種雄牛との交配によりまれに発生がみられる程度である。

　この疾患は，肉質に優れ，当時国内で最も評価の高かった種雄牛および多くの種雄牛を生産したその父牛家系が保因していたことで，全国的に種雄牛および繁殖雌牛で多数の保因が認められ，多くの発症がみられた。遺伝子診断法が確立し，保因種雄牛が公表されたことで交配の制御が行われ，現在では発生は減少した。しかし，未だに保因種雄牛が交配されており，依然として散発的に発症がみられている。

②症状

　多くの症例では生後 2～3 カ月齢までは異常は認めら

れないが，月齢を経るに従い発症する。食欲不振と発育不良が発現し，約 70% で過長蹄がみられ，最終的には尿毒症を発症し死亡する（図 10-4, 5, 6）。このほか，下痢，歩行異常，起立困難，嘔吐，突舌がみられることがある。発症月齢はバラツキが多く，渡辺らの調査では 13±9 カ月齢であるが，まれに若齢の症例，肥育出荷された症例，妊娠牛あるいは経産牛の症例が確認されることがある。

③病態

　牛のクローディン-16 欠損症で尿細管の異形成が生じるメカニズムは不明である。

　1999 年に，高カルシウム尿症と腎臓の石灰化を伴ったヒト家族性低マグネシウム（Mg）血症（familial hypomagnesemia with hypercalciuria and nephrocalcinosis）の原因が，膜を 4 回貫通する膜内在性タンパク質 paracellin-1 の遺伝子異常によることが明らかにされた。その後，paracellin-1 はクローディン-16 と同一であることが示されている。クローディン-16 は，ヒト，マウス，牛で腎尿細管ヘンレループ上行脚の上皮細胞間タイトジャンクションに分布し，細胞間のバリア機能と物質の選択的透過（傍細胞輸送）を担っている。ヒトのクローディン-16 異常症では，低 Mg 血症と，腎臓の石灰化を伴う高カルシウム尿症が生じる。しかし，牛では低 Mg 血症の発症例は少なく，むしろ高 Mg 血症を示すことが多い。また，腎臓の石灰化がみられない点でヒトのクローディン-16 異常症とは病態が異なる。

生後1カ月以内の罹患牛では肉眼的異常はほとんどみられないが，病理組織学的には腎臓で尿細管異形成，尿細管上皮細胞の変性および脱落，基底膜の肥厚などが認められる（口絵p.40，図10-7）。進行した罹患牛では，両側の腎臓は様々な程度に萎縮し，粗糙で凹凸がみられ，線維組織の増生により硬度を増し，腎皮質は淡い褐色を呈する（口絵p.40，図10-8）。病理組織学的所見では，前述の病変に加えて糸球体数の減少，間質の線維組織の増生などが認められる（口絵p.41，図10-9）。過長蹄は慢性の腎疾患で発現する徴候であり，クローディン-16欠損症に特異的なものではないが，病状の進行に伴い発現する。

④診断

確定診断の方法としては，PCR法による遺伝子検査がある。

血液検査では，臨床症状が発現しない時期から血中尿素窒素（BUN）およびクレアチニン（Cre）値の増加がみられることが多い。症状が進行した罹患牛では，貧血傾向に加えて尿毒症で認められる変化が現れる。BUNおよびCreの著しい高値，総コレステロール（T-cho）と無機リン（IP）濃度の増加に加えて，レチノール結合タンパク質（RBP）が増加し，その結果としてビタミンAの高値がみられる。また，歩行困難あるいは起立不能となった罹患牛では，多くで低Ca血症がみられる。

⑤治療・予防

治療法は特にない。タンパク質の摂取制限は病状の進行を遅らせる効果があるが，確定診断がついたら淘汰する。クローディン-16欠損症は，保因牛同士の交配により1/4の確率で発生する。保因牛は公表されているため，家系を調査し，保因牛同士の交配を避けることで予防ができる。

3．止血異常　hemostatic disorders

遺伝的な止血異常症には，血小板機能の異常と血液凝固系の異常によるものが含まれる[1,2]。牛では，前者としてチェディアック・ヒガシ症候群（Chédiak-Higashi syndrome：CHS）が，後者として第Ⅷ因子，第Ⅺ因子，ならびに第ⅩⅢ因子の欠乏症が知られる。CHSについては，本章「4．チェディアック・ヒガシ症候群」で詳述する。

また，フォン・ウィルブランド因子（vWF）の欠乏症（フォン・ウィルブランド病；vWD）では，血小板機能と第Ⅷ因子の低下を生じる。我が国では，主に黒毛和種，褐毛和種でこれらの遺伝性疾患の発症がある[3,4,5]。しかし，黒毛和種の第ⅩⅢ因子欠乏症とvWDは，遺伝子診断により保因牛の摘発，種雄牛の排除が行われたため，現在では発症はほとんどみられない。伴性遺伝性疾患である第Ⅷ因子欠乏症（血友病A）以外は常染色体性劣性の遺伝様式をとる。

（1）第Ⅷ因子欠乏症　factor Ⅷ deficiency
　　　　（血友病A：hemophilia A）

①背景

前述のとおりである。

②症状・病態

牛では，国内の褐毛和種における発症が唯一明確な第Ⅷ因子欠乏症の報告である。X染色体上にある第Ⅷ因子遺伝子の異常による伴性遺伝性疾患であり，発症はほぼ雄に限られる。皮下や筋肉内の出血，血腫が主徴である。報告された1症例は，生後7カ月で皮下血腫の形成がみられたがこれはやがて消失し，ほかの異常はみられないまま26カ月齢でと殺された。同一母牛産子は，4カ月齢まで異常がなかったが，突然頸部に出現した血腫による食道圧迫，鼓脹症により斃死している。

③診断

活性化部分トロンボプラスチン時間（APTT）が延長し，プロトロンビン時間（PT），血小板数，フィブリノゲン量が基準範囲内であれば，第Ⅷ因子，第Ⅸ因子，第Ⅺ因子，もしくは第Ⅻ因子の異常を疑い得る。本疾患では血中第Ⅷ因子の活性が著しく減少するが，ほかの凝固因子活性は通常基準範囲内である。vWDでも類似の検査所見が得られるので，鑑別のためにvWFの解析が必要である。これらの検査所見が得られ，発症が雄に限られたうえでvWDが否定できれば，本疾患と診断可能である。

④治療

第Ⅷ因子欠乏症の治療については牛での知見がないが，一般に輸血で十分な効果を得るのは困難とされる。そのため，今後も具体的な発症状況の把握に努め，有用な知見を得る必要がある。

（2）第XI因子欠乏症　factor XI deficiency

①背景
前述のとおりである。

②症状・病態
ホルスタイン種と黒毛和種で，それぞれ異なる第XI因子の遺伝子異常と血中第XI因子活性の減少が知られている。ホルスタイン種では止血異常の発症頻度は低く，程度も様々であるが，関節・腹腔臓器・脳・脊髄における出血・点状出血，筋肉内出血や除角後の止血異常が報告されている。また，流産，死産，子牛生存率，繁殖障害との関連性が指摘されている。一方，黒毛和種では基本的に無症状で異常な出血は認められず，また繁殖成績との関連もないとされる。

③診断
第VIII因子欠乏症同様，APTT のみが延長を示す。黒毛和種の既知遺伝子変異ホモ接合型個体では血中第XI因子活性が健常個体の3～10％に減少する。ヘテロ接合型個体の摘発には，遺伝子診断が適当である。

④治療・予防
第XI因子欠乏症の原因遺伝子変異は国内の黒毛和種に相当広範に広がっているうえ，具体的な症状がないことから明確な対応策は打ち出せていない。いずれにせよ，第XI因子欠乏症の発症予防策は交配制御である。

（3）第XIII因子欠乏症　factor XIII deficiency

①背景
前述のとおりである。

②症状・病態
生後1週間以内に原因不明の急死，臍帯からの持続出血，臍帯の腫大，臍帯動脈からの出血による腹部膨満，臍炎，腹膜炎など，臍帯からの重度の出血による症状がみられる。その後も体表各所に皮下血腫を繰り返し，去勢時には大量の出血をみる。多くの子牛は，こうした止血異常のために斃死する。

③診断
臍帯出血が認められたらこの疾患を疑う。第XIII因子の役割は，血液凝固の最終段階でフィブリンを安定化させることにある。そのため，第XIII因子が欠乏すると，この役割が完遂できず，形成される血腫が柔らかくなる。PTとAPTTは基準範囲内なので，診断には著しい低下を示す第XIII因子活性（健常個体の3％以下）の測定が不可欠である。遺伝子診断も可能である。

④治療・予防
第XIII因子欠乏症には全血輸血または血漿輸血が効果的であるが，発症を繰り返す場合は血液型不適合を疑う。予防は，交配制御である。

（4）フォン・ウィルブランド病　von Willebrand disease：vWD

①背景
前述のとおりである。

②症状・病態
生後数日～数カ月で発症し，筋肉内，筋間に大きな血腫ができる。紫斑や臍帯出血はない。アブなどの刺し傷や注射部位からの出血もみられる。出血を繰り返して栄養不良となり生後1年までに斃死する例が多い。こうした病態は，vWFと第VIII因子が同時に著しく欠乏して，血小板機能と血液凝固系の両者に異常が生じるためであり，ヒトvWDの3型に相当する。

③診断
血小板数，血小板凝集能，フィブリノーゲン量は基準範囲内である。前述の特徴的な出血傾向に加え，vWF欠乏による血小板粘着の異常と第VIII因子安定化の阻害による出血時間とAPTTの延長がみられる。vWFは，活性測定とマルチマー解析のいずれにおいてもほとんど検出できず，第VIII因子も健常個体の5％～15％に減少している。

④治療・予防
vWDには全血輸血または血漿輸血が効果的であるが，発症を繰り返す場合は血液型不適合を疑う。vWDの発症予防策は交配制御である。

4. チェディアック・ヒガシ症候群
Chédiak-Higashi syndrome

①背景

チェディアック・ヒガシ症候群（Chédiak-Higashi syndrome：CHS）は，ヒトにおいて易感染性と部分的な先天性白皮症（白子症）を特徴とする常染色体性劣性遺伝性疾患である。本疾患は細胞内顆粒の輸送に携わる LYST（lysosomal trafficking regulator）遺伝子の異常[1,2]により，全身組織・細胞の顆粒形成異常が起こり，好中球の遊走能や殺菌能などが低下して易感染性，免疫不全となる。白子症は，メラニン顆粒の巨大化に起因する。ヒトのCHSは，免疫不全やリンパ球増殖性疾患のために成人になる前に死に至ることが多い致死的な疾患である。ヒト以外では，牛（黒毛和種，ヘレフォード種），猫，ミンク，キツネ，マウス等で同様の疾患がみられる[3]。

②症状

黒毛和種のCHSの主徴候は出血であり，重篤な場合は廃用となるか斃死する。肩部，臁部，臀部などの血腫，鼻環装着時や去勢時の止血異常が認められる。一方，明らかな易感染性は認められない。罹患子牛の多くは茶褐色の被毛と後肢内側の淡色化を呈し，なかには銀灰色の個体も存在する。眼底色素の欠乏による赤目が特徴的である（口絵 p.41，図 10-10）。

③病態

黒毛和種CHSの原因は，LYST 遺伝子の1アミノ酸置換による[4]。これに対してヒトのCHSでは，LYST の変異つまりナンセンス変異，あるいはフレームシフトが起こり，LYST の構造・機能は著しく損なわれる。この違いが前述のような牛とヒトの症状の相違に反映されると思われるが，詳細は不明である。

前述の徴候のほか，出血による再生性貧血がみられる。また血液塗抹標本上で，顆粒球，特に好酸球顆粒の巨大化が容易に認められる（口絵 p.42，図 10-11）。出血時間が延長するが，血小板数，APTT，PT の値に異常はみられない。血小板凝集能の検査では，コラーゲン刺激凝集が重度に低下し，また電子顕微鏡では濃染顆粒（dense granule, δ-granule）の減少が顕著に認められる。

④診断

子牛では去勢時の過剰な出血，肥育牛では胸腹部の大きな皮下血腫から発見されることが多い。加えて，被毛の淡色化，赤目が診断に有用な臨床所見である。さらに，血液検査で貧血と巨大な好酸球顆粒が認められ，出血時間の延長がありながら血小板数，APTT，PT に異常がなければ，ほぼ本疾患と診断してよい。黒毛和種の既知遺伝子異常による発症の場合は遺伝子診断による確定が可能であり，特に無症候性のヘテロ接合型個体の摘発には有用である。

⑤治療・予防

血小板輸血が有効であるが，現実的に困難である。全血輸血も失血への対応としては効果的である。しかし，本質的な治療法はない。保因牛同士の交配を避けるのが唯一の予防法である。

5. キサンチン尿症Ⅱ型（モリブデン補酵素欠損症）
xanthinuria type Ⅱ (molybdenum cofactor sulfurase deficiency)

①背景

プリンヌクレオチドの代謝の過程で，ヒポキサンチンならびにキサンチンから尿酸が生じる。この反応を触媒する酵素がキサンチンオキシダーゼである。この酵素作用の欠損により，ヒポキサンチンとキサンチンの血中・尿中濃度の増加と体内蓄積，特に尿路系におけるキサンチン結石の形成による排尿困難，腎不全が引き起こされる疾患をキサンチン尿症という。

キサンチン尿症のうちキサンチンデヒドロゲナーゼ遺伝子の変異によるものをⅠ型という。また，キサンチンデヒドロゲナーゼの活性に不可欠な補因子モリブドプテリンを生成する酵素である，モリブデン補酵素（molybdopterin cofactor sulfurase：MCSU）の遺伝子異常に起因するものがⅡ型といわれる。霊長類以外の哺乳動物は，本来，尿酸をさらに水溶性の高いアラントインへと分解して排泄しており，ヒポキサンチンやキサンチンの蓄積に耐性が低いとされる[1]。

1970年頃から大分県で頻発した黒毛和種子のキサンチン結石症は後にMCSUの変異による常染色体性劣性遺伝性疾患であることが明らかにされ[2]，キサンチン尿症Ⅱ型，あるいはモリブデン補酵素欠損症といわれている（ただし，後者はあまり適切な呼称ではない）。

②症状

出生時には何ら異常はないが，2カ月齢前後から発育不良や衰弱を呈する。食欲低下，動作緩慢，排尿障害に加え，蹄の過伸長が認められる。ほとんどが7～8カ月齢までに腎不全により斃死する。

③病態

尿路系全域に黄白色から黄褐色のキサンチン結石が多量に蓄積し，排尿困難，腎不全を生じる。

④診断

前述の臨床症状に加え，血中・尿中のキサンチン濃度の増加，キサンチン結石の確認により診断する。遺伝子診断も可能である。

⑤治療・予防

治療法はない。保因個体同士の交配を避けることが唯一の予防策である。

6．眼球形成異常症（小眼球症，先天性多重性眼球形成異常）
eye defects (microphthalmia, congenital multiple ocular defects)

①背景

牛で遺伝的背景の関与が考えられている眼球形成異常症には，小眼球症，コロボーム，網膜異形成などが知られている。小眼球症は正常眼球と比較して，眼球の容量が小さい先天異常の総称である。これに対し，眼球形成がまったく認められないものを無眼球症，また眼球の部分的欠損をコロボームというが，各名称は曖昧に使用されていることが多い。また黒毛和種では，複数の眼球内部構造の形成異常を先天的に伴う小眼球症も報告され，先天性多重性眼球形成異常（congenital Multiple Ocular Defects：MOD）といわれる。本疾患の原因遺伝子はすでに特定され，遺伝子検査によるスクリーニングが現在可能になっている。

②症状

眼球形成異常症の罹患子牛は，生前より両側または片側が盲目である。眼球は小径で，角膜面は半反転して眼窩内に存在し，結膜面が表面に露出する場合が多い（口絵p.42，図10-12）。本疾患の異常は基本的に眼球のみに限定され，中枢神経系やその他の器官に異常は認められず，正常に発育することが可能である。

③病態

本疾患の眼球は小径であることに加え，複数の眼球内部構造の異常により特徴付けられる。固定後の眼球を肉眼的に観察すると，硝子体を欠き，視神経乳頭より眼球内部を走行する1本の白色索状組織が伸張し，水晶体後極相当部位では白色漏斗状構造の形成が認められる。この漏斗状物は形成不完全な虹彩と連続し，水晶体は確認できないことが多い（図10-13）。病理組織学的には，視神経乳頭より虹彩相当部に向かう1本の索状組織形成が一次硝子体相当部に認められる。同組織は大型神経細胞（錐体細胞に相当）とリンパ球様小型神経細胞（顆粒層の神経細胞に相当）が不規則に配列し，線維性間質に富む異型網膜組織から構成される（口絵p.42，図10-14）。通常，網膜が形成される部分は一層の色素上皮細胞により裏打ちされ，視神経乳頭部で眼球中心部を走行する索状の異型網膜組織と連絡する。肉眼的に虹彩部に接する漏斗状構造物は，不完全な網膜組織から構成され，しばしば神経管様の網膜ロゼット形成が認められる（口絵p.42，図10-15）。虹彩相当部には，不規則な形状を示す矮小水晶体組織が時折形成される（口絵p.42，図10-16）。また，これらの不完全な水晶体の片側には，表面が色素上皮と非色素上皮（網膜毛様体部相当）で覆われた乳頭状組織（不完全な毛様体突起）が形成される。視神経では結合組織の増生とグリア細胞増生と，神経突起の減少がみられるが組織構築そのものは正常である。また角膜，結膜，強膜構築にも異常は認められない。加えて，中枢神経組織系を含むその他の臓器にも異

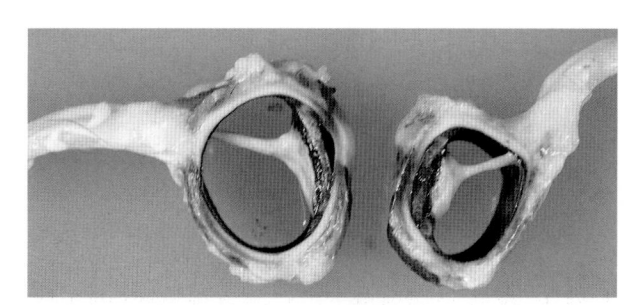

硝子体，水晶体が形成されず，視神経乳頭より索状組織が前眼房へ伸びている

図10-13　眼球形成異常症例の眼球割面
（メタノール・カルノア固定後）

常は認められない。

④診断

黒毛和種の多重性眼球形成異常を伴う小眼球症は，第18染色体に存在する原因遺伝子の変異によって発症する常染色体性劣性遺伝性疾患であることがすでに明らかにされており，遺伝子検査体制も整備されている。

⑤治療・予防

治療法はない。本疾患の持続感染牛の摘発や種雄牛の遺伝子検査の実施により，その発生を予防することが望ましい。

7．下顎短小・腎低形成症
brachygnathism, hypoplasia of the kidney

①背景

下顎短小および腎低形成症は，集団遺伝学的解析から黒毛和種に発生する致死的な常染色体性劣性遺伝性疾患と考えられている。1990年代に東北地方の一県において特定家系の近親交配で発生が集中した。また，特定の家系以外でも，先天的な腎低形成を伴った下顎短小が報告されている。症例の在胎期間は270〜295日で，ほぼ正常である。

②症状

下顎短小および腎低形成症の多くは死産または出生後まもなく死亡するが，数カ月間生存する症例もまれに存在する。死産または出生後まもなく死亡する症例の出生時体重は5〜20kgと低体重で，肉眼的には顕著な下顎短小が認められる（図10-17, 18）。1〜数カ月間生存する症例の出生時体重は18〜30kgであり，下顎短小も軽度である。罹患子牛は虚弱で，難治性下痢，元気・食欲減退，沈うつ，発育不良などを示す（図10-19）。2カ月齢頃から過長蹄がみられ，最終的に尿毒症を起こして死亡する（図10-20）。

③病態

本疾患はヒトのポッター症候群に類似している。ポッター症候群は，1946年にPotterによって報告されたヒトの常染色体性劣性遺伝性疾患で，羊水過少，肺低形成，特異な顔貌（翼状頸，小顎，両眼解離，耳介低位など），四肢の変形および両側腎無形成が認められる。牛の下顎短小および腎低形成症の主な特徴は，低体重，腎無形成または低形成，羊水過少による肺低形成，羊膜結節，関節奇形などであるが，鎖肛，腸管閉鎖，生殖器の欠損などの合併症も報告されている。すなわち，同一体内に先天性の臓器形成異常と体奇形が混在する症候群であり，その原因として発生学的異常および遺伝子異常が疑われている。

肉眼的所見では，健常な牛に比べて下顎が約3〜7cm短く，腎低形成が顕著な症例ほど下顎短小の傾向が強い。死産や出生後まもなく死亡する症例では腎低形成が顕著であり，長径は数mmのものから確認できない症例もある（口絵p.43，図10-21）。短期間生存した子牛は軽度の下顎短小または正常な下顎であり，腎臓は長径2〜6cmの大きさにまで成長するが，分葉構造と皮髄の境界が不明瞭である（口絵p.42，図10-22, 23）。その他の一般諸臓器に著変は認められない。

病理組織学的所見では，腎糸球体の数は著しく減少し，大小不同を示し，ほとんどの糸球体は未熟な状態である（口絵p.43，図10-24）。尿細管の管腔はおおむね狭小化傾向を示すが，時折，嚢胞状に拡張する。尿細管上皮の一部は空胞変性または顆粒状変性を示して腫大・重層化し，タンパク尿円柱やシュウ酸塩結晶様構造も観察される（口絵p.43，図10-25）。集合管上皮細胞では腫大，空胞変性，顆粒状変性および重層化がみられる（口絵p.43，図10-26）。

④診断

死産あるいは早期に死亡した症例では，低出生体重，特異な顔貌，下顎短小から本疾患を疑うことができる。生存した症例では重度の発育不良，食欲不振がみられ，血液検査でBUNおよびCreの著しい高値，末期には血清Caの低値やIPの高値，ビタミンAおよびRBPの高値など慢性腎不全の所見を示す。腎臓の無形成あるいは低形成も診断上重要である。遺伝子異常は現在のところ特定されていないため，遺伝子検査による診断はできない。

⑤治療・予防

治療法はない。発生状況から病因遺伝子を有すると考えられる種雄牛が特定されており，それら種雄牛と発症家系の繁殖和牛の近親交配を避けることで予防できる。

図10-17 死産した下顎短小の症例
　　　　（黒毛和種雌子牛，体重12 kg）

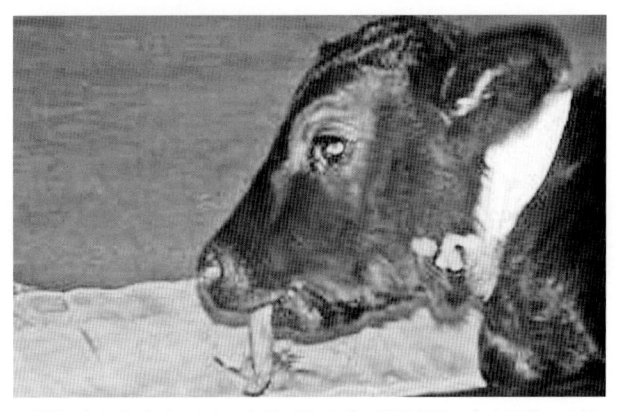

下顎短小と突舌がみられ，初乳が飲めず，呼吸促迫，起立不能。3日齢で死亡した
図10-18 出生後に死亡した症例
　　　　（黒毛和種雄，2日齢，体重20 kg）

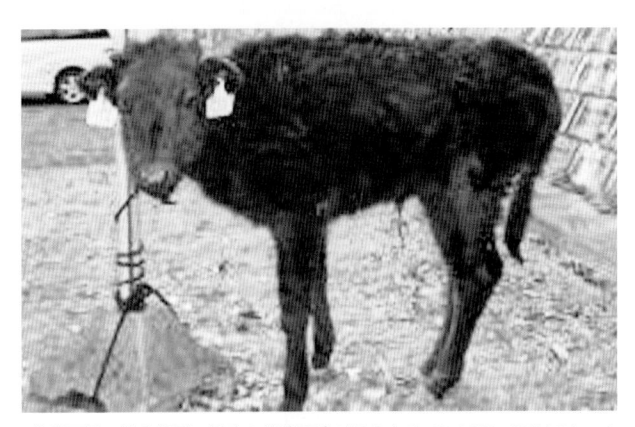

食欲不振，被毛粗剛，重度の発育不良がみられる。Ht 19%，BUN 91 mg/dL，Cre 5.7 mg/dL，Ca 8.8 mg/dL，IP 10.5 mg/dL，Mg 5.2 mg/dL
図10-19 重度の発育不良を呈した症例
　　　　（黒毛和種雄，7カ月齢，体重65 kg〈剖検時〉）

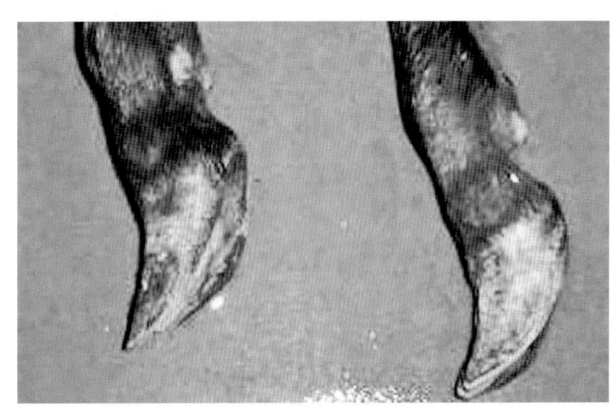

図10-20 図10-19の症例にみられた過長蹄

8．軟骨異形成性矮小体躯症
bovine chondrodysplastic dwarfism

①背景

　古くから各国で，ホルスタイン種，ヘレフォード種などに特定部位の軟骨形成不全に由来する矮小体躯症の発症が知られている。これらは遺伝性，異栄養性，あるいは軟骨の代謝異常などの要因が考えられている。矮小体躯症には，頭部を含めた全身体躯に形態異常を示すものと，ほぼ長骨の異常に限局するものとがある。日本では，褐毛和種の特定系統に，四肢の短小を特長とする常染色体性劣性の軟骨異形成性矮小体躯症（bovine chondrodysplastic dwarfism：BCD）の発症が知られる。黒毛和種子牛でもBCDの発症例があるが，遺伝性は否定される孤発例である。なお，デクスター種は，四肢短小を伴う矮小体躯症（ブルドッグ矮小症）が固定化された特徴的な品種である。

　褐毛和種の矮小体躯症の原因は第6染色体上のlimbin遺伝子（*LBN*）の異常である。ヒトで類似症状を呈するEllis-van Creveld症候群患者の多くの原因遺伝子でもあることから*EVC2*遺伝子ともいわれる。ここで生じている遺伝子異常は，スプライシング異常，あるいはフレームシフトによる1塩基置換であり，いずれの場合も遺伝子産物limbinタンパク質の欠損を招く。これらの変異のいずれか一方のホモ接合型個体，あるいは両者を保因する個体がlimbinの欠損により発症する。

　Limbinの機能は未知であるが，本疾患の病態のほか，マウスの長骨骨端軟骨板の増殖盛んな軟骨細胞（胎子期）や骨幹端の骨芽細胞や破骨細胞（生後）に遺伝子発現が強く認められることなどから，長骨の形成・成長，カルシウム代謝への関与が想定されている。

　一方，デクスター種の著しい四肢短小は，細胞外マトリックスのプロテオグリカンであるaggrecan遺伝子（*ACAN*）の異常が軟骨の異形成をもたらした結果と考え

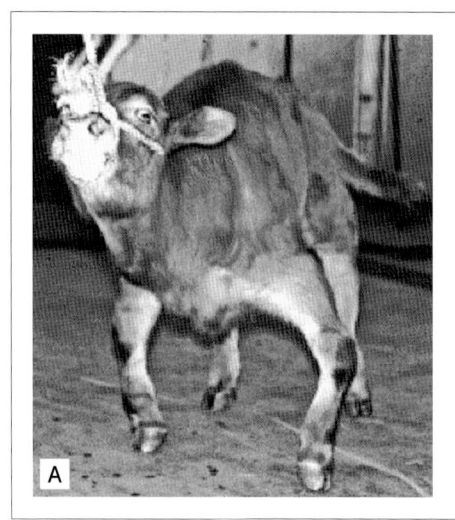

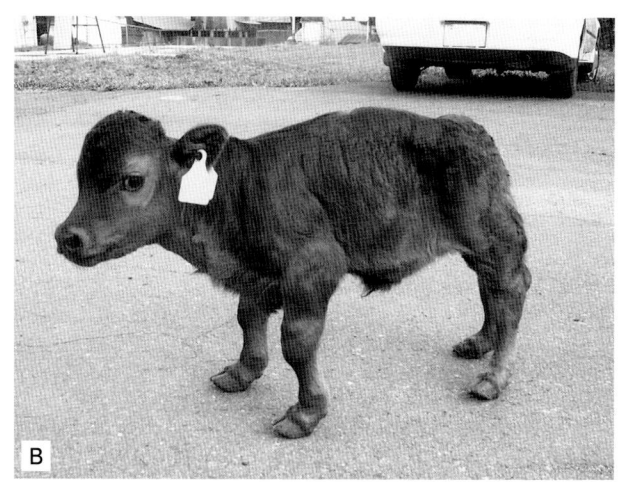

A：褐色和種の遺伝性BCD症例（森友靖生氏 ご提供），B：黒毛和種のBCD症例（渡辺大作氏 ご提供）
図10-27 軟骨異形成性矮小体躯症（BCD）症例の外貌

②症状

褐毛和種のBCDにおける異常は四肢にほぼ限局している（図10-27A）。四肢の短小，関節の彎曲が顕著で歩行異常や起立不能が生じ，発育不良がみられる。一般に数カ月齢で廃用となり，経済的被害が大きい。外貌がハイエナ病罹患個体に似ることもある。黒毛和種のBCD症例（図10-27B）では，四肢短小，関節湾曲に加え，前頭部突出がみられ，5カ月齢で起立不能となった。一方，ヘレフォード種の矮小体躯症では，四肢の短小に加え，短顔，額の張り出し，顎前突，腹部膨大，さらに鼓脹症を生じやすいといった特徴がある。いずれの場合も，体躯の異常は出生時から明瞭である。

③病態

褐毛和種BCDの病理組織学的所見では，骨端軟骨板の菲薄化や消失，軟骨細胞の配列や層構造の崩壊が明らかである（口絵p.44，図10-28）。消失部位は骨組織で覆われ，軟骨組織内には結合組織の増生がみられる。

④診断

通常，軟骨の形成異常に起因する矮小体躯症では，出生時から左右対称の形態異常，矮小が認められるので，こうした外観をもとに診断が可能である。遺伝子異常を保有する種雄牛，あるいは系統が明らかな場合は，それも判断材料になる。黒毛和種子牛の症例では，血漿中の成長ホルモンの高値（10.5〜17.6 ng/mL），インスリン様成長因子-1（IGF-1）濃度の低値（30〜90 ng/mL），ならびに生後の甲状腺ホルモンの低下という特徴的所見が得られている。広義の先天異常による様々な奇形，例えばアカバネ病による形態異常との鑑別が必要である。

⑤治療・予防

通常，治療は行われない。遺伝性素因が明らかな場合は，交配時にそれを回避することが唯一の予防策である。

9．牛白血球粘着不全症
bovine leukocyte adhesion deficiency

①背景

牛白血球粘着不全症（bovine leukocyte adhesion deficiency：BLAD）は，白血球の粘着不全に起因した遺伝性の先天性免疫不全症である。この粘着不全は，白血球の接着分子である白血球β2-インテグリン（CD11a, b, c/CD18）を構成しているβ鎖（CD18）をコードする遺伝子の異常によるものである。本疾患の発症は1〜6カ月齢のホルスタイン種の雌雄いずれにも認められる[1,2]。

BLADの発生は，日本をはじめ，北米と欧州で報告されてきた。本疾患は，常染色体性劣性の遺伝様式をとり，ホモ接合型個体で発症する。日本では，1985年頃から本疾患の発生が認められ，当初は牛顆粒球機能不全症

候群と呼ばれていた。

② 症状

歯肉部の退縮，口腔粘膜の潰瘍，切歯・前臼歯の脱落，慢性肺炎，慢性水様性下痢，重度の発育不良と易感染性が特徴的な所見である[1,2]。

③ 病態

前述した白血球の粘着不全は接着分子β2-インテグリンが白血球膜上に発現しないことにより発生する[1,2]。これは，白血球の膜表面に存在する接着分子β2-インテグリンのβ鎖（CD18）をコードする遺伝子の383番目の塩基アデニンがグアニンに変異することにより，これに相当する128番目のアミノ酸であるアスパラギン酸がグリシンに置換されることでβ鎖に異常が生じるためである。

血液学的には，末梢血液において約80～90％を分葉好中球が占める重度の白血球増多症（正常値の10～20倍増加）および高γ-グロブリン血症が認められる。CD18は，BLAD罹患牛の好中球・リンパ球・単球のいずれにおいても欠損する。好中球の補体第3成分iC3b（inactivated C3b）に対するC受容体3（CR3）を介した付着性，走化性，貪食活性，活性酸素生成，リソゾーム酵素遊離活性はいずれも著しく低値である。罹患牛は1～10カ月齢で肺炎などの感染症により死亡する。

④ 診断

a．フローサイトメトリー

白血球膜上のCD18をモノクローナル抗体（MHM23）を用いてフローサイトメーターで測定する。BLADの好中球ではCD18が陰性であり診断可能である。

b．遺伝子診断

CD18をコードする遺伝子の383番目の塩基を含む58塩基をPCR法により増幅し（プライマー1：5'-TCCGGAGGGCCAAGGGCTA-3'，プライマー2：5'-GAGTAGGAGAGGTCCATCAGGTAGTACAGG-3'），増幅産物を制限酵素であるTaq IおよびHae IIIで処理後，その切断パターンで診断する。BLADの場合Taq I処理では切断されず，58塩基対のバンドのみが検出される。一方，Hae III処理では30，19，6および3塩基対に切断され，30および19塩基対の2本のバンドが検出される。

⑤ 治療・予防

治療法はない。BLAD-関連遺伝子の存在が明らかになったことから育種・交配計画上の問題性が提起され，BLの種雄牛が公表されるに至った結果，関連遺伝子の排除が効果的に進み，本疾患は統御されている。

10. 複合脊椎形成不全症
complex vertebral malformation

① 背景

複合脊椎形成不全症（complex vertebral malformation：CVM）は，デンマークのホルスタイン種で最初に報告された。本疾患は脊椎形成不全を伴う致死性の遺伝性疾患であり，多くは流産もしくは死産となる[1]。本疾患はキャリア（CV；CVM疾患遺伝子保有）の種雄牛の交配に伴う常染色体性単純劣性の遺伝様式を示し，交配にCVの種雄牛が用いられた牛群においては流産ならびに新生子の死亡率が上昇する。症例はデンマークのほかにアメリカ，イギリス，日本，スウェーデンで報告されたが，CVの種雄牛の広範な活用により世界中のホルスタイン種牛群に分布していた。

変異遺伝子を保有する最も古い種雄牛は，アメリカのホルスタイン種雄牛 Pennstate Ivanhoe Star（US 1441440，1963年）およびその子牛 Carlin-M Ivanhoe Bell（US 1667366）であり，これと遺伝的背景にある種雄牛が保因していたことが明らかにされている。

② 症状

ホルスタイン種の流産胎子および死産子においては頸部の短縮，脊椎の側彎，両前肢繫関節や飛節関節の左右対称的な屈曲ならびに捻転が認められる。また，脊椎欠損，脊椎および肋骨の癒合ならびに形成不全および骨癒合症が認められる。さらに，心室中隔欠損，右心室肥大や大血管の形成不全が付随することもある[2]。

③ 病態

発症様式として，前述のとおり本疾患は常染色体性単純劣性の遺伝様式を示すことが明らかにされている。中胚葉からの脊椎形成の制御機構において，重要な役割を担っている糖ヌクレオチド輸送体（nucleotide-sugar transporter）をコードしている SLC35A3 遺伝子の559番目においてグアニンからチミンへの1塩基置換が起こ

る。それにより、輸送体180番目のアミノ酸であるバリンのフェニルアラニンへの変異が生じ、輸送体の機能が阻害される。

また牛群における交配成績の解析から、CVM罹患胎子の早期胎子死が起こることが明らかにされている[1,2]。

④診断

流産胎子および死産子において、前述にある頚椎・胸椎の短縮を伴う脊椎形成異常ならびに前肢繋関節の両側性左右対称性の拘縮および捻転異常所見から本疾患が疑われる。確定診断は、罹患牛の遺伝子検査で可能である。母牛と種雄牛の遺伝子検査の公表結果も補助情報として有用である。

⑤治療・予防

治療法はない。予防としては、CVを父方または母方祖父とする雌牛には、CVの種雄牛との交配を避ける。個体識別、血統、遺伝子検査結果などの情報を横断的に活用し、牛群における不良形質の遺伝子頻度を下げるべく交配計画を立てる。なお国内においては、CVの種雄牛は公表され、疾患形質が統御されるに至っている。

11. 合指症（単蹄） syndactyly(mulefoot)

①背景

指骨の癒合による蹄の形成不全を示す合指症、すなわち単蹄を持つ子牛が古くから国内外で散見されてきた。ホルスタイン種ならびにアンガス種では常染色体性劣性の遺伝病として知られ、それぞれで低密度リポタンパク受容体関連タンパク質4遺伝子（*LRP4*）の異なる変異が見出されている[1,2]。ヒトでも同じ*LRP4*遺伝子の変異による合指症が知られている。

②症状

単蹄は四肢に生じ得るが主に前肢にみられ、癒合の頻度と程度は右側の方が高い。発育できるが単蹄奇形のため体重増加に対応できず、成長に伴い起立・歩行が困難となり、通常は廃用となる。

③診断

単蹄の外観と、X線検査による指骨の癒合の確認で診断できる。前述の遺伝性疾患であることの実証には遺伝子診断が必要である。

④治療

治療手段はない。少なくともホルスタイン種については国内での保因率は低く、また国内新規種雄牛にも保因個体はいないので、発症の可能性は低い。

12. ブラキスパイナ brachyspina

①背景

2006年にデンマークで見出されたホルスタイン種の常染色体性劣性の遺伝様式をとる先天性奇形であり、類似の症状を呈する複合脊椎形成不全症（CVM）とは明確に区別できる骨格形態異常がみられる[1,2]。原因はFanconi anemia, complementation group I遺伝子（*FANCI*）の変異である[3]。有名種雄牛に由来することから、欧米ではホルスタイン種雌牛の6％～8％が保因しているとされている。日本にも保因牛がいることは確実であり、保因状況の把握が急がれる。

②症状

発症牛はほぼ流産あるいは死産となる。在胎期間が長くなる反面、10～14 kgと著しい低体重を示す。脊椎が全長にわたって極端に短く、四肢が細長いという特徴的な奇形を呈するほか、腎臓の形成不全をはじめ、その他の諸臓器にも形成異常が認められる。

③診断

前述の特徴的な形態異常と血統から本疾患の推定が可能である。同じく脊椎の形成不全を示すCVMとの相違は、本疾患では①脊椎が全長にわたり短縮している点（CVMでは頚椎・胸椎に限定される）、②在胎期間の延長がありながら極端な低体重を示す点（CVMでは短めで、25 kg前後である）、③腎臓の形成不全が認められる点（CVMではみられない）であり、これらにより鑑別が可能である。

確定には遺伝子診断の利用が必要である。

④治療・予防

治療手段はない。国内ホルスタイン種雌牛集団にも拡散している可能性が高いので、予防のためには保因状況を把握したうえで、保因牛同士の交配を避けることが望

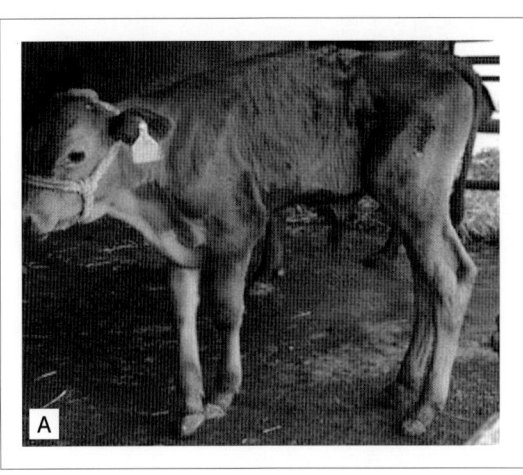

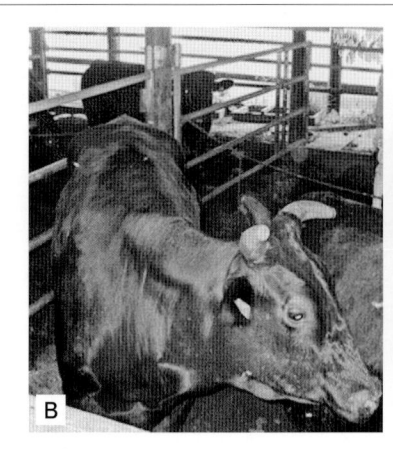

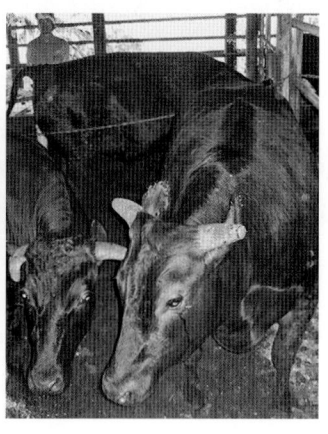

A：40日齢の症例，B：肥育後の23カ月齢症例（左）と同月齢の対照牛（右）
図10-29 マルファン症候群様発育異常症例の外貌

13. エーラス・ダンロス症候群
Ehlers-Danlos syndrome

①背景

常染色体性劣性遺伝によって生じる細胞外基質異常で，コラーゲン，線維芽細胞，プロテオグリカンのいずれかが影響を受けて様々な症状を示す。ベルジャンブルー，シャロレー，ホルスタイン，ヘレフォード，シメンタール種において，デルマトスパラキシス，皮膚無力症，皮膚脆弱症などが報告されているが，いずれも発生はまれであり，致死的病態を示すことはない。

②症状・病態

元気・食欲など一般状態に著変はない。特徴的な症状として関節の過可動，皮膚の過伸張あるいは脆弱な皮膚，創傷治癒遅延，漿液腫などがある。これらの症状は，成長とともに発現してくる。発育は不良ではないが遅延し，肉牛としての経済的価値は期待できない。

③診断

皮膚の生検によって，皮下組織のコラーゲンの走行異常が認められる。コラゲナーゼ欠損，コラーゲン異常，プロテオグリカンコアタンパク異常などが報告されているが，いずれもコラーゲンの形成に影響するため病変は類似している。病理組織学的に見るとコラーゲン束の走行が乱雑であり，横断像が不整形あるいは小型を呈する。

④治療・予防

対症療法によって症状の緩和は可能であるが，根治はできない。予防のためには欠損遺伝子がホモにならないよう交配に注意する。

14. マルファン症候群様発育異常
Marfan syndrome-like disease

①背景

2010年頃，黒毛和種種雄牛金安平の産子に，体高が高く胸幅が狭い個体が多発した。その多くは体型の異常から子牛の時期に廃用になり，また肥育しても枝肉重量が低く，経済的な損失を及ぼした（図10-29）。連鎖解析の結果，細胞外マトリックスを構成するタンパク質フィブリリン-1遺伝子（FBN1）の異常が原因であることが明らかになった。FBN1の異常は，ヒトのマルファン症候群（Marfan syndrome）の多くの原因として知られている。ヒトのマルファン症候群は，痩身で高身長，脊柱側彎，漏斗胸，鳩胸，クモ状指といった骨格病変，水晶体偏位などの眼病変，大動脈拡張などの心血管系病変など，様々な外観と重篤度を示す常染色体性優性の疾患である。黒毛和種の場合も，原因遺伝子異常のヘテロ接合型個体で体型異常が明確であり（口絵p.44，図10-30），同じく常染色体性優性の疾患である。マルファン症候群様発育異常のなかには，虚弱子牛とされた症例も多いと

思われる。

② 症状

本疾患の子牛は，正常個体に比べて体高が高い，胸深が浅い，胸幅が狭いなど特徴的な体型異常を示す。体型異常は成長後も変わらず，肥育牛では枝肉重量が低いなど産肉性が悪く，後肢を屈曲したいわゆる猫足といわれる姿勢も特徴のひとつである。眼の異常や循環器系の異常も少数例では認めるようだが明確な報告はみあたらない。

③ 病態・診断

外観からは，脊椎の背彎など体型，姿勢の異常以外には特徴的な検査所見はない。病理組織検査でも，筋肉を含め主要臓器には異常所見が認められない。

本疾患の変異 FBN1 からは，正常なフィブリリン-1のC末端領域を欠く不完全なフィブリリン-1ができると考えられる。これが細胞外マトリックス構造形成に影響して筋肉組織の発達を阻害するものと推定されるが，実証はない。ヒトのマルファン症候群では，フィブリリン-1の構造異常の程度に応じて，体型の異常から循環器系の重篤な異常まで，様々な病態がみられる。

④ 診断

特徴的な体型異常や発育不良に基づく診断を行う。現在まで，金安平以外の種雄牛での発症は知られておらず，遺伝子の解析により，原因遺伝子異常は金安平における突然変異で生じたものと推定されている。したがって，該当する体型異常と血統をあわせて診断してよい。

⑤ 治療・予防

治療法はない。優性遺伝する疾患であるため，当該牛精液を用いないことが唯一の予防法である。

15. リソゾーム蓄積病
lysosomal storage disease

① 背景

常染色体性劣性遺伝によって生じる細胞内貯蔵異常であり，神経系が影響を受けて様々な症状を示す。α-マンノシドーシス，GM1ガングリオシドーシス，Ⅱ型糖原病などが報告されており，いずれも発生はまれであるが，根治不可能な疾患である。

② 症状・病態

a．α-マンノシドーシス

主にアンガス種に発生する。6カ月齢頃から運動失調，頭部振戦，攻撃行動，発育不良などの臨床症状が認められる。α-マンノシダーゼの欠損によって細胞内にマンノシドが過剰に蓄積する。神経学的検査によって神経系の異常が確認できる。また，病理組織学的な検査では神経細胞，膵外分泌細胞，腎臓近位尿細管細胞などに空胞変性が認められる。

b．GM1ガングリオシドーシス

フリージアン種に発生する。離乳から2歳齢までの間に発症し，増体不良，体重減少，視力低下ないし盲目，尻振り歩行などがみられる。β-ガラクトシダーゼが先天的に欠損することによって，神経細胞にガングリオシドが蓄積し空胞変性を生じる。神経学的検査によって神経系の異常を確認できる。

c．Ⅱ型糖原病

6カ月齢までのオーストラリア短角種に発生する。酸性α-グリコシダーゼ活性の欠損によって，組織にグリコーゲンが過剰に蓄積する。症状として発育不良，筋肉虚弱などが認められる。神経学的検査によって神経系の異常が確認できる。

③ 治療・予防

補充療法によって症状の緩和は可能であるが，根治はできない。予防のためには交配に注意して，不良形質を有すると考えられる種雄牛の精液は使用しないようにする。

16. 三枚肩（前肢帯筋異常）

① 背景

南九州地域を中心に，アカバネ病，アイノウイルス病，チュウザン病等のウイルス性異常産子牛に混在して，出生時より振戦，起立困難を示し，その後いわゆる三枚肩（地域によっては二枚肩）といわれる特徴的な体型異常を示す子牛が散発的に認められる。本異常を示す子牛は，出生後早い段階で廃用とされるか，成長しても独特

第10章 遺伝性疾患

肩甲部の著明な突出が認められる
図10-31 三枚肩の症例①

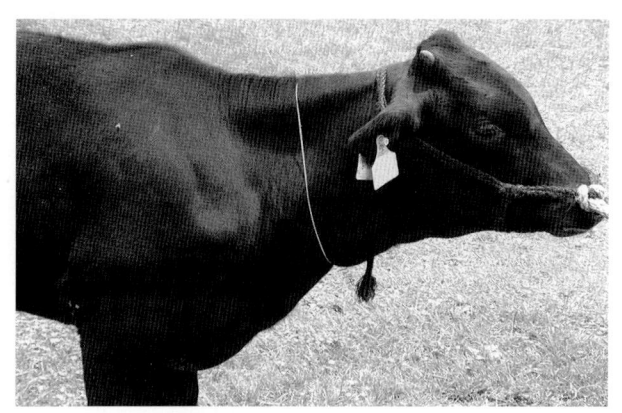

肩甲部の突出，眼稜の腫脹，耳の下垂が認められる
図10-32 三枚肩の症例②

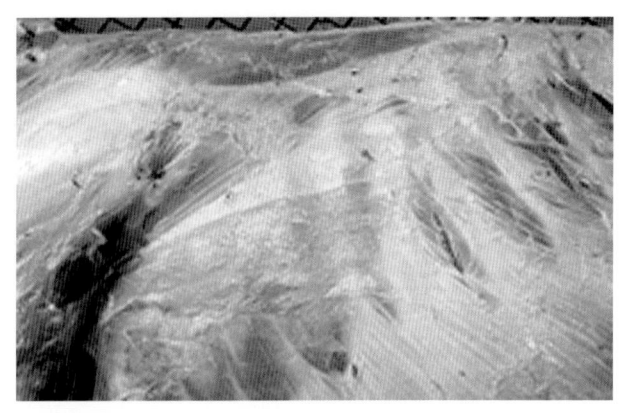

広背筋中央部が無形成で，筋肉が背腹に二分する
図10-33 重度の三枚肩症例

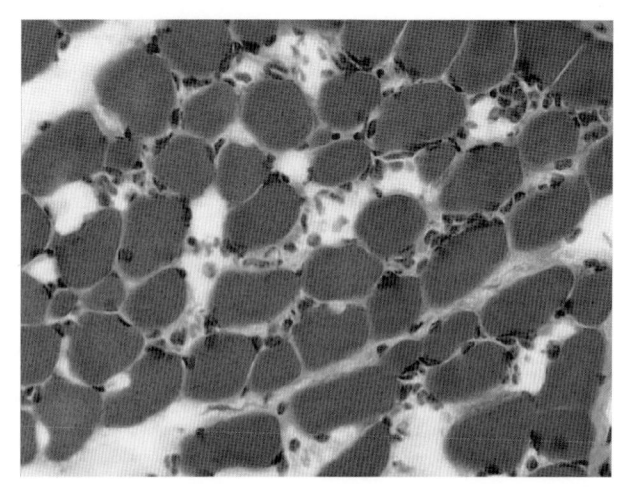

筋肉を構成する筋線維は著しく小径であるが，顕著な変性性所見や炎症性変化に乏しい
図10-34 三枚肩症例の広背筋の病理組織所見

の欠点形質のため商品価値に乏しく廃用とされ，経済的損失は少なくない。

② 症状

本疾患の発生に性差はなく，出生直後に振戦，起立困難あるいは起立遅延などが認められる。これらの症状は発育とともに改善することが多い。また一部の症例では，吸乳不全，眼稜の腫脹，あるいは耳介下垂などの顔貌異常が認められる。前肢帯筋異常の特徴は，生後1〜数カ月齢の子牛で明確となる。すなわち前肢の固着性が弱く，起立時に肩甲部が上方に隆起するため，脊柱と合わせて3枚の肩がせり出しているように見える（図10-31, 32）。この外形的特徴より本疾患は三枚肩と呼称される。この体型異常は非進行性であり，一般に歩行等の運動機能に問題はない。

③ 病態

三枚肩が認められる症例は，いずれも前肢帯筋に肉眼的異常が認められる。病変の多くは，広背筋に主座し両側対称性あるいは非対称性である。肉眼的に広背筋は菲薄で退色する。重度の症例では，広背筋中央部が無形成で，筋が背腹に二分するものや（図10-33），広背筋が瘢痕的なものも認められる。一方，前肢帯筋以外の筋には著明な変化を認めず，また肉眼的に神経系異常もみられない。

病理組織学的には，広背筋を構成する筋線維は著しく小径であるが，顕著な変性性所見や炎症性変化に乏しい（図10-34）。また，末梢神経ならびに頚椎部脊髄に病理組織学的な異常は観察されない。さらに，主なヒトの筋ジストロフィーで確認されているようなタンパク群の欠損もしくは異常はみられない。

したがって，本疾患は筋原性疾患ではなく，胎生期の血管や神経分岐異常などに基づく二次的な筋形成異常である可能性が高いと考えられる。

④治療・予防

治療法はなく，予防法も確立されていない。

17. 牛の拡張型心筋症
dilated cardiomyopathy

①背景

拡張型心筋症は心筋細胞が変性し，心筋が薄く伸び，心筋の収縮能低下と心腔の拡張を引き起こす乳牛の心疾患である。症状が進行すると重篤なうっ血性心不全や不整脈を起こし死に至る。牛の心筋症については，1976年に吉田，佐藤らが乳牛で原因不明の慢性心臓衰弱として報告したことにはじまり，その後1980年に其田，大江らが乳牛の特発性心筋症様疾患として報告した。家系が特定のものに集中して発生がみられたことから遺伝性が疑われていたが，1988年に佐藤らによりABC・リフレクション・ソブリン（ABC RS）系統の種雄牛に発生する常染色体性劣性の遺伝性疾患であることが明らかにされた。佐藤らの調査（1974年～1985年）では，発症率は0.3％であったという。その後，保因牛と考えられる種雄牛との交配を制御した結果，発症は激減している。また，近年，その原因遺伝子異常として，optic atrophy 3遺伝子（*OPA3*）のナンセンス変異が見出されている。

②症状

発症牛の年齢は平均4歳齢であるが，2歳齢くらいから発症がみられる。平均2.5産の比較的若い高泌乳牛で，分娩1カ月前後に発症することが多く，発症牛の多くは2週間以内に死の転帰をとる。発熱，元気・食欲減退，運動不耐性，頻脈，心音微弱，心内雑音，心音結滞，冷性浮腫（下顎，胸垂，下腹部，乳房など），頚静脈の怒張がみられる。

③病態

心臓は両心室，両心耳の著明な拡張がみられ，外観は卵型の円形心を呈し，心筋の厚さは正常ないし薄く，心筋は柔らかく，退色している（口絵 p.44，図10-35）。肝臓は腫大し，暗赤青紫色を呈し，割面はいわゆるニクズク肝を呈する。その他，腸間膜および第四胃粘膜の水腫，腹水と胸水の貯留がみられ，循環障害の所見を呈する。

病理組織学的変化としては，心室壁の線維化，心筋細胞の大小不同，空胞変性，顆粒状変性，硝子化および心筋線維の断裂・消失が観察される。肝臓では小葉中心性の著明なうっ血，肝細胞の萎縮・変性・壊死，類洞の拡張がみられる。

④診断

主に診断には，心臓超音波検査と心電図を用いる。心電図ではS波，T波の著しい低電位とP波の持続時間の延長，R-R間隔の短縮が認められる。血液検査では貧血傾向を示す。白血球数は正常で炎症像はみられない。血液生化学検査では，TP，A/G比の軽度な低下，アスパラギン酸アミノトランスフェラーゼ（AST），クレアチンフォスフォキナーゼ（CPK）およびγ-グルタミルトランスペプチダーゼ（GGT）濃度の増加を示す。検査については，第4章「7.（4）心筋症」を参照。

⑤治療・予防

治療法は特にない。予防において遺伝子診断は確立していないが，特定の家系に発症するため，その近親交配を避ける。

18. その他

1）IARS異常症

最近，出生時に起立困難，吸乳欲の減退，低体重を示し，虚弱で肺炎や下痢などへの易感染性，発育遅延を呈する，いわゆる虚弱子牛の原因のひとつとして，イソロイシンtRNA合成酵素（IARS）の遺伝子の1塩基置換が見出されている。この1塩基置換のホモ接合型個体で，こうした虚弱子牛が発生し，斃死例が報告されている。現在，全国的な遺伝子頻度を把握するためのモニタリング調査が行われているところである（農林水産省ホームページ参照）。

2）国内発症の可能性が低い既知疾患

すでに保因個体の淘汰などにより国内における発症の可能性が低い既知疾患として，ホルスタイン種のシトルリン血症ならびにウリジル酸合成酵素欠損症が挙げられる。

シトルリン血症（citrullinemia）は，肝臓の尿素サイクルの律速酵素であるアルギニノコハク酸合成酵素（argininosuccinate synthase）が，遺伝子のナンセンス変異により欠損する常染色体性劣性の遺伝性疾患であり，高シトルリン血症と高アンモニア血症を生じる。ホモ接合型個体は，高アンモニア血症のために生後数日で斃死する。

ウリジル酸合成酵素欠損症（deficiency of UMP synthase：DUMPS）は常染色体性劣性の遺伝性疾患で，核酸合成に必要なウリジル酸合成酵素（UMP synthase）が欠損し，40日程度の初期胚の段階で胎子の発生が停止する。ウリジル酸合成酵素（UMP synthase）は，核酸合成経路のなかでオロチジル酸からウリジル酸（UMP）を合成する反応を触媒する役割を果たしている。

■参考文献

1．牛バンド3欠損症
1) Inaba M et al. 1996. Defective anion transport and marked spherocytosis with membrane instability caused by hereditary total deficiency of red cell band 3 in cattle due to a nonsense mutation. J Clin Invest. 97：1804-1817.
2) Inaba M, Messick JB. 2010. Erythrocyte membrane defects. In. Schalm's Veterinary Hematology. 6th ed. （Weiss D, Wardrop KJ. eds）Wiley-Blackwell, USA：187-195.

3．止血異常
1) Boudreaux MK. 2010. Inherited intrinsic platelet disorders. In. Schalm's Veterinary Hematology. 6th ed. （Weiss DJ, Wardrop KJ. eds）Wiley-Blackwell, USA：619-625.
2) Smith SA. 2010. Overview of hemostasis. In. Schalm's Veterinary Hematology. 6th ed. （Weiss D, Wardrop KJ. eds）Wiley-Blackwell, USA：635-653.
3) Moritomo Y et al. 2008. Clinical and pathological aspects of hemophilia A in Japanese brown cattle. J Vet Med Sci. 70：293-296.
4) Kunieda M et al. 2005. An insertion mutation of the bovine F11 gene is responsible for factor XI deficiency in Japanese black cattle. Mamm Genome. 16：383-389.
5) Watanabe D et al. 2006. Carrier rate of factor XI deficiency in stunted Japanese black cattle. J Vet Med Sci. 68：1251-1255.

4．チェディアック・ヒガシ症候群
1) Nagle DL et al. 1996. Nat Genet. 14：307-311.
2) Barbosa MDFS et al. 1997. Hum Mol Genet. 6：1091-1098.
3) Boudreaux MK. 2010. Inherited intrinsic platelet disorders. In. Schalm's Veterinary Hematology. 6th ed. （Weiss DJ, Wardrop KJ. eds）Wiley-Blackwell, USA：619-625.
4) Kunieda T et al. 2000. Anim Genet. 31：87-90.

5．キサンチン尿症Ⅱ型（モリブデン補酵素欠損症）
1) Ichida K et al. 2012. Mutations associated with functional disorder of xanthine oxidoreductase and hereditary xanthinuria in humans. Int J Mol Sci. 13：15475-15495.
2) Watanabe T et al. 2000. Deletion mutation in Drosophila ma-1 homologous, putative molybdopterin cofactor sulfurase gene is associated with bovine xanthinuria type Ⅱ. J Biol Chem. 275：21789-21792.

8．軟骨異形成性矮小体躯症
1) 北橋恵実ほか. 2008. 黒毛和種子牛にみられた軟骨異形成性矮小体躯症の1例. 家畜臨床誌. 38：18-23.
2) Cavanagh JA et al. 2007. Bulldog dwarfism in Dexter cattle is caused by mutations in ACAN. Mamm Genome. 18：808-814.

9．牛白血球粘着不全症
1) Kehrli Jr ME et al. 1990. Molecular definition of the bovine granulocytopathy syndrome；Identification

of deficiency of the Mac-1 (CD11b/CD18) glycoprotein. Am J Vet Res. 51：1826-1836.
2) Nagahata H et al. 1994. Two cases of Holstein calves with bovine leukocyte adhesion deficiency (BLAD). Dtsch Tieraerztl Wochenschr. 101：53-56.

10. 複合脊椎形成不全症
1) Agerholm JS et al. 2001. Complex vertebral malformation in Holstein calves. J Vet Diagn Invest. 13：283-289.
2) Nagahata H et al. 2002. Complex vertebral malformation in a stillborn Holstein calf in Japan. J Vet Med Sci. 64：1107-1112.

11. 合指症（単蹄）
1) Duchesne A et al. 2006. Identification of a doublet missense substitution in the bovine LRP4 gene as a candidate causal mutation for syndactyly in Holstein cattle. Genomics 88：610-621.

2) Johnson EB et al. 2006. Defective splicing of Megf7/Lrp4, a regulator of distal limb development, in autosomal recessive mulefoot disease. Genomics. 88：600-609.

12. ブラキスパイナ
1) Agerholm JS et al. 2006. Brachyspina syndrome in a Holstein calf. J Vet Diagn Invest. 18：418-422.
2) Agerholm JS, Peperkamp K. 2007. BMC Vet Res. 3：8.
3) Charlier C et al. 2012. A deletion in the bovine FANCI gene compromises fertility by causing fetal death and brachyspina. PLoS ONE. 7, e43085.

14. マルファン症候群様発育異常
1) Hirano T et al. 2011. Identification of an FBN1 mutation in bovine Marfan syndrome-like disease. Anim Genet. 48：11-17.

CHAPTER 11 代謝性疾患

　代謝性疾患は，糖質，タンパク質，脂質，ミネラル，ビタミンなど，様々な物質代謝の障害によって生じる疾患の総称である。その原因には，これら栄養素の摂取の過不足や，何らかの基礎疾患の結果生じる生体代謝機能の障害など後天性の要因と，代謝にかかわる様々なタンパク質の遺伝子の異常による先天性の要因（第10章　遺伝性疾患）がある。

1. くる病／骨軟化症
rachitis ／ osteomalacia

　くる病（rachitis）と骨軟化症（osteomalacia）は本質的に同一の疾患であり，ともに骨質の組成異常（骨の石灰化障害のため，骨塩の沈着しない類骨組織の過剰な増加）を示す病態を伴う。従来，くる病は成長過程における骨端軟骨の閉鎖以前に発症した動物に対して，骨軟化症は成長した動物に対してというように発症時期によって区別して用いられてきた。しかし，近年ではリンやカルシウム，もしくはビタミンD欠乏などの病因によって発症するひとつの症候群としての考え方が定着している。一方，ヒト，羊，豚，犬，猫などの動物では，栄養性要因のほかに遺伝性要因による本疾患の発生が報告されている。しかし，牛では現在まで，このような遺伝性の発症例の報告はなく，栄養性要因が病因の主体と考えられている。子牛における発症は，早ければ2カ月齢から認められ，3〜5カ月齢で最も多い。また近年では，8〜12カ月齢以上の肥育牛や分娩牛での発生も知られている。

①背景

　従来，我が国では，くる病はミルクや質の低い乾草の給与によって育てられた幼齢牛が長期間屋外に出されず，暗い舎内で飼育されることでビタミンD欠乏に陥り起こる疾患とされていた。しかし，現代の飼養条件下では，このようなビタミンD欠乏によって発生する例はまれであり，むしろ主な病因はリン酸塩の供給不足で，これにカルシウムの過剰が重なることで病状が悪化する症例が多いと考えられる。特に，リン含有量が少なく，カルシウム含有量が豊富な飼料（乾燥ビートパルプ，ビートの葉とサイレージ，良質のワラ，質の悪い乾草，リン含有量が少ない濃厚飼料など）の場合，幼齢牛や若齢牛ばかりでなく，肥育牛や分娩牛においても本疾患が発生する可能性がある。また，リン欠乏の土壌や日照り時期における放牧で，母乳摂取の少ない幼齢牛や若齢牛が罹患するとの報告もある。

②症状

　症状は病状の進行程度や動物の月齢，発育状態によって異なり，常に明瞭とは限らない。主要症状として，くる病・骨軟化症ともに骨と関節における疼痛，不整跛行や起立困難などの運動機能障害が認められる。

　くる病では，罹患牛は起立困難を呈しあるいは起立を嫌う。硬直した後肢を引きずるような歩行状態や不整跛行を呈する。病状が進むと，前肢の関節付近の肥大が顕著となり，手根関節の前方彎曲，O脚肢勢が認められる。後肢では，突球や熊脚，著しい直飛あるいはX脚，刀状あるいは開脚などの肢勢が認められる。多くの場合，罹患牛は背彎姿勢を示し，腹部の捲縮をみる。また，多くの罹患牛で肋軟骨の接合部が腫大（くる病念珠）し，病変部の骨を圧すると疼痛を示す。病状がさらに進むと，上腕骨，橈骨，尺骨，脛骨の重度の彎曲がみられ，時には肋骨が彎曲して胸部が樽型やハト胸を呈し，骨盤輪が極端に狭小化することがある。さらに，骨の強度が低下しているため腱断裂や骨端分離を起こすこともある。全身状態としては，被毛粗剛，異嗜，飲乳の困難や速度遅延，食欲の不定や減退，体重減少と発育障害などが認められる。

　一方，骨軟化症では，罹患牛は起立を嫌って長時間の

横臥を好み，歩行時は短縮歩行と蹄を引きずるような強拘歩様や四肢の関節の屈曲を避けるような支柱跛行を呈する。起立時の姿勢として，頭頸部の伸長，背彎姿勢，後軀痿弱，腹部の捲縮，前肢交差および飛節内方回転がみられる。また，四肢関節を屈曲すると激痛を示し，アキレス腱付着部に腫脹と疼痛をみる症例も多い。なかには，明らかな原因がみられないまま腱断裂や骨端分離を起こす症例もある。

③病態

くる病における特徴病変は，橈骨，脛骨，中手骨，中足骨などの成長速度が速い長骨で主に認められる。特に成長過程の子牛では，骨端軟骨における発育や石灰化が障害され，軟骨内骨化による健全な骨形成は阻害される。その結果，骨端軟骨は著しく増殖する増殖帯によって肥厚し，体重を支えることが困難となるため，骨は変形あるいは彎曲する。

骨軟化症では骨端軟骨の肥厚は顕著でないが，新たに形成される類骨への石灰化の障害が目立つようになる。また，関節軟骨の軟骨細胞が肥大して脆弱になるため，わずかな外力でも軟骨が損傷を受けやすくなる。滑膜炎や関節炎に発展して軟骨の破壊を来した場合，変形性関節症に進行することもある。

④診断

飼料組成の分析から貴重な情報が引き出される場合も少なくないため，飼料内容や飼育環境などの問診は重要である。また臨床症状として，くる病では骨と関節の腫脹，姿勢の異常，くる病念珠などの所見について，骨軟化症では骨と関節の疼痛，疼痛性跛行，姿勢異常などの所見について確認が必要である。

血液生化学検査においては，リン酸塩の供給不足が原因の場合には低リン（P）血症が認められる。血清無機リン（IP）濃度は通常5〜8.5 mg/dLの範囲内にあるが，罹患牛では6 mg/dL以下（半年〜1歳齢）もしくは5 mg/dL以下（1〜2歳齢）に低下する。また，一般に血清アルカリフォスファターゼ（ALP）活性値は上昇し，血清カルシウム（Ca）濃度は末期に低下する。

骨と関節のX線検査は，本疾患の診断に最も価値がある方法のひとつである。特に長骨において骨端軟骨の幅の増大や骨端線の不規則化，骨端中央部の杯状陥凹（cupping）と骨端部辺縁の開大（fraring），骨梁不明瞭化などの所見が認められる。

また，一般に肋骨や肋骨骨軟骨部，あるいは尾椎の生検による病理組織学的検査の有用性が実験的に示されており，これは野外症例にも適用可能な診断方法と考えられる。

類症鑑別として，くる病では軟骨異栄養症，感染性多発性関節炎，先天性前肢彎曲症および筋異栄養症との鑑別が必要である。骨軟化症では変形性骨関節症，慢性鉛中毒ならびに銅欠乏症およびマンガン欠乏症との鑑別が必要である。

⑤治療・予防

特に飼料給与の改善が重要であり，飼料分析の結果に基づき飼料中のリン含有量を調整することが望ましい。具体的には，給与飼料中のカルシウム／リン含有比1.2〜1.4を目安に，給与飼料へのリン酸塩の添加を行う。通常，肥育牛や分娩牛における軽症の骨軟化症の場合には，リン酸ナトリウム30〜100 gもしくはリン酸カルシウム25〜75 gを飼料に添加する。

ビタミンD_3製剤の投与は，幼齢牛には5万〜25万IU，若齢牛や肥育牛には25万〜50万IUの筋肉内投与を行う。なお，ビタミンD_3製剤単独の投与は，くる病が単に暗い牛舎を原因として発病した場合に限る。

予防として，飼料中のミネラルのバランスに注意し，適正なカルシウム／リン含有比を保つことが重要である。また，明るく通気のよい牛舎内で子牛を飼養し，ビタミンD添加の濃厚飼料を給与する。大規模な肥育牛群に対しては，血清P濃度の測定を定期的に行うことも必要である。

2．低マグネシウム（Mg）血症テタニー
hypomagnesemia tetany

家畜のなかでも反芻動物はマグネシウム代謝異常に陥りやすく，特に哺乳中の子牛や放牧中の育成牛では，泌乳期の乳牛や妊娠末期に輸送された牛や羊と同様に低マグネシウム（Mg）血症が発生しやすい。低Mg血症は発病の様相によってグラステタニー，舎飼テタニー，子牛テタニー，輸送テタニーとして区別され，いずれも臨床的に甚急性あるいは急性の興奮と痙攣といった症状を呈する。本稿では，子牛テタニー（哺乳子牛における低Mg血症）とグラステタニー（放牧や牧草のミネラル性状に関連して発生する低Mg血症）を包括し，低Mg血

症テタニーとして記述する。

①背景

正常な血中マグネシウム濃度の維持には，腸管からのマグネシウム吸収が重要な役割を果たしている。反芻動物におけるマグネシウムの主要な吸収部位は，若齢期では小腸であるが，第一胃発達の完了以降は第一胃である。

子牛テタニーは，全乳のみを摂取している2～4カ月齢の子牛で発生が多い。乳汁中のマグネシウム含有量は平均12 mg/dLと低いが，生後5～12週齢の子牛ではマグネシウムの腸管吸収率が高い（65～85％）ので，この時期の1日当たりの必要量（約45 mg/kg）を充足できる。しかし，3～4カ月齢になるとマグネシウム吸収率が低下（20～40％）する反面，必要量が増加するため，低Mg血症（子牛テタニー）が起こりやすくなる。さらに，下痢や腸炎によるマグネシウムの吸収低下と喪失増加，過度の運動や寒冷感作によるマグネシウム需要の増加なども本疾患の誘因になる。

第一胃発達以降の低Mg血症（グラステタニー）の発生には，第一胃におけるマグネシウム吸収量の低下が強く関与している。第一胃におけるマグネシウムの吸収は，第一胃液中のマグネシウム濃度と能動輸送に依存する。

第一胃液中のマグネシウムの濃度は，粗飼料中のマグネシウム含有量ならびに第一胃内pHによって決まる。放牧中は唾液分泌により第一胃内pHは上昇しやすく，6.5を超えるpHではマグネシウムの溶解性は低下する。一方，濃厚飼料の給餌によって第一胃内pHは一過性に低下し，6.5以下ではマグネシウムの溶解性は増加する。

一方，マグネシウムの吸収量は，飼料中カリウム含有量の増加によって，第一胃粘膜上皮が脱分極してマグネシウム輸送に必要な電位が低下するため減少すると考えられている。また，水分含量が高い牧草の採食も，第一胃内容の通過速度の増加を招くため，マグネシウムの吸収量を減少させる。

我が国では，採草地の多くが火山灰土壌でマグネシウム含有量が低く，窒素とカリウム肥料の施肥によって，マグネシウムが欠乏し，かつ窒素とカリウム過剰の土地が形成されてきた。国内における過去のグラステタニーは，こういった土壌の特徴が有力な要因になったと考えられる。

時期的には低温・多湿の初春や秋季に発生が多く，特に初春では牧草がよく繁茂した牧野に放牧後2～3週間以内に発生する傾向がある。

牧草の化学組成では，マグネシウム含有量が乾物量の0.2％以下で，窒素とカリウム含有量が多く，カリウム／カルシウム＋マグネシウム当量比が2.2以上の場合（研究報告によっては1.8以上）で発生率が増加する。草種別にみると，オーチャードグラスはクローバーと比較して本疾患を発生しやすい。

②症状

子牛テタニーは，子牛が長期間にわたり全乳を飲み続けた結果，急速な発育に伴って持続性の低Mg血症に陥り，興奮や痙攣などの神経症状を呈する疾患である。一般に，臨床症状の発現は血中Mg濃度の低下と関係しており，1.0 mg/dL以下にまで低下すると各種症状が発現する。初期では外部刺激に対して興奮しやすく，知覚過敏や挙動不安の様相を呈する。症状が進行すると，歩様は強拘歩様となり，筋肉の振戦，眼球振盪，牙関緊急，歯ぎしり，耳介，尾および四肢の硬直，泡沫性流涎を呈して横臥し，末期には後弓反張などの間欠的硬直性痙攣を伴って遊泳運動を示し，死亡する。多くの症例では心悸亢進（150回／分）と呼吸促迫（60回／分）が認められ，筋肉の激しい痙攣の結果として体温上昇（40.5℃）を示す症例も認められる。

グラステタニーでは，臨床症状は後述のとおり甚急性，急性，慢性型に区分されている。

a．甚急性型

正常に草を食べていた動物が突然頭を上げて吠え，盲目的に疾走，転倒し，間欠的硬直性痙攣を繰り返し，数時間以内に死亡する。

b．急性型

初期には元気がなく歩様のふらつきがみられ，次いで知覚鋭敏となる。体表皮膚の振戦，眼球振盪，瞬膜露出，牙関緊急，歯ぎしり，間欠的硬直性痙攣を呈して横臥する。

c．慢性型

泌乳期にみられる。わずかな刺激によって興奮し，眼光鋭く，知覚過敏となって上唇，腹部および四肢の筋肉の振戦を示す。歩様は強拘歩様で後躯蹌踉を呈する。重症例では，起立不能となり，チアノーゼ，泡沫性流涎，

水様性下痢および頻尿がみられる。

③病態

低Mg血症における臨床症状の発現には，Mgの生理機能異常の関与が推定されている。生体内におけるマグネシウムの生理機能は，細胞内作用と細胞外作用に分けられる。細胞内において，マグネシウムはホスファターゼやATPが関与する酵素などの触媒，筋収縮，細胞内代謝，細胞膜の機能と安定化などに関して中心的役割を果たす。一方，細胞外では，アセチルコリン（ACh）の産生と分解に関与している。細胞外液中のマグネシウム濃度が低下すると，神経筋接合部のACh分泌の抑制の低下やNa, K-ATPaseの活性低下による筋線維の持続的収縮が起こり，テタニーが発現する。また，膜電位の低下と膜透過性の増加による神経細胞からのマグネシウム漏出と脳脊髄液中のマグネシウム濃度の低下が，本疾患の神経症状の発現に関与する場合がある。一方，上皮小体（副甲状腺）ホルモン（PTH）は骨や腎臓で作用する際，マグネシウムイオン（Mg^{2+}）の存在下でアデニル酸シクラーゼを活性化させる。しかし，低Mg血症では標的細胞におけるPTH応答性が阻害されるため，低Ca血症が引き起こされ，それに伴う症状も呈することがある。

④診断

子牛テタニーは，発症時の月齢，給餌形態ならびに臨床症状によって，比較的容易に診断が可能である。また，グラステタニーの診断においては，天候不順な初春や秋季に放牧中の牛が痙攣などの神経症状を呈した場合には，本疾患を疑い，血液検査を行う。検査の結果，血中Mg濃度が1.0 mg/dL以下の場合には通常，本疾患と診断する。しかし，痙攣などの症状がみられても，筋肉損傷によって細胞内プールからマグネシウムが流出し，血中Mg濃度が正常範囲を示すことがある。このような場合でも死後12時間以内であれば，筋肉損傷の影響を受けず有意な変動を示さない脳脊髄液のマグネシウム濃度の測定を行うことで診断の助けになる。一般に脳脊髄液中のマグネシウム濃度は血中Mg濃度と同等であるが，脳脊髄関門があるため，血中濃度の変化に遅れて変動する。

類症鑑別が必要な疾患として，破傷風，大脳皮質壊死症，エンテロトキセミア症などが挙げられる。

⑤治療・予防

子牛テタニーに対しては，10%硫酸マグネシウム溶液の皮下投与，必要に応じて25%ボログルコン酸カルシウム溶液の静脈内投与を行う。採食が開始されれば酸化マグネシウムや炭酸マグネシウムを飼料に添加して与える。

グラステタニーにおいて，甚急性および急性型ではきわめて迅速な治療が求められる。本疾患が疑われた場合には，25%硫酸マグネシウム溶液を成牛1頭1月当たり100～200 mL連日または隔日で3回皮下投与する。さらに，ボログルコン酸カルシウム溶液との併用も考慮する。必要に応じて罹患牛と同居する牛に対しても前述の治療を予防的に行う。

3．脂肪壊死症　fat necrosis

①背景

脂肪壊死症（fat necrosis）は脂肪組織で脂肪細胞の炎症と壊死，および結合組織の増殖が起こり，脂肪組織が腫大して硬度を増した結果，腸管，生殖器，尿管および胆管などが圧迫され，消化不良，繁殖障害，黄疸などの全身症状を示す疾患である。

本疾患は基本的に成牛に発生し，子牛ではみられない。きわめてまれな症例として，育成牛で家族性に発生した全身性症例の報告もある。黒毛和種繁殖牛および肥育牛（雌）で多く，時に種雄牛でもみられる。

本疾患には多発する家系が存在することから，易罹患性が遺伝するものと考えられるが，詳細は不明である。繁殖牛では，育成期からの配合飼料の過給が誘因となり，肥育牛では肥育に伴う高度なエネルギー供給が誘因となる。原因については，脂肪細胞に蓄積した脂肪の融点が上昇して硬くなり局所循環を障害する，あるいは膵炎によりリパーゼが漏出し，脂肪細胞内の中性脂肪を分解して有害な脂肪酸ナトリウムを形成し壊死を起こすなどの仮説があるが，確定されてはいない。国外では，エンドファイトに汚染されたトールフェスクなどによる中毒で本疾患が発生している。

②症状

脂肪組織の炎症の段階では全身症状はみられず，病変が拡大して腹腔内臓器が圧迫され，機能が障害された場合に，当該臓器の機能障害による症状が現れる。腸間膜および腸管周囲の脂肪組織で病変が形成された場合は，

腸管が圧迫されて通過障害が起こり，食欲不振，排糞量の減少，下痢，血便，低栄養などがみられ，末期では削痩し，衰弱する。円板状結腸や直腸を取り囲むように病変が形成された場合は，腸管が狭窄し，直腸では検査のための手の挿入が困難あるいは不可能となる。また，子宮周囲で病変が形成されると流産が起こり，胆管が閉塞した場合は閉塞性黄疸に陥って死亡する。

③病態

　本疾患の病態は，脂肪組織に起こるアレルギー性炎症であり，結晶化した脂質がアレルゲンと考えられている。飽和脂肪酸だけで形成された中性脂肪は融点が60℃を超え，in vitroではほかの脂質を巻き込んで金平糖状の結晶を形成する性質がある。病変部の病理組織所見でも脂肪細胞内にロゼット状の大型結晶が観察され，それにマクロファージや異物巨細胞が反応している。病変部の脂質の脂肪酸組成では飽和脂肪酸割合が増加し，脂肪の融点も上昇しており，これが結晶化の要因と考えられているが，飽和脂肪酸割合増加の直接的原因や機序は分かっていない。

　初期の病変は肥育牛の腸間膜で観察できる。中心部では漿液が滲出して組織が融解し，それを取り巻いて出血部があり，さらにその外周に充血がみられ，病変部では結合組織が増殖して硬度を増す。腫大した病変部は壊死塊と表現されるが，病変部全体が壊死した状態ではない。

　脂肪の融点は周辺部から中心部に向かって上昇し，中心部では体温より8℃程度高くなり，飽和脂肪酸割合も増加する。一方，経過の長い牛でみられる陳旧な病変では，乾燥したチーズ様の脂肪の塊となる。

④診断

　血液検査において，初期には結合組織の増殖を反映する$\alpha 1$アシドグリコプロテイン（$\alpha 1$AG）などの増加を認めた報告があり，末期には吸収障害と栄養不良を示す血液検査所見が得られるが，いずれも本疾患に特異的な所見ではない。直腸検査で触診可能な範囲に病変があれば，同検査も診断可能である。

　腸管の通過障害を起こす消化器疾患および成牛型白血病による腸管通過障害の症例において重度な黄疸がみられた場合は，本疾患も検討する。また，粗飼料として輸入乾草を給与している場合は，エンドファイト中毒も検討する。

⑤治療・予防

　治療の基本方針は，濃厚飼料を減らすなどの栄養管理と病変の軟化・縮小に分けられる。病変の軟化・縮小の目的では，ハトムギ，イソプロチオラン製剤およびルーメンバイパスコリンなどが用いられ，肥満した脂肪細胞からの脂肪放出が促進され，病変が縮小して症状の改善がみられる。しかし，腸管を取り巻くように形成された病変では，脂肪細胞が縮小しても増殖した結合組織が残存し，それが腸管を締め付けるために腸管の狭窄が改善されない場合もある。胆管閉塞の場合には，外科的な病変の除去が奏効することがある。

　確定的な予防法はないが，育成期に濃厚飼料の過給を避け，脂肪壊死症が多発する家系では濃厚飼料を控えめにして粗飼料を十分に給与する。エンドファイト中毒が疑われる場合は，粗飼料を変更する。

4．アミロイドーシス　amyloidosis

①背景

　アミロイドーシス（amyloidosis）は，一般に成牛にみられる散発性の疾患である。特に6歳齢以上のより高齢の牛での発生が多い傾向にある。本疾患は，アミロイドといわれる異常な線維状タンパク質が，様々な臓器や組織に沈着することで発症する慢性消耗性疾患の総称である。牛のアミロイドーシスの多くは，ヒトの全身性／続発性アミロイドーシスに相当する。ヒトでは，慢性の炎症性疾患（主に慢性関節リウマチ，結核，SLEなど）に続発し，急性期タンパク質である血清アミロイドA（SAA）由来のアミロイドA（AA）が全身臓器に沈着する。牛においても，慢性炎症性疾患に続発して，AAが全身臓器（腎臓，肝臓，副腎，腸管など）に沈着する。特に腎臓におけるアミロイド沈着は糸球体障害を起こし，タンパク喪失性腎症および低タンパク血症の主な原因となる。

②症状

　アミロイドーシスの牛では一般に慢性の体重減少や下痢を呈し，生産性が低下する。

　一般症状は一定でなく，アミロイド沈着の度合いや背景にある慢性炎症性疾患の種類や重症度によって異なる。主に全身的な浮腫が顕著であり，触診において胸垂部の浮腫が確認できる。直腸検査において腎臓の腫大が

みられることもあるが，この場合，腎臓に疼痛はなく，分葉などの形状は正常である。アミロイド沈着を起こしている臓器により症状は異なり，それぞれの臓器の臓器不全でみられる症状が現れるが，なかでも，腎アミロイドーシスにおけるタンパク尿およびそれに継発する低アルブミン（Alb）血症はよくみられる症状である。腎臓の障害が進行すれば尿毒症などの末期的な症状が現れる。さらに，低タンパク血症と腸管におけるアミロイド沈着に伴う下痢により，消耗および削痩が進行する。また低Alb血症に継発し，全身的な浮腫を生じる。

③病態

牛では，背景となった慢性炎症性疾患として乳房炎，子宮炎，肺炎および創傷性第二胃炎などが報告されている[1, 2]。肝臓において産生される急性期タンパクのひとつであるSAAがAAの前駆タンパク質となる。慢性炎症性疾患や腫瘍性疾患においては，疾患の発症に伴い血中SAA濃度は上昇する。この上昇が持続することがアミロイド形成に重要と考えられているが，血中SAA濃度の上昇が必ずアミロイドの形成につながるわけではない。アミロイドはSAA代謝の異常によると考えられているが，疾患の進行には遺伝的背景や環境因子も関与していると考えられている。

SAAは12〜14 kDaで，牛でもヒト同様にいくつかのアイソフォームの存在が知られている。AAはβシート構造が積層して構成されているため，プリオンタンパク質でみられるようにプロテアーゼによるタンパク分解作用に抵抗性を示す。このような分解の困難なアミロイドが各臓器に沈着することで本疾患は発症する。特に腎糸球体に沈着したAAタンパク質は糸球体のろ過機能に影響を与え，その機能を障害する。その結果，Albを主体とする血漿タンパク質の喪失が進み，コロイド浸透圧の低下による全身性の浮腫の発現に至る。このような浮腫は腸管にも生じ，腸管におけるアミロイド沈着とともに慢性下痢の原因となる。この結果，タンパク質喪失性腎症および低タンパク血症がさらに進行し，削痩および生産性の低下がみられるようになる。

現在のところ炎症の持続とアミロイド形成の関連については不明な点も多く，今後の研究の進展が期待される。

④診断

ここでは，腎アミロイドーシスについて述べる。

腎アミロイドーシスの症状として，高度のタンパク尿と低タンパク血症（低Alb血症）が最もよくみられる。このほかにも下痢，削痩も顕著であり，同様の症状がみられる疾患として，ヨーネ病，消化管内寄生虫，牛ウイルス性下痢・粘膜病および糸球体腎炎なども考えられるため，診断にあたってはこれらを除外する必要がある。

身体検査において全身性浮腫を確認し，直腸検査により腎臓の腫大の有無を確認する。さらに血液生化学検査において低タンパク血症（本疾患では，Albが2.2 g/dLの低Alb血症）の有無を調べる。また，腎不全の進行を検討するために尿素窒素（BUN）およびクレアチン（Cre）を測定する。慢性炎症性疾患の状況によっては，高フィブリノーゲン血症や高γ-グロブリン血症もみられることがある。尿検査では高度のタンパク尿が検出される。尿タンパクが増加するため，振盪した際に尿中にすぐに消失しないような泡が増加することがある。

また，尿沈査を偏光顕微鏡あるいは電子顕微鏡で観察しアミロイドを検出できる。確定診断には病理組織学的検査によりアミロイドの沈着の証明が必要であるため，腎生検を実施する。しかしながら，本生検による外科的処置により，すでに重症化している症例では死期を早めることもある。

解剖が可能であった場合は，腎腫大，腎臓の淡色化が確認できる。病理組織学的検査においては，主に腎臓および肝臓におけるアミロイド沈着が観察される。コンゴーレッド染色やPAS染色，抗アミロイド抗体を用いた免疫組織化学染色などによりアミロイドの沈着が証明できる。

⑤治療・予防

治療は困難であり，対症療法を実施することはできるが，進行したアミロイドーシスは予後不良であり，淘汰ないし安楽死とすることになる。これまでに牛のアミロイドーシスについて治療を実施した報告はない。ヒトにおいても難病に指定される疾患であり，有効な治療法は確立していないのが現状である。

予防についても，特に有効な方法はないが，予防法のひとつとして慢性炎症性疾患を持続させないことが挙げられる。

表 11-1　単純性酸塩基平衡異常における一次性変化と代償反応

酸塩基平衡異常	一次性変化	代償性反応	pH	PaCO$_2$	HCO$_3^-$
呼吸性アシドーシス	肺胞低換気	HCO$_3^-$産生	↓	↑	↑（代償）
呼吸性アルカローシス	肺胞過換気	HCO$_3^-$消費	↑	↓	↓（代償）
代謝性アシドーシス	H$^+$の負荷 HCO$_3^-$の喪失	換気量増大 （＋化学緩衝）	↓	↓（代償）	↓
代謝性アルカローシス	H$^+$の喪失 HCO$_3^-$の負荷	換気量減少 （＋化学緩衝）	↑	↑（代償）	↑

5．酸塩基平衡異常
acid-base balance disorder

　生命活動により産生された大量の酸の蓄積を防ぐため，肺および腎臓で迅速かつ柔軟に酸の排泄が行われる。炭水化物や脂肪の代謝によって生じる酸は呼気中に揮発性酸として排泄される。しかし，ショック，貧血，低酸素血症などによって末梢組織が低酸素状態になると嫌気性代謝によりL-乳酸が産生される。L-乳酸の産生量が呼気による排泄量を上回ると，不揮発性酸として生体内に蓄積するが，不揮発生酸の処理は腎排泄によるため，迅速な対応が望めない。したがって，生体の細胞外液は酸性に傾く。同様にインスリン欠乏状態では，脂肪代謝によってケト酸が産生され，不揮発性酸として処理できなければ生体内に酸が蓄積する。また，生体内代謝は主に細胞内で行われており，細胞内で産生された酸を速やかに細胞外へ排泄させるためには，細胞内外の水素イオン（H$^+$）濃度勾配，すなわちpHの較差が大事である。特に，細胞外液pHが7.20未満になれば，細胞内外のH$^+$濃度勾配が健常時の約半分になるため，病因の如何によらず生命の維持を優先した治療が必要となる。

①用語の定義

a．アシデミア（acidemia：酸血症）
　アシデミアとは，血液が酸性になっている状態を示す。牛では血液pHが7.35未満のときをアシデミアという。

b．アルカレミア（alkalemia：アルカリ血症）
　アルカレミアとは，血液がアルカリ性になっている状態を示す。牛では血液pHが7.45よりも高値のときをアルカレミアという。

c．アシドーシス（acidosis）
　生体内において，細胞外液pHを低下させる異常なプロセスが存在する病態のことをアシドーシスという。pHを低下させる病態とは，重炭酸イオン（HCO$_3^-$）濃度を下げる（代謝性），または血液二酸化炭素分圧（PaCO$_2$）を上げる（呼吸性）何らかのプロセスが存在することである。

d．アルカローシス（alkalosis）
　生体内に細胞外液pHを上昇させる異常なプロセスが存在する病態のことをアルカローシスという。pHを上昇させる病態とは，HCO$_3^-$を上げる（代謝性），またはPaCO$_2$を下げる（呼吸性）何らかのプロセスが存在することである。

　アシドーシスが単独で存在すればアシデミアに，アルカローシスが単独で存在すればアルカレミアになるが，結果的にはアシドーシスとアルカローシスのバランスによってアシデミアまたはアルカレミアになる（アシデミアとアルカレミアは結果である）。
　酸塩基平衡異常には，基本的に4種類の病態が存在し（表11-1），その関係は酸塩基平衡マップ（図11-1）で示される。アシデミアの原因がPaCO$_2$の上昇によって生じたものを呼吸性アシドーシス，細胞外液中HCO$_3^-$の減少によって生じたものを代謝性アシドーシスという。
　また，アルカレミアの原因がPaCO$_2$の減少によるものを呼吸性アルカローシス，HCO$_3^-$の増加に伴うものを代謝性アルカローシスという。これらの病態は単独で生じるわけではなく，多くの症例は最初の病態（一次性）とそれを代償する病態（二次性）を併発している。表11-2，3に代謝性アシドーシスと代謝性アルカローシスの主な原因を示した。

②ステップ式診断法
　酸塩基平衡異常の動物に対して適切な処置を施すためには，血液pHとガス分圧を測定し，これらの値から酸

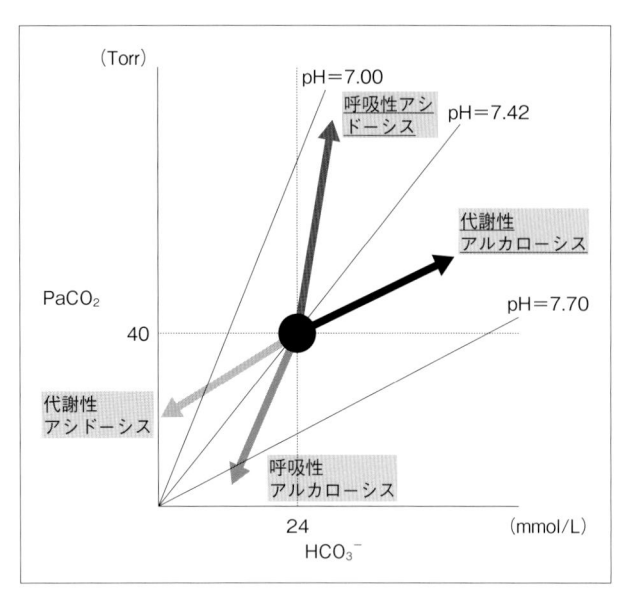

図11-1 酸塩基平衡マップによる酸塩基平衡異常の基本4型

表11-2 代謝性アシドーシスの成因による分類

① HCO_3^- の喪失
　腸管からの喪失（下痢）
　腎臓からの喪失（近位尿細管性アシドーシス，利尿剤）
② 酸の産生過剰
　ケトアシドーシス（飢餓，糖尿病）
　乳酸アシドーシス
③ 酸の過剰投与または中毒
　塩化アンモニウム
　アミノ酸製剤の負荷
　エチレングリコール
④ 酸の排泄異常
　腎不全
　遠位尿細管性アシドーシス

表11-3 代謝性アルカローシスの成因による分類

① H^+ の喪失
　腸管からの喪失（胃液を主成分とした嘔吐）
　尿からの喪失
　　a．利尿剤の投与：ループ利尿剤，サイアザイド系利尿剤
　　b．ステロイド系抗炎症剤の投与
　細胞内移行：低カリウム（K）血症
② アルカリ化剤の投与
　重炭酸ナトリウム
　乳酸ナトリウム
　酢酸ナトリウム
　クエン酸ナトリウム
③ 体液量の減少

塩基平衡異常の病態を的確に判断することが重要である。その方法として以下に示す，ステップ式診断法がある。なお，酸塩基平衡異常を評価するためだけであれば，動脈血でも静脈血でも評価は変わらない。

Step 1：アシデミアまたはアルカレミアの判定

図11-2に血液ガス分析値より鑑別する酸塩基平衡異常を示した。血液pH値より，動物がアシデミアであるのか，またはアルカレミアであるのかを判断する。測定した血液pHが正常値未満であればアシデミア，正常値よりも高値であればアルカレミアである。子牛における血液pHの正常値とアシデミアおよびアルカレミアの基準は，以下の通りである。

　　血液 pH の正常値：$7.32 \leq pH \leq 7.45$
　　アシデミア　　　：　　pH＜7.32
　　アルカレミア　　：　　pH＞7.45

Step 2：一次性酸塩基平衡異常の評価

測定した$PaCO_2$およびHCO_3^-値より，Step 1で判定したアシデミアまたはアルカレミアの原因が呼吸性（$PaCO_2$）または代謝性（HCO_3^-）のいずれであるかを判断する。子牛における$PaCO_2$の正常値および呼吸性アシドーシスおよび呼吸性アルカローシスの基準は，以下の通りである。

　　$PaCO_2$の正常値　　　：45 Torr $\leq PaCO_2 \leq$ 55 Torr
　　呼吸性アシドーシス　：　　　$PaCO_2$＞55 Torr
　　呼吸性アルカローシス：　　　$PaCO_2$＜45 Torr

次に代謝性要因について評価を行う。代謝性要因をルーチンで評価する際には，HCO_3^-と過剰塩基（BE：Base Excess）濃度を指標とする。子牛におけるBEの正常値ならびに代謝性アシドーシスおよびアルカローシスの基準は，以下の通りである。

　　BE の正常値　　　：0 mEq/L $\leq$ BE $\leq$ 6 mEq/L
　　代謝性アシドーシス　：　　　BE＜0 mEq/L
　　代謝性アルカローシス：　　　BE＞6 mEq/L

Step 2の評価が終了したら，図11-2に従って酸塩基平衡異常の病態を確認する。ここで，一次性の酸塩基平衡異常に対して，部分的または完全な代償性反応が生じているか否かを確認する。代償反応が十分に機能していれば，緊急な酸塩基平衡の補正は必要ない。しかし，一次性および代償反応として代謝性アシドーシスの存在が否定できない場合にはStep 3へ進み，代謝性アシドー

第11章　代謝性疾患

	Step 1	Step 2		評価
血液ガス分析	pH ↓	PaCO₂ ↓	BE ↓	部分的な呼吸性代償を伴った代謝性アシドーシス
			BE 正常	＊
			BE ↑	＊
		PaCO₂ 正常	BE ↓	部分的な呼吸性代償を伴った代謝性アシドーシス
			BE 正常	＊
			BE ↑	＊
		PaCO₂ ↑	BE ↓	呼吸性および代謝性アシドーシス
			BE 正常	呼吸性アシドーシス
			BE ↑	①部分的な代謝性代償を伴った慢性呼吸性アシドーシス ②代謝性アルカローシス＋呼吸性アシドーシス
	pH 正常	PaCO₂ ↓	BE ↓	完全な呼吸性代償を伴った代謝性アシドーシス
			BE 正常	＊
			BE ↑	＊
		PaCO₂ 正常	BE ↓	＊
			BE 正常	血液ガス値が正常→アニオンギャップの測定
			BE ↑	＊
		PaCO₂ ↑	BE ↓	＊
			BE 正常	＊
			BE ↑	①完全な代謝性代償を伴った呼吸性アシドーシス ②完全な呼吸性代償を伴った代謝性アルカローシス
	pH ↑	PaCO₂ ↓	BE ↓	①部分的な呼吸性代償を伴った慢性呼吸性アルカローシス ②中程度の代謝性アシドーシス＋呼吸性アルカローシス
			BE 正常	呼吸性アルカローシス
			BE ↑	呼吸性アルカローシス＋代謝性アルカローシス
		PaCO₂ 正常	BE ↓	＊
			BE 正常	＊
			BE ↑	部分的な呼吸性代償を伴った代謝性アルカローシス
		PaCO₂ ↑	BE ↓	＊
			BE 正常	＊
			BE ↑	部分的な呼吸性代償を伴った代謝性アルカローシス

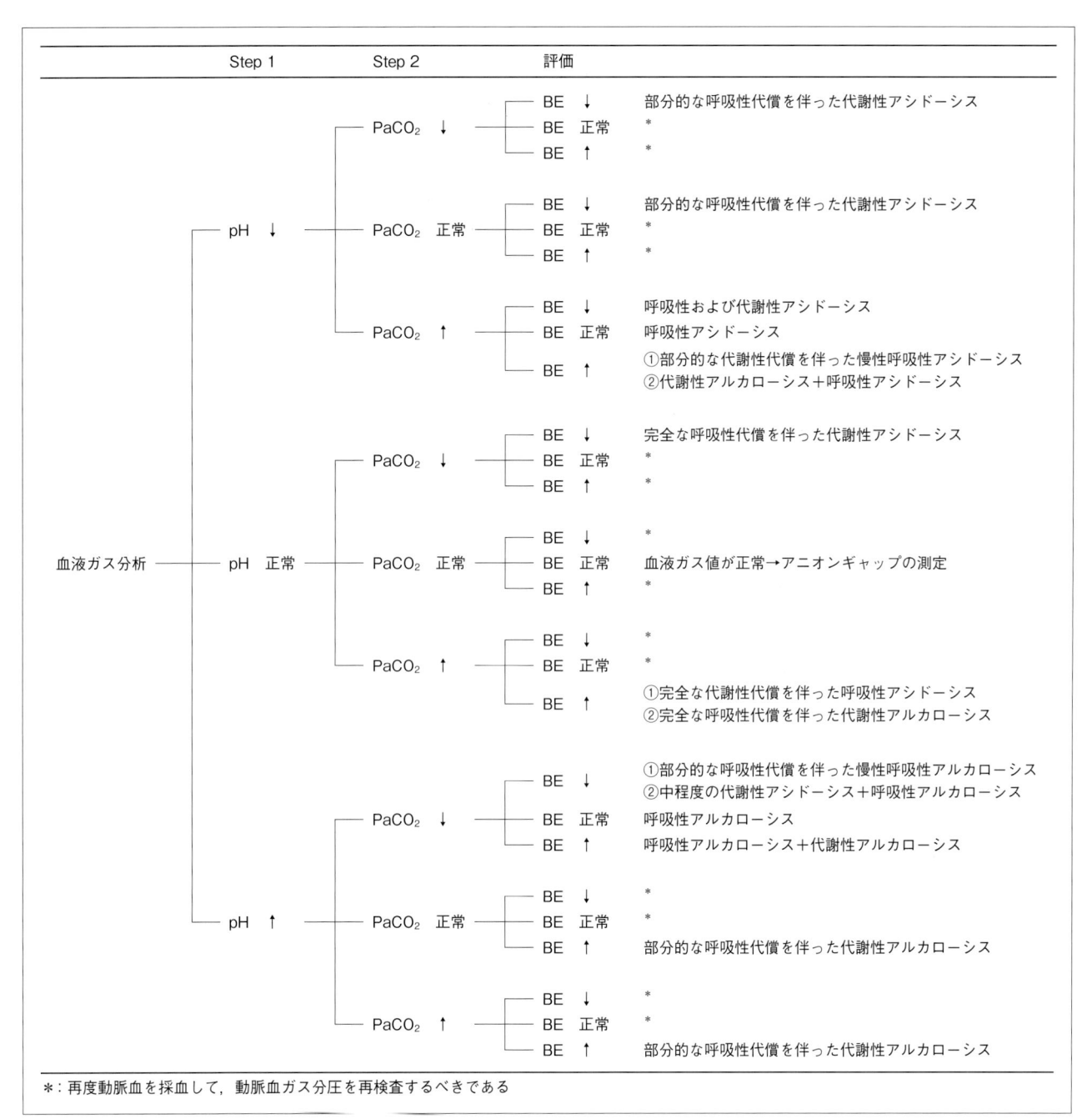

＊：再度動脈血を採血して，動脈血ガス分圧を再検査するべきである

図11-2　血液ガス分析値より鑑別する酸塩基平衡異常

シスの鑑別診断を行う。

Step 3：アニオンギャップ（AG）による代謝性アシドーシスの評価

代謝性アシドーシスの種類を鑑別するためにアニオンギャップ（AG）を計算する。AGとは，ルーチンで測定されない陰イオン量と陽イオン量の差であり，有機酸や無機リンなどの総量に関連する。AGの計算方法および子牛の正常値は，以下の通りである。

AG (mEq/L)＝(ナトリウムイオン[Na^+]＋カリウムイオン[K^+])－(クロールイオン[Cl^-]＋重炭酸イオン[HCO_3^-])

AG正常値：21 mEq/L≦AG≦34 mEq/L

代謝性アシドーシスのうち，AGが正常範囲内であるものを高クロール（Cl）血性代謝性アシドーシス，AGが正常値よりも高値であるものを高AG血性代謝性アシドーシスという。獣医領域においてAGが正常値よりも

低値を示す代謝性アシドーシスの病態は存在しない。高Cl血性代謝性アシドーシスの原因としてはHCO$_3^-$の喪失，酸またはCl$^-$の負荷が考えられる。前者としては，下痢などによる腸管でのHCO$_3^-$喪失，HCO$_3^-$およびその前駆物質（乳酸，酢酸，クエン酸，グルコン酸などのナトリウム〈Na〉塩）を配合しない輸液剤を急速輸液した際に生じる希釈性アシドーシスなどが考えられる。酸またはCl$^-$の負荷の原因としては，塩化アンモニウム製剤やアミノ酸製剤の投与が挙げられる。また，スピロノラクトン，β-ブロッカー，アスピリンなどの薬剤でも高Cl血性代謝性アシドーシスを生じることが知られている。高AG血性代謝性アシドーシスをさらに鑑別するために，総二酸化炭素濃度（TCO$_2$）を指標とする。ここでのTCO$_2$とは，血液サンプルを酸性化させて遊離させた血液中または血漿中のすべての二酸化炭素（CO$_2$）量（mEq/L）である。血液ガスを測定した際に演算項目として算出されるので，データシートにプリントアウトされた数値で読み取ればよい。TCO$_2$は，HCO$_3^-$，炭酸（H$_2$CO$_3$），CO$_2$から構成される。HCO$_3^-$よりも代謝性要因を評価する指標として優れているため，欧米ではBEよりもTCO$_2$が代謝性要因の指標に用いられている。子牛におけるTCO$_2$の正常値は以下の通りである。

TCO$_2$ 正常値：24 mEq/L≦TCO$_2$≦30 mEq/L

高AG血性代謝性アシドーシスでTCO$_2$が減少している病態は，乳酸またはアセト酢酸などの有機酸が生体内で大量に貯留した状態，すなわち乳酸アシドーシス，ケトアシドーシスおよび糖尿病などが考えられる。これらの病態または疾患では乳酸の貯留が懸念されるため，乳酸を配合した輸液剤の使用が禁忌となる。一方，TCO$_2$が正常または増加している病態ではAGの増加以外にも代謝性アシドーシスを助長する病態が存在することを示している。これらの酸塩基平衡異常を，混合性酸塩基平衡異常という。

③重炭酸ナトリウムによる欠乏塩基量の補正方法

重炭酸ナトリウム液を静脈内投与して酸塩基平衡異常を補正できる体液区画は細胞外液区画である。これは，細胞外から細胞内へのHCO$_3^-$の拡散が非常に遅いことによる。体液のうち細胞外液は体重の約20%を占め，そのうちHCO$_3^-$の分布区画は約20%であるため，分配係数は0.2（L/kg）となる。しかし，①細胞外液と細胞内液との間でわずかではあるがHCO$_3^-$の交換が起こること，②進行性の代謝性アシドーシスではHCO$_3^-$がアルカリ化作用を示す一方でH$^+$が産生されていること（持続的な酸の産生），③D-乳酸などは生体内代謝によって代謝できないことなどを考慮して分配係数を少し多めに見積もる必要がある。Berchtold[1]およびKasari[2]は体重の50%にあたる0.5（L/kg）を分配係数として推奨しているが，Roussel[3]は分配係数を大きくするとHCO$_3^-$の細胞内拡散速度が遅いためにOvershoot代謝性アルカローシスになりやすいことを挙げ，0.3（L/kg）の分布係数を推奨している。また，Michellら[4]もRoussel[3]の推奨する0.3（L/kg）に近い1/3（L/kg）の分配係数を推奨している。残念ながら，産業動物医療分野において統一した分配係数の見解は今日でも得られていない。実際の臨床においては，少量のHCO$_3^-$で補正をはじめ，必要に応じて追加投与する方法が様々な合併症を引き起こす可能性が低いために妥当であると考える。したがって，治療初期では分配係数を0.3（L/kg）または1/3（L/kg）としてHCO$_3^-$の要求量を算出することが望ましい。分配係数を1/3（L/kg）としたときのHCO$_3^-$要求量を求める計算式は以下の通りである。

HCO$_3^-$の要求量（mEq）＝塩基欠乏量（BD：mEq/L）×
体重（kg）×1/3（L/kg）

治療にあたっては，この要求量の半量を，治療開始から3ないし4時間かけて持続点滴することが望ましい。残りの半量を追加投与するべきか否かについては，投与終了時点の血液pHを再評価した後に判断するべきである。分配係数を1/3（L/kg）とし，HCO$_3^-$の要求量の半量（50%補正）を投与する場合の等張（1.3%）および7%重炭酸ナトリウム液の投与量は，以下の通りである。

1.3%重炭酸ナトリウム液（mL/kg）：1.2×BD
7%重炭酸ナトリウム液（mL/kg）：0.2×BD

図11-3に実際の臨床症例における予測予備塩基濃度改善量（ΔBE）に対する等張重曹注（1.3%重炭酸ナトリウム液）の投与量の関係を示した。この値は，実際の臨床症例（主に子牛下痢症，n＝18）において投与した等張重曹注の投与量と改善したBE濃度の関係に基づいて回帰式を求めた。例えば，pHが7.2を示すBE＝－10 mEq/Lでは最初にその1/2補正を行うので目標とするBEの

改善量（ΔBE）は5 mEq/L となる。5 mEq/L を改善するために必要な等張重曹注の投与量は10.2 mL/kgであった。したがって，50 kgの子牛であれば等張重曹注の投与量は最低でも500 mL 必要である[5]。

酸塩基平衡の理論やその補正は必ずしも簡単ではないが，酸塩基平衡異常を招いた原因を見極め，体液補充療法を行うことが重要である。しかし，酸塩基平衡異常の治療はあくまでも原疾患の治療を優先する。

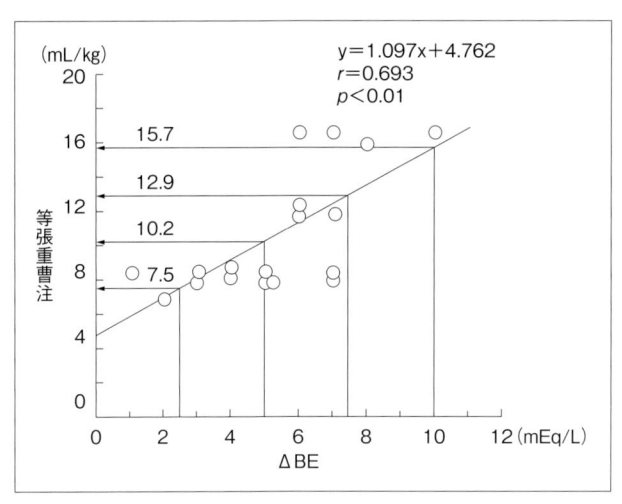

図11-3　予測予備塩基濃度改善量に対する等張重曹注の投与量

■参考文献

1．くる病・骨軟化症

1) 内藤喜久. 2002. 新版 主要症状を基礎にした牛の臨床（前出吉光, 小岩政照 監修）. デーリィマン社, 北海道：429-430.
2) 内藤善久. 1988. 牛病学 第2版（清水高正ほか 編）. 近代出版, 東京：564-567.

4．アミロイドーシス

1) Johnson R, Jamison K. 1984. J Am Vet Med Assoc. 185：1538-1543.
2) Murray M et al. 1972. Vet Rec. 90：210-216.

5．酸・塩基平衡異常

1) Berchtold JB. 1990. Vet Clin North Am Food Anim Pract. 15：505-531.
2) Kasari TR, Naylor JM. 1986. Can J Vet Res. 50：502-508.
3) Roussel A. 1999. Vet Clin North Am Food Anim Pract. 15：545-557.
4) Michell AR, Bywater RJ, Clarke KW, Hall LW, Watermann AE. 1989. Quantitative aspects of fluid therapy. In. Veterinary Fluid Therapy. Blackwell Scientific Publications, London：104-120.
5) Suzuki K, Kato T, Tsunoda G, Iwabuchi S, Asano K, Asano R. 2002. J Vet Med Sci. 64 (12)：1173-1175.

CHAPTER 12 感染症

　微生物の感染により惹起される疾病を総称して感染症と呼ぶ。子牛の各臓器および器官にはそれぞれの感染症があり，多くの疾病については他の章で詳しく記述している。ここでは臓器や器官のくくりではなく，臨床的に重要な感染症として位置付けられているものを取り上げた。特に，流行性異常産を引き起こすアカバネ病や持続感染牛の摘発が困難な牛ウイルス性下痢ウイルス感染症は，近年では全国的に多発していることから，それらをコントロールすることは臨床的にもきわめて重要である。

1．牛伝染性角膜結膜炎
infectious bovine keratoconjunctivitis

①背景

　牛伝染性角膜結膜炎（infectious bovine keratoconjunctivitis：IBK）はピンクアイともいわれ，夏季から秋季にかけて多発する眼疾患である。伝播力が強く，急速に群全体に広がる。罹患牛は一時的な盲目や不快感のため採食量の減少を呈し，育成牛では増体量，搾乳牛では乳量の減少を認める。Moraxella（M.）bovis が最も一般に分離される病原菌であるが，様々な因子がこの疾患の病因に含まれ，近年 M. bovoculi の関与も報告されている[1]。

　環境，季節，同時感染菌，M. bovis の菌株，および個体の免疫機構が IBK の発生と重症度に影響し，重篤な肺炎を併発すると死に至る場合もある。発症率は品種によって異なり，ショートホーン，ジャージー，ホルスタイン種で感受性が高いため，我が国ではこれらの種の飼養頭数が多い本州以北での発生率が高い[2]。発生は比較的若齢牛に多く，放牧中の発生が主である[3]。

　鼻汁や流涙を介した接触感染と媒介昆虫による機械的伝播により農場内に拡散する。国内ではクロイエバエ（Musca〈M.〉bezzii）やノイエバエ（M. hervei）など，海外では face fly（M. autumnalis）などのイエバエ類が最も重要な媒介昆虫であり，M. bovis を足に付着させ伝播する。M. bovis 検出率のピークは紫外線の照射量が最大になる時期であり，春季から徐々に増加し，秋季に最大となる。ハエの数と M. bovis の感染には正の相関があり，媒介昆虫の防除プログラム実施により発症率を減少させることができる。

②症状

　初期には多量の透明な流涙が罹患側頬部で認められ，角膜中央部付近に直径 5 mm 程度の白濁点あるいは同時に軽い結膜炎や羞明，軽度の眼瞼浮腫がみられる。

　病勢が進行すると眼周囲は不潔となり灰白色の膿性流涙が認められ，結膜の充血や角膜の白濁が進行し，周辺部から血管が新生され，いわゆるピンクアイの状態を示す。また，角膜中央付近には肉芽組織が増生し，2～3 mm 程度の桃赤色の円錐状の突起となる。羞明は顕著となり，眼瞼浮腫，角膜白濁が広範に及び，軽い角膜潰瘍がみられる。さらに，化膿性角膜炎の結果，角膜全体が灰白緑色に混濁し，前眼房に明瞭な膿塊がみられる。また，角膜中心部の陥没，眼瞼結膜の潰瘍，眼瞼の著しい腫脹なども認められる（口絵 p.45，図 12-1）[4]。

　潰瘍形成から早ければ 2 日で血管新生が起こり，治癒がはじまる。表面もしくは深部の角膜血管新生は，角膜病変の深さと病勢により様々で，潰瘍部では角膜間質の状態次第で肉芽が形成される。一度，深刻な間質の欠損が治癒すると年月を経て角膜白斑[*1]になる[5]。通常，罹患牛は眼の病変を示すだけで，軽症例での角膜混濁は 2～4 週間の経過で治癒に至る。しかし，ほかの細菌やウイルスが混合感染すると全身症状を伴い重症化する場合もある。

③病態

　M. bovis による IBK の病態について完全には解明されていない。菌株による病原性の違いは莢膜，線毛，ラフ型コロニーの存在と関連し，線毛を持つ菌種のみが感染を起こすことができる。線毛は 7 グループ（A～G）に

分けられており，線毛のない菌種は非病原性とされている。M. bovisの症状発現は角膜上皮細胞，線維芽細胞[*2]，好中球からのコラゲナーゼ[*3]産生と関連し，M. bovisの加水分解酵素は角膜の脂質，ムコ多糖，細胞間質タンパク質を減少させ，角膜潰瘍形成に携わる。初期の角膜潰瘍形成はM. bovisの直接的な細胞障害性によるもので，角膜上皮細胞を壊す壊死性因子を産生するようである。また，溶血毒産生能はM. bovisの重要な病原因子であり，紫外線照射量が増すと，溶血毒非産生株が産生株に変化し，溶血毒産生株が最も頻繁に検出されるようになる。M. bovisのこの溶血毒はin vitroとin vivoで子牛の角膜上皮細胞に傷害性を示す。

牛の涙液層の防御機構はあまり解明されていないが，牛の涙はIgA（分泌型），IgGa，IgGb，IgM，ラクトフェリンを含み，ラクトフェリンなどの鉄結合タンパク質の外分泌は抗病性にとって重要である。最近これらのタンパク質は，M. bovisを含む一部の病原菌発生の原因として注目されており，病原性M. bovisは牛のラクトフェリンを鉄の供給源とし成長すると報告されている[6]。

また，牛伝染性鼻気管炎（IBR）ウイルスとアデノウイルス関連の結膜炎，角膜炎，二次性前部ぶどう膜炎をIBKと混同する可能性がある。マイコプラズマ種（*Mycoplasma bovoculi*など）は角膜・結膜細胞と親和性が強く，紫外線照射量の増加により，細胞核が断片化し角膜上皮細胞は弛緩，変性，崩壊する。これらの混合感染によりM. bovisの侵入が容易となり，病態を憎悪させることになるため，注意深く識別することが大切である。

④診断

確定診断は感染初期の眼結膜分泌物のぬぐい液を血液寒天培地に接種し，37℃で24〜48時間培養後，M. bovisの分離を試みる。M. bovisは偏性好気性のグラム陰性短桿菌で，単在もしくは二連ないし短連鎖として観察される。発育に適度な湿度を必要とし，栄養要求が厳しい。運動性はなく，コロニーの形態は，R（rough）型もS（smooth）型[*4]もある。主な生物学的性状はオキシダーゼ（＋），カタラーゼ（＋），OF試験[*5]（－），インドール産生[*6]（－），硫化水素産生（－）で，各種糖（ブドウ糖，乳糖，麦芽糖，キシロース[*7]）を分解せず，ウレアーゼ（－），溶血性は野外材料からは溶血性（β溶血）と非溶血性があるが，非溶血性のM. bovisは一般に臨床症状に関係しない。Tween20，Tween80加水分解（菌株により異なる），タンパク分解（牛乳寒天培地）

はいずれも陽性である[7]。また，線維素溶解（fibrinolysin）活性の測定では，ゼラチナーゼ[*8]，カゼイナーゼ[*9]，リパーゼと同様に活性が認められ，M. bovis同定に有用な性状であると報告されている[8]。

*Moraxella*属は，分離および同定法において多少の難点があるとされるが，近年，16S rRNA遺伝子の配列に基づいた系統発生学的解析などの手法によりIBKに関する新たな知見が得られつつある[9]。

⑤治療

感受性のある抗菌薬の点眼ならびに非経口投与（結膜下，皮下，筋肉内，血管内投与）が一般である。患部局所についてはいくつかの投与法が報告されている[4,6]。

a．点眼法

抗菌薬（β-ラクタム系，アミノグリコシド系，テトラサイクリン系）入り眼軟膏や点眼液を症状が回復するまで1日2回点眼する。

b．眼球結膜下注射法

結膜をすくい上げるような要領で眼球結膜下に針先を刺入し，β-ラクタム系およびアミノグリコシド系抗菌薬を注入する。

c．眼瞼結膜下注射法

睫毛の生え際から約1cm奥の柔らかい結膜部に針を眼瞼と平行に刺入し，β-ラクタム系およびアミノグリコシド系抗菌薬を中度では1回，重度では隔日3回注入する。テトラサイクリン系抗菌薬の結膜下への投与は局所刺激が危惧されるため推奨されない。

治療選択は感染株の感受性，経営方針，飼養目的を考慮して選択する。また，ステロイド系抗炎症剤による治療効果は明確ではない[10]。

⑥予防

IBKは牛群のうち2〜3頭にまず発生し，これらの罹患牛から牛群全体に媒介昆虫を介して急速に拡散することから，異常牛を発見したときには早期に隔離し治療を開始する。罹患牛の治療と平行して，餌槽，畜舎，堆肥場の消毒を行い，同時にイヤータッグなどを利用した媒介昆虫忌避剤の使用[11]などの媒介昆虫防除対策を早急に実施し，さらなる拡散を予防することが重要である。加えて紫外線防御を目的とした日陰シェルターを設置す

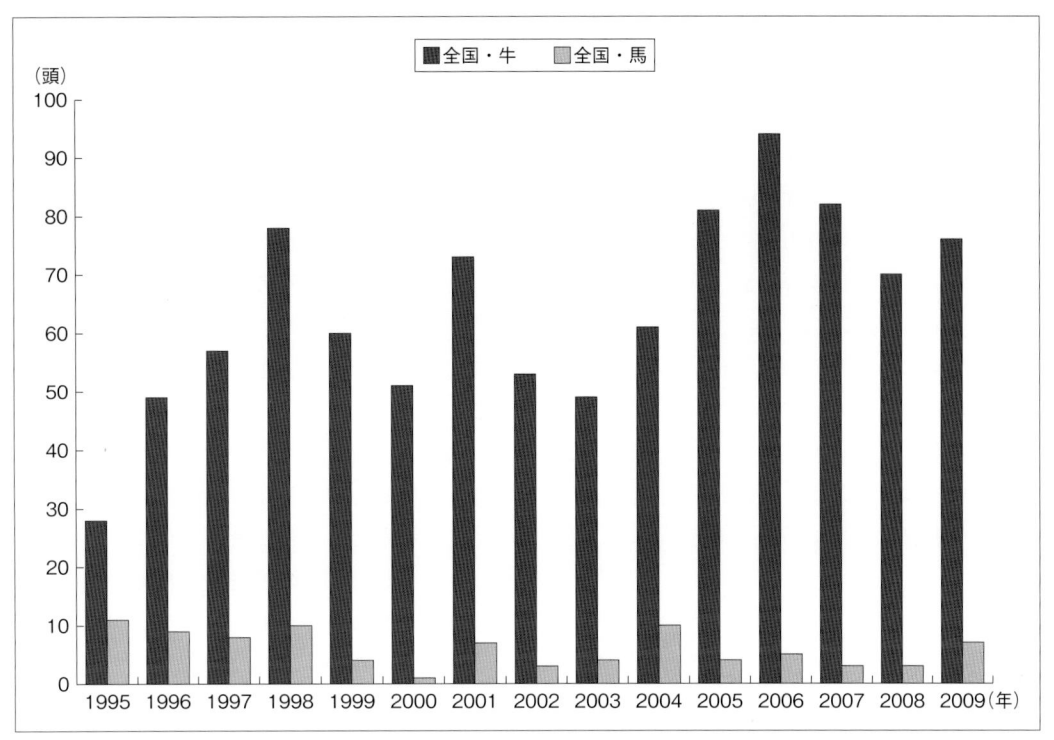

図12-2　牛と馬の破傷風発生状況（全国, 1995〜2009年の累計）
家畜衛生統計, 家畜衛生情報（農林水産省編）より引用

る。また，IBRが混合感染すると症状が重篤化するので，流行地域においてはこれに対する予防接種も実施すべきである。海外においては，線毛抗原を含む不活化ワクチンが存在するが，多様な線毛のタイプ間で交差反応[*10]が低いため，効果は不確実である[6)]。

2. 破傷風　tetanus

①背景

破傷風（tetanus）は，土壌中の破傷風菌 Clostridium (⟨C.⟩) tetani が，主に外傷から感染することにより発症する急性感染症である。C. tetani の形成する芽胞は乾燥や熱・紫外線・殺菌性化学物質などに抵抗性であり，我が国の広い地域で C. tetani によって土壌が汚染されていると考えられている。本疾患は人獣共通感染症であり，感受性は馬，ヒトで最も高いといわれ，続いて牛，山羊，めん羊，ウサギ，サル，豚，犬，猫の順とされている。鳥類は抵抗性が強い。現在，家畜における国内発生は主に牛であり，毎年50〜100頭前後の発生がある（図12-2）。

C. tetani の芽胞は，感染局所が嫌気性状態になると発芽し，栄養型菌[*11]となり増殖し，神経毒（tetanospasmin）と溶血毒（tetanolysin）の2種類の毒素を産生する。破傷風の主症状である強直性痙攣は tetanospasmin によるものである。tetanospasmin の致死活性は5〜10 ng/kgであり，人類が知る致死活性物質のなかでボツリヌス毒素[*12]に次いで高い活性を有し[1)]，我が国では家畜伝染病予防法で届出伝染病（牛，水牛，鹿，馬）に，感染症法で全数把握の5類感染症に指定されており，破傷風を診断した獣医師，医師には届出義務が課せられている。

牛では子牛期の去勢創（主としてゴムリングによる無血去勢法），除角創，断尾創，分娩後の産道（後産停滞），深い刺傷，蹄の創傷（釘，木片などの刺創），臍帯の消毒失宜など感染部位が嫌気性状態に至った場合に発症する[2, 3)]。

②症状

通常2〜5日（数週間に及ぶ場合もある）の潜伏期間を経て，眼瞼や瞬膜の攣縮，縮瞳，続いて感染部位近辺や顎から頸部の筋肉のこわばり，三叉神経障害および咬筋の強直による開口障害により，咀嚼・嚥下困難を呈す。牛は噯気排出が阻害されるため持続的な第一胃の鼓

脹による腹圧の亢進，腹部緊張が認められる。また，耳翼佇立，鼻翼開張などの症状も発現する。病勢が進行すると全身の発汗が著しくなり，頸部筋肉の硬直，躯幹筋の攣縮が起こるが，後弓反張の姿勢は，成牛の場合，軽度である。歩様は木馬様歩行を呈すると同時に尾根部はやや挙上して緊縮し，尾の運動性も低下する。瞳孔は持続的に縮瞳，まれに瞬膜の突出がみられ，音や光などの刺激に対して敏感に反応する（図12-3）。最終的には起立不能となり，さらに全身性痙攣の悪化は，胸壁の硬直または声門の攣縮を招き，呼吸障害，チアノーゼまたは致死的な窒息を引き起こす。初期症状（一般に開口障害）から全身性痙攣がはじまるまでの時間（onset time）が短時日の場合，予後はきわめて不良である[3]。

③病態

C. tetani 自体による炎症の喚起は弱く，菌の侵入創傷部位が見つからないこともある。創傷口が治癒過程で閉鎖し，菌体周囲が嫌気性になると，発芽して増殖を開始し，同時に毒素を産生しはじめる。tetanospasmin は，末梢運動神経に沿って，あるいは血行性に神経筋接合部位から運動神経線維終末に取り込まれ，一部は神経筋接合部で運動神経終末からのアセチルコリン放出阻害作用をもたらす。運動神経細胞体に到達した毒素分子は，さらにシナプスを越えて上位の神経終末部まで移動する。この間に毒素分子は後シナプス膜と前シナプス膜を通過することになる。毒素は選択的に抑制性シナプス前部に取り込まれ，ガングリオシド[*13]に不可逆的に結合し，神経終末からの抑制性伝達物質の放出を遮断する。通常，一度結合した毒素は中和できない[1,4]。

この結果，興奮性のシグナルだけが伝えられることになり，運動神経細胞の過度の興奮による間欠性筋緊張性[*14]の重積発作[*15]を伴う全身の筋緊張性攣縮を引き起こす。また，交感神経節を支配している脊髄側角神経細胞の活動亢進により，自律神経機能障害（著しい発汗，頻脈など）をきたす。

④診断

創口から C. tetani が分離される割合は低く，診断は破傷風特有の症状により臨床的に行われる場合が多い。牛の場合，ごく初期の軽微な発熱と軽度の第一胃の鼓脹を呈する段階では特徴的症状が不明瞭であるため見過ごされやすいが，特定部位の外傷が C. tetani 感染の主な経路となるため，これらの化膿創とともに中程度の発熱，核の左方移動，クレアチニンキナーゼ（CPK）の軽度増加が認められた場合には感染を疑う。

抗破傷風免疫グロブリン療法[*16]は，発症初期でなければ十分な効果が得られないため，早期診断がきわめて重要となる。第一胃食滞，顎関節炎，脳炎，髄膜炎などの類症疾患との鑑別が必要だが，侵入部位を発見できない場合があることも考慮しなければならない。

C. tetani の分離は，創傷感染局所のデブリードマン[*17]による組織片を含む組織洗浄液や，膿汁などを必要に応じて乳剤化して使用する。C. tetani は偏性嫌気性のグラム陽性大桿菌であり，培養を続けると，グラム陽性の染色性が低下して，菌体がややピンクがかった色に染まるようになるとともに，菌体の端に芽胞を形成するようになる。芽胞は菌体の短径よりも大きく，芽胞形成体は太鼓のバチあるいはマチ針のようにみえる[1,5]。GAM液体培地[*18]内で周毛（peritrichia）[*19]を持ち，活発な運動性を有する。生化学的性状は，糖の発酵（−），ウレアーゼ（−），レシチナーゼ（−），リパーゼ（−），ゼラチン液化（＋），牛乳の凝固および消化（−），溶血性（＋）などである。C. tetani の栄養型は，好気環境へ曝露すると容易に死滅するので，菌の継代は速やかに行う必要がある。

毒素同定には，馬破傷風抗毒素血清を用いたマウス中和試験を用いる。また，PCR法による毒素遺伝子の検出，パルスフィールドゲル電気泳動（PFGE）法[*20]による遺伝子解析なども実施される[6,7]。

⑤治療

罹患牛の多くは予後不良であり，治療を開始する場合，まず経済的考慮が必要となる。症状により感染が疑

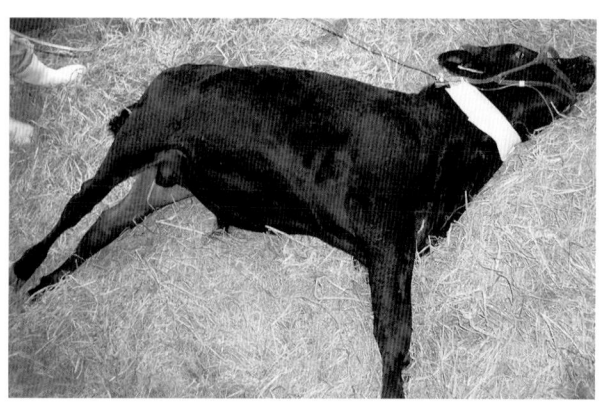

（大塚浩通氏　ご提供）

図12-3　破傷風症例

われ治療を実施する場合，菌分離を待たずに開始する。主たる治療は，抗毒素療法と対症療法である[4]。

抗毒素療法として患畜の安静に努め，外部からの刺激を極力軽減するために暗所に隔離する。次に，汚染・壊死した組織の迅速で徹底的なデブリードマンとペニシリン系抗菌薬の投与を行う。さらに，抗破傷風馬免疫グロブリンを筋肉または静脈内へ反復投与する。一度に多量投与する場合，注射部位の分散や腰髄腔内への投与も可能である。用量は重症度により増減できるが，すでにシナプス膜と結合している tetanospasmin に対しての効果は期待できない。

対症療法として筋攣縮の管理には，ジアゼパム（ベンゾジアゼピン系抗不安薬），クロルプロマジン（フェノチアジン系定型抗精神病薬），硫酸マグネシウムなどを投与する。支持療法として，経鼻的（牙関緊急のため経口投与は困難）あるいは頚静脈による補水と体液電解質管理が重要である。

⑥予防

ヒトではワクチンとして，ジフテリア・百日咳・破傷風トキソイド混合ワクチン（DPT），およびジフテリア・破傷風トキソイド混合ワクチン（DT）があり，1952年の導入以降，患者・死亡者数ともに急速に減少し，現在では年間50人前後の発症数である[8]。家畜において，破傷風多発地帯では破傷風トキソイドの接種が推奨され，馬の場合はトキソイドワクチン接種による予防が実施されているが，牛におけるワクチン使用の報告は見当たらない。

断尾や去勢時など感染が危惧される場合，あるいは再感染や再発症防止のためには破傷風抗毒素を投与して予防措置を図る。予防的に破傷風抗毒素を使用した場合の免疫持続期間は，投与直後から3週間程度である。

国内土壌の C. tetani 分布調査で菌分離率は約12～50%との報告があり[9,10]，芽胞との接触を完全に遮断することは困難である。大型動物が破傷風で死亡した場合，その死体が C. tetani の重大な栄養源になることが危惧されるため[11]，感染牛の発生を認めた農場では，防疫処置を適正に実施して拡散防止に努める必要がある。なお，血中破傷風抗体価の発症防御レベルは0.01単位/mLとされており[8]，罹患牛取扱者は人畜共通感染症として細心の注意を払う必要がある。

3．悪性水腫　malignant edema

①背景

悪性水腫（malignant edema）はガス壊疽菌群の感染による局所のガス形成と組織の壊死，さらに全身性毒血症を主徴とする急性致死性疾病である。原因菌として Clostridium septicum（C. septicum），Clostridium novyi（C. novyi），Clostridium sordellii（C. sordellii）および Clostridium perfringens（C. perfringens）A 型菌などが単一あるいは複数，病変部から分離される。土壌菌であるとともに動物の消化管内にも存在し，発生は世界中でみられるが，通常は散発的である。牛，馬，豚，めん羊，ヒトにおいて皮膚の深い損傷や外科手術により生じた創傷部に，菌で汚染された土，泥，汚水などが付着して発症する。消化管からの bacterial translocation により非外傷性に発症することもある[1,2]。また，分娩時の産道損傷部位や子宮内膜からの感染もあり，あらゆる年齢の動物が感染する[3,4]。

ガス壊疽菌群は様々な環境に耐えるために芽胞を形成し，高温や低栄養など様々な厳しい環境下では，いわゆる休眠状態に入り，発育しやすい環境になると通常の栄養型菌体に戻り増殖を開始する[5]。Clostridium 属菌の増殖と毒素産生を誘発する要因として，給与飼料や飼養管理法の急激な変化，炭水化物あるいは高タンパク飼料の過剰給与による腸内細菌叢の変化，腸管粘膜の脆弱化，宿主免疫能の低下などが指摘されている[1,6]。

②症状

感染部位は初期に熱性の浮腫を生じ，疼痛があり急激に拡大する。肩や腰部の皮下組織に水腫が観察され，その後浮腫部分の皮膚は壊死に陥り，冷感，無痛性となる。感染が分娩に起因する場合，赤褐色の滲出液排出を伴う陰門の腫脹が2～3日以内にみられ，骨盤組織と会陰部を含めて腫脹が拡大する。41～42℃の高熱を認め，衰弱，筋肉の震顫と歩行困難やがて呼吸困難に陥る。病状は急速に進行し，多くは最初の徴候出現から24～48時間以内に死亡する[3,4]。

③病態

a. 発症機序

C. septicum の主要毒素は α 毒素であり，組織の壊死や致死作用を有する。C. novyi は A～D の毒素型に分類され，悪性水腫の原因となる α 毒素は A および B 型菌か

ら産生されるが，毒素産生量はB型菌で多い。*C. sordellii* はLT（lethal toxin；致死毒素）とHT（hemorrhagic toxin；出血毒素）を産生し，いずれも強い致死性を有する[4,7]。

　C. perfringens は産生される毒素の種類によってA〜Eの5型に分けられる。ガス壊疽症を示す最も重要な毒素であるα毒素はすべての型が産生するが，A型菌で最も多く産生される。このA型菌は多くのアミノ酸合成遺伝子を欠いており，生存のために外界からアミノ酸を取り入れることが必須である。感染した菌はコラゲナーゼやヒアルロニダーゼなどの酵素や種々の毒素の作用で，それぞれの標的を効率よく確実に破壊，分解することにより宿主の組織を破壊し，そこからアミノ酸等の栄養を取り入れることで増殖する[5,8]。また，α毒素によるアラキドン酸カスケードの活性化を介したトロンボキサンA_2の合成亢進，リン脂質代謝の活性化などがガス壊疽における種々の症状に関連するとされる[9]。

b. 解剖所見

　創傷部から侵入した菌は皮下組織や組織の深部で増殖して，毒素を産生し病巣を拡大する。菌種および病性の違いによって産生する毒素も異なるため病変は均一ではないが，一般的には感染部位に隣接する広範囲の部分の皮下織，脂肪組織内に血様滲出液を伴って筋間結合織に水腫，軽度の気泡を形成する。ゼラチン様から強い水腫を示すものまで様々であり，筋組織が暗赤黒色に変色することもある。腹水の貯留を認め，肝臓被膜下の気泡の密発とスポンジ状化，腎臓の混濁変性と包膜下気泡，心臓の充出血，血様心嚢水，胸腔および腹腔の多量の血様液貯留を認める。リンパ節は腫大，出血性，水腫性である。*C. sordellii* の感染では気管，肺などの呼吸器の充・鬱血，出血および水腫も認める（口絵 p.45，図12-4）。創傷，腫脹部の腐敗臭は *C. perfringens* と *C. sordellii* で強く[3]，急性の死亡例では天然孔からの出血を認めることがある。

④診断

　野外におけるクロストリジウム感染症は甚急性の疾病であり，ほとんど症状を示すことなく急死するため，生前診断が非常に困難である。いわゆる敗血症状態に進行すると，菌の増殖に伴う毒素産生により，血球および筋の形質膜の融解が起こり，血管内溶血を来すことが特徴であり，数時間で急激に進行する黄疸，Hb，Htの低下とHb尿，白血球上昇，AST（aspartate aminotransferase），CPK（Creatine PhosphoKinase），LDH（lactic dehydrogenase）の上昇を示す[2,3]。

　臨床症状や剖検所見で単一菌種や混合菌種を決定することは困難であり，菌分離や同定などの細菌学的診断が重要である。消化管内の *Clostridium* 属菌は動物の死後急速に体内に浸潤することから，同菌の検索は死後8時間以内に行うことが望まれ[1]，急性死の場合は気腫疽，炭疽，エンテロトキセミア，硝酸塩中毒などとの鑑別が必要となる。末梢血液や脾臓，皮下織などの直接塗抹標本により菌体の存在を確認し，蛍光抗体法，動物接種試験，分離培養により菌種の確定を行う。

　C. septicum は長連鎖または長繊維状の形態を示し，*C. perfringens* は芽胞を形成し難く，鞭毛非形成，莢膜形成の点で，他の病原性 *Clostridium* 属菌と鑑別される。また，*C. novyi* は *Clostridium* 属のなかでも，特に高い嫌気度を要求するため，分離にはガス噴射法が適当である。マルチプレックスPCRによる迅速鑑別法も応用され[4,10]，部位ごとの分離菌種の頻度が高いものが主要な起因菌とされる。

⑤治療

　ペニシリン，アンピシリン，テトラサイクリン，クロラムフェニコール，バシトラシン，スピラマイシンなどの抗菌薬が感受性であり，ペニシリン系抗菌剤の高用量投与が第一選択となるが，症状が明らかな患畜での治療効果は期待できない[11]。

⑥予防

　発生農場においては患畜の下痢便排泄などにより畜舎内が起因菌に汚染されていることが予想されるため，汚染敷料の搬出，水洗，消毒および死体処理を適正に実施し，芽胞の散逸防止に努める[4]。

　現在，ガス壊疽菌群による感染症の予防ワクチンとして，牛クロストリジウム5種混合（アジュバント加）トキソイドが市販されており，*C. perfringens* による壊死性腸炎も含めて発生地域を中心に広く用いられている[7,12]。発生農場において再発生を予防するためには，芽胞に有効なヨード剤や次亜塩素酸ソーダ，生石灰などを用いた，定期的な消毒の励行により，牛舎内に存在する起因菌の総量を減少させたうえでワクチン効果を期待することが重要である。

4. 気腫疽　black leg

①背景

　気腫疽（black leg）は Clostridium chauvoei（C. chauvoei）を起因菌として気腫を伴う骨格筋の壊死を主徴とするクロストリジウム感染症で，主に牛，めん羊および山羊など反芻獣の急性熱性伝染病である。家畜伝染病予防法の届出伝染病に指定されており，我が国では毎年数〜十数頭の発生が認められる。C. chauvoei は世界中の土壌に分布しており，健康な動物の消化管内に存在することもある[1]。飼養形態の大規模化に伴い全国各地で発生がみられ，集団発生した場合は数十頭前後に及ぶこともあるが，近年はワクチン接種の普及に伴い，年間数例の発生にとどまっている。本病は高栄養下で飼育されている6〜24カ月齢位の発育良好な若齢牛群のなかで，飼料の急変や不衛生な敷料など，生体への生理的ストレスが重積した際に発生しやすい[2,3]。種特異性があり，反芻獣特有の感染症であるとされていたが，2006年世界初のヒトでの感染死亡例が我が国で報告された[4]。

②症状

　多くは臨床症状を確認することなく急死にて発見される。創傷感染または飼料とともに経口感染し，潜伏期は1〜5日前後である。発症後の病態進行が早く，甚急性例では歩様蹌踉，呼吸困難，全身の痙攣などを示して急死し，体表の腫脹や浮腫が認められないこともある[3]。食欲廃絶と第一胃運動の停止，40〜42℃の発熱と心拍数増加（100〜120/分）が認められ[2]，急速に衰弱する。仙骨，肩甲，胸部，大腿部などに不整形の気腫性腫瘤が認められる。隣接するリンパ節も腫大し，疼痛によって跛行を呈する。皮下気腫ははじめ限局性で疼痛があるが，急速に広がり，腫脹中央部の組織が壊死すると冷感を帯び，無痛性に変わり，指圧すると捻髪音が認められる[3,5]。

③病態

　C. chauvoei は少なくとも4種の毒素，酵素を産生し，特にヘモリジン活性を有する細胞壊死毒素（α毒素）が主要な病原因子として，特徴的病態を現すと考えられている。皮膚，産道あるいは消化管粘膜の損傷部から侵入した菌は，血行性に局所の筋肉に達して増殖し，病巣を形成するとともに全身性毒血症による骨格筋や心筋の重度な壊死性筋炎をもたらす[2]。

　肛門や鼻孔から血液を混じた泡沫性分泌物の排泄があり，剖検所見では病変部皮下組織に出血を伴った膠様浸潤とガス泡形成を認める。骨格筋病変部は暗赤色を呈し，酪酸臭を伴って赤色滲出液がみられる。肝臓，脾臓および腎臓のガス産生によるスポンジ様変化，肺の間質性水腫および充鬱血，小腸の限局性充血がみられ，血様の胸水や腹水貯留と心嚢内に重度のフィブリン析出を認める[2,5]。

④診断

　血液生化学検査では筋肉損傷に伴う LDH（lactic dehydrogenase），AST（aspartate aminotransferase），ALT（alanine aminotransferase）の著明な上昇が認められる[2]。臨床症状から気腫疽が疑われた場合，直ちに病変部や末梢血のスタンプ標本を作製してレビーゲル染色あるいはギムザ染色を実施し，グラム陽性，偏性嫌気性の単在または2連鎖の芽胞形成性，無莢膜の大型桿菌を確認する。分離培養にはガス噴射法やガスパック法による嫌気培養が必要で，特に厳格な嫌気環境を要求する。主要臓器，患部筋肉などの乳剤を5％血液加 GAM 寒天培地に接種し，37℃，24〜48時間嫌気培養，溶血性の灰白色コロニーをクローニングし，生化学的性状を確認する。周毛性鞭毛を形成して運動性を有し，グラム陽性であるが24時間以上の培養菌はグラム陰性に染まる傾向が強く，グルコース（＋），ラクトース（＋），ゼラチン液化（＋），レシチナーゼ（−），リパーゼ（−）などの性状を有する。また，サッカロース分解性，サリシン非分解性を示し，病状や性状が類似する Clostridium septicum との鑑別に有用である（表12-1）。マウス，モルモットを用いた動物接種試験法も実施され，最終的には直接・間接蛍光抗体法による特異蛍光の確認，あるいは PCR 法により確定診断する。

　通常，臨床症状や剖検所見のみから他のクロストリジウム感染症と区別することは困難であり，悪性水腫，炭疽，壊死性腸炎，非定型間質性肺炎，急性鼓脹症ならびに硝酸塩中毒などの急性疾患との鑑別が必要である[3]。

⑤治療

　本菌の薬剤耐性はほとんどなく，感染極初期の状態では大用量のペニシリン投与（10,000 IU/kg）に続いて，長時間作用型の抗菌剤投与による治療が論理的であるが，症状が明らかな患畜での治療効果はない[2,5]。

表12-1 C. chauvoeiとガス壊疽を伴う病原性クロストリジウム属菌の主な生化学的性状比較

Species	Spores	Lecithinase	Lipase	Indole	Urease	Saccharose	Salicin
C. chauvoei	ST	−	−	−	−	+	−
C. novyi A	ST	+	+	V	−	−	−
C. perfringens	−	+	−	−	−	+	−
C. septicum	ST	−	−	−	−	−	+
C. sordellii	C	+	−	+	+	−	−

Spore position: ST, sub-terminal; T, terminal; C, central; and V, variable
Data taken from references [6, 7, 8]

⑥予防

不衛生的な飼養環境の改善と牛舎消毒を基本として、ワクチン接種の活用が最も有効な予防策である。C. chauvoeiの感染防御にはその鞭毛が重要であることが明らかとなり、我が国においては牛クロストリジウム3種混合（C. chauvoei, C. septicum, およびC. novyi）トキソイドが1991年に承認された後、C. perfringens A型菌トキソイドおよびC. sordelliiトキソイドを追加した牛クロストリジウム5種混合（アジュバント加）トキソイドが市販されており、一定の効果をあげている[1, 8]。発生地域では特に定期的なワクチン接種が推奨されるが、不幸にして本病が発生した場合には、直ちに最寄りの家畜保健衛生所に届け死体の処理を適切に実施するとともに、同居牛に対して緊急的にトキソイドワクチンや抗菌薬の投与を実施する。また、畜舎やその周辺を徹底的に消毒して本菌の拡散を防止することが重要である[9]。

5. ヒストフィルス・ソムニ感染症
histophilus somni infection

①背景

ヒストフィルス・ソムニ感染症（histophilus somni infection）は Histophilus〈H.〉somniの感染を原因とする急性熱性疾患で、一般には伝染性血栓塞栓性髄膜脳炎（infectious thrombo-embolic meningo-encephalitis：ITEME）として認識されている。1956年、Grinnerら[1]によりアメリカ・コロラド州のヘレフォード種を中心とした肥育牛および放牧牛での発生が報告され、我が国では1981年に原ら[2]が、島根県下の黒毛和種肥育牛に1977年頃から発生していたことを初めて報告し、その後全国的に発生がみられた。

伝染性血栓塞栓性髄膜脳炎の発生は散発または集団的で、生後6カ月～2歳齢の牛で高い感受性を示し、抗体陽性率の増加を伴う不顕性感染として牛群内で拡散し、輸送ストレスやウイルス感染などを誘因として発症する。発症率は約2～10％とされるが、発病してからの経過が非常に早く、さらに死亡率が約90％と高いことから、治療処置による対応は困難であった。そのため1977年頃の初発から1980年代後半まで日本各地の主に肥育牛農場において甚大な被害を被った。その後、予防のために開発された単味不活化ワクチンが1989年に承認されると、各地の和牛子牛市場において当ワクチンの初回接種が義務付けられ、肥育牛導入前の H. somni に対する免疫付与が可能となり、急速に発生数が減少した（図12-5）。

一方で、H. somni は臨床的に健康なあらゆる年齢の牛や山羊の呼吸器や生殖器などの粘膜表面からも分離され、感染部位によって病型が多岐にわたるいわゆる日和見病原体として認識されている。近年では、Pasteurella（P.）multocida, Mannheimia（M.）haemolytica などとともに牛呼吸器複合病（bovine respiratory disease complex：BRDC）の起因菌（primary pathogen）のひとつとして、特に若齢期子牛の生産性に対して大きな損耗要因となっている。

なお、本菌は発育にX因子（hemin）およびV因子（nicotinamide adenine dinucleotide：NAD）の両因子を要求しないにもかかわらず、Haemophilus somnus と仮称されていた。しかし、2003年新たにつくられた Histophilus 属に Histophilus somni として分類され（現在一属一種）、羊由来の H. somnus 類似菌である Haemophilus agni, Histophilus ovis も、H. somni と同一とされた[3]。

②症状

H. somni 感染による症状は、感染標的の臓器の相違により特徴的あるいは複雑な病徴を示す。

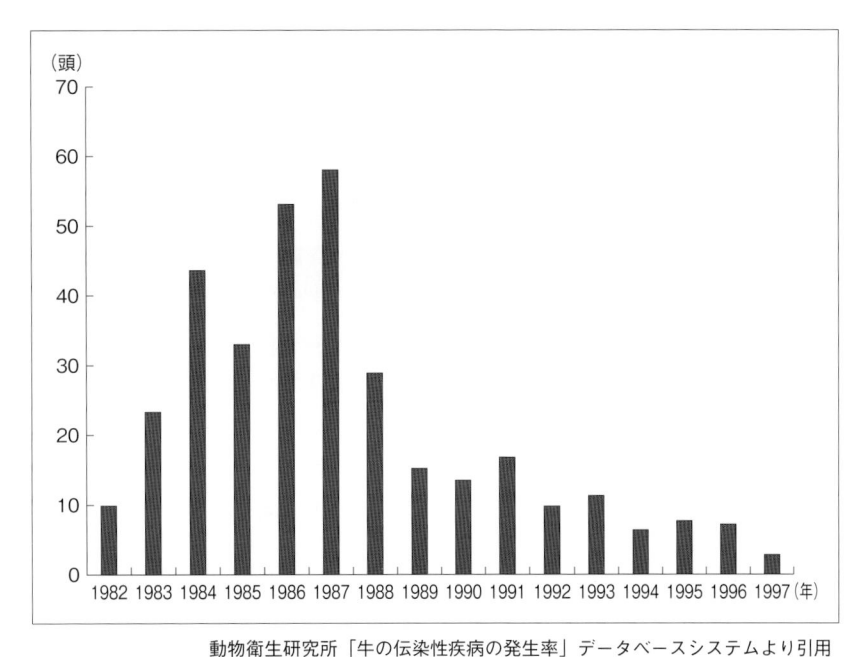

図12-5 伝染性血栓塞栓性髄膜脳炎（ITEME）の発生状況（対100万頭，1982～1997年の累計）

動物衛生研究所「牛の伝染性疾病の発生率」データベースシステムより引用

a．伝染性血栓塞栓性髄膜脳炎

集団飼育牛や放牧牛で認められるが，発生は散発的である。経過はきわめて急性で，特に肥育牛フィードロット[*21]において素牛導入後数カ月以内に突然の発症を認める。初期には元気沈衰，食欲不振，発熱，心拍数および呼吸数の増加，水様性鼻汁の漏出などがみられ，呼吸器症状を伴って牛枠に寄り添う軽度の歩様異常を呈する。早期に治療が施されなければ運動失調が進行し，起立不能から昏睡状態となる。両側性または片側性の対光反射[*22]消失や眼球振盪，四肢の麻痺，知覚鈍麻など様々な神経症状の発現をみるが，脳の傷害された部位および程度により病状は異なる。3病日目までに約8割の罹患牛が死亡または死に瀕する。血液性状では，白血球，特に好中球の増加と核の左方移動が特徴的であるが，その他の性状にはあまり変化がみられない[4]。

b．肺炎

H. somni 感染による肺炎は，単独または伝染性血栓塞栓性髄膜脳炎に随伴して，あるいはほかの臓器の感染に先行して認められ，症状は *M. haemolytica* によるものと類似し，主に子牛での発生が多い。*H. somni* は，発育不良や呼吸器症状を伴い廃用される子牛の肺炎病巣部から *P. multocida*, *M. haemolytica* およびマイコプラズマなど複数の細菌とともによく分離される。栄養状態，飼育環境などが相互に関係し，ほかの呼吸器病原因菌や呼吸器病ウイルスとの混合感染により病態の憎悪が認められる[5]。

c．生殖器疾患

雄の生殖器，特に包皮口や包皮腔から高率に分離される。成雌牛の腟炎，頚管炎，子宮内膜炎，および散発的な流産や胎盤停滞がみられるほか，罹患牛が虚弱子を分娩することもある。

d．心筋炎

一過性の呼吸器症状の後，頻脈，下顎浮腫，起立困難などの循環器症状を呈する。予後不良であり，多くは剖検時に摘発される。胸水貯留と線維化に伴う心筋の多発性壊死や小膿瘍の集合体により構成される白色結節が認められる[6]。国内での発生報告は少ないが，一病型として注視する必要がある[7]。

e．その他

多発性滑膜炎，乳房炎，中耳炎，横隔膜炎などからの分離例が報告されている。

③病態

病態では，本感染症で特に発生の多い伝染性血栓塞栓性髄膜脳炎について主に記述していく。

a．解剖所見

　脳全体にわたり軟膜の充血が認められ，混濁，浮腫を伴う．脳脊髄表面および脳実質には，針尖大から母指頭大の出血や壊死斑が認められ，脳脊髄液は混濁増量する．軽度から重度の肺炎，気管支炎，および心筋，腎臓，腸管などの出血を伴うこともある．中枢神経系における出血や壊死斑が生じる部位に共通した傾向は認められない．

b．病理組織所見

　脳軟膜下および脳実質における血管の著しい充血，リンパ管の拡張，血管壁の硝子様変性あるいは類線維素変性[*23]がみられ，出血を伴う．大小様々な血管において線維素性血栓の形成がみられ，好中球，組織球，マクロファージなどの浸潤を伴う血管周囲炎が認められる．血管内および血管周囲の実質内において，菌体による栓塞または菌の集塊が認められる．灰白質においては，脱髄や播種性の壊死性小膿瘍形成が認められ，その他，神経細胞の変性壊死や軽度の囲管性細胞浸潤[*24]が認められる（口絵 p.46，図 12-6）．

c．発症機序

　H. somni はきわめて血管親和性が高く，血管内皮細胞に付着して収縮・剥離を起こし，内皮下膠原線維の露出を生じさせ，血小板の付着を促進し，血液凝固系を活性化させ，血栓形成を生じさせる．この血栓症，脈管炎および虚血性壊死などの特性が伝染性血栓塞栓性髄膜脳炎特有の症状発現につながると考えられている．また，H. somni に曝露された脳血管内皮細胞からは TNF-α[*25]，IL-1 など，全身性の作用を有するサイトカインの放出が確認されており，血中サイトカイン濃度の増加はエンドトキシン（LPS）に対する生体反応としても確認されている．さらに，菌体表面タンパク質である高分子量免疫グロブリン結合タンパク質（IbpA）[*26]は，免疫細胞であるマクロファージ・単球の貪食作用を細胞骨格形成障害により阻害するとされるが，未解明な点も多い[8]．

d．侵入門戸

　H. somni は臨床的に健康な牛についても，上部気道あるいは生殖器などから分離され，侵入門戸を特定することは困難な場合も多い．罹患牛においては，肺炎病巣に重篤なうっ血を伴い，しばしば血管外である気管支腔内に菌集積を認めることから，気道が重要な侵入門戸の1つとされており，感染部位で増殖したのち，全身に播種され発病するものと考えられている[9]．

④診断

a．細菌学的検査

　脳・脊髄・脳脊髄液・主要臓器の病変部材料を5％羊または牛血液加寒天培地に塗抹し，37℃で48時間好気および嫌気培養する．血液寒天培地上では光沢のある黄色味を帯びた直径1mm程度の小円形コロニーを形成し，掻きとるとレモン色を呈する．グラム陰性，非運動性の小桿菌（約0.5〜1.5μm）で，発育に CO_2 を要求し，非溶血性，または α あるいは β 溶血性を示す．オキシダーゼ産生（＋），カタラーゼ産生（−），硝酸塩還元（＋），インドール産生は菌株により異なる．オルニチンデカルボキシラーゼ産生（＋），ONPG（＋）でXおよびV因子非要求性である．簡易同定キットとしては BBL Crystal Neisseria/Haemophilus ID System および ID テスト H/N-20 ラピッドが用いられる．

b．脳脊髄液（cerebrospinal fluid：CSF）検査

　伝染性血栓塞栓性髄膜脳炎では毛細血管透過性亢進のため CSF が増量し，液圧が上昇するため CSF 検査が診断上有効である．ルンバール針[*27]を用いて後頭下穿刺し，マンドリン[*28]を抜き取ると CSF が噴出あるいは漏出する．正常牛の CSF は水様，無色透明であるが，ITEME では混濁し，ほとんどで線維素の析出を認める．さらに，細胞数の増量（多形核白血球優位），総タンパク濃度の増加，糖の減少，pH の低下が認められ，Pandy 反応[*29]陽性である[4]．

c．抗体検査

　H. somni 加熱死菌による試験管凝集反応を観察して凝集抗体価[*30]を測定する．また，血液を材料とし，ELISA 法による抗体価の測定が実施される．

d．主要外膜タンパク質（major outer membrane protein：MOMP）[*31]の遺伝子解析

　4種類の抗 MOMP モノクローナル抗体[*32]（59-8-2, 81-7-9, 52-21-4, 43-4）を用いたウエスタンブロット[*33]あるいはドットブロット[*34]により，MOMP グループ型別（抗原型別）を解析する．また，PCR 法による 16S rDNA 菌種特異領域の増幅・検出を実施して菌種の同定を行う[10, 11]．

e．病理組織学的検査

H. somni に対する3種（59-8-2, 81-7-19, 52-21-4）の
モノクローナル抗体を用いたストレプトアビジン・ビオ
チン（SAB）法[*35]による免疫組織化学染色により，病
変部菌体に一致する陽性反応を確認できる。さらに電子
顕微鏡による観察も実施される[10]。

本症が疑われる死亡牛においては，通常第一選択とし
て細菌学的検査，その後病理組織学的検査が実施されて
いる。

⑤治療

伝染性血栓塞栓性髄膜脳炎の場合，いったん起立不能
に陥った罹患牛において，その治療はきわめて困難であ
り，多くは予後不良となる。早期に発見された個体に対
しては，感受性を有し，投与の影響による LPS の濃度
の増加が比較的緩慢な抗菌薬を投与する。血管炎の悪化
と敗血症によるショックを防止する目的で，ステロイド
製剤などの抗炎症剤の投与が有効である。また，シクロ
オキシゲナーゼ（COX-1，COX-2）活性の阻害作用を効
能とする非ステロイド系抗炎症薬の発病初期での使用は
効果が期待される。さらに，抗血栓薬としてのヘパリン
ナトリウム投与が病態進行緩和に有効とされる。急性期
を耐過した罹患牛では，傷害の程度によって軽重の差が
ある後遺症が認められるものの徐々に回復する場合もあ
る。

肺炎および生殖器疾患の治療は他病因による症例に対
する治療に準ずるが，発症牛に対しては早期の徹底的な
治療を実施し，慢性化させないことが重要である。慢性
化すれば予後はきわめて不良となる。H. somni により形
成された心臓や肺の膿瘍に対しては，抗菌薬投与は無効
である。

⑥予防

伝染性血栓塞栓性髄膜脳炎が多発した 1980 年代，発症
リスクを高める牛伝染性鼻気管炎（IBR），牛ウイルス性
下痢・粘膜病（BVD-MD），牛RSウイルス病（RS）な
どのウイルス感染症の予防措置として，輸送1カ月前ま
でにワクチン接種を実施するとともに，輸送ストレス軽
減を目的とした，輸送直前あるいは直後における抗菌薬
やビタミン剤の投与が積極的に実施され，一定の効果が
認められた[4]。また，伝染性血栓塞栓性髄膜脳炎発生農
場では畜舎環境の改善や同居異常牛の隔離，同居あるい
は同一牛舎内の全頭に対して，呼吸器症状の有無にかか
わらず抗菌薬投与などが実施された。しかし，1989年以
降には全国の子牛市場で上場前の H. somni ワクチン接
種が義務化され，発症率の低減効果が確認されている。

一方，H. somni を含む BRDC 起因菌は，いずれも臨床
的に健康な牛の鼻腔スワブからも検出される常在菌であ
り，ウイルス感染あるいは飼養下の様々なストレス要因
により，病原性が発現し発症が誘引されるため，まず一
次要因を予防することが重要である。抗病性の高い子牛
生産のための遺伝子選択にはじまり，初乳給与や牛舎の
換気・保温・消毒などの衛生管理，母牛を含めた飼養管
理を適切に行うことが基本である[12]。

発生地域では，個々の農場における発症状況に則した
ワクチン接種プログラムを作成し，ウイルス感染に対す
るワクチンとともに，単味あるいは混合（H. somni, P.
multocida および M. haemolytica）の H. somni 不活化ワ
クチンを併用し，流行期前に十分な免疫を付与して発生
リスクを減少させることが重要である。

しかし，H. somni による心筋炎に対する現行不活化ワ
クチンの有効性はまだ検討されていない。また，H.
somni 不活化ワクチンには菌由来のエンドトキシンが含
まれるため，注射後短時間で起立困難，流涎，呼吸困難
などのアナフィラキシー様症状を示すことがまれにあ
り，特に混合不活化ワクチンについては，生後2カ月齢
未満の若齢牛で副反応に注意を要する[13]。

6．牛ウイルス性下痢・粘膜病（牛ウイルス性下痢ウイルス感染症）
bovine viral diarrhea virus infection

①背景

牛ウイルス性下痢・粘膜病（bovine viral diarrhea-
mucosal disease：BVD-MD）は，牛ウイルス性下痢ウ
イルス（bovine viral diarrhea virus：BVDV）の感染に
よって生じる，きわめてまれな病態に基づき定義された
病名である。BVDV 感染症は乳肉生産農家に多大なる経
済的損失をもたらすことが世界中で報告されている。
BVDV はフラビウイルス科ペスチウイルス属に分類さ
れ，遺伝子型の異なる BVDV-1 および BVDV-2 が属し
ている。これら2つのウイルスは，著しく異なる抗原性
を有しているが，感染牛に発現する症状は類似してい
る。

一方，抗原性が同じでも，細胞生物型が異なるウイルス，すなわち細胞病原性（CP）株と非細胞病原性（nonCP）株が存在する。この細胞生物型の違いは，粘膜病（MD）の発生に深く関与しているが，MDの発生はきわめてまれである。BVDVは持続感染（PI）という感染様式によって牛群内で維持される。胎齢約150日以下の胎子がBVDVのnonCP株に感染すると，胎子の免疫系はこのウイルスを自己であると認識し，この感染ウイルスに対して免疫寛容[*36]が成立する。そのため，胎子期に感染したウイルスに対して免疫寛容の状態で出生した子牛は，PI牛としてウイルスを常に保有するものの，そのウイルスに対する抗体を産生することはない。PI牛は大量のウイルスを常時排出し続け，牛群内での感染源となる。

②症状

無症状から致死的な症状まで，様々な症状を呈する。症状の発現には，複数の因子が複雑に絡み合っている。子牛側の因子として，BVDVに対する免疫状態すなわち免疫寛容になっているか否か，感染歴あるいはワクチン接種歴の有無，感染時の環境ストレスの有無，などである。ウイルス側の因子としては，細胞生物型の違い，抗原の変異の程度，免疫細胞への作用の程度などである。

a．急性BVDV感染症

PI牛でない牛が，一過性にBVDVに感染した場合に発現する症状である。ワクチン未接種で，初感染の6～24カ月齢の牛で発現しやすい。急性感染の潜伏期は5～7日で，発熱，白血球数の減少，活力および食欲の低下，軽度の下痢などが認められる。まれではあるが，口腔内にび爛病変が認められることもある。また，鼻汁排泄，呼吸促迫などが認められることもあり，肺炎症状が優位に発現する症例も多い。ウイルス血症は15日以上続くこともあるが，体外に排泄されるウイルス量は少ない。

新生子牛のBVDV感染は，腸炎あるいは肺炎を引き起こし，これは主に初乳摂取失宜に起因することが多い。なぜなら，著しく抗原変異したウイルスが感染しない限りは，初乳中に含まれる抗体が十分に予防的役割を果たすからである。初乳摂取が不十分あるいは不適切であると，BVDV感染後さらに二次的な疾患に罹患しやすくなる。

また，急性BVDV感染牛では，出血症候群が生じることがある。発症すると血小板減少症，血様下痢，粘膜の斑状出血，血腫，発熱，白血球減少症などの症状が認められる。かつては，BVDV-2感染の特徴的症状と考えられていたが，nonCP株のBVDV感染によって生じる一病状であり，BVDV-2感染による特異的な症状ではない。

b．重症急性BVDV感染症

1990年代初めに北米において確認され，BVDV-2定義の端緒となった病状である。甚急性の経過をたどり，罹病率も高く，全年齢層の牛に致死的影響を及ぼす。発熱，肺炎などの症状を呈し，突然死することもある。致死率が10～20％に達した牛群も報告されたが，北米以外での発生はまれである。BVDV-2感染によってのみ発現する症状ではなく，BVDV-1感染によっても発現する可能性はある。

c．持続感染（PI）

PIは，本疾患においてもっとも問題となる感染様式である。PI牛は，鼻汁，唾液，糞，尿などあらゆる分泌物中に大量のウイルスを排出するが，典型的な臨床症状を示すことはない。発育不良は高率に認められる症状である。持続感染しているウイルスに対しては免疫寛容であるが，その他の病原因子には免疫応答する。しかしながら，その応答能は低く，二次感染や日和見感染による下痢や肺炎症状を発症しやすく，治療に対する反応性も悪い。無症状のまま泌乳牛にまで成長することもあり，前述の急性感染症の感染源として重要な役割を果たしている。

MDはPI牛にのみ発現する致死的な病状である。発症率はきわめて低く，発症年齢は数週齢から数歳齢と幅広い。口腔内の粘膜に潰瘍が形成され，急性MDでは元気消失，食欲廃絶，泥状から水様性下痢，脱水を呈して数日以内に斃死する。また，潰瘍が形成されてから数カ月間生存することがあり，慢性MDと定義されている。慢性MDでは，元気沈衰，食欲減少，熱発，軟便が数カ月間続き，衰弱死する。粘膜病変は，口腔から直腸までの消化管粘膜に形成され，食道粘膜の潰瘍はMD牛のほぼ100％で認められる。

③病態

急性BVDV感染症では，ウイルスが胃腸，外皮，呼吸器系の上皮組織を損傷することによって病変を生じさせる。ウイルス抗原はあらゆる細胞において検出される

可能性がある。ウイルスは経口あるいは経鼻的に感染し，気道あるいは扁桃に最初に感染，そこから上皮やリンパ組織へとウイルスが放出されると考えられる。重症急性BVDV感染症の牛のなかには，MDと類似した肉眼解剖所見を呈する症例もある。出血症候群では血小板減少症が主因であるが，BVDVによる血小板減少の機序は明らかではない。

MDは，PI牛に持続感染しているnonCP株のBVDV遺伝子に変異が生じてCP株のBVDVに変化することにより，抗原性がまったく同じnonCP株とCP株のBVDVがPI牛体内に存在することによって生じる。理論的には，PI牛に持続感染しているnonCP株のBVDVと抗原性が同一のCP株のBVDVが重感染しても，MDは発症する。しかしながら，そのCP株のBVDVが牛群内へ侵入する経路が明らかにされたことはなく，現実的には重感染する可能性はきわめて低い。MDにおける粘膜病変は不可逆的で，急性BVDV感染時に認められる病変のように治癒することはない。

④診断

急性BVDV感染症の診断は，血清中の抗体価の増加を確認することによってなされる。抗体価の増加は，移行抗体やワクチン接種によっても確認され，これらと自然感染による抗体と区別しなければならない。抗体検査法として，ウイルス中和法およびELISA法が利用できる。しかしながら，BVDVは抗原性がきわめて多様であるので，検査に使用するBVDVあるいは抗原によって反応性が異なる。感染が疑われる場合には，罹患牛の検査も重要であるが，牛群内のPI牛の有無を確認する方が適切である。

PI牛の診断は，ウイルス検査が陽性でウイルス抗体が陰性であることを確認するのが基本である。この場合の抗体は，持続感染しているウイルスに対する抗体のことである。PI牛は，持続感染しているBVDVとは抗原性の異なるBVDVに対して抗体を産生するので，確定診断するには複数の抗原を用いた抗体価の測定が必要となる。また，2週間以上の間隔をおいてウイルスが検出されればPI牛であると確定診断できる。ウイルス検出は，分離培養あるいはウイルス遺伝子の検出によってなされる。ウイルス遺伝子の検出は特異性も高く，検出感度にも優れている。

無症状PI牛の血液学的所見として，白血球数の減少と低γ-グロブリン血症が認められることがある。これは，持続感染しているBVDVによる免疫抑制作用の影響である。この状態になると，日和見感染あるいは二次感染による何らかの呼吸器症状あるいは消化器症状が発現する。

若齢牛のBVDV急性感染による下痢症では，ロタウイルスまたはコロナウイルス感染症，クリプトスポリジウム症，大腸菌症，サルモネラ症，コクシジウム症などとの類症鑑別が必要である。また，子牛肺炎の原因となるRSウイルス感染症，サルモネラ症，パスツレラ症，ヘモフィルス症，あるいはマイコプラズマ症も考慮しなければならない。

⑤治療・予防

PI牛の根治療法はない。摘発後すみやかに淘汰すべきである。

急性BVDV感染症の被害を最小限に抑えるために，ワクチン接種が有効であるが，PI牛の産生を完全に抑えることは現時点では不可能である。何の対策も施されていない地域において，少なくとも1頭のPI牛がいる牛群の割合は，約10％以上とされている。また，PI牛が発生する確率は，約2％以下と考えられており，乳牛群と肉牛群で発生率に差はない。

急性BVDV感染牛に対しては，ストレスを与えないようにして二次感染や日和見感染による症状への対症療法を施す。急性BVDV感染牛はPI牛ほど大量のウイルスを排出し続けることはないが，短期間だけ少量のウイルスを排出する可能性はある。そのため急性BVDV感染牛が新たな感染源となることがないよう，注意を払わなければならない。ウイルスの最も効率的な伝播方法は，PI牛からの体液との直接接触である。ウイルスは鼻汁，唾液，尿，糞便，子宮分泌物に含まれ，牛群内でのBVDVの伝播率は，ウイルス感染源によって様々である。たとえば，牛群へのPI牛の導入によってPI牛が感染源となる場合，6カ月齢以下の牛に急速に感染が広がるが急性BVDV感染牛がウイルス源の場合には，ウイルスの広がり方は遅く感染効率も悪い。

7．アカバネ病　akabane disease

①背景

アカバネ病（akabane disease）は，アイノウイルス感染症やチュウザン病と同様に節足動物媒介（アルボ）ウ

表12-2 我が国におけるアカバネ病，アイノウイルス感染症およびチュウザン病の発生状況

発生年	発生地域	疾病	症状	発生頭数（牛）
1959-1960	九州，中国，四国，近畿，東海，北陸	アカバネ病*	流産，脳奇形，骨格異常	約4,000
1972-1975	北海道を除く全国	アカバネ病	流早死産，関節彎曲症・水無脳症症候群	約42,000
1979-1980	北関東	アカバネ病	死流産，奇形	約3,800
1985-1986	東北	アカバネ病	死産，関節彎曲症・水無脳症症候群	約7,000
	九州	チュウザン病	水無脳症・小脳形成不全症候群	約2,400
1995-1996	九州，中国，四国，近畿	アイノウイルス感染症	死産，関節彎曲症・水無脳症・小脳形成不全症候群	700以上
1998-1999	全国（北海道を含む）	アカバネ病	流早死産，関節彎曲症・水無脳症症候群	1,085
	九州，中国，四国，近畿	アイノウイルス感染症	流早死産，関節彎曲症・水無脳症・小脳形成不全症候群	148
2001-2002	九州	チュウザン病**	水無脳症・小脳形成不全症候群	13
2002-2003	九州，中国，四国	アイノウイルス感染症	関節彎曲症・水無脳症・小脳形成不全症候群	約90
2005-2006	九州，中国，近畿	アイノウイルス感染症	関節彎曲症・水無脳症・小脳形成不全症候群	17
2006-2007	九州	アカバネ病	非化膿性脳脊髄炎（生後感染）	180
			早産，関節彎曲症・水無脳症症候群	16
2007	沖縄	チュウザン病	水無脳症・小脳形成不全症候群	2
2008-2009	九州，中国，四国，近畿，北陸	アカバネ病	流早死産，関節彎曲症・水無脳症症候群	200
			非化膿性脳脊髄炎（生後感染）	14
2010-2011	東北	アカバネ病	流早死産，関節彎曲症・水無脳症症候群	222

* 後年の血清疫学調査でアカバネ病と推定された
** 原因はパリアムウイルス群に属するディアギュラ（D'Aguilar）ウイルスである

イルスに起因する牛の流行性異常産であり，家畜伝染病予防法により監視伝染病のなかの届出伝染病に指定されている。病因は1959年にキンイロヤブカ（*Aedes vexans*）およびコガタアカイエカ（*Culex tritaeniorhynchus*）から最初に分離されたウイルスで，分離地である群馬県館林市字赤羽の地名からアカバネウイルスと命名された。これら2種の蚊から分離されたウイルスは，ウイルス血症状態の動物から吸血された血液に由来すると考えられ，現在では，これら2種の蚊によるウイルスの媒介は否定されている。その後，多くの株が流産牛胎子からだけでなく，牛血液や*Culicoides*属ヌカカから分離されている。我が国では，ウシヌカカ（*Culicoides oxystoma*）がアカバネウイルスの主要な媒介種と考えられる（**口絵p.46, 図12-7**）。本ウイルスはブニヤウイルス（Bunyaviridae）科，オルソブニヤウイルス（Orthobunyavirus）属に分類され，同じ属のアイノウイルスと補体結合試験で抗原的に交差するが，中和試験では明瞭に区別される。アカバネウイルスはエンベロープを有する直径約90～100 nmの球形粒子で，L，MおよびSの3分節からなるマイナス1本鎖RNAをゲノムに持つ。L RNA分節は，RNA合成酵素として機能するLタンパク質をコードしている。一方，M RNA分節はエンベロープ上に位置する2つの糖タンパク質Gn, Gcおよび非構造タンパク質NSmを，S RNA分節は群共通抗原であるヌクレオカプシド（N）タンパク質と非構造タンパク質NSsをコードしている。ウイルス粒子は分節したマイナス1本鎖RNAゲノムと前述した4つ（L, Gn, Gc, N）の構造タンパク質から構成される。糖タンパク質Gcは血球凝集素および血清型特異中和抗原として機能する。

アカバネウイルスは我が国だけでなく，韓国，台湾などの近隣アジア諸国，中東，オーストラリア，アフリカに広く分布している。本ウイルスは国内に常在しているのではなく，ヌカカとともに初夏に発生する季節風（下層ジェット気流）によって海外の熱帯・亜熱帯地域から頻繁に侵入していると考えられる。アカバネウイルスが世界で初めて分離された1959年当初，その病原性は不明であったが，1972～1975年に被害頭数4万頭以上と全国的に大流行した牛異常産の原因であることが判明し（**表12-2**），種々の調査研究を経てアカバネ病が確立された。これを受けてワクチンが開発され，接種の普及によってアカバネ病の発生件数は減少したが，1985～1986年には東北地方で大規模な流行があり，1998～1999年に

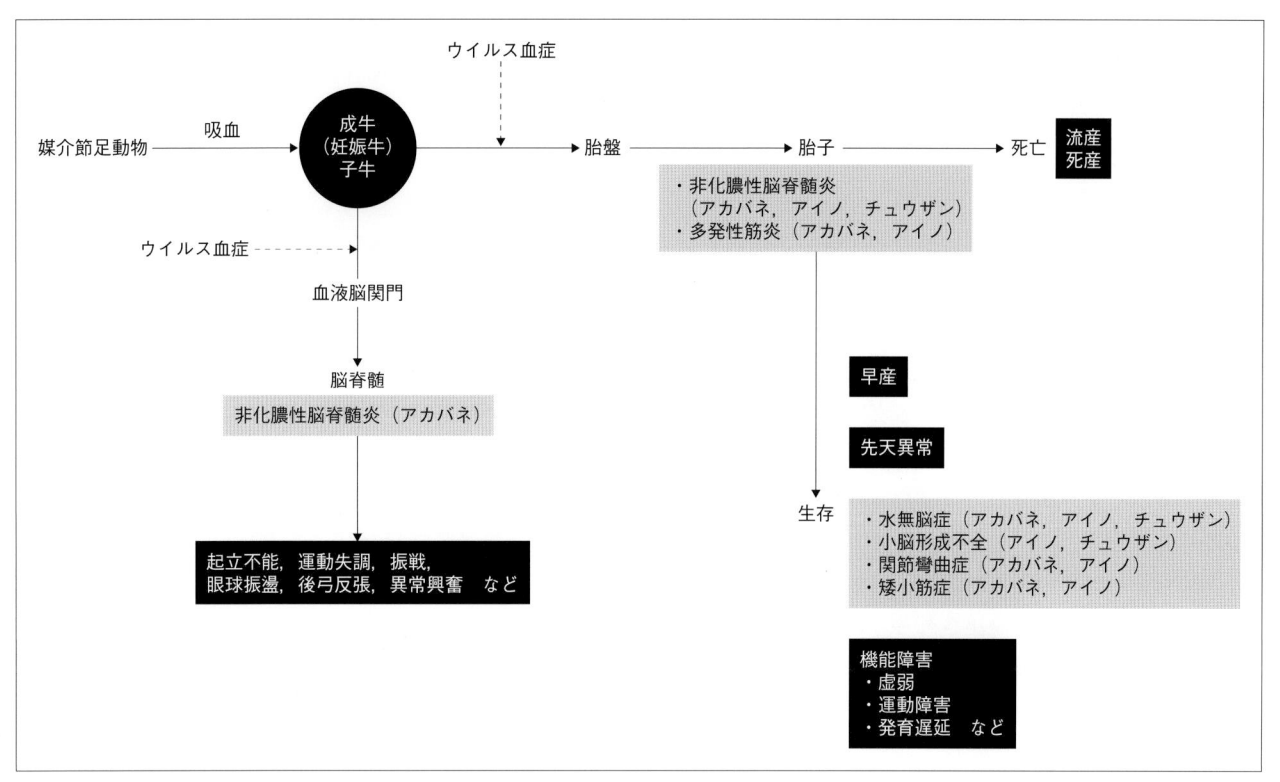

図 12-8　牛異常産関連アルボウイルスによる発症機序

は北海道を含むほぼ全国で発生をみるに至った。また，2006年には九州地方の育成牛を中心に起立不能を主徴とする脳脊髄炎が発生して問題となった。さらに，2008～2009年には10年ぶりに九州北部から北陸地方の日本海側を中心とした広範囲の地域で，2010～2011年には再び東北地方で典型的なアカバネ病が発生した。現在に至るまで頻繁に流行し被害を与え続けているアカバネ病は，牛以外に，めん羊や山羊での発生もみられることから，我が国に流行する多種多様な家畜アルボウイルス感染症のなかで最も注意すべき疾患となっている。

②症状

アカバネウイルスに妊娠牛が感染すると流産や早産，死産ならびに先天異常子の出産が認められる（図12-8）。また，一見正常に産まれた子牛が虚弱や運動障害，発育遅延などを示すことがある。先天異常子では，頭蓋骨の変形や斜頚，四肢の関節や脊柱の彎曲が顕著であり，関節が屈曲あるいは伸長した状態で硬直していることが多い。生きて産まれた先天異常子は，体型異常による起立不能や神経症状，自力哺乳不能，盲目などの症状を示す。しかし，アカバネウイルスに感染した妊娠牛が必ずしも異常産を起こすとは限らず，その割合はウイルス株の病原性や胎盤通過率，感染時胎齢によって大きな影響を受けることが知られている。

一方，妊娠牛を含む成牛そのものは，アカバネウイルスに感染しても一過性（2～4日程度）の白血球減少症とウイルス血症を示すのみで，ほとんどは無症状である。しかし，体型異常子牛の分娩時に胎水過多による腹部膨満により難産となることが多い。また，まれに脳脊髄炎を起こし，起立不能や運動失調，振戦，眼球振盪，舌麻痺，後弓反張および異常興奮などの神経症状を示すことがある（図12-8）。このアカバネウイルスの生後感染による脳脊髄炎は，1984年に国内（鹿児島県）でみられて以降，台湾や韓国でも発生が確認されているが，いずれも低頻度・散発的で症例数も少なかった。しかし，2006年には熊本県，鹿児島県の24ヵ月齢未満の育成牛を中心に180頭もの牛が発症し，ほとんどの症例で後肢あるいは前肢の麻痺を伴う起立不能が認められた。

③病態

媒介節足動物の吸血によって妊娠牛に感染したウイルスは血流によって胎盤に到達し，さらに胎盤を通過して胎子に感染する（図12-8）。アカバネ病の場合，ウイルスに感染した妊娠牛の約30％で胎子感染が起こると考

えられており，妊娠初期（妊娠2～4カ月）に感染した際に多発することが示されている。感染胎子の病変は，中枢神経系と躯幹筋に現れる。原発病変は非化膿性脳脊髄炎と多発性筋炎であり，その程度が重篤で胎子が死亡すれば流産や死産が起こる。流産胎子では，脳幹部を中心に囲管性細胞浸潤やグリア結節などが観察される。死亡を免れた胎子は発育を続けるが，時間の経過とともに中枢神経系における病変も徐々に進行し，やがて神経組織内の空隙形成や水無脳症，脊髄腹角神経細胞の減数・消失などの二次的病変が認められるようになる。胎齢が進んだ胎子や新生子牛では，大脳の欠損や形成不全が顕著に現れる。一方，躯幹筋では横紋筋の形成不全による矮小筋症が観察される。中枢神経系および躯幹筋の病変は，関節彎曲症の原因となり，胎子は最終的に体型異常を伴う先天異常子として娩出される。これらの二次的病変の形成には，原発病変の強さや分布，感染時の胎齢が影響するため，軽度から重度に至る種々の程度の病変（例えば，大脳のほぼすべてが欠損したものから，肉眼的にほぼ正常のものまで）がみられることに留意すべきである。先天異常子にみられるアカバネ病の特徴は<u>関節彎曲症・水無脳症症候群</u>として集約することができる。

生後感染によって神経症状を発症した牛の脳や脊髄，骨格筋を含め諸臓器には肉眼的著変は認められない。病理組織学的には，流産胎子同様に非化膿性脳脊髄炎が認められ，中枢神経系に単核細胞からなる囲管性細胞浸潤，グリア結節および神経細胞の変性・壊死などが観察される。これらの病変は脳幹部（中脳，橋および延髄）で最も強く，脊髄では中程度，大脳と小脳では比較的軽度である。脊髄には頚部から腰部にかけてほぼ全域で病変がみられ，時に腹角神経細胞で神経食現象[*37]が認められる。また，末梢神経にも細胞浸潤や空胞形成がみられることがある。

④診断

アカバネウイルスは，アイノウイルスやチュウザンウイルスなどと同様にヌカカなどの吸血性節足動物によって媒介される。媒介節足動物の吸血活動が活発となる初夏季から秋季（7～11月）にかけてウイルスが流行するため，アカバネ病の発生には季節性（夏季～翌年春季）が認められる。アイノウイルス感染症やチュウザン病の発生は概ね西日本に限られているが，アカバネ病は時に東北地方や北海道を含め全国的に発生することがある。したがって，本疾患の診断は症状，病理学的・ウイルス学的検査結果に加えて，母牛の年齢，産歴，ワクチン接種歴，同居牛の抗体保有状況，さらに疫学的情報（毎年全国規模で行われているアルボウイルス流行調査における抗体陽転状況や，おとり牛[*38]からのウイルス分離状況，牛異常産の発生状況など）に基づいて総合的に実施する必要がある。

ウイルス感染から時間が経過していない流産・死産胎子，あるいは胎内で感染し非化膿性脳脊髄炎を起こした新生子牛の場合，胎子血液や脳脊髄乳剤（流産胎子では脳脊髄を含む諸臓器乳剤），腹水，胸水などの体液を材料とし，BHK21，HmLu-1などのハムスター由来株化細胞や乳のみマウスへの脳内接種によりウイルス分離を行う。また，同じ材料を用いてRT-PCR法によるアカバネウイルス遺伝子の検出を試みる。アカバネウイルス抗血清を用いた蛍光抗体法や免疫組織化学染色による胎子中枢神経組織内のウイルス抗原検出も有効である。一方，感染から時間が経過して現れる先天異常子の場合，すでに体内からウイルスが消失しているため，ウイルス分離やウイルス遺伝子・抗原の検出は困難であり，中和試験や市販のアカバネELISAキットによって初乳未摂取血清中の抗体を検出することで診断する。

生後感染によって神経症状を示した場合の診断も前述同様に実施するが，脳脊髄を材料とする。ウイルス分離，ウイルス遺伝子・抗原検出には脳幹部を用いるのが最も確実である。発症時にはすでに抗体を有するため，血液はウイルス分離材料としてではなく抗体検出用の材料としてのみ使用する。

⑤治療・予防

先天異常子には治療効果は期待できない。母牛は難産の場合を除き治療の必要はない。アカバネ病予防にはワクチンが有効であり，現在，生ワクチンと不活化ワクチン（アイノウイルス感染症およびチュウザン病との3種混合不活化ワクチンなど）が市販されている。ウイルスの流行期前（通常4～6月）にワクチンの接種を完了しておくことが肝要である。生ワクチンの場合，牛の皮下に1回接種することで免疫を賦与できるが，免疫効果を持続させるためには毎年接種する必要がある。一方，不活化ワクチンの場合，初回接種時には4週間隔で2回接種する必要があり，その後翌年からは年1回の追加接種で効果を維持することができる。牛群のアカバネウイルス中和抗体保有率が30％以下になるとアカバネ病が多発する傾向にあるため，定期的検査で抗体保有状況を把握

しておくとより効果的な予防対策を立てることが可能となる。

8．チュウザン病　chuzan disease

①背景

チュウザン病（chuzan disease）は，アカバネ病，アイノウイルス感染症と同様に，節足動物媒介（アルボ）ウイルスに起因する牛の流行性異常産であり，家畜伝染病予防法により監視伝染病のなかの届出伝染病に指定されている。病因は1985年に牛の血液およびウシヌカカ（口絵 p.46, 図 12-7）から分離されたウイルスで，レオウイルス科（Reoviridae）オルビウイルス（Orbivirus）属パリアムウイルス（Palyamvirus）群に分類され，最初の分離地である鹿児島市中山町にちなんでチュウザンウイルスと命名された。分離当初，本ウイルスはパリアムウイルス群の新しい血清型のウイルスと考えられていたが，後に1956年にインドで蚊から分離されたカスバ（Kasba）ウイルスと血清学的に同一であることが確認された。チュウザンウイルスは，直径約70 nmの球形粒子で，10分節からなる2本鎖RNAゲノムと7つの構造タンパク質（VP1～VP7）から構成される。VP3およびVP7は，ウイルス遺伝子の転写・複製に必要な酵素として働くVP1，VP4およびVP6とウイルスRNAを取り込んで内殻カプシド（コア）[*39]を形成し，VP2およびVP5から構成される外殻カプシドに覆われて感染性ウイルス粒子となる。最外層に位置するVP2は宿主細胞への吸着に関与するとともに，血球凝集素および血清型特異中和抗原としての機能を有する。パリアムウイルス群に属するウイルスは，我が国を含むアジアのほか，アフリカやオーストラリアでも分離されており，チュウザンウイルス以外にも牛胎子に感染して異常産を引き起こすウイルスが存在する。

チュウザン病の歴史は比較的浅く，初発は1985年11月～1986年5月であり，南九州地方を中心に2,400頭を越える大規模な発生が確認された（表 12-2）。血清疫学調査において中国，四国および近畿地方でも抗体陽性牛が発見され，当時チュウザンウイルスが西日本に広く流行したことが示された。これ以降，本疾患の発生は九州・沖縄地方で低頻度・散発的にみられる程度にとどまっている。我が国以外では韓国，台湾で発生がみられる。また，少数例であるが，2001～2002年には九州地方でチュウザンウイルスと同じパリアムウイルス群のディアギュラウイルス（D'Aguilarvirus）による牛異常産の発生が確認されている。国内ではさらに2008年以降，牛の血液およびウシヌカカから新たにブニップクリーク（Bunyip Creek）ウイルスが分離されているが，その病原性については未だ不明である。

②症状

チュウザンウイルスに感染した妊娠牛そのものには特に異常はみられないが，一過性（1～4日程度）の白血球減少症と感染後4～8週間持続するウイルス血症を起こす。アカバネ病やアイノウイルス感染症に類似するが，流産や死産，早産はきわめて少なく，先天異常子の出産を特徴とする（図 12-8）。先天異常子牛にはアカバネ病やアイノウイルス感染症に特徴的な関節や脊柱の彎曲などによる体型異常は観察されない。そのため，これら2つの疾患とは容易に鑑別できる。感染した子牛は通常の妊娠期間を経てほぼ正常な体重と体形で産まれるが，ほとんどが虚弱，自力哺乳不能ならびに運動失調，起立不能などの運動障害，間欠的なてんかん様発作，横臥状態での四肢の回転あるいは後弓反張などの神経症状を示し，眼球の混濁や盲目などがみられることもある。初発時のチュウザンウイルスの流行状況や異常産発生状況，胎齢120日の妊娠牛を用いた感染実験によって野外例とまったく同様の異常産が再現されたことから，チュウザン病は妊娠中期（妊娠約4カ月）にウイルス感染した場合に多発する傾向にあると考えられる。また，本疾患は肉用牛（和牛）で多発し，乳用牛での発生は少ない。さらに，めん羊・山羊では，チュウザンウイルスの感染が確認されているものの，これまでに異常産の発生は報告されていない。

③病態

病変は中枢神経系に限られ，先天異常子牛では大脳欠損・脳脊髄液の貯留，小脳の欠損あるいは形成不全が観察される（図 12-9）。病理組織学的には，大脳残存例で大脳皮質錐体下部沿いの実質の疎性化や，菲薄化した脳実質への細胞浸潤，石灰沈着などが認められる。小脳では髄質や顆粒層の菲薄化，プルキンエ細胞の減少などが観察される。以上のことから，チュウザン病の特徴は端的に<u>水無脳症・小脳形成不全症候群</u>として表現することができる。

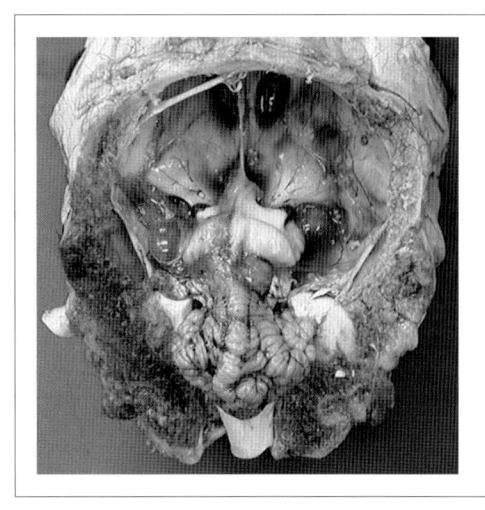

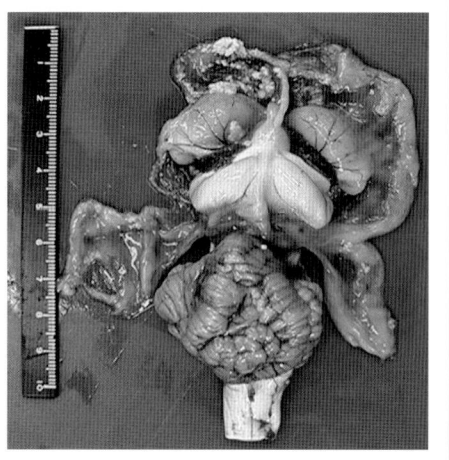

頭蓋内には大脳欠損によって脳脊髄液の貯留が認められる（左）。脳幹部を残して大脳が消失・膜状化しており，小脳は左右非対称に矮小化している（右）

図12-9　チュウザン病症例牛の脳にみられる水無脳症・小脳形成不全

④診断

　チュウザンウイルスは，アカバネウイルスやアイノウイルスなどと同様にヌカカなどの吸血性節足動物によって媒介される。媒介節足動物の吸血活動が活発となる初夏季〜秋季（7〜11月）にかけてウイルスが流行するため，チュウザン病の発生には地域性（西日本中心）・季節性（秋季〜翌年春季）が認められる。したがって，本疾患の診断は症状，病理学的・ウイルス学的検査結果に加えて，母牛の年齢，産歴，ワクチン接種歴，同居牛の抗体保有状況，疫学的情報（毎年全国規模で行われているアルボウイルス流行調査における抗体陽転状況や，おとり牛からのウイルス分離状況，牛異常産の発生状況など）に基づいて総合的に実施する必要がある。

　チュウザン病症例は，感染から時間が経過して現れる先天異常子の出産がほとんどで，すでに体内からウイルスが消失しているため，ウイルス分離やウイルス遺伝子・抗原の検出は困難である。そこで，異常子牛血清中の抗体を検出することが診断の主体となる。この場合，胎子感染が起こったことを証明するために初乳を摂取する前に採取した血清を検査に用いることが重要である。なぜなら，初乳摂取後の血清を用いると検出された抗体が母牛から獲得した移行抗体か，胎子感染によって産生された抗体かの判別が困難となるからである。チュウザンウイルス抗体の検出には一般に中和試験が用いられる。

⑤治療・予防

　先天異常子には治療法はない。チュウザン病予防にはワクチンが有効であり，現在，アカバネ病およびアイノウイルス感染症との3種混合不活化ワクチンが市販されている。ウイルスの流行期前（通常4〜6月）にワクチンの接種を完了しておくことが肝要である。初回接種時には4週間隔で2回接種する必要があり，その後翌年からは年1回の追加接種で効果を維持することができる。

9. イバラキ病　Ibaraki disease

①背景

　イバラキウイルス（*Ibaraki virus*）はレオウイルス科（Reoviridae），オルビウイルス（*Orbivirus*）に属し，シカに出血性病巣を形成する流行性出血熱（epizootic hemorrhagic disease：EHD）血清群の2型に分類される。食道麻痺や咽喉頭麻痺により飲水の逆流や嚥下障害を起こす急性熱性伝染病であり，一過性の高熱や関節炎を主とする牛流行熱とともにかつて流行性感冒ともいわれた。ウイルス粒子は直径約80 nmの球形であり，内部には直径約60 nmのコアを構成し，外側はカプシドで囲まれるが，エンベロープは認めない。ゲノムは，直鎖状の10本の分節で構成された2本鎖RNAである。エーテル，クロロホルムには抵抗性であるが，酸あるいは−20℃の凍結で不活化される。本ウイルスは牛，めん羊，山羊，馬などの赤血球を凝集するが，症状が認められるのは牛のみである。

　本疾患は1959〜1960年において大流行を引き起こし

た。まず，宮崎県と鹿児島県で8月頃に初発生し，北上して九州全域に拡大，その後中国・四国・近畿・中部・関東と広範囲の発生をみたが冬頃には終息した。しかし，翌年の9月から12月上旬にかけて中部地方に再度発生し，その2年間で発病した43,793頭の牛のうち約4千頭が死亡し，致死率は11.3％であった。その後，1982年に日本および韓国での流行が認められている。なお，1949〜1951年に発生した，流行性感冒の嚥下障害を主徴とした牛群において血清疫学的調査を行ったところ，この牛群の一部にイバラキウイルスの関与があったことも証明されている。

1997年に九州地方では流涎と嚥下障害を主徴とするイバラキ病が約250頭で確認されるとともに，妊娠中期から後期の牛に対して死流産が約1,000例認められた。当初血清型2型の変異株とされたが，近年になって遺伝子解析により血清型2型ではなく血清型7型に分類された。したがって，本発生例はEHDウイルス血清型7型によるイバラキ病と死流産の発生と考えられている。その後，現在（2013年）までこのようなイバラキ病の広域にわたる大きな流行は認められていない。

②症状

顕性感染では軽度の発熱（39〜40℃），元気・食欲減退，流涙，結膜の充血と浮腫，水様・膿性鼻汁，泡沫性流涎，第一胃の運動停止などが初期に認められる。重症になると舌は腫脹し露出するほか，鼻や口腔粘膜は充血，うっ血，壊死を起こし，潰瘍，び爛を認める。また，本疾患において重要な特徴である嚥下障害はウイルス感染後10〜14日に認められる。この嚥下障害では採食，飲水は可能であるが嚥下のみが困難である。頭部を下げると飲食物が鼻孔や口から逆流してしまうので，水分飢餓になり，脱水状態となる。加えて，咽喉頭が麻痺し飲食物の誤嚥による異物性肺炎も起こり得る。蹄冠部に発赤や腫脹，潰瘍を呈することもあり，跛行を認める。

③病態

嚥下障害症例では上部食道壁の弛緩を認め，下部食道壁は緊張し内腔に水様物が充満し，出血，水腫を認める。第一胃から第三胃内容は乾燥し，硬い糞状となる。第四胃粘膜も充血，水腫，潰瘍，び爛となる。病理組織学的には食道の漿膜から筋層にかけて出血・水腫を示し，横紋筋の硝子様変性や壊死あるいは線維芽細胞の増生を認める。

④診断

発病初期牛の血液，死亡牛の血液やリンパ節，脾臓の乳剤などを，牛腎細胞，BHK21細胞，HmLu-1細胞，Vero細胞あるいは乳のみマウスの脳内に接種する。次に7〜10日間隔で培養液の交換，盲継代を行う。マウスでは神経症状を示して死亡する。なお，嚥下障害を認めた状態ではすでに抗体保持となっているので，当該血液を遠心洗浄し抗体を除去した赤血球を使用する。

分離ウイルスの同定には蛍光抗体法または免疫組織化学的手法により感染細胞の特異抗原を検出し，EHD血清群の群共通抗原を証明する。さらに，中和試験または赤血球凝集抑制反応により血清型を決定する。

感染牛の急性期と回復期の2点のペア血清を用いて赤血球凝集抑制試験を行い，その赤血球凝集抑制抗体価の陽転を確認する。なお2-ME感受性の赤血球凝集抑制抗体は，IgM抗体を検出したことを意味し，イバラキ病感染初期の血清と診断する。

⑤治療・予防

嚥下障害を起こさない限り予後はよいが，嚥下障害牛に対しては誤嚥防止のため胃カテーテルによる水分補給や輸液を行う。飲水後は頭部を高く保持させ，水分の逆流を防ぐ。予防は，本疾患が発生する7月末までに市販の単味生ワクチンを接種する。

10. アイノウイルス感染症
Aino virus infection

①背景

アイノウイルス感染症（Aino virus infection）は，アカバネ病やチュウザン病と同様に節足動物媒介（アルボ）ウイルスに起因する牛の流行性異常産であり，家畜伝染病予防法により監視伝染病のなかの届出伝染病に指定されている。病因となるアイノウイルスは，1964年に長崎県愛野町で採集されたコガタアカイエカ（*Culex tritaeniorhynchus*）から最初に分離され，分離地にちなんで命名された。アカバネウイルスと同様，この際に蚊から分離されたウイルスは，ウイルス血症状態の動物から吸血された血液に由来すると考えられ，コガタアカイエカによるウイルス媒介の可能性は低い。その後，多くの株が牛の血液や*Culicoides*属ヌカカから分離されている。我が国では，ウシヌカカ（*Culicoides oxystoma*）が

アイノウイルスの主要な媒介種と考えられている（口絵 p.46，図 12-7）。本ウイルスはブニヤウイルス科（*Bunyaviridae*）オルソブニヤウイルス（*Orthobunyavirus*）属に分類され，同じ属のアカバネウイルスと補体結合試験[*40]で抗原的に交差するが，中和試験では明瞭に区別される。アイノウイルスは L，M，S の 3 分節からなるマイナス 1 本鎖 RNA をゲノムに持ち，エンベロープ上に位置する Gn および Gc の 2 つの糖タンパク質と RNA 合成酵素としてウイルス遺伝子の転写・複製に働く L タンパク質，群共通抗原であるヌクレオカプシド（N）タンパク質の 4 種類の構造タンパク質によって構成される。M RNA 分節にコードされる糖タンパク質 Gc は血球凝集素および血清型特異中和抗原として機能する。分節したゲノムを有するため，近縁なウイルスとの間で遺伝子の交換を起こすことが知られており，オーストラリアで分離された B7974 株は，アイノウイルス由来の M RNA 分節とピートンウイルス由来の L および S RNA 分節を有する遺伝子再集合ウイルスであることが確認されている。アイノウイルスはアジア，中東，オーストラリアに広く分布しており，我が国ではアカバネウイルスと同様に牛異常産の原因のひとつと考えられてきたが，1995 年秋季〜1996 年春季に近畿地方以西で 700 頭を越える発症例がみられるまでは散発的な流行にとどまっていた（表 12-2）。その後，これ以上の症例数が認められたことはないが，アイノウイルス感染症は度々流行を繰り返しており，1998〜1999 年にはアカバネ病と同時に広く西日本に流行した。

② 症状

アイノウイルス感染牛は短期間（2〜4 日程度）の白血球減少症とウイルス血症を起こすが，ほとんどの場合分娩に至るまで異常を示さず耐過する。本ウイルスに妊娠牛が感染するとアカバネ病に類似した流産や早産，死産ならびに先天異常子の出産が認められるが（図 12-8），死産と先天異常子出産の割合が高い。先天異常子は分娩予定 10〜30 日前に死産で産まれることが多く，四肢の関節彎曲に加えて脊柱（特に頸部から胸部）の彎曲が頻繁にみられる。感染子牛が生きて産まれた場合，体型異常による起立不能や神経症状，自力哺乳不能，盲目などの症状を示す。子牛の体型異常は，妊娠牛に対して胎水過多による腹部膨満を引き起こす要因となり，分娩時に難産となることが多い。

③ 病態

アイノウイルス感染胎子の病変はアカバネ病に酷似し，中枢神経系と躯幹筋において顕著に現れる。流産胎子では脳幹部に非化膿性脳炎像がみられ，胎齢が進んだ胎子や新生子牛では大脳病変が顕著となる。脊髄では腹角神経細胞の減数あるいは消失が観察される。先天異常子の中枢神経系では大脳欠損（水無脳症）または大脳皮質・髄質の空洞形成が特徴的であり，大脳病変はウイルス感染時の胎齢に応じて変化する。胎齢が若いと大脳欠損，胎齢が進んで感染した場合には空洞形成が認められる。妊娠牛を用いた感染実験では，130〜150 日齢でウイルスを接種した場合に脳幹部を残して大脳がほぼ全部欠損し，脳脊髄液に置換されるといった典型的な水無脳症が再現されている。アイノウイルス感染症では小脳形成不全も高率に観察され，これがアカバネ病との類症鑑別上重要な相違点となっている。関節彎曲を起こした部位の躯幹筋では，横紋筋の形成不全による特徴的な矮小筋症が認められる。これらのことから，先天異常子にみられるアイノウイルス感染症の特徴は<u>関節彎曲症・水無脳症・小脳形成不全症候群</u>として集約することが可能である。

④ 診断

アイノウイルスは，アカバネウイルスやチュウザンウイルスなどと同様にヌカカなどの吸血性節足動物によって媒介される。媒介節足動物の吸血活動が活発となる初夏季〜秋季（7〜11 月）にかけてウイルスが流行するため，アイノウイルス感染症の発生には地域性（近畿地方以西）・季節性（夏季〜翌年春季）が認められる。したがって，本疾患の診断は症状，病理学的・ウイルス学的検査結果に加えて，母牛の年齢，産歴およびワクチン接種歴，同居牛の抗体保有状況，疫学的情報（毎年全国規模で行われているアルボウイルス流行調査における抗体陽転状況や，おとり牛からのウイルス分離状況，牛異常産の発生状況など）に基づいて総合的に実施する必要がある。

ウイルス感染から時間が経過していない流産あるいは死産胎子の場合，胎子血液や脳脊髄乳剤（流産胎子では脳脊髄を含む諸臓器乳剤），腹水，胸水などの体液を材料とし，BHK21，HmLu-1 などのハムスター由来株化細胞や乳のみマウスへの脳内接種によりウイルス分離を行う。また，同じ材料を用いて RT-PCR 法によるアイノウイルス遺伝子の検出を試みる。また，アイノウイルス抗血清を用いた蛍光抗体法や免疫組織化学染色による胎

子中枢神経組織内のウイルス抗原検出も有効である。一方，感染から時間が経過して現れる先天異常子の場合，すでに体内からウイルスが消失しているため，ウイルス分離やウイルス遺伝子・抗原の検出は困難であり，中和試験によって初乳未摂取血清中の抗体を検出することで血清学的に診断する。

⑤治療・予防

先天異常子には治療法はなく，母牛は難産の場合を除き治療の必要はない。アイノウイルス感染症予防にはワクチンが有効であり，現在，アカバネ病およびチュウザン病との3種混合不活化ワクチンが市販されている。ウイルスの流行期前（通常4～6月）にワクチンの接種を完了しておくことが肝要である。初回接種時には4週間隔で2回接種する必要があり，その後翌年からは年1回の追加接種で効果を維持することができる。

11. アクチノバチルス症　actinobacillosis

①背景

アクチノバチルス症（actinobacillosis）は，頭頸部のリンパ節や皮下組織など軟部組織に病巣が形成される疾患である。原因は *Actinobacillus lignieresii* が口腔内の損傷部位から感染し，リンパ節を通じて隣接および全身のリンパ節に転移することによる。

②症状

本疾患の病巣は主に顎下，耳下リンパ節であるが，まれに肺や胃にも病巣を形成することもある。舌への病巣が進行した場合は，舌が膨張・硬化して可動性を欠き，採食，咀嚼，嚥下が困難となって，多量の唾液を常時流すようになる。この舌の状態を木舌という。

③診断

頭頸部など軟部組織の腫脹，腫瘤物の有無などの確認，病変部から漏出物や膿汁を採材し鏡検すると菊花弁状のロゼットがみられる。分離培養には，血液加ブレインハートインフュージョン培地を用いて好気性培養することによって1～2mmの粘着性半透明のコロニーをつくる。

④治療・予防

治療は，病巣が限られている場合には外科的に切除を行い，切除後の後治療としてテトラサイクリン系などの抗菌薬療法を施す。予防は口腔粘膜の損傷を防ぐため，堅い飼料や鋭利な物質の給与を避ける。

12. 放線菌症　actinomycosis

①背景

放線菌症（actinomycosis）は，*Actinomyces* 属菌によって顔に肉芽腫を形成し，変形をきたす疾患である。原因はグラム陽性桿菌の *Actinomyces*（*A.*）*bovis* が口腔粘膜の損傷部位から感染し，周囲の軟部組織や骨組織に感染が拡大していくことによる疾患である。重症例では，採食や咀嚼が困難となり予後不良となる。

②症状

下顎あるいは上顎の骨組織に肉芽腫を形成する。特に，下顎骨への侵襲が強く，骨の変形へと進む。患部に瘻管が形成され，滲出液が皮膚や口腔粘膜に開口漏出する。慢性経過をとり徐々に肉芽腫が増大していくが，病変は頭部に限られる。組織では新たな骨形成がみられ，横径と縦径ともに伸長し，やがて顔面は変形する（**口絵p.46，図12-10**）。

③診断

臨床症状をもって本疾患の診断は可能であるが，滲出液を培養し *A. bovis* の分離によって診断はより確実となる。菌の分離培養には嫌気性培養がよいが，微好気性（10%二酸化炭素加）でも分離可能である。また，肉芽組織内の膿を採材すると黄色の硫黄顆粒がみられるため，臨床現場での診断も可能である。さらに，膿汁を10%KOHと混合し，スライドガラス上で圧迫し鏡検すると棍棒状の配列がみられる。グラム染色では陽性の菌塊と桿菌および短桿菌が観察される。

④治療・予防

治療には感受性のある抗菌薬である β-ラクタム系抗菌薬の投与や，症状が軽度の場合は外科的切開・切除が行われる。骨の変形など明らかに臨床症状がみられる場合は抗菌薬療法も無効である。予防は，本疾患の原因菌の感染を防ぐことに努める。口腔内の損傷の原因となる堅い粗飼料や鋭利な物質の給与を避ける。

■注釈

*1
角膜白斑：感染性角膜炎や外傷によって角膜に混濁瘢痕が残り，視力が低下あるいは消失した状態。

*2
線維芽細胞：主に結合組織に存在し，細胞外基質を分泌する。組織が損傷した際に，増殖してコラーゲンを分泌することで肉芽（granulation）を形成し，治癒過程に関連する。

*3
コラゲナーゼ：コラーゲン分子のペプチド結合を切断するタンパク質加水分解酵素。

*4
R（rough）型，S（smooth）型：コロニーの形状による分類。R（rough）型菌のコロニーは，平坦で表面は粗くデコボコであるのに対し，S（smooth）型菌のコロニーは，表面が滑らかで光沢がある。

*5
OF試験：ブドウ糖の分解形式が酸化型か発酵型かを判定する。ブドウ糖非分解菌，ブドウ糖非発酵菌，ブドウ糖発酵菌の3タイプに分類できる。

*6
インドール産生：細菌がトリプトファン分解酵素であるトリプトファナーゼを産生するか否かを調べる反応。赤変したものが陽性である。

*7
キシロース：分子量150.13の五炭糖。糖分解試験では細菌が炭水化物（糖）を分解し，酸または酸とガスを生成するかどうかを調べる。

*8
ゼラチナーゼ：細菌の産生する細胞外酵素の一種。ゼラチン液化試験により液化の有無と形状を判定する。

*9
カゼイナーゼ：ゼラチナーゼ，アミラーゼなどとともに細菌の産生する細胞外酵素の一種で物質分解能の一指標。

*10
交差反応：抗体が，その抗体産生反応を引き起こした抗原以外の類似する物質や抗原に結合すること。

*11
栄養型菌：生物活性を休止し，劣悪な環境に強い抵抗性を示す芽胞の状態に対して，発育に適した環境下で通常の増殖，代謝能を有する状態の菌型。

*12
ボツリヌス毒素：ボツリヌス菌（*Clostridium botulinum*）が産生する毒素でコリン作動性末梢神経に作用し，アセチルコリンの遊離を阻害する。抗原性の違いによりA〜Gの7型に分類さる。

*13
ガングリオシド：シアル酸を含むスフィンゴ糖脂質の一種。脳・神経組織に多く含まれる細胞膜の成分で，神経系の修復（神経細胞の突起伸長），細胞の分化・増殖，種々の物質（毒素，ウイルスなど）に対するレセプター機能，ホスホキナーゼ活性化などの生理活性を有する。

*14
間欠性筋緊張性：間欠的に全身または一部の筋肉が収縮し，不随意運動を起こすこと。

*15
重積発作：けいれん発作が一定時間以上続く状態，または持続時間の短い発作が反復して発症する状態。

*16
免疫グロブリン療法：家畜用に，破傷風トキソイドを馬に免疫して得られた血清を精製したものが市販されており，1 mL中に破傷風抗毒素330単位以上を含む。毒素を速やかに中和して発症を予防し，発症した場合でも製剤の投与により症状を軽減できる。

*17
デブリードマン：感染，壊死組織を外科的に除去し，患部を清浄化することで他の組織への影響を防ぐ処置のこと。

*18
GAM液体培地：嫌気性菌の分離培養用液体培地。嫌気性菌の薬剤感受性試験にも用いられる。

*19
周毛（peritrichia）：菌体の全表面に分布している鞭毛。鞭毛は細菌の運動器官と考えられており，数および位置はそれぞれの菌種特有で，無毛菌・単毛菌・両毛菌・叢毛菌・周毛菌に分類される。

*20
パルスフィールドゲル電気泳動（PFGE）法：パルスフィールドゲル電気泳動法（Pulsed-Field Gel Electrophoresis）は，その英語名の頭文字をとり，一般にPFGEと呼ばれている。分子量の特に大きいDNA断片を分離するためのゲル電気泳動の1方法であり，比較する複数の細菌の遺伝子の塩基配列の違いを観察できる。

*21
肥育牛フィードロット：パドック内で運動を制限しながら，濃厚飼料，ビタミン剤，飼料添加物などを管理する肉用牛の多頭数集団肥育場のこと。

*22
対光反射：網膜に光が照射されると，瞳孔が小さくなる（縮瞳）反射のこと。脳幹機能検査の重要な指標の1つである。また，視神経，動眼神経がそれぞれ求心路，遠心路となっているため，反射の消失はその経路のどこかの障害が考えられる。

*23
類線維素変性：フィブリンやその分解産物が細胞外基質に沈着した状態。病理組織上では好酸性無構造のフィブリン様物質（フィブリノイド）として認められる。

*24
囲管性細胞浸潤：リンパ球，組織球を主体とする単核細胞や，好中球，好酸球などの顆粒球が血管周囲性（おもに静脈系）に浸潤している組織所見。

*25
TNF-α：腫瘍壊死因子（TNF：Tumor Necrosis Factor）。腫瘍細胞を壊死させる作用のある物質として発見されたサイトカイン。TNF-αは主として活性化マクロファージ（単球）により産生され，INF-γ，IL-6，IL-8の産生を誘導する。

*26
高分子量免疫グロブリン結合タンパク質（IbpA）：質量270 kDa前後の複数のタンパク質バンドで，*H. somni*の病原性発現や宿主の免疫応答に関与する重要な病原性関連タンパク質と考えられてい

る。

*27
ルンバール針：脊髄液の診断や治療に用いる脊髄針。スパイナル針とも言う。

*28
マンドリン：マンドリンは腔へ達するまでに針先が曲がったり，針が詰まったりしないように外針へ挿入している内針のこと。

*29
Pandy 反応：髄液のグロブリン増加を調べる定性試験。正常髄液でのγ-グロブリン分画は血清よりも低率だが，脳や髄膜の炎症や変性がある場合，増加し陽性反応を示す。

*30
凝集抗体価：赤血球や細菌など，粒子状抗原と抗体の反応物が可視的な凝集塊を形成する反応を利用したもので，検査対象となる血清の希釈倍率に基づいて算出される。

*31
主要外膜タンパク質（major outer membrane protein：MOMP）：Histophilus somni の菌体表面に最も多く存在するタンパク質。MOMP には菌株間で抗原性や質量に違いがあるため，菌株の抗原型・グループ型別に利用される。

*32
モノクローナル抗体：通常，抗原は多数の抗原決定基（エピトープ）をもつため，同じ抗原を認識する抗体でも，いろいろなエピトープを認識する抗体が混ざった状態である（ポリクローナル抗体）。それに対し，特定のエピトープだけと結合する抗体の集合体をモノクローナル抗体という。

*33
ウエスタンブロット：SDS（ドデシル硫酸ナトリウム）-ポリアクリルアミドゲル電気泳動法（SDS-PAGE）などで分離したタンパク質を，ニトロセルロース膜や PVDF（ポリフッ化ビニリデン）膜に転写し，特異的抗体を用いてタンパク質の存在を検出する方法。

*34
ドットブロット：タンパク質を電気泳動などにより分離することなくニトロセルロース膜や PVDF 膜に固定し，酵素標識抗体などでタンパク質量を特異的に定量する方法。

*35
ストレプトアビジン・ビオチン（SAB）法：酵素抗体法を用いた免疫組織染色法。タンパク質を電気泳動などにより分離することなくニトロセルロース膜や PVDF 膜に固定し，酵素標識抗体などでタンパク質量を特異的に定量する方法で，高い感度で組織切片上の抗原を検出できる。

*36
免疫寛容：免疫原性のある抗原を特殊な条件で感作させた場合，その後同一抗原に対する免疫応答が低減もしくは不応答になる現象のこと。

*37
神経食現象：壊死した神経細胞を除去する目的で細胞周囲および細胞内に小膠細胞が集合する現象。

*38
おとり牛：病原体媒介の役割を果たすベクター（媒介動物）が活動する夏を経験していない牛のこと，または抗体陰性牛。

*39
内殻カプシド（コア）：ウイルスの核酸を包み込む殻（内層と外層）を構成するタンパク質のうち，内層の方を指す。

*40
補体結合試験：抗原抗体複合体と補体が結合する性質を利用した，感染症の血清学的診断法。抗原，抗体，補体が存在する溶液内では抗原が抗体に特異的に結合し，その抗原抗体複合体に非特異的に補体が結合する。補体が感作赤血球と結合した場合に溶血が起こることを利用した試験。

■参考文献

1．牛伝染性角膜結膜炎

1) Angelos JA. 2010. Vet Clin North Am Food Anim Pract. 26（1）：73-78.
2) 菊池直哉. 2006. 動物の感染症（小沼 操ほか 編）. 第二版. 近代出版, 東京：136.
3) Iwasa M et al. 1994. J Vet Med Sci. 56（3）：429-432.
4) 鉾之原節夫ほか. 1988. 日獣会誌. 41：630-634.
5) Kato T et al. 1981. Jpn J Vet Sci. 43：437-442.
6) Michael HB et al. 1998. J vet Intern Med. 12：259-266.
7) 鈴木吉一ほか. 1992. 日獣会誌. 45：274-276.
8) Nakazawa M et al. 1979. Jpn J vet Sci. 41：541-543.
9) Angelos JA et al. 2007. Int J Syst Evol Microbiol. 57（4）：789-795.
10) Larry JA et al. 1995. J Am Vet Med Assoc. 206（8）：1200-1203.
11) 屋代眞彦ほか. 1994. 動薬研究. 49（5）：15-20.

2．破傷風

1) 杉本 央. 2008. 臨床と微生物. 35（4）：347-351.
2) 仲宗根 忍ほか. 2009. 家畜診療. 56（2）：120.
3) 内田嗣夫ほか. 2003. 臨床獣医. 21（3）：33-35.
4) 福島雅典総監修. 2006. メルクマニュアル. 第18版. 日本語版. 日経BP, 東京：1593-1596.
5) 大谷 昌. 1985. 日本臨床. 43：140-142.
6) 畠山 薫ほか. 2000. 日獣会誌. 53：405-408.
7) Plourde-Owobi L et al. 2005. Env Microbiol. 71：5604-

5606.
8）福田 靖ほか. 2000. 日本細菌学雑誌. 55（2）：230.
9）海老沢 功. 2009. 臨床と微生物. 36（3）：277-280.
10）山本明彦ほか. 2009. 日本細菌学雑誌. 64（1）：154.
11）Masuda S. 2002. Jikeikai Medical Journal. 49（1）：59.

3．悪性水腫

1）清宮幸男ほか. 2006. 日獣会誌. 59：669-673.
2）多田正晴ほか. 2007. 日消外会誌. 40（12）：1910-1914.
3）Blood DC et al. 1994. Veterinary Medicine 8th. ed: 684-686.
4）田村豊. 2006. 動物の感染症（小沼操他編）第2版. 132. 近代出版, 東京.
5）大谷郁. 2011. 日本細菌学雑誌. 66（2）：169-174.
6）桜井健一ほか. 1985. 日獣会誌. 38：587-590.
7）網本勝彦. 2011. 動物用ワクチン・バイオ医薬品研究会編. 動物用ワクチン―その理論と実際―. 文永堂出版, 東京：95-98.
8）Kojima A et al. 2002. J.V.M. 55（11）：889-893.
9）櫻井純ほか. 1994. 日本細菌学雑誌. 49（5・6）：719-736.
10）Sasaki Y et al. 2002. Vet Microbiol. 86（3）：257-267.
11）武居和樹. 1988. 獣畜新報. 805：480-484.
12）臼井優. 2010. 日獣会誌. 63：668-669.

4．気腫疽

1）網本勝彦. 2011. 動物用ワクチン・バイオ医薬品研究会編. 動物用ワクチン―その理論と実際―. 文永堂出版, 東京：95-98.
2）Blood DC et al. 1994. Veterinary Medicine 8th. ed: 684-686.
3）佐澤弘士ほか編. 1988. 新版家畜衛生ハンドブック：527-528.
4）Nagano N et al. 2008. J. Clin. Microbiol. 46（4）：1545-1547.
5）田村豊. 2006. 動物の感染症（小沼操他編）第二版. 131. 近代出版, 東京.
6）Barrow GI et al. editors. 1993. 坂崎利一監訳. 医学細菌同定の手引き第3版. 近代出版, 東京.
7）Brazier JS et al. 2002. J. Med. Microbiol. 51：985-989.
8）臼井優. 2010. 日獣会誌. 63：668-669.
9）浜岡隆文. 1988. 獣医畜産新報. 805：485-488.

5．ヒストフィルス・ソムニ感染症

1）Griner LA et al. 1956. J Ipn Vet Med Assoc. 129：417-421.
2）原 文男ほか. 1981. 日獣会誌. 34：319-323.
3）Angen Ø et al. 2003. Int J Syst Evol Microbiol. 53（5）：1449-1456.
4）上田 久ほか. 1987. 獣医畜産新報. 特集. 786：5-34.
5）Edwards TA. 2010. Vet Clin North Am Food Anim Pract. 26（2）：273-284.
6）横山栄二ほか. 2005. 日獣会誌. 58：275-277.
7）羽迫広人ほか. 2008. 家畜診療. 55（7）：437-443.
8）Hoshinoo K et al. 2009. Microb Pathog. 46：273-282.
9）大島寛一. 1983. 日獣会誌. 36：435-440.
10）尾川寅太ほか. 2007. 臨床獣医. 25（8）：24-28.
11）Ward AC et al. 2006. Can J Vet Res. 70（1）：34-42.
12）小原潤子. 2007. 家畜診療. 54（12）：707-712.
13）臼井 優. 2010. 日獣会誌. 63：667-668.

CHAPTER 13 中毒・欠乏症および過剰症

　本章では、植物中毒（第1節），硝酸塩中毒（第2節），マイコトキシン中毒（第3節），エンドファイト中毒（第4節），一年生ライグラス中毒（第5節），薬剤中毒および農薬の中毒・残留（第6節），食塩中毒・水中毒（第7節），金属中毒・欠乏（第8節），ビタミン欠乏症・過剰症（第9節）について解説する。

第1節　植物中毒

　哺乳初期の子牛においては、母牛の乳に毒性物質が残留するような特殊な場合を除き、植物による中毒を起こすことはないが、母乳以外のものを口に入れるようになると、植物中毒の危険性が発生する。子付き放牧[*1]の場合などは牛自身が毒草を摂取することもあり得るが、多くの事故は畜主が刈り取った野草や庭木、街路樹の剪定枝を飼料や敷料として給与した場合に起こっている。また、余剰野菜などを飼料として給与された場合にも、牛の採食量が大量であるために毒性物質を多く摂取して事故となることがある。

　植物中毒の診断において共通する事項として、該当する植物が確かに摂食されたかどうかの確認が挙げられる。その確認のために①給与飼料の確認、②胃内容中の植物片の確認、③胃内容や血液・尿などからの毒性物質の検出、などの方法がとられる。しかし、毒性物質の検出に関しては、手法が確立していない場合や、高速液体クロマトグラフィー質量分析計（HPLC）などの特殊な機器を必要とする場合もある。しかし、摂取した植物の同定がそのまま診断となることも多い一方、胃内容中の植物の同定は難しいこともあり、近年では摂取した植物片の遺伝情報をPCR法で増幅して同定する方法がとられることもある。

　植物中毒の症例は、突然死として発見されることが多く、有効な治療法がない場合も多い。特異的な拮抗剤のないときには、一般にビタミン製剤や強肝剤の投与、大量の輸液をして耐過を待つことになる。特に子牛では①体重が少なく中毒量の植物を摂取しやすいこと、②一部の毒物は反芻胃内で無毒化されるがそれが望めないこと、③肝臓の薬物代謝も未熟であることから、飼料作物以外の植物を給与することを避けるのが最大の中毒予防策である。

　以下、これまで事故の多かった植物、また反芻動物に特異的な中毒などについて、子牛に限らず述べる。

1．ツツジ科植物　Ericaceae plants

①背景

　ツツジ科植物（Ericaceae plants）は、グラヤノトキシン（grayanotoxin）という毒性物質を含有し、剪定枝を給与された牛が中毒を起こす事例が散発している。

　ツツジ科植物は、レンゲツツジ（*Rhododendron japonicum*），ヤマツツジ（*Rhododendron kaempferi*），ネジキ（*Lyonia ovalifolia* ssp. *neziki*）などのように山野に自生する植物、アセビ（*Pieris japonica* ssp. *japonica*），シャクナゲ（*Rhododendron* spp.），カルミア（*Kalmia* spp.）などの園芸植物と、非常に数多くの種・品種が身の回りに生育している。グラヤノトキシンを含む植物は属を越えて存在し、葉や花の形なども多様で、にわかに同科の植物とは判別し難い（口絵 p.47，図 13-1, 2）。我が国で反芻動物に中毒を起こしたことのあるツツジ科植物を表 13-1 に挙げる。種や品種、栽培条件などによって毒性物質の含有量は異なり、マウスに17種のツツジ科植物を与えた例では、8種については毒性徴候がみられな

表13-1 我が国で中毒の原因となったツツジ科植物

レンゲツツジ	*Rhododendron japonicum*
ネジキ	*Lyonia ovalifolia*
ハナヒリノキ	*Leucothoe grayana*
ヒラドツツジ	*Rhododendron x pulchrum*
アセビ	*Pieris japonica*

かったことが報告されている[1]。

②症状・病態

グラヤノトキシンは側鎖の異なる多種のテルペノイド[*2]で、側鎖の構成により毒性の程度が異なり、グラヤノトキシンI〜Ⅲに分類されている。そのうち最も毒性の強いのはグラヤノトキシンIである。グラヤノトキシンは、細胞のナトリウムチャネル受容体に結合し、脱分極を持続させるために、細胞内へのカルシウムイオンの流入が起こり、様々な症状を引き起こす。主な症状は除脈、低血圧、嘔吐、下痢などだが[2]、実際には急死して見つかることが多い。

③診断

診断法として、胃内容のHPLCでグラヤノトキシンを証明する方法があるが、一般には多量のツツジ科植物を摂取した証明ができれば診断される。

④治療

ヒトで対症療法として行われているアトロピンの投与などを牛での治療法として試みる価値はあるが、効果は確かめられていない。

2. アブラナ科植物　Brassicaceae plants

①背景・症状

ヒトで食用とされているアブラナ（*Brassica rapa*）、雑草のセイヨウカラシナとその園芸品種であるカラシナ（*Brassica juncea*）などのアブラナ科植物（Brassicaceae plants）は、シニグリン（sinigrin）などのカラシ油配糖体を含む。

②症状・病態

カラシ油配糖体は第一胃内でカラシ油であるアリルイソチオシアネートなどのイソチオシアネート（isothiocyanate）に変換される。イソチオシアネートは粘膜に対して強い刺激性を有し、アブラナ科植物を大量に給与された場合、腸管粘膜が出血性の炎症を起こし、斃死することもある。また、急性中毒を起こさない程度の量のカラシ油配糖体を長期に摂取した場合、イソチオシアネートおよびこれが環状化したゴイトリン（goitrin）がヨウ素の吸収を阻害するため、甲状腺腫を引き起こす可能性がある。

一方、キャベツやケール（*Brassica oleracea*）などは、カラシ油配糖体の含有量は多くないが、S-メチルシステインスルホキシド（S-methylcysteine sulfoxide）を含んでいる。S-メチルシステインスルホキシドは、第一胃内で微生物の働きによりジメチルジスルフィド（dimethyl disulfide）に変化し、溶血性貧血を引き起こす。

③治療・予防

ヒトでは食品として日常的に口にするものなので、牛に対して毒性があるとは思わず、余剰野菜などを多量に給与してしまうと生理活性物質の摂取量が多量となり、中毒事故が起こる。

イソチオシアネートは乳中には移行しないことが知られており、哺乳を通じて子牛が摂取することはない。

また、グリコシノレートにおいては、1970年代に菜種油かすを飼料原料とした飼料を鶏に給与したところ、甲状腺肥大症がみられた。これにより現在の飼料は、グリコシノレートなどの成分の含有濃度が低い品種でつくられたり、湿熱処理などにより含有濃度が低減化されており、一般に菜種油かすが中毒の原因となることはない。

3. 強心配糖体を含む植物
cardiac glycoside

①背景

強心配糖体（cardiac glycoside）を含む植物として、最初に挙げられるのはキョウチクトウ（*Nerium indicum*）である。キョウチクトウは、ヒトでも中毒事故が起こっている。キョウチクトウに含まれるのは強心配糖体のひとつであるオレアンドリン（oleandrin）で、ジゴキシンと同様の作用で強い心臓毒性を示す。剪定枝を大量に与えた事故だけでなく、飼料を運搬するトラックが街路樹のキョウチクトウの傍を通った際に枝に接触して混入し

た事故や，街路樹下の野草を刈り取ったなかに落葉が混入した事故などもみられ，ごく少量でも中毒事故を起こす強毒性の植物といえる。牛では，体重1kg当たり50mgの乾燥葉経口摂取で死亡することが明らかになっている[3]。

さらに，身近な植物で強心配糖体を含むものにモロヘイヤがある。ヒトが食用とするモロヘイヤの葉には毒性物質が含まれていないが，熟した実と老化した茎には強心配糖体が含まれている。ヒト用に栽培していたモロヘイヤが種子を付けて食用に適さなくなったものを枝ごと給与された牛に中毒が起こった例がある。

②症状・病態

強心配糖体は腸管循環するため，原因飼料を給与中止しても，心循環器系の症状は数日以上残存する。また，キョウチクトウに限らないが，単胃動物と異なり牛では第一胃の食塊が翌日にはすべて小腸遠位まで輸送されるわけではないので，症状が遷延しやすい。

③治療

ヒトや小動物では，毒物吸着のために大量の活性炭を経口投与するが，牛では反芻胃の機能への影響を考えると難しい。

4．ワラビ　Pteridium aquilinum

①背景

古くから，牛がワラビ（*Pteridium aquilinum*）を採食すると，骨髄障害による再生不良性貧血と，膀胱腫瘍による血尿や貧血を主徴とする中毒を起こすことが知られてきた。主に，ワラビが多く生えている管理の悪い牧野での放牧中に起きる中毒だが，現在でもまれに発生している。また，プタキロシドは牛乳中に移行することが分かっているため，公衆衛生学上も注意が必要である。

②症状・病態

再生不良性貧血と膀胱の腫瘍性変化という，異なる症状は，いずれもワラビに含まれるプタキロシド[*3]（ptaquiloside）という配糖体によるもので，単離された毒性成分を6カ月齢のホルスタイン種雌子牛に反復投与したところ，好中球をはじめとする白血球および血小板の減少および骨髄の変性所見が再現されたという報告がある[4]。また，15頭の5週齢の雌ラットにおける投与試験では，210日間の投与で全頭の回腸と膀胱に腫瘍が形成された[5]。

プタキロシドは弱アルカリ性条件下で容易に糖を失って究極発がん物質であるジエノンに変換される。牛の膀胱尿は弱アルカリ性であることから，膀胱中でジエノンの生成が起こり，膀胱腫瘍を引き起こすと考えられる。

5．植物による光線過敏症　photosensitivity

①背景

オトギリソウのように光活性物質を含み，一次性光線過敏症（photosensitivity）を引き起こす植物は多数あるが（表13-2），このような植物を牛が大量に摂取する機会は多くない。しかし，何らかの原因で肝障害のある牛が，放牧などで青草を大量に摂取すると，肝性光線過敏症が発生することがある。

②症状・病態

植物由来のクロロフィル[*4]は，第一胃および腸管内の微生物の働きによって代謝産物であるフィロエリスリン（phylloerythrin）となって吸収された後，胆汁に排泄される。しかし，肝障害により胆管への排泄が十分でできないと，肝臓および循環血中にフィロエリスリンが蓄積する。フィロエリスリンは光活性物質で，日光に当たると体表の血管内で活性酸素を合成する。このとき合成された活性酸素により，アレルギー様の紅斑や皮疹が発生する。皮膚症状は白色部で著しく，ほかに体毛が薄く皮膚の薄い乳房，眼周囲，陰部や，日の当たりやすい耳介，鼻鏡周囲などに発生し，重症例では表皮が脱落する。

スポリデスミンによる顔面湿疹も，スポリデスミンの肝毒性による肝性光線過敏症である。

表13-2　光活性物質を含み，一次性光線過敏症を引き起こす植物

植物名	感作物質
オトギリソウ	ヒペリシン
セントジョーンズワート	ヒペリシン
ホワイトレースフラワー	プソラレン
ソバ	ファゴピリン

③診断

健常な牛の末梢血中にはほとんどフィロエリスリンが含まれないので，血清中のフィロエリスリンを蛍光光度計を用いて定性検査することは診断の一助となる。

④治療・予防

第17章「5．光線過敏症」を参照されたい。

6．傷害サツマイモ中毒
corruption sweet potato poisoning

①背景

傷んだサツマイモによる中毒は，過去のものと思われていたが，飼料価格の高騰の影響や，傷んだサツマイモに毒性があるという知識が薄れたせいか，1999年に長崎で，2006年に京都で，2010年には鹿児島で中毒事故が起こっている。

②症状・病態

サツマイモは，①サツマイモ黒斑病菌（*Ceratocyctis fimbriata*）や *Fusarium solani* などのカビに侵された場合，②アリモドキゾウムシなど害虫の食害にあった場合，③単に物理的に傷が付いた場合など，に生体防御機能としてファイトアレキシン[*5]を産生する[6]。サツマイモの産生するファイトアレキシンには，肝毒性を有するイポメアマロンや，肺水腫や間質性肺炎の原因となる4-イポメアノールなどがある。

サツマイモの傷害部分は黒く変色し（口絵 p.47，図13-3），苦味物質（以前はイポメアマロンとされていたが，現在は否定されている）が合成される。ヒトは食べないが，牛は給与されれば摂食してしまう。

③治療・予防

肺の症状が重度の間質性肺炎まで進行してしまうと，治療による救命は非常に難しくなる。

7．スイートクローバー病
Sweet clover disease

①背景

ビタミンK阻害に働くジクマロールによって，溶血性変化を伴う中毒を引き起こす植物としては，牧草であるスイートクローバー（*Melilotus alba*〈白花〉および *M. officinalis*〈黄花〉）が第一に挙げられる。このため，ジクマロールによる中毒性疾患を「スイートクローバー病（Sweet clover disease）」というようになった。

スイートクローバーは一般にクローバーと称されるシロツメクサと同じマメ科ながら異なる植物で，我が国ではこの植物を牧草として用いることは多くない（むしろハーブのメリロートとして知られている）。

②症状・病態

カビなどの作用によりスイートクローバー中のクマリン[*6]が傷んだ際ジクマロールに変換され，これを含む植物を摂取するとビタミンK阻害が発生する。

海外においても，スイートバーナルグラス（*Anthoxanthum odoratum*）など，クマリンを含むほかの植物による同様の中毒が起こっている[7]。クマリンは，サクラ葉やラベンダー油，トンカ豆などの香味，香料の原料となる植物をはじめとして，キク科，セリ科，イネ科など，多くの植物に含まれる。

出血傾向を示す症例では，ジクマロール中毒を疑う必要がある。罹患牛は皮下，筋肉，腹腔内，腸管などの出血のため，虚弱・貧血を呈して数日で斃死する。症状を呈した時点で血液凝固系の検査まで行うことはまれなため，斃死例の解剖時に気付くことが多い。

③診断

確定診断としては，飼料または斃死牛の肝臓などの臓器から，HPLCを用いてジクマロールを検出する方法がある。また，豚ではクマリン系の殺鼠剤による同様の症例が散発しているが，牛舎の場合，飼料倉庫などを除けば殺鼠剤の設置自体がまれなので，鑑別の必要は少ない。

④治療・予防

この中毒を疑う例が出た場合には，給与飼料の中止のほか，同居牛にビタミンKを投与することで被害の拡大を防ぐことができる。

8．その他注意すべき植物

ツツジ科植物，キョウチクトウの項で解説したよう

表 13-3　牛が摂食する可能性のある有毒植物

	植物名	毒性物質	毒性症状	備考
樹木	イチイ，キャラ	タキシン	急死，肝毒性，腎毒性，心毒性	
	シキミ	アニサチン	神経症状および消化器症状	
	ユズリハ，エゾユズリハ	ダフニクマリンなどのアルカロイドを含むが，不詳	急死，疝痛，可視粘膜チアノーゼ，黄疸	
	ソテツ	サイカシン	後躯麻痺	サイカシンのアグリコンには発がん性がある
野菜，作物	ネギ，タマネギ	アリルプロピルジスルフィド	溶血性貧血	第一胃内細菌の関与があるといわれる
	エゴマ	ペリラケトンなど	肺水腫，肺気腫	
	コンフリー	ピロリチジンアルカロイド	肝毒性，発がん性	
	タバコ	ニコチン	神経症状	
雑草	オナモミ，オオオナモミ	カルボキシアトラクチロシド	急死，肝毒性，低血糖	種子および子葉期の植物に毒性物質が含まれる
	ナルトサワギクなどのキオン属植物	ピロリチジンアルカロイド	肝毒性，発がん性	
	ドクゼリ	シクトキシン		
飼料作物	ソルガム	青酸配糖体	急死，呼吸困難	幼植物に毒性物質が含まれるので，草丈 60 cm 未満のものを給与してはいけない
	ヘアリーベッチ	不詳	皮膚の肉芽腫	

に，身近な庭木に強い毒性を持つものがある。また，ヒトが野菜として利用している植物にも，牛に毒性を有するものがある。さらに，牧野や路上の雑草に思わぬ毒性があることがまれにある。また，発がん性や催奇形性を持つ物質を含む植物では，牛自体に急性中毒を起こさなくとも，畜産物への残留とそれによるヒトへの影響が懸念される。これらの植物のうち，過去に我が国で中毒事故の発生のあるもの，牧野やその近隣に繁茂して注意喚起がなされているものについて，毒性物質，症状を表13-3にまとめた。

第2節　硝酸塩中毒

植物は，窒素をアンモニアまたは硝酸態窒素（硝酸塩[*7]：nitrate）として吸収・利用する。施肥された窒素肥料は吸収された後，速やかに必要なアミノ酸，タンパク質に再構成されるが，施肥量が非常に多い場合や降雨後の晴天で急激に吸収量が増加した直後などには硝酸態のままの窒素が植物に残存していることがある。このような植物を摂取すると，反芻胃内では微生物の働きで硝酸態窒素が亜硝酸態に還元され，胃壁などから吸収されることになる。一部はさらに還元され，アンモニアとなって吸収される。血中の亜硝酸イオンにより，ヘモグロビン（Hb）のヘム鉄は酸化してメトヘモグロビンが形成される。メトヘモグロビンは酸素（O_2）と結合することができないので，呼吸により肺胞に取り込まれたO_2を運搬できず，細胞レベルでのO_2不足が生じる。これが一般的な硝酸塩中毒の機序である。

急性の硝酸塩中毒に関しては後述のとおり様々なガイドラインが定められているが，1,000 ppm に満たない濃度の粗飼料でも，長期に給与されていると，生産性の低下や繁殖障害につながるのではないかという慢性中毒の可能性について，1950年代から議論がなされている。硝酸塩を単独で給与した際の甲状腺や，血中ビタミン A 濃度への影響，繁殖成績，増体や泌乳量への影響などに関する研究が多数行われている。しかし，慢性中毒の可能性については肯定的，否定的な結果が混在し，現在のところ結論は出ていない。

表13-4 日本の粗飼料の硝酸態窒素濃度のガイドライン
（農林水産省草地試験場　1988年）

項目	一回の摂取量	飼料中の濃度	一日の摂取量
硝酸態窒素含量（乾物換算）	0.1 g/kg体重	0.2％以下	0.111 g/kg体重

表13-5 メリーランド大学のガイドライン

粗飼料中の硝酸態窒素濃度 ppm（乾物換算）	給与上の注意
>1,000	十分量の飼料と水が給与されていれば安全
1,000～1,500	妊娠牛以外は安全。妊娠牛には，給与乾物量の50％を限度として使用。場合によっては牛が飼料の摂取を停止したり，生産性が徐々に低下したり，流産が起こったりする可能性がある
1,500～2,000	すべての牛に対して，給与乾物量の50％を限度として使用。中毒死も含めて，何らかの異常が起こる可能性がある
2,000～3,500	給与乾物量の35～40％を限度として使用。妊娠牛には給与しない
3,500～4,000	給与乾物量の20％を限度として使用。妊娠牛には給与しない
4,000<	有毒であり給与してはいけない

①背景・病態

　ヒトは，牛に比べてはるかに高い濃度の硝酸塩を含む野菜を常食しているが，胃内のpHが強酸性であるため，亜硝酸の生成は抑制されている。また，高濃度の硝酸塩を含んでいるとはいえ，体重当たりの植物の摂取量が牛に比べて少ないので，成人が硝酸塩中毒を起こすことはまずない。

　子牛ではいくつかの条件が成牛と異なる。まず，生後間もない子牛は血中硝酸－亜硝酸イオンの濃度が一般的な成牛の中毒レベル以上に高い（生後0日，哺乳開始以前では30 ppm以上）。初乳給与後，この値は急激に低下し，一年ほど経って，乳牛では泌乳を開始する頃にはほとんど検出されなくなる[1]。また，生後すぐは反芻胃の発達が未熟で，反芻胃での亜硝酸塩生成は少ないと考えられる。第四胃の働きも，ヒトなどの単胃動物と同様，最初から完成されてはいない。

②症状

　罹患牛の可視粘膜はチアノーゼを呈し，重症では死に至る（メトヘモグロビン血症）。

③診断

　急性中毒の診断としては，まず給与飼料の硝酸態窒素濃度を定量することが必要だが，公定法となっている「飼料分析規準」所載のHPLCによる定量法では，カラムの平衡化に時間がかかり，迅速な定量は難しい。そこで，硝酸塩中毒を疑う症例があった際にはいったん簡易型反射式光度計や試験紙などでおおよその値を調べ，その後HPLCによる確定診断を行うことが勧められる。

　また，血液中硝酸態窒素濃度，Hbの測定も可能である。牛が死亡してしまった場合は，眼房水の硝酸態窒素濃度が診断の参考になる。20 ppmを超えていれば中毒が疑われるが，死産胎子を含め，子牛では前述のようにもともと高値であるので，注意が必要である。

④治療

　治療は，メトヘモグロビン血症を起こした牛に対しては，2％メチレンブルー生理的食塩溶液を4 mg/kgとなるよう静脈内投与する方法が有効である。メチレンブルーはニコチンアミドアデニンジヌクレオチドリン酸還元型（NADPH）を介してメトヘモグロビンをHbに還元するため，低酸素血症が改善される。重度の場合はメチレンブルーの濃度を低くして反復投与するとよい。ただし，組織が青く染まって，尿も暗緑色となり，半年ほどは出荷に差し支える[2]。

⑤予防

　ヒトの乳児では胃酸の分泌が少なく，アメリカで硝酸塩濃度の高い水道水を用いて作ったミルクを与えられた乳児がメトヘモグロビン血症を起こした。このことが，水道水中の硝酸塩濃度の規制値を制定するきっかけとなった。人工乳を与えられている段階の子牛はまさにヒトの乳児と同様の状態で胃酸の分泌が少ないため，人工乳に用いる水の硝酸塩の濃度に注意する必要がある。

　前述の窒素施肥過剰や降雨後の急な肥料成分吸収の例のほかに，スーダンなどから安価な輸入乾草に硝酸塩濃度の高いものがみられる。離乳後の育成牛においても哺乳牛と同様に，胃の発達が不十分であるうちは自給飼料のみならず，購入牧草の品質も吟味すべきである。

　飼料中の硝酸態窒素濃度については，1988年の農林水産省草地試験場（〈現〉独立行政法人農業・食品産業技術総合研究機構 畜産草地研究所）によるガイドラインにおいて，乾物換算で2,000 ppm以下とされている（表

13-4)。また，アメリカの獣医系の大学などでは，それぞれ詳細なガイドラインが定められている。アメリカ・メリーランド大学のガイドラインを典型的なものとして挙げる（表13-5）。

第3節　マイコトキシン中毒

　マイコトキシン（mycotoxin）は，家畜やヒトに対して有毒な作用を持つ，真菌が産生する二次代謝産物の総称でカビ毒ともいわれる。真菌は環境中に広く存在するため，飼料への真菌汚染を完全に防除することは事実上，不可能である。しかしながら，すべての真菌がマイコトキシンを産生するわけではなく，畜産環境中でよく認められるクロカビ（*Cladosporium* 属）やミルク腐敗カビ（*Geotrichum* 属）などは，マイコトキシンを産生しない。また，一般に反芻動物はルーメン微生物の分解作用により，マイコトキシンに対して感受性が低いことが知られている。したがって，異常の原因を安易にマイコトキシンに帰することは避けるべきであるが，ルーメン機能が十分成熟していない子牛についてはマイコトキシンに対して単胃動物同様の注意が必要である。

　マイコトキシン中毒の診断法に関しては，マイコトキシンそのものを検出することが最も信頼性が高い。治療法に関しては根治療法はなく，原因飼料の給与を中止し，対症療法を施すしかない。また，飼料中のマイコトキシンによる家畜の損耗を低減する目的で，飼料へのマイコトキシン吸着剤の添加や紫外線処理などが試みられているが，コストおよび飼料の栄養価への影響などの点で解決すべき課題が未だ残っており，現在のところ確立された技術とはいえない。したがって，飼料の管理を徹底し，マイコトキシン汚染の防除に取り組むことが最も現実的なマイコトキシン対策といえる。現在，畜産分野においてはアフラトキシンB_1，ゼアラレノン，デオキシニバレノールについての基準値が設定され（表13-6），マイコトキシンに関するリスク管理が行われている。ここではそれらを含めた，特に重要度の高いマイコトキシンについて解説する。

1.　アフラトキシン　aflatoxin

①背景

　アフラトキシン（aflatoxin）は，1960年にイギリスで10万羽以上の七面鳥が死亡した中毒事件で発見されたマイコトキシンである。主な産生菌は *Aspergillus flavus* であり，アスペルギルス・フラバスのトキシンという意味からアフラトキシンと命名された。アフラトキシンには類似の化学構造を持つ十数種類が存在するが，汚染頻度が高く，最も毒性の強いものはアフラトキシンB_1（AFB_1）である。また，AFB_1は牛の体内において代謝され，アフラトキシンM_1（AFM_1）として乳汁中に移行することから，食品衛生の観点からも注意が払われている[1,2]。

②症状

　アフラトキシンの主たる標的器官は肝臓である。牛においては，特に6カ月齢までの子牛が高感受性であり，血液凝固障害，血色素尿，黄疸などの肝障害症状が特徴的に認められる。また，食欲不振，増体量の低下および乳量の減少，さらにはセルロース分解阻害，揮発性脂肪

表13-6　飼料安全法に基づく飼料中マイコトキシンの基準値

マイコトキシン	対象飼料	基準値（mg/kg）
アフラトキシンB_1	配合飼料 a)	0.01
	配合飼料 b)	0.02
ゼアラレノン	家畜に供される飼料	1.0
デオキシニバレノール	生後3カ月以上の牛を除く家畜などに供される飼料	1.0
	生後3カ月以上の牛に供される飼料	4.0

a) 哺乳子牛，乳牛，哺乳期子豚，幼すうおよびブロイラー前期用
b) 牛（哺乳子牛および乳牛を除く），豚（哺乳期子豚を除く），鶏（幼すうおよびブロイラー前期を除く）およびウズラ用

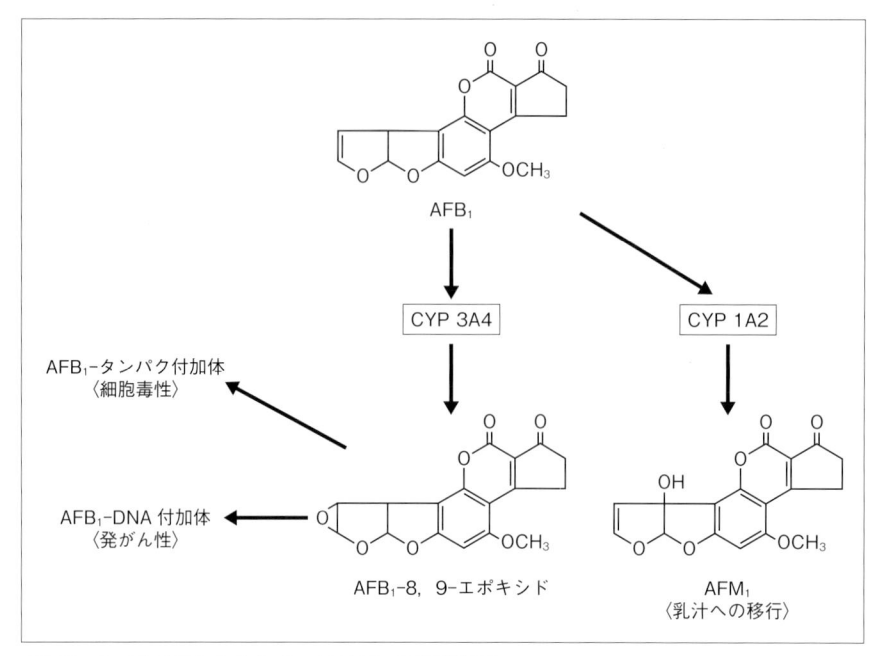

図13-4 アフラトキシンB₁（AFB₁）の代謝経路

酸の産生阻害およびルーメン運動阻害などによるルーメン機能障害を引き起こすことも報告されている。その他，胸腺皮質細胞の減少や末梢リンパ球の機能障害についても報告されており，免疫機能の障害にも関与することが示唆されている。さらに，アフラトキシンの毒性として最も注目されているのは，その発がん性である。実験的にアフラトキシンを投与されたほとんどの実験動物において発がん性が確認されており，現存する天然物中で最も発がん性が強い物質であると考えられている。

③病態

アフラトキシンは生体内において反応性の高い8,9-エポキシドに代謝され，それらがタンパク質やDNAに結合することにより様々な毒性が発現すると考えられているが，特に発がん機序については解明が進んでいる（図13-4）。薬物代謝酵素CYP3A4[*8]により代謝されたAFB₁は8,9-エポキシドとなり，DNAを構成するグアニンのN7位に結合してDNA付加体を形成する。そして，そのDNA付加体が，がん抑制遺伝子p53などに変異を誘導し，生体において発がんを誘発すると考えられている。また，アフラトキシンの垂直伝播による子牛への影響も懸念されている。母牛がアフラトキシンに汚染した飼料を採食することにより，子宮や乳汁を介してアフラトキシンが胎子や幼若牛へ移行し，病原体やワクチンに対する免疫反応を障害する可能性が指摘されている[1~4]。

④診断

アフラトキシン中毒に陥った個体では，血液凝固不全，アスパラギン酸アミノトランスフェラーゼ（AST），オルニチンカルバミールトランスフェラーゼおよびコール酸[*9]の血中濃度の増加などが報告されているが，飼料からのアフラトキシンの検出や血清タンパク結合アフラトキシンの検出が最も信頼性の高い診断指標である[4]。

2．トリコテセン　trichothecene

①背景

トリコテセン（trichothecene）系マイコトキシンは1940年代に旧ソビエト連邦のシベリア・アムール地区で頻発した，食中毒性無白血球症の原因物質として注目されたマイコトキシンで，*Fusarium graminearum*や*F. culmorum*などが主な産生菌である。トリコテセン系マイコトキシンは，12,13-エポキシトリコテセン骨格を共通骨格として持つマイコトキシンのグループで，構造上の特徴に基づいて4つのグループに分類される。各グループのトリコテセン系マイコトキシンは似通った作用機序を持つため類似の毒性を示すが，毒性の強さは異なる。家畜やヒトの中毒において特に重要なものは，タイプAに分類されるT-2トキシンとタイプBに分類されるデオキシニバレノールで（図13-5），毒性はT-2トキシ

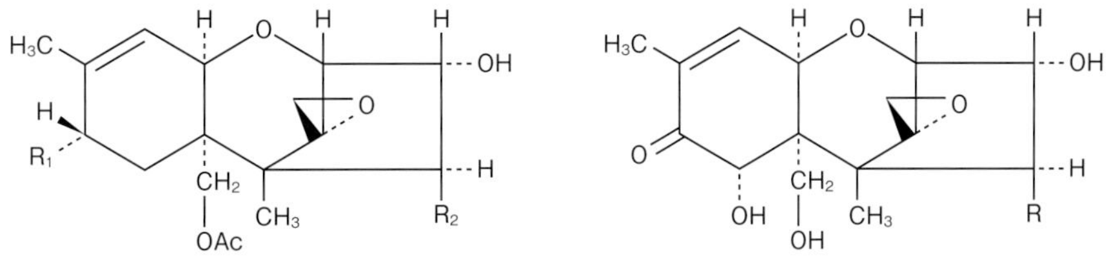

第13章 中毒・欠乏症および過剰症

	R1	R2
タイプA		
T-2トキシン	−OCOCH$_2$CH(CH$_3$)$_2$	−OCOCH$_2$
HT-2トキシン	−OCOCH$_2$CH(CH$_3$)$_2$	−HO
ジアセトキシスシルペノール	−H	−OCOCH$_2$

	R
タイプB	
デオキシニバレノール	−H
ニバレノール	−OH
フザレノン-X	−OCOCH$_3$

図13-5 トリコテセン系マイコトキシンの構造式

ンの方が強い。しかし，我が国においてはデオキシニバレノールの汚染頻度が高いことから，特に注意が払われているのはデオキシニバレノールである[1,5]。

②症状・病態

トリコテセン系マイコトキシンがもたらす特徴的な症状のひとつは嘔吐である。これはトリコテセン系マイコトキシンを摂取した個体において，肝臓を中心とした全身性のタンパク質合成阻害が起こり，その個体が高アミノ酸血症に陥った結果，脳内のトリプトファン[*10]濃度が上昇することにより，脳内のセロトニン[*11]合成が促進されることが嘔吐を誘発する原因であると考えられている。また，トリコテセン系マイコトキシンは細胞分裂の盛んな組織を障害しやすいため，骨髄や腸管粘膜上皮などが障害を受け，免疫機能の低下や下痢を誘発する。さらに，トリコテセン系マイコトキシンが誘発する免疫毒性に関しては，サイトカインの産生異常も知られているが，曝露量によって抑制的に作用したり，亢進的に作用するなど，その様相は複雑である。そのほかにも第四胃潰瘍，不妊や流産，心拍出量の低下や血管収縮の減少による主要臓器への血流減少によるショック症状の誘発なども報告されている。また，低用量での長期間曝露では食欲減退や体重減少などが観察され，小腸粘膜における栄養素吸収の阻害や微絨毛酵素[*12]の活性阻害なども

報告されているが，その詳細なメカニズムの解明にはさらなる研究が必要である[1,3,6,7]。

このような毒性を持つトリコテセン系マイコトキシンであるが，その最も主要な作用機序はリボソームのペプチジルトランスフェラーゼを阻害することによるタンパク質合成阻害である。細胞内においてタンパク質合成が阻害されることにより，細胞の機能に障害が生じ，先に述べたような様々な毒性が誘発されると考えられている[1]。

3．ゼアラレノン zearalenone

①背景

ゼアラレノン（zearalenone）は非ステロイド性のエストロゲン作用を持つマイコトキシンで，*Fusarium graminearum* や *F. culmorum* などが産生する（図13-6）。これらの産生菌は温暖な地域に生息し，よくみられる土壌真菌であり，世界的に穀物への汚染が認められている。ゼアラレノンは生体内で肝臓や腸管粘膜において代謝され，α-およびβ-ゼアラレノール，さらにα-およびβ-ゼアララノールに代謝される。ゼアラレノンとその代謝産物はエストロゲンレセプターと結合してその作用を発揮すると考えられている。ラットの子宮細胞のエストロゲンレセプターに対する結合親和性の強さはα-ゼ

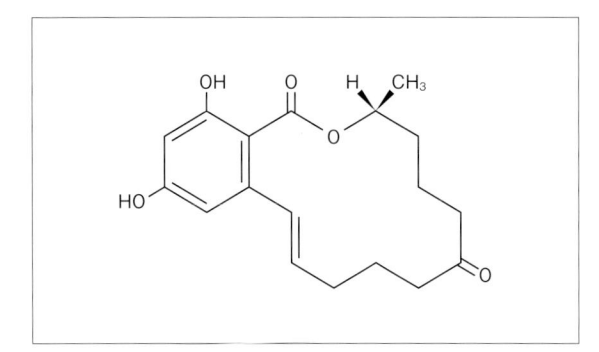

図 13-6 ゼアラレノンの構造式

図 13-7 オクラトキシン A の構造式

表 13-7 マウスへの経口投与による LD_{50}

	LD_{50}（mg/kg体重）
アフラトキシン B_1	9
オクラトキシン A	58
デオキシニバレノール	78
ゼアラレノン	20,000

（文献番号 10, 19, 20, 21 より編纂）

アララノール，$α$-ゼアラレノール，$β$-ゼアララノール，ゼアラレノン，$β$-ゼアラレノールの順となっている。また，ゼアラレノンは牛，豚，羊に対して成長促進作用があることが知られており，エストロゲン活性のより強いゼアラレノールの合成薬である zeranol は牛や羊に対するタンパク同化剤として商品化されたこともある[8, 9]。

②症状・病態

ゼアラレノンには，繁殖毒性，肝毒性，免疫毒性，遺伝毒性があることが知られている。しかし，ゼアラレノンは強い生理活性を持つものの，急性致死毒性はそれほど強くはなく，アフラトキシンやデオキシニバレノールなどと比較すると急性致死毒性は低い（表 13-7）。ゼアラレノンやその代謝物の毒性はエストロゲンレセプターとの結合親和性に依存すると考えられており，ゼアラレノンの持つ毒性として最も特徴的なものは繁殖毒性である。ヒトにおいては妊娠期間中におけるゼアラレノンへの曝露は，胎児の生存率を下げ，胎児の体重を減少させる。また，黄体形成ホルモン（LH）やプロゲステロン濃度を下げ，子宮組織に形態学的変化をもたらすことも報告されている。

牛においても不妊，乳量の減少，高エストロゲン症候群の症状が認められており，さらに，胎子死，産子数の減少，副腎・甲状腺・下垂体の重量変化，プロゲステロンおよびエストラジオールの血中濃度異常などの毒性も報告されている。さらに，ゼアラレノン汚染飼料を摂取した牛の受胎当たりの人工授精回数が増加したとの報告もある。一方，雄に対しては血中テストステロン濃度の減少，精巣重量の減少，精子形成不全，雌化や性欲の減退などが報告されている。しかし，催奇形性の毒性は知られていない。その他，ゼアラレノンには肝毒性があることが知られており，肝重量の増加や肝細胞の空胞変性のほか，肝毒性を示す AST，アラニントランスアミナーゼ（ALT），アルカリフォスファターゼ（ALP）などの生化学的マーカーの上昇も報告されている。さらに，ゼアラレノンは牛のリンパ球において DNA 付加体を形成することが報告されている[2, 9]。

4．オクラトキシン A　ochratoxin A

①背景

オクラトキシン A（ochratoxin A）はジヒドロイソクマリンの基本骨格にフェニルアラニン分子がアミド結合した構造を持ち，主な産生菌は *Aspergillus ochraceus* や *Penicillium verrucosum* などである（図 13-7）。オクラトキシン A による農産物の自然汚染は，我が国を含む世界各地で報告されており，特にヨーロッパにおいて関心が高い。その背景には，デンマークなどの北欧で発生している豚の腎症やバルカン諸国で発生しているバルカン風土病腎症の要因のひとつがオクラトキシン A であるとの疑いが強まったことがある[10]。

②症状・病態

オクラトキシン A の最も特徴的な毒性は腎毒性である。オクラトキシン A は有機アニオン移送タンパク

質[*13]に対する基質であることが示されており，特異的トランスポーターがオクラトキシンAの腎細胞への取り込みを促進する結果，腎臓にオクラトキシンAが高濃度に蓄積すると考えられている。さらに，細胞内に取り込まれたオクラトキシンAは，フェニルアラニン代謝障害，脂質の過酸化およびミトコンドリア機能障害を誘発することにより毒性を発現するといわれている。オクラトキシンA中毒を起こした個体では，貧血，食欲不振，尿量の増加，タンパク尿などの症状を示すが，反芻動物においてはオクラトキシンA中毒の報告はほとんどない。その理由としては，ルーメン微生物によりオクラトキシンAが加水分解され，効率的に毒性の低いオクラトキシンαに分解されてしまうためであると考えられている。しかしながら，ルーメン機能が未熟な子牛はオクラトキシンに対する感受性は高い[10〜12]。

5．フモニシン fumonisin

①背景

フモニシン類（fumonisin）は1988年に初めて報告されたマイコトキシンで，主に *Fusarium verticillioides* および *F. proliferatum* が産生し，もっとも汚染頻度の高いものはフモニシンB_1である。

②症状・病態

フモニシンの毒性としては，肝毒性と循環器障害が知られており，黄疸などの臨床症状を呈し，血清中のAST，γ-グルタミルトランスペプチターゼ（GGT），乳酸脱水素酵素（LDH）活性および総ビリルビン（T-Bil）濃度が上昇する。フモニシンは肝細胞，神経細胞，腎細胞，血管内皮細胞などにおいて，マイクロソーム中のN-アシルトランスフェラーゼの働きを抑え，スフィンゴ脂質の生合成経路を阻害することにより毒性を示すと考えられている。また，フモニシンは馬の白質脳軟化症，豚の肺水腫や胸水症の原因マイコトキシンとしても知られており，さらにラットの肝障害，ヒトの食道癌との関連も指摘されている。フモニシンB_1の発がん機序については，スフィンゴイド塩基の蓄積との関連が示唆されている。スフィンゴイド塩基の蓄積によりDNAの合成阻害，cAMPおよびプロテインキナーゼCによるシグナル伝達機構の障害が起こり，正常な細胞周期を障害することが原因であると考えられている[3, 13, 14]。

③診断

診断に関しては，飼料からのフモニシンの検出が基本である。子牛にフモニシンを長期間投与した実験では，肝障害を反映した血清ASTおよびGGT活性の上昇や肝病変が確認されている[15]。

6．パツリン patulin

パツリン（patulin）は1940年代に抗菌活性物質として分離された，*Penicillium patulum* などが産生するマイコトキシンである。カビが寄生したリンゴやそのジュースを汚染するマイコトキシンで，発見当初はその抗菌性を利用するための研究が数多くなされた。しかし，後に動植物に対しても毒性を有することが明らかとなり，1960年代にマイコトキシンとして新たに再分類された。

パツリンは，タンパク質のSH基と結合し，タンパク質を変性させることにより毒性を示すと考えられている。パツリン汚染はサイレージにおいても報告されていることから，家畜への影響も予想されるが，自然汚染におけるパツリンの中毒事故への関与については明確な結論は出ていない[1, 16, 17]。

7．スポリデスミン sporidesmin

スポリデスミン（sporidesmin）は，ニュージーランドやオーストラリアから報告された牛と羊の顔面湿疹の原因マイコトキシンで，ライグラス草地の刈り取りくずなどで増殖する *Pithomyces chartarum* が産生する。

スポリデスミンを摂取した牛は，顔面湿疹のほか，体重減少，黄疸，曝露を受けた部分の皮膚の痂皮，光線過敏症を呈し，胆管周囲においては炎症，壊死，細胞増殖が観察される。スポリデスミンは銅の触媒作用によってラジカルを発生することにより肝障害を起こす。顔面の湿疹は，肝障害が原因のフィロエリスリン[*14]排泄阻害による二次的な症状である[2, 18]。

スポリデスミン中毒の診断としては，肝障害や血液フィロエリスリンの定量，飼料中スポリデスミンの定量が有効である。

第4節　エンドファイト中毒

　エンドファイトは，植物と共生関係にある微生物のことであり，畜産分野ではイネ科の牧草と共生関係にある*Neotyphodium*属糸状菌（カビ）を指す。一般にエンドファイトは殺虫物質など宿主植物に有用な生理活性物質を産生するが，一部のエンドファイトは哺乳動物に毒性を示すマイコトキシンを産生する。

　ペレニアルライグラスに感染する*Neotyphodium* (*N.*) *lolii*は，ロリトレムと麦角アルカロイドの2種のマイコトキシンを産生し，トールフェスクに感染する*N. coenophialum*は麦角アルカロイドを産生する。ロリトレムには多くの同族体があるが，もっとも多く検出されるのはロリトレムB（図13-8）である。また，これらのエンドファイトが産生する主要な麦角アルカロイドはエルゴバリン（図13-9）である。

①背景

　我が国ではエンドファイトに感染していない牧草種のペレニアルライグラスおよびトールフェスク種子が市販されている。一方，西洋芝として用いられる芝草種では，エンドファイトが産生する殺虫物質などの有用な生理活性物質を利用するため，エンドファイトに感染したものを積極的に利用している。

　アメリカのオレゴン州は芝草種子の生産地で，種子採取後のストロー（麦わら）が安価な粗飼料として我が国へ輸出されている。しかし，芝草種のペレニアルライグラスおよびトールフェスクはエンドファイトに感染しているので，種子採取後のストローは一定量のマイコトキシンを含んでおり，これによる牛の中毒が散発している。一般に，ストローを多量に給与されるのは和牛の繁殖雌牛であり，実際の中毒事例もほとんどが黒毛和種繁殖雌牛の中毒であるが，子牛での中毒も報告されている。

②症状・病態

　ロリトレムによる中毒（ライグラススタッガー）の詳しい作用メカニズムは明らかになっていないが，痙攣や強直などの神経症状を誘発することが知られている。軽度では，頸部など体表の筋肉の痙攣がみられる程度であるが，重度では足を突っ張って歩行異常や起立不能に陥る。痙攣発作は，運動などの刺激によって引き起こされる。歩行異常症状から，海外ではライグラススタッガーといわれている。

　麦角アルカロイドによる中毒（フェスクトキシコーシス）には，2つの病態がある。麦角アルカロイドは，毛細血管などの平滑筋を収縮させる作用を持つ。また，ドパミンレセプターを刺激して，プロラクチンの分泌を抑制する。このため，夏期には皮膚からの体熱の放散が阻害されて体温が上昇するとともに，泌乳量の低下をもたらす（サマーシンドローム）。一方，冬期には末端部の血行障害によって，蹄や耳介，尾の先端などに壊疽を起こす（フェスクフット）。

③診断

　家畜がライグラススタッガーあるいはフェスクトキシコーシスを疑う症状を呈したときは，まず輸入ペレニアルライグラスストローあるいはトールフェスクストロー給与の有無を確認する。給与していれば，直ちに給与を停止するとともに，給与されていたもののなかから検査用のストローを確保して当該ストローのエンドファイト感染の有無を確認する。ストローにはわずかではあるが種子が残存している。この種子を採取してローズベンガルで染色後鏡検し（図13-10），エンドファイト菌糸の有無を確認する。エンドファイトに感染していれば，種子の糊粉層細胞の間に糸クズのような菌糸が観察できる（口絵p.47，図13-11）。これと並行して，低マグネシウム（Mg）血症，低カルシウム（Ca）血症，チアミン（ビタミンB_1）欠乏症，硝酸塩中毒，一年生ライグラス中毒などとの類症鑑別を行う。これらの検査で，エンドファイト中毒の疑いが強くなったら，「エンドファイトの分析依頼について」（平成23年3月15日付　農林水産省事務連絡）に従って担当部局へ連絡するとともに，カビ毒の分析が必要と判断した場合は，独立行政法人農林水産消費安全技術センターと協議のうえ分析を依頼する。

　オレゴン州立大学では，給与全飼料中のカビ毒の濃度としてロリトレムB 1,800〜2,000 ppbでライグラススタッガーが，エルゴバリン400〜750 ppbでフェスクトキシコーシスが発現するとしている。しかし，独立行政法人農業研究機構 動物衛生研究所の検討では，黒毛和種牛はロリトレムBに対する感受性が高く，黒毛和種去勢雄育成牛での無毒性量は1日，体重1 kg当たり12 μgである。

図13-8 ロリトレムBの構造式

図13-9 エルゴバリンの構造式

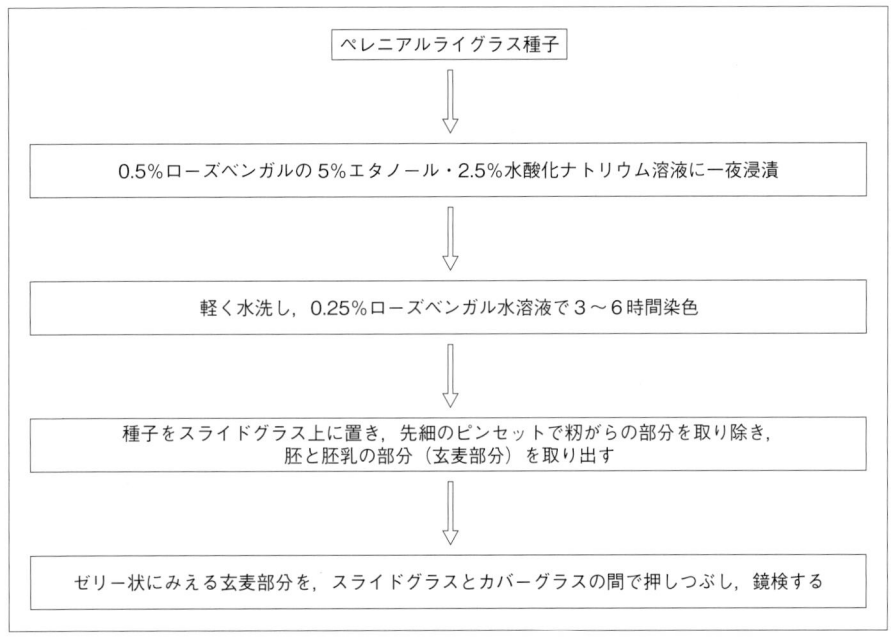

```
ペレニアルライグラス種子
    ↓
0.5%ローズベンガルの5%エタノール・2.5%水酸化ナトリウム溶液に一夜浸漬
    ↓
軽く水洗し，0.25%ローズベンガル水溶液で3～6時間染色
    ↓
種子をスライドグラス上に置き，先細のピンセットで籾がらの部分を取り除き，
胚と胚乳の部分（玄麦部分）を取り出す
    ↓
ゼリー状にみえる玄麦部分を，スライドグラスとカバーグラスの間で押しつぶし，鏡検する
```

図13-10 エンドファイト菌糸染色法

④治療・予防

ライグラススタッガーおよびフェスクトキシコーシスに根本的な治療法はない。疑われる事例が発生したときは，直ちにストローの給与を停止するとともに，必要に応じて抗菌薬，ビタミンB_1製剤，ステロイド系抗炎症剤などを投与する。

エンドファイト中毒を予防するためには，輸入ストローを多給せずに，複数の粗飼料を組み合わせて給与することが重要である。多くの飼料輸入業者は，輸入時にカビ毒の検査を実施しているので，購入時にはこれを確認することも有効である。また，㈱農研機構 動物衛生研究所は，輸入ストローの使用に際して注意すべき点を解説したパンフレットをウェブ上で公開〈http://www.naro.affrc.go.jp/org/niah/disease_poisoning/endo-guide.html [cited 2013 Dec. 18]〉しているので，参考にされたい。

なお，輸入ペレニアルライグラスストローは，イタリアンライグラスストローと区別されずにライグラスストローという名称で販売されていることが多い。また，ペレニアルライグラスストローがイタリアンストローと誤って表示されていることもある。イタリアンライグラスに感染するエンドファイト（*N. occultans*）はカビ毒を産生しないので，購入時には草種をきちんと確認する必要がある。

前述のように，我が国で市販されている牧草種ペレニアルライグラスおよびトールフェスク種子はエンドファイトに感染していないので，自給の場合はロリトレムや麦角アルカロイドによる心配はほとんどないが，採草地への芝草種の侵入には注意する必要がある。

第5節　一年生ライグラス中毒

　一年生ライグラス中毒（annual ryegrass toxicosis：ARGT）とは，雑草である一年生ライグラス（*Lolium rigidum*）などのイネ科植物の種子で増殖する細菌 *Rathayibacter*（*R.*）*toxicus* が産生するコリネトキシンという毒素による中毒である。

①背景

　コリネトキシンを産生する *R. toxicus* は土壌線虫 *Anguina*（*A.*）*funesta* によって媒介される。*A. funesta* が一年生ライグラスの種子で生育して虫瘤を作り，*A. funesta* によって運ばれた *R. toxicus* が虫瘤で増殖してコリネトキシンを産生する。種子は，*R. toxicus* が増殖して産生する色素で黄色となり，有毒となる。

　コリネトキシンは，抗ウイルス作用を持つ抗菌剤ツニカマイシンと類似の構造を持ち，ツニカマイシンと同様に糖タンパク質糖鎖の合成を阻害することが明らかになっている。しかし，この作用と中毒発現の関連は明確になってはいない。

　我が国は，オーストラリアからエンバク乾草（オーツヘイ）を輸入している。1996年に輸入オーツヘイを給与していた牛および羊に重篤な神経症状を主徴とする異常が発生した。給与されたオーツヘイを検査したところ，多量の一年生ライグラスが混入しており，回収したライグラス種子からコリネトキシンが検出されたことから，一年ライグラス中毒と判明した。

②症状

　発症初期には運動などの刺激で一時的な起立不能を呈するだけであるが，症状が進むと痙攣発作を繰り返すようになる。さらに進行すると発作の間隔が短くなるとともに，後弓反張や遊泳運動（図13-12）などの重篤な神経症状を呈するようになり死に至る。

③診断

　家畜が一年生ライグラス中毒を疑う症状を呈したときは，まずオーストラリア産粗飼料給与の有無を確認する。給与していれば，当該粗飼料を検査用に確保するとともに，一年生ライグラス混入の有無を確認する。混入があった場合は種子を採取して，黄色の菌塊を含む種子の有無を検索する（口絵 p.47，図13-13）。有毒な種子の検出には透過光での観察が有効である。牛の体重1kg当たりおよそ600個の有毒種子の摂取で中毒が発現するとされている。また，低 Mg 血症，低 Ca 血症，ビタミン B_1 欠乏症，硝酸塩中毒，ライグラススタッガーなど，類似した症状を呈する疾患との類症鑑別を行う。

④治療

　一年生ライグラス中毒を疑う症状を呈したら，速やかに当該飼料の給与を中止する。しかし，コリネトキシンは組織残留性が高いため，飼料を切り替えても症状が改善しないことが多い。痙攣発作にはベンゾジアゼピン系鎮静剤が有効であるが，根本的な治療法はない。オーストラリアでは，輸出する粗飼料中の *R. toxicus* 抗原あるいはコリネトキシンの検査を実施しており，1996年の事故以降，我が国では一年生ライグラス中毒は発生していない。

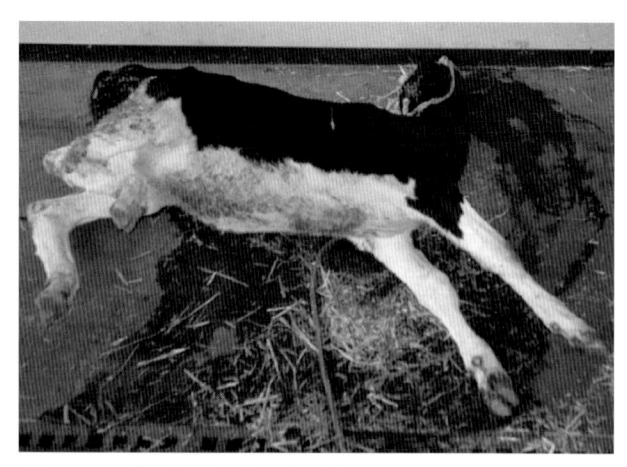

図13-12　遊泳運動を呈する症例

第6節　薬剤中毒および農薬の中毒・残留

薬剤および農薬中毒のほとんどは，それらを使用する側の不注意で発生する。すなわち，主たる原因は薬剤の過剰投与や農薬の管理失宜である。獣医師が個体の体重や月齢を確認し適正量を投薬することに加え，飼養者に投薬を指示する場合は分かりやすい説明が求められる。また，農薬は除草剤や殺虫剤として日常的に用いられるものであり，保管場所や方法に対する注意力が散漫になりやすい。

1．サルファ剤　sulfonamides

①背景
サルファ剤（sulfonamides）は牛のコクシジウム症の治療薬として広く用いられている。サルファ剤は，主に腎臓から排泄されるが，酸性では溶解度が低いため，過剰投与と尿の酸性傾向が重なるとスルファミン結晶が析出し，腎障害の原因となる（第2章 第7節「抗菌薬使用の基本」を参照）。

②症状
牛におけるサルファ剤による中毒は，コクシジウム症治療の過程で起きることがほとんどである。そのため，基本疾患であるコクシジウム症の症状として，血液が混じた下痢，脱水，発熱などの症状を呈する。サルファ剤の投与により血便は消失するが，尿中に析出したスルファミン結晶による血尿あるいは尿潜血，結石が認められ，排尿も乏しくなる。さらに症状が進むと，起立不能，昏睡状態となり死に至る。

③診断
尿検査においては，尿潜血および尿タンパクは陽性で，尿沈査にはスルファミンの単独結晶や結晶を核とした結石が認められる（口絵p.47，図13-14）。尿沈査の主成分は，Hawk-Oser-Summerson法の斎藤変法で確認できる（表13-8）。スルファミンであれば，結石を白金耳上で加熱すると溶解・黒化する。また，近位尿細管損傷のマーカーであるN-アセチル-β-D-グルコサミニダーゼ（NAG）濃度が上昇する。血液検査においてヘマトクリット（Ht）値の上昇，白血球数の増加，血液生化学的検査において血中尿素窒素（BUN）および血清クレアチニン（Cre）濃度の増加がみられる。超音波検査においては，腎杯全体の高エコーおよび音響陰影（シャドウ）を伴う結石が認められる。

④治療
治療は，サルファ剤の使用を直ちに中止し，経口補液，輸液などにより利尿を図る。

2．イオノフォア抗菌薬　ionophore

①背景
サリノマイシン，モネンシンおよびラサロシドは，飼料が含有している栄養成分の有効な利用促進の目的で牛用飼料への飼料添加物として指定されているイオノフォア[*15]抗菌薬（ionophore）である。しかし毒性が比較的強く，また動物種によって感受性が大きく異なるので注意が必要である。我が国では鶏や七面鳥での中毒事例が報告されているが，海外では子牛の中毒も報告されている。牛用飼料（A飼料）の製造ラインはほかの家畜用飼料の製造ラインと厳密に区分けされており，牛用飼料に飼料安全法で定められた添加量を超えるイオノフォア抗菌薬が混入する可能性はきわめて低いが，一定の注意が必要である。

②症状
子牛での中毒症例では，元気・食欲減退，流涎，顔面の浮腫，眼球の陥没などの症状がみられ，舌は麻痺して口外へ垂れ下がる。

③診断
診断にはまず，イオノフォア抗菌薬使用の有無を確認する。血液生化学的検査ではAST，クレアチンキナーゼ（CK）および乳酸デヒドロゲナーゼ（LDH）値の上昇がみられる。確定診断は，飼料，胃内容などのイオノフォア抗菌薬分析による。

④治療
イオノフォア抗生物質が原因と判明した場合は，直ち

表 13-8 尿沈査の検査法（Hawk-Oser-Summerson 法の斎藤変法）

検査の流れ							沈査の組成
粉末を白金耳上で加熱	燃焼黒化しほとんど消失(有機物)	粉末を直火で加熱	長く燃え,炎は鮮褐色	樹脂の燃えるにおい	エタノール・エーテルに溶ける		脂肪性尿結石
				毛の燃えるにおい	エタノール・エーテルに溶けない		フィブリン
			瞬間的に燃え,炎は青白色	腐敗臭			システイン
			炎の呈色なし	無臭	粉末でムレキンド試験（濃硫酸を加えるだけでも可）	陽性（赤），強く泡立って溶ける	粉末に10%水酸化ナトリウムを加え煮沸	アンモニア臭（＋）	尿酸アンモニウム
							アンモニア臭（－）	尿酸
					陰性（黄），泡立たないで溶ける		キサンチン
	溶解・黒化						スルファミン
	燃焼せずに量も変化なし(無機物)	粉末にゆっくり3N塩酸を2～3滴加える（加熱せずに）	泡立って溶ける				炭酸塩
			泡立たないで溶ける	粉末を徐々に弱く熱した後,3N塩酸を2～3滴加える	泡立って溶ける（シュウ酸→炭酸化）		シュウ酸塩
					泡立たないで溶ける	粉末に10%水酸化ナトリウムを2～3滴加え煮沸	アンモニア臭（－～＋）	リン酸土類
							アンモニア臭（＋＋～＋＋＋）	リン酸アンモニウムマグネシウム

に当該飼料の給与を停止する。

3．動物用医薬品による副作用

中毒ではないが，動物用医薬品による副作用事故も散発している。薬事法では，製造業者，獣医師などは，医薬品または医療用具の使用に伴って発生した副作用などの情報を農林水産大臣に報告することが義務づけられている。これらの報告をとりまとめたものは，農林水産省動物医薬品検査所のウェブサイト（副作用情報データベース〈http://www.nval.go.jp/asp/se_search.asp [cited 2013 Dec. 18]〉）で公開されているので，参考にされたい。

4．有機リン系農薬
organophosphorus pesticides

①背景

現在登録されている農薬のほとんどは毒性の低いものであり，通常の使用で家畜に中毒を起こす可能性は低い。しかし，農薬の管理が不十分で原液が畜舎内に放置されたりすると，中毒事故が発生する可能性がある。ま た，すでに登録が失効している農薬が適切に処分されずに保管あるいは使用されている可能性もある。失効農薬の多くは毒性が高いので，注意が必要である。

なお，農林水産省消費・安全局農産安全管理課が監修した農薬中毒の症状や治療法を解説したパンフレット「農薬中毒の症状と治療法」第14版がウェブ上で公開されているので，こちらも参考にされたい〈http://www.midori-kyokai.com/yorozu/tyuudoku.html [cited 2013 Dec. 18]〉。

有機リン系農薬（organophosphorus pesticides）は，殺虫剤，殺菌剤および除草剤として広く用いられている。有機リン系農薬はアセチルコリンエステラーゼ[*16]（ChE）に結合することで，ChEの活性を阻害することにより中毒を引き起こす。畜舎に殺虫目的で施用した有機リン系農薬による子牛の中毒事例が報告されている。

②症状

中毒症例ではコリン作動性神経の興奮により，嘔吐，縮瞳，唾液分泌亢進，徐脈，痙攣，意識混濁などの症状を示す。症状が回復した後に再度悪化することもある。前述した子牛の中毒症例では，元気消失，食欲不振，脱力感，粘液性の下痢が観察されている。

表 13-9 農薬の迅速検査法

簡易検査キット	原理	検出農薬
有機リン系農薬検出キット （関東化学）	有機リンとの呈色反応	有機リン系農薬
Agri-Screen チケット AT-10 （和光純薬工業）	コリンエステラーゼ阻害活性	有機リン系農薬 カーバメート系農薬

③診断

血液生化学的検査では，血清アセチルコリンエステラーゼ活性の低下がみられる。可能であれば血液，尿，腸管内容などからの農薬の検出を試みる。有機リン系農薬検出のための簡易検査キットが市販されている（**表13-9**）。

④治療

治療には抗コリン剤である硫酸アトロピン，あるいはコリンエステラーゼ再賦活薬であるプラリドキシムヨウ化メチル（PAM）の静脈注射が有効である。

5．カーバメート系農薬
carbamate pesticides

①背景

カーバメート系農薬（carbamate pesticides）は殺虫剤として広く用いられている農薬で，有機リン系農薬と同様にアセチルコリンエステラーゼ活性を阻害することにより毒性を示す。

②症状

有機リン系農薬と同様の中毒症状を示すが，一般に有機リン系農薬よりも早く発症し回復も早い。

③診断

有機リン系農薬と同様に，血清 ChE と結合することにより ChE の活性を低下させる。試料中の ChE 活性阻害作用を検出する簡易キットが市販されているが，測定原理上，有機リン系農薬との区別はできない（**表13-9**）。

④治療

治療には，有機リン系農薬と同様に硫酸アトロピンの静脈注射が有効である。しかし，PAM は ChE とカルバノート剤との結合を解離できないため，カーバメート系農薬中毒では有効性が確認されていない。

6．ピレスロイド　pyrethroid

①背景

ピレスロイド（pyrethroid）は殺虫剤として広く用いられている農薬であり，神経細胞膜ナトリウムイオン（Na^+）チャネルの不活性化を阻害することにより毒性を発現する。

②症状

中毒症状としては，運動失調，痙攣，唾液分泌亢進，呼吸困難などがみられる。

③診断

農薬の簡便な検出法はない。農薬の使用状況，症状が類似するほかの疾患との鑑別などから総合的に判断する。

④治療

痙攣に対してはメトカルバモールやジアゼパムなど，唾液分泌亢進には硫酸アトロピンの投与が有効である。

7．有機フッ素系農薬
organofluorine pesticides

①背景

有機フッ素系農薬（organofluorine pesticides）である，モノフルオロ酢酸ナトリウム（農薬登録名：モノフルオル酢酸ナトリウム）は殺鼠剤として用いられている。モノフルオロ酢酸アミド（商品名：フッソール，ニッソール）は殺虫剤として使用されていたがすでに失効している。

②症状

モノフルオロ酢酸はTCAサイクルを阻害することにより毒性を発現し，興奮，嘔吐，痙攣，呼吸抑制，心不全などの症状を引き起こす。

③診断

農薬の簡便な検出法はない。農薬の使用状況，症状が類似するほかの疾患との鑑別などから総合的に判断する。

④治療

治療として高張ブドウ糖液の点滴，ジアゼパムなどの抗痙攣剤の投与が有効である。

8. 有機塩素系農薬
organochlorine pesticides

①背景

ジクロロジフェニルトリクロロエタン（DDT），エンドリン，ベンゼンヘキサクロリド（BHC）などの有機塩素系農薬（organochlorine pesticides）は殺虫剤として用いられたが，毒性が強く農薬登録は失効している。フサライド，ペンタクロロニトロベンゼン（PCNB）などは殺菌剤として現在も使用されている。また，クロルピクリンは殺虫剤，殺菌剤として登録されている。

②病態

DDTは，ピレスロイドと同様にNa^+チャネルを開くことにより毒性を示す。一方，エンドリンはGABA受容体を阻害して毒性を発現する。フサライドなどの有機塩素系農薬はタンパク質のSH基に作用し，SH基を活性中心とする酵素を阻害することによって毒性を示す。また，粘膜刺激性が強い。

③症状

DDTとエンドリンでは作用メカニズムは異なるが，これらの有機塩素農薬による中毒は神経興奮によるもので，嘔吐，興奮，痙攣，知覚異常，意識消失，呼吸抑制，肝および腎障害，肺水腫などの症状を呈する。

フサライドによる中毒では，喘息様発作，皮膚のかぶれなどがみられる。クロルピクリンは容易に気化して刺激性が強く，流涙，皮膚の水疱，咳などの中毒症状を示す。多量に吸入した場合は，肺水腫を誘発する。

④診断

農薬の簡便な検出法はない。農薬の使用状況，症状が類似するほかの疾患との鑑別などから総合的に判断する。

⑤治療・予防

DDT，エンドリンなどによる中毒には，ジアゼパムのような抗痙攣剤，鎮静剤の投与が有効である。現在，土壌殺菌のために施用したクロルピクリンの蒸気が畜舎に侵入し家畜に中毒を起こす事故が散発している。クロルピクリン施用後は，地面を直ちに被覆する必要がある。

9. 抗凝固剤系殺鼠剤
anticoagulant rodenticides

①背景

ワルファリン，ジファシノン（農薬登録名：ダイファシノン）などの抗凝固剤（anticoagulants）が殺鼠剤として用いられている。ワルファリンはクマリン誘導体でビタミンKに拮抗して血液凝固を阻害する。ジファシノンなどのインダンジオン誘導体もワルファリンと同様にビタミンKに類似した構造を持ち，その作用に拮抗する。畜舎内で施用あるいは保管した殺鼠剤による家畜の中毒が散発している。

②症状

症状として鼻，歯肉，粘膜，消化管など全身で出血し，血腫，血尿などもみられる。また粘膜は蒼白で，胸膜出血による呼吸困難を呈することもある。

③診断

血液検査では，Ht値の低下，活性化部分トロンボプラスチン時間（APTT）およびプロトロンビン時間（PT）の延長がみられる。生体材料中のクマリン誘導体は，HPLCにより分析できる。

④治療

治療には，ビタミンK_1製剤の投与が有効である。

10. パラコート／ジクワット
paraquat／diquat

①背景
パラコート（paraquat）およびジクワット（diquat）は除草剤として用いられてきたが，毒性が強く，ほとんどの製剤の国内生産が中止になっている。これらの農薬は生体内でラジカルとなり，ラジカルが酸化されて元のイオンに戻る際に活性酸素を生じる。この活性酸素が細胞を損傷する。

②症状
摂取直後には局所粘膜の炎症，び爛，ショック，意識障害がみられ，数日で肝および腎障害が現れ，さらに経過すると肺水腫，間質性肺炎，肺線維症などを誘発する。

③診断
診断は，農薬の使用状況，症状が類似するほかの疾患との鑑別などから総合的に判断する。生体材料からのパラコート検出には，ハイドロサルファイト反応を用いた呈色反応が簡便である。また，パラコート，ジクワットともに HPLC によって迅速な分析が可能である。

④治療
解毒剤はなく治療は難しい。

11. 石灰窒素　calcium cyanamide

①背景
石灰窒素はカルシウムシアナミド（calcium cyanamide）を主成分とする農業資材で，農薬あるいは肥料として広く用いられている。畜産分野でも，有害微生物の殺菌目的で，敷料や堆肥への添加が行われている。こういったなかで，敷料に添加した石灰窒素が原因となる牛の皮膚炎が報告されている。これはカルシウムシアナミドの加水分解産物であるシアナミド（図 13-15）によるアレルギー性皮膚炎と考えられている。なお，マメ科植物のヘアリーベッチの給与でも同様の症状を呈することがあるが，その原因は明らかになっていない。しかし，ヘアリーベッチがシアナミドを産生することが報告されており，ヘアリーベッチによる異常もシアナミドが原因である可能性がある。

②症状
症状としては，脱毛，湿疹，痂皮を呈する皮膚炎が，乳房，乳頭から下腹部，頚部などに広がり，掻痒による舐めや擦りつけにより出血，び爛もみられる。重症例では，発熱や食欲不振も呈する。

③診断
臨床症状および石灰窒素の使用歴から診断する。

④治療
石灰窒素が原因と判断された場合は，直ちに石灰窒素の使用を停止する。抗菌薬，消炎剤は無効である。

12. 畜産物への各種薬剤および農薬の残留

食品の安全性を確保するため，食品衛生法により農薬などのポジティブリスト制度が実施されている。畜産物については，農薬のみならず動物用医薬品や飼料添加物もポジティブリスト制度の対象になる。

畜産物への農薬残留は，飼料を介したものがほとんどである。そこで，飼料を汚染する可能性のある農薬について飼料安全法に基づくリスク管理が行われており，注意すべき農薬の許容基準値が設定されている（「飼料及び飼料添加物の成分規格等に関する省令」〈農林水産省令第60号，最終改正平成25年9月2日〉および「飼料の有害物質の指導基準の一部改正について」〈25消安第3421号，最終改正平成25年10月30日〉）。また最近，古畳を再生した稲わらを給与したことにより，これを汚染していた有機塩素系農薬が畜産物に残留した事例があるので，注意する必要がある（「不適切な製造方法による

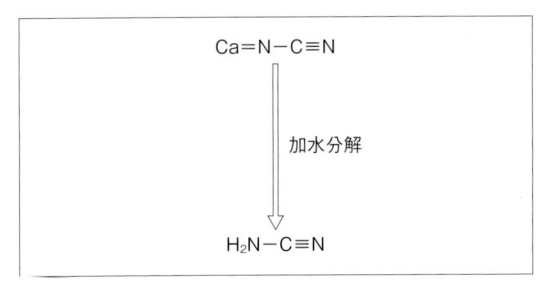

$$Ca=N-C\equiv N$$
$$\downarrow \text{加水分解}$$
$$H_2N-C\equiv N$$

図 13-15　カルシウムシアナミドからシアナミドへの変化

古畳再製稲わらの製造等の禁止について」〈22 消安第 6549 号，平成 22 年 11 月 12 日〉）。

動物用医薬品には，対象動物，用法・用量および使用禁止期間が定められており（「動物用医薬品の使用の規制に関する省令」〈農林水産省令第 68 号，最終改正平成 25 年 10 月 11 日〉），これを遵守すればこれらが畜産物に残留することはない。

飼料添加物についても，添加できる飼料の種類やこれを給与してよい時期などが定められているので（「飼料及び飼料添加物の成分規格等に関する省令」〈農林水産省令第 60 号，最終改正平成 25 年 9 月 2 日〉），これを遵守すれば問題はない。

第 7 節　食塩中毒・水中毒

両疾病とも飲水が関係する。子牛がバケツなどから自由に飲水できない状況や，飼育場所あるいは牛舎構造の不備による飲水しにくい状況などが発症誘因となる。また，ウォーターカップの不具合や水量低下は盲点となりやすい。

1．食塩中毒　salt poisoning

①背景

一般に食塩中毒（salt poisoning）といわれる中毒は，実は水欠乏症である。豚で多く観察される病態だが，牛でも時として報告がある。もともと，牛では鉱塩を給与するほど飼料中の塩分濃度は低い。食塩自体の中毒量は，牛では 6 g/kg と大量であり，鉱塩の摂取のみで発生するといった例はみられない。しかし，水源に近づけない場合や，給水が何らかの理由で停止してしまうと，特に子牛や育成牛では，1～2 日という比較的短時間に神経症状を呈して死亡することがある。

これまで，我が国で牛にみられた症例では，温暖ながら高所にある牛舎で冬季に予想外に給水管が凍結した例や遠隔地の牛舎で粗放に飼育していたところ給水設備が故障した例など，思わぬ事故が原因となっていた。

②症状

断水によって血清 Na^+ 濃度，クロールイオン（Cl^-）濃度が増加すると，細胞外液の浸透圧の上昇から口渇が起こり，下垂体後葉から抗利尿ホルモンが分泌され，尿量が減少する。しかし，その後も細胞外液の浸透圧が高いままだと，脳神経を含めた細胞が萎縮し，クモ膜下出血や硬膜下出血，その他血管内出血を起こす。細胞外液の高浸透圧が続いた結果，剖検所見としては前述の出血のほか，硝子体内液や脳脊髄液の増量が観察される[1]。

③診断

診断には，血清 Na^+ の濃度を定量する。正常時に 130～150 mM 程度のところ，160 mM 以上の値を示す。Cl^- の濃度も増加するが，病変との相関が低い。

④治療

給水状態を回復させるのが最重要の処置であるが，痙攣，遊泳運動などの神経症状を呈するような重症例では，低張輸液を行うなどの治療を行っても，救命が難しい。

2．水中毒　water intoxication

①背景

水中毒（water intoxication）は成牛でみられることもあるが，ほとんどの症例は子牛である。代用乳のみを制限給与している場合は別として，子牛への給水は自由摂取できるようになっているのが普通である。通常，口渇の程度にあわせ，子牛は必要量の水を飲む。しかし，過剰に摂取すると尿への排泄が間に合わず，血液の浸透圧が低下し，血管内溶血が起こって，結果として血色素尿を呈することがある。断水後，給水が再開した際に一度に大量の水を飲水したり，生後間もない子牛が初めて自由給水された際に急激に飲水して起こることが多い。また，ウォーターカップの操作を繰り返すうち嗜癖となって，慢性的に大量の水を飲む場合もある。実験的に水中毒を再現した例では，8～21 週齢のジャージー種雄子牛で，約 10 L の水を一度に飲ませると数時間で血色素尿が現れている[2]。

②症状

血色素尿症以外の臨床症状として，疝痛，下痢さらに重症では不整脈，神経症状などが現れる。

③診断

診断としては血中 Na^+，Cl^- の定量が有効で，食塩中毒とは逆に Na^+ は 130 mM 以下，Cl^- は 95 mM 以下の値を示す。

④治療

一度に大量の水を飲んだ場合は斃死することもあるが，制限給水により，数時間から 24 時間程度で回復する場合もある。

第8節　金属中毒・欠乏

生命活動に必要な金属は一般に微量元素といわれる。これらは，生体内において酵素の活性化因子として働くものが多く，必要量はきわめて微量とされている。過剰摂取または欠乏すると様々な症状を呈するようになる。表 13-10 には各種微量元素の正常値（血中参考値）と欠乏値ならびに欠乏症状をまとめた。

1．鉛中毒　lead poisoning

①背景

牛は鉛に対する感受性が強く，特に子牛は過敏で中毒を起こしやすい。子牛の鉛の致死量は，0.2～0.4 g/kg とされている。過去 10 数年のうちに我が国で報告されている子牛の鉛中毒事例では，畜舎の水道管外側に塗布された防サビ塗料の舐食，牛房鉄柵塗料の摂取，畜舎改装時の塗装工事で削ぎ落した古い塗料の飼料への混入，牛舎の繋留に使用していた漁業用のロープ（芯に鉛使用）やトタン板の舐食などが主な原因であった。その他，国外では放牧地に廃棄されていた古い電池や自動車のバッテリーの誤嚥による中毒の報告もある。

②病状・病態

急性型の臨床症状は，主に中枢神経系に関連している。食欲廃絶，嘔吐，流涎の後に興奮状態を示し，強迫運動（猛進，旋回運動）および間代・強直性痙攣を呈する。また，視力障害などを示した後に筋麻痺，起立不能に陥り死亡する。経過は，急性型で 12～24 時間，亜急性型で 3～4 日である。一方，慢性型では発育不良と栄養不良を主徴とし，虚弱，筋肉の萎縮，関節の硬直，間欠的な疝痛症状，平衡失調，痙攣発作がみられる。嚥下された鉛は第二胃に沈着し，胃内の酸性条件下で可溶性の酢酸鉛となり，腸管より吸収される。その後，血液，尿，乳，胆汁中に流出し，急性型では肝臓と腎臓に，慢性型では骨に沈着する。骨に沈着した鉛は，アシドーシスのような生体の酸性条件下で，再び遊離して中毒症状を起こす。急性型では，び爛性胃腸炎や好中球増多症および核の左方移動がみられる。慢性型では，内臓の脂肪変性や赤血球数の減少，幼若赤血球の出現が観察される。

③診断

確定診断は，血液，肝臓，腎臓，胃内容および糞便からの鉛の検出による。血液中の鉛のおよそ 90% は赤血球に結合しているので，血液検査は全血で分析する。急性型では，血液中の鉛含量は，正常牛 0.05～0.25 ppm，擬似牛 0.25～1.5 ppm，真症牛 1.5 ppm 以上とされている。近年の国内での鉛中毒牛の報告事例によると，剖検時の肝および腎臓の鉛濃度は，それぞれ 1.3～15，10～90 μg/g 湿重量であった。また，鉛はヘム合成に関与する酵素である δ-アミノレブリン酸脱水素酵素（δ-ALAD）を阻害するため，血中の δ-ALAD 活性の低下が鉛曝露の指標となる。

④治療

治療には，解毒剤としてエチレンジアミン 4 酢酸-2 カルシウム，2 ナトリウム塩を 1～2% になるように 5% デキストロースに溶解し，1 日当たり 75～110 mg/kg を腹腔内，皮下あるいは静脈注射する。また，チアミン 1～2 mg/kg を静脈あるいは筋肉注射する。

表 13-10　微量元素の血中参考値と欠乏症状

元素	正常値	欠乏値	症状
Cu	70～150 mg/dL	<50 mg/dL	脱毛，被毛退色，食欲減退，発育不良，体重減少，貧血，骨端部の肥大，骨折しやすい，運動失調，下痢
Se	40～70 ng/mL	<35 ng/mL	白筋症，歩行困難，下痢，発育不良
Fe	100～170 mg/dL	—	鉄欠乏性貧血，食欲減退，体重減少
Zn	80～120 mg/dL	18 mg/dL	発育不良，食欲減退，脱毛，眼瞼，鼻口部，肢，首の皮膚のパラケラトーシス，肢の関節肥大
I	—	<2.0 mg/dL	死産または甲状腺肥大，甲状腺腫，発育不良，被毛の発育不全，
Co	1 ppm	0.2～0.8 ppm	食欲減退，体重減少，貧血，被毛が粗くなる
Mn	—	—	運動失調，発育不良，肢の関節肥大

2．銅中毒　copper poisoning

①背景

急性型の銅中毒（原発性銅中毒）は，大量の銅化合物を一度に摂取した場合に発症する。銅欠乏を改良するために銅塩を散布した後や，銅化合物を農薬として散布した後の過剰に銅を含む牧草の採食，銅含有の殺虫剤の体表散布，銅欠乏症に対する硫酸銅の過剰投与などが原因となる。子牛の急性毒性（LD_{50}）は成牛の約5～8倍感受性が高く，子牛で40～100 mg/kg，成牛で200～800 mg/kgである。また，少量の銅の長期摂取によって肝臓に銅沈着が起こり，ストレスなどの刺激で血中へ銅が放出されると，血清銅濃度が急上昇し発病する。

慢性型の銅中毒（継発性銅中毒）は銅含量の多い土壌や工場地帯で生産された飼料作物や防カビ剤で処理された穀物飼料の採食，銅濃度の高いミネラル剤の家畜への投与などが原因となる。めん羊と子牛では，1日当たり3.5 mg/kgの銅の摂取で，1カ月以内に発症する。また，ヘリオトロープ（*Heliotropium europaeum*）のような植物アルカロイドを有する植物の長期採食で肝障害を起こしている場合，銅含量の多い飼料を給与すると，肝臓に銅が蓄積して発症することがある。

②症状・病態

肝臓は銅の恒常性に重要な臓器であり，反芻動物では肝臓の銅貯蔵量が非常に高い。腸管から吸収された銅はアルブミン（Alb）と結合して肝臓に運搬され，細胞内ではメタロチオネイン[*17]と，血中ではAlbのほかセルロプラスミン[*18]などと結合して存在する。銅中毒（copper poisoning）によって起こる一次的な障害は，直接あるいはラジカル生成を介した酸化ストレスによる障害である。二次的には，溶血が主徴である。

タンパク質凝固作用がある銅の過剰摂取は，消化管粘膜に強い刺激を与え，急性型では疝痛症状や重度の下痢を伴った胃腸炎が急速に進行する。重篤なショックでは体温低下と脈圧低下により，24時間以内に虚脱と死亡に至る。慢性型では食欲廃絶，虚脱，貧血，黄疸，血色素尿，ヘモグロビン血症を呈し，通常，発症後1～2日以内に死亡する。急性型では重度のカタル性または出血性胃腸炎を認め，胃腸粘膜と胃内容物は青緑色を呈する。慢性型では黄疸と肝臓の腫大および腎臓の腫大と腎皮質の暗青色を呈する。肝臓および腎臓組織において，細胞質にリポフスチン顆粒が存在し，肝臓壊死，腎臓の尿細管壊死やHbの蓄積が認められる。

③診断

急性中毒では糞便で8,000～10,000 ppm，慢性中毒では血液と肝臓で800 ppm以上と著しい銅含有量の増加が認められる。血清銅濃度も著しい増加（正常値100 μg/dL，銅の慢性中毒500～2,000 μg/dL）が認められるが，急性中毒では血清の銅濃度が上昇するまでに銅摂取後数日間を要する。肝生検は肝臓障害の程度を調べるための唯一の方法であり，慢性症例では組織染色で銅が検出される。

④治療・予防

銅の過剰投与の防止が重要であるため，防カビ剤で処理された穀物飼料や殺菌剤散布により銅で汚染された牧草，殺虫水溶剤が含まれている水の給与は避ける。植物中に存在する銅の量は，土壌中の銅含量だけでなくモリブデンや硫酸塩の量にも依存しているため，過リン酸モリブデンの牧草への散布は，牧草のモリブデン含量を増加させ，銅の保持量を少なくすることも予防につながる。

3．セレン欠乏　selenium deficiency

①背景

セレン（selenium）はグルタチオンペルオキシダーゼ（GSH-PX）の構成成分で，ビタミンEとともに細胞内の有害な脂質過酸化物から細胞膜を保護する抗酸化作用を有する。そのため，セレンとビタミンEは互いに相補関係にある。セレンとビタミンE欠乏症では特に子牛の白筋症が問題となる。肉用種の自然哺乳の子牛に多発し，10～100日齢の哺乳期で最も発生しやすく，飼料環境が悪化する3～6月に多い。我が国の多くの土壌はセレン含量が低いため，牧草に含まれるセレンがきわめて少ない。ビタミンE欠乏時に品質の悪い乾草やわら，貯蔵や保管方法を失宜した飼料などのセレン欠乏飼料を給与すると，抗酸化機能が低下することにより，筋線維の変性と萎縮といった臨床症状が発現する。また，ビタミンEやセレン欠乏時に急激な運動負荷や長時間輸送，天候の急変などのストレスがかかると，発症が促進されることもある。飼料中のセレニウム含量が乾物中約0.1 ppm以下で，セレン欠乏とされる。

②症状・病態

子牛の臨床症状に多いのは発育不良，虚弱，下痢である。栄養性筋萎縮の発作では突然倒れ，起立不能となる。慢性経過の場合，四肢の強直や起立不能を示す。牛の白筋症は，ミトコンドリア脂質の極端な過酸化によるもので，筋線維の変性・壊死から線維症に至る。解剖時の所見では，広範な筋肉の異常な白さが著明で，しばしば筋線維に沿って筋状に損傷が観察される。

③診断

診断においては，前述のような筋肉の変性が広範囲に及ぶため，筋肉由来の血清酵素活性値の測定が重要となる。牛の赤血球中GSH-PX活性と全血セレン濃度がよく相関するため，GSH-PX活性の測定によって家畜のセレン欠乏状態を把握することができる。子牛で血清中のセレン（35 ng/mL以下），トコフェロール（70 μg/dL以下），血中GSH-PX（200 mU/L以下）の著しい低下と，血清グルタミン酸オキサロ酢酸トランスアミナーゼ（GOT；>50 KU），血漿CPK（>3,000 IU），血清LDHの高度活性上昇が認められる。また，亜急性の約半数でミオグロビン尿がみられ，尿中Creも増量する。LDHアイソザイム[*19]パターン分析を行うと，骨格筋型ではLDH$_5$とLDH$_4$，心筋型ではLDH$_1$とLDH$_2$の活性上昇が明瞭である。

④治療・予防

予防としては，分娩前の母牛に分娩予定1～2カ月前からビタミンE（1日当たり500～1,000 mg）またはセレン酸ナトリウム（0.1～0.2 ppm）を飼料に添加する。セレンは胎盤通過するので，胎子にも予防的効果が期待できる。飼料へのセレン添加は約0.1 ppmで十分とされている。また，セレンの注射剤は予防と治療の両方に使用されており，通常は体重1 kg当たり0.1 mgが推奨されている。

4．鉄欠乏　iron deficiency

①背景

体内の鉄（iron）の大部分はHbとして存在し，赤血球造血機能に重要な役割を担っており，欠乏すると貧血を生ずる。ほとんどの牧草が鉄を十分に含有しているため，放牧牛や通常の飼料で飼育されている成牛では欠乏症は起きにくい。しかし，哺乳牛では唯一の鉄の供給源である乳汁中の鉄含有量が低いと，鉄欠乏性貧血を発症することがある。子牛肉（veal）用の肉用子牛は，淡い色の肉を生産するため，鉄含量の低い代用乳で飼育されている場合があり，鉄欠乏性貧血を起こしやすい。

②症状・病態

鉄欠乏に陥った子牛は，貧血に伴い，発育不良を呈し，下痢，肺炎などの感染症を発症する。重度の貧血では，粘膜の蒼白化や血液の希薄化を示し，血清鉄，Ht値およびHb濃度の低下と，死亡牛では脂肪の変化で黄色化した肝変性が認められる。

③診断

Ht値26％以下，Hb濃度8 g/100 mL以下で鉄欠乏症と診断される。

④治療・予防

子牛に対して最も予防効果が高いのは，飼料乾物量1 kg当たり25～30 mg程度の飼料への鉄の添加である。

5．銅欠乏　copper deficiency

①背景

銅欠乏（copper deficiency）は野外の子牛や若齢牛に広くみられる。銅は造血作用を触媒する酵素や，血管系組織，エラスチンやコラーゲン生成などに必要な成分である。牛における銅欠乏は，飼料中の銅含量が3 mg/kg以下という銅単体の不足によっても発症するが，飼料中の銅含量が十分であっても，モリブデン，硫黄，亜鉛，マンガン，鉄，カルシウムの含量が高い場合にはこれらとの競合によって銅欠乏症となる場合がある。例えば，飼料乾物中の銅含量が正常値（8～11 mg/kg）であっても，モリブデン含量が5～6 mg/kg以上と高い場合には相対的な銅欠乏が起こる。世界の各大陸の多くの土壌は放牧牛にとって一時的に銅欠乏を起こす原因となるが，モリブデンの過剰によってさらに助長される。

②症状・病態

銅欠乏の初期症状としては発育不良，被毛退色，特に眼窩周囲の退色と脱毛のため，眼鏡をかけたような外観となる。後期では，関節の腫脹や四肢骨の異常，跛行を伴った下痢，貧血が発生する。銅欠乏症の母牛から生まれた子牛は跛行や骨折をしやすい。重度の銅欠乏地帯では，成牛が急性心不全により突然咆哮し，転倒し突然死に至ることもあり，falling disease（転倒病）としてオーストラリアなどで発生している。銅は，特にチトクローム[*20]酸化系に関連した組織での酸化を担っているため，欠乏は組織での不完全な酸化代謝を招き，体調不良や繁殖障害を引き起こす。同時に腸管絨毛の機能を低下させ，吸収障害や下痢を起こす。また，銅欠乏による骨芽細胞代謝の低下は，発育低下と骨粗鬆症を招く。さらに，銅欠乏は鉄の移動を抑制するため，貧血は慢性的銅欠乏に関連して最も頻繁にみられる。重度の銅欠乏牛では，心筋壁の組織酸化により，線維症を伴う心筋の重度変性と心室細動を起こし，突然死するか，突然転倒した後24時間以内に死亡する。

③診断

血中の銅（Cu）濃度が0.05 mg/dL以下になると，欠乏症を疑う。肝臓，被毛や乳汁中の銅含量もよい指標となる。血中Cu濃度の指標として，血中セルロプラスミンや赤血球スーパーオキサイドジスムターゼ[*21]の測定も有効である。

④治療・予防

治療には，硫酸銅を1日当たり1～2 g，または2～4 gを1週間ごとに経口投与する。また，7.85 gの硫酸銅（$CuSO_4/5H_2O$）を1 Lの生理食塩水に溶解して静脈注射すると数カ月有効である。銅剤の注射は有効であるが，ショックを伴うので注意する。牛の飼料中の銅含量は乾物1 kg当たり約10 mgが必要とされるが，不足しやすい放牧牛では1～5％の銅含有の鉱塩などが有効である。また銅欠乏土壌には，牧草への硫酸銅の散布（5～6 kg/ha）も効果的である。

6．亜鉛欠乏　zinc deficiency

①背景

亜鉛（zinc）は各種酵素やDNAやRNAポリメラーゼ[*22]の組成分子であり，炭水化物，脂質，タンパク質および核酸代謝に重要な役割を果たしている。我が国では，牧草中に亜鉛が十分含まれないため，特に乳牛の亜鉛欠乏に注意が必要である。

②症状・病態

亜鉛の欠乏によって，発育遅延，繁殖障害，脱毛，角化不全や感染症に対する免疫能力の低下が認められる。主な臨床症状は脱毛症を伴った皮膚のパラケラトーシス（錯角化症）と発育遅延で，蹄冠部の強直と腫脹も認められる。また，先天性亜鉛欠乏症として，遺伝性疾患のAdema病（致死性A46）があり，2～6週齢の子牛で発生する。この牛では亜鉛の吸収が阻害されているため，鼻口部，眼瞼や耳の周囲の脱毛やパラケラトーシスを示し，下痢，発育不良，免疫機能不全を呈し3～4カ月で死亡する。

亜鉛欠乏には，皮膚の細胞合成に関与している亜鉛が欠乏することにより，上皮細胞の規則的な成長が阻害され，皮膚炎や後肢，乳房や乳頭に発生するパラケラトーシスを引き起こすという病理学的特徴がある。同様に，角質の成長が阻害され，蹄の損傷が発生し，持続性の跛行を引き起こす。

③診断

組織学的検査により皮膚の生検材料から，パラケラトーシスを確認する。

また，血清中の総亜鉛（Zn）濃度を測定して診断す

る。牛の正常値は 80〜120 μg/dL の範囲で，18 μg/dL 以下が亜鉛欠乏症とされる。

④治療・予防

予防には，亜鉛が十分に含まれている飼料を確実に摂取することが重要である。飼料中の亜鉛は，子牛に対しては乾物量にして 40 ppm が必要である。

7．ヨウ素欠乏　iodine deficiency

①背景

ヨウ素（iodine）は組織の発育を促進するとともに，エネルギー代謝を調節する甲状腺ホルモンの重要な構成成分である。そのため，ヨウ素欠乏症では甲状腺ホルモンが不足し，家畜の成長不良や繁殖障害，泌乳量の低下を招く。ヨウ素欠乏症には，ヨウ素摂取不足に起因する原発性ヨード欠乏症と，甲状腺腫誘発物質（goitrogen）を含む植物（白クローバー，ナタネ，カブ，大豆など）や薬物（チオウレア）の摂取によるヨウ素利用阻害や，カルシウムの過剰摂取による二次性ヨウ素欠乏がある。我が国では，土壌ヨウ素含量の低い地方の牛で地方性甲状腺腫が発生しているほか，豆腐かすやコーンカブ多給を起因とする二次性ヨウ素欠乏の発生事例がある。

②症状

ヨウ素欠乏の母牛から生まれた新生子は，甲状腺ホルモン欠乏による先天性甲状腺腫（congenital goiter）を発症し甲状腺が肥大しており，皮膚が厚く，首が太く，被毛がなく，膨れたようにみえる。成牛では繁殖障害，泌乳障害，虚弱を招く。特異的症状としては，流産，死産が高率に発生し，死亡牛では甲状腺腫や被毛の発育不良が認められる。

③病態

ヨウ素の欠乏は甲状腺で甲状腺ホルモンの低下を起こし，ネガティブフィードバックにより脳下垂体から甲状腺刺激ホルモンの分泌亢進が起こり，結果として甲状腺腫が引き起こされる。甲状腺ホルモン欠乏は，このほか，エネルギー不足や発育不良，さらに被毛不良などの影響も与える。

④診断

血中のヨウ素（I）濃度検査は非泌乳牛でのヨウ素欠乏症診断のためには有効であり，総量またはタンパク結合型のどちらで行ってもよい。2.0 μg/dL 以下の値が欠乏症の指標となる。また，血清甲状腺ホルモン値の測定も有用であり，発症牛では血清チロキシン（T_4）値の低下，トリヨードチロキシン（T_3）値の増加によって T_4/T_3 比が低下する。

⑤治療・予防

欠乏症と診断された場合は，速やかに欠乏の原因と思われる飼料を変え，ヨウ素の添加を行う。泌乳牛にとって，飼料乾物 1 kg 当たり 1 mg のヨウ素摂取が適当であり，非泌乳牛や子牛では 1 kg 当たり 0.1 mg で十分であるとされている。

治療には，ヨウ素剤の投与が有効であるが，過剰症や中毒症に注意する。子牛にはルゴール液数滴を水に溶かして 1 週間投与する。ヨードチンキ 4 mL を数日間隔で子牛の腹壁に塗布することも有効である。

8．コバルト欠乏　cobalt deficiency

①背景

コバルト（cobalt）はビタミン B_{12}（コバラミン）の構成成分であり，コバルト欠乏飼料を給与された反芻動物は，ルーメン内でビタミン B_{12} を合成することができず，ビタミン B_{12} 欠乏症を発症する。コバルト欠乏地帯の稲わらまたは牧草の持続的給与によって起こり，食欲減退による栄養障害と貧血を主徴とする。我が国では，西日本を中心に和牛のコバルト欠乏症（くわず病）の発生が知られている。

②症状

コバルト欠乏牛では，異嗜を示すものがあり，食欲減退，成長不良，泌乳量の低下が現れ，欠乏が進行すると皮膚や粘膜は白っぽくなり，毛並みは荒れ，下痢や虚脱状態を呈する。

③病態

反芻動物ではコバルト欠乏により，プロピオン酸代謝[*23]とグルコースの合成が阻害され，食欲の減退が主徴となる。また，前述のとおり，コバルト欠乏によって

起こるビタミン B_{12} の欠乏は赤血球中のプロピオン酸などの代謝を阻害することで，貧血を起こし，発育阻害や泌乳障害などを招く。

④診断

診断には，土壌および飼料中のコバルト含量の測定や，発症牛の血液および肝臓中のコバルト（Co）とビタミン B_{12} の測定が有効である。血漿 Co 含量は 1 ppm 前後であるが，欠乏動物では 0.2～0.8 ppm まで減少する。ビタミン B_{12} の正常値は血漿中で 300～400 μg/mL の範囲であり，250 μg/mL 以下で欠乏状態となる。また，肝臓（乾物中）のコバルト含量は正常の 0.2 ppm 以上が 0.07 ppm に，ビタミン B_{12} 含量は正常の 0.3 ppm が 0.01 ppm 以下に低下すると，欠乏状態を示す。

⑤治療・予防

予防にはコバルトの投与が有効であり，塩化コバルト（1日当たり 5～35 mg）またはコバルトを含有する鉱塩を経口投与する。また飼料中のコバルトの要求量は乾物 1 kg 当たり 0.07 mg/kg であるが，含有量不足の場合はコバルトを飼料に添加する（牛 1 日当たり 0.3～1.0 mg）。コバルト欠乏地帯では，硫酸コバルトを牧草地 1 ha 当たり 400～600 g 散布する。

9．マンガン欠乏　manganese deficiency

①背景

マンガン（manganese）はスーパーオキシドジスムターゼなど金属含有酵素の構成元素であり，多糖や糖タンパク質の合成に必要な多くの酵素の活性因子として働き，家畜の成長や生殖器の発育に関与している。我が国の牧草中には十分含まれているため，欠乏症の発生はほとんどないと考えられている。原発性のマンガン欠乏症は土壌中のマンガン濃度が低い地域に発生する。また，過剰のカルシウムやリンはマンガンの吸収を阻害するため，継発性のマンガン欠乏症を起こす。

②症状

子牛の四肢の奇形や乳牛での不妊，異常子出産が明らかな症状である。マンガンは骨の基質構成や軟骨形成に促進的に働くため，跛行や骨格の異常がみられたらマンガン欠乏症を疑う。新生子には蹄冠部のナックル[*24]と関節の伸展を伴った四肢の先天的奇形が起こる。雌牛では発情の遅延や卵巣の発育不全から不妊を引き起こす。

③診断

マンガンの生体循環量は非常に少ないので，診断の際は血液分析による検査はほとんど行わない。欠乏症を疑った場合は飼料にマンガンを添加し，給与後の症状の変化を評価することによって診断する。正常な分娩のためには，40 ppm 以下のマンガン含量の牧草は飼料として不適切であり，10 ppm 以下で欠乏症を発症する。

欠乏牛では硫酸マンガンを 1 日当たり 2 g 添加することにより不妊が治療できる。マンガンは反芻動物のコバルトおよび亜鉛の利用性を阻害するので，過剰投与は避ける。

第9節　ビタミン欠乏症・過剰症

ビタミンは，生体中の様々な反応や生理機能の維持に必要な有機化合物のうち，体内で合成できないために食物から摂取しなければならないものの総称である。個々の化学構造や性質は異なるが，ビタミンは水溶性ビタミン（B 群，C）と脂溶性ビタミン（A，E，D，K）に大別される。

反芻動物では，水溶性ビタミンとビタミン K は消化管内微生物によって合成されるため，これらを給与しなくても欠乏症は起こりにくいとされている。また飼養管理技術の進歩により，配合飼料給与下では単独のビタミン欠乏症や過剰症は起こりにくいと考えられる。しかし，子牛は成長期であり成牛に比べて要求量が高いこと，ルーメンが未発達で腸管内発酵が不十分であること，下痢や肺炎などの感染症に罹患しやすく栄養成分の吸収が不十分になりやすいことなど，栄養素の過不足が起こりやすい状態にある。この章では，過去 20 年ほどの間に我が国で発生，報告されたビタミン欠乏症および過剰症を取り上げる。その他のビタミンの欠乏症，過剰症につ

いてはほかの成書[1]を参考にされたい。

1. チアミン欠乏　thiamine deficiency

①背景

チアミン（ビタミンB_1）は水溶性ビタミンの一種で，ピルビン酸脱炭酸酵素，$α$-グルタル酸脱水素酵素，トランスケトラーゼなど，糖代謝系酵素の補酵素としてエネルギー代謝系に重要な役割を果たしている。生体内でチアミンは，遊離チアミン，チアミン一リン酸（TMP），チアミン二リン酸（TDP）およびチアミン三リン酸（TTP）の形で存在し，これら4型をあわせて総チアミンと称する。これらのうち TDP は総チアミンの70％以上を占めており，これが糖代謝系酵素の補酵素として機能している。

大脳皮質壊死症（cerebrocortical necrosis）は，チアミン欠乏の結果，急性の神経症状と大脳皮質の壊死を特徴とする疾患である。本疾患は2～12カ月齢の子牛に好発するが，まれに成牛にも発生がみられる。通常，反芻動物では腸管内の細菌によってチアミンが産生されるため，飼料中にチアミンを補給する必要はない。しかし，腸管内にはチアミン分解酵素を産生する細菌も存在しており，何らかの要因によって腸管内のチアミン分解酵素活性が高まることによってチアミンが分解され，欠乏症が起こると考えられている。実際，本疾患に罹患した動物では腸管や糞便中のチアミン分解酵素活性が高い。チアミン分解酵素産生細菌としては *Clostridium sporogenes* や *Bacillus* spp. が分離されている。また，チアミンの分解産物がチアミンの吸収を阻害することも知られている。

飼養面の要因としては，濃厚飼料の多給，粗飼料の不足や劣化，あるいは飼料内容の急激な切り替えなど，消化機能に大きな影響を及ぼす状態が挙げられる。さらに，アシドーシス牛ではルーメン内のチアミン分解酵素活性が高く，血中チアミン濃度が低いことが報告されている。また動物側の要因として，子牛でルーメン機能が未熟なことに加え，チアミン要求が高いこと，下痢症によるチアミンの吸収不全が考えられる。

②症状

発症牛は食欲の低下や廃絶，元気消失，歩様異常，起立不能，知覚過敏，反弓緊張などの症状を示し，適切な

表 13-11　牛の各臓器におけるチアミン正常値と欠乏値

	正常値	欠乏値
全血	20～50 ng/mL	<13 ng/mL
大脳皮質	0.7～1.5 μg/g	<0.3 μg/g
肝臓	1.0～4.0 μg/g	<1.0 μg/g
心臓	1.0～7.0 μg/g	<1.0 μg/g

治療を施さなければ，数日の経過で死亡する。

③診断

チアミン欠乏状態の判定には，HPLC による全血中チアミン濃度の測定を行う。これは，補酵素として重要な作用をしている TDP が赤血球内に蓄積され，全血中濃度が生体のチアミン栄養状態をよく反映するためである。チアミン測定用の全血はヘパリン管，あるいは EDTA 管で採取し（プレイン管は不可），−20℃以下で凍結保存した後測定に供する。全血中総チアミン濃度は，健康牛では20～50 ng/mL であり，13 ng/mL 以下を欠乏値とする（表13-11）[2]。

死亡，解剖後における大脳皮質壊死症の確定診断としては，大脳皮質の自家蛍光も重要である。本疾患罹患牛では，脳割面への紫外線ランプ（365 nm）の照射により，大脳皮質の壊死部分に蛍光が観察される（口絵 p.48，図 13-16）。病理学的には，大脳の膨隆，軟化，一部黄変が認められる。病理組織学的所見として，神経細胞の乏血性変化，壊死，神経網の粗鬆化などが認められる。チアミン欠乏状態の判定には，脳，肝臓，心臓などの臓器を用い，HPLC で定量する。正常値，欠乏値は表の通りである（表13-11）。

④治療

早期には，チアミン投与に反応して症状の改善がみられ回復する。しかし，症状が重度になってからでは，チアミン投与に反応せず，死亡や予後不良の経過をとる。

本疾患は，飼料の急変などの飼養管理失宜で起こりやすいため，いったん起こると続発する可能性がある。全血チアミン濃度は症状が出る前から低下しているため，発症牛が出た場合は同居牛もあわせて採材し，測定することが望ましい。もし同居牛にも低チアミン濃度の個体がいれば，チアミン製剤を投与し，飼養管理について改善を指導すべきである。なお，全血の採材は治療前に行わなければならない。チアミン製剤だけでなく，補液剤などにもチアミンが添加されている場合が多く，治療後

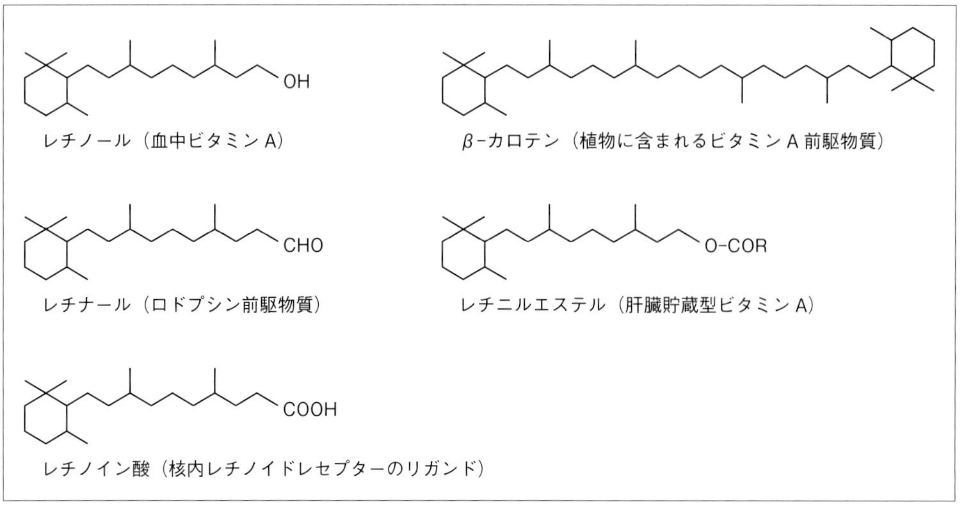

図13-17　ビタミンA関連化合物

には全血中チアミンが大きく上昇して正しい診断ができなくなるためである。

[参考]
　硫化物の過剰摂取により，ルーメン内でチアミンが破壊されチアミン欠乏症が助長されることも報告されているが，海外ではチアミンの動態とは独立した硫黄中毒（sulfur dioxide poisoning）が多数報告されている。硫黄中毒は，水や粗飼料中からの硫化物過剰摂取によって起こり，食欲不振，運動失調，沈うつ，起立不能など大脳皮質壊死症と類似した症状や病理所見を示す。我が国ではまだ報告はないが，硫黄中毒との関連についても今後注意する必要があると思われる[3]。

2．ビタミンA欠乏　vitamin A deficiency

①背景

ビタミンA（vitamin A）は視覚色素（ロドプシン）の再合成，骨の発育，皮膚と粘膜の上皮組織および生殖腺の機能維持に重要な脂溶性ビタミンである。飼料中に含まれるビタミンAや，その前駆物質であるβカロテンは，小腸粘膜においてビタミンAエステル（レチニルパルミテートなど）に変換され，リポタンパク質のひとつであるカイロミクロンによって，肝臓に運ばれる。そして，肝臓の伊東細胞にビタミンAエステルとして貯蔵され，必要に応じて加水分解されレチノールとなる。レチノールは肝臓で合成されるレチノール結合タンパク質（RBP）と特異的に結合し，血流を介して各組織に運ばれる（図13-17，18）。

近年，我が国では肉質の向上を目的として低ビタミンA飼料を主体とした飼育が普及したため，肥育牛のビタミンA欠乏（vitamin A deficiency）が発生しやすい状況になっている。子牛でも，母牛のビタミンA不足や，低ビタミンA含量の飼料の給与が原因で，欠乏が起こる可能性がある。

②症状

ビタミンA欠乏における最も特徴的な症状は視覚障害である。初期では夜盲症となり，その後全盲となる。またビタミンA欠乏状態では，食欲低下，増体量の低下，皮毛粗剛，感染症に対する抵抗性の低下，尿結石症，四肢関節の浮腫などが発生しやすい。また肥育が進んだ牛では皮下あるいは骨格筋内の浮腫（筋間水腫）が起こることがある。

③診断

通常はHPLCにより，血清レチノール測定を行い，30 IU/dL（10 μg/mL）以下を欠乏とする。正確な診断には肝臓に貯蔵された，ビタミンA（レチニルパルミテート）含量を測定し，1 μg/g（質重量）以下を欠乏値とするが，材料採取には生検をする必要があるため，通常は血清レチノール値により診断する。ただし血液中のレチノールは，肝臓で合成されるレチノール結合タンパク質（RBP）によって運ばれているため，肝臓中にエステル型ビタミンAが十分貯蔵されていても，肝障害や感染などに伴う炎症急性期に肝臓のRBP合成が低下すると，血清レチノール濃度が下がる可能性があるので診断には注意が必要である。

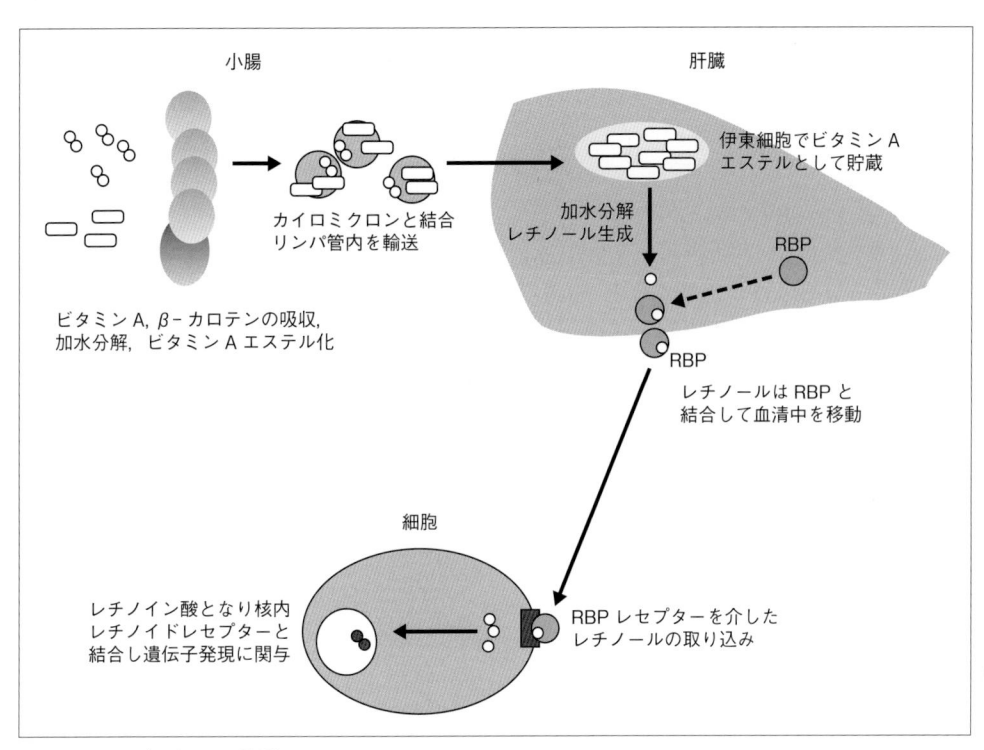

図 13-18 ビタミン A 代謝

④治療

治療には，ビタミン A 剤の筋肉注射（400 IU/kg BW）を1週間行うが，若齢牛の場合，ビタミン A の大量投与は，後述するように過剰症を招く恐れがあるので注意を要する。

3．ビタミン E 欠乏　vitamin E deficiency

①背景

ビタミン E（vitamin E）は代表的な抗酸化ビタミンであり，細胞膜などのリン脂質中の高度不飽和脂肪酸を，活性酸素による過酸化から守る働きがある。自然界にはビタミン E 作用を持つ化合物として，トコフェロール，トコトリエノールがあり，それぞれいくつかの異性体があるが，動物では α-トコフェロールが最も活性が高く，量的にも多い。ビタミン E は，他の脂溶性物質とともに小腸から吸収され，リポタンパク質の成分として血中に存在する。牛では高比重リポタンパク質（HDL）に最も多く存在しており，通常血清ビタミン E 濃度は，血清コレステロール濃度と高い相関を示す。

またビタミンではないが，微量元素セレンも過酸化脂質を消去する作用を持つグルタチオンパーオキシダーゼの構成因子であり，生体中の抗酸化作用に関与している。

②症状

牛におけるビタミン E とセレンの欠乏症としては，白筋症（white muscle disease）がよく知られている（第4章「7．心筋疾患（2）白筋症」も参照）。白筋症は主として肉用種の子牛（10日～100日齢）に発生し，骨格筋型と心筋型の2つのタイプがある。骨格筋変性を主とする骨格筋型は，黒毛和種，褐毛和種，ホルスタイン種に発生が多く，数日間の下痢の後，突然の起立不能，歩行困難，筋肉の振戦などの運動器障害を主徴とする。また発病初期には筋変性に伴って赤色尿（ミオグロビン尿）を認める。心筋変性を主とする心筋型では，突然の起立不能，心悸亢進，不整脈などの症状を示す。運動器障害はほとんど見られないが，進行が早く，心機能停止によって突然死として発見されることが多い。

③診断

欠乏症の判定には血清ビタミン E 濃度や血清セレン濃度の測定を行う。ビタミン E の測定には HPLC 法，セレンの測定には蛍光法などが用いられる。白筋症では血清ビタミン E 濃度は 70 μg/dL 以下，血清セレン濃度は

35 ng/mL 以下と欠乏値を示す。また筋変性を反映して血清 CK，AST 活性が著しく増加する[4]。

④治療・予防

治療には，ビタミン E（150 mg/50 kg BW），亜セレン酸（3 mg/50 kg BW）の単独あるいは併用投与を行う[5]。骨格筋型は早期に治療を行えば多くが治癒するが，心筋型では治療を行っても数日中に死亡することが多い。発生農家では同居子牛も潜在的欠乏状態であることが多く，同居子牛，妊娠中の母牛へのセレンとビタミン E の給与による予防対策が必要となる。ただし近年では鉱塩の給与や配合飼料などにより，飼料中のセレンやビタミン E が不足して起こる原発性の白筋症の発生は少ないと考えられる。むしろ全体的な低栄養状態，下痢などの消耗性疾患に続発して，白筋症が起こる可能性が高い。患畜や同居牛の栄養状態（血液生化学的検査），飼料管理状況などをよく勘案して対策を立てるべきである。

4．ビタミン A 過剰症　vitamin A excess

①背景

1980～1990 年代にかけて子牛の健康増進，下痢・肺炎予防のために脂溶性ビタミン剤（AED$_3$ 剤）を大量に投与された子牛に，脂溶性ビタミンの過剰症が多発した。罹患牛は後肢の発達が悪く，その外観や歩行様態からハイエナ病（hyena disease）といわれた（第 1 章　第 2 節「1．視診」図 1-3 参照）。病理学的には後肢骨端軟骨の形成不全，成長板の消失などが観察される。

ビタミン剤大量投与直後には，通常血液中ではみられない，ビタミン A エステルが血清中に大量に検出される。ビタミン AED$_3$ 投与実験の結果，ビタミン A（vitamin A）の過剰投与が原因であることが明らかとなった。またビタミン D 単独投与ではハイエナ病にならないものの，ビタミン A 過剰症を助長する作用があるといわれている[6]。

■注釈

*1
子付き放牧：母子ともに放牧する方法。

*2
テルペノイド：イソプレン（C_5H_8）を構成単位とする一群の天然有機化合物の総称。

*3
プタキロシド：ワラビに含まれる発がん性物質。

*4
クロロフィル：クローバーやルーサンなどの牧草植物や藍藻（らんそう）類に含まれる緑色の脂溶性色素。

*5
ファイトアレキシン：植物が生物ストレスおよび非生物ストレスに応答して新規に合成する，抗菌性の二次代謝産物の総称。

*6
クマリン：マメ科，セリ科などの植物に含まれる芳香族化合物。

*7
硝酸態窒素（硝酸塩）：硝酸イオンのように酸化窒素の形で存在する窒素のこと。窒素化合物の酸化によって生じる最終生成物。

*8
薬物代謝酵素（CYP3A4）：薬，毒物などの生体外物質を分解をあるいは排出する代謝反応を行う酵素の総称。

*9
コール酸：コレステロールの代謝によって肝臓で作られる一次胆汁酸。十二指腸に分泌され微生物によって代謝されるとデオキシコール酸などの二次胆汁酸となる。

*10
トリプトファン：必須アミノ酸のひとつで芳香族アミノ酸に分類される。

*11
セロトニン：トリプトファンから産生される生理活性アミン。

*12
微絨毛酵素：小腸粘膜微絨毛の表面にある酵素で，栄養素を最小サイズにして吸収するためのもの。

*13
有機アニオン移送タンパク質：尿細管分泌に関与する輸送タンパク質のうち，酸性薬物を輸送するもの（有機アニオン輸送系トランスポーター）。塩基性薬物を輸送するものは有機カチオン輸送系トランスポーターという。

*14
フィロエリスリン：クロロフィルの代謝産物。反芻獣消化管内細菌などの作用によって形成される光感性物質。

*15
イオノフォア：生体膜において，特定のイオンの透過性を増加させる能力を持つ脂溶性分子の総称であり，主に細菌によって生産される抗菌薬を指す。

*16
アセチルコリンエステラーゼ：神経組織，赤血球などに存在し，コリン作動性神経（副交感神経，運動神経，交感神経の中枢～神経節）の神経伝達物質アセチルコリンを酢酸とコリンに分解する酵素。

*17
メタロチオネイン：金属が体に侵入したときに誘導される金属結合

性タンパク質で，必須微量元素の恒常性維持あるいは重金属元素の解毒の役割を果たすと考えられている。

*18
セルロプラスミン：一般名はフェロキシダーゼ。血漿中にある銅を結合するタンパク質。

*19
LDH アイソザイム：LDH（乳酸脱水素酵素）は2種類のサブユニット（H，M）から成る四量体で，1～5のアイソザイムに分かれる。臓器によりアイソザイムの割合が異なり，例えば LDH_1（H_4）は心筋，LDH_5（M_4）は肝臓や骨格筋に多いことが知られている。

*20
チトクローム：酸化還元能を持つヘム鉄を含有するヘムタンパク質の一種で，別名シトクロム。細胞呼吸に関与し細胞におけるエネルギー生産機能を担う。

*21
スーパーオキサイド（スーパーオキシド）ジスムターゼ：2つのスーパーオキシドアニオン（O_2^-）を酸素と過酸化水素へ不均化する酸化還元酵素であり，酸化ストレスに対する第一防御ラインを担う重要な抗酸化酵素のひとつ。

*22
DNA，RNA ポリメラーゼ：DNA あるいは RNA 鎖の重合を触媒する酵素の総称。DNA ポリメラーゼには DNA 依存性と RNA 依存性（逆転写酵素），RNA ポリメラーゼには DNA 依存性（転写酵素）と RNA 依存性のもの，それぞれ2種類がある。

*23
プロピオン酸代謝：プロピオン酸は揮発性脂肪酸のひとつであり，反芻動物においてルーメン内のプロピオン酸発酵菌により炭水化物から大量に産生される。プロピオン酸がプロピオニル-CoA に変換され，さらに TCA 回路のスクシニル-CoA に変換され，最終的にオキサロ酢酸に変換され糖新生に利用される代謝経路のこと。

*24
ナックル：本来の意味は「指の関節」。臨床的には，球節（中手または中足趾節関節）が前方へ突出した状態を指す。

■参考文献

第1節　植物中毒

1) Carey F et al. 1959. J Pharm Pharmacol. 11：269-274.
2) Spoerke Jr DG et al. 1990. Toxicity of houseplants：26.
3) Oryan A et al. 1996. J Vet Med A. 43：625-634.
4) Hirono I et al. 1984. Vet Rec. 115：375-378
5) Hirono I et al. 1987. J Natl Cancer Inst. 79：1143-1149.
6) 島 佳久ら. 1996. 熱帯農業. 40：204-212.
7) Runciman DJ et al. 2002. Aust Vet J. 80：28-33.

第2節　硝酸塩中毒

1) Blum JW et al. 2001. Comparative Biochem Physiol. Part A. 130：271-282.
2) Gupta RC. 2007. Veterinary Toxicology. Basic and Clinical Principles：878.

第3節　マイコトキシン中毒

1) Bennett JW et al. 2003. Clin Microbiol Rev. 16：497-516.
2) Lynch GP. 1972. J Dairy Sci. 55：1243-1255.
3) Hussein HS et al. 2001. Toxicology. 167：101-134.
4) Pier AC. 1992. J Anim Sci. 70：3964-3967.
5) Moon Y et al. 2003. J Toxicol Environ Health A. 66：1967-1983.
6) Pestka JJ et al. 2004. Toxicol Lett. 153：61-73.
7) Smith TK. 1992. J Anim Sci. 70：3989-3993.
8) Ueno Y et al. 1981. J Biochem. 89：563-571.
9) Zinedine A et al. 2007. Food Chem Toxicol. 45：1-18.
10) Marquardt RR et al. 1992. J Anim Sci. 70：3968-3988.
11) Anzai N et al. 2010. Toxins. 2：1381-1398.
12) Sreemannarayana O et al. 1988. J Anim Sci. 66：1703-1711.
13) Marasas WF et al. 1988. Onderstepoort J Vet Res. 55：197-203.
14) Ramasamy S et al. 1995. Toxicol Appl Pharmacol. 133：343-348.
15) Baker DC et al. 1999. J Vet Diagn Invest. 11：289-292.
16) Dutton MF et al. 1984. Mycopathologia. 87：29-33.
17) Fliege R et al. 1999. Chem Biol Interact. 123：85-103.
18) Munday R. 1982. Chem Biol Interact. 41：361-374.
19) Forsell JH et al. 1987. Food Chem Toxicol. 25：155-162.
20) Hidy PH et al. 1977. Adv Appl Microbiol. 22：59-82.
21) Newberne PM et al. 1969. Cancer Res. 29：236-250.

第7節　食塩中毒，水中毒

1) Gupta RC. 2007. Veterinary Toxicology. Basic and Clinical Principles：462.

742-746.

第8節　金属中毒・欠乏

1) 森本 宏. 1981. 家畜栄養学. 養賢堂, 東京.
2) Kaneko JJ. 1991. 獣医臨床生化学. 近代出版社, 東京.
3) Payne JM. 1991. 牛の栄養障害と代謝病. 緑書房, 東京.
4) 村上大蔵. 安田純夫監修. 1986. 獣医内科学. 文永堂出版, 東京.
5) 其田三夫監修. 1988. 主要症状を基礎にした牛の臨床. デーリィマン社, 北海道.
6) 2008. 日本飼養標準. 肉用牛中央畜産会.
7) 2008. 日本飼養標準. 乳用牛中央畜産会.
8) Ammerman CB et al. 1977. J Anim Sci. 44：485-508.
9) Hidiroglou M. 1980. Can Vet J. 21：328-335.
10) 宮崎 茂. [homepage on the Internet]. 「家畜中毒情報[update 2005 Dec. 26; cited 2010 Jun. 28]. Available from: http://www.niah.affrc.go.jp/disease/poisoning/

第9節　ビタミン欠乏症・過剰症

1) 鎌田信一ほか編. 2005. 獣医衛生学. 文永堂出版, 東京：247-251.
2) 堀野 理恵子. 1988. 動衛研研究報告. 108：94-95.
3) Gould DH. 1998. J Anim Sci. 76：309-314.
4) 星野順彦. 1989. 日本獣医学雑誌. 51：741-748.
5) 清水高正ほか編. 1988. 牛病学. 第2版：571-578.
6) Takaki H. 1996. J Vet Med Sci. 58：311-316.

CHAPTER 14 新生子疾患

この章では，臨床現場で遭遇する胎子および新生子疾患について解説する。

胎子および新生子疾患の発生原因は不明な点が多く，特定の品種や家系での発生がみられることから，遺伝性疾患である可能性も示唆されている（一部の疾患については，遺伝病であることが確認されている）。一方，妊娠母牛の栄養管理，衛生管理や子牛出生時の管理失宜が原因で生じる疾患もある。

1．胎子異常　fetal abnormal

胎子ミイラ変性（fetal mummification），胎子浸漬（fetal maceration）および気腫胎（emphysematous fetus）は，いずれも子宮内で胎子が死亡したにもかかわらず子宮外に排泄されない異常である。胎子ミイラ変性および胎子浸漬の多くは妊娠末期あるいは通常の妊娠期間を過ぎて発見されるが，胎子は妊娠中期から後期にすでに死亡している。これに対し，気腫胎では分娩開始後に胎子が死亡する。胎子の骨化が進む前に胚または胎子が死亡した場合には，死亡した胚・胎子の吸収が起こる。また，胎子の死亡に子宮内感染を伴う場合には子宮蓄膿症を発症する。

胎子ミイラ変性および胎子浸漬の原因となる胎子死亡の要因は多岐にわたるが，一般に栄養障害，暑熱，感染症（アカバネウイルス，チュウザンウイルス，牛ウイルス性下痢・粘膜病ウイルスやネオスポラなど）が要因とされる。特定の品種（ジャージー種など）および家系で多発する傾向がみられることから，常染色体劣性遺伝子の関与も要因として挙げられている[1]。また，臍帯の変位・捻転による窒息死や，エストロゲンを含むホルモン異常が胎子死の要因になることも知られている[2]。

（1）胎子ミイラ変性　fetal mummification
①背景
前述のとおりである。

す。このため，分娩予定時期が近づいても母牛に腹部膨満や乳房の腫大など妊娠末期の変化がみられないことによって発見されることが多い。

③病態
胎子ミイラ変性（図14-1）の発生率は0.13～1.8%と報告されている[3]。妊娠3～8カ月（多くは妊娠3～5カ月）に胎子が死亡した後，何らかの理由により黄体退行および流産機構が働かず，かつ子宮内が無菌的に保たれると，子宮内の胎子，胎水，胎盤および胎子付属物の水分が失われてミイラ化する。死亡した胎子がミイラ化するには1カ月以上を要するとされ，その間の胎水の減少程度は様々である。通常，牛ではミイラ化した胎子の皮膚は血液由来の色素によりチョコレート色に染まり，軟部組織は硬化して骨格に密着する（図14-1）。ミイラ化が完了すると，子宮は収縮して胎子と密着する。

また，双子の一方が死亡し胎子がミイラ変性を起こした場合には，他方の胎子の発育には影響は及ばず，通常の妊娠期間の後に健康な産子とミイラ変性胎子が娩出される。しかし，産子が雌で同時に娩出されたミイラ変性胎子が雄の場合，フリーマーチン[*1]となる。

④診断
直腸検査により波動感のない子宮および子宮内の硬い胎子を触知できる。妊娠時に特有の子宮動脈の振動は触知されない。

の製剤を黄体退行処置に準じた投与量，あるいは安息香酸エストラジオール製剤の筋肉内投与を実施して黄体退行を誘起する人工流産処置を行う。それにより，子宮の収縮および子宮頸管の開大を図り，胎盤とともにミイラ変性胎子を子宮外に排泄させる。通常では，処置後2～4日で胎子は排泄される。処置後，胎子および胎盤の排泄がみられない場合には，ミイラ変性胎子が腟内に停滞していることがあるため腟検査を行う。また，子宮頸管の開大が不十分な場合には，エストリオール製剤を1回筋肉内投与して子宮頸管の開大を図る。それでも胎子が排泄されない場合には，エストリオール製剤投与48時間後に再び人工流産処置を繰り返す。胎子が大きい場合には，胎子を摘出するために帝王切開が必要となることもある。

通常の分娩誘起および人工流産に用いられるステロイド（デキサメサゾンなど）は，胎盤機能を介して人工流産を誘起するため，ミイラ変性胎子や胎子浸漬の処置には無効である。

胎子ミイラ変性の症例では，一般に母体の子宮内の損傷はなく，その後の受胎率は良好で1～3カ月で受胎に至ることが多い。しかし，子宮疾患および卵巣疾患に移行した場合には，受胎時期は大幅に遅延する。一方，胎子死の原因が染色体異常，あるいは感染症などの場合には妊娠成立後に胎子死を繰り返すことから，その後の繁殖供用に際しては原因を精査する必要がある。

また，この異常は早期発見が困難であり，次の分娩までさらに1年近く泌乳しないことになる。したがって，胎子ミイラ変性の確定診断や，ミイラ変性胎子の排出を確認した時点で，経済性の観点から繁殖供用を断念し，肉用への転用を考慮することも重要である。

（2）胎子浸漬　fetal maceration

①背景
前述のとおりである。

②症状
母牛では子宮頸管がやや開口し，子宮から悪臭を伴う液を排泄する。一般に全身症状は示さないが，次第に削痩し，乳量の減少がみられるようになる。また，卵巣には黄体が遺残し，無発情を示すことが多い。胎子の死亡後時間が経過した症例では，発情を示して浸漬した胎子の一部や骨片が排泄されることもある。

③病態
牛での胎子浸漬の発生率はおよそ0.09％とされミイラ変性よりも低いが，家畜のなかでは牛での報告が最も多い。胎子の死亡原因はミイラ変性の場合と同様に様々であり，妊娠4～7カ月頃に発生することが多い[4]。

胎子浸漬は，子宮無力症[*2]などが原因で死亡胎子が子宮外に排泄されないことにより発生する。死亡胎子は，開口した子宮頸管を介した細菌感染による腐敗あるいは自己融解により軟部組織が減少し，消失する。この過程が進行すると，子宮内に粘稠性の高いクリーム様粘液と骨片のみが残る。しかし，融解には時間を要するた

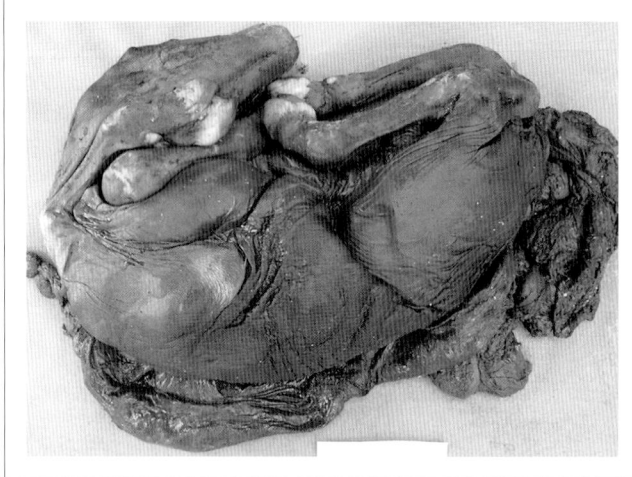

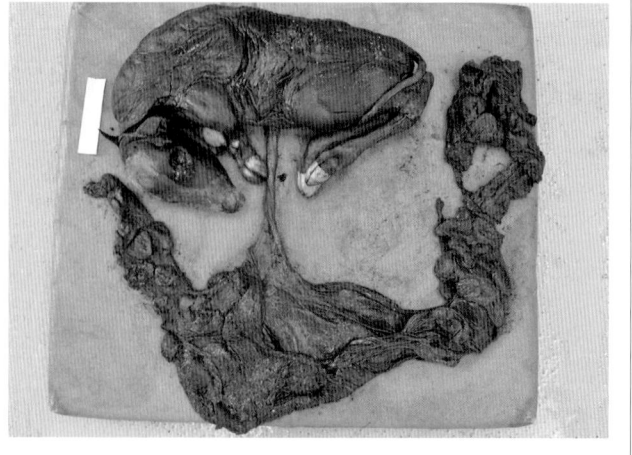

子宮内では胎子および胎盤は一塊になっている（左）。胎盤を展開すると左右両側子宮角の全長にわたる胎盤組織が保存されている（右）。図中の白色紙片はいずれも10 cm

図14-1　ミイラ変性胎子

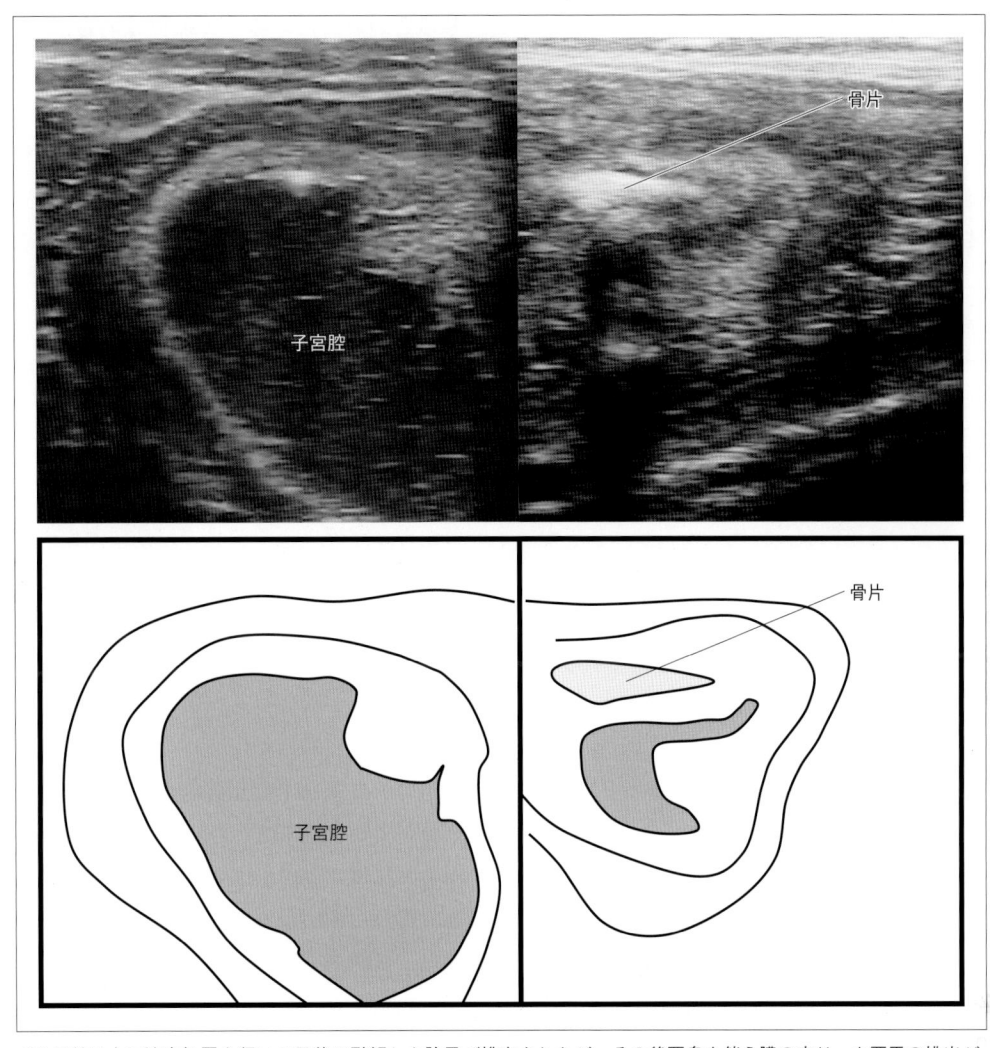

30日前に人工流産処置を行い3日後に融解した胎子が排出されたが，その後悪臭を伴う膿の交じった悪露の排出が続いた。左右子宮角は拡張し，子宮腔内には高エコーに描出される膿様物が交ざった液体の貯留がみられた（左）。右側子宮角内に骨片を触知し，超音波検査により子宮壁内に埋もれた骨片が確認された（右）

図14-2　浸漬胎子排出後の子宮の超音波像

め，その過程で死亡胎子が子宮内の液体に浸漬された状態で発見されることも多い。

④診断

直腸検査では，子宮内に硬い胎子の骨格または骨片を触知できる。また，しばしば超音波検査では骨片の一部が子宮壁内に埋没して発見される（図14-2）。

⑤治療

黄体が遺残している場合には，胎子ミイラ変性の場合と同様に黄体退行を誘起する人工流産処置を行う。子宮内に残存した骨片は子宮洗浄により摘出するが，完全な骨片の摘出には帝王切開術が必要となる場合が多い。浸漬胎

しかし，一般に母牛の子宮損傷の程度が高く，その後の受胎率は低いことから繁殖供用には適さない。特に，軟部組織の融解が進み，骨片が遊離したものでは，繰り返し治療を行っても子宮内に骨片が残り，しばしば子宮内膜に重度の損傷がみられる。このようなケースではその後の受胎は困難である。また，浸漬胎子が排泄できた場合にも，子宮炎を併発するとその後の受胎率は著しく低下する。したがって，経済的な観点から治療実施の適否を判断することが重要である。

（3）気腫胎　emphysematous fetus

①背景

②症状

通常，母牛は敗血症あるいは毒血症[*4]のために食欲廃絶，発熱，低血圧および心拍数増加などの症状を示す。しばしば，陰門から悪臭を伴う赤色の悪露[*5]を排出し，生殖器（産道）の粘膜は乾燥して腫脹する。直腸検査により子宮の膨満を認め，触診では死亡胎子は皮下組織中に貯留したガスのため捻髪音を呈する。また，気腫胎となっている死亡胎子は脱毛しやすく，蹄や関節も脆く離断しやすい。

③病態

気腫胎は，分娩経過中に胎子が死亡した後に大腸菌や Clostridium 属菌などの腐敗菌が子宮内に侵入し，胎子が腐敗することによって胎子の皮下および内臓にガスが貯留した状態である。死亡胎子は高度に膨化して娩出は困難となり，多くの場合では通常の助産による産道からの摘出は困難である。また子宮内には感染がみられ，子宮壁は脆くなっている。母牛は腐敗産物の吸収により中毒症状を示し，ショック状態から死亡する危険性が高い。

④治療

母牛の全身症状を改善しつつ，多量の潤滑剤を注入しながら死亡胎子の摘出を試みる。多くの場合は産道からの摘出は困難であり，通常帝王切開または切胎術により胎子を摘出する。帝王切開に際しては，子宮が脆く，かつ内容液が腹腔を汚染する可能性のあることに留意して術式を選択する。また，気腫胎の処置に際しては産道の消毒，術者の感染防御などに留意する。

気腫胎を摘出してもその後の受胎率は不良である。経済的な観点から畜主と治療実施の適否について協議する必要がある。

2. 奇形　malformation／deformity

（1）口蓋裂　cleft palate／palatoschisis
①背景

口蓋裂（cleft palate／palatoschisis）は，口蓋部に様々な程度に裂隙が形成されたもので，その裂隙を介して鼻腔と口腔が連通している。本疾患は単独で発生するものや，唇裂やほかの顔面の異常を伴っている場合もある。

劣性形質による遺伝性疾患であることや，有毒植物の摂取（ルピナス属やゲンゲ属）やマンガン欠乏により生じるといわれているが，原因は明らかにされていない。また，我が国での発生例が遺伝性であるという報告はなく，有毒植物などの催奇物質の関与も指摘されていない。

多くの品種で発生し，特にシャロレー種ではその発生頻度が高い。我が国でも，ホルスタイン種，黒毛和種，褐毛和種で発生が確認されている。

②症状

出生時から吸乳障害がみられ，特に口腔と鼻腔がつながっているため，吸乳した乳汁が外鼻孔から流出する。その結果，発育が悪く飢餓状態が続くことが多い。症例の一般状態は様々で，比較的元気で長期間生育可能なものから，誤嚥による窒息で早期に死亡する症例までみられる。また，二重体[*6]，関節硬直症（後述），後部脊柱および関節彎曲症などとの合併例も多く，複雑な奇形症候群のひとつとして発症することもある。

③病態

胎生期における顔面隆起のうち口蓋部分で正中に向かう突起の癒合が不全になることで口蓋裂が生じる。癒合不全の程度によって裂隙の範囲は様々であるが，多くは硬口蓋から軟口蓋までが開裂し，鼻腔や鼻中隔が露呈している（図 14-3）。

④診断・治療

症状や触診による口蓋部の裂隙を確認することで診断は容易である。本疾患の治療法は，確立されていない。

（2）脊柱彎曲　curvature of the spine
①背景

体幹筋の変性や萎縮または椎骨の奇形や配列異常に

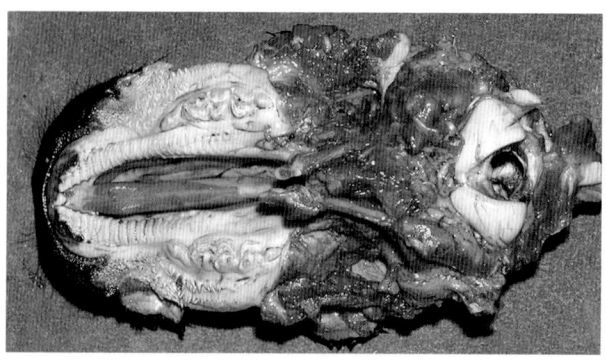

口蓋部に広い裂隙が形成され，鼻腔と口腔が連通している
（ホルスタイン種，雌，6日齢）

図 14-3　口蓋裂外貌

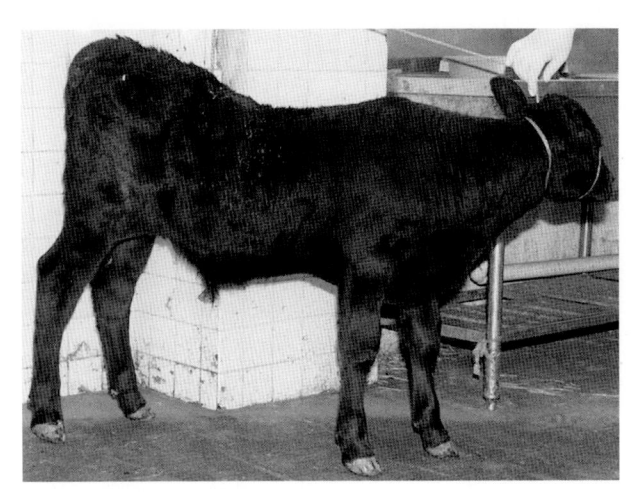

胸腰部が下垂し，脊柱が腹方に彎曲している
（黒毛和種，雄，1カ月齢）
図14-4　脊柱腹彎症例

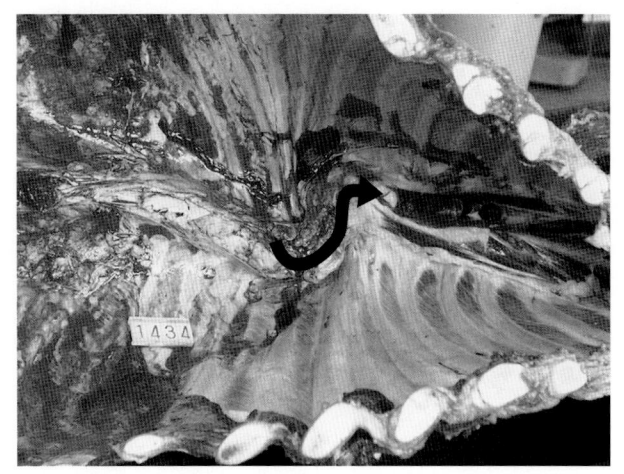

脊椎の奇形により脊柱がS字状（矢印）に彎曲している
（ホルスタイン種，雄，18カ月齢）
図14-5　脊椎奇形による脊柱彎曲

よって，脊柱軸が部分的に傾いて曲がったり蛇行したものを脊柱彎曲（curvature of the spine）という。

体幹筋の変性や萎縮は，アルボウイルスによる胎子感染によって生じる。近年，ホルスタイン種で複合脊椎形成不全症（complex vertebral malformation：CVM）が確認された（第10章「10．複合脊椎形成不全症」を参照）。本疾患は単一劣性形質によるもので，椎骨奇形により脊柱彎曲が生じる。また，椎骨奇形はマンガン欠乏や有毒植物の摂取によって生じることもあるが，その原因が特定できない症例も多い。

我が国では，ホルスタイン種，黒毛和種，褐毛和種，交雑種での発生が報告されている。

② 症状

脊柱彎曲は脊柱軸の傾く方向によって外観的な症状が異なり，背側に傾くものは脊柱背（後）彎症（kyphosis），腹側のものは脊柱腹（前）彎症（lordosis）（図14-4），側方のものは脊柱側彎症（scoliosis）といわれるが，それらが合併した複雑な症例もみられる。

彎曲部位は頚部から腰部にかけての広い範囲で生じるが，胸椎と腰椎の移行部分に発現するものが多い。また，頚部に限局しているものを斜頚（torticolis）[*7]と称し区別することもある。

彎曲の程度が軽微なものでは，数カ月間生存し活力を有する場合もあるが，彎曲や椎骨奇形が重度の症例では脊柱管が変形し，脊髄を圧迫するため，障害部より尾側の脚に不全麻痺と運動失調を示す。

③ 病態

体幹筋の変性や萎縮が生じる症例では，体幹筋が矮小筋症を呈し，罹患部位や程度に応じて脊柱彎曲の部位や症状が異なる。一方，椎骨の異常を生じている症例では，半椎，癒合椎および楔状椎などの脊椎奇形[*8]が生じており，脊柱がS字状に彎曲することが多い（図14-5）。これらの変化は胎生初期の脊椎分節の形成障害を示唆するものと考えられる。

④ 診断・治療・予防

外貌やX線検査などにより，診断は容易である。彎曲の要因（体幹筋の変性萎縮または脊椎奇形）の特定には剖検が必要である。

⑤ 治療・予防

治療法はなく，通常は診断が確定した時点で淘汰される。

アルボウイルスの胎子感染によるものは，ワクチン接種により予防が可能である。また，CVMに関しては，保因牛が明らかになっているため，適切な育種管理が望まれる。

(3) 関節彎曲症　arthrogryposis

① 背景

関節彎曲症（arthrogryposis）は，関節が屈曲または伸張したままの状態を示し，四肢の様々な関節で生じる

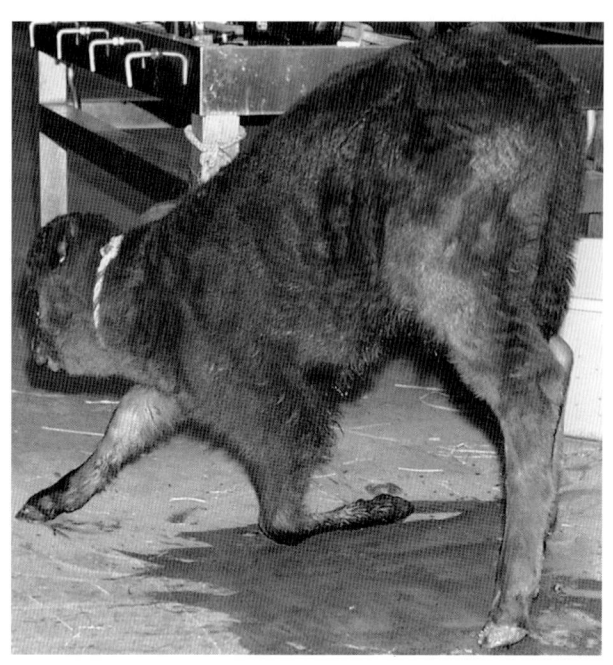

左前肢が屈曲したままで伸張できない
(黒毛和種, 雄, 12日齢)
図14-6　関節彎曲症例

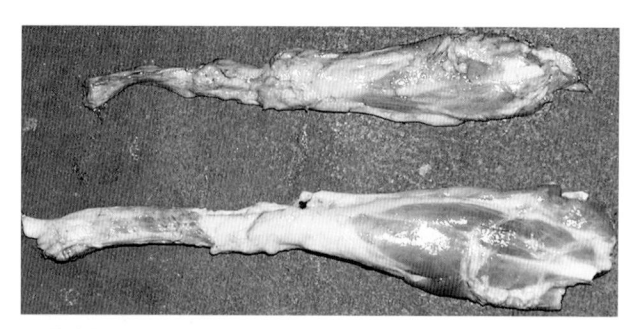

両前肢骨格筋を比較したもの。彎曲している左前肢の骨格筋（上）は右前肢の骨格筋（下）に比べて萎縮している（図14-6と同一症例）
図14-7　関節彎曲症例にみられた骨格筋の萎縮

的に生じることが多いが，骨格や関節奇形によっても生じる。神経や筋肉の異常に起因する関節彎曲症はアルボウイルスの胎子感染によるものであり，また，crooked calf diseaseとして知られるものはルピナス属の植物に含まれるアルカロイドがその要因とされている。さらに，多くの品種で遺伝的な要因が関与した関節硬直症が報告されている。口蓋裂との合併例は常染色体劣性形質によるもので，シャロレー種での発生が確認されている。原因は明らかではないが，骨格筋の萎縮や四肢骨の捻れや骨端の異常による症例も散発的に発生している。

②症状

罹患した関節の部位や発生要因および障害の程度によって，関節彎曲症の症状も様々である。両前肢の手関節や肩関節が外側に彎曲し，O脚様となっている症例も多い。症状が重度なものでは，彎曲した関節部分が硬直し，伸長させることが困難な場合もある。一方，ごく軽度のものでは，そのまま放置しておくと自然に治癒することもある。アルボウイルスの胎子感染に起因するものでは，その症状が重度である場合が多い。

③病態

アルボウイルスの胎子感染によるものは，典型的な矮小筋症による骨格筋の変性・萎縮が生じ，当該関節が彎曲する。また，特定の屈筋または伸筋が単純萎縮することもある（図14-7）。その他，彎曲した部分の肢骨の骨軸が捻れているもの，関節部分の骨端部が大きく変形しているものなど骨格の障害程度は様々である。

④診断・治療・予防

外貌から診断は比較的容易であるが，アルボウイルスの胎子感染によるものは血清学的な検査を要する。また，確定診断には剖検によって筋肉の変性を確認する必要がある。彎曲の程度が軽度な症例はギプス固定することにより正常に整復することもあり，特に指関節（球節）のみが罹患しているときには有効な場合がある。

アルボウイルス感染症の予防には，ワクチン投与が有効である。

(4) 反転性裂体　schistosomus reflexus
①背景

反転性裂体（schistosomus reflexus）は，腹部正中線が開裂し腹部および胸部内臓が露出したもので，発生がまれな体腔の先天性異常である。ホルスタイン種で同一種雄牛から複数の症例が発生するなど遺伝的要因が関与しているとの報告があるものの，明らかではない。我が国でも，ホルスタイン種や黒毛和種で発生がみられる。

②症状

母牛は難産で発生症例は死産の場合が多い。胎子には腹壁の裂隙による腹部内臓の露出や脊柱の反転以外に，四肢関節硬直，四肢と頭蓋の接近，肺および横隔膜の低形成がみられる（図14-8）。また，脊柱側彎，胸骨裂，胸部内臓の脱出，および消化管や泌尿器系の異常を伴う。

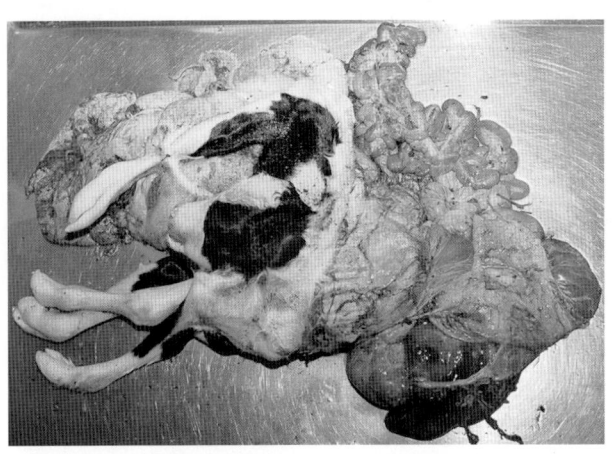

腹壁が開裂し，胸腹部内臓が脱出している。体幹は大きく背方に反転している（ホルスタイン種，雌，死産）
図 14-8 反転性裂体症例

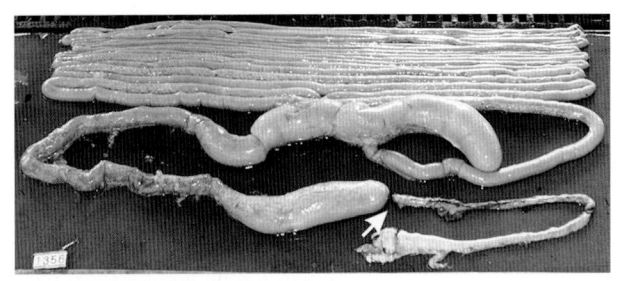

結腸の終末は盲端になっている（矢印）。この症例では，結腸起始部から約125 cmの部分で閉鎖していた（ホルスタイン種，雄，5日齢）
図 14-10 結腸閉鎖部位

③病態
　この疾患は，体壁の閉鎖障害が囊胚形成後の胎生期初期に生じたもので，体壁原基の沿軸中胚葉や外側中胚葉との関連が深い。

④診断・治療
　生前診断は直腸検査により，胎子の状態を詳細に観察することで可能な場合がある。超音波検査が可能であれば，その診断がより有効となる。多くは難産であるため，母牛を救うために切胎術や帝王切開が推奨されている。

(5) 結腸閉鎖　atresia coli
①背景
　結腸閉鎖（atresia coli）は結腸が部分的に欠如し，その終末部分が盲端となって閉鎖するもので，消化管が閉鎖する疾患のなかでその発生は最も多い。本疾患は，ほかの品種に比べホルスタイン種またはその交雑種に多く

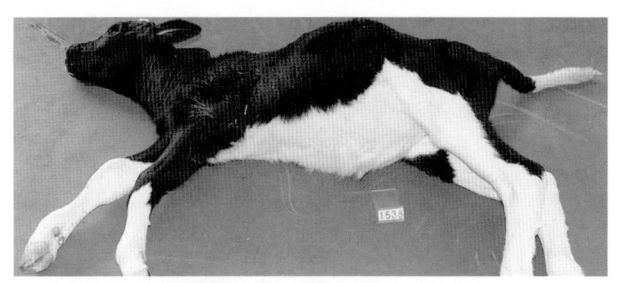

腹囲の膨満が顕著である（ホルスタイン種，雄，3日齢）
図 14-9 結腸閉鎖症例

による遺伝性疾患との報告もあるが，妊娠診断時（胎齢40日前後）における直腸検査での胎膜把握が大きく関与していると考えられている。

②症状
　罹患子牛は出生後排便がなく徐々に腹囲が膨満（図14-9）し，元気・食欲が減退する。時折，排便姿勢をとるが，肛門からは白色ゼリー状の粘液が少量排泄されるのみである。生後7日程度で自家中毒[*9]，循環障害または腸破裂による糞便性腹膜炎で死亡する場合が多い。

③病態
　胎生期における腸原基への血液供給障害によって，特定の腸分節が形成不全となり当該部分の消化管が閉鎖する。結腸閉鎖は妊娠診断時の胎膜把握の際，腸原基に分布する血管を挫滅することがその要因と考えられている。結腸閉鎖部分は，結腸起始部（回盲結口部）から80〜130 cmの範囲にあるものが多い（図14-10）。閉鎖部の尾方で低形成の結腸が存在し，肛門まで続いている。

④診断・治療
　生後便の排出がないことや，X線または超音波検査により閉鎖部分を確認することで診断できる。確定診断には，試験開腹または剖検が必要である。
　治療として，外科的に閉鎖部分と残存する結腸をつなげることで回復したとの報告もあるが，多くは予後不良である。

(6) 鎖肛　atresia ani
①背景

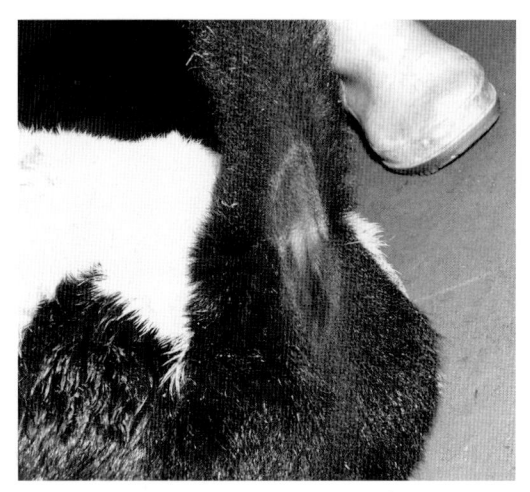

肛門が形成されず，表面は被毛の少ない皮膚で覆われている（ホルスタイン種，雄，2日齢）

図14-11　鎖肛症例

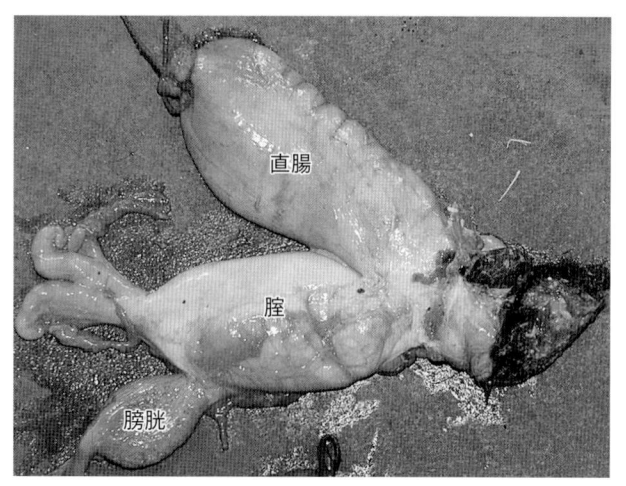

直腸と腟に細い瘻管が形成され，直腸内容物が腟内に流入する（ホルスタイン種，雌，3日齢）

図14-12　鎖肛症例における直腸と泌尿器系との癒合

ない皮膚で覆われ（図14-11），皮下直下で閉鎖した直腸の終縁は盲端となっている。発生は散発的で多くの品種で症例が報告されており，遺伝的な要因の関与も指摘されているが，その原因は明らかではない。

②症状

罹患子牛は，出生時から一般状態は不良で元気・食欲が減退しているものが多い。腹囲の膨満は顕著ではなく，生後数日で死亡する。肛門のみが形成されない症例もあるが，無尾や後部脊椎および泌尿器系などに合併奇形を伴うこともある。

③病態

胎生期（後腸形成期）の総排泄腔から直腸と尿生殖洞が分割される際に肛門膜の開口不全によって生じ，後部脊椎や泌尿器系との複合奇形を伴うことが多い（肛門の形成については＊10を参照）。特に，直腸と尿生殖洞の中隔が未発達な場合は，直腸と尿生殖洞が連通する瘻管[*11]（雌：直腸腟瘻，雄：直腸尿道瘻）が形成される（図14-12）。

④診断・治療

診断は，症状や肛門が欠如していることから容易である。治療は，外科的に肛門形成術を実施することが試みられており，良好な結果が得られている。しかし，複合奇形を合併している場合は治療効果は期待できないため，一般に外科的治療を実施することは少ない。

3. 臍ヘルニアおよび臍帯遺残構造感染症
umblical hernia and persistent umbilical mass infection

①背景（要因・誘因）

子牛の臍疾患は臨床現場で多く遭遇する疾患のひとつであり，臍ヘルニア，臍帯遺残構造感染症，あるいはそれらの合併症に分類される。臍ヘルニア（umbilical hernia）とは臍輪が異常に大きいため，これより腹腔臓器が脱出し，腹壁の皮下に膨隆した状態をいう（図14-13）。臍ヘルニアは先天性疾患に分類されており，牛での発生率は0.65～1％と報告されている[1]。また，分娩介助の失宜によっても発症するといわれている。胎子期に臍帯が通っていた臍輪が出生後も閉鎖せず，1～5指（数～十数cm）の孔が腹壁に開存することにより，主に腸管や大網の一部が腹膜に包まれたまま脱出し，皮下に腫瘤を形成する（図14-14）。

②症状

a．臍ヘルニア

外観上は"でべそ"である。生後数日から臍部の腫脹が認められ，成長に伴って腫大する。臍帯遺残構造の感染や膿瘍形成がなければ，発熱や疼痛などの症状を示さず，全身状態は良好である。ヘルニア嚢には大網，小腸，第四胃などが陥入するが，触診によって還納可能である（図14-15）。まれに，ヘルニア嚢内における消化管の嵌頓や閉塞を起こし疝痛症状を示す症例もある。

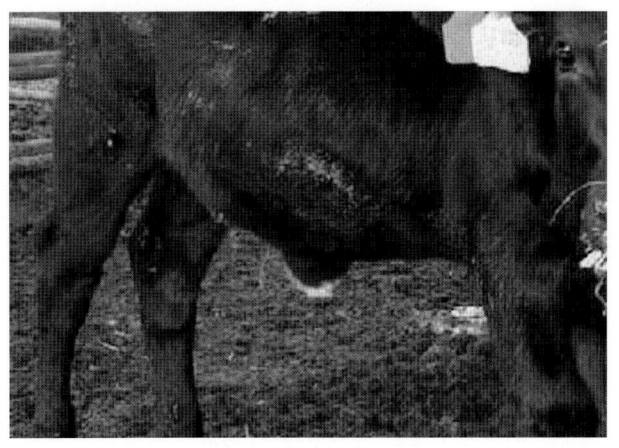

図14-13　臍ヘルニア症例

図14-14　腫脹した臍部

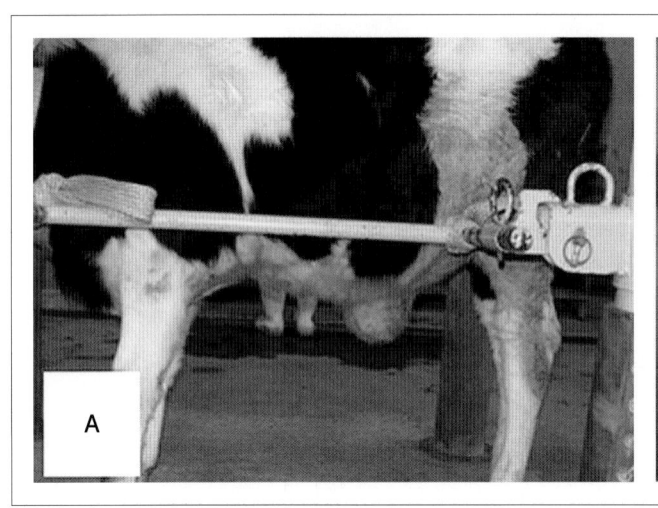

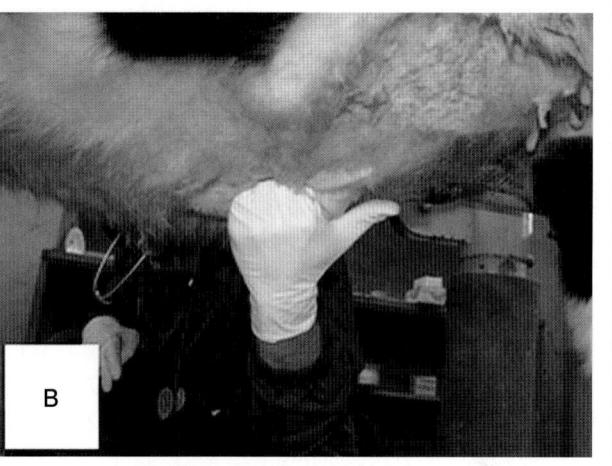

臍部は顕著に腫大している（A）。ヘルニア輪は4指の大きさで，ヘルニア内容は還納性であった（B）
図14-15　臍ヘルニアの典型症例

b．臍帯遺残構造感染症

　臍帯遺残構造感染症には臍炎，臍静脈炎，臍動脈炎，尿膜管炎があり，これらが同一個体に単独あるいは複合して発生する。

　臍部に感染が限局する臍炎では，生後2～5日で臍部の腫脹，熱感，疼痛が認められる。臍帯の断端は湿潤か，膿性滲出液を分泌するものが多く，発熱，元気・食欲不振などの全身症状を示す症例もみられる。感染が拡大して蜂巣炎となれば腫脹部はさらに腫大，硬結し，膿瘍を形成すれば波動感を触知するようになる。臍膿瘍が自潰，排膿した場合，治癒することもある。

　臍静脈炎や臍動脈炎は1～3カ月齢の子牛で認めら呈する。臍炎のような臍部の腫脹は認められないが，腹部の深部触診において臍部から頭側（臍静脈炎）あるいは尾側（臍動脈炎）へ向かう直径3～5cmの索状構造物の触診が可能であり，膿瘍を形成した症例では腹腔内の腫瘤物として触知される。腹部深部触診において，腹部の疼痛を示す症例が多い。

　尿膜管炎では，臨床症状として頻尿や排尿困難，背彎姿勢を示す症例が多く，尿所見では膀胱炎に類似の所見（タンパク尿，血尿，細菌尿）がみられる。尿膜管膿瘍に至った場合は，膿尿を排泄するものもある。また，尿膜管遺残の症例では，臍部より排尿を認めることがある。腹部深部触診では臍動脈炎と同様に，臍部から腹腔

図14-16　臍ヘルニアと臍炎が併発した症例

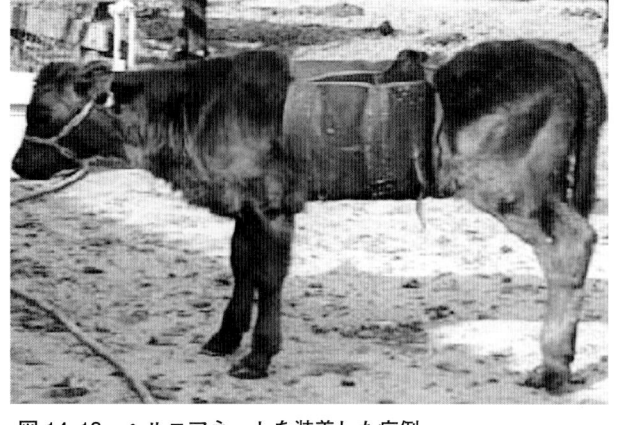

図14-18　ヘルニアネットを装着した症例

③病態

単純な臍ヘルニアは臨床病理学的特徴に乏しく，消化管の嵌頓や閉塞が起こらなければ重篤な病状には至らない。

臍帯遺残構造感染症では，感染と炎症の程度によるが好中球を主体とする白血球数の増多，低タンパク血症，貧血などが認められる。臍静脈炎から肝臓に感染が移行すればアスパラギン酸アミノトランスフェラーゼ（AST），アラニントランスフェラーゼ（ALT），γ-グルタミルトランスペプチターゼ（GGT）などの血中酵素活性値の上昇がみられ，肝膿瘍や敗血症に至る場合がある。尿膜管炎から膀胱炎が惹起されれば，血尿，膿尿，タンパク尿などの所見が認められる。臍帯遺残構造感染症では Arcanobacterium pyogenes, Escherichia coli, Staphylococcus spp., Proteus spp., Streptococcus spp. などが検出され，これらの細菌の多くは敗血症の原因となる。

④診断

触診によりヘルニア輪と脱出内容物の還納性を確認する。臍炎との類症鑑別が必要であり，臍炎が併発していることもある（図14-16）。ヘルニア内の腸管や大網が炎症を起こし癒着している場合もあるので（口絵 p.48, 図14-17），触診と超音波検査により病態を把握する。

⑤治療

通常，ヘルニア輪の直径が5cm未満で6カ月齢以下の症例では圧迫包帯などの保存療法での治癒が期待できるが，臍帯遺残構造感染を合併すればヘルニア輪が小さくても外科手術が必要となる。牛と馬の臍ヘルニア症例を追跡したカナダの調査[2]では，合併症がないものは牛で45%，馬で71%であり，牛の症例の38%では臍帯遺残構造感染を合併していた。さらに，圧迫包帯などの保存療法のみで治療可能であった症例は馬では40%であったが，牛では10%と少なかった。このように牛では単純な臍ヘルニアの発生は少なく，臍帯遺残構造の感染やその結果として生じた臍輪閉鎖不全を考慮に入れる必要がある。

a．保存療法（非観血的整復法）

6カ月齢以下，ヘルニア輪の直径が5cm未満，ならびに感染を伴わない単純な臍ヘルニアの場合には，腹部全体の圧迫包帯やヘルニアネットによる保存療法の治療対象となる（図14-18）。圧迫包帯には幅10cm程度の粘着性伸縮包帯を使用する。3～4週間後に包帯を除去して，ヘルニア輪の閉鎖状態を確認する。

b．観血的整復法[3]

保存療法で治癒しなかった症例，ヘルニア輪が5cm以上の症例，あるいは臍帯遺残構造の感染を合併した症例が観血的整復法よる治療の対象となる。特に，臍帯遺残構造感染の合併症例では，事前に数日間の抗生物質投与によって感染を制御してから手術を行うことが肝要である。牛の臍ヘルニアでは大網などの腹腔臓器が腹膜に癒着していることが多いため，ヘルニア整復手術の際には癒着や感染を確認できるヘルニア嚢切除法が相応しいと考えられる。一方，牛では大きな容積を占める第一胃やほかの腹腔臓器により高い腹圧がかかり，縫合部位の組織の離開や縫合糸の断裂などが起こりやすいので，強固に閉鎖・固定できる縫合法が望ましく，これを実現でき

る縫合法のひとつとしてVest-over-Pants縫合が知られている。本縫合法は水平マットレス縫合の変法であるが，縫合部の両辺縁が重層し緊張が縦横に分散することで，縫合部の組織と縫合糸に加わる負荷が軽減される。Vest-over-Pants縫合の工程は，図14-19（口絵p.49）のとおりである。

⑥予防

牛の臍疾患では臍帯遺残構造の感染を合併したものが多いことから，予防のためには子牛の臍帯の衛生管理とともに，衛生的な分娩環境の確保が重要である。正常な臍帯は出生時に鈍性に引きちぎられることにより内腔が閉鎖するが，出生後直ちにポピドンヨード剤などの噴霧や浸漬によって消毒するとともに，乾燥状態を保つよう衛生管理に配慮する。

4．臍炎　funisitis

①背景

臍炎（funisitis）とは，臍部および周囲組織に生じる炎症である。臍炎は化膿しやすく，しばしば本疾患が原因で新生子関節炎，腹膜炎，敗血症または膿毒症[*12]を継発する。

胎子期には臍動脈は内腸骨動脈へ，臍静脈は肝静脈へ連絡しており，出生後は尿膜管とともに閉鎖退行して索状となる。通常，臍帯残株[*13]は出生後約1週間で乾燥脱落するが，臍帯残株が湿潤であると細菌感染を容易に起こし，炎症を引き起こす。細菌感染の原因として，尿膜管閉鎖不全による尿の漏出，雄子牛では排尿，同居子牛による臍部の吸引，分娩時の臍帯の人為的な結紮切断，不衛生な環境などが挙げられる。

②症状

臍は腫脹し熱感，疼痛が認められる。湿潤な臍帯残株は黒褐色に変色し，悪臭を放つ。臍帯残株の壊死，あるいは正常に経過した臍帯残株の脱落後に潰瘍を生じ，排膿や皮下に膿瘍を形成する（口絵p.50，図14-20）。元気・食欲減退，発熱などの全身症状や難治性の下痢症を発症することもある。重篤になると，関節炎，腹膜炎，敗血症または膿毒症を継発し，予後不良となる。

③診断

局所あるいは全身症状より診断可能であるが，臍ヘルニアや尿膜管遺残との類症鑑別が必要である。臍炎と臍ヘルニアとは，腫張部位の内容物が腹腔内に還納[*14]できないことで鑑別が可能であり，尿膜管遺残との鑑別には超音波やX線検査が有効である（第14章「5．尿膜管遺残」を参照）。

④治療・予防

炎症や膿瘍が体表部に限局している場合は，局所の消毒と抗生物質の全身投与を行い，良好に治癒する。膿瘍が大きい場合には，排膿・洗浄を行う。炎症あるいは膿瘍が深部にまで及んでいる場合には，外科的に臍部を切除する。

予防として，出生時に臍帯の表面を消毒し，子牛を清潔な環境で飼育する。臍出血などやむを得ず臍帯を切断する必要がある場合，鋏断はせずに，牽引により切断（牽引絞断）する。また，出生直後に臍帯クランプ[*15]を装着することにより高い予防効果が得られる[1]。結紮切断をしたときには，数日間臍部の消毒を行う。

5．尿膜管遺残　urachal remnants

①背景

尿膜管は，臍静脈，臍動脈とともに臍帯を構成するものであり，胎子期には臍と膀胱を連絡する。出生時，臍帯が切断されると，臍静脈と臍動脈は退縮しそれぞれ肝円索，膀胱円索となり，尿膜管は閉鎖退行して尿膜管索となり消退する。何らかの原因で，尿膜管が出生後も残存している状態を尿膜管遺残（urachal remnants）といい，尿膜管の閉鎖不全あるいは退縮不全が起こり，膀胱から臍へ尿が漏出し，炎症や感染を起こす。尿膜管遺残はその形態より尿膜管瘻，尿膜管洞，尿膜管嚢胞に分類される。

②症状

尿膜管が開存している場合には出生後，臍からの排尿を認めるが，多くの場合は数日以内で自然に閉鎖し，臍からの排尿は停止する。尿膜管が閉鎖している場合には，無症状で経過することが多いが，発育に伴い，排尿時の疝痛症状や前肢を飼槽のような高い場所に上げて排

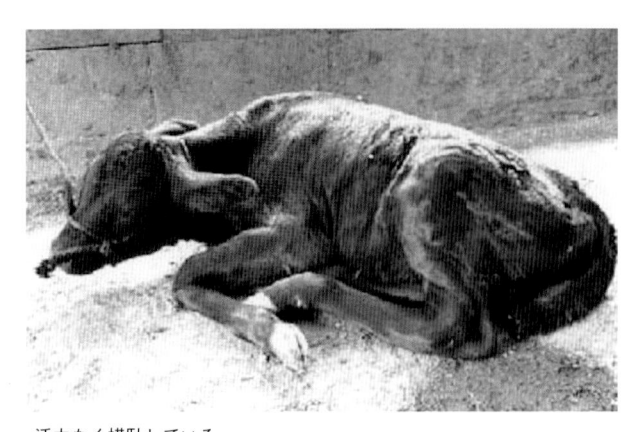

活力なく横臥している
図14-26　胎便停滞の症例

した場合には，臍部は腫脹し熱感と疼痛があり，臍帯は太く硬結する（口絵p.50，図14-21, 22, 23）。さらに，膿瘍が形成された場合には臍部から排膿するが，尿膜管嚢胞では排膿を認めないこともある。腹膜炎の併発があると，発熱や食欲・活力の低下がみられるが，排尿異常は認められないことも多い。まれに，臍ヘルニアも併発する。

③診断

　臍からの排尿，臍部の腫脹，熱感，疼痛，排膿，排尿時の異常行動がある場合には本疾患を疑う。臍ヘルニアや臍炎との類症鑑別あるいは併発を診断する必要があり，診断には腹部超音波検査（口絵p.50，図14-24）や造影剤を用いたX線検査が有効である。X線検査は尿膜管内あるいは膀胱内に造影剤を注入して行うが，膀胱の場合カテーテルで造影剤の注入をしなければならないため，雌子牛のみで可能である（口絵p.50，図14-25）。

④治療・予防

　外科的処置を施すが，尿膜管を切断する際，切断部位の決定には注意を要す。膀胱は尿膜管により臍部に強く牽引されており，時には管状になり尿膜管内に細い管腔として臍部付近まで延長していることもある。また，膿瘍を形成している場合，膿瘍を残すことなく除去しなければならない。これらを考慮して切断部位の決定をする。
　予防としては，分娩時の臍帯の結紮や鋭利な切断を避ける。

6．胎便停滞　meconium retention

①背景

　新生子は，通常，出生後初乳を摂取すると数時間以内に胎便を排泄するが，1～2日以内に胎便の排泄がないものを胎便停滞（meconium retention）という。
　新生子は，初乳中に多く含まれるマグネシウムやナトリウムなどの塩類が下剤の役割を果たし排便が促進され，生後1～2日以内に胎便はすべて排泄される。初乳の泌乳量が少ない，あるいは新生子の哺乳能力が弱く十分量の初乳を摂取できない場合には，直腸内の胎便は濃縮乾固し，出生後2日以上経過しても排出されず直腸内に停滞する。また，先天的に肛門や直腸の形態的異常がある場合にも胎便の排泄不能あるいは困難を呈す。

②症状

　元気沈衰し，哺乳能力がない，あるいは乏しく，横臥姿勢や起立困難となることがある（図14-26）。胎便停滞を来した新生子は絶えず怒責[*16]をするが，胎便の排泄はなく疝痛症状を示す。先天的に肛門や直腸に狭窄や閉塞がある場合には，日時の経過に従って腸管内にガスが溜まり腹囲は膨満する。

③診断

　元気がなく，哺乳能力が弱く，生後24時間以内に胎便の排泄がない場合には本疾患を疑う。肛門や直腸の形態的異常の有無は，触診や直腸内にカテーテルあるいはシース管などを挿入して確認できる。X線検査は有効な診断方法であり，宿便の確認ができる。

④治療・予防

　指による肛門刺激，あるいは微温湯や石鹸水，グリセリン水溶液[*17] 300～1,000 mLの浣腸により直腸内の胎便排泄を促す（口絵p.51，図14-27）。初乳の摂取量が少ないと考えられた場合にはカテーテルなどで初乳を給与する。活力沈衰あるいは衰弱している場合には，リンゲル液などを輸液する。肛門や直腸の先天的な形態的異常が確認された場合，ほとんどが予後不良であるが，外科的処置が可能であれば実施する。
　予防として，出生後に十分な量の初乳を給与し，皮膚や肛門への外的刺激を十分に実施することにより胎便の排泄を促す。

虚弱子牛の体重は 58 kg（標準体重の 24.5％）であり，体高は 81 cm（標準体高の 74.1％）であった
図 14-28　7カ月齢の正常発育牛（左）と虚弱子牛（右）

7．虚弱子牛症候群　weak calf syndrome

①背景

　虚弱子牛症候群（weak calf syndrome：WCS）は小さく弱々しい子牛の総称であり，発育不良（growth retardation），死産・周産期虚弱子牛症候群（stillbirth/perinatal weak calf syndrome）などといわれている（図14-28）。また，この病態は起立不能，食欲不振，貧血症状，体温不整，虚脱，易感染性など様々である。WCSは様々な品種で認められているが，我が国では黒毛和種で着目されている疾患であるため，本稿では黒毛和種における知見を中心に記載する。

　黒毛和種牛におけるWCSの発生率は2～5％といわれており，経済的な損失が大きい。歴史的に黒毛和種は，肉質改良を目的に近親交配が繰り返されてきたため，尿細管形成不全，牛バンド3欠損症，血液凝固因子欠乏症など，多くの遺伝性疾患が生まれたと考えられる。これら過去の事例ならびに近交化の進んだ動物において産子が小型化し，新生子の生存率が低下すること，すなわち近交退化から，黒毛和種牛におけるWCSと遺伝との関係が示唆されている。しかし，黒毛和種牛におけるWCSは遺伝病である，もしくは近交退化の結果であると結論付けるには未だ根拠が乏しく，さらなる研究が必要である。

　遺伝的影響のほかに，子宮内での発育の遅れ（子宮内発育不良）が出生後の子牛の免疫および造血機能に影響する。

　黒毛和種牛の場合，虚弱子牛の内分泌や発育パターンが地域や家系ごとに異なることが示唆されている。このことは，WCSが地域の飼養環境，遺伝的素因など，多様な要因の影響を受けていることを示している。これらのことから，虚弱子牛に対して様々な原因を考え，適切な対応をとることが重要である。

②症状

　前述のとおりWCSといっても，その病態は様々であり，それぞれに対応するように様々な呼び名が存在する。一般に虚弱子牛は小さく，生時体重が20 kg以下であることもまれではない。虚弱子牛は初乳の摂取量も少なく，起立できないことも多い。また，出生後まもなく感染症に罹患し，産業動物としての予後がきわめて悪くなることが多い。

　虚弱子牛のなかでも，初乳摂取量がきわめて少ない，もしくは摂取しない個体は低血糖や貧血症状を示し，出生直後，または10日以内に起立不能ならびに虚脱を呈し死亡することが多い。このような虚弱子牛は治療に反応しないことが多く，死産・周産期虚弱子牛症候群ともいわれている。

　しかし，すべての虚弱子牛が易感染性を示すわけではない。虚弱子牛のなかには発育不良牛といわれ，臨床的な異常がないにもかかわらず大きくならない牛が認められている。このような発育不良牛が発生すると，いつか

的な負担も大きいといえる。

③病態

　WCSに共通する点は，小さく弱々しいことである。動物の成長を担う中心は，成長ホルモン（growth hormone：GH）-インスリン様成長因子-1（insulin-like growth factor-1：IGF-1）軸であり，何らかの原因でこのGH-IGF-1軸に異常が生じ，体の成長が妨げられる。また，発育の鍵となるGHおよびIGF-1は動物の体の成長だけでなく，免疫を司るリンパ系や造血系器官の発達にも強く影響していることが知られている。したがって，出生時に小さいこと，すなわち，子宮内で胎子の発育が遅延する場合，体の成長だけでなく，胸腺，肝臓，脾臓，骨髄など，新生子期の免疫ならびに造血系機能を担う器官の発達が遅延する。実際，体重20 kg以下で生まれてきた虚弱子牛のなかには，胸腺の低形成，造血機能の低下による貧血を示す個体が認められる。それら個体の胸腺，脾臓，骨髄を病理組織学的にみてみると，①胸腺細胞が極端に減少しており，支持組織の割合が高く，胸腺の皮質と髄質が不明瞭，②脾臓の胚中心が認められない，③骨髄細胞が減少しているなど，免疫機能ならびに造血機能の低下を示唆する所見が認められた（口絵p.51，図14-29）。また，虚弱子牛の末梢血CD8+細胞数は正常牛より低く，このTリンパ球数の低下が免疫機能の低下をもたらしている可能性も示唆されている。

　GH-IGF-1軸の異常を引き起こす要因として，内分泌学的要因と非内分泌学的要因が挙げられており，WCSの病態もそれら要因によって異なる。前者の症例は，東北地方で認められたGH分泌不全が示唆された虚弱子牛であり，後者の症例は東海地方で認められた発育不良牛である。一般に，小さいながらも均整の取れた体格をしている場合は内分泌学的要因，小さく削痩している場合は非内分泌学的要因による発育不良であるといわれている。

　内分泌学的要因には，GH分泌不全，GH受容体異常によるラロン型矮小症や，肝臓でのIGF-1生成異常によるピグミー型矮小症などの先天性発育障害がある。一方，非内分泌学的要因には栄養障害，肺疾患，肝臓疾患，腎臓疾患などがある。非内分泌学的要因による発育不良では，諸要因による肝臓でのIGF-1合成不全もしくは低下による高GH・低IGF-1パターンが特徴的である。

　東海地方で認められた発育不良牛は，正常発育に十分な飼料摂取量ならびに消化率を示すにもかかわらず，大きくならなかった。この発育不良牛に代謝プロファイルテスト，グルコース負荷試験[18]，プロピオン酸負荷試験[19]ならびにアルギニン負荷試験[20]を行うと，発育不良牛が負のエネルギーバランス（negative energy balance）に陥っている可能性が示唆された。これらのことから，発育不良牛には同化にかかわる何らかの代謝異常が存在すると考えられた。

　さらに，虚弱子牛のなかには，体格は正常であるにもかかわらず，食欲不振，虚脱，起立不能を示す虚弱子牛（ダミー子牛症候群：dummy calf syndrome）の症例もある。

　このように，WCSの病態が様々である以上，虚弱子牛の病態を詳細に調べ，個々の原因に対応した治療・予防法を考えていく必要がある。

④診断

　虚弱子牛が起立不能，虚脱を呈した場合，血液検査ならびに血液生化学的検査によって赤血球数の減少，ヘマトクリット値の低下，血清総タンパク濃度の低下，血糖値の低下などが認められる。輸液によって症状を緩和させることも可能であるが，哺乳欲が低下している場合には予後がきわめて悪い。

　また，牛が産業動物であることを考えると，費用対効果を考える必要がある。「虚弱子牛を長期間飼育しても大きくならないのか？」この質問に対する答えは，WCSが症候群であり，多様な病態を示すため，一概に断言できない。しかし，発育不良牛に適正な飼料（一日増体量0.6 kg）を与えたとしても，その一日増体重は0.3 kg程度と十分な増加を示さないことが知られている（図14-30）。このような牛の飼育を続けることは畜産経営を圧迫することになる。しかし，月齢のわりに小柄で愛らしく，それまで手をかけてきた子牛を淘汰することは心理的にも難しい。そこで，発育不良牛のその後の発育予測を血中IGF-1濃度で行い，早期淘汰の判断材料とすることが提案されている。月齢によって異なるものの，正常発育を示す牛のIGF-1濃度は100 ng/mL以下を示すことは少なく，一定期間において複数回測定したIGF-1濃度がすべて50 ng/mL以下の場合，虚弱牛の体内環境が発育に十分な状態ではなく，産業動物としての予後は悪いと考えられる。

　前述に加えて，矮小症の原因となり得る内分泌疾患である甲状腺疾患や副腎疾患を考慮した諸ホルモン測定や検査は重要な意味を持つ。

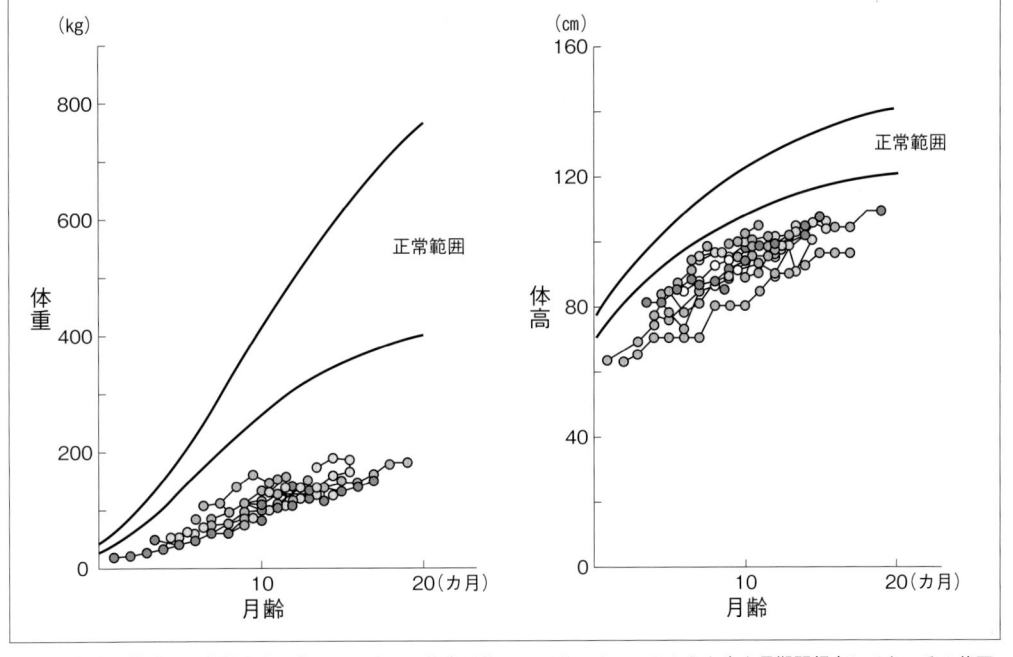

発育不良牛の体重は正常発育牛の約1/3であり，体高は約4/5であった。このような牛を長期間飼育しても，その後正常発育牛に追いつき正常な体格になる可能性は低い

図14-30　発育不良牛の発育曲線

⑤治療・予防

　生まれてすぐにミルクを飲まず矮小な個体の場合，血糖値が低下している可能性がある。初乳を飲まない，もしくは飲みが悪い原因は様々ではあるが，成牛と異なり血糖値が発酵と糖新生で調節されていない子牛の場合，初乳摂取は免疫付与と同時にエネルギー源として重要であるため，一般に母牛から離さない黒毛和種であっても，小さな子牛には人工的にでも十分量の初乳を摂取させる必要がある。

　また，新生子期は正常な個体でさえ体温調節が十分備わっておらず，急激に微生物に曝される時期である。様々な機能が未熟な子牛にとって，適切な飼養管理が重要であることはいうまでもない。

　WCSに対する対策として，前述した①IGF-1濃度による予後判断と，②砂糖を用いた発育改善法が提案されている。発育不良もしくは発育遅延の牛において，砂糖を1 g/kg給与することでルーメン絨毛を発達させ，発育を改善できることが示唆されている。この方法は安価で簡易であるため，試行価値は高い。しかし，この方法がすべての症例に対して有効であるとは限らないことから，あくまでも体重充足率が比較的高い発育遅延個体に

る，②母牛の飼養管理を見直す，③子牛の飼養環境を見直す，という3つのアプローチが考えられる。

　特定の家系でこのような虚弱牛が一定頭数発生した場合には，遺伝的要因の可能性を考える必要がある。しかし，家系解析などから発生したWCSと遺伝との関係が未だ明確になっていない状況で安易に遺伝病だと断定することは避けなければならない。

　出生時体重が20 kg以下の場合，母体内での子牛の発育だけでなく，免疫ならびに造血系の発達も十分でない可能性が考えられる。子宮内発育不良の原因は様々であるが，原因が胎盤や胎子側にない場合，すなわち，母体の低栄養，ビタミンやミネラルの不足による新生子牛の低体重の場合には母牛の飼養管理，特に胎子が急激に成長するクローズアップ期の飼料を見直すことで，WCSの発生を低減できる可能性がある。ヒトの産婦人科分野でも子宮内での発育の抑制が生まれた子供に糖尿病などのリスクを上昇させるため，「小さく産んで大きく育てることが本当によいことなのか」という議論もある。特に，決められた期間でできるだけ大きくすることを目指す産業動物において，難産にならない程度で子牛のサイズを確保する母牛の飼料設計が重要なのかもしれない。しか

め，繁殖和牛における妊娠期の適切な飼料設計を考えることは容易ではない。

WCSは，小さくて弱い子牛の総称であり，一部を除いて現状や病態の解明が十分でない。このことを理解し，虚弱子牛の状態ならびに集団における発生状況を把握し，適切な対応を取ることが重要である。

■注釈

*1
フリーマーチン：牛の異性多胎で生まれた不妊の雌子牛のこと。子宮内で雌雄胎子それぞれの胎盤血管が吻合することにより血液が交流し，雌胎子の90％以上が生殖器の分化に異常を来すといわれている。

*2
子宮無力症：弱陣痛のことであり，分娩に伴う正常な生理的子宮収縮力がない状態。原発性のほか，何らかの原因により子宮に過度の負担がかかった場合などに生じる継発性がある。

*3
子宮内膜炎：主にブドウ球菌やレンサ球菌などの細菌感染によって起こる子宮疾患。精子の運動性を阻害するほか，受精卵の着床を阻害するなど，不妊の原因となる。病態により，カタル性，化膿性あるいは潜在性などに区別される。

*4
毒血症：病原微生物がつくりだす毒素や，尿毒症・妊娠中毒症の原因となる代謝産物が，血液中に入ったために生じる全身的症状。

*5
悪露：分娩後の産褥期に陰部から排泄される分泌物のこと。血液や子宮粘膜分泌物，脱落膜片などが含まれる。

*6
二重体：本来は双子で分娩される産子が，局所的に結合または癒合したもので重複奇形ともいわれる。癒着部位によって胸部結合体，腹部結合体，臀部結合体などがある。また，二頭体（頭部が2つ），二顔体（顔が2つ）および二尾体（尾が2つ）などの中軸構造物の重複も含まれる。

*7
斜頸：頸部が片方に傾斜したままの状態。筋肉や骨の損傷などのほか，脳脊髄疾患に付随してみられることが多い。

*8
脊椎奇形：脊柱は分節構造を呈する複数の脊椎によって構成される。胎生期において分節形成障害が生じると脊椎奇形となる。脊椎椎体部の左右どちらかの半分が欠如しているものを半椎（hemivertebrae），左右のどちらか一方が狭くなり楔型になっているものを楔状椎（wedge vertebrae），隣接する椎体が癒合しているものを癒合椎（block vertebrae）という。

*9
自家中毒：自己の体内に発生した物質が毒性に作用して中毒症状をあらわすこと。腸管が閉塞した場合，腸内容が通過を妨げられているため，腸内細菌によって腸内タンパク質成分から中毒性分解産物が形成される。これが多量に吸収されると中毒症状を引き起こす。

*10
肛門の形成：胎生初期の原始腸管後端部の後腸と尿膜基部が合して排泄腔が形成される（後腸形成期）。後に尿膜が合した部の間葉組織が中隔（尿直腸中隔）を形成して後方に伸長し，排泄腔を腹側の尿生殖洞（尿膜と中腎管に連続）と背側の直腸に分ける。その後，直腸後方部は体表に達して肛門膜を形成し，それが退縮開口して肛門となる。

*11
瘻管：排泄腔や尿直腸中隔に形成異常（例えば，排泄腔が小さすぎるか，尿直腸中隔が後方に十分に伸びなかった場合など）により，後腸（直腸）の開口部が前方に変位する。その結果，後腸が腟に開口したものを直腸腟瘻，尿道に開口したものと直腸尿道瘻という。

*12
膿毒症：膿瘍から血液に入った化膿菌が引き起こす敗血症のこと。

*13
臍帯残株：臍帯はいわゆる臍の緒といわれるもので，胎子と胎盤とを繋ぐ管状の組織である。臍帯は胎子の娩出と同時に切断される。このとき，子牛側に残った臍帯を臍帯残株という。

*14
還納：一度手に入れたものを，元のところに戻すこと。臍ヘルニアではヘルニア内に脱出した腹腔臓器を手で押し上げて腹腔内に戻すこと。

*15
臍帯クランプ：新生子の臍帯血管を止血する目的で開発された医療機器で，臍帯を挟んで血流を遮断するクリップのようなもの。

*16
怒責：腹圧をかけて踏ん張る様子。尾の拳上や背弯姿勢を伴うことが多い。

*17
グリセリン水溶液：グリセリンが含まれる浣腸液の下剤。肛門ないし直腸の粘膜を刺激して，排便を促す。速やかに排便させたいときや，硬結便（硬く固まった便）あるいは便の秘結がある場合に用いる。

*18
グルコース負荷試験：高濃度のグルコースを静脈内投与し，対象動物のインスリン分泌能力，グルコース半減期を評価する試験。

*19
プロピオン酸負荷試験：対象反芻動物に糖原物質であるプロピオン酸を静脈内投与し，プロピオン酸刺激によって分泌されるインスリンならびにグルカゴンの動態を評価する試験。

*20
アルギニン負荷試験：対象動物に異化物質であるアルギニンを静脈内投与し，アルギニン刺激によって分泌されるインスリンならびにグルカゴンの動態を評価する試験。プロピオン酸負荷試験とアルギニン負荷試験に対するインスリンおよびグルカゴン分泌から，当該動物が異化傾向にあるのか，同化傾向にあるのかを評価できる。

■参考文献

1．胎子異常
1）Logan EF. 1973. Vet Rec. 93：252.
2）Gorse M. 1979. Vet Bull. 49：349.（abstr. 2729）
3）Barth AD. 1986. Induced Abortion in Cattle. In. Current Therapy in Theriogenology 2.（Morrow DA ed.）WB Saunders, Philadelphia：205.
4）Long S. 2001. Abnormal Development of the Conceptus and its Consequences. In. Veterinary Reproduction and Obstetrics. 9th ed.（Noakes DE, Parkinson TJ, England GCW ed.）WB Saunders, London：123.

2．奇形
1）浜名克己 監修. 2006. 牛の先天異常. 学窓社, 東京.
2）Szabo KT. 1989. Congenital Malformations in Laboratory and Farm Animals. Academic Press.
3）Hámori D. 1983. Constitutional Disorders and Hereditary Diseases in Domestic Animals. Elsevier.

3．臍ヘルニアおよび臍帯遺残構造感染症
1）Baxter GM. 1989. Compend Contin Educ Pract Vet. 11：503-515.
2）Fretz PB. et al. 1983. J Am Vet Med Assoc. 183：550-552.
3）山岸則夫. 2007. 家畜診療. 54：531-540.

4．臍炎
1）玉井 登ほか. 2010. 家畜診療. 57：367-370.

CHAPTER 15 中枢神経・感覚器の疾患

　子牛における中枢神経疾患ならびに眼・耳の感覚器疾患は，先天異常や感染によって発生するものが多い。また，発育不良や致命的なものも少なくないので，罹患牛を的確に診断するとともに，予防対策を確立することが重要である。本章では，子牛に代表的な中枢神経疾患ならびに感覚器疾患について解説する。

第1節　中枢神経疾患

1．リステリア症　Listeriosis

①背景

　リステリア症（Listeriosis）は，リステリア（*Listeria* 属）菌がサイレージなどを介して感染し，脳炎，新生子敗血症，死流産などを散発的に引き起こす感染症である。

　Listeria 属7菌種のうち，牛で問題となるのは *Listeria monocytogenes*（*L. monocytogenes*）である。*monocytogenes* という名称は，本菌をウサギに接種すると末梢血中で単球が増加し，単核症（mononucleosis）を引き起こすことに由来するが，牛ではこの現象はみられない。本菌は，自然界に広く分布し（土壌，野菜，サイレージなど），さらに動物の腸管（糞便中）に常在する。本菌はpH 5.5以上の不完全発酵したサイレージで増殖しやすく，牛ではこの給餌が原因となることが示唆されており，口腔粘膜の微細な傷口より侵入し，三叉神経を通って徐々に増加しながら延髄に到達して化膿巣を形成する。したがって，発症1～2カ月前の変敗サイレージ（pH 5.5以上）の給与が原因になることが多く，分娩，寒冷などのストレス感作が誘因となる。牛のリステリア症は春先（3～6月）に好発し，散発的に発生する。

　本疾患は乳肉製品を介した人獣共通感染症であり，先進国では致死率の高い日和見感染症として重要視されている。特に乳幼児（5歳齢以下）と高齢者（50歳齢以上）未満と低いが，動物を常時扱っている職業集団では有意に高いことが報告されている。ヒトでの症状は髄膜炎が圧倒的に多く，次いで敗血症，脳炎などの中枢神経疾患，まれに流産や肝炎がみられる。潜伏期間は24時間以内から90日以上ときわめて幅広い。ヒトのリステリア症の場合，発生に地域性はないが，季節的には夏季に多い。*Listeria* 属菌は低温増殖能を有するため，乳肉製品の冷蔵庫での保管は感染予防に十分ではない。

②症状

　宿主（成牛，子牛），飼養環境および菌の侵入門戸（口腔粘膜，小腸粘膜など）の違いにより，脳炎型，敗血症型，流産など症状も異なるが，牛では主に脳炎型を呈し，特徴的な臨床症状から旋回病（circling disease）といわれる。

a．脳炎型

　旋回運動，運動失調（起立不能），斜頸，著しい流涎，咽喉頭麻痺，舌麻痺，耳翼下垂，角膜混濁などの症状を示し，成牛は1～2週間，子牛は2～3日で死亡する。顔面神経麻痺，斜頸，耳翼下垂，視力低下などの症状は一般に片側性にみられるのが特徴である（図15-1）。

b．敗血症型

　子牛で認められる。症状は発熱，食欲不振，抑うつな

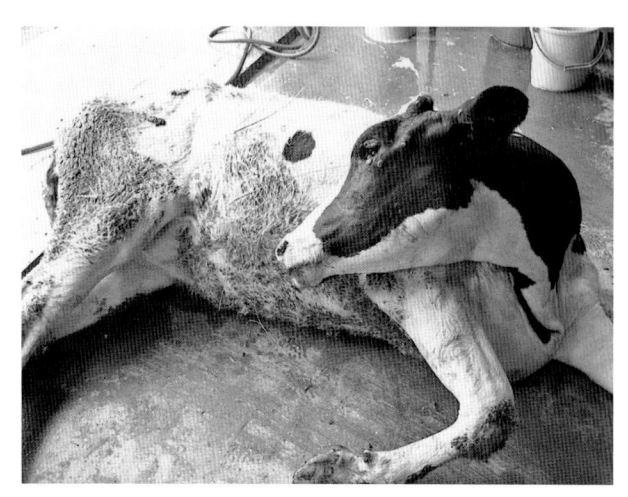

片側性神経麻痺を呈している
図15-1　リステリア症例

亡する。

c．流産

　流産，早産，死産を起こすが，臨床的な髄膜脳炎を伴うことはない。

③病態

　L. monocytogenes は細胞内寄生細菌であり，生体内に侵入しマクロファージに貪食されても，細胞内殺菌から逃避して増殖する。主要な病原因子はリステリオリシンO（listeriolysin O：LLO）で，分子量58,000の膜傷害毒素である。マクロファージのファゴソームに取り込まれた菌体はLLOを分泌することでファゴソーム膜を傷害し，細胞質内へと脱出することで，宿主の感染防御機構から逃れる。

　一方，腸管上皮細胞へ侵入する際は，菌体表面に発現しているインターナリンといわれるいくつかの表面局在タンパク質（InAおよびInB）を介して宿主の細胞に付着し，細胞のエンドサイトーシスによって細胞内に取り込まれる。その後，菌体はエンドソームを破壊して細胞内に侵入して，増殖し隣接細胞へと感染を広げる。また，口腔粘膜の微細な傷口から侵入した菌は，三叉神経線維内を上行性に移動し，延髄などに化膿性病変を形成する。本菌は脳幹部に強い組織親和性を持つため，病巣は特に延髄と橋で好発し，視床や脊髄頸部などがこれに続く。

④診断

　L. monocytogenes 血清診断としてELISA法が検討されている。しかし健常動物にも常在しているため，確定診断には症例の脳・臓器病変部からの菌分離が必要である。脳炎や敗血症型症例からの菌の分離培養には，症例の髄液や血液を血液寒天培地，パルカム寒天培地[*1]もしくはクロモアガー培地[*2]などの培地に直接接種する。

　L. monocytogenes はグラム陽性，通性嫌気性，莢膜を有しない両端鈍円の無芽胞性の短桿菌である。単在あるいは短連鎖で，少数の鞭毛により30℃以下の培養で運動性を示す。*L. monocytogenes* の血清型は，O（菌体）抗原とこのH（鞭毛）抗原の組み合わせにより分類される。ヒトおよび動物から分離される主な血清型には，4b，1/2a，1/2bが報告されているが，血清型と病原性の関連性は証明されていない。

　L. monocytogens の特徴として，血液寒天培地では0.5〜1.0 mm程度のコロニーを形成し，狭いβ溶血がみられる（口絵p.52，図15-2）。この溶血は，CAMP（Christie-Atkins-Munch-Petersen）テストで黄色ブドウ球菌の産生するβ溶血素により増強され，溶血帯は明瞭に拡大する。

　発育温度域は0〜45℃と広く，至適発育温度は30〜37℃である。しかし，前述のとおり低温増殖能を有し，5℃の低温でも増殖する。発育pH域はpH6〜9の範囲で，至適発育pHは中性またはわずかにアルカリ性である。また，食塩耐性であり，10％食塩加ブイヨン中でも発育できる。

　汚染された臓器やサイレージなどからの菌分離では，1〜4週間の低温培養による増菌が行われる場合もある。その際には，パルカム寒天培地やクロモアガー培地などの選択分離培地を用いる。疑わしい集落については，グラム染色で陽性の短桿菌を確認し（口絵p.52，図15-3），半流動培地における運動性がみられ，フォーゲス・プロスカウエル（VP）反応（＋）およびカタラーゼ反応（＋）で，血液寒天培地においてβ溶血が認められれば，ほぼリステリアと同定できる。

　その他，*hly* や *actA* などの主要病原遺伝子や16SrDNAを標的としたPCR法[*3]による迅速検出法も用いられる。

　病理解剖による肉眼所見は顕著でないが，脳脊髄液は混濁し，髄膜血管のうっ血が認められる。病理組織学的検査では，脳幹部に化膿性脳炎が認められ，主要病変は好中球の小集簇ないし微小膿瘍形成と小膠細胞反応で，リンパ球，組織球，好中球などの囲管性細胞浸潤もみら

れる（口絵p.52, 図15-4）。また，敗血症型と流産胎子では，肝臓，脾臓，心内膜などに壊死病巣が認められる。

類症鑑別として，低カルシウム（Ca）血症，低マグネシウム（Mg）血症，ヒストフィルス・ソムニ（*Histophilus somni / Haemophilus somnus*）感染症，日本脳炎，破傷風，クラミジア症，狂犬病，牛海綿状脳症（BSE）などが挙げられる。

⑤治療・予防

本菌は，種々の抗菌薬（ペニシリン系，セファロスポリン系，マクロライド系，テトラサイクリン系，アミノグリコシド系クロラムフェニコールなど）に対して高い感受性を示す。臨床的にはペニシリンとゲンタマイシンまたはテトラサイクリンの併用がよく用いられるが，脳炎型症例には高い効果は期待できない。

有効なワクチンは現存しないため，予防としては飼養管理を徹底し，変敗したサイレージ（pH 5.5以上）を給与しないこと，ストレスを軽減させることなどが挙げられる。

2．ネオスポラ症　Neosporosis

①背景

ネオスポラ症（Neosporosis）は，ネオスポラ原虫 *Neospora caninum* によって引き起こされる非化膿性脳脊髄炎であり，流産，異常産を主徴とする。ネオスポラ原虫は形態学的にトキソプラズマ（*Toxoplasma gondii*）原虫に類似しており，1988年に区別されるまでは混同されていた。

感染経路は未だ不明な点が多いが，終宿主である犬が排泄するオーシストを終宿主あるいは中間宿主（犬を含む）が摂取する経路，ならびに中間宿主の摂食により，中間宿主の体内に形成されたシストあるいはタキゾイトを摂取する経路があると考えられている。また，流産胎子において胎盤の組織内に原虫が存在し，胎盤を介した母子感染も成立することが明らかにされている。

世界的に牛のネオスポラ原虫感染を原因とする死産・流産の報告が多数なされているが，本疾患の発生に地域性および季節性はみられない。我が国において，本疾患は家畜伝染病予防法により届出伝染病に指定されてい

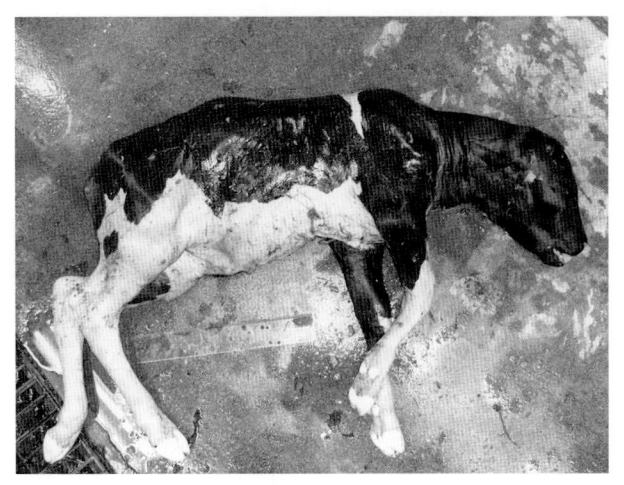

図15-5　ネオスポラ原虫感染による流産胎子

②症状

主要症状は流産である（図15-5）。胎子の死亡・吸収，ミイラ胎子の娩出および死産が発生することもある。抗体陽性牛からは高頻度に先天感染子牛が娩出されるが，その大多数は不顕性感染のまま成長し，一部の先天感染子牛で虚弱，神経症状および奇形を呈する。先天感染子牛においては多様な病態が観察される。体型は小さく，虚弱で，歩様異常あるいは起立困難を呈するものや，脊柱の側彎症，頭蓋骨の変形，指関節球節の攣縮・屈曲および後躯麻痺などの所見が認められるものもある。

流産は単発性に発生することが多いが，同一牛群で集団発生することもある。また，発生様式は多様であり，過去にネオスポラ原虫による流産を起こした牛で再発することもある。流産は，妊娠3～9カ月で発生しやすいとの報告がある。多くの場合，流産は突然発生し，発生前，母牛には特に異常は認められないが，一部の母牛では数日前から食欲不振，腹部の蹴りあげ，急激な乳房の腫脹などの異常が観察されることもある。流産および異常産を示す疾患にはアカバネ病などもあり，本疾患との鑑別が必要となる。

③病態

ネオスポラ原虫の生活環は未だ不明な点が多く，胎盤感染後の侵入経路については明らかではない。

流産胎子の病理組織学的所見としては，すべての症例において非化膿性脳炎があり，出現頻度順に，非化膿性心筋炎，副腎炎，筋炎，腎炎，肝炎，腹膜炎，胎盤炎，肺炎などが挙げられる。特に脳，横紋筋，肝臓の炎症が

頭蓋冠の突出が明らかである
図15-9　水頭症症例

タキゾイトまたはタキゾイト集合体は，主に脳炎あるいは心筋炎を有する個体の脳実質や血管内皮から検出されるが，一部の個体ではほかの組織の血管内皮からも検出されている。脳でみられるシストは，明瞭なシスト壁を有する。

④診断

子牛が本疾患に罹患している場合には，その母牛も必ずネオスポラ原虫に感染しているため，母牛の血清中のネオスポラ原虫に対する抗体価を測定する。数百～数千倍の抗体価が確認されれば，本疾患である可能性が高いが，確定診断には病理学的検査が必要である。

病理学的検査では，肉眼的に脳は著変を欠く場合が多いが，新生子では孔脳症[*4]（porencephalia）がみられることがある。組織学的には病変は脳脊髄に広く分布し，リンパ球および形質細胞による囲管性細胞浸潤，小膠細胞結節，脳質の空胞化あるいは軟化を伴ったリンパ球，形質細胞，マクロファージ，多核巨細胞などによる巣状浸潤などからなる（口絵p.52，図15-6）。これら病巣の内外に，タキゾイトの小集団やブラディゾイトを含んだ組織嚢胞が検出されれば，本疾患と診断できる（口絵p.52，図15-7，8）。

⑤治療・予防

現在，有効な治療法は確立されていない。実用的なワクチンはなく，死流産が発生した場合には速やかに牛舎内から除去し，病性鑑定を行う。本疾患に罹患した子牛を娩出した母牛は，繁殖に供するべきではない。

また，同居牛のネオスポラ原虫抗体価を測定し，抗体陽性牛の淘汰および抗体陰性牛の導入を行うことにより，発生を減少させることが可能である。さらに，ネオスポラ原虫の終宿主と考えられている犬やキツネなどを牛舎内に出入りさせないようにする。飼料のオーシストによる汚染の防除，畜舎内の衛生管理の徹底，迅速な清掃・消毒も重要である。

3．水頭症　hydrocephalus

①背景

臨床現場で遭遇する子牛の水頭症（hydrocephalus）のほとんどは先天的なもので，原因は，遺伝的要因または母牛のウイルス感染症（牛ウイルス性下痢症〈BVD〉，アカバネ病，アイノウイルス感染症，チュウザン病，ブルータング）である。腫瘍や炎症による脳脊髄液の交通遮断で発症する後天的な水頭症は，臨床現場で遭遇することはまれである。

すべての品種で水頭症は発生するが，アカバネ病，アイノウイルス感染症，チュウザン病が発生要因の水頭症においては，西日本を中心に媒介吸血昆虫の生息域に伴い地域性がみられる。また，夏季に媒介吸血昆虫によって母牛が感染するため，異常子牛の出生は春季が多い。

食肉検査で頭蓋内を精査することはなく，潜在的な水頭症がどの程度存在しているかは不明である。神経症状を伴う個体は経済的損失を免れないので淘汰の対象となるが，症状を示さない個体は気付かれないまま飼育されている可能性がある。

②症状

出生直後からの起立不能，歩様異常，盲目，旋回，後弓反張，哺乳意欲喪失といった症状のほかに，飼育者が頭の形がおかしいといった外見の異常に気付くこともある（図15-9）。小脳の異常に起因する運動失調の観察は容易だが，推尺障害，企図振戦，威嚇刺激に対する瞬きの消失などの神経学的検査は小動物に比べて困難である。

母牛のアカバネ病，アイノウイルス感染症が原因で水頭症を発症した個体は関節彎曲を伴うのに対し，チュウザン病は体型異常を伴わない。また，アカバネ病は小脳形成不全を伴わないが，アイノウイルス感染症，チュウザン病は小脳形成不全を伴う。症状の特徴を表15-1に示

す。

③病態

脳脊髄液は側脳室の脈絡叢で産生され，脳室を経てクモ膜下腔のクモ膜顆粒に吸収される。この脳脊髄液の産生と吸収のバランスが崩れた場合には脳室が脳脊髄液の貯留により拡張し，脳圧が亢進することで症状を呈する。脳脊髄液の貯留部位がクモ膜下腔の場合は外水頭症，脳室の場合は内水頭症と区別されるが，産業動物ではそのほとんどが内水頭症である。

脳室拡張の程度は個体によって様々である。母牛のウイルス感染が原因の脳室拡張は重篤で，しばしば水無脳症となる。また，脳室拡張によって二次的に小脳の扁平化，後方変位がみられることもある。さらに，側脳室の拡張に加えて大脳が一部欠損する孔脳症の病態もある。

④診断

水頭症の臨床診断は，画像検査が有力な手がかりとなる。

X線検査では頭蓋冠のドーム状突出，頭蓋骨の菲薄化，泉門の開存およびスリガラス状所見をもって水頭症を疑う（図15-10）。

CTやMRIなどの断層画像検査では，水頭症の生前診断が可能である（図15-11, 12）。脳室拡張の程度は，個体によるバラツキが大きい。3カ月齢以下の子牛では，室間孔を含む脳底と垂直な縦断像における側脳室の高さは 4.96±1.56 mm が正常である[1]。また断層画像検査では，中耳炎（前庭症状）との鑑別診断も容易である。小脳形成不全の画像診断は，MRIがCTよりも優れている。超音波検査により側脳室の拡張を判断することも可能であるが，泉門が開存している場合に限られる。なお，画像診断で評価される異常の程度と神経症状の重篤度は必ずしも一致しない。

脳脊髄液検査では髄膜脳炎の除外診断はできるが，水頭症の診断はできない。またクモ膜下腔穿刺時に，脳脊髄液の流出の程度から脳圧亢進を疑うことがあるものの，絶対的な指標とはならない。

ウイルス感染は，初乳哺乳前であれば子牛血清の抗体検出により診断可能であるが，すでに初乳を与えられた症例では診断できない。

⑤治療・予防

小動物では脳圧軽減を目的とした利尿剤，ステロイド

表15-1 母牛のウイルス感染に起因する水頭症症例の特徴

	小脳異常	関節彎曲
牛ウイルス性下痢・粘膜病	ある	ない
アカバネ病	ない	ある
アイノウイルス感染症	ある	ある
チュウザン病	ある	ない

loperitoneal shunt）術が実施される。しかし，産業動物では治療の意義はなく，積極的な早期診断，早期淘汰が基本である。

母牛のウイルス抗体検査を行い，ウイルス感染が原因であったのか，遺伝的要因であったかについて把握することは，家畜生産性の点で有意義である。

予防として，BVDについては持続感染牛の摘発淘汰，アカバネ病，チュウザン病，アイノウイルス感染症については，媒介吸血昆虫であるウシヌカカの防除と，アカバネ病・チュウザン病・アイノウイルス感染症不活化ワクチンの接種を行う。

4．牛ヘルペスウイルス5型感染症
bovine herpesvirus type 5 infection

①背景

牛ヘルペスウイルス1型感染症（bovine herpesvirus type 1 infection）は，ヘルペスウイルス科（Herpesviridae），α-ヘルペスウイルス亜科（Alphaherpesviridae），バリセロウイルス属（*Varicellovirus*）に属する牛ヘルペスウイルス1型（bovine herpesvirus-1：BHV-1）による感染症である。

BHV-1感染に伴う臨床症状は牛伝染性鼻気管炎を含む呼吸器疾患だけでなく，流産，生殖器疾患（雌：腟炎・子宮内膜炎，雄：包皮炎）など多岐にわたる。

BHV-1感染症は国単位で社会経済に影響するばかりでなく，動物または動物加工品の国際流通を介して伝播し得る重要な疾患であるため，国際獣疫事務局（OIE）に通報すべき疾病のリストBに挙げられている。我が国でも1970年に，アメリカやカナダからの輸入牛が感染源となり，呼吸器疾患および流産が集団発生した事例がある。それ以降，現在に至るまで毎年散発的な発生を繰

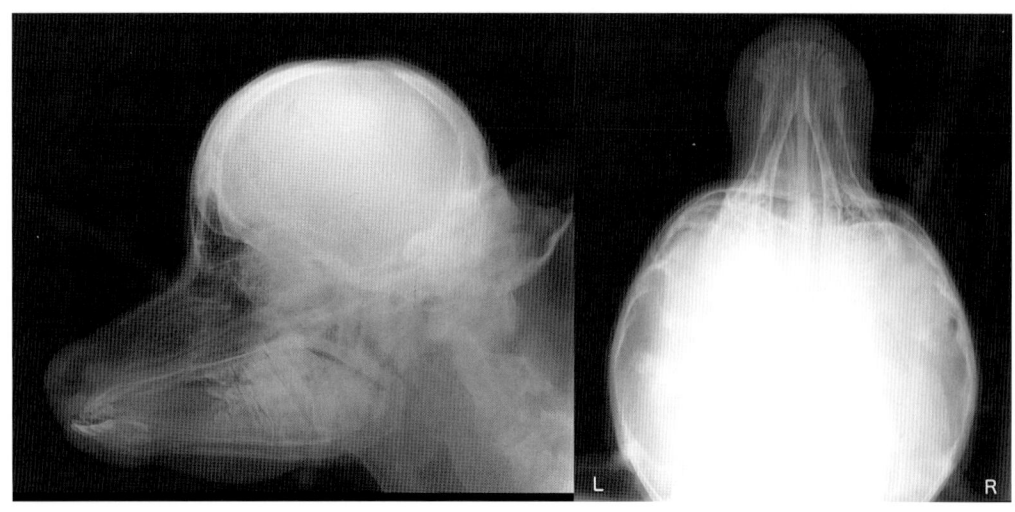

図15-10 図15-9に示した症例のX線像

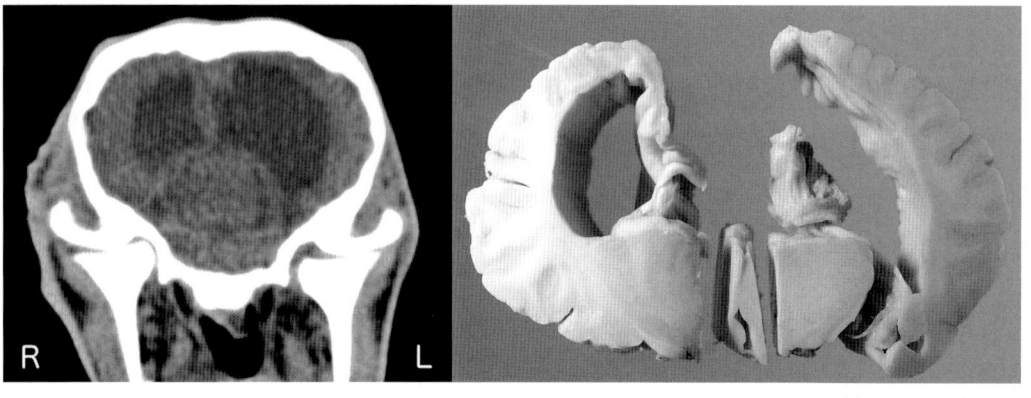

頭蓋冠のドーム状突出，頭蓋骨の菲薄化，泉門の開存，頭蓋冠のスリガラス状所見が認められる

図15-11 水頭症症例（図15-9とは別の症例）のCT像（WL 70, WW 250）および病理解剖写真

左右非対称な脳室の拡張が認められる

（古岡秀文氏 ご提供）

図15-12 水無脳症症例（図15-9とは別の症例）のCT像（WL 70, WW 250）および病理解剖写真（尾側観であるためCT像とは左右が逆）

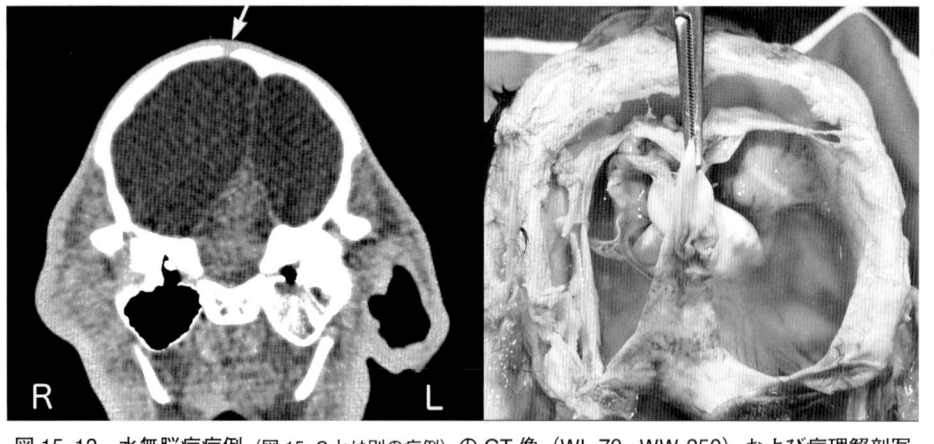

拡張した側脳室が頭蓋内の大部分を占める。泉門の開存を矢印に示す。この症例は，左鼓室胞に液体貯留を認め，中耳炎を併発していた

染病のひとつに含まれている。

BHV-1はゲノム上に約70個のタンパク質（うち11個はエンベロープ糖タンパク質）をコードする2本鎖DNAウイルスであり，その抗原性や遺伝子型からBHV-1.1（呼吸器感染タイプ），BHV-1.2（呼吸器ならびに生殖器感染タイプ）およびBHV-1.3（髄膜脳炎タイプ）の3つの亜型に分類される。BHV-1.1株は牛伝染性鼻気管炎の原因ウイルスとして，日本を含めた世界中で分離されている。BHV-1.2株は，我が国では1983年に初めて分離され，牛伝染性鼻気管炎を含む呼吸器疾患や生殖器

疾患がみられる。

BHV-1.3株は，牛ヘルペスウイルス脳炎の主な原因ウイルスであるが，現在，本株は牛ヘルペスウイルス5型（BHV-5）に分類されている。

本稿では，BHV-5の感染症について解説する。牛ヘルペスウイルス1型については，第5章 第5節「2．牛伝染性鼻気管炎」を参照していただきたい。

② 症状

BHV-5は子牛髄膜脳炎の原因となり，移行抗体が消失する時期の哺乳子牛における脳炎の集団発生に関与するだけでなく，散発的に発生する成牛の非化膿性脳炎においても分離される。BHV-5感染による髄膜脳炎では発症後4日目に昏睡または死亡に至ることが多く，致死率はほぼ100%である。臨床症状は多岐にわたり，沈うつ，盲目，強直性発作，ヘッドプレス*5などの神経症状が一般である。大脳だけでなく小脳や脳幹へ病変が拡大した重症例では過剰な流涎，旋回運動，運動共調不能，歯ぎしり，筋肉の震え，解離性眼振，嚥下障害，舌麻痺などの症状がみられる。

③ 病態

髄膜脳炎では，髄膜の肥厚，うっ血性変化，脈管周囲のリンパ球浸潤がみられる。肉眼的には，灰白質の黄褐色変色や脳回の扁平化が認められる。病変は大脳の吻側部に好発し，大脳皮質の軟化が特徴である。急激な神経壊死（主に大脳皮質，視床下部），グリオーシス*6，充血，出血，水腫，神経細胞侵食がみられる。間葉系組織（血管やミクログリア）は正常な構造を維持していることが多い。好酸性核内封入体はグリア細胞や神経に認められる。

④ 診断

ウイルス分離が最も確実な診断法である。病変部などを牛腎臓，精巣由来細胞で培養すると細胞変性効果（CPE）を形成する。感染細胞内には好酸性の核内封入体がみられる。

血清学的診断には，急性期と回復期のペア血清を用いた抗体価測定ウイルスが可能である。中和試験，補体結合反応，ゲル内沈降反応，間接赤血球凝集反応，ELISA法，C57BLマウスの赤血球の凝集を観察する赤血球凝集抑制反応が行われる。

BHV-5の鑑別は，血清学的検査における交差反応がみられるため難しい。BHV-1とBHV-5の遺伝子相同性は85%以上であるが，制限酵素分析での遺伝子鑑別は可能である。チミジンキナーゼ（thymidine kinase）と糖タンパクCの遺伝子領域プライマーを用いたPCR法やモノクローナル抗体による分類は，BHV-1とBHV-5の鑑別に有用である。

世界各地で散発例の報告はあるものの，本症の多発地域はブラジルやアルゼンチンである。現時点において，BHV-5に対して有効なワクチンの開発は研究段階にある。したがって，本症の発生がBHV-1の流行地域に多いことから，BHV-5への干渉作用（cross-protection）を期待してBHV-1に対するワクチンの臨床応用が検討されているが，その予防効果は不透明である。

5．クラミジア症　chlamydia disease

① 背景

クラミジア症（chlamydia disease）はクラミジアの感染により発生する疾患であり，子牛では流行性流産，散発性脳脊髄炎（bovine sporadic encephalomyelitis）ならびに多発性関節炎が問題となる。クラミジアは偏性細胞内寄生細菌*7であり，ゲノムサイズは100万塩基対以下（遺伝子数：約1,000個）と小さく，大腸菌のゲノムサイズの約1/4程度である。また，真核生物の宿主細胞が産生するATPやタンパク質などを代謝や増殖に利用する完全寄生生物である。その自然宿主域は鳥類，は虫類，牛を含む反芻動物，犬，猫などの脊椎動物から無脊椎動物まで幅広い。

クラミジアは感染後，細胞への感染力を持つ基本小体（elementary body）と，感染細胞内で2分裂により増殖する多形性の網様体（reticulate body），および網様体から基本小体へ転換成熟する過程にみられる中間体（intermediate body）の3つで構成される増殖サイクルを繰り返す。

反芻動物に感染し病変を形成する病原性クラミジアは，かつてオウム病の原因菌として知られ，鳥類と哺乳類を自然宿主とする*Chlamydia psittaci*のみと考えられてきた。その後血清型によって，*C. psittaci*は流産や子宮炎，精巣炎の原因となる株（血清型1）と多発性関節炎や結膜炎や散発性脳脊髄炎の原因となる株（血清型

表 15-2 クラミジア属 4 種の性状

性状	C. pecorum	C. psittaci	C. pneumoniae	C. trachomatis	
				Trachoma/LGV (Tr/L)*	Mouse (M)**
自然宿主	牛, めん羊, 豚, コアラ	鳥類, 哺乳類	ヒト	ヒト	マウス
基本小体の形態	球形	球形	梨型	球形	
封入体の形態	楕円, 密	多形性, 密	楕円, 密	楕円, 密	楕円, 疎
グリコーゲンの蓄積	なし	なし	なし	あり	あり
葉酸合成	なし	なし	なし	あり	あり
血清型	3<	多数	1	12/3	1
Mol% G+C	39.3	39.6	40.3	39.8	39.8
DNA 相同性 (%)					
C. pecorum	88〜100	1〜20	10	1〜10	1〜4
C. psittaci		14〜95	1〜8	1〜33	1〜20
C. pneumoniae			94〜96	1〜7	1〜7
C. trachomatis (Tr/L)				92	20〜60
C. trachomatis (M)					100

* C. trachomatis Trachoma/LGV (Tr/L): C. trachomatis トラコーマ生物型およびリンパ肉芽腫生物型
** C. trachomatis Mouse (M): C. trachomatis マウス生物型

pecorum と分類されている。この pecorum という語は,ラテン語でめん羊や牛の群という言葉に由来する。DNA の相同性は C. pecorum の種内で 88〜100％であり,C. psittaci との相同性は 1〜20％と低い(表 15-2)。なお,クラミジア(Chlamydia)属とされていた,反芻動物に病原性を持つ C. psittaci や C. pecorum は 1999 年にクラミドフィラ(Chlamydophila)属とされた。

C. pecorum は反芻動物(牛, めん羊)や豚, コアラなどが自然宿主で, 腸管や腟粘膜に日和見感染し, 精液や包皮洗浄液でも感染がみられる。C. pecorum 感染に伴う散発性脳脊髄炎は, 1940 年でのアメリカ・アイオワ州での最初の報告以降, カナダ, オーストラリア, ヨーロッパなど全世界で散発的な発生を繰り返している。我が国では 1950 年代に静岡県で 1 例の発生がみられたが, それ以降の発生はない。しかし, 1988 年北海道の健常なめん羊における疫学調査において C. pecorum が分離されており, 我が国における今後の発生も否定できない。

C. psittaci が我が国で初めて分離されたのは 1952 年である。その後, 1960 年代にかけて行われた血清疫学調査でも, 我が国の反芻動物において広く蔓延するクラミジア感染が証明された。さらに, 1980 年代における血清疫学調査でも, 50％を超える抗体陽性率が示されている。一方, C. psittaci 感染に伴う流産の発生が報告されたのは 1980 年代後半からであり, 現在まで散発的な発生の報告がある。前述のとおり, C. psittaci はヒトのオウム病として知られる人獣共通感染症の病原体でもあり, 妊婦が罹患牛へ接触することには注意が必要である。

②症状

多くの場合, クラミジア感染は不顕性に経過するが, ストレスが加わることにより, 時に症状を発現する。症状は呼吸器系(肺炎), 消化器系(下痢), 運動器系(多発性関節炎), 脳・神経系(散発性脳脊髄炎), 泌尿・生殖器系(流産や子宮炎, 精巣炎)など多岐にわたる。

流行性流産は, 発症年齢や季節などとの関連性はなく, 妊娠後期(妊娠 7〜8 カ月目)に発生する。妊娠牛は無症状のまま流産, 死産または虚弱子牛を娩出する。流産胎子には皮下浮腫, 多量の胸水や腹水の貯留, 肝臓の腫大・変色, リンパ節腫大などがみられる。点状出血は口腔粘膜や咽頭, 気管, 結膜などで観察される。娩出された子牛は生後数日以内に死亡する。流産後の母牛は不妊症になることが多い。

散発性脳脊髄炎は, 一般に 3 歳齢以下の牛でみられる。初期症状は, 約 1 週間継続する突発的な発熱(39.5〜41.5℃)と食欲不振であり, 過剰な流涎, 無呼吸, 鼻汁, 下痢を伴う。腹膜炎や腹水がみられることも多い。多くは治癒することなく, 神経症状を発現する。典型的な神経症状としては旋回運動, 強直歩行[*8], 歩様蹣跚, 四肢麻痺, 反弓緊張, 球節のナックルである。罹患牛の 60％は, 発症後 10〜14 日で死亡する。神経症状から回復しても, 全身症状の改善はほとんどみられない。

多発性関節炎は, 1〜2 週齢の新生子に好発する。発

熱，食欲不振，関節腫大，跛行が主な臨床症状である。新生子では致死率が高く，発症後2～12日目に死亡する。

③病理

散発性脳脊髄炎の肉眼所見は脳や脊髄の充血や浮腫である。病理組織学的検査では，リンパ球と形質細胞による血管周囲性細胞浸潤やグリア細胞増殖などを伴う非化膿性脳炎，好中球による軟脳膜炎が観察される。漿液線維素性腹膜炎，腹腔内の線維素沈着も特徴所見である。

流産胎子においては，壊死・出血巣が肝臓，脾臓，肺，胸腺，副腎，リンパ節，脳，脊髄にみられ，核内封入体や基本小体が様々な臓器の壊死巣で観察される。

多発性関節炎では，漿液線維素性または線維素性関節炎，関節腔内の線維素沈着がみられる。

④診断

クラミジアの観察のため，牛の流産では流産胎子から得られた病変塗抹標本，多発性関節炎では滑膜の切片標本や塗抹標本が用いられる。クラミジアはマキャベロ染色，ギムザ染色，ヒメネス染色で染色される。クラミジアは細胞壁にペプチドグリカンを含まないため，グラム染色では染色されない。血清学的診断として，補体結合反応検査が実施される。

牛の流産における C. psittaci の培養には羊膜，流産胎子の肝臓などの組織乳剤が用いられる。一方，C. pecorum の培養には，散発性脳脊髄炎では脳，多発性関節炎では滑液など病変部の組織乳剤が用いられる。主な培養細胞は孵化鶏卵卵黄嚢，MDBK（madine-derby bovine kidney）細胞，HeLa 細胞[*9]，BGMK（buffalo green monkey kidney）細胞である。C. pecorum の孵化鶏卵への接種では，接種後3～11日目に鶏胚が死亡する。また，卵黄嚢内接種後5～7日間，37℃で培養した卵黄嚢の塗抹標本にヒメネス染色を施すと，塩基性フクシンに染まる基本小体が観察できる。さらにモルモットの腹腔内接種では発熱，体重減少，腹膜炎，脾腫を認め，少量の感染量であってもCF抗体上昇がみられる。クラミジアはマウスへの接種により，強い病原性を示す株（マウスに脾腫，脾臓への感染を起こす），中等度の病原性を示す株（マウスに低いレベルの感染を伴う脾腫を起こす）および病原性のない株の3段階に評価される。C. pecorum は病原性のない株にあたる。

現在のところ，表現形質では C. pecorum と C. psittaci の鑑別はできない。C. pecorum の封入体は比較的密な楕円形であり，C. psittaci は多形性を示す。基本小体の形態は C. pecorum および C. psittaci ともに球形であり，網様体の形態にも違いはみられない。C. pecorum と C. psittaci の遺伝子学的な分類には制限酵素分析，DNA-DNA ハイブリダイゼーション，サザンブロッティング法が使用される。

⑤治療・予防

クラミジア感染症の治療にはテトラサイクリン系やマクロライド系抗菌薬が効果を示す。一方，細胞壁合成阻害作用を有する β-ラクタム系抗菌薬などは効果を示さない。

症状を発現し回復した牛の多くは，クラミジアを持続的に排泄し続けるキャリアとなり，特に糞便中に長期間クラミジアを排出する。そのため，流行性流産から回復した母牛は，牛群からの隔離または淘汰が必要である。また，我が国における野生の鳥の糞中には多量の C. psittaci が存在していることが証明されており，牛舎内に侵入した鳥の糞を介した感染の可能性も否定できない。このため，牛舎内への鳥の進入を防ぐことはクラミジア感染の防除において有効であると考えられる。

6．ヒストフィルス・ソムニ感染症
histophilus somni infection

第12章「5．ヒストフィルス・ソムニ感染症」で解説する。

第2節　眼疾患

1．眼瞼炎　blepharitis

①背景

眼瞼炎（blepharitis）の主な原因は，眼瞼の外傷からの感染である。眼瞼の外傷は，牛が飼槽，スタンチョンおよび柵などに衝突した際に生じやすい。

アレルギー反応によっても眼瞼の腫脹や結膜浮腫を生じるが，その場合は蕁麻疹，顔面の腫脹および粘膜皮膚移行部の腫脹などの全身症状を伴う。また，アレルギー反応による症状は，抗菌薬またはワクチンの投与，静脈内輸液および輸血などの直後に生じるため，眼瞼炎と鑑別することが可能である。

②症状

外傷または裂傷の症状は明瞭である。眼瞼の腫脹および眼漏が外傷と同時に起こる。汚染した傷を放置することにより，眼瞼の蜂窩織炎および二次性の眼窩の蜂窩織炎が起こる可能性がある。

③治療

熱感と腫脹が強い場合には，冷水に浸したタオルなどで冷湿布を行う。重度の組織損傷を伴う場合には洗浄と壊死組織の除去（デブリードメント），化膿巣を形成した場合には小切開の上で排膿処置（ドレナージ）を行う。さらに，抗菌薬の局所および全身投与を行うとともに，眼軟膏による角膜保護を行う。軟部組織の腫脹が重度でなければ，非ステロイド性抗炎症剤（NSAIDs）およびステロイド性抗炎症剤は使用しない。眼瞼の裂傷がある場合は実質と皮膚を二層に縫合し，結膜は縫合しない。

アレルギー反応による場合は原因の回避，抗ヒスタミン剤，アナフィラキシーショックの際にはエピネフリンによる治療が必要となる。

2．眼瞼内反症　entropium palpebrae

①背景

眼瞼内反症（entropium palpebrae）は，下眼瞼（時に上眼瞼）が内側にめくれ込んだ状態である。先天的な原因より，結膜の瘢痕収縮や眼瞼痙攣などの後天的な原因が一般である。牛での本疾患の発症はまれであるが，シンメンタール種やヘレフォード種で先天性の眼瞼内反症が報告されている。

②症状

被毛や睫毛が角膜を刺激するため，頻回なまばたき，流涙，眼瞼痙攣を呈し，重度では角膜の血管新生や潰瘍，角膜の色素沈着による視力障害などを引き起こす。

③治療

外科的処置として，Hotz-Celsus変法による矯正術が報告されている。

3．涙嚢炎　dacryosolenitis

①背景

牛における鼻涙系の先天性異常はまれである。限局的な子宮内感染により涙嚢炎を起こす場合がある。

②診断

解剖学的な鼻涙管欠損の診断には，鼻涙嚢造影法が有効である。

③治療

鼻涙系の異常による一側性の流涙に対する外科的処置として，鼻涙管に連絡する上皮および被毛で裏打ちされた嚢胞性病変の結膜鼻造瘻術および造袋術が報告されている。また，涙点形成異常や涙丘による涙点への涙の排出障害に対する外科的処置として，内眼角形成術および涙点拡張の処置を行う。

4．結膜炎　conjunctivitis

①背景

*Moraxella bovis*は，牛の結膜と角膜感染における最も重要な病原菌であり，第12章「1．牛伝染性角膜結膜炎」の項で詳しく述べる。

パスツレラの感染により粘液膿性の細菌性結膜炎が起きることがある。本疾患は，重度のパスツレラ性肺炎または敗血症と同時に起きる。なぜならパスツレラは牛では上部気道の常在菌であるため，結膜に移行しやすいからである。一方，H. somni が原因の呼吸器感染症の子牛で，鼻炎，喉頭炎および肺炎に加え結膜炎の症状を示す場合がある。また，結膜炎が集団発生した牛群において，眼からマイコプラズマおよびウレアプラズマが分離されている。

結膜炎を引き起こすウイルス性疾患としては，牛伝染性鼻気管炎（IBR）がある。その他の結膜炎には，埃や植物由来の異物による異物性結膜炎，眼虫（*Thelazia skrjabini*，*Thelazia gulosa*）による寄生虫性結膜炎などがある。

②症状

細菌性結膜炎に罹患した牛は，漿液性または粘液膿性の眼漏，結膜充血を呈し，眼の痛みによる症状はみられない。マイコプラズマおよびウレアプラズマ感染の場合は，10〜50％の牛で一側性または両側性の眼漏および結膜の充血を呈し，眼漏は初めは漿液性で，1〜4日後に粘液膿性になる。

IBRによる結膜炎の典型的な症状は，重度の結膜充血，著しい眼漏，眼瞼結膜の多巣性の白斑であり，眼漏は48〜72時間で漿液性から粘液膿性に変化する。IBRに特徴的な白斑の病変は発症後5〜9日で癒合した後脱落し，結膜の浮腫が著しくなる。重症例では同じ時期に，中心部が透明な角膜周囲の浮腫を生じる。きわめて重症な例では，重度の浮腫によって角膜が完全に不透明となり，周囲に血管新生がみられるため牛伝染性角膜結膜炎との区別が困難となるが，IBRによる角膜炎では角膜潰瘍は起こらない。

③診断

IBRによる結膜炎を除いて，臨床症状のみでは結膜炎の原因を特定することは難しい。牛群での伝染性結膜炎に直面した際には，結膜分泌物（眼ヤニ）の細菌培養および結膜搔爬の細胞診が，最も役に立つ診断手技である。

④治療

細菌性結膜炎に対して，セファロスポリン，エリスロマイシンまたはアンピシリンを含む乳房炎軟膏は，眼にまたはウレアプラズマによる結膜炎の場合，大部分が治療なしに回復するが，眼漏の洗浄およびテトラサイクリン眼軟膏の塗布により治癒が早まる。

IBRによる結膜炎を含むウイルス性結膜炎は，治療なしで自然治癒する。眼や顔面の分泌物の洗浄・清拭のようなケアは，治癒を早めるが多頭飼育の場合は現実的でない。IBRの結膜型は14〜20日の臨床経過後に回復するが，重症例では患部のケアと同時に二次感染を阻止する目的で広域スペクトルの抗菌薬を局所投与し，治癒を促進する。

5．角膜炎　keratitis

①背景

角膜炎には，角膜の表層に炎症が起きる表在性角膜炎と実質深部に炎症が起きる実質性角膜炎がある。表在性角膜炎の原因のひとつである *Moraxella bovis* による牛伝染性角膜結膜炎は牛の角膜炎における最も重要な疾患であるが，ここではそれ以外の原因によるものについて述べる。

ほかの原因としては，飼料，異物，スタンチョンや柵，振り回された尻尾，風で舞い上がった飼料や敷料などによる角膜外傷，細菌感染，神経疾患に継発する露出性角膜炎[*10]などがある。露出性角膜炎は，リステリア症やマイコプラズマ性中耳炎における一側性の顔面神経麻痺に継発してみられる。また，び漫性の角膜浮腫や角膜輪部からの血管新生が認められる深部の実質性角膜炎は，敗血症，悪性カタル熱，その他の全身性疾患に随伴するぶどう膜炎の症例において観察される。さらに，IBRの結膜型は，非潰瘍性の実質性角膜炎を起こす。このような角膜炎が重症化すると角膜潰瘍へと発展する場合がある。

②症状

角膜潰瘍または角膜内異物が存在するときは，流涙，眼瞼痙攣，羞明を呈する。角膜に潰瘍を生じた眼は，反射痛と毛様体痙攣のために縮瞳する。また，角膜に異物が存在すると，眼の疼痛，結膜充血および眼瞼腫脹を呈する。眼漏は初めは漿液性であるが，慢性化や異物による二次感染により粘液膿性に変化する。

感染性の角膜潰瘍では，周辺部が壊死または融解し

瞳を呈する。さらに，細菌により産生された毒素が角膜実質から吸収され虹彩に作用すると，二次性のぶどう膜炎が生じ，前房蓄膿や線維素の析出が起こる。

③診断

角膜潰瘍の診断は，フルオレセイン色素[*11]により行われる。上皮の損傷部は緑色に染色され，さらに青色光の照射により発光するため小さな病変部の検出に役立つ。2％リドカインによる耳介眼瞼神経のブロックは，眼輪筋への第7脳神経の運動神経支配をブロックするため，痛みにより眼瞼痙攣を起こした牛での眼の検査を容易にすることができる。角膜に刺入した異物は，焦点光を用いた視診により見つけることが可能であるが，異物が非常に小さな場合は拡大鏡が有用である。

④治療・予防

急性で感染していない角膜の擦過傷，潰瘍または非穿孔性角膜裂傷に対しては，感染予防の目的で広域スペクトルの抗菌薬軟膏の局所投与が行われる。ステロイド系抗炎症剤は眼本来の感染に対する抵抗能を減じるため，使用禁忌である。感染した角膜潰瘍または外傷に対しては，より積極的な治療が必要である。原因菌同定のために潰瘍周辺部から掻爬材料を採取し，グラム染色および培養を行い，薬剤感受性試験に基づいた適切な抗菌薬の局所および結膜下への投与が主要な治療手段となる。抗菌薬の全身投与は通常効果はない。

眼に激しい疼痛がある場合，毛様体痙攣を緩和し瞳孔を広げる目的で，1％アトロピン軟膏の局所投与（1日1～4回）が行われる。眼瞼および顔面の眼漏は，二次的な皮膚炎の予防と壊死組織片の除去の目的で，取り除くべきである。角膜に刺入した異物の多くは，耳介眼瞼神経のブロックおよび局所麻酔剤を投与後，20 mL のシリンジと20Gの注射針を使って生理食塩水の水流を角膜異物に向かって当てることで除去できる。また難治性の角膜疾患に対しては，眼板縫合術を実施する。

6．ぶどう膜炎　uveitis

①背景

ぶどう膜は虹彩，毛様体，脈絡膜からなり，血管に富んだ組織である。ぶどう膜の血管は，炎症が起こるとタンパク質や細胞の滲出を来しやすいという性質を持つ。ぶどう膜炎（uveitis）の要因として，新生子感染症，乳房炎，子宮炎または外傷性第二胃腹膜炎に起因する細菌性敗血症，牛悪性カタル熱，結核，牛伝染性角膜結膜炎，ヒストフィルス・ソムニ感染症，レプトスピラ症，トキソプラズマ症，リステリア症，混晴虫症（*Setaria digitata* による），鉛などの毒物，セイヨウオシダ（*Dryopteris filix-mas*）などの有毒植物，リンパ腫などがある。また，特発性および外傷性ぶどう膜炎もある。

②症状

一般に縮瞳，結膜および毛様体の充血，低眼圧，角膜辺縁の浮腫および血管新生，虹彩の浮腫，前眼房への細胞および線維素塊の出現がみられる。虹彩の炎症は血管の拡張を来し，炎症を起こした虹彩血管系から線維素，白血球，赤血球の滲出が生じる。滲出物内で白血球および線維素が優勢な場合は，前房蓄膿といわれ，赤血球および線維素が優勢な場合は，前房出血といわれる。

新生子では細菌性敗血症によるぶどう膜炎がみられる。これは細菌のぶどう膜への感染の波及，またはぶどう膜血管系に作用するグラム陰性菌の内毒血症（エンドトキシン血症）によるものであり，前房蓄膿，毛様体の腫脹，縮瞳などを示す。

③診断

ぶどう膜炎は，角膜損傷やフルオレセイン色素の有無と，眼症状により診断される。さらに，沈うつ，発熱，下痢，その他細菌性敗血症で認められる症状を伴う新生子においては，敗血症からの継発と考えられる。

④治療・予防

敗血症に継発するぶどう膜炎に対しては，抗菌薬の局所および結膜下投与による治療が必要となる。この場合，耐性菌の問題を考慮し，原発性疾患の治療のために全身投与される抗菌薬と同じものを使うべきである。硫酸アトロピン眼軟膏（1％）の1日数回投与は，重要な補助的治療となる。本剤の投与により毛様体筋を麻痺させ，痛みを軽減し，瞳孔拡大により前眼房内の線維素や細胞によって生じる虹彩癒着および瞳孔閉鎖を防ぐ。特発性ぶどう膜炎は眼以外に異常が認められず，アトロピン，抗菌薬・ステロイド系抗炎症剤配合剤の局所投与が行われる。またNSAIDsであるフルニキシンメグルミンは，特発性および外傷性ぶどう膜炎に対して，炎症をコントロールし，痛みを和らげることで牛の快適性の向上

7. 緑内障　glaucoma

①背景
緑内障（glaucoma）は通常，眼内圧の上昇に関連した視神経疾患であり，牛における発生率は1％以下である。これまでに先天性，遺伝性，続発性（炎症または腫瘍形成過程に起因）の緑内障が報告されている。またステロイド系抗炎症剤の長期投与，腫瘍あるいは肉芽腫形成過程における虹彩周辺部の前・後癒着による眼房水の排出障害，牛伝染性角膜結膜炎による穿孔性角膜潰瘍から生じた眼球破裂，虹彩の脱出および癒着も原因となる。

②症状
緑内障では，無痛の拡張した眼球，わずかな上強膜の充血，軽度の角膜浮腫，角膜の血管新生，角膜線条，光刺激への瞳孔の鈍い反応，水晶体の亜脱臼，眼底の異常所見がみられる。

③治療
牛の緑内障の有効な治療法は報告されていない。先天性緑内障により一側性の牛眼[*12]を生じた子牛では，美容上および露出による傷害の理由から眼球摘出が推奨される。

8. 白内障　cataract

①背景
先天性と継発性のものがあるが，原因不明のものもある。先天性のものとしては，常染色体性劣性遺伝性疾患の両側性白内障がジャージー種，ヘレフォード種，ホルスタイン-フリージアン種などで報告されており，4〜11カ月齢に達すると成熟白内障を呈する。白内障と同時に生じる異常として，無虹彩，小水晶体，水晶体の脱臼がジャージー種で，水晶体の脱臼，牛眼，網膜剥離，および時折の水晶体破裂がホルスタイン-フリージアン種で，水頭症がショートホーン種で報告されている。ま
た，小眼球症および網膜疾患を伴った白内障が，妊娠に子宮内感染した子牛でみられる。

継発性白内障は，炎症の後遺症として生じる。眼の検査によって，以前発症した炎症に合致する虹彩後癒着，水晶体上色素沈着，継発性緑内障などの眼の異常が認められる。牛伝染性角膜結膜炎，悪性カタル熱および牛伝染性鼻気管炎などの全身性感染症は，ぶどう膜を侵し継発性白内障を生じる可能性がある。一方で外傷性ぶどう膜炎は，線維素滲出，出血および虹彩の癒着を生じ，水晶体囊に傷害をもたらす。また，ぶどう膜炎の原因となった外傷は，ほかに水晶体脱臼や水晶体破裂を惹起するため，白内障が発症しやすくなる。そのほかの原因としてマメ科植物のギンネム（Leucaena leucocephala）の摂取や放射線被曝がある。

②症状
水晶体の検査は，トロピカミド[*13]の点眼を行って20〜30分後に散瞳が十分得られた状態で行う。白内障は，部位（前極，後極，赤道部，核，皮質，囊）および混濁の程度（初発，未熟，成熟，過熟）により分類される。

③診断
新生子における皮質白内障の原因としてBVDV感染が疑われる際は，出生以前のBVDV感染の証拠として初乳摂取前の抗体価の測定を行ったうえ，BVDVの持続感染を除外するため全血からのウイルス分離が行われる。

④治療・予防
白内障手術は牛において可能ではあるが，経済的な理由から実用化されていない。継発性白内障の最も効果的な予防法は硫酸アトロピンの局所投与の回数を多くすることである。硫酸アトロピンは眼の外傷，牛伝染性角膜結膜炎感染および種々の原因によるぶどう膜炎の治療に用いられるが，本剤による治療で瞳孔が拡大し虹彩後癒着がきわめて起こりにくくなる。

9. 網膜剥離　retinal retachment

①背景
網膜剥離（retinal retachment）とは，神経感覚網膜

性，牽引性，滲出性に分類される。裂孔性は神経感覚網膜の裂孔から硝子体および液体が入り込んで網膜色素上皮から神経感覚網膜を分離する。牽引性は硝子体出血後の硝子体内の器質化した線維帯により神経感覚網膜が前方に牽引される。滲出性は細胞や液体が網膜下の間隙に貯留して網膜を持ち上げる。滲出性の原因は炎症などであるが，牛では脈絡網膜炎による。脈絡網膜炎は新生子牛の細菌感染（大腸菌，*Pasteurella* spp.），ヒストフィルス・ソムニ感染症，狂犬病，牛ウイルス性下痢・粘膜病，マイコプラズマ感染症，結核およびリステリア症などの全身性感染症に継発して発症する。

②症状

剥離の範囲が広いと失明を起こす。水晶体の後方に白色の可動性の構造物や網膜の血管などが確認される。

③診断

視診，眼底検査によって診断を行う。超音波検査は部分または完全剥離の鑑別に有効な手段である。

④治療・予防

原疾患の治療が主になる。

10. 皮質盲　cortical blindness

①背景

皮質盲（cortical blindness）は，瞳孔の光に対する反応性が正常で，失明を説明できるような網膜や視神経の病変がまったく存在しない視覚喪失と定義され，大脳皮質の広範な病変が疑われる。まれであるが，子牛における重度の髄膜炎も原因となる。

②診断

灰白質脳軟化症，鉛中毒，重度の大脳の外傷を鑑別診断として考慮する必要がある疾患である。中枢神経障害と失明を示すほかの疾患として低 Mg 血症，ビタミン A 欠乏症（子牛），ケトーシス（神経型），リステリア症，悪性カタル熱，有毒植物（ロコ草，セイヨウオシダ，セイヨウアブラナ），青酸中毒，狂犬病，散発性牛脳脊髄炎，ヒストフィルス・ソムニ感染症，肝性脳症（子牛の門脈体循環シャント，重度の肝障害），尿素中毒，ルーメン・アシドーシスがあり，これらとの鑑別が必要である。

③治療・予防

原疾患の治療が主となる。刺激が少ない消毒剤で清拭する。細菌感染を疑うものには抗菌薬の全身投与および軟膏の局所塗布を行い，ダニなどの寄生虫に起因するものには駆虫薬を適用する。

第3節　耳疾患

1. 外耳炎　otitis externa

①背景（要因・誘因）

耳は外耳，中耳および内耳により構成されている。外耳は耳介と外耳道からなり，外耳道と中耳との間は鼓膜によって隔てられている。外耳道の内面はアポクリン腺の一種である耳垢腺および皮脂腺を含む皮膚により覆われており，鼓膜は外耳道から続いた上皮，結合組織および中耳腔に面した粘膜により構成されている。

耳道内の換気不良や高い湿度が外耳炎（otitis externa）の誘引となっていると考えられる。外耳炎の原因として，ダニ類やマダニ類などの寄生虫感染や，イネ科植物先端のノギによる物理的刺激，それに伴う細菌や真菌の二次感染も考えられている。外耳炎病巣からは *Staphylococcus* spp.，*Pseudomonas* spp.，*Proteus* spp. などの常在細菌がしばしば分離されるが，いずれが外耳炎の発生に重要な因子であるのかは分かっていない。またホルモンバランスの異常，例えば甲状腺機能低下症などでも耳垢腺分泌性外耳炎が起こることがある。

②症状

外耳道より排出された悪臭のある分泌物が，耳介周辺を汚染して固着する。一側ないし両側に発症して慢性経過をとることが多い。

③病態

　外耳炎病巣は非特異的炎症像を示し，肉眼的には初期に充血し，後に漿液の貯留，膿の付着などがみられる。症状が進むと，耳垢の分泌亢進，痂皮および潰瘍がみられるようになる。病理組織学的には好中球などの炎症細胞の浸潤が認められ，慢性化した病巣ではリンパ球浸潤，耳道内表皮の過形成，角化症，錯角化症，耳垢腺の過形成および線維化が認められ，外耳道の狭窄を招く。病変が鼓膜に波及して重度になると，鼓膜の破壊ならびに中耳炎が生じる。

④治療

　耳の汚れを見つけたら，外耳炎だけを起こしている場合と中耳炎を併発している場合の両方の可能性が考えられる。この時点で中耳炎も併発していれば，顔面神経麻痺や重度の不整熱が伴っていることが多い。

　耳の汚れを発見した場合に，外耳炎の治療をすることは中耳炎の予防にもなり，また中耳炎であった場合には治療法が類似しているため，早期治療につながる。したがって，そのような場合には，直ちに外耳炎の治療を開始するべきである。

a．耳毛処理ならびに清拭

　外耳炎は，空気の流れが悪く湿潤で汚れた外耳道に細菌が感染することで起こる。そのため，耳毛を切ることによって耳道は換気が促されて乾燥し，清潔に保たれる。さらに，アルコール綿などで耳の汚れを清拭しておき，排膿の有無を視覚的に判定できるようにする。（口絵 p.53，図 15-13，14）

b．耳道薬注および洗浄

　耳道に詰まった膿を積極的に除去するために，温めた生理食塩水などで耳道洗浄（約 5 mL/回）を数回行う。外耳道に洗浄液を注入すると，子牛は自身の反射的首振りによって排膿することができる。洗浄後は，外耳道へ抗菌剤の局所注入を行う。数日間この処置を繰り返す。

c．抗菌剤ならびに消炎剤の投与

　外耳炎に罹患した子牛の場合，上部気道感染症を併発している場合が多い。呼吸器疾患などの罹患が確認された場合は抗菌剤と消炎剤の全身投与を行う。

2．中耳炎　otitis media

①背景

　中耳は側頭骨内に拡張した空隙（鼓室）を形成し，耳管を介して咽喉頭と連絡する。耳管は中耳の一部である。鼓室は気道粘膜上皮に類似した線毛上皮細胞により覆われている。鼓室内には3種類の耳小骨（ツチ骨，キヌタ骨，アブミ骨）が存在し，音の振動は鼓膜に伝えられ，耳小骨を介し内耳に伝えられる。通常，中耳炎（otitis media）は側頭骨内の鼓室と耳管の炎症を意味し，微生物が耳管を経て鼓室に侵入することや，重度の外耳炎からの波及により生じることが多いとされる。牛では *Pasteurella multocida* および *Mycoplasma bovis* が中耳炎病巣から分離されている。

②症状

　持続的な体温上昇，食欲・元気減退，横臥などの全身症状を示し，子牛は頚を下にして曲げ，時に旋回運動をし，両側性の場合は頚を伸長して下方に下げる。また，耳介下垂や耳道からの排膿がみられ，症状が進んだ症例では顔面神経麻痺や斜頚を呈する。

a．耳からの排膿

　耳からの排膿も中耳炎の主要症状のひとつである。中耳炎では中耳に膿が溜まり，炎症が進んで鼓膜を突破すると耳から排膿がみられる。膿が鼓膜を突破するほどに進行した中耳炎では炎症はとても強いため，顔面神経麻痺を起こしていることが多い。

b．顔面神経麻痺

　中耳に近接して走行する神経のひとつに顔面神経がある。中耳炎による炎症が顔面神経へと波及すると，耳介下垂，眼瞼麻痺，口唇麻痺といった顔面神経麻痺の症状が現れる（図 15-15）。犬や猫などの小動物では中耳炎による最も特徴的な症状のひとつとしてホルネル症候群があり，片側性の縮瞳や眼瞼下垂などといった症状がみられる。これは，中耳を走っている神経のひとつである交感神経節後線維が障害されるために起こる。しかし，この症状は牛や馬などの大動物の中耳炎ではほとんどみられない。

・耳翼下垂

　通常，罹患側と同側の耳翼が水平よりも下に下垂し，

神経の一部がすでに障害されているためである。耳根部は熱感を持つことが多く，両側性の耳翼下垂の場合は，肺炎などが原因の発熱との鑑別が必要である。

・眼瞼麻痺

　眼瞼麻痺が起こると子牛の眼瞼部は腫脹して明らかに形相が変化し，自発および威嚇刺激に対する瞬きは欠如する。正常な瞬きがある場合には，その他の原因（脱水，エンドトキシン，マイコトキシンなど）が考えられる。

　さらに，顔面神経麻痺の場合は眼球を威嚇刺激すると，瞬膜だけが眼球表面に出てくる。これは威嚇刺激に対して，眼瞼の運動を支配する顔面神経は麻痺を起こしているが，感覚を支配する三叉神経は正常に働いているということを示しており，この症状が中枢（脳幹）障害由来ではないことを示唆している。

・口唇麻痺

　また，一般に罹患側の口唇が下垂し，摂食障害を引き起こすために発育不良の原因となる。

③病態

　中耳炎の初期には水腫や好中球浸潤がみられ，炎症が重度になると鼓室を区画する骨の融解が生じ，さらに内耳炎へと進行する。

④治療・予防

　炎症が中耳に限局していれば，予後は比較的良好である。中耳炎の治療は外耳炎に共通するところが多く，唯一の違いは鼓膜穿刺・膿吸引の適用である。外耳炎と異なり中耳炎では鼓室と鼓室胞に膿が溜まるため，単純な洗浄のみでは排膿は困難である。鼓膜穿刺を行うことで排膿が可能となり，その後の洗浄および薬物の局所および全身投与により良好な予後が得られやすくなる（図15-16）。

a．耳毛処理ならびに清拭

　外耳炎と同様に耳道の換気を促し，乾燥させ，清潔に保つために耳毛を切り，耳の掃除を行う。

b．鼓膜穿刺ならびに膿吸引

　キシラジン鎮静下で，軟性のカテーテル（P.P.カテーテルや留置針の外套など；図15-17）を用いて鼓膜穿刺を行う。子牛のサイズを考慮に入れて，カテーテルの長さ，硬さや太さなどを選ぶ必要がある。鼓膜までの距離は3，4カ月齢の子牛で約6cmであり，鼓膜穿刺時には軽い手応えがある。耳道と中耳腔はともに側頭骨などの骨に囲まれていて，基本的には鼓膜以外を突き破ることはないが，耳道や中耳腔表面を傷つけて，かえって炎症を悪化させる可能性もあることから，カテーテル挿入・穿刺は慎重に行うべきである。

　カテーテル挿入後は，注射ポンプなどで吸引して排膿を行う。カテーテル挿入時や排膿時に少量の出血を伴うことがあるが，通常は問題ない。

c．耳道薬注および洗浄

　外耳炎時と基本的に同様に，中耳に詰まった膿を積極的に除去するために，温めた生理食塩水などで耳道洗浄（約5mL/回）を数回行う。外耳道に洗浄液を注入すると，子牛は自身の反射的首振りによって排膿することができる。洗浄後，中耳への抗菌薬の局所注入を行う。数日間この処置を繰り返す。

d．抗菌薬ならびに消炎剤の投与

　抗菌薬は，中耳炎の原因とされる M. bovis に有効なニューキノロン系抗菌薬や，マクロライド系抗菌薬を積極的に使用することが早期治癒に有効で，数日間の連続投与が必要である。可能であれば鼓膜穿刺により得られた膿を用いて細菌検査および抗菌薬の感受性試験を行い，その結果を参考にした適切な薬剤を選択するべきである。

耳翼下垂，眼瞼麻痺および口唇麻痺などの顔面神経麻痺の症状を呈する

図15-15　中耳炎症例

第15章　中枢神経・感覚器の疾患

鼓膜穿刺後，洗浄および抗菌薬による治療を行って症状が改善した
図15-16　図15-15と同症例（治療後2カ月）

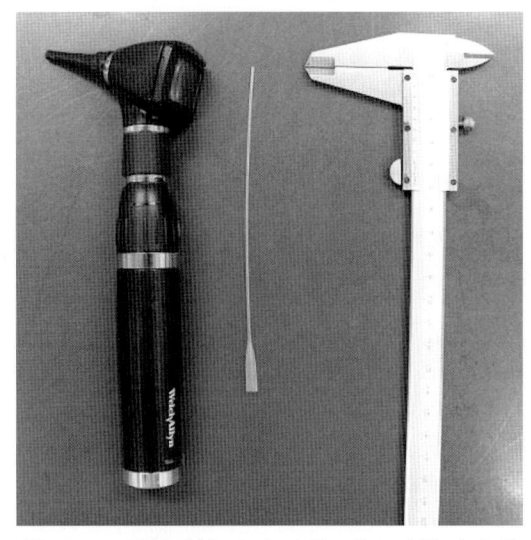

図15-17　耳鏡（左），P.P.カテーテル（中）ならびに定規（右）

　1997年にアメリカで牛の中耳炎の起因菌として*M. bovis*が報告された。国内で初めて*M. bovis*が分離同定されたのは2001年の北海道であり，その後は北海道，本州などの多頭飼育農場の子牛（主に人工哺育下）での集団発生がいくつか報告されている。

　本来牛の中耳炎を引き起こすとされる*M. bovis*は呼吸器への感染が一般であり，多頭飼育環境下で集団発生しやすい。加えて乾燥に強く，汚染された牛舎環境下で生存すると考えられているため，複数の子牛が同じ乳首や哺乳瓶，水飲みバケツや飼槽を使用すればほかの子牛に伝播するリスクが高まる。予防は，蔓延を防ぐため，牛舎環境の消毒を積極的に実施することである。

3．内耳炎　otitis interna

①背景

　内耳は骨迷路腔内の膜迷路により構成されている。膜迷路は蝸牛および前庭（耳石，三半規管）に分かれ，内部は内リンパ液で満たされている。内耳炎（otitis interna）は骨迷路腔内の膜迷路（蝸牛および前庭）における炎症を意味し，あらゆる動物で中耳炎からの波及により生じることが多い。原因のほとんどが細菌性である。

②症状

　臨床的には平衡感覚の消失（斜頸），聴覚障害などが生じる。内耳炎が重度になると，骨迷路および膜迷路の破壊および消失，また骨髄炎や内耳神経炎，さらには脳底部に主座する化膿性髄膜脳炎へと進行することがある。

③病態

　通常，中耳炎から波及する。

④治療・予防

　基本的には，中耳炎に準じた治療・予防を行う。

■注釈

*1
パルカム寒天培地（Palcam 寒天培地）：リステリア菌の分離培地のひとつ。

*2
クロモアガー培地（CHROMagar 培地）：リステリア菌の分離培地のひとつ。

*3
16SrDNA を標的とした PCR 法：細菌の 16SrDNA 領域内の特定領域を PCR 増幅することにより細菌の遺伝子断片を検出する方法。

*4
孔脳症：孔脳症（porencephaly）とは，大脳皮質の実質部に欠損を伴う疾患のこと。

*5
ヘッドプレス：神経症状の一種で，壁などに繰り返し頭部を押し付けるような特有の症状のこと。

*6
グリオーシス：神経膠症ともいわれ，神経組織の病変部における星状膠細胞（アストロサイト）の増生のこと。

*7
偏性細胞内寄生細菌：ほかの生物の細胞内でのみ増殖が可能であるが，自身の単独増殖ができない微生物のことを指す。

*8
硬直歩行：筋肉の硬直を伴って肢を伸展させて歩行する状態。

*9
HeLa 細胞：ヒト子宮頸がんから樹立された培養細胞。

*10
露出性角膜炎：眼瞼の器質的または機能的異常あるいは眼球の位置や大きさの異常に起因して，瞬きに際して角膜の一部または全体が閉瞼されることなく露出されたままになった状態。

*11
フルオレセイン色素：蛍光色素であり，点眼によって角膜の傷などが染色される。

*12
牛眼：先天性緑内障における眼球の状態。若齢動物では眼組織が軟らかいため，眼圧が高くなると眼球が大きくなり，牛眼といわれる。

*13
トロピカミド：ムスカリン性アセチルコリン受容体阻害薬。

■参考文献

第1節　3．水頭症

1) Lee K et al. 2010. Am J Vet Res 71：135-137.

第2節　眼疾患

1) Kirk NG. 2007. Veterinary Ophthalmology. 4th ed：1274-1306.
2) Divers TJ, Peek SF. 2007. Rebhun's Diseases of Dairy Cattle. 2nd ed：560-589.

CHAPTER 16 運動器疾患

　運動器疾患とは骨，関節，骨格筋の疾患の総称であるが，偶蹄類の牛では蹄の疾患も含まれる．また，産業動物では末梢神経疾患も類似の症状を示すため，本章で取り扱う．子牛では成牛に比べて蹄疾患は少なく，骨折や脱臼などの外傷性の疾患，骨や関節における感染性疾患が多く発生するとともに，痙攣性不全麻痺などの先天性疾患も知られている．本章では，子牛に発生が多い運動器疾患について解説する．

1．肢骨折　limb fracture

①背景

　牛の診療において肢骨折（limb fracture）は時折遭遇する疾患であり，ほかの動物種と同様に診断と治療が可能であるが，早期に適切な処置を行わなければ経済的価値の損失につながる．

　子牛の肢骨折の好発部位は中手骨や中足骨であり，難産や外傷に起因して骨幹骨折や成長板骨折が認められる．成長板は骨のなかで最も脆弱な部分であり，外力によって破壊されやすい．成長板骨折は成長板がまだ閉鎖していない子牛で発生しやすい骨折である．

　過去の報告では，牛の肢骨折の部位別発生率は中手骨ならびに中足骨が21～50％と最も多く，次いで大腿骨が15～32％，脛骨が12～15％，橈尺骨が7％程度，上腕骨が5％以下であった．

　牛の肢骨折は，子牛や育成牛などの若齢牛で発生が多い．そのため体重が軽く固定が容易で，治癒機転が迅速であり，多少の変形癒合があっても成長によって矯正されるなど，治療上有利な点が多い．

　多くの場合，往診時の外固定による治療が可能である．しかし，往診では診断の手段が制限されるため，骨折の程度や整復状態，治癒経過の正確な評価と把握が困難である．また治療手段が限られてくることも加わって，骨折部位の状態の悪化，重度の変形癒合，治癒遷延など不良転帰をたどる症例も少なくない．

②症状

腫脹する．患肢は負重困難であり，顕著な跛行が認められる．通常，中手骨や橈尺骨，中足骨や脛骨などの肢遠位での骨折では支柱跛行が，上腕骨や大腿骨などの肢近位での骨折では懸垂跛行[*1]と支柱跛行の両方がみられる混合跛行が認められる．

　肢遠位での骨折の疼痛は，骨折線に一致して限局して認められる．しかし，筋肉などの周囲組織が厚い部位における骨折では，周囲組織の挫滅を伴うため疼痛は限局的ではない．閉鎖骨折では皮下出血が起こり血腫を形成し，開放骨折では著しく出血する場合がある．また，不完全骨折では骨の変形は大きくないが，完全骨折では角軸転位（長軸が屈曲して角度を形成），横軸転位（側方転位；骨折端が側方に移動して骨折部の横径が広がる），短縮性縦軸転位（骨折端が長軸方向に短縮），周軸転位（骨折端同士が長軸を中心に捻転）などの変形がみられる（口絵p.53，図16-1A）．骨折端の触診では骨の異常運動が触知可能であり，特有の捻髪音を聴取することも多い．

　肢骨折の合併症として，ショック，大血管損傷，神経損傷などがある．また，骨折整復後数日間にわたって吸収熱[*2]と呼ばれる1℃以内の発熱がみられるが，それ以上の高熱が1週間以上続き，白血球数の増多があれば，感染の合併を疑う．感染は開放骨折において発生しやすい．

③病態

　骨折の治癒機転は，①血腫形成期[*3]，②膜性骨化[*4]

からなる。これら治癒機転の正常な進行には，動物の全身状態（栄養状態や年齢など），適切な整復と固定，骨折部の良好な血流状態，適度な骨折端への垂直方向の外力が必要である。

子牛のような若い動物では骨形成が盛んで，体重が軽く筋収縮力も弱いため，適切な整復と固定を施せば骨折部の治癒機転が速やかに進行する。一方，神経質で骨折部の継続的な固定が難しい子牛や，全身性疾患や骨栄養障害を有する子牛では予後が悪くなりやすい。

骨折の程度も，骨折の治癒機転に影響を与える。一般に皮下における不完全骨折は治癒しやすい。しかし，血行障害を伴う場合，骨折が関節に近いあるいは関節に及ぶ場合，開放骨折や感染を伴う場合には予後が悪くなりやすい。

④診断

骨折の診断の際には，患部をていねいに扱うことが肝要である。検査法は可能な限り簡単なものが望ましく，2つ以上の検査を行う場合は疼痛の少ないものから順に実施し，骨折以外の全身状態の異常にも留意することが原則である。

肢遠位の骨幹の完全骨折では跛行などの全身症状とともに，視診と触診による骨折部の変形や可動性，圧痛点などの身体検査所見から診断が可能である。しかし，骨折部の変形を伴わない不完全骨折，あるいは骨端や成長板の骨折のような関節部に近い部位での骨折では，臨床症状や身体検査所見だけでは診断は困難である。

X線検査は，骨折の確定診断と治療方針の決定にきわめて有用である。X線検査によって骨折の位置や種類（横骨折，斜骨折，ラセン骨折，粉砕骨折など），屈曲，転位，開放あるいは閉鎖についての判定が可能となる（口絵 p.53, 図 16-1 B）。また，X線検査は治療経過の判定と予後判断にも有用であり，治癒機転の進捗状況の確認が可能となる（口絵 p.53, 図 16-2）。

前述の成長板骨折は，X線検査によって確定診断と予後判断が可能である。成長板骨折はSalter-Harris分類により5タイプに分類される。Ⅰ型は骨端軟骨の骨折（成長板の骨幹端からの完全な離開）で，転位を伴う場合がある（口絵 p.54, 図 16-3 A）。Ⅱ型は骨幹の一部に骨折を伴う成長板の離開であり，骨幹端の隅に骨折した小片を生じる（口絵 p.54, 図 16-3 B）。Ⅲ型は骨端の一部に骨折を伴う成長板の離開であり，Ⅳ型は骨端と骨幹の一部に骨折を伴う成長板の離開，Ⅴ型は成長板の圧迫骨折である。一般に，Ⅰ型ならびにⅡ型では適切に整復・固定されれば治癒を期待できるが，Ⅲ，Ⅳ，Ⅴ型では変形性関節症や肢軸異常などの障害が後遺する可能性がある。

⑤治療

肢骨折の整復・固定法として，非観血的手法（外固定法）と観血的手法（内固定法[*6]，創外固定法[*7]）がある。子牛は肢遠位骨の骨折が多く，馬などに比べ性格が温厚で行動が活発でないため，外固定法が広く応用される。したがって，本稿では外固定の手法について解説する。

外固定法はギプスや副子[*8]のように患肢を体外から固定する方法であり，骨折部の不必要な動きを防止するために，近位および遠位の関節の両方を含むよう固定することが原則である。外固定に用いられる固定用包帯としては，石膏粉末を包帯に塗したギプス包帯（Plaster bandage）とプラスチックキャスト（Plastic casting tape）が知られている。近年，強度の高さや，硬化の早さならびに良好なX線透過性から後者が広く活用されている。

プラスチックキャスト（以下，キャスト）による外固定法の手順は，以下のとおりである。

a．外固定に先立ち，子牛をキシラジン鎮静下で横臥保定する。

b．患肢に伸縮性粘着包帯を装着して真上方向に牽引し（図 16-4 A），骨折部の整復を行う（図 16-4 B）。

c．褥瘡予防の下巻きとして，ストッキネットを装着し，ロール綿を巻く（図 16-4 C）。

d．キャストを肢の形状に合うよう転がし，近位と遠位を往復しながら3～5層重ねて巻く（図 16-4 D）。

e．患肢を牽引しているテープを肢端部で切断し（図 16-4 E），肢端全体をキャストで覆う（図 16-4 F）。

f．プラスチックキャストを巻き終えたら，モールディング[*9]を行う（図 16-4 G）。

g．キャストの近位にはみ出ているストッキネットとロール綿を折り返し，伸縮性粘着包帯などで固定す

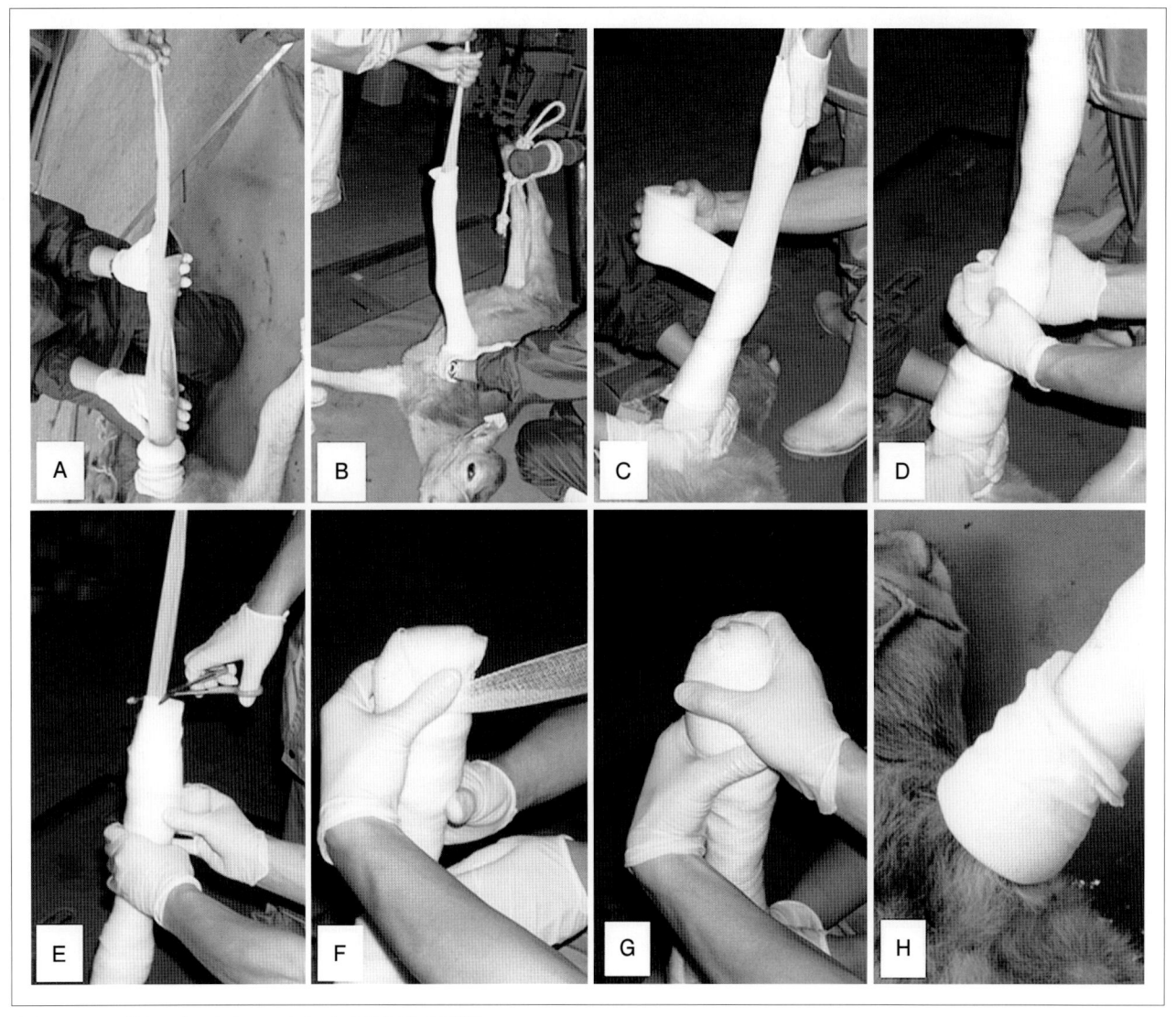

図 16-4　プラスチックキャストによる外固定の手順

る（図 16-4 H）。

h．起立させ，装着状態を確認する（図 16-5）。

　蹄底から手根または足根関節部の遠位までを巻く場合をハーフリム・キャスト（half-limb cast），蹄底から肘，膝関節までを巻く場合をフルリム・キャスト（full-limb cast）というが，前者は中手（足）骨遠位部やそれより末梢の骨折に対して，後者は中手（足）骨の骨折全般や前腕および脛骨の骨折に対して適用される。キャストは2～3週間間隔で交換し，10～12週間まで外固定を行うのが一般である。しかし，受傷直後の骨折部は腫脹が著

プスカッターと開排器の使用が推奨される（図 16-6）。

　外固定では関節の癒着，骨折端の不完全な整復，不十分な固定による骨折部の動揺とそれに伴う疼痛，キャスト近位における骨折，キャストの圧迫による皮膚創傷，キャスト内の感染などを生じる可能性があるので，装着中ならびに交換時に十分な観察が必要である。

2．骨膜炎／骨髄炎／骨炎
periostitis／osteomyelitis／osteitis

①背景

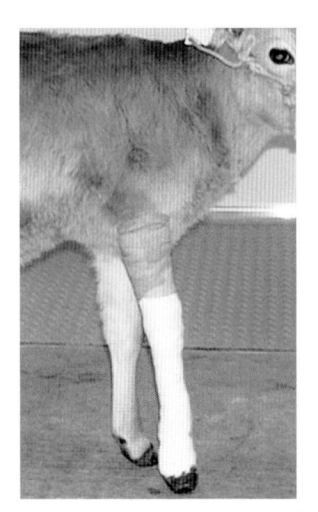

図16-5　プラスチックキャスト装着後の様子

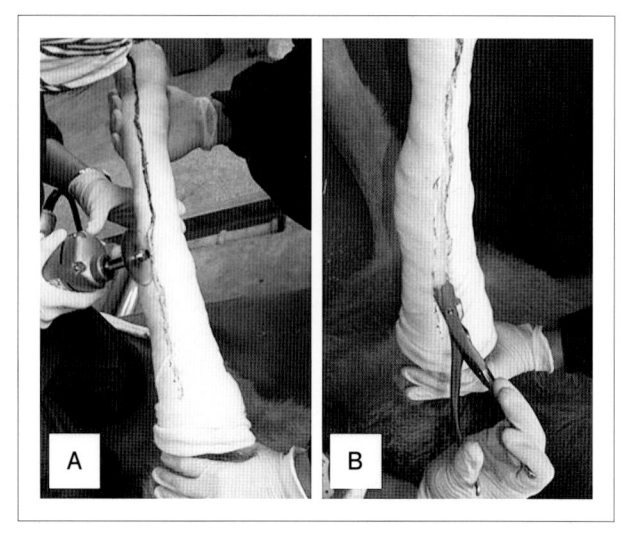

図16-6　プラスチックキャストの除去法：ギプスカッターによる切断（A），開排器による開排（B）

のが多い。感染性の骨膜炎の感染経路としては，直達性，血行性もしくはリンパ行性がある。

骨髄炎（osteomyelitis）は骨髄の炎症で，細菌感染が主な原因である。感染経路としては血行性が最も多く，骨以外の臓器での感染を原発として発生する。その他，化膿性関節炎における周囲軟部組織の炎症が骨膜を経由して波及する場合や，開放骨折などの外傷を発端として感染が成立する場合もある。

緻密骨[*10]や海綿骨[*11]などの骨炎（osteitis；骨組織の炎症）は，骨膜炎あるいは骨髄炎が波及した結果として生じる。骨膜と骨髄はハバース管[*12]などの構造により，互いに疎通しているので，骨膜の炎症は骨髄に，逆に骨髄の炎症は骨膜に波及することがある。

子牛における骨の炎症性疾患は，臍帯遺残構造感染症，開放骨折，化膿性関節炎などに継発するものが多い。

②症状

骨膜炎，骨髄炎ならびに骨炎の症状は，発生部位，急性および慢性などの病期によって一様ではない。

急性骨膜炎では患部の腫大，熱感，疼痛が認められ，跛行を呈する。急性骨膜炎が完治せず軽症で継続し，慢性に移行した場合，跛行や疼痛などの臨床症状は軽減していることが多い。

骨髄炎は骨幹端の髄腔からはじまることが多く，患部を中心に圧痛を呈する。骨膜に炎症が波及すると，周囲軟部組織の浮腫や腫脹とともに，食欲不振，発熱，心拍数増加などの全身症状がみられる。

骨炎は骨膜炎あるいは骨髄炎と併発して起こることから，前述の症状を基本とする。また，病変部の悪化と拡大に伴って，周囲軟部組織の炎症も顕著となり，患部周囲の腫大，圧痛，熱感を呈し，患肢での負重や歩行は困難となる。

③病態

骨膜炎によって骨の新生と吸収が盛んになるが，骨新生が骨吸収を上回ると骨瘤が形成される。逆に感染性炎症による骨破壊が進むと，骨組織は変性・壊死し，周囲軟部組織を巻きこんで化膿巣が形成される。

骨髄炎では骨髄が蜂窩織炎様に侵され骨髄融解が起こり，それがハバース管を経て骨膜下に到達し，骨膜下膿瘍を形成する。さらに悪化すれば骨膜炎を併発し，ついには骨膜が破壊され周囲軟部組織にも炎症が波及する。骨髄内では壊死巣が形成され，骨片は分離され腐骨となる。このような腐骨が健常骨に囲まれた状態を骨柩という。

また，臍帯遺残構造感染症のような感染性疾患に継発する骨炎では，細菌は長骨骨端や骨幹端などの血流速が緩慢な微小毛管内へ血行性に移行し，血管壁に細菌塊を形成して炎症を惹起する。成牛のように成長板が閉鎖した状態では，骨端や骨幹端における感染性の炎症は成長板を容易に通過し，骨幹端の炎症は骨端へ，骨端の炎症は骨幹端へ波及する。しかし，子牛では成長板が閉鎖していないため，骨端や骨幹端への感染性炎症の進行が阻まれ，波及しない傾向がある。そのため，いったん骨端に感染性炎症が起これば，骨幹へ直接移行することは少なく，関節腔へ波及して感染性関節炎に至ることが多い。

④診断

　発熱や心拍数増加などの全身症状とともに，患部の腫脹，熱感，圧痛，跛行などの症状が認められれば，骨の炎症性疾患を疑う。さらに血液検査を行い，白血球数増加などの炎症性所見を確認する。確定診断にはX線検査が有用であり，骨膜の肥厚や鮮鋭度の低下，骨膜の顕著な新生像，骨吸収像などが認められる。

⑤治療・予防

　外傷が原因であれば，それに対する処置を行う。感染が原因の場合も基礎疾患に対する治療を行い，骨の炎症病変に対する局所治療も実施する。

　骨の感染性炎症に対しては抗生物質の全身投与が必須であるが，抗生物質の選択には原則として，骨病変部の細菌分離と薬剤感受性試験を行うべきである。しかし，検査結果の判明までには時間を要するため，初診時に原因菌を推定し，感受性の高い抗生物質を投与する。そして細菌学的検査の結果が判明次第，以後の抗生物質の使用について再度検討を行う。

　また，急性期を除き，骨炎ならびに骨髄炎は外科的処置の対象となる。変性・壊死した骨組織や周囲軟部組織を切除・清浄化することで感染を制御し，健康な肉芽組織と骨の新生を促すことを目指す。

　予防として，骨膜炎，骨髄炎および骨炎の原因となる外傷性，感染性ならびに血行性の原因防除に努めることが最優先となる。特に，同疾患のような血行性の骨感染性疾患は，子牛において臍帯遺残構造感染症に継発することが多いため，その治療や予防に努めることはきわめて重要である。

3. 脱臼　luxation/dislocation

①背景

　脱臼（luxation/dislocation）とは，骨と骨との連結部分である関節において，骨同士の位置関係が正常から外れた状態をいう。脱臼はその程度によって，完全脱臼（関節面が完全に外れた状態）と不完全脱臼（亜脱臼；関節面の一部が接触している状態）に分類される。完全脱臼のうち関節を覆っている関節包[*13]靭帯を突き破り関節包の外へ脱臼する場合を関節包外脱臼，関節包の損

脱臼は病因によって外傷性脱臼，病的脱臼および先天性脱臼に分類されるが，子牛の日常診療で遭遇する脱臼の多くが外傷性脱臼であり，まれに病的脱臼もみられる。外傷性脱臼の多くは介達外力[*14]によって生じ，直達外力[*15]により生じることは少ない。捻挫[*16]の場合と同様に，脱臼は関節の生理的可動範囲を超えた場合に発生する。蝶番関節[*17]は過剰な伸展により，球関節[*18]は過度の旋回運動により脱臼する場合が多い。

　病的脱臼は，関節炎などの関節疾患に伴い，滲出液の増加による関節包の拡張（拡張性脱臼）や関節の破壊（破壊性脱臼）によって生じる。また，関節を固定する筋肉の麻痺によって生じる病的脱臼を麻痺性脱臼という。

　子牛の場合，股関節脱臼と膝蓋骨脱臼がよくみられる。

　股関節脱臼の原因は外傷性で，滑走や転倒などに起因して発症する。牛の股関節は寛臼が浅く，寛骨臼窩の切れ込みが深い。さらに，大腿骨頭の彎曲半径が小さく，副靭帯が欠如するなどの解剖学的特徴があり，これらも股関節脱臼の誘因と考えられている。

　子牛の膝蓋骨脱臼では，上方脱臼と外方脱臼が知られている。上方脱臼の原因は明らかではないが，低栄養状態の動物に多く，膝蓋骨が滑車溝の近位に固定され，膝関節が屈曲不能となる。膝蓋骨外方脱臼は，難産介助の際の牽引に起因する大腿神経損傷や大腿四頭筋の萎縮によって発生すると考えられており，生後1カ月以内の子牛でみられる。

　また，関節部の損傷を示すものとして捻挫があるが，これは関節包や靭帯の損傷を指す用語であり，骨の位置関係の異常を指すものではない。

②症状

　一般に，完全脱臼では患肢が短縮し，不完全脱臼では伸長したようにみえる。患肢は脱臼したまま固定状態となり，これを他動的に正常な位置へ戻そうとすると弾力性の抵抗感を触知できる。このような弾力性抵抗感を呈する固定状態を弾力性固定という。

　脱臼した関節では，骨の転位による異常突出や陥没などの変形が認められる。特に，表在性の関節では容易に触知が可能である。通常，脱臼した関節は不動性となるが，関節包や靭帯の断裂を併発した場合には多方向への異常運動を呈するようになる。疼痛は骨折や捻挫に比べ

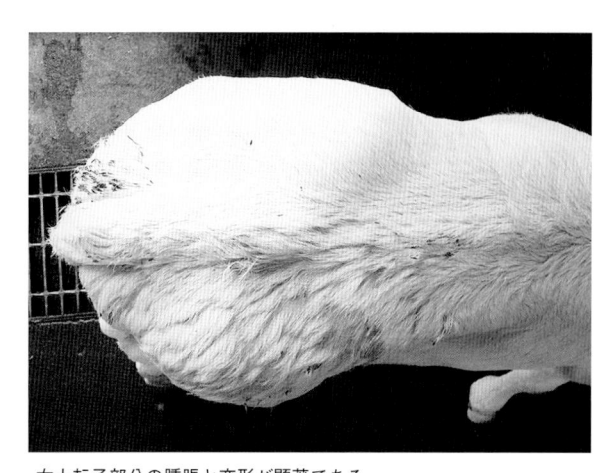

右大転子部分の腫脹と変形が顕著である
図16-7　右股関節脱臼症例の背側臀部写真

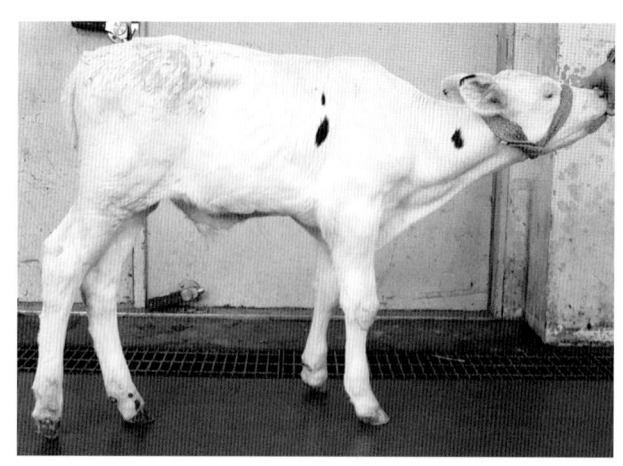

右後肢を後方に伸展させて蹄尖を着地させる特有の肢勢を呈している
図16-8　右股関節脱臼症例（図16-7と同一症例）の起立所見

脹は一層明らかとなる。外傷性および病的脱臼では，それぞれの原因に伴い，疼痛，腫脹，出血，神経麻痺などの臨床症状が認められる。

　股関節脱臼においては，前背側脱臼が多く，大転子の転位により臀部が隆起する（図16-7）。この場合，患肢の挙上と前進が障害され，懸垂跛行を示して歩様強拘となり，患肢は後方へ伸展し蹄尖を摺り引きずるように歩行する（図16-8）。また負重の際，股関節部で骨が擦れるような異常音を聴取することがある。

　膝蓋骨上方脱臼では膝関節は屈曲不能で患肢を後方へ強く伸展させたまま歩行し，疼痛は顕著ではない。顕著な大腿四頭筋の萎縮と継続的な膝関節の屈曲が特徴である。

③病態

　脱臼が見落とされ長期間放置されると，結合組織の増生により関節頭が脱臼位のまま癒着する。また大きな開放性損傷を伴う場合には，筋肉ならびに腱組織が離断しているため，整復できたとしても固定と機能回復が困難な場合が多い。

④診断

　転位が明瞭で関節の変形や不動性を確認できる場合には診断は容易であるが，これらが不明瞭な場合には骨端の骨折との類症鑑別が必要である。

　類症鑑別の要点として，脱臼の場合には①疼痛は骨折に比べ弱く時間経過とともに軽減すること，②患部は異常位置に弾力性に固定されること，③腫脹は骨折に比べ著明でなく吸収熱を発しないことが挙げられる。一方，骨折の場合は①疼痛は激烈で長時間持続すること，②異常位置に固定されないこと，③腫脹は重度で吸収熱を発すること，④他動運動で特有の軋轢音を聴取することが挙げられる。

　確定診断には必ずX線検査を行うべきであり，関節面の骨転位の状態によって脱臼と骨折との鑑別は容易である（口絵p.54，図16-9）。

⑤治療・予防

　脱臼では整復，固定，機能回復と段階を追って治療を行う。牛の股関節脱臼における非観血的整復の治療成績において，発症後12時間以内に整復した例では56％が治癒し，12時間以上経過後ではわずか8％であった。このことからも整復を発症後短時間のうちに行うことが，治癒のための必須条件であるといえる。

　非観血的整復手技は各関節の構造および脱臼の状態により異なるが，原則として深い鎮静下で行う必要がある。まず脱臼した関節頭と関節窩を整復するために患肢を牽引して両関節面を一時的に離開させる。次いで，脱臼の経路を逆にたどって関節頭を関節窩に収める。正しく整復された際には一種の滑音が聴取され，関節の正常な可動性が回復する。

　膝蓋骨上方脱臼では用手的整復が不能な場合，内側膝蓋靭帯切断術が効果的とされているが，膝蓋骨外方脱臼では予後は不良である。

　整復後の再脱臼を防止するには，4週間程度の固定を行うことが望ましい。しかし，脱臼の部位によってはギプス固定や副子固定が困難であることから，ストールレ

スト[*19]を行う。固定した場合は、関節は一定期間固定することにより硬直することから、段階的に固定や運動制限の解除、軽い歩行などを行い、関節の機能回復に努める。

4．関節疾患　joint disease

関節は2つ以上の骨によって構成され、その結合様式は線維性、軟骨性、滑膜性に大別される。

一般に、運動器では滑膜性の関節をもつ。滑膜性関節は関節腔、関節包、滑膜、滑液ならびに関節軟骨によって構成され、このほかに関節内靱帯や関節内半月板を有する関節もある。

関節包は、隣接する骨を弾力性のある線維組織で連結し動きを安定化させ、その一部は肥厚して副靱帯を形成する。また、関節包の内側表面には滑膜があり、滑液を産生している。滑液は、隣接する骨の接触面の潤滑油としての役割を有する。

関節軟骨は、弾力のある硝子軟骨で関節面を覆う。重力を支える役割の強い部位の関節では、関節軟骨は肥厚して負重を緩和する。

膠原組織で構成される関節内靱帯は、関節が生理的範囲を超えて可動しないように隣接する骨同士を連結する。また、関節内半月板は板状の線維性軟骨であり、関節軟骨同士の接触による損傷を防ぐ。

関節疾患（joint disease）には関節炎、関節症、靱帯疾患、関節部の骨折もしくは関節の奇形が含まれる。

関節炎は、広義には関節構成体の1個ないし複数個の炎症性疾患の総称である。牛における関節炎としては感染性関節炎、外傷性関節炎、変形性関節炎ならびに離断性骨軟骨炎などが知られている。

関節症は、関節軟骨の変性性変化を主とする疾患であり、変形性関節症や変形性骨関節症ともいわれる。関節症は過肥や加齢に伴って股関節、膝関節、肘関節および飛節に好発する傾向があるが、年齢を問わず外傷や姿勢異常などによっても発症する。

靱帯疾患や関節部の骨折は、外傷や非生理的ストレスにより発症する。なかでも前十字靱帯断裂は、牛で発生が多い関節疾患のひとつである。

また関節の奇形が体幹を支える部位で起こると、慢性的な姿勢異常を示し、増体の増加に伴い重症化する

しば遭遇する多発性関節炎と前十字靱帯断裂について詳述する。

（1）多発性関節炎　polyarthritis
①背景

関節炎がひとつ以上の関節に及ぶものを多発性関節炎という。子牛の多発性関節炎では、新生子牛ならびに4週齢以下の子牛において、1関節以上の関節が血行性の細菌性関節炎を発症することで起立異常や跛行を呈する。本疾患は非外傷性の後天性関節疾患であり、主な感染源は臍帯の炎症である。その他、肺炎などの呼吸器疾患からの細菌感染、受動免疫の移行不全ならびに乳房炎乳の摂取なども原因となる。

臍帯は臍静脈、臍動脈と尿膜管で構成されている。臍静脈や尿膜管の管壁は薄く、出生時の臍帯処置の不手際や不衛生な環境下で容易に感染が成立する。また、虚弱子牛においても、臍帯の感染は成立しやすい。

一般的な原因菌は、*Escherichia coli*, *Staphylococcus aureus*, *Streptococcus* spp., *Arcanobacterium pyogenes* などである。その他、*Histophilus somni*（*Haemophilus somnus*）、マイコプラズマ、クラミジアなどを原因菌とする発症例も報告されている。そのなかでも、*Streptococcus* spp. は神経症状や起立困難を呈し、細菌性髄膜炎の起因菌としても知られている。

②症状

突然、重度の跛行を呈する。当初は患肢に顕著な腫脹は認められないが、患肢のていねいな触診により熱感や圧痛を触知できる。全身症状としては起立困難または不能に加え、発熱、哺乳欲不振、下痢、発咳を呈する症例もみられる。発症後24時間以内に1カ所ないし複数の関節で腫脹を認め（図16-10）、関節液は増加し、周囲組織の浮腫も顕著となる。

慢性化すると、関節包の線維化のため関節の可動域が制限される。また感染源と考えられる臍部では、熱感や腫脹、滲出物がみられる。さらに腹壁や全身の創傷、肺炎などの呼吸器疾患を示す症例もある。

なお、新生子のクラミジアによる多発性関節炎では関節包が強く障害され、関節液は増加し帯黄色混濁を示す。罹患した子牛は虚弱で生後2～3日で関節腫大を呈し、発症後数日から数週間で死亡する。

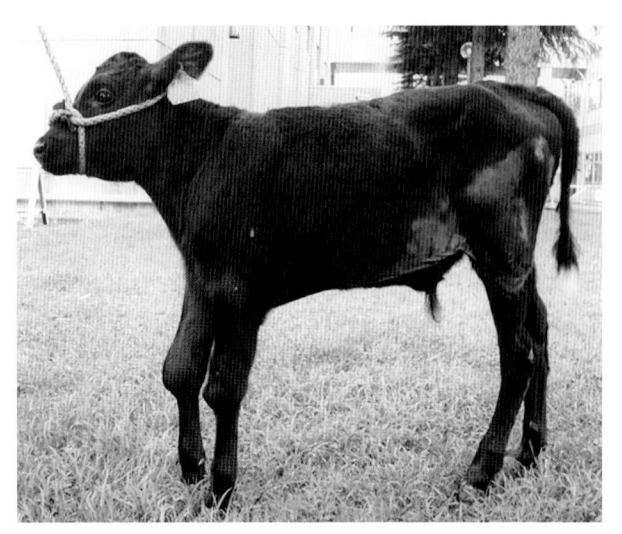

図16-10　多発性関節炎症例の外貌

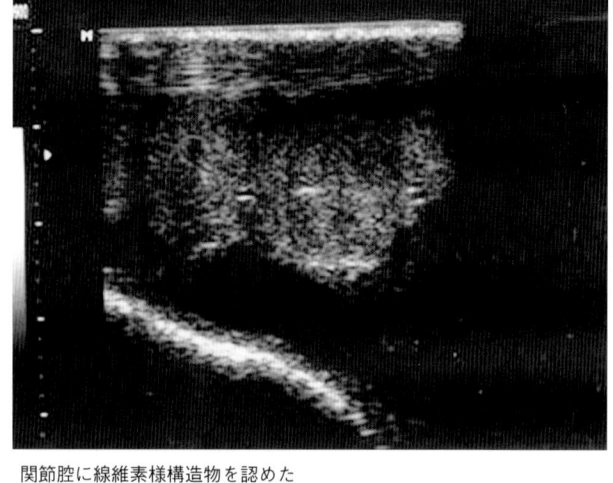

関節腔に線維素様構造物を認めた
図16-13　関節炎症例の超音波像

③病態

不衛生な環境下での分娩は子牛の臍帯を汚染しがちで，さらに不適切な衛生管理は細菌感染の誘因となる。臍帯構造物のなかでも，特に臍静脈は管壁が薄いため細菌が侵入しやすく，その結果，血行性に細菌が播種され関節へ到達する。したがって，子牛の多発性関節炎は敗血症疾患と解することができる。

また，①滑膜組織は血流が多いため細菌が定着しやすく，②関節包は絨毛の過形成と線維素の沈着によって細菌が排除されにくく，③全身投与された抗生物質の関節内濃度は低く維持されるため，難治性になりやすい。さらに，初乳の摂取不良の子牛はγ-グロブリン濃度の低下から易感染状態になりやすく，その結果，多発性関節炎に罹患しやすい。

④診断

稟告を基に詳細な臨床観察と触診を行う。歩様検査における，神経ブロック[20]や関節内麻酔の併用も有用である。

関節液の検査は関節炎の診断にはきわめて有用であり，色調，臭気，粘性などに関する肉眼的検査，生化学検査ならびに細菌学的検査を行う。正常な関節液は，帯黄色透明で粘稠性がある（口絵p.54，図16-11）。感染性関節炎では関節液は著しく増加し，化膿性では灰色から帯黄色で混濁，粘稠性は低下し，総タンパク濃度は増加する（3.2〜4.5 g/100 mL）。さらに，白血球数も増加し（50,000〜150,000/μL），そのほとんどを好中球が占める。

さらに，関節液のグラム染色スメア標本では，細菌の検出も可能である。細菌培養によって細菌の分離同定と薬剤感受性試験を行うことで，抗生物質による治療方針を立てることが可能になる。

X線検査ならびに超音波検査により，骨やその周囲の炎症を把握することができる。X線検査では，軟部組織の腫脹，関節腔拡大，骨の炎症性増生，関節包や関節腔内のガス産生などの評価が可能である（口絵 p.54，図16-12）。なお，X線検査上で骨軟骨の上記の変化を確認するには感染後2〜3週間を要するため，初期での診断には限界がある。また超音波像検査では，関節腔内の液体や線維素様構造物の貯留，周囲軟部組織の状態を確認することが可能である（図16-13）。

関節鏡を用いた検査では，滑膜の充血，浮腫，線維素遊離，絨毛の形成や，関節軟骨の亀裂や贅骨[21]，び爛，潰瘍などの炎症所見，関節内靱帯の損傷が確認できる。

外傷による変形性骨関節症や離断性骨軟骨炎のような非感染性関節炎との鑑別が重要である。

⑤治療・予防

a．抗生物質の投与

抗生物質の使用は原則として，関節液もしくは原発感染創からの細菌培養による分離菌の同定結果と，薬剤感受性試験の成績に基づいて行う。しかし，細菌培養によっても細菌が分離・同定されないことも多く，この場合は原因となる菌種を推定して抗生物質を選択することとなる。一般に，ペニシリン，アンピシリン，セファメジン，オキシテトラサイクリンなどの抗生物質が使用される。

通常，分離菌に対し感受性が高い抗生物質を全身投与する。数日以内に臨床症状の改善効果がみられた場合，この抗生物質の全身投与を1～2週間継続する。また，抗生物質の静脈内局所投与も治療の選択肢となる。本治療は患部よりも近位に駆血帯を装着し，駆血部位より遠位の静脈内に抗生物質を投与することで，関節内への抗生物質の移行を図ることを目的としている。なお，駆血は30分以内に解除する。長期にわたり抗生物質を投与する場合には，耐性菌の出現と副作用について十分に留意する必要がある。

b．関節洗浄

関節洗浄（図16-14）は，炎症性に増加した関節液の排除と関節腔内の清浄化を目的として行う。手順は，キシラジン鎮静下で，次のとおり行う。①触診によって関節腔と穿刺部位を確認，②術野を消毒・確保，③関節を軽く屈曲した状態で保持，④留置針（14～18G）を関節腔内に穿刺，留置，⑤関節液を吸引・除去，⑥体温程度のリンゲル液などを注入して関節囊を十分に拡張させ，次いで排液，⑦排液が透明になるまで⑥を繰り返す，⑧留置針を抜去し，穿刺部位を消毒する。前述の⑥の操作は注入用と排液用の留置針を用いて行うことも可能である。関節洗浄では，関節腔内の線維素や変性組織などの炎症性内容物を排除するために，多量のリンゲル液を必要とする。

手根関節においては，前腕手根関節囊と手根中央関節囊が交通しないため，別々に洗浄する。足根関節では，脛骨足根関節囊と近位足根関節囊は交通するが，これらはいずれも遠位足根関節囊とは交通しないため，別々に洗浄する。膝関節においては，大腿膝蓋関節囊と内側大腿脛関節囊は交通し，外側大腿脛関節は残りの関節と交通しないことを念頭において別々に洗浄する必要がある。

c．疼痛管理

関節炎では関節包の線維層にある終末神経を刺激し，激しい疼痛を生じるため，前述の治療とともにNSAIDsなどの併用が推奨される。

d．予防

子牛の場合，前述のとおり臍部からの感染に起因するケースが多いため，その予防として，清潔な分娩環境の確保や出生直後の臍部の消毒処置など，出生子牛の衛生

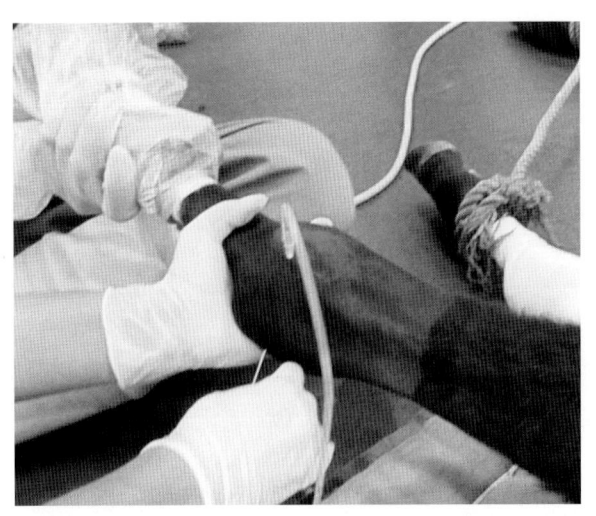

触診により関節腔を確認し，適度に関節を屈曲させ，動脈を避けるように穿刺する

図16-14 関節洗浄

の感染症の防除にも努める。

（2）前十字靭帯断裂　rupture of cranial（anterior） cruciate ligament

①背景

前十字靭帯断裂は，乳牛・肉牛ともに発生する。滑りやすい床や冬季の放牧での転倒や麻痺，大きな牛による乗駕などがきっかけとなり，肢が急にねじれたり伸展したりすることで十字靭帯の部分断裂または完全断裂を起こし，突然の膝関節の不安定を主徴とする跛行を呈する。

なお，乳牛では変形性関節疾患により，種雄牛では精液採取や乗駕時の膝の慢性的な伸展負荷により，特に高齢牛において，前十字靭帯断裂を引き起こすことが知られている。一方，後十字靭帯の断裂はまれで，前十字靭帯断裂に伴って結合部の断裂が起こることがある。

②症状

前十字靭帯の損傷が疑われる場合，歩様を観察する。完全断裂では，疼痛のため罹患肢にほとんど負重できずに跛行するが，慢性化するとある程度の負重が可能となり，跛行が目立たなくなる。罹患肢の歩幅は短く，罹患肢で負重できても不安定で，しばしば脛骨高平部が大腿骨顆より前方に突出する。

③診断

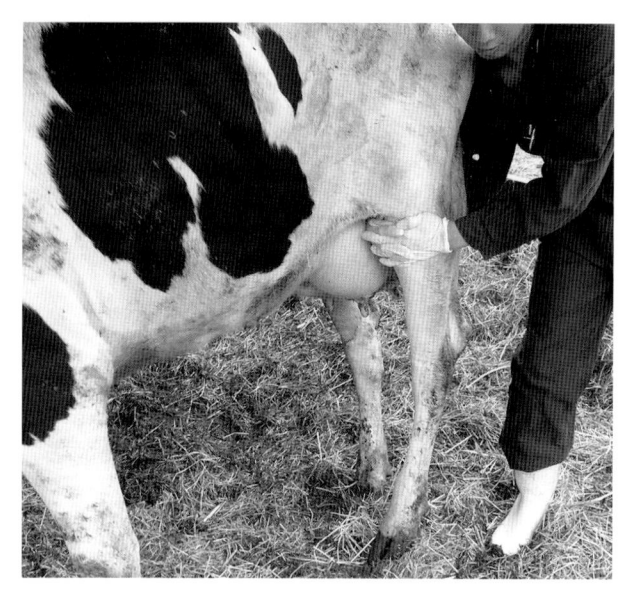

図16-15 ドロワーサインの確認

ワーサイン（cranial drawer sign），膝関節の不安定性，滲出液貯留を確認する。

X線検査においては，脛骨近位部の前方突出（側方像）が認められる。

ドロワーサインを確認する方法としては，子牛が起立時では検査者は動物の尾側に立ち，肩を大腿部尾側に当て支えるように固定した状態で，脛骨稜周囲に手を回し頸骨を尾側方向に引くことで，脛骨が引き戻ることを確認できる（図16-15）。

また膝関節の不安定性を確認する方法として，罹患肢を上に横臥位にして検査することもできる。膝関節を強く屈曲させ，大腿骨顆を固定した状態で脛骨高平部を頭側方向に引き出す。さらに，軽く屈曲した状態で膝に一方の手を置き，関節を回転させたときに不安定性や捻髪音の有無の確認をする。

前十字靭帯が断裂をしていれば，起立時でも横臥時においてもほぼ確実に脛骨の前方変位を確認できる。

正中膝蓋靭帯内側の触診では無痛性で，中程度の滲出液貯留を確認できる。関節液検査（本章「4．（1）多発性関節炎」を参照）により炎症性変化を，関節鏡検査により損傷を受けた靭帯を確認することが可能である。

④治療・予防

治療は，ストールレストと手術による再建術に大別される。どちらの治療法を選択するかは，個体の性格も考慮しつつ臨床症状と関節の損傷程度で判断する。ただし，完全断裂の場合，いずれの治療法を選択しても変形性関節症や付随する筋萎縮により予後は非常に悪い。

関節表面や半月板における靭帯損傷の程度が軽く，体重の軽い場合では，ストールレストを行うことにより，関節の不安定性が改善し治癒が見込まれる。また，消炎鎮痛剤の投与や骨関節炎治療薬であるグリコサミノグリカン多硫酸塩[*22]やヒアルロン酸の全身投与あるいは関節内投与も効果が期待できる。

予防には牛床の改善，放牧群の規模や放牧場の状態を確認し，牛の関節に余計な負荷がかからない環境を整えることが肝要である。

5．突球　knuckled over

①背景

突球（knuckled over）とは，浅指および深指屈筋腱の萎縮や拘縮により指節，特に前肢球節の正常な伸展が妨げられ生じる疾患である。そのため，起立時や歩行時に球節の攣縮屈曲が解除されず，蹄底での着地が妨げられる。本疾患は通常，両前肢に発生し，四肢のすべてや後肢のみでの発生はまれである。原因は，先天的要因と後天的要因に分けられる。

先天的要因として子宮内での位置異常や母胎に対する胎子の過大など，子宮内での胎子の状態が関係すると推定されている。また，伸筋の虚弱によるものや筋・腱・骨格の形成異常，奇形の関与も報告されている。その他，遺伝的要因の関与が疑われる先天性の屈筋萎縮が様々な品種で報告されており，今後，追跡調査が必要である。

後天的要因として骨折，橈骨神経麻痺による筋・腱・靭帯の萎縮や拘縮，長骨とそれに付随する筋・腱の成長速度の違いよる異常などが考えられている。成長の異常には，栄養不良やくる病（骨軟化症）などが誘因となる。さらに，栄養障害や運動障害によって浅指および深指屈筋腱と中手骨の成長に不均衡が生じ，突球となる場合がある。さらに，捻挫，不完全脱臼，関節炎，骨瘤などによって関節の可動域が著しく制限される状態も関節の伸展を妨げるため，突球の後天的要因となる。

②症状

掌側の腱や靭帯が伸展異常を起こし，浅指屈筋腱の拘縮では中節骨が，深指屈筋腱の拘縮では末節骨が重度に牽引される。そのため蹄踵での着地ができず，起立困難や歩様異常を呈する。

右前肢が中程度，左前肢が重度であった
図16-16　両側前肢の突球症例（1カ月齢，雌）

先天性突球の多くは両側性に発症し，出生後数日以内に起立困難，起立時の肢勢や歩様の異常を認める（図16-16）。ほかの起立異常を示す疾患と同様に起立や歩行を嫌うので，初乳摂取不良による免疫獲得不全や骨格・筋肉の発育異常も認められる。痛覚刺激に対する反応は正常かつ緩慢であるが，器質的異常により反射が妨げられ，低下と判定されることもある。また，転倒による挫傷，起立困難に起因する褥瘡，球節および腕節の着地部皮膚における擦過傷と感染，伸筋腱の過度伸展による損傷，蹄尖・蹄壁の摩耗異常なども認められる。

後天性突球は，発育ステージに関係なく発生する。片側性に発症する突球は外傷に起因することが多く，損傷を受けた腱，靱帯，筋肉および神経によって様々な程度の症状を呈する。

③病態

子宮内で小さく折りたたまれていた胎子の四肢は，出生後，正常な起立によって蹄踵で着地し，伸筋を収縮させて屈筋腱を伸長させる。歩行により伸筋腱と屈筋腱はバランス良く収縮と伸長を繰り返す。

しかし，屈筋腱の萎縮や拘縮あるいは伸筋腱の牽引力不足がある場合には，子牛は蹄踵を着地させることができず，蹄先部や蹄壁で負重する。重症例では球節や腕節で着地し，着地部の皮膚は擦過傷から創傷感染を起こして感染性関節炎に至ることもある。また，子牛は起立困難のため初乳の摂取不足に陥りやすく，そのため免疫獲得状態が不十分となり，栄養不良や発育不良を呈するものもある。

合，ほかの先天的異常がみられることがある。口蓋裂，矮小体躯症もしくはアカバネ病などの疾患では関節拘縮症を呈する例もあるため，類症鑑別が必要である。

④診断

診断は起立位での異常な肢勢，歩様異常，屈筋腱攣縮による球節の屈曲程度によって判断する。用手的に肢を正常な伸展状態に保持することで，浅指あるいは深指屈筋腱のどちらに張力が加わっているかの判定や拘縮部位の特定を行う。また，X線ならびに超音波検査によって，腱や関節の状態を確認することも診断上有意義である。

突球の程度は，歩行および起立の状態から以下のように分類できる。

a．軽度

蹄踵を地面から浮かせ，蹄尖で着地して起立，歩行する。蹄壁背側面と地面がなす角度は60〜90°までの範囲で，これを超えることはない。

b．中程度

歩行時に蹄が地面を踏み切る際，蹄壁背側面が地面とほぼ垂直となる。

c．重度

球節の背側面で着地して歩行する。蹄壁背側面と地面がなす角度が90°を超える。

⑤治療

治療はバンデージ，副子もしくはギプスによる固定が主体となるが，必要に応じて鎮痛剤や切腱術を適用する。日齢が進むにつれて治療への反応が鈍くなるため，早期に治療を開始すべきである。症状の程度を把握し，治療方針を立てる（図16-17）。

a．軽度症例への内科的処置

X線検査において異常がみられない軽度の突球では，患肢を用手的に頻繁に伸展させることで治癒する場合がある。また，蹄尖部が反転し，肢が伸展するように蹄底ブロック[*23]を装着して歩行・負重させることにより，屈筋腱の伸長を促すことも可能である。さらに，NSAIDsの投与によって屈筋腱の伸展で起こる痛みを緩

右前肢は2週間の副子固定により改善。左前肢は2週間のギプス固定と10日間の副子固定後，蹄底ブロックにより過長蹄にした状態

図16-17　図16-16と同一症例の治療後

b．中程度および重度症例への内科的処置

　バンデージ，副子あるいはギプスによる固定を行うとともに，必要に応じてNSAIDsによる疼痛管理を併用する。バンデージや，副子を用いる固定では，患肢を1～3日ごとに再診し疼痛を確認するとともに，必要に応じて固定を修正する必要がある。

　重度の突球ではギプス固定を行うが，バンデージによる固定と同様に蹄尖部を露出させ，患肢が十分に伸展した状態で蹄から腕節遠位部もしくは腕節すべての範囲を固定することにより，子牛は蹄底で負重し歩行することが可能となる。固定は1週間とし，必要であれば装着していたギプスの背側部を副子として固定を継続することができる。

c．外科的処置

　前述の固定による治療で改善が認められない場合は，切腱術を行う。切腱術は，キシラジン鎮静下の横臥位保定，あるいは局所麻酔下にて実施する。術野準備後，患肢の掌側面を中手骨の中位にて縦切開し，張力がかかっている腱を部分または全切断後，皮膚を閉鎖する。術後1～2週間は，バンデージ固定や副子固定が必要である。患肢の伸展がすぎる場合は，ギプス固定により腱の再生を待つ必要がある。

6．痙攣性不全麻痺　spastic paresis

①背景

　痙攣性不全麻痺（spastic paresis）は，膝関節および足根関節の過伸展ならびに腓腹筋の過収縮による，一側性あるいは両側性の跛行を特徴とする進行性の疾患である。

　本疾患は複数の劣性遺伝子による遺伝性疾患で，筋伸展反射の過剰反応が症状発現の原因と考えられている。以前は神経学的疾患と考えられていたが，中枢ならびに末梢神経，さらに筋肉および腱組織に異常が認められないことから，近年では筋伸展反射の過剰反応が病因として有力視されている。なお，きわめてまれであるが，大腿部ワクチン注射に起因する神経損傷が疑われたホルスタイン種やマイコトキシン中毒が疑われたシンメンタール種での発生例も報告されており，遺伝性要因以外に外的要因の関与も示唆されている。

　本疾患の罹患率は0.05～0.1％で，雄の方が雌より発生率が高い。乳牛と肉牛のいずれの品種においても発生するが，ホルスタイン種やシャロレー種での発生率が高い。我が国ではホルスタイン種のほか，黒毛和種での発生も報告されている[1]。

②症状

　2週～6カ月齢での発生が最も多く，腓腹筋の痙攣性過収縮を主体とする片側あるいは両側後肢の過伸展が特徴であり，病状は進行性である。

　片側性の発症例を例に述べる。初期の症状として患肢の硬直性歩様や直飛（飛節の角度が浅い状態）が認められる。次いで，患肢では飛節の過伸展が起こり，蹄の着地位置が通常よりも尾側となり，歩行時には患肢を挙げ，振り子状にスイングさせる。

　症状が一層進行すると，患肢を常に後方へ伸展させ，蹄での着地と負重は困難となる（図16-18）。起立時の重心は頭側へ移動するので，反対肢は後駆の体重を支えるため，頭側，体軸の中心線近くに負重するようになり，臨床経過が長いものでは球節が沈下する。さらに，前肢は体重を支えるためにやや頭側で負重し，背弯姿勢を示す症例もみられる。

　尾の挙上は本疾患の特徴所見のひとつとして重要であり，多くの症例で報告されている。後肢の触診では，腓腹筋は通常よりも硬く触知される。患肢の膝関節，飛節および球節は用手的に容易に屈曲できるが，手を離すと

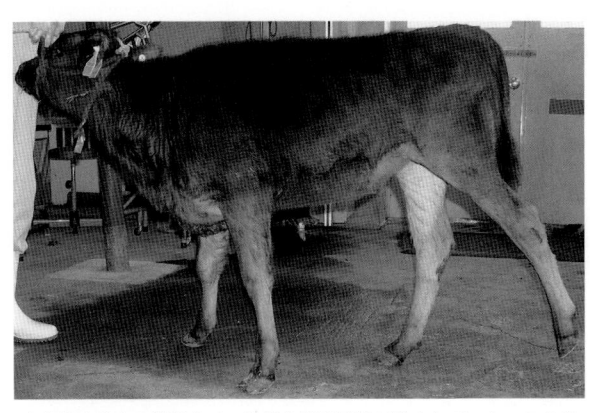

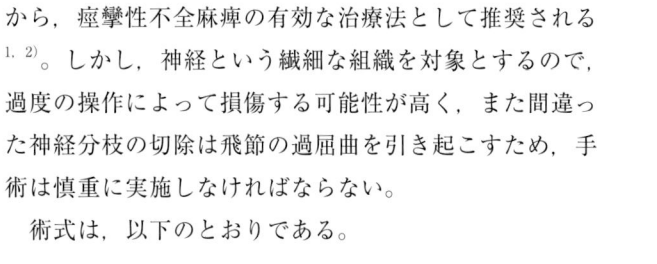

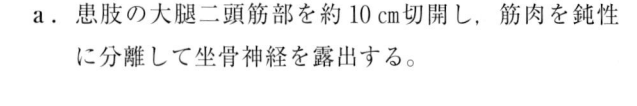

左後肢を後方に伸展させ、趾端を振り子状に動かしていた。この症例では尾の挙上は認められなかった

図16-18 痙攣性不全麻痺症例の典型的肢勢

直ちに過度に伸展する。膝蓋腱反射や痛覚反射は正常である。

③病態

臨床経過が長いものでは、腓腹筋の踵骨付着部付近に炎症性変化や成長板の離開を伴う場合がある。また、非罹患肢では体重が多くかかるため、球節の沈下が生じやすい。

④診断

前述のような症状を呈している場合、本疾患を疑う。

ただし、牛における後肢の過伸展を主徴とする疾患として、股関節脱臼や膝蓋骨上方脱臼など（本章「3. 脱臼」を参照）が知られており、痙攣性不全麻痺との類症鑑別を要する。

股関節脱臼では、前背側への脱臼の発生が多く、大腿骨大転子の左右非対称が特徴的である。膝蓋骨上方脱臼では、後肢は伸展したまま固定され屈曲不能となる。一方、痙攣性不全麻痺では、伸展している膝関節および足根関節は用手的に容易に屈曲可能で、屈曲運動に対する疼痛反応も認められない。股関節の触診においても骨形状や位置は左右対称で異常はみられず、可動性も正常である。さらに、X線検査によって骨格系の異常が否定されることからも、類症鑑別が可能である。

⑤治療・予防

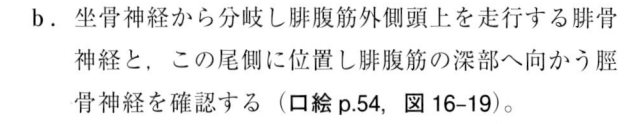

部分的脛骨神経切除術（partial tibial neurectomy）が成功率が80％以上と高く、合併症や再発が少ないことから、痙攣性不全麻痺の有効な治療法として推奨される[1,2]。しかし、神経という繊細な組織を対象とするので、過度の操作によって損傷する可能性が高く、また間違った神経分枝の切除は飛節の過屈曲を引き起こすため、手術は慎重に実施しなければならない。

術式は、以下のとおりである。

a. 患肢の大腿二頭筋部を約10cm切開し、筋肉を鈍性に分離して坐骨神経を露出する。

b. 坐骨神経から分岐し腓腹筋外側頭上を走行する腓骨神経と、この尾側に位置し腓腹筋の深部へ向かう脛骨神経を確認する（口絵 p.54, 図16-19）。

c. 脛骨神経を分枝に分け、それぞれの分枝を神経刺激装置で電気刺激し、腓腹筋ならびにアキレス腱が収縮する分枝のみを2〜3cm切除する。

d. 大腿二頭筋ならびに皮膚を閉鎖する。

本疾患は主に遺伝性要因によるものと考えられていることから、繁殖の際、家系を調査し、保因種雄牛の利用を避けるのが予防法である。

■注釈

*1
懸垂跛行：肢の挙揚時および前進時に疼痛や跛行を示すもの。

*2
吸収熱：骨折などの外科的侵襲によって組織が破壊されたような場合にみられる発熱。

*3
血腫形成期：骨折部を中心に血腫が形成され、その周囲に外傷性炎症反応が進展する時期。

*4
膜性骨化：骨膜に存在する間葉系幹細胞が骨芽細胞に分化し、類骨形成と石灰化によって骨を形成する過程のこと。

＊5
内軟骨性骨化：軟骨細胞により形成される石灰化軟骨基質を中心として骨芽細胞や血管内皮細胞が骨髄側より出現し，骨芽細胞性骨組織へ転換していく過程のこと。

＊6
内固定法：手術によってプレートやピンなどの金属製固定具によって骨を接合する方法。

＊7
創外固定法：手術によって骨折部周囲の骨にピンを複数本貫通させ，体外に出た部分を金属固定具やレジン（樹脂）などで支持する方法。

＊8
副子：木製の棒や板など，一定の強度を有し，骨折部に添え当てることで固定できるもの。

＊9
モールディング：肢の形状に近づけるためギプス全体を撫でること。

＊10
緻密骨：骨の表面付近を覆う固く緻密な骨。

＊11
海綿骨：骨の内部に存在するスポンジのような構造をした骨。

＊12
ハバース管：緻密骨にある血管を通す管系のひとつ。縦方向にハバース管，横方向にはフォルクマン管が走り，そのなかを細胞に栄養を運ぶ血管が通る。

＊13
関節包：関節周囲を覆う結合組織性の滑膜組織。関節包と関節の間には滑液が存在し，骨同士の摩擦を軽減するとともに，関節の動きを円滑にする。

＊14
介達外力：患部から離れた位置に加わる外力のこと。

＊15
直達外力：患部に直接加わる外力のこと。

＊16
捻挫：関節の許容範囲を超えた動きが与えられたために起きる関節の損傷。脱臼には至らず，関節包や靭帯および軟部組織を損傷した状態のこと。

＊17
蝶番関節：関節の構造と可動状態を示す分類のひとつで，まるで扉の蝶番（ちょうつがい）のような形状を有し，一方向のみに曲げ伸ばしが可能である。肘関節はその典型である。

＊18
球関節：関節を構成する一方の骨端の関節面が半球状に盛り上がり（凸状），もう一方はそれに一致するよう丸く窪んだ形状（凹状）を呈する。この関節の可動の方向性には制限がなく，360度自由な方向に動くことが可能である。

＊19
ストールレスト：牛房内で運動制限して飼養管理すること。

＊20
神経ブロック：特定の末梢神経や神経叢の隣接領域に局所麻酔薬を注入して，その部位よりも末梢の痛覚を抑制する局所麻酔法。

＊21
贅骨：不正に増生した骨組織。

＊22
グリコサミノグリカン多硫酸塩：軟骨グリコサミノグリカン（GAG）の主な前駆物質。

＊23
蹄底ブロック：蹄底に装着するプラスチックあるいは木製のブロック。

■参考文献

4．関節疾患
1) Howard JL. 2006. Food Animal Practice, Current Veterinary Therapy. 3：873-877.

5．突球
1) Howard JL. 2006. Food Animal Practice, Current Veterinary Therapy. 3：880-881.
2) Greenough PR et al. 1972. Lameness in Cattle：351-358.
3) Leipold HW et al. 1993. Vet Clin North Am Food Anim Pract. 9：93-104.

6．痙攣性不全麻痺
1) 三浦萌ほか. 2009. 家畜臨床誌. 32：8-11.
2) Yamada H et al. 1989. Jpn J Vet Sci. 51：213-214.

CHAPTER 17 皮膚・体壁の疾患

牛では皮膚・体幹の疾患は発生しても軽視されやすい。しかし，実際には掻痒感などの症状の持続がストレスとなって，生産性に悪影響を及ぼすことがある。子牛の皮膚・体幹の疾患では外部寄生虫や微生物の感染によるものが多く，個体に対する対処（診断と治療）と同時に，集団（牛群）に対する対応（予防）についても知る必要がある。その他，アレルギーや飼料を原因にするものもあり，確かな鑑別診断が必要となる。本章では，子牛に発生が多い皮膚・体幹疾患について解説する。

1．シラミ症　phthiriasis

①背景

牛寄生性のシラミは，ケモノジラミ科のウシジラミとスイギュウジラミ，ケモノホソジラミ科のウシホソジラミとケブカウシジラミが知られている。我が国ではウシジラミ，ウシホソジラミが全国的にみられ，特に沖縄では牛にはケブカウシジラミ，水牛にはスイギュウジラミの寄生がみられる。牛寄生性のシラミの発育環は全種類とも同様で，一生を牛体表上で過ごす。シラミは吸血し，多数寄生した場合に牛は貧血や栄養不良を示す。

②症状

シラミに寄生された牛は，激しい痒みのために体毛を舐めたり脚で掻いたりして，被毛は湿り，脱毛などを呈することもある。放牧牛ではシラミの重度寄生の傾向が高く，被害が大きくなりやすく，貧血のほかに発育障害や流産なども認められることがある。一般に吸血力は，ウシジラミ＞ウシホソジラミ＞ケブカウシジラミの順である。

③病態

シラミの伝播は主に牛同士の接触による。シラミの寄生は冬季および梅雨時に多く，夏季には減少する。また，牛の系統・年齢によっても寄生状況は異なり，成牛ではウシジラミが多く，幼齢牛ではウシホソジラミが多い。ウシジラミは頭部，角の周辺，耳，胸垂に，ケブカウシジラミは体前半部に，生息がない平地や冬季において，タイレリア症の病原体である *Theileria T. sergenti* の媒介に関与している可能性がある。また，シラミによって白癬菌（*Trichophyton*〈*T.*〉）属である病原体 *T. verrucosum* が媒介される可能性がある。

④診断

シラミ寄生を肉眼で確認できた場合は，ピンセットでシラミ（成虫の体長は1.5〜2mm，ただしスイギュウジラミの成虫は体長4mm以上）を採取し，実体顕微鏡下で種の同定を行うことができる。ウシジラミは3脚の爪の大きさがすべて均等であるが，ウシホソジラミとケブカウシジラミは第1脚の爪がほかの2脚に比べ著しく小さいという特徴を有する。また，ウシホソジラミは頭部の幅が長さより大きく，腹部各体節の気門は外側に突出することはない。一方，ケブカウシジラミは頭部の幅が長さより大きく，腹部体節の気門は顕著に外側に突出している。

⑤治療・予防

イベルメクチンの経皮的ポアオン剤の塗布や皮下注射が一般であるが，経口投与についても検討されている。また，これまでの一般的なシラミ駆除剤であるカーバメート系や有機リン系，各種合成ピレスロイドもシラミ駆除に有効である。塗布の場合は，被毛が十分濡れて薬剤がシラミに接触する状態まで塗布を徹底する。卵には無効であり，孵化を待つため，さらに1〜2週間後に再

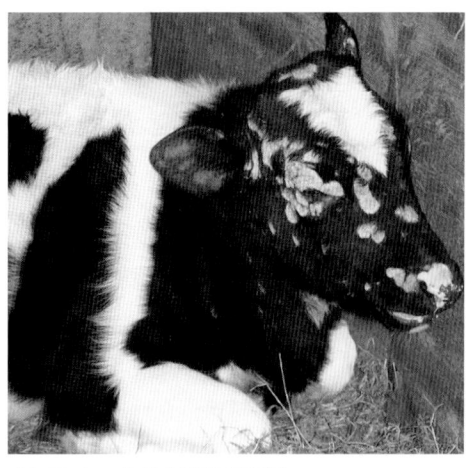

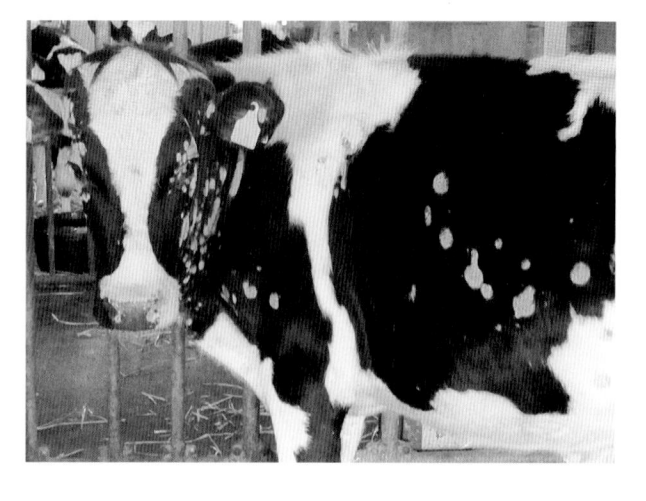

図17-1　皮膚糸状菌症症例

ド系の油剤を体表滴下（ポアオン）したりすることもある。どの治療薬においても休薬期間には十分配慮する必要がある。

シラミの予防としては、キャリア牛との同居を避け、定期的な外部寄生虫駆除を実施することが重要である。

2. 皮膚糸状菌症　dermatophytosis

①背景

皮膚糸状菌症（dermatophytosis）は、皮膚糸状菌の感染によって発症する。牛の場合ほとんどが動物寄生性の強い Trichophyton（T.）属の感染による。なかでも、T. verrucosum, T. mentagrophytes などが主要原因となる。集団飼育牛で容易に蔓延し、ヒトにも容易に感染する人獣共通感染症のひとつである。

②症状

脱毛、落屑、痂皮形成および搔痒を伴い、罹患牛は病変部を柱や柵に擦り付け、出血を生じることもある。顔面、頸部、臀部、尾部などに病巣が形成され、特に顔面から頸部にかけて好発する（図17-1）。

③病態

病変部は脱毛し、石綿状に落屑および灰白色の厚い痂皮を形成する。病変の形状は円形ないし類円形で、多発するとこれらは融合する。また、治癒前の痂皮下層はび爛状態となる。春季から夏季に多発する傾向があり、秋季から冬季にかけて自然治癒することもある。特に、子牛や育成牛などの免疫力の低い動物に感染し発症する。

④診断

病変から被毛、落屑あるいは痂皮を採取し、スライドグラスにのせ、10％水酸化カリウム（KOH）溶液を滴下混和する。10～20分ほど放置し、角質が溶解して透明になったところで直接鏡検して、被毛周囲に存在する分節胞子（直径約 $8\mu m$）を検出する。また、ビタミンB_1（チアミン）とイノシトール添加のサブロー寒天培地を用い、37℃で3～4週間培養して分離菌を同定する。また、病変部の生検材料を用いたPAS染色による病理組織学的検査や、皮膚糸状菌の培養ろ液を用いたトリコフィチン反応による免疫学的検査もある。

⑤治療

治療は、ナナフロシンやヨードチンキなどの抗真菌薬の塗布が主体である。また、グリセオフルビンの内服も効果的であるが、どの治療薬においても休薬期間には十分配慮する必要がある。

予防としては罹患牛を隔離し、早期治療を徹底する。治癒が完全でないとキャリアーとなり、再発したりほかの動物への感染源となることがある。また、脱落した被毛、落屑、あるいは痂皮の除去などをしたうえでの飼養環境の清浄化（硫化石灰、次亜塩素酸による消毒、噴霧）と衛生管理が重要である。ヒトにも容易に感染するので注意が必要である。

3. 疥癬症　scabies

①背景

　疥癬症（scabies）はヒゼンダニが皮膚寄生することにより発症する感染性皮膚疾患である。ヒゼンダニのなかでもセンコウ（穿孔）ヒゼンダニ（*Sarcoptes scabiei*），キュウセン（吸吮）ヒゼンダニ（*Psoroptes*）属，ショクヒ（食皮）ヒゼンダニ（*Chorioptes*）属の3種類が主体で，症状として著しい掻痒を伴う。狭い場所での多頭飼育の場合や，放牧で多数の個体が接触する機会を持つような飼育形態の場合は，予防や治療対策が必要となる。特に導入される牛の検疫対策は重要である。

②症状

　ダニの種類によっていくらか異なるが，いずれも強い掻痒感を伴い，病変部には丘疹，結節，滲出性炎症を呈し，痂皮形成，脱毛がみられる。頭部，背部，脚基部内側，尾根部，四肢などに病巣が形成される。患畜は掻痒感のため神経質となり落ち着かず，重度の感染では死に至ることもある。

③病態

a．センコウヒゼンダニ

　ダニの皮膚への穿孔や分泌物により，最も激烈な掻痒症を伴う。粟粒状の丘疹，滲出性毛包炎，頭部にはじまり体全面に及ぶ痂皮形成，落屑，著しい脱毛，激しい痒みによる擦過傷，細菌の二次感染なども引き起こす。重症の幼齢牛では，激しい掻痒感による食欲減退，発育遅延で予後不良となることもある。

b．キュウセンヒゼンダニ

　ダニが皮膚を突き刺してリンパ液を吸うことで，当該部に水疱が形成され，痂皮形成とともに発赤部が広がる。掻痒感が著しいため，患部をしきりに舐める。初めは粟粒大あるいは大豆大結節が背部，脚基部内側にみられ，漿液や膿の滲出を伴い，脱毛して被毛がまばらになる。

c．ショクヒヒゼンダニ

　ダニが表皮や皮脂腺からの分泌物を食べることで皮膚炎を起こすが，ほかのヒゼンダニと比べ，掻痒感はやや軽い。痂皮を形成し，脱毛を伴う。尾根部に始まり体部に広がる。牛群中に数頭の陽性個体が混在しても，ほかのヒゼンダニの場合と異なり急速に群全体に広がることは少ない。

④診断

　掻痒感は，野外でダニの感染を知るきっかけとなる。寄生しやすい部位に注意して，当該部の掻痒感を確認する。患部の痂皮や漿液なども有力な診断の手がかりとなる。病変部から皮膚掻爬材料（鱗屑，痂皮）を採取し，スライドグラスにのせ，10% KOH溶液を滴下混和する。10～20分ほど放置し，角質が溶解して透明になったところで直接鏡検して，ダニを検出する。初期病変部にはダニが少ないため，頻回にわたり検査する必要がある。

⑤治療・予防

　イベルメクチンの経皮的ポアオン剤（500μg/kg BW）の塗布や皮下注射（200μg/kg BW）による治療法と，殺ダニ剤（1％ネグホン液など）による薬浴や塗布がある。後者は，約2週間の間隔で繰り返し投与が必要となる。どの治療薬においても休薬期間には十分配慮する。薬剤の治療効果については，随時，皮膚掻爬材料でダニの有無を検査する必要がある。

　疥癬症の予防としては，罹患牛を隔離して徹底治療する。また，導入牛の検疫を十分に行う。飼育環境の清浄化と衛生管理も重要である。対策は早期発見，早期治療である。新しい牛の導入時には，検疫期間を設けて隔離状態での十分な観察と検査をする必要がある。発見時には，速やかに陽性個体をほかの牛から隔離し，徹底治療する。同時に牛舎内や敷きわら，頭絡などの消毒も重要である。

4．アレルギー性皮膚炎／蕁麻疹
allergic dematitis／urticaria

①背景

　免疫反応が過剰に，あるいは不適合な形で起こって組織障害を引き起こすことをアレルギー（過敏症）という。
　蕁麻疹（urticaria）は，皮膚の膨疹を主徴とする一過性のアレルギー反応である。皮膚に大小様々な円形，類円形の限局した扁平の隆起を生じ，発生・消散ともに急

よって血漿が組織内に流入するために生ずる。

子牛に蕁麻疹を引き起こす直接的な要因としては，節足動物（昆虫，クモ類など）の咬傷や有棘植物による刺傷，感作物質（主にタンパク質）を含む飼料（牧草，乾草など）の摂取，薬剤（ペニシリン，テトラサイクリンなど），ワクチン，抗血清，輸血，各種感染，寒冷，各種化学物質などが挙げられる。多くは一過性であるが，時には持続する場合もある。

②症状

急性の場合と慢性の場合がある。また，膨疹が局所的ないし広範囲に発現する一般的なものから，丘疹状のもの，巨大な浮腫を呈するもの，滲出性および多形型，循環性などがある。その他，発疹とともに下痢や軽度の発熱を呈することもある。牛では発疹が全身の皮膚や眼の周囲，外陰部，乳房，鼻鏡，咽喉頭や鼻粘膜に認められる。重症例では，アナフィラキシー症状として全身症状（呼吸促迫，心拍数増加，心房細動，心停止など）を呈することもある。

③病態

アレルギーによって真皮末梢血管の透過性が亢進し，血漿成分が組織内へ流入することによって起こる。

④診断

皮膚生検では組織中のヒスタミン濃度が上昇しており，限局的な好酸球の集積が認められる。また，血液中のヒスタミン濃度および好酸球数も一時的に増加する。

症状，治療効果や経過を観察し，抗原を推測してから診断を行うことが多い。また，皮内反応や一般血液検査を行う場合もある。臨床検査結果を総合して，確定診断とする。

⑤治療・予防

まず，予期される抗原を除去および回避するために，給与飼料や飼育環境の変更を試みる。特に，原因として疑われる節足動物や植物との接触を避ける。通常，この措置により自然治癒が期待できる。

補助的治療として，ステロイド系抗炎症剤や抗ヒスタミン剤などを投与し，消炎・止痒を促す。なかでも抗ヒスタミン剤の塩酸ヒドロキシジンは，慢性に経過する例で効果的な場合がある。予防は，抗原の回避と肝機能や消化管機能を含めた健康状態の保持が重要である。併せて飼育環境の衛生保全に努める。

5．光線過敏症　photosensitivity

①背景

光線過敏症（photosensitivity）は，体内の光増感物質が光線（日光中の紫外線）の曝露により活性酸素を産生することにより，発症する。皮膚は日光照射を直接受けるうえ，特に白色部はメラニン色素が少ないため光線の影響をより強く受けて活性酸素の酸化傷害により傷害される。その結果，皮膚白色部を中心に広範な炎症を起こし，炎症部位では滲出性腫脹，壊死および脱落などを来す。これを光線過敏性皮膚炎というが，その原因となる体内の光増感物質の蓄積は次の要因で起こる。

a．天然の光増感物質の摂取

植物に含まれる光増感物質を直接的に摂取，吸収して起こる場合で，原発性（Ⅰ型）光線過敏症に分類されている。光増感物質の代表例として，オトギリソウに含まれるヒペリシン（hypericin）やソバに含まれるファゴピリン（fagopyrin）が知られているが，その他多くの原因植物と原因物質が報告されている。

b．先天代謝異常

先天代謝異常が原因で光増感物質が体内に蓄積するもので，Ⅱ型光線過敏症として分類されている。牛では，先天性造血性ポルフィリン症および先天性造血性プロトポルフィリン症が知られている。

先天性造血性ポルフィリン症は，ホルスタイン種やショートホーン種を中心に広く世界中の牛で報告されている常染色体性劣性遺伝性疾患である。ヘム代謝異常（ウロポルフィリノーゲンⅢ合成酵素欠損）により体内にポルフィリンが蓄積し，貧血，ピンク歯および光線過敏性皮膚炎などを生じる。

先天性造血性プロトポルフィリン症は，ポルフィリン症よりもまれで，劣性遺伝性疾患だが雌牛にだけみられるとの報告もある。また，光線過敏性皮膚炎を起こすが，貧血やピンク歯は認められず，光線過敏症も牛の成熟とともに消失すると報告されている。

子牛の光線過敏症では，これらの先天代謝異常が原因となることが多い。

c．肝機能異常

牛では肝機能異常に起因する光線過敏症が最も多く，このタイプは肝性光線過敏症ともいわれ，二次性（Ⅲ型）光線過敏症として分類されている。

植物に含まれるクロロフィルは，腸管内微生物によりフィロエリスリン（phylloerythrin）という光増感物質に代謝される。腸管より吸収されたフィロエリスリンは胆汁中に排泄されるが，胆汁排泄系や肝機能に障害がある場合には，この物質が体内に蓄積して光線過敏症の原因となる。また，様々な植物や微生物に由来する毒素が肝臓を障害し，結果的にフィロエリスリンの蓄積を誘引して光線過敏症を発症させる場合もある。クローバーの多食に起因する光線過敏性皮膚炎は，このような機序で起こると考えられている（本章「6．クローバー病」を参照）。

②症状

a．光線過敏性皮膚炎

原因の違いにかかわらず，光線過敏性皮膚炎の症状には共通性がある。発症した牛は日光に曝露されると光を避けようとし，不快感を示して体を掻いたり，物に擦りつけたりする行動をとることが多い。日光に曝露された白色部の皮膚は，直ちに紅斑となり浮腫を生じる。光線曝露が継続すると皮膚は漿液の滲出により腫脹してびらんや潰瘍を形成し，さらに曝露され続けると壊死・脱落するまで損傷を受ける（図17-2）。皮膚の黒色部は，白色部に比較してあまり損傷を受けることはない。

b．その他の症状

肝性光線過敏症の場合には黄疸が認められることがある。また，先天性造血性ポルフィリン症では貧血（可視粘膜蒼白）およびピンク歯やピンク尿が認められるが，先天性造血性プロトポルフィリン症では光線過敏性皮膚炎以外の症状は示さない。

③病態・病理

特に，白色部皮膚の浮腫および壊死病変がみられる。肝障害がある場合には，黄疸や胆管壁の肥厚などが認められる。先天性造血性ポルフィリン症では骨，軟部組織および各種臓器の赤褐色化がみられる。

④診断

図17-2　光線過敏性皮膚炎症例

により各種検査値は異なる。しかし，原因の違いにかかわらず，光線過敏性皮膚炎のため白血球および好中球数の増加と左方移動が共通して認められる。

先天性造血性ポルフィリン症では，貧血（主に再生性）がみられる。肝障害がある場合には，ビリルビン濃度およびアスパラギン酸アミノトランスフェラーゼ（AST）活性の上昇が認められる。また，いずれのポルフィリン症でも，尿が赤褐色化し紫外線照射により燈赤色蛍光を呈する。

⑤治療・予防

光線過敏性皮膚炎の予後は，その損傷の程度によって大きく異なる。軽度の損傷であれば日光曝露を中止するのみで直ちに快方に向かい，重度でも損傷範囲が狭ければ適切な処置により皮膚症状は改善していく。しかし，広範の重度損傷により二次感染を起こした個体の予後は悪い場合がある。治療は主に対症療法となる。

日光への曝露は中止して牛舎内（暗所）に収容するとともに，光増感物質の原因となる飼料の給餌を中止する。

初期ではステロイド系抗炎症剤の投与が有効性を示すことがある。二次感染の予防のために，軟膏などの局所処置および抗菌薬の全身投与を行う。肝機能障害がある場合には，強肝剤やビタミン剤などを投与する。また，活性酸素による酸化傷害に起因する傷害であるため，抗酸化剤（ビタミンEおよびCなど）の投与を行う。さらに，脱水の程度に応じて，補液を適宜行う。

6. クローバー病　clover disease

①背景

クローバー病（clover disease）は，シロツメクサ（ホワイトクローバー），ムラサキツメクサ（レッドクローバー），およびムラサキウマゴヤシ（ルーサン，アルファルファ）などのマメ科牧草を多量に摂取した牛が，採食後の強い日光曝露によって起こす光線過敏性皮膚炎であり，白色の皮膚部が特に侵される。本疾患は，光線過敏性皮膚炎の一種である。発症の機序の詳細については，本章「5．光線過敏症」を参照されたい。

②症状

皮膚の病変は白毛部に限定され，罹患部と正常部（黒色部）との限界が明瞭である。罹患部は発症後1～2日で発赤，腫脹，熱感および疼痛などの炎症症状を呈する。病変は背部および腹側部で強く，耳翼，鼻鏡，口唇や眼の周囲などでよくみられる。

軽症例では壊死した表皮が粉末状，小片状になって数日後に脱落する。一方，重症例では炎症はさらに強くなり，皮膚深層の壊死を起こし，3～7日後には壊死した表皮が黒褐色に変色，乾燥し，板状に硬化して剥離，脱落する。そしてその後，治癒経過をたどる。

発症当初からの重症例では全身症状として発熱，元気・食欲減退，不安状態，呼吸促迫などの症状がみられる。また，肝機能障害に伴う黄疸や神経症状などがみられることもある。さらに，口内炎を併発することが多く，流涎，食欲不振などの症状を呈する。

③診断

マメ科牧草を多量に摂取した子牛が光線過敏性皮膚炎を起こした場合は，本疾患と診断する。口内炎や著しい流涎を併発することも診断の一助となる。

④治療

日光曝露を避け，飼料を変更し，塩類下剤を投与する。局所療法としては，皮膚の急性炎症に対してホウ酸亜鉛華軟膏などの油脂性軟膏，抗菌薬，ステロイド系抗炎症軟膏などを適用する。全身療法では，ステロイド系抗炎症剤，強肝剤，抗アレルギー剤の皮下または静脈注射を行う。神経症状を呈する症例に対してはマグネシウム剤の皮下注射を行う。

7. パラフィラリア症　Parafilariasis

①背景

パラフィラリア症（Parafilariasis）は，牛の皮下組織に糸状虫（フィラリア）科線虫である *Parafilaria bovicola* が寄生して起きる，出血性皮膚病である。虫体は乳白色であり，体長は雄で2～3cm，雌で4～5cmである。これまでに中国，インド，フィリピン，北ヨーロッパ，東ヨーロッパ，南アフリカ，フランス，カナダやアイルランドなどにおいて発生が報告されており，我が国では1985年以降，輸入牛で時折認められる。

宿主は牛，水牛などで，皮膚の結節内に寄生する。中間宿主として，数種のイエバエ（*Musca*〈*M.*〉*lusoria, M. xanthomelas, M. autumnalis*）が確認されている。

本線虫は牛体内を移行して頚部，肩部，体側の皮膚に結節を形成し，その結節内で成熟期に達した雌成虫が含子虫卵を産出し，皮膚面に小孔を開ける。すると，組織が破綻して出血とともに虫卵を含む組織液が体表に流れ出る。出血部に飛来したイエバエが血液とともに摂取した虫卵は，摂取後7日目にその腹腔内で被嚢して第2期幼虫となり，11日目までに体腔などで第3期幼虫（感染幼虫）に発育する。さらに，第3期幼虫はハエの口器に移動し，採餌行動の際に排出される。そして，第3期幼虫が損傷部や眼窩などを介して牛体内に侵入するとその周辺の組織で発育して成虫となる。約300日のプレパテント・ピリオドを経て，牛に寄生した幼虫は成虫となり虫卵を産出する。プレパテント・ピリオドを含めた寄生期間は約17カ月間である。

本疾患は季節病の特徴があり，主な感染時期はハエの活動が盛んな春季から夏季にかけてである。牛に感染した幼虫は体内移行後に成虫となり，皮下組織に定住する。

②症状

出血は感染後7～10カ月目に現れる。雌虫が産卵時期に背部，頚部，腰部の皮下組織に結節を形成し，結節が次第に増大し，頂点に生じた小孔から突然出血する。小孔からの出血は1日で治まるが，数日後に別の部位に小孔ができて出血する（血汗症）。痛みは伴わず，間欠的出血を繰り返した後に自然治癒する。結節（出血）数は，およそ数～20個である。

症状の発現時期は北半球で12月から翌年の6月まで，南半球では6月から翌年の1月までと報告されている。

③病態

　病変部は，上皮層から真皮層まで認められる虫道を中心に出血と軽度の浮腫を伴う。顕著な好酸球の浸潤があり，好中球やマクロファージが認められる。

④診断

　季節的な出血性および滲出性結節の形成，短期間で終息する特徴的な体表の出血症状，出血部の金属性異臭などから本疾患の推測は比較的容易である。

　確定診断には，出血部の血液塗抹標本において，好酸球数の増加とともにミクロフィラリア[*1]を検出する。成虫の検出には皮膚の出血部の病変組織を切除し，生理食塩液遊出法を試みる。通常，1結節に1雌虫が検出される。

⑤治療・予防

　レバミゾール連日の筋肉注射，あるいはイベルメクチンの1回経口ないし皮下注射で100％の駆虫効果がある。また経口投与として，トリクロルフォンを1回投与し，さらに1カ月後に再投与すると確実な駆虫効果が得られる。

　中間宿主である節足動物の生態を把握し，駆除することが感染を予防するうえで重要である。しかし現実には，少数の舎飼い動物の場合以外では実施は困難である。

8．牛バエ幼虫症　hypodermyasis

①背景

　牛バエ幼虫症（hypodermyasis）は warble infestation ともいい，北緯25〜60°に広く分布するウシバエ（*Hypoderma* ⟨*H.*⟩ *bovis*）やキスジウシバエ（*H. lineatum*）などの幼虫が，牛や水牛の体内に寄生することにより発症し，まれに馬，ヒトにも寄生する。中国では *H. sinense* の寄生も確認されている。幼虫が腫瘤（虫囊）より脱出して皮膚に孔が開くことにより，寄生部位の皮革や食肉の経済的価値が低下し，産業上の被害が大きい。我が国では家畜伝染病予防法において届出伝染病に指定されている。

　国内では，1960年代に北海道，岩手ならびに青森で，輸入牛から感染した在来牛の移動に伴って伝播した集団的発生が確認された。また，1970年代には北海道，熊本，鹿児島および静岡での発生が認められたが，その後1997年の鹿児島での発生以降，今日まで発生の報告はない。

②症状

　冬季から初夏季に牛体背線の両側および腰部の皮膚に長径2〜5cm大の腫瘤が発生し，その腫瘤の中心部に2〜3mmの呼吸孔を有する（口絵p.55，図17-3）。ウシバエの腫瘤は円形で急激に発現し，寄生部位が化膿することはまれで，呼吸孔より膿汁を排出することは少ない。一方，キスジウシバエの腫瘤は不整形で，消化器管内や背線部以外の脚部ならびに腹側にも腫瘤をつくり，呼吸孔から膿汁を排出する。

　産卵期のウシバエは牛体に突進して産卵するので，ハエの飛来を嫌う牛の狂奔状態による事故が問題となる。また，採食不能から乳量減少，体重減少，流産などを惹起するが，特にウシバエに対する反応が著しい。

　第1期幼虫の皮膚侵入時や体内移行時には疼痛があり，腫瘤形成時には著しい痛痒感のため罹患牛は体を器物に擦り付ける。幼虫の脊髄迷入による運動障害や後駆麻痺を主徴とする神経症状，死滅幼虫により，アレルギー反応やアナフィラキシーショックが引き起こされる場合もある。

③病態

　ウシバエは体長10〜15mmで，マルハナバチに似て体表は密生した黒色と黄白色の毛で覆われている（口絵p.55，図17-4）。初夏季（6〜8月），羽化直後に交尾し，長さ約1mmの白色虫卵を牛の前胸部，腹部，後肢の1本の被毛基部に1個ずつ付着させて産卵する。

　第1期幼虫は産卵から4〜6日で孵化し，皮膚を穿孔して皮下組織に侵入し，約4週間で食道遠位1/3の粘膜下組織ならびに神経束に沿い，椎骨内側を経て脊髄硬膜下の脂肪組織などの好寄生組織に移動する。皮膚穿孔および組織移行のメカニズムは，機械的作用に加え幼虫の消化酵素（プロテアーゼ[*2]，コラゲナーゼ[*3]）の作用による。

　2〜4カ月間定着した幼虫は，肩部から腰部背線の両側の皮下に集まって第2期幼虫（口絵p.55，図17-5）となり，結合組織に取り囲まれた限局性の腫瘤を形成する。さらに，約3週間後に脱皮して第3期幼虫（口絵p.55，図17-5）となり，3カ月後に，皮膚を穿孔し呼吸孔を形成する。幼虫が完全成熟すると呼吸孔は拡大

なり，24～70日後に羽化する。こうして，全生活環には1年を要する。

キスジウシバエも同様の生活環であり，春季に1本の被毛に数個産卵し，産卵数は500～700個になる。孵化後，皮膚を穿孔した第1期幼虫は，胸腔ならびに腹腔臓器の漿膜や結合組織，食道粘膜下組織に移動し，背部皮下に腫瘤を形成する。

いずれの場合も，幼虫が体内移行する際，分泌物質を排出するため，寄生部位の組織壊死・溶解，出血，皮膚炎が認められる。

④診断

牛体背腰部を触診すると多数の丘状の腫瘤を触知し，幼虫の存在が把握できる。腫瘤には呼吸孔が存在し，腫瘤を圧迫することによってウシバエ幼虫が排出されるので診断は容易である。幼虫が皮下に腫瘤形成している場合，少なくとも6カ月以上前に感染したことになる。

ウシバエの孵化直後の幼虫は長楕円形で11環節からなり，体表には微細な小棘が斑紋状に密生している。成熟幼虫は，11環節で体長約25 mm，後端2環節の腹面は微細毛を欠く。気門板を形成する盤状体は黒色を呈し，腎臓状かつ漏斗状で約30個ある。

キスジウシバエの孵化直後の幼虫は0.8～1.6 mm，また成熟幼虫は17～22×8～9 mmで腹面および最後の1節は微細毛を欠く。盤状体は約20個で黄色を呈し，気門板は腎臓状で表面は平滑である。両種はいずれも牛体内で乳白色から黄白色であるが，蛹化のため第3期幼虫が皮膚から脱出する時期には淡褐色から暗色に変わる。

⑤治療・予防

少数寄生では腫瘤を指で両側から圧迫するか，外科的切開により幼虫を摘出する。死滅幼虫ならびにその残骸を体内に残したままにしておくと，牛にアレルギー性反応を引き起こす危険性があるので，局所洗浄などにより可能な限り除去する。この際，誤って幼虫を牛体内で潰すと，アナフィラキシーショックの原因となることがあるので注意が必要となる。

経皮浸透薬としてはイベルメクチン，エプリノメクチン，モキシデクチンがある。それぞれ1回ずつ牛体の背線部の鬐甲から尾根にかけて直線的に注いで経皮投与することで，全発育期の虫体に対して効果が得られる。注射による治療の場合，イベルメクチンおよびドラメクチン200 μg/kgを皮下注射する。また，メトリホナート（トリクロルフォン），カルバリルおよびメチルカーバイトなどの散剤および乳剤の牛体散布が用いられることもあるが，約10日間隔の反復投与が必要となる。

予防のためには土着化を防ぐことが最も重要で，そのため第3期幼虫が皮膚から脱出し，土壌で蛹化する前に殺虫する。予防の基本は集団防除で，かつ発育環の各期に応じた方法をとる。我が国は梅雨期の多雨・多湿のため，明確な土着化はみられない。したがって，一般的な衛生管理を行っていれば，特別な防疫対策を講じる必要はないと思われる。もし，発生国から牛を輸入した場合，皮膚に結節が形成されていないか1カ月ごとに確認することが重要である。

9．ワヒ・コセ病（象皮病）
wahi or kose disease（elephantiasis）

①背景

ワヒ・コセ病（wahi or kose disease）は，象皮病（Elephantiasis）といわれる，我が国特有の慢性皮膚炎である。中国，四国，九州地方を中心とした和牛に多く発生し，性別および年齢には因果関係はみられない。発生時期は5～9月で最盛期は夏季であり，冬季に軽快するものの，罹患牛は毎年発症を繰り返す場合が多い。

過去には原因として，牛に高率に寄生していた指状糸状虫（Setaria digitata）の末梢血中ミクロフィラリアによるアレルギー性皮膚炎が疑われた。しかし，その後，皮下結合組織に分布する咽頭糸状虫（Onchocerca gutturosa）のミクロフィラリア感染と本疾患の発症に密接な関連が認められ，皮膚内ミクロフィラリアに対するアレルギー性皮膚炎という解釈がなされてきた。現在では，咽頭糸状虫のミクロフィラリア寄生によるだけでなく，咽頭糸状虫の中間宿主であるヌカカ（Culicoides spp.）やブユ（Simulium spp.）によるアレルギーが原因であるとの説も支持されている。

我が国の牛に寄生し，皮膚病変を伴うとされる糸状虫類では，Palafilaria bovicola が血汗症[*4]を，Stephanofilaria okinawaensis が鼻鏡白斑症[*5]を引き起こすが，感染時の皮膚病変はワヒ・コセ病とは異なる。

②症状

象皮様の皮膚症状を示すのは成牛のみである。本疾患は再発が顕著で，罹患牛は毎年発症を繰り返す場合が多

い。

初期の発症では腹部，内股部などに結節性丘疹病変がみられ，搔痒感の強い湿疹様病変もみられる。搔痒のため患部を器物に擦りつけるので，摩擦による脱毛，被毛の毛切れ，出血，分泌液の滲出などが引き起こされる。次いで，皮膚の肥厚，皺襞形成，落屑，痂皮形成をきたし，皮膚が象皮様に肥厚する（口絵 p.55，図 17-6）。次第に四肢を除く頭部，頸部，鬐甲，肩部，胸部，背部，尾根部，乳房などに病変がみられるようになり，時に全身に拡大する。

③病態

ワヒ・コセ病は，糸状虫の寄生によるリンパ管の炎症およびうっ滞が原因となり，皮膚および皮下組織が著しく肥厚することにより発症する。皮膚の肥厚の初期は，指圧により陥没するが，慢性化すると結合組織が増殖して硬化する。

前述のとおり，本疾患は我が国特有のものであるが，発症との関連が疑われている咽頭糸状虫は世界的に分布している。成虫は牛や水牛など反芻動物の皮下，頸部靱帯，鬐甲，腰部，大腿頸骨靱帯などの周辺結合組織内または結節内に寄生し，雄は体長 3.0〜3.6 cm，雌は体長 40〜60 cm と非常に大きい。

咽頭糸状虫ミクロフィラリアは，皮膚組織内に出現するが末梢血中からはほとんど検出されない。中間宿主はブユ属のツメトゲブユ（*S. ornatum*）などである。ミクロフィラリアを中間宿主のブユが吸血時に取り込み，その体内で第 3 期幼虫まで発育する。発育した幼虫は，ブユが新たな宿主を吸血する際に皮膚を介して侵入し，組織中で発育，脱皮して成虫となる。

④診断

病変部皮膚片の採材を行い，生理食塩液に皮膚片を浸し，ミクロフィラリアの遊出を確認する。第 1 期ミクロフィラリアが 180〜265 μm で幅は狭く，第 2 期ミクロフィラリアが 110〜140 μm で渦状に巻いて幅広い。これらは，いずれも無鞘である。成虫は，筋膜や腱の漿膜に雌雄が絡み合って寄生する。

病理組織学的には好酸球を主体とした細胞浸潤が顕著であり，組織破壊，出血などを伴う。

血液検査所見では，好酸球数の増加，血清アルブミン（Alb）の減少と β-グロブリン濃度の増加がみられ，A/G 比の低下を示す。

⑤治療・予防

皮膚病変に対する対症療法として，抗ヒスタミン剤やステロイド系抗炎症剤などの注射を行う。患部には軟膏を適量塗布し，湿疹の治療を行う。

ミクロフィラリアに対しては，イベルメクチンの投与が有効と考えられる。経皮浸透薬としてイベルメクチン，エプリノメクチン，モキシデクチンそれぞれを牛体の背線部の鬐甲から尾根にかけて直線的に注いで経皮投与する。注射薬として，イベルメクチンおよびドラメクチンそれぞれを皮下注射する。また，ジエチルカルバマジン連続投与，グルコン酸アンチモンナトリウム連続皮下注射も有効である。これらの薬剤はいずれも成虫に対しては無効であるため，1 カ月間隔で数回繰り返す必要がある。

予防は本疾患の直接的な原因が解明されていないため，不明な点が多い。しかし，関連があるとされるミクロフィラリアの寄生を防ぐため，牛体および畜舎に殺虫剤，忌避剤を散布して，ヌカカやブユなどを駆除する。ブユの主な発生は春季から夏季だが，牧野では完全に防除することは不可能である。また，カモシカなどの野生動物に寄生した場合，牧野での対策は一層困難をきわめる。なお，咽頭糸状虫のミクロフィラリアに対して，牛体にイベルメクチン製剤の定期的投与をすることは予防に効果的である。

10．ウシ毛包虫症　bovine demodicieosis

①背景

ウシ毛包虫症（bovine demodicidosis）は，ウシニキビダニ（*Demodex bovis*）が毛包内に侵入して増殖し，被毛を排除して毛球の変性および壊死を引き起こすことにより発症する。ウシニキビダニは，健常な牛の皮膚にもごく少数存在することが確認されており，宿主の抵抗力が低下すると増殖して本疾患を発症し，直接的な接触により伝播すると考えられている。

ウシニキビダニは世界中に分布し，古くは皮革の価値を低下させる疾患として重要視されてきた。世界各国で数多くの集団発生例が報告されているが，その発症率はアメリカ（80〜100％），カナダ（成牛 41〜53％，当歳牛〈月齢 18 カ月以下で枝肉重量が 150 kg 以上のもの〉28％，子牛 15％），ドイツ（19.2％）など，国によって大きな

て1歳齢以下の子牛で5.3％，2～14歳齢の成牛で44.6％の発症率が報告されている。また別の報告では，同一農場内の乳牛71％にウシ毛包虫症による皮膚病が確認されている。発症率は肉牛より乳牛で，雄より雌で高い傾向がある。子牛での発生率は，成牛に比べ低いのが一般である。

②症状

皮膚に粟粒大からエンドウ豆大の結節が密発するが搔痒感はなく，全身性には無症状である。一般に細菌の二次感染は少なく，犬のように膿瘍およびびらんなどの皮膚炎を発症することもほとんどない。広範囲な炎症はみられず，小丘疹，小結節の増大と多発をみる程度で，緩慢な経過をたどって自然に治癒する場合が多い。雨などで被毛がぬれると結節が目立ち，触診によって肉眼で見落とした小結節も認識可能となる。

感染初期には，結節上の被毛は結節から滲出した漿液で互いに固着している。この所見はマダニの吸血痕にみられるような，流出血液が被毛に固着した粟粒大結節と類似している。やや症状の進行した結節では，軽度の落屑と痂皮形成がみられる。古く大きい結節では，表面は滑らかである。

病変は頭部，下顎部，胸部，腋下部，肩部から前膝より上部の体前半に好発するが，重症になると臀部および内股など全身性に結節が形成される。結節は密発しても互いに分離しており，結節部の被毛が立毛するため，鳥肌のように見える。ごくまれに密発した隣接結節が自潰して黄白色のクリームチーズ様物質が結節上に付着し，比較的大きな脱毛および炎症性の斑を形成することがある。

③病態

ウシニキビダニ（口絵p.55，図17-7，8）は永久寄生性で，卵→幼ダニ→第1若ダニ→第2若ダニ→成ダニの全生涯を宿主上で過ごすが，詳細な生活環は不明である。毛包，皮脂腺に潜り込んだ成ダニは，皮脂を摂取して生活する。そして毛包壁と毛幹の間で産卵しながら増殖し，次第に毛球まで達する。続いて毛球は破壊されて壊死し，毛幹は脱毛し，剝離した毛包上皮細胞と増殖した多数の虫体が毛包内に充満する。そのため，直径1～7mmの円形から卵円形の結節が毛包部に観察される。

病理組織学的には，HE染色で好酸性に染まる上皮細胞の分解物がみられ，脂肪染色では多量の脂肪塊がみられる。

④診断

小さな結節を指で圧迫すると，ニキビのように白色から黄白色の脂肪様内容物が排出される。大きな結節を小切開してから圧迫すると，多量の脂肪様内容物が得られる。これらをスライドグラスにとり，流動パラフィンもしくは5～10％KOH溶液で均等に拡散させ，カバーグラスで圧平して鏡検すると，全発育ステージの虫体を観察することができる（口絵p.55，図17-8）。

成ダニの平均的な大きさは雄220×62μm，雌240×62μmで，様々な動物種で発見されている100種以上のニキビダニ属のなかで，体長が短く幅が広いという特徴を有する。4対の短い歩脚と腹面の脚体部に4対の基節板があり，雄では背面中央線に沿い陰茎を有する。卵は約70×43μmで卵円形である。幼ダニの平均的な大きさは128×40μmであり，3対のイボ状の歩脚を有し基節板を欠く。若ダニの平均的な大きさは340×70μmで，4対のイボ状の歩脚を有し基節板を欠く。いずれの発育期においても体長に個体間でかなりの差が認められるが，若ダニ期は特に差が大きく，体長が435μmになるものもみられる。

結節の好発部位は，胸側部，頚部および肩部などである。結節は「②症状」で述べたとおりマダニ吸血痕と類似しているので，前述のように，虫体の検出によって類症鑑別を行う。簡易な鑑別方法として，結節上の固着した被毛を指で揉み，排出液を肉眼で確認する方法がある。排出液が鉄錆色の血液性であればマダニ吸血痕によるもので，黄褐色の漿液性であればニキビダニ寄生によるものと鑑別できる。また，マダニ吸血痕の結節は主に下顎，耳および内股に発生し，結節がエンドウ豆大まで大きくなることはない。一方，牛バエ幼虫症の結節は背部に集中して大きく，中心に肉眼的に分かる呼吸孔を有するため区別できる。

⑤治療・予防

注射薬として，イベルメクチンおよびドラメクチンそれぞれを単回皮下注射する。経皮吸収薬としてはイベルメクチン，エプリノメクチン，モキシデクチンを牛体の背線部の鬐甲から尾根にかけて直線的に注いで経皮投与する。また，メトリホナート（トリクロルホン），カルバリルおよびメチルカーバイトなどの散剤および希釈液の牛体散布も用いられる。

きわめてまれであるが細菌の二次感染を併発した場合は，抗菌薬を併用する。

ウシニキビダニは乾燥や高温など外界条件に対する抵抗性が著しく弱く，伝播は直接接触による経皮感染に限られる。感染母牛と新生子牛の接触が最も感染の確率が高く，自然な感染経路と考えられている。よって，感染牛との接触を避けることが予防のうえで重要である。

11. デルマトフィルス症　dermatophilosis

①背景

デルマトフィルス症（dermatophilosis）は，*Dermatophilus*（*D.*）*congolensis*という放線菌の感染によって引き起こされる表在性皮膚感染症である。滲出性膿疱および膿痂疹の形成を特徴とし，一般に黄褐色のブロック状から岩状の痂皮を形成して回復期に脱落創を生ずる。牛以外にも馬，めん羊，山羊，豚，犬，猫ならびにヒトにも感染する人獣共通感染症であり，ストレプトトリックス症（streptotrichosis）ともいわれる。めん羊の皮膚面での感染はlumpy wool，脚部の増殖性皮膚炎はstrawberry footrotともいわれる。

発生地域は，アフリカ大陸を中心にヨーロッパ，中東，インド，オセアニアおよび南北アメリカである。我が国では北海道，沖縄の宮古列島，八重山列島などでの周年放牧の黒毛和種牛における自然感染の発生がみられる。本疾患は熱帯から亜熱帯地域における栄養不良牛に好発し，沖縄での抗体保有率は 8.6（84/980）%である。発症例の約80%は生後6カ月未満の発育遅延牛であり，健常な牛では不顕性感染も推測されている。

②症状

初期病変は皮膚の紅斑で，続いて小丘疹と小膿疱が形成される。さらに滲出性炎症が起こり刷毛様の被毛，痂皮形成を認める（口絵 p.56，図 17-9）。その後これらの小病巣が癒合し，大きな楕円あるいはドーム状の典型的病変が形成される。痂皮が剥離するとその下には湿潤な皮膚が露出する（口絵 p.56，図 17-10）。慢性症例の病変では被毛を巻き込んで乾燥し，黄褐色の樹皮様海綿状物質の厚い疣状痂皮，あるいはブロック状から岩状の痂皮がみられる。病変の好発部位は頭部，頸部，背部，臀部，四肢，乳頭，乳房間溝である。掻痒感は認められない。

③病態

*D. congolensis*は好気性放線菌類に属し，グラム陽性，非抗酸性で菌糸発育は分岐性を示す。菌糸は横断裂と縦断裂を生じて球菌状集塊となり，やがて叢毛性鞭毛を形成して遊走子となる。本菌は偏性寄生菌[*6]の一種であり，罹患動物の病巣部でのみ生存，分布する。

本菌は遊走子により伝播し蔓延する。感染要因として感染個体との接触，有棘植物や外部寄生虫の刺傷による皮膚の損傷，多雨や高湿度の気象条件が挙げられる。

④診断

病変部を採取し直接塗抹，または痂皮を滅菌蒸留水に浸漬したものを塗抹し，ギムザ染色して直接鏡検すると，縦横に断裂した分岐を有する特徴的なグラム染色陽性の菌糸様菌体が観察される。

本菌の分離培養では，Haalstra法[*7]が応用される。病変部の痂皮小片を1 mLの滅菌蒸留水に浸漬し，室温で3〜4時間静置後，5〜10%炭酸ガス（CO_2）存在下でさらに15〜60分間静置することにより液表層に遊走子が集合する。これを釣菌して血液寒天培地もしくはブレインハートインフュージョン寒天培地で37℃，48時間培養する。

分離菌は不規則に隆起して培地に固着し，橙黄色から灰黄色である。抗酸性（−），溶血性（＋），カタラーゼ（＋），ウレアーゼ（＋），ゼラチン水解（＋），プロテアーゼ（＋）で，血液寒天培地ではβ溶血を起こす。10% CO_2培養では気中菌糸[*8]を形成し，液体培養では綿毛状発育を示す。

病理組織学的には滲出性表在性皮膚炎あるいは痂皮形成炎であり，痂皮および表皮細胞間，毛嚢の外根鞘ならびに内根鞘にグラム陽性の菌糸様菌体あるいは球菌状断裂菌体の増殖が認められる。

⑤治療・予防

皮膚病巣に対しては痂皮の除去とヨード剤による消毒を行う。原因療法としては，ペニシリン，ストレプトマイシン，カナマイシン，アンピシリンなどの抗菌薬投与が有効である。

現在，有効なワクチンは存在しない。よって，本疾患発生地域から牛を導入する際の検疫や，罹患動物を隔離して完全治療することが防疫において最も重要である。また放牧衛生や飼養管理などの対策も重要であり，特に

■注釈

*1
ミクロフィラリア：虫卵から孵化した幼虫のこと。このように産出された幼虫は，ほかの線虫の第1期幼虫とは異なり，消化管や神経輪や肛門などがなく身体の構造が不完全であり，ミクロフィラリアといわれる。

*2
プロテアーゼ：ペプチド結合加水分解酵素の総称のこと。

*3
コラゲナーゼ：コラーゲンを加水分解するタンパク分解酵素のこと。

*4
血汗症：肩甲部，頚部，き甲部，胸，顔面の皮膚に出血を生じる症状のこと。

*5
鼻鏡白斑症：鼻鏡部のメラニン色素の消失によって白斑が生じた状態のこと。

*6
偏性寄生菌：宿主の細胞から離れて生存できない性状を有する細菌のこと。

*7
Haalstra法：痂皮などの材料からの菌分離において，雑菌の混入を避けるための培養法のこと。

*8
気中菌糸：真菌（カビなど）が基質（培地など）から栄養分を摂取して生育する場合，基質内へ入らず空気中へ伸びる菌糸のこと。

付録

付録①　各種血液検査
　　第1節　一般血液検査（CBC）
　　第2節　血液生化学的検査
　　第3節　電解質
　　第4節　血液ガス
　　第5節　和牛子牛の血液所見

付録②　薬剤一覧

付録③　略語一覧

付録① 各種血液検査

第1節　一般血液検査（CBC）

表-1はLarge Animal Internal Medicine 4th Ed.に記載されている3週齢子牛と成牛のcomplete blood count（CBC）の値正常範囲である。3週齢子牛のCBCは，ほぼ成牛のリファレンスレンジ内に入っている。

1．赤血球数 red blood cell counts：RBC（表1, 2）

赤血球数（RBC）は，栄養状態や水和状態の判定に重要となる検査項目である。一般に赤血球数が減少した状態を貧血というが，貧血は，臨床症状に加え，後述のヘモグロビン量，ヘマトクリット値，赤血球恒数も合わせて判定する必要がある。また，RBCが増加している場合，病的に赤血球の数が増えている場合，赤血球膜異常などで小型の赤血球が多量に出現している場合，さらには脱水による濃縮といったいくつかのパターンが考えられる。

RBCは，出生時，成牛に比べて高い値を示す。ホルスタイン種では$7.2 \pm 0.2 \times 10^6/\mu L$[1]と報告されているが，肉牛では$9.35 \pm 1.02 \times 10^6/\mu L$[2]と著しく高いとの報告もある。しかし，この高い値は経時的に減少し，24時間後には10〜20%程度まで減少し，その後も1週間程度ゆるやかな減少が続く。特に，ホルスタイン種子牛では，出生後1〜12週目頃までRBCは増加し（図1）[3]，肉牛では3週目くらいから増加傾向が認められ，14〜16週目には増加は見られない（図2）[4]。両者ともその後は低下し，次第に成牛の値に近づく。

2．ヘモグロビン Hemoglobin：Hb，ヘマトクリット Hematocrit：Ht 値，赤血球恒数（表1, 2）

ヘモグロビン（Hb），全血中の血色素の濃度を示す。また，ヘマトクリット値（Ht）は，全血に占める赤血球の体積比である。これらの値は，血液全体に占める相対的な割合であるため，赤血球1細胞の大きさを表す指標として平均血球容積（MCV），赤血球1細胞中のヘモグロビン量として平均血球色素量（MCH），赤血球中のヘモグロビンの濃度として平均血球色素濃度（MCHC）が計算され，貧血の病態を把握するのに用いられる。

表1　3週齢子牛と成牛の血液検査所見（CBC）の比較

項目	3週齢	成牛
RBC（$\times 10^6/\mu L$）	8.86±0.68	5-10
Hb（g/dL）	11.32±1.02	8-15
Ht（%）	35±3	24-46
MCV（fL）	39.1±1.9	40-60
MCHC（g/dL）	32.8±1.6	30-36
WBC（$\times 10^3/\mu L$）	8.65±1.69	4-12
N-Band（/μL）	10±30	0-120
N-Seg（/μL）	2920±1140	600-4000
Lym（/μL）	5050±800	2500-7500
Mon（/μL）	620±330	25-840
Eos（/μL）	20±40	0-2400
Bas（/μL）	0.02±0.04	0-200
総タンパク質（TP）（g/dL）	6.4±0.3	6.7-7.5
フィブリノーゲン（Fib）（mg/dL）	283±147	100-600

表2　ホルスタイン種新生子における，出生後の赤血球数（RBC）およびヘモグロビン（Hb），ヘマトクリット（Ht）の変化

出生後時間(hr)	Hb(g/dL)	Ht(%)	RBC($\times 10^6/\mu L$)
0	11.6±2	33.8±0.5	8.5±0.4
1	11.3±0.3	32.7±0.6	8.3±0.3
3	10.9±0.2	31.8±0.5	8.0±0.3
6	10.1±0.1	29.5±0.3	7.4±0.2
12	10.1±0.2	29.4±0.4	7.4±0.2
24	10.1±0.2	29.6±0.7	7.3±0.2
72	10.1±0.2	29.8±1.1	7.7±0.2
120	9.5±0.2	28.2±0.5	7.0±0.1
144	9.3±0.2	27.2±0.9	7.1±0.1

（Kurz MM, Willett LB. 1991. J Dairy Sci. 74(7): 2109-2118.）

出生時のHb濃度およびHt値は，成牛より高い傾向があるものの，RBCほどではない（図3，4）。出生後，RBCの変動と同様に減少傾向が認められ，24時間後には出生時の13〜15％程度まで低下するが，RBCと異なりこの低下傾向は持続し，Ht値では4〜6週目まで続く。その後のいずれの値も増加傾向がみられ，成牛とほぼ同じ値で推移する。

また，出生時のMCVはほぼ成牛と等しい値であるが，その後，低下傾向が認められる（図5）。このことは，出生時には成牛とほぼ同じサイズの赤血球が存在していたのにもかかわらず，その後，しばらくは成牛より小型の赤血球が大量に産生されることを示唆している。また，MCHCは出生からしばらくは低値で推移し，成牛と同レベルに達するまで10週ほど要する（図6）。

3．白血球数 white blood cell counts：WBC と白血球分画（表1）

白血球の変化に関与する要因は様々であるが，一般に炎症反応に伴って変化することが多い。何らかの炎症反応が認められた場合，白血球の増加が認められる。また，炎症以外にもストレスや免疫反応などによっても変化する。

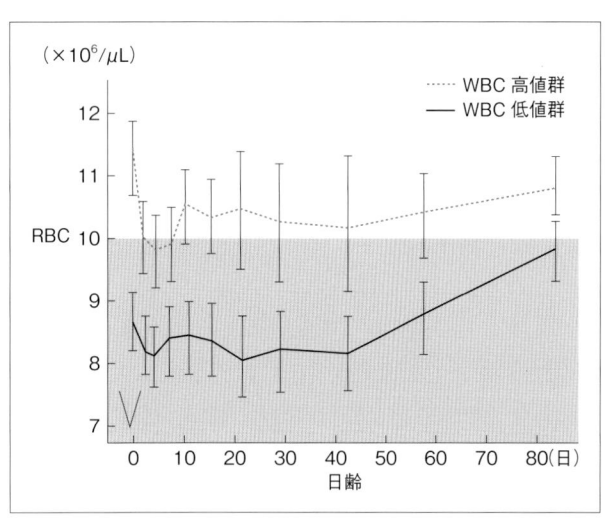

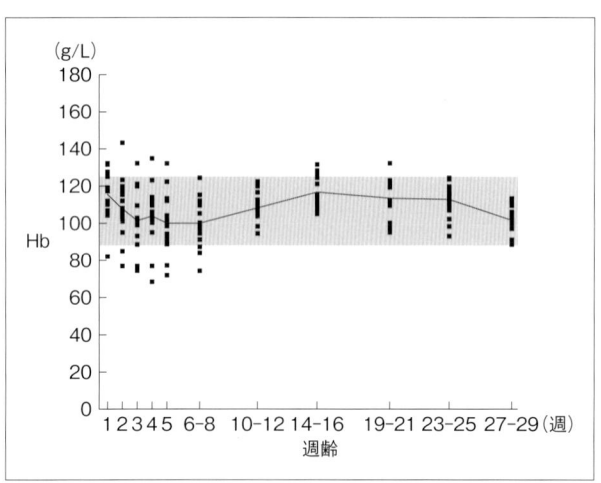

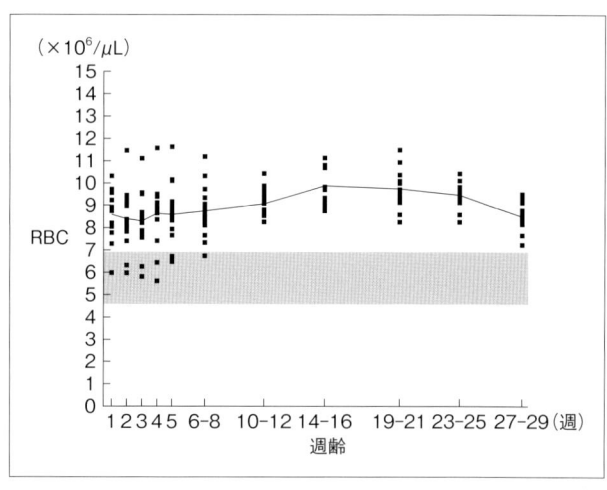

図1　赤血球数（RBC）の推移
（Mohri M et al. 2000[3])）
3〜27日齢で白血球数（WBC）が高かった群と低かった群に分けている

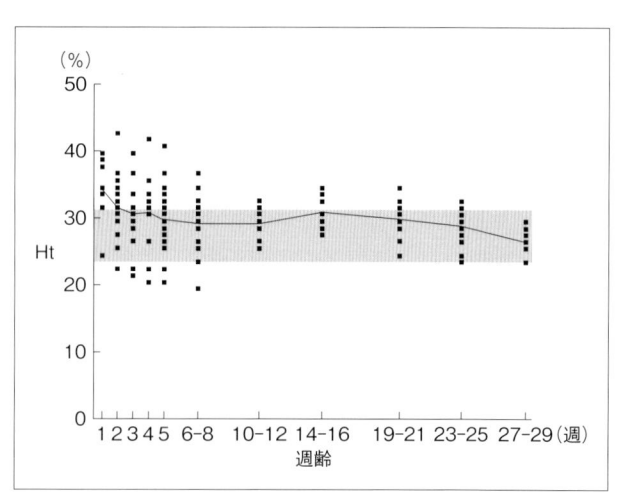

図2　赤血球数（RBC）の推移
（Brun-Hansen et al. 2006[4])）

図3　ヘモグロビン（Hb）濃度の推移
（Brun-Hansen et al. 2006[4])）

図4　ヘマトクリット（Ht）値の推移
（Brun-Hansen et al. 2006[4])）

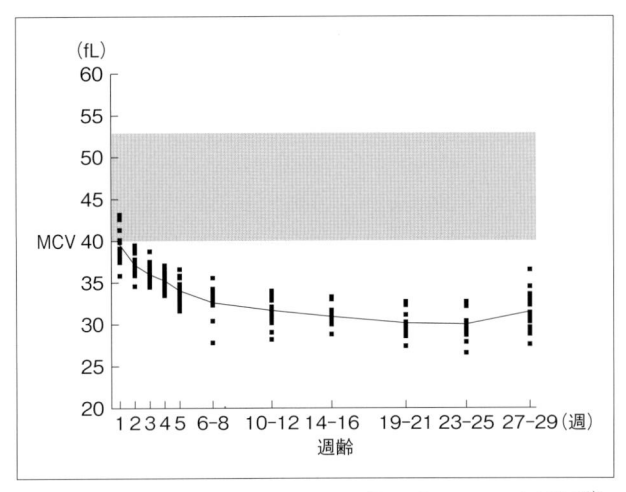

図5 平均血球容積（MCV）の推移　　　　　（Brun-Hansen et al. 2006[4]）

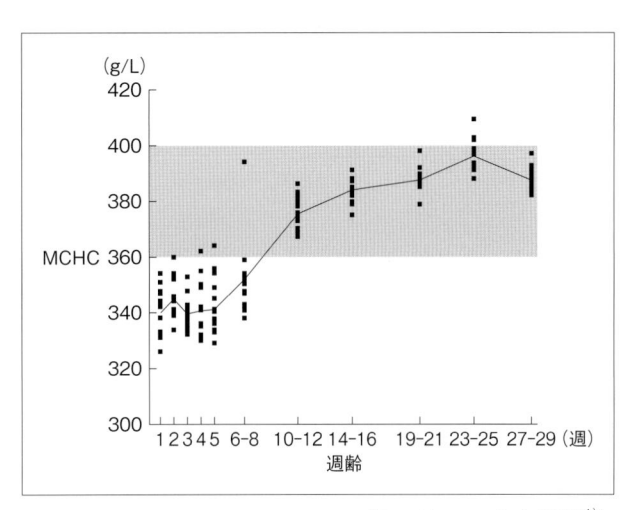

図6 平均血色素濃度（MCHC）の推移　　　　（Brun-Hansen et al. 2006[4]）

　出生直後の白血球数（WBC）は，赤血球同様，高い値を示している。健康な肉用子牛の場合[2]，13.99±5.73×10^3/μL であり，24 時間後には 9.81±2.80×10^3/μL，さらに 48 時間後には 7.76±1.95×10^3/μL まで低下する。白血球は主に，好中球（桿状好中球〈N-Band〉，分葉好中球〈N-Seg〉），リンパ球（Lym），単球（Mon），好酸球（Eos），好塩基球（Bas）に分類され，この低下は特に好中球（Neu）の減少によるもので，Lym については大きな変化が見られない。Neu と Lym の比率（N:L）は，出生時 5.1±4.2 であるが，48 時間後には 1.8±1.3 となり，3 週齢で成牛と同様に Lym の割合が Neu を上回り，N:L は 0.6±0.3 となる。こういった，Neu の減少を伴う WBC の減少には，分娩時に胎子が分泌するコルチゾールが関与していると考えられている。Neu の構成としては，出生時は N-Band の出現率が高く，70% 以上の子牛で認められる。その後，N-Band の出現率は減少し，3 週間後には 10% 程度の子牛で認められる程度となる。

　出生時，Eos，Bas はほとんど認められず[2,5]，肉牛ではこれらは 24 時間経過後から観察され[2]，乳牛では 3 週間ほど経過しないと観察されない[5]。Mon は出生時の高コルチゾールの影響を受けて，出生時は少ない。

第2節　血液生化学的検査

1．血清逸脱酵素 serum deviation enzyme（表3）

　血液中には，各種の臓器から逸脱してきた酵素が循環している。これらの酵素の増加は，起源となる組織の細胞がより多く傷害されているという証拠になる。例えば，ALT（別名 GPT）や AST（別名 GOT）は肝細胞に多く含まれていることから，血液中でこれらの酵素が増加していると，肝臓の障害を示唆することになる。また，牛の場合，ALT より AST がより，肝細胞に多く含まれるため，肝障害の指標としては AST が用いられるく，骨格筋組織にも多く含まれており，骨格筋の損傷を伴う場合は，肝組織が正常であっても増加を示すため，診断にあたっては注意が必要である。また，同様に胆管系の異常を示す逸脱系酵素には ALP および GGT があるが，牛の場合は ALP より GGT がより病態を反映するといわれている。

　アルカリフォスファターゼ（ALP），アラニントランスアミナーゼ（ALT）／グルタミン酸ピルビン酸トランスアミナーゼ（GPT），アスパラギン酸アミノトランスフェラーゼ（AST）／グルタミン酸オキサロ酢酸トランスアミナーゼ（GOT），乳酸脱水素酵素（LDH），γ-グ

表3 ホルスタイン種新生子における，出生後の血清逸脱酵素の変化

出生後時間 (hr)	AST (IU/L)	ALT (IU/L)	ALP (IU/L)	GGT (IU/L)	LDH (IU/L)
0	23±2	5±3	235± 3	23± 8	421±14
1	26±1	5±2	247± 52	29± 12	493± 7
3	38±1	8±3	364± 55	428± 82	546±10
6	56±2	9±2	700± 12	2293±251	621± 9
12	73±3	12±4	622±128	1520±213	706±25
24	80±7	11±2	398± 55	1200±195	759±35
72	32±3	16±2	326± 98	463± 44	621±15
120	32±4	13±4	305± 64	313± 29	607±23
144	31±3	14±3	307± 56	283± 28	608±21

(Kurz MM, Willett LB. 1991. J Dairy Sci. 74(7)：2109-2118.)
出生後1時間で初乳を与え，以降は12時間おきに哺乳している

関連酵素のいずれもが初乳給与と強い関係を持ち，給与によって増加する。また，ALPは成長による影響も受けている。したがって，これらの値を評価する際には，成牛との違いを十分に留意せねばならない。

(1) アスパラギン酸アミノトランスフェラーゼ aspartate aminotransferase：AST／グルタミン酸オキサロ酢酸トランスアミナーゼ glutamate oxaloacetate transaminase：GOT

肉牛の場合，本酵素は出生直後は低い値を示しているが，徐々に増加し，24時間後をピークにそれ以降は低下する[1,2]。ホルスタイン種子牛では，出生後2週で低下し，その後は増加に転じ，生後70日程度で健常な成牛とほぼ同じ値となる[3]。

(2) アラニントランスアミナーゼ alanine transaminase：ALT／グルタミン酸ピルビン酸トランスアミナーゼ glutamic pyruvic transaminase：GPT

新生子で本酵素を測定した場合，出生直後の生理的変化より，むしろ初乳吸引によると思われる変化が認められている[1]。この変化はGGTほど顕著ではない。

(3) アルカリホスファターゼ alkaline phosphatase：ALP

新生子の血清中では健常成牛とほぼ同様のALP活性を示すが，初乳の摂取により急激に増加する。これは初乳摂取により腸管に由来するALPの活性が増加するためと考えられている[4]。

その後，ALPは一時的に低下するが，生後40日ぐらいから再び増加し，70日前後でピークを迎え，その後再び低下する。このような1～3カ月齢の頃の増加は，急激な成長による骨代謝の増加によるものと考えられている[5]。その後，年齢によるALPの変動はないものと考えられている[6]。

(4) γ-グルタミルトランスペプチダーゼ γ-glutamyl transferase：γ-GT/GGT

出生時，GGTは低値であるが，初乳給与後は数百倍と急激に増加する。新生子牛の血清中GGT活性と初乳中GGT活性との間に相関はないものの，初乳吸収時に免疫グロブリンとともに乳中のGGTが吸収され，血清中に高濃度に存在するようになると説明されている[7]。このため，新生時期における血清GGT活性は，初乳給与の有無の指標になる。

(5) 乳酸脱水素酵素 lactate dehydrogenase：LDH

乳酸脱水素酵素（LDH）の変化もほかの酵素と同様，初乳摂取によって増加する。

2．ビリルビン bilirubin：T-Bil（表4）

ビリルビン（T-Bil）は，ヘモグロビンの代謝産物であり，肝臓にて抱合され，胆汁へと排泄される物質である。ビリルビンは黄色の色素であるため，血中にビリルビンが増加すると血漿が黄色化し，さらには可視粘膜面

表4 ホルスタイン種新生子における，出生後の総ビリルビン（T-Bil）およびタンパク質（TP）の変化

出生後時間 (hr)	T-Bil (g/dL)	TP (g/dL)	Alb (g/dL)	Glob (g/dL)
0	0.2±0.02	4.6±0.2	3.3±0.08	1.3±0.1
1	0.5±0.03	4.7±0.2	3.3±0.09	1.4±0.2
3	0.7±0.09	4.5±0.3	3.1±0.10	1.4±0.2
6	0.7±0.13	5.4±0.2	2.9±0.06	2.5±0.2
12	1.0±0.17	5.8±0.2	2.9±0.04	2.8±0.2
24	1.2±0.10	5.9±0.1	2.9±0.05	3.0±0.1
72	0.7±0.08	5.8±0.2	3.2±0.09	2.7±0.1
120	0.4±0.06	5.7±0.1	3.2±0.10	2.5±0.1
144	0.3±0.03	5.7±0.2	3.2±0.07	2.5±0.1

(Kurz MM, Willett LB. 1991, J Dairy Sci. 74(7)：2109-2118.)
出生後1時間で初乳を与え，以降は12時間おきに哺乳を行った

なども黄色となり，いわゆる黄疸の状態となる。血中のビリルビンが増加する状況として，肝機能の低下に伴うものが最も一般的である。また，何らかの原因で，赤血球が急速に破壊され，多量のヘモグロビンからビリルビンが生合成され，黄疸となることもある（溶血性黄疸）。

T-Bil濃度は出生後12～24時間まで増加し，成牛より高い値を示すようになる。この増加は出生後，胎子ヘモグロビンを含む血球が脾臓や肝臓で破壊されたためと考えられている[3]。その後，T-Bil濃度はゆるやかに低下し，1年ほどで成牛と同程度になる。その後は，ほぼ一定の値を維持する[2]。

3．総タンパク質 total protein：TP，アルブミン albumin：Alb（表1, 3）

血清または血漿中のタンパクの総量を総タンパク質と呼ぶ。血清は，血漿からフィブリノーゲン（Fib）を除去したものであるため，通常，血漿の総タンパク質量は血清より高い値となる。血清のタンパク質は，通常，グロブリン（Glob）とアルブミン（Alb）に分類される。Globの分画には免疫や炎症に関わる成分が多く含まれるため，炎症が発生するとGlobの量が増加する。一方，Albは肝臓で生合成されるタンパク質であり，肝機能や腎機能の低下で減少する。

出生時の血清タンパク濃度，特にGlobは低い。初乳を摂取することによって，Globが増加し，それに伴って増加したGlobも，時間をかけ，ゆるやかに低下していく。この低下傾向が増加に向かいはじめるのは40日齢を過ぎた頃からで，その後6歳齢くらいまで，TPおよびGlob量は増加する傾向にある[6]。

一方，Albは出生から徐々に低下し，24時間前後で最も低値を示す。その後，徐々に増加しはじめ，生後80日前後で成牛と同様のレベルに達する。しかしながら，Albの変化に関して，別の報告では28～84日まで成牛と同程度で推移するという報告[8]や，60日前後で成乳牛より高い水準で推移するとの報告[5]もある。Albは肝臓でのタンパク生合成能力や，Globの変化に伴う浸透圧変化などで変わってくると考えられているが，品種・飼育状況など，多くの要因に左右されるようであり，十分なデータが蓄積されていないのが現状である。

4．中性脂肪 triglyceride：TG，総コレステロール total cholesterol：T-cho（表5）

コレステロールは，生体膜の成分であるリン脂質やステロイド系ホルモンを生合成する際，その材料となる物質で，生体内で最も重要な脂質のひとつである。牛の場合，血中のコレステロールは摂取した飼料の量に依存して増加する傾向がある。一方，中性脂肪（TG）は動物のエネルギー源となる物質であり，一般に栄養状態がよい場合，血中の中性脂肪は増加するが，そのほかに，ストレス・炎症・妊娠・分娩・泌乳など，様々な要因で変

表5 ホルスタイン種新生子における，出生後の中性脂肪（TG）および総コレステロール（T-cho）の変化

出生後時間 (hr)	TG (mg/dL)	T-cho (mg/dL)
0	3± 1	29±5
1	6± 2	33±6
3	10± 3	31±4
6	6± 3	29±5
12	8± 3	34±4
24	35± 9	44±3
72	41±10	57±8
120	53± 9	79±6
144	56±13	90±6

出生後1時間で初乳を与え，以降は12時間おきに哺乳を行った

出生直後の総コレステロール濃度（T-cho）は29±5 mg/dLと低値を示している。出生後，しばらくの間は栄養供給とともに軽度に増加，下降を繰り返しながら，出生後6日で90±6 mg/dLまで増加する。

同様の変化が中性脂肪にも認められる。出生直後の中性脂肪は3±1 mg/dLと低いものの，哺乳ごとに増加し，出生後6日で56±13 mg/dLまで増加する（表5）。Knowelsらの報告[3]では，その後中性脂肪は低下し，低値を示す。

5. 糖質 clucide，関連ホルモン hormone（表6）

グルコース（Glu）は，生体のエネルギー源として最も多く利用される糖質である。血液中のGlu濃度は別名血糖値と呼ばれ，比較的厳密に調整されている。血糖値を制御するホルモンとして最も重要なものがインスリンであり，生体内で唯一血糖値を低下させる効果を持つ。またコルチゾールは，糖新生を亢進させる作用を持ち，さらにインスリンの効果を減弱させるなどの作用を持つ。これらの作用から血糖値を増加させる。

(1) グルコース glucose：Glu

出生直後のGlu濃度は，分娩の状況によっても変化するが，一般に低値（30～50 mg/dL程度）を示す。出生直後は，後述の高コルチゾールの影響で糖新生が盛んになり，次第にグルコース濃度は増加し，分娩後18時間ぐらいには健常子牛の一般的なGlu濃度にまで増加する

表6 ホルスタイン種新生子における，出生後のインスリンおよびコルチゾールの変化

出生時間 (hr)	インスリン (μU/mL)		コルチゾール (ng/mL)	
	Group 1	Group 2	Group 1	Group 2
0	10±3.5	15± 1.3	83±15	73± 7
1	10±1.8	72±20.7	67± 9	71± 6
3	31±5.7	15± 2.5	29± 2	67±11
6	19±2.9	7± 1.9	42± 5	61± 5
8	7±0.6	4± 1.1	25± 7	47± 3
12	4±0.3	5± 1.3	39± 8	48± 9
15	⋯	19± 6.3	⋯	18± 2
18	21±0.2	14± 3.4	39±17	25± 5
24	12±2.7	14± 3.4	31± 8	34± 5
48	12±2.0	⋯	30± 9	⋯
72	14±3.7	⋯	23± 3	⋯
96	7±0.9	⋯	22± 1	⋯
120	3±1.0	⋯	19± 7	⋯
144	10±2.1	⋯	11± 4	⋯

Group 1は出生後1時間後に初乳を与え，Group 2は12時間後に与えた。また，2回目以降は12時間ごとに授乳を行った

（90～110 mg/dL）[2]。このGlu濃度の増加は初乳をいつ飲ませるかによって大きく影響を受ける[2]。出生後1時間で初乳を飲ませると出生後3時間でGlu濃度はピークとなるが，その後，ゆるやかに低下する。これに対して，初乳をすぐに飲ませなかった場合，出生後1時間をピークに，Glu濃度は低下し，初乳投与があるまで低値で推移する。出生後12時間を過ぎれば，血糖値に大きな変化がなくなり，90～110 mg/dLを維持することができるようになる。これは出生後8時間程度は膵機能や肝機能が完全に機能していないため，Glu濃度が大きく変化すると考えられている[2]。

新生子を過ぎた子牛のグルコース濃度は全般的に高い[3]が，月齢とともに低下し，成牛と同レベルに達する。このGlu濃度が低下する時期と，離乳の時期との間に関連性があるとする報告[4]があり，第一胃機能の発達と関連しているものと考えられている。

(2) インスリン insulin

インスリンは出生直後から血糖変動に併せて変動する[2]。しかし，その反応性は十分に成熟していないようで，血糖値の変動を十分にコントロールできていない。

(3) コルチゾール cortisol

　出生時，血中コルチゾール濃度は50 ng/mL程度と成牛よりかなり高い値である[3]。分娩のプロセスは胎子からのコルチゾール分泌が起点となり，胎子コルチゾールが母胎側に種々の変化を起こす。そのため，新生子牛の血中コルチゾール濃度が高いと考えられる。出生時にコルチゾール濃度が高いことが，前述のWBC増加および白血球ストレスパターン出現につながっている。この高コルチゾール状態は，時間とともに解消する傾向にあるが，出生してからしばらくの間は生体内でのエネルギー要求に対応するため，高コルチゾール状態が継続する。子牛のコルチゾール値が成牛と同レベルまで低下するのは27日程度要するとの報告がある。

第3節　電解質（表7，8）

1．ナトリウム sodium：Na，カリウム potassium：K，クロライド chloride：Cl

　出生後，ナトリウム（Na），カリウム（K）およびクロライド（Cl）はやや高値を示しているが，次第に低下して，24時間後にはほぼ成牛と同様の値となる（表7）。また，Mohri Mら[1]は，出生後24時間から84日まで，成長による変化がほとんどないことを報告している。Dubreuil and Lapierreの報告においても，出生後8～20週齢の子牛は，成牛の変動範囲内であるとしている（表8）。

2．カルシウム Calcium：Ca，無機リン酸 Inorganic phosphate：IP

　カルシウム（Ca）は，骨や歯の主要な構成成分となる物質であるとともに，神経や骨格筋の連関や細胞内の伝達物質としても重要な役割を果たす物質である。このため，血中の濃度は厳密に制御されている。一方，リン酸（P）もタンパク質や核酸などの構成成分として重要な物質であるが，血中ではほぼ無機リン酸（Ip）の形で存在し，腎機能やCa代謝に関連して変動することが多い。

　Caの血中濃度は，出生時高めの値を示す（2.7 ± 0.2 mmol/L）（表8）。Mohri Mらの報告[1]では，出生時高めだったCa濃度は，その後直ちに低下し，低めの値で推移する。

　一方，IPは出生時成牛とほぼ同様の値だが，その後，増加し，高めの値を示した後さらに増加し，成牛の正常値より高い値で推移する。IPの高値は成長ホルモンと関連しており，成長期の動物では成長ホルモン濃度が高く，この高い濃度が腎臓でのリンの再吸収に影響を与え，IPを増加させていると考えられている。

表7　電解質の出生後変化

出生後時間 (hr)	Na (mmol/L)	K (mmol/L)	Cl (mmol/L)	Ca (mg/dL)	P (mg/dL)
0	141±3.77	6.1±1.86	97.39	12.24±1.64	8.16±1.39
24	135±2.86	5.46±0.56	95.76	10.22±1.2	7.22±0.87
48	135±3.68	5.63±0.96	95.28	10.65±0.56	7.46±0.87

（Large Animal Internal Medicine 4th Ed.）

表8 電解質の出生後変化

出生後週 (week)	Na (mmol/L)	K (mmol/L)	Cl (mmol/L)	Ca (mmol/L)	P (mmol/L)
8	141.4	5.63	101.1	2.29	3.11
12	143.2	6.63	101.2	2.46	3.73
16	143.4	5.56	101.8	2.44	3.80
20	144.5	5.25	101.6	2.40	3.90

(Dubreuil, Lapierre 1997)

第4節 血液ガス (表9, 10)

　赤血球の主な役割は，末梢組織に酸素を供給することである。血液中に溶け込んでいる酸素および二酸化炭素（CO_2）の量を測定し，それに関連するパラメーター（重炭酸濃度，酸素飽和度など）を算出する検査が血液ガス検査である。血液ガスは肺におけるガス交換能や全身性の代謝性変化を把握するのに用いる。

　血液ガスは，出生後の呼吸開始に伴い変化する。出生直後は肺のガス交換が不十分であるため，軽度の呼吸性アシドーシスであるが，次第にガス交換が順調に行われるようになるとpHは上昇し，酸素分圧（PO_2）の上昇，二酸化炭素分圧（PCO_2）の低下が認められる。血液ガス分圧は動脈を用いて実施するべきであるが，やむを得ず静脈で行った場合の参考値として，出生後1時間での動静脈間の相違を表10に示した。

表9 血液ガス（動脈血）の出生後変化

出生後時間 (hr)	O_2 (mmHg)	CO_2 (mmHg)	pH	HCO_3^- (mEq/L)
1	58.43±11.61	50.40±5.27	7.30±0.05	23.52±2.78
4	62.30± 9.27	47.92±3.97	7.34±0.03	24.49±2.35
12	67.23± 9.32	45.36±3.97	7.38±0.03	25.74±2.37
24	70.53±11.47	44.04±3.45	7.40±0.03	26.44±1.87
48	63.85±10.82	42.25±3.69	7.42±0.01	27.98±1.91

(Large Animal Internal Medicine 4th Ed.)

表10 出生後1時間における血液ガス分圧の動静脈間の相違

	PO_2 (mmHg)	PCO_2 (mmHg)	pH	HCO_3^- (mmHg)	Base Excess (mEq/L)
静脈血	7.219±0.05	N/A	41±5.9	24.2±2.7	−2.9±3.2
動脈血	7.3±0.05	58.43±11.61	50.40±5.27	23.52±2.78	N/A

(Large Animal Internal Medicine 4th Ed.)

第5節　和牛子牛の血液所見

黒毛和種子牛の血液性状の標準値
（表11～13）

　血液検査データは、地域性や各検査機関ごとの検査方法の違いから、以前は検査機関ごとに標準値を設定し、独自の評価基準を設けなければならなかった。しかしながら、この方法は検査機関ごとの負担が大きく、また、ほかの検査機関との間でデータの互換性が低く、ともすると診断に大きな影響を与え兼ねなかった。そこで、平成15年度に農業共済組合全国協会が主体となって、血液データの基準値を全国で標準化する事業が行われた。こ のとき、黒毛和種子牛に関して、自家生産子牛で12,649頭、導入子牛で4,298頭の血液サンプルを全国各地の検査機関（自家生産子牛で31施設、導入子牛で25施設）で測定し、月齢ごとあるいは10日齢ごとの標準値が設定されている。標準値設定にあたっては、全国で同一の検査値になるよう補正式を作成し、さらに全国共通のコントロール血清を用いて精度管理を行ったうえで、各検査施設からデータを収集している。各検査項目の標準値は、それぞれのデータ分布をもとに適切と思われる統計手法を用いて標準域の上限と下限が設定されている。

表11　黒毛和種自家生産子牛の月齢ごとの標準値

月齢 (month)	Glu (mg/100 ml)	NEFA (μEq/L)	T-cho (mg/100 ml)	TG (mg/100 ml)	HCT (%)
0	72.12～109.36	161.5～424.6	56.3～137.3	12.51～41.35	26.95～39.74
1	73.19～107.99	152.4～367.2	83.9～172.4	13.08～42.04	28.86～41.88
2	71.54～102.48	128.6～329.2	88.2～182.0	14.18～39.31	30.05～42.31
3	69.79～99.01	108.6～291.5	81.0～176.3	12.75～35.28	31.05～41.95
4	70.1～96.29	94.1～268.1	77.2～167.6	11.86～30.26	30.02～41.39
5	70.04～94.96	90.1～247.7	75.7～160.1	11.43～28.69	29.12～40.29
6	68.71～92.18	92.5～271.3	74.1～149.7	9.98～26.74	29.08～39.98
7	67.83～89.53	88.5～264.9	76.6～144.7	9.85～25.98	29.59～39.8
8	66.29～88.76	85.7～263.0	77.4～145.4	10.13～26.84	29.95～40.6
9	64.62～86.32	86.0～291.8	78.0～146.4	10.29～29.17	31.23～41.67
10	62.39～86.42	85.2～292.8	80.1～149.7	10.45～26.55	32.21～42.78
11	63.16～86.6	77.1～239.3	78.1～156.6	10.57～26.3	32.29～43.29

月齢 (month)	BUN (mg/100 ml)	Cre (mg/100 ml)	Alb (g/100 ml)	TP (g/100 ml)	AST (IU/L)
0	8.08～17.89	0.8～1.132	2.426～3.238	5.285～6.681	35.51～61.73
1	6.96～14.68	0.794～1.122	2.782～3.542	5.287～6.405	42.57～75.2
2	7.22～14.32	0.777～1.09	2.837～3.55	5.406～6.536	48.99～81.28
3	7.69～15.38	0.748～1.071	2.852～3.524	5.559～6.617	51.65～81.06
4	8.28～16.4	0.745～1.065	2.894～3.598	5.635～6.673	53.28～80.56
5	8.68～16.89	0.761～1.086	2.95～3.645	5.67～6.691	53.05～80.2
6	9.36～18.65	0.768～1.075	2.908～3.615	5.782～6.748	53.57～80.19
7	10.36～19.47	0.77～1.062	2.928～3.653	5.884～6.812	53.07～80.03
8	10.26～19.45	0.796～1.113	2.949～3.728	5.862～6.893	51.4～78.38
9	9.75～19.22	0.825～1.15	2.99～3.736	5.967～7.014	50.19～79.33
	9.77～18.79	0.842～1.164	3.015～3.765	6.012～7.129	49.05～81.58

表11　黒毛和種自家生産子牛の月齢ごとの標準値（つづき）

月齢 (month)	GGT (IU/L)	ALP (IU/L)	Ca (mg/100 ml)	Pi (mg/100 ml)	Mg (mg/100 ml)
0	17.84〜42.68	402〜1,212	10.12〜11.68	7.94〜10.19	1.889〜2.572
1	13.16〜28.25	354〜1,059	9.7〜11.56	7.54〜10.03	1.906〜2.64
2	12.02〜25.24	335〜888	9.76〜11.36	7.77〜9.89	1.879〜2.599
3	12.01〜24.02	320〜772	9.66〜11.42	8.05〜10.19	2.058〜2.694
4	12.09〜23.69	294〜687	9.7〜11.27	7.72〜10.01	2.121〜2.745
5	12.11〜23.11	286〜611	9.77〜10.8	7.87〜9.68	2.047〜2.713
6	12.09〜23.2	279〜619	9.53〜10.79	7.57〜9.49	1.994〜2.748
7	12.55〜24.65	269〜589	9.4〜11.08	7.7〜9.54	2.112〜2.767
8	12.57〜24.83	236〜567	9.41〜10.97	7.49〜9.47	2.103〜2.802
9	12.87〜24.62	217〜548	9.66〜10.97	7.65〜9.55	2.126〜2.788
10	13.21〜25.86	195〜488	9.33〜10.87	7.23〜9.31	2.143〜2.622
11	13.18〜26.12	187〜445	9.2〜10.3	7.36〜9.11	1.985〜2.677

表12　黒毛和種自家生産子牛の10日齢ごとの標準値

月齢 (month)	Glu (mg/100 ml)	NEFA (μEq/L)	T-cho (mg/100 ml)	TG (mg/100 ml)	HCT (%)
0〜10	70.96〜109.26	179.0〜459.8	44.1〜105.8	11.9〜42.85	26.57〜39.18
10〜20	73.36〜109.53	156.7〜420.4	58.5〜136.2	12.69〜38.76	26.53〜38.99
20〜30	71.43〜109.36	153.7〜399.4	70.3〜151.7	12.9〜43.07	27.74〜40.94
30〜40	73.17〜108.79	156.2〜387.8	78.6〜162.2	13.36〜43.07	28.31〜41.42
40〜50	74.0〜109.13	156.0〜350.7	86.0〜178.3	13.5〜40.72	28.99〜41.88
50〜60	72.86〜106.38	147.8〜364.3	87.8〜176.2	12.35〜40.9	29.02〜41.93
60〜70	72.76〜105.6	136.4〜342.0	88.8〜179.1	13.88〜41.59	29.91〜42.18
70〜80	70.8〜100.96	128.0〜341.4	91.1〜181.5	14.94〜39.5	29.67〜42.59
80〜90	70.73〜101.61	125.0〜313.1	87.8〜186.7	13.57〜38.71	30.5〜42.4
90〜100	70.29〜98.91	120.6〜303.0	82.2〜179.7	13.76〜38.74	30.83〜42.28

月齢 (month)	BUN (mg/100 ml)	Cre (mg/100 ml)	Alb (g/100 ml)	TP (g/100 ml)	AST (IU/L)
0〜10	8.67〜19.58	0.806〜1.147	2.217〜2.989	5.337〜6.852	33.34〜59.75
10〜20	8.67〜18.71	0.802〜1.127	2.456〜3.176	5.289〜6.653	34.69〜58.63
20〜30	7.37〜15.8	0.794〜1.125	2.623〜3.378	5.235〜6.561	38.33〜64.06
30〜40	7.0〜15.83	0.798〜1.145	2.722〜3.525	5.247〜6.473	40.48〜71.86
40〜50	6.89〜14.05	0.8〜1.113	2.788〜3.523	5.296〜6.35	42.27〜74.49
50〜60	7.11〜14.2	0.783〜1.105	2.829〜3.565	5.341〜6.431	45.36〜79.06
60〜70	7.29〜14.1	0.791〜1.094	2.812〜3.551	5.36〜6.44	46.9〜80.02
70〜80	6.98〜14.39	0.777〜1.1	2.856〜3.555	5.41〜6.548	48.48〜80.92
80〜90	7.35〜14.41	0.769〜1.082	2.843〜3.55	5.448〜6.615	51.15〜81.57
90〜100	7.36〜14.92	0.767〜1.072	2.847〜3.513	5.502〜6.535	50.47〜82.14

表12 黒毛和種自家生産子牛の10日齢ごとの標準値（つづき）

月齢 (month)	GGT (IU/L)	ALP (IU/L)	Ca (mg/100 ml)	Pi (mg/100 ml)	Mg (mg/100 ml)
0〜10	14.56〜45.0	475〜1270	10.58〜11.95	7.76〜10.42	1.929〜2.603
10〜20	18.93〜45.8	416〜1227	10.35〜11.67	8.21〜10.16	1.909〜2.502
20〜30	18.22〜40.92	355〜1143	9.72〜11.5	7.84〜10.26	1.855〜2.62
30〜40	14.55〜31.7	347〜1095	9.8 〜11.19	7.74〜10.07	1.893〜2.627
40〜50	13.13〜27.74	376〜1078	9.39〜11.69	7.25〜 9.53	1.879〜2.603
50〜60	12.54〜25.97	346〜1020	10.02〜11.67	7.84〜10.49	1.929〜2.739
60〜70	12.22〜26.18	339〜 908	9.9 〜11.65	7.25〜 9.37	1.882〜2.518
70〜80	12.02〜25.25	329〜 891	9.97〜11.34	8.03〜 9.85	1.795〜2.532
80〜90	12.09〜24.73	331〜 881	9.72〜11.1	8.09〜10.17	1.986〜2.703
90〜100	11.68〜24.05	336〜 803	9.69〜11.57	7.88〜10.34	2.088〜2.669

表13 黒毛和種導入子牛の月齢ごとの標準値

月齢 (month)	Glu (mg/100 ml)	NEFA (μEq/L)	T-cho (mg/100 ml)	TG (mg/100 ml)	HCT (%)
0	75.03〜103.78	116.1〜274.7	57.2〜113.8	10.69〜38.11	30.82〜38.68
1	79.9 〜105.84	113.1〜208.3	91.3〜127.4	14.96〜34.84	30.86〜39.54
2	61.0 〜 99.5	94.3〜227.7	62.2〜114.1	12.49〜28.79	32.13〜38.42
3	70.39〜 95.72	72.9〜245.8	70.7〜116.3	10.49〜23.45	31.53〜38.69
4	75.13〜 95.21	70.9〜266.5	67.9〜108.0	10.77〜20.44	29.99〜37.49
5	71.04〜 93.36	59.7〜133.0	61.1〜109.4	10.12〜23.4	29.21〜37.04
6	74.18〜 95.41	64.9〜152.1	72.8〜115.9	10.2 〜20.11	29.13〜37.0
7	66.49〜 90.18	72.1〜282.9	64.3〜116.1	9.04〜19.29	28.29〜38.22
8	64.38〜 88.79	87.9〜359.9	65.6〜122.3	8.95〜21.59	29.63〜41.12
9	62.78〜 85.72	87.3〜345.8	69.0〜125.5	9.55〜24.07	31.33〜42.21
10	62.73〜 85.96	83.1〜300.6	71.0〜128.0	9.77〜24.07	31.83〜42.6
11	62.11〜 84.23	78.4〜237.0	75.1〜131.0	10.39〜25.95	31.09〜42.56

月齢 (month)	BUN (mg/100 ml)	Cre (mg/100 ml)	Alb (g/100 ml)	TP (g/100 ml)	AST (IU/L)
0	8.74〜19.86	0.83 〜1.352	2.468〜3.056	5.516〜6.552	38.96〜55.02
1	9.79〜18.08	0.766〜0.953	2.635〜3.014	5.458〜5.896	49.82〜71.86
2	7.85〜19.23	0.632〜0.848	2.855〜3.246	5.523〜6.296	47.02〜75.18
3	7.72〜15.38	0.651〜0.914	2.879〜3.341	5.757〜6.466	50.64〜73.83
4	8.32〜18.0	0.69 〜0.914	2.856〜3.468	5.811〜6.485	49.08〜78.88
5	8.18〜15.87	0.645〜0.914	2.736〜3.256	5.927〜6.644	46.92〜71.9
6	8.91〜17.6	0.667〜0.932	2.777〜3.415	6.001〜6.668	46.76〜67.16
7	7.6 〜16.66	0.699〜1.09	2.913〜3.583	6.09 〜6.912	47.5 〜75.96
8	7.14〜17.05	0.764〜1.183	2.988〜3.683	6.054〜7.055	47.2 〜74.75
9	7.5 〜17.28	0.832〜1.19	3.021〜3.691	6.036〜7.075	47.33〜76.8
10	8.85〜18.14	0.859〜1.234	3.03 〜3.739	6.001〜7.036	48.39〜77.75
11	9.21〜18.88	0.86 〜1.231	3.015〜3.703	6.004〜7.017	50.23〜76.32

表13 黒毛和種子牛の月齢ごとの標準値（つづき）

月齢(month)	GGT (IU/L)	ALP (IU/L)	Ca (mg/100ml)	Pi (mg/100ml)	Mg (mg/100ml)
0	34.43〜34.43	304〜703	9.6 〜10.58	8.11〜 9.45	1.845〜2.161
1	19.56〜31.68	494〜975	10.01〜10.89	8.16〜10.02	2.082〜2.284
2	12.51〜24.25	392〜721	10.25〜11.21	8.89〜 9.96	2.113〜2.502
3	11.18〜23.84	352〜739	9.14〜10.78	7.72〜 9.93	2.138〜2.626
4	12.18〜20.46	323〜631	9.72〜10.98	7.68〜 9.78	2.013〜2.513
5	12.14〜17.99	260〜529	9.82〜10.75	7.53〜 9.39	1.891〜2.358
6	12.69〜20.86	242〜524	9.86〜10.79	8.07〜 9.51	1.879〜2.403
7	12.52〜23.02	171〜430	9.75〜10.66	7.61〜 9.42	1.925〜2.427
8	14.09〜24.45	148〜387	9.6 〜10.75	7.11〜 9.16	2.058〜2.629
9	14.29〜24.87	143〜359	9.18〜10.39	7.03〜 8.91	2.108〜2.723
10	13.39〜23.64	156〜371	9.05〜10.27	7.02〜 8.9	2.1 〜2.801
11	13.1 〜23.71	185〜413	8.97〜10.28	7.03〜 8.88	2.138〜2.771

■参考文献

第1節 血液検査

1) Kurz, MM, Willett LB. 1991. Carbohydrate, enzyme, and hematology dynamics in newborn calves. J. Dairy Sci. 74：2109-2118.

2) Adams R, Garry FB, Aldridge BM, Holland MD, Odde KG. 1992. Hematologic values in newborn beef calves. Am J Vet Res 53：944-950.

3) Mohri M, Sharifi K, Eidi S. 2007. Hematology and serum biochemistry of Holstein dairy calves：age related changes and comparison with blood composition in adults. Res Vet Sci. 83：30-39.

4) Brun-Hansen HC, Kampen AH, Lund A. 2006. Hematologic values in calves during the first 6 months of life. Vet Clin Pathol 35：182-187.

5) Tennant B, Harrold D, Reina-Guerra M, Kendrick JW, Laben RC. 1974. Hematology of the neonatal calf：erythrocyte and leukocyte values of normal calves. Cornell Vet. 64：516-532.

第2節 血液生化学的検査

1) Kurz, MM, Willett LB. 1991. Carbohydrate, enzyme, and hematology dynamics in newborn calves. J. Dairy Sci. 74：2109-2118.

2) Doornenbal H, Tong AK, Murray NL. 1988. Reference values of blood parameters in beef cattle of different ages and stages of lactation. Can J Vet Res. 52：99-105.

3) Mohri M, Sharifi K, Eidi S. 2007. Hematology and serum biochemistry of Holstein dairy calves：age related changes and comparison with blood composition in adults. Res Vet Sci. 83：30-39.

4) Healy PJ. 1975. Isoenzymes of alkaline phosphatase in serum of newly born lambs. Res Vet Sci. 19：127-130.

5) Zanker IA, Hammon HM, Blum JW. 2001. Activities of gamma-glutamyltransferase, alkaline phosphatase and aspartate-aminotransferase in colostrum, milk and blood plasma of calves fed first colostrum at 0-2, 6-7, 12-13 and 24-25 h after birth. J Vet Med A Physiol Pathol Clin Med 48：179-185.

6) Roussel JD, Seybt SH, Toups G. 1982. Metabolic profile testing for Jersey cows in Louisiana：reference values. Am J Vet Res. 43：1075-1077.

7) Braun JP, Tainturier D, Laugier C, Benard P, Thouvenot JP, Rico AG. 1982. Early variations of blood plasma gamma-glutamyl transferase in newborn calves-a test of colostrum intake. J Dairy Sci. 65：2178-2181.

8) Egli CP, Blum JW. 1998. Clinical, haematological,

metabolic and endocrine traits during the first three months of life of suckling simmentaler calves held in a cow-calf operation. Zentralbl. Veterinarmed. A 45 : 99-118.

第3節　電解質

1) Mohri M, Sharifi K, Eidi S. 2007. Hematology and serum biochemistry of Holstein dairy calves : age related changes and comparison with blood composition in adults. Res Vet Sci. 83 : 30-39.

2) Kurz, MM, Willett LB. 1991. Carbohydrate, enzyme, and hematology dynamics in newborn calves. J. Dairy Sci. 74 : 2109-2118.

3) Knowles TG, Edwards JE, Bazeley KJ, Brown SN, Butterworth A, Warriss PD. 2000. Changes in the blood biochemical and haematological profile of neonatal calves with age. Vet Rec. 147 : 593-598.

4) Hamada T, Omori S, Kameoka K, Morimoto H. 1968. Significance of blood glucose levels in the early-weaned dairy calves Bull Nat Inst Anim Ind 1-6.

付録② 薬剤一覧

※動物医薬品検査所「動物用医薬品等データベース」を参考に作成

	薬効分類	投与経路
アドレナリン	アミノ安息香酸アルキルエステル製剤，その他の局所麻酔剤	皮下注射，筋肉注射
アモキシシリン	主としてグラム陽性・陰性菌に作用するもの	飼料添加，飲水添加
アンピシリン散	主としてグラム陽性・陰性菌に作用するもの	飼料添加，飲水添加，強制経口投与
アンピシリン注	主としてグラム陽性・陰性菌に作用するもの	筋肉注射，皮下注射
安息香酸エストラジオール	卵胞ホルモン製剤	筋肉注射
アンピシリンナトリウム	主としてグラム陽性・陰性菌に作用するもの	静脈注射
イベルメクチン	その他の内寄生虫駆除剤	皮下注射，筋肉注射
ウルソデオキシコール酸散	胆汁酸製剤	強制経口投与
ウルソデオキシコール酸注	胆汁酸製剤	静脈注射
エストリオール	卵胞ホルモン製剤	筋肉注射
エピネフリン	その他の神経系用薬	静脈注射，筋肉注射，皮下注射
エプリノメクチン	その他の内寄生虫駆除剤	皮膚投与（塗布，散布，経皮など）
エリスロマイシン	主としてグラム陽性菌，マイコプラズマに作用するもの	筋肉注射
塩酸クレンブテロール	その他の繁殖用薬	静脈注射
塩酸クロルテトラサイクリン	主としてグラム陽性・陰性菌，リケッチア，クラミジアに作用するもの	飼料添加
エンロフロキサシン	キノロン系製剤	皮下注射，筋肉注射
オキシテトラサイクリン散	主としてグラム陽性・陰性菌，リケッチア，クラミジアに作用するもの	飼料添加
オキシテトラサイクリン注	主としてグラム陽性・陰性菌，リケッチア，クラミジアに作用するもの	静脈注射，筋肉注射，皮下注射，その他の注射
オキソリン酸	オキソリン酸製剤	飼料添加，強制経口投与
オルビフロキサシン	キノロン系製剤	筋肉注射
カナマイシン	主として抗酸菌に作用するもの	筋肉注射
グルコン酸カルシウム	カルシウム製剤	静脈注射，その他の注射，筋肉注射，皮下注射

投与量	備考
●浸潤麻酔：奏効するだけの量を注射 ●伝達麻酔 10～20 mL ●硬膜外麻酔 10～15 mL 広い領域に麻痺を期待する場合は 25～100 mL	本剤の投与後 4 日間は食用に供する目的で出荷などを行わないこと
1 日量として体重 1 kg（生後 5 カ月を超えるものを除く）当たり，肺炎；3～10 mg，大腸菌による下痢症；5～10 mg（力価）を 1 日に 1～2 回経口投与	本剤の投与後 10 日間は食用に供する目的で出荷などを行わないこと（生後 5 カ月を超えるものを除く）
1 日 1 回体重 1 kg 当たり 4～12 mg（力価） （生後 6 カ月を超えるものを除く） ただし，重症例には上記量を 1 日 2 回，または倍量まで増量	本剤の投与後 5 日間は食用に供する目的で出荷などを行わないこと（生後 6 カ月を超えるものを除く）
1 日 1 回体重 1 kg 当たり 3～10 mg（力価） （生後 6 カ月を超えるものを除く） ただし，重症例には上記量を 1 日 2 回，または倍量まで増量	本剤の投与後 49 日間は食用に供する目的で出荷などを行わないこと（生後 6 カ月を超えるものを除く）
1 日 1 回 1 頭当たり 2.0～5.0 mg を筋肉内に注射	本剤の投与後 7 日間は食用に供する目的で出荷などを行わないこと
1 日 1 回体重 1 kg 当たり 肺炎・（乳房炎）：4～8 mg，（産褥熱）：6～8 mg（力価）	本剤の投与後 3 日間は食用に供する目的で出荷などを行わないこと（投与後 72 時間は食用に供する目的で搾乳を行わないこと）
1 回 1 kg 当たりイベルメクチンとして 200 μg を注射 （搾乳牛および分娩予定前 28 日前の乳用牛を除く）	本剤の投与後 40 日間は食用に供する目的で出荷などを行わないこと（搾乳牛を除く）
1 頭当たり 2～3 g を 1 日 1 回経口投与	
1 日 1 回 500～1,000 mg を 2～3 日間静脈に注射	本剤の投与 1 日間は食用に供する目的で出荷などを行わないこと
1 回 1 頭当たり 10～20 mg	
1 回体重 1 kg 当たり 8～16 μg	
体重 1 kg 当たり 500 μg を 1 回，牛の背線部のき甲から尾根にかけて直線的に注ぐ	本剤の投与後 20 日間は食用に供する目的で出荷などを行わないこと
1 日 1 回体重 1 kg 当たり 2～4 mg（力価） （生後 6 カ月を超えるものを除く）	
1 頭当たり 0.3 mg をゆっくりと静脈に単回投与	本剤の投与後 9 日間は食用に供する目的で出荷などを行わないこと（投与後 5 日間は食用に供する目的で搾乳を行わないこと）
1 日体重 1 kg 当たり 5～20 mg（力価）	本剤の投与後 10 日間は食用に供する目的で出荷などを行わないこと（投与後 132 時間は食用に供する目的で搾乳を行わないこと）
1 日 1 回，体重 1 kg 当たり 肺炎：2.5～5 mg，3～5 日間，頚部皮下注射 大腸菌性下痢：2.5 mg，3 日間，頚部皮下注射 （甚急性及び急性乳房炎）：5 mg，2 日間，静脈注射	本剤の投与後 14 日間は食用に供する目的で出荷などを行わないこと（投与後 60 時間は食用に供する目的で搾乳を行わないこと）
飼料 1 t 当たり 200～400 g（力価） （生後 6 カ月を超えるものを除く）	本剤の投与後 5 日間は食用に供する目的で出荷などを行わないこと（生後 6 カ月を超えるものを除く）
1 日 1 回，体重 1 kg 当たり 2～10 mg（力価）	本剤の投与後 14 日間は食用に供する目的で出荷などを行わないこと（投与後 72 時間は食用に供する目的で搾乳を行わないこと）
1 日体重 1 kg 当たり 10～20 mg を飼料に混じて 3～4 日間経口投与する（生後 50 日を超えるものを除く）	本剤の投与後 5 日間は食用に供する目的で出荷などを行わないこと（生後 50 日を超えるものを除く）
1 日 1 回，体重 1 kg 当たり 大腸菌性下痢：2.5 mg，3～5 日間	本剤の投与後 21 日間は食用に供する目的で出荷などを行わないこと（投与後 72 時間は食用に供する目的で搾乳を行わないこと）
1 日 1 回体重 1 kg 当たり 5～10 mg（力価）	本剤の投与後 30 日間は食用に供する目的で出荷などを行わないこと（投与後 36 時間は食用に供する目的で搾乳を行わないこと）
状態に合わせて	

	薬効分類	投与経路
ゲンタマイシン	主としてグラム陽性・陰性菌に作用するもの	飲水添加, 飼料添加
臭化プリフィニウム	その他の自律神経剤	静脈注射
スルファジメトキシン	ピリミジン核を有するサルファ剤	筋肉注射, 静脈注射
スルファモノメトキシン	ピリミジン核を有するサルファ剤	皮下注射, 静脈注射, 筋肉注射, その他の注射
セファゾリン	主としてグラム陽性・陰性菌に作用するもの	筋肉注射, 静脈注射
セフチオフルナトリウム	主としてグラム陽性・陰性菌に作用するもの	筋肉注射
タイロシン	抗生物質製剤	筋肉注射
チアミンジスルフィド	ビタミンB1製剤	筋肉注射, 静脈注射, 皮下注射
チルミコシン注	主としてグラム陽性菌, マイコプラズマに作用するもの	皮下注射
デキサメタゾン	副腎ホルモン剤	皮下注射, 筋肉注射
デキストラン鉄	金属化合物製剤	筋肉注射
ナナフロシン	主としてカビに作用するもの	皮膚投与（塗布, 散布, 経皮など）
ノノキシノール・ヨード	ヨウ素化合物製剤	皮膚投与（塗布, 散布, 経皮など）
メチル硫酸ネオスチグミン	ネオスチグミン系製剤	静脈注射, 筋肉注射, 皮下注射
ビコザマイシン	主としてグラム陰性菌に作用するもの	強制経口投与, 飼料添加, 飲水添加
フルニキシンメグルミン	解熱鎮痛消炎剤	静脈注射
フルベンダゾール	チアベンダゾール系製剤	強制経口投与, 飼料添加, 飲水添加
フルメトリン	除虫菊製剤	皮膚投与（塗布, 散布, 経皮など）
プレドニゾロン	副腎ホルモン剤	皮下注射, 筋肉注射, その他の注射
ベンジルペニシリンプロカイン	主としてグラム陽性菌に作用するもの	筋肉注射

投与量	備考
1回体重1kg当たり1.0 mg（力価）を代用乳または水に溶かし，1日2回，3日間経口投与する（生後3カ月を超えるものを除く）	本剤の投与後30日間は食用に供する目的で出荷などを行わないこと（生後3カ月を超えるものを除く）
体重1kg当たり0.1～0.2 mgを1回静脈内に投与	本剤の投与後21日間は食用に供する目的で出荷などを行わないこと
体重1kg当たり初日には20～50 mg静脈・筋肉注射，2日目以降はその半量を1日1回注射	本剤の投与後14日間は食用に供する目的で出荷などを行わないこと（投与後120時間は食用に供する目的で搾乳を行わないこと）
1日体重1kg当たり20～30 mg皮下，筋肉，静脈または腹腔内に注射	本剤の投与後28日間は食用に供する目的で出荷などを行わないこと（投与後72時間は食用に供する目的で搾乳を行わないこと）
1日1回体重1kg当たり5 mg（力価）	
1日1回体重1kg当たり 肺炎：1～2 mg（力価），3～5日間 趾間フレグモーネ（趾間ふらん）：1～2 mg（力価），3日間 （産褥熱：1～2 mg（力価），5日間）	本剤の投与後7日間は食用に供する目的で出荷などを行わないこと（投与後24時間は食用に供する目的で搾乳を行わないこと）
1日1回体重1kg当たり4～10 mg（力価），1～5日注射	本剤の投与後28日間は食用に供する目的で出荷などを行わないこと（投与後96時間は食用に供する目的で搾乳を行わないこと）
60～1,200 mgを1日量として皮下，筋肉または静脈に注射	
体重1kg当たり10 mg（力価）を1回皮下に注射（生後15カ月を超えるものを除く）	本剤の投与後76日間は食用に供する目的で出荷などを行わないこと（生後15カ月を超えるものを除く）
1頭当たり5～10 mg 1日1回皮下に注射	（投与後12時間は食用に供する目的で搾乳を行わないこと）
1頭当たり体重に応じて400～1,000 mgを連日ないし隔日に投与	
患部に100 cm^{2}当たり0.05～0.1（力価）を刷毛などを用いて塗布 重症の場合は塗布1週間または2週間後再塗布	
希釈し，コップなどの容器に入れ，毎搾乳後乳頭を短時間浸漬	
1日体重1kg当たり5～10 μgを1日1～2回静脈内，筋肉内または皮下に注射	本剤の投与後7日間は食用に供する目的で出荷などを行わないこと
1日1回，体重1kg当たり5～10 mg（力価）を強制的に経口投与するか，または飲水に溶かし，あるいは飼料に均一に混じて経口投与 （生後3カ月を超えるものを除く）	本剤の投与後3日間は食用に供する目的で出荷などを行わないこと
1日1回，体重1kg当たり2 mgを1～3日間静脈内に投与	本剤の投与後10日間は食用に供する目的で出荷などを行わないこと（投与後60時間は食用に供する目的で搾乳を行わないこと）
1日1回体重1kg当たり オステルターグ胃虫：10～20 mg，5日間連日 牛肺虫：20 mg 強制的に経口投与，あるいは飲水に懸濁，飼料に均一に混じて経口投与	本剤の投与後10日間は食用に供する目的で出荷などを行わないこと
体重1kg当たり1 mgを牛の背中線に沿って，寄生状況に応じ，適宜鼻部から尾根部までの皮膚に，注射筒やピペットなど計量できる器具を用いて滴下	本剤の投与後2日間は食用に供する目的で出荷などを行わないこと
1頭当たり50～200 mg 1日1回皮下に注射する	本剤の投与後51日間は食用に供する目的で出荷などを行わないこと（投与後72時間は食用に供する目的で搾乳を行わないこと）
1日1回体重1kg当たり4,000～5,000単位 術後感染症の予防には1頭当たり100,000～200,000単位を術部に注射 （乳房炎の治療には10,000～15,000単位）	本剤の投与後14日間は食用に供する目的で出荷などを行わないこと（投与後96時間は食用に供する目的で搾乳を行わないこと）

	薬効分類	投与経路
ホスホマイシンナトリウム注	その他の注射に用いる抗生物質製剤 主としてグラム陰性菌に作用するもの	静脈注射
ホスホマイシンカルシウム散	主としてグラム陰性菌に作用するもの	飲水添加，飼料添加
ポロキサレン	消泡剤	強制経口投与，飼料添加
マルボフロキサシン	キノロン系製剤	静脈注射，筋肉注射
メシリナム	主としてグラム陰性菌に作用するもの	筋肉注射
メシル酸ダノフロキサシン	キノロン系製剤	筋肉注射
メロキシカム	その他の解熱鎮痛消炎剤	皮下注射
メンブトン	その他の整胃腸剤	筋肉注射
硫酸コリスチン	主としてグラム陰性菌に作用するもの	飲水添加
硫酸ジヒドロストレプトマイシン	主として抗酸菌に作用するもの	筋肉注射
硫酸ストレプトマイシン	主として抗酸菌に作用するもの	飲水添加
硫酸セフキノム	主としてグラム陽性・陰性菌に作用するもの	筋肉注射
硫酸ベルベリン	複合整胃腸剤	皮下注射，筋肉注射，静脈注射
硫酸マグネシウム	マグネシウム塩製剤	皮下注射
リン酸チルミコシン経口	経口および飼料に添加して用いる抗生物質製剤	経口投与

投与量	備考
1日1回体重1kg当たり10〜20mg（力価）を静脈内に注射	本剤の投与後5日間は食用に供する目的で出荷などを行わないこと（投与後48時間は食用に供する目的で搾乳を行わないこと）
体重1kg当たり（搾乳牛を除く） 大腸菌性下痢症：10〜20mg（力価） サルモネラ症：30〜40mg（力価） を1回量とし，1日2回，飲水または人工乳に懸濁して経口投与	本剤の投与後7日間は食用に供する目的で出荷などを行わないこと（搾乳牛を除く）
治療には1頭当たり成牛：15〜30g，子牛：3〜6g（症状に応じて反復投与する） 予防には1頭当たり成牛：15g，子牛：3g 1回量とし，水で5〜10倍に希釈し，経口投与するか飼料に混和し投与	本剤の投与後3日間は食用に供する目的で出荷などを行わないこと
1日1回，体重1kg当たり2mgを3〜5日投与	本剤の投与後4日間は食用に供する目的で出荷などを行わないこと（投与後48時間は食用に供する目的で搾乳を行わないこと）
1日1回体重1kg当たり2.5〜5.0mg（力価）を筋肉内に注射	本剤の投与後5日間は食用に供する目的で出荷などを行わないこと（投与後48時間は食用に供する目的で搾乳を行わないこと）
1日1回体重1kg当たり1.25mg（ただし，重症例に対して2.5mg）を3日間筋肉に注射	本剤の投与後6日間は食用に供する目的で出荷などを行わないこと（投与後48時間は食用に供する目的で搾乳を行わないこと）
体重1kg当たり0.5mgを皮下に単回注射	本剤の投与後18日間は食用に供する目的で出荷などを行わないこと（搾乳牛を除く）
体重1kg当たり5〜10mg，1日1回，2〜3日間を筋肉内に注射	本剤の投与後25日間は食用に供する目的で出荷などを行わないこと（投与後72時間は食用に供する目的で搾乳を行わないこと）
1回体重1kg当たり2〜5mg（力価） （6カ月齢を超える牛を除く）	本剤の投与後3日間は食用に供する目的で出荷などを行わないこと（6カ月齢を超える牛を除く）
1日1回体重1kg当たり5〜25mg（力価） （搾乳牛の場合は5〜20mg〈力価〉）	本剤の投与後90日間は食用に供する目的で出荷などを行わないこと（投与後72時間は食用に供する目的で搾乳を行わないこと）
1回体重1kg当たり10〜30mg（力価）	本剤の投与後4日間は食用に供する目的で出荷などを行わないこと（投与後72時間は食用に供する目的で搾乳を行わないこと）
1日1回体重1kg当たり1mg（力価）を3〜5日間筋肉に注射	本剤の投与後7日間は食用に供する目的で出荷などを行わないこと（投与後36時間は食用に供する目的で搾乳を行わないこと）
体重1kg当たり0.1〜2.5mg 1日1〜3回を皮下，筋肉または静脈内に注射	本剤の投与後7日間は食用に供する目的で出荷などを行わないこと
1回1頭当たり10〜20gを皮下に注射	
体重1kg当たり6.25〜12.5mg（力価）を1日朝夕2回の給餌時に合わせ，3〜5日間，代用乳に均一に混和して経口投与 （生後3カ月を超えるものを除く）	本剤の投与後47日間は食用に供する目的で出荷などを行わないこと（生後3カ月を超えるものを除く）

付録③ 略語一覧

【A】

A-aDO$_2$ ／ alveolar-arterial difference of oxygen（肺胞気-動脈血酸素分圧較差）

AA ／ amyloid A（アミロイド A）

ABC RS ／ ABC reflection sovereign（ABC・リフレクション・ソブリン）

ACAN ／ aggrecan gene（aggrecan 遺伝子）

ACh ／ acetylcholine（アセチルコリン）

ACTH ／ adrenocorticotropic hormone（副腎皮質刺激ホルモン）

ADH ／ antidiuretic hormone（抗利尿ホルモン）

AE1 ／ anion exchanger 1, band 3（赤血球陰イオン交換タンパク質1，バンド3蛋白質）

AFB$_1$ ／ aflatoxin B$_1$（アフラトキシン B$_1$）

AFM$_1$ ／ aflatoxin M$_1$（アフラトキシン M$_1$）

AG ／ anion gap（アニオンギャップ）

Alb ／ albumen（アルブミン）

ALP ／ alkaline phosphatase（アルカリフォスファターゼ）

ALT ／ alanine aminotransferase（アラニンアミノトランスフェラーゼ），alanine transaminase（アラニントランスアミナーゼ）

AMH ／ anti-mullerian hormone（抗ミューラー管ホルモン）

Amy ／ amylase（アミラーゼ）

APTT ／ activated partial thromboplastin time（活性化部分トロンボプラスチン時間）

ARDS ／ acute repiratory distress syndrome（急性呼吸緊窮症候群）

ARF ／ acute renal failure（急性腎不全）

ASD ／ atrial septal defect（心房中隔欠損）

AST ／ aspartate aminotransferase（アスパラギン酸アミノトランスフェラーゼ）

AT ／ antithrombin（アンチトロンビン）

AT Ⅲ ／ antithrombin Ⅲ（アンチトロンビンⅢ）

ATP ／ adenosine tri-phosphate（アデノシン三リン酸）

AUC ／ area under the blood concentration-time curve（血中濃度-時間曲線下面積）

AVP ／ arginine vasopressin（バゾプレッシン）

【B】

BAdV ／ bovine adenovirus（牛アデノウイルス）

BCD ／ bovine chondrodysplastic dwarfism（軟骨異形成性矮小体躯症）

BCS ／ body condition score（ボディコンディションスコア）

BE ／ base excess（塩基過剰）

BGMK ／ buffalo green monkey kidney（バッファローミドリザル腎臓）

BHC ／ benzene hexachloride（ベンゼンヘキサクロリド）

BHV-1 ／ bovine herpesvirus-1（牛ヘルペスウイルス1型）

BHV-5 ／ bovine herpesvirus-5（牛ヘルペスウイルス5型）

BLAD ／ bovine leukocyte adhesion deficiency（牛白血球粘着不全症）

BLV ／ bovine leukemia virus（牛白血病ウイルス）

BMCF ／ bovine malignant catarrhal fever（牛悪性カタル熱）

BMP ／ bone morphogenetic protein（骨形成因子）

BRD ／ bovine respiratory disease（呼吸器複合感染症）

BRDC ／ bovine respiratory disease complex（牛呼吸器複合病）

BSE ／ bovine spongiform encephalopathy（牛海綿状脳症）

BSP ／ bromsulphalein（ブロムサルファレイン）

BT-PABA ／ N-benzoyl-L-tyrosyl-p-aminobenzoicacid（N-ベンゾイル-L-チロシル-P-アミノ安息香酸）

BUN ／ bovine urea nitrogen（尿素窒素）

BVD ／ bovine viral diarrhea（牛ウイルス性下痢症）

BVD-MD ／ bovine viral diarrhea-mucosal disease（牛ウイルス性下痢・粘膜病）

BVDV ／ bovine virus diarrhea virus（牛ウイルス性下痢ウイルス）

B粒子 ／ bullet-shaped particle（砲弾型粒子）

【C】

CA ／ carbonic anhydrase（炭酸脱水素酵素）

cAMP ／ cyclic adenosine monophosphate（環状アデノシン一リン酸）

CBC ／ complete blood count（全血球計算）
CD ／ cluster of differentiation（白血球分化抗原）
cGMP ／ cyclic guanosine monophosphate（環状グアノシン一リン酸）
ChE ／ cholinesterase（コリンエステラーゼ）
CHF ／ congestive heart failure（うっ血性心不全）
CHS ／ Chédiak-Higashi syndrome（チェディアック・ヒガシ症候群）
CK ／ creatine kinase（クレアチンキナーゼ）
CL-16 ／ claudin-16（クローディン-16 因子）
CO ／ cardiac output（心拍出量）
COX ／ cyclooxygenase（シクロオキシゲナーゼ）
COPD ／ chronic obstructive pulmonary disease（慢性閉塞性肺疾患）
CP ／ cytopathic（細胞病原性）
CPE ／ cytopathic effect（細胞変性効果）
CPK ／ creatine phosphokinase（クレアチンフォスフォキナーゼ）
Cre ／ creatinine（クレアチニン）
CRH ／ corticorropin releasing hormone（副腎皮質刺激ホルモン放出ホルモン）
CSF ／ cerebrospinal fluid（脳脊髄液）
CVM ／ complex vertebral malformation（複合脊椎形成不全症）

【D】

DDT ／ dichloro-diphenyl-trichloroethane（ジクロロジフェニルトリクロロエタン）
DES ／ diethylstilbestrol（ジエチルスチルベストロール）
DIC ／ disseminated intravascular coagulation（播種性血管内凝固症候群）
DI 粒子／ defective interfering particle（欠損干渉粒子）
DORV ／ double outlet right ventricle（両大血管右室起始）
DPT ／ diphtheria pertussis tetanus（ジフテリア・百日咳・破傷風トキソイド混合ワクチン）
DT ／ diphtheria tetanus（ジフテリア・破傷風トキソイド混合ワクチン）
DUMPS ／ deficiency of UMP synthase（ウリジル酸合成酵素欠損症）

ECF-replacer ／ extra-cellular fluid-replacer（細胞外液補充液）
EHD ／ epizootic hemorrhagic disease（流行性出血熱）
ELISA ／ enzyme-linked immunosorbent assay（酵素免疫定量法）
EMJH 培地 ／ Ellinghausen-McCullough-Johnson-Harris medium（EMJH 培地）
ETEC ／ enterotoxigenic *Escherichia coli*（毒素原性大腸菌）

【F】

FANCI 遺伝子／ Fanconi anemia, complementation group I gene（FANCI 遺伝子）
FBN1 ／ fibrillin-1 gene（タンパク質フィブリリン-1 遺伝子）
FDP ／ fibrin degradation product（フィブリン分解産物）
FFA ／ free fatty acid（遊離脂肪酸）
FSH ／ follicle stimulating hormone（卵胞刺激ホルモン）
FT_3 ／ free T_3（遊離 T_3）
FT_4 ／ free T_4（遊離 T_4）

【G】

GALT ／ gut-associated lymphoid tissue（腸管付属リンパ組織）
GFR ／ glomerular filtration rate（糸球体ろ過量）
GGE ／ guaifenesin（グアイフェネシン，別名：グアヤコール・グリセリン・エーテル）
GH ／ growth hormone（成長ホルモン）
GHRH ／ growth hormone releasing hormone（成長ホルモン放出ホルモン）
Glu ／ glucose（グルコース）
GOT ／ glutamate oxaloacetate transaminase（グルタミン酸オキサロ酢酸トランスアミナーゼ）
GPT ／ glutamic pyruvic transaminase（グルタミン酸ピルビン酸トランスアミナーゼ）
GSH-PX ／ glutathione peroxidase（グルタチオンペルオキシダーゼ）

【H】

Hb ／ hemoglobin（ヘモグロビン）
hCG ／ human chorionic gonadotoropin（ヒト絨毛性性腺刺激ホルモン）

HNタンパク／hemagglutinin-neuraminidase protein（HNタンパク）

Hp／haptoglobin（ハプトグロビン）

HPLC／high performance liquid chromatography（高速液体クロマトグラフィー質量分析計）

HR／heart rate（心拍数）

HRCT／high-resolution computed tomography（高分解能CT）

HS／hereditary spherocytosis（遺伝性球状赤血球症）

HT／hemorrhagic toxin（出血毒素）

Ht／hematocrit（ヘマトクリット）

【I】

IARS／isoleucine-tRNA synthetase（イソロイシンtRNA合成酵素）

IBK／infectious bovine keratoconjunctivitis（牛伝染性角結膜炎）

IbpA／immunoglobulin binding protein A（高分子量免疫グロブリン結合タンパク質）

IBR／infectious bovine rhinotracheitis（牛伝染性鼻気管炎）

ICF-replacer／intra-cellular fluid-replacer（細胞内液補充液）

ICG／indocyanine green（インドシアニングリーン）

Ig／immunoglobulin（免疫グロブリン）

IgA／immunoglobulin A（免疫グロブリンA）

IGF-1／insulin-like growth factors-1（インスリン様成長因子-1）

IgG／immunoglobulin G（免疫グロブリンG）

IP／inorganic phosphate（無機リン）

ITEME／infectious thromboembolic meningoencephalitis（伝染性血栓塞栓性髄膜脳炎）

【L】

LBN／limbin（LBN遺伝子）

LDH／lactic dehydrogenase（乳酸脱水素酵素／乳酸デヒドロゲナーゼ）

LH／luteinizing hormone（黄体形成ホルモン）

Lip／lipase（リパーゼ）

LLO／listeriolysin O（リステリオリシンO）

LPS／lipopolysaccharide（リポ多糖）

LRP4／low-density lipoprotein receptor-related protein 4（低密度リポタンパク受容体関連タンパク質4遺伝子）

LT／lethal toxin（致死毒素）

LT／heat-labile（易熱性）

Lym／lymphocyte（リンパ球）

LYST／lysosomal trafficking regulator（LYST遺伝子）

【M】

MCH／mean corpuscular hemoglobin（平均赤血球ヘモグロビン量）

MCHC／mean corpuscular hemoglobin concentration（平均赤血球ヘモグロビン濃度）

MCSU／molybdopterin cofactor sulfurase gene（モリブデン補酵素遺伝子）

MCV／mean corpuscular volume（平均赤血球容積）

MD／mucosal disease（粘膜病）

MDBK／madine-derby bovine kidney（牛腎株化）

MIC／minimum inhibitory concentration（最小発育阻止濃度）

MOD／congenital multiple ocular defects（先天性多重性眼球形成異常）

MOMP／major outer membrane protein（主要外膜タンパク質）

MPC／mutant prevention concentration（変異株抑制濃度）

MPT／metabolic profile test（代謝プロファイルテスト）

MSW／mutant selection window（MSW〈理論〉）

【N】

NAD／nicotinamide adenine dinucleotide（ニコチンアミドアデニンジヌクレオチド）

NADPH／nicotinamide adenine dinucleotide phosphate hydrogen（ニコチンアミドアデニンジヌクレオチドリン酸還元型）

NAG／N-acetyl-beta-D-glucosaminidase（N-アセチル-β-D-グルコサミニダーゼ）

NEB／negative energy balance（負のエネルギーバランス）

NEFA／nonesterified fatty acids（非エステル型脂肪酸）

NestedPCR／nested polymerase chain reaction（ネストPCR〈法〉）

nonCP／non-cytopathic（非細胞病原性）

NPC/N／non-protein calorie/nitrogen（非タンパクカロリー／窒素量）

NSAIDs／Non-Steroidal Anti-Inflammatory Drugs（非ステロイド系抗炎症薬）

【O】

O_2sat／oxygen saturation（血中酸素飽和度）
ONPG／o-nitrophenyl-β-D-galactopyranocide（O-ニトロフェニル-β-D-ガラクトピラノシド）
OPG／oocysts per gram（糞便1gあたりのオーシスト数）
OXT／oxytocin（オキシトシン）

【P】

PA／plasminogen activator（プラスミノーゲンアクチベーター）
$PaCO_2$／partial pressure of carbon dioxide（動脈血二酸化炭素分圧）
PAM／pralidoxime iodide（プラリドキシムヨウ化メチル）
PaO_2／Partial pressure of Oxygen in arterial（動脈血酸素分圧）
PAS／periodic acid-SCIFF（過ヨウ素酸シッフ反応）
PCNB／pentachloronitrobenzene（ペンタクロロニトロベンゼン）
PCR／polymerase chain reaction（ポリメラーゼ連鎖反応）
PDA／patent ductus arteriosus（動脈管開存症）
PDD／papillomatous digital dermatitis（乳頭状趾皮膚炎）
PepT1／peptide transporter 1（ペプチド輸送体1）
PFGE／pulsed-field gel electrophoresis（パルスフィールド電気泳動）
PG／plasminogen（プラスミノーゲン）
PGF_2／prostaglandin F_2（プロスタグランジン F_2）
PIC／plasmin-α2 plasmin inhibitor complex（プラスミン-α2プラスミンインヒビター複合体）
PIV-3／parainfluenza virus type 3（パラインフルエンザ3型）
PI牛／persistent infection 牛（持続感染牛）
PK/PD／pharmacokinetics/pharmacodynamics（薬物動態学／薬力学）
PLT／platelet count（血小板数）
PM／plasmin（プラスミン）
PT／prothrombin time（プロトロンビン時間）
PTH／parathyroid hormone（上皮小体ホルモン）
PvO_2／mixed venous oxygen pressure（混合静脈血酸素分圧）

【R】

RBC／red blood cell count（赤血球数）
RBP／retinol-binding protein（レチノール結合タンパク質）
RDS／repiratory distress syndrome（呼吸緊窮症候群）
RES／reticuloendothelial system（細網内皮系）
RET／reticlocyte（網状赤血球）
RIA／radioimmunoassay（ラジオイムノアッセイ）
RS／respiratory syncytial（牛RSウイルス病）
RT-PCR／reverse transcription-PCR（逆転写ポリメラーゼ連鎖反応）

【S】

S・I・R／susceptible・intermediate・resistant（感受性・中間・耐性）
SAA／serum amyloid A（血清アミロイドA）
SAB／streptavidin-biotin（ストレプトアビジン・ビオチン）
SBL／sporadic bovine leukosis（散発型牛白血病）
SCFA／short-chain fatty acid（短鎖脂肪酸）
SFMC／soluble fibrin monomer complex（可溶性フィブリンモノマー複合体）
SGLT1／Na^+-dependent glucose transporter 1（ナトリウム依存性グルコーストランスポーター1）
SpO_2／oxygen saturation of peripheral artery（動脈血酸素飽和度）
SST／somatostatin（ソマトスタチン）
ST／heat-stable（耐熱性）
SV／stroke volume（1回拍出量）

【T】

T-Bil／total bilirubin（総ビリルビン）
T-Cho／total cholesterol（総コレステロール）
T_3／triiodothyronine（トリヨードチロニン）
T_4／thyroxine（血清チロキシン）
TAPVC／total anomalous pulmonary venous connection（総肺静脈還流異常）

TAT ／ thrombin-antithrombin complex（トロンビン-アンチトロンビン複合体）

TCA サイクル ／ tricarboxylic acid cycle（TCA 回路）

TCO_2 ／ total carbon dioxide（総二酸化炭素濃度）

TDN ／ total digestible nutrition（可消化養分総量）

TDP ／ thiamine diphoshate（チアミン二リン酸）

TF ／ tissue facter（組織因子）

TG ／ triacylglycerol, triglyceride（トリグリセリド，中性脂肪）

TGA ／ transposition of great areteries（大血管転換）

TGF-β ／ ransforming growth factor beta（トランスフォーミング成長因子β）

TMP ／ thiamine monophosphate（チアミン一リン酸）

TNF ／ tumor necrosis factor（腫瘍壊死因子）

TNF-α，TNFα ／ tumor necrosis factor α（腫瘍壊死因子α）

TOF ／ tetralogy of Fallot（ファロー四徴症）

TP ／ total protein（総タンパク）

TRH ／ thyrotropin releasing hormone（甲状腺刺激ホルモン放出ホルモン）

TSH ／ thyroid stimulating hormone（甲状腺刺激ホルモン）

TTP ／ thiamine triphosphate（チアミン三リン酸）

【U】

UMP ／ uridine monophosphate（ウリジル酸）

UMP synthase ／ uridine monophosphate synthase（ウリジル酸合成酵素）

【V】

VA/Q ／ ventilation-perfusion/quotient（換気血流比）

VFA ／ volatile fatty acid（揮発性脂肪酸）

VLDL ／ very low density lipoprotein（超低密度リポタンパク）

VP ／ Voges-Proskauer reaction（フォーゲス・プロスカウエル）

VSD ／ ventricular septal defect（心室中隔欠損症）

VSP ／ variable surface protein（可変表面タンパク）

VTEC ／ verotoxigenic *Escherichia coli*（ベロ毒素産生性大腸菌）

vWD ／ von Willebrand's disease（フォン・ウィルブランド病）

vWF ／ von Willebrand factor（フォン・ウィルブランド因子）

【W】

WBC ／ white blood cell（白血球）

WCS ／ weak calf syndrome（虚弱子牛症候群）

【その他】

2,3-DPG ／ 2,3-diphosphoglycerate（2,3-ジホスホグリセリン酸）

α1AG ／ α1-acid glycoprotein（α1アシドグリコプロテイン）

α_2PI ／ α_2 plasmin inhibitor（α2プラスミンインヒビター）

γ-GTP ／ γ-glutamyl transpeptidase（γ-グルタミルトランスペプチダーゼ）

γ-GT/GGT ／ γ-glutamyl transferase（γ-グルタミルトランスフェラーゼ）

δ-ALA-D ／ δ-aminolevulic acid dehydrase（δ-アミノレブリン酸脱水素酵素）

索引

【あ行】

アイノウイルス感染症 ……………… 135, 334, 339
アイメリア属原虫 ……………………… 233, 236
アカバネ病 …………………………… 135, 334, 398
アシデミア ……………………………………… 315
アシドーシス ………………… 65, 98, 169, 315
アスコリ反応 …………………………………… 67
アスパラギン酸アミノトランスフェラーゼ
……………………… 62, 153, 263, 386, 443
アセチルコリンエステラーゼ ………… 360, 374
圧迫排尿法 ……………………………………… 76
アデニル酸シクラーゼ ………………… 213, 312
アニオンギャップ ……………………… 96, 317
アフタ性 ………………………………… 218, 241
アフラトキシン B1 …………………… 351, 352, 354
アポクリン腺 …………………………………… 408
アミノグリコシド系抗菌薬 …………… 246, 322
アミノ酸製剤 …………………………… 100, 316
アミロイド A …………………………………… 313
アミロイド沈着 ………………………………… 314
アラニントランスアミナーゼ ………… 354, 443
アルカリホスファターゼ ……………………… 444
アルカレミア …………………………………… 315
アルカローシス ………………………… 98, 315
アルギニン負荷試験 …………………………… 390
アルコールテスト ……………………………… 238
アルコール不安定乳 …………………………… 238
α-グロブリン ………………… 151, 190, 227, 251
α 毒素 …………………………………………… 326
α-マンノシダーゼ ……………………………… 304
アルブミン …………………… 62, 283, 366, 445
アルボウイルス ………………………… 335, 380
アンチトロンビン活性 ………………………… 278
アンモニアガス ………………………………… 277
胃液採取法 ……………………………………… 65
イエバエ類 ……………………………………… 321
イオノフォア …………………………………… 359
イオンポンプ …………………………………… 214
囲管性細胞浸潤 ………………………… 330, 396

異所性刺激生成異常 …………………………… 158
イソチオシアネート …………………………… 346
イソロイシン tRNA 合成酵素 ………………… 306
1 型糖尿病 ……………………………………… 289
一次性光線過敏症 ……………………………… 347
一次的病原体 …………………………………… 188
1 回拍出量 ……………………………………… 166
遺伝子組み換えヒトエリスロポエチン ……… 270
遺伝性球状赤血球症 …………………………… 291
イバラキウイルス ……………………………… 338
イベルメクチン ………………………… 196, 263, 427
イムノクロマトグラフィー法 ………………… 233
咽喉頭麻痺 …………………… 136, 166, 173, 338, 395
インスリン …………………… 80, 101, 215, 289, 315
インスリン様成長因子-1 ……………… 281, 300
陰性 T 波 ……………………………………… 166
インターナリン ………………………………… 396
咽頭 ………………………… 60, 90, 173, 218, 402
咽頭炎 …………………………………… 178, 219
咽頭糸状虫 ……………………………………… 434
インドシアニングリーン ……………………… 68
インドール産生 ………………………………… 322
ウエスタンブロット …………………………… 330
牛アデノウイルス …………… 25, 32, 135, 177, 203
牛 RS ウイルス症 ………………………… 31, 177
牛寄生虫性肺炎 ………………………………… 194
牛呼吸器複合病 ………………………… 188, 328
牛コロナウイルス ……………………… 135, 177
牛サルモネラ症 ………………………………… 35
牛腎細胞 ………………………………… 198, 339
牛精巣細胞 ……………………………… 198, 203
牛伝染性鼻気管炎 …………… 30, 133, 178, 197, 218, 399
ウシニキビダニ ………………………………… 435
ウシヌカカ …………………………… 46, 334, 340
牛肺虫感染症 ………………………… 30, 158, 194
牛パラインフルエンザ ………………… 31, 178, 200
牛バンド 3 欠損症 ……………………… 68, 291, 389
牛ライノウイルス ……………………… 31, 202
牛流行熱 ………………………………… 31, 201

うっ血	104, 133, 147, 174, 306
うっ血性心不全	105, 147, 306
ウリジル酸合成酵素欠損症	306
ウレアーゼ	247, 322, 437
運動失調	137, 162, 329, 381
栄養型菌	323
栄養輸液剤	98
会陰尿道造瘻術	255
壊死桿菌	173
壊死性喉頭炎	27, 173
壊死性口内炎	173
エストラジオール	354
エバンズ症候群	266
エピトープ領域	201
エピネフリン	81, 87, 269, 404
エムデン-マイヤーホフ経路	169
エリスロポエチン	249, 270
塩化アンモニウム	99, 255, 316, 318
塩化カリウム	84, 98
塩基性斑点含有赤血球	263
嚥下障害	136, 190, 338, 401
炎症性浮腫	59
エンテロトキシン	228
エンドトキセミア	228
エンドファイト	312, 356
エンドリン	362
エンベロープ	197, 334
塩類下剤	116, 432
黄体形成ホルモン	281, 354
押捻検査	77
悪寒戦慄	201
オキシヘモグロビン	169
O脚肢勢	309
オーシスト	65, 233, 397
オーシスト数（OPG）	234
オッズ比	132
おとり牛	336
オールインワン型	222
オルソブニヤウイルス	334
オルビウイルス	337
オレアンドリン	346
悪露	66, 379

【か行】

外呼吸	165
外固定法	414
外傷性関節炎	419
外傷性胸膜炎	194
外傷性脱臼	417
鎧心	152
咳嗽	180
介達外力	417
回腸	116, 183, 210, 347
開張姿勢	59, 133, 189, 254
回転培養	199
開放性損傷	125, 418
外方脱臼	417
外貌茫然	137
海綿骨	416
科学的根拠	192
牙関緊急	311
下眼瞼	404
角結膜炎	138, 190, 198
拡散障害	166
核酸のコア	197
角軸転位	413
拡張性脱臼	417
角膜白斑	321
下行性	246
仮骨形成期	413
可視粘膜	136, 162, 262, 349, 431
過剰肉芽治療	128
ガストリン	213
カゼイナーゼ	322
カゼイン	212
活性化部分トロンボプラスチン時間	294
カテーテル排尿法	76
カテーテル法	157
化膿性腎炎	245
化膿性肺炎	92, 152, 190
化膿性蜂窩織炎	128
カバースリップ	200
下部気道	173
カプシド	197
可溶性フィブリン	277
カラシ油配糖体	346

カルシウムシアナミド	363	気管	27, 78, 83, 91, 167, 173, 181
眼奇形	157	気管狭窄	27, 166, 179, 183
換気血流比	166	気管虚脱	28, 73, 185
肝機能異常	431	気管支	26, 27, 59, 87, 166, 173
肝機能検査	68	気管支炎	26, 92, 111, 173
含気嚢胞性肺炎	191	気管支拡張薬	92
含気領域	187	気管支拡張症	28, 174, 184
ガングリオシド	304, 324	気管支狭窄症	28, 61, 183
観血去勢法	123	気管支虚脱	28, 186
間欠性筋緊張性	324	気管支粘膜	174, 182, 187
間欠的硬直性痙攣	311	気管支肺炎	28, 170, 188, 220
観血的手法	414	気管挿管	89
観血的整復法	386	気腔	187
眼瞼麻痺	190, 409	キサンチン	296, 360
感作状態	268	キサンチン結石症	255, 296
間質性陰影	191	疑似高アンモニア血症	103
間質性腎炎	63, 245	気腫胎	377
間質性肺炎	24, 92, 166, 327, 348	キシラジン	80
間質性肺気腫	134, 175, 188	キシロース	101, 322
間質性肺水腫	175	気中菌糸	437
感受性細胞	199	亀頭包皮炎	198
桿状好中球	443	キニン-カリクレイン系	275
乾性発咳	189	揮発性脂肪酸	118, 222, 237, 351
乾性ラッセル	61	忌避行動	194
関節硬直症	380	ギプス	414
関節洗浄	421	ギムザ染色	66, 264
関節包	417	キモシン	212
関節彎曲症	380	逆説的脳脊髄液アシドーシス	103
感染性関節炎	416	キャスト	414
完全脱臼	417	吸引器	88
肝臓	79, 106, 211, 365	牛眼	407
冠動脈肺動脈起始	156	球関節	417
冠動脈瘻	156	吸気性呼吸困難	59, 182, 194
還納	384	吸血性節足動物	201, 336
還納性	385	流行性感冒	201, 339
肝膿瘍症候群	222	吸収熱	413
肝不全	106, 160	球状赤血球	267, 291
肝ヘモジデローシス	267	急性炎症期	126
γ-グルタミルトランスペプチダーゼ	62, 306, 443	急性期タンパク質	251, 313
γ-グロブリン	63, 151, 228, 251, 263	急性呼吸窮迫症候群	166, 171
顔面神経麻痺	409	急性鼓脹症	175, 220, 327
期外収縮	69, 158	急性心筋障害	150

急性腎性腎不全	249
急性腎前性腎不全	249
急性腎不全	105, 248
急性熱性伝染病	199, 201, 327, 339
キュウセンヒゼンダニ	429
吸着剤	91, 116
凝集抗体価	330
凝集惹起物質	275
強心配糖体	346
胸腺型白血病	272
キョウチクトウ	346
強直性痙攣	58, 137, 323, 365
強直歩行	402
胸痛	194
凝乳	212
胸部胸腺	272
胸膜性肺炎	194
胸膜摩擦音	61, 194
鏡面像	226
虚血性心筋壊死	152
虚弱症候群	203
去痰剤（粘液融解剤）	92
近位尿細管細胞ライソゾーム	250
キンイロヤブカ	334
菌交代現象	192
ギンネム	407
キーストン型除角器	122
空腸	210
空腹期肛側伝播性強収縮帯	183
クチクラ	195
屈曲不能	417, 425
クッシング病	282
クマリン	348
クマリン誘導体	362
クームス試験	267
クモ膜下腔穿刺	399
クモ膜下麻酔（腰椎麻酔，髄膜内麻酔）	82
クラミジア	137, 401, 419
グラステタニー	310
クラミドフィラ属	402
グラヤノトキシン	345
グリア細胞増殖	403
グリオーシス	401
グリコサミノグリカン多硫酸塩	422
グリセリン酸2,3-二リン酸	169
グリセリン水溶液	388
グリセロール	118
クリプトスポリジウム症	233, 236, 333
クリーム様粘液	378
グルコース	212, 214, 446
グルコース負荷試験	390
グルタチオンペルオキシダーゼ	367
グルタミン酸オキサロ酢酸トランスアミナーゼ	224, 367, 443
グルタミン酸ピルビン酸トランスアミナーゼ	443
クループ性喉頭炎	181
くる病	58, 309, 422
クレンブテロール	87
黒カビ病菌	220
クロストリジウム感染症	35, 326
クローディン-16遺伝子	292
グロブリン	210, 272, 283, 444
クロモアガー培地	396, 411
クロロフィル	347, 431
くわず病	369
経口吸収	110, 114
ケイ酸塩	253
頸静脈怒張	147, 155
頸静脈拍動	134, 147, 151, 273
経腸プローブ	74
系統樹解析	201
継発性（虚性）肺充血	187
頸部胸腺	272
血中インスリン	289
血液還流障害	150
血液凝固	274, 294, 348, 362
血液凝固因子欠乏症	389
血液降下性肺うっ血	187
血管周囲性細胞浸潤	403
血汗症	432, 434
結合体	157
血腫形成期	413
血漿タンパク	112, 176, 248, 261, 283
血小板数	62, 267, 294, 296
血栓塞栓性髄膜脳炎	190, 328
結腸閉鎖	383

健胃整腸剤	116
限局性腹膜炎	220, 227
懸垂跛行	413, 425
原発性（実性）肺充血	187
原発性上皮小体機能亢進症	287
原発性ヨード欠乏症	285, 369
好塩基球	443
抗炎症剤（薬）	92, 116, 193, 218, 228, 331
口蓋裂	380
後弓反張	58, 311, 324, 335
抗凝固剤	62, 76, 362
抗菌薬	93, 107, 125
抗菌薬濃度	107
後躯蹌踉	136, 262, 311
高コルチゾール	443, 446
交差適合試験	268
交差反応	323, 401
好酸球	196, 296, 430, 443
子牛型白血病	271
子牛下痢症	116, 214, 232
膠質輸液剤	214
子牛テタニー	310
子牛肉	223, 367
子牛パラインフルエンザ	178
甲状腺刺激ホルモン	281, 369
甲状腺刺激ホルモン放出ホルモン	281
甲状腺腫誘発物質	285, 369
甲状腺ホルモン	283, 369
甲状腺ホルモン合成障害	285
口唇麻痺	409
交接刺	195
交接嚢	195
光線過敏性皮膚炎	430
光増感物質	430
梗塞	154, 175
高速液体クロマトグラフィー質量分析計	345
後大静脈奇静脈流入	156
高炭酸血症	103
好中球	126, 176, 228, 301, 443
高張性脱水	97, 99
強直性痙攣	137, 323, 365
後天性関節疾患	419
喉頭	173, 178, 218
喉頭炎	173, 179, 218
喉頭蓋炎	181
喉頭水腫	180
孔脳症	398
後部脊柱	380
高分解能CT	185
高分子量免疫グロブリン結合タンパク質	330
合胞体	199
合胞体性巨細胞	199
硬膜外麻酔	82, 239
肛門の形成	384
誤嚥性肺炎	189
鼓音	61
コガタアカイエカ	46, 334
股関節脱臼	417, 425
呼気性呼吸困難	59
呼吸器	89, 141, 165, 218, 273
呼吸器感染タイプ	400
呼吸器ならびに生殖器感染タイプ	400
呼吸商（R）	170
呼吸性アシドーシス	187, 315, 448
呼吸性アルカローシス	187, 315
コクシジウム症	135, 233, 359
骨膜炎	417
骨炎	415
子付き放牧	345
骨髄炎	415
骨軟化症	309, 422
骨片	378, 416
コバラミン	369
5％塩酸プロカイン	121
鼓膜穿刺	410
ゴムリング法	122
コラゲナーゼ	126, 322, 433
コリネトキシン	358
コルチゾール	446
コロナウイルス	131, 232
コロボーム	297
混合静脈血酸素分圧	167
混合性呼吸困難	59
コール酸	352

【さ行】

項目	ページ
細気管支	173, 182
細菌性気管炎	181
最小発育阻止濃度	107, 191
臍静脈炎	36, 239, 241, 385
臍静脈膿瘍	161
臍帯遺残構造感染症	384, 416
臍帯炎	161, 175, 387
臍帯クランプ	387
臍帯残株	387
臍動脈炎	161
臍動脈膿瘍	161
サイトカイン	126, 275, 330
細胞壊死毒素	327
細胞外液	97, 214, 315, 364
細胞外マトリックス	299, 303
細胞間密着結合	236
細胞傷害性（キラー）T細胞	203
細胞静止膜電位	214
細胞増殖期	126
細網内皮系	261
細胞病原性株	332
サイレージ	309, 355, 395
酢酸リンゲル液	98, 104
鎖肛	383
左心低形成症候群	156
左心不全	147
錯角化症	221, 368, 409
殺菌作用	192
殺鼠剤	348, 361
サマーシンドローム	356
サリノマイシン	359
酸塩基平衡異常	214, 315
三叉神経	198, 323, 395, 410
三尖弁	147, 150
三尖弁異形成	150
三尖弁閉鎖不全	147, 150
酸素解離曲線	167
酸素吸入	89, 91
散発性脳脊髄炎	401
シアナミド	363
ジエチルスチルベストロール	253
紫外線ランプ	371
視覚色素	372
自家中毒	383
時間依存型抗菌薬	108
時間依存型注射剤	115
時間依存性	115, 192
糸球体	245, 299, 313
糸球体腎炎	245, 314
糸球体ろ過速度	248
子宮内発育不良	389, 391
子宮内膜炎	198, 329, 379
子宮無力症	378
ジクマロール	348
ジクロロジフェニルトリクロロエタン	362
刺激性下剤	116
刺激生成異常	69, 158
刺激伝導異常	69, 158
篩骨甲介	173
自己免疫性溶血性貧血	266
死産	285, 298, 334, 350, 382
死産・周産期虚弱子牛症候群	389
四肢麻痺	402
磁石	152
止瀉薬	116, 118
刺傷	125, 128, 323, 430
耳小骨	409
糸状虫	432, 434
自然抗体	269
自然排尿法	76
弛張熱	134, 262
膝蓋骨脱臼	417
湿潤治療	128
湿性咳	184
湿性発咳	189, 199
湿性ラッセル	61
シトルリン血症	306
シーハン症候群	283
ジファシノン	362
ジフテリア	181, 325
ジフテリア症	178, 180, 218
死亡率	119, 131, 229, 265, 301
舎飼テタニー	310
斜頸	190, 335, 381, 395, 411
瀉下薬	116

シャント（短絡）	107, 169, 172	心エコー	148, 155
臭化プリフィニウム	255	心奇形	156
シュウ酸カルシウム	253	針吸引生検	77
周軸転位	413	呻吟	134, 194, 254
重積発作	324	心筋炎	152, 329
十二指腸	210, 229, 231	心筋梗塞	152, 154
周毛	228, 324, 327	心筋症	154, 306
絨毛心	152	真菌性肺炎	192
収斂剤（薬）	252	神経食現象	336
出血毒素	326	神経毒	323
10%水酸化カリウム	428	神経ブロック	81, 126, 420
腫瘍壊死因子	215, 276	腎結石	253, 254
主要外膜タンパク質	331	腎血流速度	248
腫瘍性腹膜炎	227	腎梗塞	152
消化管用薬	116	人工置換器具	184
小眼球症	297, 407	人工流産	378
飼養環境改善	145	心雑音	61, 157, 266
小球性低色素性貧血	270	心室細動	69, 159
食道梗塞	220	心室性期外収縮	103, 159
小結節性膿瘍	191	心室粗動	69, 159
上行性	198, 241, 246, 251, 396	心室中隔欠損	21, 156, 172, 174
硝酸態窒素	349	人獣共通感染症	139, 181, 228, 402
上室性期外収縮	158	伸縮性粘着包帯	414
硝子滴変性	277	滲出性下痢	213, 229
硝子様円柱	251	浸潤麻酔	81
小脳形成不全	334, 398, 399	新生子同種溶血症	266, 268
上皮化	125	新生子汎血球減少症	269
上部気道	173, 178, 188, 197	真性赤血球増加症	270
上部気道感染症	178, 200, 409	腎性貧血	250, 270
上方脱臼	417	新鮮凍結血漿	214
静脈性腎盂造影法	256	身体検査所見シート	58
静脈内局所麻酔	81	慎重使用	192
静脈内輸液療法	214	浸透圧脆弱性	292
消耗性疾患	187, 313	浸透圧性下痢	213
小葉性肺炎	176, 188	腎膿瘍	246
除角芽法	121	腎杯	246, 254
耳翼下垂	190, 395, 409	心拍出量	104, 147, 165
ショクヒヒゼンダニ	429	心不全	104, 147
絮状物	135	腎不全	105, 245
徐脈	80, 158	心房細動	69, 159
自律神経機能障害	324	心房中隔欠損	21, 148, 172
腎盂	245, 247	心房内ブロック	69

用語	ページ
水酸化カリウム	77, 428
水腎症	253, 256
膵臓	68, 211, 281, 289
スイートバーナルグラス	348
水分欠乏型脱水	97
水分・電解質補充療法	214
水平濁音界	61
水平マットレス縫合	127, 386
水泡音	61, 184
髄膜脳炎	197, 198
髄膜脳炎タイプ	400
水無脳症・小脳形成不全症候群	334, 338, 340
スクォーク	184
ステップ式診断法	315
ストッキネット	414
ストールレスト	105, 422
ストレプトアビジン・ビオチン法	331
ストレプトトリックス症	437
スーパーオキサイドジスムターゼ	368
スポリデスミン	347
スポロゾイト	235
スルファミン結晶	249, 359
ゼアラレノン	353
清音（有響音）	61
正球性正色素性貧血	250, 270
制御調節機構	274
静菌作用	192
生菌製剤	119
贅骨	420
生殖器奇形	157
精巣逸所症	257
正中膝蓋靭帯	422
成長ホルモン	281, 300, 389, 447
成長ホルモン放出ホルモン	281
生理食塩液	98, 106
赤外分光分析	256
脊柱側彎症	381
脊柱背彎症	381
脊柱腹彎症	381
脊柱彎曲	380
脊椎奇形	381
脊椎側神経麻酔（傍脊椎側神経麻酔）	82
石灰窒素	363
赤血球凝集活性	200
赤血球凝集抗原	200
赤血球浸透圧抵抗	263, 266
切傷治療	127
筋電図波形	72
舌麻痺	335, 395, 401
ゼラチナーゼ	322
セルロプラスミン	366
セレン	153, 367
セロトニン	353
線維芽細胞	126, 322
線維素性肺炎	176, 185, 190
旋回運動	198, 395, 417
旋回病	395
線鋸	122
穿孔性潰瘍	224
センコウヒゼンダニ	429
前十字靭帯断裂	419, 421
全身性エリテマトーデス	266
選択性漏出低タンパク血症	248
先天性甲状腺機能低下症	285
先天性甲状腺腫	285, 369
先天性造血性プロトポルフィリン症	430
先天性造血性ポルフィリン症	430
先天性多重性眼球形成異常	297
先天性脱臼	417
先天性溶血性貧血	291
先天代謝異常	430
先天的心疾患	156
セントラルペーラー	267
前背側脱臼	418
前方突出	422
前方彎曲	309
線溶現象	276
創外固定法	414
双極誘導	70
創傷性第二胃炎	152, 210
創傷治癒	125
相対リスク	133
総肺静脈還流異常	22, 156
搔爬検査	77
象皮病	434
僧帽弁異形成	150

僧帽弁閉鎖不全	148, 151	多染性赤血球	263
塞栓	154, 175	脱出内容物	386
続発性上皮小体機能亢進症	287	多嚢胞性腎	256
組織因子	275, 277	多発性関節炎	401, 419
蘇生器	89	多発性筋炎	335
		ダミー子牛症候群	390

【た行】

第一胃	65, 78, 91, 209, 219	単一組成電解質輸液剤	98
第一胃炎	220	単球	276, 330, 395, 443
第一胃鼓脹症	59, 91, 219	単極誘導	70
第一胃不全角化	222	炭酸カルシウム	64, 253
大血管転換	156	短縮性縦軸転位	413
対光反射	329	担鉄マクロファージ	267
第三胃	209	タンパク質喪失性腎症	314
胎子浸漬	377	タンパク同化ステロイド剤	250
体脂肪由来FFA	237	タンパク尿	162, 245, 299, 314, 385
胎子ミイラ変性	377	チアミン欠乏	133, 371
代謝性アルカローシス	227, 315	知覚鋭敏	311
代謝プロファイル	239	致死毒素	326
第XI因子欠乏症	68, 295	チトクローム	368
第XIII因子欠乏症	68, 294	地方病性血尿	252
耐性菌選抜	108	緻密骨	416
大槽穿刺法	78	致命率	132
大腿神経損傷	417	チュウザン病	135, 337, 398
大腸	210, 230, 235	中鼻甲介	173
大腸菌	111, 131, 239, 380	中和エピトープ領域	201
大腸菌症	135, 333	腸運動抑制薬	116
耐糖試験	68	腸炎	213, 228
大動脈狭窄	156	超音波検査	72, 190, 252, 254, 256
大動脈弁異形成	150	腸管付属リンパ器官	211
大動脈弁奇形	23, 156	長鎖飽和脂肪酸	237
大動脈弁閉鎖不全	151, 186	腸重積	34, 226
タイトジャンクション	230, 236, 293	蝶番関節	417
第二胃	209, 219, 365	超低密度リポタンパク	237
第二胃溝	210, 212, 223	腸捻転	59, 226
大脳皮質壊死症	71, 371	腸閉塞	133, 226, 255
第VIII因子欠乏症	294	直達外力	417
体表リンパ節	60	椎穿刺法	77
大葉性肺炎	176	ツベルクリン反応	67
第四胃	209, 224	低酸素環境	166
第四胃ピング音	224	低酸素血症	91, 165
第四胃変位	59, 61, 220	ディスク法	191
		低グロブリン血症	272

語句	ページ
低張性脱水	98
低張性複合電解質輸液剤	99
低張電解質輸液剤	104
蹄底ブロック	423
低比重尿	63, 251
定量噴霧	91
デオキシニバレノール	351
デオキシヘモグロビン	169
笛音	179, 184
デブリードマン	324
テルペノイド	346
転移性胸膜炎	194
電解質輸液剤	98, 193
伝染性血栓塞栓性髄膜脳炎	136, 328
伝達麻酔	81
透過性亢進型肺水腫	186
同種異系抗原	268
同種免疫性溶血性貧血	266, 268
洞性徐脈	69, 158
洞性頻脈	69, 153, 158
等張性脱水	97, 106
等張性複合電解質輸液剤	98
等張リンゲル糖	103
疼痛管理	116, 421, 424
糖ヌクレオチド輸送体	302
洞房ブロック	69, 158
動脈管開存	156
動脈管結紮術	157
動脈血ガス分析	93, 192
動脈血酸素分圧	93, 165, 170
動脈血酸素飽和度	167, 270
ドキサプラム	87
トキソプラズマ	397, 406
毒血症	380, 406
毒素原性大腸菌	131, 228
特定家畜伝染病	132
トコフェロール	367
怒責	133
突然死	150, 226, 345
ドットブロット	331
特発性粘液水腫	285
トランスフェリン	261
トリプシン活性検査	77
トリプトファン	353
トルイジンブルー	66
トールフェスク	286, 356
トロピカミド	407
ドロワーサイン	422
トロンビン-アンチトロンビン複合体	277

【な行】

語句	ページ
内因性グルコース産生	215
内殻カプシド	337
内呼吸	165
内固定法	414
内軟骨性骨化	413
ナックル	370, 402
ナトリウム・カリウムポンプ	214
ナトリウム欠乏型脱水	97, 99
軟骨異形成性矮小体躯症	281, 299
難消化栄養物質	231
2-ME感受性抗体	200
Ⅱ型呼吸不全	165, 169, 172
2型糖尿病	289
二酸化炭素分圧	165, 315, 448
二次性赤血球増加症	270
二次線溶	274, 278
二次的病原体	188
二重前大静脈	156
二重体	380
二重膀胱造影法	251
日射病	162
2％塩酸リドカイン	122
乳酸脱水素酵素	153, 355, 443
乳酸リンゲル液	98, 104
乳糖	64, 212
乳頭糞線虫	135, 196, 234
ニューロン	72, 214, 281
尿円柱	64, 245, 254
尿管拡張症	253
尿管結石	253
尿管破裂	253, 256
尿結石	64, 122, 133, 372
尿細管	63, 106, 245, 291
尿細管形成不全	249, 389
尿酸塩	253

尿試験紙	64
尿中 N-アセチル-β-D-グルコサミダーゼ	246
尿道狭窄	253, 254
尿道結石	37, 253, 254
尿道破裂	253, 254
尿比重	63, 76, 96, 283
尿淋瀝	251
尿路結石症	249
尿路損傷	253, 255
ヌカカ	201, 334, 340, 434
ヌクレオタンパク	200
熱射病	162, 187
熱傷	128, 183
ネブライザー	91, 93, 193
ネフローゼ症候群	186, 248
粘滑性下剤	116
捻挫	417, 422
粘土状便	223
捻髪音	61, 136, 413
ノイラミニダーゼ活性	200
脳性バベシア症	264
脳脊髄液	77, 312, 330, 399
濃度依存型抗菌薬	108, 115
濃度依存型注射剤	115
濃度依存性	192
濃度依存性薬剤	192
膿毒症	387
脳波	70, 80
膿疱性陰門腟炎	197

【は行】

ハイエナ病	58, 300, 374
ハイエナ様姿勢	58
バイオセキュリティ	144
媒介節足動物	335
肺気腫	29, 61, 133, 171, 175, 187
敗血症性ショック	227
肺血栓	24, 175
肺血栓塞栓症	147, 166, 171, 277
肺充血	29, 134, 174, 187
肺水腫	24, 133, 175, 186
肺動静脈瘻	172
肺動脈閉鎖	23, 156
肺動脈弁異形成	150
肺動脈弁奇形	156
肺動脈弁閉鎖不全	151
肺内シャント	187
排尿障害	251, 254, 297
肺胞気-動脈血酸素分圧較差	166, 170
肺胞気酸素分圧	166
肺胞腔	174, 176
肺胞性陰影	191
肺胞性肺気腫	175, 187
肺胞低換気	166, 169, 172, 315
背彎姿勢	58, 133, 152
ハウエルジョリー小体含有赤血球	267
破壊性脱臼	417
歯ぎしり	223, 264, 311, 401
白筋症	153, 223, 366
破壺音（銭響音）	61
播種性血管内凝固症候群	162, 249, 267, 274
パスツレラ症	25, 136, 176, 190, 333
バゾプレッシン	281, 283
ハートウイング法	79
麦角アルカロイド	356
白血球遊走因子	276
パーネット	152
ハバース管	416
ハプトグロビン	63, 261
パラケラトーシス	221, 368
パルカム寒天培地	396
バルザック法	122
パルスフィールドゲル電気泳動法	324
バルビツール酸誘導体	84
パルボウイルス	232
バーレー法	79
反弓緊張	371, 402
半減期	68, 110, 113
瘢痕収縮期	126
汎細葉性肺気腫	188
パンチ生検	77
反転性裂体	382
ヒアルロン酸	126, 422
肥育牛フィードロット	329

非開放性損傷	124, 128	フェスクフット	356
非化膿性脳脊髄炎	334, 397	フォン・ウィルブランド病	294
皮下浮腫	136, 147, 151, 402	不完全脱臼	417, 422
非観血的手法	414	複胃	209
非観血的整復法	386	腹囲膨満	254, 256
非観血的整復	386, 418	腹腔鏡検査	258
鼻気管炎	197	複合脊椎形成不全症	301, 380
鼻鏡白斑症	434	副雑音	184, 189
鼻腔	90, 137, 173, 380	副子	414, 423
鼻甲介	173, 202	副腎皮質刺激ホルモン	281
非細胞病原性株	332	副腎皮質刺激ホルモン放出ホルモン	281
微絨毛酵素	353	腹部エコー	148
微小循環障害	274	不顕性感染	135, 145, 195, 328, 397
非ステロイド系抗炎症薬	116, 331	フサライド	362
ヒス法	67	浮腫	59, 97, 134, 148, 156
非穿孔性潰瘍	224	フスマ	253
脾臓奇形	157	不整脈	69, 158
ビタミン B$_{12}$	369	不全角化症	221
ビタミン D 欠乏	309	プタキロシド	347
ヒト絨毛性性腺刺激ホルモン	258	不適合輸血（溶血性副反応）	266, 268
ヒトの菌状息肉腫斑	273	ブドウ糖発酵試験	69
泌尿器奇形	157	ブニヤウイルス	334, 340
皮膚型白血病	133, 273	負のエネルギーバランス	118, 237, 390
皮膚つまみテスト	19, 60, 101	部分的脛骨神経切除術	425
ヒペリシン	347, 430	ブユ	434
ヒポキサンチン	255, 296	プラスチックキャスト	414
び漫性腹膜炎	34, 228, 255	プラスミン-α_2プラスミンインヒビター複合体	276
被毛引き抜き検査	77	フラビウイルス科ペスチウイルス属	332
非溶解性結晶状結石	253	フリーマーチン	377
病的脱臼	417	プリン代謝	255
表面麻酔	81	プリン代謝酵素キサンチンオキシダーゼ	255
ピンクアイ	321	フルオレセイン色素	406
ピング音	61, 134, 221	ブルドッグ矮小症	299
貧血性雑音	266	フレグモーネ	128, 218
ファイトアレキシン	348	プレバイオティクス	231
ファゴピリン	347, 430	プレパレントピリオド	195
ファロー四徴	156	プロゲステロン	354
フィードロット鼓脹症	220	フロセミド	105, 156, 269, 288
フィブリノーゲン量	155, 190, 241, 295	プロテアーゼ	314, 433, 437
フィブリノーゲン	202, 224, 247, 267, 445	プロトゾア	65
フィブリン分解産物	276	プロトロンビン時間	277, 294, 362
フィラリア	432	プロバイオティクス	231
フィロエリスリン	347, 355, 431	プロピオン酸代謝	369

プロピオン酸負荷試験	390
ブロムサルファレイン	68
プロラクチン	281, 356
分泌性下痢	213, 228, 230
分葉好中球	301, 443
ヘキソン	203
ベースエクセス	250
臍感染	239, 241
臍ヘルニア	239, 384
β2-インテグリン	300
β-ガラクトシダーゼ	304
β-グロブリン	151, 435
ヘッドプレス	401
ペプシノーゲン	212, 224
ペプシン	212
ペプトン	203
ヘモグロビン円柱	267
ヘモグロビン尿性腎症	267
ヘリオトロープ	366
ヘルニア輪	385
ペレニアルライグラス	356
ベロ毒素産生性大腸菌	228
変形性関節炎	419
変形能	266
偏性寄生菌	437
偏性細胞内寄生細菌	401
ベンゼンヘキサクロリド	362
ポアオン投与	263, 265
蜂窩織炎	128, 404, 416
咆哮	134
膀胱結石	252, 254
膀胱穿刺	76, 251, 256
膀胱破裂	76, 253, 254, 256
房室不一致	156
房室ブロック	69, 158
膨張性下剤	116
泡沫性鼓脹症	62, 65, 220
保存療法	386
補体結合試験	265, 334, 340
発作性頻脈	158
ポッター症候群	299
ボツリヌス毒素	323
母乳性白痢	237
歩様蹣跚	136, 190, 229, 327, 402
ポルフィリン症	63, 430

【ま行】

マイコプラズマ性肺炎	25, 112, 133, 177
膜性骨化	413
マグネシウム	63, 100, 310
マクログロブリン	161
マクロファージ	126, 174, 266, 330, 396
マメ科牧草	220, 432
マメ科牧草性鼓脹症	220
満音	61
慢性甲状腺炎	285
慢性鼓脹症	134, 220
慢性腎不全	249, 283, 299
慢性肺炎	29, 191, 248, 301
慢性閉塞性肺疾患	166, 171, 182
マンドリン	330
マンニトール	106
ミイラ化	377
ミオグロビン尿	367
ミオグロビン	63, 248
右-左短絡（シャント）	149, 161, 169
ミクロフィラリア	433
無気肺	24, 134, 175, 182, 196
無血去勢法	122, 323
ムコ多糖	220, 322
ムコタンパク	253
ムチン	250
メタロチオネイン	366
メチルグリーン	66
メチレンブルー	350
メデトミジン	79
メトヘモグロビン	349
免疫介在性血小板減少症	266
免疫寛容	332
免疫グロブリン	63, 193, 250, 324
毛球	220, 435
毛球症	219
盲継代	199, 203, 339
網内系マクロファージ	266

木馬様姿勢	133, 137	離断性骨軟骨炎	419
モネンシン	221, 359	リニアプローブ	74
モノクローナル抗体	301, 331, 401	リポタンパク受容体関連タンパク質4遺伝子	302
モノフルオロ酢酸ナトリウム	361	流行性感冒	201, 339
モールディング	414	流行性出血熱	338
		流行性肺炎	176
		流産	197, 285, 313, 334, 377

【や行】

		両大血管右室起始	22, 156
薬液溶解剤	92	リン酸アンモニウムマグネシウム結晶	251, 254
薬剤感受性試験	67, 192, 252, 420	リン酸カルシウム	64, 253, 310
薬剤誘発性溶血性貧血	266	リン酸マグネシウム	253
薬物血中濃度曲線下面積	110	リンパ球	62, 68, 120, 272, 354
薬物代謝酵素	352	リンパ球増多症	273
油圧式除角器	122	類上皮細胞	273
有核赤血球	267	類線維素変性	330
有機アニオン移送タンパク質	354	ルミテーカー	65
有棘赤血球	270	ルミナー	65
雄性性腺機能検査	258	ルミナル・ドリンカー	34, 220, 222, 223
有病率	132	ルーメン性状	120
遊離アミノ酸	216	ルンバール針	330
遊離ガス性鼓脹症	220	冷性浮腫	59, 152, 155, 246, 272
ユーサイロイドシック症候群	285	レオウイルス科	337
油脂負荷試験	68	レチノール	294, 372
輸送テタニー	310	裂傷治療	128
輸送熱	177, 190, 200	レバミゾール	195, 196, 433
溶血性黄疸	445	レプトスピラ	68, 135, 246
溶血性副反応	266	連銭形成	267
溶血毒	322	ロイコトキシン	190
陽性造影	254	瘻管	384
ヨウ素利用阻害	369	露出性角膜炎	405
横軸転位	413	ロタウイルス	131, 135, 232
ヨード欠乏症	285, 369	ロドプシン	372
ヨーニン反応	68	ロープ塊	220
		ロマノフスキー染色	66
		ロリトレム	356

【ら行】

ライグラススタッガー	356		
ラサロシド	359		
ラズベリー様血様粘液	226		

【わ】

ラッセル音	61, 134, 182, 189, 199	矮小筋症	335, 340, 381
ラテックス凝集法	233	矮小体躯症	68, 281, 299, 423
ラロン型矮小症	282, 390	ワラビ中毒	133, 180, 269
卵胞刺激ホルモン	281	ワルファリン	362
罹患率	119, 132, 234, 424		
裏急後重	229		

【A-Z】

AT Ⅲ濃縮製剤	275
AUC	108, 282
BHK21 細胞	201, 339
B 型菌	326
B 細胞	211, 272
BRDC	188, 328, 331
CD8 陽性 T 細胞	203
CO_2 ナルコーシス	166
CPE	198, 200, 401
C. perfringens	229, 325, 328
D 型乳酸	223
D-乳酸	318
DNA ポリメラーゼ	368
E. coli	228, 231, 246, 251
F タンパク	199
G 遺伝子	201
G タンパク	199
GAM 液体培地	324
Haalstra 法	437
hCG 負荷試験	258
HeLa 細胞	403
Hind Ⅲ	198
Hmlu 細胞	201
HN タンパク	200
HPLC	345, 350, 362, 371
IARS 異常症	306
J 断片	198
L 型乳酸	104, 223
L タンパク	200, 334, 340
LDH アイソザイム	153, 367
M タンパク	199
MDBK 細胞	200, 202, 203
MIC	107, 114, 191
MPC	108
MSW	107
MSW 理論	107, 112, 115
N-ベンゾイル-L-チロシル-P-アミノ安息香酸試験	68
Na^+/K^+-ATPase	214
N/C 比	66
Nested PCR	199
NP タンパク	200
NSAIDs	116, 125, 179, 193, 227
OF 試験	322
P タンパク	200
PAS 反応	66
Pandy 反応	330
PCR 法	66, 198, 331, 396
PIV-3 遺伝子	200
PK/PD パラメーター	107
PK/PD 理論	107, 112
Pst Ⅰ	198
RNA ポリメラーゼ	368
R (rough) 型	322
RT-PCR	199, 336, 341
Rus	203
Salmonella 属	228, 231
Salter-Harris 分類	414
S (smooth) 型	322
ST 偏位	166
T 細胞性	273
TNF-α	330
Tru-cut 生検器具	79
V タンパク	200
Vero 細胞	199, 339
Vest-over-Pants 縫合	386
VSP	193
X 線検査	73, 251, 254

子牛の医学 胎子期から出生・育成期まで

2014年3月1日　第1刷発行
2018年6月1日　第3刷発行Ⓒ

編　集	家畜感染症学会
監修者	稲葉　睦，加藤　敏英，小岩　政照，酒井　健夫， 日笠　喜朗，山岸　則夫，和田　恭則
発行者	森田　猛
発行所	株式会社 緑書房 〒103-0004 東京都中央区東日本橋3丁目4番14号 TEL　03-6833-0560 http://www.pet-honpo.com
印刷所	株式会社 アイワード

ISBN 978-4-89531-049-9　Printed in Japan
落丁，乱丁本は弊社送料負担にてお取り替えいたします。

本書の複写にかかる複製，上映，譲渡，公衆送信（送信可能化を含む）の各権利は株式会社緑書房が管理の委託を受けています。
JCOPY〈(一社)出版者著作権管理機構 委託出版物〉
本書を無断で複写複製（電子化を含む）することは，著作権法上での例外を除き，禁じられています。
本書を複写される場合は，そのつど事前に，(一社)出版者著作権管理機構（電話 03-3513-6969，FAX03-3513-6979，e-mail：info@jcopy.or.jp）の許諾を得てください。
また本書を代行業者等の第三者に依頼してスキャンやデジタル化することは，たとえ個人や家庭内の利用であっても一切認められておりません。